FADIGA

**Técnicas e Práticas de Dimensionamento
Estrutural sob Cargas Reais de Serviço**

**Volume II – Propagação de Trincas,
Efeitos Térmicos e Estocásticos**

FADIGA

Técnicas e Práticas de Dimensionamento Estrutural sob Cargas Reais de Serviço

Volume II – Propagação de Trincas, Efeitos Térmicos e Estocásticos

Jaime Tupiassú Pinho de Castro
Marco Antonio Meggiolaro

com 205 exemplos resolvidos, e vários estudos de casos práticos

Para meus pais que, pelo exemplo, me ensinaram a viver;
e para Lili que, pelo carinho, me ensinou a amar.
Jaime Tupiassú Pinho de Castro

Para minha querida mãe Doris, cujo amor, incentivo e
perseverança sempre me guiarão; e para meus avós
Irene e Thales Mello Carvalho, que com sabedoria e virtude
dedicaram suas vidas ao aprimoramento do ensino.
Marco Antonio Meggiolaro

OS AUTORES

Jaime Tupiassú Pinho de Castro é engenheiro mecânico e professor do Departamento de Engenharia Mecânica da Pontifícia Universidade Católica do Rio de Janeiro (PUC-Rio) desde 1977. Graduou-se (PUC-Rio, 1973), obteve o mestrado (PUC-Rio, 1977), doutorou-se (Massachusetts Institute of Technology, M.I.T., USA, 1982), e fez pós-doutorado (MIT 1983) em Engenharia Mecânica. Foi professor visitante da Universidade Federal do Ceará em 2001, e da Université des Sciences et Technologies de Lille, França, em 2006, 2008 e 2009. Especialista em Fadiga, Fratura, Avaliação de Integridade Estrutural e Mecânica Experimental, publicou mais de 240 trabalhos científicos em periódicos e anais de congressos, e orientou cerca de 25 alunos de mestrado, doutorado e pós-doutorado. É co-autor do programa **ViDa** para automação do projeto à fadiga sob carregamentos complexos. Lecionou em mais 100 cursos de graduação e de pós-graduação na área de mecânica dos sólidos, especialmente fratura, fadiga, análise de tensões e elementos de máquinas, tendo recebido vários prêmios científicos e homenagens acadêmicas. Também atuou em dezenas de cursos de pós-graduação latu-sensu para indústrias. Diretor da firma StrainLab Análise de Tensões, participou de mais de 300 consultorias técnico-científicas para a indústria, projetos e construção de protótipos.

Marco Antonio Meggiolaro, Ph.D., é professor do Departamento de Engenharia Mecânica da Pontifícia Universidade Católica do Rio de Janeiro (PUC-Rio) desde 2000. Ele graduou-se em Engenharia Mecânica pela PUC-Rio em 1994, tendo obtido seu mestrado pela mesma instituição em 1996. Doutorou-se *summa cum laude* em Engenharia Mecânica pelo Massachusetts Institute of Technology (MIT) em 2000, e tornou-se membro da *Sigma Xi Scientific Research Society*. Especialista em Mecânica da Fratura e Fadiga, Engenharia de Controle e Robótica, o Prof. Meggiolaro é autor ou co-autor de mais de 160 trabalhos científicos em periódicos e em anais de congressos, tendo recebido diversos prêmios científicos e homenagens acadêmicas. Em parceria com o Prof. Jaime Castro, ele desenvolveu o programa **ViDa** para cálculo de dano por fadiga e de propagação de trincas sob cargas complexas, o qual vem sendo usado por várias empresas, como Petrobras, Volkswagen, Mercedes-Benz, dentre outras.

SUMÁRIO

VOLUME II – PROPAGAÇÃO DE TRINCAS, EFEITOS TÉRMICOS E ESTOCÁSTICOS

CAPÍTULO 11 - FUNDAMENTOS DA ESTATÍSTICA APLICADA AO PROJETO MECÂNICO.......823

LISTA DE SÍMBOLOS E ABREVIATURAS

a	tamanho (ou profundidade para trincas 2D) de trinca [mm], **ou** altura da seção reta de uma viga [mm]
a_i	tamanho (ou profundidade para trincas 2D) de trinca no i-ésimo evento [mm]
a_0	tamanho (ou profundidade para trincas 2D) inicial de trinca [mm]
a_C	tamanho (ou profundidade) de trinca crítico [mm]
a_{SC}	tamanho (ou profundidade) da trinca na sobrecarga [mm]
acos	função arco-cosseno (resultado em radianos)
asin	função arco-seno (resultado em radianos)
atan	função arco-tangente (resultado em radianos)
A	constante da curva da/dN (resultado em [mm/ciclo])
A_0	área inicial do corpo de prova [mm^2]
A_R	área final (de ruptura) do corpo de prova [mm^2]
b	expoente elástico da curva de Coffin-Manson, **ou** largura da seção reta de uma viga [mm]
B	expoente da curva SN (ou de Wöhler)
c	expoente plástico da curva de Coffin-Manson, **ou** largura (ou semi-largura) de trinca 2D [mm]
c_0	largura (ou semi-largura) inicial de trinca 2D [mm]
c_i	largura (ou semi-largura) no i-ésimo evento de trinca 2D [mm]
c_{SC}	largura (ou semi-largura) de trinca 2D na sobrecarga [mm]
cos, cosh	funções cosseno e cosseno hiperbólico
cot, coth	funções co-tangente e co-tangente hiperbólica
cte.	abreviatura de "constante"
C	constante da curva SN (ou de Wöhler), **ou** nível de confiança de uma população
C_d	coeficiente de desgaste
C_{eq}	percentagem de carbono equivalente
CP	corpo de prova
C(T)	CP compacto de tensão (*compact tension specimen*)
CTOD	abertura de ponta de trinca (*crack tip opening displacement*) [mm]
d	diâmetro [mm]
d_0	diâmetro inicial do corpo de prova [mm]
da/dN	taxa de propagação de trinca por fadiga [mm/ciclo ou m/ciclo]
da/dt	taxa de propagação de trinca por corrosão ou fluência [mm/h ou m/s]
d_R	diâmetro final (de ruptura) do corpo de prova [mm]
D	variável de dano **($0 \leq D \leq 1$)**
e.g.	abreviatura de "por exemplo" (*exempli gratia*)
epse	(material) elastoplástico que escoa sem encruar
ex.	abreviatura de "exercício"
exp	função exponencial **($f(x) = e^x$, $e \cong 2.71828$)**
E	módulo de elasticidade à tração (módulo de Young) [GPa]
E'	módulo de Young efetivo (**$E' = E$** em tensão plana e **$E' = E/(1 - \nu^2)$** em deformação plana) [GPa]
E(x)	valor esperado (ou média) de **x**
E_D	energia de deformação armazenada em um material [J]
E_P	energia potencial armazenada em um material [J]

E_t módulo tangente $d\sigma/d\varepsilon$ [GPa]

EF   abreviatura de Método dos "Elementos Finitos"

EL   abreviatura de "elástico" (referente ao modelo de Morrow EL)

EP   abreviatura de "elastoplástico" (modelo de Morrow EP)

f   fator de abertura de trinca K_{ab}/K_{max}, **ou**
          coeficiente de atrito seco

f(a/w) função adimensional de geometria do fator de intensidade de tensão

fdp   função de densidade de probabilidade

fpa   função de probabilidade acumulada (ou de distribuição)

F_{NP} fator de não-proporcionalidade de uma história multiaxial

F(a) função que representa a taxa de propagação de trinca [m/ciclo]

G   módulo de elasticidade ao cisalhamento ($G = E/(2+2\nu)$ nos materiais LEIH)
          [GPa]

$\mathcal{G}, \mathcal{G}_I$ taxa de alívio da energia elástica de Griffith em modo I [J/m^2]

$\mathcal{G}_{IC}$ taxa crítica de alívio da energia elástica de Griffith, modo I [J/m^2]

$\mathcal{G}_{II}, \mathcal{G}_{III}$ taxa de alívio da energia elástica de Griffith, modos II e III [J/m^2]

$\mathcal{G}_{IIC}, \mathcal{G}_{IIIC}$ taxa crítica de alívio da energia elástica, modos II e III [J/m^2]

$\mathcal{G}_C$ taxa crítica de alívio da energia elástica de Griffith [J/m^2]

H, h coeficiente e expoente de encruamento monotônico [MPa, 1]

H_c, h_c coeficiente e expoente de encruamento cíclico [MPa, 1]

HB, H_B dureza Brinell [kg/mm^2] (ou [GPa], quando explicitamente mencionado)

HR   dureza Rockwell

HV   dureza Vickers [kg/mm^2] (ou [GPa], quando explicitamente mencionado)

i.e. abreviatura de "isto é" ("id est")

I   momento de inércia da seção reta [mm^4]

J   integral J (a taxa de alívio da energia nos materiais EP) [J/m^2]

k_a fator de acabamento superficial (fator modificador de S_L')

k_a^* fator de acabamento superficial relativo (em relação aos usinados)

k_b fator de tamanho (fator modificador de S_L')

k_c fator de carregamento (fator modificador de S_L')

k_e fator de confiabilidade (fator modificador de S_L')

k_Θ fator de temperatura (fator modificador de S_L')

K, K_I fator de intensidade de tensão em modo I [MPa$\sqrt{m}$]

K(a) fator de intensidade de tensão na profundidade de trinca 2D [MPa$\sqrt{m}$]

K(c) fator de intensidade de tensão na largura de trinca 2D [MPa$\sqrt{m}$]

$K_{I,a}$ fator de intensidade de tensão na profundidade de trinca 2D [MPa$\sqrt{m}$]

$K_{I,c}$ fator de intensidade de tensão na largura de trinca 2D [MPa$\sqrt{m}$]

K_{IC} fator de intensidade de tensão crítico em modo I [MPa$\sqrt{m}$]

K_{II}, K_{III} fator de intensidade de tensão em modos II e III [MPa$\sqrt{m}$]

K_{IIC}, K_{IIIC} fator de intensidade de tensão crítico em modos II e III [MPa$\sqrt{m}$]

K_{ab} fator de intensidade de tensão de abertura de trinca [MPa$\sqrt{m}$]

K_C tenacidade à fratura [MPa$\sqrt{m}$]

K_{Ca} tenacidade à fratura na profundidade de uma trinca 2D [MPa$\sqrt{m}$]

K_{Cc} tenacidade à fratura na largura de uma trinca 2D [MPa$\sqrt{m}$]

K_f fator de concentração de tensão na fadiga

K_{min} fator de intens. de tensão mínimo (incluindo compressão) [MPa$\sqrt{m}$]

K_{max} fator de intensidade de tensão máximo [MPa√m]

K_{max*th} limiar de propagação de trinca comparado a K_{max} [MPa√m]

K_{SC} K máximo da mais recente sobrecarga [MPa√m]

K_{sub} K mínimo da mais recente subcarga [MPa√m]

K_t fator de concentração de tensão linear elástico

K_ε fator de concentração de deformação elastoplástico

K_σ fator de concentração de tensão elastoplástico

LEIH   linear, elástico, isotrópico e homogêneo

ln, log   logaritmos na base **e** (**e** $\cong$ **2.71828**) e na base 10

lr   comprimento do ligamento residual de uma peça [mm]

L   comprimento [mm]

m   expoente da curva da/dN

M   momento fletor [N·mm]

MFLE   abreviatura de "mecânica da fratura linear elástica"

n   número de ciclos

n_R número de ciclos de retardo após uma sobrecarga

n_{SC} número de ciclos consecutivos de sobrecarga

N   vida (em número de ciclos)

$N(\mu,\hat{\sigma})$ distribuição gaussiana (ou normal)

N_L vida associada ao limite de fadiga do material [ciclos]

N_T vida de transição [ciclos]

NP   abreviatura de "não-proporcional" (em fadiga multiaxial)

p   pressão [MPa] **ou** expoente de **(1 − R)** da curva **da/dN** (Walker, Hall)

p(x)   função de distribuição de probabilidade (fdp)

pr(x)   probabilidade, expectativa de ocorrência do evento aleatório **x**

P   carga aplicada [N]

P(x)   função de probabilidade acumulada

P_{ab} carga de abertura de trinca [N]

P_{CP} carga de colapso plástico [N]

P_E carga de escoamento [N]

q   sensibilidade ao entalhe

Q   parâmetro de forma de trinca (**1.0** p/ **1D**, **1.0+1.464(a/c)**$^{1.65}$ p/ **2D**)

r   expoente da tensão alternada da curva $\sigma_a\sigma_m$ elíptica, **ou**
raio [mm]

r_{50} número de ordem ou posto mediano de uma amostra

R   razão de tensão K_{min}/K_{max}, **ou**
confiabilidade (%)

R'   razão K_{min}/K_{max} restrita à região trativa (**R'>0**)

R_{pt} razão de parada de trinca K_{SC}/K_{max} (acima da qual a trinca pára)

R_{rms} razão de tensão da carga de amplitude constante equivalente

R_{SC} razão de sobrecarga K_{SCmin}/K_{SCmax}

RA   percentagem de redução de área

s   desvio padrão de uma amostra, **ou**
expoente da tensão média da curva $\sigma_a\sigma_m$ elíptica

sin, sinh   funções seno e seno hiperbólico

S_C resistência à fluência [MPa]

S_E resistência ao escoamento [MPa]

S_{Ec} resistência ao escoamento cíclico [MPa]

$S_F(N)$ resistência à fadiga para um número de ciclos N [MPa]

S_{FL} resistência (tensão) de fluxo do material, $S_{FL} = (S_R + S_E)/2$ [MPa]

S_L limite de fadiga da peça [MPa]

S_L' limite de fadiga do material [MPa]

S_m resistência à tensão média σ_m (curva $\sigma_a\sigma_m$ elíptica) [MPa]

S_R resistência à ruptura [MPa]

S_{Rc} resistência à ruptura por compressão [MPa]

S_{Rt} resistência à ruptura por tração [MPa]

SC   abreviatura de "sobrecarga"

SWT   abreviatura do modelo εN de "Smith-Watson-Topper"

t   espessura da peça (placa) [mm], **ou**
tempo [s]

tan, tanh   funções tangente e tangente hiperbólica

T   momento torçor [N·mm], **ou**
número de testes de uma amostra

$U(r)$ energia de ligação atômica [J]

V   coeficiente de variação de uma fdp ($V = \hat{\sigma} / \mu$)

w   largura (ou semi-largura) da peça

W   trabalho fornecido [J]

Wb   modelo de Willenborg (WbM/WbMG: modificado/generalizado)

Wh   modelo de Wheeler (WhM/WhMG: modificado/generalizado)

$\bar{x}$ média aritmética de x

x_{50} mediana de uma função de distribuição de probabilidade

x_m moda, ordenada dos picos de uma fdp

$z, z(C)$ variável gaussiana normalizada associada ao nível de confiança C

zp, zp_i tamanho da zona plástica (ou zona de perturbação) atual [mm]

zp_C tamanho da zona plástica (ou zona de perturbação) crítica [mm]

zp_r tamanho da zona plástica reversa (ou cíclica) [mm]

zp_{SC} tamanho da zona plástica da sobrecarga [mm]

α restrição 3D (entre $\alpha = 1$ em σ-plana e $\alpha = 1/(1-2\nu)$ em ε-plana), **ou**
coeficiente linear de expansão térmica [μm/m/°C], **ou**
coeficiente multiplicador da carga média (para cálculo de ΔK_{th}), **ou**
ângulo

α_{BM} coeficiente do modelo multiaxial (baseado em ε) de Brown-Miller

α_F coeficiente do modelo multiaxial (baseado em σ) de Findley

α_{FS} coeficiente do modelo multiaxial (baseado em ε) de Fatemi-Socie

α_{np} coeficiente de encruamento não-proporcional (multiaxial)

α_S coeficiente do modelo multiaxial (baseado em σ) de Sines

β expoente de Wheeler para retardo de trinca (modifica **da/dN**), **ou**
coeficiente do efeito da carga média em $\Delta K_{th} = \Delta K_0(1-\beta R)$, **ou**
critério de previsão de falha (segundo Miner), **ou**
ângulo

γ expoente de Wheeler modificado p/ retardo de trinca (modifica ΔK)

δ abertura de ponta de trinca (CTOD)

ΔK gama do fator de intensidade de tensão [MPa$\sqrt{\text{m}}$]

$\Delta K'$ gama do fator de intens. de tensão restrita à região trativa [MPa$\sqrt{\text{m}}$]

ΔK_0 limiar de propagação de trinca para $R = 0$ [MPa√m]

ΔK_{ef} gama efetiva do fator de intensidade de tensão [MPa√m]

ΔK_{rms} gama de K da carga de amplitude constante equivalente [MPa√m]

ΔK_{th} limiar de propagação de trinca [MPa√m]

ΔK^{*}_{th} limiar de propagação intrínseco (sem fechamento, $R \rightarrow 1$) [MPa√m]

$\Delta K_{th_{in}}$ limiar de propagação intrínseco (sem fechamento, $R \rightarrow 1$) [MPa√m]

ΔP gama de forças aplicada à peça [N]

$\Delta \varepsilon$ gama das deformações atuantes no ponto crítico da peça

$\Delta \varepsilon_{el}$ componente elástica da gama de deformações

$\Delta \varepsilon_n$ gama das deformações nominais

$\Delta \varepsilon_{pl}$ componente plástica da gama de deformações

$\Delta \varepsilon_{\perp}$ gama das deformações normais

$\Delta \sigma$ gama das tensões atuantes no ponto crítico da peça [MPa]

$\Delta \sigma_n$ gama das tensões nominais [MPa]

$\Delta \sigma_{rms}$ gama de tensão de amplitude constante equivalente [MPa]

ε deformação ou deformação real (quando diferente de ε_{eng}) [% ou μm/m]

$\tilde{\varepsilon}$ deformação Hookeana (calculada elasticamente, sem escoamento)

$\varepsilon_1, \varepsilon_2, \varepsilon_3$ deformações principais

ε_c coeficiente plástico de Coffin-Manson

ε_{el} componente elástica da deformação

ε_{eng} deformação de engenharia

ε_E deformação de escoamento

ε_f deformação real de ruptura (ou ε_R)

ε_n deformação nominal

ε_{pl} componente plástica da deformação

ε_{res} deformação residual

ε_R deformação real de ruptura (ou ε_f)

ε-plana abreviatura de "estado de deformação plana"

θ ângulo

Θ temperatura [°C]

Θ_F, Θ_f temperatura de fusão [°C]

Θ_v, Θ_g temperatura de transição vítrea [°C]

λ_2, λ_3 razões σ_2/σ_1 e σ_3/σ_1 entre as tensões principais

μ média aritmética, **ou**
símbolo de micro (10^{-6})

$\mu\varepsilon$ abreviatura de "micro-strain" ($1\mu\varepsilon = 1\mu m/m = 10^{-6}$ m/m)

μtrinca abreviatura de "micro-trinca"

ν coeficiente de Poisson

ν_{el}, ν_{pl} coeficientes elástico e plástico de Poisson ($\nu_{pl} \cong 0.5$)

ρ peso específico [kN/m^3], **ou**
raio de ponta do entalhe [mm]

σ tensão ou tensão real (quando diferente de σ_{eng}) [MPa]

$\tilde{\sigma}$ tensão Hookeana (calculada elasticamente, sem escoamento)

$\hat{\sigma}$ desvio padrão de uma função de distribuição de probabilidade

$\hat{\sigma}^2$ variância de uma função de distribuição de probabilidade

$\sigma_1, \sigma_2, \sigma_3$ tensões principais [MPa]

σ_a componente alternada da tensão [MPa]

σ_{aeq} tensão alternada equivalente [MPa]

σ_{ab} tensão de abertura de trinca [MPa]

σ_c coeficiente elástico de Coffin-Manson [MPa]

σ_{eng} tensão de engenharia [MPa]

σ_f tensão real de ruptura (ou σ_R) [MPa]

σ_{fl} tensão crítica de flambagem [MPa]

σ_m componente média da tensão [MPa]

σ_{max} tensão máxima [MPa]

σ_n tensão nominal [MPa]

σ_{res} tensão residual [MPa]

σ_R tensão real de ruptura (ou σ_f) [MPa]

σ_{sc} tensão máxima da mais recente sobrecarga [MPa]

σ_T tensão equivalente de Tresca [MPa]

$\sigma_\perp$ tensão normal [MPa]

σ-plana   abreviatura de "estado de tensão plana"

τ tensão cisalhante [MPa]

ϕ, φ fator de segurança, **ou**
ângulo

ϕ_2, ϕ_3 razões $\varepsilon_2/\varepsilon_1$ e $\varepsilon_3/\varepsilon_1$ entre as deformações principais

[1,2-5]   numeração das referências em cada capítulo

$=, \neq$ símbolos de "igual a" e "diferente de"

$\approx, \cong$ símbolo de "aproximadamente igual a"

$<<, >>$ símbolos de "muito menor que" e "muito maior que"

$//, \perp$ símbolos de "paralelo" e de "perpendicular"

$\Rightarrow$ símbolo de "implica em" ou "resulta em"

$\Rightarrow$ marcador de texto para os enunciados de exercícios

✓   símbolo de "correto" (para as soluções dos exercícios resolvidos)

✗   símbolo de "errado" (para as soluções dos exercícios resolvidos)

PREFÁCIO

O objetivo deste livro é estudar modelos de dimensionamento estrutural que possam ser usados na prática para evitar ou controlar a iniciação e/ou a propagação de trincas por fadiga sob cargas reais de serviço. Tendo sido concebido como uma ferramenta de engenharia, este texto prioriza os modelos comprovados pelo uso, desde os mais simples aos mais avançados, incluindo todas as informações necessárias à sua aplicação, e detalhando a complexidade mínima necessária para torná-los realmente úteis e confiáveis. Isto por que, como bem ensinou Einstein, tudo deve ser explicado da forma mais simples possível, mas não mais simples do que o necessário.

Como não se pode modelar seriamente a complexidade intrínseca do trincamento por fadiga de forma simplista, este texto não é curto. Mas a sua didática foi depurada pelas inestimáveis críticas de inúmeros alunos que o usaram em várias dezenas cursos de graduação, pós-graduação e extensão, a partir de uma limitada versão inicial gerada em 1995. Assim, todos os capítulos são fartamente ilustrados; desenvolvem completamente os modelos neles apresentados; podem ser estudados independentemente; usam notação tradicional de engenharia; evitam exibições desnecessárias de erudição acadêmica; e incluem mais de 200 exemplos resolvidos, além de vários estudos de casos práticos. Este material cobre os tópicos de fadiga necessários aos cursos de graduação e de pós-graduação em engenharia mecânica, civil, aeronáutica, naval, automotiva ou de materiais.

Desta forma, este livro pode ser útil a qualquer interessado nas técnicas modernas de dimensionamento estrutural à fadiga familiarizado com os fundamentos da análise de tensões e com as técnicas básicas do cálculo. Os conceitos adicionais requeridos pelos modelos mais avançados, necessários para atacar alguns problemas não triviais, são revistos ou desenvolvidos à medida que preciso no próprio texto.

Todavia, recomenda-se que nos cursos de graduação introdutórios sejam omitidos certos tópicos que exigem um pouco mais de maturidade do estudante, como descrito a seguir. Os Capítulos 2 e 3 introduzem noções muito úteis de análises de falhas e de ciência dos materiais estruturais (incluindo sua especificação e seleção), assuntos opcionais num curso básico. No Capítulo 5, a modelagem dos problemas de Kirsh e de Inglis requer conceitos da teoria da elasticidade, em geral não estudados na graduação. O Capítulo 6 usa conceitos de plasticidade cíclica cuja manipulação é trabalhosa nos casos de cargas de gama variável, os quais podem ser omitidos num curso introdutório (mas vale a pena pelo menos mencionar as limitações do método εN tradicional nestes casos). No Capítulo 7, toda a modelagem dos carregamentos multiaxiais é avançada. No Capítulo 8, podem-se omitir os tópicos que exigem domínio da teoria da elasticidade e toda a mecânica da fratura elastoplástica. No Capítulo 9, se pode reservar para os cursos de pós-graduação a modelagem do crescimento das trincas 2D, das trincas curvas, e dos efeitos de seqüência sob cargas muito complexas, todos tópicos não triviais. No Capítulo 10, o dimensionamento à fluência multiaxial e a interação fadiga-fluência também são assuntos avançados. E grande parte do Capítulo 11 pode ser omitida quando os conceitos básicos de estatística tiverem sido estudados em outros cursos de graduação.

Deve-se enfatizar, entretanto, que os tópicos não triviais incluídos neste texto podem ser necessários para a solução de muitos problemas reais de dimensionamento à fadiga ou de análise de falhas, o que justifica o seu estudo detalhado nos cursos de pós-graduação e nos treinamentos profissionais avançados.

Como as cargas reais de serviço são em geral bastante complexas, com muitos eventos de amplitude variável, é preciso mencionar que nestes casos as aplicações práticas dos modelos desenvolvidos neste livro só podem ser plenamente viabilizadas através do uso de ferramentas computacionais apropriadas. Por isso, todos os modelos aqui estudados foram implementados num programa complementar muito versátil e poderoso chamado **ViDa**, também desenvolvido pelos autores, cujas principais características são descritas numa série de vídeos disponíveis em www.tecgraf.puc-rio.br/vida. Este livro é auto-suficiente e independente deste programa, mas os seus exemplos mais avançados foram resolvidos com o seu auxílio.

Agradecimentos

Antes de mais nada, aos nossos alunos que, ao nos questionarem com sua impagável curiosidade crítica, nos estimulam e motivam a buscar explicações mais claras e simples para o pouco que sabemos, e a estudar permanentemente para continuar progredindo sempre. Ensinar é sem dúvida a melhor, mais agradável e mais gratificante maneira de aprender.

Em seguida aos nossos professores, sem os quais não teríamos conseguido nem ter dado partida nesta tarefa. Mais do que um prazer, foi uma honra ter tido a oportunidade de interagir com alguns mestres excepcionalmente competentes durante a nossa formação acadêmica.

E por fim aos engenheiros e pesquisadores que, ao publicarem os resultados dos seus trabalhos e estudos sobre fadiga, nos permitiram aprender um pouco deste assunto fascinante e desafiador.

É um prazer especial agradecer nominalmente aos colegas que nos ajudaram a concluir esta tarefa. Os professores Augusto César Morgado e Luiz Amâncio Machado de Sousa Jr. reviram o capítulo de estatística; Ronaldo Domingues Vieira reviu o capítulo de materiais; e Tito Luiz da Silveira reviu o capítulo de fluência. Ao compartilhar generosamente seus vastos conhecimentos, todos eles enriqueceram muito o texto desta obra. Ex-alunos particularmente aplicados, os hoje colegas Eliane D'Ávila Melo e Rafael Araújo de Souza identificaram inúmeros erros e omissões nas sucessivas versões das notas que acabaram gerando este livro, e Ana Cristina Vidal forneceu algumas das micrografias mostradas nos Capítulos 2 e 3, e também reviu este último.

Num contexto mais geral, os professores Ronaldo Vieira, já citado acima, e José Luiz de França Freire, companheiros de longa data na PUC-Rio e na StrainLab Análise de Tensões, profissionais brilhantes com quem temos tido o prazer de compartilhar a solução de centenas de problemas práticos, muito contribuíram para que solidificássemos vários dos pontos de vista defendidos neste livro. E os professores Antonio Carlos de Oliveira Miranda e Luiz Fernando Martha, colegas de inigualável habilidade na área de modelagem por elementos finitos, tem sido parceiros fundamentais em muitos dos trabalhos de pesquisa mais recentes que tanto nos têm ensinado. Interagir continuamente com amigos e profissionais deste nível e competência é talvez o maior benefício de uma carreira universitária.

A todas essas pessoas, a nossa gratidão fraterna. Mas um agradecimento ainda mais especial é devido ao professor emérito da Universidade de Waterloo, Canadá, Dr. Timothy H. Topper, pesquisador pioneiro e grande mestre na área de fadiga, autor de tantos dos modelos que nos guiam até hoje. Sem qualquer vínculo prévio, por genuína boa vontade ele se interessou pelo nosso modesto trabalho ao nos conhecer num congresso há alguns anos atrás. E, dentre todas as suas muitas tarefas, Deus sabe como encontrou tempo para rever quase todo este texto, gerando uma série de questionamentos incisivos que nos ajudaram a depurar várias das idéias aqui expostas. Mais do que a sua inestimável colaboração, queremos realçar o exemplo da sua imensa generosidade, e a grande motivação por ela causada.

Agradecimentos específicos são devidos também a algumas instituições. À Capes e ao CNPq, pelas bolsas de estudo que viabilizaram nossos doutoramentos numa das melhores escolas de engenharia do mundo. Ao CNPq, pelas bolsas de pesquisa que nos ajudam a sobreviver como professores, e pelos sempre bem-vindos auxílios à pesquisa. À Finep, que financiou alguns equipamentos importantes em nossos laboratórios. À Petrobras, exemplo singular de empresa que de fato se preocupa com e contribui para o desenvolvimento e a segurança nacional, financiando pesquisas nas universidades brasileiras. Às inúmeras empresas que nos têm confiado a solução dos seus problemas de falha estrutural. E, por fim à PUC-Rio, por nos fornecer as condições necessárias para ensinar e pesquisar.

Sem o apoio de todas essas pessoas e instituições talvez não tivéssemos conseguido levar a bom termo a tarefa de escrever este livro. Mas sem o suporte incondicional e o incentivo permanente de nossas famílias, que pacientemente toleraram a nossa negligência com muitas das obrigações do lar durante a execução desta longa tarefa, certamente não o teríamos feito. Bendito seja o Todo Poderoso que nos abençoou com a oportunidade de conviver com seres tão queridos.

Jaime Tupiassú Pinho de Castro
Marco Antonio Meggiolaro
Agosto de 2009

Capítulo 8 - Introdução à Mecânica das Trincas

8.1 Objetivos

Estudar tópicos da Mecânica da Fratura úteis à modelagem da propagação de trincas por fadiga e à avaliação de integridade estrutural, dentre eles:

- a filosofia do projeto estrutural resistente a defeitos;
- o balanço de energia de Griffith;
- os parâmetros de Irwin (G, a taxa de alívio da energia e **K**, o fator de intensidade de tensões) que descrevem as tensões lineares elásticas em torno de uma trinca;
- a correlação entre **K** e G;
- as medidas de tenacidade linear elástica G_{IC} e K_{IC}, K_C e a curva **R**;
- a previsão das cargas e dos tamanhos de trinca críticos;
- as estimativas da zona de perturbação **zp** no campo de tensões linear elástico em torno da ponta das trincas, em particular as zonas plásticas nas ligas metálicas estruturais;
- as estimativas das aberturas das faces e pontas das trincas **COD** e **CTOD**;
- a modelagem das trincas solicitadas em modo misto; e
- os fundamentos da Mecânica da Fratura Elastoplástica.

Não faz parte do escopo deste livro estudar em detalhes toda a Mecânica da Fratura, pois este assunto é muito bem coberto na literatura especializada.

8.2 Introdução

8.2.1 Efeito estrutural das trincas

As trincas (que às vezes são chamadas de fissuras, fendas, frestas ou rachaduras) são defeitos muito comuns em componentes mecânicos, principalmente nas grandes estruturas. Elas podem ser geradas por vários mecanismos durante a fabricação do material (alongamento sem caldeamento de inclusões ou poros, deformações excessivas na laminação ou forjamento, tensões térmicas altas demais na têmpera, e.g.); durante a fabricação ou a montagem do componente ou da estrutura (soldagem de penetração incompleta, tensões excessivas na soldagem, tratamento térmico, interferência, aperto, retífica, etc.); ou então durante o serviço normal, devido ao dano causado por sobrecargas, fadiga, desgaste, fluência e/ou corrosão.

Como estudado no Capítulo 5, o furo elíptico, que pode simular os entalhes em geral, tem um fator de concentração de tensões K_t que cresce à medida que o raio ρ da sua ponta diminui [1-4]. É por isso que as trincas têm uma importância prática tão grande. De fato, sendo **a** e **b** os semi-eixos da elipse, σ_n a tensão nominal que solicita a placa de Inglis numa direção perpendicular ao semi-eixo **a** > **b**, σ_{max} a maior tensão que atua na borda do furo nos extremos do eixo **2a** (onde raio da elipse é dado por $\rho = b^2/a$, vide Fig. 8.1), então o K_t é dado por:

$$K_t = \frac{\sigma_{max}}{\sigma_n} = 1 + 2\frac{a}{b} = 1 + 2\sqrt{\frac{a}{\rho}} \qquad (8.1)$$

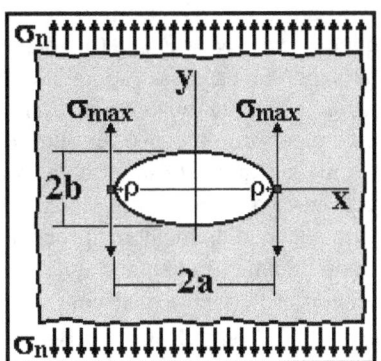

Fig. 8.1: A placa de Inglis.

Como as trincas podem ser aproximadas pelos entalhes elípticos (ou semi-elípticos) que as envolvem, e como as pontas das trincas ideais têm raio ρ tão pequeno que se pode e deve supor $\rho \to 0$, as trincas ideais têm $K_t \to \infty$, logo tensões lineares elásticas (LE) singulares nas suas pontas. Em outras palavras, em qualquer trinca assim idealizada, $\sigma_n > 0 \Rightarrow \sigma_{max} \to \infty$. É por isso que as trincas são defeitos estruturais particularmente danosos. Todavia, até as peças trincadas mais frágeis (como as de vidro) têm alguma resistência residual e toleram tensões nominais $\sigma_n > 0$, cuja magnitude deve ser prevista quando elas são usadas em aplicações estruturais. Mas como as tensões são sempre singulares nas pontas das trincas ideais carregadas (mesmo quando se considera σ_{max} elastoplástica), não se pode usar a análise de tensões tradicional para prever a resistência residual das peças trincadas, pois tensões máximas singulares *não* podem ser comparadas às resistências (S_E ou S_R) do material. Portanto, o efeito estrutural das trincas deve ser tratado por uma mecânica própria, a chamada de Mecânica da Fratura. Mas Mecânica das Trincas, o título deste capítulo, descreve melhor a grande importância da aplicação prática da modelagem das estruturas trincadas que trabalham parcialmente íntegras.

De fato, as estruturas dúcteis que não falham por sobrecarga ou corrosão generalizada gastam a sua vida útil para gerar e/ou propagar trincas de uma forma estável e paulatina (por fadiga, e.g.), e a grande maioria delas é retirada de serviço antes de fraturar. Para distinguir os vários processos físicos associados ao crescimento das trincas, é bom chamar a fratura instável de *fraturamento*, a fratura semi-estável (que requer cargas crescentes para progredir em tempos curtos) de *rasgamento*, e a propagação estável e paulatina da trinca (sob cargas cíclicas, e.g.) de *trincamento*. Como a segurança das estruturas trincadas decresce ao longo de sua vida à medida que as trincas crescem, os objetivos da Mecânica da Fratura são quantificar [3-22]:

1. A maior carga (ou a carga crítica) que uma estrutura trincada pode suportar em serviço;
2. O tamanho da maior trinca (ou a trinca crítica) tolerável por uma estrutura em serviço; e
3. A vida residual das estruturas trincadas sob cargas reais de serviço.

Mas antes de atacar estas tarefas, vale a pena introduzir os fundamentos da filosofia do projeto tolerante a defeitos.

8.2.2 Projeto tolerante a defeitos

O projeto tolerante a defeitos assume que uma estrutura só pode ser considerada segura quando for possível garantir que ela resistirá às cargas e sobrecargas de serviço durante toda a sua vida operacional, de forma previsível e repetitiva, tolerando todas as trincas que possam não ter sido detectadas durante a última inspeção a que tenha sido submetida [23]. Apesar de sua lógica evidente, esta filosofia só começou a ser exigida por normas de projeto no quarto final do século XX. De fato, provavelmente a sua primeira aplicação compulsória resultou da queda de um caça F-111 (um supersônico de asas móveis, vide Fig. 8.2), causada pela quebra do suporte da sua asa esquerda durante um vôo de treinamento em 1969, após apenas 104 horas de vôo. Este avião era o mais avançado caça norte-americano da época, e havia sido projetado e construído quase sem limite de custos, pelo menos quando comparado às aplicações civis mais comuns. O suporte das asas era feito com o melhor material estrutural então disponível, um aço D6ac (0.42-0.48C, 0.9-1.2Cr, 0.9-1.1Mo, 0.6-0.9Mn, 0.4-0.7Ni, 0.07-0.15V) forjado segundo os melhores procedimentos conhecidos naquela época. O F-111 gira as asas em torno de um pino daquele suporte que é, portanto, uma peça estrutural crítica. O aço D6ac foi especificado para o pino com $1.8 < S_R < 1.93GPa$ e $K_{IC} > 64MPa\sqrt{m}$, e para o seu suporte com $1.52 < S_R < 1.8GPa$ e $K_{IC} > 88MPa\sqrt{m}$. Mas o seu tratamento térmico era muito difícil de controlar na prática, e podia gerar tenacidades K_{IC} bem mais baixas do que o inicialmente esperado, nos piores casos até cerca de 1/3 das especificadas acima, como foi comprovado mais tarde, após o acidente [24-25].

Fig. 8.2: F-111 voando com asas abertas e fechadas (vide http://images.google.com.br).

O suporte que quebrou havia sido inspecionado pelo menos 3 vezes, em companhias diversas e por inspetores diferentes. No entanto, o cuidadoso exame dos destroços da aeronave, uma prática altamente recomendável, provou que a falha foi causada por um pequeno defeito de forjamento, pois nas suas faces havia óxido oriundo daquela operação. Este defeito superficial originalmente tinha apenas **23.6×5.7mm**, e havia crescido somente **0.44mm** quando causou a fratura do suporte durante a retomada (normal) de um mergulho.

É preciso enfatizar que este pequeno, mas crucial, defeito não foi detectado nas 3 inspeções detalhadas feitas no suporte (na fabricação, no recebimento e na montagem), usando as melhores técnicas então disponíveis. A pequena falha de fabricação cresceu por fadiga durante a curta vida da aeronave, até que a trinca atingiu o seu tamanho crítico e fraturou o suporte (derrubando o avião, uma máquina que tem o mau hábito de não voar sem as asas). Mas como era improvável que 3 inspetores independentes e altamente qualificados tivessem sido negligentes com a mesma peça (aliás, absolutamente crítica para a segurança do avião, como os inspetores bem sabiam), concluiu-se que era a metodologia de projeto que devia ser mudada. E que esta conclusão valeria mesmo que os inspetores tivessem sido negligentes, pois eles eram os melhores disponíveis no mercado. Esta conclusão é uma grande lição de bom senso e um ótimo exemplo de engenharia de alto nível: eliminar as causas de um erro para evitar a sua repetição é muito mais importante do que apontar eventuais culpados.

Assim, como *não* se pode garantir a total inexistência de defeitos nas estruturas reais, só se pode supor que elas não tenham defeitos maiores do que o limiar de detecção segura do método usado nas suas inspeções. Por isso, em 1974 a força aérea americana passou a exigir que seus aviões fossem projetados para resistir aos defeitos que poderiam estar presentes na estrutura, mesmo após a sua inspeção detalhada [26]. E os piores (pequenos) defeitos estruturais que podem passar despercebidos são as trincas, com o seu alto K_t.

Deve-se enfatizar que se no projeto ou no gerenciamento de uma estrutura não for considerado o efeito das trincas, só se pode garantir a sua segurança enquanto ela estiver realmente isenta de defeitos. Em todos os outros casos, a segurança estrutural só pode ser garantida se qualquer defeito que possa não ser detectado numa dada inspeção não puder crescer até atingir o seu tamanho crítico, antes que seja descoberto e corrigido numa próxima inspeção. Por isso, o período entre as inspeções deve ser calculado considerando as taxas de propagação das trincas sob as cargas reais de serviço (por exemplo, por fadiga, como estudado no Capítulo 9).

As inspeções às vezes podem ser substituídas por testes de sobrecarga, que garantem que a peça não tem trincas maiores do que a trinca crítica na sobrecarga (senão ela fraturaria no teste). Por exemplo, os F-111 da força aérea australiana têm sido periodicamente testados no solo numa temperatura $\Theta = -40^{\circ}C$ sob cargas correspondentes às geradas por acelerações de $-2.4g$ e de $7.33g$, onde $g \cong 9.8m/s^2$ é a aceleração da gravidade, causando algumas falhas, mas salvando a vida de pilotos e evitando a perda total da aeronave [24].

Em resumo, todas as estruturas cuja segurança tenha que ser maximizada (em particular aquelas cujas falhas possam ser catastróficas, como nas áreas nuclear ou aeronáutica, e.g.), ou cujo tamanho crítico da trinca seja pequeno ou difícil de detectar, devem ser projetadas para tolerar defeitos durante a sua vida operacional.

8.2.3 Métodos de inspeção de defeitos

O projeto tolerante a defeitos é intrinsecamente ligado a inspeções periódicas, cujas técnicas devem, portanto, ser ao menos conhecidas pelo projetista estrutural. São 6 as principais técnicas de inspeção não destrutiva (IND) usadas para descobrir trincas na prática [26-29]:

1- Inspeção visual (IV): requer boa visão, boa iluminação, limpeza, atenção a detalhes e capacidade de identificá-los. Como a IV é indispensável para avaliar o estado real das estruturas, ela é parte essencial de qualquer serviço de avaliação de integridade estrutural (AIE). A resolução das IV pode ser melhorada por equipamentos ópticos como lentes, lupas, endoscópios e/ou câmeras de vídeo, e pelas demais técnicas de IND superficiais. Podem-se gerar procedimentos de IV, mas é difícil normalizá-la, pois ela envolve julgamentos subjetivos, logo dependentes da qualificação, da experiência e do bom senso do inspetor (aliás, os 3 quesitos mais importantes nos serviços de AIE, onde a máxima "não confie uma máquina importante a um piloto inexperiente" é particularmente sensata).

2- Líquido penetrante (LP): é uma técnica simples e confiável, que não requer equipamentos especiais e pode ser aplicada segura e economicamente numa grande variedade de peças e estruturas metálicas ou não metálicas, virgens ou usadas. A parte da peça a ser testada deve estar muito bem limpa, desengraxada e sem pintura antes de ser encharcada numa tintura de alta capilaridade e cor berrante (em geral vermelha), ou então fluorescente sob luz ultravioleta (em geral amarelo-esverdeada). Após o tempo necessário à penetração da tintura nos defeitos (tipicamente 10 a 120 minutos), a peça deve ser enxugada e pintada com uma tinta (geralmente branca) que absorve o líquido que penetrou nas trincas, ou então deve ser colocada sob a luz ultravioleta, para realçar a localização visual das trincas, eventualmente com auxílio de equipamentos ópticos (vide normas ASTM E165, E433, E1417, E1418, E1135, E1208, E1209, E1210, E1219, E1220, E2297, etc.).

3- Partículas magnéticas (PM): as trincas interrompem o fluxo do campo magnético (em peças ferromagnéticas), e formam pólos opostos nas suas faces, provocando um vazamento no campo local que atrai as PM, limalhas de ferro aplicadas sobre a peça limpa, por via seca ou úmida, fluorescente ou não. A concentração destas PM é muito mais visível do que a trinca, e facilita a sua localização (vide normas ASTM E709 e E1444).

4- Correntes parasitas (CP): técnica versátil baseada na distorção do campo de uma sonda magnética, em geral uma bobina excitada por uma corrente alternada, pelas correntes parasitas por ela induzidas na peça (condutora elétrica), que se concentram em volta dos defeitos superficiais ou internos, e são detectadas pela variação da impedância da sonda ou de outro sensor colocado sobre a peça. As sondas são adaptáveis a inúmeras geometrias, e o processo é automatável (normas ASTM E215, E243, E566, E571, E690, E1606).

5- Ultra-som (U): detecta defeitos superficiais ou internos em peças metálicas ou não, usando a reflexão e/ou a refração de ondas mecânicas de alta freqüência, introduzidas na peça por um cabeçote especial que normalmente contém tanto o transdutor que induz as ondas, quanto o receptor que as mede, ambos em geral cristais piezoelétricos. O cabeçote é esfregado sobre a superfície da peça para nela introduzir trens de pulsos de amplitude e duração bem conhecidas. A superfície a ser inspecionada deve em geral ser recoberta previamente por um líquido ou por um gel, para melhorar a transmissibilidade e a receptividade dos pulsos mecânicos. A atenuação e a distorção destes pulsos são lidas na tela de um osciloscópio, e são relacionadas com o tipo, a forma e a posição dos defeitos. Cabeçotes modernos podem subdividir as áreas inspecionadas em vários pontos, para aumentar a velocidade do mapeamento dos defeitos. Esta técnica é versátil, mas requer inspetores bem treinados (vide normas ASTM E127, E1441, E1454, E1495, E1736, E2001, E2192, E2223, E2580, etc.).

6- Radiografia (R): usa raios x ou γ (neste caso se chama gamagrafia), dependendo da espessura e da permeabilidade do material, e pode detectar tanto defeitos internos quanto externos na maioria dos materiais. Mas as fontes radioativas podem ser muito perigosas, e o seu manuseio requer inspetores bem qualificados e com treinamento especial adequado, além de práticas de proteção severas, que no caso da gamagrafia podem incluir evacuação completa da planta industrial durante os testes (vide normas ASTM E94, E748, E545, E592, E801, E999, E1030, E1032, E1255, E1391, E1496, E1742, E1814, E2007, E2141, E2445, etc.).

Além dos 6 métodos já mencionados, há outras técnicas de IND que podem ser usadas no gerenciamento de integridade estrutural. Dentre elas se destaca a emissão acústica (EA), que pode ser usada para identificar e localizar trincas através da análise do ruído gerado pelas ondas elásticas causadas pela movimentação de discordâncias, ou pela propagação das trincas de fadiga, durante o carregamento de uma estrutura (normas ASTM E596, E650, E749, E750, E1319, E1392, E1962, E2191, E2076, E2374, etc.). A EA é particularmente útil para identificar a fratura das fibras e o seu descolamento da matriz nas estruturas compósitas.

Outros métodos que merecem ser citados são: a análise espectral (as trincas afetam a rigidez e, portanto, também as freqüências naturais de uma estrutura); a termografia (que detecta defeitos a partir das pequenas variações de temperatura que eles causam no seu entorno durante o carregamento cíclico da estrutura); e as várias técnicas de análise experimental de deformações, como a extensometria, a interferometria holográfica ou a fotoelasticidade, cujo uso principal não é detectar ou medir trincas, mas que podem ser usadas para identificá-las em alguns casos especiais. Também vale a pena mencionar que várias das técnicas de IND podem ser usadas para detectar porosidades, vazios, inclusões ou corrosão, medir espessuras de parede ou de revestimentos, densidade, condutividade elétrica, etc.

Nas aplicações reais no campo, desde que o acesso aos pontos inspecionados seja adequado, todos os métodos de IND descritos acima têm alta probabilidade de detecção de trincas cujo tamanho seja pelo menos da ordem de **10mm**, mas nenhum deles detecta trincas menores do que cerca de **0.1mm** de maneira confiável. Portanto, todos eles podem *não* detectar trincas da ordem de **1mm**, vide Fig. 8.3 e Tabela 8.1.

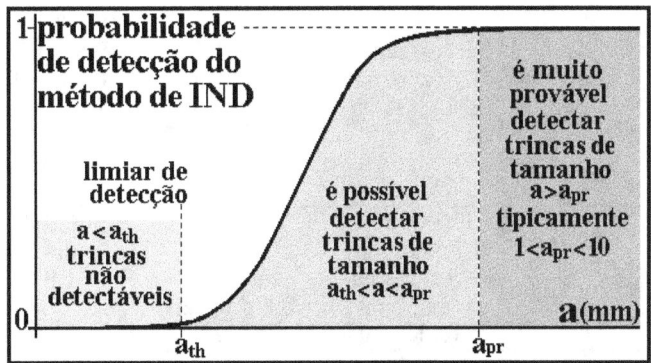

Fig. 8.3: A probabilidade de detecção das trincas depende do tamanho da trinca, e cada método de IND tem um limiar de detecção a_{th} e outro de detecção provável a_{pr}.

A detecção e a medição de trincas de **100μm** ou menores é possível quando se conhece a sua localização a priori, e se pode trabalhar com superfícies muito bem polidas, limpas e iluminadas. Nestas condições se pode usar microscopia ótica, em geral através de lupas ou de microscópios estéreo, que têm uma profundidade de foco bem maior que os microscópios tradicionais, ou então de microscópios confocais de varredura a laser, quando se precisa maximizar a profundidade de focagem (pois estes microscópios focam num único ponto, e não numa área). Nos experimentos mais sofisticados, as trincas são observadas por microscopia eletrônica de varredura (mas para isto elas devem dentro da câmara de vácuo do MEV).

Tabela 8.1: Tamanhos de trinca que são provavelmente detectáveis através das várias técnicas de IND por inspetores bem qualificados, segundo a NASA [29], vide Fig. 8.4.

geometria da trinca	técnica de inspeção	espessura da peça t (mm)	tamanho da trinca	
			a (mm)	c (mm)
trinca passante na superfície externa de uma placa, esfera ou cilindro	CP	$t \leq 1.3$	1.3	-
	LP	$t \leq 1.3$	2.5	-
	LP	$1.3 < t \leq 1.9$	3.8–t	-
	PM	$t \leq 1.9$	3.2	-
trinca lateral passante numa placa	CP	$t \leq 1.9$	2.5	-
	LP	$t \leq 2.5$	2.5	-
	PM	$t \leq 1.9$	6.4	-
trinca passante saindo de um furo numa placa, orelha, flange ou cilindro	CP	$t \leq 1.9$	2.5	-
	LP	$t \leq 2.5$	2.5	-
	PM	$t \leq 1.9$	6.4	-
trinca (bi-dimensional, 2D) interna numa placa	R	$0.6 \leq t \leq 2.7$	0.35t	1.9
	R	$t \geq 2.7$	0.35t	0.7t
	U	$t \geq 7.6$	1.7	1.7
trinca 2D de canto numa placa retangular	CP	$t > 1.9$	1.9	1.9
	LP	$t > 2.5$	2.5	2.5
	PM	$t > 1.9$	1.9	6.4
	U	$t > 2.5$	2.5	2.5
trinca 2D de canto saindo de um furo numa placa, orelha ou flange	CP	$t > 1.9$	1.9	1.9
	LP	$t > 2.5$	2.5	2.5
	PM	$t > 1.9$	1.9	6.4
	U	$t > 2.5$	2.5	2.5
trinca superficial 2D em placa retangular ou vaso de pressão esférico (superfície externa), ou saindo de um furo em placa, orelha ou flange	CP	$t > 1.3$	0.5 a 1.3	2.5 a 1.3
	LP	$t > 1.9$	0.6 a 1.9	3.2 a 1.9
	PM	$t > 1.9$	1.0 a 1.9	4.8 a 3.2
	R	$0.6 \leq t \leq 2.7$	0.7t	1.9
	R	$t > 2.7$	0.7t	0.7t
	U	$t \geq 2.5$	0.8 a 1.7	1.3 a 1.7
trinca superficial 2D nas paredes externa ou interna de um tubo	CP (ext. e int.)	$t > 1.3$	0.5 a 1.3	2.5 a 1.3
	LP (externa)	$t > 1.9$	0.6 a 1.9	3.2 a 1.9
	PM (externa)	$t > 1.9$	1.0 a 1.9	4.8 a 3.2
	R (ext. e int.)	$0.6 \leq t \leq 2.7$	0.7t	1.9
	R (ext. e int.)	$t > 2.7$	0.7t	0.7t
	U (ext. e int.)	$t \geq 2.5$	0.8 a 1.7	1.3 a 1.7
trinca circumferencial nas paredes externa ou interna de um tubo	CP (ext. e int.)	$t > 1.3$	0.5	–
	LP (externa)	$t > 1.9$	0.6	–
	PM (externa)	$t > 1.9$	1.0	–
	R (ext. e int.)	$0.6 \leq t \leq 2.7$	0.7t	–
	U (ext. e int.)	$t \geq 2.5$	0.8	–
trinca superficial radial 2D num eixo de raio r	CP	–	r· [1 +	1.3
	LP	–	tan(c/r) –	1.9
	PM	–	sec(c/r)]	3.2

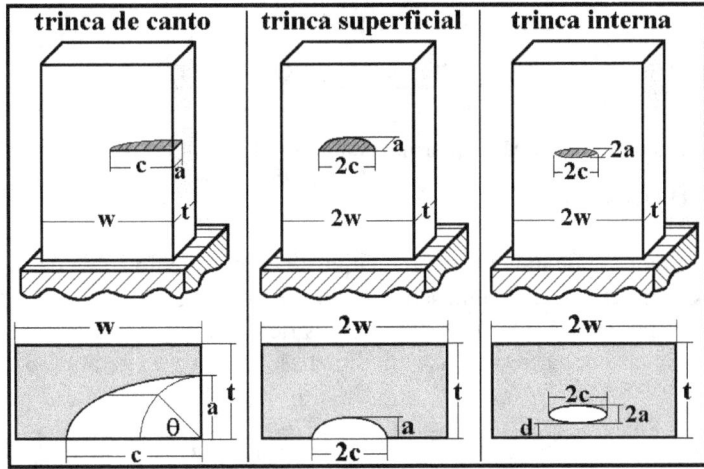

Fig. 8.4: Definição das dimensões **a** e **c** das trincas 2D mencionadas na Tabela 8.1.

8.3 O Balanço de Energia de Griffith

Charles Edward Inglis (1875-1952) mostrou no seu trabalho magistral de 1913 que os entalhes elípticos numa grande placa têm um fator de concentração de tensões $\mathbf{K_t}$ proporcional a $\sqrt{(a/\rho)}$ [2], mas não explicou por que as peças trincadas *não* quebravam ao serem carregadas, já que o seu $\mathbf{K_t} \to \infty$ quando $\rho \to 0$. Coube a um (então) jovem chamado Alan Arnold Griffith (1893-1963) dar em 1920 o passo genial que marco o início à Mecânica da Fratura [31]: ele não se deixou intimidar pelas tensões singulares previstas pelo modelo de Inglis nas pontas das trincas, pois sabia que isto era uma característica do modelo (que supunha raios de ponta $\rho = 0$ e tensões lineares elásticas), não das trincas reais. Assim, ele ignorou $\sigma_{max} \to \infty$ e apelou para um princípio mais forte, supondo que a propagação das trincas, como qualquer fenômeno físico, tem que obedecer à *lei* de conservação da energia..

Na realidade, os modelos singulares são muito comuns e úteis na análise de tensões. Por exemplo, as tensões LE sob uma força concentrada na face de um corpo semi-infinito, calculadas por Boussinesq [1], dependem de $\mathbf{1/r^2}$ e são, portanto, mais fortemente singulares do que as tensões geradas pelas trincas ideais, que dependem de $\mathbf{1/\sqrt{r}}$ (sendo **r** a coordenada polar centrada no ponto singular do modelo, a ponta da trinca ou o ponto de aplicação da carga concentrada). Ainda assim as forças concentradas podem ser, e são muito usadas em projetos estruturais (mas elas não podem ser usadas para modelar os problemas de contato, cuja análise precisa reconhecer as áreas finitas sob as forças). Todavia, criar energia é definitivamente um privilégio divino: segundo a ciência atual, apenas no instante do big-bang (o "faça-se a luz" do Gênesis 1:3?) a lei da conservação da energia teria sido aparentemente violada.

Portanto, usando a forma incremental da 1ª lei da termodinâmica, pode-se afirmar que uma trinca só pode crescer, aumentando a sua área de $\delta\mathbf{A}$, quando o incremento $\delta\mathbf{W}$ do trabalho fornecido à peça trincada puder suprir a soma da variação $\delta\mathbf{E_D}$ da energia de deformação armazenada na peça com a variação da energia absorvida durante o crescimento da trinca:

$$\delta W \geq \delta E_D + \mathcal{T} \cdot \delta A \tag{8.2}$$

onde $\mathcal{T}$ é a tenacidade, ou a energia necessária para gerar uma unidade de área da trinca (em $\mathbf{J/m^2}$), e $\delta\mathbf{A}$ é o incremento da área da trinca, em $\mathbf{m^2}$ ($\delta A = t \cdot \delta a$ quando a espessura **t** é constante). Neste ponto é didático lembrar que a densidade **U** da energia de deformação armazenada em qualquer ponto das peças feitas de um material linear elástico é dada por [32]:

$$U = (\sigma_x\varepsilon_x + \sigma_y\varepsilon_y + \sigma_z\varepsilon_z + \tau_{xy}\gamma_{xy} + \tau_{xz}\gamma_{xz} + \tau_{yz}\gamma_{yz})/2 =$$

$$= \frac{\sigma_x^2 + \sigma_y^2 + \sigma_z^2}{2E} - \frac{\sigma_x\sigma_y + \sigma_x\sigma_z + \sigma_y\sigma_z}{E/\nu} + \frac{\tau_{xy}^2 + \tau_{xz}^2 + \tau_{yz}^2}{2G} \qquad (8.3)$$

E que a energia de deformação E_D armazenada numa estrutura de volume V é:

$$E_D = \iiint_V U\, dx\, dy\, dz \qquad (8.4)$$

Por exemplo, no caso de uma barra prismática de comprimento L e área A sob tração uniforme σ, $E_D = A \cdot L \cdot \sigma^2/2E$. Aliás, como são 4 os tipos de esforços, pode-se dividir a energia de deformação E_D nas partes causadas pelos momentos fletor M e torçor T, e pelas forças normal P e cortante C, as quais em barras (peças com dimensão $x \gg y$ e z) geram [33]:

$$E_{DP} = \int_0^L \frac{P^2}{2EA}\,dx\,, \quad E_{DC} = \int_0^L \frac{C^2}{2\kappa GA}\,dx\,, \quad E_{DM} = \int_0^L \frac{M^2}{2EI}\,dx\,, \quad E_{DT} = \int_0^L \frac{T^2}{2\lambda GJ}\,dx \quad (8.5)$$

onde E e G são os módulos elásticos, A é a área, I e J os momentos de inércia apropriados e κ e λ constantes que dependem da forma da seção reta da barra. A E_D é freqüentemente usada junto com o ($2^{\underline{o}}$) teorema de Castigliano para quantificar a rigidez de estruturas estáticas ou hiperestáticas, correlacionando os deslocamentos com os esforços que os causam:

$$q = \partial E_D/\partial Q \qquad (8.6)$$

onde q é o deslocamento ou a rotação na direção do esforço Q, que pode ser um real ou virtual, quando no ponto onde se quer obter q não atua a carga necessária. Nestes casos, a E_D é calculada considerando a contribuição da carga virtual, que só é igualada a zero após calcular o deslocamento q. É mais fácil compreender isto através de um exemplo:

⇨ E8.1: Calcule a deflexão y e a rotação θ causadas pela carga $P = 1kN$ na ponta de uma viga de aço em balanço, com seção quadrada de lado $a = 50mm$ e comprimento $L = 1m$.

Supondo que um momento virtual M também atua na ponta da viga e desprezando o seu peso próprio, a E_D nela armazenada é dada por:

$$E_D = E_{DM} + E_{DC} = \int_0^L \left[\frac{(Px+M)^2}{2EI} + \frac{3P^2}{5GA}\right]dx = \frac{P^2L^3}{6EI} + \frac{PML^2}{2EI} + \frac{M^2L}{2EI} + \frac{3P^2L}{5GA} \qquad (8.7)$$

E substituindo (8.7) em (8.6), se obtém:

$$\begin{cases} y = q_P = \dfrac{\partial E_D}{\partial P}\Big|_{M=0} = \dfrac{PL^3}{3EI} + \dfrac{6PL}{5GA} = \dfrac{PL}{E}\left[\dfrac{4L^2}{a^4} + \dfrac{12(1+\nu)}{5a^2}\right] = (3.2 + 0.006)mm \\[4mm] \theta = q_M = \dfrac{\partial E_D}{\partial M}\Big|_{M=0} = \dfrac{PL^2}{2EI} = 4.8 \cdot 10^{-3}rad \end{cases} \qquad (8.8)$$

Note como a contribuição do cortante para os deslocamentos verticais, como esperado numa viga longa como esta, de fato é bem pequena frente à do fletor. ✓

Como as tensões trativas não podem ser transmitidas através das faces das trincas, o material (da peça) no entorno dessas faces tem que permanecer descarregado. Logo, a quantidade de material descarregado na peça trincada cresce quando a trinca aumenta. Desta forma, o incremento da trinca tende a aliviar a energia de deformação E_D armazenada na peça e, portanto, também a reduzir a energia potencial do sistema sob carga:

$$E_P = E_D - W \qquad (8.9)$$

onde W é o trabalho realizado pelos esforços que atuam na peça trincada quando ela se mexe.

Para quantificar este efeito, pode-se definir a chamada taxa de alívio da energia potencial elástica armazenada no sistema por unidade de área de trinca:

$$\mathcal{G} = -\,\partial E_P/\partial A \tag{8.10}$$

Esta definição inclui um sinal negativo para que a taxa $\mathcal{G}$ seja um número positivo, já que a energia armazenada na peça trincada tende a decrescer quando a trinca cresce. Irwin chamou $\mathcal{G}$ de força de extensão da trinca, um termo menos claro, notando-a pela letra $\mathcal{G}$ (sempre manuscrita para não confundi-la com $\mathbf{G}$, o módulo de cisalhamento) em homenagem a Griffith [34]. A taxa $\mathcal{G}$ é um dos pilares da Mecânica da Fratura Linear Elástica (MFLE).

Mas para que $\mathcal{G}$ possa quantificar trincas, deve-se provar que esta taxa de alívio da energia é de fato uma propriedade da estrutura trincada [13]. Assim, seja uma peça trincada carregada pela força $\mathbf{P}$ através de uma mola de flexibilidade $C_M = y_M/P$, que representa a rigidez finita de qualquer estrutura usada para carregar a peça. Note que flexibilidade, antônimo de rigidez, é uma tradução muito mais adequada para a palavra inglesa *compliance* do que o anglicismo horroroso "compliância". E seja $y_M = y_T - y$ a deflexão da mola ao longo da linha da força $\mathbf{P}$, onde y_T é o deslocamento total da força $\mathbf{P}$ e $\mathbf{y}$ é o deslocamento do seu ponto de aplicação na peça através da mola, vide Fig. 8.5.

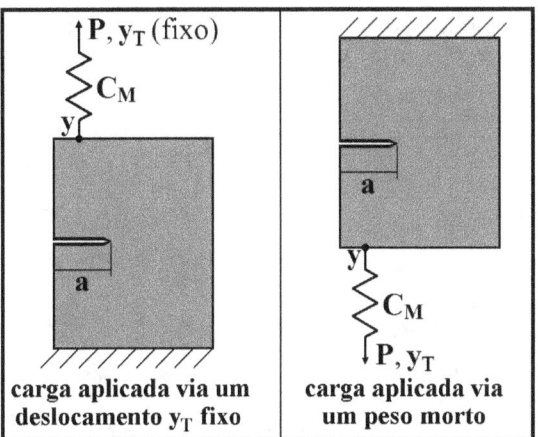

Fig. 8.5: Carga $\mathbf{P}$ aplicada numa peça trincada através da mola de flexibilidade C_M.

Supõe-se primeiro que a carga $\mathbf{P}$, que atua na peça através da mola, seja gerada por um dado deslocamento total $y_T = y + y_M = y + C_M \cdot P = y \cdot (1 + C_M/C)$ prescrito e invariável, onde a flexibilidade da peça trincada $C = y/P$ é função do tamanho $\mathbf{a}$ da trinca. A energia potencial total armazenada no sistema (mola + peça) é $E_P = [y^2/C + (y_T - y)^2/C_M]/2$. Como a força $\mathbf{P}$ não produz trabalho quando o tamanho $\mathbf{a}$ da trinca varia (pois supôs-se que o deslocamento total y_T é mantido fixo), supondo por simplicidade que a espessura $\mathbf{t}$ da peça é fixa e a variação da área da trinca é $dA = t \cdot da$, a taxa de alívio da energia $\mathcal{G}$ neste caso é dada por:

$$\mathcal{G} = -\frac{1}{t}\frac{dE_P}{da}\bigg|_{y_T} = -\frac{1}{t}\left\{\left[\frac{y}{C} - \frac{(y_T - y)}{C_M}\right]\frac{dy}{da} - \frac{1}{2}\frac{y^2}{C^2}\frac{dC}{da}\right\}\bigg|_{y_T} \tag{8.11}$$

Como $y/C = y_M/C_M = P$ (pois a força passa através da mola) a taxa de alívio da energia $\mathcal{G}$ de fato não depende da máquina de teste (pelo menos neste caso), e é dada por:

$$\mathcal{G} = \frac{P^2}{2t}\frac{dC}{da} \tag{8.12}$$

Seja agora a mesma peça trincada carregada pela força **P** mantida constante (digamos, a-através de um peso morto) via uma mola de (qualquer) flexibilidade C_M. É claro que o deslocamento da mola y_M neste caso permanece constante, mas a força **P** pode se deslocar e executar trabalho $W = P \cdot y_T$. Portanto, a energia potencial do sistema (mola + peça) é dada por:

$$E_P = E_D + \frac{y_M^2}{2} C_M - W = \frac{y^2/C + y_M^2/C_M}{2} - P \cdot y_T \qquad (8.13)$$

Como a taxa de alívio de energia é $G = - dE_P/d(a \cdot t)$, supondo **t** constante e sabendo que y_M é fixo (pois **P** não varia), logo que $dy_T/da = dy/da$, e que $P = y/C$, obtém-se:

$$G = -\frac{1}{t}\left\{\frac{y}{C}\frac{dy}{da} - \frac{1}{2}\frac{y^2}{C^2}\frac{dC}{da} - P\frac{dy_T}{da}\right\}\Bigg|_P = \frac{P^2}{2t}\frac{dC}{da} \qquad (8.14)$$

Esta é exatamente a mesma taxa G obtida em (8.12), comprovando que ela de fato independe de como a carga é aplicada e que, portanto, G é uma propriedade da peça trincada.

A interpretação gráfica de G mostrada na Fig. 8.6 é interessante e educativa: a taxa G é proporcional à área cinza entre as curvas que medem a rigidez da peça trincada em dois instantes, o primeiro quando a trinca tem tamanho **a**, e o segundo após ela crescer para **a** + **Δa**. O deslocamento do ponto de aplicação da força **P** na peça trincada é chamado de **x**, logo a flexibilidade da peça é dada por $C = x/P$. A espessura **t** da peça trincada é suposta constante, de forma que $G = (P^2/2t) \cdot (dC/da)$.

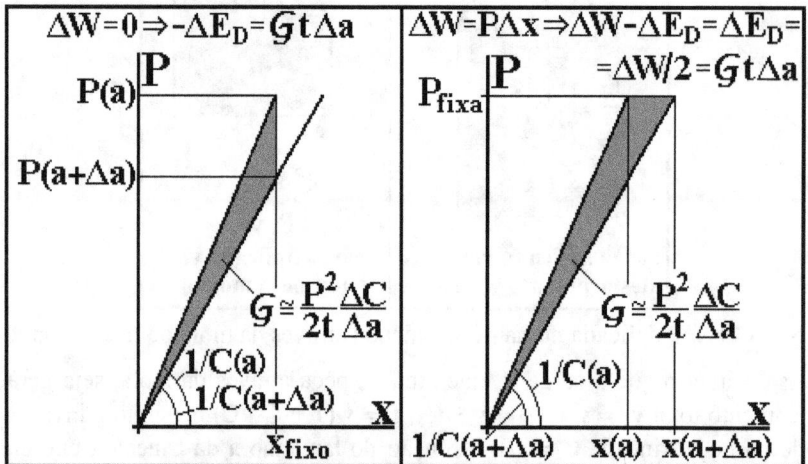

Fig. 8.6: Interpretação gráfica de $G = - \partial E_P/\partial A \cong (\Delta W - \Delta E_D)/\Delta(t \cdot a)$.

Na parte direita desta figura a carga é fixa, aplicada e.g. por peso morto. Mas a carga **P(a)** da esquerda é aplicada por um deslocamento fixo e diminui quando a trinca aumenta de **a** para **a** + **Δa**. Entretanto, quando $\Delta a \to 0$ as duas áreas em cinza tendem para o mesmo valor, comprovando graficamente que G independe da forma da carga, e que pode ser medida pela variação da flexibilidade da peça **dC/da** à medida que a trinca aumenta. Isto é usado em aplicações práticas interessantes, por exemplo, numa técnica popular para medir os tamanhos de trinca a-através da variação da flexibilidade dos CPs durante os testes de fadiga [35-38].

Os exemplos E8.2 a 8.5 são particularmente úteis para fixar estes conceitos.

⇨ E8.2: Quanta energia é gasta para descolar uma fita adesiva de largura **t**?

Descolar a fita é análogo a nela propagar uma trinca: só se pode descolar um pedaço Δa da fita se $\Delta W \geq \Delta E_D + \mathcal{T} \cdot t \cdot \Delta a$, onde ΔW é o incremento do trabalho feito por **P**, ΔE_D o incremento da energia de deformação contida na fita e $\mathcal{T}$ a energia gasta para descolar uma u-nidade de área da fita, que é análoga à sua tenacidade. Se a fita for rígida em relação à cola (se for de PET, e.g.), pode-se assumir que $\Delta E_D \cong 0$, logo que $\Delta W = P \cdot \Delta a \cong \mathcal{T} \cdot t \cdot \Delta a$. ✔

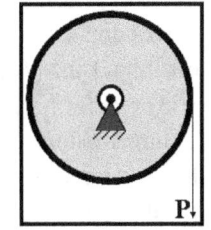

Fig. 8.7: Rolo de fita.

Assim, a energia gasta para descolar a fita pode ser medida por $\mathcal{T} = \mathcal{G}_C$, a taxa crítica de alívio da energia em J/m^2, que também pode ser interpretada (como proposto originalmente por Irwin) como a força por unidade de largura para descolar a fita, ou seja, $\mathcal{G}_C = P/t$, em **N/m**. Vem daí a terminologia em inglês *crack driving force*, ou força para propagar a trinca, o outro nome de $\mathcal{G}$.

⇨ E8.3: Estime $\mathcal{G}$, a taxa de alívio da energia armazenada numa placa trincada numa borda e carregada por forças **P** fixas, como mostrado na Fig. 8.8.

Como a carga **P** é fixa, $\Delta W = 0$ e $\mathcal{G} = -dE_D/d(a \cdot t)$. Já que não importa como **P** atua na peça, $\mathcal{G}$ pode ser calculada da forma que for mais conveniente. Assim, para estimar $\mathcal{G}$, pode-se supor que as tensões elásticas σ sejam uniformes na placa (fingindo que $K_t = 1$) e que $E_D = \int(\sigma^2/2E)dV$, onde **dV** é o elemento de volume da placa, exceto num semi-círculo de raio **a** em torno da trinca (com volume $\pi a^2 t/2$), suposto descarregado. Pode-se estimar a taxa de alívio $\mathcal{G}$ derivando esta energia potencial (estimada) em relação à área da trinca $A = t \cdot a$, para obter:

$$\mathcal{G} \cong (\sigma^2/2E) \cdot d(\pi a^2 t/2)/(t \cdot da) = \sigma^2 \pi a/2E \quad ✖ \quad (8.15)$$

A solução exata deste problema é $\mathcal{G} = 1.12^2 \sigma^2 \pi a/E$ (sob tensão plana e $w \gg a$). ✔

Fig. 8.8: Placa com uma trinca lateral **a**.

⇨ E8.4: Estime $\mathcal{G}$, a taxa de alívio da energia armazenada na placa trincada no centro mostrada na Fig. 8.9.

Por convenção, na Mecânica da Fratura diz-se que as trincas com **2** pontas têm comprimento **2a** e as placas largura **2w**, enquanto as com apenas **1** ponta têm comprimento **a** e as placas largura **w**. Supondo de novo tensões elásticas σ uniformes na placa, exceto no círculo descarregado de diâmetro **2a** que envolve a trinca, pode-se estimar a taxa de alívio por:

$$\mathcal{G} \cong (\sigma^2/2E) \cdot d(\pi a^2 t)/(t \cdot 2da) = \sigma^2 \pi a/2E \quad ✖ \quad (8.16)$$

Se $2w \gg 2a$, a solução exata deste problema é $\sigma^2 \pi a/E$. Vale a pena notar que esta solução exata seria obtida supondo a região des-carregada da placa em torno da trinca, na qual $\sigma = 0$, como uma e-lipse de eixos **2a** e **4a**, que envolva a trinca como também mostrado na Fig. 8.9. Note como a estimativa da região descarregada em tor-no da trinca afeta diretamente a estimativa da taxa $\mathcal{G}$. ✔

Fig. 8.9: Placa com uma trinca central **2a**.

Estes dois exemplos simples realçam que arbitrar uma distribuição correta de tensões numa estrutura trincada para estimar $\mathcal{G}$ não é uma tarefa trivial. Na realidade é preciso calcular a energia de deformação em toda a peça antes de obter $\mathcal{G}$. Isto não é um obstáculo sério quando se faz uma modelagem numérica global da peça, pois as forças e os deslocamentos nos nós da malha de elementos finitos são disponíveis de qualquer maneira. Mas o cálculo analítico de $\mathcal{G}$ em geral é complicado, o que dificulta o seu uso na prática. Mas há casos em que se pode facilmente calcular E_D, como exemplificado abaixo.

⇨ E8.5: Calcule a taxa de alívio $\mathcal{G}$ de uma barra de espessura **t**, cuja altura **2h** é divida ao meio por uma trinca longa de tamanho **a**, formando duas vigas em balanço que são carregadas pelas forças **P**, como mostrado na Fig. 8.10.

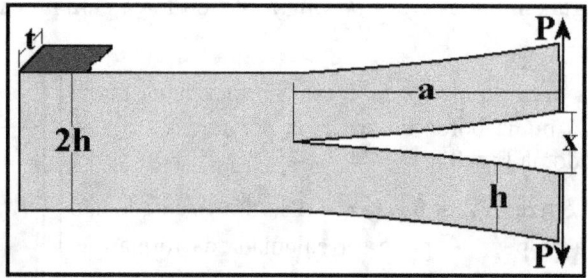

Fig. 8.10: A viga, dividida ao meio por uma trinca **a >> h** e **t**, é chamada de balanço duplo.

Assumindo que a trinca é muito maior que a altura e a espessura da barra, **a >> t, h**, a taxa de alívio $\mathcal{G}$ pode ser facilmente obtida calculando a flexibilidade **C = x/P** das vigas resultantes da trinca, onde $\mathbf{x = 2 \cdot Pa^3/3EI}$ é a soma dos deslocamentos das 2 vigas sob as cargas **P**, portanto $\mathbf{C = 8a^3/(E \cdot t \cdot h^3)}$, logo:

$$\mathcal{G} = (P^2/2t) \cdot dC/da = 12P^2a^2/(E \cdot t^2 \cdot h^3) \quad \checkmark \tag{8.17}$$

Neste caso é fácil calcular a flexibilidade da peça e obter $\mathcal{G}$. Uma estimativa mais precisa, que também considera as tensões cisalhantes e a flexibilidade do engaste, é dada por [16]:

$$\mathcal{G}' = 4P^2[3(a/h + 1/3)^2 + 1]/(E \cdot h \cdot t^2) \tag{8.18}$$

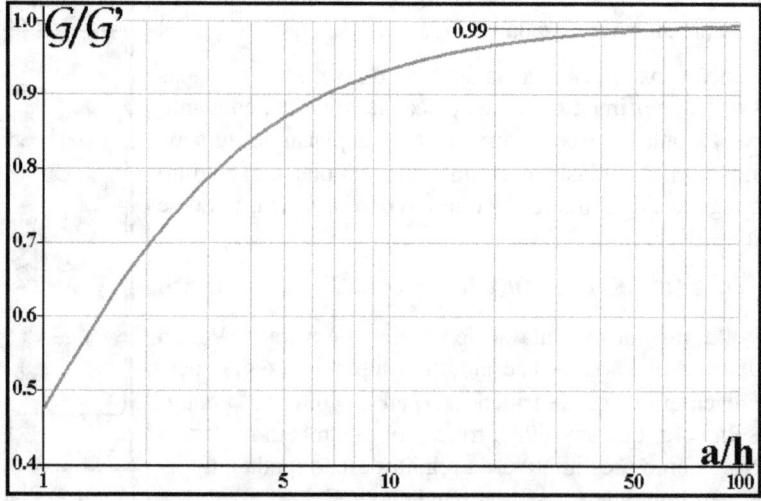

Fig. 8.11: A razão $\mathcal{G}/\mathcal{G}'$ mostra que **a >> h** ⟹ **a > 50h** para um erro menor que **1%**.

As cargas que atuam nas estruturas podem solicitar as trincas de 3 formas ou modos básicos: o modo I ou de tração (normal ao plano da trinca); o modo II ou de corte (cisalhamento paralelo ao plano e perpendicular à ponta da trinca); e o modo III ou de torção (cisalhamento paralelo ao plano e à ponta da trinca), vide Fig. 8.12. O efeito de qualquer carga numa trinca pode ser decomposto nestes 3 modos.

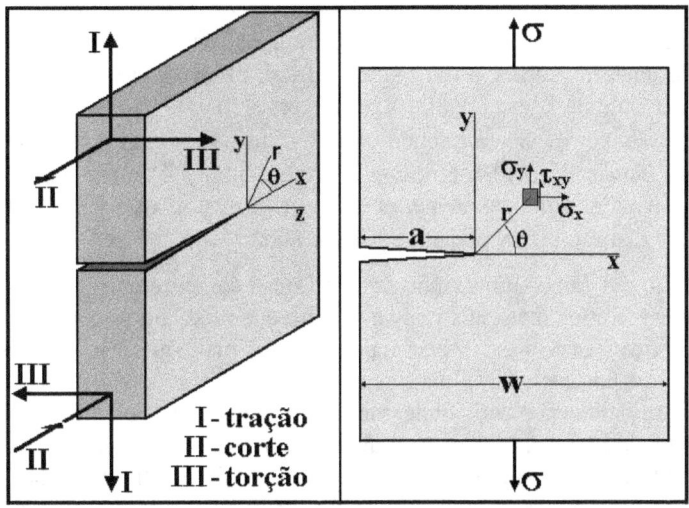

Fig. 8.12: Os 3 modos básicos de solicitar as trincas: modo I (tração), modo II (corte) e modo III (torção); e a notação usada para as tensões em volta da ponta da trinca.

Desta forma, pode-se falar nas taxas de alívio da energia elástica em modo I, $\mathcal{G}_I$, em modo II, $\mathcal{G}_{II}$, ou em modo III, $\mathcal{G}_{III}$. E no caso mais geral, como a taxa $\mathcal{G}$ é uma grandeza escalar, $\mathcal{G} = \mathcal{G}_I + \mathcal{G}_{II} + \mathcal{G}_{III}$. Mas quase sempre as trincas preferem propagar em modo I, ou seja, na direção perpendicular à máxima tensão normal trativa, para evitar assim o atrito nas suas faces durante a fratura ou o trincamento. É por isto que o modo I é de longe o mais importante na prática da engenharia estrutural.

Quando a tenacidade $T = \mathcal{G}_{IC}$ do material independe do tamanho da trinca **a** e do seu incremento Δ**a**, e a trinca sempre gasta $\mathcal{G}_{IC}$ J/m^2 para a sua área **A** crescer de uma unidade Δ**A** em modo I então, pela lei de conservação da energia, a trinca só pode propagar quando:

$$-\partial E_P/\partial A = \mathcal{G}_I \geq T = \mathcal{G}_{IC} \tag{8.19}$$

Assim, $\mathcal{G}_{IC}$ (deve-se ler "gê-um-cê") é o valor crítico da taxa de alívio da energia potencial armazenada na peça trincada que inicia o fraturamento em modo I dos materiais muito frágeis. Portanto, a trinca permanece estável enquanto a taxa de alívio $\mathcal{G}_I < T = \mathcal{G}_{IC}$. Desta forma, $\mathcal{G}_{IC}$ pode ser usada para medir a resistência à propagação da trinca, ou seja, a tenacidade do material em modo I sob condições predominantemente elásticas. Isto ocorre porque os materiais quase idealmente elásticos são muito frágeis, pois praticamente toda a energia $\mathcal{G}_{IC}$·d**A** necessária para propagar a trinca é despendida para formar suas novas superfícies, numa fratura geralmente brusca e instável. Aliás, foi por isto que Griffith, que sabia estimar a energia superficial do vidro, usou pequenas fibras deste material (extremamente frágil) para comprovar a sua teoria experimentalmente.

A fratura brusca das estruturas frágeis em geral ocorre em velocidades muito altas, da ordem da velocidade de propagação das ondas cisalhantes no material, tipicamente de **2 a 3km/s** na maioria dos metais e cerâmicas (só para comparar, a velocidade do som no ar é **325m/s** a

$-10°C$ e $349m/s$ a $30°C$). Portanto, as fraturas frágeis são quase instantâneas na prática: simplesmente não dá tempo para tomar qualquer medida corretiva para pará-las. E suas conseqüências podem ser catastróficas (Capítulo 2) porque, além de extremamente rápidas, elas não geram avisos evidentes da iminência da falha. Na realidade só se ouve uma fratura depois que ela acabou. É por isso que nunca é demais lembrar que se deve evitar o uso de materiais frágeis nas aplicações estruturais.

Como regra geral, as cerâmicas são frágeis, enquanto os compósitos, os metais e os polímeros dúcteis são tenazes. Assim, o fraturamento frágil brusco é em geral o mecanismo de falha mecânica dominante nas ligas metálicas de alta resistência e baixa ductilidade, nas cerâmicas, nos polímeros abaixo de Θ_V (a temperatura de transição vítrea) e nos metais CCC abaixo da temperatura de transição dúctil-frágil, Θ_{DF}. Portanto, nunca é demais lembrar que é preciso cuidado com as estruturas soldadas nos climas muito frios, pois os aços de baixo C, um material em geral dúctil e muito tenaz, podem ter $\Theta_{DF} \cong 0°C$!

Entretanto, não existe nenhuma liga estrutural perfeitamente elástica nem idealmente frágil, pois o fraturamento dos materiais reais é sempre acompanhado de alguma plasticidade ou deformação inelástica. Neste caso a energia necessária para que a trinca possa se propagar também inclui a parcela despendida para gerar as deformações plásticas que acompanham o fraturamento. Quanto maior a plasticidade, maior a tenacidade do material. Aliás, qualquer outro tipo de mecanismo que absorva energia durante o fraturamento também contribui para aumentar a tenacidade do material, como visto no Capítulo 3. Dentre eles pode-se mencionar a micro fissuração nas cerâmicas, a formação de uma malha de trincas finas e fibrilas orientadas nos polímeros termoplásticos vítreos (chamada de *crazing*), ou o descolamento e o arrancamento das fibras nos compósitos.

Todavia, quando a peça fratura sob condições de plasticidade generalizada, é claro que $\mathcal{G}_{IC}$, a taxa crítica de alívio da energia potencial elástica, não pode prever bem o início fratura, o qual precisa então ser modelado pela (bem menos simples) Mecânica da Fratura Elastoplástica. Como a maioria das estruturas é propositadamente feita com materiais tão tenazes quanto possível, pode parecer um contra-senso investir tempo estudando a MFLE. Mas uma análise simples da competição entre o colapso plástico e o fraturamento previsto por contas baseadas nos conceitos da MFLE pode (e deve) ser usada para tratar problemas de falha terminal em muitos casos práticos, como será estudado adiante. Além disso, a MFLE é indispensável para modelar a propagação de trincas por fadiga.

Valores típicos da tenacidade de alguns materiais estruturais são listados na Tabela 8.2. Os valores de K_{IC} também listados na tabela, uma outra forma de medir a tenacidade, serão estudados a seguir. Vide o Apêndice 1 ou o banco de dados do **ViDa** para valores específicos das propriedades mecânicas de muitos outros materiais.

A tenacidade expressa em termos de $\mathcal{G}_{IC}$ tem uma interpretação física muito clara, e valores que cobrem várias ordens de grandeza. Num extremo da Tabela 8.2 o gelo, que absorve apenas **3J** para formar $1m^2$ de trinca, é um material extremamente frágil. No outro extremo, o Cu puro, que precisa de nada menos do que **1MJ** para formar $1m^2$ de trinca, é extremamente tenaz, e quase nunca fratura de forma frágil. Isto significa que as peças de Cu puro praticamente não dão bola para a concentração de tensão causada pelas trincas, que só as ajudam a falhar na medida em que diminuem a área resistente das peças.

Apesar desta vantagem na interpretação física da tenacidade, o balanço de energia não é prático para a maioria das análises locais dos problemas das peças trincadas. O fator de intensidade de tensões é muito mais fácil de usar nestes casos, como será discutido a seguir.

Tabela 8.2: Tenacidade de alguns materiais.

material	$G_{IC}(kJ/m^2)$	$K_{IC}(MPa\sqrt{m})$
metais dúcteis puros	100-1000	100-450
aços de baixo C tenazes	100-300	140-250
aços de alta resistência	10-150	45-175
ligas de Ti	25-115	55-115
ligas de Al	6-35	20-50
GFRPs	10-100	20-60
CFRPs	5-30	32-45
madeira, ⊥ às fibras	8-20	11-13
polipropileno (PP)	8	3
polietileno (PE)	6-7	1-2
concreto armado	0.2-4	10-15
ferros fundidos	0.2-3	6-20
madeira, // às fibras	0.5-2	0.5-1
acrílico (PMMA)	0.3-0.4	0.9-1.4
granitos	~0.1	1-3
Si_3N_4	0.1	4-5
cimento	0.03	0.2
vidro	0.01	0.7-0.8
gelo	0.003	0.2

8.4 O Fator de Intensidade de Tensões de Irwin

O cálculo analítico da energia elástica armazenada numa peça requer a análise global das tensões e deformações em todos os seus pontos. Isto em geral é uma tarefa analiticamente muito trabalhosa, o que limita o uso prático da taxa de alívio G como o parâmetro descritor do processo de fratura. Assim, a utilidade de G é maior na análise de trincas por elementos finitos, porque neste caso é relativamente fácil calcular o produto $\sigma \cdot \varepsilon$ em toda a peça.

Na prática, é em geral muito mais conveniente trabalhar com o fator de intensidade de tensões, um conceito introduzido em 1957 por Williams [39] e por Irwin [40] para quantificar o campo das tensões em torno de uma trinca numa peça predominantemente linear elástica. Os trabalhos foram independentes e seguiram caminhos diferentes (Irwin usou uma função de tensão de Westergaard complexa, enquanto Williams propôs uma função de tensão na forma de uma série infinita), mas chegaram, é claro, ao mesmo resultado, pois a solução dos problemas lineares elásticos é única!

O fator de intensidade de tensões (FIT) foi logo aceito na indústria aeronáutica, ávida por uma análise eficiente que quantificasse de forma eficiente o efeito das trincas após as quedas de 2 Comets, os primeiros jatos a entrarem em serviço comercial (em 1952). Um deles caiu sobre a Índia em maio de 1953, e o outro sobre a ilha de Elba em janeiro de 1954. Na realidade a Inglaterra, pioneira na fabricação dos jatos civis ao lançar o Comet (Fig. 8.13) em 1952, após as quedas daqueles 2 aviões nunca mais recuperou este mercado, que acabou dominado pela Boeing a partir de 1958 com o 707, secundada pela Douglas com o DC-8. Devido à importância histórica destes acidentes, vale a pena explorá-los um pouco mais.

Os acidentes dos Comets causaram a perda total das aeronaves, além de 43 mortes no primeiro acidente e 29 no segundo, que foi testemunhado por várias pessoas, inclusive por pilotos de outras aeronaves: o avião quebrou no ar voando a 27000' (cerca de 8400m), e os destroços caíram no mar em águas relativamente rasas. Por isso eles puderam ser recuperados, incluindo a parte onde a trinca de fadiga iniciou, e de onde partiu a fratura que derrubou o avião, vide Fig. 8.14 e 8.15. A detalhada análise dos destroços, uma das ferramentas mais poderosas da Análise de Integridade Estrutural (AIE), comprovou que a falha foi devida à propagação brusca e instável de uma trinca de fadiga. Além disso, a falha foi replicada testando a estrutura de um avião similar (outra das ferramentas principais da AIE), que foi retirado de serviço e repetidamente pressurizado numa piscina especialmente construída em volta da fuselagem (a única técnica possível em 1954, vide Fig. 8.16), até quebrar durante o teste.

Fig. 8.13: O Comet tinha cabine pressurizada (uma maravilha naquela época) e podia levar de 36 a 44 passageiros voando em cruzeiro a 760km/h e 10.7km de altitude, muito mais rápido e literalmente bem acima dos seus competidores, que no começo dos anos 50 eram quadrimotores a hélice, como o DC-6 ou o Constellation [41].

Fig. 8.14: Destroços recuperados do Comet que caiu perto de Elba em 1954 [42].

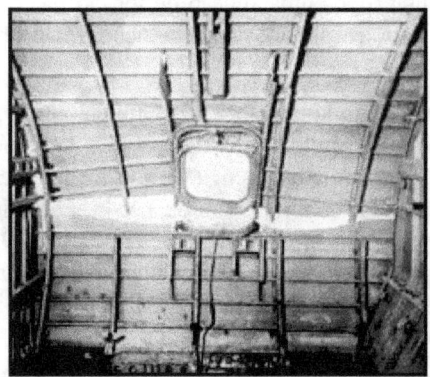

Fig. 8.15: Falha replicada durante o teste.   Fig. 8.16: Piscina para o teste de pressurização.

O Comet era fabricado pela De Havilland, a famosa fábrica inglesa dos Mosquito, caças de 2 motores e estrutura de madeira, muito usados pela RAF na 2ª Guerra. Mas por causa desta análise, concluiu-se que toda a frota dos Comets tinha que ser aterrada, e que a estrutura do avião deveria ser toda reprojetada. E quando ele foi finalmente relançado em 1958 como um novo avião, o Comet 2, já era tarde demais, e a Inglaterra desde então passou de pioneira a carta fora do baralho no mercado dos jatos comerciais.

É interessante comparar os desempenhos do Comet pioneiro com o de 3 jatos atuais: o 777 (um bi-motor de projeto recente, o primeiro da Boeing todo computadorizado, vôo inicial em 1994), o 747 (um projeto veterano, mas muito bem sucedido com mais de 1000 unidades vendidas, que começou a operar em 1970), e o Embraer 170 (que foi certificado em 2004). O progresso da engenharia estrutural é atestado pela razão entre a carga útil máxima e o peso vazio destas 4 aeronaves, vide Tabela 8.3: a eficiência da estrutura mais do que dobrou em 50 anos, sem que houvesse um aumento significativo na resistência das ligas de Al usadas na sua construção (que continuam sendo das famílias 2xxx e 7xxx). Além disso, este aumento da capacidade específica de carga ainda está associado a um aumento da sua confiabilidade devido, em grande parte, à introdução dos conceitos da Mecânica da Fratura! Na realidade, entre a proposição do FIT como ferramenta de análise de estruturas trincadas e o seu primeiro uso obrigatório (exigido pela força aérea americana no começo da década de 70), se passaram apenas 15 anos. Este prazo é muito curto numa área tão conservadora quanto a engenharia estrutural, e é uma prova notável do sucesso e da utilidade prática desta metodologia.

Tabela 8.3: Alguns dados básicos do Comet comparados com aeronaves modernas.

	Comet 1	Boeing 747-400	Boeing 777-200	Embraer 170
comprimento	28.3 m	70.7 m	63.7 m	29.9 m
envergadura	35.1 m	64.92 m	60.9 m	26.0 m
velocidade de cruzeiro	764 km/h	940 km/h	885 km/h	870 k/h
altitude de cruzeiro	10.7 km	10.7 km	10.7 km	10-12 km
alcance máximo típico	2815 km	13 200 km	9 600 km	3 700 km
peso máximo decolagem	52 000 kg	396 890 kg	242 630 kg	35 990 kg
peso vazio	31 750 kg	179 015 kg	135 850 kg	21 140 kg
carga útil máxima	5450 kg	67 060 kg	54 620 kg	9 000 kg
carga útil ÷ peso vazio	0.172	0.375	0.402	0.426
custo	-	~230M US$	~190M US$	~27.5M US$
passageiros	36-44	400	305-375	70-78
tripulação	4	2	2	2

8.5 O Campo de Tensões Linear Elástico em Torno das Trincas

Como já visto no Capítulo 3, sendo K_I o fator de intensidade de tensões (FIT) em modo I, a expressão completa do campo de tensões em torno de qualquer trinca (em modo I) nas peças feitas de material linear, elástico, isotrópico e homogêneo é dada por:

$$\begin{Bmatrix} \sigma_x \\ \sigma_y \\ \tau_{xy} \end{Bmatrix} = \frac{K_I}{\sqrt{2\pi r}} \cos(\theta/2) \begin{Bmatrix} 1 - \sin(\theta/2)\sin(3\theta/2) \\ 1 + \sin(\theta/2)\sin(3\theta/2) \\ \sin(\theta/2)\cos(3\theta/2) \end{Bmatrix} \tag{8.20}$$

Os campos lineares elásticos de tensões em torno das trincas solicitadas em modo II ou III são similares. Os campos de tensões em modo II e modo III são dados por:

$$\begin{Bmatrix} \sigma_x \\ \sigma_y \\ \tau_{xy} \end{Bmatrix} = \frac{K_{II}}{\sqrt{2\pi r}} \begin{Bmatrix} -\sin(\theta/2)[2 + \cos(\theta/2)\cos(3\theta/2)] \\ \sin(\theta/2)\cos(\theta/2)\cos(3\theta/2) \\ \cos(\theta/2)[1 - \sin(\theta/2)\sin(3\theta/2)] \end{Bmatrix} \tag{8.21}$$

$$\begin{Bmatrix} \tau_{xz} \\ \tau_{yz} \end{Bmatrix} = \frac{K_{III}}{\sqrt{2\pi r}} \begin{Bmatrix} -\sin(\theta/2) \\ \cos(\theta/2) \end{Bmatrix} \tag{8.22}$$

Os sistemas de coordenadas **xy** e **rθ** têm origem na ponta da trinca, como mostrado na Fig. 8.12. K_I, o parâmetro linear elástico que quantifica a intensidade do campo de tensões, pode em geral ser escrito na forma $K_I = \sigma \cdot \sqrt{(\pi a)} \cdot f(a/w)$, onde σ é a tensão (nominal) aplicada na peça; **a** é o comprimento da trinca; e **f(a/w)** é a função que descreve toda a influência das geometrias da peça e da trinca e da forma do carregamento no campo de tensões. Deve-se enfatizar que K_I é um parâmetro LE catalogável, vide Fig. 8.17, pois, pela unicidade das tensões lineares, os FIT só precisam ser calculados uma vez para cada geometria [1]. É claro que isto também se aplica a K_{II} e a K_{III}. A Fig. 8.17 mostra alguns poucos FIT típicos. Expressões para centenas de outras geometrias estão compiladas no Apêndice 4 ou em [16, 43-44].

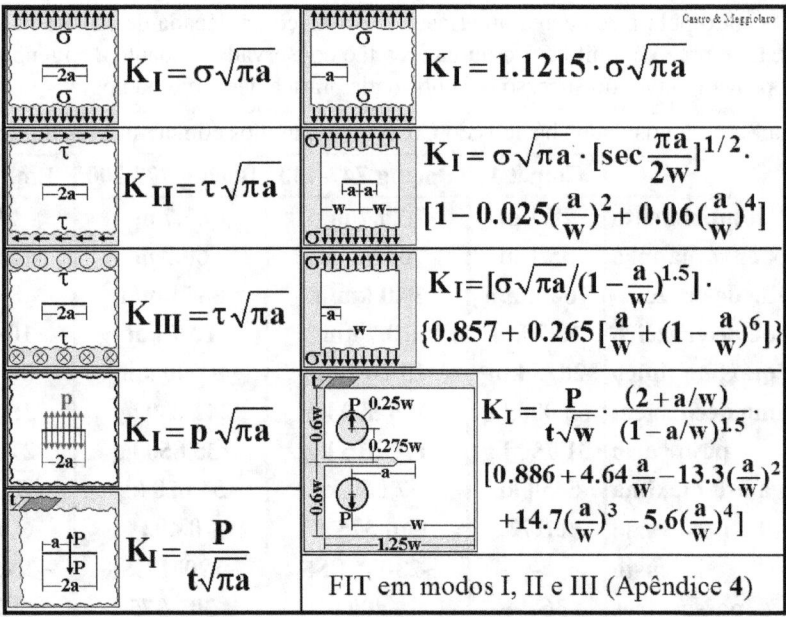

Fig. 8.17: Algumas expressões de fatores de intensidade de tensões.

Em outras palavras, o campo de tensões em torno da ponta de qualquer trinca em qualquer peça primariamente elástica carregada em modo I é dado por $\sigma_{ij}(r, \theta) = K_I \cdot [f_{ij}(\theta)/\sqrt{2\pi r}]$. Expressões similares se aplicam nos modos II e III. Logo, a única diferença entre os campos de tensões LE que atuam nas várias peças trincadas é o valor da sua intensidade, expresso por K_I, K_{II} ou K_{III}. Ou seja, o campo das tensões LE em torno da ponta de qualquer trinca solicitada em modo I é totalmente controlado por K_I. O mesmo ocorre com K_{II} e K_{III} nos modos II e III. Portanto, os FIT incluem todas as informações sobre os efeitos da carga e da geometria da peça e da trinca, isto é, sobre como e quanto elas influem nas tensões LE em torno da trinca. Isto ocorre porque as tensões LE σ_{ij} dependem sempre de $r^{-1/2}$ e das mesmas funções $f_{ij}(\theta)$ em qualquer peça trincada. Como as tensões σ_{ij} são proporcionais a $K_I/\sqrt{r}$, os FIT não são adimensionais: eles são medidos em **MPa√m** (ou então em **MPa√mm**, com valores numéricos $\sqrt{1000} = 31.6$ vezes maiores).

Como se supôs o raio da ponta da trinca $\rho = 0$, os campos de tensão LE dados pelas equações (8.20) a (8.22) são singulares quando a coordenada $r \rightarrow 0$ (logo no ponto mais solicitado da peça). Mas é claro que tensões infinitas são uma impossibilidade física. Portanto, esta análise LE **não** pode descrever as tensões na ponta da trinca. Mas os materiais reais não são lineares nem elásticos quando as tensões são altas. Assim, pode-se concluir que todas as trincas reais estáveis, mesmo aquelas solicitadas por cargas baixas, sempre têm uma região não-linear em torno de suas pontas. Além disso, se o tamanho **zp** desta zona de perturbação na linearidade for pequeno em relação às dimensões da peça e da trinca, pode-se supor que o campo de tensões na peça como um todo permanece predominantemente LE. Nestes casos, na análise de peças trincadas solicitadas em modo I, o fator (LE) de intensidade de tensões K_I pode ser usado para estimar o tamanho da zona de perturbação não-linear **zp** localizando, e.g., até onde o material escoa à frente da ponta da trinca. Numa primeira aproximação, para isto basta localizar a posição onde $\sigma_y(\theta = 0) = S_E$:

$$\sigma_y(r=zp, \theta=0) = S_E \Rightarrow zp = (1/2\pi)\left(K_I^2/S_E^2\right) \tag{8.23}$$

Em outras palavras, sempre há perturbações no campo linear elástico junto às pontas das trincas nas peças reais (escoamento, e.g., pois tensões infinitas são fisicamente impossíveis). Mas quando o tamanho da região não-linear **zp** em torno da ponta da trinca for muito pequeno em relação às dimensões da peça, quase todo o campo de tensões que envolve a ponta da trinca permanece LE e, portanto, controlado pela superposição de K_I, K_{II} e K_{III}.

Assim, é pelo tamanho da **zp** que as previsões da MFLE são validadas: se a **zp** for pequena em relação às dimensões da peça, então se pode usar K_I, K_{II} e/ou K_{III} para prever os efeitos das trincas. Mas se a **zp** for grande, os parâmetros elásticos K_I, K_{II} ou K_{III} não podem descrever bem os efeitos das trincas. Como em muitos casos práticos a **zp** é pequena, em particular na propagação de trincas por fadiga, a MFLE pode ser usada para modelá-los. K_I pode descrever os efeitos das trincas (em modo I) nas estruturas reais quando $zp \ll (a, w - a, h)$, onde **a** é o tamanho da trinca; **w − a** é o ligamento residual (a parte não trincada à frente da ponta da trinca); e **h** é a menor distância da fronteira da peça à ponta da trinca, vide Fig. 8.18.

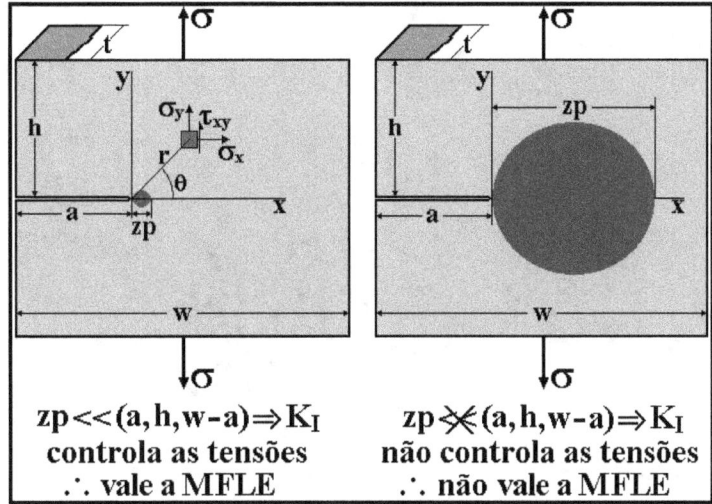

$$zp \ll (a,h,w-a) \Rightarrow K_I$$
controla as tensões
$$\therefore \text{ vale a MFLE}$$

$$zp \not\ll (a,h,w-a) \Rightarrow K_I$$
não controla as tensões
$$\therefore \text{ não vale a MFLE}$$

Fig. 8.18: Limite de aplicação da MFLE.

É interessante frisar a beleza deste argumento: pode-se usar a solução LE quando a perturbação no campo de tensões linear elástico for tão pequena em relação às dimensões da peça e da trinca que ela possa ser prevista elasticamente, i.e., a solução LE se autovalida! Além disso, a fratura pode ser prevista por $K_I = K_{IC}$ se no instante da fratura, zp_C, o tamanho (crítico) da zona de perturbação inelástica à frente da ponta da trinca ainda for pequeno em relação às dimensões da peça, incluindo a espessura da peça t, isto é, se:

$$zp_C \ll (a, w - a, h, t) \tag{8.24}$$

K_{IC} é uma propriedade mecânica do material (independe da geometria da peça e da trinca, e da forma da carga), que quantifica a tenacidade $\mathcal{T}$ como G_{IC}, mas pode ser usada de forma análoga às resistências S_E ou S_R: dada a tensão nominal de trabalho σ e o fator de geometria da peça trincada $f(a/w)$, se pode calcular $K_I = \sigma\sqrt{(\pi a)}\cdot f(a/w)$, e quantificar o fator de segurança da peça à fratura frágil ϕ_{FF} por:

$$\phi_{FF} = K_{IC}/K_I \tag{8.25}$$

Da mesma forma, é igualmente trivial quantificar os dois primeiros objetivos fundamentais da Mecânica da Fratura enunciados no item 8.2.1:

1. A maior tensão σ_C que uma estrutura que tenha uma trinca de tamanho **a** pode suportar em serviço, também chamada de carga crítica da estrutura, é dada por:

$$\sigma_C = K_{IC}/\sqrt{(\pi a)}\cdot f(a/w) \tag{8.26}$$

2. O maior tamanho de trinca tolerável por uma estrutura que trabalhe sob a tensão σ (ou o tamanho crítico da trinca) é dado por:

$$a_C = (1/\pi)[K_{IC}/\sigma\cdot f(a_C/w)]^2 \tag{8.27}$$

Fora o inconveniente de em geral se ter que resolver (8.27) iterativamente, as equações (8.24) a (8.27) provêem respostas simples e confiáveis a problemas de grande interesse prático. Esta é a razão primária do sucesso e da popularidade da MFLE.

Valores de K_{IC} de **857** ligas estruturais metálicas são mostrados nas Fig. 8.19 e 8.20, que até pela quantidade de resultados podem ser consideradas representativas das tenacidades disponíveis na prática.

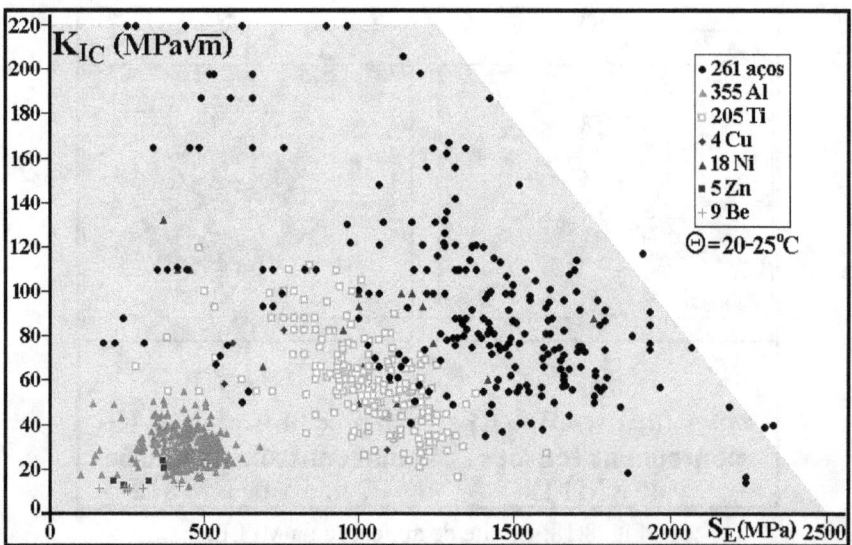

Fig. 8.19: $K_{IC} \times S_E$ de **857** ligas estruturais. Apesar da dispersão muito grande, pode-se ver que a maioria dos aços tem boa tenacidade enquanto as ligas de Al não são muito tenazes, e que os aços e ligas de Ti de resistência mais alta tendem a ser menos tenazes.

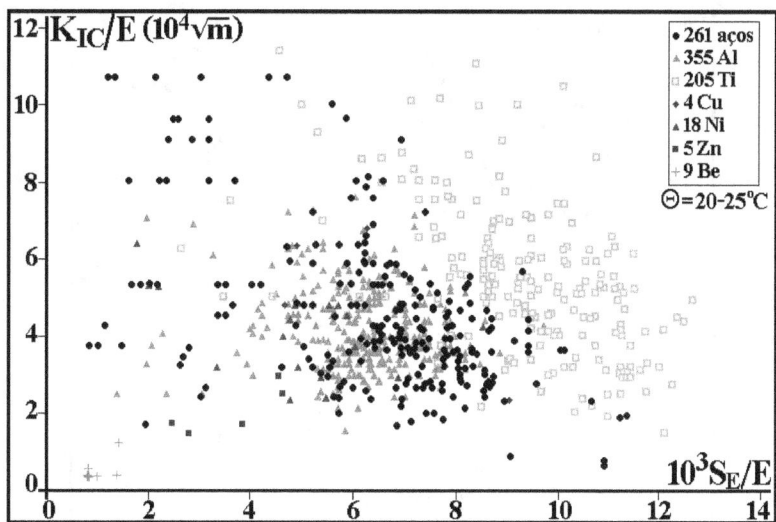

Fig. 8.20: Mas quando se relê os dados da Fig. 8.19 na forma K_{IC}/E vs. S_E/E, as ligas de Al não se saem tão mal, enquanto as ligas de Ti se saem bem melhor que os aços. Um gráfico similar seria obtido se plotando K_{IC}/ρ vs. S_E/ρ, onde ρ é a densidade.

É importante enfatizar que em geral a tenacidade à fratura dos materiais estruturais decresce quando a sua resistência ao escoamento aumenta, ou seja, $S_E \uparrow \Rightarrow K_{IC} \downarrow$, como ilustrado na Fig. 8.21.

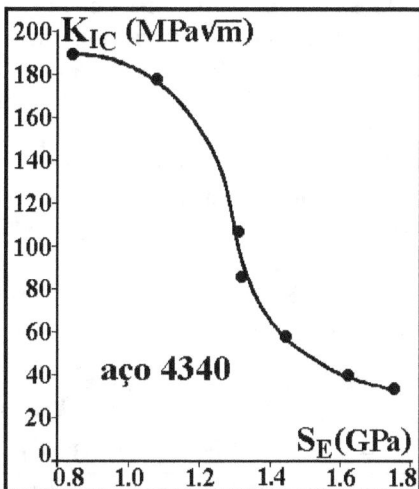

Fig. 8.21: Diminuição da tenacidade do aço 4340 com o aumento da resistência S_E [20].

A perda de tenacidade associada à transição dútil-frágil dos aços ferríticos e martensíticos pode ser muito bem quantificada pela variação de K_{IC} com a temperatura Θ do teste, como ilustrado na Fig. 8.22. É preciso realçar a importância prática de resultados como este. Por exemplo, a tenacidade do aço A471 cai de $K_{IC} \cong 220MPa\sqrt{m}$ a $100°C$ para $K_{IC} \cong 40MPa\sqrt{m}$ a $-100°C$. Logo, a razão entre os tamanhos críticos das trincas na borda de uma placa tracionada com $w \gg a$ nessas temperaturas é $a_C(-100°C)/a_C(100°C) = (40/220)^2 = 0.033$. É por isso que não se deve especificar os aços ferríticos, o principal material usado nas grandes estruturas soldadas que trabalham na temperatura ambiente, para uso em aplicações estruturais criogênicas. Nestas em geral se usa ligas de Al soldáveis ou então aços inoxidáveis austeníticos, cuja microestrutura CFC não apresenta uma temperatura de transição dúctil-frágil.

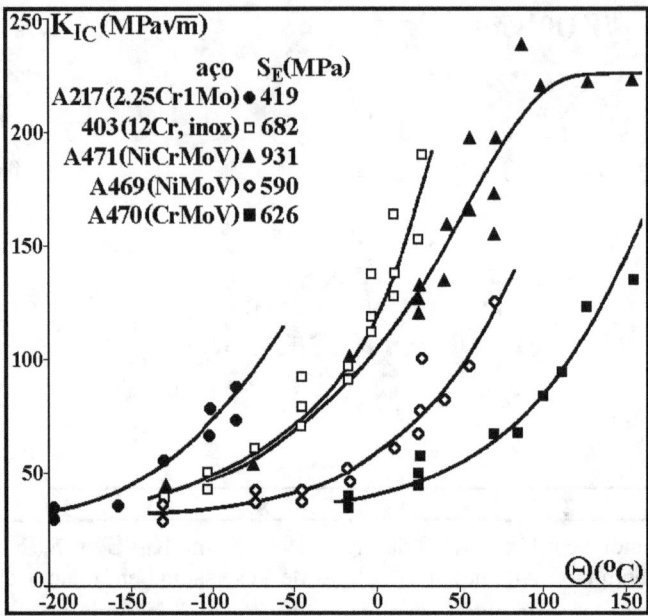

Fig. 8.22: Variação da tenacidade K_{IC} de alguns aços com a temperatura Θ. Note que alguns deles apresentam perda significativa de tenacidade perto de 0^oC. [6].

Os testes Charpy são muito mais usados do que os de K_{IC} para identificar a transição dúctil-frágil dos aços (vide Capítulo 3), pois são muito mais baratos [45-49]. Como a fragilização depende da temperatura, ela pode ser associada à temperatura de transição da aparência da fratura, **FATT**, ou a temperatura na qual a superfície fraturada num teste Charpy é metade frágil e metade dúctil, vide Fig. 3.59. É muito fácil distingui-las visualmente, pois as superfícies das fraturas frágeis são planas e brilhantes, vide Capítulo 2. Este procedimento é padronizado na norma ASTM E23 [45]. Entretanto, ao contrário de K_{IC}, a energia absorvida num teste Charpy não pode ser diretamente usada no dimensionamento mecânico. Por isso, correlações empíricas entre os valores de K_{IC} (em **MPa√m**) e a energia Charpy (**CVN**, de *Charpy V-Notch*, em **J**) podem ser muito úteis na prática. Uma revisão das correlações Charpy-K_{IC} é feita em [48], e algumas delas são listadas na Tabela 8.4. Mas estas correlações empíricas não podem ser usadas para dimensionamento estrutural, pois são notoriamente imprecisas.

Tabela 8.4: Algumas correlações entre K_{IC} e os resultados dos testes Charpy [47].

Correlação	Equação	Unidades	Limites
Barson-Rolfe	$K_{IC}^2 = 0.22 \cdot E \cdot CVN^{3/2}$	MPa√m, GPa, J	3 < CVN < 82J
Sailors-Cortens	$K_{IC} = 14.6 \cdot \sqrt{CVN}$	MPa√m, J	7 < CVN < 68J
Thorby-Fergunson	$K_{IC} = 18.2 \cdot \sqrt{CVN}$	MPa√m, J	6 < CVN < 55J
Marandet-Sanz	$K_{IC} = 20 \cdot \sqrt{CVN}$	MPa√m, J	patamar inferior
Jones	$K_{IC} = 6600/(60 + FATT - \Theta_{teste})$	MPa√m, ^oC	patamar inferior

Além da temperatura, a taxa de deformação também pode afetar significativamente as propriedades mecânicas, em particular as resistências e a tenacidade das ligas estruturais, e isto tem que ser levado em consideração nos problemas de impacto. Taxas de deformação muito rápidas são em geral associadas a resistências maiores e a tenacidades menores do que as medidas em taxas "normais", obtidas nos testes tradicionais que duram da ordem de minutos, nos quais tipicamente $10^2 < d\varepsilon/dt < 10^4 (\mu m/m)/s$, vide Fig. 8.23. As taxas muito lentas, por sua vez, podem interagir com problemas de fluência e/ou corrosão, vide Capítulo 10.

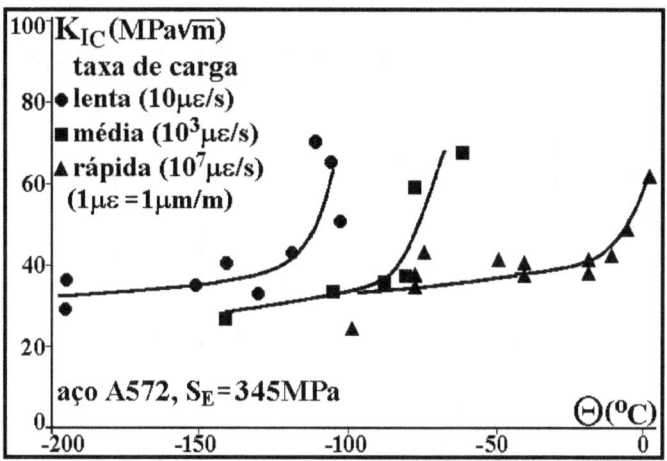

Fig. 8.23: Influência da taxa de deformação na tenacidade do aço A572 [6].

⇨ E8.6: Calcule o tamanho crítico a_C da trinca que uma placa muito grande feita de Al 7075 T6 pode tolerar na sua borda, quando ela trabalha à tração com fator de segurança ao escoamento $\phi_E = 2$, sabendo que $S_E = 500MPa$ e $K_{IC} = 25MPa\sqrt{m}$.

A tensão (nominal) de trabalho é $\sigma = 250MPa$ e o valor do FIT é $K_I \cong 1.12 \cdot \sigma \sqrt{\pi a}$ (vide Fig. 8.17 ou o Apêndice 4). Para obter a_C basta igualar K_I a K_{IC}:

$$a_C = 25^2/[\pi(1.12 \cdot 250)^2] \cong 2.54mm. \checkmark \qquad\qquad (8.28)$$

Esta trinca crítica é muito pequena e difícil de detectar (é da ordem do limiar de detecção dos métodos de IND), e não pode ser considerada segura para a maioria das aplicações estruturais reais. Portanto, apesar do generoso ϕ_E, a tensão $\sigma = 250MPa$ pode ser alta demais para a placa deste Al de alta resistência. Esta conclusão, apesar de baseada numa conta trivial, tem grande importância prática. Não é à toa que a Mecânica da Fratura se tornou uma técnica obrigatória em tão pouco tempo na indústria aeronáutica, que não pode tolerar falhas potencialmente catastróficas.

8.6 Validação das Previsões da MFLE

Como ilustrado no E8.6, algumas previsões poderosas da Mecânica da Fratura Linear Elástica podem ser obtidas através de cálculos muito simples. Mas (até agora) a validade destas previsões está baseada numa argumentação que, apesar de lógica e convincente, depende de uma "**zp** pequena", um quesito arbitrário, não técnico. Assim, antes de usar a MFLE em previsões reais, é indispensável quantificar experimentalmente qual é a "**zp** pequena" que valida as suas contas. Por isso, foi feito um grande programa de testes de fratura de vários materiais representativos, usando CPs de diversas geometrias e tamanhos de trinca, que culminou no desenvolvimento da norma ASTM E399 [46] para padronizar os testes de K_{IC}. Nesta norma se requer que a menor dimensão dos CPs metálicos (em geral a sua espessura **t**) seja:

$$t > 2.5(K_{IC}/S_E)^2 \qquad\qquad (8.29)$$

A E399 aceita vários tipos de CPs pré-trincados por fadiga com $0.45 \leq a/w \leq 0.55$, onde **a** é o tamanho da trinca (mais o entalhe inicial) e **w** a largura do CP, e com $2 \leq w/t \leq 4$ (para os CPs de flexão, $1 \leq w/t \leq 4$). Durante o teste deve-se plotar um gráfico (com resolução mínima de 1% do fundo da escala) da carga **P** aplicada vs. o deslocamento **y** do seu ponto de aplicação no CP. Após o teste deve-se desenhar neste gráfico uma reta com 95% da inclinação da parte linear da curva **P×y** e medir P_{max} e P_Q, como mostrado na Fig. 8.24.

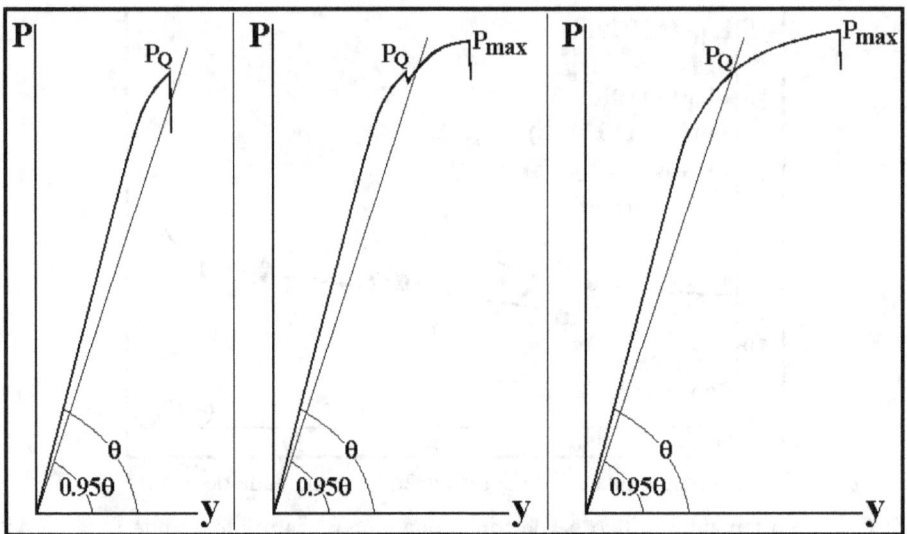

Fig. 8.24: Tipos de gráficos considerados para validação dos testes de K_{IC} pela norma E399.

Como não se sabe a priori qual o valor de K_{IC}, mede-se no teste um valor K_Q calculado a partir da carga P_Q, que só é validado (ou seja, $K_Q = K_{IC}$) quando:

$$a, (w - a) \text{ e } t > 2.5(K_{IC}/S_E)^2 \text{ e } P_{max} < 1.1P_Q \qquad (8.30)$$

A E399 cita coeficientes de variação $V = \hat{\sigma}/\mu$ de até **6%** como representativos dos testes de K_{IC}, onde μ é a média e $\hat{\sigma}$ o desvio padrão dos testes nominalmente idênticos.

O quesito de espessura mínima requerido para medir K_{IC} pela E399 e expresso em (8.29) foi verificado testando CPs de várias ligas estruturais metálicas com diversas espessuras diferentes, como mostrado na Fig. 8.25, num esforço experimental considerável e muito caro.

Fig. 8.25: CPs imensos foram testados para validar as exigências da E399 [6].

Quando $t < 2.5(K_{IC}/S_E)^2 < a$ e $(w - a)$, o campo de tensões ainda pode ser descrito pela MFLE, mas a tenacidade deixa de ser uma propriedade mecânica, pois passa a depender também da geometria da peça trincada, em particular da sua espessura. Como regra geral, a tenacidade $K_C = K_C(t)$ tende a crescer à medida que a espessura diminui, vide (e.g.) os dados de tenacidade da liga de Ti apresentados na Fig. 8.26 [5-22, 50-52].

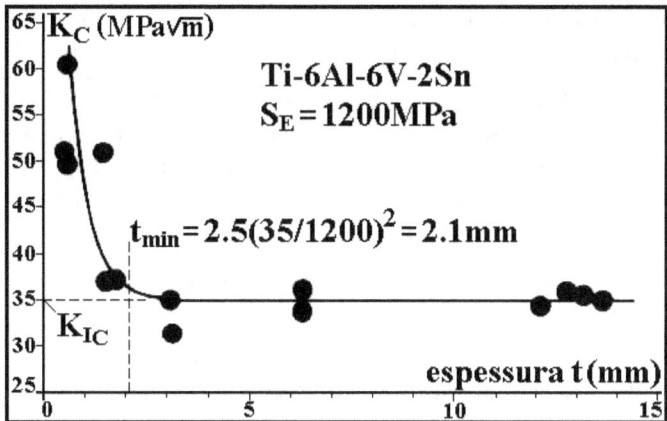

Fig. 8.26: A tenacidade é chamada de $K_C(t)$ abaixo da espessura mínima da E399, e tende a crescer à medida que **t** diminui abaixo daquele valor [51].

Logo, o critério $t_{min} = 2.5(K_{IC}/S_E)^2$ da norma E399 pode quantificar o quesito qualitativo **zp_C << dimensões da peça** que justifica o uso da MFLE. Assim, sendo a espessura **t** a menor dimensão da peça, usando a estimativa $zp \cong (1/2\pi)\cdot(K_{IC}/S_E)^2$, pode-se estimar que:

$$zp_C = (K_{IC}/S_E)^2/2\pi \Rightarrow zp_C < \sim t/16 \tag{8.31}$$

Segundo Whittaker [17] esta estimativa pode ser adequada para as ligas metálicas, mas é conservativa demais para as cerâmicas, e pode ser substituída por **$zp_C < \sim t/10$**.

As superfícies das peças trincadas, onde $\sigma_z = \tau_{zx} = \tau_{zy} = \sigma_3 = 0$, trabalham sob tensão plana (Fig. 8.18). Mas as trincas sempre geram uma concentração de tensões muito alta, com gradiente muito severo e localizado junto à sua ponta, onde as tensões trativas σ_x e σ_y tendem a gerar deformações $\varepsilon_z = -\nu(\sigma_x + \sigma_y)/E$ muito grandes. Todavia, o resto da peça permanece sob tensões elásticas muito mais baixas, e se opõe à grande contração localizada que o material desejaria ter junto à ponta da trinca, restringindo-a parcial ou totalmente. A restrição total ocorre quando a peça é tão grossa que chega a impedir a contração transversal numa região junto à ponta da trinca onde $\varepsilon_z = 0 \Rightarrow \sigma_z = \nu(\sigma_x + \sigma_y)$. Nestes casos, o material daquela região fica sob deformação plana, com $\sigma_1 \geq \sigma_2 \geq \sigma_3 > 0$, e sua tenacidade atinge o valor mínimo K_{IC}, pois o seu escoamento sob uma dada tensão nominal σ é o mais difícil possível, já que nela a tensão de Tresca é minimizada: $\sigma_{Tresca}|_{\varepsilon-pl} = \sigma_1 - \sigma_3 = \sigma_1 - \nu(\sigma_1 + \sigma_2) < \sigma_{Tresca}|_{\sigma-pl} = \sigma_1$.

Como a "tenacidade à fratura sob deformação plana" K_{IC} é uma propriedade mecânica, e como tal independe da geometria da peça (desde que $t > t_{min}$), é razoável supor que t_{min} seja a menor espessura que garante à máxima restrição ao escoamento junto à ponta da trinca..

⇨ E8.7: Compare o tamanho da trinca crítica a_C na borda de uma grande placa feita de um aço estrutural de alta tenacidade com $S_E = 500MPa$ e $K_{IC} = 250MPa\sqrt{m}$ com o a_C da placa de Al 7075 obtido no E8.6, e calcule os limites destas previsões.

Os valores das propriedades usados nos E8.6 e E8.7 são representativos dos obtidos na prática, logo os resultados destes exercícios podem e devem ser encarados como típicos do que se pode esperar das estruturas construídas com estes materiais. Usando o mesmo $\phi_E = 2$:

$$a_{Caço} = 250^2/[\pi(1.12\cdot250)^2] \cong 254mm \tag{8.32}$$

Portanto, $a_{Caço} = 100\cdot a_{CAl}$. Isto justifica em parte porque os aços são tão usados em estruturas: com um mesmo fator de segurança ao escoamento ϕ_E, este aço tolera uma trinca que é nada menos do que 100 vezes maior do que a trinca tolerada pelo Al 7075 (mas esta liga de Al de alta resistência tem cerca de 1/3 da densidade do aço).

Pelo critério $t > 2.5(K_{IC}/S_E)^2$ da E399, as espessuras mínimas que validam estas contas são $t_{Al} = 6.25mm$ e $t_{aço} = 625mm$. Mas como as chapas de aço usadas na prática são muito mais finas do que isto, pode-se esperar que os seus a_C sejam ainda maiores do que o calculado acima. (Notar que K_I e K_{IC} são dados em $MPa\sqrt{m}$ e S_E em MPa, logo os comprimentos da trinca devem ser dados em m, não em mm). ✓

⇨ E8.8: Qual deve ser a maior tensão admissível σ_{ad} nas placas trincadas dos E8.6 e E8.7 para que $a_C = 20mm$?

Especificar tamanhos mínimos para as trincas críticas de forma que elas sejam fáceis de detectar pelo método de IND usado nas inspeções periódicas é um critério de projeto bastante sensato, e 20mm pode ser um valor razoável para este fim quando se trabalha com materiais de alta resistência, que não são muito tenazes. Para isto, a tensão admissível tem que diminuir muito no Al 7075:

$$\sigma_{ad} < \sigma_C = K_{IC}/[1.12\sqrt{\pi a_C}] = 25/[1.12\sqrt{\pi \cdot 0.02}] = 89MPa \quad ✓ \tag{8.33}$$

E esta conta é válida para $t_{Al} > 6.25mm$, pois se refere à fratura da placa, como nos exemplos anteriores. Mas para o aço a mesma conta prevê:

$$\sigma_C = 890MPa > S_E \quad ✗ \tag{8.34}$$

Como $\sigma_C > S_E$, até as placas grossas desse aço escoarão antes que a trinca de 20mm possa se propagar. Portanto para evitar escoamento generalizado na placa deve-se usar $\sigma_{ad} < S_E$. Vale a pena explorar um pouco mais este fato, para realçar algumas características próprias interessantes das trincas.

⇨ E8.9: Estude a competição entre a fratura e o escoamento global de duas placas com uma trinca central $2a$, uma com largura $2w = 1m$ e a outra com $2w = 100mm$, supondo que elas sejam feitas ou do aço ou do Al dos E8.6-8.

Se o encruamento for desprezado, as placas entram em colapso plástico quando toda a seção resistente escoa, onde:

$$\sigma_{CP} = S_E(1 - a/w) \tag{8.35}$$

E há fratura das placas por propagação da trinca quando:

$$K_I = \sigma\sqrt{\pi a \cdot \sec\left(\frac{\pi a}{2w}\right)} \cdot \left[1 - 0.025\left(\frac{a}{w}\right)^2 + 0.06\left(\frac{a}{w}\right)^4\right] = K_{IC} \tag{8.36}$$

Esta equação é precisa dentro de 0.1% para qualquer a/w (Apêndice 4), e reproduz muito bem o comportamento das placas trincadas (notar que, como esperado, $K_I \to \infty$ se $a/w \to 1$). Assim, a falha envolve uma competição entre a fratura e o colapso plástico, e é causada pelo mecanismo ativado pela menor tensão, como indicado na Fig. 8.27.

As placas Al_1 e $Al_{0.1}$ (de Al com 1 e $0.1m$ de largura) só falham por colapso plástico se suas trincas forem muito pequenas, mas quando fraturam não o fazem na mesma razão a/w, pois K_I também cresce com a, o tamanho da trinca. Por isso as trincas maiores são mais danosas do que as pequenas de igual razão a/w. Por exemplo, a razão $a/w = 0.1 \Rightarrow a = 100mm$ na placa Al_1 e $a = 10mm$ na $Al_{0.1}$, mas esta trinca tem menor K_I, logo é menos danosa.

As placas $aço_1$ e $aço_{0.1}$ (de aço com 1 e $0.1m$ de largura) são ainda mais interessantes: a $aço_{0.1}$ falha sempre por colapso plástico (ou seja, não falha por fratura frágil, simplesmente ignorando o efeito concentrador de qualquer trinca, que só se propaga após a plastificação do ligamento residual). Já a placa maior, a **aço₁**, falha por colapso plástico quando **a/w < 0.12** ou **a/w > ~0.86**, e falha por fratura frágil quando **0.12 < a/w < 0.86**. Ou seja, a falha é dúctil quando a trinca é pequena ou grande, e é frágil quando a trinca é média! Este comportamento certamente não é intuitivo.

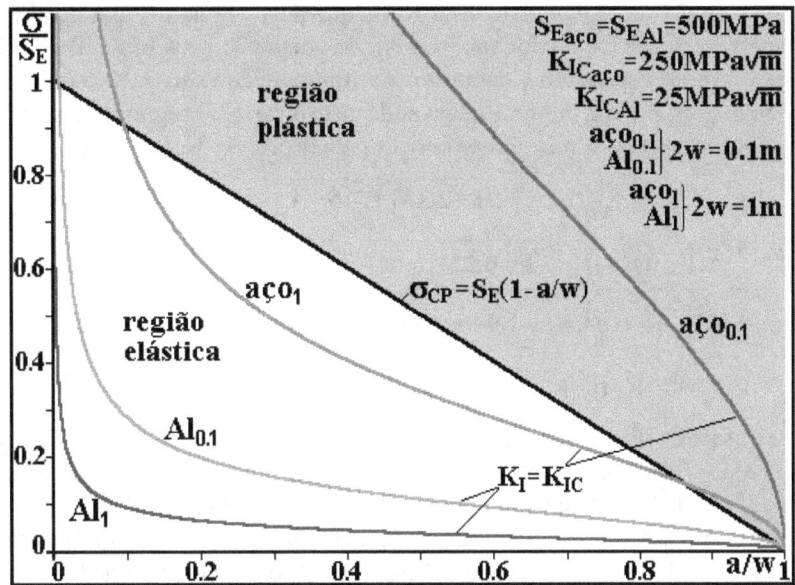

Fig. 8.27: Competição entre o colapso plástico por $\sigma = \sigma_{CP} = S_E(1 - a/w)$ e a fratura frágil por $K_I = K_{IC}$ em 4 placas tracionadas de largura **2w** com uma trinca central **2a**.

Broek [8] sugere o uso de uma aproximação simples no projeto estrutural: no gráfico $\sigma/S_E \times a/w$, traçar uma tangente à curva de fratura por $K_I = K_{IC}$ partindo do ponto **(0, 1)**, e manter as tensões de trabalho abaixo destas duas curvas, para evitar a falha por fratura ou por colapso plástico. E parece razoável usar a mesma idéia para as razões **a/w** grandes, traçando uma outra tangente partindo do ponto **(1, 0)**, como mostrado na Fig. 8.28.

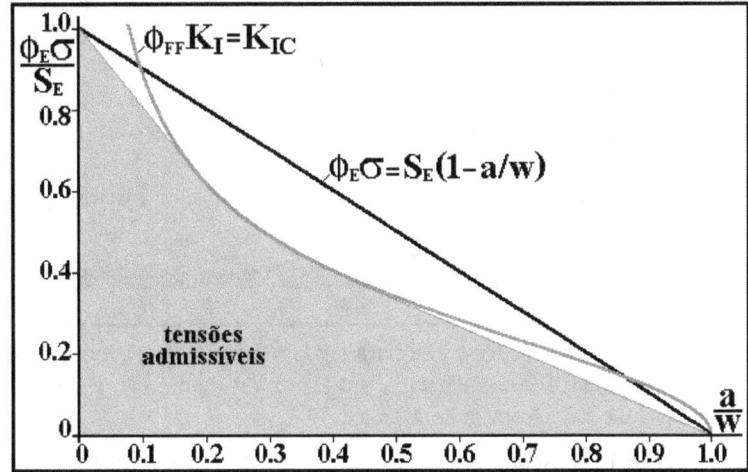

Fig. 8.28: Curva simples de projeto para evitar tanto a fratura frágil quanto o colapso plástico de uma peça trincada (ϕ_E e ϕ_{FF} são os coeficientes de segurança nos dois casos).

8.7 Uso de K_I em Peças Finas

Deve-se enfatizar que K_I descreve o campo de tensões linear elástico em torno das pontas das trincas (em modo I) sempre que $zp \ll (a, w, w - a)$, e isto inclui as peças finas onde o tamanho da $zp \geq t$, a espessura da peça. O que *não* vale é usar K_{IC} para prever a fratura de peças finas, pois estas apresentam uma tenacidade $K_C(t)$ que depende de t (e em geral é maior que K_{IC}). Portanto, pode-se perfeitamente medir o K_C de uma dada peça (e.g., usando CPs retirados de chapas de várias espessuras), para prever a fratura quando $K_I = K_C(t)$. Por isso, sendo $t_0 = 2.5(K_{IC}/S_E)^2$ a espessura mínima que valida o uso de K_{IC} segundo a norma E399 da ASTM, foram propostas várias relações empíricas para descrever $K_C(t)$, por exemplo:

Hagiwara [51]: $K_C(t)/K_{IC} = \sqrt{1 + 2.3 K_C(t)/S_E \sqrt{t}}$ (8.37)

Irwin [51]: $K_C(t)/K_{IC} = \sqrt{1 + 0.224\left[t_0/t\right]^2}$ (8.38)

Vroman [52]: $K_C(t)/K_{IC} = 1.0 + \exp[-(5 \cdot t/t_0)^2]$ (8.39)

NASGRO [29]: $K_C(t)/K_{IC} = 1.0 + A \cdot \exp\left[-\left(B \cdot t/t_0\right)^2\right]$ (8.40)

onde sugere-se usar $A = B = 1$ para ligas de Al das séries 2xxx, 6xxx e 7xxx, ligas de Al fundidas, aços inox 17-7PH, ligas de Nb, AM367; $A = 0.5$ e $B = 1$ para aços-ferramenta, aços inox 3xx, 4xx, 17-4PH, 15-5PH e de alta temperatura, ligas de Ti, Cu, Mg, Zn, Nitronic, Inconel 6xx, MP35N; $A = 0.5$ e $B = 0.75$ para aços C com $S_R < 1.4GPa$, ferros fundidos, superligas Inconel 7xx e X-750; $A = 0.75$ e $B = 0.75$ para aços C e BLAR (aços de baixa liga com alta resistência) com $1.4 < S_R < 1.7GPa$; e $A = 1$ e $B = 0.75$ para aços com $S_R > 1.7GPa$.

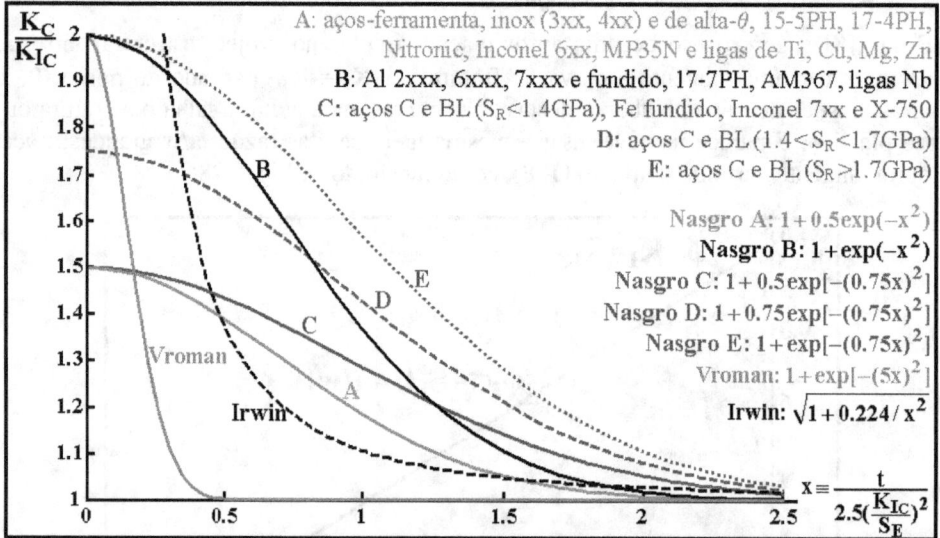

Fig. 8.29: Previsões da razão K_C/K_{IC} vs. t/t_0: para $t = t_0 = 2.5(K_{IC}/S_E)^2$, a razão K_C/K_{IC} prevista por Hagiwara é **1.96**, por Irwin é **1.11**, por Vroman é **1.0**, e segundo o programa NASGRO da NASA varia de **1.18** a **1.57**.

A equação de Irwin foi baseada em testes com ligas de Al, e a de Hagiwara em experimentos com aço A533B. Deve-se notar que, com exceção de Vroman, todas as outras equações preveem uma razão $K_C/K_{IC} > 1.0$ quando $t = t_0 = 2.5(K_{IC}/S_E)^2$, vide Fig. 8.29. Isto implica que a tradicional norma E399 poderia aceitar como válidas medidas de K_{IC} *não* conservativas. Logo, é recomendável cautela no uso destas equações.

8.8 Superposição de fatores de intensidade de tensões

Os FIT controlam a intensidade de campos de tensões lineares elásticos, logo seguem o princípio da superposição [1]. Assim, os valores tabelados de K_I podem em princípio ser somados para quantificar o efeito de cargas compostas, ou para obter os campos de geometrias não disponíveis em tabelas. De fato, as tensões em torno da ponta de qualquer trinca em modo I são dadas por $\sigma_{ij} = [K_I/\sqrt{2\pi r}] \cdot f_{ij}(\theta)$ (onde as funções de r e de θ são sempre as mesmas, independentemente das geometrias da peça e da trinca). Portanto, se uma dada peça trabalha sob duas cargas que geram K_{I1} e K_{I2}, o campo de tensões causado por elas é dado por:

$$\sigma_{ij1} + \sigma_{ij2} = [(K_{I1} + K_{I2})/\sqrt{2\pi r}] \cdot f_{ij}(\theta) \qquad (8.41)$$

Mas se deve ter cuidado ao usar esta equação, pois os vários FIT associados a uma mesma geometria podem usar tensões nominais σ_{ni} diferentes, vide os exemplos a seguir.

⇨ E8.10: Calcule o fator de intensidade de tensões K_I gerado numa barra de $L = 300$, $w = 30$, $t = 10$ e $a = 5mm$ por 2 cargas excêntricas $P = 9kN$, aplicadas numa linha que dista $e = 10mm$ da linha de centro da barra, como mostrado na Fig. 8.30.

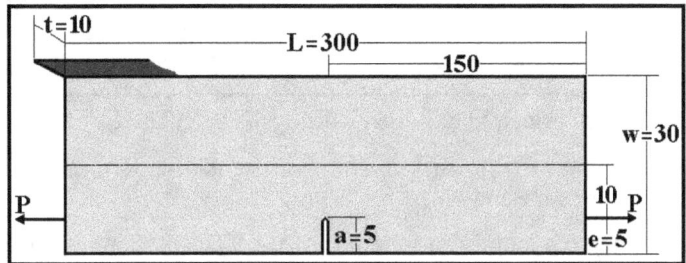

Fig. 8.30: Barra trincada sob uma carga excêntrica.

As cargas P geram na barra uma tensão nominal trativa $\sigma_N = P/(wt) = 30MPa$ e outra fletora $\sigma_M = 6eP/(tw^2) = 60MPa$, que induzem FITs (Apêndice 4) dados por:

$$K_I = \sigma_N \sqrt{\pi a}[0.752 + 2.02\frac{a}{w} + 0.37(1 - \sin\frac{\pi a}{2w})^3] \cdot \sec\frac{\pi a}{2w}\sqrt{\frac{2w}{\pi a}\tan\frac{\pi a}{2w}} = 4.88 MPa\sqrt{m} \quad (8.42)$$

$$K_I = \sigma_M \sqrt{\pi a} \cdot [0.923 + 0.199(1 - \sin\frac{\pi a}{2w})^4] \cdot \sec\frac{\pi a}{2w}\sqrt{\frac{2w}{\pi a}\tan\frac{\pi a}{2w}} = 7.74 MPa\sqrt{m} \qquad (8.43)$$

Assim, usando as definições apropriadas para as tensões nominais de tração e de flexão, $K_I = 4.88 + 7.74 = 12.62 MPa\sqrt{m}$ (note que K_I em $MPa\sqrt{m} \Rightarrow$ a em m, *não* em mm). ✓

Vale a pena enfatizar o uso consciente do princípio da superposição para resolver problemas práticos como os mostrados nos exemplos E8.11 e E8.12 [8, 16].

⇨ E8.11: Partindo dos K_Is das placas trincadas, calcule os FIT gerados por uma pressão que atua nas faces internas das trincas, vide Fig. 8.31.

A placa sem trinca ① da Fig. 8.31 tem, é claro, $K_I = 0$, e quando tracionada por σ se comporta (i.e., transmite σ) da mesma forma que a placa trincada ②, se nesta a trinca for antes fechada por uma tensão $-\sigma$ aplicada em suas faces. Mas a placa ② é igual à soma da placa trincada ③ sujeita apenas à tração σ, com a placa trincada ④, que tem a trinca fechada por $-\sigma$. A placa ④ é o reverso da placa ⑤, portanto ela gera mesmo K_I que a placa ③:

$$K_{I①} = 0 = K_{I②} = K_{I③} + K_{I④} = K_{I③} - K_{I⑤} \Rightarrow K_{I③} = K_{I⑤} \qquad ✓ \qquad (8.44)$$

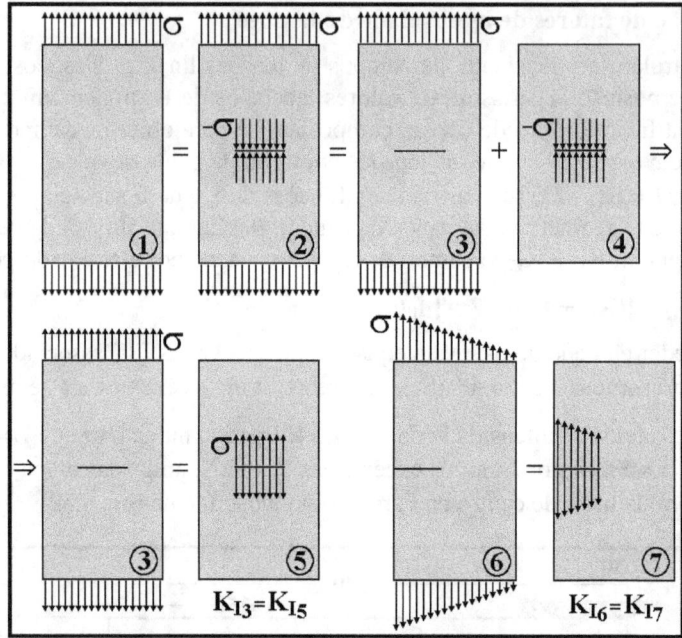

Fig. 8.31: Uso do princípio da superposição para calcular K_Is não tabelados.

Este poderoso argumento também vale para tensões não uniformes, como as que atuam nas placas ⑥ e ⑦, que têm o mesmo K_I.

⇨ E8.12: Calcule, usando o princípio da superposição, o K_I da placa rebitada da Fig. 8.32.

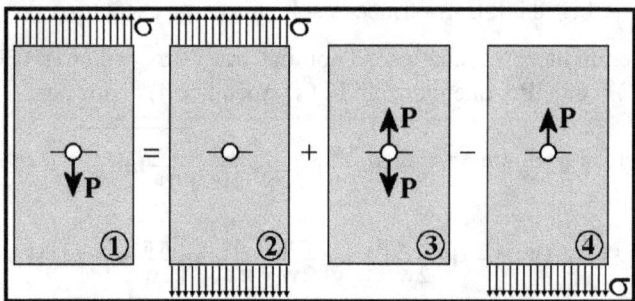

Fig.8.32: Cálculo do FIT de uma placa rebitada usando superposição.

Como mostrado na Fig. 8.32, a placa ④ é simétrica à placa ①, logo se a largura da placa for muito grande em relação ao tamanho da trinca, e se esta for grande em relação ao diâmetro do furo do pino, pode-se usar os FITs das placas ② e ③ (Apêndice 4) para obter o da ① [6, 8]:

$$K_{I①} = (K_{I②} + K_{I③})/2 = [\sigma\sqrt{\pi a} + P/(t\sqrt{\pi a})]/2 \checkmark \qquad (8.45)$$

O princípio da superposição torna os catálogos de FITs ainda mais úteis na prática!

8.8.1 Superposição de FIT em modo misto

Chama-se de modo misto aos casos em que a carga gera FITs em mais de um modo puro. O princípio da superposição vale, é claro, na MFLE, mas nestes casos **não** se pode somar K_I, K_{II} e/ou K_{III} para quantificar o efeito total da solicitação, porque as funções de θ dos três modos são diferentes, $f_{ij}(\theta)_I \neq f_{ij}(\theta)_{II} \neq f_{ij}(\theta)_{III}$. Por exemplo, uma carga mista I-II gera uma tensão σ_x que é dada por:

$$\sigma_x = [K_I f_x(\theta)_I + K_{II} f_x(\theta)_{II}]/\sqrt{2\pi r} \qquad (8.46)$$

onde $f_x(\theta)_I$ e $f_x(\theta)_{II}$ são as funções que descrevem a variação de σ_x com θ em modo I e modo II, portanto o campo de tensões **não** é obtido pela soma direta de K_I com K_{II}. Este problema é de particular importância na modelagem do crescimento de trincas por fadiga em estruturas de geometria complexa, que pode em geral seguir um caminho curvo. Esta modelagem em geral envolve contas muito trabalhosas, e é por isso que o programa **Quebra2D** teve que ser desenvolvido para prever o caminho de trincas curvas em geometrias 2D arbitrárias, como discutido no Capítulo 9 [53-57]. Este assunto será estudado em detalhes mais adiante, mas primeiro é necessário calcular os campos de tensão em volta das trincas, como feito a seguir.

8.9 Solução de Williams para o Campo LE de Tensões em Torno de uma Trinca

Para resolver os problemas de análise de tensões lineares, elásticos, isotrópicos, homogêneos e planos, pode-se usar o método inverso propondo funções de tensão de Airy $\varphi(r, \theta)$, que devem reproduzir todas as condições de contorno e obedecer [1, 32] a (vide Capítulo 5):

$$\begin{cases} \nabla^4[\varphi(r,\theta)] = \left(\dfrac{\partial^2}{\partial r^2} + \dfrac{1}{r}\dfrac{\partial}{\partial r} + \dfrac{1}{r^2}\dfrac{\partial^2}{\partial \theta^2}\right)\left(\dfrac{\partial^2\varphi}{\partial r^2} + \dfrac{1}{r}\dfrac{\partial\varphi}{\partial r} + \dfrac{1}{r^2}\dfrac{\partial^2\varphi}{\partial \theta^2}\right) = 0 \\[4mm] \sigma_r(r,\theta) = \dfrac{1}{r}\dfrac{\partial\varphi}{\partial r} + \dfrac{1}{r^2}\dfrac{\partial^2\varphi}{\partial\theta^2}, \quad \sigma_\theta(r,\theta) = \dfrac{\partial^2\varphi}{\partial r^2}, \quad \tau_{r\theta}(r,\theta) = -\dfrac{\partial}{\partial r}\left(\dfrac{1}{r}\dfrac{\partial\varphi}{\partial\theta}\right) \end{cases} \qquad (8.47)$$

Para analisar as tensões (lineares elásticas) numa placa trincada, Williams [3-17, 39] usou coordenadas polares $r\theta$ com origem na ponta de uma trinca com faces em $\theta = \pm \pi$, e propôs uma função de tensão da forma $\varphi(r, \theta) = r^2 f(r, \theta) + g(r, \theta)$, onde **f** e **g** são funções harmônicas (i.e., $\nabla^2 f = \nabla^2 g = 0$). Para as funções **f** e **g** Williams propôs séries infinitas de índice **n**, assumindo que:

$$\begin{cases} f = \sum_n [A_n r^n \cos(n\theta) + C_n r^n \sin(n\theta)] \\[3mm] g = \sum_n \{B_n r^{(n+2)}\cos[(n+2)\theta] + D_n r^{(n+2)}\sin[(n+2)\theta]\} \end{cases} \qquad (8.48)$$

onde as constantes A_n, B_n, C_n e D_n devem ser ajustadas para obedecerem às condições de contorno do problema. As tensões em modo I são simétricas em relação ao plano da trinca (logo $\sigma_\theta(\theta) = \partial^2\varphi/\partial r^2 = \sigma_\theta(-\theta)$, e por isso **f** e **g** só podem manter os termos em $\cos(n\theta)$, ou seja, as constantes C_n e D_n dos termos em $\sin(n\theta)$ têm que ser nulas), e nestes casos:

$$\varphi_I(r,\theta) = \varphi = \sum_n r^{(n+2)}[A_n \cos n\theta + B_n \cos(n+2)\theta] \qquad (8.49)$$

Desta forma, as componentes de tensão geradas pela função de Williams são obtidas por:

$$\begin{cases} \sigma_\theta = \dfrac{\partial^2\varphi}{\partial r^2} = \sum_n \{(n+2)(n+1)r^n[A_n \cos n\theta + B_n \cos(n+2)\theta]\} \\[3mm] \sigma_r = \dfrac{1}{r}\dfrac{\partial\varphi}{\partial r} + \dfrac{1}{r^2}\dfrac{\partial^2\varphi}{\partial\theta^2} = \sum_n \{(n+2)r^n[A_n \cos n\theta + B_n \cos(n+2)\theta] - \\ \qquad - r^n[n^2 A_n \cos n\theta + (n+2)^2 B_n \cos(n+2)\theta]\} = \\ \qquad = \sum_n r^\alpha \{A_n(n+2-n^2)\cos n\theta + B_n[(n+2)-(n+2)^2]\cos(n+2)\theta\} \\[3mm] \tau_{r\theta} = -\dfrac{\partial}{\partial r}\left(\dfrac{1}{r}\dfrac{\partial\varphi}{\partial\theta}\right) = \sum_n \{(n+1)r^n[n A_n \sin n\theta + (n+2)B_n \sin(n+2)\theta]\} \end{cases} \qquad (8.50)$$

Para obedecer às condições de contorno das superfícies livres, as tensões normais e cisa-lhantes devem ser nulas nas faces da trinca, ou seja, $\sigma_\theta(\theta = \pm\pi) = \tau_{r\theta}(\theta = \pm\pi) = 0$, logo:

$$\begin{cases} (A_n + B_n)\cos n\pi = 0 \\ [nA_n + (n+2)B_n]\sin n\pi = 0 \end{cases} \tag{8.51}$$

Para facilitar a imposição das condições de contorno das superfícies livres às faces da trinca, pode-se especificá-la localizando a origem dos eixos cartesianos e polares (xy e $r\theta$) na sua ponta, vide Fig. 8.33. Assim as suas faces (nas quais tanto as tensões normais quanto as cisalhantes têm que ser zero quando a trinca estiver aberta) coincidem com os eixos $\theta = \pm\pi$, onde $\sigma_\theta = \tau_{r\theta} = 0$ pela equação (8.51), e x negativo, onde $\sigma_x = \tau_{xy} = 0$ se $x < 0$ e $y = 0^+$ ou 0^-.

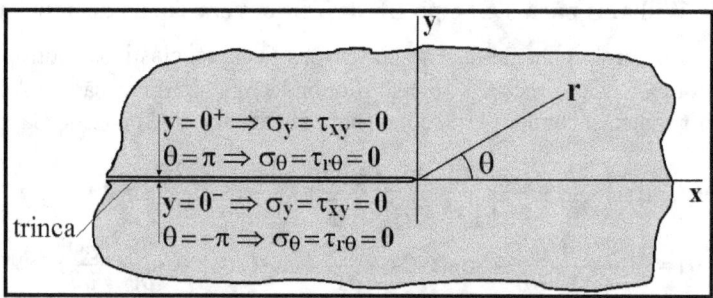

Fig. 8.33: Coordenadas da trinca de Williams.

A primeira condição da equação (8.51) implica em:

$$\begin{cases} n = \cdots, -3/2, -1/2, 1/2, 3/2, \cdots \text{ ou} \\ A_n = -B_n \end{cases} \tag{8.52}$$

E a segunda só pode ser obedecida se:

$$\begin{cases} n = \cdots, -2, -1, 0, 1, 2, \cdots \text{ ou} \\ nA_n = -(n+2)B_n \end{cases} \tag{8.53}$$

Analisando os valores de n, pode-se concluir que:

- Os valores de n positivos não reproduzem a física do problema, pois qualquer $n > 0$ geraria tensões que seriam infinitas longe da trinca (as tensões dependem de r^n).

- Da mesma forma, o valor $n = 0$ gera tensões independentes de r, logo não reproduz a concentração de tensões próximo da ponta da trinca. As tensões constantes com r são desprezadas nesta primeira análise, por terem pouca influência próximo da ponta da trinca (mas elas serão consideradas mais tarde).

- Só os n negativos reproduzem a concentração de tensões gerada pela trinca e a singula-ridade na sua ponta.

Os valores de n negativos na série de Williams geram, como esperado, tensões singulares na ponta da trinca ($r \to 0 \Rightarrow \sigma \to \infty$), uma vez que se supôs nulo o raio da ponta da trinca (logo $K_t \to \infty$). Mas mesmo assim este modelo tem que prever, é claro, que as tensões singulares geram uma energia de deformação E_D finita e positiva. As tensões variam com r^n e a E_D cresce com σ^2, logo em qualquer círculo de raio ρ centrado na ponta da trinca se deve ter:

$$E_D \approx \iint \frac{\sigma^2}{E}\,dA \Rightarrow 0 < \int_{-\pi}^{\pi} f^2(\theta)\,d\theta \int_0^\rho r^{2n}\,r\,dr < \infty \tag{8.54}$$

E como $0 < \int f^2(\theta)d\theta < \infty$ (pois $f(\theta)$ é composto de senos e co-senos), então:

$$0 < \int_0^\rho r^{(2n+1)}dr = \frac{\rho^{(2n+2)}}{2n+2} < \infty \Rightarrow n > -1 \qquad (8.55)$$

Assim, o único valor de n possível é $n = -1/2$, ou seja, a singularidade da trinca é proporcional a $1/\sqrt{r}$ e, para atender à segunda condição da equação (8.53), os únicos coeficientes restantes da série devem obedecer à condição $A_{-1/2} = 3B_{-1/2}$, que pode ser escrita como:

$$\begin{cases} A_{-1/2} = K_I \big/ \sqrt{2\pi} \\ B_{-1/2} = A_{-1/2}/3 = K_I/3\sqrt{2\pi} \end{cases} \qquad (8.56)$$

Desta forma, a função de tensão de Williams em modo I, que começou como uma série infinita de senos e co-senos multiplicados por $r^{(n+2)}$, acaba se resumindo a:

$$\varphi(r,\theta) = \left(K_I/\sqrt{2\pi} \right)\left[r^{3/2}\cos\theta/2 + (1/3)r^{3/2}\cos 3\theta/2 \right] \qquad (8.57)$$

De posse de $\varphi(r, \theta)$ é bem fácil obter o campo de tensões em modo I, vide Fig. 8.34:

$$\begin{cases} \sigma_r = \dfrac{1}{r}\dfrac{\partial\varphi}{\partial r} + \dfrac{1}{r^2}\dfrac{\partial^2\varphi}{\partial\theta^2} = \dfrac{K_I}{\sqrt{2\pi r}}[\dfrac{1}{4}(5\cos\dfrac{\theta}{2} - \cos\dfrac{3\theta}{2})] \equiv \dfrac{K_I\,f_r(\theta)}{\sqrt{2\pi r}} \\[4mm] \sigma_\theta = \dfrac{\partial^2\varphi}{\partial r^2} = \dfrac{K_I}{\sqrt{2\pi r}}[\dfrac{1}{4}(3\cos\dfrac{\theta}{2} + \cos\dfrac{3\theta}{2})] \equiv \dfrac{K_I f_\theta(\theta)}{\sqrt{2\pi r}} \\[4mm] \tau_{r\theta} = -\dfrac{\partial}{\partial r}(\dfrac{1}{r}\dfrac{\partial\varphi}{\partial\theta}) = \dfrac{K_I}{\sqrt{2\pi r}}[\dfrac{1}{4}(\sin\dfrac{\theta}{2} + \sin\dfrac{3\theta}{2})] \equiv \dfrac{K_I\,f_{r\theta}(\theta)}{\sqrt{2\pi r}} \end{cases} \qquad (8.58)$$

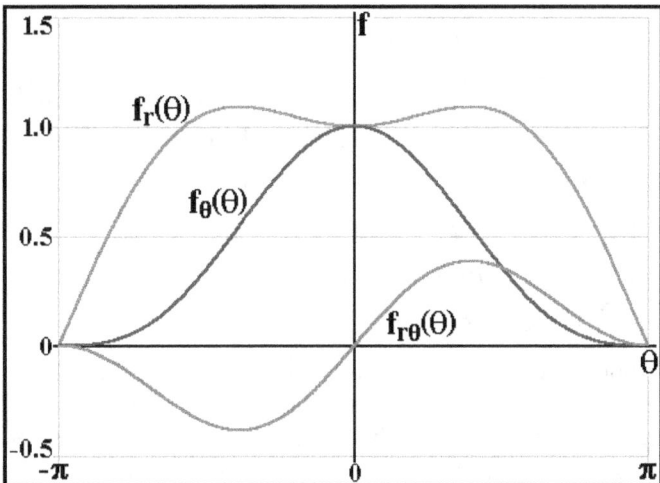

Fig. 8.34: Variação das funções $f_r(\theta)$, $f_\theta(\theta)$ e $f_{r\theta}(\theta)$ em torno da ponta da trinca em modo I (sendo $\sigma_r = [K_I/\sqrt{(2\pi r)}]\cdot f_r(\theta)$, etc.).

Além disso, nos casos limites de tensão (σ-pl) e de deformação (ε-pl) plana se obtêm:

$$\begin{aligned} \sigma_z = \tau_{z\theta} = \tau_{zr} = 0 \ (\sigma - pl) \\ \sigma_z = \nu(\sigma_r + \sigma_\theta), \ \ \tau_{z\theta} = \tau_{zr} = 0 \ (\varepsilon - pl) \end{aligned} \qquad (8.59)$$

As deformações associadas a estas tensões são obtidas pela lei de Hooke. Em tensão plana $\sigma_z = 0$, logo:

$$\begin{cases} \varepsilon_r = (\sigma_r - \nu\sigma_\theta)/E = \left(K_I/4E\sqrt{2\pi r}\right)\left[(5-3\nu)\cos(\theta/2) - (1+\nu)\cos(3\theta/2)\right] \\ \varepsilon_\theta = (\sigma_\theta - \nu\sigma_r)/E = \left(K_I/4E\sqrt{2\pi r}\right)\left[(3-5\nu)\cos(\theta/2) + (1+\nu)\cos(3\theta/2)\right] \\ \varepsilon_z = -\nu(\sigma_r + \sigma_\theta)/E = \left(-2\nu K_I/E\sqrt{2\pi r}\right)\cos(\theta/2) \\ \gamma_{r\theta} = \tau_{r\theta}/G = \left(K_I/4G\sqrt{2\pi r}\right)\left[\sin(\theta/2) + \sin(3\theta/2)\right] \end{cases}$$ (8.60)

Já em deformação plana $\varepsilon_z = 0$, mas como $\sigma_z = \nu(\sigma_r + \sigma_\theta)$, as deformações radial e tangencial passam a ser dadas por:

$$\begin{cases} E\varepsilon_r = \sigma_r - \nu(\sigma_\theta + \sigma_z) = (1-\nu^2)\sigma_r - \nu(1+\nu)\sigma_\theta \\ E\varepsilon_\theta = (1-\nu^2)\sigma_\theta - \nu(1+\nu)\sigma_r \end{cases}$$ (8.61)

enquanto a deformação cisalhante $\gamma_{r\theta}$ não muda. Os deslocamentos radiais $\mathbf{u_r}$ e tangenciais $\mathbf{u_\theta}$ podem ser obtidos integrando $\varepsilon_r = \partial u_r/\partial r$ e $\varepsilon_\theta = [u_r + (\partial u_\theta/\partial\theta)]/r$:

$$\begin{cases} u_r = \left(K_I\sqrt{r}/4G\sqrt{2\pi}\right)\left[(4\lambda - 3)\cos(\theta/2) - \cos(3\theta/2)\right] \\ u_\theta = \left(K_I\sqrt{r}/4G\sqrt{2\pi}\right)\left[(1-4\lambda)\sin(\theta/2) + \sin(3\theta/2)\right] \end{cases}$$ (8.62)

onde $\lambda = 2[1/(1+\nu)]$ no caso de tensão plana, ou $\lambda = 2(1-\nu)$ em deformação plana [1], e o módulo $\mathbf{G} = E/[2(1+\nu)]$ nos materiais isotrópicos e homogêneos.

Não é difícil repetir este exercício para resolver o problema (anti-simétrico) da trinca em modo II. Basta começar cancelando todos os termos em $\mathbf{cos(n\theta)}$ e retendo apenas os termos em $\mathbf{sin(n\theta)}$ nas funções $\mathbf{f}$ e $\mathbf{g}$ da série de Williams, para em seguida refazer toda a álgebra detalhada acima. Em particular deve-se obedecer à 1ª lei da Termodinâmica usando novamente o argumento da $\mathbf{E_D}$ finita para obter a singularidade em $1/\sqrt{r}$, vide Fig. 8.35:

$$\begin{cases} \sigma_r = \left(K_{II}/\sqrt{2\pi r}\right)\left[-5\sin(\theta/2) + 3\sin(3\theta/2)\right]/4 \equiv \left(K_{II}/\sqrt{2\pi r}\right)g_r(\theta) \\ \sigma_\theta = \left(K_{II}/\sqrt{2\pi r}\right)\left[-\sin(\theta/2) - 3\sin(3\theta/2)\right]/4 \equiv \left(K_{II}/\sqrt{2\pi r}\right)g_\theta(\theta) \\ \tau_{r\theta} = \left(K_{II}/\sqrt{2\pi r}\right)\left[\cos(\theta/2) + 3\cos(3\theta/2)\right]/4 \equiv \left(K_{II}/\sqrt{2\pi r}\right)g_{r\theta}(\theta) \\ \sigma_z = \tau_{zr} = \tau_{z\theta} = 0 \ (\sigma-pl); \ \sigma_z = \nu(\sigma_r + \sigma_\theta), \ \tau_{zr} = \tau_{z\theta} = 0 \ (\varepsilon-pl) \\ u_r = \left(K_{II}\sqrt{r}/4G\sqrt{2\pi}\right)\left[(3-4\lambda)\sin(\theta/2) + 3\sin(3\theta/2)\right] \\ u_\theta = \left(K_{II}\sqrt{r}/4G\sqrt{2\pi}\right)\left[(1-4\lambda)\cos(\theta/2) + 3\cos(3\theta/2)\right] \\ \lambda = 2/(1+\nu) \ (\sigma-pl); \ \lambda = 2(1-\nu) \ (\varepsilon-pl) \end{cases}$$ (8.63)

Apesar de um pouco exótica, é prática usual na mecânica da fratura exprimir as tensões e deslocamentos numa notação mista, usando o sistema cartesiano $\mathbf{xy}$ para as tensões, mas mantendo-as dependentes das coordenadas polares $\mathbf{r\theta}$, ou seja, escrevendo as equações na forma $\sigma_x(r, \theta)$, etc. Para seguir esta tradição (que vem da solução de Irwin, baseada na função de tensão de Westergaard, como será visto adiante), é preciso transformar as tensões σ_r, σ_θ e $\tau_{r\theta}$ em σ_x, σ_y e τ_{xy} usando [1, 32]:

$$\begin{cases} \sigma_x = \sigma_r\cos^2\theta + \sigma_\theta\sin^2\theta - \tau_{r\theta}\sin 2\theta \\ \sigma_y = \sigma_r\sin^2\theta + \sigma_\theta\cos^2\theta + \tau_{r\theta}\sin 2\theta \\ \tau_{xy} = [(\sigma_r - \sigma_\theta)/2]\sin 2\theta + \tau_{r\theta}\cos 2\theta \end{cases}$$ (8.64)

$\sigma_z = \tau_{xz} = \tau_{yz} = 0$ em σ-plana, e $\tau_{xz} = \tau_{yz} = \varepsilon_z = [\sigma_z - \nu(\sigma_x + \sigma_y)]/E = 0 \Rightarrow \sigma_z = \nu(\sigma_x + \sigma_y)$ em ε-plana. $\gamma_{xy} = \tau_{xy}/G$. Os deslocamentos são calculados por $\mathbf{u_x} = \int\varepsilon_x dx$ e $\mathbf{u_y} = \int\varepsilon_y dy$.

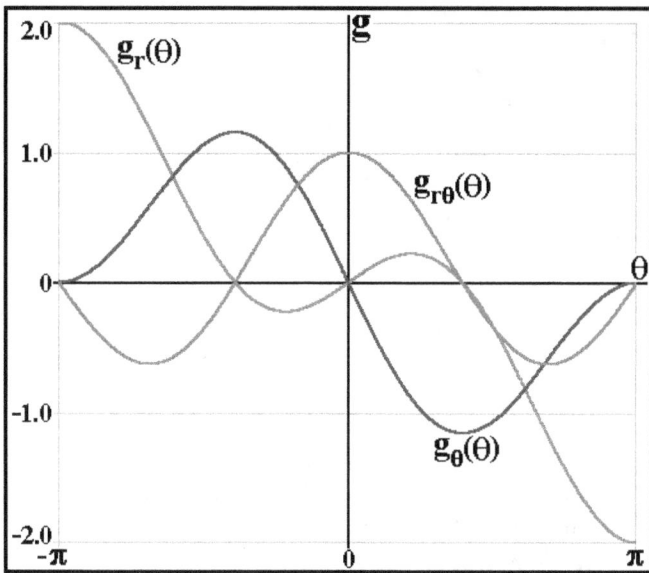

Fig. 8.35: Variação das funções $g_r(\theta)$, $g_\theta(\theta)$ e $g_{r\theta}(\theta)$ em torno da ponta da trinca em modo II (sendo $\sigma_r = [K_{II}/\sqrt{(2\pi r)}]\cdot g_r(\theta)$, etc.).

Após uma boa dose de ginástica algébrica (tediosa, mas não particularmente difícil), pode-se chegar finalmente às formas tradicionais dos campos de tensão em modo I e modo II já usadas sem comprovação no Capítulo 3 e no item 8.5. Desta forma, os campos de tensão e deslocamento em Modo I são dados por:

$$
\begin{cases}
\sigma_x = \left(K_I/\sqrt{2\pi r}\right)\cos(\theta/2)[1 - \sin(\theta/2)\sin(3\theta/2)] \equiv \left(K_I/\sqrt{2\pi r}\right)f_x(\theta) \\
\sigma_y = \left(K_I/\sqrt{2\pi r}\right)\cos(\theta/2)[1 + \sin(\theta/2)\sin(3\theta/2)] \equiv \left(K_I/\sqrt{2\pi r}\right)f_y(\theta) \\
\tau_{xy} = \left(K_I/\sqrt{2\pi r}\right)\cos(\theta/2)\sin(\theta/2)\cos(3\theta/2) \equiv \left(K_I/\sqrt{2\pi r}\right)f_{xy}(\theta) \\
\sigma_z = \tau_{xz} = \tau_{yz} = 0 \ (\sigma-\text{pl}); \ \sigma_z = \nu(\sigma_r + \sigma_\theta), \ \tau_{xz} = \tau_{yz} = 0 \ (\varepsilon-\text{pl}) \\
u_x = \left(K_I\sqrt{r}/4G\sqrt{2\pi}\right)[(4\lambda - 3)\cos(\theta/2) - \cos(3\theta/2)] \\
u_\theta = \left(K_I\sqrt{r}/4G\sqrt{2\pi}\right)[(4\lambda - 1)\sin(\theta/2) - \sin(3\theta/2)] \\
\lambda = 2/(1+\nu) \ (\sigma-\text{pl}); \ \lambda = 2(1-\nu) \ (\varepsilon-\text{pl})
\end{cases}
\tag{8.65}
$$

E os campos de tensão e deslocamento em Modo II são dados por:

$$
\begin{cases}
\sigma_x = \left(K_{II}/\sqrt{2\pi r}\right)\sin(\theta/2)[-2 - \cos(\theta/2)\cos(3\theta/2)] \equiv \left(K_{II}/\sqrt{2\pi r}\right)g_x(\theta) \\
\sigma_y = \left(K_{II}/\sqrt{2\pi r}\right)\sin(\theta/2)\cos(\theta/2)\cos(3\theta/2) \equiv \left(K_{II}/\sqrt{2\pi r}\right)g_y(\theta) \\
\tau_{xy} = \left(K_I/\sqrt{2\pi r}\right)\cos(\theta/2)[1 - \sin(\theta/2)\sin(3\theta/2)] \equiv \left(K_{II}/\sqrt{2\pi r}\right)g_{xy}(\theta) \\
\sigma_z = \tau_{xz} = \tau_{yz} = 0 \ (\sigma-\text{pl}); \ \sigma_z = \nu(\sigma_r + \sigma_\theta), \ \tau_{xz} = \tau_{yz} = 0 \ (\varepsilon-\text{pl}) \\
u_x = \left(K_{II}\sqrt{r}/4G\sqrt{2\pi}\right)[(4\lambda + 1)\sin(\theta/2) + \sin(3\theta/2)] \\
u_\theta = \left(K_{II}\sqrt{r}/4G\sqrt{2\pi}\right)[(5 - 4\lambda)\cos(\theta/2) - \cos(3\theta/2)] \\
\lambda = 2/(1+\nu) \ (\sigma-\text{pl}); \ \lambda = 2(1-\nu) \ (\varepsilon-\text{pl})
\end{cases}
\tag{8.66}
$$

As funções $f_x(\theta)$, $f_y(\theta)$ e $f_{xy}(\theta)$ associadas aos campos de tensão em modo I e $g_x(\theta)$, $g_y(\theta)$ e $g_{xy}(\theta)$ associadas ao modo II são mostradas nas Fig. 8.36 e 8.37.

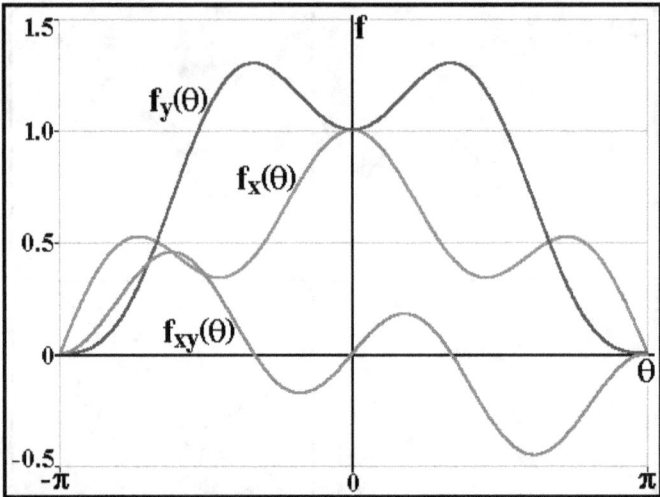

Fig. 8.36: Variação das funções $f_x(\theta)$, $f_y(\theta)$ e $f_{xy}(\theta)$ em torno da ponta da trinca em modo I (sendo $\sigma_x = [K_I/\sqrt{(2\pi r)}]\cdot f_x(\theta)$, etc.).

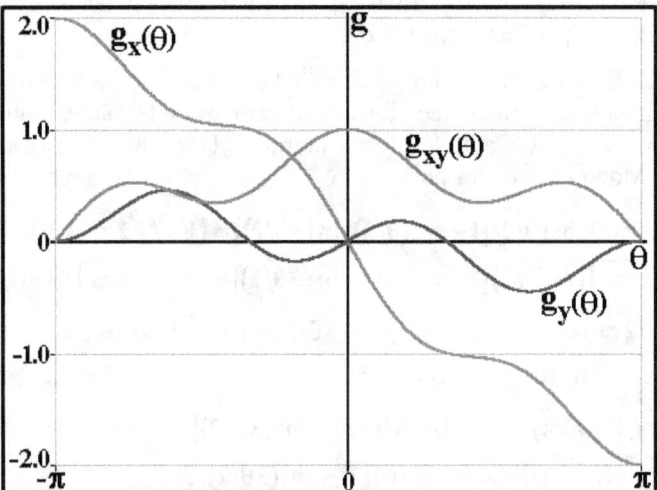

Fig. 8.37: Variação das funções $g_x(\theta)$, $g_y(\theta)$ e $g_{xy}(\theta)$ em torno da ponta da trinca em modo II (sendo $\sigma_x = [K_{II}/\sqrt{(2\pi r)}]\cdot g_x(\theta)$, etc.).

Por fim, solução do problema da análise de tensões e deformações LE das peças trincadas solicitadas em modo III é dada por [16]:

$$\begin{cases} \tau_{rz} = -\tau_{xz} = \left(K_{III}/\sqrt{2\pi r}\right)\sin\left(\theta/2\right) \\ \tau_{\theta z} = \tau_{yz} = \left(K_{III}/\sqrt{2\pi r}\right)\cos\left(\theta/2\right) \\ u_z = \int \varepsilon_z dz = \left(2\cdot K_{III}\sqrt{r}/G\sqrt{2\pi}\right)\cdot \sin\left(\theta/2\right) \\ \sigma_x = \sigma_y = \sigma_z = \tau_{xy} = u_x = u_y = 0 \end{cases} \tag{8.67}$$

Estas equações descrevem os campos de tensões e deslocamentos em torno da ponta das trincas nos materiais lineares, elásticos, isotrópicos e homogêneos, mas elas só são exatas quando $r \to 0$. Em particular elas não valem muito longe da ponta, pois $r \to \infty \Rightarrow \sigma_{ij} \to 0$, em vez de tender para a tensão nominal σ_n, como será estudado mais adiante.

8.10 Análise de Irwin para o Campo LE de Tensões em Torno de Trincas

Irwin [3-17, 40] analisou as tensões numa placa infinita trincada usando uma função de tensão complexa de Westergaard. Por isso, vale a pena rever brevemente as peculiaridades das funções complexas antes de estudar esta solução.

Uma variável $z = x + iy$ é complexa se x e y são números reais e $i = \sqrt{-1}$. Desta forma:

$$i^2 = -1, i^3 = -i, i^4 = 1, i^{-1} = 1/i = i/i^2 = -i, i^{-2} = -1, i^{-3} = i, i^{-4} = 1 \tag{8.68}$$

$$z = x + iy = r(\cos\theta + i\,\sin\theta) = re^{i\theta}, \text{ onde } r = \sqrt{(x^2 + y^2)} \text{ e } \theta = \text{atan}(y/x) \tag{8.69}$$

É fácil provar que $z = re^{i\theta}$, já que $\cos\theta = 1 - \theta^2/2! + \theta^4/4! \cdots$, $\sin\theta = \theta - \theta^3/3! + \theta^5/5! \cdots$ e $e^{i\theta} = 1 + i\theta + (i\theta)^2/2! + (i\theta)^3/3! \cdots$ (esta é a chamada relação de Euler).

Uma função complexa $Z(z)$ é definida por $Z(z) = f(x, y) + i \cdot g(x, y)$, onde f e g são funções reais. Várias propriedades das funções complexas são similares às das funções reais, mas elas têm algumas diferenças, por exemplo [58]:

$$(x \pm iy)^2 = x^2 \pm 2xiy + (iy)^2 = x^2 - y^2 \pm 2ixy \tag{8.70}$$

$$(x \pm iy)^{-1} = (x \mp iy)/(x \pm iy)(x \mp iy) = x/(x^2 + y^2) \mp iy/(x^2 + y^2) \tag{8.71}$$

$$\ln z = \ln r + i(\theta + 2n\pi), \text{ onde } n = 0, 1, 2, \dots \text{ (pois } z = re^{i\theta}) \tag{8.72}$$

$$z^n = r^n[\cos(n\theta) + i\,\sin(n\theta)] \tag{8.73}$$

$$z^{1/n} = r^{1/n}\{\cos[(\theta + 2k\pi)/n] + i \cdot \sin[(\theta + 2k\pi)/n]\}, \text{ onde } k = 0, 1, 2, \dots, n - 1 \tag{8.74}$$

Note que $z^{1/n}$ tem n raízes.

$$\cos z = 1 - (x + iy)^2/2! + (x + iy)^4/4! \cdots = (e^{iz} + e^{-iz})/2 = \cos(-z) \tag{8.75}$$

$$\sin z = (e^{iz} - e^{-iz})/2i = -\sin(-z) \tag{8.76}$$

$$\tan z = (e^{iz} - e^{-iz})/i(e^{iz} + e^{-iz}) \tag{8.77}$$

$$\sin^2 z + \cos^2 z = \tan^2 z - \sec^2 z = \cot^2 z - \csc^2 z = 1 \tag{8.78}$$

$$\sin(z_1 \pm z_2) = \sin z_1 \cdot \cos z_2 \pm \cos z_1 \cdot \sin z_2 \tag{8.79}$$

$$\cos(z_1 \pm z_2) = \cos z_1 \cdot \cos z_2 \mp \sin z_1 \cdot \sin z_2 \tag{8.80}$$

$$\tan(z_1 \pm z_2) = (\tan z_1 \pm \tan z_2)/(1 \mp \tan z_1 \cdot \tan z_2) \tag{8.81}$$

$$\cosh z = (e^z + e^{-z})/2 = \cosh(-z) = \cos iz, \cosh iz = \cos z \tag{8.82}$$

$$\sinh z = (e^z - e^{-z})/2 = -\sinh(-z) = -i\,\sin iz, \sinh iz = i\,\sin z \tag{8.83}$$

$$\cosh^2 z - \sinh^2 z = \tanh^2 z + \text{sech}^2 z = \coth^2 z - \text{csch}^2 z = 1 \tag{8.84}$$

$$\sinh(z_1 \pm z_2) = \sinh z_1 \cdot \cosh z_2 \pm \cosh z_1 \cdot \sinh z_2 \tag{8.85}$$

$$\cosh(z_1 \pm z_2) = \cosh z_1 \cdot \cosh z_2 \pm \sinh z_1 \cdot \sinh z_2 \tag{8.86}$$

$$\tanh(z_1 \pm z_2) = (\tanh z_1 \pm \tanh z_2)/(1 \pm \tanh z_1 \cdot \tanh z_2) \tag{8.87}$$

$$\sin^{-1} z = -i\,\ln(iz + \sqrt{1 - z^2}) \tag{8.88}$$

$$\cos^{-1} z = -i\,\ln(z + \sqrt{z^2 - 1}) \tag{8.89}$$

$$\sinh^{-1} z = \ln(z + \sqrt{1 + z^2}) \tag{8.90}$$

$$\cosh^{-1} z = -i\,\ln(z + \sqrt{z^2 - 1}) \tag{8.91}$$

A função conjugada de $Z(z) = f + i\cdot g$ é $Z^*(z) = f - i\cdot g$. E o produto $Z\cdot Z^* = f^2 + g^2$ é uma função real. A derivada de $Z(z)$ é:

$$\frac{dZ(z)}{dz} = Z' = \lim_{\Delta z \to 0} \frac{Z(z + \Delta z) - Z(z)}{\Delta z} \tag{8.92}$$

$Z(z) = Re(Z) + i\cdot Im(Z)$ é analítica se Z' é única, e para isto $Z(z)$ deve obedecer às chamadas condições de Cauchy-Riemann:

$$\begin{cases} \dfrac{\partial\, Re(Z)}{\partial x} = \dfrac{\partial\, Im(Z)}{\partial y} = Re(Z') \\[3mm] \dfrac{\partial\, Im(Z)}{\partial x} = -\dfrac{\partial\, Re(Z)}{\partial y} = Im(Z') \end{cases} \tag{8.93}$$

Quando $Z(z) = f + i\cdot g$ é analítica, $\partial f/\partial x = \partial g/\partial y$ e $\partial f/\partial y = -\partial g/\partial x$. E sendo o operador laplaciano $\nabla^2 = \partial^2/\partial x^2 + \partial^2/\partial y^2$, então:

$$\nabla^2 f = \partial^2 f/\partial x^2 - \partial^2 g/\partial x\partial y + \partial^2 f/\partial y^2 + \partial^2 g/\partial x\partial y = 0 \tag{8.94}$$

$$\nabla^2 g = -\partial^2 f/\partial x\partial y + \partial^2 g/\partial y^2 + \partial^2 f/\partial x\partial y + \partial^2 g/\partial x^2 = 0 \tag{8.95}$$

Portanto, as componentes **Re** e **Im** das funções complexas analíticas são sempre harmônicas (obedecem à equação de Laplace), e também conjugadas (pois dado **f** pode-se obter **g** a menos de uma constante, e vice versa). E como $\nabla^4 Z = \nabla^2(\nabla^2 f) + i\nabla^2(\nabla^2 g) = 0$, qualquer função complexa analítica pode ser uma função de tensão (se gerar as condições de contorno corretas do problema). As funções de tensão complexas do tipo Westergaard, dadas por:

$$\varphi(z) = Re(\overline{\overline{Z}}) + y\, Im(\overline{Z}), \quad Z = d\overline{Z}/dz, \quad \overline{Z} = d\overline{\overline{Z}}/dz \tag{8.96}$$

são particularmente úteis para calcular tensões LE em peças trincadas. E sendo $\varphi(z)$ uma função de tensão (complexa e analítica), então as tensões são obteníveis pelas equações de Airy:

$$\begin{cases} \sigma_x = \dfrac{\partial^2 \varphi}{\partial y^2} = \dfrac{\partial}{\partial y}\left(\dfrac{\partial\, Re\,\overline{\overline{Z}}}{\partial y} + \dfrac{\partial(y\, Im\,\overline{Z})}{\partial y} \right) = \dfrac{\partial(-Im\,\overline{Z} + Im\,\overline{Z} + y\, Re\, Z)}{\partial y} \Rightarrow \\[3mm] \qquad \Rightarrow \sigma_x = Re\, Z - y\, Im\, Z' \\[3mm] \sigma_y = \dfrac{\partial^2 \varphi}{\partial x^2} = \dfrac{\partial}{\partial x}\left(\dfrac{\partial\, Re\,\overline{\overline{Z}}}{\partial x} + \dfrac{\partial(y\, Im\,\overline{Z})}{\partial x} \right) = \dfrac{\partial(Re\,\overline{Z} + y\, Im\, Z)}{\partial x} \Rightarrow \\[3mm] \qquad \Rightarrow \sigma_y = Re\, Z + y\, Im\, Z' \\[3mm] \tau_{xy} = -\dfrac{\partial^2 \varphi}{\partial x\partial y} = -\dfrac{\partial}{\partial x}\left(\dfrac{\partial\, Re\,\overline{\overline{Z}}}{\partial y} + \dfrac{\partial(y\, Im\,\overline{Z})}{\partial y} \right) = -\dfrac{\partial(y\, Re\, Z)}{\partial x} = -y\, Re\, Z' \end{cases} \tag{8.97}$$

Para a trinca $2a$ centrada no eixo x numa placa infinita sob as tensões nominais biaxiais $\sigma_x(\pm\infty, y) = \sigma_y(x, \pm\infty) = \sigma$, Irwin usou a função:

$$Z = z\sigma/\sqrt{(z^2 - a^2)} \Rightarrow Z' = -\sigma a^2/(z^2 - a^2)^{2/3} \tag{8.98}$$

para obedecer a *todas* as condições de contorno do problema: $\sigma_y = \tau_{xy} = 0$ se $(-a < x < a, 0)$, e $\sigma_x = \sigma_y = \sigma$ e $\tau_{xy} = 0$ se $|z| \to \infty$. De fato, $\sigma_x = \sigma_y = Re(Z) = \sigma\cdot x/\sqrt{(x^2 - a^2)}$ e $\tau_{xy} = 0$ no plano da trinca, onde $y = 0$. Logo, nas faces da trinca, onde $x^2 < a^2$, Z é uma função imaginária pura, que gera $\sigma_y = \tau_{xy} = 0$. E como $|z| \to \infty \Rightarrow Z \to \sigma$ e $Z' \to 0$, σ_x e $\sigma_y \to \sigma$ longe da trinca (quando as coordenadas x e/ou $y \to \infty$).

Além disso, uma trinca no eixo x não pode concentrar as tensões geradas por uma tensão nominal paralela a x, $\sigma_x(\pm\infty, y) = \sigma$, portanto esta solução biaxial também se aplica ao caso uniaxial. Usando um novo eixo $x_p = x - a$ com origem na ponta da trinca, e chamando a constante $\sigma\sqrt{(\pi a)}$ de K_I, a tensão $\sigma_y(x_p, 0)$ bem próximo daquela ponta é dada por:

$$\sigma_y = \sigma \cdot (x_p + a)/\sqrt{[(x_p + a)^2 - a^2]} \cong \sigma a/\sqrt{(2ax_p)} = \sigma\sqrt{(\pi a)}/\sqrt{(2\pi x_p)} = K_I/\sqrt{(2\pi x_p)} \quad (8.99)$$

Portanto, Irwin reproduz a singularidade $\sigma = f(1/\sqrt{x_p})$ de Williams. E usando as relações $r^2 = (x - a)^2 + y^2$ e $\theta = \text{atan}[y/(x - a)]$, pode-se transformar a função original $Z(z)$ na função equivalente com origem na ponta da trinca $Z_p(z_p) = K_I/\sqrt{(2\pi z_p)} = K_I/\sqrt{(2\pi r e^{i\theta})}$. Desta forma:

$$(8.100) \quad \begin{cases} Z_p(z_p) = \left(K_I/\sqrt{2\pi}\right) z_p^{-1/2} = \left(K_I/\sqrt{2\pi r}\right)[\cos(\theta/2) - i\sin(\theta/2)] \Rightarrow \\ Z'_p(z_p) = -\left(K_I/\sqrt{2\pi}\right) z_p^{-3/2} = \left(K_I/2r\sqrt{2\pi r}\right)[-\cos(3\theta/2) + i\sin(3\theta/2)] \\ \sigma_y = \text{Re}(Z_p) + y\,\text{Im}(Z'_p) = \left(K_I/\sqrt{2\pi r}\right)\left[\cos(\theta/2) + \left(\sin\theta/2\sqrt{2\pi r}\right)\sin(3\theta/2)\right] \Rightarrow \\ \sigma_y = \left(K_I/\sqrt{2\pi r}\right)\cos(\theta/2)[1 + \sin(\theta/2)\sin(3\theta/2)] \end{cases} \quad \therefore$$

uma vez que $\sin\theta = 2\sin(\theta/2)\cos(\theta/2)$. De forma similar obtém-se:

$$(8.101) \quad \begin{cases} \sigma_x = \left(K_I/\sqrt{2\pi r}\right)\cos(\theta/2)[1 - \sin(\theta/2)\sin(3\theta/2)] \\ \tau_{xy} = \left(K_I/\sqrt{2\pi r}\right)\cos(\theta/2)\sin(\theta/2)\cos(3\theta/2) \end{cases}$$

Logo, as tensões σ_x, σ_y e τ_{xy} calculadas por Irwin são (como era esperado de um problema linear elástico) exatamente iguais às calculadas por Williams!

A aproximação "próximo da ponta da trinca" usada na equação (8.99) acima também poderia ser gerada expandindo a função de tensão Z em série [40], pois se $x_p \ll a$:

$$\frac{\sigma \cdot (x_p + a)}{\sqrt{x_p^2 + 2ax_p}} = \frac{\sigma \cdot (x_p + a)}{\sqrt{2ax_p}}\left[1 - \frac{1}{2}\frac{x_p}{2a} + \frac{1\cdot 3}{2\cdot 4}\left(\frac{x_p}{2a}\right)^2 - \frac{1\cdot 3\cdot 5}{2\cdot 4\cdot 6}\left(\frac{x_p}{2a}\right)^3 + \cdots\right] \cong \frac{\sigma x_p}{\sqrt{2ax_p}} \quad (8.102)$$

E vale a pena enfatizar que no caso geral onde as tensões nominais são $\sigma_x(\pm\infty, y) = \alpha\sigma$ e $\sigma_y(x, \pm\infty) = \sigma$, as tensões σ_y e τ_{xy} junto à ponta da trinca permanecem inalteradas, enquanto na direção x também atua o campo uniforme $(1 - \alpha)\sigma$, logo:

$$\sigma_x = \left(K_I/\sqrt{2\pi r}\right)\cos(\theta/2)[1 - \sin(\theta/2)\sin(3\theta/2)] - (1 - \alpha)\sigma \quad (8.103)$$

Partindo de uma função de tensão apropriada, pode-se em princípio usar este método para calcular o K_I de qualquer outra geometria. Mas calcular uma função de tensão não é uma tarefa trivial na prática.

⇨ E8.13: Calcule o K_I de uma trinca $2a$ numa placa infinita de espessura t, carregada por 2 forças P centradas nas suas 2 faces, como ilustrado na Fig. 8.38.

A função de tensão:

$$Z = \frac{Pa}{zt\pi\sqrt{z^2 - a^2}} \quad (8.104)$$

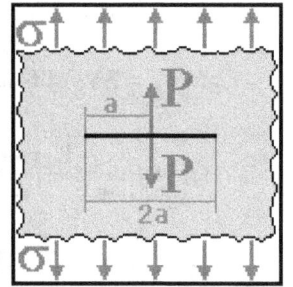

Fig. 8.38: Cargas centradas nas faces trinca.

reproduz as condições de contorno deste problema: $|z| \to \infty \Rightarrow Z$, $Z' \therefore \sigma_x$, σ_y e $\tau_{xy} \to 0$, e nas faces da trinca, onde $x^2 < a^2$, Z é imaginária, logo $\sigma_y = \tau_{xy} = 0$. Já no plano $y = 0$, bem próximo à ponta desta trinca, tem-se:

$$\sigma_y = Re(Z) = \frac{Pa/x}{t\pi\sqrt{x^2 - a^2}} = \frac{Pa/(x_p + a)}{t\pi\sqrt{x_p^2 + 2ax_p}} \cong \frac{P}{t\pi\sqrt{2ax_p}} \tag{8.105}$$

Logo, sabendo que $\sigma_y = K_I/\sqrt{(2\pi x_p)}$, obtém-se finalmente:

$$K_I = P/t\sqrt{\pi a} \quad \checkmark \tag{8.106}$$

Este método para calcular K_Is é poderoso e direto, mas depende da escolha de uma função de tensão Z apropriada para reproduzir as condições de contorno de cada problema em particular. Entretanto, esta tarefa em geral não é propriamente trivial nas geometrias mais complicadas, tão comuns na prática. Daí a grande utilidade dos catálogos de FIT, e dos programas dedicados como o **Quebra2D** para calcular os FIT nos casos mais complicados.

8.11 Correlação entre K_I e G

Irwin [34] provou que K_I e G são conceitos equivalentes, calculando o trabalho ΔW requerido para fechar a parte Δa perto da ponta de uma trinca de comprimento $a + \Delta a$. Sabendo que $G \cdot t \cdot \Delta a = \Delta W - \Delta E_D = \Delta E_D = \Delta W/2$ sob uma carga fixa (ou $G \cdot t \cdot \Delta a = -\Delta E_D$ sob um deslocamento fixo) nos materiais lineares elásticos, ele usou K_I para calcular as forças e os deslocamentos que causavam ΔW. A Fig. 8.39 ilustra a técnica usada para resolver esta tarefa.

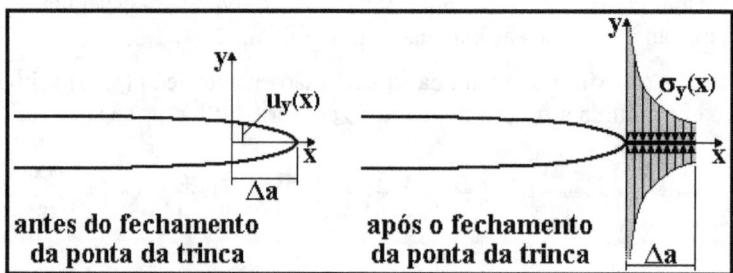

Fig. 8.39: Tensões necessárias para fechar a trinca de uma distância δa a partir da sua ponta.

Em modo I, o elemento de trabalho $dW(x) = 2 \cdot [u_y(x) \cdot \sigma_y(x) \cdot t \cdot dx]$, onde $u_y(x)$ são os deslocamentos $u_y(r, \pi/2)$ quando a trinca $a + \Delta a$ está aberta, $\sigma_y(x) = K_I(a)/\sqrt{(2\pi x)}$ são as tensões que atuam à frente da trinca fechada, e o fator 2 deve-se à simetria do trabalho executado para fechar ambas as faces da trinca, portanto:

$$dW(x) = 2 \cdot \left[\lambda K_I(a + \Delta a)/G\sqrt{2\pi}\right] \sqrt{\Delta a - x} \cdot \left(K_I(a)/\sqrt{2\pi x}\right) \cdot t \cdot dx \tag{8.107}$$

onde $\lambda = 2(1 - \nu)$ em ε-plana e $\lambda = 2/(1 + \nu)$ em σ-plana.

Como $G = \Delta W/(2 \cdot t \cdot \Delta a)$ e $\Delta W = \int_0^{\Delta a} dW$, pode-se escrever que:

$$G_I = \lim_{\Delta a \to 0} \frac{\lambda \cdot K_I(a + \Delta a) \cdot K_I(a) \cdot t}{\pi G \cdot 2 \cdot t \cdot \Delta a} \int_0^{\Delta a} \sqrt{\frac{\Delta a - x}{x}} \cdot dx \tag{8.108}$$

A integral $\int_0^{\Delta a} \sqrt{(\Delta a - x)/x} \cdot dx$ pode ser analiticamente calculada usando uma transformação simples, $x/\Delta a = \sin^2\phi \Rightarrow dx = 2 \cdot \Delta a \cdot \sin\phi \cdot \cos\phi \cdot d\phi$ e, já que $x = \Delta a \Rightarrow \phi = \pi/2$, reescrevendo-a em função de ϕ numa forma bem mais amigável:

$$\int_0^{\pi/2} \Delta a \cdot \cos^2\phi \cdot d\phi = \Delta a \cdot \frac{\phi}{2}(1 + \cos 2\phi)\Big|_0^{\frac{\pi}{2}} = \Delta a \cdot \frac{\pi}{2} \tag{8.109}$$

Substituindo este valor na definição de $\mathcal{G}_I$, obtém-se:

$$\mathcal{G}_I = \lim_{\Delta a \to 0} \frac{\lambda \cdot K_I(a + \Delta a) \cdot K_I(a)}{2\pi G} \cdot \frac{\pi}{2} = \frac{\lambda \cdot K_I^2}{4G} \tag{8.110}$$

Pode-se usar uma técnica similar para calcular $\mathcal{G}_{II}$ e $\mathcal{G}_{III}$. E sendo $E' = E/(1 - \nu^2)$ em deformação plana, $E' = E$ em tensão plana, e $G = E/2(1 + \nu)$, finalmente pode-se escrever que:

$$\mathcal{G}_I = K_I^2/E' , \; \mathcal{G}_{II} = K_{II}^2/E' \; e \; \mathcal{G}_{III} = K_{III}^2/2G \tag{8.111}$$

Assim, quando a carga induz K_I, K_{II} e K_{III} na peça, a taxa total de alívio é dada por:

$$\mathcal{G} = K_I^2/E' + K_{II}^2/E' + K_{III}^2/2G \tag{8.112}$$

pois $\mathcal{G}$ é uma grandeza escalar que pode ser somada sem problemas.

Desta forma, é equivalente modelar as trincas pelo balanço da energia envolvida no seu crescimento (quantificada pelas taxas de alívio $\mathcal{G}_I$, $\mathcal{G}_{II}$ e $\mathcal{G}_{III}$), ou pela análise do campo de tensões em torno da ponta da trinca (quantificado através dos fatores de intensidade de tensões K_I, K_{II} e K_{III}). Ou seja, as análises de Griffith e de Irwin geram resultados idênticos, e podem ser usadas de acordo com a conveniência do analista.

8.12 A Curva R

O fraturamento frágil (crescimento instável e brusco da trinca) previsto por $K_I = K_{IC}$ ou por $\mathcal{G}_I = T$ só pode ocorrer em dois casos: (i) quando a tenacidade do material T é constante e a taxa de alívio da energia da peça trincada $\mathcal{G}_I = K_I^2/E'$ aumenta com o comprimento da trinca a (logo com o seu incremento Δa); e (ii) quando T aumenta menos que $\mathcal{G}$ à medida que o incremento da trinca Δa cresce. Já quando T é constante, mas $\mathcal{G}$ (que é função da geometria da peça e da trinca e do tipo da carga) diminui à medida que a trinca cresce, a fratura só progride por rasgamento estável (é preciso aumentar a carga para suprir a diminuição de $\mathcal{G}$ causada pelo aumento da trinca). A placa infinita da Fig. 8.38 (espessura t com uma trinca central, tracionada por duas forças P centradas nas duas faces da trinca), cujo $K_I = P/t\sqrt{(\pi a)}$, é um exemplo de um caso em que $\mathcal{G}$ diminui à medida que a trinca cresce.

As curvas R são gráficos $T(\Delta a) \times \Delta a$ que mostram como a tenacidade varia com o incremento da trinca durante o processo de fratura. É usual desenhar Δa à direita e o tamanho inicial da trinca a_0 à esquerda do eixo T, para que na mesma figura também se possa plotar a taxa de alívio $\mathcal{G}(a, \sigma)$ como mostrado na Fig. 8.40. Nesta figura supõe-se que $f(a/w)$ é constante, logo que a taxa de alívio $\mathcal{G}_I = K_I^2/E' = \sigma^2\pi a \cdot f^2(a/w)/E'$ é uma função linear de a. Assim, ao aumentar a tensão nominal de σ_1 para σ_2 também se aumenta a taxa de alívio de $\mathcal{G}_1(a_0, \sigma_1)$ para $\mathcal{G}_2(a_0, \sigma_2)$. Mas $\mathcal{G}_1$ e $\mathcal{G}_2$, sendo menores que T, a tenacidade do material, não podem causar a fratura da peça. Só quando a tensão atinge seu valor crítico $\sigma_C \Rightarrow \mathcal{G} = \mathcal{G}_C(a_0, \sigma_C) = T$ é que ocorre o fraturamento brusco e instável nos dois casos mostrados na figura, pois neles a tenacidade $T(\Delta a)$ permanece menor que a taxa de alívio $\mathcal{G}(a_0 + \Delta\alpha, \sigma)$, a qual, como na maioria dos casos práticos, cresce à medida que a trinca aumenta.

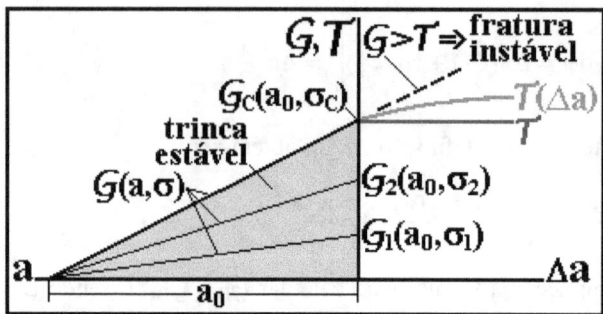

Fig. 8.40: Curva **R** de uma peça frágil, que fratura bruscamente.

Na realidade, se $\partial\mathcal{G}(a, \sigma_C)/\partial a > d\mathcal{T}(\Delta a)/da$, o rasgamento é impossível e a fratura é brusca. Ou seja, **não** pode haver fraturamento estável quando a tenacidade $\mathcal{T}(\Delta a)$ cresce menos com Δa do que a taxa de alívio $\mathcal{G}(\Delta a)$, como na curva $\mathcal{T}'(\Delta a)$ da Fig. 8.40, conhecida como a curva **R** do material (o **R** vem de resistência à fratura).

Mas a tenacidade $\mathcal{T}(\Delta a)$ pode aumentar muito à medida que a trinca cresce durante o processo de fratura (ou seja, a curva **R** dos materiais menos frágeis pode crescer bastante com o incremento da trinca Δa). Nesses casos, a fratura progride por rasgamento (o crescimento estável da trinca durante o processo de fratura) enquanto $\partial\mathcal{G}(a + \Delta a)/\partial a < d\mathcal{T}(\Delta a)/da$, ou enquanto o aumento da tenacidade $\mathcal{T}$ com o incremento da trinca Δa for capaz de suprir o conseqüente aumento da taxa de alívio $\mathcal{G}$. Portanto, na realidade são **duas** as condições para iniciar a fratura instável:

$$\mathcal{G}(a + \Delta a) = \mathcal{T}(\Delta a) \text{ e } \partial\mathcal{G}(a + \Delta a)/\partial a = d\mathcal{T}(\Delta a)/da \qquad (8.113)$$

É fácil ver que o rasgamento termina no fraturamento brusco quando a derivada da taxa de alívio $\partial\mathcal{G}(a + \Delta a)/\partial a$ iguala a da tenacidade $d\mathcal{T}(\Delta a)/da$ no tamanho crítico da trinca $a_C > a$, como ilustrado na Fig. 8.41.

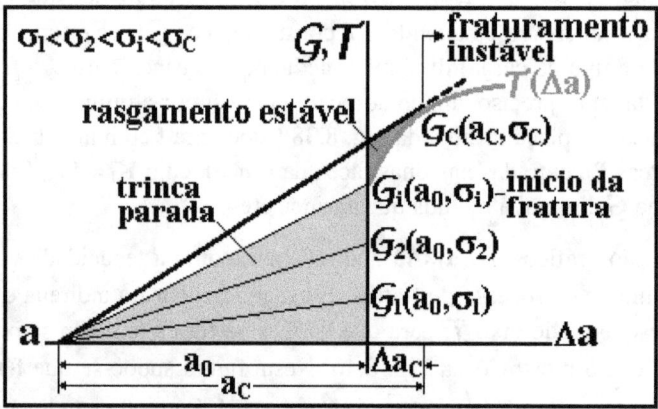

Fig. 8.41: Rasgamento estável entre $\mathcal{G}_i$ e $\mathcal{G}_C$ numa peça menos frágil.

As trincas crescem por rasgamento estável entre $a_0 < a < a_C$ sob $\sigma_i < \sigma < \sigma_C$ (na região cinza sobre a curva **R** na Fig. 8.41) enquanto a tenacidade aumentar durante o processo de fratura mantendo $\partial\mathcal{G}(a + \Delta a, \sigma)/\partial a < d\mathcal{T}(\Delta a)/da$. O fraturamento instável, com a conseqüente quebra final da peça, só ocorre em $a = a_C$ quando $\partial\mathcal{G}(a_C, \sigma_C)/\partial a = d\mathcal{T}(\Delta a_C)/da$.

Entretanto, como as curvas **R** crescentes são comuns nas ligas tenazes, a previsão da tensão crítica σ_C que causa a quebra final da peça não é trivial, pois $\mathcal{G}_C$ *não* é uma propriedade do material: $\mathcal{G}_C$ é obtido no ponto em que as curvas da taxa de alívio $\mathcal{G}(a_C, \sigma_C)$ e da tenacidade $T(\Delta a_C)$ são tangentes, logo depende do tamanho da trinca inicial, da geometria da peça trincada e do tipo do carregamento [8], vide Fig. 8.42. Este ponto importante não deve ser desprezado nas previsões da fratura de grandes peças tenazes pela MFLE.

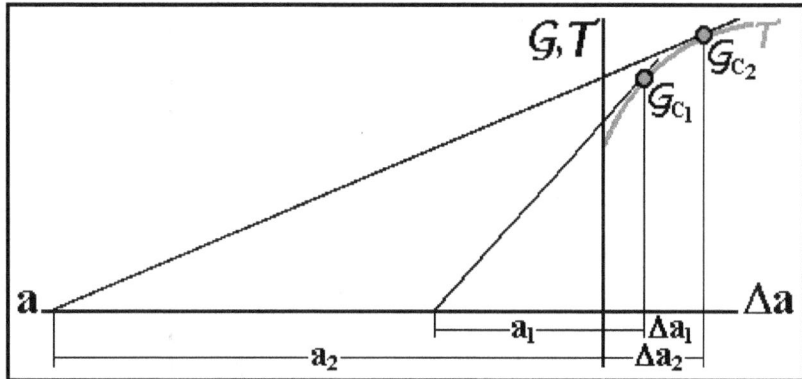

Fig. 8.42: $\mathcal{G}_C$ e, portanto, K_C também, *não* são propriedades mecânicas do material, uma vez que os seus valores dependem das geometrias da peça e da trinca.

⮕ E8.14: Supondo que a tenacidade de um material seja dada por $T(\Delta a) = 10 + 30\Delta a^{0.25}$, compare (i) os incrementos durante o rasgamento de 2 trincas, uma com $a_1 = 10$ e a outra com $a_2 = 4$ e (ii) as taxas críticas de alívio esperadas em 2 tipos de peças: (a) placas tracionadas muito grandes com uma trinca central, e (b) CPs de flexão de 3 pontos com uma trinca na borda tipo ASTM SE(B) (*single edge notch in bending*), com altura $w = 15$ e vão $s = 4w$.

As unidades deste problema são arbitrárias, mas coerentes. Nas placas, as taxas de alívio $\mathcal{G}$ são funções lineares do tamanho da trinca a, pois $\mathcal{G} = K_I^2/E'$ e $K_I \cong \sigma\sqrt{(\pi a)}$. Resolvendo o problema graficamente na Fig. 8.43, as curvas $\mathcal{G}(a_1 + \Delta a_{C1}, \sigma_{C1})$ e $\mathcal{G}(a_2 + \Delta a_{C2}, \sigma_{C2})$ tangenciam a curva **R** ou $T(\Delta a)$ em pontos diferentes causando a fratura instável após uma fase de rasgamento que gera incrementos diferentes nas 2 trincas iniciais: $\Delta a_{C1} \cong 2.2 > \Delta a_{C2} \cong 0.8$, os quais correspondem às taxas de alívio $\mathcal{G}_{C1} \cong 46 > \mathcal{G}_{C2} \cong 38$. Estes valores são bem maiores do que a taxa de alívio que inicia o rasgamento, $\mathcal{G}_i = 10$.

Mas nos SE(B) o comportamento do *mesmo* material é totalmente diferente. As taxas de alívio $\mathcal{G}$ crescem de forma não linear com o tamanho da trinca, pois neste caso (Apêndice 4):

$$f(a/w) = \frac{1.99 - (\frac{a}{w})(1 - \frac{a}{w})[2.15 - 3.93\frac{a}{w} + 2.7(\frac{a}{w})^2]}{(1 + 2a/w)(1 - a/w)^{1.5}} \tag{8.114}$$

A solução gráfica deste problema está na Fig. 8.44. A fratura instável ocorre após incrementos das trincas iniciais $\Delta a_{C1} \cong 0.2 < \Delta a_{C2} \cong 0.5$, em taxas de alívio $\mathcal{G}_{C1} \cong 30 < \mathcal{G}_{C2} \cong 35$. Estes valores além de serem significativamente menores do que os obtidos na placa, também têm a sua ordem invertida: neste caso a trinca menor rasga mais e atinge uma tenacidade $\mathcal{G}_C$ (ou K_C) mais alta do que a associada à trinca inicial maior, enquanto nas placas da Fig. 8.43 é a trinca maior que rasga mais e atinge maior tenacidade.

Este exemplo comprova claramente que $\mathcal{G}_C$ e $\mathbf{K}_C$ **não** são propriedades mecânicas, pois dependem da geometria da peça e da trinca (e neste caso de uma forma não intuitiva).

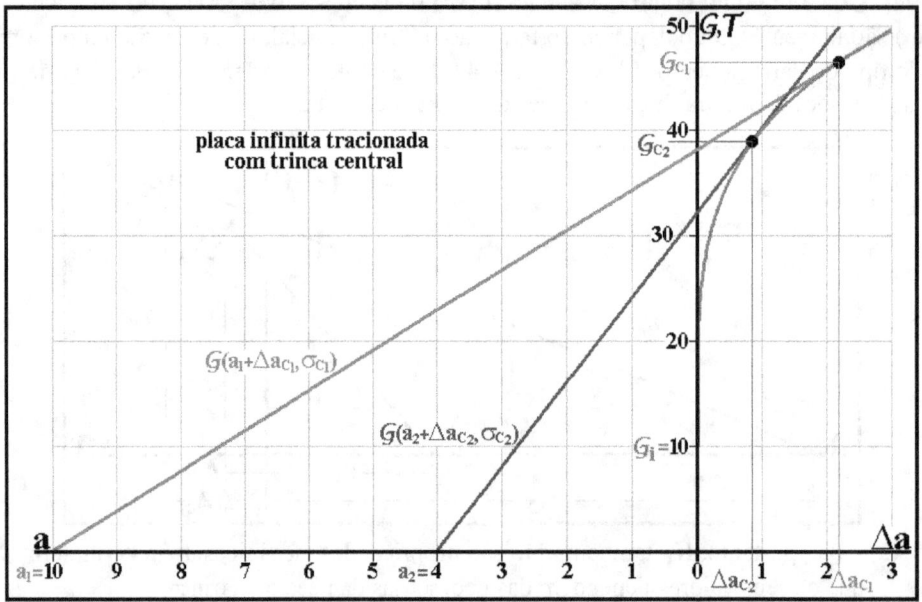

Fig. 8.43: O rasgamento na placa gera tenacidades $\mathcal{G}_{C1} \cong 46 > \mathcal{G}_{C2} \cong 38$.

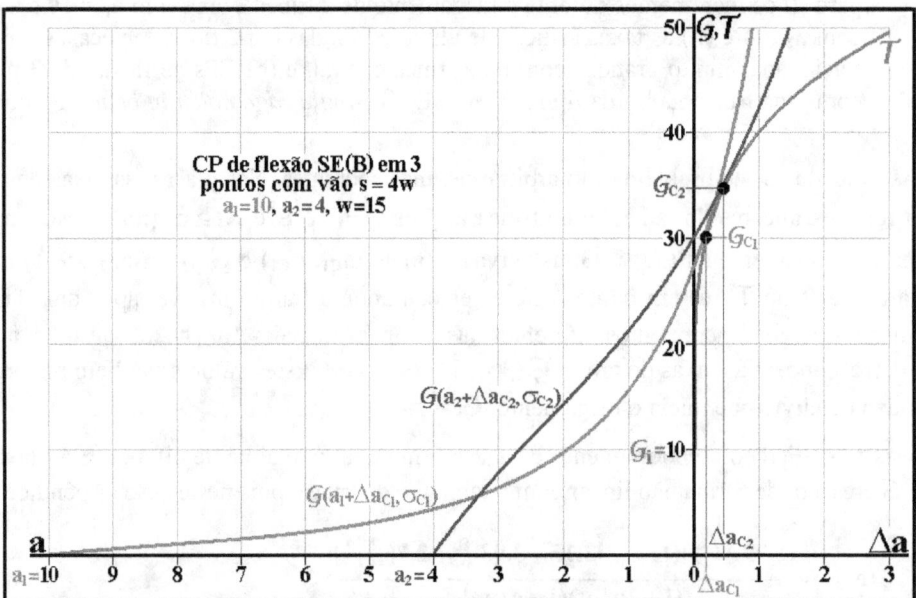

Fig. 8.44: O rasgamento no SE(B) gera tenacidades $\mathcal{G}_{C1} \cong 30 < \mathcal{G}_{C2} \cong 35$.

Em geral a curva **R** depende pelo menos da temperatura e da espessura da peça, mas como no exemplo acima elas eram constantes, se supôs que a tenacidade $\mathcal{T}(\Delta a)$ dependia apenas de Δa, sendo assim uma característica do material. Esta é uma hipótese plausível, mas não necessariamente verdadeira. Entretanto, ela é a base da norma ASTM E 561 [59]. Todavia, deve-se notar que apesar desta hipótese restritiva, $\mathbf{K}_C$ e $\mathcal{G}_C$ são variáveis.

É preciso enfatizar este ponto mais uma vez. Como os materiais estruturais tenazes têm curvas **R** que podem crescer bastante, $K_C = \sqrt{(G_C E')}$ *não* é uma propriedade mecânica, pois, ao contrário de K_{IC} e de G_i, K_C *depende* do tipo do CP e da carga, e do tipo e do tamanho da trinca inicial. Desta forma, em geral *não* se pode prever exatamente a fratura final (o evento terminal que causa a separação da peça em pelo menos duas partes) a partir de $K_I = K_C$, mesmo quando o fator K_I controla o campo de tensões em volta da trinca até o início da fratura. Só se pode prever a_C e σ_C confiavelmente usando K_C se esta tenacidade for medida em CPs idênticos à peça real.

Assim, não é surpreendente que as várias estimativas de K_C apresentadas anteriormente (no item 8.7) sejam tão diferentes, e por isso não é recomendável usá-las em projetos sem primeiro avaliar como as suas limitações afetam a peça em questão.

Mas isto não quer dizer que as previsões da MFLE sejam inúteis quando não se pode aplicar K_{IC} (um limite que é restritivo demais em muitos casos práticos), nem medir K_C numa peça idêntica. A fratura final pode ser evitada com confiança, limitando conservadoramente o fator de intensidade de tensões solicitante ao início da fratura, $K_I < K_i = \sqrt{(G_i E')}$, ou usando valores de K_C medidos em CPs de flexão com trincas adequadas, pois eles tendem a ser menores que os obtidos nas placas tracionadas, por exemplo. Além disso, as previsões de vida residual à fadiga, onde a grande maioria dos ciclos é gasta para propagar trincas pequenas, são em geral pouco sensíveis ao valor de a_C, como será estudado no Capítulo 9.

Os procedimentos da MFLE, é claro, só se aplicam enquanto K_I puder ser usado para descrever o campo das tensões até o instante da fratura, pois quando a zp_C for grande em relação às dimensões da peça não faz sentido usá-los. Por isso, já é hora de estudar com mais detalhes as estimativas da **zp**.

8.13 Estimativa Clássica do Tamanho e da Forma das Zonas Plásticas

A estimativa $zp = K_I^2/(2\pi S_E^2)$ usada até agora para o tamanho da zona plástica (ou da zona de perturbação no campo de tensões linear elástico em torno da ponta da trinca) é simplista, apesar de prever um tamanho máximo de **zp** surpreendentemente preciso quando comparado com o campo de HRR [13].

Usando apenas as tensões LE geradas por K_I, a **zp** pode ser melhor estimada considerando o efeito de todas as componentes de tensão (e não só o de $\sigma_y(\theta = 0)$) na fronteira da $zp(\theta)$ em volta da ponta da trinca. A **zp** nos metais é devida à plasticidade do material, e sua fronteira pode ser localizada superpondo as componentes de tensão por Tresca ou Mises. E como as peças reais têm espessura finita, deve-se reconhecer que o estado de tensões em torno da ponta da trinca varia ao longo da espessura da peça trincada.

A fronteira elastoplástica em torno da ponta da trinca, $zp(\theta)$, pode ser estimada em primeira aproximação fazendo a tensão de Tresca ou a de Mises (geradas pelas tensões LE induzidas por uma carga trativa em modo I) igualar S_E. Assim, seja **z** a coordenada paralela à frente da trinca, suposta perpendicular à superfície livre da peça (vide Fig. 8.45), que trabalha sob $\sigma_{ij} = K_I \cdot f_{ij}(\theta)/\sqrt{(2\pi r)}$. Quando $\sigma_2(r, \theta) > 0$, a tensão de Tresca $\sigma_{Tresca} = \sigma_1$ é dada por:

$$\sigma_{Tresca} = \frac{1}{2}\left[\sigma_x + \sigma_y + \sqrt{(\sigma_x - \sigma_y)^2 + 4\tau_{xy}^2}\right] \tag{8.115}$$

Já quando $\sigma_2(r, \theta) < 0$, $\sigma_{Tresca} = \sigma_1 - \sigma_2$ e, portanto:

$$\sigma_{Tresca} = \sqrt{(\sigma_x - \sigma_y)^2 + 4\tau_{xy}^2} \tag{8.116}$$

Enquanto a tensão de Mises σ_{Mises} é expressa por:

$$\sigma_{Mises} = \sqrt{\sigma_x^2 + \sigma_y^2 - \sigma_x\sigma_y + 3\tau_{xy}^2} \qquad (8.117)$$

Quando a peça é fina, a tensão $\sigma_z \cong 0$ em torno da ponta da trinca ao longo de toda a espessura da peça, e a **zp** se desenvolve sob um estado de tensão plana dominante. Nestes casos, as falhas causadas por plasticidade, como fadiga e fratura dúctil e.g., propagam idealmente a **45°** em relação ao plano **xz** da trinca, logo a superfície final da fratura é inclinada em relação à superfície da peça.

Mas nas peças grossas, a tensão σ_z em torno da ponta da trinca pode variar ao longo da espessura (pois o resto da peça pode restringir o deslocamento transversal, como já discutido no estudo da regra de Neuber, vide Capítulo 6). Assim, σ_z pode crescer de zero na superfície até atingir o valor limite $\sigma_z = \nu\cdot(\sigma_x + \sigma_y)$, onde ν é o coeficiente de Poisson, em algum ponto da parte central da peça. Este valor limite é atingido quando a (grande) parte elástica da peça consegue forçar a região central da zona plástica à frente da trinca a manter-se num estado de deformação plana ($\varepsilon_z = 0$) dominante.

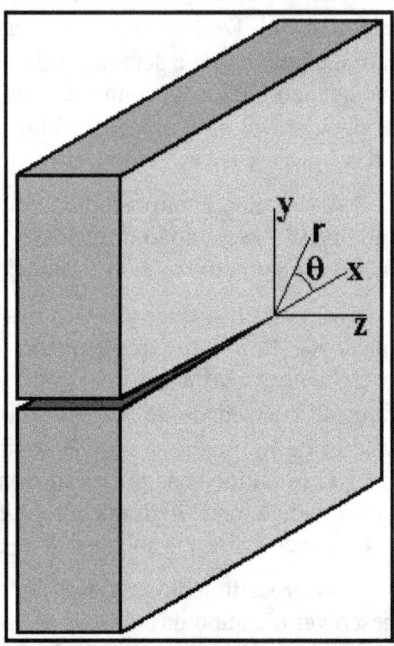

Fig. 8.45: Coordenadas da trinca

Em outras palavras, a tensão trativa σ_z que atua à frente das trincas na região central das **zp**s nas peças grossas é causada pela restrição às grandes deformações ε_z, que o material dentro da **zp** gostaria de ter sob as (grandes) ε_x e ε_y ali localizadas. A restrição é imposta pelo resto da peça, que permanece elástica em torno da **zp**, logo sob deformações muito menores, as quais precisam ser compatíveis com as deformações atuantes dentro da **zp**. Ou seja, σ_z é gerada pelo forte gradiente de deformações causado pela trinca, e não existiria sem ele (uma barra tracionada na direção **x** pode sofrer grandes deformações uniformes sob $\sigma_y = \sigma_z = 0$ enquanto não entra em estricção). Assim, supor que condições de deformação plana atuam na região central das **zp**s próximo às pontas das trincas nas peças grossas é razoável na prática, devido aos gradientes de deformação muito severos causados pelos K_ts muito altos das trincas reais.

Calcular a distribuição de σ_z nas peças trincadas é tarefa difícil, que requer modelagem 3D não-linear complexa. Mas os efeitos de σ_z são facilmente identificados pelas diferenças nas fraturas de peças finas e grossas. As peças são "finas" quando a **zp** é maior ou da ordem da espessura **t**, e são "grossas" quando **t >> zp**. Assim, a **zp** nas peças finas se desenvolve sob tensão plana dominante, enquanto a maior parte da **zp** nas peças grossas é gerada sob deformação plana dominante. As trincas crescem sob σ-plana em planos que fazem ~**45°** com o plano **xz** da trinca, sob ε-plana no plano **xz**, e nas peças cuja espessura é "média" de uma forma mista, com lábios de cisalhamento da mesma ordem da região plana, vide Fig. 8.46 [6]. Um critério muito popular para "definir" a dominância de ε-plana à frente de uma trinca é generalizar o requisito da ASTM para validar os testes de K_{IC}: sendo K_{max} a maior carga atuante, **t >** $\mathbf{2.5\cdot(K_{max}/S_E)^2} \Rightarrow$ **ε-plana**.

Fixando a (maior) tensão σ_1, as tensões principais são $\sigma_1 \geq \sigma_2 > \sigma_3 = 0 \Rightarrow \tau_{max,\sigma\text{-pl}} = \sigma_1/2$ sob tensão plana. Já a mesma tensão máxima σ_1 sob deformação plana causa $\sigma_1 \geq \sigma_2 \geq \sigma_3 \geq 0$, logo $\tau_{max,\epsilon\text{-pl}} = (\sigma_1 - \sigma_3)/2 < \tau_{max,\sigma\text{-pl}}$ (e se $\nu = 0.5$, $\sigma_1 = \sigma_2 \Rightarrow \sigma_3 = \sigma_1 \Rightarrow \tau_{max,\epsilon\text{-pl}} = 0$). Assim, como o escoamento é controlado por τ_{max}, é mais fácil escoar (no sentido de demandar uma menor tensão σ_1) sob tensão do que sob deformação plana. O círculo de Mohr ilustra bem este ponto, vide Fig. 8.47, que justifica porque a menor tenacidade ocorre sob ϵ-plana.

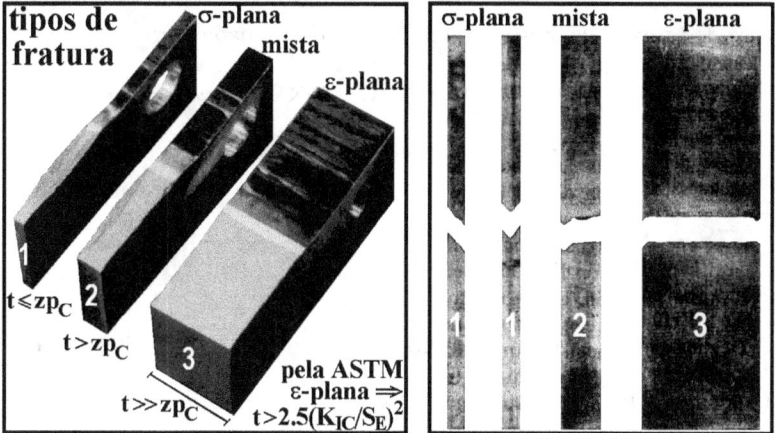

Fig. 8.46: Tipos de fratura em função da espessura da peça.

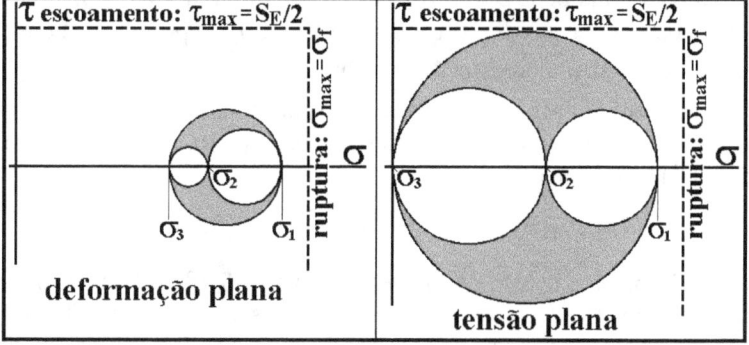

Fig. 8.47: Círculos de Mohr de estados de tensão e de deformação plana sob uma mesma σ_1.

O escoamento nas **zp**s sob σ-plana tende a ocorrer em planos que fazem **45°** com os planos **xz** e **yz**, pois quando $\theta = 0$, $\sigma_1 = \sigma_2$ e $\sigma_3 = 0$ (o que justifica os lábios de cisalhamento que caracterizam a aparência das fraturas dúcteis das chapas finas, vide Fig. 8.46 e 8.48) [5-12].

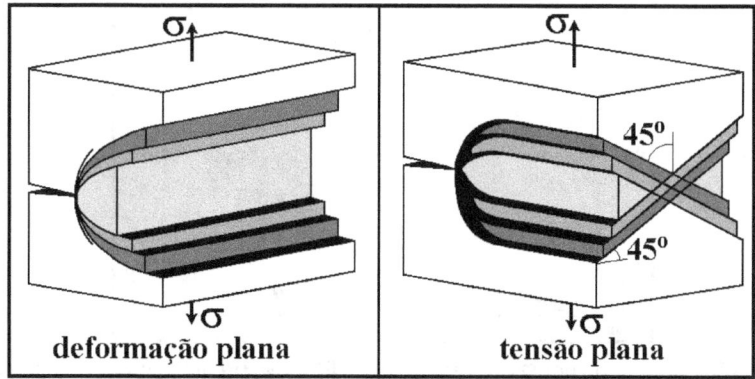

Fig. 8.48: Planos de escoamento à frente da trinca em ϵ-plana e em σ-plana.

Mas sob ϵ-plana o escoamento tende a iniciar no plano **yz** (pois em $\theta = 0°$, $\sigma_1 = \sigma_2 \cong \sigma_3$ quando $\nu \to 0.5$), e a formar linhas de cisalhamento como as mostradas na Fig. 8.48. Só que neste caso o alto estado hidrostático associado às tensões $\sigma_1 = \sigma_2 \cong \sigma_3 > 0$ que atuam na frente da ponta da trinca tende a facilitar a clivagem e a forçar a propagação no plano da trinca, o que justifica a aparência planar das fraturas das peças grossas, como mostrado na Fig. 8.46.

Sob um estado tri-axial de tensões, a tensão de Mises é dada por:

$$\sigma_M = \{0.5[(\sigma_x - \sigma_y)^2 + (\sigma_y - \sigma_z)^2 + (\sigma_z - \sigma_x)^2] + 3(\tau_{xy}^2 + \tau_{yz}^2 + \tau_{xz}^2)\}^{1/2} \tag{8.118}$$

enquanto a tensão de Tresca $\sigma_T = \sigma_1 - \sigma_3$, onde σ_1 é a maior e σ_3 é a menor das tensões principais, dadas por:

$$\det \begin{bmatrix} \sigma_x - \sigma & \tau_{xy} & \tau_{xz} \\ \tau_{xy} & \sigma_y - \sigma & \tau_{yz} \\ \tau_{xz} & \tau_{yz} & \sigma_z - \sigma \end{bmatrix} = 0 \tag{8.119}$$

Ou seja, as tensões principais são os auto-valores do tensor de tensões, ou as 3 raízes de:

$$\sigma^3 - (\sigma_x + \sigma_y + \sigma_z)\sigma^2 + (\sigma_x\sigma_y + \sigma_y\sigma_z + \sigma_z\sigma_x - \tau_{xy}^2 - \tau_{yz}^2 - \tau_{xz}^2)\sigma - $$
$$- (\sigma_x\sigma_y\sigma_z + 2\tau_{xy}\tau_{yz}\tau_{xz} - \sigma_y\tau_{xz}^2 - \sigma_x\tau_{yz}^2 - \sigma_z\tau_{xy}^2) = 0 \tag{8.120}$$

Esta equação do 3° grau pode ser escrita como $\sigma^3 + p\sigma^2 + q\sigma + r = 0$, e reduzida à forma $x^3 + ax + b = 0$, onde $x = \sigma + p/3$, $a = (3q - p^2)/3$ e $b = (2p^3 - 9pq + 27r)/27$, cuja solução algébrica é dada por $x_i = -2b\sqrt{|a/3|}\cos(\alpha/3 + \beta_i)/|b|$, onde $\beta_1 = 0$, $\beta_2 = 2\pi/3$ e $\beta_3 = 4\pi/3$. Mas é muito mais fácil hoje em dia achar as tensões principais resolvendo (8.119) diretamente num programa genérico de matemática, como o Mathcad, e.g. Assim, as tensões de Mises e Tresca em torno da ponta da trinca são dadas por:

$$\sigma_M(\theta) = (K_I/\sqrt{2\pi r})f_M(\theta) \text{ e } \sigma_T(\theta) = (K_I/\sqrt{2\pi r})f_T(\theta) \tag{8.121}$$

onde $f_M(\theta)$ em tensão plana é $[f_x(\theta)^2 + f_y(\theta)^2 - f_x(\theta)f_y(\theta) + 3f_{xy}(\theta)^2]^{1/2}$, etc. É trivial obter soluções similares em modos II e III. E é claro que estas tensões de Mises e Tresca, geradas por tensões LE, não se aplicam dentro da **zp** em torno da ponta da trinca. Estas tensões são ilustradas nas Fig. 8.49 em coordenadas retangulares e, de forma ainda mais clara, nas Fig. 8.50 a 8.52 em coordenadas polares.

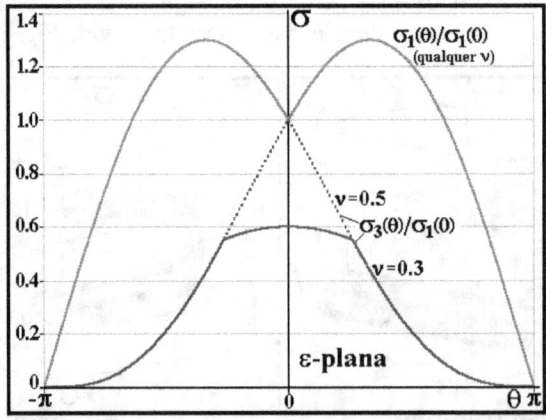

Fig. 8.49: Tensões principais em ϵ-plana: $\sigma_1(\theta)/\sigma_1(0)$ e $\sigma_3(\theta)/\sigma_1(0)$ (modo I) para $\nu = 0.3$ e para $\nu = 0.5$ (que conservaria o volume, como na deformação plástica).

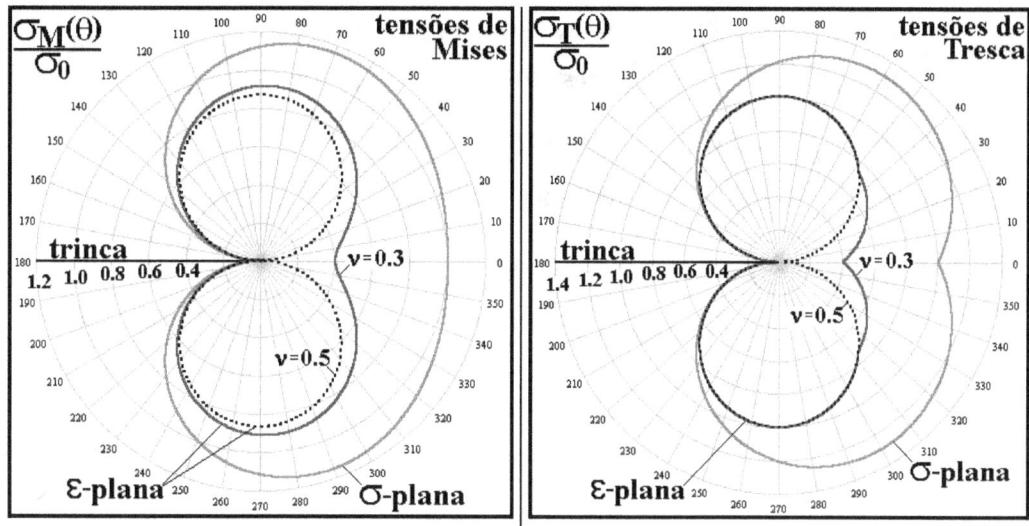

Fig. 8.50: Tensões LE de Mises em modo I, onde $\sigma_0 = \sigma_M(\theta = 0) = K_I/\sqrt{(2\pi r)}$.

Fig. 8.51: Tensões LE de Tresca em modo I, onde $\sigma_0 = \sigma_T(\theta = 0) = K_I/\sqrt{(2\pi r)}$.

Note que a tensão de referência usada nestes gráficos adimensionais é a escolha natural, pois $\sigma_0 = \sigma_M(0) = \sigma_T(0) = \sigma_y(0) = K_I/\sqrt{(2\pi r)}$, e que a transição de $\sigma_T = \sigma_1$ para $\sigma_T = \sigma_1 - \sigma_3$ quando $\sigma_3 > 0$ e $\nu < 0.5$ causa uma espécie de quina na forma da razão $\sigma_T(\theta)/\sigma_0$ em ε-plana.

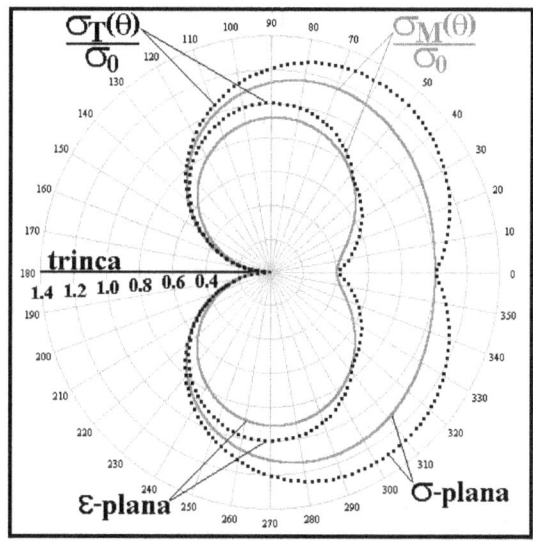

Fig. 8.52: Cotejo entre as tensões elásticas de Tresca e de Mises em modo I (ε-plana, $\nu = 0.3$).

Bem mais interessante do que plotar as tensões LE em volta da ponta da trinca é estimar o seu limite de validade, o qual certamente delimita a aplicabilidade da Mecânica da Fratura Linear Elástica. Para estimar da forma mais simples possível a fronteira da zona plástica **zp** que sempre se forma à frente das trincas reais, pode-se igualar Mises ou Tresca à resistência ao escoamento para todos os valores de θ:

$$S_E = \left(K_I/\sqrt{2\pi \cdot zp(\theta)}\right) F(\theta) \Rightarrow zp(\theta) = \left(K_I^2/2\pi S_E^2\right)[F(\theta)]^2 \tag{8.122}$$

onde $F(\theta) = f_M(\theta)$ ou $f_T(\theta)$, as funções de θ das tensões de Mises e de Tresca calculadas anteriormente. Assim, as **zp**s tradicionais de Mises e Tresca em modo I são dadas por [11]:

$$\text{Mises}\begin{cases} zp(\sigma-\text{plana})=(K_I^2/2\pi S_E^2)\cdot\cos^2(\theta/2)\cdot[1+3\sin^2(\theta/2)] \\ zp(\varepsilon-\text{plana})=(K_I^2/2\pi S_E^2)\cdot\cos^2(\theta/2)\cdot[(1-2\nu)^2+3\sin^2(\theta/2)] \end{cases}\Rightarrow \qquad (8.123)$$

$$zp_M(\theta)/zp_0\big|_{\sigma-pl}=\cos^2(\theta/2)\left[1+3\sin^2(\theta/2)\right]$$

$$zp_M(\theta)/zp_0\big|_{\varepsilon-pl}=\cos^2(\theta/2)\left[1+3\sin^2(\theta/2)-4\nu(1-\nu)\right] \qquad (8.124)$$

$$\text{Tresca}\begin{cases} zp(\sigma-\text{plana})=(K_I^2/2\pi S_E^2)\cdot\cos^2(\theta/2)\cdot[1+|\sin(\theta/2)|]^2 \\ zp(\varepsilon-\text{plana})=(K_I^2/2\pi S_E^2)\cdot\begin{cases}\cos^2(\theta/2)\cdot[1-2\nu+|\sin(\theta/2)|]^2, & |\theta|<\theta_1 \\ \sin^2\theta, & |\theta|\geq\theta_1\equiv 2\sin^{-1}(1-2\nu)\end{cases}\end{cases} \qquad (8.125)$$

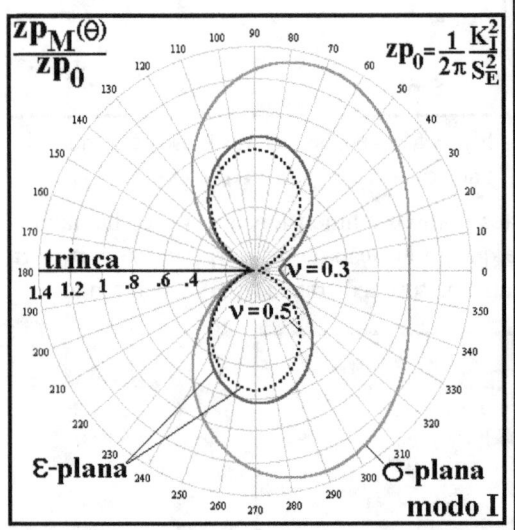

Fig. 8.53: **zp**s previstas por Mises em modo I.

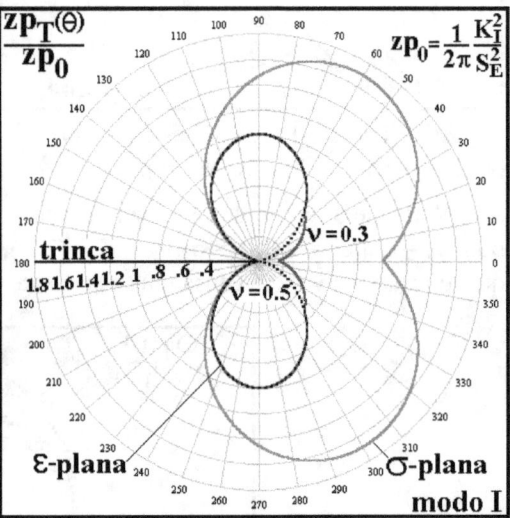

Fig. 8.54: **zp**s previstas por Tresca em modo I.

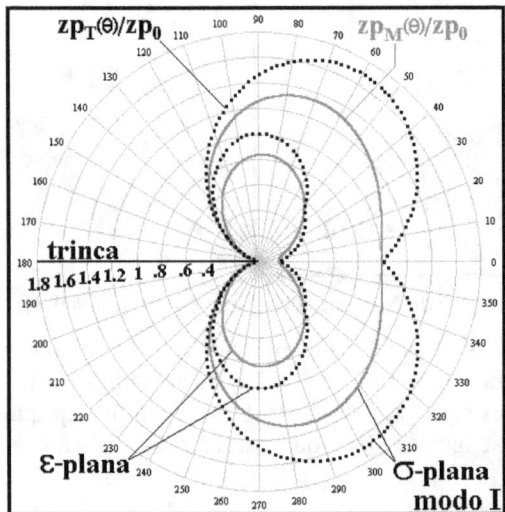

Fig. 8.55: Cotejo entre as **zp**s de Tresca e Mises em modo I (**zp**s em ε-plana calculadas para ν = 0.3 e $zp_0=(K_I/S_E)^2/2\pi$).

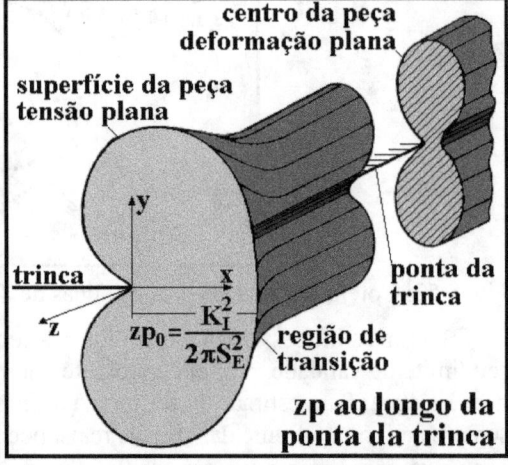

Fig. 8.56: Quando a peça é grossa, a forma da **zp** tem que variar ao longo da ponta da trinca, uma vez que enquanto as faces da peça estão em σ-plana, o centro está em ε-plana [6].

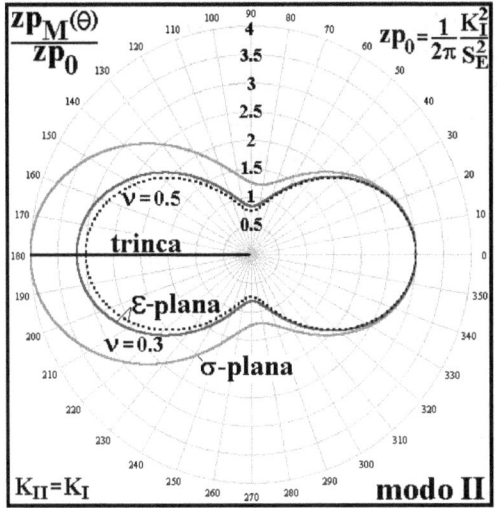

Fig. 8.57: Fronteiras elastoplásticas das **zp**s de Mises em modo II puro, normalizadas em relação a $zp_0 = (K_I/S_E)^2/2\pi$, com $K_I = K_{II}$.

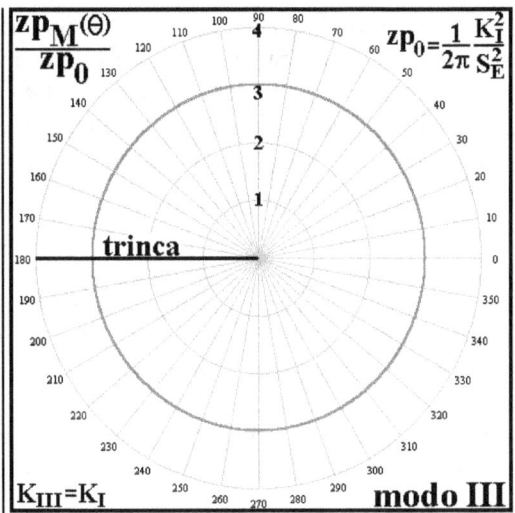

Fig. 8.58: Fronteiras elastoplásticas das **zp**s de Mises em modo III puro, normalizadas em relação a $zp_0 = (K_I/S_E)^2/2\pi$, com $K_I = K_{III}$.

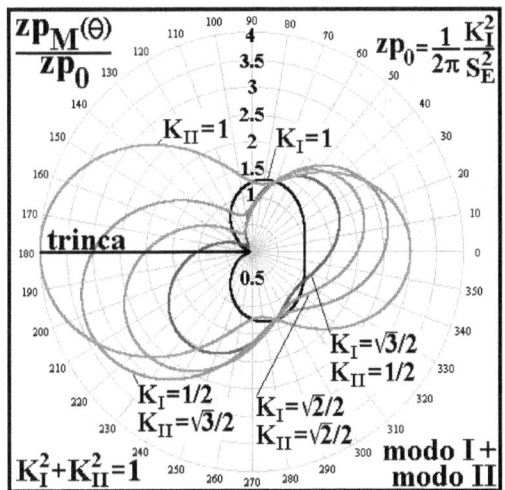

Fig. 8.59: Variação das **zp**s de Mises em tensão plana sob carga mista I-II, quando ela varia de modo I puro a modo II puro, mantendo constante a soma dos quadrados de K_I e K_{II}.

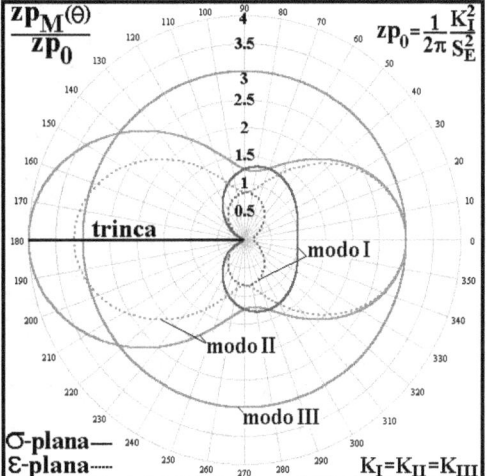

Fig. 8.60: Note que as **zp**s dos modos II e III são bem maiores do que a do modo I quando os FIT K_I, K_{II} e K_{III} têm o mesmo valor numérico.

A Fig. 8.60 demonstra que além de não provocar atrito entre as faces da trinca, as trincas solicitadas em modo I gastam menos energia para formar as suas **zp**s (que são bem menores do que as **zp**s formadas em modo II e III sob um mesmo valor de FIT). Logo, não é surpresa que as trincas gostem tanto de se propagar em modo I.

8.14 Correções Clássicas nas Estimativas do Tamanho das Zonas Plásticas

8.14.1 A zp de Irwin

As **zp**s estimadas acima a partir das tensões LE geradas por K_I (e/ou K_{II} e K_{III}) eliminam a singularidade na ponta da trinca reconhecendo que o material tem que escoar em torno dela. Mas fazem isso violando a equação de equilíbrio, pois ao limitarem a tensão na **zp** sem redistribuir as tensões LE impedem que a integral da tensão $\sigma_y(x, 0) = K_I/\sqrt{(2\pi x)}$ no ligamento residual da peça trincada reproduza o esforço que causou K_I. Para evitar este problema, Irwin reestimou o tamanho da **zp** reconhecendo que ela tem que aumentar para garantir o equilíbrio (condição indispensável na análise de tensões), e deslocando a tensão $\sigma_y(x, 0)$ LE para forçar sua compatibilidade com a $\mathbf{zp_{Irw}}$ (expandida em relação à $\mathbf{zp_0} = (1/2\pi)(K_I/S_E)^2$) [5-16].

Irwin desprezou o encruamento supondo $\sigma_y(0 \leq x \leq zp_{Irw}, 0) = \kappa \cdot S_E$, onde κ é uma constante que depende do estado de tensão dominante. Para estimar a redistribuição das tensões LE necessária para manter o equilíbrio, ele assumiu que a solução LE pudesse simplesmente ser transladada fazendo $\sigma'_y(x \geq zp_{Irw}, 0) = K_I/\sqrt{[2\pi(x - x_1)]}$, onde x_1 é a distância entre a ponta da trinca e o ponto no eixo **x** no qual a solução original preveria $\sigma_y(x_1, 0) = \kappa \cdot S_E$. Assim o valor de x_1 deve ser calculado para equilibrar os esforços que atuam no ligamento residual da peça trincada, fazendo com que a integral da tensão $\sigma_y(x, 0) = K_I/\sqrt{(2\pi x)}$ LE original ao longo de **x** seja igual à integral da nova função de tensão, que considera o escoamento (sem encruamento) e limita as tensões na $\mathbf{zp_{Irw}}$, como mostrado na Fig. 8.61.

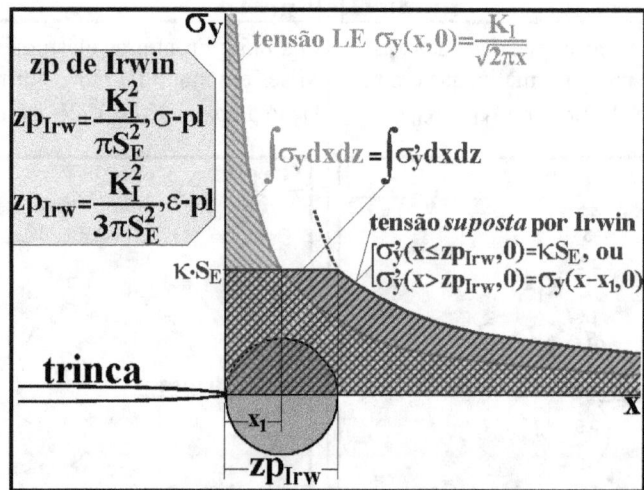

Fig. 8.61: Como a **zp** redistribui as tensões elásticas para manter a peça trincada em equilíbrio, Irwin propôs deslocar de x_1 a distribuição LE original $\sigma_y(x, 0) = K_I/\sqrt{(2\pi x)}$, supondo $\sigma'_y(x \geq zp_{Irw}) = K_I/\sqrt{2\pi(x - x_1)}$ e $\sigma'_y(x < zp_{Irw}) = S_E$ em σ-plana.

As tensões LE ao longo do eixo **x** em σ-plana são $\sigma_y(x) = \sigma_x(x) = K_I/\sqrt{(2\pi x)}$ e $\sigma_z = 0$, e neste caso $\kappa = 1$, pois tanto Mises quanto Tresca prevêem escoamento quando $\sigma_y = S_E$. Portanto, pode-se concluir que $x_1 = (K_I/S_E)^2/2\pi = zp_0$ e que:

$$\int_0^\infty \frac{K_I dx}{\sqrt{2\pi x}} = \int_0^{zp_{Irw}} S_E dx + \int_{zp_0}^\infty \frac{K_I dx}{\sqrt{2\pi x}} \therefore \int_0^{zp_0} \frac{K_I dx}{\sqrt{2\pi x}} = S_E \cdot zp_{Irw} \therefore zp_{Irw} = \frac{K_I^2}{\pi S_E^2} \qquad (8.126)$$

Assim, Irwin (desprezando o encruamento e supondo que as tensões $\sigma_y(x)$ LE pudessem ser transladadas) previu $zp_{Irw, \sigma\text{-pl}}(\theta = 0) = 2 \cdot zp_0$.

Mas como no plano à frente das pontas das trincas em ε-plana $\sigma_y(x) = \sigma_x(x) = K_I/\sqrt{(2\pi x)}$ e $\sigma_z = 2\nu \cdot \sigma_y$, e como tipicamente nos metais $1/4 < \nu < 1/3$, neste caso o escoamento só ocorre quando $\sigma_y = S_E/(1 - 2\nu) = (2 \text{ a } 3)S_E$. Logo, é como se a resistência ao escoamento dos metais fosse **2 a 3** vezes maior em ε-plana do que em σ-plana, mas Irwin usou $\kappa = \sqrt{3}$ na sua estimativa, e obteve $zp_{Irw, \varepsilon\text{-pl}}(\theta = 0) = (K_I/S_E)^2/3\pi = zp_{Irw, \sigma\text{-pl}}/3$.

8.14.2 A faixa escoada da zp de Dugdale

A tradução "faixa escoada" para *strip yield*, o nome deste modelo em inglês, pode soar estranha a princípio, mas deve ser preferida ao anglicismo desnecessário. Aliás, se poderia também usar também tira ou cinta escoada. Dugdale [60] conhecia a fórmula do K_I causado por um par de forças nas faces de uma trinca numa placa infinita, vide Fig. 8.62. Assim, supondo que as trincas reais sempre escoam numa faixa à frente das suas pontas e desprezando o encruamento, ele calculou zp_{Dug} usando a simetria linear elástica: o K_I que gera estas faixas à frente das pontas de uma trinca de tamanho $2a$ é igual em módulo ao K_I necessário para fechar por uma tensão $-S_E$ as faixas escoadas junto às pontas de uma trinca de tamanho $2(a + zp_{Dug})$. Esta forma interessante de estimar o tamanho da **zp** é ilustrada na Fig. 8.63 [5-16].

O K_I de uma trinca central de tamanho $2a$ numa placa infinita de espessura **t**, gerado por 2 forças **P** aplicadas nas suas faces à distância **x** do centro é dado por (Apêndice 4):

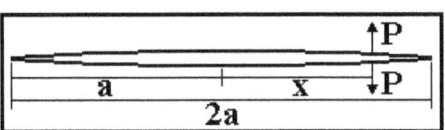

$$K_I = \frac{P}{t\sqrt{\pi a}}\sqrt{\frac{a+x}{a-x}} \qquad (8.127)$$

onde **x** é a distância do par de forças **P** ao centro da trinca de tamanho **2a**.

Fig. 8.62: Trinca sob um par de forças excêntricas.

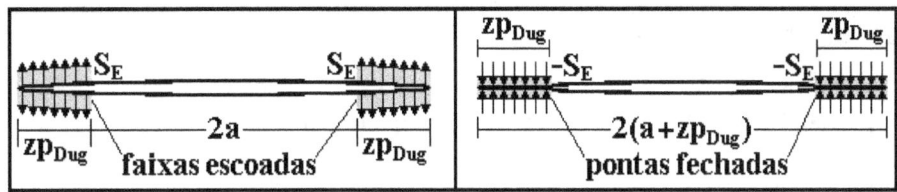

Fig. 8.63: O K_I necessário para gerar duas faixas escoadas de tamanho zp_{Dug} (onde $\sigma_y = S_E$) junto às pontas de uma trinca de tamanho $2(a + zp_{Dug})$ numa placa infinita é igual em módulo ao K_I requerido para fechar estas faixas por uma tensão $\sigma_y = -S_E$. Portanto, K_I pode ser calculado somando os dK_I gerados pelas forças $dP = S_E t da$ (sendo **t** a espessura da placa) que atuam ao longo das faixas escoadas.

Como a trinca de Dugdale tem tamanho $2(a + zp_{Dug})$, um par de forças infinitesimais **dP**, aplicado numa distância **x** do centro da trinca, contribui para o K_I na ponta da trinca que lhe é mais próxima com:

$$dK_I = \frac{dP/t}{\sqrt{\pi(a+zp_{Dug})}}\sqrt{\frac{a+zp_{Dug}+x}{a+zp_{Dug}-x}} \qquad (8.128)$$

E a contribuição daquele par de forças **dP** para o K_I na ponta mais distante é então:

$$dK_I = \frac{dP/t}{\sqrt{\pi(a+zp_{Dug})}}\sqrt{\frac{a+zp_{Dug}-x}{a+zp_{Dug}+x}} \qquad (8.129)$$

Sendo $dP = -S_E \cdot t \cdot dx$ a força que fecha cada ponto ao longo das faixas junto às pontas da trinca, dois pares de forças **dP** aplicadas a distâncias **x** e **−x** contribuem para o K_{If} necessário para fechar as duas zp_{Dug} com:

$$dK_{I_f} = \frac{-S_E \cdot dx}{\sqrt{\pi(a+zp_{Dug})}}\left[\sqrt{\frac{a+zp_{Dug}+x}{a+zp_{Dug}-x}} + \sqrt{\frac{a+zp_{Dug}-x}{a+zp_{Dug}+x}}\right] \qquad (8.130)$$

Portanto, o K_{If} é obtido pela integral em $a \leq x \leq (a + zp_{Dug})$:

$$K_{I_f} = \frac{-S_E}{\sqrt{\pi(a + zp_{Dug})}} \int_a^{a+zp_{Dug}} \left[\sqrt{\frac{a + zp_{Dug} + x}{a + zp_{Dug} - x}} + \sqrt{\frac{a + zp_{Dug} - x}{a + zp_{Dug} + x}} \right] dx =$$

$$= -2S_E \sqrt{\frac{a + zp_{Dug}}{\pi}} \cdot \cos^{-1}(\frac{a}{a + zp_{Dug}})$$

(8.131)

Este K_{If} de fechamento deve equilibrar o K_I aplicado na placa:

$$\sigma\sqrt{\pi(a + zp_{Dug})} = 2S_E \sqrt{\frac{a + zp_{Dug}}{\pi}} \cdot \cos^{-1}(\frac{a}{a + zp_{Dug}}) \Rightarrow$$

$$\frac{a}{a + zp_{Dug}} = \cos(\frac{\pi\sigma}{2S_E}) = 1 - \frac{1}{2!}(\frac{\pi\sigma}{2S_E})^2 + \frac{1}{4!}(\frac{\pi\sigma}{2S_E})^4 - ...$$

(8.132)

Assumindo $\pi\sigma/2S_E \ll 1$ e retendo apenas os **2** primeiros termos da série de Taylor do $\cos(\pi\sigma/2S_E)$, chega-se a:

$$\frac{a}{a + zp_{Dug}} \cong 1 - \frac{1}{2}(\frac{\pi\sigma}{2S_E})^2 \Rightarrow zp_{Dug} \cong \frac{a\pi^2\sigma^2}{8S_E^2}$$

(8.133)

Como no caso em questão (uma trinca central **2a** numa placa infinita tracionada) o valor de $K_I = \sigma\sqrt{(\pi a)}$, finalmente pode-se finalmente estimar (em σ-plana):

$$zp_{Dug} = (\pi/8)(K_I/S_E)^2$$

(8.134)

Como $\pi/8 = 0.393$ e $1/\pi = 0.318$, a zp_{Dug} assim estimada é cerca de **23%** maior do que a $zp_{Irw, \sigma-pl}$ estimada no item anterior.

8.15 Estimativas Clássicas dos Deslocamentos das Faces da Trinca

8.15.1 A abertura da ponta da trinca (CTOD)

A tenacidade da grande maioria dos aços estruturais de baixa e de média resistência na temperatura ambiente é alta demais para ser quantificada por K_{IC} (o que é ótimo para o usuário, mas não para a modelagem da fratura). Por isso Wells propôs em 1964 que a abertura da ponta da trinca, **CTOD**, ou *crack tip opening displacement*, em inglês, fosse usada para descrever a sua tenacidade [5-16, 61]. Assim, o valor de **CTOD** (que como o de K_I é definido até o fraturamento) poderia ser usado para prever a fratura comparando-o a um valor crítico **CTOD$_C$** o qual, segundo Wells, seria uma propriedade do material.

Mas a estimativa de **CTOD** a partir da **zp** de Irwin no caso LE tem muitas outras utilidades práticas, em particular para eliminar a singularidade das trincas de fadiga, como será estudado no Capítulo 9, ou para melhorar a descrição das fronteiras elastoplásticas, como feito no próximo item.

Assumindo escoamento restrito, e que a trinca se comporta como se tivesse um comprimento $a + zp_{Irw}/2 = a + (K_I/S_E)^2/2\pi$ (vide Fig. 8.69), pode-se escrever que:

$$CTOD = 2 \cdot u_y(\frac{zp}{2}, \frac{\pi}{2}) = 2 \cdot \frac{\lambda K_I(a + \frac{zp_{Irw}}{2})}{G\sqrt{2\pi}} \sqrt{\frac{K_I^2(a)}{2\pi S_E^2}} \cong \frac{\lambda K_I^2(a)}{\pi G S_E}$$

(8.135)

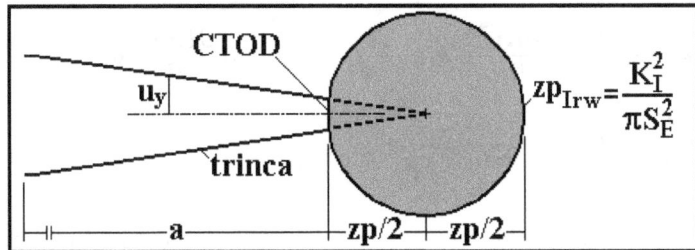

Fig. 8.64: Estimativa da abertura da ponta da trinca a partir de K_I, sob condições predominantemente LE, a partir da hipótese de Irwin de que a trinca se comporta como se tivesse um comprimento $a + zp_{Irw}/2$.

Como $G = E/(2 + 2\nu)$, $\lambda = 2/(1 + \nu)$ e $E' = E$ quando a trinca trabalha em tensão plana, e $\lambda = 2(1 - \nu)$ e $E' = E/(1 - \nu^2)$ quando ela trabalha sob deformação plana, então:

$$CTOD = (4/\pi)\left(K_I^2/E'S_E\right) = (4/\pi)\,(G/S_E) \tag{8.136}$$

Mas como o fator $4/\pi$ depende da escolha da **zp**, é melhor reconhecer isso introduzindo uma constante α nesta estimativa:

$$CTOD = K_I^2/\alpha E'S_E \tag{8.137}$$

8.15.2 A abertura da boca da trinca (CMOD)

O cálculo da abertura de pontos nas faces das trincas, em particular a abertura da sua boca (às vezes chamada de **CMOD**, de *crack mouth opening displacement*), é uma aplicação bastante útil da correlação entre **K** e G. Este cálculo pode ser feito seguindo uma rotina deduzível com auxílio da Fig. 8.65, a qual mostra uma peça trincada sujeita simultaneamente a duas forças **F** e **P**, cujos pontos de aplicação se deslocam, respectivamente, de Δ_F e Δ_P, causando assim no caso geral [16]:

$$K_I = K_{IP} + K_{IF},\ K_{II} = K_{IIP} + K_{IIF}\ e\ K_{III} = K_{IIIP} + K_{IIIF} \tag{8.138}$$

Estes FIT equivalem à taxa de alívio:

$$G = [(K_{IP} + K_{IF})^2 + (K_{IIP} + K_{IIF})^2 + \alpha(K_{IIIP} + K_{IIIF})^2]/E' \tag{8.139}$$

onde $\alpha = 1/(1 - \nu)$ em ε-plana e $\alpha = 1 + \nu$ em σ-plana.

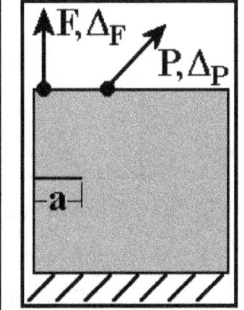

Fig. 8.65: Placa trincada solicitada por 2 forças, **F** e **P**.

Os deslocamentos Δ_Q do ponto de aplicação de um esforço **Q** na sua direção podem ser calculados através do teorema de Castigliano:

$$\Delta_Q = \partial E_D/\partial Q \tag{8.140}$$

A energia de deformação armazenada na peça trincada pode ser decomposta em duas partes, uma associada à peça sem trinca E_{Dst}, e a outra causada pela introdução da trinca de área **A**, de tal forma que:

$$E_D = E_{Dst} + \int_0^A \frac{\partial E_D}{\partial A}\,dA \Rightarrow \Delta_Q = \Delta_{Qst} + \frac{\partial}{\partial Q}\int_0^A G\,da \tag{8.141}$$

Supondo **P** uma carga virtual ($P \to 0$), então $K_{IP} = K_{IIP} = K_{IIIP} = \Delta_{Pst} = 0$, se pode substituir $Q \equiv F$ ou $Q \equiv P$ na equação (8.139) para obter os deslocamentos Δ_F e Δ_P:

$$\begin{cases} \Delta_F = \Delta_{Fst} + \dfrac{2}{E'}\displaystyle\int_0^A (K_{IF}\dfrac{\partial K_{IF}}{\partial F} + K_{IIF}\dfrac{\partial K_{IIF}}{\partial F} + \alpha K_{IIIF}\dfrac{\partial K_{IIIF}}{\partial F})dA \\[6mm] \Delta_P = \dfrac{2}{E'}\displaystyle\int_0^A (K_{IF}\dfrac{\partial K_{IP}}{\partial P} + K_{IIF}\dfrac{\partial K_{IIP}}{\partial P} + \alpha K_{IIIF}\dfrac{\partial K_{IIIP}}{\partial P})dA \end{cases} \qquad (8.142)$$

Assim, para obter a maior abertura da trinca **CMOD** (também chamada de **COD**) gerada por qualquer força **F**, deve-se identificar entre que pontos da face da trinca ocorre o máximo deslocamento (vide Fig. 8.66), e neles aplicar uma carga virtual **P**, fazendo **P → 0** (mas só a-pós derivar a E_D em relação à **P**, o macete que faz de Castigliano uma ferramenta tão útil):

$$CMOD = \Delta_P = \frac{2}{E'}\int_0^A (K_{IF}\frac{\partial K_{IP}}{\partial P} + K_{IIF}\frac{\partial K_{IIP}}{\partial P} + \alpha K_{IIIF}\frac{\partial K_{IIIP}}{\partial P})dA \qquad (8.143)$$

Desta forma, para calcular um deslocamento Δ_P causado por uma carga **F** basta obter os fatores de intensidade de tensões causados por **F** e por uma carga virtual **P** aplicada ao mesmo ponto e com mesma direção de Δ_P, e usá-los na equação (8.142) acima.

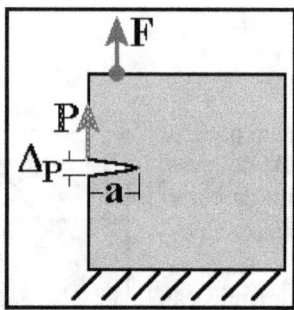

Fig. 8.66: Força **P** virtual na boca da trinca.

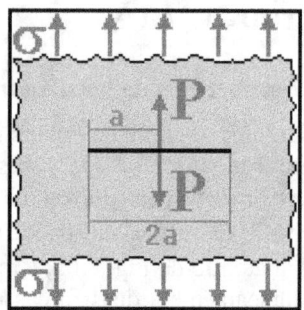

Fig. 8.67: Forças virtuais no meio da trinca.

⇨ E8.15: Calcule a maior abertura Δ_P da trinca na placa infinita com uma trinca **2a** tracionada por uma tensão σ perpendicular à trinca, vide Fig. 8.67. (Dica: use duas forças virtuais **P** aplicadas no meio da trinca).

A maior abertura ocorre no centro da trinca, logo usando na equação (8.142) o FIT gerado por σ, $K_{I\sigma} = \sigma\sqrt{(\pi a)}$, e o FIT que seria gerado por **P**, $K_{IP} = P/[t\sqrt{(\pi a)}]$ (vide Apêndice 4), e su-pondo que a placa tenha espessura **t**:

$$\Delta_P = CMOD = \frac{2t}{E'}\int_0^{2a} \sigma\sqrt{\pi a} \cdot \frac{\partial}{\partial P}\frac{P}{t\sqrt{\pi a}} \cdot da = \frac{4\,\sigma \cdot a}{E'} \ \checkmark \qquad (8.144)$$

⇨ E8.16: Calcule a abertura da boca da trinca da placa da Fig. 8.68.

$K_{I\sigma} = 1.12\sigma\sqrt{(\pi a)}$ e $K_{IP} = 2.59P/[t\sqrt{(\pi a)}]$, sendo **t** a espessura da placa (Apêndice 4), portanto:

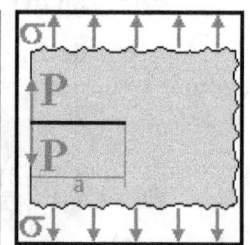

$$\Delta_P = CMOD = \frac{2t}{E'}\int_0^a 1.12\sigma\sqrt{\pi a}\cdot \frac{\partial}{\partial P}\frac{2.59P}{t\sqrt{\pi a}}\cdot da = \frac{5.8\,\sigma \cdot a}{E'} \ \checkmark \quad (8.145)$$

Os K_{IS} das forças concentradas são ainda mais úteis do que pare-ciam anteriormente!

Fig. 8.68: Placa trin-cada do E8.16.

8.16 Estimativas Melhoradas do Tamanho e da Forma das Zonas Plásticas

O fator de intensidade de tensões de Williams e Irwin, a ferramenta mais importante da MFLE, é de fato muito útil na prática, mas não é uma panacéia. A tensão σ_θ gerada por K_I, e.g., **não** obedece à condição de contorno longe da ponta da trinca: $\sigma_\theta(r \to \infty, 0) = 0$ em vez de $\sigma_\theta(r \to \infty, 0) = \sigma_n$, a tensão nominal. Na realidade, K_I só é exato para modelar tensões lineares elásticas junto à ponta da trinca, logo onde elas não têm sentido físico. Por isso, certas estimativas clássicas baseadas em K_I não passam de aproximações relativamente grosseiras (como as **zps** mostradas acima), que podem ser inaceitáveis para algumas aplicações práticas.

O termo com índice $n = 0$ na série de Williams desprezado no item 8.9 **não** resolve este problema: a tensão $\sigma_{\theta 0} = 2A_0[1 - \cos 2\theta]$ que ele gera é constante na direção paralela à trinca, $\sigma_{\theta 0}(\theta = \pm\pi/2) = \sigma_{x0}$, mas é nula na direção perpendicular, $\sigma_{\theta 0}(\theta = 0) = \sigma_y(x, 0) = 0$, logo não obedece à condição de contorno $\sigma_y(r \to \infty, 0) = \sigma_n$ quando somada à $\sigma_\theta(\theta = 0) = K_I/\sqrt{(2\pi r)}$ gerada por $n = -1/2$. Assim, a série de Williams não modela todas as tensões na placa trincada, pois os índices $n < -1$ ($\Rightarrow E_D = \infty$) e $n > 0$ ($\Rightarrow \sigma_{ij} \to \infty$ se $r \to \infty$) são de fato inúteis.

Ou seja, uma tensão constante σ_{x0} pode ser superposta às tensões de Williams sem violar as condições de contorno próximo da ponta da trinca, mas isto não reproduz todo o campo de tensões na peça trincada. Esta limitação pode ser desprezada ao modelar alguns problemas de fratura controlados pela singularidade na ponta da trinca, mas supor que a $\sigma_y(x \to \infty, 0) \to 0$ gerada por K_I nunca influi na análise de peças trincadas não é uma hipótese razoável.

Por exemplo, a tensão σ_y gerada por K_I não equilibra a força atuante numa tira de largura **2w** com uma pequena trinca central **2a** e dois ligamentos residuais **lr = w − a**, tracionada por uma tensão nominal σ_n, que nela induz a força $F = 2\sigma_n \cdot t \cdot w = 2\sigma_n t(a + lr)$, onde **t** é a espessura da tira. De fato, a força **F'** gerada pela tensão σ_y causada por $K_I \cong \sigma_n \sqrt{(\pi a)}$ (se **lr $\gg$ a**), e a razão **F/F'** entre a força real e a estimada a partir de K_I, são dadas por:

$$F' = 2\int_0^{lr} \frac{\sigma_n\sqrt{\pi a}}{\sqrt{2\pi x}}\, t\, dx = \sigma_n t\sqrt{2a}\int_0^{lr}\frac{dx}{\sqrt{x}} \Rightarrow \frac{F}{F'} = \frac{2\sigma_n t(a + lr)}{2\sigma_n t\sqrt{2a \cdot lr}} = \frac{(1 + lr/a)}{\sqrt{2\,lr/a}} \tag{8.146}$$

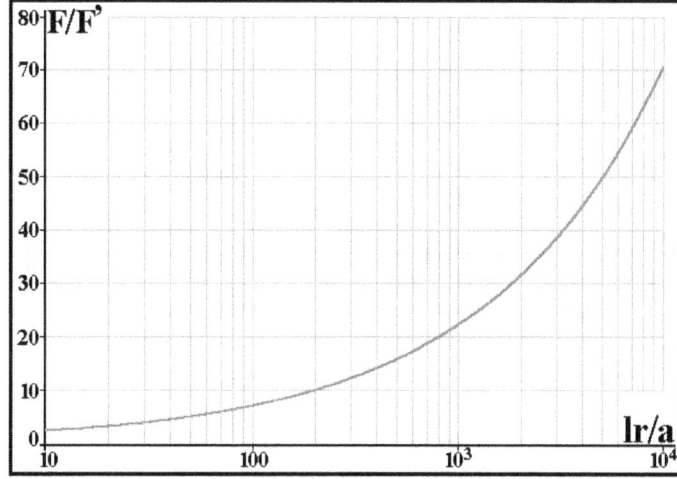

Fig. 8.69: Razão **F/F' = (1 + lr/a)/√(2lr/a)**, onde **F** é a força trativa atuante e **F'** a força estimada a partir da tensão σ_y gerada por $K_I \cong \sigma\sqrt{(\pi a)}$ em tiras com uma trinca central **2a** e ligamentos residuais **lr $\gg$ a**.

Como mostrado na Fig. 8.69, **F'** não pode estimar **F** nem nos cálculos mais grosseiros. E a razão **F/F'** piora à medida que a razão **lr/a** aumenta, ou seja, ao contrário do que se poderia em princípio esperar, à medida que a expressão de K_I melhora. Isto ilustra como as análises baseadas apenas em K_I podem gerar previsões erradas em problemas de interesse prático.

Irwin atacou o problema do equilíbrio transladando σ_y, a tensão gerada por K_I, para compensar a perda de força gerada pelo escoamento na **zp**, mas a sua correção *não* basta para equilibrar a força aplicada na peça, uma vez que ela também não obedece à condição de contorno $\sigma_y(x \to \infty, 0) = \sigma_n$. Uma forma de grosseira de obedecer esta condição é superpor "na marra" a tensão nominal à tensão induzida por K_I para obter:

$$\sigma_y = \left(K_I/\sqrt{2\pi r} \right) \cos\left(\theta/2\right)\left[1 + \sin\left(\theta/2\right)\sin\left(3\theta/2\right)\right] + \sigma_n \qquad (8.147)$$

Apesar desta correção ser simplista, pois não tem base matemática sólida, ela pode gerar alguns resultados interessantes. Por exemplo, a força **F''** que ela induz nas tiras carregadas por uma tensão nominal trativa σ_n perpendicular à trinca central **2a**, as quais têm ligamentos residuais **lr >> a**, é dada por:

$$F'' = 2\sigma_n t(\sqrt{2a \cdot lr} + lr) \Rightarrow \frac{F}{F''} = \frac{(1 + lr/a)}{\sqrt{2\,lr/a} + lr/a} \qquad (8.148)$$

A razão **0.76 < F/F'' < 0.98** estimada deste jeito nas tiras com $10 \le lr/a \le 10^4$, vide Fig. 8.70, é um resultado animador frente à razão **2.3 < F/F' < 70.7** estimada desprezando σ_n. E já que a tensão nominal σ_n influi muito na tensão σ_y, é esperável que ela altere também as estimativas do tamanho das **zps** (um problema importante na prática, pois afeta a validação das previsões da MFLE). Isto, por sua vez, afeta a modelagem da propagação das trincas por fadiga, a qual pode ser relacionada ao acúmulo de dano elastoplástico à frente da trinca.

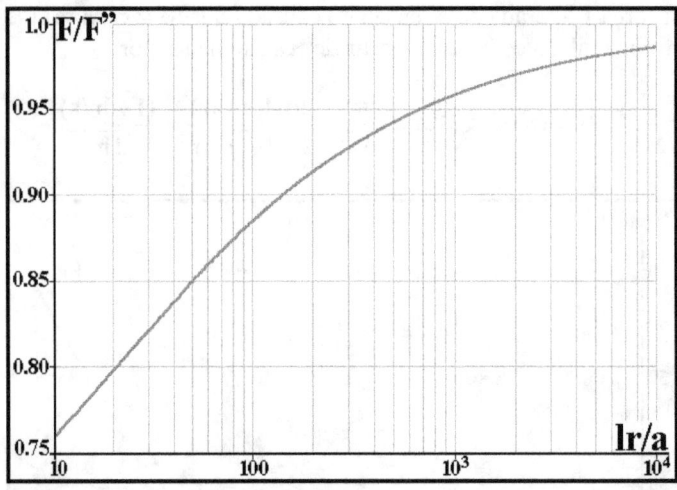

Fig. 8.70: A força **F''**, estimada superpondo a tensão σ_y gerada por $K_I \cong \sigma\sqrt{(\pi a)}$ à tensão nominal σ_n, reproduz bem melhor o equilíbrio das tiras trincadas (com ligamentos residuais **lr >> a**) do que a força **F'**, estimada desprezando σ_n.

8.16.1 Influência da tensão nominal no tamanho e na forma da zp

Todas as estimativas das **zps** estudadas até agora, apesar de educativas, ainda são demasiadamente simplistas, pois desprezam [11, 62-64]:

- o efeito da tensão nominal σ_n (o qual só é irrelevante se $\sigma_n/S_E \ll 1$, vide Fig. 8.71);

- o efeito do encruamento do material;
- a redistribuição das tensões necessária para compensar a limitação de σ_{max} dentro da **zp** e para manter a peça em equilíbrio; e
- a tri-axialidade das tensões ao longo da frente da trinca (tratou-se apenas dos casos limites de σ-plana e de ε-plana).

A tri-axialidade das tensões é um problema particularmente difícil, assunto de pesquisa até hoje. Mas não é difícil ao menos estimar o efeito da σ_n na forma e no tamanho das **zp**s, incluindo-a nos cálculos das fronteiras elastoplásticas em σ-plana e ε-plana. Ao se fazer isso, as **zp**s ficam bem maiores do que as estimadas anteriormente, e passam a depender da geometria da peça e da trinca, e do tipo da carga. Por exemplo, sendo $\kappa = K_I / \sqrt{(2\pi r)}$, a tensão de Mises em σ-plana quando se força $\sigma_y(x \to \infty, 0) = \sigma_n$ é dada por:

$$\sigma_{M\sigma-pl} = [(\kappa f_x)^2 + (\kappa f_y + \sigma_n)^2 - (\kappa f_x)(\kappa f_y + \sigma_n) + 3(\kappa f_{xy})^2]^{1/2} \tag{8.149}$$

onde f_x, f_y e f_{xy} são as funções de θ de Williams. O efeito de σ_n na **zp** de Mises em σ-plana é estimado igualando $\sigma_{M\sigma-pl}$ a S_E, e obtendo a função de θ que localiza a fronteira elastoplástica, vide Fig. 8.71. É fácil obter expressões similares para σ_M em ε-plana (Fig. 8.72) e para a tensão de Tresca σ_T em σ-plana e ε-plana. Estas expressões aproximadas dependem da geometria da peça, pois incluem termos independentes de K_I que não podem ser eliminados ao dividi-la por uma tensão de referência tipo $\sigma_M(0)$ (como no caso dos modelos simplificados anteriores). Mas a equação (8.149) não é exata, e por isso expressões melhoradas serão desenvolvidas adiante usando técnicas bem mais rigorosas.

Deve-se enfatizar que como fatores de segurança ao escoamento $1.2 < \varphi_E < 3$ são comuns na prática, a influência da tensão nominal na forma e no tamanho das zonas plásticas não é apenas uma mera curiosidade acadêmica. Na realidade, é no mínimo estranho que este efeito muito significativo da σ_n na **zp** não seja devidamente enfatizado na literatura, já que é a razão entre o tamanho da **zp** e as dimensões da peça (da trinca **a**, do ligamento residual $lr = w - a$, da espessura **t**, etc.) que valida as previsões da MFLE.

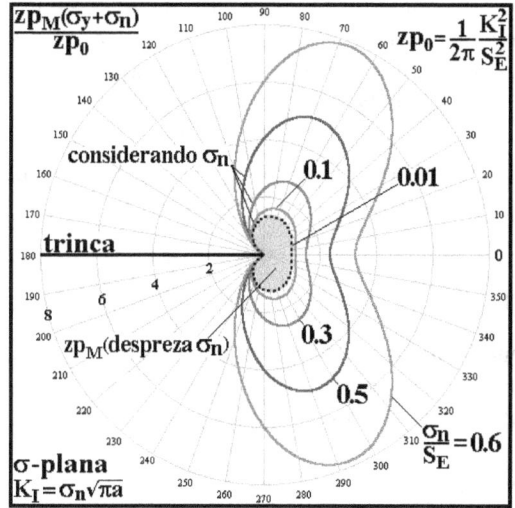

Fig. 8.71: **zp**s de Mises em modo I e σ-plana estimadas somando a tensão nominal σ_n à σ_y de Irwin, para forçar $\sigma_y(r \to \infty) \to \sigma_n$.

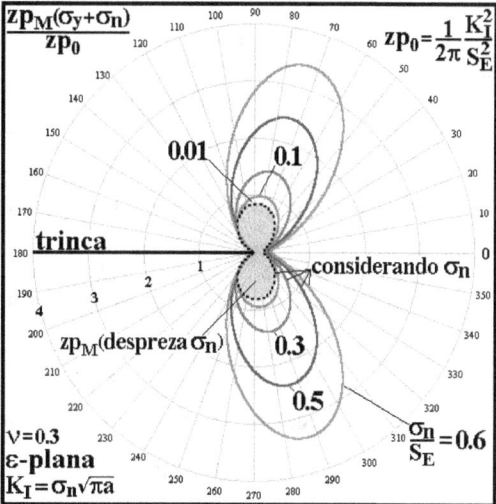

Fig. 8.72: **zp**s de Mises em modo I e ε-plana estimadas somando a tensão nominal σ_n à σ_y de Irwin, para forçar $\sigma_y(r \to \infty) \to \sigma_n$.

É fácil comprovar na solução de Irwin que as tensões LE calculadas a partir de $\mathbf{K_I}$ só são exatas muito perto da ponta da trinca (ironicamente, na região onde a solução LE *não* vale, devido ao escoamento que ali sempre ocorre). Irwin partiu da função de tensão complexa de Westergaard $\mathbf{Z(z)} = z\sigma_n/\sqrt{(z^2 - a^2)}$, onde $z = x + iy$, e da sua derivada $\mathbf{Z'} = -a^2\sigma_n/(z^2 - a^2)^{3/2}$, para calcular $\sigma_y = \mathbf{Re(Z)} + y\mathbf{Im(Z')}$. Assim, reproduzindo abaixo por conveniência o deslocamento da origem das coordenadas (do centro da trinca para a sua ponta) usado na equação (8.99), mas chamando, como usual, a ordenada a partir da ponta de x em vez de $\mathbf{x_p}$, obtém-se:

$$\sigma_y = \sigma \cdot (x + a)/\sqrt{[(x + a)^2 - a^2]} \cong \sigma a/\sqrt{(2ax)} = \sigma\sqrt{(\pi a)}/\sqrt{(2\pi x)} = K_I/\sqrt{(2\pi x)} \qquad (8.150)$$

Logo, $\mathbf{K_I}$ só quantifica exatamente a tensão σ_y quando $x \to 0$. É por isso que, rigorosamente falando, o campo LE de tensões em torno das pontas das trincas deve ser escrito como:

$$\sigma_{ij}(r \to 0, \theta) = [K_I/\sqrt{(2\pi r)}] \cdot f_{ij}(\theta) \qquad (8.151)$$

É por isso também que é preciso questionar os limites de $\mathbf{K_I}$ como parâmetro controlador das tensões nos ligamentos residuais, pois como $\phi_E < 3$ na maioria das peças reais, a fronteira da zona plástica $\mathbf{zp(r, \theta)}$ certamente não tem $r \to 0$. Além disso, nos ligamentos residuais $\mathbf{lr}$ as tensões nominais são maiores do que a aplicada na peça. Por exemplo, numa tira de largura $\mathbf{2w}$ com trinca central $\mathbf{2a}$ sob tração σ perpendicular à trinca (que é a σ_n usada em $\mathbf{K_I}$), a tensão nominal no ligamento residual $\mathbf{lr}$ é $\sigma_{nlr} = \sigma(1 - a/w)$, e é para este valor e não para σ que $\sigma_y(x \to w, 0)$ deve tender se $w \gg a$. Em suma, mesmo que estimar o efeito de σ_n na $\mathbf{zp}$ seja uma tarefa complexa, não se pode simplesmente ignorá-lo, assumindo que $\mathbf{K_I}$ descreve a zona plástica independente da tensão nominal que atua na peça.

Para estimar de forma mais precisa a fronteira da $\mathbf{zp}$ na placa infinita com uma trinca $\mathbf{2a}$ tracionada (por σ_n) em modo I, pode-se usar as tensões de Inglis ou as tensões obtidas a partir da função de Westergaard completa, pois ambas consideram todas as condições de contorno do problema. Esta tarefa é algebricamente trabalhosa, mas não é difícil demais, como mostrado a seguir.

8.16.2 Estimativa das zonas plásticas por Inglis

A solução de Inglis para o campo de tensões LE numa placa infinita tracionada com um furo elíptico central se semi-eixos $\mathbf{a}$ e $\mathbf{b}$ também pode descrever as tensões numa placa infinita trincada. Para isto a trinca deve ter o mesmo tamanho $\mathbf{2a}$ do furo elíptico, e pontas com um (pequeno) raio finito, que pode ser estimado e.g. por $\rho = b^2/a \cong \mathbf{CTOD/2}$. Como estudado no Capítulo 5, a solução de Inglis usa coordenadas ortonormais elíptico-hiperbólicas (α, β), que mapeiam o plano através de elipses geradas pela coordenada α e de hipérboles geradas por β, todas elas focadas em $x = \pm c$, as quais são dadas respectivamente por [2, 62-64]:

$$\frac{x^2}{\cosh^2 \alpha} + \frac{y^2}{\sinh^2 \alpha} = c^2 \quad e \quad \frac{x^2}{\cos^2 \beta} + \frac{y^2}{\sin^2 \beta} = c^2 \qquad (8.152)$$

As coordenadas cartesianas (x, y) se relacionam com as coordenadas elípticas (α, β) por $x = c \cdot \cosh\alpha \cdot \cos\beta$ e $y = c \cdot \sinh\alpha \cdot \sin\beta$. Os semi-eixos do furo elíptico cuja fronteira é definida por $\alpha = \alpha_0$ são $a = c \cdot \cosh\alpha_0$ e $b = c \cdot \sinh\alpha_0$ ($\therefore b/a = \tanh\alpha_0$), e o furo é descrito por:

$$(x^2/\cosh^2 \alpha_0) + (y^2/\sinh^2 \alpha_0) = c^2 \qquad (8.153)$$

Assim, se pode sempre usar $c = 1$ sem perda de generalidade. Como estudado no Capítulo 5, σ_α e σ_β são análogas às tensões polares σ_r e σ_θ, respectivamente (σ_α é perpendicular e σ_β é tangente às elipses α, na direção em que β varia), e são dadas por uma longa série infinita, cuja manipulação não é propriamente trivial:

$$\left\{\begin{array}{l}
\sigma_\alpha = \dfrac{1}{(\cosh 2\alpha - \cos 2\beta)^2} \sum_n A_n\{(n+1)e^{(1-n)\alpha}\cos(n+3)\beta + (n-1)e^{-(n+1)\alpha}\cos(n-3)\beta - \\[2mm]
\qquad -[4e^{-(n+1)\alpha} + (n+3)e^{(3-n)\alpha}]\cos(n+1)\beta + [4e^{(1-n)\alpha} + (3-n)e^{-(n+3)\alpha}]\cos(n-1)\beta\} + \\[2mm]
\quad + B_n\{e^{-(n+1)\alpha}[n\cos(n+3)\beta + (n+2)\cos(n-1)\beta] - [(n+2)e^{(1-n)\alpha} + ne^{-(n+3)\alpha}]\cos(n+1)\beta\} \\[4mm]
\sigma_\beta = \dfrac{1}{(\cosh 2\alpha - \cos 2\beta)^2} \sum_n A_n\{(3-n)e^{(1-n)\alpha}\cos(n+3)\beta - (n+3)e^{-(n+1)\alpha}\cos(n-3)\beta - \\[2mm]
\qquad -[4e^{-(n+1)\alpha} - (n-1)e^{(3-n)\alpha}]\cos(n+1)\beta + [4e^{(1-n)\alpha} + (n+1)e^{-(n+3)\alpha}]\cos(n-1)\beta\} - \\[2mm]
\quad - B_n\{e^{-(n+1)\alpha}[n\cos(n+3)\beta + (n+2)\cos(n-1)\beta] - [(n+2)e^{(1-n)\alpha} + ne^{-(n+3)\alpha}]\cos(n+1)\beta\} \\[4mm]
\tau_{\alpha\beta} = \dfrac{1}{(\cosh 2\alpha - \cos 2\beta)^2} \sum_n A_n\{(n-1)e^{(1-n)\alpha}\sin(n+3)\beta + (n+1)e^{-(n+1)\alpha}\sin(n-3)\beta - \\[2mm]
\qquad -(n+1)e^{(3-n)\alpha}]\sin(n+1)\beta - (n-1)e^{-(n+3)\alpha}]\sin(n-1)\beta\} - \\[2mm]
\quad - B_n\{e^{-(n+1)\alpha}[n\sin(n+3)\beta + (n+2)\sin(n-1)\beta] - [(n+2)e^{(1-n)\alpha} + ne^{-(n+3)\alpha}]\sin(n+1)\beta\}
\end{array}\right.$$

$$(8.154)$$

Mas a álgebra não é tão ruim quanto parece, pois só cinco constantes da série de Inglis não são nulas na placa sob tração uniaxial σ_n perpendicular ao semi-eixo **a** do furo elíptico:

$$A_1 = -\sigma_n(1 + 2e^{2\alpha_0})/16 \text{ e } A_{-1} = \sigma_n/16 \tag{8.155}$$

$$B_1 = \sigma_n e^{4\alpha_0}/8,\ B_{-1} = \sigma_n(1 + \cosh 2\alpha_0)/4 \text{ e } B_{-3} = \sigma_n/8 \tag{8.156}$$

Assim, como a borda do furo é uma superfície livre, $\sigma_\alpha(\alpha = \alpha_0) = \tau_{\alpha\beta}(\alpha = \alpha_0) = 0$, e como na borda $\alpha_0 = \text{atanh}(b/a)$, a tensão $\sigma_\beta(\alpha = \alpha_0)$ tangente à borda do furo é dada por:

$$\sigma_\beta(\alpha = \alpha_0) = \sigma_n e^{2\alpha_0}\left[\frac{(1 + e^{-2\alpha_0})\sinh 2\alpha_0}{\cosh 2\alpha_0 - \cos 2\beta} - 1\right] \tag{8.157}$$

Portanto, a tensão $\sigma_\beta(\alpha = \alpha_0)$ é maximizada nos pontos extremos do eixo **2a** perpendicular à carga σ_n aplicada na placa, nos quais $\cos 2\beta = 1$ (e $\beta = 0$ ou π), onde:

$$\frac{\sigma_{\beta max}}{\sigma_n} = e^{2\alpha_0}\left[\frac{(1 + e^{-2\alpha_0})\cdot\sinh 2\alpha_0}{\cosh 2\alpha_0 - 1} - 1\right] = \frac{3\dfrac{a+b}{a-b} - \dfrac{a-b}{a+b} - 2}{\dfrac{a+b}{a-b} + \dfrac{a-b}{a+b} - 2} = 1 + 2\frac{a}{b} \tag{8.158}$$

pois $\dfrac{b}{a} = \tanh\alpha_0 = \dfrac{e^{\alpha_0} - e^{-\alpha_0}}{e^{\alpha_0} + e^{-\alpha_0}} \Rightarrow e^{2\alpha_0} = \dfrac{a+b}{a-b}$. Desta forma, sendo $\rho = b^2/a$ o raio do furo elíptico nos dois extremos do seu eixo maior **2a**, perpendicular à tensão nominal σ_n:

$$\frac{\sigma_{\beta max}}{\sigma_n} = K_t = 1 + 2\frac{a}{b} = 1 + 2\sqrt{\frac{a}{\rho}} \tag{8.159}$$

Supondo $\rho = \text{CTOD}/2 = 2K_I^2/\pi E'S_E$, e sabendo que $K_I \cong \sigma_n\sqrt{(\pi a)}$, pode-se escrever que:

$$\rho = \frac{2\cdot\sigma_n^2\cdot a}{E'\cdot S_E} \Rightarrow 1 + 2\cdot\frac{a}{b} = 1 + 2\cdot\sqrt{\frac{E'\cdot S_E}{2\cdot\sigma_n^2}} \Rightarrow \frac{a}{b} = \sqrt{\frac{E'}{2\cdot\sigma_n}\cdot\frac{S_E}{\sigma_n}} \tag{8.160}$$

Usando o fator de segurança ao escoamento $\phi_E = S_E/\sigma_n$ na equação acima, podem-se achar as dimensões dos semi-eixos do entalhe de Inglis que simulam a trinca aberta na placa infinita solicitada em modo I:

$$\begin{cases} \dfrac{b}{a} = \sqrt{\dfrac{2}{\phi_E^2}\dfrac{S_E}{E}}, & \sigma-\text{plana} \\[4mm] \dfrac{b}{a} = \sqrt{\dfrac{2}{\phi_E^2}\dfrac{S_E(1-\nu^2)}{E}}, & \varepsilon-\text{plana} \end{cases} \tag{8.161}$$

Substituindo as constantes dadas pelas equações (8.155) e (8.156) nas equações (8.154) para obter as tensões de Inglis na placa infinita trincada tracionada por σ_n, pode-se agora mapear a fronteira elastoplástica em torno da ponta da trinca com semi-eixos dados por (8.161). Usando Mises em tensão plana, para isto deve-se resolver a equação:

$$\sigma_{M_{\sigma-pl}} = \sqrt{\sigma_\alpha^2 + \sigma_\beta^2 - \sigma_\alpha\sigma_\beta + 3\tau_{\alpha\beta}^2} = S_E \tag{8.162}$$

Esta equação pode ser solucionada numericamente para α e β, fixando primeiro uma das variáveis, e depois achando o valor da outra que faz $\sigma_M = S_E$. Para plotar estes pontos em coordenadas polares, como mostrado na Fig. 8.73, pode-se primeiro transformá-los para coordenadas (x,y), e destas para coordenadas polares (r, θ). Nesta figura e nas figuras subseqüentes, zp_M é a zp de Mises tradicional, descrita pela equação (8.124) e mostrada na Fig. 8.53.

A fronteira elastoplástica de Mises em ε-plana é dada por uma equação similar:

$$\sigma_{M_{\varepsilon-pl}} = \sqrt{0.5[(\sigma_\alpha - \sigma_\beta)^2 + (\sigma_\alpha - \sigma_z)^2 + (\sigma_z - \sigma_\beta)^2] + 3\tau_{\alpha\beta}^2} = S_E \tag{8.163}$$

onde $\sigma_z = \nu(\sigma_\alpha + \sigma_\beta)$. Algumas fronteiras elastoplásticas geradas a partir desta equação estão mostradas na Fig. 8.74. Note que as zp_{Ing} vão ficando bem maiores do que a zp_M estimada pela equação (8.124), sem considerar o efeito da tensão nominal, à medida que σ_n cresce.

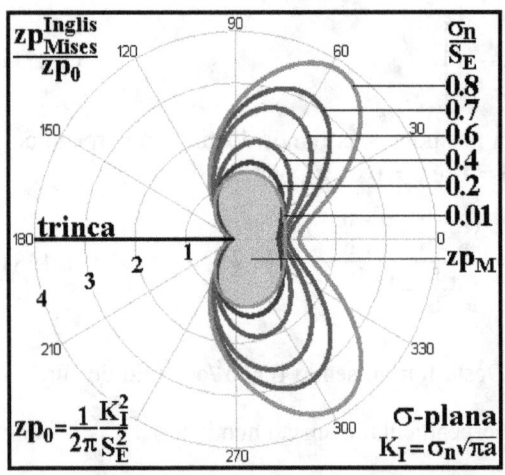 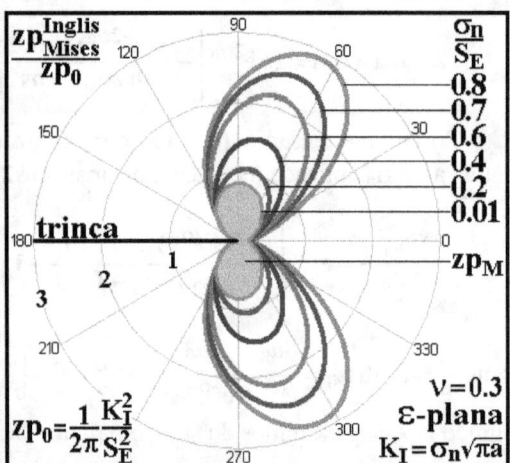

Fig. 8.73: **zp**s calculadas modelando a trinca como um furo de Inglis com $\rho = $ **CTOD/2**, em σ-plana ($zp_M = zp_M(\theta)$ mostrada na Fig. 8.53, que só depende de K_I e despreza σ_n).

Fig. 8.74: **zp**s calculadas modelando a trinca como um furo de Inglis com $\rho = $ **CTOD/2**, em ε-plana ($zp_M = zp_M(\theta)$ mostrada na Fig. 8.54, que só depende de K_I e despreza σ_n).

8.16.3 Estimativa das zonas plásticas por Westergaard

Para estimar as **zp**s considerando o efeito da carga nominal na placa infinita trincada, deve-se trabalhar com a função de Westergaard completa, sem usar a simplificação proposta por Irwin para obter o valor de $K_I = \sigma_n\sqrt{(\pi a)}$. Assim, sendo $z = x + iy$, $Z(z) = z\sigma_n/\sqrt{(z^2 - a^2)}$ e

$Z'(z) = -a^2\sigma_n/(z^2 - a^2)^{3/2}$, onde $Z(z)$ é a função de Westergaard que resolve o problema da placa submetida às tensões nominais biaxiais $\sigma_x(z \to \infty) = \sigma_y(z \to \infty) = \sigma_n$, como estudado no item 8.10 [40, 63-64], então:

$$\begin{cases} \sigma_x = \text{Re}(Z) - y\,\text{Im}(Z') - \sigma_n \\ \sigma_y = \text{Re}(Z) + y\,\text{Im}(Z') \\ \tau_{xy} = -y\,\text{Re}(Z') \end{cases} \tag{8.164}$$

Estas são as tensões que atuam na placa sob tração uniaxial (como também acontece na série de Williams, pode-se somar um termo constante à componente σ_x para obedecer às condições de contorno neste caso). Reescrevendo Z e Z' em coordenadas polares centradas na ponta da trinca se obtém:

$$\begin{cases} Z = \dfrac{[a + (r\cdot\cos\theta) + i(r\cdot\sin\theta)]\cdot\sigma_n}{\sqrt{[a + (r\cdot\cos\theta) + i(r\cdot\sin\theta)]^2 - a^2}} \\[4mm] Z' = \dfrac{-a^2\cdot\sigma_n}{\left\{[a + (r\cdot\cos\theta) + i(r\cdot\sin\theta)]^2 - a^2\right\}^{3/2}} \end{cases} \tag{8.165}$$

Assim, para estimar por Mises a $zp(\theta)$ de Westergaard em σ-plana, basta substituir a função de tensão Z e a sua derivada Z' descritas por (8.165) para calcular as tensões σ_{ij} através de (8.164), e usá-las numa equação similar a (8.162) para obter:

$$\begin{aligned} &\left\{\left[\text{Re}\left(\frac{(a + r\cdot\cos\theta + i\cdot r\sin\theta)\cdot\sigma_n}{\sqrt{(a + r\cdot\cos\theta + i\cdot r\sin\theta)^2 - a^2}}\right) - y\,\text{Im}\left(\frac{-a^2\cdot\sigma_n}{\left[(a + r\cdot\cos\theta + i\cdot r\sin\theta)^2 - a^2\right]^{3/2}}\right) - \sigma_n\right]^2 + \right. \\ &+\left[\text{Re}\left(\frac{(a + r\cdot\cos\theta + i\cdot r\sin\theta)\cdot\sigma_n}{\sqrt{(a + r\cdot\cos\theta + i\cdot r\sin\theta)^2 - a^2}}\right) + y\,\text{Im}\left(\frac{-a^2\cdot\sigma_n}{\left[(a + r\cdot\cos\theta + i\cdot r\sin\theta)^2 - a^2\right]^{3/2}}\right)\right]^2 - \\ &-\left[\text{Re}\left(\frac{(a + r\cdot\cos\theta + i\cdot r\sin\theta)\cdot\sigma_n}{\sqrt{(a + r\cdot\cos\theta + i\cdot r\sin\theta)^2 - a^2}}\right) - y\,\text{Im}\left(\frac{-a^2\cdot\sigma_n}{\left[(a + r\cdot\cos\theta + i\cdot r\sin\theta)^2 - a^2\right]^{3/2}}\right) - \sigma_n\right]\cdot \\ &\cdot\left[\text{Re}\left(\frac{(a + r\cdot\cos\theta + i\cdot r\sin\theta)\cdot\sigma_n}{\sqrt{(a + r\cdot\cos\theta + i\cdot r\sin\theta)^2 - a^2}}\right) + y\,\text{Im}\left(\frac{-a^2\cdot\sigma_n}{\left[(a + r\cdot\cos\theta + i\cdot r\sin\theta)^2 - a^2\right]^{3/2}}\right)\right] + \\ &\left. +3\cdot\left[-y\,\text{Re}\left(\frac{-a^2\cdot\sigma_n}{\left[(a + r\cdot\cos\theta + i\cdot r\sin\theta)^2 - a^2\right]^{3/2}}\right)\right]^2\right\}^{1/2} - S_E = 0 \end{aligned} \tag{8.166}$$

Esta equação pode ser resolvida por métodos numéricos usando técnicas similares às usadas para resolver a equação (8.162) da zp de Inglis: para cada valor de θ, acha-se o valor de r que obedece à condição $\sigma_M(\theta) = S_E$ expressa em (8.166), localizando assim a fronteira desejada. Este processo é trabalhoso, mas pode ser repetido sem dificuldade no caso de deformação plana, e seu resultado é mostrado nas Fig. 8.75 e 8.76. As Fig. 8.77 e 8.78 comparam as zps estimadas por Inglis e por Westergaard. A quase superposição destas duas curvas, que foram geradas a partir de equações totalmente diferentes, certamente não é fortuita.

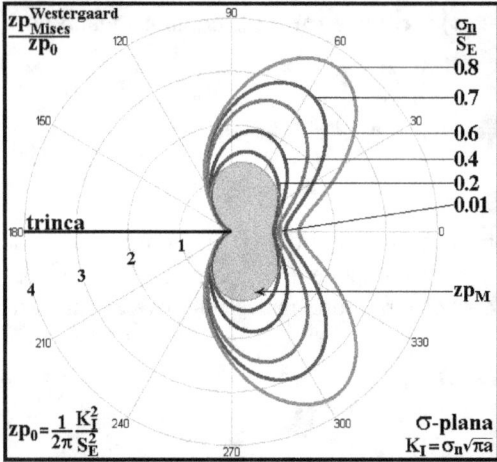

Fig. 8.75: **zp**s estimadas considerando o efeito de σ_n a partir da função de tensão de Westergaard completa em σ-plana ($\mathbf{zp_M} = \mathbf{zp_M(\theta)}$ da Fig. 8.53, que despreza σ_n).

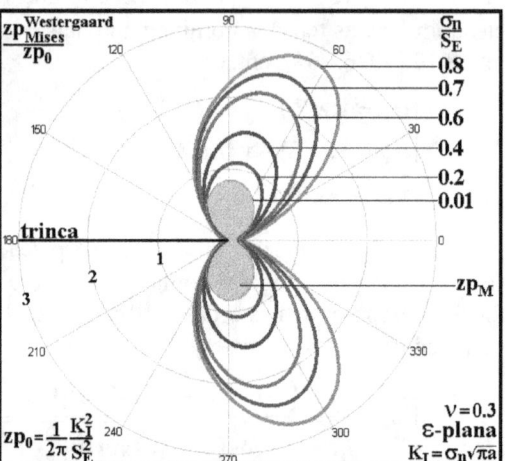

Fig. 8.76: **zp**s estimadas considerando o efeito de σ_n a partir da função de tensão de Westergaard completa em ε-plana ($\mathbf{zp_M} = \mathbf{zp_M(\theta)}$ da Fig. 8.54, que despreza σ_n).

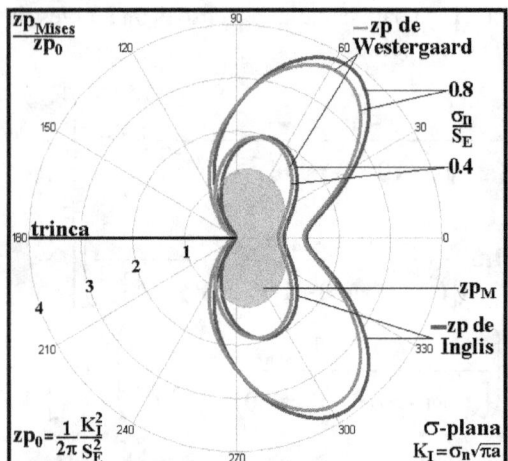

Fig. 8.77: As **zp**s estimadas a partir das tensões LE calculadas por Inglis e por Westergaard em σ-plana à resistência ao escoamento são quase coincidentes.

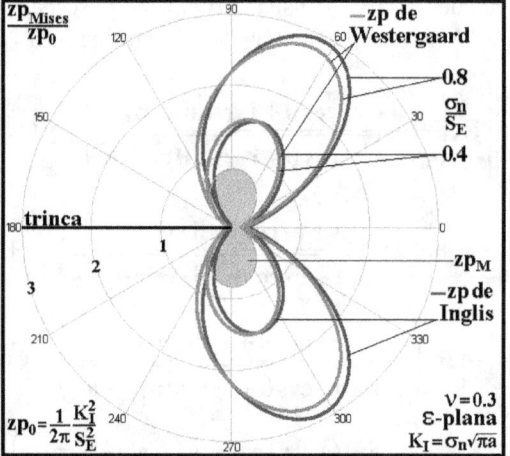

Fig. 8.78: A comparação entre as **zp**s estimadas por Inglis e por Westergaard em ε-plana também mostra que os resultados previstos pelas duas são bem similares.

Vale a pena enfatizar que as Fig. 8.77 e 8.78 comparam as **zp**s estimadas supondo:

(i) que a trinca na placa infinita tracionada (cujo $\mathbf{K_I = \sigma\sqrt{(\pi a)}}$) é um furo de Inglis (elíptico de semi-eixos **a** e **b**, sendo **a** perpendicular à carga σ_n), com um raio de ponta igual à metade da abertura da ponta da trinca, $\rho = b^2/a = \mathbf{CTOD}/2 = 2\mathbf{K_I}^2/\pi\mathbf{E'S_E}$; e

(ii) que as tensões na placa são geradas pela função de Westergaard completa, sem a simplificação que Inglis usou para obter $\mathbf{K_I}$.

Figuras similares podem ser geradas para as **zp**s de Tresca calculadas a partir de Inglis e da função de tensão de Westergaard completa, mas não é preciso reproduzi-las aqui. Como já afirmado acima, o fato destas duas estimativas quase coincidirem não pode ser mera coincidência, pois elas partem de equações totalmente diferentes. Isto indica que o grande efeito da σ_n previsto no tamanho e na forma das zonas plásticas é verdadeiro. Além disso, vale a pena notar que fazendo $b = CTOD/2 = 2K_I^2/\pi E'S_E$ (em vez de ρ) na solução de Inglis, se obtém praticamente as mesmas fronteiras elastoplásticas previstas por Westergaard, como mostrado nas Fig. 8.79 e 8.80. Portanto, não há dúvida de que o efeito da tensão nominal σ_n é grande, e de que a estimativa tradicional subestima muito o tamanho das **zp**s.

Este ponto deve ser enfatizado. É o tamanho da zona plástica que valida as previsões da MFLE. Todavia, apesar de ser conveniente supor que a **zp** só depende de K_I, como ensinado em muitos textos de Mecânica da Fratura, tanto o tamanho quanto a forma da **zp** dependem também da tensão nominal σ_n aplicada na peça. Como as estruturas reais em geral usam fatores de segurança ao escoamento $1.2 < \phi_E = S_E/\sigma_n < 3$, é injustificável desprezar σ_n na prática, onde as **zp**s são muito maiores do que as estimadas supondo que elas só dependem de K_I.

Além disso, deve-se notar que aqui só se analisou a placa infinita trincada, mas a **zp** depende da geometria da peça e da trinca e do tipo da carga: e.g. um dado K_I corresponde a σ_n distintas em CPs tipo SEN(T) ou SEN(B) de geometria idêntica, logo gera **zp**s diferentes. Portanto, estimar a **zp** de forma realista é tarefa bem menos elementar do que parece.

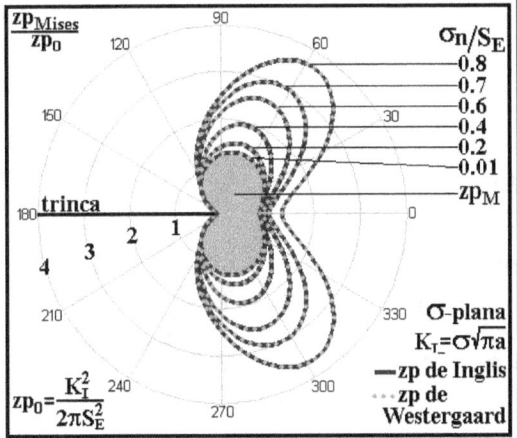

Fig. 8.79: As estimativas das **zp**s geradas por Westergaard completa e por Inglis em σ-plana praticamente coincidem quando se usa o semi-eixo $b = CTOD/2$ em vez de $\rho = CTOD/2$.

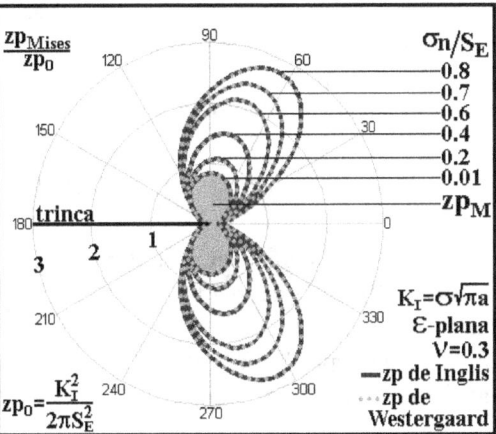

Fig. 8.80: As estimativas das **zp**s geradas por Westergaard completa e por Inglis em ε-plana também coincidem quando se usa o semi-eixo $b = CTOD/2$ em vez de $\rho = CTOD/2$.

8.16.4 Estimativa das zonas plásticas corrigidas para considerar o equilíbrio

As estimativas para as **zp**s calculadas acima são convincentes e matematicamente adequadas, mas podem ser melhoradas, pois as tensões por elas usadas foram supostas LE em toda a placa. Logo, apesar de obedecerem às condições de contorno da placa trincada, as tensões geradas a partir de Inglis e de Westergaard completa não foram limitadas como o devido pelo escoamento dentro da **zp**. Não é difícil demais corrigir esta deficiência adaptando a idéia usada por Irwin na sua clássica correção (ilustrada na Fig. 8.61), supondo que [63-64]:

- o material não encrua, logo as tensões de Mises (ou de Tresca) em qualquer ponto dentro da **zp** são limitadas e iguais a S_E;
- a distribuição LE das tensões $\sigma_{ij}(r, \theta)$ pode ser simplesmente deslocada para fora da **zp** de um valor $r^*(\theta)$ para equilibrar a força originalmente associada com $\sigma_M(r, \theta) > S_E$, de tal forma que fora da **zp** as tensões LE passam a ser dadas por $\sigma_{ij}(r - r^*(\theta), \theta)$.

Normalmente a zona plástica de Irwin zp_{Irw} só é calculada no plano da trinca $\theta = 0°$, e arbitrariamente representada por círculo à frente da sua ponta, vide Fig. 8.61. Mas esta prática usual é errada, pois as fronteiras elastoplásticas das zps estimadas por Mises devem ser calculadas resolvendo $\sigma_M(r = zp, \theta) = S_E$. Logo, para obter a $zp_{Irw}(\theta)$ é preciso começar substituindo $r(\theta) = zp_M(\theta)$ na expressão da σ_y LE (obtida a partir de K_I):

$$\sigma_y[zp_M(\theta),\theta] = \left(K_I/\sqrt{2\pi \cdot zp_M(\theta)}\right)\cos(\theta/2)\left[1 + \text{sen}(\theta/2)\,\text{sen}(3\theta/2)\right] \qquad (8.167)$$

Extrapolando a idéia original de Irwin, este valor da tensão $\sigma_y(\theta)$ na fronteira da $zp_M(\theta)$ deve permanecer fixo dentro da $zp_{Irw}(\theta)$ aumentada pelo escoamento do material (pois ele supostamente não encrua), mas deve também gerar a mesma força que a tensão $\sigma_y(\theta)$ LE singular geraria para $r(\theta) \leq zp_M(\theta)$ (ou seja, o equilíbrio das forças geradas pela tensão σ_y LE deve ser mantido em todas as direções θ), portanto:

$$\sigma_y(r = zp_M, \theta) \cdot zp_{Irw}(r, \theta) = \int_0^{zp_M} \left(K_I/\sqrt{2\pi r}\right)\cos(\theta/2)\left[1 + \sin(\theta/2)\sin(3\theta/2)\right]dr \qquad (8.168)$$

Desta forma, a fronteira elastoplástica total da $zp_{Irw}(\theta)$ é dada por:

$$zp_{Irw}(\theta) = \left(1/\sigma_y(zp_M,\theta)\right) \cdot \left[2K_I\sqrt{r/2\pi}\cos(\theta/2)\left[1 + \text{sen}(\theta/2)\,\text{sen}(3\theta/2)\right]\right]\Big|_0^{zp_M} \qquad (8.169)$$

Portanto, pode-se obter uma expressão analítica para a $zp_{Irw}(\theta)$:

$$zp_{Irw}(\theta) = \frac{2K_I\sqrt{zp_M(\theta)}}{\sqrt{2\pi} \cdot \sigma_y[zp_M(\theta),\theta]}\cos\frac{\theta}{2}\left[1 + \text{sen}\frac{\theta}{2}\,\text{sen}\frac{3\theta}{2}\right] \qquad (8.170)$$

Esta função certamente não descreve um círculo, como ilustrado na Fig. 8.81. Na realidade a $zp_{Irw}(\theta)$ tem a mesma forma de um grão de feijão que caracteriza a $zp_M(\theta)$ em σ-plana. É relativamente fácil repetir este exercício para ε-plana, vide Fig. 8.82, gerando um resultado que também reproduz a forma de 8 característica da $zp_M(\theta)$ estimada quando $\varepsilon_3 = 0$. É claro que isto ocorre porque a $zp_{Irw}(\theta)$, como a $zp_M(\theta)$, usa as tensões geradas por K_I.

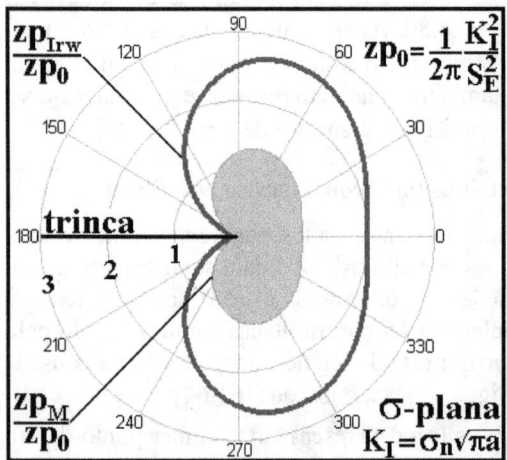

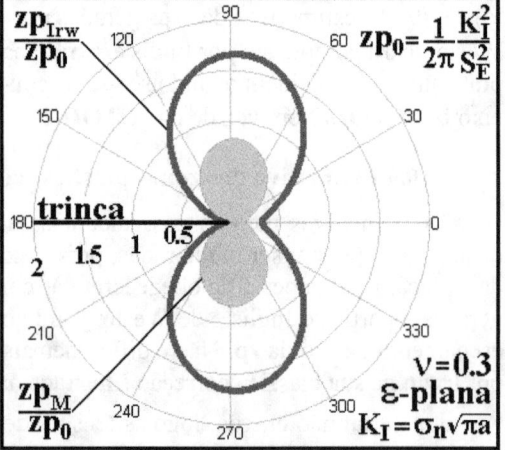

Fig. 8.81: A razões $zp_{Irw}(\theta)/zp_0$ em σ-plana mostra quanto a razão $zpM(\theta)/zp_0$ zp tem que aumentar para manter o equilíbrio da tensão $\sigma_y(\theta)$ LE gerada por K_I (desprezando σ_n).

Fig. 8.82: Como no caso da σ-plana, a razão $zp_{Irw}(\theta)/zp_0$ em ε-pl é bem maior do que a razão zp_M/zp_0 correspondente, mas ela também não considera o efeito da σ_n.

Agora finalmente a idéia de **Irwin** pode ser adaptada para estimar por Mises a $\mathbf{zp_{eql}(\theta)}$ usando as tensões geradas a partir da função de tensão de Westergaard completa, para obedecer ao mesmo tempo à condição de contorno $\sigma_y(x \to \infty) = \sigma_n$ e ao equilíbrio, conforme o desejado de uma estimativa decente. Para isto, deve-se aplicar à $\mathbf{zp_{Wtg}(\theta)}$ um procedimento similar ao usado com a $\mathbf{zp_M(\theta)}$:

$$\sigma_y[zp_{Wtg}(\theta),\theta]\cdot zp_{eql}(\theta)=\int_0^{zp_{Wtg}(\theta)}\sigma_y(r,\theta)dr \Rightarrow$$

$$zp_{eql}(\theta)=\frac{1}{\sigma_y[zp_{Wtg}(\theta),\theta]}\int_0^{zp_{Wtg}(\theta)}\left\{Re[Z(r,\theta)]+y\,Im'[Z'(r,\theta)]\right\}dr \qquad (8.171)$$

Integrando numericamente esta equação pode-se achar o valor de $\mathbf{zp_{eql}(\theta)}$ e mapear assim a zona plástica de Westergaard corrigida para obedecer ao equilíbrio, vide Fig. 8.83 e 8.84.

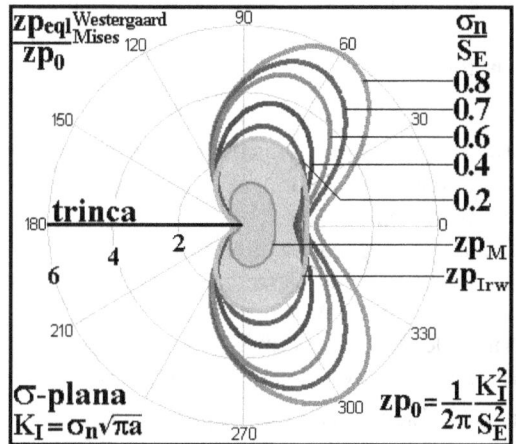

Fig. 8.83: Razão $\mathbf{zp_{eql}(\theta)/zp_0}$ estimada para a placa infinita trincada por Westergaard e Mises em **σ-plana**, *considerando* o equilíbrio e a tensão nominal σ_n.

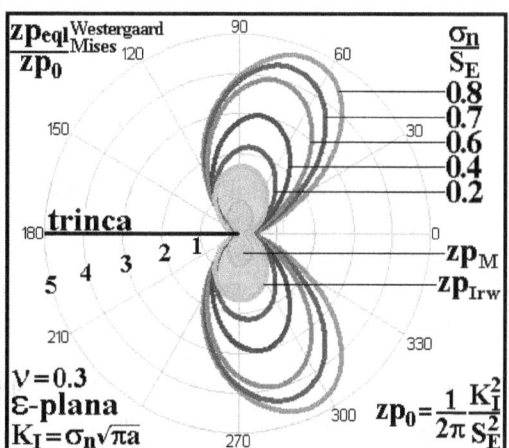

Fig. 8.84: Razão $\mathbf{zp_{eql}(\theta)/zp_0}$ estimada para a placa infinita trincada por Westergaard e Mises em **ε-plana**, *considerando* o equilíbrio e a tensão nominal σ_n.

Estas são as melhores estimativas das **zp**s que podem ser geradas a partir das tensões LE, desprezando o encruamento. Logo, vale a pena enfatizar suas principais vantagens:

- as $\mathbf{zp_{eql}(\theta)}$ são estimadas de uma forma matematicamente adequada, obedecendo às condições de contorno e de equilíbrio da placa infinita trincada;

- as $\mathbf{zp_{eql}(\theta)}$ são bem maiores que a tradicional estimativa $\mathbf{zp_M(\theta)}$ para os valores de σ_n comumente usados nas estruturas reais;

- as $\mathbf{zp_{eql}(\theta)}$ reproduzem a forma de borboleta normalmente observada junto às pontas das trincas na prática.

Mas além de desprezar o encruamento, as **zp**s das Fig. 8.83 e 8.84 foram calculadas para a placa infinita trincada em modo I e, como as **zp**s dependem de σ_n, elas valem apenas para este caso. As **zp**s de outras geometrias cujas funções de tensão de Westergaard sejam conhecidas podem ser obtidas da mesma forma. Tada [16] lista várias delas, e Sanford [10] discute a sua manipulação em maiores detalhes.

8.17 Crescimento de Trincas em Modo Misto

8.17.1 Critérios de crescimento em modo misto

As trincas que crescem sob K_I e K_{II} e/ou K_{III} em geral curvam durante a sua propagação. São 3 os critérios mais usados para prever a direção do crescimento (incremental) das trincas carregadas em modo misto sob condições predominantemente elásticas (como aquelas que a-tuam durante o trincamento por fadiga sob ΔK_I e $\Delta K_{II} > 0$, e.g.) [53-57, 65-80]:

1. Máxima tensão circunferencial ($\sigma_{\theta max}$).
2. Máxima taxa de alívio da energia potencial ($\mathcal{G}_{\theta max}$).
3. Mínima densidade de energia de deformação ($U_{\theta min}$).

Estes critérios geram resultados similares quando usados para prever o caminho das trin-cas de fadiga [65]. O critério da máxima tensão circunferencial, $\sigma_\theta = \sigma_{\theta max} \Rightarrow \tau_{r\theta} = 0$, é o mais simples deles: ele assume que as trincas crescem seguindo a direção perpendicular à máxima tensão normal trativa à frente das suas pontas, a qual tende a abri-las, evitando assim o atrito entre as faces da trinca, e a minimizar o trabalho plástico necessário para gerar e propagar as **zp**s que sempre acompanham as suas pontas. Por isso, assumir que o caminho das trincas é perpendicular a σ_1 é praticamente um axioma na fratografia [81].

Mas os 2 outros critérios assumem físicas da propagação igualmente razoáveis. O critério da máxima taxa de alívio ($\mathcal{G}_{\theta max}$) supõe que as trincas crescem na direção que maximiza o alí-vio da energia potencial. E o critério da energia de deformação mínima ($U_{\theta min}$) assume que as trincas propagam se mantendo na direção que minimiza a energia de deformação em volta das suas pontas. Estes 3 critérios prevêem ângulos iniciais de propagação diferentes quando a trin-ca trabalha sob modo misto, mas se na simulação do crescimento da trinca sua orientação for ajustada automaticamente, as previsões geradas com os 3 critérios são essencialmente as mes-mas. Logo, pode-se prever o caminho que uma trinca de tamanho a_0 (medido ao longo da trin-ca) escolherá para crescer por fadiga em qualquer peça 2D através dos seguintes passos:

- discretizar a peça trincada usando uma malha de Elementos Finitos apropriada;
- calcular $K_I(a_0)$ e $K_{II}(a_0)$ (usando e.g. os métodos DCT, MCC e/ou EDI, como visto a-diante) e a $\sigma_{\theta max}$ por eles gerada;
- propagar a trinca de um pequeno incremento Δa na direção perpendicular a $\sigma_{\theta max}$; e
- gerar uma nova malha de EF e repetir o processo.

As tensões em torno das pontas da trinca solicitadas em modos I e II são obtidas somando separadamente as tensões σ_r, σ_θ e $\tau_{r\theta}$ geradas por cada um deles:

$$\begin{cases} \sigma_r = \dfrac{1}{\sqrt{2\pi r}}\cos(\theta/2)\cdot\{K_I[1+\sin^2(\theta/2)]+K_{II}[\tfrac{3}{2}\sin\theta-2\tan(\theta/2)]\} \\[2mm] \sigma_\theta = \dfrac{1}{\sqrt{2\pi r}}\cos(\theta/2)\cdot[K_I\cos^2(\theta/2)-\tfrac{3}{2}K_{II}\sin\theta] \\[2mm] \tau_{r\theta} = \dfrac{1}{\sqrt{2\pi r}}\dfrac{\cos(\theta/2)}{2}\cdot[K_I\sin\theta+K_{II}(3\cos\theta-1)] \end{cases} \tag{8.172}$$

O critério da máxima tensão circunferencial determina que a propagação inicial da trinca se dá num plano perpendicular à direção de $\sigma_{\theta max}$ a qual, sendo uma tensão principal, é associa-da com $\tau_{r\theta} = 0$, portanto:

$$\tau_{r\theta} = 0 \Rightarrow \cos(\theta_{pi}/2)[K_I\sin\theta_{pi}+K_{II}(3\cos\theta_{pi}-1)]/2 = 0 \tag{8.173}$$

θ_{pi} é o ângulo entre o plano da propagação inicial e o plano original da trinca solicitada em modo misto, vide Fig. 8.85. A solução $\theta_{pi} = \pm\pi$ quando $\cos(\theta_{pi}/2) = 0$ não é válida, mas a outra, dada por:

$$K_I \sin\theta_{pi} + K_{II}(3\cos\theta_{pi} - 1) = 0 \qquad (8.174)$$

pode ser usada para interpretar a física do problema:

Sob modo I puro, $K_{II} = 0$ e $K_I\sin\theta_{pi} = 0 \Rightarrow \theta_{pi} = 0$, i.e., a trinca cresce no seu plano, exatamente como esperado. Mas quando a trinca trabalha sob modo II puro, ou seja, se $K_I = 0$ e $K_{II}(3\cos\theta_{pi} - 1) = 0 \Rightarrow \theta_{pi} = \pm70.5°$, um valor não trivial. E no caso geral da carga mista, a direção do primeiro crescimento incremental da trinca é dada por:

$$\theta_{pi} = 2\cdot\text{atan}\left(\frac{1}{4}\frac{K_I}{K_{II}} \pm \frac{1}{4}\sqrt{\left(\frac{K_I}{K_{II}}\right)^2 + 8}\right) \qquad (8.175)$$

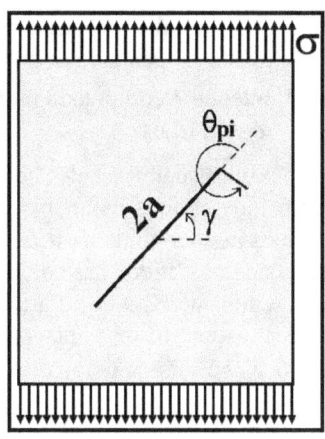

Fig. 8.85: Ângulo θ_{pi} do incremento inicial da propagação da trinca em relação ao seu plano original.

O sinal do ângulo θ_{pi} depende de K_{II}: $K_{II} > 0 \Rightarrow \theta_{pi} < 0$, e $K_{II} < 0 \Rightarrow \theta_{pi} > 0$. Deve-se enfatizar que θ_{pi} é o ângulo do incremento inicial Δa_0 da trinca de tamanho a_0. E que como normalmente a razão $K_I(a_i + \delta a_i)/K_{II}(a_i + \delta a_i) \neq K_I(a_i)/K_{II}(a_i)$, a direção do incremento Δa_{i+1} em geral é diferente da direção do incremento anterior Δa_i. É por isso que a propagação das trincas sob uma carga mista quase sempre segue um caminho curvo. O ângulo incremental de propagação previsto pelo critério $G_{\theta max}$ é dado pelo valor de θ que maximiza:

$$\begin{aligned}G(\theta) = (4/E)\left[1/(3+\cos^2\theta)\right]^2\left[(1-\theta/\pi)/(1+\theta/\pi)\right]^{\theta/\pi}\cdot\\ \cdot\left[(1+3\cos^2\theta)K_I^2 + 8\sin\theta\cos\theta\cdot K_I K_{II} + (9-5\cos^2\theta)K_{II}^2\right]\end{aligned} \qquad (8.176)$$

Já o critério $U_{\theta min}$ prevê que o incremento da trinca segue na direção θ dada por:

$$dU(\theta)/d\theta = K_I^2(da_{11}/d\theta) + 2K_I K_{II}(da_{12}/d\theta) + K_{II}^2(da_{22}/d\theta) = 0 \qquad (8.177)$$

$$\begin{cases} da_{11}/d\theta = \sin\theta\left[(1+\cos\theta) - (\kappa - \cos\theta)\right]/16G \\ da_{12}/d\theta = \left[\cos\theta(2\cos\theta - \kappa + 1) - 2(\sin\theta)^2\right]/16G \\ da_{22}/d\theta = \left[(\kappa+1)\sin\theta - 3\sin\theta(1+\cos\theta) - (3\cos\theta - 1)\sin\theta\right]/16G \\ \kappa = 3 - 4\nu, \ \ \varepsilon-\text{plana}; \ \ \kappa = (3-\nu)/(1+\nu), \ \ \sigma-\text{plana} \end{cases} \qquad (8.178)$$

Maiores detalhes sobre a implementação numérica destes critérios são discutidos em [82]. Maiores detalhes sobre os fundamentos e as práticas usadas na mecânica da fratura computacional são discutidos em revisões recentes por Ingraffea [83-84] e por Sinclair [85].

8.17.2 Computação numérica de K_I e K_{II}

Problemas de trincas em modo misto só podem ser resolvidos após calcular K_I e K_{II}, o que pode ser feito por Elementos Finitos (EF) a partir 3 técnicas principais [53-57]:

1. Correlação de deslocamentos (*displacement correlation technique*, DCT), usando elementos especiais chamados de quarto de ponto (*quarter-point*).

2. Taxa de alívio da energia potencial, obtida modificando a integral que estima as zonas plásticas fechando as pontas das trincas (*modified crack-closure integral*, MCC).

3. Integral J computada num domínio equivalente em torno da trinca (*equivalent domain integral*, EDI).

Muito sucintamente, no método DCT os deslocamentos obtidos da análise de EF em pontos específicos junto à ponta da trinca são igualados aos deslocamentos obtidos das soluções analíticas expressas em termos de K_I e K_{II}. Para os elementos singulares especiais quarto de ponto (*quarter point*), vide Fig. 8.86, a abertura da ponta da trinca δ é dada por:

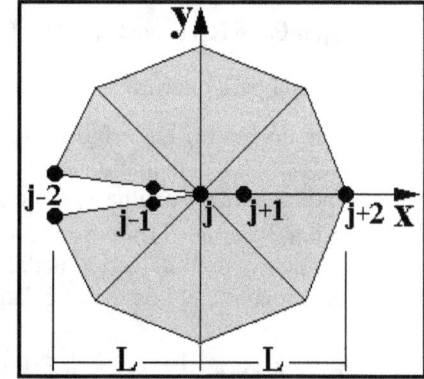

Fig. 8.86: Elemento *quarter-point*.

$$\delta(r) = (4v_{j-1} - v_{j-2})\sqrt{r/L} \qquad (8.179)$$

onde v_{j-1} e v_{j-2} são os deslocamentos relativos dos nós $j-1$ e $j-2$ na direção y, L é o tamanho do elemento (como ilustrado na figura) e r é a distância à ponta da trinca.

Já a expressão analítica da abertura da ponta da trinca $\delta(r)$ é dada por:

$$\delta(r) = (K_I/G) \cdot (\kappa + 1) \cdot \sqrt{r/2\pi} \qquad (8.180)$$

onde G é o módulo de cisalhamento, $\kappa = (3-\nu)/(1+\nu)$ em tensão plana ou $\kappa = 3 - 4\nu$ em deformação plana, e ν é o coeficiente de Poisson. Portanto:

$$K_I = \left(\frac{G}{\kappa+1}\right)\sqrt{\frac{2\pi}{L}} \cdot (4v_{j-1} - v_{j-2}) \qquad (8.181)$$

$$K_{II} = \left(\frac{G}{\kappa+1}\right)\sqrt{\frac{2\pi}{L}} \cdot (4u_{j-1} - u_{j-2}) \qquad (8.182)$$

O método MCC é baseado na integral de fechamento (da ponta) da trinca de Irwin, a qual assume que o trabalho requerido para fechar uma trinca de $a + \Delta a$ para a é idêntico ao que a estende de a para $a + \Delta a$, de forma que:

$$\begin{cases} G_I = \lim_{\Delta a \to 0} \dfrac{1}{2\Delta a} \displaystyle\int_0^{\Delta a} v(x) \cdot \sigma_y(x) \cdot dx \\[2ex] G_{II} = \lim_{\Delta a \to 0} \dfrac{1}{2\Delta a} \displaystyle\int_0^{\Delta a} u(x) \cdot \tau_{xy}(x) \cdot dx \end{cases} \qquad (8.183)$$

onde Δa é a extensão virtual da trinca, $\sigma_y(x)$ e $\tau_{xy}(x)$ são as tensões normal e cisalhante, enquanto $u(x)$ e $v(x)$ são os deslocamentos nas direções x e y, como usual.

Assim, conhecendo as expressões dos campos de deslocamento e de tensões em torno da ponta da trinca pode-se calcular G_I e G_{II}, e daí K_I e K_{II}. Se o campo de tensões é singular e varia com $1/\sqrt{x}$, onde x é a distância à ponta da trinca, $u(x)$ e $v(x)$ são obtidos por interpolação dos deslocamentos nodais usando a função de forma do EF, e $\sigma_y(x)$ e $\tau_{xy}(x)$ são calculados a partir das forças nodais na e à frente da ponta da trinca. E usando EF singulares na ponta da trinca, obtém-se:

$$\begin{cases} 2\Delta a\, G_I = -\{F_{yi}[t_{11}(v_m - v_{m'}) + t_{12}(v_l - v_{l'})] + F_{yj}[t_{21}(v_m - v_{m'}) + t_{22}(v_l - v_{l'})]\} \\[1ex] 2\Delta a\, G_{II} = -\{F_{xi}[t_{11}(u_m - u_{m'}) + t_{12}(u_l - u_{l'})] + F_{xj}[t_{21}(u_m - u_{m'}) + t_{22}(u_l - u_{l'})]\} \end{cases} \qquad (8.184)$$

$\mathbf{F_{xi}}$, $\mathbf{F_{xj}}$, $\mathbf{F_{yi}}$, e $\mathbf{F_{yj}}$ são as forças nodais que agem nos nós $\mathbf{i}$ e $\mathbf{j}$ nas direções $\mathbf{x}$ e $\mathbf{y}$; $\mathbf{u}$ e $\mathbf{v}$ são os deslocamentos nodais nas direções $\mathbf{x}$ e $\mathbf{y}$ dos nós $\mathbf{m}$, $\mathbf{m'}$, $\mathbf{l}$ e $\mathbf{l'}$; e as constantes são $t_{11} = 6 - 3\pi/2$, $t_{12} = 6\pi - 20$, $t_{21} = 1/2$ e $t_{22} = 1$. As forças nodais $\mathbf{F_{xi}}$ e $\mathbf{F_{yi}}$ são computadas dos elementos **1**, **2**, **3** e **4**, as forças $\mathbf{F_{xj}}$ e $\mathbf{F_{yj}}$ do elemento **4** apenas (vide Fig. 8.87), e os valores de $\mathbf{K_I}$ e $\mathbf{K_{II}}$ da sua relação com $\mathcal{G}_I$ e $\mathcal{G}_{II}$, que na MFLE é dada por:

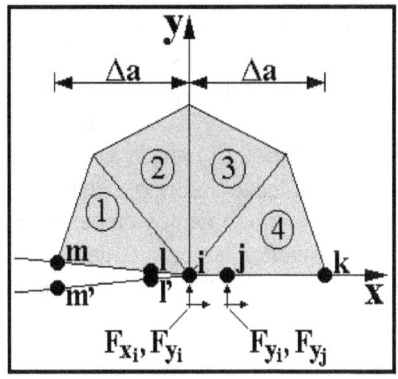

Fig. 8.87: Elemento MCC.

$$\begin{cases} \mathcal{G}_I = (\kappa + 1)\,K_I^2 \big/ 8G \\ \mathcal{G}_{II} = (\kappa + 1)\,K_{II}^2 \big/ 8G \end{cases} \qquad (8.185)$$

Por fim, o método EDI é baseado na integral $\mathbf{J}$ (sucintamente estudada no item 8.19.3). $\mathbf{J}$ é uma integral de linha, mas o método EDI usa a integral de área que lhe é equivalente (pelo teorema de Stokes, $\oint_C \mathbf{F}\,d\mathbf{l} = \iint_S \mathrm{div}\mathbf{F}\,dA$, onde $\mathbf{C}$ é um caminho fechado em torno da superfície $\mathbf{S}$, e $\mathrm{div}\mathbf{F} = \nabla \cdot \mathbf{F} = \partial F/\partial x + \partial F/\partial y$ é o divergente da função $\mathbf{F(x, y)}$), cuja formulação é mais conveniente na modelagem por EF. Como os 3 métodos geram predições similares [65] quando as malhas de EF são suficientemente refinadas, e como o método EDI é muito longo para ser aqui resumido, o leitor deve consultar as referências já citadas para maiores detalhes.

Richard reviu os critérios para considerar o empenamento das trincas 3D que trabalham sob modo III, e para calcular um FIT equivalente $\mathbf{K_{eq}}$ a $\mathbf{K_I}$ e $\mathbf{K_{II}}$ (e $\mathbf{K_{III}}$) [86], por exemplo:

$$K_{eq} = (1/4)\big[3\cos(\theta/2) + \cos(3\theta/2)\big] \cdot K_I - (3/4)\big[\sin(\theta/2) + \sin(3\theta/2)\big] \cdot K_{II} \quad (\sigma_{\theta max}) \quad (8.186)$$

$$K_{eq} = \sqrt{K_I^2 + K_{II}^2 + (1+\nu)\cdot K_{III}^2} \qquad (\mathcal{G}_{\theta max}) \qquad (8.187)$$

$$K_{eq} = \sqrt{a_{11}K_I^2 + 2a_{12}K_I K_{II} + a_{22}K_{II}^2} \qquad (U_{\theta min}) \qquad (8.188)$$

$$K_{eq} = \Big[K_I^4 + 8\cdot K_{II}^4 + 8\cdot K_{III}^4 \big/ (1-\nu)\Big]^{1/4} \quad (\text{Tanaka}) \qquad (8.189)$$

Há quem acredite que se pode prever a vida à fadiga sob modo misto usando ΔK_{eq} e uma regra como $\mathbf{da/dN = A(\Delta K_{eq} - \Delta K_{th})^m}$, ou qualquer outra similar. Todavia, os autores preferem usar o $\mathbf{K_I(a)}$ calculado ao longo da trinca para fazer as suas previsões nestes casos, vide Capítulo 9, pois não é razoável assumir que os parâmetros das regras $\mathbf{da/dN \times \Delta K}$ medidos em modo I também possam ser usados para prever o trincamento através de ΔK_{eq}.

8.17.3 O programa **Quebra2D**

A propagação das trincas por fadiga em modo misto em geral segue um caminho curvo, pois elas procuram crescer na direção perpendicular à máxima tensão normal trativa $\sigma_{\theta max}(a_i)$, (ou na direção que maximiza a taxa de alívio da energia potencial armazenada na peça $\mathcal{G}_{\theta max}$, ou na que minimiza densidade de energia de deformação $U_{\theta min}$). Para simular o caminho da trinca usando qualquer um destes critérios, é preciso conhecer $K_I(a_i)$ e de $K_{II}(a_i)$, onde a_i é o tamanho da trinca no instante **i**. Mas o cálculo destes FIT a cada incremento da trinca ao longo do seu caminho (curvo) é uma tarefa não trivial, que na prática normalmente só pode ser feita através de métodos numéricos sofisticados. É por isso que o programa **Quebra2D** foi desenvolvido para fazer este cálculo de forma eficiente [53-57, 82]. Dentre as principais características deste código versátil e poderoso destacam-se:

- um gerador automático de malhas de elementos finitos auto-adaptativo particularmente rápido e eficiente, que avalia a qualidade dos elementos para maximizar sua estabilidade numérica (ele suporta elementos com tamanhos que podem variar mais de 1000 vezes);
- malhas com elementos de ponta de trinca especiais (*quarter-point*), que reproduzem a singularidade $1/\sqrt{r}$ da MFLE;
- a simulação automática da propagação de trincas com uma ou mais pontas pode ser feita usando incrementos ou passos especificáveis pelo operador;
- o operador também pode escolher a técnica para calcular K_I e K_{II} (o programa suporta a DCT, a MCC e a EDI), e o método para prever a direção do crescimento incremental da trinca (dentre $\sigma_{\theta max}$, $\mathcal{G}_{\theta max}$ e $U_{\theta min}$);
- uma interface amigável e várias opções de visualização avançada dos resultados; e
- total compatibilidade com o **ViDa**: o **Quebra2D** exporta o FIT calculado ao longo da trinca para permitir a análise da vida residual à fadiga sob cargas reais de serviço.

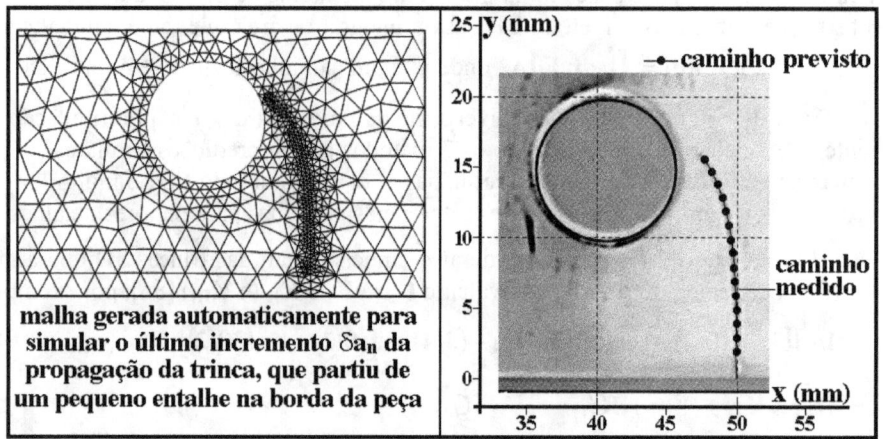

Fig. 8.88: Malha do passo final da simulação no **Quebra2D** da propagação da trinca mostrada na foto: a diferença entre o caminho previsto e o simulado é minúscula.

Os detalhes destas e de outras muitas facilidades incluídas no **Quebra2D** são longos demais para serem incluídos aqui, mas o leitor interessado pode encontrá-los nas referências já citadas [53-57]. No Capítulo 9, este programa é usado para prever o caminho de trincas curvas e/ou bifurcadas (como a mostrada na Fig. 8.88, que demonstra a qualidade das previsões geradas), quando elas propagam por fadiga em peças de geometria complicada sob cargas simples ou complexas. Nestes casos, o **ViDa** é usado de forma complementar para prever a vida residual das trincas, incluindo efeitos de retardo após sobrecargas.

⇨ E8.17: Calcule a direção do crescimento inicial das pontas de uma trinca **2a** inclinada de **γ** em relação à horizontal numa placa infinita sob tração ou compressão uniaxial.

Se $\sigma > 0$ (tração uniaxial), então $K_{II} > 0$, e pelo critério $\sigma_{\theta max}$ o ângulo de propagação inicial (em relação à trinca) é negativo, i.e., $\theta_{pi} < 0$, calculado por:

$$\theta_{pi} = 2 \cdot atan\left(\frac{1}{4}\frac{K_I}{K_{II}} - \frac{1}{4}\sqrt{\left(\frac{K_I}{K_{II}}\right)^2 + 8}\right) \qquad (8.190)$$

Como $K_I/K_{II} = cot\,\gamma$, o ângulo entre a direção inicial de propagação e a horizontal é dado por:

$$\gamma + \theta_{pi} = \gamma + 2 \cdot atan\left[\left(cot\,\gamma - \sqrt{cot^2\gamma + 8}\right)/4\right] \qquad (8.191)$$

Sob tração uniaxial σ na direção **y**, e $0^{\circ} \leq \gamma \leq 90^{\circ}$, é fácil provar (pelo círculo de Mohr, e.g.) que $K_I = \sigma\sqrt{(\pi \cdot a)} \cdot \cos^2\gamma$ e $K_{II} = \sigma\sqrt{(\pi \cdot a)} \cdot \cos\gamma \cdot \sin\gamma$. A expressão acima é nula em $\gamma = 0^{\circ}$ e $\gamma = 60^{\circ}$, logo o crescimento das trincas sob tração uniaxial σ se inicia na horizontal se $\gamma = 0^{\circ}$ ou 60°. Mas elas começam a crescer para dentro se $0^{\circ} < \gamma < 60^{\circ}$, ou para fora se $60^{\circ} < \gamma < 90^{\circ}$. E se $\gamma = 90^{\circ}$, as trincas não propagam sob σ, vide Fig. 8.89. As direções subseqüentes de propagação são influenciadas pelas quinas geradas nas frentes da trinca, mas este cálculo só pode ser feito por programas especializados como o **Quebra2D**. Note que a transição em $\gamma = 60^{\circ}$ também é prevista pelo critério da máxima taxa de alívio, $\mathcal{G}_{\theta max}$. Além disso, o crescimento inicial sob tração uniaxial só é auto-similar (i.e., tem a mesma direção da trinca) se $\gamma = 0^{\circ}$.

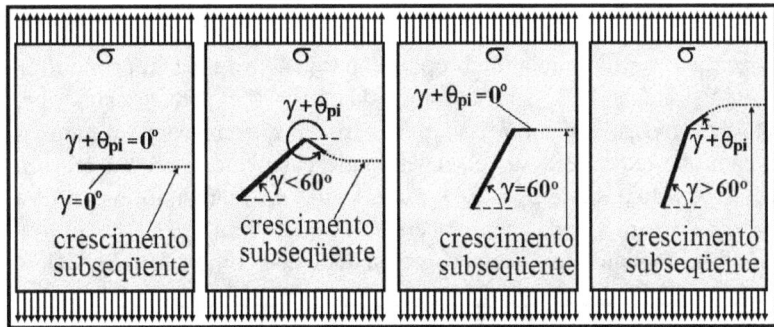

Fig. 8.89: Direção inicial da propagação da trinca inclinada na placa tracionada.

Mas neste caso pode-se antecipar que o crescimento subseqüente da trinca tende à direção horizontal (que é a perpendicular à máxima tensão trativa σ), e esta previsão pode ser verificado experimentalmente ou pelos cálculos feitos no **Quebra2D**.

Quando $\sigma < 0$ (isto é, quando a placa está sob compressão uniaxial, supondo que a trinca inclinada não feche), então $K_{II} < 0$. Neste caso, pelo critério $\sigma_{\theta max}$ o ângulo da propagação inicial é positivo (em relação ao plano original da trinca, que faz um ângulo γ com a direção **x**, perpendicular à tensão nominal σ), i.e., $\theta_{pi} > 0$, e pode ser novamente calculado por:

$$\theta_{pi} = 2 \cdot \text{atan}\left(\frac{1}{4}\frac{K_I}{K_{II}} + \frac{1}{4}\sqrt{\left(\frac{K_I}{K_{II}}\right)^2 + 8}\right) \qquad (8.192)$$

E a direção do crescimento inicial da trinca (solicitada em modo misto) em relação à horizontal (ou seja, o ângulo do primeiro incremento da trinca com o eixo **x** vide Fig. 8.90), é dada por:

$$\gamma + \theta_{pi} = \gamma + 2 \cdot \text{atan}\left[(\cot\gamma + \sqrt{\cot^2\gamma + 8})/4\right] \qquad (8.193)$$

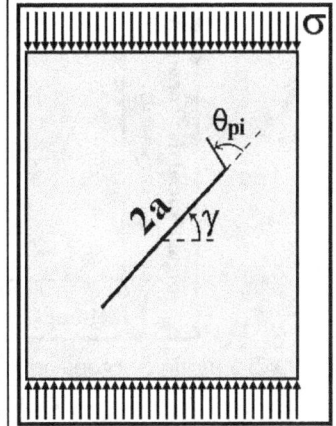

Fig. 8.90: Placa sob compressão uniaxial.

A expressão acima assume valores entre $133^{\circ} < \gamma + \theta_{pi} < 180^{\circ}$ (estes extremos correspondem respectivamente a $\gamma = 34^{\circ}$ e a $\gamma = 0^{\circ}$), indicando que sob compressão uniaxial a direção do incremento inicial das trincas sempre aponta para dentro da trinca (e que as trincas não se propagam se $\gamma = 0^{\circ}$ ou $\gamma = 90^{\circ}$, vide Fig. 8.91 e 8.92). Mas os incrementos subseqüentes tendem à vertical, o que é verificado experimentalmente e pelo **Quebra2D**. As direções iniciais de propagação das trincas inclinadas nas placas submetidas a uma carga uniaxial σ (trativa ou compressiva), como previsto pelo critério do crescimento perpendicular à máxima tensão normal $\sigma_{\theta max}$, são resumidas na Fig. 8.92.

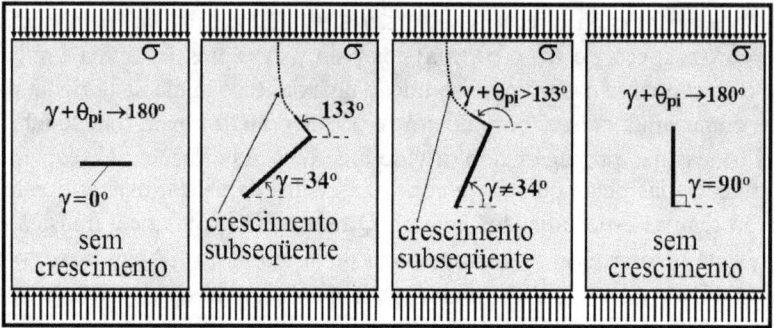

Fig. 8.91: Crescimento da trinca inclinada (e suposta aberta) na placa comprimida.

Enfatiza-se que o ângulo inicial de propagação θ_{pi} só se aplica ao primeiro incremento da trinca, já que ela vai mudando de direção à medida que cresce, para se manter perpendicular à máxima tensão trativa σ_1. E que é por isso que as trincas que crescem em modo misto seguem em geral um caminho curvo, que deve ser simulado calculando passo a passo os valores de $K_I(a_n)$, $K_{II}(a_n)$ e de $\theta_p(a_n)$, onde $a_n = a_0 + n \cdot \Delta a$, sendo a_0 o tamanho inicial da trinca e Δa o incremento escolhido para simular seu crescimento. Esta simulação é uma tarefa trabalhosa, que só pode ser feita com auxílio de um programa dedicado como o **Quebra2D**. ✔

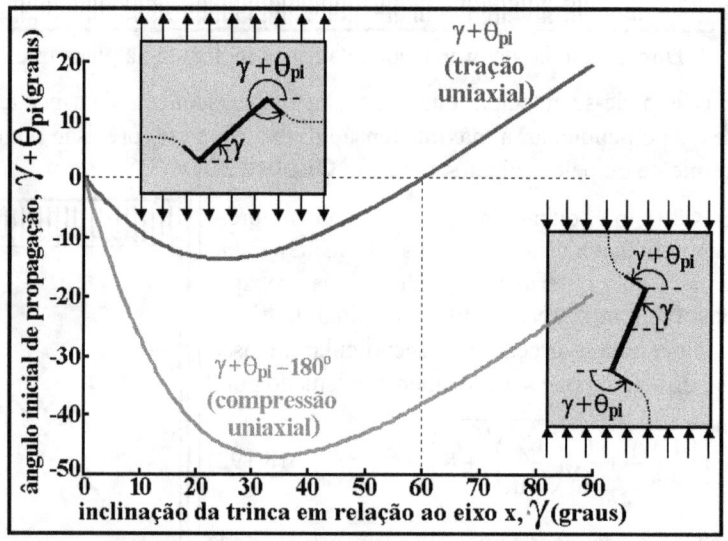

Fig. 8.92: Ângulo de propagação inicial, θ_{pi}, de uma trinca inclinada numa placa sujeita a uma carga uniaxial, em função do ângulo da trinca em relação à horizontal, γ.

8.18 Critérios de Fratura em Modo Misto

Quando a fratura frágil sob modo I puro é bem prevista por $K_I = K_{IC}$, parece razoável supor que sob modos II e III puros a fratura ocorra quando $K_{II} = K_{IIC}$ ou $K_{III} = K_{IIIC}$ (que, como K_{IC}, seriam propriedades mecânicas do material). No entanto, devido à dificuldade de medi-los (pois as trincas gostam tanto de propagar em modo I que teimam em mudar de direção até quando sujeitas aos modos II ou III puros), há poucos dados experimentais disponíveis para K_{IIC} e K_{IIIC}. Além disso, mesmo quando disponíveis, é de se esperar maior incerteza nas medidas de K_{IIC} e K_{IIIC} do que nas de K_{IC}, devido ao atrito entre as faces da trinca. Assim, é aconselhável manter cautela quando for necessário fazer previsões do fraturamento sob modo misto na vida real.

Todavia, para pelo menos estimar a tenacidade em modo misto, pode-se usar a correlação entre **K** e $\mathcal{G}$ e assumir que $\mathcal{G}_{IC}$, o valor (crítico) de $\mathcal{G}$ que causa a fratura em modo I, seria uma verdadeira propriedade mecânica do material, logo independente do modo como a trinca é solicitada. Desta forma, se pode estimar um critério de fratura em modo misto I-II por:

$$K_I^2 + K_{II}^2 = K_{IC}^2 = E'\mathcal{G}_{IC} \qquad (8.194)$$

onde **E' = E** em σ-plana e **E' = E/(1 – v^2)** em ε-plana. Esta hipótese simplificadora resulta em **K_{IIC} = K_{IC}**. Analogamente, para o modo misto mais geral I-II-III, o critério de fratura seria:

$$K_I^2 + K_{II}^2 + K_{III}^2 E'/2G = K_{IC}^2 = E'\mathcal{G}_{IC} \qquad (8.195)$$

No entanto, como em geral se mede **K_{IIC} ≠ K_{IC}**, normalmente o critério $\mathcal{G} = \mathcal{G}_{IC}$ é simplista demais. Uma outra estimativa razoável pode ser feita supondo pelo critério σ$_{θmax}$ que a tensão tangencial crítica que causa a fratura em modo I, σ$_{θC}$ = K_{IC}/√(2πr), é a mesma que causaria a fratura em modo II, onde σ$_{θC}$ = 2·K_{IIC}/√(6πr) em θ$_{pi}$ = ±70.5°, prevendo assim uma tenacidade em modo II menor do que em modo I:

$$K_{IIC} = K_{IC} \cdot \sqrt{3}/2 = 0.87 \cdot K_{IC} \text{ (pelo critério σ}_{θmax}\text{)} \qquad (8.196)$$

Outras estimativas para **K_{IIC}** podem ser obtidas a partir dos outros dois critérios de crescimento em modo misto:

$$K_{IIC} = 0.63 \cdot K_{IC} \text{ (pelo critério } \mathcal{G}_{θmax}\text{)} \qquad (8.197)$$

$$K_{IIC} = \sqrt{[12(\lambda - 1)/(8\lambda - 4 - \lambda^2)]} \cdot K_{IC} \text{ (pelo critério U}_{θmin}\text{)} \qquad (8.198)$$

onde λ = 2/(1 + v) em σ-plana e λ = 2(1 – v) em ε-plana. Logo, o critério U$_{θmin}$ prevê para as ligas metálicas (que têm tipicamente 1/4 ≤ v ≤ 1/3) **1.02·K_{IC} < K_{IIC} < 1.07·K_{IC}** em σ-plana e **0.90·K_{IC} < K_{IIC} < 1.02·K_{IC}** em ε-plana.

Entretanto, todas estas estimativas de **K_{IIC}** tendem a ser conservativas, uma vez que em geral **K_{IIC} > K_{IC}**. Por exemplo, Whittaker [17] menciona que as rochas e ligas cerâmicas de Al em geral têm **1.0 < K_{IIC}/K_{IC} < 1.2**, mas com extremos **0.6** para a sienita e **2.0** para a alumina.

Possíveis justificativas físicas para em geral se medir **K_{IIC}/K_{IC} > 1** são o maior tamanho da **zp** e o atrito entre as faces da trinca em modo II, que certamente dificultam a sua propagação. Assim, para modelar a fratura em modo misto I-II deve-se em geral considerar valores independentes para **K_{IC}** e **K_{IIC}**, usando modelos simples como, por exemplo:

linear: $K_I/K_{IC} + K_{II}/K_{IIC} = 1$ $\qquad (8.199)$

elíptico: $(K_I/K_{IC})^2 + (K_{II}/K_{IIC})^2 = 1$ $\qquad (8.200)$

quadrático: $\left(\dfrac{K_I}{K_{IC}}\right)^2 + C\dfrac{K_I}{K_{IC}}\dfrac{K_{II}}{K_{IIC}} + \left(\dfrac{K_{II}}{K_{IIC}}\right)^2 = 1$ $\qquad (8.201)$

onde **C** é uma constante ajustável aos dados experimentais. Todavia, deve-se notar que estes 3 modelos são correlacionais, não existindo fundamentação teórica para comprová-los.

As várias combinações **K_I-K_{II}** que causariam fratura em modo misto segundo os vários modelos propostos acima são ilustradas na Fig. 8.93. Deve-se notar que a estimativa de **K_{IIC}** a partir de **K_{IC}** depende do critério de crescimento escolhido. Também se deve notar que o problema da previsão da fratura sob modo misto só é de grande importância para aqueles que trabalham com a fratura de materiais muito frágeis, como as rochas e as cerâmicas, por exemplo.

As ligas metálicas estruturais em geral fraturam após a propagação estável de uma trinca por fadiga. E estas trincas naturalmente procuram se propagar em modo I como discutido acima, curvando o seu caminho se preciso para fugir dos modos II e III. Logo, a previsão da fratura final normalmente acaba não sendo muito afetada pelos modos II ou III.

Além disso, como a fratura das ligas metálicas estruturais envolve pelo menos alguma ductilidade não desprezível, o próprio uso de K_{IC} é no mínimo questionável na grande maioria dos casos práticos. Nestes casos, os conceitos da Mecânica da Fratura Elastoplástica discutidos a seguir são muito mais importantes para a precisão das previsões do fraturamento que, aliás, não são muito precisas. Na realidade, a grande maioria dos projetos ainda tem que usar critérios muito conservativos, devido à grande dispersão dos resultados experimentais. Isto é pelo menos em parte devido à tenacidade sob condições elastoplásticas não ser uma propriedade do material, pois também depende da geometria da peça e da trinca, o que complica muito a previsibilidade do fraturamento.

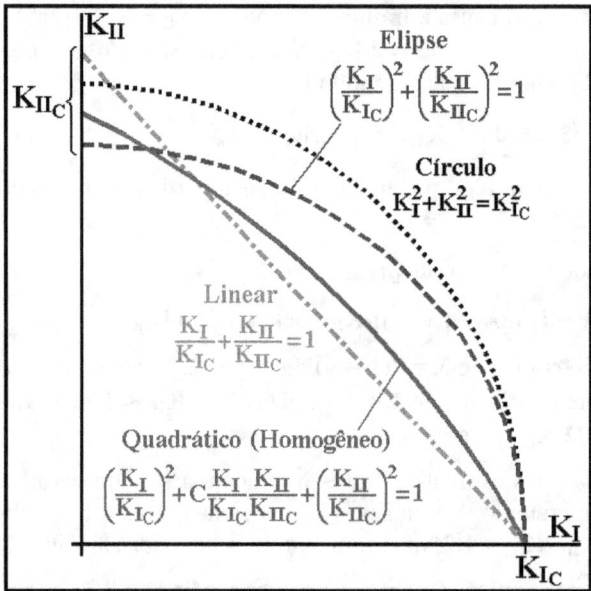

Fig. 8.93: Critérios para previsão da fratura frágil sob carga mista (modos I e II).

⇨ E8.18: Calcule qual é a inclinação mais desfavorável γ_C que uma trinca de tamanho **2a** pode ter pelo critério $\sigma_{\theta max}$ numa placa muito grande sob tração ou sob compressão uniaxial (assumindo neste caso que as faces da trinca não fecham sob a carga).

A tensão tangencial máxima numa trinca inclinada de γ em relação ao eixo perpendicular à carga é dada por:

$$\sigma_{\theta max}(\gamma) = \left(1/\sqrt{2\pi r}\right)\cos(\theta_m/2)\cdot\left[K_I\cos^2(\theta_m/2) - (3/2)K_{II}\sin\theta_m\right] \quad (8.202)$$

onde $K_I = \sigma\sqrt{(\pi a)}\cdot\cos^2\gamma$, $K_{II} = \sigma\sqrt{(\pi a)}\cdot\cos\gamma\cdot\sin\gamma$, e $\theta_{pi}(\gamma)$ é o ângulo de propagação inicial (em relação à trinca) calculado no E8.17 para tração ($\theta_{pi} < 0$) ou compressão uniaxial ($\theta_{pi} > 0$), vide Fig. 8.92. Portanto, pelo critério $\sigma_{\theta max}$, a inclinação mais desfavorável da trinca γ_C é aquela que maximiza o valor de:

$$\sigma_{\theta max}(\gamma) = \frac{\sigma\sqrt{\pi a}}{\sqrt{2\pi r}}\cdot\left[\cos^2\gamma\cdot\cos^3(\theta_{pi}/2) - \frac{3}{2}\cos\gamma\cdot\sin\gamma\cdot\sin\theta_{pi}\cdot\cos(\theta_{pi}/2)\right] \quad (8.203)$$

Como visto no E8.17, se $\sigma > 0$ (tração uniaxial), então:

$$\theta_{pi} = 2 \cdot atan\,[(\cot\gamma - \sqrt{\cot^2\gamma + 8}\,)/4]$$ (8.204)

Surpreendentemente, a trinca que satisfaz esta condição para maximizar $\sigma_{\theta max}(\gamma)$ não está a $\gamma = 0^o$ mas sim a $\gamma_C = 22^o$. Contudo, $\sigma_{\theta max}(\gamma = 22^o)$ é somente **3%** maior que $\sigma_{\theta max}(\gamma = 0^o)$ e, como este critério tende a sub-estimar K_{IIC}, pode-se esperar que a trinca a 0° seja realmente mais desfavorável do que a 22° (como indicado pela inclinação que maximiza K_t, obtida no E5.1, e confirmado experimentalmente).

Se $\sigma < 0$ (compressão uniaxial), a expressão de $\theta_{pi}(\gamma)$ obtida no E8.17 prevê que o maior valor (trativo) de $\sigma_{\theta max}(\gamma)$ ocorre para $\gamma_C = 55^o$ (um valor próximo da solução $\gamma_C = 60^o$ obtida no E5.1 sob compressão uniaxial). Considerando a trinca fechada e transmitindo esforços entre suas faces, estima-se que $\gamma_C = 90^o - 0.5 \cdot atan(1/f) \cong 53^o$, onde $f \cong 0.3$ é um coeficiente de atrito típico entre as faces [79]. As funções $\sigma_{\theta max}(\gamma)$ para as placas tracionada e comprimida são mostradas na Fig. 8.94. ✔

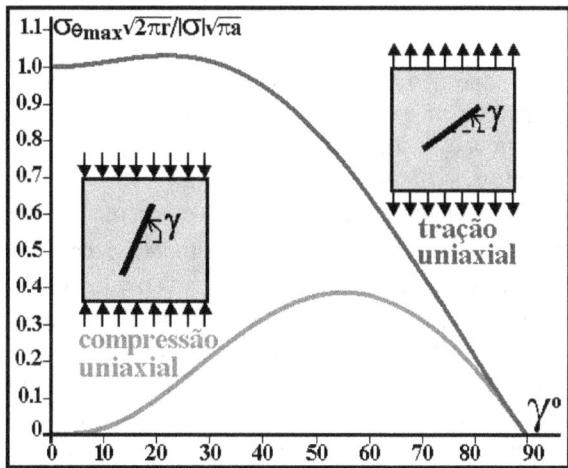

Fig. 8.94: Tensão tangencial máxima na ponta da trinca em função do seu ângulo γ com o eixo horizontal (pelo critério $\sigma_{\theta max}$, assumindo a trinca aberta mesmo na compressão).

8.19 Fundamentos da Mecânica da Fratura Elastoplástica

8.19.1 O problema da fratura tenaz

Como já estudado, as fraturas associadas a zonas plásticas zp_Cs pequenas em relação às dimensões da peça e, por conseguinte, a campos de tensão e deformação em torno da ponta da trinca crítica a_C controlados por K_I, podem ser bem modeladas pela MFLE. Este em geral é o caso das peças grandes metálicas de alta resistência ou de microestrutura CCC abaixo da temperatura de transição dúctil-frágil, das cerâmicas e dos polímeros vítreos, cujas fraturas podem ser previstas por $K_I(a_C) = \sqrt{[\mathcal{G}(a_C)E']} = K_{IC}$ ou, se precedidas de algum rasgamento, por $\mathcal{G}(a_C) \geq T(\Delta a_C)$ e $\partial\mathcal{G}(a_C)/\partial a \geq dT(\Delta a_C)/da$. Mas a MFLE **não** prevê bem a fratura das peças feitas de ligas estruturais metálicas de tenacidade alta, logo as mais úteis na prática, nas quais a zp_C é tão grande que invalida o uso de K_I para descrever o campo $\sigma\varepsilon$ em torno da trinca.

A fratura das estruturas tenazes pode ser modelada em alguns casos práticos por critérios simples da Mecânica da Fratura Elastoplástica (MFEP), como o valor crítico da abertura da ponta da trinca (δ_C) ou da integral J (J_C), a curva de resistência J_R (a curva **R** sob condições EP) e o diagrama FAD. Todavia, é preciso usar estes critérios com clareza, pois o embasamento teórico não trivial da MFEP costuma ser tratado de forma desnecessariamente obscura.

Talvez por isso, as previsões das fraturas EP tendem a ser imprecisas, tanto que ainda há tantas normas ASTM que padronizam medidas de tenacidade, e.g.: E399 ($\mathbf{K_{IC}}$); E561 (curva $\mathbf{R}$); E740 ($\mathbf{K_{Ie}}$, fratura a partir de trincas superficiais); E813 ($\mathbf{J_{IC}}$); E1152 (curvas $\mathbf{J_R}$); E1221 ($\mathbf{K_{Ia}}$, parada da trinca); E1290 ($\mathbf{\delta_C}$); E1304 ($\mathbf{K_{Iv}}$, para CPs com um entalhe *chevron* em vez da trinca); E1737 (integral $\mathbf{J}$); E1820 (a norma mais recente, que se propõe a integrar as medidas de tenacidade, e eventualmente substituir a maioria das outras normas que as padronizam); E1922 (para compósitos laminados); B645, B646 e B909 (para ligas de Al); B771 (para carbetos cementados); C1018 (para concreto); C1421 (para cerâmicas); D3499 (para madeira); D545, D5055, D5528 e D6068 (para polímeros), etc. Além dessas, há várias outras normas a-parentadas, como E23 (testes Charpy); E338 (tração com entalhe afiado); E436 (rasgamento por impacto, *drop weight tear*); E812 (Charpy pré-trincado); E1823 (terminologia da fadiga e fratura); E1921 (temperatura de transição dos aços ferríticos); D3433 (clivagem de juntas me-tálicas coladas); etc. Estas (e outras) normas são usadas em rotinas de dimensionamento à fra-tura padronizadas por diversas instituições, por exemplo: BS 7910 (aceitação de defeitos estru-turais); API 579/ASME FFS-1 (ajuste ao uso, *fitness for service*); API 653 (reparos de reserva-tórios); código ASME (de caldeiras e vasos de pressão), etc.

São tantas as normas, que não há como compará-las aqui. Mas vale a pena ao menos mencionar que a E1820 padroniza a medição da tenacidade em CPs pré-trincados por fadiga, tracionados ou fletidos para causar a propagação estável (rasgamento) e/ou instável (fratura-mento) da trinca. Nesta norma, o fraturamento pode ser associado a um valor único de tenaci-dade ($\mathbf{K_{IC}}$, $\mathcal{G}_{IC}$, $\mathbf{J_{IC}}$ ou $\mathbf{\delta_C}$), enquanto o rasgamento deve ser medido até o fraturamento final (instável) da trinca, através de uma curva $T(\mathbf{\Delta a}) \times \mathbf{\Delta a}$ completa (chamada curva $\mathbf{R}$ no caso LE, ou curva $\mathbf{J_R}$ no caso EP). A carga e o deslocamento do seu ponto de aplicação (ou outro parâ-metro correlato), e também os incrementos $\mathbf{\Delta a}$ estáveis da trinca nas medições das curvas $\mathbf{R}$ ou $\mathbf{J_R}$, devem ser medidos simultânea, precisa, confiável e continuamente. A tenacidade EP (mas não a curva $\mathbf{J_R}$) pode ser medida testando vários CPs idênticos, rasgando parcialmente as suas trincas sob cargas $\mathbf{P_i}$ crescentes, e marcando os incrementos $\mathbf{\Delta a_i}$ por elas causados para medi-los após os testes. Alternativamente, a tenacidade e a curva $\mathbf{J_R}$ podem ser medidas através do rasgamento de um único CP pré-trincado, intermediado por vários pequenos descarregamentos elásticos, que são associados aos incrementos $\mathbf{\Delta a_i}$ da trinca pela variação da flexibilidade do CP (ou por outra técnica confiável). Este procedimento requer equipamentos precisos e opera-dores treinados, mas permite o levantamento da curva $\mathbf{R}$ ou $\mathbf{J_R}$ e a medição da tenacidade atra-vés do teste de apenas um único CP.

Broek afirmou em 1988 que a literatura sobre a MFEP é confusa e às vezes até mesmo contraditória [8], e a sobrevivência de tantas normas indica que sua opinião lamentavelmente ainda é válida. Mas é possível evitar muitas dificuldades estendendo ao caso EP a idéia de Griffith: a fratura deve obedecer à 1ª lei da Termodinâmica, $-\partial \mathbf{E_P}/\partial \mathbf{A} \geq T$. Ou seja, a taxa de alívio da energia potencial $\partial \mathbf{E_P}/\partial \mathbf{A}$ (o sinal negativo deve-se à diminuição da $\mathbf{E_P}$ à medida que trinca avança aumentando sua área $\mathbf{A}$) sempre tem que ser maior do que a resistência ao fratu-ramento, dada pela tenacidade da peça T (medida em J/m^2).

Uma causa de confusão é a notação. Nos casos LE, onde o campo de tensões na fratura é controlado por $\mathbf{K_I}$, a taxa de alívio $-\partial \mathbf{E_P}/\partial \mathbf{A}$ é chamada de $\mathcal{G}$, e a tenacidade T de $\mathcal{G}_{IC}$, se a fra-tura é frágil (pela E399), ou de $\mathcal{G}_C$, se ela é precedida de rasgamento e aumento de tenacidade (descrito pela curva $\mathbf{R} = T(\mathbf{\Delta a})$). Nestes casos, a fratura requer $\mathcal{G}(\mathbf{a_C}) = T(\mathbf{\Delta a_C}) = \mathcal{G}_C$ e $\partial \mathcal{G}(\mathbf{a_C})/\partial \mathbf{a} = d\mathbf{R}/d\mathbf{a}$, onde $\mathbf{a_C} = \mathbf{a_0} + \mathbf{\Delta a_C}$ é o tamanho (crítico) no início da fratura da trinca que começou o rasgamento com tamanho $\mathbf{a_0}$, mas como $\mathbf{\Delta a_C}$ depende da carga e da geometria da peça e da trinca, $\mathcal{G}_C$ não é uma propriedade mecânica. Todavia, nos casos EP a taxa de alívio

$-\partial E_P/\partial A$ é chamada de **J** em vez de $\mathcal{G}$, vide Fig. 8.95. Não há nenhuma boa razão para justificar esta troca de notação, nem nenhuma vantagem em adotá-la, mas esta prática infeliz está solidamente estabelecida, e já não adianta mais nada contra a corrente. Portanto,

$$\mathbf{J} = -\frac{\partial E_P}{\partial A} = \frac{\partial(W - E_D)}{\partial A} = -\frac{\partial E_D}{t \cdot \partial a}\bigg|_{x \text{ fixo}} \cong \int_0^{x_{max}} [P(a) - P(a+\Delta a)]dx \tag{8.205}$$

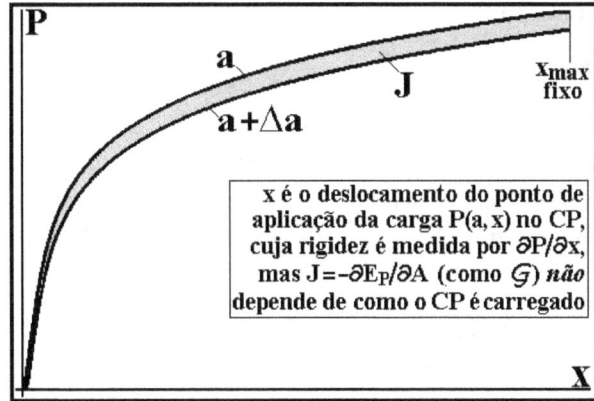

Fig. 8.95: A taxa de alívio EP **J** (como a EL $\mathcal{G}$) é medida pela área entre as curvas **P** vs. **x** (no mesmo CP ou em CPs similares) em 2 tamanhos de trinca **a** e **a** + Δ**a** próximos.

Assim, sendo $\mathcal{G}$ e **J** a mesma taxa de alívio $-\partial E_P/\partial A$, então **J** também independe de como a peça é solicitada. E como no caso LE a fratura só ocorre quando:

$$\mathcal{G} = K_I^2/E' = \sigma^2 \pi a \cdot f^2(a/w)/E' = \sigma \cdot \varepsilon \cdot a \cdot \mathcal{F} \geq \mathcal{T} \tag{8.206}$$

onde $\mathcal{F} = \pi f^2(a/w)/E^2$ (em σ-plana) ou $\mathcal{F} = \pi f^2(a/w)(1 - v^2)^2/E^2$ (em ε-plana) é uma função a-dimensional das geometrias da peça e da trinca, do tipo da carga e das propriedades elásticas do material; então deve-se esperar que no caso EP a fratura só ocorra quando:

$$\mathbf{J} = \sigma \cdot \varepsilon \cdot a \cdot \mathcal{H} \geq \mathcal{T} \tag{8.207}$$

Logo, da mesma forma que $\mathcal{F}$, a função adimensional $\mathcal{H}$ deve depender das geometrias da peça e da trinca, do tipo da carga e das propriedades do material, e deve ser calculada a partir da solução dos campos de tensões e deformações (neste caso EP) na peça trincada. Em outras palavras, sendo **a** o tamanho da trinca, **w** – **a** o ligamento residual e **h** a distância do plano da trinca à fronteira mais próxima, quando o tamanho da zona plástica (crítica) no início da fratura $\mathbf{zp_C} \ll \{\mathbf{a}, \mathbf{w} - \mathbf{a} \text{ e } \mathbf{h}\}$, tanto **K** quanto $\mathcal{G}$ são bem definidos e a MFLE pode prever o fraturamento usando a notação $\mathcal{G} = \sigma \varepsilon a \cdot \mathcal{F} = \mathcal{G}_C$ e $\partial \mathcal{G}/\partial a = dR/da$.

Mas quando o tamanho da $\mathbf{zp_C}$ não for muito menor que $\{\mathbf{a}, \mathbf{w} - \mathbf{a} \text{ ou } \mathbf{h}\}$, a fratura só pode ser modelada pela MFEP, e o fraturamento previsto por $\mathbf{J} = \sigma \varepsilon a \cdot \mathcal{H} = \mathbf{J}_C$ e $\partial J/\partial a = dJ_R/da$ (mudando lamentavelmente a notação neste caso, pois para complicá-la ainda mais, a tenacidade EP é comumente chamada de $\mathbf{J}_C$ e a curva **R** de $\mathbf{J}_R$.). Desta forma, quando Ramberg-Osgood descreve a relação $\sigma \varepsilon$ do material, se deveria separar a parte elástica ($\mathcal{T}_{el} = \mathcal{G}_C$) da parte plástica ($\mathcal{T}_{pl} = \mathbf{J}_C$) da tenacidade, e usar uma notação ao menos coerente escrevendo:

$$-\frac{\partial E_P}{\partial A} = \mathcal{G} + \mathbf{J} = \sigma_{el}\varepsilon_{el}a\mathcal{F} + \sigma_{pl}\varepsilon_{pl}a\mathcal{H} = \frac{\sigma^2 a\mathcal{F}}{E} + \sigma \cdot \left(\frac{\sigma}{H}\right)^{1/h} \cdot a\mathcal{H} = \mathcal{G}_C + \mathbf{J}_C \tag{8.208}$$

Mas como em geral as medidas de tenacidade elastoplástica J_C também incluem a parte elástica G_C, a tensão crítica σ_C que causa a ruptura da peça deve ser calculada numericamente (assumindo conhecidas as funções $\mathcal{F}$ e $\mathcal{H}$), a partir da equação:

$$\left(\sigma_C^2/E\right)a\mathcal{F} + \sigma_C\left(\sigma_C/H\right)^{1/h}a\mathcal{H} = J_C \tag{8.209}$$

Pode-se explicitar σ_C se a parte elástica da taxa de alívio G for desprezível frente à plástica J, e nestes casos a fratura EP seria em tese tão simples de prever quanto a EL:

$$\sigma_C = \left(\frac{J_C H^{1/h}}{a\mathcal{H}}\right)^{-(h+1)/h} \tag{8.210}$$

Todavia, a previsão da fratura EP é um pouco mais complicada na prática, pois $\mathcal{H}$ é bem mais difícil de calcular do que $\mathcal{F}$. Além disso, as equações acima supõem J_C constante. J_0, a tenacidade no início do rasgamento, até pode ser uma propriedade mecânica, independente das geometrias da peça e da trinca e do tipo da carga. Mas J_C só é constante quando o crescimento estável da trinca Δa durante o seu rasgamento é desprezível, ou seja, quando a fratura é frágil e pode ser prevista pela MFLE por $G_I = G_{IC}$ (ou por $K_I = K_{IC}$). Mas nestes casos, é claro, a MFEP é simplesmente desnecessária.

Assim, como em geral o rasgamento é significativo, a tensão σ_C que causa a fratura EP tem que ser calculada obedecendo *duas* condições, (i) $J = J_C$, e (ii) $\partial J/\partial a = dJ_R/da$, pois ela só ocorre quando a curva da taxa de alívio J tangencia a curva $J_R(\Delta a)$ que descreve o aumento da tenacidade durante o rasgamento, vide Fig. 8.96. Mesmo supondo que J_R seja uma propriedade do material, ainda assim $J = \sigma\cdot\varepsilon\cdot a\cdot\mathcal{H} = \sigma\cdot(\sigma/H)^{1/h}\cdot(a + \Delta a)\cdot\mathcal{H}$ (por Ramberg-Osgood) depende das geometrias da peça e da trinca, do tipo da carga.

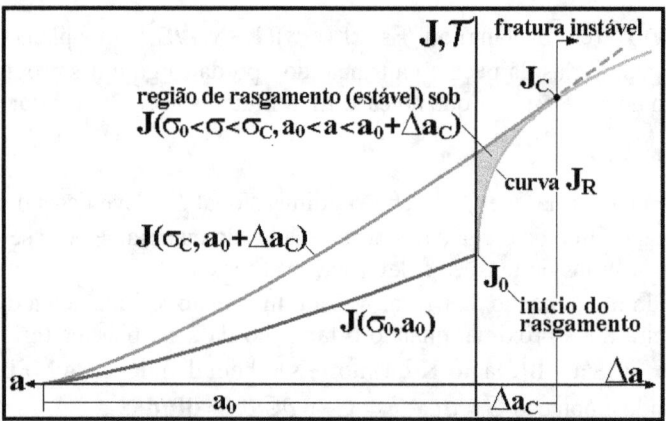

Fig. 8.96: O rasgamento EP inicia em $J = J_0$ e o fraturamento no ponto de tangência entre a taxa de alívio J (que depende da geometria da peça e da trinca e da carga) e a curva de tenacidade J_R (que aumenta com Δa), onde $J = J_C$ e $\partial J/\partial a = dJ_R/da$.

Na realidade, a diferença entre a tensão σ_0 (que começa o rasgamento da trinca de tamanho $a = a_0$ quando a taxa de alívio atinge $J = J_0$) e a tensão σ_C (que causa a sua fratura quando $J = J_C$ e $a = a_0 + \Delta a_C$) pode ser bem grande. Em geral se assume que a tenacidade no início do rasgamento J_0 é uma propriedade do material, mas como a tangência entre J e J_R depende da geometria da peça e da trinca e do tipo da carga, a tenacidade na fratura J_C (como também acontece com G_C) certamente *não* é uma propriedade mecânica. Por isso, tanto a tenacidade J_C

quanto a curva $\mathbf{J_R}$ devem ser medidas em peças trincadas reais, não em CPs, quando for necessário fazer previsões mais acuradas de σ_C pela equação (8.210), que é a extensão natural da MFLE para os casos EP.

8.19.2 A abertura crítica da ponta da trinca como critério de fratura

Na MFLE, a abertura da ponta da trinca δ_{el} gerada por $\mathbf{K_I}$ (ou **CTOD**, de *crack tip opening displacement*) pode ser estimada calculando os deslocamentos associados a uma trinca de comprimento (virtual) $\mathbf{a} + \mathbf{zp_{Irw}}/2$, como estudado no item 8.15.1:

$$\delta_{el} = (4/\pi)(\mathcal{G}_I/S_E) = (4/\pi)\left(K_I^2/E'S_E\right) \cong 1.27\left(K_I^2/E'S_E\right) \tag{8.211}$$

onde $\mathbf{E'} = \mathbf{E}$ em tensão plana e $\mathbf{E'} = \mathbf{E}/(1 - \mathbf{v}^2)$ em deformação plana. Usando a $\mathbf{zp}$ de Dugdale (que supõe σ-plana) em vez da $\mathbf{zp}$ de Irwin nesta estimativa, se chega a um valor ligeiramente diferente para δ_{el} [5]:

$$\delta_{el} = \frac{8S_E a}{\pi E}\ln\sec\left(\frac{\pi}{2}\frac{\sigma}{S_E}\right) = \frac{8S_E a}{\pi E}\left[\frac{1}{2}\left(\frac{\pi}{2}\frac{\sigma}{S_E}\right)^2 + \frac{1}{12}\left(\frac{\pi}{2}\frac{\sigma}{S_E}\right)^4 + ...\right] \cong \frac{K_I^2}{ES_E} \tag{8.212}$$

Assim, como a estimativa LE da abertura da ponta da trinca δ_{el} depende do estado de tensões e da escolha da $\mathbf{zp}$, é comum escrevê-la na forma [5-16]:

$$\delta_{el} = K_I^2\Big/\alpha E'S_E \tag{8.213}$$

em geral usando $\alpha = \mathbf{1}$ para σ-plana, e $\alpha = \mathbf{1.6}$ ou $\mathbf{2}$ para ε-plana.

Para prever a fratura de estruturas de aço soldadas, em geral tenazes demais para serem controladas por $\mathbf{K_I}$, Wells postulou em 1963 que a fratura ocorreria quando $\delta = \delta_C$, a abertura crítica da ponta da trinca, que seria uma propriedade do material mesmo sob condições EP [87]. Além disso, ele propôs que δ_C fosse medido num CP de flexão de 3 pontos com uma trinca de tamanho $\mathbf{a}$ e um ligamento $\mathbf{w} - \mathbf{a}$ no meio do vão do CP, vide Fig. 8.97, cujas duas metades giram no colapso plástico em torno do ponto do ligamento situado a $\alpha_{pl}(\mathbf{w} - \mathbf{a})$ da ponta da trinca. Assim, nestes CPs é fácil obter a parte plástica da abertura da ponta da trinca δ_{pl} a partir da parte plástica da abertura da boca da trinca $\mathbf{v_{pl}}$:

$$\frac{\delta_{pl}}{\alpha_{pl}(w-a)} = \frac{v_{pl}}{\alpha_{pl}(w-a)+a} \Rightarrow \delta_{pl} = \frac{\alpha_{pl}(w-a)\cdot v_{pl}}{\alpha_{pl}(w-a)+a} \tag{8.214}$$

onde, segundo a norma E1820 da ASTM [88], o fator $\alpha_{pl} = \mathbf{0.44}$.

Desta forma, sob condições EP gerais, as aberturas da boca e da ponta da trinca são dadas pelas somas $\mathbf{v_{el}} + \mathbf{v_{pl}}$ e $\delta_{el} + \delta_{pl}$. Os procedimentos das normas BS7448 (inglesa) e ISO12737 são similares, mas não idênticos aos da E1820, que chama os CPs de flexão em 3 pontos de SE(B), padroniza $\mathbf{s} = \mathbf{4w}$, $\mathbf{0.25} \leq \mathbf{t/w} \leq \mathbf{1}$ e $\mathbf{0.45} \leq \mathbf{a_0/w} \leq \mathbf{0.7}$, onde $\mathbf{s}$ é o vão livre, $\mathbf{t}$ a espessura, $\mathbf{a_0}$ a pré-trinca, e $\mathbf{w}$ a altura do CP, e calcula δ usando:

$$\delta = \frac{K_I^2(1-v^2)}{2ES_E} + \frac{0.44(w-a)\cdot v_{pl}}{0.44(w-a)+a+z} \tag{8.215}$$

Na E1820, δ é definido como o deslocamento normal ao plano das faces da pré-trinca de fadiga $\mathbf{a_0}$ na sua ponta original, medido remotamente na boca da trinca a uma distância $\mathbf{z}$ da face do CP pelo deslocamento $\mathbf{v} = \mathbf{v_{el}} + \mathbf{v_{pl}}$, e pode ser de vários tipos:

- δ_{IC}, no limiar ou início do rasgamento, que é associado a $\Delta\mathbf{a} = \mathbf{0.2mm} + \mathbf{0.7\delta_{IC}}$;

- δ_c, no limiar do fraturamento ou no $1^{\underline{o}}$ *pop-in* (como são chamados os saltos na abertura da boca da trinca $\mathbf{v}$ com $\Delta v > 0.053v_c$, vide Fig. 8.98), quando $\Delta a < 0.2mm + 0.7\delta_c$;
  - a abertura δ_c é considerada uma propriedade do material quando ela é pelo menos **300** vezes menor do que o ligamento residual e a espessura do CP, $(w - a_0)$ e $t \geq 300\delta_c$;
- δ_u, similar a δ_c, mas quando $\Delta a > 0.2mm + 0.7\delta_u$; e
- δ_m, ao atingir o platô de carga máxima na curva $\mathbf{P} \times \mathbf{v}$, vide Fig. 8.98.

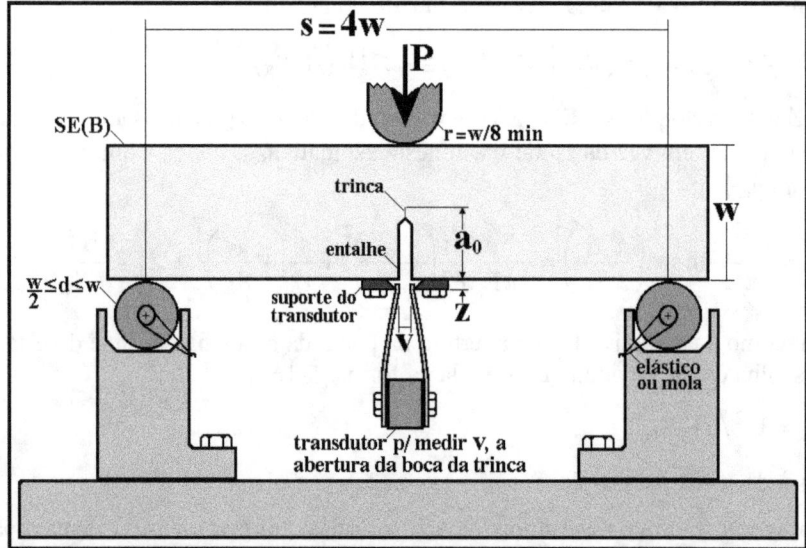

Fig. 8.97: Esquema típico de um teste de flexão em 3 pontos para obter δ_C, a abertura crítica da ponta da trinca, através da medida dos deslocamentos da boca da trinca $\mathbf{v}$.

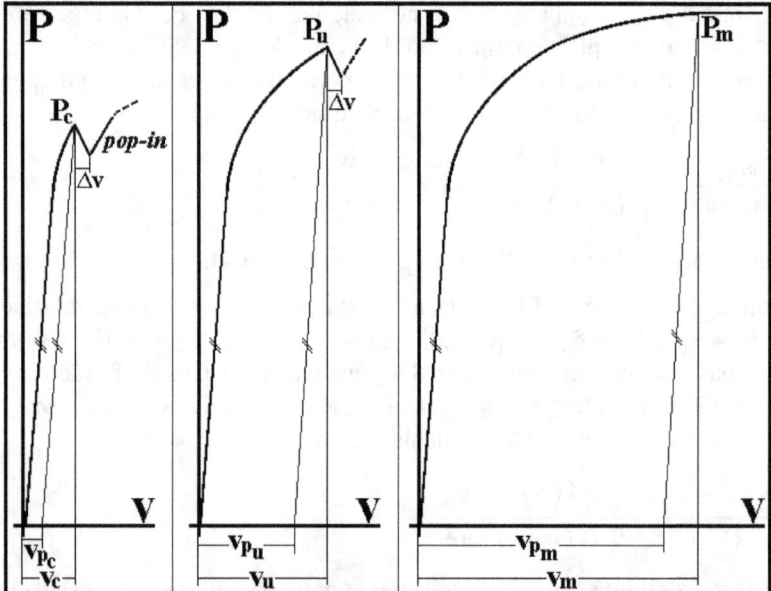

Fig. 8.98: Curvas $\mathbf{P} \times \mathbf{v}$ e cargas $\mathbf{P_c}$, $\mathbf{P_u}$ e $\mathbf{P_m}$ associadas à medição de δ_c, δ_u e δ_m pela E1820.

A E1820 usa $\mathbf{a = a_0}$ para os cálculos de δ_{IC}, δ_c, δ_u e δ_m (mas usa $\mathbf{a = a_0 + \Delta a}$ para medir a curva $\mathbf{R}$) e especifica que:

$$K_I = \frac{3Ps}{2t \cdot w^{1.5}} \frac{\sqrt{(a/w)} \cdot \left[1.99 - (a/w)\left[1 - (a/w)\right]\left[2.15 - 3.93(a/w) + 2.7(a/w)^2\right]\right]}{\left[1 + 2(a/w)\right]\left[1 - (a/w)\right]^{1.5}} \quad (8.216)$$

Além dos testes feitos em CPs tipo SE(B), a E1820 aceita testes em CPs compactos de tensão do tipo C(T) (retangular) ou DC(T) (disco circular), enquanto a norma E1290 também aceita CPs tipo arco em flexão de 3 pontos A(B). Os procedimentos específicos são descritos nas normas, e não é necessário repeti-los aqui. Como na literatura se encontram resultados medidos em CPs com dimensões e procedimentos diferentes (e.g., $s = 4.6w = 9.2a \cong 9.2t$ e/ou $\alpha_{pl} = 0.4$ em vez de 0.44), é preciso cuidado ao comparar valores de δ_C medidos por terceiros.

Se ε_n é a maior deformação nominal (devida a todas as tensões, inclusive as residuais) que atua próximo à trinca de tamanho a, se $\delta_C = \delta_m$, δ_u ou δ_c é o CTOD crítico do material, e se $\varepsilon_E = S_E/E$, o critério de projeto à fratura de Burdekin e Dawes (B&D) requer que [89]:

$$\begin{cases} \delta_C > 2\pi\varepsilon_E a(\varepsilon_n/\varepsilon_E)^2, & \varepsilon_n/\varepsilon_E \leq 0.5 \\ \delta_C > 2\pi\varepsilon_E a(\varepsilon_n/\varepsilon_E - 0.25), & \varepsilon_n/\varepsilon_E > 0.5 \end{cases} \quad (8.217)$$

A curva resultante destas equações, mostrada na Fig. 8.99, foi ajustada 2 desvios padrão abaixo da média de dados experimentais muito dispersos, gerando um critério de projeto à fratura EP relativamente simples, mas que tende a ser conservativo demais [6].

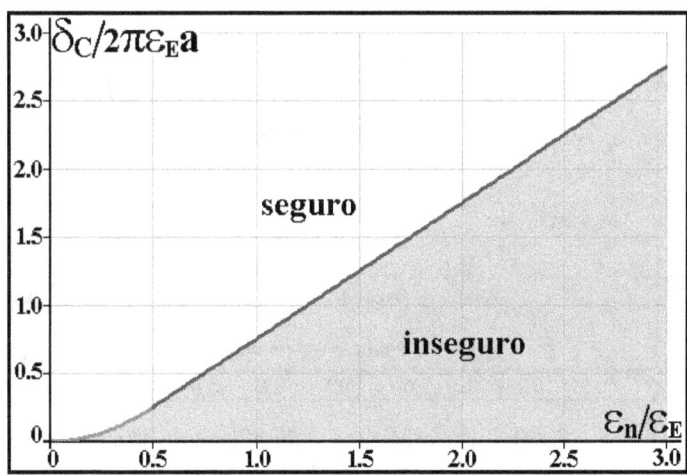

Fig. 8.99: A curva de projeto à fratura EP de Burdekin e Dawes usa a maior deformação nominal ε_n que atua próximo da trinca e o δ_C do material ($\varepsilon_E = S_E/E$).

⇨ E8.19: Calcule por B&D as cargas $P_C(a)$ que fraturam 2 tiras de aço com uma trinca lateral normal à carga de tamanho a, espessura $t = 20mm$ e larguras $w_1 = 0.1m$ e $w_2 = 1m$, se $\varepsilon = \sigma/205 + (\sigma/1.2)^{1/0.2}$ (σ em GPa), $RA = 40\%$ e $\delta_C = 1.4mm$.

Como $S_E \Rightarrow \varepsilon_{pl} = 0.2\%$, pode-se estimar $S_E \cong 1.2 \cdot 0.002^{0.2} = 346MPa$ (supondo $S_E \cong \sigma_E$, o limite elástico do material) $\therefore$ $\varepsilon_E = S_E/E = 0.346/205 = 1.69 \cdot 10^{-3}$. De fato, se (vide Capítulo 6) $S_E/[\sigma_E/\exp(\varepsilon_E)] = 1.0037$, supor $S_E \cong \sigma_E$ é bem razoável. Como a ductilidade do material é dada por $\varepsilon_R = \ln[1/(1 - RA)] = \ln(1/0.6) = 0.51 = \sigma_R/205 + (\sigma_R/1.2)^5 \Rightarrow \sigma_R = 1047MPa$, sabendo que $\sigma_R = S_R(1 + \varepsilon_{engR})$ e $\varepsilon_{eng} = \exp(\varepsilon) - 1$, pode-se finalmente estimar a resistência à ruptura deste aço por $S_R = \sigma_R/\exp(\varepsilon_R) = \sigma_f/e^{0.51} = 629MPa$. Mas se deve notar que as propriedades mecânicas devem ser sempre medidas e nunca estimadas em projeto real, pois estas manipulações algébricas (apesar de elegantes) podem gerar erros inadmissíveis na prática.

A carga $\mathbf{P}$ causa no ligamento da tira a tensão nominal $\sigma_n = P/(w - a)t < S_R$ e, por B&D, a fratura ocorre quando a maior deformação nominal que lá atua for (i) $\varepsilon_n = \sqrt{(\delta_C \cdot \varepsilon_E/2\pi a)}$ se $\varepsilon_n/\varepsilon_E \cong \sigma_{eng}/E\varepsilon_E \leq 0.5$, ou (ii) $\varepsilon_n = (0.25 + \delta_C/2\pi\varepsilon_E a) \cdot \varepsilon_E$ se $\varepsilon_n/\varepsilon_E > 0.5$. A 1ª condição só vale quando $a > \delta_C/(2\pi\varepsilon_E \cdot 0.5^2) = 527\text{mm}$ (logo, na tira com $w_1 = 0.1\text{m}$ a 2ª condição se aplica para qualquer tamanho de trinca $\mathbf{a}$). Portanto, para $\mathbf{a} > 527\text{mm}$:

$$P_C(a) \cong E \cdot (w - a) \cdot t \cdot \sqrt{(\delta_C \cdot \varepsilon_E/2\pi a)} \tag{8.218}$$

Mas quando $\mathbf{a} < 527\text{mm}$, não se pode supor $\sigma \cong \sigma_{eng}$ (pois este caso admite $\varepsilon > \varepsilon_E$), e por isso se deve calcular a tensão real σ usando Ramberg-Osgood e a deformação permitida por Burdekin e Dawes, $\varepsilon_n = (0.25 + \delta_C/2\pi\varepsilon_E a) \cdot \varepsilon_E$, para depois obter a carga crítica por:

$$P_C(a) = (w - a) \cdot t \cdot \sigma(a)/\exp[\varepsilon(a)] \tag{8.219}$$

Pode-se usar esta rotina partindo da 1ª condição de B&D, $\varepsilon_n = \sqrt{(\delta_C \cdot \varepsilon_E/2\pi a)}$, para obter maior precisão nas contas. Chamando a carga nominal que causaria o rompimento do ligamento residual das tiras (sem considerar o efeito da trinca) de $P_R(a) = (w - a) \cdot t \cdot S_R$, a razão $P_C(a)/P_R(a)$ vs. a razão a/w é ilustrada na Fig. 8.100. Esta figura inclui também em tracejado a condição $\varepsilon_n = \sqrt{(\delta_C \cdot \varepsilon_E/2\pi a)}$, estimada na tira de $w = 1\text{m}$ usando a aproximação $\sigma \cong \sigma_{eng}$). ✓

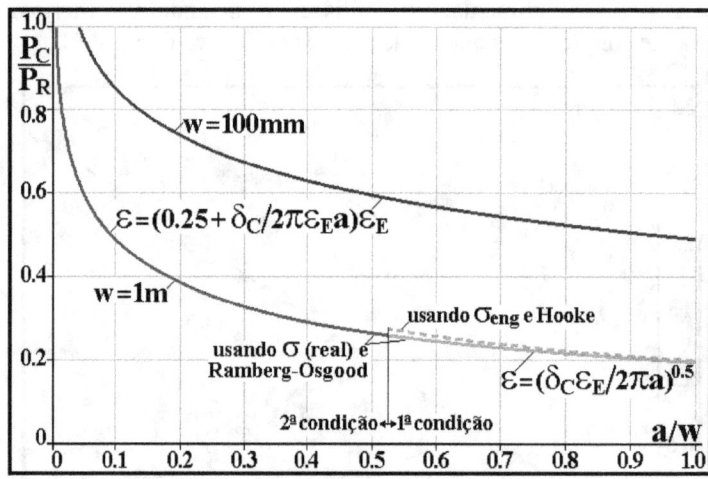

Fig. 8.100: Cargas críticas $P_C(a)$ que causariam a fratura das tiras trincadas na borda do E8.19 pelo critério de Burdekin e Dawes, sendo $P_R(a) = (w - a) \cdot t \cdot S_R$.

8.19.3 Integral J como critério de fratura

Rice [90] propôs em 1968 usar a integral $\mathbf{J}$ para quantificar o efeito das trincas nas peças planas sujeitas a deformações monotônicas elastoplásticas pequenas, que ele modelou como se fossem não-lineares elásticas (NLE), logo conservativas. Assim, sendo na Fig. 8.101 as faces da trinca superfícies livres localizadas no eixo $\mathbf{x}$; S a área delimitada por qualquer caminho $\mathbf{s}$ anti-horário fechado; $\mathbf{u_i}$ o vetor de deslocamentos que age no ponto $\mathbf{ds}$, cuja normal unitária é $\mathbf{n_j}$; $T_i = \sigma_{ij}n_j = (\sigma_\alpha, \tau_\alpha)$ o vetor de tração cujas componentes são as tensões normal e cisalhante que atuam no ponto $\mathbf{ds}$; e $U = \int(\sigma_x d\varepsilon_x + \sigma_y d\varepsilon_y + \tau_{xy} d\gamma_{xy})$ a densidade da energia de deformação armazenada em qualquer ponto de $\mathbf{s}$; a integral de contorno $\mathbf{J}$ é formalmente definida por:

$$J = \oint_s \left(U dy - T_i \frac{\partial u_i}{\partial x} ds \right) \tag{8.220}$$

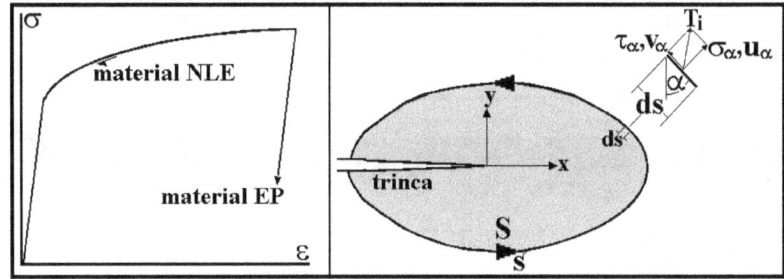

Fig. 8.101: Curvas $\sigma\varepsilon$ EP e NLE (que só podem ser diferenciadas após o início do descarregamento), e caminho **s** englobando a área **S** em volta da ponta de uma trinca.

De acordo com a ênfase didática característica deste livro, é preciso reconhecer que o formalismo academicista de (8.123) pode dificultar seu uso na prática da engenharia. Todavia, como esta é a definição usada nos textos [5-15] e até nas normas [88], é preciso repetí-la aqui. Mas como a integral **J** pode ser bem útil, antes mesmo de traduzir aquela notação compacta, vale a pena mencionar que **J** tem algumas propriedades bem interessantes, por exemplo:

(i)   **J = 0** em qualquer caminho **s** fechado que não contenha nem termine numa trinca (vide Fig. 8.102).

(ii) Quando **J** engloba uma trinca, o seu valor independe do caminho em torno da trinca.

(iii) $\mathbf{J} = -\,\partial\mathbf{E_P}/\partial\mathbf{A} = \partial(\mathbf{W} - \mathbf{E_D})/\partial\mathbf{A}$ é a taxa de alívio da energia potencial, logo pode ser usada para estender o conceito da taxa de alívio elástica $\mathcal{G}$ ao caso elastoplástico.

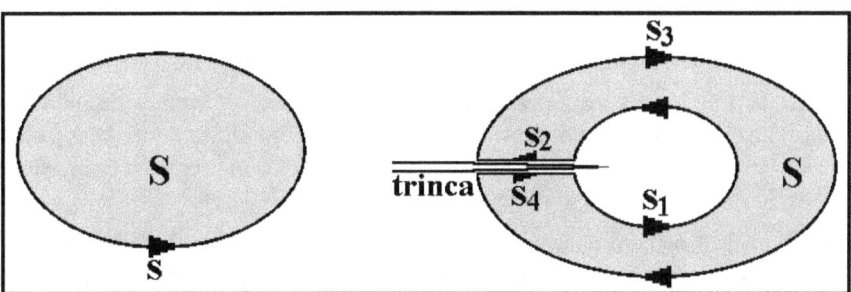

Fig. 8.102: Caminhos **s** fechados que envolvem uma superfície com área **S**, mas não contém nem terminam numa trinca.

Sendo $\sigma_z = 0$ em σ-plana e $\sigma_z = \nu(\sigma_x + \sigma_y)$ em ε-plana, e sabendo que

$$
\begin{cases}
U_{el} = [\sigma_x^2 + \sigma_y^2 + \sigma_z^2 - 2\nu(\sigma_x\sigma_y + \sigma_y\sigma_z + \sigma_z\sigma_x)]/2E + \tau_{xy}^2/2G \\
\sigma_\alpha = \sigma_x \cos^2\alpha + \sigma_y \sin^2\alpha + 2\tau_{xy}\sin\alpha\cos\alpha \\
\tau_\alpha = (\sigma_x - \sigma_y)\sin\alpha\cos\alpha + \tau_{xy}(\cos^2\alpha - \sin^2\alpha) \\
u_\alpha = u\cos\alpha + v\sin\alpha \\
v_\alpha = u\sin\alpha + v\cos\alpha
\end{cases}
\tag{8.221}
$$

onde σ_α e τ_α são as tensões e $\mathbf{u}_\alpha$ e $\mathbf{v}_\alpha$ os deslocamentos normal e tangencial num ponto do caminho **s** cuja normal faz um ângulo $\boldsymbol{\alpha}$ com **y** (Fig. 8.103), então pode-se reescrever **J** como:

$$
\mathbf{J} = \oint_s U_{el}\,dy - \left(\sigma_\alpha \frac{\partial u_\alpha}{\partial x} + \tau_\alpha \frac{\partial v_\alpha}{\partial x}\right) ds
\tag{8.222}
$$

E já que **J** independe do caminho **s** em volta da ponta da trinca, como provado adiante, então o seu valor pode ser calculado num caminho elástico conveniente, vide E8.20.

⇨ E8.20: Calcule **J** numa longa tira trincada fixada entre duas placas paralelas rígidas, quando uma delas sofre um (pequeno) deslocamento δh, vide Fig. 8.103 [10, 12, 15].

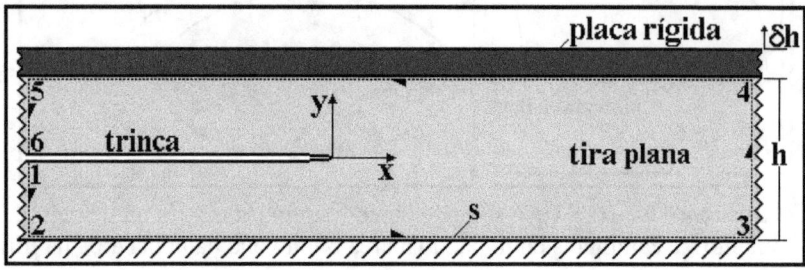

Fig. 8.103: Caminho 1-2-3-4-5-6 em torno da trinca numa tira plana trincada de altura **h**, módulo **E** e Poisson ν sujeita a um deslocamento fixo δh.

É conveniente dividir o caminho **s** nos 5 trechos mostrados na figura, que simplificam o cálculo de $J = J_{12} + J_{23} + J_{34} + J_{45} + J_{56}$. Ao longo dos trechos $1 \to 2$ e $5 \to 6$, supostos muito distantes da ponta da trinca, as tensões e deformações são nulas, logo $J_{12} = J_{56} = 0$. Ao longo dos trechos $2 \to 3$ e $4 \to 5$ os deslocamentos são fixos, logo $dy = \partial u/\partial x = \partial v/\partial x = 0$, portanto $J_{23} = J_{45} = 0$ e $J = J_{34}$. Supondo que este trecho também esteja muito longe da ponta da trinca, então seus deslocamentos não variam com **x**, $\partial u/\partial x = \partial v/\partial x = 0$ e, por Saint Venant, a deformação (linear elástica) $\varepsilon_y = \delta h/h$ nele atuante é constante, portanto:

$$J_{34} = \int_0^h U_{el} dy = \sigma_y \varepsilon_y h/2 = (1/2) \cdot \kappa (\delta h/h) \cdot (\delta h/h) \cdot h = \kappa(\delta h)^2/2h \qquad (8.223)$$

onde $\kappa = E/(1 - \nu^2)$ em σ-plana ou $\kappa = E(1 - \nu)/[(1 - \nu - 2\nu^2)]$ em ε-plana. ✓

O cálculo de **J** em casos mais práticos só é em geral factível através de modelos de elementos finitos apropriados, assunto considerado fora do escopo deste texto. Mas para terminar a apresentação de **J**, vale a pena provar as propriedades listadas acima, ainda que isto seja feito usando a notação indicial [5, 32], evitada alhures neste livro.

Para provar que $J = 0$ em qualquer caminho fechado que não inclua uma trinca, usa-se o teorema de Stokes para converter a integral de linha **J** numa integral de área, já que a integral do rotacional $\nabla \times F = \partial F_y/\partial x - \partial F_x/\partial y$ de uma função $F(x, y)$ de componentes F_x e F_y numa área **S** é igual à integral de **F** ao longo do caminho **s** que delimita **S**:

$$J = \oint_s \left[U dy - T_i \frac{\partial u_i}{\partial x} ds \right] = \iint_S \left[\frac{\partial U}{\partial x} - \frac{\partial}{\partial x_j} \left(\sigma_{ij} \frac{\partial u_i}{\partial x} \right) \right] dS \qquad (8.224)$$

Supondo que a densidade da energia de deformação **U** é gerada por um campo elástico (mesmo não-linear) com deformações ε_{ij} pequenas (isto é, com $\varepsilon^2 \ll \varepsilon$), então:

$$\frac{\partial U}{\partial x} = \frac{\partial U}{\partial \varepsilon_{ij}} \frac{\partial \varepsilon_{ij}}{\partial x} = \sigma_{ij} \frac{\partial \varepsilon_{ij}}{\partial x} = \frac{1}{2} \sigma_{ij} \left[\frac{\partial}{\partial x} \left(\frac{\partial u_i}{\partial x_j} \right) + \frac{\partial}{\partial x} \left(\frac{\partial u_j}{\partial x_i} \right) \right] \qquad (8.225)$$

já que por equilíbrio $\partial \sigma_{ij}/\partial x_j = 0$. Portanto $J = 0$ se o caminho **s** é fechado.

Para mostrar que **J** independe do caminho em torno da trinca, pode-se usar qualquer caminho fechado $s_1 \to s_2 \to s_3 \to s_4$ (que sempre tem $J = J_1 + J_2 + J_3 + J_4 = 0$) com os trechos s_2 e s_4 sobre as faces da trinca, vide Fig. 8.102. Como estas faces são superfícies livres, logo isentas de esforços, nelas $T_i = dy = 0$, então $J_2 = J_4 = 0 \Rightarrow J_1 = -J_3$. Desta forma, qualquer caminho (anti-horário) em volta da ponta da trinca gera o mesmo valor para **J**.

Por fim, demonstra-se que $\mathbf{J} = -\partial\mathbf{E_P}/\partial\mathbf{A} = \partial(\mathbf{W} - \mathbf{E_D})/\partial\mathbf{A}$ é a taxa de alívio da energia potencial, logo pode ser usada para estender o conceito da taxa de alívio elástica $\mathcal{G}$ ao caso elastoplástico. Como nas peças planas de espessura $\mathbf{t}$ livres de forças de corpo, a energia potencial $\mathbf{E_P}$ é igual à energia de deformação $\mathbf{E_D}$ nelas armazenada menos o trabalho $\mathbf{W}$ executado pelas forças que atuam na sua borda, então se pode escrever que:

$$\mathbf{E_P} = \left[\oiint_S \mathbf{U}\,\mathbf{dxdy} - \oint_s \mathbf{T_i u_i ds} \right] \cdot \mathbf{t} \tag{8.226}$$

Sabendo que $\partial x/\partial a = -1$ quando a trinca $\mathbf{a}$ cresce ao longo da direção $\mathbf{x}$ (pois um aumento $\mathbf{da}$ no tamanho da trinca é associado a um decremento $\mathbf{dx} = -\mathbf{da}$ neste caso), tem-se que:

$$\mathbf{d/da} = \partial/\partial\mathbf{a} + (\partial\mathbf{x}/\partial\mathbf{a})(\partial/\partial\mathbf{x}) = \partial/\partial\mathbf{a} - \partial/\partial\mathbf{x} \tag{8.227}$$

Portanto, a taxa de alívio da energia potencial $\mathbf{E_P}$ por unidade de espessura é dada por:

$$\frac{\mathbf{dE_P}}{\mathbf{da}} = \oiint_S \left[\frac{\partial\mathbf{U}}{\partial\mathbf{a}} - \frac{\partial\mathbf{U}}{\partial\mathbf{x}} \right] \mathbf{dxdy} - \oint_s \mathbf{T_i} \left[\frac{\partial\mathbf{u_i}}{\partial\mathbf{a}} - \frac{\partial\mathbf{u_i}}{\partial\mathbf{x}} \right] \mathbf{ds} \tag{8.228}$$

Como a derivada $\partial\mathbf{U}/\partial\mathbf{a}$ pode ser substituída por:

$$\frac{\partial\mathbf{U}}{\partial\mathbf{a}} = \frac{\partial\mathbf{U}}{\partial\mathbf{\varepsilon_{ij}}} \frac{\partial\mathbf{\varepsilon_{ij}}}{\partial\mathbf{a}} = \sigma_{ij} \frac{\partial}{\partial\mathbf{x_j}} \left(\frac{\partial\mathbf{u_i}}{\partial\mathbf{a}} \right) \tag{8.229}$$

E sabendo que o teorema dos trabalhos virtuais é dado por:

$$\oiint_S \sigma_{ij} \frac{\partial}{\partial\mathbf{x_j}} \left(\frac{\partial\mathbf{u_i}}{\partial\mathbf{a}} \right) \mathbf{dxdy} = \oint_s \mathbf{T_i} \frac{\partial\mathbf{u_i}}{\partial\mathbf{a}} \mathbf{ds} \tag{8.230}$$

Então a taxa de alívio da energia potencial causada pelo avanço da trinca se resume a:

$$\frac{\mathbf{dE_P}}{\mathbf{da}} = \oint_s \mathbf{T_i} \frac{\partial\mathbf{u_i}}{\partial\mathbf{x}} \mathbf{ds} - \oiint_S \frac{\partial\mathbf{U}}{\partial\mathbf{x}} \mathbf{dxdy} \tag{8.231}$$

E por fim, usando o teorema de Stokes, pode-se escrever que:

$$-\frac{\mathbf{dE_P}}{\mathbf{da}} = \oint_s \left(\mathbf{U}\,\mathbf{dy} - \mathbf{T_i} \frac{\partial\mathbf{u_i}}{\partial\mathbf{x}} \mathbf{ds} \right) = \mathbf{J} \tag{8.232}$$

Hult e McClintock [91] provaram em 1957 que as deformações dentro das $\mathbf{zps}$ em modo III nos materiais que não encruam variam com $\mathbf{1/r}$. Hutchinson [92] e Rice e Rosengren [93] estenderam este resultado em 1968, provando que nos materiais NLE (usados para modelar o encruamento monotônico) o produto $\sigma\cdot\varepsilon$ em torno das pontas das trincas (que inclui as $\mathbf{zps}$ em modos I, II ou III) tem que ser uma função parabólica de $\mathbf{J/r}$, sendo $\mathbf{r}$ a distância do ponto até a ponta da trinca. Eles também provaram que $\mathbf{J}$ caracteriza univocamente os campos de tensões e deformações naquela região (conhecidos agora como campos de HRR). Logo, $\mathbf{J}$ pode ser útil tanto como um parâmetro de energia (que se resume a $\mathbf{J} = \mathcal{G} = \mathbf{K_I}^2/\mathbf{E'}$ no caso LE), quanto como um parâmetro de intensidade de tensões. Assim, se Ramberg-Osgood descreve a curva $\sigma\varepsilon$ monotônica do material (que tanto pode ser EP quanto NLE nesta fase), então as tensões e deformações (pequenas) no campo de HRR são descritas por:

$$\begin{cases} \sigma_{ij} = k_1 \left(\mathbf{J/r} \right)^{\mathbf{h}/(1+\mathbf{h})} \\ \varepsilon_{ij} = k_2 \left(\mathbf{J/r} \right)^{1/(1+\mathbf{h})} \end{cases} \tag{8.233}$$

Os parâmetros $\mathbf{k_1}$ e $\mathbf{k_2}$ dependem do material e da coordenada θ. Mas, infelizmente, a literatura sobre a MFEP costuma usar Ramberg-Osgood na forma adimensional:

$$\varepsilon/\varepsilon_0 = \sigma/\sigma_0 + \alpha(\sigma/\sigma_0)^n \qquad (8.234)$$

em geral usando $\sigma_0 = E\varepsilon_0 = S_E$. Assim, o campo HRR de tensões e deformações EP em torno da ponta da trinca acaba escrito numa forma desnecessariamente complicada:

$$\begin{cases} \sigma_{ij} = \sigma_0 \left(\dfrac{EJ}{\alpha\sigma_0^2 I_n r}\right)^{1/(n+1)} \tilde{\sigma}_{ij}(n,\theta) \\[3mm] \varepsilon_{ij} = \dfrac{\alpha\sigma_0}{E} \left(\dfrac{EJ}{\alpha\sigma_0^2 I_n r}\right)^{n/(n+1)} \tilde{\varepsilon}_{ij}(n,\theta) \end{cases} \qquad (8.235)$$

A constante de integração I_n depende do expoente de encruamento $n = 1/h$ como mostrado na Fig. 8.104. Algumas funções $\tilde{\sigma}_{ij}(n,\theta)$ e $\tilde{\varepsilon}_{ij}(n,\theta)$ são apresentadas nas Fig. 8.105 e 8.106. A zona plástica gerada pelo campo HRR é ilustrada na Fig. 8.107 [13].

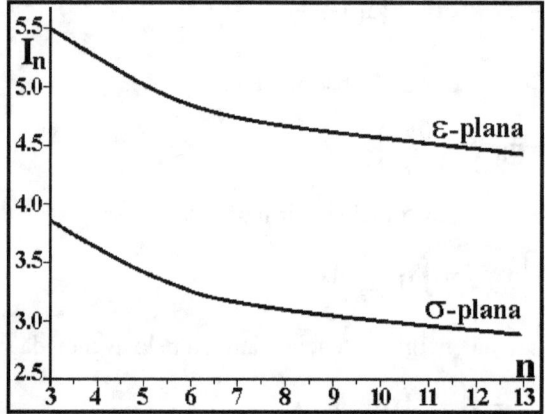

Fig. 8.104: A constante de integração I_n nas equações do campo de HRR depende do expoente de encruamento $n = 1/h$ e do estado de tensões dominante na ponta da trinca.

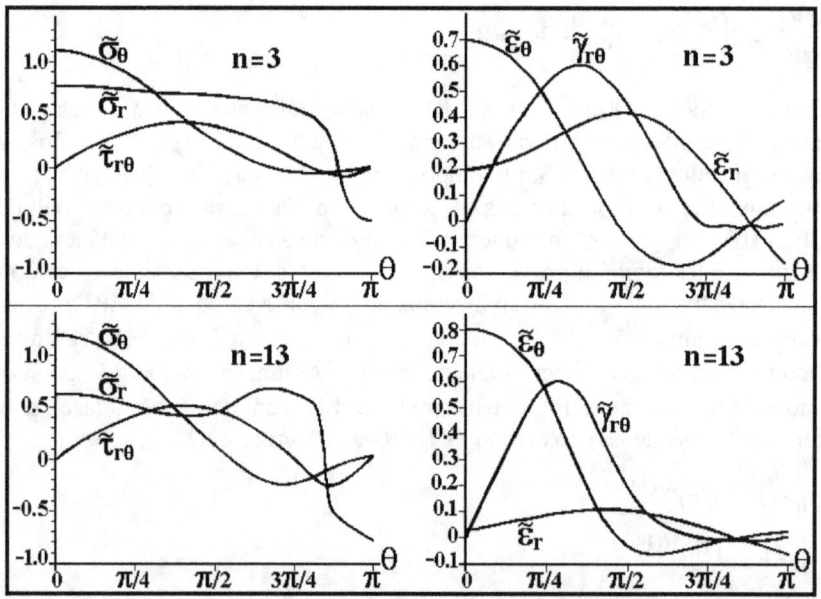

Fig. 8.105: Variação angular de $\tilde{\sigma}_{ij}(n,\theta)$ e de $\tilde{\varepsilon}_{ij}(n,\theta)$ em σ-plana, para $n = 3$ e $n = 13$ [13].

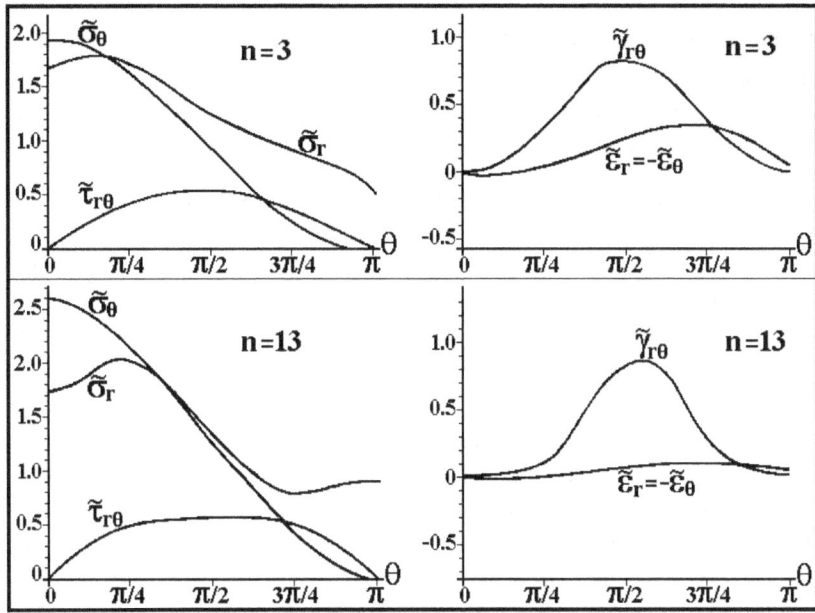

Fig. 8.106: Variação angular de $\tilde{\sigma}_{ij}(n,\theta)$ e de $\tilde{\varepsilon}_{ij}(n,\theta)$ em ε-plana, para $n = 3$ e $n = 13$ [13].

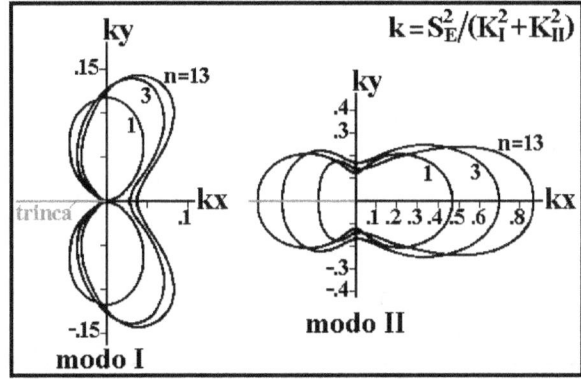

Fig. 8.107: Zonas plásticas previstas por HRR em ε-plana [13]. É interessante notar que o maior tamanho da zp de HRR em modo I é $zp(\theta)_{max} \cong K_I^2/2\pi S_E^2$.

Mas a notação adimensional para Ramberg-Osgood não tem qualquer vantagem sobre a notação tradicional em engenharia, $\varepsilon = \sigma/E + (\sigma/H)^{1/h}$, pois E e H são propriedades muito mais claras do que o parâmetro α usado na equação (8.235). Também é mais claro usar um expoente de encruamento $0 < h < 1$ (já que neste caso $h = 0 \Rightarrow$ material sem encruamento) em vez de $1 < n = 1/h < \infty$ (onde $n = \infty \Rightarrow$ material sem encruamento). Além disso, quando se substitui $n = 1/h$ e $\alpha = ES_E^{(1-h)/h}/H^{1/h}$ em (8.235), pode-se exprimir o campo HRR, que depende apenas de como o material encrua, numa forma bem mais simpática:

$$\begin{cases} \sigma_{ij} = \left[\dfrac{J}{r}\right]^{h/(1+h)} \cdot H^{1/(1+h)} \cdot \dfrac{\tilde{\sigma}_{ij}(h,\theta)}{I_n^{h/1+h}} = \left[\dfrac{JH^{1/h}}{r}\right]^{h/(1+h)} \cdot s_{ij}(h,\theta) \\[4mm] \varepsilon_{ij} = \left[\dfrac{J}{r}\right]^{1/(1+h)} \cdot H^{-1/(1+h)} \cdot \dfrac{\tilde{\sigma}_{ij}(h,\theta)}{I_n^{1/1+h}} = \left[\dfrac{J}{Hr}\right]^{1/(1+h)} \cdot e_{ij}(h,\theta) \end{cases}$$

$$(8.236)$$

De fato, ao escrever $\sigma_{ij}(r,\theta) = \left[JH^{1/h}/r\right]^{h/(1+h)} \cdot s_{ij}(h,\theta)$ e $\varepsilon_{ij}(r,\theta) = [J/Hr]^{1/(1+h)} \cdot e_{ij}(h,\theta)$ fica mais fácil ver como J controla as pequenas tensões e as deformações EP (monotônicas, pois supostas NLE) em torno das trincas, e como elas dependem do encruamento do material. Além disso, também fica fácil ver como as tensões e deformações tendem para a solução LE:

$$H \rightarrow E \text{ e } h \rightarrow 1 \Rightarrow \sigma_{ij} \rightarrow [(K_I^2/E)^{1/2}] \cdot [E/r]^{1/2} \cdot [s_{ij}] = [K_I/\sqrt{r}][s_{ij}] \qquad (8.237)$$

Portanto, $s_{ij} \rightarrow f_{ij}/\sqrt{(2\pi)}$, onde f_{ij} é a função adimensional que entra na expressão das tensões no caso LE. Desta forma, a menos do cálculo de J e da inexistência de um parâmetro único que quantifique a tenacidade quando o rasgamento é significativo (barreiras que honestamente não podem ser chamadas de triviais), na prática o uso da MFEP poderia de fato ser similar ao da MFLE.

O campo de HRR é singular e, como também ocorre com a solução LE, não pode descrever bem as tensões e deformações junto à ponta da trinca. Mas McMeeking e Parks [94], modelando o cegamento da ponta da trinca e as deformações EP grandes, mostraram que em distâncias da ponta da trinca $r > \sim 2\delta$ ($\delta = \mathbf{CTOD}$) a magnitude das tensões σ_{ij} e das deformações ε_{ij} é bem descrita por HRR, vide Fig. 8.108.

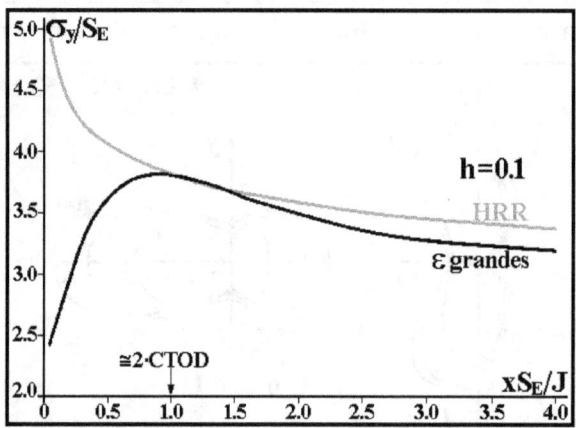

Fig. 8.108: Comparação entre as tensões $\sigma_y(x)$ à frente da ponta da trinca calculadas por Mc-Meeking e Parks [94] e obtidas por HRR para $\mathbf{h = 0.1}$ [5].

Turner [15] é de opinião que o campo de HRR deve dominar as deformações na $\mathbf{zp}$ e o fraturamento nos materiais que encruam pouco (já que HRR atuaria numa distância de $\sim 8\delta$ à frente da ponta da trinca). E que a tenacidade seria quantificável por J nas peças fletidas de espessura $\mathbf{t}$ com trincas grandes (nas quais a deformação paralela à frente da trinca ε_z é restrita) se $t > 50J/(S_E + S_R)$, e nas peças tracionadas (onde ε_z é mais livre) se $t > 400J/(S_E + S_R)$.

A norma E813 aceita medidas de J_{IC} se $\mathbf{t} \geq 50J_{IC}/(S_E + S_R)$, mas a E1820 especifica duas medidas de J: J_u, medido na carga máxima (em geral após rasgamento significativo), que depende da geometria do CP; e J_c, que mede a tenacidade antes do limiar de rasgamento, que só pode ser considerada uma propriedade mecânica quando o teste obedecer a 2 condições:

(i) $\Delta a < 0.2mm + J_c/(S_E + S_R)$; $\underline{e}$

(ii) $\mathbf{t}$ e $\mathbf{lr} \geq 200J_c/(S_E + S_R)$ (ou $\mathbf{t}$ e $\mathbf{lr} \geq 100J_c/(S_E + S_R)$, no caso dos aços ferríticos que na temperatura ambiente têm $250 \leq S_E \leq 725MPa$ e $205 + 0.77S_E \leq S_R \leq 293 + 0.77S_E$

onde $\mathbf{t}$ é a espessura e $\mathbf{w}$ é a largura do CP; $\mathbf{a_0}$ é o tamanho inicial e $\mathbf{\Delta a}$ o incremento da trinca durante o teste; e $\mathbf{lr} = \mathbf{w} - \mathbf{a_0}$ é o ligamento residual.

A E1820 aceita CPs tipo SE(B), C(T) ou DC(T), que podem ter 2 entalhes laterais para guiar a trinca, desde que a sua profundidade total seja limitada a **0.25t**. Apesar desta incerteza sobre a menor espessura que pode qualificar **J** como uma medida de tenacidade, **J** sempre pode ser medida em CPs muito mais finos do que os usados nas medidas de $\mathbf{K_{IC}}$.

⇨ E8.21: Compare a espessura do CP necessária para medir $\mathbf{J_c}$ e $\mathbf{K_{IC}}$ nos aços mais tenazes (que têm $\mathbf{J_c \cong 300kJ/m^2}$).

Como os aços mais tenazes são ferríticos, pela norma E1820 os CPs devem ter uma espessura $\mathbf{t \ge 100J_c/(S_E + S_R)}$ (com $\mathbf{lr \ge t}$ e $\mathbf{{\sim}650 < (S_E + S_R) < {\sim}1575MPa}$), logo $\mathbf{t > 46mm}$ nos aços menos resistentes ou $\mathbf{t > 19mm}$ nos mais resistentes. Pela E813 pode-se medir $\mathbf{J_{IC}}$ nestes aços com CPs mais finos, $\mathbf{t > 23mm}$ ou $\mathbf{t > 9.5mm}$, respectivamente. Já para validar uma medida de $\mathbf{K_{IC}}$ pela E399 é preciso ter $\mathbf{t > 2.5(K_{IC}/S_E)^2}$, logo usando $\mathbf{J_c = 300kJ/m^2}$, $\mathbf{E = 205GPa}$ e $\mathbf{\nu = 0.29}$, e estimando $\mathbf{K_{IC} = \sqrt{EJ_c/(1 - \nu^2)} = 259MPa\sqrt{m}}$, neste caso seria preciso usar CPs com $\mathbf{t > 2680mm}$ nos aços menos resistentes e $\mathbf{t > 319mm}$ nos mais resistentes. Portanto, a espessura do CP necessária para obter medidas de tenacidade válidas usando $\mathbf{J_c}$ é ordens de grandeza menor do que a espessura requerida para medir $\mathbf{K_{IC}}$, uma vantagem significativa. ✓

Para medir $\mathbf{J_c}$ ou $\mathbf{J_u}$ deve-se plotar o gráfico $\mathbf{P{\times}y_P}$, onde **P** é a força aplicada e $\mathbf{y_P}$ é o deslocamento de **P**, medido na linha de aplicação da força no CP (não na sua boca, vide Fig. 8.109), para obter:

$$\mathbf{J = J_{el} + J_{pl} = \left[K_I^2(1 - \nu^2)/E\right] + \left[2A_{pl}/t_n(w - a_0)\right]} \tag{8.238}$$

$\mathbf{A_{pl}}$ é a área plástica sob o gráfico $\mathbf{P{\times}y_P}$ (a qual exclui a parte devida aos deslocamentos elásticos) e $\mathbf{t_n = t - 2t_e}$, onde $\mathbf{2t_e}$ é a profundidade total dos dois entalhes laterais simétricos, quando estes são usados para guiar a trinca.

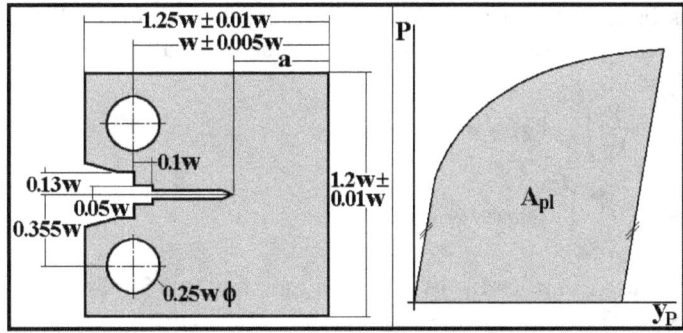

Fig. 8.109: C(T) adaptado para permitir a medida do deslocamento da linha de aplicação da força **P** e da área plástica $\mathbf{A_{pl}}$ sob a curva $\mathbf{P{\times}y_P}$.

Para medir o trabalho fornecido ao CP se deveria medir o deslocamento do ponto de aplicação da força, mas como ele é de acesso muito difícil, a medida em geral é feita na linha de aplicação da força (mas nunca na boca do CP). A E1820 recomenda usar $\mathbf{0.45 \le a/w \le 0.70}$ e $\mathbf{0.25 \le t/w \le 0.50}$. E para completar esta breve revisão das medidas de tenacidade, vale a pena mencionar que a medição da curva $\mathbf{J_R}$ é bem mais complicada operacionalmente do que as medições de **J**, pois também requer a medida seqüencial dos incrementos $\mathbf{\Delta a_i}$ da trinca durante o rasgamento. Mas como esta curva não é usada em problemas de fadiga, não é preciso detalhar aqui os procedimentos para obtê-la.

Para fazer previsões usando a MFEP baseada em **J** é preciso calcular ou estimar a taxa de alívio aplicada na peça seguindo, por exemplo, os procedimentos recomendados pelo EPRI (*Electric Power Research Institute*) [5, 15, 95-96]. Este método de cálculo parte de:

$$J = J_{el} + J_{pl} = \frac{K_I^2}{E'} + \alpha \frac{\sigma_0^2}{E} I_n \left(\frac{\sigma_{ij}}{\sigma_0}\right)^{n+1} r \tilde{\sigma}_{ij}^{n+1} \tag{8.239}$$

e supõe que as tensões controladas por J crescem proporcionalmente à carga aplicada na peça trincada, de forma que:

$$J_{pl} = \frac{\alpha \sigma_0^2 (w-a)}{E} \left(\frac{P}{P_0}\right)^{n+1} h_1(a/w, n) = \frac{w-a}{H^{1/h}} \left(\frac{PS_E}{P_0}\right)^{(1+h)/h} h_1(a/w, h) \tag{8.240}$$

onde P é a carga aplicada na peça trincada, P_0 é uma carga associada ao escoamento do ligamento residual e a $h_1(a/w, h)$, que é uma função adimensional da geometria da peça e do encruamento difícil de calcular, mas tabelável da mesma forma que K_I. Isto permite que se use a MFEP para prever a fratura de algumas peças reais na prática (cuja geometria tenha uma função $h_1(a/w, h)$ tabelada) assumindo que:

$$J_{pl} = \frac{(w-a) \cdot a/w}{H^{1/h}} \left(\frac{PS_E}{P_0}\right)^{(1+h)/h} h_1(a/w, h) \tag{8.241}$$

Para calcular J_{el}, Anderson [5] recomenda usar um tamanho de trinca a' aumentado em relação ao tamanho inicial a_0 por parte da zp, supondo em σ-plana $\beta = 2$, e em ε-plana $E' = E$, com $\beta = 6$ e $E' = E/(1 - v^2)$ para obter:

$$a' = a_0 + \frac{(1-h)}{(1+h)(1+P/P_0^2)} \frac{K_I^2(a_0)}{\beta \pi S_E^2} \Rightarrow J_{el} = \frac{K_I^2(a')}{E'} \tag{8.242}$$

Também são tabeladas as funções $h_2(a/w, h)$ e $h_3(a/w, h)$ usadas para obter a parte plástica da abertura da boca da trinca v_{pl} e do deslocamento do ponto de aplicação da carga Δ_{Ppl} (que deve ser somado aos deslocamentos sem trinca, como no caso elástico), onde:

$$\begin{cases} v_{pl} = a \left(\dfrac{S_E}{H} \dfrac{P}{P_0}\right)^{1/h} h_2(a/w, h) \\[3mm] \Delta_{Ppl} = a \left(\dfrac{S_E}{H} \dfrac{P}{P_0}\right)^{1/h} h_3(a/w, h) \end{cases} \tag{8.243}$$

A tabela 8.5 lista as funções h_1, h_2 e h_3 para uma tira tipo SE(T), vide Apêndice 4 para outras geometrias [5, 96].

Tanto δ quanto J são medidas de tenacidade EP que devem ser correlacionáveis, mas como a dispersão experimental é muito grande, a ASTM não normaliza a conversão $\delta \leftrightarrow J$. Todavia, sendo $1 \leq m \leq 2$, no caso elástico a relação $\delta \times J$ em geral é estimada por:

$$\delta_{el} \cong K_I^2 / mE'S_E = J/mS_E \tag{8.244}$$

O que inspirou Turner [15] a estimar J partindo da medida de CTOD por:

$$J \cong 2\delta S_E \tag{8.245}$$

Anderson [5] por sua vez recomenda o uso da análise EP de Shih [97], que calculou:

$$\delta \cong \alpha^h \beta J/S_E = \beta E^h J/HS_E^h \therefore J \cong \delta HS_E^h/\beta E^h \tag{8.246}$$

onde o parâmetro β é dado na Fig. 8.110.

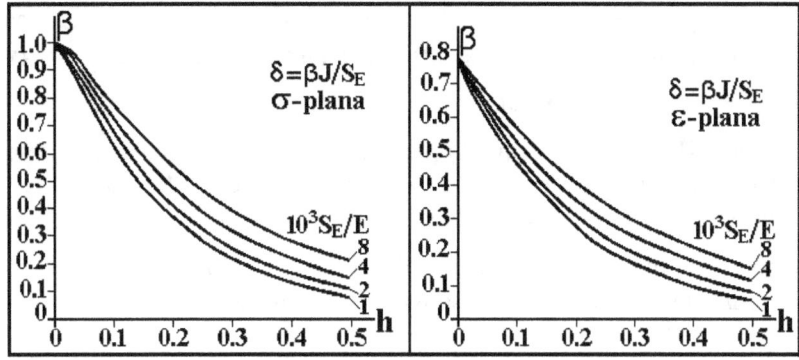

Fig. 8.110: Parâmetros β usados na equação de Shih (8.246).

Tabela 8.5: Barra tracionada com uma trinca na borda, σ-plana (adaptada de [5]).

σ-plana	a/w	h							
		0.500	0.333	0.200	0.143	0.100	0.077	0.063	0.050
$h_1(a/w,h)$	0.125	4.55	5.06	5.30	4.96	4.14	3.29	2.60	1.92
	0.250	3.26	2.92	2.12	1.53	0.960	0.615	0.400	0.230
	0.375	2.37	1.94	1.37	1.01	0.677	0.474	0.342	0.226
	0.500	1.67	1.25	0.776	0.510	0.286	0.164	0.0956	0.0469
	0.625	1.41	1.105	0.755	0.551	0.363	0.248	0.172	0.107
	0.750	1.14	0.910	0.624	0.447	0.280	0.181	0.118	0.0670
	0.875	1.11	0.692	0.792	0.677	0.574	-	-	-
$h_2(a/w,h)$	0.125	5.43	6.05	6.01	5.47	4.46	3.48	2.74	2.02
	0.250	4.30	3.70	2.53	1.76	1.05	0.656	0.419	0.237
	0.375	3.43	2.63	1.69	1.18	0.762	0.524	0.372	0.244
	0.500	2.73	1.91	1.09	0.694	0.380	0.216	0.124	0.0607
	0.625	2.55	1.84	1.16	0.816	0.523	0.353	0.242	0.150
	0.750	2.47	1.81	1.15	0.798	0.490	0.314	0.203	0.115
	0.875	2.68	2.08	1.54	1.27	1.04	-	-	-
$h_3(a/w,h)$	0.125	21.6	18.0	12.7	9.24	5.98	3.94	2.72	2.00
	0.250	6.49	4.36	2.19	1.24	0.630	0.362	0.224	0.123
	0.375	2.65	1.60	0.812	0.525	0.328	0.223	0.157	0.102
	0.500	1.43	0.871	0.461	0.286	0.155	0.088	0.0506	0.0247
	0.625	1.13	0.771	0.478	0.336	0.215	0.146	0.100	0.0616
	0.750	1.09	0.784	0.494	0.344	0.211	0.136	0.0581	0.0496
	0.875	1.25	0.969	0.716	0.591	0.483	-	-	-

funções adimensionais h_1, h_2 e h_3 para tensão plana

$$J_{pl} = \frac{a(w-a)}{wH^{1/h}}\left(\frac{PS_E}{P_0}\right)^{\frac{1+h}{h}} h_1, \quad v_{pl} = a\left(\frac{S_E}{H}\frac{P}{P_0}\right)^{\frac{1}{h}} h_2$$

$$\Delta_{P_{pl}} = a\left(\frac{S_E}{H}\frac{P}{P_0}\right)^{\frac{1}{h}} h_3, \quad P_0 = 1.072\,t\,(w-a)S_E\left[\sqrt{1+\left(\frac{a}{w-a}\right)^2} - \frac{a}{w-a}\right]$$

⇨ E8.22: Estime o J_C do material usado no E8.21, que tem $\delta_C = 1.4\text{mm}$ e cuja relação de Ramberg-Osgood é dada por $\varepsilon = \sigma/205 + (\sigma/1.2)^{1/0.2}$ (com σ em GPa).

Como (por definição) S_E é igual à tensão que provoca no material uma deformação plástica $\varepsilon_{pl} = 0.2\%$ e $S_E = H\varepsilon_{pl}^h$, então $10^3 S_E/E = 10^3 \cdot 1.2 \cdot 0.002^{0.2}/205 = 1.69 \Rightarrow \beta = 0.31$ em deformação plana e $\beta = 0.4$ em tensão plana.

Assim, usando H em GPa e δ em mm para obter J em MJ/m^2, pela análise de Shih estima-se $J = 1.4 \cdot 1.2 \cdot (1.69 \cdot 10^{-3})^{0.2}/0.4 = 1.17 \text{MJ/m}^2$ em σ-plana e $J = 1.51 \text{MJ/m}^2$ em ε-plana, e $J = 2 \cdot 1.4 \cdot 0.346 = 0.97 \text{MJ/m}^2$ segundo o procedimento de Turner.

Mas como os aços mais tenazes, que têm δ_C da ordem de **2mm**, tipicamente só absorvem cerca de **300kJ/m^2** no fraturamento, não se recomenda interconverter as medidas de δ_C e J_C para uso em projeto mecânico. ✔

⇨ E8.23: Calcule a carga trativa P_C que fratura 2 tiras de aço de espessura **t = 20mm**, larguras $w_1 = 0.1$ e $w_2 = 1m$ e $J_C = 300\text{kJ/m}^2$, ambas com uma trinca lateral normal à carga de razão **a/w = 0.25**, usando as tabelas do EPRI e supondo que uma relação $\sigma\varepsilon$ tipo Ramberg-Osgood, $\varepsilon = \sigma/205 + (\sigma/1.2)^{1/0.2}$ (com σ em GPa).

Da Tabela 8.5, supondo as tiras em tensão plana, obtém-se $E' = E$, $h_1 = 2.12$ e:

$$J = J_{el} + J_{pl} = \frac{K_I^2}{E'} + \frac{a(w-a)}{wH^{1/h}} \left(\frac{PS_E}{P_0} \right)^{(1+h)/h} h_1(a/w, h) \tag{8.247}$$

$$P_0 = 1.072\, t\, (w-a)\, S_E \left[\sqrt{1 + [a/(w-a)]^2} - a/(w-a) \right] \tag{8.248}$$

O fator de intensidade de tensões da tira (Apêndice 4) é dado por:

$$K_I = \frac{P}{wt} \cdot \sqrt{\pi a} \cdot \left[0.752 + 2.02\frac{a}{w} + 0.37 \left(1 - \sin\frac{\pi a}{2w} \right)^3 \right] \cdot \sec\frac{\pi a}{2w} \sqrt{\frac{2w}{\pi a} \tan\frac{\pi a}{2w}} \tag{8.249}$$

Pode-se obter P_C (por iteração) igualando J à tenacidade, $J = J_C$. Mas se deve ter cuidado com as unidades! (Use as tensões em MPa e os comprimentos (**a** em K_I e **w – a** em J_{pl}) em m para obter J em MJ/m^2).

Como $f(a/w) = 1.49$, $K_{I_1} = (P_{C_1}/100 \cdot 20)\sqrt{(\pi \cdot 0.025)} \cdot 1.49 = 2.09 \cdot 10^{-4} P_{C_1} \text{MPa}\sqrt{m}$ na placa de $w_1 = 0.1m$, e $K_{I_2} = P_{C_2}\sqrt{(\pi \cdot 0.25)} \cdot 1.49/1000 \cdot 20 = 6.62 \cdot 10^{-5} P_{C_2} \text{MPa}\sqrt{m}$ na placa de 1m, que geram $J_{el_1} = K_{I_1}^2/205000 = 2.14 \cdot 10^{-13} P_{C_1}^2$ e $J_{el_2} = 2.14 \cdot 10^{-14} P_{C_2}^2$ MJ/m^2 (com P em N).

Usando a equação (8.247), $P_{0_1} = 1.072 \cdot 20 \cdot (100 - 25) \cdot 346 \cdot 0.72 = 401\text{kN}$ e $P_{0_2} = 4.01\text{MN}$,

$$\therefore J_{pl_1} = \frac{0.25 \cdot 0.75}{100 \cdot 1200^{1/0.2}} \left[\frac{P_{C_1} \cdot 346}{4.01 \cdot 10^5} \right]^{1.2/0.2} \cdot 2.12 = 6.59 \cdot 10^{-36} P_{C_1}^6 \text{ e } J_{pl_2} = 6.59 \cdot 10^{-41} P_{C_2}^6 \text{ MJ/m}^2.$$

Portanto, $J_1 = J_{el_1} + J_{pl_1} = 2.14 \cdot 10^{-13} P_{C_1}^2 + 6.59 \cdot 10^{-36} P_{C_1}^6 = 0.3 \text{MJ/m}^2 \Rightarrow P_{C_1} = 572\text{kN}$, ou seja, $P_{C_1}/P_0 = 1.43$; e $P_{C_2} = 3.24\text{MN} \therefore P_{C_2}/P_0 = 0.81$ (note que estas contas foram feitas sem usar a correção **a'** proposta por Anderson). ✔

8.20 Conclusões

Trincas podem ser geradas na prática por diversos mecanismos, que vão de defeitos de fabricação ao dano causado em serviço. Como é impossível garantir a ausência de trincas menores que o limiar de detecção do método usado na inspeção de estruturas reais, sua confiabilidade só pode ser garantida numa condição: qualquer trinca não detectada numa inspeção não pode crescer até atingir seu tamanho crítico antes que venha a ser descoberta e corrigida numa próxima inspeção. Portanto, no dimensionamento estrutural é necessário assumir que as peças têm trincas que possam não ser detectadas. Esta é a filosofia básica do projeto tolerante a defeitos.

Mas a modelagem do efeito das trincas tem que ser tratada por uma mecânica própria especializada (pois quando o raio de suas pontas $\rho \to 0$, o seu $K_t \to \infty$, o que impede a análise de tensões tradicional no ponto crítico da peça). Por isso, neste capítulo foram estudados os princípios da Mecânica da Fratura Linear Elástica necessários para a modelagem das fraturas frágeis e da propagação de trincas por fadiga, e os fundamentos da Mecânica da Fratura Elastoplástica, que têm que ser usados para a modelagem e previsão das fraturas tenazes.

8.21 Referências

[1] Timoshenko,SP; Goodier,JN. *Theory of Elasticity*, McGraw 1970.
[2] Inglis,CE "Stress in a plate due to the presence of cracks and sharp corners", Transactions of the Institution of Naval Architects v.55, p.219-230, 1913.
[3] Barson,JM. Fracture Mechanics Retrospective, ASTM 1987.
[4] Sanford,RJ. Selected Papers on Linear Elastic Fracture Mechanics, SEM 1997.
[5] Anderson,TL. Fracture Mechanics, 3rd ed., CRC 2005.
[6] Barson,JM; Rolfe,ST. Fracture and Fatigue Control in Structures, 3rd ed., ASTM 1999.
[7] Broek,D. Elementary Engineering Fracture Mechanics, 4th ed., Kluwer, 1986
[8] Broek,D. The Practical Use of Fracture Mechanics, Kluwer 1988.
[9] Hellan,K. Introduction to Fracture Mechanics, McGraw Hill 1985.
[10] Sanford,RJ. Principles of Fracture Mechanics, Pearson Education 2003.
[11] Unger,DJ. Analytical Fracture Mechanics, Dover 2001.
[12] Gdoutos,EE. Fracture Mechanics, An Introduction, 2nd ed., Springer 2006.
[13] Hutchinson,JW. Nonlinear Fracture Mechanics, Technical University of Denmark 1979.
[14] Knott,JF. Fundamentals of Fracture Mechanics, Butterworths 1973.
[15] Latzko,DGH; Turner,CE; Landes,JD; McCabe,DE; Hellan,TK. Post-Yield Fracture Mechanics, Elsevier 1984.
[16] Tada,H; Paris,PC; Irwin,GR. The Stress Analysis of Cracks Handbook, 3rd ed., ASM 2000.
[17] Whittaker,BN; Singh,RN; Sun,G. Rock Fracture Mechanics, Elsevier 1992.
[18] Frost,NE; Marsh,KJ; Pook,LP. Metal Fatigue, Dover 1999.
[19] Schijve,J. Fatigue of Structures and Materials, Kluwer 2001.
[20] Hertzberg,RW. Deformation and Fracture Mechanics of Engineering Materials, 4th ed., Wiley 1996.
[21] Farahmand,B. Fatigue and Fracture Mechanics of High Risk Parts, Chapman-Hall 1997.
[22] Gordon,JE. The New Science of Strong Materials, Princeton 1984.
[23] Freire,JLF; Castro,JTP; Otegui,JL; Manfredi,C "Aspectos gerais da avaliação de integridade e extensão de vida de estruturas e equipamentos industriais", Anais do 8º SIBRAT, p.724-741, ABCM 1994.
[24] Mills,T; Clark,G; Loader,C; Sharp,PK; Schimidt,R "Review of F-111 structural materials", DSTO Australia, 2001.
[25] Wood,HA "Application of fracture mechanics to aircraft structural safety", Engineering Fracture Mechanics v.7, n.3, p.557-564, 1975.
[26] USAF Damage Tolerance Requirements, Mil-A-83444.
[27] www.qualidadeaeronautica.com.br
[28] Leite,PGP. Ensaios Não Destrutivos, ABM 1979.

[29] Manual do programa NASGRO versão 3.00, NASA 1998.

[30] Kobayashi,AS ed. Handbook on Experimental Mechanics, 2nd ed., Wiley 1993.

[31] Griffith,AA "The phenomenon of rupture and flow in solids" Philosophical Transactions series A v.221, p.163-198, 1920.

[32] Chou,PC; Pagano,NJ. Elasticity, Tensor, Dyadic and Engineering Approaches, Dover 1992.

[33] Juvinall,RC. Stress, Strain and Strength, McGraw-Hill 1967.

[34] Irwin,GR "Onset of fast crack propagation in high strength steel and aluminum alloys", Sagamore Research Conference Proceedings, v.2, p.289-305, 1956.

[35] Beevers,CJ ed. The Measurement of Crack Length and Shape During Fracture and Fatigue, EMAS 1980.

[36] Kobayashi,AS ed. Experimental Techniques in Fracture Mechanics, SESA 1975.

[37] Castro,JTP "Some critical remarks on the use of potential drop and compliance systems to measure crack growth in fatigue experiments", Revista Brasileira de Ciências Mecânicas v.7(4), p.291-314, 1985.

[38] Castro,JTP "A circuit to measure crack closure", Experimental Techniques v.17(2), p.23-25, 1993.

[39] Williams,ML "On the stress distribution at the base of a stationary crack", Journal of Applied Mechanics v.24, p.109-114, 1957.

[40] Irwin,GR "Analysis of stresses and strains near the end of a crack transversing a plate", Journal of Applied Mechanics v.24, p.361-370, 1957.

[41] www.bbc.co.uk/shropshire/features/places/cosford/cosford_gallery_22.shtml

[42] www.rafmuseum.org.uk/london/exhibitions/comet/comet4.cfm

[43] Murakami,Y. Stress Intensity Factors Handbook, Pergamon 1991.

[44] Rooke,DP; Cartwrigth,DJ. Compendium of Stress Intensity Factors, Her Majesty's Stationary Office 1974.

[45] Norma E23 "Standard test methods for notched bar impact testing of metallic materials", ASTM Standards, v. 03.01.

[46] Norma E399 "Standard test method for plane-strain fracture toughness of metallic materials", ASTM Standards, v. 03.01.

[47] Shekhter,A; Kim,S; Carr,DG; Croker,ABL; Ringer,SP "Assessment of temper embrittlement in an ex-service 1Cr–1Mo–0.25V power generating rotor by charpy V-notch testing, K_{IC} fracture toughness and small punch test", International Journal of Pressure Vessels and Piping v.79(8-10), p.611-615, 2002.

[48] Roberts,N; Newton,C, Weld Research Council Bulletin **265**, p.1–18, 1981.

[49] Jeong,H; Nahm,SH; Jhang,KY; Nam,YH "A non-destructive method for estimation of the fracture toughness of CrMoV rotor steels based on ultrasonic nonlinearity", Ultrasonics v.41, p.543-549, 2003.

[50] Brown,WF "Review of Developments in Plane Strain Fracture Toughness Testing", ASTM STP 463, 1970.

[51] Wallin,K "The size effect in K_{IC} results", Engineering Fracture Mechanics v.22(1), p.149-163, 1985.

[52] Vroman,GA, Material Thickness Effect on Critical Stress Intensity, Monograph #106, TRW, 1983.

[53] Miranda,ACO; Meggiolaro,MA; Castro,JTP; Martha,LF; Bittencourt,TN "Fatigue crack propagation under complex loading in arbitrary 2D geometries", ASTM STP 1411, p.120-145, 2002.

[54] Miranda,ACO; Meggiolaro,MA; Martha,LF; Castro,JTP; Bittencourt,TN "Fatigue life and crack path predictions in generic 2D structural components", Engineering Fracture Mechanics v.70, n.10, p.1259-1279, 2003

[55] Miranda,ACO; Meggiolaro,MA; Castro,JTP; Martha,LF "Fatigue life prediction of complex 2D components under mixed-mode variable loading", International Journal of Fatigue v.25, p.1157-1167, 2003.

[56] Meggiolaro,MA; Miranda,ACO; Castro,JTP; Martha,LF "Stress intensity factor equations for branched crack growth", Engineering Fracture Mechanics v.72(17), p.2647-2671, 2005.

[57] Miranda,ACO; Meggiolaro,MA; Castro,JTP; Martha,LF "Crack retardation equations for the propagation of branched fatigue cracks", International Journal of Fatigue v.27(10-12), p.1398-1407, 2005.

[58] Spiegel,MR. Complex Variables, McGraw Hill 1964.

[59] Norma E 561 "Standard practice for R-curve determination", ASTM Standards v.03.01.

[60] Duddale,DS "Yielding of sheets containing slits", Journal of the Mechanics and Physics of Solids v.8, p.100-104, 1960.

[61] Wells,AA "Notched bars tests, fracture mechanics and the strengths of welded structures", International Institute of Welding Houdremont Lecture, 1964.

[62] Tay,TE; Yap,CN; Tay,CG "Crack tip and notch tip plastic zone size measurement by the laser speckle technique", Engineering Fracture Mechanics v.52(5), p.879-893, 1995.

[63] Rodriguéz,HZ "Efeito da tensão nominal no tamanho e forma da zona plástica", tese de mestrado, DEM/PUC-Rio 2007.

[64] Rodriguéz,HZ; Castro,JTP; Meggiolaro,MA "On the size and shape of plastic zones ahead of crack tips", submetido ao Intenational Journal of Fatigue, 2008.

[65] Bittencourt,TN; Wawrzynek,PA; Ingraffea,A; Sousa,JL "Quasi-automatic simulation of crack propagation for 2D LEFM problems" Engineering Fracture Mechanics v.55, p.321-334, 1996.

[66] Shih,CF; de Lorenzi,HG; German,MD "Crack extension modeling with singular quadratic isoparametric elements" International Journal of Fracture v.12, p.647-651, 1976.

[67] Rybicki,EF; Kanninen,MF "A finite element calculation of stress-intensity factors by a modified crack closure integral", Engineering Fracture Mechanics v.9, p.931-938, 1977.

[68] Raju,IS "Calculation of strain-energy release rates with higher order and singular finite elements", Engineering Fracture Mechanics v.28, p.251-274, 1987.

[69] Bui,HD "Associated path independent J-integrals for separating mixed modes", Journal of Mechanics and Physics Solids v.31, p.439-448, 1983.

[70] Banks-Sills,L; Sherman,D "Comparison of methods for calculating stress-intensity factors with quarter-point elements", International Journal of Fracture Mechanics v.32, p.127-140, 1986.

[71] Nikishkov,GP; Atluri,SN "An Equivalent Domain Integral Method for Computing Crack-Tip Integral Parameters in Non-Elastic Thermo-Mechanical Fracture", Engineering Fracture Mechanics v.26, p.851-867, 1987.

[72] Nikishkov,GP; Atluri,S "Calculation of fracture mechanics parameters for an arbitrary three-dimensional crack by the equivalent domain integral method", International Journal for Numerical Methods in Engineering v.24, p.1801-1821, 1987.

[73] Chen,KL; Atluri,N "Comparison of different methods of evaluation of weight functions for 2D mixed-mode fracture analysis", Engineering Fracture Mechanics v.34, p.935-956, 1989.

[74] Knowles,JK; Sternberg,E "On a class of conservation laws in linearized and finite elastostatics" Archives for Rational Mechanics and Analysis v.44, p.187-211, 1972.

[75] Atluri,SN "Path-independent integrals in finite elasticity and inelasticity, with body forces, inertia, and arbitrary crack-face conditions", Engineering Fracture Mechanics v. 16, p.341-369, 1982.

[76] Erdogan,F; Sih,GC "On the crack extension in plates under plane loading and transverse shear", Journal of Basic Engineering v.85, p.519-527, 1963.

[77] Hussain,MA; Pu,SU; Underwood,J "Strain energy release rate for a crack under combined mode I and II", ASTM STP 560, p.2-28, 1974.

[78] Sih,GC "Strain-energy-density factor applied to mixed mode crack problems," International Journal of Fracture Mechanics v.10, p.305-321, 1974.

[79] McClintock,FA; Walsh,JB "Friction on griffith cracks in rocks under pressure", 4th U.S. National Congress of Applied Mechanics v.2, p.1015-1021, 1962.

[80] Swedlow,JL "Criteria for growth of the angled crack", ASTM STP 601, 1976.

[81] ASM Handbook v.12, Fractography, ASM 1987.

[82] Miranda,ACO; Meggiolaro,MA; Martha,LF; Castro,JTP "Practical Aspects of 2D Curved Crack Paths Finite Elements Models", submetido à Computational Material Science, 2009.

[83] Ingraffea,AR "Computational Fracture Mechanics," Encyclopedia of Computational Mechanics, Wiley 2004.

[84] Ingraffea,AR; Wawrzynek,PA "Finite Element Methods for Linear Elastic Fracture Mechanics", Chapter 3.1 in Comprehensive Structural Integrity, Borst & Mang ed., Elsevier 2003.

[85] Sinclair,GB "Stress Singularities in Classical Elasticity–I: Removal, Interpretation, and Analysis", Applied Mechanics Reviews v.57, p.251-298, 2004.

[86] Richard,HA "Theoretical Crack Path Determination", Proceedings of the International Conference on Fatigue Crack Paths, in CD, Parma, Italy, 2003.

[87] Wells,AA "Application of fracture mechanics at and beyond general yielding", British Welding Journal v.10, p.563-570, 1963.

[88] Norma E1820 "Standard test method for measurement of fracture toughness" ASTM Standards v.03.01.

[89] Burdekin,FM; Dawes,MG "Practical use of linear and yielding fracture mechanics with reference to pressure vessels", Proceedings of the Institute of Mechanical Engineers Conference, p.28-37, 1971.

[90] Rice,JR "A path independent integral and the approximate analysis of strain concentration by notches and cracks", Journal of Applied Mechanics v.35, p.379-386, 1968.

[91] Hult,JAH; McClintock,FA "Elastic-plastic stress and strain distribution around sharp notches under repeated shear", IX International Congress of Applied Mechanics v.8, p.51, 1957.

[92] Hutchinson,JW "Singular behavior at the end of a tensile crack tip in a hardening material", Journal of the Mechanics and Physics of Solids v.16, p.13-31, 1968.

[93] Rice,JR; Rosengren,GF "Plane strain deformation near a crack tip in a power-law hardening material", Journal of the Mechanics and Physics of Solids v.16, p.1-12, 1968.

[94] McMeeking,RM; Parks,DM "A criterion for J-dominance of crack-tip fields in large scale yielding", ASTM STP 668, p.175-194, 1979.

[95] Shih,CF; Hutchinson,JW "Fully plastic solutions and large scale yielding estimates for plane stress crack problems", Journal of Engineering Materials and Technology v.98, p.289-295, 1976.

[96] Kumar,V; German,MD; Shih,CF "An engineering approach for elastic-plastic fracture analysis", EPRI Report NP-1931, 1981.

[97] Shih,CF "Relationship between the J-integral and the CTOD..." Journal of the Mechanics and Physics of Solids v.29, p.305-326, 1981.

Capítulo 9 - Dimensionamento contra a Propagação de Trincas por Fadiga sob Cargas Reais de Serviço pelo Método da/dN

9.1 Objetivos

Estudar detalhadamente a propagação de trincas por fadiga sob cargas reais de serviço, usando as ferramentas básicas da Mecânica da Fratura para:

- mostrar que a taxa de propagação de trincas por fadiga **da/dN** é controlada primariamente pela gama do fator de intensidade de tensões **ΔK**, e ***não*** pela gama da tensão **Δσ**;

- apresentar as principais regras semi-empíricas usadas para modelar as curvas **da/dN×ΔK** típicas, discutindo as suas vantagens e limitações;

- descrever os principais mecanismos que afetam as 3 fases das curvas **da/dN×ΔK**, enfatizando a modelagem mecânica das trincas curtas e da curva de propagação;

- desenvolver modelos para prever a vida à fadiga de peças trincadas sob cargas reais de serviço, considerando os efeitos da ordem ou da seqüência das cargas de gama variável, como retardos após sobrecargas ou acelerações após subcargas, tratando explicitamente das trincas 1D, que crescem numa única direção; das trincas 2D, que propagam em 2 direções, em geral mudando de forma a cada ciclo; e também das trincas que curvam sob carga mista (sob **ΔK$_I$** e **ΔK$_{II}$**).

9.2 Introdução

Já sabemos que fadiga é o tipo de falha mecânica caracterizada pela geração e/ou pela propagação paulatina de trincas, causadas pela aplicação repetida de cargas variáveis. E que as trincas de fadiga são geradas pela gama das deformações **Δε** ou das tensões **Δσ** (de Mises) atuantes no ponto crítico da peça. Mas a propagação das trincas, assunto estudado a seguir, é controlada primariamente pela gama **ΔK** que as solicitam em serviço (e não por **Δε** ou **Δσ**), e em geral segue um caminho perpendicular à máxima tensão normal trativa.

Como no caso da iniciação, a modelagem da propagação das trincas por fadiga deve integrar uma série de informações complementares separáveis em 6 grupos, que funcionam como os elos da corrente reproduzida mais uma vez na Fig. 9.1. Mas como as trincas são particularmente perigosas, é preciso enfatizar que as previsões da vida residual das peças trincadas são facilmente verificáveis na prática, e da pior maneira possível: as trincas toleradas na peça podem propagar por fadiga e levá-la a quebrar em serviço antes do tempo esperado, no mínimo embaraçando o analista. Assim, vale a pena relembrar que a precisão das previsões é limitada pelo mais incerto dos 6 elos da Fig. 9.1; que os modelos academicistas herméticos, que sofisticam demais alguns elos na esperança de suprir ou esconder as deficiências dos outros, são artifícios inócuos; e que os exercícios de erudição acadêmica ***não*** podem substituir os dados experimentais necessários às previsões.

De fato, as previsões práticas de vida residual à fadiga em geral requerem inspeções periódicas para identificar e medir as trincas (além, é claro, de também precisarem das propriedades mecânicas do material, que devem ser medidas, não estimadas).

Fig. 9.1: A corrente do dimensionamento à fadiga.

Todavia, o domínio dos fundamentos da Mecânica dos Sólidos é simplesmente imprescindível para gerar, ou até mesmo para manipular conscientemente, os modelos de propagação de trincas por fadiga sob cargas reais de serviço, um fenômeno fisicamente complexo. A erudição nesta área é indispensável para distinguir os modelos simplistas (que, por exemplo, ignoram ou quantificam mal os efeitos de seqüência da carga) ou excessivamente sofisticados (que demandam dados não mensuráveis, e.g.); e para escolher dentre os modelos de propagação simples e bem balanceados quais os que são mais confiáveis. Nas vidas longas, as que realmente importam na prática, as trincas crescem paulatinamente por fadiga através de campos de tensão que quase sempre podem ser bem modelados pelas técnicas da MFLE estudadas no Capítulo 8. É por isso que em geral a taxa de propagação das trincas da/dN é primariamente controlada pela gama $\Delta K_I = [\Delta\sigma_I]\cdot[\sqrt{(\pi a)}]\cdot[f(a/w)]$, onde $\Delta\sigma_I$ é a gama da principal tensão trativa; **a** é o tamanho da trinca; e **f(a/w)** é a função adimensional que quantifica o efeito de todos os outros parâmetros geométricos (entalhes, superfícies livres, distância das fronteiras da peça, outras trincas, e.g.) no campo de tensões (linear elástico) em torno da ponta da trinca.

9.2.1 Técnicas práticas para estimar o fator de intensidade de tensões

Para prever vidas residuais à fadiga das estruturas trincadas é preciso conhecer o fator adimensional de forma ou geometria **f(a/w)** que entra em ΔK [1], vide Apêndice 4 ou o banco de dados do **ViDa**. Também se pode calcular **f(a/w)** usando, por exemplo, o **Quebra**, como já estudado no Capítulo 8. Mas do ponto de vista didático vale a pena relembrar aqui como se pode *estimar* ΔK na ausência de informações melhores, para iniciar o estudo do método **da/dN** mostrando que ele é de fato uma ferramenta prática, acessível a qualquer engenheiro bem formado. Assim, em primeira aproximação, pode-se supor que **f(a/w)** é uma função composta por uma série de fatores complementares, que quantificam o efeito de cada parâmetro geométrico como se ele atuasse de forma independente de todos os outros:

f(a/w) = f₁(Kₜ)·f₂(superfície livre)·f₃(distância da fronteira)·f₄(outras trincas)···   (9.1)

onde $f_1(K_t)$ é a função que quantifica a influência da concentração de tensões do entalhe a partir do qual a trinca nasce, etc. Esta idéia simples é ilustrada no exemplo E9.1.

⇨ E9.1: Estime o ΔK_I de uma placa infinita com 2 trincas de tamanho **a**, que partem numa direção perpendicular à carga $\Delta\sigma$ que atua na placa de pontos diametralmente opostos na borda de um furo circular de raio ρ, vide Fig. 9.2.

Sendo $b = 1 - [a/(\rho + a)]$, segundo Tada [1], uma boa expressão para quantificar o ΔK_I desta placa dentro de 1% é dada por:

$$\Delta K_I = \Delta\sigma\sqrt{\pi a}\cdot\left[(2+b)(1+1.243b^3)/2\right] \tag{9.2}$$

As pontas das trincas pequenas, de tamanho muito menor do que o raio do furo, $a \ll \rho$, estão muito perto da borda do furo, logo sofrem influência do K_t do furo e da sua superfície livre. Nestes casos pode-se supor que $\Delta K_I \cong \Delta\sigma\sqrt{\pi a}\cdot f_{Kt}[\sigma_\theta(|y| > \rho)]\cdot f_{sl}(\text{superfície livre})$, onde a solicitação $\Delta\sigma$ atua na direção **x** (ou em $\theta = 0$), $y \equiv \rho + a$, e $\sigma_\theta(|y| > \rho) = \sigma_\theta(r > \rho, \theta = \pi/2)$. Assim, a tensão tangencial de Kirsch (vide Capítulo 5) ao longo do eixo **y** pode ser usada para quantificar o efeito da concentração de tensões causada pelo furo no fator de intensidade de tensões das duas pequenas trincas que saem de sua borda, que é uma superfície livre:

$$\Delta K_{Itc} \cong \Delta\sigma\sqrt{(\pi a)}\cdot[1 + 0.5(\rho/y)^2 + 1.5(\rho/y)^4]\cdot 1.12 \tag{9.3}$$

Já as trincas muito maiores do que o raio do furo, $a \gg \rho$, podem ser tratadas como uma única trinca longa. Ou seja, nestes casos a placa se comporta como se tivesse uma única trinca de tamanho **2(a + ρ)** que nem percebe que o furo existe, pois as suas pontas não estão mais na região onde as tensões são afetadas por ele. Portanto, quando as trincas são longas:

$$\Delta K_{Itl} \rightarrow \Delta\sigma\sqrt{\pi(a + \rho)} \tag{9.4}$$

Na Fig. 9.2, o comportamento destas duas estimativas simples é comparado com a solução quase exata proposta por Tada, plotando as razões K_{Itc}/K_{ITada} e K_{Itl}/K_{ITada} em função da razão **a/ρ** entre tamanho da trinca e o do furo, onde K_{ITada} é dado pela equação (9.2).

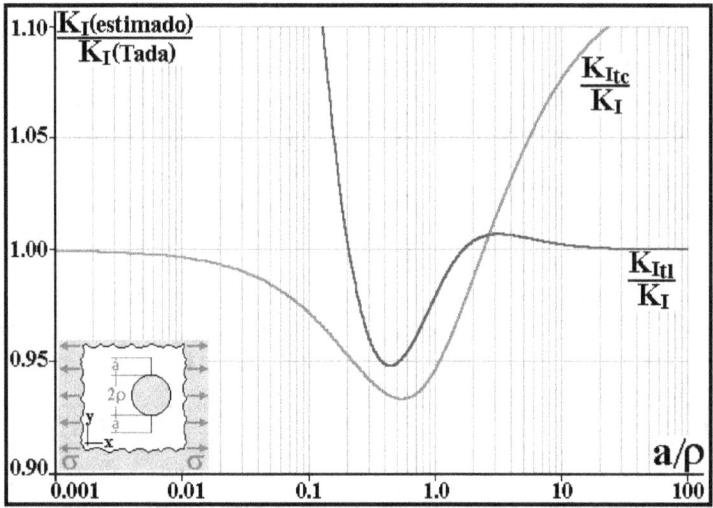

Fig. 9.2: Razões entre as estimativas do FIT de uma placa infinita tracionada com 2 trincas de tamanho **a** que partem de um furo circular de raio **ρ**, obtidas supondo as trincas curtas (K_{Itc}) ou longas (K_{Itl}), e o FIT quase exato dado pela equação (9.2).

Assim, o K_I desta placa furada pode ser estimado dentro de cerca de **5%** da solução quase exata de Tada supondo a trinca curta e usando K_{Itc} para qualquer trinca com **a/ρ < 0.2**, ou supondo-a longa e usando K_{Itl} para as trincas com **a/ρ > 0.2**. Além disso, num resultado surpreendente, se pode estimar o K_I desta placa dentro de apenas cerca de **7%** usando o modelo K_{Itc} para trincas com tamanhos de até **a/ρ < 7**, ou o modelo K_{Itl} (que despreza o efeito do furo) para trincas tão pequenas quanto **a/ρ < 0.13**. É claro que não se pode generalizar o bom resultado destes modelos aproximados para qualquer geometria, mas é encorajador saber que cálculos relativamente simples podem ser usados na prática para, na ausência de informações mais precisas, estimar K_I dentro de aproximações bastante razoáveis. ✔

9.3 Fundamentos do Método da/dN

Paris, Gomez e Anderson [2] foram os primeiros a afirmar explicitamente (em 1961) que a taxa de propagação de trincas por fadiga **da/dN** seria controlada por **ΔK**, em vez de por **Δσ** ou por **Δε**. Assim, ao quantificar de forma clara e inequívoca o efeito da trinca, eles começaram a primeira verdadeira revolução no campo da fadiga desde os tempos de Wöhler. Mas, paradoxalmente, este trabalho fundamental foi rejeitado pelas principais revistas científicas da época, sob alegações preconceituosas tipo "todo mundo sabe que fadiga é causada por plasticidade cíclica, logo não pode ser descrita por um parâmetro linear elástico", e por isso só pôde ser publicado numa obscura revista universitária. O zelo pela preservação do conhecimento científico é necessário, mas poucas vezes gerou uma opinião tão infeliz. Por sorte aquela rejeição improcedente não influiu na persistência dos autores em divulgar a nova idéia, que acabou sendo aceita e incorporada pela comunidade técnica num tempo recorde.

Este incidente justifica uma curta divagação filosófica. A ciência é um pilar da sociedade moderna, logo ela deve ser cuidadosamente preservada. Todavia, a natureza do conhecimento científico é progressiva, portanto ele precisa ser continuamente questionado, através do confronto livre de idéias devidamente fundamentadas. Desta forma, o equilíbrio entre preservação e revisão é essencial à ciência, cuja verdade intrinsecamente transitória deve ser defendida com afinco, mas também com bom senso, pois o conhecimento precisa avançar. Assim, como até hoje, em pleno século XXI, ainda há fanáticos que pregam idéias absurdas (como impedir o ensino da teoria da evolução), nunca é demais lembrar que conservar o conhecimento científico é tão necessário quanto combater o preconceito que tenta impedir o seu avanço.

Pouco depois (em 1963), Paris e Erdogan [3] demonstraram de forma convincente que é de fato **ΔK** (e *não* a gama das tensões **Δσ**) o parâmetro que controla **da/dN**. Neste belíssimo trabalho, eles mediram a propagação por fadiga de trincas centrais de tamanho inicial **2a₀** em dois conjuntos de placas de Al 2024 de largura **w** e espessura **t**, com **t** e **w >> t**, aplicando em todas as placas a mesma gama de tensões **Δσ = ΔP/wt**, onde **ΔP** é a gama da força, mantida fixa durante o teste. Num dos conjuntos eles aplicaram a carga nas faces da trinca (usando um pino bi-partido, como esquematizado na placa 1 da Fig. 9.3), enquanto no outro a carga foi aplicada na borda da placa (placa 2 naquela figura). Ora, é trivial concluir que se fosse a gama das tensões **Δσ** que controlasse a propagação das trincas, as taxas **da/dN** deveriam ser as mesmas (ou pelo menos deveriam variar de uma forma similar) nos dois tipos de placas.

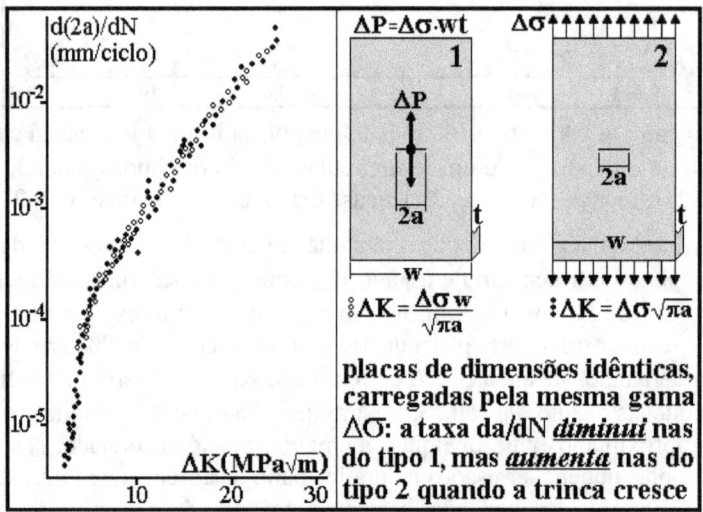

Fig. 9.3: Placas testadas por Paris e Erdogan para comprovar que a taxa de propagação das trincas por fadiga **da/dN** era controlada pela gama **ΔK**, e não por **Δσ**.

Mas em vez de serem idênticas, as taxas medidas por Paris e Erdogan tiveram um comportamento oposto. Quando a carga foi aplicada nas faces das trincas das placas do tipo 1, a taxa **da/dN** decresceu à medida que as trincas aumentaram (ou seja, as trincas desaceleraram). Já quando a mesma carga foi aplicada nas bordas das placas tipo 2, a taxa **da/dN** cresceu com o tamanho da trinca (logo, nestes casos as trincas aceleraram). Como todas as placas foram solicitadas pela mesma gama de tensões **Δσ**, que foi mantida fixa durante todos os testes, deve-se concluir necessariamente que as taxas de propagação das trincas por fadiga **da/dN** *não* estavam sendo controladas por **Δσ** (nem pela gama conseqüente das deformações **Δε**). Todavia, quando plotadas em função da gama do fator de intensidade de tensões (FIT) **ΔK**, as taxas **da/dN** medidas nos dois tipos de placas puderam ser bem ajustadas por uma única curva, como mostrado na Fig. 9.3, independente do tamanho das trincas e de como a carga foi aplicada.

Esta coincidência certamente não podia ser acidental, e comprovou que a propagação das trincas por fadiga era de fato controlada pela gama ΔK, e não por $\Delta\sigma$ ou $\Delta\varepsilon$. Este é um dos pilares nova filosofia de projeto tolerante a defeitos introduzida no Capítulo 8, a qual é totalmente dependente da quantificação confiável da propagação das trincas por fadiga. Isto porque não basta calcular a segurança de uma estrutura trincada num dado instante, é preciso também quantificar como o seu fator de segurança varia à medida que a trinca cresce. A justificativa para o comportamento aparentemente estranho da propagação das trincas nas placas de Paris e Erdogan é simples. Tanto a gama $\Delta K \cong \Delta\sigma\cdot\sqrt{\pi a}$ quanto a (conseqüente) taxa **da/dN** crescem com o tamanho **a** da trinca quando a carga cíclica $\Delta\sigma$ é aplicada nas bordas das placas. Mas quando as forças $\Delta P = \Delta\sigma\cdot tw$ solicitam a placa pelas faces da trinca separando-as ciclicamente, a gama $\Delta K \cong \Delta\sigma\cdot w/\sqrt{\pi a}$ e (portanto) a taxa **da/dN** decrescem com **a**.

Se de fato a taxa de propagação de trincas por fadiga **da/dN** é primariamente controlada pela gama do FIT ΔK, é razoável supor que se pode em princípio medir as curvas **da/dN×ΔK** de qualquer material testando qualquer tipo de CP. É claro que para isso é preciso que se saiba calcular ΔK a partir da carga ΔP e do tamanho da trinca **a**, parâmetros que são mensuráveis durante o teste.

Esta idéia é comprovada na Fig. 9.4 pela curva **da/dN×ΔK** do aço 1065 [4], medida usando 3 tipos de CPs diferentes. Todavia, não é conveniente assumir que todos os CPs são idênticos, porque nem todos eles podem ter seus parâmetros medidos dentro de uma mesma incerteza. Além disso, a propagação das trincas por fadiga não depende apenas de ΔK, e pode ser muito afetada por vários outros fatores, inclusive geométricos, como estudado ao longo deste capítulo.

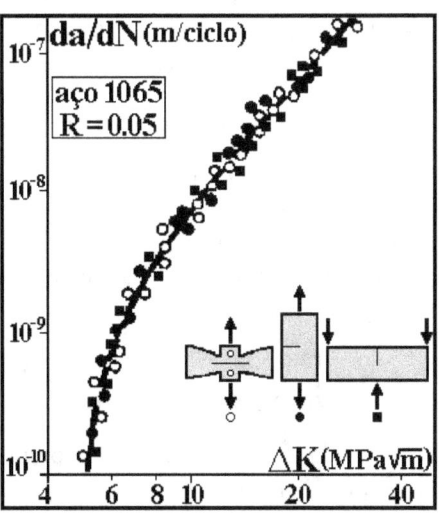

Fig. 9.4: Curva **da/dN×ΔK** de um aço 1065 medida em 3 tipos de CPs (sob a mesma razão $R = K_{min}/K_{max} = 0.05$).

9.3.1 A regra de Paris

Paris e Erdogan, ainda que se desculpando pela audácia, também foram os primeiros a afirmar que a vida residual de uma peça trincada à fadiga era previsível integrando a curva de propagação **da/dN×ΔK** do material [3], que eles modelaram (em parte) por uma simples relação parabólica, hoje universalmente conhecida como regra de Paris:

$$da/dN = A \cdot \Delta K^m \tag{9.5}$$

Como as trincas preferem crescer por fadiga em modo I (para evitar o atrito entre as suas faces), é comum subentender o índice I e só usá-lo quando os modos II ou III tiverem alguma importância. Os parâmetros **A** e **m** da regra de Paris, que devem ser medidos em testes apropriados, dependem do material. As ligas metálicas tipicamente têm expoente **1.5 < m < 6**. A importância prática da regra de Paris é realmente imensa. Mas ela tem limitações que afetam a modelagem dos problemas de fadiga. Para começar, a dimensão do coeficiente **A** depende do expoente **m** quando a regra de Paris é escrita na forma **da/dN = AΔK^m**, e por isso os valores de **A** *não* são diretamente comparáveis. Mas este problema é facilmente evitável, reescrevendo a regra de Paris na forma [5-8]:

$$da/dN = C \cdot \left[\Delta K/\Delta K_{ref}\right]^m \tag{9.6}$$

onde $A = C/(\Delta K_{ref})^m \Rightarrow logA = logC - m \cdot log\Delta K_{ref} = \alpha + \beta m$. Quando a constante C é dada em **mm/ciclo** e a gama de referência ΔK_{ref} em **MPa√m**, tipicamente $|\alpha + \beta| > 5$ para os aços e $|\alpha + \beta| < 5$ para as ligas de Al. Por exemplo:

- Niccols [9] ajustou a regra de Paris aos testes de propagação de trincas por fadiga de seus aços por $logA = -3.98 - 1.26 \cdot m$ (ou por $C = 1.05 \cdot 10^{-4}$mm/ciclo e $\Delta K_{ref} = 18.2$MPa√m) e aos testes das suas ligas de Al por $logA = -3.15 - 1.18 \cdot m$;

- Tanaka [10] ajustou $logA = -4.49 - 1.18 \cdot m$ aos testes dos aços que ele chamou de frágeis e $logA = -3.78 - 1.51 \cdot m$ aos aços dúcteis.

- Nishioka [11] ajustou $logA = -4.07 - 1.34 \cdot m$ aos resultados dos testes de propagação de trincas dos aços de baixa liga e $logA = -4.30 - 1.24 \cdot m$ aos testes de aços carbono; e

- Baïlon [12] usou $\alpha = -3.01 - 3.69 \cdot R$ e $\beta = -1.48 + 1.63 \cdot R$ (onde $R = K_{min}/K_{max}$) para descrever a propagação de trincas por fadiga nas suas ligas de Al.

9.3.2 Aplicações básicas da regra de Paris

A regra de Paris foi uma idéia realmente revolucionária em fadiga, ao reconhecer a presença da trinca e quantificar a sua propagação. Além disso, ela é muito simples de usar, tanto em projeto quanto na avaliação de integridade estrutural (AIE). Assim, se a taxa de propagação da trinca por fadiga é descrita por $da/dN = A \cdot \Delta K^m$, o número de ciclos N necessários para propagar a trinca do comprimento inicial a_0 até o final a_f sob ΔK fixa é dado por:

$$N = \int_{a_0}^{a_f} \frac{da}{A\Delta K^m} = \frac{1}{A(\Delta\sigma\sqrt{\pi})^m} \int_{a_0}^{a_f} \frac{da}{[\sqrt{a} \cdot f(a/w)]^m} \tag{9.7}$$

Devido à imensa importância prática deste tipo de cálculo [13-36], é didaticamente muito útil explorar algumas das suas características principais através da solução de uma série de exemplos simples:

⇨ E9.2: Se uma grande placa é solicitada por uma gama de tensões trativas $\Delta\sigma = 100$MPa, calcule o número de ciclos N necessários para propagar por fadiga uma trinca lateral de tamanho inicial $a_0 = 10$mm até um tamanho final $a_f = 100$mm, sabendo que a taxa de propagação de trincas por fadiga no material da placa é $da/dN = 8\times10^{-12}\Delta K^{3.1}$ (ΔK em **MPa√m** e **da/dN** em **m/ciclo**).

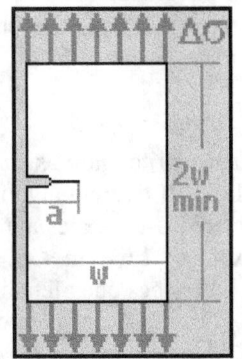

Fig. 9.5: Trinca **a** na aresta de uma tira de largura **w** tracionada por $\Delta\sigma$.

Como listado no Apêndice 4 ou no banco de dados do **ViDa**, se o tamanho da trinca for muito pequeno em relação ao da placa, ou seja, se $a << w$, então $\Delta K \cong 1.12\Delta\sigma\sqrt{\pi a}$, logo:

$$N = \frac{1}{8 \cdot 10^{-12}(1.12 \cdot 100\sqrt{\pi})^{3.1}} \int_{0.01}^{0.1}(\sqrt{a})^{-3.1} \, da =$$
$$= \frac{0.01^{-0.55} - 0.1^{-0.55}}{0.55 \cdot 8 \cdot 10^{-12}(112\sqrt{\pi})^{3.1}} = 1.55 \cdot 10^5 \text{ ciclos} \tag{9.8}$$

É preciso muito cuidado com as unidades para evitar erros numéricos nas contas: quando a gama do fator de intensidade de tensões ΔK é dada em **MPa√m**, o tamanho da trinca **a** deve ser sempre expresso em **m** e *não* em **mm**, para obter o produto $A \cdot \Delta K^m$ em **m/ciclo**! ✔

⇨ E9.3: E se o tamanho inicial da trinca fosse $a_0 = 1mm$ (em vez de $a_0 = 10mm$ como no E9.2), quantos ciclos seriam necessários para propagá-la até $a_f = 100mm$?

$$N(a_0=1, a_f=100)=\frac{0.001^{-0.55}-0.1^{-0.55}}{0.55\cdot 8\cdot 10^{-12}(112\sqrt{\pi})^{3.1}}=7.04\cdot 10^5 \text{ ciclos}$$

Note que diminuir o tamanho inicial da trinca de $a_0 = 10$ para $a_0 = 1mm$ aumenta em apenas 10% o crescimento total da trinca, mas em 354% a vida desta grande placa trincada. ✓

⇨ E9.4: Qual seria a vida à fadiga da placa do E9.2 se ela fosse semi-infinita, partindo da trinca inicial $a_0 = 10mm$ e supondo que $a_f \to \infty$?

$$N_{max}(a_0=10, a_f=\infty)=\frac{0.01^{-0.55}-0}{0.55\cdot 8\cdot 10^{-12}(112\sqrt{\pi})^{3.1}}=2.15\cdot 10^5 \text{ ciclos} \checkmark$$

Note que mesmo supondo $a_f \to \infty$ a vida desta placa continuaria *finita*, e só seria 39% maior que o número de ciclos gastos para propagar a trinca de $a_0 = 10$ até $a_f = 100mm$. Este resultado não é intuitivo, e merece ser enfatizado: para aumentar a vida residual à fadiga destas placas trincadas (que é limitada até mesmo quando, ignorando a tenacidade finita do material, se supõe $a_f \to \infty$), aumentar o tamanho final da trinca *não* é tão eficaz quanto diminuir o seu tamanho inicial (pois tanto ΔK quanto da/dN crescem com a trinca). Ou seja, aumentar a tenacidade do material para aumentar a vida residual à fadiga não é a melhor opção, mas isto *não* significa que a tenacidade seja irrelevante em fadiga. Ao contrário, a tenacidade é talvez a propriedade mais útil para o engenheiro estrutural, pois aumenta a tolerância às trincas grandes, e estas são muito mais facilmente detectáveis do que as pequenas. Assim, a tenacidade aumenta a segurança intrínseca das estruturas, um quesito indispensável na prática.

Mas como a propagação das trincas pequenas por fadiga sob os ΔK baixos a elas associados é em geral muito lenta, quase sempre são as trincas pequenas que controlam a vida à fadiga das peças reais. Portanto, a garantia de vidas à fadiga longas depende muito mais do limiar de detecção do método de inspeção não destrutiva do que da tenacidade: na tira estudada nos exemplos acima a trinca de $a_0 = 1mm$ levaria muito mais ciclos para atingir $a_f = 100mm$, do que a trinca de $a_0 = 10mm$ levaria para alcançar $a_f \to \infty$! Além disso, como todas as peças reais têm tenacidade K_C finita, elas fraturam ou rasgam assim que o valor máximo do FIT aplicado na peça iguala a tenacidade do material, $K_{max} = \sigma_{max}\sqrt{\pi a_C}\cdot f(a_C/w) = K_C$. Portanto, as peças reais só toleram trincas de tamanho menor que a_C, ou seja:

$$a_f \leq a_C = (1/\pi)(K_C/[\sigma_{max}\cdot f(a_C/W)])^2 \tag{9.9}$$

Antes de encerrar estes comentários, vale a pena mencionar que nos (raros) casos em que ΔK decresce à medida que a trinca aumenta, como na placa de Paris solicitada pelas faces da trinca (e também nas microtrincas que nascem em entalhes de K_t alto, mas só junto ao entalhe nestes casos, como estudado mais adiante), a taxa da/dN decresce quando o tamanho a da trinca cresce, e assim a vida da peça pode ser controlada pelas trincas grandes.

⇨ E9.5: Se $K_C = 30MPa\sqrt{m}$, qual seria a vida residual à fadiga de uma grande placa com uma trinca lateral de tamanho inicial $a_0 = 10mm$ sob $\Delta\sigma = 100MPa$ e $R = 0.05$?

Esta tenacidade é típica das ligas de Al das séries 2xxx e 7xxx de alta resistência (que têm $\sim 400 < S_E < \sim 550MPa$). Como $R = K_{min}/K_{max} = 0.05 \Rightarrow \sigma_{max} = \Delta\sigma/(1 - R) = 105.3MPa$, então $a_C(K_C = 30) = [30/(105.3\cdot 1.12)]^2/\pi = 20.6mm$. Logo, a vida residual da placa seria:

$$N(K_C = 30) = (0.01^{-0.55} - 0.0206^{-0.55})/(0.55\cdot 8\cdot 10^{-12}(112\sqrt{\pi})^{3.1}) = 7.07\cdot 10^4 \text{ ciclos} \checkmark$$

Como já mencionado acima, a vida à fadiga aumenta quando a tenacidade da peça (a qual depende do material e da geometria) cresce, mas a maior vantagem de um valor de $\mathbf{K_C}$ alto é a segurança intrínseca associada a uma trinca crítica $\mathbf{a_C}$ grande, já que a vida quase sempre é controlada por $\mathbf{a_0}$ e não por $\mathbf{a_C}$, como ilustrado abaixo.

⇨ E9.6: E se quantos ciclos duraria a grande placa (sob $\mathbf{\Delta\sigma = 100MPa}$ e $\mathbf{R = 0.05}$, partindo de $\mathbf{a_0 = 10mm}$) se a tenacidade fosse $\mathbf{K_C = 250MPa\sqrt{m}}$?

Esta alta tenacidade, típica dos melhores aços usados em estruturas soldadas de alta qualidade, é associada a uma trinca crítica enorme, mas ainda assim a vida residual à fadiga da placa é limitada pelo valor calculado no E9.4:

$$a_C = (1/\pi)[250/(105.3\cdot1.12)]^2 = 1.43\,m \Rightarrow N(K_C = 250MPa\sqrt{m}) = 2.01\cdot10^5\,\text{ciclos} \checkmark$$

É claro que este valor calculado para $\mathbf{a_C}$ é de interesse muito mais acadêmico do que prático (pois ele foi obtido supondo $\mathbf{w = \infty}$). Todas as peças reais são finitas, e por isso requerem uma solução algébrica um pouco mais complicada e bem mais interessante, como será estudado um pouco mais adiante. Todavia, nunca é demais enfatizar que nas estruturas reais, nas quais *não* se pode garantir a total inexistência de trincas, a grande vantagem dos materiais de alta tenacidade é o aumento da trinca crítica, e não o da vida residual à fadiga. De fato, como é muito mais fácil detectar as trincas grandes do que as pequenas, as estruturas tenazes (i.e. tolerantes às trincas) são intrinsecamente muito mais seguras do que as frágeis. E a detecção das trincas não-críticas é indispensável no projeto tolerante a defeitos, para que se possa garantir a segurança da estrutura durante os intervalos entre as inspeções obrigatórias.

Um outro tipo de problema interessante é achar a carga associada a uma dada vida à fadiga, como exemplificado a seguir.

⇨ E9.7: Se a placa com uma trinca lateral (e com $\mathbf{da/dN = 8\times10^{-12}\Delta K^{3.1}m/ciclo}$, $\mathbf{a_0 = 10mm}$, $\mathbf{a_f = 100mm}$, $\mathbf{w \to \infty}$) tivesse que durar $\mathbf{5\times10^5}$ ciclos, que gama $\mathbf{\Delta\sigma}$ suportaria?

$\mathbf{\Delta\sigma}$ teria que diminuir para a vida da placa à fadiga aumentar:

$$5\cdot10^5 = \frac{\int_{0.01}^{0.1}(\sqrt{a})^{-3.1}da}{8\cdot10^{-12}(1.12\cdot\Delta\sigma\cdot\sqrt{\pi})^{3.1}} \Rightarrow \Delta\sigma = \left(\frac{0.01^{-0.55} - 0.1^{-0.55}}{4\cdot10^{-6}(1.12\sqrt{\pi})^{3.1}\cdot0.55}\right)^{\frac{1}{3.1}} = 68.5MPa \checkmark$$

⇨ E9.8: E se esta carga $\mathbf{\Delta\sigma = 68.5MPa}$ só atuasse durante $\mathbf{N = 2\times10^5}$ ciclos, qual seria o comprimento final da trinca?

$$2\cdot10^5 = \frac{0.01^{-0.55} - a_f^{-0.55}}{8\cdot10^{-12}(1.12\cdot68.5\cdot\sqrt{\pi})^{3.1}\cdot0.55} \Rightarrow a_f = 18.5mm \checkmark$$

⇨ E9.9: Qual seria a vida residual à fadiga de uma tira trincada na borda se ela tivesse uma largura finita $\mathbf{w = 200mm}$, uma trinca inicial $\mathbf{a_0 = 10mm}$, taxa $\mathbf{da/dN = 8\times10^{-12}\Delta K^{3.1}}$ ($\mathbf{\Delta K}$ em $\mathbf{MPa\sqrt{m}}$ e $\mathbf{da/dN}$ em $\mathbf{m/ciclo}$) e tenacidade $\mathbf{K_C = 100MPa\sqrt{m}}$, e se ela trabalhasse sob uma carga trativa de gama $\mathbf{\Delta\sigma = 100MPa}$ e razão $\mathbf{R = 0.05}$?

Como este problema é um pouco mais realista do que os exercícios acadêmicos anteriores, seu FIT é um pouco mais complicada do que $\mathbf{K_I = 1.12\sigma\sqrt{(\pi a)}}$, para considerar o tamanho finito da tira (vide [1], ou o Apêndice 4, ou o banco de dados do **ViDa**):

$$K_I = \sigma\sqrt{\pi a}\cdot[0.752 + 2.02\frac{a}{w} + 0.37(1 - \sin\frac{\pi a}{2w})^3]\sec\frac{\pi a}{2w}\sqrt{\frac{2w}{\pi a}\tan\frac{\pi a}{2w}} \quad (9.10)$$

Apesar da complexidade algébrica desta equação, é fácil calcular o tamanho da trinca crítica a_C por tentativa e erro numa calculadora programável simples: a conta necessária para obter $a_C = 0.07451$ levou menos de 5 minutos na minha velha HP15C (que pifou recentemente após mais de 20 anos de bons serviços deixando saudades, pois a relação entre seu tamanho e versatilidade jamais foram igualados). Entretanto, o cálculo da vida residual à fadiga desta placa só é viável na prática através de integração numérica, pois resolver na mão a integral:

$$N = \int_{0.01}^{0.07451} \frac{1.25 \cdot 10^{11} \, da}{\left\{ 100 \sqrt{\pi a} \cdot \left[0.752 + 2.02 \frac{a}{0.2} + 0.37 (1 - \sin \frac{\pi a}{0.4})^3 \right] \frac{\sqrt{\frac{0.4}{\pi a} \tan \frac{\pi a}{0.4}}}{\cos(\pi a / 0.4)} \right\}^{3.1}} \tag{9.11}$$

não é uma tarefa que se possa chamar de trivial. Mas hoje em dia é fácil resolvê-la usando o **ViDa** (que possui integradores eficientes e bancos de dados que incluem todas as expressões de K_I que constam do Apêndice 4, e assim é particularmente útil para efetuar esta conta), ou então um programa matemático como Mathcad ou o Maple, por exemplo. Com qualquer dessas ferramentas computacionais acha-se facilmente $N = 1.04 \cdot 10^5 \text{ciclos}$. ✔

Este exemplo gera uma conclusão óbvia, mas raramente enfatizada: como os FIT das peças trincadas reais são complicados, não se justifica usar uma regra **da/dN** simplista para prever as suas vidas residuais à fadiga. De fato, as regras de propagação mais precisas do que Paris (discutidas em detalhes um pouco mais adiante) não causam maiores dificuldades conceituais nas previsões de integridade estrutural, pois na prática as vidas residuais à fadiga sempre acabam tendo que ser calculadas numericamente, devido à complexidade dos ΔK práticos.

É claro que prever vidas à fadiga sob cargas de gama constante por integração numérica é uma tarefa bem simples hoje em dia, já que os microcomputadores e os programas genéricos de cálculo como o Matlab, o Mathcad ou o Maple são ferramentas acessíveis a qualquer engenheiro. Nem se precisa do **ViDa** para isto. Mas como a integração numérica tem limitações não evidentes, é didaticamente justificável recordar alguns dos seus fundamentos, bem como relembrar alguns velhos macetes do tempo da calculadora.

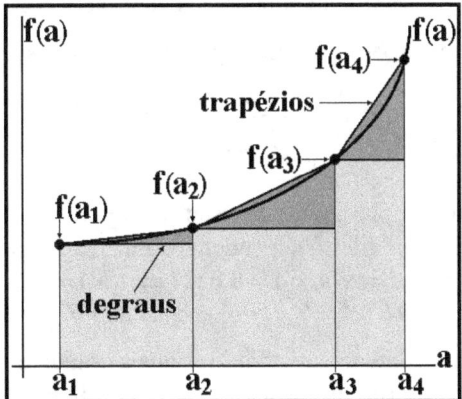

Fig. 9.6: A integral de **f(a)**, ou a área entre a curva **f(a)** e o eixo **a**, de a_1 até a_f pode ser aproximada, por exemplo, pela área de degraus ou trapézios gerados a partir de pares de pontos $\{a_i, f(a_i)\}$ e $\{a_{i+1}, f(a_{i+1})\}$ contidos entre a_1 e a_f, onde $a_f = a_4$ na figura.

Sendo $f_1 = f(a_1)$, $\delta_1 = a_2 - a_1$, $f_{1.5} = f[(a_1 + a_2)/2]$, $f_2 = f(a_2)$, $\delta_2 = a_3 - a_2$, etc., pode-se estimar a integral de a_1 até a_4 na Fig. 9.6 de qualquer função **f(a)** bem comportada neste intervalo (com um número finito de descontinuidades finitas entre a_1 e a_4) usando, com eficiência numérica crescente, regras como a dos degraus, a dos trapézios ou a de Simpson (esta ajusta parábolas aos pontos de discretização) [37], cujas fórmulas são dadas, respectivamente, por:

$$\int_{a_1}^{a_4} f(a)\,da \cong f_1\delta_1 + f_2\delta_2 + f_3\delta_3 \tag{9.12}$$

$$\int_{a_1}^{a_4} f(a)\,da \cong \delta_1\left(f_1 + f_2\right)/2 + \delta_2\left(f_2 + f_3\right)/2 + \delta_3\left(f_3 + f_4\right)/2 \tag{9.13}$$

$$\int_{a_1}^{a_4} f(a)\,da \cong (1/6)\left[\delta_1(f_1 + 4f_{1.5} + f_2) + \delta_2(f_2 + 4f_{2.5} + f_3) + \delta_3(f_3 + 4f_{3.5} + f_4)\right] \tag{9.14}$$

⇨ E9.10: Estime "na mão" a vida da tira do E9.9.

Integrar $g(a)$ de a_1 até a_2 equivale a achar a área entre $g(a)$ e o eixo a, a qual pode ser (e.g.) aproximada por um trapézio de área $[g(a_1) + g(a_2)]\cdot(a_2 - a_1)/2$. Sendo $g(a) = 1/A\Delta K^m$, a aproximação mais grosseira usa um único trapézio com $a_1 = a_0 = 0.01m$ e $a_2 = a_C = 0.07451m$ (como sempre, se ΔK está em $MPa\sqrt{m}$, a tem que estar em m). Calculando $g(a_1) = 1.1\cdot10^7$ e $g(a_2) = 9.26\cdot10^4$, obtém-se $\int g(a)da \cong 3.58\cdot10^5$. Esta estimativa é cerca de 3.5 vezes maior do que a vida calculada N_{calc} no E9.9, logo pode e deve ser refinada.

Uma segunda aproximação para a vida residual pode ser obtida dividindo o intervalo de integração em dois trapézios: $\int g(a)da \cong [g(a_1) + g(a_2)]\cdot(a_2 - a_1)/2 + [g(a_2) + g(a_3)]\cdot(a_3 - a_2)/2$, onde $a_1 = a_0$, $a_3 = a_C$ e a_2 é um ponto intermediário (que deve estar mais próximo de a_1 do que de a_3, já que a maior parte da vida é gasta para propagar trincas pequenas). Se $a_2 = 0.03$ e $g(a_2) = 1.47\cdot10^6$, obtém-se $\int g(a)da \cong 1.59\cdot10^5$, ou $1.53\cdot N_{calc}$. E se $a_2 = a_{médio} = 0.04226$, então $\int g(a)da \cong 1.81\cdot10^5$, uma estimativa pior do que a obtida com $a_2 = 0.03$, como esperado.

Uma terceira aproximação, obtida dividindo o intervalo de integração em 4 trapézios com $a_1 = a_0$, $a_2 = 0.015$, $a_3 = 0.03$, $a_4 = 0.05$, e $a_5 = a_C \Rightarrow \int g(a)da \cong 1.19\cdot10^5$, ou $1.14\cdot N_{calc}$.

Assim, com apenas 3 interações "envenenadas" (usando intervalos de discretização de tamanhos diferentes), o método dos trapézios estimou a vida N_{calc} dentro de um erro de **14%**. Mas pode-se fazer melhor, pensando um pouco mais nos detalhes do processo numérico.

Como $f(a_0/w) = 1.147$ e $f(a_C/w) = 1.963$, supondo $f(a/w)$ constante pode-se afirmar que:

$$\int_{0.01}^{0.07451} \frac{1.25\cdot10^{11}\cdot da}{(100\sqrt{\pi a}\cdot1.147)^{3.1}} > N > \int_{0.01}^{0.07451} \frac{1.25\cdot10^{11}\cdot da}{(100\sqrt{\pi a}\cdot1.963)^{3.1}} \tag{9.15}$$

Portanto, a vida à fadiga da placa tem que estar no intervalo $2.53\cdot10^4 < N < 1.34\cdot10^5$. Mas como as estimativas da regra de Paris só dependem da raiz do comprimento da trinca, $\sqrt{a}$, refazendo a integral (9.15) usando $a' = \sqrt{(a_0 a_C)} = 0.0227 \Rightarrow f(a') = 1.244$ em vez de a_0 ou a_C, pode-se estimar a vida $N(a') = 1.04\cdot10^5 = N_{calc}$ numa só conta! ✔

Este macete para estimar rapidamente vidas residuais usando a facilidade de integração da regra de Paris é explorado no próximo exemplo. Mas já vale a pena mencionar aqui que no **ViDa** os intervalos de integração são divididos proporcionalmente à $\sqrt{a}$ antes de serem integrados pela regra de Simpson, que é um método mais eficiente do que o dos trapézios.

⇨ E9.11: Se duas tiras com largura $w = 200mm$ trabalham sob $\Delta\sigma = 60MPa$ e $R = -0.1$, calcule em quantos ciclos trincas iniciais com $a_0 = 2mm$ (perpendiculares à σ) no centro de uma e na borda da outra levam até atingir $1/5$ do seu comprimento crítico, sabendo que $K_C = 120MPa\sqrt{m}$ e $da/dN = 6\cdot10^{-11}\Delta K^{2.8}$ (em $m/ciclo$ e $MPa\sqrt{m}$).

Sendo $\sigma_{max} = \Delta\sigma/(1 - R) = 60/1.1 = 54.55MPa$ a maior e $\sigma_{min} = \sigma_{max} - \Delta\sigma = -5.46MPa$ a menor tensão que atua nas tiras, supondo que a trinca não cresce sob cargas compressivas (hipótese que pode ser não-conservativa sob cargas complexas), assume-se que a taxa **da/dN** é causada apenas pela parte trativa da carga, logo sob $\Delta\sigma = \sigma_{max}$. Na tira com uma trinca central de comprimento **2a**, K_I é dado por [1]:

$$K_I = \sigma\sqrt{\pi a}\cdot\left[1 - 0.025(a/w)^2 + 0.06(a/w)^4\right]\cdot\sqrt{\sec(\pi a/2w)} \qquad (9.16)$$

Portanto, $K_I = K_C \Rightarrow a_C = 95.81mm \Rightarrow a_f = a_C/5 = 19.16mm$, e assim, a vida residual da tira é dada por:

$$\int_{0.001}^{0.01916} da/\left[6\cdot10^{-11}\{\sigma\sqrt{\pi a}\cdot[1 - 0.025(a/w)^2 + 0.06(a/w)^4]\cdot\sqrt{\sec(\pi a/2w)}\}^{2.8}\right] \qquad (9.17)$$

Sendo $K_I = \sigma\sqrt{(\pi a)}\cdot f(a/w)$, como **f** cresce com **a** neste caso, usando $f(a_0/w) = 1.000059$ e $f(a_f/w) = 1.022405$ pode-se facilmente achar limites para a vida residual da tira (pois é tarefa trivial integrar Paris quando **f** é constante), logo:

$$45998\cdot\int_{0.001}^{0.01916} a^{-1.4}da > N > 43238\cdot\int_{0.001}^{0.01916} a^{-1.4}da \qquad (9.18)$$

Esta estimativa geraria uma incerteza de apenas **6.4%** na previsão de vida, mas se esta pequena diferença ainda não for satisfatória, ela pode ser melhorada calculando **f** no ponto intermediário $a' = \sqrt{(a_0 a_f)} = 4.38mm \Rightarrow f(a') = 1.001136$ para obter $N \cong 1.259\cdot10^6$ **ciclos** (o valor exato com 3 dígitos significativos é $N = 1.255\cdot10^6$ **ciclos**). A expressão de K_I para a tira com uma trinca lateral de tamanho **a** foi dada no E9.9, e neste caso $a_f = 22.98mm$, logo os limites da sua vida à fadiga podem ser estimados por:

$$3.306\cdot10^4\int_{0.002}^{0.02298} a^{-1.4}da > N > 2.669\cdot10^4\int_{0.002}^{0.02298} a^{-1.4}da \qquad (9.19)$$

Já estimando a vida usando o ponto $a' = \sqrt{(a_0 a_f)} = 6.78mm \Rightarrow N \cong 6.02\cdot10^5$ **ciclos** (o valor exato neste caso é $N = 5.97\cdot10^5$ **ciclos**). ✔

Alguns comentários adicionais sobre o E9.11 são pertinentes. A estimativa de vida à fadiga usando o ponto $a' = \sqrt{(a_0 a_f)}$ para calcular a integral de Paris como se $f(a'/w)$ fosse constante é de fato bastante eficiente. Assim, vale a pena subdividir os intervalos de integração usando incrementos variáveis proporcionais à raiz do tamanho da trinca nas rotinas de integração numérica para prever vidas à fadiga. São macetes como este que tornam o **ViDa** uma ferramenta tão eficiente na prática. A trinca crítica gera $a_C/w = 0.575$ na placa com a trinca lateral e $a_C/w = 0.958$ na placa com a trinca central, portanto a primeira tem mais chance de falhar por propagação da trinca em vez de por colapso plástico. Se este fato não for considerado, a vida residual da placa com a trinca central é mais do que o dobro da vida da placa com a trinca na borda. E por fim deve-se mencionar que a regra de Paris não reproduz a forma sigmoidal típica das curvas **da/dN**, logo pode gerar previsões totalmente inadequadas na prática, como estudado um pouco mais adiante.

9.3.3 Efeito da tensão na vida de propagação prevista por Paris

A vida **N** de propagação pode ser relacionada à gama de tensão $\Delta\sigma$ de uma forma semelhante à curva **SN** [22]:

$$N\cdot\Delta\sigma^m = \int_{a_0}^{a_f} \frac{da}{A\left[\sqrt{\pi a}\cdot f(a/w)\right]^m} = D \qquad (9.20)$$

Assim, dados os parâmetros da regra de Paris **A** e **m**, e os tamanhos inicial e final da trinca a_0 e a_f, o termo **D** da equação (9.20) é uma constante equivalente ao coeficiente **C** da curva de Wöhler. Mas nesta equação o expoente da tensão é igual ao **m** de Paris, tipicamente da ordem de **3** para metais, um valor muito menor do que o expoente **B** do método **SN**, cujo valor típico é da ordem de **11**. De fato, o expoente da parte elástica da curva εN usado na estimativa das medianas é $b_{med} \cong -0.09$, vide Capítulo 6, logo o expoente da tensão SN equivalente é dado por $B_{med} = -1/b_{med} \cong 11.1$. Portanto, pode-se concluir que a iniciação da trinca é muito mais sensível a pequenas variações na gama $\Delta\sigma$ da tensão do que a sua propagação na região onde a regra de Paris é válida. Este fato interessante é ilustrado na Fig. 9.7.

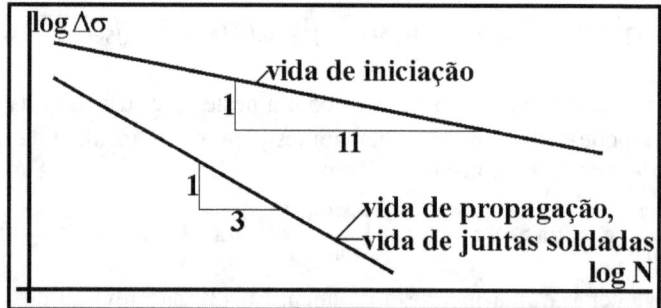

Fig. 9.7: Curvas **SN** típicas para a iniciação e para a propagação de Paris.

Assim, um pequeno aumento de apenas **10%** na gama $\Delta\sigma$ diminui a vida de iniciação em $1 - 1/1.1^{11} \cong 65\%$, mas só reduz a vida de propagação em $1 - 1/1.1^3 \cong 25\%$. As curvas **SN** normalizadas das juntas soldadas, $N\Delta\sigma^B = C$, têm expoentes **B = 3** (ou **B = 3.5**, vide Capítulo 4). Portanto, pode-se argüir que sua vida à fadiga seria controlada pela propagação e não pela iniciação de uma trinca. Este argumento equivale a assumir que as juntas soldadas intrínseca e inevitavelmente sempre têm defeitos tipo trinca, ainda que muito pequenas para serem detectadas pelos métodos de inspeção não destrutiva usuais. E que estas pequenas trincas intrínsecas já começam a propagar por fadiga na região parabólica de Paris da curva **da/dN×ΔK**. Estas hipóteses são fisicamente razoáveis e **não** invalidam os códigos de projeto à fadiga de juntas soldadas, cujas curvas **SN** seriam na realidade curvas de propagação de pequenas trincas.

9.4 A Forma Sigmoidal das Curvas da/dN×ΔK Típicas

Nas previsões de vidas à fadiga das peças trincadas é necessário reconhecer que as curvas **da/dN×ΔK** **não** podem ser parabólicas, pois há ao menos dois limites físicos que as taxas **da/dN** têm que obedecer: (i) a peça fratura se $K_{max} \geq K_C$; e (ii) a trinca não propaga por fadiga se **ΔK** for pequeno demais. Assim, as curvas **da/dN×ΔK** devem ter uma forma sigmoidal característica, que pode ser separada em três fases bem distintas [3-36], vide Fig. 9.8:

1. A Fase I, que parte de um limiar de propagação ΔK_{th} tal que $\Delta K < \Delta K_{th} \Rightarrow da/dN = 0$, tendo a curva **log(da/dN)×log(ΔK)** derivada decrescente à medida que **ΔK** cresce a partir de ΔK_{th}, até chegar ao início da fase II (a curva de propagação é quase sempre representada em log-log, pois as taxas **da/dN** englobam várias ordens de grandeza).

2. A Fase II, que pode em geral ser modelada pela regra de Paris, $da/dN \cong A \cdot \Delta K^m$, pois a derivada da curva **log(da/dN)×log(ΔK)** é aproximadamente constante nesta fase.

3. A Fase III, onde a derivada da curva **log(da/dN)×log(ΔK)** cresce à medida que **ΔK** aumenta, até que a peça acaba fraturando quando o maior valor do fator de intensidade de tensão nela aplicado atinge a tenacidade do material, $K_{max} = \Delta K /(1 - R) = K_C$.

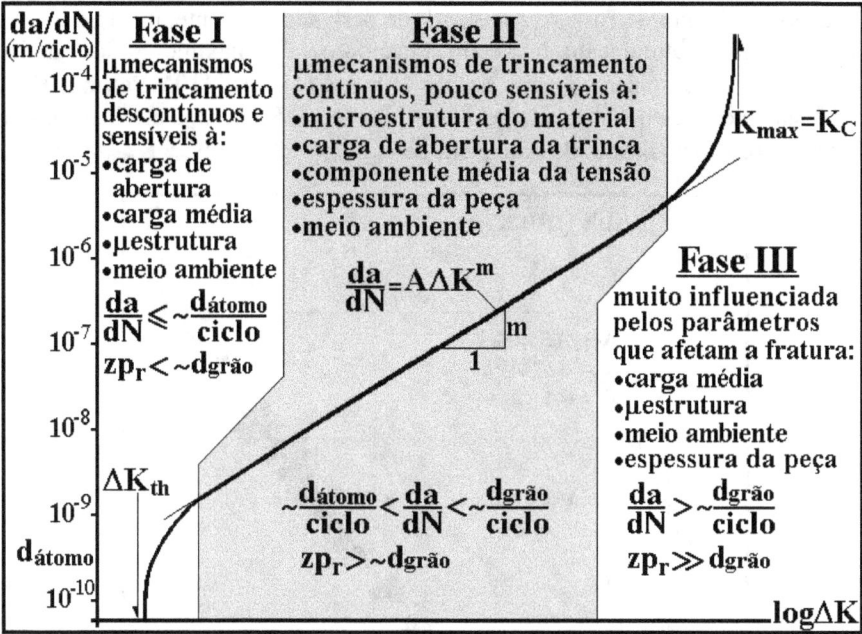

Fig. 9.8: Curva **da/dN×ΔK** típica, com as suas 3 fases características.

O esquema das 3 fases das curvas **da/dN×ΔK** na Fig. 9.8 também correlaciona as taxas **da/dN** típicas dos metais estruturais com parâmetros físicos característicos, como o diâmetro atômico $d_{átomo}$, o tamanho do grão $d_{grão}$, e a zona plástica reversa zp_r, que sempre acompanha as pontas das trincas de fadiga. A zp_r é causada pela carga alternada que solicita as trincas de fadiga as quais, sendo concentradores de tensão muito severos, sempre induzem escoamento cíclico em torno das suas pontas. De fato, como comprovado na seção 9.5, os trechos crescentes dos ciclos de fadiga sempre induzem escoamento sob tração junto às pontas das trincas, enquanto os trechos decrescentes sempre causam escoamento reverso sob compressão, através do mecanismo detalhadamente estudado no Capítulo 6.

Além da gama **ΔK**, também podem afetar as taxas de trincamento por fadiga: (i) a carga estática, em geral quantificada pela razão $R = K_{min}/K_{max}$ ou por K_{max}, em vez de pela carga média $K_m = (K_{max} + K_{min})/2$; (ii) a microestrutura do material (abreviada por "µestrutura" na Fig. 9.8); (iii) a carga de abertura da trinca (vide seção 9.5); (iv) a espessura da peça; e (v) o meio ambiente. A influência de cada um destes parâmetros será detalhadamente estudada adiante. Mas antes de prosseguir neste estudo, vale a pena fazer duas observações pertinentes:

- Relembra-se que, neste texto, "trincamento" significa crescimento estável da trinca (por fadiga, se outro mecanismo não for especificado); enquanto "rasgamento" e "fraturamento" são termos associados ao crescimento quase estável e à propagação instável da trinca no processo de fratura, com a conseqüente separação da peça em duas ou mais partes.

- Apesar de agora ser impossível dissociar a regra **da/dN = AΔK^m** do nome de Paris, ele afirma nunca tê-la proposto, e diz que não gosta de compartilhar seu nome com ela. Isto porque desde o seu trabalho pioneiro (vide Fig. 9.3), ele reconheceu explicitamente que a regra parabólica só descreve bem a fase II da curva **da/dN×ΔK**, e que ela só deveria ser usada para prever vidas à fadiga nesta fase.

A Fig. 9.9 mostra a curva **da/dN×ΔK** de um aço ASTM A533 medida sob **R = 0.1**, com as suas 3 fases características [6]: a Fase I, que parte de um limiar **ΔK_th** (localizado entre **7** e **8MPa√m**), e cuja derivada diminui quando **ΔK** cresce; a Fase II, de derivada constante (em log-log), onde vale a regra de Paris; e a Fase III, de derivada crescente, mostrando a transição do trincamento para o fraturamento, que ocorre quando o valor máximo do fator de intensidade de tensões atinge a tenacidade do material, $K_{max} = \Delta K/(1-R) \cong 110MPa\sqrt{m} \cong K_C$. A componente estática da carga é quantificada pela razão $R = K_{min}/K_{max}$, uma prática comum na metodologia da/dN (como nos testes de fadiga em geral $K_{max} > 0$, $R > 0 \Rightarrow K_{min} > 0$).

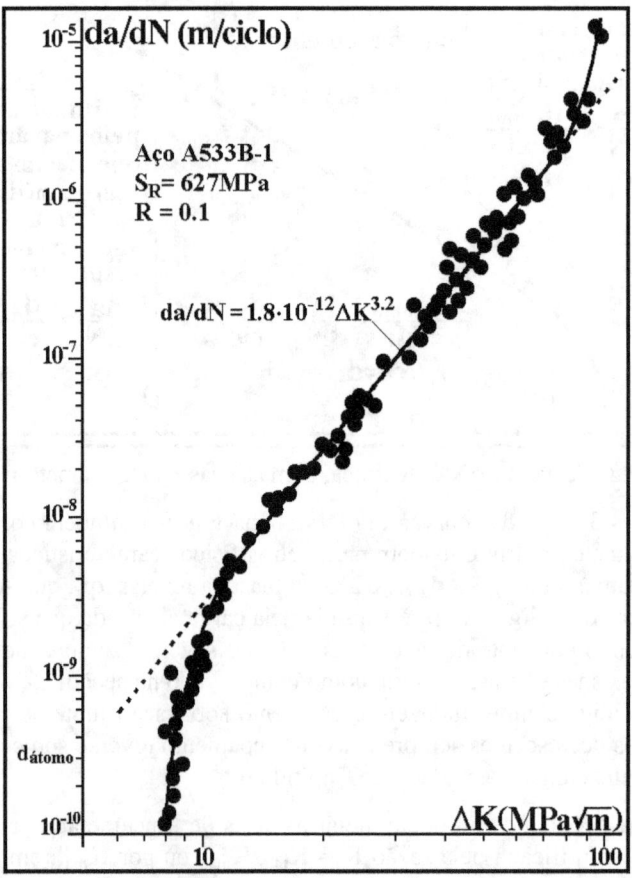

Fig. 9.9: Curva $da/dN \times \Delta K$ do aço ASTM A533 classe B1, medida sob $R = 0.1$.

A Fig. 9.10 mostra curvas $da/dN \times \Delta K$ de um aço 300M, ilustrando a influência da carga média (pequena na fase II e grande nas fases I e III) e da microestrutura do material [38]. Note que estas curvas corroboram o comportamento típico esquematizado na Fig. 9.8. A Fig. 9.11 mostra dados de propagação de um aço API-5L-X60 (tipicamente usado para construir dutos de óleo e gás), com $S_E = 492$, $S_R = 537$ e $H = 729MPa$, $h = 0.08$, $RA = 46\%$ e $E = 199GPa$, medidos sob $R = 0.1$ e $R = 0.7$ no sistema ilustrado nas Figs. 9.12 e 9.13. Note a dispersão relativamente pequena dos pontos experimentais medidos nestes testes, quando comparada às dispersões obtidas nos testes de iniciação, que são tipicamente de uma ordem de grandeza nas vidas medidas em CPs submetidos a uma mesma carga.

A propagação das trincas é intrinsecamente bem menos sensível do que a iniciação aos parâmetros locais (como o acabamento superficial, e.g.). Eles não influem nas pontas das trincas porque elas têm um K_t muito alto, que gera gamas $\Delta\sigma$ e $\Delta\varepsilon$ tão grandes junto às suas pontas, de forma que o dano ali localizado é quase insensível aos detalhes locais que podem afetar a iniciação. Por isso, a dispersão dos testes de propagação feitos com algum capricho (como os da Fig. 9.11) é em geral bem menor do que a dos testes SN típicos: as vidas de propagação medidas em vários CPs sob uma mesma gama **ΔK** variam tipicamente dentro de um fator menor que **2**, enquanto as vidas de iniciação **N(Δσ)** podem variar mais de uma ordem de grandeza, mesmo quando medidas sob gamas elásticas idênticas, como estudado no Capítulo 4.

Como muitos testes de propagação de trincas são feitos seguindo as recomendações norma E647 da ASTM [46], que padroniza as medidas das curvas **da/dN×ΔK**, vale a pena mencionar que ela não restringe a espessura dos corpos de prova. Mas nela há menção de que a espessura pode ser importante no trincamento por fadiga, e uma recomendação de que as curvas de propagação sejam preferencialmente medidas em CPs de espessura similar à da peça cuja vida à fadiga se quer prever. Este ponto tem grande importância prática, e será detalhadamente discutido adiante.

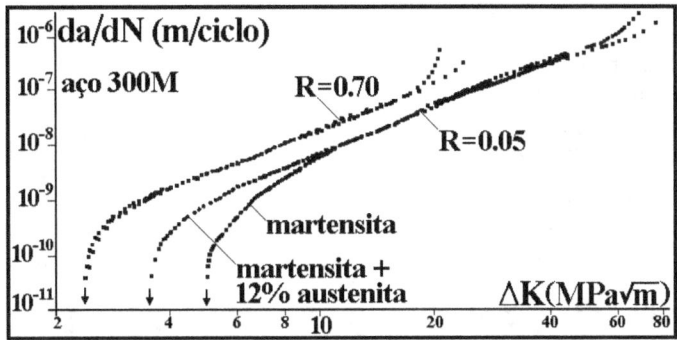

Fig. 9.10: Curvas **da/dN×ΔK** do aço 300M medidas sob **R = 0.1** e **R = 0.7**.

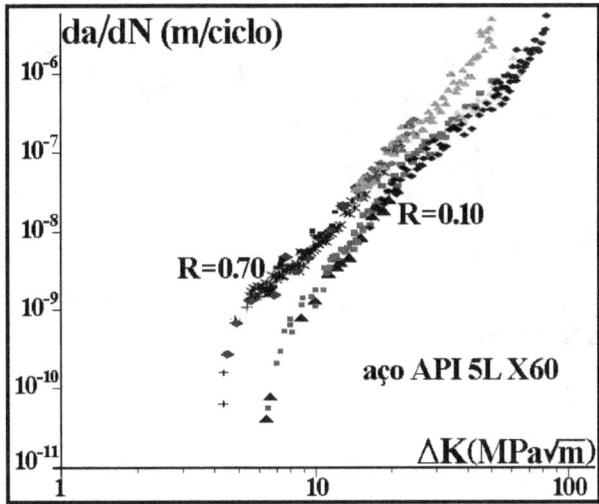

Fig. 9.11: Curvas **da/dN×ΔK** do aço API 5L X60 medidas sob **R = 0.1** e **R = 0.7** (os pontos experimentais mostrados nesta figura foram medidos em 8 CPs diferentes, sob **ΔK** crescentes e decrescentes, usando o sistema mostrado nas Fig. 9.12 e 9.13) [39].

O tamanho das trincas foi medido por técnicas redundantes nos testes da Fig. 9.11, usando um microscópio montado numa mesa micrométrica, um extensômetro (*strain gage*) colado na face traseira do CP, e um sistema de queda de potencial. Neste, mede-se a voltagem induzida entre os pontos **v+** e **v–** junto à boca da trinca (a qual depende da resistência elétrica do CP, que cresce com o tamanho da trinca) por uma corrente constante imposta nos pontos **i+** e **i–**, vide Fig. 9.12. Correntes da ordem de **30A** tipicamente geravam gamas **Δv** da ordem de apenas **1mV** naqueles testes, que eram medidas por um microvoltímetro muito preciso.

A resistência elétrica do CP também depende da resistividade do material, a qual pode variar muito com a temperatura. Assim, é importante mantê-la constante durante os testes, e é por isso que o CP mostrado na Fig. 9.13 está envolto numa caixa de acrílico.

A flexibilidade do CP aumenta à medida que a trinca cresce. Ela pode ser medida diretamente pelo deslocamento do ponto de aplicação da carga, mas como é muito difícil acessá-lo, é mais conveniente medi-la indiretamente pelas deformações induzidas na face traseira do CP. Ás vezes se usa um transdutor de deslocamento na boca da trinca (como nos testes de tenacidade descritos no Capítulo 8), mas estes não só podem afetar as mediadas de queda de potencial, como tendem a ser mais ruidosos que o *strain gage* (bem) colado na face traseira do CP. Na prática, tanto a técnica óptica quanto as analógicas podem medir o comprimento da trinca com incertezas da ordem de **20μm** (desconfie de afirmações mais otimistas). Para maiores detalhes sobre as técnicas de medição de tamanhos de trinca em testes de fadiga, vide [40-46].

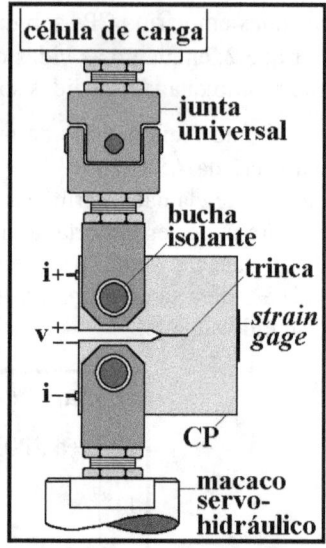

Fig. 9.12: Sistema usado para medir os dados apresentados na Fig. 9.11.

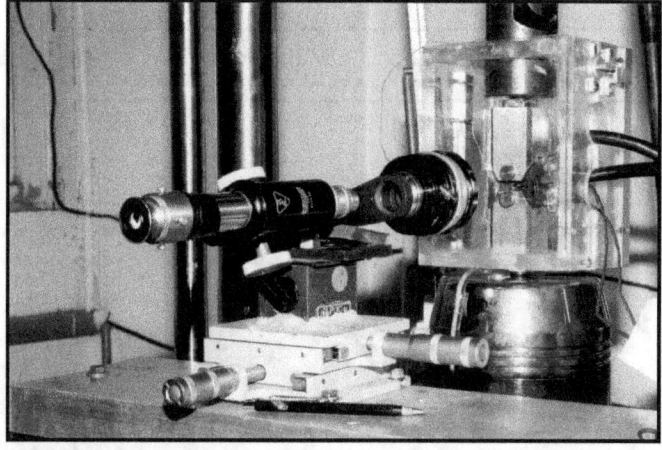

Fig. 9.13: Microscópio micrométrico em primeiro plano, cabos do sistema de queda de potencial na direita e do extensômetro na esquerda da figura.

9.5 Características Típicas das Trincas de Fadiga

As trincas de fadiga têm algumas características próprias que influenciam muito o seu comportamento, por exemplo:

- O trincamento ocorre por cegamentos e afiações repetidas das pontas das trincas que, portanto, sempre têm raios $\rho > 0$ sob carga. Mas note que $\rho > 0$ não torna os modelos singulares nem os FIT usados na MFLE imprestáveis em fadiga. Pelo contrário, eles são muito úteis na prática (a regra de Paris é um exemplo disso). Mas eles não podem descrever o dano junto às pontas das trincas, pois supõem $\rho = 0$, logo σ e $\varepsilon \to \infty$ nos pontos cuja distância às pontas $r \to 0$.

- As trincas podem permanecer fechadas durante parte dos ciclos de carregamento, mesmo quando solicitadas sob cargas sempre trativas, com $R > 0$.

- Trincas têm um K_t muito alto (mas finito), logo as cargas alternadas geram deformações elastoplásticas cíclicas à frente da sua ponta, criando uma zona plástica reversa que sempre as acompanha. Portanto, as trincas não crescem por fadiga cortando material virgem, pois propagam através de uma região já danificada pela história prévia da carga.

9.5.1 O fator de concentração de tensões K_t das trincas de fadiga

Como estudado no Capítulo 8, supor trincas com raio de ponta ρ nulo mesmo sob carga é conveniente do ponto de vista matemático, mas a singularidade das tensões e deformações causada pela hipótese $\rho = 0$ *não* reproduz a física das trincas reais. Na realidade, se as trincas gerassem campos de tensão e deformação singulares sob cargas $P > 0$, o material adjacente às suas pontas sofreria dano infinito. De fato, até os conceitos singulares da MFLE prevêem que a abertura δ da ponta das trincas (CTOD) carregadas deve ser finita, e estimada por:

$$\delta \cong K_I^2 / ES_E \tag{9.21}$$

Desta forma, pode-se assumir que qualquer trinca de fadiga de tamanho a, aberta por um $K_I = \sigma\sqrt{(\pi a)} \cdot f(a/w)$, tenha um raio de ponta da ordem de $\rho \cong \delta/2$. Este raio finito gera um fator (linear elástico) de concentração de tensões K_t finito, e facilmente estimável por Inglis:

$$K_t = 1 + 2\sqrt{a/\rho} \cong 2\sqrt{\frac{a}{\delta/2}} \cong 2\sqrt{\frac{2aES_E}{K_I^2}} = \frac{2\sqrt{2aES_E}}{\sigma\sqrt{\pi a} \cdot f(a/w)} \cong \frac{1.6\sqrt{ES_E}}{\sigma \cdot f(a/w)} \tag{9.22}$$

Note que o K_t das trincas diminui à medida que a tensão σ nelas aplicada aumenta, pois a abertura δ e o raio ρ da sua ponta aumentam com a carga. Logo, as trincas ficam menos afiadas à medida que a carga cresce, mas o K_t das trincas de fadiga é sempre muito alto. Pode-se estimar o menor valor do K_t das trincas de fadiga sabendo que as ligas estruturais metálicas têm $100 < E/S_E < 1000$, e que uma trinca central a numa placa de largura w tem $f(a/w) \cong 1$ se $a \ll w$. Digamos que uma destas placas trabalhe sob carga pulsante com $\sigma_{max} < S_E/2$, um valor que em geral não invalida as hipóteses da MFLE ($zp \ll a$, lr), e que ela seja feita de um aço de resistência muito alta, por exemplo $S_E = 2GPa \Rightarrow \sigma_{max} = S_E/2 = 1GPa$. Neste caso, aquelas trincas teriam $K_t \cong 1.6\sqrt{(ES_E)}/\sigma_{max} = 1.6 \cdot \sqrt{(200000 \cdot 2000)}/1000 = 32$. E neste caso, até uma trinca da ordem do menor tamanho detectável pelas técnicas usuais de inspeção não destrutiva, digamos $a = 1mm$, induziria $K_{max} \cong \sigma\sqrt{(\pi a)} = 1000\sqrt{(\pi \cdot 0.001)} \cong 56 MPa\sqrt{m}$, um valor maior do que o K_C da maioria dos aços desta resistência. Portanto, pode-se assumir com segurança que qualquer trinca de fadiga tem na prática $K_t > 30$.

Por outro lado, se a placa fosse de aço de baixa resistência, digamos $S_E = 200MPa$, e trabalhasse sob $\sigma_{max} = \Delta\sigma = S_E/20$, carga da ordem das menores gamas que causam fadiga, a trinca teria $K_t \cong 1.6 \cdot \sqrt{(200000 \cdot 200)}/10 \cong 1000$. Esta é uma estimativa razoável para o maior valor do K_t das trincas reais. Mas se deve notar que uma trinca de tamanho $a = 10mm$ teria neste caso $K_I \cong 10 \cdot \sqrt{(\pi \cdot 0.01)} \cong 1.8 MPa\sqrt{m}$, e provavelmente não propagaria por fadiga por estar abaixo do menor limiar típico de propagação dos aços que, como será estudado adiante, sob cargas pulsantes é da ordem de $\Delta K_{th} = 6 MPa\sqrt{m}$. Assim, a menor trinca que propagaria por fadiga neste caso deveria ter $a > (\Delta K_{th}/\Delta\sigma)^2/\pi = (6/10)^2/\pi \cong 115mm$.

Vale a pena notar que a estimativa do K_t das trincas de fadiga pela técnica de Creager-Paris (vide Capítulo 5) gera um resultado similar ao obtido por Inglis:

$$K_{t_{CP}} \cong \frac{2K_I}{\sigma\sqrt{\pi\rho}} \cong \frac{2\sigma\sqrt{\pi a}\, f(a/w)}{\sigma\sqrt{\pi} \cdot \sigma\sqrt{\pi a} \cdot f(a/w)/\sqrt{2ES_E}} = \frac{2\sqrt{2ES_E}}{\sigma\sqrt{\pi}} = 1.6\frac{\sqrt{ES_E}}{\sigma} = K_{t_{Ing}} f(a/w) \tag{9.23}$$

Assim, pode-se dizer com confiança que as trincas de fadiga típicas têm $30 < K_t < 1000$. Logo, qualquer carga de fadiga real sempre provoca escoamento reverso próximo das pontas das trincas, onde a gama de tensão atinge $2S_E < \Delta\sigma < K_t\Delta\sigma_n$ em qualquer situação prática. Portanto, as trincas de fadiga reais não crescem em material virgem, pois elas sempre se propagam cortando material que já sofreu deformações elastoplásticas cíclicas dentro da zona plástica reversa zp_r que (sempre) acompanha as suas pontas.

9.5.2 A zona plástica reversa que sempre acompanha as trincas de fadiga

O tamanho da zona plástica reversa pode ser estimado pelas mesmas técnicas usadas no Capítulo 8 para estudar a zona plástica monotônica zp, que em primeira aproximação foi estimada igualando a maior tensão σ_y à frente da trinca à resistência ao escoamento S_E:

$$\sigma_y(x=0)_{max} = K_{I_{max}}\Big/\sqrt{2\pi \cdot zp} = S_E \Rightarrow zp \cong K_{I_{max}}^2\Big/2\pi S_E^2 \qquad (9.24)$$

Já sabemos que esta estimativa para a zp é simplista, mas não gera valores absurdos. Assim, a zona plástica reversa zp_r, dentro da qual o material escoa em tração durante a parte crescente e em compressão durante a parte decrescente do ciclo de qualquer carga de fadiga ΔK_I (mesmo quando $\sigma_{min} > 0$), também é estimável em primeira aproximação por:

$$\Delta\sigma_y(x=0) = \Delta K_I\Big/\sqrt{2\pi \cdot zp_r} = 2S_{E_c} \Rightarrow zp_r \cong (1/2\pi)\big(\Delta K_I/2S_{E_c}\big)^2 \qquad (9.25)$$

Durante a maior parte do trincamento por fadiga os ligamentos residuais das peças reais são em geral muito maiores que as zonas plásticas reversas, $lr \gg z_{pr}$, e assim quase sempre a propagação paulatina das trincas ocorre sob condições predominantes elásticas. É por isso que até mesmo quando a falha final ocorre sob muita plasticidade, o crescimento da trinca por fadiga é controlado por ΔK durante quase toda a sua vida útil. É fácil verificar isto, estimando o tamanho da zp_r em peças de aço sujeitas a gamas $2 < \Delta K < 100MPa\sqrt{m}$, faixa que cobre o trincamento na grande maioria dos casos práticos (e que corresponde a taxas tipicamente entre $10^{-11} \sim 10^{-10} < da/dN < 10^{-6} \sim 10^{-5}m/ciclo$, vide Fig. 9.8). Sendo $0.2 < S_E < 2GPa$ a faixa das resistências dos aços, $(2/2000)^2/8\pi \cong 40nm < zp_r < (100/2000)^2/8\pi \cong 0.1mm$ nos aços mais resistentes (mas este limite superior é superestimado, pois aços de $S_E = 2GPa$ em geral têm $K_C < 100MPa\sqrt{m}$), e $(2/200)^2/8\pi \cong 4\mu m < zp_r < (100/200)^2/8\pi \cong 10mm$ nos aços mais macios. Portanto, exceto nas peças pequenas de baixa resistência sujeitas a ΔK muito altos, pode-se esperar que a MFLE modele muito bem a propagação das trincas por fadiga na prática.

Estas estimativas podem ser melhoradas considerando o efeito da tensão nominal no tamanho da zp_r, como feito no Capítulo 8 no caso da zp. Mas esta sofisticação ainda não é necessária nesta parte do estudo, e só será avaliada mais adiante. O que importa aqui é especular sobre a razão física para a taxa de propagação das trincas por fadiga depender primariamente da gama do fator de intensidade de tensões, $da/dN = f(\Delta K)$. Como os pequenos avanços das trincas de fadiga são sempre menores que a zona plástica reversa, $da < zp_r$, a trinca cresce numa parte do material dentro da zp_r à sua frente que rompe devido ao acúmulo do dano nela causado pelas repetidas deformações elastoplásticas cíclicas $\Delta\varepsilon$ que lá atuam. E como o tamanho da zp_r é controlado por ΔK, é razoável supor que o dano à fadiga e a conseqüente taxa da/dN, ainda que indiretamente, também o sejam. Esta idéia sensata é a base do modelo do dano crítico, desenvolvido adiante para correlacionar as propriedades de iniciação da trinca com suas taxas de propagação. Mas já se pode dizer que os revisores que rejeitaram o trabalho original de Paris de fato pisaram feio na bola, ao assumir que um parâmetro linear elástico não podia ser usado em fadiga. Como ΔK controla a zp_r, a gama do fator de intensidade de tensões tem sim tudo a ver com a propagação das trincas!

9.5.3 O fechamento das trincas de fadiga

Medindo a rigidez (elástica) de uma placa trincada por fadiga, Elber descobriu ao carregá-la que a trinca permanecia parcialmente fechada até atingir a chamada carga de abertura (da ponta) da trinca $P_{ab} > 0$ [47-48], pois entre $0 < P < P_{ab}$ a rigidez medida diminuía à medida que a carga crescia, até que em $P = P_{ab}$ a rigidez da placa trincada era atingida. Como para $P > P_{ab}$ a rigidez permanecia constante, ele pôde concluir que a sua diminuição inicial não era causada pela plastificação da placa. A rigidez de uma placa de espessura t com uma trinca de tamanho a_0 sujeita à carga P é o inverso da sua flexibilidade $C(a_0)$, a qual pode ser calculada a partir da taxa de alívio da energia $G(a_0) = (P^2/2t) \cdot (dC(a_0)/da) = [K_I(a_0)]^2/E'$, pois:

$$\frac{dC(a_0)}{da} = \frac{2tK_I^2(a_0)}{P^2E'} = \frac{2t\sigma^2\pi a_0 f^2(a_0/w)}{P^2E'} \therefore C(a_0) = \frac{2t\sigma^2\pi}{P^2E'} \int_0^{a_0} [a \cdot f^2(a/w)]da + C(0) \quad (9.26)$$

onde $C(0)$ é a flexibilidade da peça sem a trinca e $E' = E$ em tensão plana, ou $E' = E/(1 - \nu)$ em deformação plana, vide Capítulo 8 [40, 43-44, 49].

É preciso enfatizar que a carga de abertura da trinca P_{ab} deve ser medida no ponto inicial do trecho linear da curva $P \times \delta_P$, onde δ_P é o deslocamento do ponto de aplicação da carga, vide Fig. 9.14 e 9.15. Isto é importante, mesmo que às vezes seja bem difícil identificar o ponto exato onde aquele trecho começa. Devido a esta dificuldade, alguns trabalhos apresentam medidas de P_{ab} num ponto arbitrário, tipo o encontro das tangentes aos trechos inicial e final da curva $P \times \delta_P$, uma prática fundamentalmente errada, que invalida as medidas assim obtidas. Quando o ponto de aplicação da carga não é acessível, P_{ab} pode ser medida no início do trecho linear de qualquer curva $P \times y$, sendo y uma medida de deslocamento ou deformação (que são proporcionais a δ_P sob cargas elásticas) num ponto conveniente da peça. A referência [49] detalha o circuito de um aparelho especial chamado subtrator de linearidade, desenvolvido a partir de uma idéia originalmente proposta por Paris e Hermann [50] para medir precisamente (com incertezas da ordem de 1%) as cargas de abertura das trincas de fadiga.

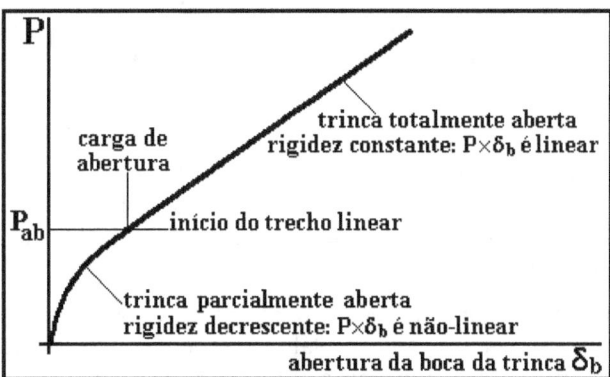

Fig. 9.14: Curva $P \times \delta_b$ típica, observada quando uma trinca fecha durante parte da carga.

Em outras palavras, o fechamento das trincas de fadiga pode ser identificado por uma variação na rigidez $\kappa = 1/C$ da peça trincada, que sob cargas lineares elásticas deveria depender apenas da geometria da peça (inclusive do tamanho da trinca a) e do módulo do material. Mas enquanto a trinca permanece parcialmente fechada a rigidez da peça também depende da carga, $\kappa(P) = dP/d\delta_P$: para cargas $P < P_{ab}$, onde P_{ab} é a carga que abre totalmente a trinca, a rigidez diminui à medida que P cresce a partir de zero, até atingir e manter o valor κ fixo da peça trincada quando $P \geq P_{ab}$, como esperado em qualquer peça primariamente linear elástica (e de fato observado no trecho linear da curva mostrada na Fig. 9.15).

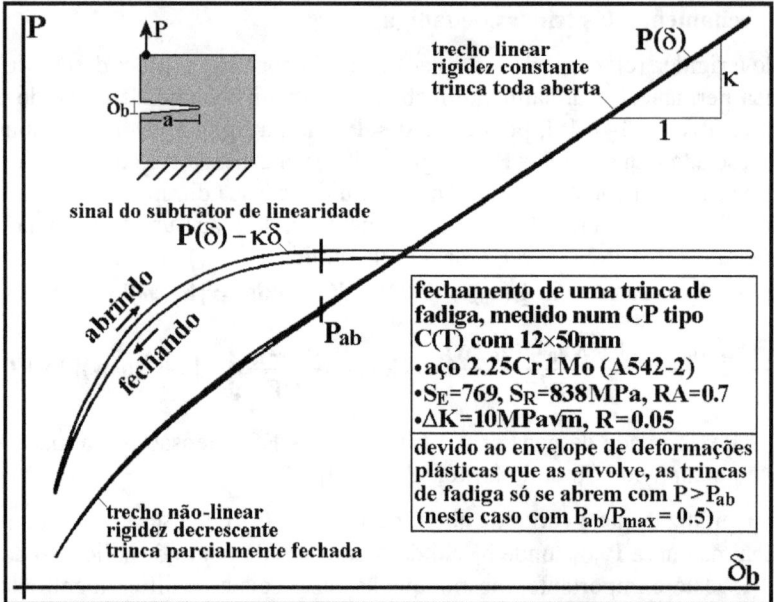

Fig. 9.15: Medida típica da carga de abertura de uma trinca de fadiga, feita plotando-se num mesmo gráfico a curvas $P\times\delta_b$ e a curva do sinal de saída do subtrator de linearidade $[P(\delta_b) - \kappa\delta_b]\times\delta_b$ (δ_b, a abertura da boca da trinca, é proporcional a δ_P).

É preciso enfatizar que o aparente decréscimo da rigidez das peças trincadas por fadiga, associado ao trecho não-linear da curva $P\times\delta$ se $P < P_{ab}$, não pode ser devido à plastificação macroscópica da peça trincada, tendo em vista que a sua rigidez permanece constante no trecho linear daquela curva para as cargas maiores que a de abertura, $P \geq P_{ab}$. Isto comprova que o comportamento macroscópico da peça é linear elástico, pois se fosse plástico a sua rigidez continuaria decrescendo à medida que a carga aumentasse, pois a rigidez da parte plástica das curvas $\sigma\times\varepsilon$ monotônicas dos metais estruturais diminui à medida que a carga cresce. Portanto, a curvatura das curvas $P\times\delta$ entre $0 < P < P_{ab}$ só pode ser gerada por uma mudança na geometria da peça, a abertura paulatina das faces da trinca (da boca para a ponta), que diminui a rigidez aparente da peça trincada à medida que a carga cresce até atingir P_{ab}.

Segundo Elber, o fechamento é devido ao envelope de deformações residuais trativas que rodeia as trincas de fadiga, deixado pela **zp** que sempre as acompanha, vide Fig. 9.16. Ou seja, o fechamento é causado pela descarga elástica do ligamento residual, que ao tentar voltar ao estado inicial tende a comprimir aquele envelope e, portanto, também as faces da trinca.

Além de identificar o fechamento induzido por plasticidade, Elber também supôs que as trincas só poderiam crescer por fadiga após totalmente abertas, uma condição que seria necessária para solicitar as suas pontas, e induzir a continuação do seu crescimento. Assim, a taxa **da/dN** não deveria ser controlada por toda a gama ΔK aplicada na peça, mas sim pela parte da gama na qual a trinca está aberta, chamada de gama efetiva $\Delta K_{ef} = K_{max} - K_{ab}$, sendo K_{ab} o FIT causado pela carga de abertura P_{ab}. Esta idéia ainda é muito popular na literatura, pois pode justificar fenômenos como o limiar de propagação e vários tipos de retardo na taxa **da/dN** após sobrecargas [51-52]. Mas ela não deve nem pode ser encarada como uma panacéia, pois o fechamento das trincas não consegue explicar muitos outros efeitos igualmente importantes em fadiga [53-55], como será estudado em detalhe mais adiante. Deve-se mencionar também que o fechamento elberiano é apenas um dos mecanismos que podem induzir o fechamento das trincas de fadiga. Na realidade, qualquer outro mecanismo que impeça que as trincas repousem sem transmitir cargas (compressivas) através de suas faces após a descarga da peça pode contribuir para que na recarga a trinca só abra totalmente sob uma carga $P_{ab} > 0$. Por exemplo, Suresh [13] lista 6 mecanismos diferentes, ilustrados na Fig. 9.17.

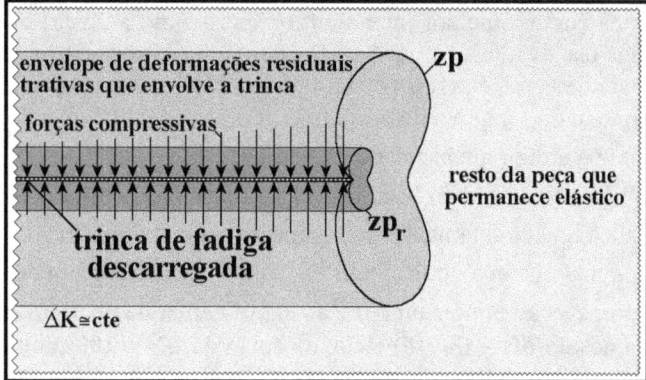

Fig. 9.16: As trincas de fadiga crescem cortando a esteira de deformações plásticas trativas gerada pela sua **zp**. Assim, o resto da peça, que permanece elástico, comprime as faces da trinca quando a peça é descarregada, causando o seu fechamento.

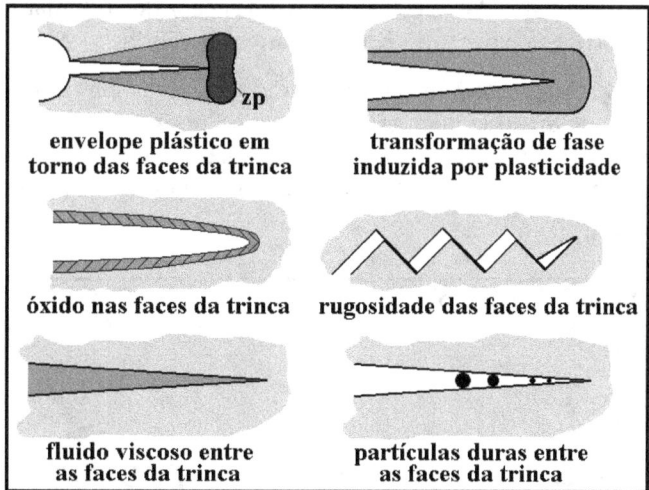

Fig. 9.17: Mecanismos capazes de induzir o fechamento das trincas de fadiga.

9.6 Estimativas das Taxas da Fase II

As curvas de propagação de trincas por fadiga são essenciais para a aplicação do método **da/dN** na avaliação da vida residual à fadiga de estruturas trincadas. Por isso, na falta de resultados experimentais confiáveis é importante estimar tão precisamente quanto possível as curvas **da/dN×ΔK** dos principais materiais estruturais. A estimativa de **Barsom** [18] para a fase II dos aços, provavelmente a mais popular de todas, é dada por:

- para os aços ferrítico-perlíticos: $\mathbf{da/dN = 6.9 \cdot 10^{-12} \cdot \Delta K^3}$ (9.27)

- para os aços martensíticos: $\mathbf{da/dN = 1.35 \cdot 10^{-10} \cdot \Delta K^{2.25}}$ (9.28)

- para os aços austeníticos: $\mathbf{da/dN = 5.6 \cdot 10^{-12} \cdot \Delta K^{3.25}}$ (9.29)

onde a taxa **da/dN** tem que estar em **m/ciclo** e a gama **ΔK** em **MPa√m**.

Estas estimativas são populares, mas elas não só sofrem todas as limitações da regra de Paris, como também podem diferir **muito** dos resultados experimentais. Além disso, deve-se enfatizar que a regra de Paris **não** é uma lei física, mas apenas uma equação semi-empírica que reproduz razoavelmente bem a fase II das curvas **da/dN×ΔK** de muitos materiais. Portanto, ela não pode ser encarada como a melhor (nem muito menos como a única) maneira de prever a vida residual à fadiga das estruturas trincadas. De fato, para evitar erros grosseiros nas previsões baseadas na regra de Paris, é preciso evitar que os cálculos excedam os limites físicos das curvas **da/dN**, considerando sempre a possibilidade de falha terminal quando:

(i) a carga máxima atingir a tenacidade da estrutura, $K_{max} = K_C$; ou

(ii) a carga no ligamento residual **lr** atingir a carga de colapso plástico; ou

(iii) a zona plástica igualar o tamanho do ligamento residual, **zp = lr**; ou

(iv) a tensão nominal máxima no **lr** atingir S_R, a resistência à ruptura do material; ou

(v) a taxa de propagação atingir uma fração significativa da abertura crítica da ponta da trinca, digamos **da/dN = (δ_C/10)/ciclo**, ou então **da/dN = 100μm/ciclo** (mesmo quando se reconhece a fase III, pois nestas taxas tão altas já começa a transição do trincamento por fadiga para o fraturamento ou o rasgamento, já que os materiais mais tenazes têm δ_C da ordem de **1mm**).

É preciso reconhecer também que as trincas param de propagar por fadiga toda vez que a carga expressa (e.g.) pela gama **ΔK** e pela razão **R** for menor que o limiar de propagação naquelas condições, **$\Delta K_{th}(R)$**, sob pena de gerar estimativas irrealistas.

As estimativas de Barson podem ser verificadas usando as curvas **da/dN×ΔK** medidas sob **R ≅ 0** de **94** aços de diversas microestruturas, vide Fig. 9.18 [56], cujos dados (supostamente medidos de forma adequada) foram garimpados na literatura. Estes dados também podem ser usados para obter a estimativa das medianas que melhor os ajusta por Paris:

$$\text{da/dN} = 5.0 \cdot 10^{-12} \cdot \Delta K^3 \tag{9.30}$$

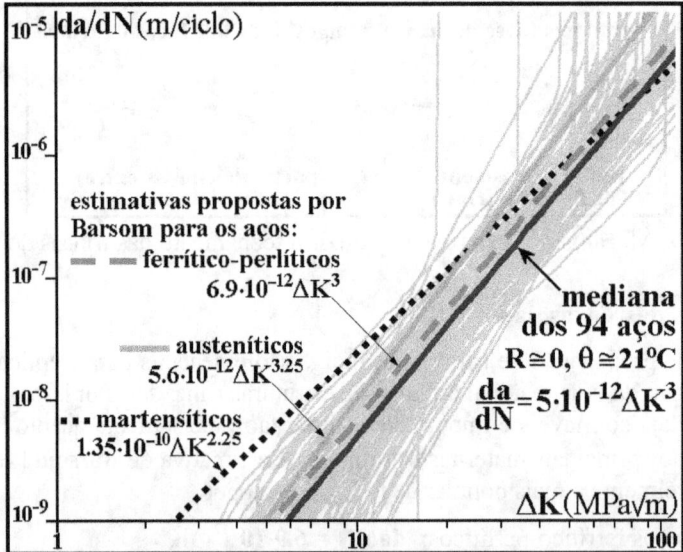

Fig. 9.18: Estimativas de Barson para a curva de Paris dos aços, e estimativa das medianas ajustada às curvas **da/dN×ΔK** de **94** aços (**da/dN** em **m/ciclo** e **ΔK** em **MPa√m**).

As taxas estimadas por Barsom para os aços austeníticos e ferríticos são maiores que as estimadas pela mediana dos dados dos 94 aços estudados, e as dos aços martensíticos são conservativas para ΔK baixas. Mas aqueles dados são muito dispersos: as taxas **da/dN** para uma dada gama ΔK podem variar uma ordem de grandeza; os aços de maior limiar começam a fase II em **da/dN $\cong$ 10nm/ciclo**, e os de menor em **da/dN < 1nm/ciclo**; a fase II dos aços tenacidade baixa é limitada a **da/dN $\cong$ 0.1µm/ciclo**, enquanto a dos aços de maior tenacidade passa de **da/dN = 10µm/ciclo**. Portanto, esses dados não só enfatizam o risco associado ao uso de estimativas de propriedades para fazer previsões na vida real, como também a necessidade de sempre limitar as estimativas tipo Paris por K_C e por $\Delta K_{th}(R)$ ao calcular vidas residuais, conforme explicado acima.

O mesmo procedimento foi usado para obter estimativas das medianas para outras famílias de ligas, incluindo **98** ligas de Al de alta resistência, **39** ligas de Ti e **19** ligas de Ni, vide Fig. 9.19-21. As estimativas das medianas das ligas estudadas são comparadas na Fig. 9.22, cujas taxas diminuem na proporção aproximada do seu módulo de elasticidade. Isto não é surpreendente, já que o modelo mais simples para a taxa **da/dN** supõe que ela seja proporcional à gama da abertura da ponta da trinca $\Delta\delta \cong \Delta K^2/ES_E$, logo que **da/dN = f(1/E)**. Todavia, este simpático modelo é simplista demais, pois prevê também que a taxa deveria ser sempre proporcional a ΔK^2 e a $1/S_E$, fato não comprovado na prática.

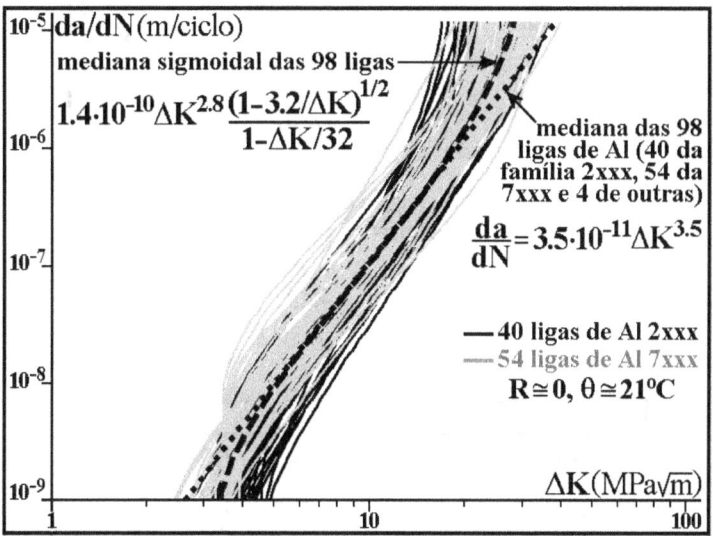

Fig. 9.19: Estimativas das medianas para as curvas **da/dN$\times\Delta K$** de **98** ligas de Al de alta resistência. Como a dispersão do limiar e da tenacidade destas ligas é relativamente pequena, também se pode ajustar uma mediana sigmoidal a estes dados.

Devido ao grande volume de dados das ligas Al 2xxx e Al 7xxx é possível também ajustar uma estimativa das medianas específica para cada uma delas [56]. Em particular nota-se que as ligas Al 7xxx apresentam em média (apesar das altas dispersões) maiores taxas **da/dN** que os Al 2xxx em ΔK baixos, e taxas menores em ΔK altos.

Como as estimativas das medianas das ligas de Al e de Ti têm expoentes de Paris iguais, pode-se esperar que as taxas **da/dN** das ligas de Al sejam em média quase 6 vezes maiores do que as das ligas de Ti para qualquer ΔK. E a partir dos dados dos **250** materiais estudados, pode-se esperar também que para um dado ΔK as taxas **da/dN** sejam na média menores para as ligas de Ni, seguidas pelos aços, Ti e Al (exceto sob altos ΔK, onde os aços apresentam as menores taxas). A Tabela 9.1 resume as estimativas das medianas para as diversas famílias de ligas (sob $\Theta_{amb} \cong 21°C$ e $R \cong 0$), com **da/dN** em **m/ciclo** e ΔK em **MPa$\sqrt{m}$**.

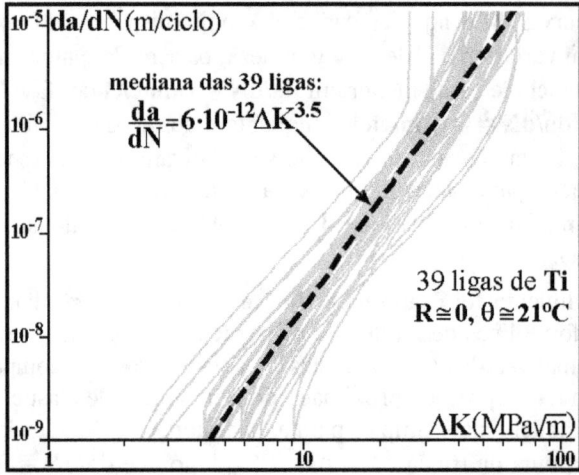

Fig. 9.20: Estimativa das medianas para as curvas **da/dN×ΔK** de **39** ligas de Ti.

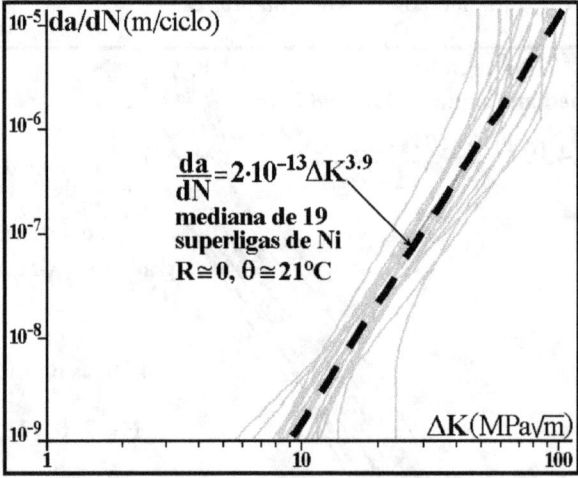

Fig. 9.21: Estimativa das medianas para as curvas **da/dN×ΔK** de **19** superligas de Ni.

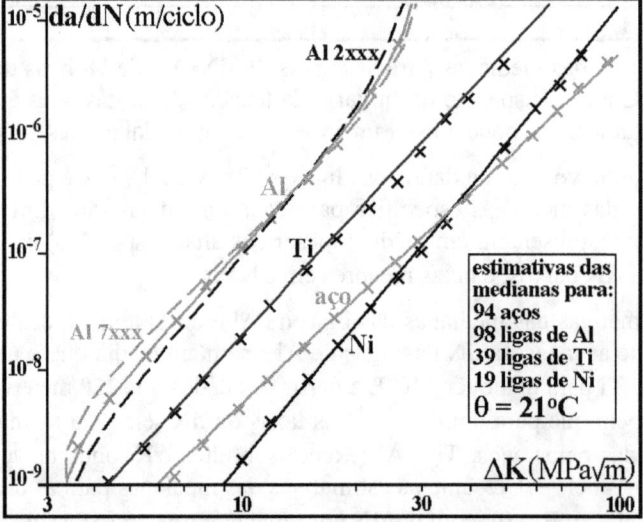

Fig. 9.22: Comparação entre as várias estimativas das medianas.

Tabela 9.1: Estimativa das medianas para as taxas **da/dN**

Para **aços** (baseada em 94 ligas)	$da/dN = 5 \cdot 10^{-12} \cdot \Delta K^3$	(9.30)
Para **ligas de Al de alta resistência** (98 ligas)	$\begin{cases} da/dN = 3.5 \cdot 10^{-11} \cdot \Delta K^{3.5} \\ \dfrac{da}{dN} = 1.2 \cdot 10^{-10} \cdot \Delta K^{2.8} \dfrac{\sqrt{1-3.2/\Delta K}}{1-\Delta K/32} \end{cases}$	(9.31)
Para **ligas Al 2xxx** (40 ligas)	$\begin{cases} da/dN = 1.2 \cdot 10^{-11} \cdot \Delta K^{3.9} \\ \dfrac{da}{dN} = 5.9 \cdot 10^{-11} \cdot \Delta K^{3.1} \dfrac{\sqrt{(1-3.2/\Delta K)}}{1-\Delta K/30} \end{cases}$	(9.32)
Para **ligas Al 7xxx** (54 ligas)	$\begin{cases} da/dN = 7.5 \cdot 10^{-11} \cdot \Delta K^{3.2} \\ \dfrac{da}{dN} = 4 \cdot 10^{-10} \cdot \Delta K^{2.4} \dfrac{\sqrt{(1-3.2/\Delta K)}}{1-\Delta K/32} \end{cases}$	(9.33)
Para **ligas de Ti** (39 ligas)	$da/dN = 6 \cdot 10^{-12} \cdot \Delta K^{3.5}$	(9.34)
Para **superligas de Ni** (19 ligas)	$da/dN = 2 \cdot 10^{-13} \cdot \Delta K^{3.9}$	(9.35)

9.7 Regras de Propagação Fenomenológicas ou Semi-Empíricas

A regra de Paris só descreve a influência de ΔK na fase II das curvas **da/dN×ΔK**, logo limita a qualidade das previsões da vida residual das estruturas trincadas, que depende da descrição acurada do crescimento das trincas por fadiga. Previsões melhores precisam considerar o efeito dos outros parâmetros que afetam as taxas de propagação (como a parte estática da carga, em geral usando $K_{max} = \Delta K/(1 - R)$ ou $R = K_{min}/K_{max}$; o limiar ΔK_{th}; a tenacidade K_C; e/ou a carga de abertura K_{ab}), através de regras que reproduzam pelo menos em parte a forma sigmoidal característica das curvas **da/dN×ΔK** medidas na prática.

Talvez a regra mais simples que se pode propor para este fim é adaptar a idéia da gama efetiva $\Delta K_{ef} = K_{max} - K_{ab}$ de Elber [47-48] para modelar a cauda da fase I, supondo que como **da/dN = 0** se $\Delta K \leq \Delta K_{th}$, então a taxa **da/dN** deve variar com $(\Delta K - \Delta K_{th})$ em vez de com ΔK para reproduzir o limiar de propagação:

$$da/dN = A_e (\Delta K - \Delta K_{th})^{m_e} \qquad \text{(Elber adaptada)} \qquad (9.36)$$

O nome Elber adaptada usado aqui é arbitrário, pois a carga de abertura da trinca K_{ab} e o limiar ΔK_{th} são conceitos diferentes, mas na falta de um nome melhor ele foi escolhido por razões didáticas para diferenciar (9.36) claramente da regra de Paris. Todavia, deve-se mencionar que Paris também foi pioneiro na identificação do limiar ΔK_{th}, tendo reconhecido a fase I da curva **da/dN×ΔK** desde os seus primeiros trabalhos.

É importante frisar que o coeficiente A_e e o expoente m_e desta regra devem ser notados de forma a não confundi-los com os parâmetros similares **A** e **m** de Paris, uma vez que em geral se obtém $A_e \neq A$ e $m_e \neq m$ quando as duas regras são usadas para ajustar um mesmo conjunto de pontos experimentais. A regra de Elber adaptada é fácil de lembrar e de usar, e pode descrever bem as fases I e II de vários materiais, considerando assim o grande efeito das trincas pequenas associadas a ΔK baixos na vida à fadiga, mas deve-se enfatizar que ela gera previsões **não**-conservativas em ΔK altos e também em ΔK baixos quando a razão **R** é alta, caso não se reconheça explicitamente que $\Delta K_{th}(R > 0) \leq \Delta K(R = 0) = \Delta K_0$. Um exemplo do uso desta regra para ajustar pontos experimentais é mostrado na Fig. 9.23 [57].

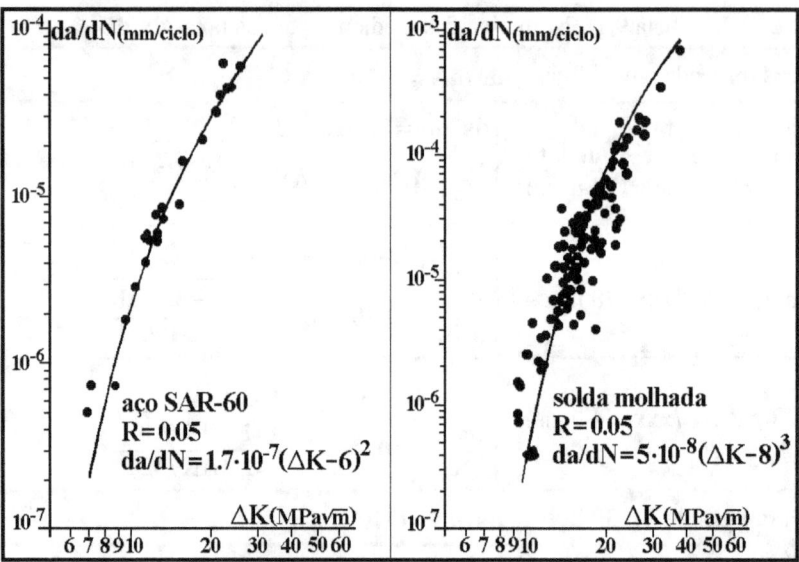

Fig. 9.23: A regra de Elber adaptada ajusta bem estas curvas $da/dN \times \Delta K$ do aço SAR-60 e do metal depositado por soldagem molhada em juntas de topo feitas neste aço.

A solda da Fig. 9.23 é chamada de molhada porque ela foi feita dentro d'água, uma técnica difícil, que requer grande habilidade do soldador, mas que pode ser uma opção atraente para reparos rápidos em estruturas submersas. De fato, nestes casos a soldagem molhada é muito mais barata do que a soldagem tradicional a seco (isto é, feita no ar), pois esta técnica requer a montagem de câmeras estanques em torno da região a ser soldada, cujo custo é caríssimo. Todavia, a qualidade das soldas molhadas é muito pior do que a das soldas secas, pois os cordões depositados dentro d'água resfriam muito rapidamente e ficam cheios de vazios e inclusões. Entretanto, as curvas ajustadas aos dados de propagação dos metais de solda e de base (o aço SAR-60) se cruzam, pois o ΔK_{th} da solda é maior que o do aço base, enquanto este é bem mais resistente à propagação das trincas na fase II, vide Fig. 9.38, onde se estuda e justifica este comportamento aparentemente estranho.

Como a carga estática pode influenciar muito o limiar e a fase I da curva de propagação, para evitar previsões **não**-conservativas em razões **R** altas pode-se, quando não se conhece $\Delta K_{th}(R)$, estimar em primeira aproximação $\Delta K_{th}(R) \cong \Delta K_0(1 - R)$, onde $\Delta K_0 = \Delta K_{th}(R = 0)$, e gerar uma versão melhorada aqui chamada de regra de Elber modificada:

$$da/dN = A_e [\Delta K - \Delta K_0(1 - R)]^{m_e} \qquad \text{(Elber modificada)} \qquad (9.37)$$

Para comparar a forma das curvas $da/dN \times \Delta K$ previstas por esta versão da regra de Elber modificada com a regra de Paris, ela foi ajustada em **R = 0** à tradicional estimativa de Barson para os aços ferríticos ($da/dN = 6.9 \cdot 10^{-12} \Delta K^3$), supondo $\Delta K_0 = 6$ (e usando, como sempre, da/dN em **m/ciclo** e ΔK em **MPa√m**), vide Fig. 9.24. Note que o coeficiente e o expoente da estimativa de Barson, uma curva de Paris, são diferentes dos parâmetros A_e e m_e obtidos ao ajustá-la por (9.37) com **R =0** (mas que valem para qualquer valor de **R**). Note também que: (i) o limiar $\Delta K_{th}(R) = \Delta K_0(1 - R)$ é o único parâmetro que diferencia as várias curvas de Elber; (ii) a curvatura da fase I por elas prevista é bastante suave; e (iii) as várias curvas que este modelo gera tendem a coincidir em ΔK altos. Assim, se a carga estática, a carga de abertura K_{ab}, o meio ambiente e a microestrutura só afetassem o limiar ΔK_{th}, as curvas $da/dN \times \Delta K$ do material deveriam coincidir para $\Delta K >> \Delta K_{th}$. Quando isto não acontece, a regra de Elber modificada **não** pode replicar toda a complexidade da propagação.

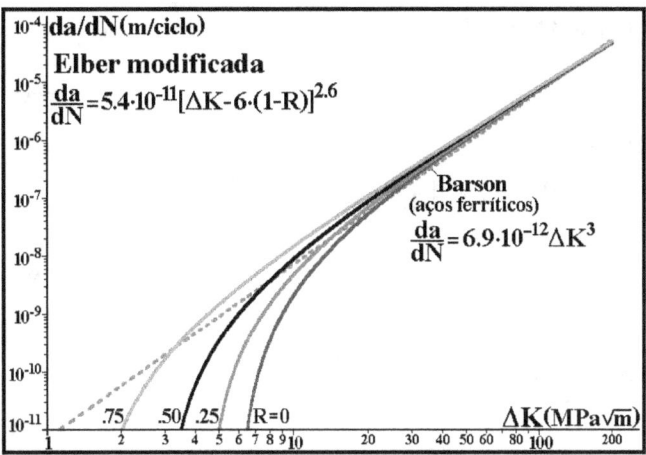

Fig. 9.24: A regra de Elber modificada não modela a fase III, e prevê que **R** só influencia significativamente a fase I, já que suas curvas convergem nas gamas $\Delta \mathbf{K}$ altas.

9.7.1 Outras regras fenomenológicas tradicionais

Dentre as regras de propagação de trincas por fadiga que, como Paris, usam apenas 2 parâmetros ajustáveis, a chamada regra de Forman [58], que modela a fase III e o efeito da carga estática, é talvez a mais conhecida. Na realidade, ela é mais popular do que deveria, pois não reconhece o limiar nem descreve a fase I, onde em geral é gasta a maior parte da vida à fadiga das peças trincadas. Assim, as previsões de vida residual feitas com esta regra podem ser excessivamente conservativas se a trinca inicial for associada a uma gama $\Delta \mathbf{K}$ próxima de $\Delta \mathbf{K}_{th}$. A regra de Forman é dada por:

$$\frac{da}{dN} = \frac{A_f \Delta K^{m_f}}{(1-R)K_C - \Delta K} = \frac{A_f \Delta K^{(m_f - 1)}}{(K_C / K_{max}) - 1} \qquad \text{(Forman)} \qquad (9.38)$$

A regra de Priddle [59] é mais versátil que a de Forman, pois ela pode modelar todas as 3 fases das curvas **da/dN×ΔK** usando também apenas 2 parâmetros ajustáveis. Todavia, na sua forma original, ela não reconhece os efeitos da carga estática em $\Delta \mathbf{K}_{th}$:

$$\frac{da}{dN} = A_p \left[\frac{\Delta K - \Delta K_{th}}{K_C - K_{max}} \right]^{m_p} = A_p \left[\frac{\Delta K - \Delta K_{th}}{K_C - \Delta K/(1-R)} \right]^{m_p} \qquad \text{(Priddle)} \qquad (9.39)$$

Como Elber modificada, tanto Forman quanto Priddle podem ser muito bem ajustadas à estimativa de Barson usada como referência (ou seja, reproduzem muito bem uma dada regra de Paris), vide Fig. 9.25. Forman reconhece o efeito da razão **R** na fase II, e prevê uma curvatura na fase III bem suave, mas não reconhece o limiar nem a fase I, como já mencionado acima. Priddle na sua forma original não reproduz bem a forma típica das curvas **da/dN×ΔK**, porque força as curvas com **R** diferentes a tenderem para um mesmo $\Delta \mathbf{K}_{th}$, fato que contraria os resultados experimentais característicos. Mas este é um problema de fácil solução, pois é trivial incluir alguma influência da razão **R** na fase I estimando, e.g., $\Delta \mathbf{K}_{th}(\mathbf{R}) \cong \Delta \mathbf{K}_0(1 - \mathbf{R})$, como no caso de Elber modificado, vide Fig. 9.26. Uma outra regra de 2 parâmetros, a de Collipriest [60], às vezes ainda usada para modelar a propagação das trincas em ligas de Al aeronáuticas, reproduz a forma sigmoidal das curvas **da/dN×ΔK**, mas é particularmente feia e gera curvas com uma fase II estranha, vide Fig. 9.27.

$$\frac{da}{dN} = A_c \left[K_C \Delta K_0 \left(K_C / \Delta K_0 \right)^{0.5 \log(\log(\Delta K / \Delta K_0)/\log[(1-R)K_C/\Delta K])} \right]^{m_c} \quad \text{(Collipriest) (9.40)}$$

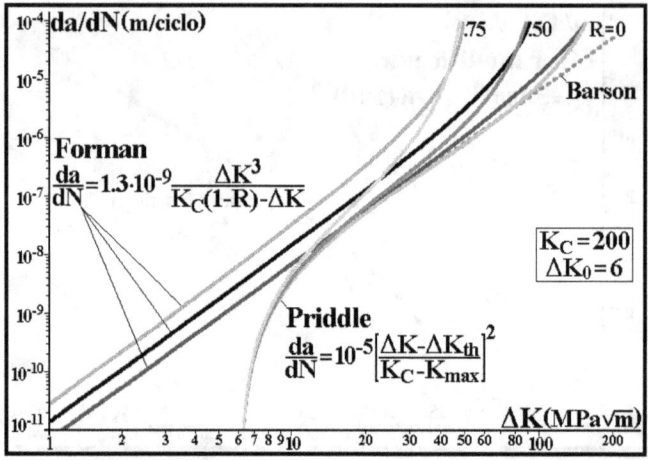

Fig. 9.25: Forman não modela a fase I e Priddle supõe ΔK_{th} constante, independente de **R**.

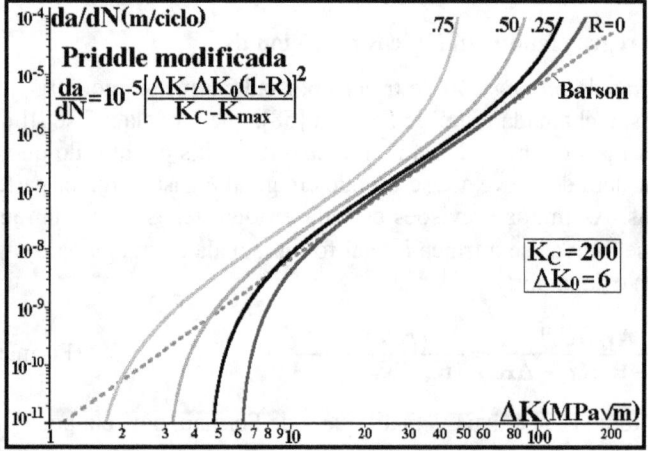

Fig. 9.26: A regra de Priddle modificada reproduz as 3 fases das curvas **da/dN×ΔK**, mas não permite o ajuste das curvaturas da cauda e do pescoço, pois só tem 2 parâmetros.

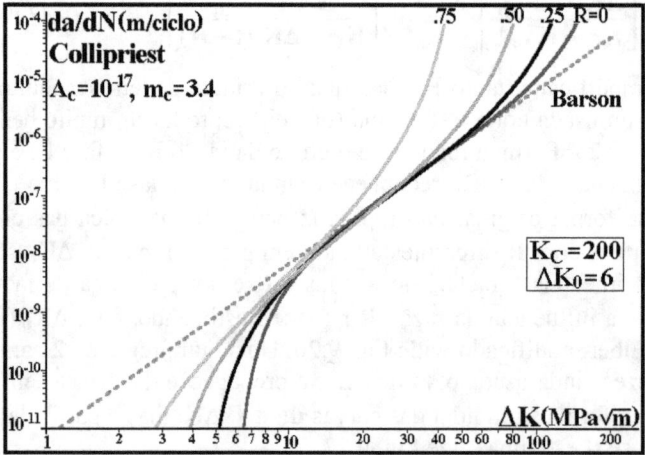

Fig. 9.27: A regra de Collipriest tem a forma sigmoidal típica das curvas **da/dN×ΔK**, mas é complicada demais e em geral não modela bem o efeito da razão **R** na fase II.

É interessante notar que, do ponto de vista físico, é melhor exprimir o efeito da carga estática nas taxas de propagação na forma **da/dN = f(ΔK, K$_{max}$)**, em vez de **da/dN = g(ΔK, R)** ou **da/dN = g'(ΔK, K$_m$)**. De fato, enquanto a causa primária da propagação cíclica é a gama **ΔK**, a força motriz da trinca associada à parte estática da carga que causa a fratura é **K$_{max}$**, e não a razão **R = 1 − ΔK/K$_{max}$** nem a carga média **K$_m$ = (K$_{max}$ + K$_{min}$)/2**. Também se deve notar que as regras **da/dN×ΔK** mais simples, as que usam apenas 2 parâmetros ajustáveis, são em princípio preferíveis às regras com 3 ou mais parâmetros, pois elas não são leis físicas. Na realidade, a melhor prática de engenharia é usar sempre o modelo mais simples que descreva de forma adequada o problema em questão. Mas as regras com vários parâmetros são mais versáteis, e às vezes podem descrever melhor os dados experimentais.

Dentre as regras de 3 parâmetros, a de Walker [61] é uma mera extensão da regra de Paris, pois só reconhece o efeito da carga estática na fase II (e, portanto, não modela nem a fase I nem a fase III). Mas Walker inclui expressamente o efeito das duas forças motrizes do trincamento por fadiga, **ΔK** e **K$_{max}$**, e permite que o efeito de **K$_{max}$** na fase II seja ajustado por seu terceiro parâmetro, o expoente **p$_w$**, vide Fig. 9.28:

$$\frac{da}{dN} = A_w \, \Delta K^{m_w} \, K_{max}^{p_w} = A_w \, \frac{\Delta K^{(m_w + p_w)}}{(1-R)^{p_w}} \qquad \text{(Walker)} \qquad (9.41)$$

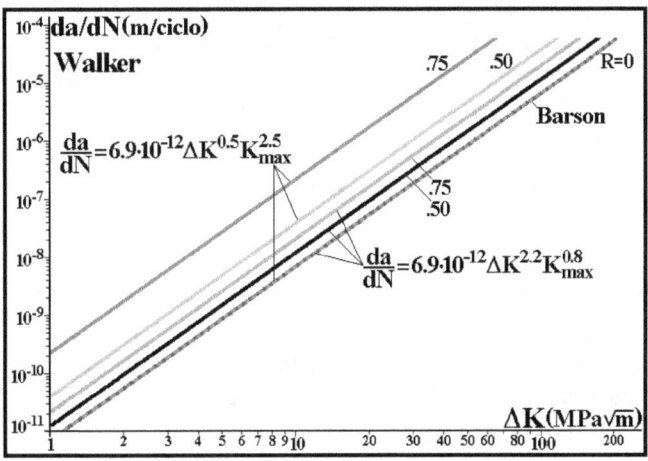

Fig. 9.28: A regra de Walker não só considera como permite o ajuste do efeito de **K$_{max}$** na taxa na fase II, mas não reconhece as fases I e III das curvas **da/dN×ΔK** típicas.

Já a regra de 3 parâmetros de Hall [62] descreve as fases I e II e ajusta (pelo expoente **p$_h$**) o efeito da carga estática na fase II e na curvatura da fase I, mas não modela a fase III da curva **da/dN×ΔK**, logo não reconhece o efeito da tenacidade na fratura final, vide Fig. 9.29:

$$\frac{da}{dN} = A_h \Delta K^{m_h} (K_{max} - \Delta K_0)^{p_h} = A_h \Delta K^{m_h} \left(\frac{\Delta K - \Delta K_0 (1-R)}{1-R} \right)^{p_h} \quad \text{(Hall)} \qquad (9.42)$$

9.7.2 Regras fenomenológicas mais versáteis

Todas as regras fenomenológicas tradicionais estudadas acima podem ajustar, mas não prever as taxas de propagação das trincas a partir de propriedades físicas ou mecânicas básicas, pois elas não são leis físicas. Apesar disso, boas regras fenomenológicas, que reproduzam bem as taxas medidas em testes apropriados de propagação de trincas por fadiga, são muito importantes na prática, pois a previsão da vida residual das estruturas trincadas depende da qualidade do ajuste daqueles dados experimentais. Entretanto, nenhuma das regras tradicionais ajusta muito bem o comportamento completo das curvas **da/dN×ΔK**. Assim, não se pode esperar uma boa precisão das previsões de vida residual à fadiga a partir da sua integração. Todavia, é fácil propor outras regras que ajustem melhor os resultados experimentais, e que assim possam ser usadas para gerar previsões de vida residual muito mais precisas (que é o que realmente importa na maioria dos problemas práticos).

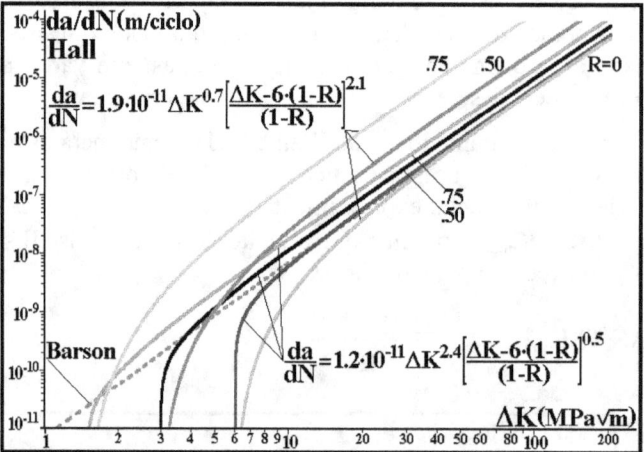

Fig. 9.29: A regra de Hall considera e permite o ajuste do efeito de K_{max} na taxa na fase II e na curvatura da cauda da fase I, mas não reconhece a fase III.

Por exemplo, dividindo a regra de Hall original pelo denominador de Forman, para gerar a aqui chamada regra de Hall modificada, pode-se modelar e ajustar as fases I, II e III das curvas **da/dN×ΔK** típicas:

$$\frac{da}{dN} = \frac{A_h' \, \Delta K^{m_h'} (K_{max} - \Delta K_0)^{p_h'}}{K_C/K_{max} - 1} \qquad \text{(Hall modificada)} \qquad (9.43)$$

Além disso, os 3 parâmetros ajustáveis da regra de Hall modificada permitem que se altere a curvatura das transições da fase I para a II e da fase II para a III, isto é, das caudas e pescoços das várias curvas **da/dN(ΔK, K_{max})**, vide Fig. 9.30.

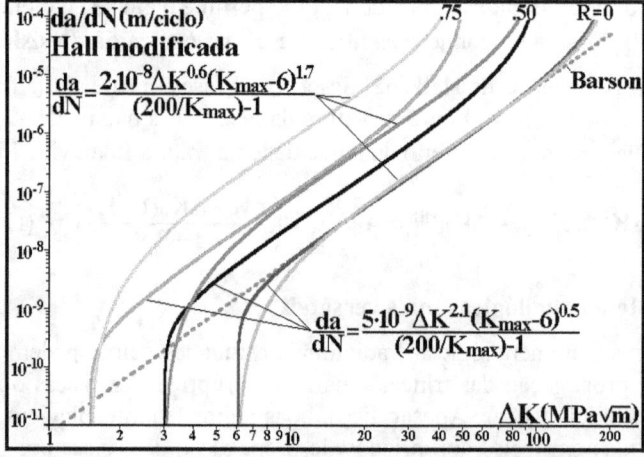

Fig. 9.30: A versátil regra de Hall modificada reconhece as 3 fases das curvas **da/dN×ΔK(R)**.

Estimando $\Delta K_{th}(R) = \Delta K_0 (1 - \beta R)$ para permitir maior versatilidade no ajuste dos dados experimentais, podem-se gerar várias outras regras similares. Assim, pode-se facilmente propor as aqui chamadas regras de Elber e de Priddle 3 parâmetros, e a regra de Hall 4 parâmetros, as quais são, respectivamente, dadas por:

$$da/dN = A_e' \, [\Delta K - \Delta K_0 (1-\beta R)]^{m_e'} \qquad \text{(Elber 3P)} \qquad (9.44)$$

$$\frac{da}{dN} = A_p' \left[\frac{\Delta K - \Delta K_0 (1-\beta R)}{K_C - K_{max}} \right]^{m_p'} \qquad \text{(Priddle 3P)} \qquad (9.45)$$

$$\frac{da}{dN} = \frac{A_h' \Delta K^{m_h'} [K_{max} - \Delta K_0 (1-\beta R)/(1-R)]^{p_h'}}{(K_C/K_{max}) - 1} \qquad \text{(Hall 4P)} \qquad (9.46)$$

Deve-se enfatizar que estas regras visam descrever todas as curvas $da/dN \times \Delta K(R)$ de um dado material (incluindo, portanto, o efeito da carga estática), usando um *único* conjunto de parâmetros. Logo, para ajustar os dados experimentais da forma mais adequada possível, não se pode desprezar a habilidade de propor regras similares. Por exemplo, usando estas mesmas idéias, podem-se gerar as regras de 4 parâmetros chamadas de 4P-1 e 4P-2:

$$\frac{da}{dN} = A_1 \frac{[\Delta K - \Delta K_0 (1-\beta R)]^{m_1}}{(K_C/K_{max} - 1)^{p_1}} \qquad \text{(4P-1)} \qquad (9.47)$$

$$\frac{da}{dN} = A_2 \frac{[\Delta K - \Delta K_0 (1-\beta R)]^{m_2}}{(K_C - K_{max})^{p_2}} \qquad \text{(4P-2)} \qquad (9.48)$$

O banco de dados do **ViDa** lista mais de 40 regras parecidas, e muitas outras podem ser propostas usando outras funções que gerem curvas sigmoidais. Mas certamente não é necessário continuar esta tarefa aqui. É muito mais proveitoso avaliar o desempenho das regras fenomenológicas já apresentadas, como mostrado a seguir.

9.7.3 Previsão da vida residual sob $\Delta\sigma$ constante a partir de dados experimentais

Para avaliar o desempenho das regras estudadas acima, primeiro várias delas foram ajustadas por tentativa e erro (usando $R = 0$, da/dN em m/ciclo, $K_C = 250 MPa\sqrt{m}$ e $\Delta K_0 = 7$) para reproduzir na região de Paris a estimativa de Barsom para os aços ferríticos, e todas se saíram muito bem. Deve-se notar que não é necessário nem recomendável refinar demais este ajuste (basta um ou dois dígitos significativos para as constantes e dois para os expoentes ajustáveis). Mas como a estimativa de Barsom não descreve os efeitos da carga estática, os expoentes m_i e p_i de todas as regras de 3 e 4 parâmetros obtidos neste exercício não são únicos. A Tabela 9.2 lista os parâmetros obtidos, e a Fig. 9.31 mostra as várias curvas geradas.

Em seguida, algumas regras foram ajustadas a pontos obtidos testando cuidadosamente CPs tipo C(T) de **50×12mm** de um aço ASTM 542-2, com microestrutura martensita revenida, $S_E = 769$ e $S_R = 838MPa$, e $RA = 70\%$, a **50Hz**, sob $R = 0.05$ e $R = 0.70$, usando um sistema de queda de potencial com incerteza de **20μm** para medir a trinca. Estes pontos são representativos dos melhores dados experimentais que se podem obter na prática, e podem ser usadas para julgar a qualidade do ajuste provido pelas várias regras. Sendo $K_C = 200MPa\sqrt{m}$ a tenacidade medida (num teste de J_{IC}) e $\Delta K_{th}(0.05) = 7$ e $\Delta K_{th}(0.7) = 2.8MPa\sqrt{m}$ os limiares de propagação deste aço, supondo $\Delta K_{th}(0.05) \cong \Delta K_0 \Rightarrow \beta = [1 - \Delta K_{th}(0.7)/\Delta K_0]/R = 0.86$, um ajuste visual iterativo dos pontos medidos usando o gerador de gráficos do **ViDa** resultou nos parâmetros listados na Tabela 9.3.

Tabela 9.2: Parâmetros que ajustam as várias regras à estimativa de Barson.

regra	A (m/ciclo)	m	p	β
Paris (Barsom)	$6.9 \cdot 10^{-12}$	3.0	-	-
Elber	$8 \cdot 10^{-11}$	2.5	-	-
Forman	$2 \cdot 10^{-9}$	2.9	-	-
Priddle	$2 \cdot 10^{-5}$	2.0	-	-
Walker	$7 \cdot 10^{-12}$	2.0	1.0	-
Hall	$2 \cdot 10^{-11}$	1.8	1.0	-
Hall *modificada*	$5 \cdot 10^{-9}$	1.0	0.7	-
4P-1	10^{-7}	1.0	1.5	1.0
4P-2	10^{-7}	2.0	1.0	1.0

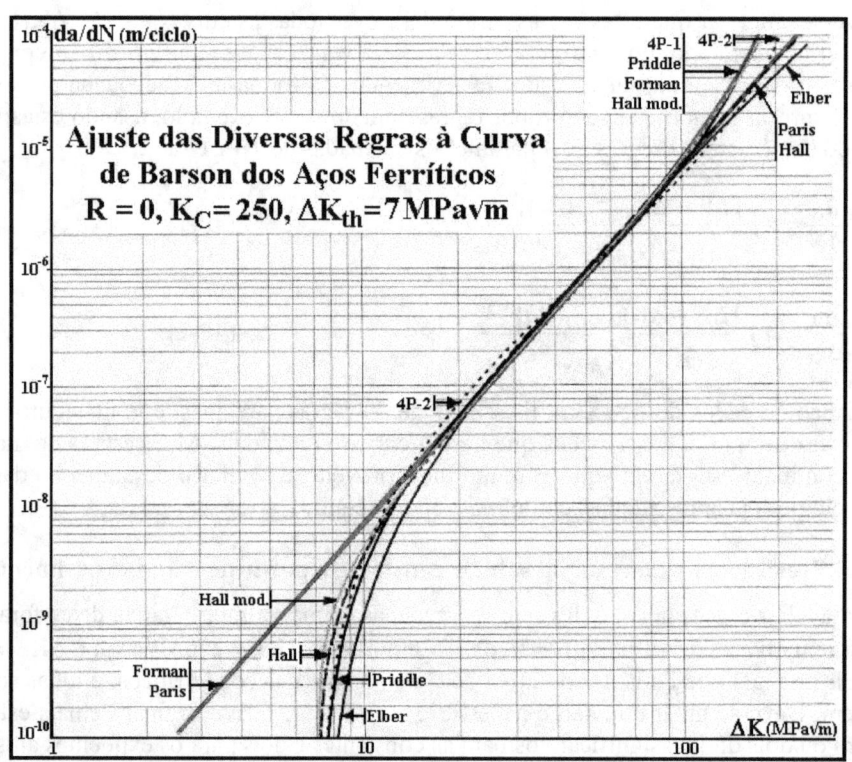

Fig. 9.31: Todas as regras ajustam muito bem uma curva de Paris, logo não se pode usar uma única curva dessas para distinguí-las.

Tabela 9.3: Parâmetros que ajustam as várias regras aos dados de propagação de trincas por fadiga do aço ASTM 542-2 cuidadosamente medidos sob $R = 0.05$ e $R = 0.70$.

modelo	A (m/ciclo)	m	p	β
Paris (R=0.05)	$4 \cdot 10^{-9}$	3.0	-	-
Paris (R=0.70)	10^{-8}	3.0	-	-
Elber 3P	$4 \cdot 10^{-8}$	2.6	-	0.86
Priddle 3P	$5 \cdot 10^{-3}$	1.9	-	0.86
4P-1	$7 \cdot 10^{-7}$	1.8	0.5	0.86
4P-2	50	1.5	3.5	0.86

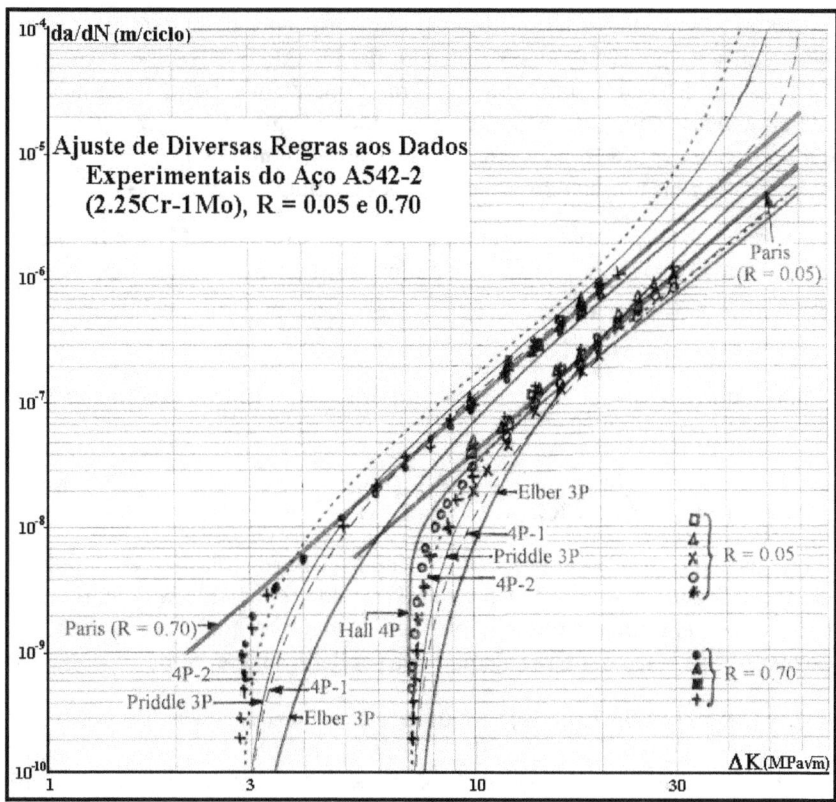

Fig. 9.32: Ajuste das várias regras a dados de propagação do aço ASTM 542-2 cuidadosamente medidos sob **R = 0.05** e **R = 0.70**.

Deve-se enfatizar que os parâmetros das diversas regras foram ajustados para descrever
simultaneamente *ambas* as curvas deste aço (pois elas se propõem a modelar o efeito de K_{max}
ou de **R** em **da/dN**), e que em geral a escolha da "melhor" entre elas depende:

- da quantidade e qualidade dos dados experimentais;
- da precisão que se deseja obter dos cálculos;
- da experiência em previsões similares;
- de normas e procedimentos de projeto; e
- do tempo computacional disponível.

Qualitativamente, a regra 4P-2 foi a que melhor ajustou todos os pontos experimentais da
Fig. 9.32, e Elber 3P a que mais se desviou da fase I de ambas as curvas. Como na prática várias destas regras podem muitas vezes ser usadas de forma igualmente satisfatória, nestes casos é sensato escolher a mais simples delas para facilitar as previsões de vida residual. E mesmo sabendo que os matemáticos vão reclamar do ajuste visual subjetivo usado para classificar
a 4P-2 como a regra que melhor descreve este conjunto de pontos experimentais, nenhuma
desculpa é apresentada por este bom procedimento. De fato, nada substitui um bom julgamento de um engenheiro bem treinado. Mas outra técnica menos qualitativa, que usa o algoritmo
de Levenberg-Marquardt para ajustar qualquer função não-linear especificada a um conjunto
de pontos, é detalhada no Capítulo 11. Todavia, este procedimento trabalhoso é desnecessário
para o desenvolvimento do exemplo a seguir.

⇨ E9.12: Usando as várias regras ajustadas acima, calcule a vida residual à fadiga de uma placa de aço A542-2 com largura **2w = 2m** e uma trinca central **2a₀ = 20mm**, quando ela
trabalha sob **Δσ = 40MPa** e **R = 0.05**.

Para prever a vida residual à fadiga das estruturas trincadas quando a carga é simples (i.e., tem amplitude constante), "basta" integrar a regra $da/dN \times \Delta K$ que (melhor) descreve a propagação das trincas no material. Esta tarefa em geral é operacionalmente complicada, mas conceitualmente ela é quase trivial. O **ViDa**, e.g., pode integrar qualquer combinação de uma regra **da/dN** com uma expressão para ΔK, que estejam disponíveis nos seus bancos de dados ou que possam ser escritas no seu editor de equações (seguindo a sintaxe Basic).

Quando a gama da carga $\Delta \sigma$ é constante como neste exercício, $\Delta K = \Delta K(a)$ só varia com o tamanho da trinca **a**, $R(\sigma) = \sigma_{min}/\sigma_{max} = R$ é uma constante, e como ΔK_{th} e K_C são propriedades do material, a taxa de propagação **da/dN** também acaba sendo uma função só de **a**:

$$da/dN = F(\Delta K, R, \Delta K_{th}, K_C, ...) = F(a) \tag{9.49}$$

Logo, **N**, o número de ciclos necessários para propagar a trinca do comprimento inicial a_0 até o final a_f é dado por:

$$N = \int_{a_0}^{a_f} \frac{da}{F(\Delta K, R, \Delta K_{th}, K_C, \cdots)} = \int_{a_0}^{a_f} \frac{da}{F(a)} \tag{9.50}$$

F(a) é em geral uma função complicada, mas que sempre varia suavemente à medida que a trinca **a** cresce. Portanto, a vida **N** quase sempre tem que ser calculada numericamente, mas a discretização da integral normalmente não precisa ser muito refinada, como já estudado na seção 9.3. A gama ΔK da placa deste problema pode ser descrita, dentro de 1%, por:

$$\Delta K = \Delta \sigma \sqrt{\pi a} \left[1 - 0.025(a/w)^2 + 0.06(a/w)^4 \right] \cdot \sqrt{\sec(\pi a / 2w)} \tag{9.51}$$

Assim, $\Delta K(a_0) = 7.09 MPa\sqrt{m} = 1.013 \Delta K_{th}(R = 0.05)$. Este pequeno valor para $\Delta K(a_0)$ foi escolhido para realçar as diferenças entre as previsões das várias regras na fase I, onde é gasta a maior parte da vida residual das peças reais na prática. O maior tamanho a_f tolerável para a trinca é aquele que ativa qualquer um dos tipos de falha terminal da placa, o que acontece na *primeira* vez que ocorre um dos seguintes eventos:

- fratura por propagação instável ou por rasgamento da trinca, quando $K_{max} = K_C$ (ou quando $CTOD_{max} = \delta_C$), caso em que $a_f = K_C^2 / \pi \cdot [\sigma_{max} f(a_f/w)]^2$; ou

- colapso plástico do ligamento residual **lr**, que nesta placa tracionada é fácil de calcular desprezando o encruamento: $a_f = w \cdot [1 - (\sigma_{max}/S_E)]$ (em peças mais complexas pode ser bem difícil calcular a carga de colapso plástico, e para evitar previsões baseadas num parâmetro elástico sob plasticidade generalizada no **lr**, pode-se estimar a_f igualando o **lr** ao tamanho da **zp**, logo $a_f = w - (K_{max}/\alpha \pi S_E)^2$, onde $\alpha < 1$ pois a **zp** é *maior* do que a estimativa de Irwin, como visto no Capítulo 8); ou

- a tensão média no ligamento residual atingir S_R: $a_f = w \cdot [1 - (\sigma_{max}/S_R)]$ nesta placa (este critério só é necessário quando se insiste em calcular **N** supondo ΔK válido mesmo após o carga de colapso plástico, pois esta despreza o efeito benéfico do encruamento, hipótese que na prática pouco influi nas vidas previstas, pois sob tensões tão altas as trincas em geral já estão crescendo no fim da fase III); ou

- a trinca atinge uma taxa de crescimento alta demais, e.g. **da/dN = 100μm/ciclo** (valor típico do fim da fase III, pois os aços mais tenazes só tem $\delta_C \cong 1$ a 2mm, e o número de ciclos que poderia ser gasto em taxas maiores do que esta seria muito pequeno).

Deve-se enfatizar a importância prática destes critérios de falha terminal, pois na maioria das vezes se trabalha com estruturas tenazes, onde prever a_f de forma exata é difícil devido à imprecisão das técnicas de modelagem do fraturamento elastoplástico. Todavia, apesar da incerteza associada com o tamanho de a_f ser muito importante do ponto de vista da inspeção das peças trincadas, ela felizmente não influi tanto assim na previsão de suas vidas à fadiga, que são dominadas pela propagação das trincas relativamente pequenas. As previsões de vida residual obtidas seguindo esta metodologia são dadas na Tabela 9.4.

Tabela 9.4: Previsões obtidas a partir das diversas regras $da/dN \times \Delta K$.

regra	incremento $\Delta(2a)$mm	$n^{\underline{o}}$ de ciclos	causa da falha
Paris	**1850**	$\mathbf{1.20 \cdot 10^7}$	**quebra ao atingir K_C**
Elber 3P	**0.26**	$\mathbf{> 10^9}$	***não* quebra em 10^9 ciclos**
Priddle 3P	**1796**	$\mathbf{1.33 \cdot 10^8}$	**$da/dN > 100\mu m/ciclo$**
4P-1	**1848**	$\mathbf{1.92 \cdot 10^8}$	**$da/dN > 100\mu m/ciclo$**
4P-2	**1756**	$\mathbf{4.18 \cdot 10^7}$	**$da/dN > 100\mu m/ciclo$**

A regra de Paris foi usada obedecendo aos limites físicos da propagação, como discutido na seção 9.3. Elber 3P não prevê falha em 10^9 ciclos, e a diferença entre as outras previsões de vida é de **16** vezes (ou **1500%!**), o que realça a grande importância prática de um bom ajuste da regra $da/dN \times \Delta K$. Mas como a maior parte da vida é despendida na fase I, um pequeno aumento de apenas **10%** em $\Delta K(a_0)$ diminuiria esta diferença para "apenas" **240%** (neste caso $\Delta\sigma = 44MPa$, e Elber 3P prevê falha numa vida **630%** maior do que a prevista por Paris).

Portanto, nos casos de trincas iniciais que induzam $\Delta K \cong \Delta K_{th}$ e, principalmente, nos casos de retardos provocados por sobrecargas (como será estudado adiante), as diferenças entre as previsões feitas pelas diversas regras podem ser muito significativas, o que justifica o uso da melhor regra $da/dN \times \Delta K$ para descrever a propagação de trincas no material. Por fim, nunca é demais enfatizar que é na fase I que a maior parte da vida à fadiga é gasta! ✔

9.7.4 Regras $da/dN \times \Delta K$ semi-empíricas

As equações fenomenológicas descritas acima usam funções escolhidas de forma educada, mas mais ou menos arbitrária, para reproduzir o efeito de alguns dos parâmetros que afetam as curvas de propagação de trincas por fadiga, e parte ou toda a forma sigmoidal das curvas $da/dN \times \Delta K$ tipicamente medidas na prática. Além delas, diversas outras regras foram propostas para correlacionar as curvas de propagação com propriedades mecânicas mais básicas. Estas regras semi-empíricas podem ser desenvolvidas a partir de algumas relações mecânicas, ainda que simplificadas. Certamente não cabe aqui apresentar uma revisão ou um catálogo completo das regras de propagação, mas vale a pena apresentar pelo menos algumas delas.

Primeiro, é preciso mencionar a regra de Forman-Newman, que é baseada no fechamento elberiano (logo supõe que a propagação da trinca por fadiga é controlada primariamente por $\Delta K_{ef} = K_{max} - K_{ab}$), pois ela é a regra usada no programa NASGRO [63-64]. Este programa é muito popular na indústria aeronáutica, e foi originalmente desenvolvido pela NASA a partir dos anos 70 para modelar a propagação de trincas sob cargas complexas. O NASGRO era um programa *freeware*, de acesso livre (mas não é mais). A regra de Forman-Newman é relativamente sofisticada, pois usa 4 parâmetros ajustáveis além do limiar ΔK_{th} e da tenacidade K_C do material, e precisa do valor da carga de abertura da trinca, K_{ab}:

$$\frac{da}{dN} = A_{fn}\left(K_{max} - K_{ab}\right)^{m_{fn}} \frac{\left(1 - \Delta K_{th}/\Delta K\right)^{p_{fn}}}{\left(1 - K_{max}/K_C\right)^{q_{fn}}} \qquad \text{(Forman-Newman)} \qquad (9.52)$$

Esta regra realmente merece o nome de semi-empírica, pois propõe uma rotina para estimar a carga de abertura K_{ab} em função da espessura t e da carga máxima aplicada na peça. Assim, sendo σ_{max} a maior tensão nominal atuante na peça trincada e $S_{FL} = (S_R + S_E)/2$ a chamada tensão de fluxo do material, Newman [65-66] estimou a razão K_{ab}/K_{max} por:

$$\frac{K_{ab}}{K_{max}} = \begin{cases} max[R, \ (A_0 + A_1 R + A_2 R^2 + A_3 R^3)], & R \geq 0 \\ A_0 + A_1 R, & -2 \leq R < 0 \end{cases}$$

$$A_0 = (0.825 - 0.34\alpha + 0.05\alpha^2) \cdot [\cos(\pi \sigma_{max}/2 S_{FL})]^{1/\alpha}$$

$$A_1 = (0.415 - 0.071\alpha) \cdot \sigma_{max}/S_{FL}$$ (9.53)

$$A_2 = 1 - A_0 - A_1 - A_3$$

$$A_3 = 2A_0 + A_1 - 1$$

onde a razão σ_{max}/S_{FL}, que influi pouco em K_{ab}/K_{max}, é às vezes substituída pela constante **0.3**. Já α é a restrição 3D, dada pela razão entre a tensão uniaxial que escoaria a peça (por Tresca ou Mises) e S_E, que varia de $\alpha = 1$ em σ-plana até $\alpha = 1/(1 - 2\nu)$ em ε-plana ($2 < \alpha < 3$ em metais), e portanto depende do estado de tensão dominante na ponta da trinca, logo da espessura t da peça. Newman usou elementos finitos para modelar placas de espessura t com trinca central ou lateral sob tração e/ou flexão num material elástico-perfeitamente plástico (ou EPSE), e obteve estimativas para α e para a **zp**. Para placas com comprimentos de trinca a e ligamentos residuais $lr = w - a > 4t$, ele propôs que:

$$zp = (\pi/8)[K_I/(\alpha(t) \cdot S_E)]^2, \quad \alpha(t) = 1.15 + 1.4 \exp\left[-0.95[K_I/(S_E \sqrt{t})]^{1.5}\right]$$ (9.54)

Esta expressão resulta em $\alpha \cong 2.55$ sob ε-plana (apesar de α ter variado entre **2.4** e **2.7** em função do espécime), e em $\alpha = 1.15$ sob σ-plana (em qualquer espécime), desprezando o encruamento. Para os materiais reais que encruam, estimativas sob ε-plana são $\alpha = 1.9$ para ligas de Al, **2.1** para aços, e **2.5** para ligas de Ti (e para todos $\alpha = 1.15$ sob σ-plana) [64]. A regra de Forman-Newman é ilustrada na Fig. 9.33, onde se pode verificar que a influência que ela prevê para o efeito do estado de tensão dominante (quantificado pelo valor do parâmetro α calculado acima) não é nada desprezível.

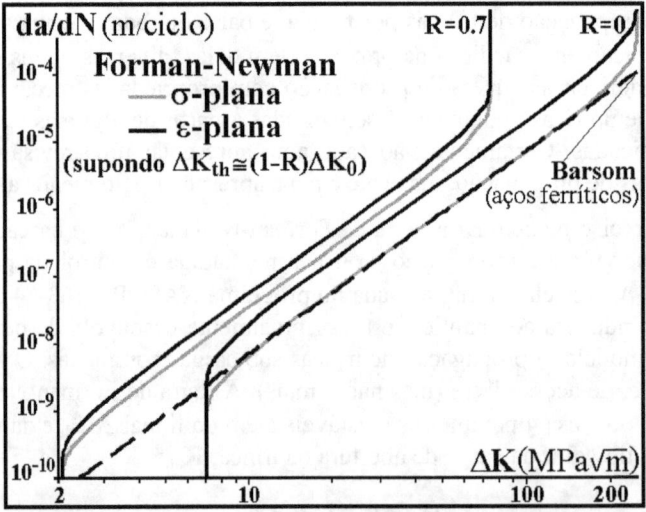

Fig. 9.33: A regra de Forman-Newman prevê sob ε-plana taxas significativamente maiores que sob σ-plana, logo um efeito não desprezível da espessura t.

Apesar da origem e da sofisticação da regra de Forman-Newman, ela não é isenta de controvérsias. De fato, deve-se notar que tanto o uso de ΔK_{ef} quanto a influência da espessura nela explícitos contrariam procedimentos aceitos pela norma ASTM E647 para medir as curvas de propagação de trincas por fadiga. A norma diz textualmente que "o conceito da similitude é assumido, o que implica que trincas de tamanhos diferentes sujeitas a uma mesma (gama) nominal ΔK (e *não* a uma mesma gama efetiva ΔK_{ef}) avançarão por incrementos iguais por ciclo". A norma reconhece que a espessura pode ter algum efeito ao dizer que "a influência potencial da espessura do espécime deve ser considerada ao gerar dados para pesquisa ou projeto". Mas reconhece também que "taxas de propagação de trincas por fadiga (medidas) numa vasta faixa de ΔK aumentaram, diminuíram ou não foram afetadas pela espessura do espécime". E que "esta condição (considerar o efeito da espessura) deve ser invalidada nos testes que obedecem aos quesitos dos tamanhos (listados na norma)", e.g. para o CP compacto de tensão C(T), **w/20 ≤ t ≤ w/4**, onde **w** é a largura útil do CP, que não é limitada pela norma.

Uma segunda regra, também inspirada na idéia do fechamento elberiano, é particularmente interessante porque usa apenas um parâmetro ajustável. Ela foi proposta por McEvily a partir de argumentos simples, tipo **da/dN** deve se relacionar com a abertura cíclica da ponta da trinca, que é proporcional a ΔK^2. Como McEvily é um defensor ferrenho da idéia de que a trinca só pode se propagar após totalmente aberta, ele usou uma gama efetiva modificada como o parâmetro controlador da propagação, $\Delta K_{ef} = K_{max} - K_{ab} - \Delta K_{th_{in}}$ [67-69]:

$$\frac{da}{dN} = \frac{A_{mc}}{S_{E_c} E}[K_{max} - K_{ab} - \Delta K_{th_{in}}]^2 \cdot \left[\frac{K_C - K_{ab}}{K_C - K_{max}}\right] \tag{9.55}$$

onde $\Delta K_{th_{in}}$ é o chamado limiar intrínseco do material, pois testes indicam que não basta abrir a ponta da trinca para propagá-la, é preciso que o valor da gama efetiva ΔK_{ef} seja maior do que o limiar intrínseco medido na ausência de fechamento, o qual seria uma verdadeira propriedade mecânica do material [70]. Em razões **R** altas, quando a trinca nunca fecha (tipicamente **R > 0.8**), logo $K_{ab} < K_{min}$, esta regra pode ser escrita como:

$$\frac{da}{dN} = \frac{A_{mc}}{S_{E_c} E}[\Delta K - \Delta K_{th_{in}}]^2 \cdot \left[\frac{K_C - K_{min}}{K_C - K_{max}}\right] \tag{9.56}$$

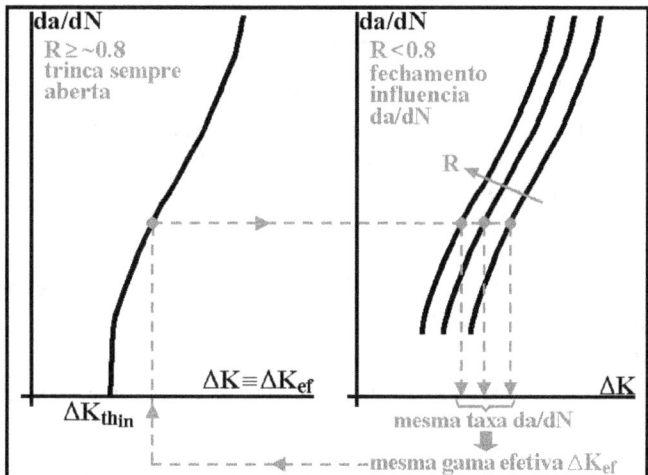

Fig. 9.34: A regra de McEvily pode ser associada a uma única curva mestre de propagação.

Precisar de apenas um parâmetro para ajustar todas as curvas de propagação de um dado material (vide Fig. 9.34) é de fato uma grande vantagem da regra de McEvily, e por isso ela é usada numa forma modificada (sem assumir que **da/dN** depende de ΔK_{ef}) no modelo de dano crítico desenvolvido na seção 9.10. Mas por usar a carga de abertura K_{ab}, ela fere o princípio da similitude, um dos fundamentos mais úteis da Mecânica da Fratura, pois K_{ab} *não* depende só do FIT aplicado na peça. Portanto, como Forman-Newman, esta regra também contradiz as recomendações da norma E647, usada como padrão para medir as curvas de propagação.

Os limiares intrínsecos $\Delta K_{th_{in}}$ dos aços e os das ligas de alumínio podem ser estimados por **2.5** e **1.0MPa√m**, respectivamente [13, 22, 70-78] (limiares são estudados na seção 9.8). Com base em dados de 6 famílias de ligas, vide Tabela 9.5, também se pode sugerir que $\Delta K_{th_{in}}$ (em MPa√m) seja estimável a partir do módulo de elasticidade **E** (em GPa) por:

$$\Delta K_{th_{in}} \cong E/62 \tag{9.57}$$

Tabela 9.5: Limiares intrínsecos de alguns materiais

material	$\Delta K_{th_{in}}$ MPa√m	E GPa
liga de Mg	0.9	43
Al 6061	1.2	70
Al 6061 + SiC	1.6	95
Ti 6Al 5Zr	2.0	120
Fe nodular	2.7	165
aço DOCOL 350	3.4	210
aço SS141147	3.7	210

Curiosamente, a existência de um limiar intrínseco é (ainda que indiretamente) suportada pelos defensores do chamado Enfoque Unificado do Dano à Fadiga (EU) estudado um pouco mais adiante, que contestam o uso de ΔK_{ef}, pois não reconhecem que o fechamento seja um parâmetro relevante na propagação das trincas por fadiga. A idéia primária do EU é que são dois os limiares de propagação, o limiar da gama, ΔK_{th}^{*}, e o limiar do máximo, $K_{max_{th}}^{*}$, pois são duas as forças motrizes do trincamento ΔK e K_{max} [77-78]. O limiar intrínseco nada mais seria do que o limiar da gama: $\Delta K_{th_{in}} = \Delta K_{th}(R \rightarrow 1) = \Delta K_{th}^{*}$.

Por fim, seguindo o Enfoque Universal (o trincamento por fadiga é controlado por ΔK e K_{max}, *não* por ΔK_{ef}), supondo que a parte compressiva de ΔK não contribui para a propagação das trincas, e que as trincas só crescem se $K_{max} > 0$, Kujawski propôs descrever as taxas **da/dN** em função de um produto similar ao de Walker (e relacionado a SWT) [79-80]:

$$\Delta \kappa = (K_{max})^{p}(\Delta K^{+})^{1-p} \tag{9.58}$$

onde $\Delta K^{+} = \Delta K$ se $R \geq 0$, ou $\Delta K^{+} = K_{max}$ se $R < 0$, é a parte positiva da gama ΔK. O parâmetro **p** é determinado a partir dos gráficos **log(K_{max})×log(ΔK^{+})** obtidos em taxas **da/dN** fixas (que podem ser gerados a partir das curvas **da/dN×ΔK** medidas sob várias razões **R**, vide item 9.8.3), cuja inclinação é **(p -1)/p**. Deve-se usar a média **p̄** dos valores correspondentes a várias taxas para calcular $\Delta \kappa$, vide Fig. 9.35.

9.8 A Fase I

Após descrever as regras **da/dN**, é preciso estudar as 3 fases das curvas **da/dN×ΔK**. A fase I é associada à cauda da curva **log(da/dN)×log(ΔK)**, que nas ligas estruturais metálicas vai do limiar de propagação ΔK_{th} até taxas tipicamente da ordem de 10^{-9}**m/ciclo**, vide Fig. 9.8. A notação ΔK_{th}, cujo índice vem da palavra *threshold* (limiar em inglês), é preferível a ΔK_{lim}, porque esta notação é sempre lida como "ΔK limite" em vez de "limiar de ΔK". Limiar significa intensidade mínima abaixo da qual um estímulo deixa de produzir uma dada resposta, logo é a palavra mais adequada para descrever a transição do estado não-propagante para a fase propagante. O termo limite é assim reservado para descrever os extremos da carga ou um valor admissível para ΔK. A diferença é sutil, mas justifica o anglicismo do índice.

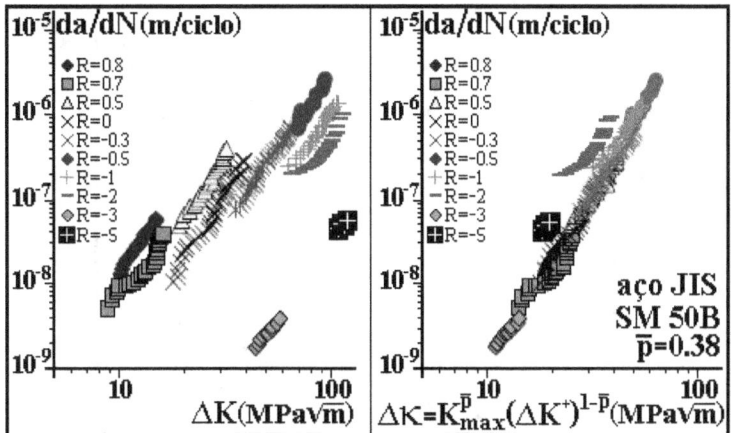

Fig. 9.35: Curvas de propagação do aço estrutural JIS SM 50B em função de ΔK e de $\Delta \kappa$ (resultados similares foram relatados para vários outros materiais [80]).

Na fase I, a zona plástica reversa zp_r, que sempre acompanha pontas das trincas de fadiga, é menor do que o grão típico das ligas estruturais metálicas, cujo tamanho varia de **10** a **100μm**. Como a maior parte do dano que causa a propagação da trinca ocorre dentro da zp_r, a modelagem da fase I a partir de propriedades de dano macroscópicas (que refletem o comportamento de muitos grãos aleatoriamente distribuídos) não é eficaz, pois não reconhece a anisotropia intragranular, logo não pode simular bem o que acontece dentro de um grão.

O diâmetro atômico dos metais é da ordem de **0.3nm**, logo as taxas de propagação das trincas de fadiga na fase I da curva **da/dN×ΔK** das ligas metálicas são (na média) da ordem de, ou menores do que um espaçamento atômico por ciclo. Portanto, a propagação da frente da trinca nesta fase não só é muito lenta (e.g., são necessários 10^7 ciclos para uma trinca crescer apenas **1mm** por fadiga quando **da/dN = 10^{-10} m/ciclo**), como também é descontínua (pois a trinca só pode crescer ao menos um diâmetro atômico em cada ponto da rede cristalina). Dessa forma, as lentas taxas da fase I são muito sensíveis a qualquer parâmetro que possa alterar tanto a curvatura da cauda da curva **da/dN×ΔK**, quanto o valor do limiar ΔK_{th}. Dentre eles, a carga estática, a microestrutura e o meio ambiente [3-4, 13-36, 70-78].

9.8.1 O limiar de propagação

Como regra geral, o limiar de propagação de trincas por fadiga tende a diminuir quando a carga estática aumenta, pois normalmente $\Delta K_{th}(R > 0) \leq \Delta K_{th}(R = 0) = \Delta K_0 \leq \Delta K_{th}(R < 0)$. Este comportamento pode resultar da existência de 2 limiares intrínsecos de propagação, um relacionado à gama ΔK e o outro à carga máxima K_{max}, os quais seriam verdadeiras propriedades mecânicas do material, como (bem) defendido pelos proponentes do chamado Enfoque Unificado em fadiga, vide a seção 9.8.3. Todavia, é mais didático apresentar primeiro a visão tradicional $\Delta K_{th} = \Delta K_{th}(R)$.

A diminuição de $\Delta K_{th}(R)$ à medida que R cresce não é surpreendente, pois as cargas médias trativas ajudam a separar as faces das trincas e, conseqüentemente, a aumentar as taxas de propagação da/dN. As cargas médias compressivas, por sua vez, ajudam a manter as trincas fechadas, logo tendem a retardar a sua propagação. A Fig. 9.36 [18] mostra alguns dados típicos de $\Delta K_{th}(R \geq 0)$ de vários aços, e a receita usada por Barson e Rolfe para ajustá-los:

$$\Delta K_{th}(R \leq 0.17) = \Delta K_0 = 6MPa\sqrt{m}; \;\; \Delta K_{th}(R > 0.17) = 7\cdot(1 - 0.85R) \qquad (9.59)$$

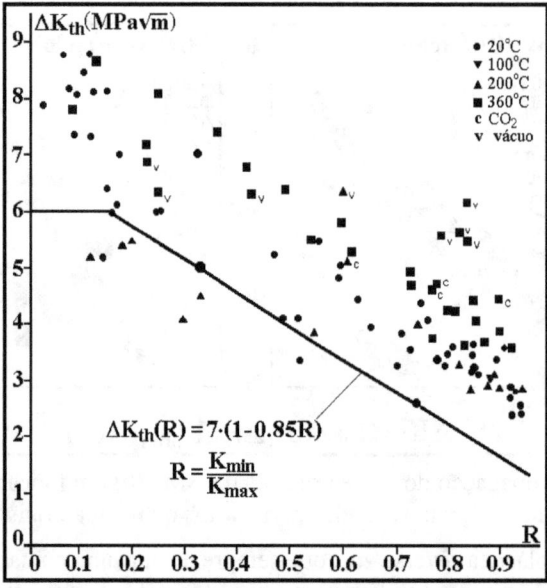

Fig. 9.36: Influência da carga média no limiar de propagação $\Delta K_{th}(R)$ de alguns aços.

Em projetos é sempre preferível usar valores medidos, não estimados. Mas como na prática nem sempre se pode medir propriedades, vale a pena citar uma outra receita para, na ausência de dados experimentais confiáveis, estimar (em $MPa\sqrt{m}$) os limiares de propagação $\Delta K_{th}(R \geq 0)$ de várias famílias de ligas metálicas [18, 38, 70-76]:

Ligas de Al: $1.2\cdot(1 - 0.2R) < \Delta K_{th}(R) < 5\cdot(1 - 0.9R)$ (9.60)

Ligas de Cu ou de Ti: $2\cdot(1 - 0.5R) < \Delta K_{th}(R) < 9.5\cdot(1 - 0.8R)$ (9.61)

Ligas de Fe ou de Ni: $max[2.2, 6\cdot(1 - 0.9R)] < \Delta K_{th}(R) < 12\cdot(1 - 0.8R)$ (9.62)

Note que as estimativas para o limiar $\Delta K_{th}(R \geq 0)$ se ordenam pelos módulos das várias famílias de ligas, cujos valores típicos são: $66 < E_{ligas\ Al} < 74GPa$, $100 < E_{ligas\ Cu} < 150GPa$, $105 < E_{ligas\ Ti} < 120GPa$, $190 < E_{aços} < 215GPa$ e $180 < E_{ligas\ Ni} < 217GPa$.

Quando as cargas mínimas são compressivas, estimar $\Delta K_{th}(R < 0) \cong \Delta K_{th}(R = 0) = \Delta K_0$ é em geral uma prática conservativa, pois ΔK_{th} tende a crescer um pouco quando R diminui. De fato, é usual desprezar a parte compressiva das cargas de fadiga nos cálculos mais simples da vida residual de peças trincadas (supondo implicitamente que as trincas precisam expor as suas pontas para poder crescer por fadiga). Mas esta prática pode ser perigosa, pois subcargas compressivas severas tendem a acelerar a trinca, como será visto mais adiante.

A microestrutura do material pode afetar muito o valor do limiar $\Delta K_{th}(R)$. Por exemplo, os limiares $\Delta K_{th}(R = 0.05)$ e $\Delta K_{th}(R = 0.70)$ do aço 4340 mostrados na Fig. 9.37 diminuem à medida que a resistência da martensita aumenta, até atingir um valor mínimo [38]. Note que $\Delta K_{th}(R = 0.05) \cong 3MPa\sqrt{m}$ para $S_R > 2GPa$ é bem menor do que o valor estimado por (9.59).

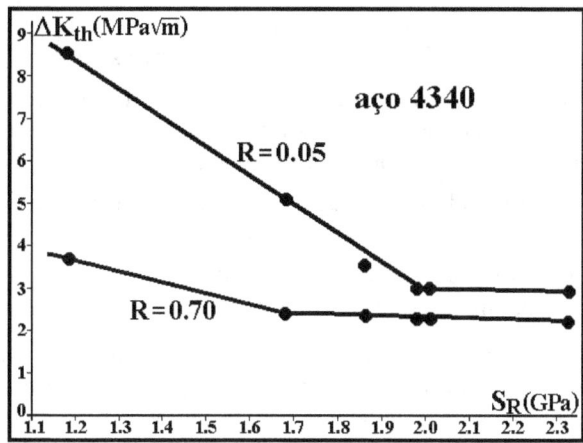

Fig. 9.37: O limiar ΔK_{th} deste aço 4340 martensítico é influenciado tanto pela carga média (quantificada por R), quanto pela microestrutura (que altera o valor da resistência à ruptura S_R, a qual é ajustada pela temperatura do revenido).

A influência de algumas características microestruturais na fase I pode ser fácil de explicar. Por exemplo, obstáculos no caminho da trinca como vazios ou inclusões podem ancorar ou cegar a ponta da trinca de fadiga nas taxas de propagação muito baixas, dificultando assim o seu progresso e, conseqüentemente, aumentando ΔK_{th}. Por outro lado, aqueles obstáculos podem funcionar como concentradores de tensão nas cargas mais altas, aumentando a taxa de propagação (em relação à do material mais limpo). Este efeito é ilustrado na Fig. 9.38, que mostra as curvas de propagação de trincas por fadiga medidas no metal de base e no cordão da solda molhada (feita dentro d'água) do aço SAR-60, um aço estrutural de baixo C de alta qualidade. Estas curvas se cruzam, pois o ΔK_{th} da solda é maior que o do metal de base, enquanto este é bem mais resistente à propagação da trinca na fase II. Isto ocorre porque a solda molhada resfria rápido demais, e fica cheia de vazios e de inclusões que atrapalham muito a propagação da trinca nas cargas baixas, mas a acentuam nas altas [57]. Estes dados ilustram o quão complexos podem ser na prática os fenômenos envolvidos na propagação das trincas.

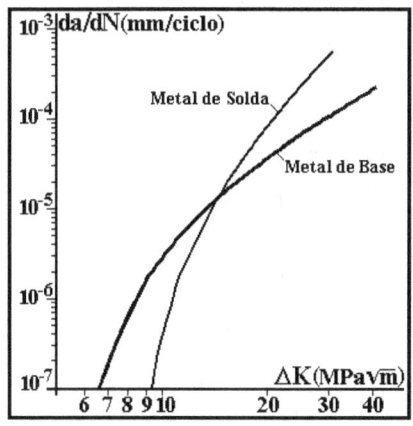

Fig. 9.38: O limiar ΔK_{th} do aço SAR-60 é menor do que o do material depositado por soldagem molhada, o qual contém muitos vazios e de inclusões, que ficam embutidos no cordão de solda devido ao seu resfriamento brusco. Assim, esta microestrutura ruim é cheia de obstáculos no caminho da trinca, que ancoram ou cegam a ponta da trinca nas taxas de propagação muito baixas, aumentando o ΔK_{th}.

9.8.2 Efeitos do meio ambiente

O meio ambiente pode afetar bastante não só o limiar de propagação das trincas, como toda a curva **da/dN×ΔK**, em particular na sua fase I, pois os meios corrosivos freqüentemente aumentam a taxa **da/dN**. Há 4 mecanismos de trincamento assistido (no sentido de ajudado ou auxiliado) pelo meio ambiente (*environmentally assisted cracking*, EAC) [30]:

- corrosão sob tensão, causada por uma reação anódica na ponta da trinca (realçada pelas altas tensões lá atuantes, fenômeno que ocorre sob cargas estáticas ou quase-estáticas);

- fragilização por hidrogênio, causada pela perda da resistência da ligação atômica devido à penetração dos pequenos átomos de H nos interstícios da rede cristalina e/ou no contorno de grão (pois o H intersticial tensiona muito a rede cristalina);

- fragilização por metal líquido (em geral Hg, Pb ou Zn), quando estes penetram nos contornos de grão de ligas suscetíveis de Al, Ti, Ni e aços inox, e.g.; e

- corrosão-fadiga, causada pelo aumento da taxa **da/dN** devido a uma interação sinérgica entre as reações eletroquímicas e as deformações plásticas cíclicas na ponta da trinca.

É preciso frisar que sob EAC as trincas podem propagar sob carga fixa. A taxa de propagação sob EAC puro (sem interação com fadiga), **da/dt**, depende do tempo de exposição ao meio agressivo e do FIT K_I, vide a parte superior da Fig. 9.39. Como a curva **da/dN×ΔK**, a curva **da/dt×K_I** também tem 3 fases: a fase I, que é muito sensível ao valor de K_I e tem um limiar de propagação (que pode ser verdadeiro ou prático) chamado K_{IEAC}, abaixo do qual a trinca não propaga; a fase II, que pode ser insensível ou pouco sensível ao valor de K_I; e a fase III, dominada pelo fraturamento quando $K_{max} = K_C$. Quando o meio ambiente influi ou interage com a fadiga, o mecanismo de falha é chamado de corrosão-fadiga. Há 3 tipos básicos de curvas **da/dN×ΔK** nestes casos, como esquematizado na parte inferior da Fig. 9.39:

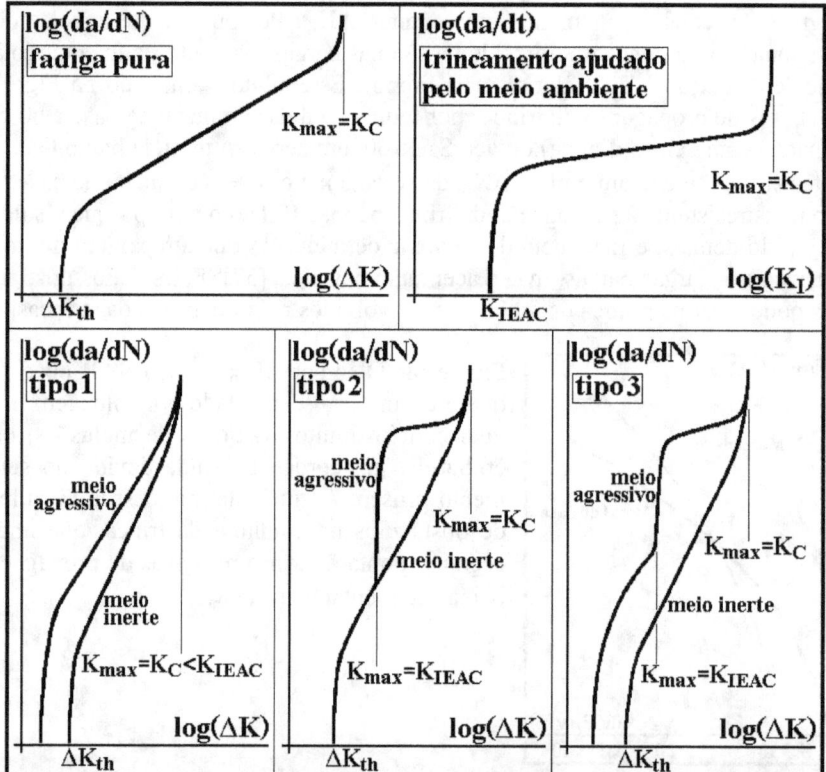

Fig. 9.39: Esquema dos vários tipos de curvas de propagação de trincas sob fadiga, sob corrosão auxiliada pelo ambiente (EAC) e sob corrosão-fadiga, segundo Anderson [30].

1. A simbiose corrosão-fadiga ocorre sob $K_{max} = \Delta K/(1 - R) < K_{IEAC}$, comportamento típico das ligas que **não** trincam por corrosão. Neste caso, a taxa de propagação é em geral acelerada como esquematizado na curva inferior esquerda da Fig. 9.39.

2. O trincamento assistido pelo ambiente é independente do trincamento por fadiga, e a curva de propagação resultante é dada pela superposição das curvas **da/dt×K$_I$** e **da/dN×ΔK**, como esquematizado na curva do meio da Fig. 9.39:

$$\left.\frac{da}{dN}\right|_{\text{meio agressivo}} = \left.\frac{da}{dN}\right|_{\text{meio inerte}} + \frac{1}{f}\left[\frac{d\bar{a}}{dt}\right]_{EAC} \tag{9.63}$$

onde **(dā/dt)$_{EAC}$** é a taxa média de trincamento assistido pelo ambiente durante um ciclo da carga, e **f** é a freqüência da carga (cíclica) de fadiga.

3. O trincamento assistido pelo ambiente interage com o trincamento por fadiga, vide a curva inferior direita na Fig. 9.39, e a curva de propagação resultante é dada por:

$$\left.\frac{da}{dN}\right|_{\text{meio agressivo}} = \alpha(\Delta K)\left[\frac{da}{dN}\right]_{\text{meio inerte}} + \frac{1}{f}\left[\frac{d\bar{a}}{dt}\right]_{EAC} \tag{9.64}$$

onde o fator **α(ΔK) > 1** reflete o efeito do meio corrosivo na propagação por fadiga.

Ambientes corrosivos contribuem para aumentar as taxas **da/dN** através da interação sinérgica denominada fadiga-corrosão (ou corrosão sob fadiga), a qual em geral aumenta com o tempo (o que torna a taxa **da/dN** dependente da freqüência, vide Fig. 9.40 [22]); a temperatura **Θ** (**Θ** altas tendem a acelerar a corrosão); e a pressão de vapor d'água (em meios gasosos). Em geral, meios gasosos afetam muito mais a propagação do que a iniciação da trinca por fadiga, já os meios líquidos afetam ambos (mas em especial a iniciação).

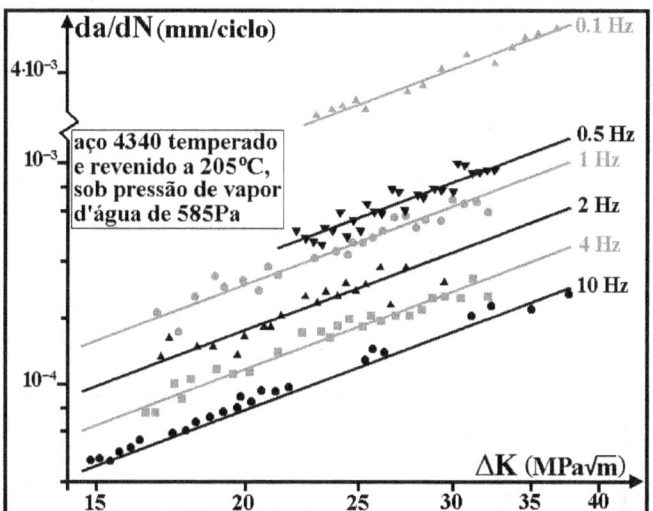

Fig. 9.40: Efeito da freqüência na taxa da/dN do aço 4340 sob condições de fadiga-corrosão.

O efeito da corrosão em fadiga também depende da forma do carregamento, sendo muito mais pronunciado na carga que na descarga: na Fig. 9.41 a taxa **da/dN** cresce com o tempo de subida **Δt$_s$**, mas pouco varia com o tempo de permanência **Δt$_p$** ou de descida **Δt$_d$**. Sob **Δt$_p$** pode haver corrosão sob tensão (SCC), mas a influência da SCC não é aditiva à fadiga-corrosão, pois esta na temperatura ambiente é transgranular, enquanto a SCC é intergranular. De fato, um maior **Δt$_p$** pode até diminuir **da/dN** quando a SCC gera trincas secundárias nos contornos de grão, as quais diminuem **K**, num efeito similar à bifurcação da trinca estudada adiante.

Mas a taxa **da/dN** tende a crescer muito com o tempo de permanência **Δt$_p$** sob temperaturas altas, devido à interação fadiga-fluência. A corrosão também pode aumentar **da/dN** indiretamente, pois afeta a coesão do material preferencialmente na direção trativa, dificultando a formação de lábios de cisalhamento, cuja geometria tenderia a diminuir ΔK. Mas há um outro efeito de fadiga-corrosão que é paradoxalmente benéfico, pois pode retardar a taxa **da/dN**. Isto ocorre quando a oxidação das faces da trinca em meio estagnado gera depósitos que a entopem, dificultando assim a sua abertura, e aumentando por causa disso o ΔK_{th} [13, 15].

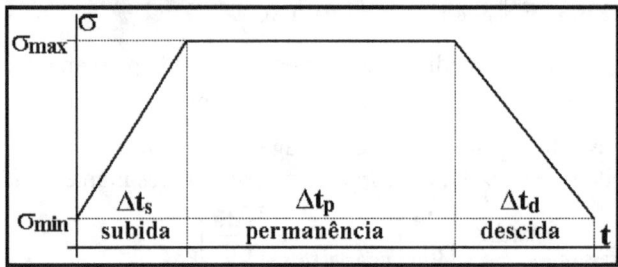

Fig. 9.41: Forma de onda do carregamento de fadiga-corrosão.

9.8.3 Os 2 limiares do Enfoque Unificado do dano à fadiga

Vasudevan, Sadananda e seus colegas vêm desde 1993 pregando que em vez de apenas um limiar de propagação de trincas por fadiga, há na realidade dois deles, o limiar da gama ΔK_{th}^* e o limiar do máximo $K_{max_{th}}^*$; e que estes limiares são propriedades mecânicas do material, independentes de qualquer outro parâmetro como carga média, tamanho da peça ou da trinca e, em especial, do fechamento das trincas [77-78, 81-85]. Desta forma, as trincas só crescem por fadiga quando *duas* condições são satisfeitas:

$$\Delta K > \Delta K_{th}^* \ \underline{e} \ K_{max} > K_{max_{th}}^* \tag{9.65}$$

O limiar da gama $\Delta K_{th}^* = \Delta K_{th}(R \to 1)$ tem que ser medido com a trinca toda aberta, e prepondera sob cargas médias ou razões R altas. O limiar do máximo $K_{max_{th}}^*$ prevalece nos outros casos, e pode ser medido (e.g.) sob gamas $\Delta K > \Delta K_{th}^*$ constantes, diminuindo K_{max} até parar o crescimento da trinca, vide Fig. 9.42. O limiar do máximo é sempre maior que o da gama: por exemplo, no ferro Armco (uma liga de Fe quase puro) $K_{max_{th}}^* = 6.8MPa\sqrt{m}$ e $\Delta K_{th}^* = 2.8MPa\sqrt{m}$, enquanto nas ligas de Al, $K_{max_{th}}^* > 3MPa\sqrt{m}$ e $1 < \Delta K_{th}^* < 2MPa\sqrt{m}$.

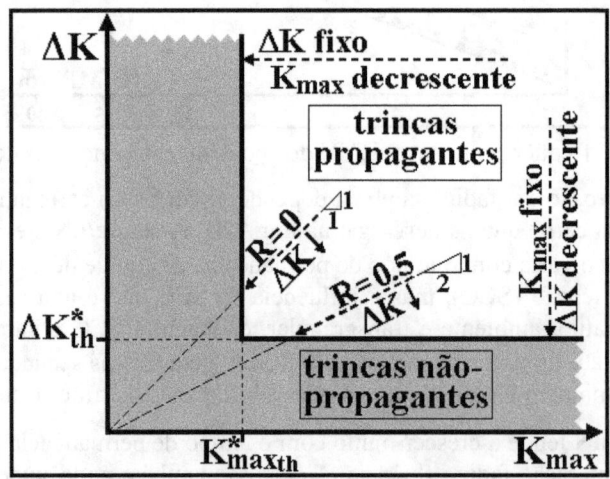

Fig. 9.42: Os dois limiares de propagação do Enfoque Unificado, ΔK_{th}^* e $K_{max_{th}}^*$.

Esta idéia interessante é parte do chamado Enfoque Unificado do dano à fadiga, segundo o qual, num dado meio ambiente, o trincamento pode ser analisado a partir de apenas 2 forças motrizes, ΔK e K_{max}: estes são os parâmetros necessários e suficientes para descrever os efeitos de *todas* as tensões que atuam na peça (inclusive as tensões residuais, que são auto-equilibrantes e atuam mesmo na ausência de carga externa, mas só afetam K_{max}).

A escolha de ΔK e K_{max} para caracterizar as 2 forças motrizes do trincamento por fadiga reflete a física deste processo. Em princípio, é K_{max} (ou um parâmetro equivalente no caso e-lastoplástico) que controla a formação das trincas em qualquer processo de fratura, seja estática ou dependente do tempo (fluência ou EAC, e.g.). Mas como só há fadiga quando as cargas variam no tempo, um parâmetro adicional ΔK é necessário para descrever o efeito da gama da carga. Portanto, o trincamento por fadiga é intrinsecamente dependente destes 2 parâmetros. De fato, K_{max} controla o tamanho da zona plástica monotônica, enquanto ΔK controla o tamanho da zona plástica reversa. Ambas dependem diretamente da carga, e sempre acompanham as trincas de fadiga, causando dano à frente das suas pontas.

Em outras palavras, ambas as forças motrizes ΔK e K_{max} são essenciais na fadiga, mas só uma delas domina o trincamento numa dada razão R. Em geral K_{max} domina a propagação sob razões R baixas, especialmente R negativas, enquanto sob R altas ΔK é o parâmetro dominante no trincamento por fadiga. Mas K_{max} pode controlar o trincamento dos materiais muito frágeis mesmo em R alta.

É claro que se pode trabalhar com ΔK e R, ou com K_a e K_m (por analogia com as tensões σ_a e σ_m usadas no método SN), ou com quaisquer outros 2 parâmetros independentes dentre os 6 mais usados para descrever a carga (K_{max}, K_{min}, K_a, K_m, ΔK e R), mas dentre elas a combinação ΔK e K_{max} tem a melhor base física. Além disso, a existência do limiar do máximo confirma K_{max} como uma força motriz do trincamento, pois não há limiar de R ou de K_m, e.g. Os limiares medidos nos testes de propagação de trincas tipicamente seguem a curva em L esquematizada na Fig. 9.42, quando plotados num gráfico $\Delta K \times K_{max}$ (em vez do tradicional $da/dN \times \Delta K$), que caracteriza bem os limiares ΔK_{th}^* e $K_{max_{th}}^*$ correspondentes às duas forças motrizes. De fato, a visualização completa do processo de trincamento por fadiga requer uma superfície tri-dimensional, como esquematizado na Fig. 9.43 [85].

Fig. 9.43: Como o trincamento por fadiga depende de 2 forças motrizes, ΔK e K_{max}, as curvas de propagação podem ser apresentadas de diversas maneiras, pois o processo só pode ser visualizado completamente em 3 dimensões, no espaço definido pelos eixos $da/dN \times \Delta K \times K_{max}$. É mais comum projetar no plano $da/dN \times \Delta K$ as curvas medidas sob várias razões R, mas outras formas de apresentar os mesmos dados são igualmente válidas. Por exemplo, curvas $da/dN \times K_{max}$ medidas sob várias razões R, ou então curvas $\Delta K \times K_{max}$ medidas sob várias taxas da/dN.

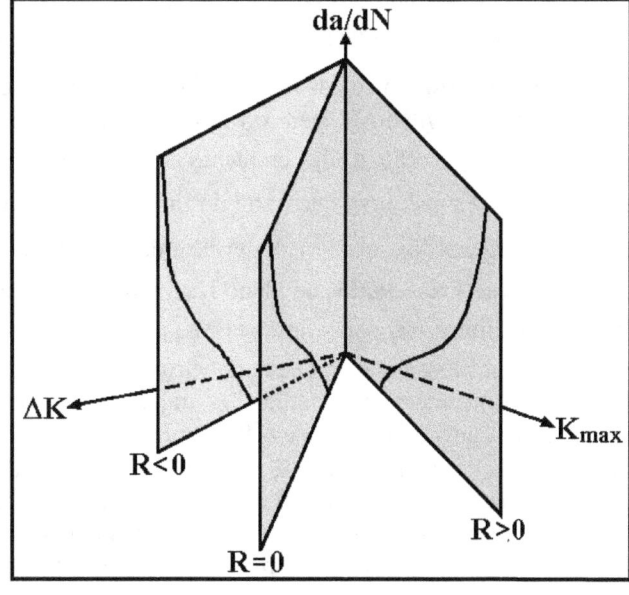

Tradicionalmente, as taxas de propagação **da/dN** são locadas em função de **ΔK**, para diferentes razões **R**. A menos da inversão dos eixos, este hábito vem desde o trabalho pioneiro de Paris, e continua usado em praticamente todas as normas e textos de fadiga, inclusive neste. Mas como **da/dN = f(ΔK, K$_{max}$)**, as curvas **da/dN×ΔK** ignoram a inclinação dos planos de **R** fixa mostrada na Fig. 9.43, e o efeito da segunda força motriz **K$_{max}$**. A Fig. 9.44 esclarece a forma em L típica das curvas **da/dN** quando plotadas em gráficos **K$_{max}$×ΔK** [85].

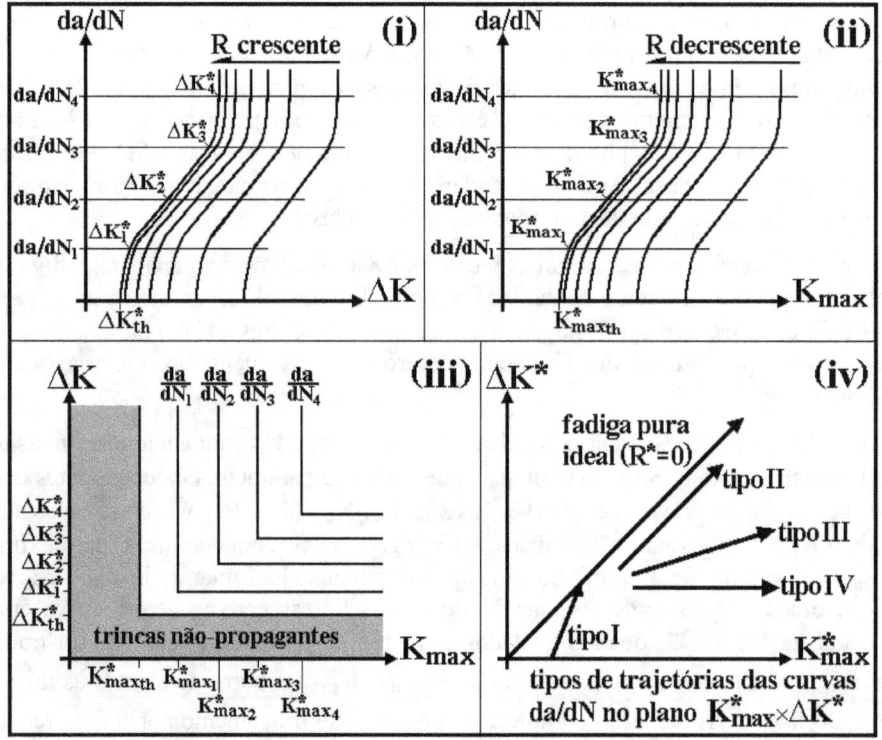

Fig. 9.44: Curvas **da/dN** de propagação de trincas por fadiga plotadas (i) em função de **ΔK**, (ii) em função de **K$_{max}$**, e (iii) no plano **K$_{max}$×ΔK**; (iv) os 4 tipos básicos de trajetórias das curvas de propagação **da/dN** no plano **K$_{max}^*$ × ΔK***.

As curvas **da/dN** medidas no ar ambiente em geral seguem o esquema mostrado na Fig. 9.44. As curvas **da/dN×ΔK** medidas sob **R** crescentes convergem para uma curva que inicia no limiar de propagação **ΔK$_{th}^*$**, enquanto as curvas **da/dN×K$_{max}$** medidas sob **R** decrescentes convergem para uma curva que parte do limiar **K$_{maxth}^*$**. Da mesma forma, podem-se definir os limites **ΔK$_i^*$** e **K$_{maxi}^*$** para qualquer taxa **da/dN$_i$**. Projetando os cortes das curvas de propagação em várias taxas **da/dN$_i$** no plano **K$_{max}$×ΔK**, geram-se as curvas em L típicas que passam por aqueles limites (ou pelos limiares **ΔK$_{th}^*$** e **K$_{maxth}^*$** quando **da/dN = 0**). Desvios da forma em L nesses gráficos indicam que parâmetros adicionais, como o meio ambiente e.g., estão influindo no trincamento por fadiga. A trajetória das origens das curvas **da/dN** no plano **K$_{max}$×ΔK** tem uma inclinação (**1 − R***), onde **R*** é a razão **R** abaixo da qual **K$_{max}$** controla o trincamento por fadiga (logo, se **R > R***, é a gama **ΔK** que controla o trincamento). Uma trajetória inclinada de 45°, logo com **R* = 0**, indica que a propagação é dominada pela plasticidade cíclica, e é observada em metais dúcteis testados em alto vácuo, e no regime de Paris quando os efeitos da carga média são desprezíveis. Este comportamento é chamado de fadiga pura ideal, e serve para avaliar a importância dos efeitos que dependem de K_{max}. Os comportamentos não-ideais têm $\Delta K^* < K_{max}^*$, pois envolvem mecanismos controlados por K_{max}, que podem ser relacionados à clivagem microestrutural ou à corrosão.

Na Fig. 9.44(iv) são identificados os 4 tipos de comportamento encontrados na prática: O tipo I é a verdadeira corrosão-fadiga, que afeta mais as taxas menores próximo do limiar. Nas taxas maiores o tempo de reação é pequeno demais, e o trincamento tende ao da fadiga ideal (definida pela linha $\Delta K^* = K_{max}^*$). O tipo II segue uma linha paralela à linha da fadiga ideal, indicando que os efeitos do meio ambiente independem da taxa **da/dN** e da força motriz K_{max}, ou seja, que eles saturam num tempo muito menor que o tempo necessário para o avanço da trinca. O tipo III indica efeitos do meio ambiente que dependem mais da tensão que do tempo, e é característico dos processos de corrosão sob tensão, SCC. O tipo IV é o caso extremo do tipo III, pois independe da contribuição da carga alternada ΔK.

Uma grande vantagem do Enfoque Unificado é dispensar totalmente o uso do fechamento da trinca na análise dos problemas de fadiga. O fechamento é um conceito interessante, que pode justificar muitos dos comportamentos que as trincas de fadiga apresentam na prática, mas tem uma grande desvantagem intrínseca: como ΔK e K_{max}, ΔK_{ef} depende da geometria da peça e da trinca, e da magnitude instantânea da carga. Mas, ao contrário do que ocorre com ΔK e com K_{max}, que podem ser calculados sem maiores problemas a cada evento da carga, ΔK_{ef} também depende, e de uma forma não-trivial, da história do carregamento e da interação da trinca com o meio ambiente. Tanto que ainda não há nenhum modelo confiável para calcular ΔK_{ef} que seja aplicável a qualquer peça sujeita a cargas reais de serviço, nem muitos menos para calcular a sua possível variação à medida que a trinca cresce. Assim, se o fechamento fosse indispensável na análise da fadiga, em geral não se poderia usar um comportamento medido num CP simples para prever o comportamento de uma peça complexa em serviço.

Em outras palavras, se a propagação da trinca for controlada por ΔK_{ef}, como proposto originalmente por Elber e defendido por uma grande parcela dos especialistas em fadiga, então só se poderia prever a vida residual de uma peça conhecendo a história temporal deste parâmetro. Esta história teria que ser comparada com a resistência do material medida por curvas **da/dN×ΔK_{ef}**, não por curvas **da/dN×ΔK** como usual, pois não se pode assumir que ΔK_{ef} só dependa de ΔK e não da peça e da história da carga (ou não se precisaria de ΔK_{ef} para começar). E não conhecendo ou não sabendo calcular a história de ΔK_{ef}, só se poderia fazer previsões confiáveis de vidas residuais após medir o comportamento de peças similares sob carga e meio ambiente equivalentes aos que a peça sofre em serviço real. Este argumento é muito forte, e por isso será retomado diversas vezes em vários dos itens que se seguem.

9.9 O Limiar e a Propagação das Trincas Curtas

Muitas peças gastam grande parte da sua vida à fadiga propagando trincas curtas, que podem crescer sob $\Delta K < \Delta K_{th}(R)$, pois gamas $\Delta\sigma > 2S_L(R)$ *finitas* geram e propagam trincas (mesmo sob cargas $\Delta\sigma$ e σ_{max} ou σ_m ou **R** fixas), que começam com **a** e $\Delta K(a) \to 0$. Assim, o comportamento das trincas curtas difere do das longas, e pode ser justificado questionando o uso de ΔK quando **a < gr**, o tamanho de grão (caso das trincas ditas "microestruturalmente curtas"), ou quando **a < zp**. De fato, ΔK, um parâmetro elástico e isotrópico, não pode modelar precisamente o que se passa dentro de um grão (ou da dimensão que caracteriza a anisotropia do material), ou então dentro de uma zona plástica controlada pelo entalhe crítico.

A taxonomia da propagação de microtrincas num meio anisotrópico, heterogêneo e inelástico é importante [86-88], mas não resolve o problema do dimensionamento à fadiga. Por isso, o detalhamento dos aspectos microestruturais da propagação das trincas curtas não faz parte do escopo deste livro, dedicado à tarefa do projetista estrutural. Assim, este item visa a-penas quantificar a propagação das trincas curtas, em particular daquelas que partem de enta-lhes, e compatibilizar a aparente incoerência entre o limiar de propagação das trincas (longas) e o limite de fadiga do material não trincado. Topper enfrentou este problema com a sua ma-gistral simplicidade elegante. Para conciliar o limite de fadiga $\Delta S_0 = 2S_{Lp}(R = 0)$ com o limiar de propagação das trincas longas sob cargas pulsantes $\Delta K_0 = \Delta K_{th}(R = 0)$, ele e seus colegas propuseram somar ao tamanho físico **a** da trinca nas placas de Irwin um (pequeno) "tamanho característico das trincas curtas" a_0, um artifício que força todas as trincas, curtas ou não, a o-bedecerem aos limites corretos do trincamento por fadiga [89-91]:

$$\Delta K_I = \Delta\sigma\sqrt{\pi(a+a_0)} \text{ , onde } a_0 = (1/\pi)\left(\Delta K_0/\Delta S_0\right)^2 \qquad (9.66)$$

Assim, as trincas longas (com $a \gg a_0$) não crescem se $\Delta K_I = \Delta\sigma\sqrt{(\pi a)} < \Delta K_0$, enquanto as microtrincas (cujo tamanho $a \to 0$) não propagam por fadiga se $\Delta\sigma < \Delta S_0$, pois neste caso $\Delta K_I = \Delta\sigma\sqrt{(\pi a_0)} < \Delta S_0\sqrt{(\pi a_0)} = \Delta K_0$. Além disso, a equação (9.66) reproduz toda a tendência da curva $\Delta\sigma{\times}a$ no diagrama de Kitagawa-Takahashi, que descreve o comportamento à fadiga das trincas curtas, vide Fig. 9.45 [92], relacionando a maior gama de tensões $\Delta\sigma$ tolerada por qualquer trinca não propagante ao limiar das trincas longas ΔK_0 e ao limite de fadiga ΔS_0.

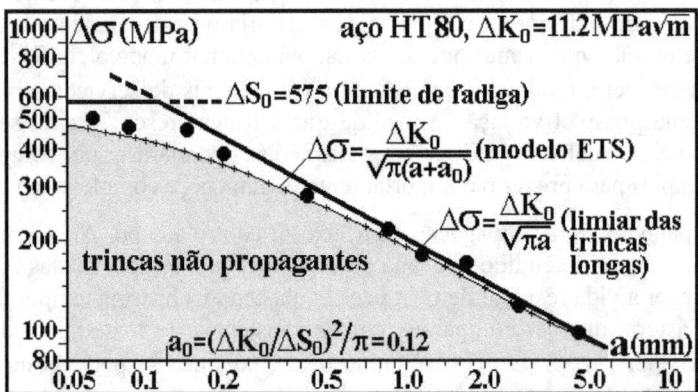

Fig. 9.45: Propagação de trincas sob $R = 0$ numa chapa de aço HT80 com $\Delta K_0 = 11.2MPa\sqrt{m}$ e $\Delta S_0 = 575MPa$: as trincas longas, com $a \gg a_0$, param quando $\Delta\sigma \le \Delta K_0/\sqrt{(\pi a)}$, e as microtrincas, com $a \to 0$, param quando $\Delta\sigma \le \Delta S_0$. A curva fina é o modelo de El Hadad, Topper e Smith (ETS), que prevê parada quando $\Delta\sigma \le \Delta K_0/\sqrt{\pi(a + a_0)}$.

Tipicamente, os aços têm limiares de propagação $6 < \Delta K_0 < 12MPa\sqrt{m}$, resistências à tração $400 < S_R < 2000MPa$ e limites de fadiga $200 < S'_L < 1000MPa$ (os melhores aços de alta resistência, cuja microestrutura é muito limpa, mantêm a razão $S'_L \cong S_R/2$). Portanto, es-timando (por Goodman) $\Delta S_0 = 2S_R S'_L/(S_R + S'_L) \Rightarrow 260 < \Delta S_0 < 1300MPa$, espera-se que a faixa do tamanho característico das trincas curtas a_0 nas peças de aço (mais precisamente, nas placas grandes com uma trinca central sujeitas a cargas trativas pulsantes) seja dada por:

$$\frac{1}{\pi}\left(\frac{\Delta K_{0min}}{\Delta S_{0max}}\right)^2 \cong 7 < a_0 < 700\mu m \cong \frac{1}{\pi}\left(\frac{\Delta K_{0max}}{\Delta S_{0min}}\right)^2 \qquad (9.67)$$

Como o tamanho característico a_0 é bem pequeno, a denominação "trincas curtas" é ple-namente justificável: o maior valor de a_0 estimado para os aços mal atinge os limiares de de-tecção dos métodos tradicionais de inspeção não-destrutiva (vide Capítulo 8).

Já para as ligas de alumínio, cujas gamas de resistência típicas são $70 < S_R < 600MPa$, $30 < S'_L < 230MPa$ (vide Fig. 4.25), $40 < \Delta S_0 < 330MPa$ e $1.2 < \Delta K_0 < 5MPa\sqrt{m}$, a faixa estimada para a_0 é um pouco maior, $1\mu m < a_0 < 5mm$. Assim, pode-se esperar que os efeitos das trincas curtas nos materiais de limiar ΔK_0 alto e limite de fadiga ΔS_0 baixo sejam mais pronunciados nas ligas de Al do que nos aços equivalentes.

Como o FIT das peças trincadas em geral é dado por $K_I = f(a/w) \cdot \sigma\sqrt{(\pi a)}$, Yu, Duquesnay e Topper [91] usaram o fator de geometria $f(a/w)$ para generalizar a equação (9.66):

$$\Delta K_I = \Delta\sigma\sqrt{\pi(a + a_0)} \cdot f(a/w), \text{ onde } a_0 = \frac{1}{\pi}\left(\frac{\Delta K_0}{f(a/w) \cdot \Delta S_0}\right)^2 \tag{9.68}$$

Considerando ou não o fator $f(a/w)$, a maior gama de tensão $\Delta\sigma$ que não propaga microtrincas na peça é o limite de fadiga ΔS_0: se $a << a_0$, $\Delta K_I = \Delta K_0 \Rightarrow \Delta\sigma \to \Delta S_0$, como o devido. Mas quando a trinca parte de um entalhe (como usual), a sua força motriz $\Delta\sigma$ é a gama da tensão na raiz do entalhe, não a gama nominal $\Delta\sigma_n$ em geral usada nas expressões de K_I. Como nestes casos o fator $f(a/w)$ inclui o efeito concentrador do entalhe, é melhor definir a_0 separando os efeitos da geometria da peça trincada em duas partes: $f(a/w) = \eta \cdot \varphi(a)$, onde $\varphi(a)$ quantifica o efeito do gradiente de tensões junto ao entalhe, e tende para K_t no caso das microtrincas, $\varphi(a \to 0) \to K_t$, enquanto a constante η quantifica o efeito dos demais parâmetros que afetam K_I, como a superfície livre, e.g. Desta forma, é melhor definir a_0 por:

$$\Delta K_I = \eta \cdot \varphi(a) \cdot \Delta\sigma_n\sqrt{\pi(a + a_0)}, \text{ onde } a_0 = \frac{1}{\pi}\left(\frac{\Delta K_0}{\eta \cdot \Delta S_0}\right)^2 \tag{9.69}$$

De fato, a gama de tensão que solicita a raiz do entalhe deve ser menor que o limite de fadiga para evitar o trincamento, $\Delta\sigma(a \to 0) = K_t\Delta\sigma_n = \varphi(0)\Delta\sigma_n < \Delta S_0$, e por isso o efeito do gradiente de tensões descrito pela função $\varphi(a)$ não entra na expressão de a_0.

Usando a definição tradicional $\Delta K = f(a/w) \cdot \Delta\sigma\sqrt{(\pi a)}$, é bem mais conveniente do ponto de vista operacional modelar o efeito das trincas curtas supondo que o limiar de propagação seja uma função do tamanho da trinca, $\Delta K_{th}(a, R = 0) = \Delta K_{th}(a)$, dada por:

$$\frac{\Delta K_{th}(a)}{\Delta K_0} = \frac{\Delta\sigma\sqrt{\pi a} \cdot f(a/w)}{\Delta\sigma\sqrt{\pi(a + a_0)} \cdot f(a/w)} = \sqrt{\frac{a}{a + a_0}} \Rightarrow \Delta K_{th}(a) = \frac{\Delta K_0}{\sqrt{1 + (a_0/a)}} \tag{9.70}$$

Como visto acima, a gama $\Delta\sigma_{th}(a) = \Delta K_0/\sqrt{[\pi(a + a_0)]}$ do modelo ETS reproduz o comportamento do limiar das trincas curtas no aço HT80 testado por Kitagawa e Takahashi, que desvia do limiar das trincas longas como o esperado. Mas é possível ajustar ainda melhor dados experimentais como os da Fig. 9.45 supondo que a equação (9.70) é uma das assíntotas possíveis aos casos limites das trincas longas e das microtrincas, nela introduzindo um parâmetro ajustável γ proposto por Bazant [93] para obter:

$$\Delta K_{th}(a) = \Delta K_0\left[1 + \left(a_0/a\right)^{\gamma/2}\right]^{-1/\gamma} \tag{9.71}$$

Esta equação reproduz o modelo ETS quando $\gamma = 2$, e o comportamento bilinear limite, mostrado na Fig. 9.45 pelas retas $\Delta\sigma = \Delta S_0$ e $\Delta\sigma = \Delta K_0/\sqrt{(\pi a)}$, quando $\gamma \to \infty$. Além disso, o parâmetro adicional ajustável γ de fato permite que a equação (9.71) descreva melhor do que a equação (9.70) os resultados experimentais colecionados por Tanaka et allii [94] e por Livieri e Tovo [95], vide Fig. 9.46: a maior parte dos dados desta figura é contida por duas curvas geradas usando $\gamma = 1.5$ e $\gamma = 8$.

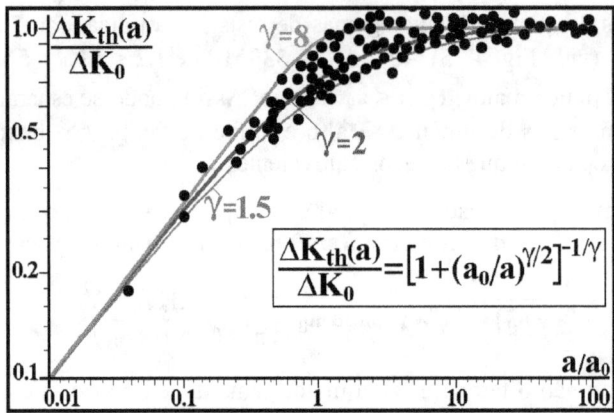

Fig. 9.46: O parâmetro γ em $\Delta K_{th}(a)/\Delta K_0 = [1 + (a_0/a)^{\gamma/2}]^{-1/\gamma}$ permite um ajuste melhor dos limiares de propagação das trincas curtas medidos experimentalmente.

O diagrama $\Delta\sigma \times a$ da Fig. 9.47 mostra a influência do parâmetro γ no ajuste da equação $\Delta\sigma_{th}(a) = [\Delta K_0/\sqrt{(\pi a)}]\cdot[(1 + a_0/a)^{\gamma/2}]^{-1/\gamma}$ às retas $\Delta\sigma = \Delta K_0/\sqrt{(\pi a)}$ (o limite de fadiga sob tensões pulsantes das trincas longas, $a \gg a_0$) e $\Delta\sigma = \Delta S_0$ (o limite de fadiga correspondente das trincas muito curtas, $a \ll a_0$), usando as propriedades do aço da Fig. 9.45.

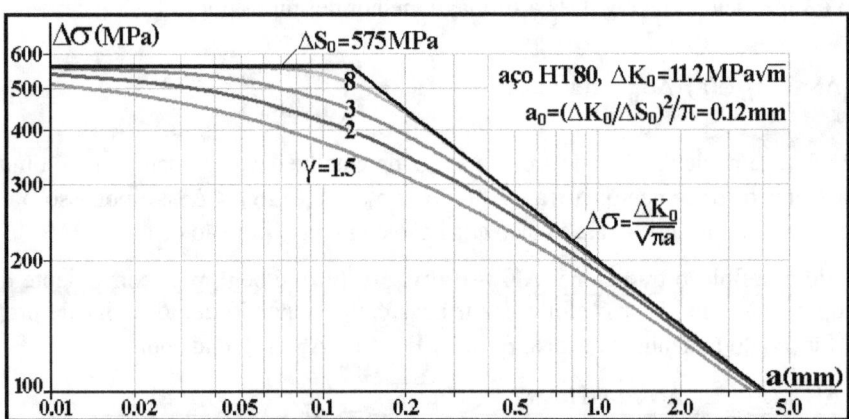

Fig. 9.47: Influência do parâmetro γ na forma das curvas limites de fadiga $\Delta\sigma_{th}(a)$ geradas pela equação (9.71): a transição da trinca de "longa" para "curta" é mais brusca se γ é alto.

Antes de prosseguir no estudo do comportamento das trincas curtas, vale a pena mencionar que já é possível fabricar pequenos filamentos perfeitos (os *wiskers*, vide Capítulo 3), mas ainda não se consegue construir componentes estruturais isentos de qualquer defeito: todas as peças reais têm pequenos defeitos microestruturais (como inclusões e vazios) e de fabricação (como arranhões superficiais), que podem ser considerados microtrincas. Assim, pode-se argumentar que o processo de fadiga não inclui uma fase de iniciação das trincas, sendo composto apenas da propagação destes pequenos defeitos intrínsecos.

Este argumento é logicamente sustentável, mas a sua utilidade é mais filosófica do que prática, pois ainda não há tecnologia disponível para mapear todos os microdefeitos de uma peça de forma economicamente viável, nem esperança de desenvolvê-la no futuro previsível. É por isso que os modelos de iniciação ainda são imprescindíveis na análise e no dimensionamento estrutural, apesar das correlações semi-empíricas dos métodos **SN** e ε**N** dependerem de muitos dados experimentais e gerarem previsões de vida à fadiga pouco precisas (mas confiavelmente limitáveis, devido à grande experiência acumulada no seu uso).

Todavia, muitos componentes estruturais precisam sobreviver a vidas muito longas, só atingíveis nas aplicações reais quando eles toleram as inevitáveis trincas curtas, como esquematizado na área cinzenta da Fig. 9.45. Ou seja, sendo impossível evitar microtrincas menores que **a**, para garantir vidas longas é preciso calcular sob que cargas de serviço $\Delta\sigma < \Delta\sigma_{th}(a)$ os componentes reais podem trabalhar continuamente à fadiga. Daí a grande importância prática da modelagem da propagação das trincas curtas. Por exemplo, para evitar o acúmulo de dano por fadiga sob uma carga pulsante fixa não basta manter $\Delta\sigma < \Delta S_0$, é preciso garantir que a gama da tensão (perpendicular à maior trinca **a** que a peça possa ter) seja limitada por:

$$\Delta K(a) < \Delta K_0 \left[1 + \left(a_0/a\right)^{\gamma/2}\right]^{-1/\gamma} \Rightarrow \Delta\sigma < \Delta S_0 \sqrt{\pi a_0}\left[1 + \left(a_0/a\right)^{\gamma/2}\right]^{-1/\gamma} \qquad (9.72)$$

Generalizando esta idéia, sendo $\Delta S_L(R)$ o limite de fadiga e $\Delta K_{th}(R)$ o limiar de propagação sob uma dada carga fixa $(\Delta\sigma, R)$, e sendo a_d o menor tamanho de trinca detectável confiavelmente pelo método de inspeção não destrutiva usado no controle da peça, para projetá-la para vida infinita é preciso garantir que:

$$\Delta\sigma < \Delta S_L(R)\sqrt{\pi a_R}\left[1 + \left(a_R/a_d\right)^{\gamma/2}\right]^{-1/\gamma}, \text{ onde } a_R = \left[\Delta K_{th}(R)/\pi^2\eta\,\Delta S_L(R)\right]^2 \qquad (9.73)$$

Como o limite de fadiga $\Delta S_L(R)$ já embute o efeito dos defeitos microestruturais inerentes ao material, a equação (9.73) o complementa descrevendo o limite da tolerância às pequenas trincas que possam passar despercebidas na prática [82-85, 91, 95-100].

9.9.1 Estimativa do efeito dos entalhes na propagação das trincas curtas

No E9.1 mostrou-se que $K_I(a) \cong \sigma_n \cdot \sqrt{(\pi a)} \cdot f_1(K_t, a) \cdot f_2(\text{superfície livre})$ é uma boa estimativa para o FIT de uma trinca curta **a** $\ll$ **b** que parte de um entalhe de profundidade **b**, e que $f_1(K_t, a) \cong \sigma_y(x)/\sigma_n$, onde $\sigma_y(x)$ a tensão perpendicular à trinca e ao entalhe que atua no ponto $(x = b + a, y = 0)$ à frente da sua ponta. Além disso, qualquer entalhe raso pode ser modelado pela elipse de semi-eixos **b** e **c** cuja ponta de raio $\rho = c^2/b$ tangencia a ponta do entalhe. Sendo o eixo **2b** centrado na origem da coordenada **x** e perpendicular à tensão nominal σ_n, a razão $\sigma_y(x)/\sigma_n$, que cai bruscamente junto à borda do entalhe elíptico à medida que o seu K_t aumenta (vide Fig. 5.21), é dada pela equação (5.44), repetida aqui por conveniência:

$$f_1 = \frac{\sigma_y(x = b+a, y = 0)}{\sigma_n} = 1 + \frac{(b^2 - 2bc)(x - \sqrt{x^2 - b^2 + c^2})(x^2 - b^2 + c^2) + bc^2(b-c)x}{(b-c)^2(x^2 - b^2 + c^2)\sqrt{x^2 - b^2 + c^2}} \qquad (9.74)$$

É a alta derivada $\partial\sigma_y/\partial x$ junto à ponta dos furos elípticos alongados que justifica o crescimento peculiar das trincas curtas que deles partem: no caso linear elástico, a concentração de tensão gerada por qualquer furo elíptico com $b \geq c$ cai bruscamente de $K_t = \sigma_y(1, 0)/\sigma_n \geq 3$ na sua ponta $(x/b = 1, 0)$ para $1.82 < K_{1.2} = K_t(x/b = 1.2) = \sigma_y(1.2, 0)/\sigma_n < 2.11$ no ponto que dista apenas **b/5** da borda. Desta forma, a maior tensão que atua no ponto que dista apenas **0.2c** da borda de qualquer furo elíptico alongado é $\sigma_y(1.2, 0)/\sigma_n \cong 2$, independentemente do seu K_t, devido ao alto gradiente das tensões à frente da ponta do entalhe, vide Fig. 9.48.

Assim, o K_I das trincas curtas que nascem a partir da raiz de entalhes elípticos muito afiados pode até decrescer após a trinca propagar um pouco, pois a influência das tensões afetadas por K_t em $K_I \cong 1.12 \cdot \sigma_n\sqrt{(\pi a)} \cdot f_1$ pode diminuir bruscamente à medida que a (pequena) trinca $a = x - b$ vai crescendo. Ou seja, o termo $\sigma_n\sqrt{(\pi a)}$ que induz o aumento de K_I pode acabar dominado pela queda de $f_1(K_t, a)$. De fato, a estimativa do $K_I(a)$ de uma trinca que parte da raiz de um entalhe elíptico tem uma derivada inicial grande, mas que logo diminui muito (chegando a ficar negativa quando o entalhe tem $K_t > \sim 10$), como mostrado na Fig. 9.49.

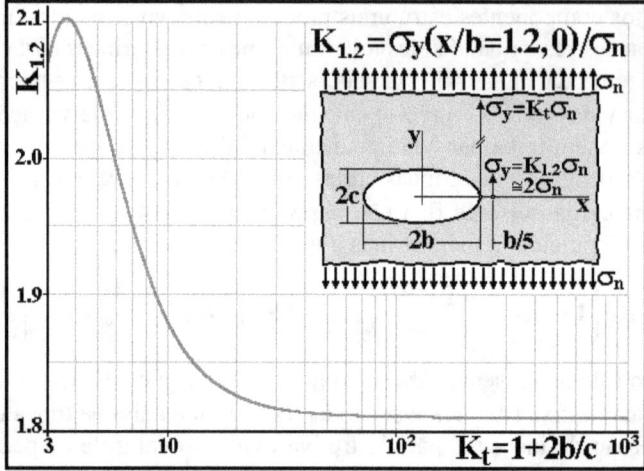

Fig. 9.48: A razão $K_{1.2} = \sigma_y(x/b = 1.2, 0)/\sigma_n$ no ponto que dista apenas $b/5$ da ponta dos furos elípticos é quase independente do K_t do furo (no caso linear elástico).

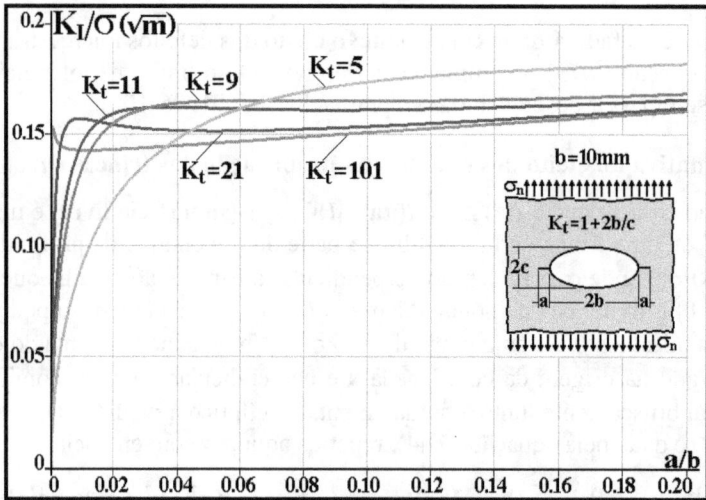

Fig. 9.49: Região inicial da estimativa $K_I \cong 1.12 \cdot \sigma_n \sqrt{(\pi a)} \cdot f_1(K_t, a)$ para as trincas que nascem de um furo elíptico com $b = 10mm$. Note como a derivada $\partial K_I/\partial a$ pode decrescer bruscamente logo após a iniciação da trinca.

Portanto, pode-se estimar o tamanho das maiores trincas não-propagantes (trincas essas que podem até nascer por fadiga de entalhes afiados, mas que param de crescer após uma pequena distância) usando esta estimativa para $K_I(a)$ e as equações (9.71) ou (9.72) para descrever o limiar de propagação das trincas curtas. Este problema é de grande importância prática, particularmente quando as pequenas trincas podem ser acidentalmente introduzidas (por exemplo, devido a uma têmpera severa na fabricação) em peças com entalhes suaves projetadas para vida infinita, onde $K_t\Delta\sigma_n < 2S_L$, nas quais nunca se espera uma falha por fadiga.

⇨ E9.13: Uma grande placa de aço com resistências $S_R = 600MPa$ à tração e $S_L = 200MPa$ à fadiga, e com limiar de propagação $\Delta K_0 = 9MPa\sqrt{m}$, trabalha sob uma gama nominal alternada fixa $\Delta\sigma_n = 100MPa$ e $R = -1$. Verifique se é possível trocar um furo central circular com diâmetro $d = 20mm$ por um furo elíptico com eixos $2b = 20mm$ (perpendicular à carga σ_n) e $2c = 2mm$, sem levar a placa a falhar por fadiga.

Desprezando o problema da flambagem, que pode ser importante numa placa fina, o furo circular é seguro à fadiga, pois tem fator de segurança $\phi_F = S_L/K_f\sigma_n = 200/150 \cong 1.33$ à iniciação de uma trinca, já que $K_f \cong K_t = 3$ e S_L inclui k_a, k_b, etc. Mas certamente vale a pena estimar qual a maior trinca tolerável a partir da borda do furo, para checar se a placa furada suporta trincas eventualmente geradas por qualquer outro mecanismo (que não introduza tensões residuais significativas, pois elas estão sendo desprezadas por enquanto).

Já o furo elíptico não seria admissível pelo método SN, pois ele teria $K_t = 1 + 2b/c = 21$, raio de ponta $\rho = c^2/b = 0.1mm$, e sensibilidade ao entalhe segundo a equação (4.77) de Peterson $q = (1 + \alpha/\rho)^{-1} = [1 + 0.185\cdot(700/600)/0.1]^{-1} \cong 0.32$, logo $K_f = 1 + q(K_t - 1) = 7.33$ e, portanto, $\sigma_a = K_f\cdot\sigma_n \cong 367MPa > S_L$. Mas também vale a pena re-estudar este problema, pois este K_f é bem maior do que os dados experimentais citados no Capítulo 4, vide Fig. 4.61.

Para a trinca que parte da borda do furo circular de diâmetro **d**, pode-se (só para variar) usar Kirsh em vez de Inglis e estimar $\Delta K_I \cong 1.12\cdot\Delta\sigma_n\sqrt{(\pi a)}\cdot[1 + 0.5(d/2x)^2 + 1.5(d/2x)^4]$, onde **a** é o tamanho da trinca e **x** a distância ao centro do furo, vide Capítulo 5. Para o furo elíptico deve-se manter a estimativa $\Delta K_I \cong 1.12\cdot\Delta\sigma_n\sqrt{(\pi a)}\cdot f_1(K_t)$. Mas note que, como não poderia deixar de ser, estas duas estimativas são idênticas quando **b = c** (cheque isto!).

Supondo que a trinca não propaga por fadiga quando fechada (prática usual, mas que pode ser insegura em alguns casos, como estudado adiante), pode-se usar $\Delta K_{th}(R < 0) \cong \Delta K_0$. E seguindo a metodologia **da/dN** clássica, pode-se assumir que as trincas eventualmente geradas na raiz do rasgo (curtas ou não) por $\Delta\sigma$ só se propagam por fadiga se $\Delta K_I(a) \geq \Delta K_0(a)$ (com a gama ΔK calculada considerando apenas a parte trativa de $\Delta\sigma$).

Assumindo que $\Delta K_{th}(a) = \Delta K_0/[1 + (a_0/a)]^{-0.5}$ (por ETS), $S'_L = 0.5S_R$, $\Delta S_0 = S_R/1.5$ (por Goodman) e $a_0 = (1/\pi)(\Delta K_0/\eta\Delta S_0)^2 = (1/\pi)(1.5\Delta K_0/1.12\cdot S_R)^2 \cong 0.13mm$, as gamas $\Delta K_I(a)$ dos dois furos são comparadas ao limiar $\Delta K_{th}(a)$ na Fig. 9.50. Assim, estimando o comportamento das trincas curtas, e lembrando que a falha terminal inclui a geração e a propagação de uma trinca até a fratura da peça, esta metodologia prevê (contrariando as previsões SN clássicas) que ambos os furos circular e elíptico suportariam a carga $\Delta\sigma_n$ sem falhar por fadiga.

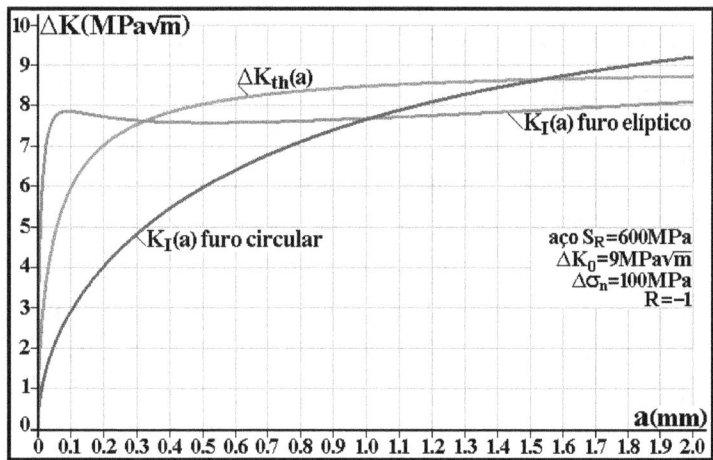

Fig. 9.50: Pelas equações (9.71) e (9.72), a trinca não inicia no furo circular (que tolera trincas **a < 1.5mm**), enquanto a trinca que inicia no elíptico pára ao atingir $a_{prd} \cong 0.33mm$.

Ou seja, segundo esta estimativa que considera o comportamento das trincas curtas, a placa com um furo circular com **d = 20mm** não só resistiria à iniciação do trincamento por fadiga (sob a carga $\Delta\sigma_n = 100MPa$ e $R = -1$ fixa), como também toleraria trincas partindo da borda do furo de tamanho $a < \sim 1.52mm$ (geradas por qualquer mecanismo que não introduzisse tensões residuais significativas). Já na placa com um furo elíptico $2b = 20$ e $2c = 2mm$, uma trinca iniciaria e propagaria por fadiga sob aquela carga fixa, mas acabaria parando ao atingir um tamanho $a_{prd} \cong 0.33mm$. Portanto, esta placa trincaria em serviço, mas toleraria a trinca e também não falharia por fadiga (se a carga não se alterasse durante sua vida operacional).

Mas o furo elíptico é bem menos robusto à fadiga que o furo circular, pois as trincas que dele partem são mais sensíveis a pequenas variações nos parâmetros operacionais: aumentando um pouco a tensão para $\Delta\sigma_n = 110MPa$, a trinca iniciada na borda do furo elíptico propagaria até fraturar a placa, enquanto o furo circular continuaria resistindo à iniciação e tolerando trincas $a < \sim 1mm$, vide Fig. 9.51. Fato similar ocorreria sob $\Delta\sigma_n = 100MPa$, se o limiar fosse um pouco menor, $\Delta K_0 = 8MPa\sqrt{m}$: a trinca iniciaria e propagaria a partir do furo elíptico, mas o furo circular continuaria resistindo à iniciação e tolerando trincas $a < \sim 1mm$, vide Fig. 9.52.

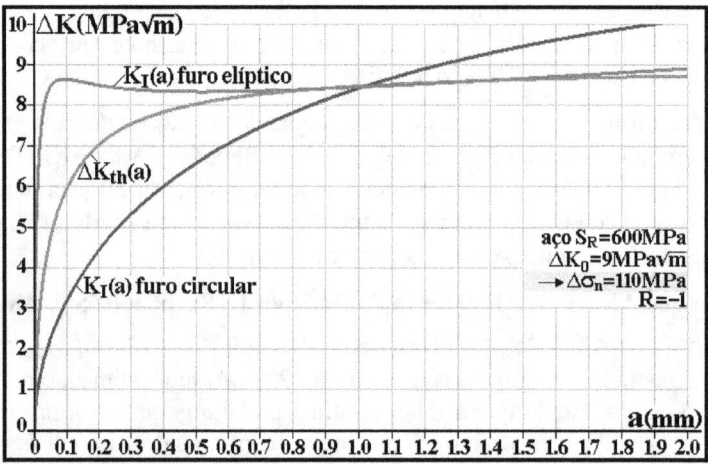

Fig. 9.51: O furo circular é mais robusto do que o elíptico: sob uma carga $\Delta\sigma_n = 110MPa$ apenas 10% maior, a trinca iniciada na borda do furo elíptico não pararia mais, mas o furo circular continuaria resistindo à iniciação e tolerando trincas $a < \sim 1mm$.

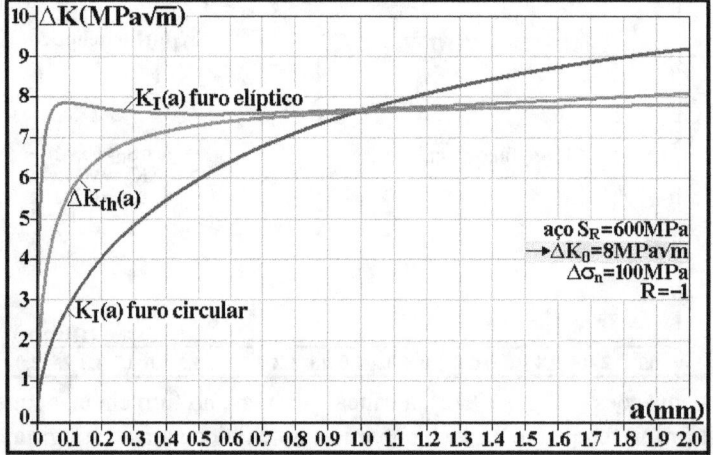

Fig. 9.52: A trinca iniciada na borda do furo elíptico também não pararia se o limiar do aço fosse um pouco menor, $\Delta K_0 = 8MPa\sqrt{m}$, mas o furo circular continuaria resistindo à iniciação e tolerando trincas $a < \sim 1mm$.

Também é interessante avaliar a sensibilidade destas estimativas ao expoente γ da equação (9.71) de Bazant, $\Delta K_{th}(a) = \Delta K_0[1 + (a_0/a)^{\gamma/2}]^{-1/\gamma}$, que ajusta o limiar de propagação das trincas curtas de uma maneira mais versátil do que o modelo de ETS (cujo $\gamma = 2$), vide Fig. 9.53. Nesta figura se considera a influência da faixa típica mencionada na Fig. 9.46 para os valores deste expoente, $1.5 < \gamma < 8$. No caso dos parâmetros originais deste exercício (uma carga $\Delta\sigma_n = 100MPa$ e $R = -1$ fixa, e limiar $\Delta K_0 = 9MPa\sqrt{m}$), o valor de γ não alteraria a tolerância do furo elíptico à iniciação de uma pequena trinca. Mas é claro que esta conclusão não pode ser generalizada para todos os problemas similares. ✓

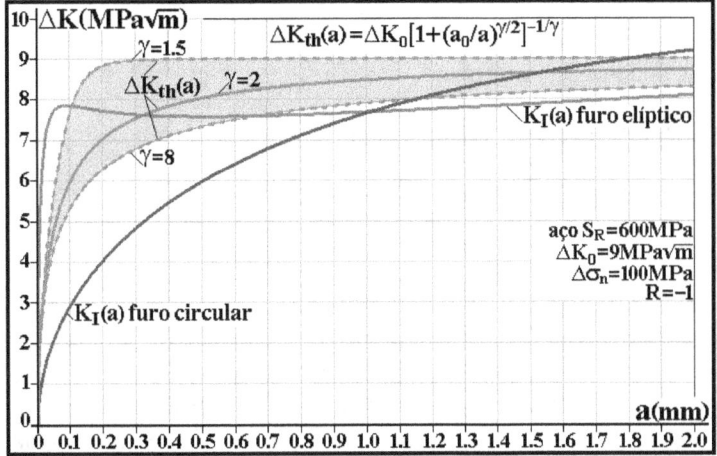

Fig. 9.53: Influência do expoente γ nas estimativas do crescimento das trincas de fadiga curtas que partem das bordas dos furos circular e elíptico sob carga $\Delta\sigma_n = 100MPa$ fixa.

Vale a pena enfatizar que estas estimativas simples avaliam o efeito de pequenos defeitos em bordas de entalhes de uma forma bastante razoável, um problema previamente intratável pelos métodos SN e εN, o que justifica a sua generalização na análise apresentada a seguir.

9.9.2 Análise dos efeitos dos entalhes nas trincas curtas

Seja $S_L = S_L'/K_f$ o limite de fadiga de um dado material medido em CPs entalhados com fator de concentração de tensão $K_t \geq K_f = 1 + q(K_t - 1)$. Em projetos, a sensibilidade q em geral ainda é quantificada por curvas empíricas ajustadas a 7 pontos experimentais compilados por Peterson [101-104] em meados do século passado, vide Capítulo 4. Mas esta sensibilidade pode ser associada a pequenas trincas não-propagantes que partem da raiz do entalhe quando $S_L'/K_t < \sigma_a < S_L'/K_f$, vide Fig. 4.61-62 [19]. De fato, o tamanho de transição das trincas curtas a_0 pode ser usado para gerar expressões aproximadas para os casos limites $a \ll \rho$ e $a \gg \rho$, onde ρ é o raio da ponta do entalhe de onde parte a trinca. Por exemplo, a gama do FIT de uma trinca que parte da raiz de um entalhe semi-elíptico de semi-eixos b e c na borda de uma placa semi-infinita tracionada, sendo b perpendicular à tração e paralelo à trinca, cujo $K_t \cong 1 + 2b/c = 1 + 2\sqrt{(b/\rho)}$, tem valores limites estimados por:

$$\Delta K_I = \eta \cdot K_t \cdot \Delta\sigma\sqrt{\pi(a + a_0)} \text{ , para } a \ll \rho \tag{9.75}$$

$$\Delta K_I = \eta \cdot \Delta\sigma\sqrt{\pi(a + b)} \text{ , para } a \gg \rho \tag{9.76}$$

onde $\eta = 1.12$ é o fator de correção da superfície livre. Assim, se $\Delta K_{th}(a) = \Delta K_0/\sqrt{[1 + (a_0/a)]}$, e se no limiar de propagação $\Delta\sigma = \Delta\sigma_{th}$, onde $\Delta\sigma_{th}$ é a gama de tensão mínima necessária para propagar uma trinca de comprimento a, então:

$$\Delta\sigma_{th} = \frac{\Delta K_0}{\eta \cdot \varphi(a) \cdot \sqrt{\pi(a+a_0)}} = \frac{\eta \cdot \Delta S_0 \sqrt{\pi a_0}}{\eta \cdot \varphi(a) \cdot \sqrt{\pi(a+a_0)}} = \frac{\Delta S_0}{\varphi(a)} \sqrt{\frac{a_0}{a+a_0}} \qquad (9.77)$$

El Haddad, Topper e Smith [89] consideraram o caso particular de uma trinca de comprimento **a** nascendo de um furo elíptico ou de um entalhe semi-elíptico numa placa infinita, ambos com semi-eixos **b** e **c**, sendo **b** paralelo à trinca. Para entalhes muito afiados (**c << b**), pode-se considerar que a trinca tem um comprimento equivalente **a + b**, logo:

$$\Delta K_I \cong \eta \cdot \Delta\sigma \sqrt{\pi(a+b+a_0)} = \eta \cdot \sqrt{(a+b+a_0)/(a+a_0)} \cdot \Delta\sigma \sqrt{\pi(a+a_0)} \qquad (9.78)$$

onde $\eta = 1$ para o caso do furo elíptico e $\eta = 1.12$ para o entalhe semi-elíptico. Quando se assume que $a \gg a_0$, pode-se escrever que:

$$\varphi(a) = \sqrt{(a+b+a_0)/(a+a_0)} \cong \sqrt{(a+b)/a} \qquad (9.79)$$

Substituindo a equação (9.79) em (9.77), obtém-se então:

$$\Delta\sigma_{th}(a \gg a_0) = \Delta S_0 \cdot \sqrt{a/(a+b)} \cdot \sqrt{a_0/(a+a_0)} \qquad (9.80)$$

A maior gama de tensões $\Delta\sigma_{th}$ que não causa dano por fadiga neste entalhe muito afiado (**c/b → 0**) corresponde à maior trinca não propagante que poderia ser encontrada partindo da sua ponta, $a^* = \sqrt{(b \cdot a_0)}$. No entanto, é necessário utilizar equações mais precisas para $\varphi(a)$ para os entalhes usuais, que têm razão **c/b** menos severas, pois elas irão alterar significativamente não só o valor máximo de $\Delta\sigma_{th}$, mas também o tamanho crítico **a*** associado a ele. Além disso, deve-se notar que estas análises são sensíveis à escolha da estimativa de $\Delta K_{th}(a)$, como discutido a seguir. Pode-se agora modelar o comportamento de trincas curtas que partem de furos circulares em grandes placas sujeitas à fadiga uniaxial causada por uma gama nominal de tensões $\Delta\sigma$ usando expressões mais precisas para K_I. Segundo Tada [1], o FIT de uma trinca de tamanho **a** que parte de um furo circular de raio ρ é dado dentro de 1% por:

$$\Delta K_I = \eta \cdot \varphi(a/\rho) \cdot \Delta\sigma \sqrt{\pi a} = 1.1215 \cdot \varphi(a/\rho) \cdot \Delta\sigma \sqrt{\pi a} \qquad (9.81)$$

onde a função de geometria $\varphi(a/\rho) \equiv \varphi(x)$, que é relacionada ao gradiente de tensão junto à borda do furo, é dada por:

$$\varphi(x) = \left[1 + \frac{0.2}{(1+x)} + \frac{0.3}{(1+x)^6}\right] \cdot \left[2 - 2.354\left(\frac{x}{1+x}\right) + 1.206\left(\frac{x}{1+x}\right)^2 - 0.221\left(\frac{x}{1+x}\right)^3\right] \qquad (9.82)$$

Note que quando $a \to 0 \Rightarrow x \to 0$, a equação (9.81) tende para o limite esperado,

$$\lim_{a \to 0} \Delta K_I = 1.1215 \cdot 3 \cdot \Delta\sigma \sqrt{\pi a} \qquad (9.83)$$

pois ela combina a solução de uma trinca na borda de uma placa semi-infinita com o campo de tensões em torno do furo circular de Kirsh, cujo $K_t = \varphi(0) = 3$. Note também que no outro extremo, quando $a \to \infty$, se obtém novamente o limite correto, o FIT da placa de Irwin com uma trinca de comprimento **a** (na realidade, $a + 2\rho \cong a$, pois $a \to \infty$), uma vez que a ponta da trinca está longe o bastante do furo para não ser afetada por ele:

$$\lim_{a \to \infty} \Delta K_I = \Delta\sigma \sqrt{\pi a/2} \qquad (9.84)$$

Assim, para os furos circulares $\varphi(x = 0) = 3$ e $\varphi(x \to \infty) = 1/1.1215\sqrt{2} \cong 0.63$, e qualquer trinca de tamanho **a** que parta de um deles vai propagar quando $\Delta K_I > \Delta K_{th}(a)$, ou seja:

$$\Delta K_I = \eta \cdot \varphi(a/\rho) \cdot \Delta\sigma\sqrt{\pi a} > \Delta K_{th} = \Delta K_0 \cdot \left[1 + (a_0/a)^{\gamma/2}\right]^{-1/\gamma} \tag{9.85}$$

onde $\Delta K_0 = \Delta S_0 \sqrt{(\pi a_0)} \equiv \Delta K_0 (a \gg a_0)$, e o tamanho de transição a_0 das trincas curtas é dado pela equação (9.69), repetida abaixo por conveniência:

$$a_0 = (1/\pi)\left[\Delta K_0/(\eta \cdot \Delta S_0)\right]^2 \tag{9.69}$$

Note que, como discutido acima, a_0 não depende do fator $\varphi(a/w)$, e que o critério de propagação destas trincas por fadiga pode ser baseado em duas funções adimensionais $\varphi(a/\rho)$ e $g(a/\rho, \Delta S_0/\Delta\sigma, \Delta K_0/\Delta\sigma_0\sqrt{\rho}, \gamma)$, ou seja, as trincas propagam se:

$$\varphi(a/\rho) > \frac{\left[\Delta K_0/(\Delta S_0 \sqrt{\rho})\right] \cdot (\Delta S_0/\Delta\sigma)}{\left[(\eta\sqrt{\pi a/\rho})^\gamma + \left[\Delta K_0/(\Delta S_0 \sqrt{\rho})\right]^\gamma\right]^{1/\gamma}} \equiv g\left(\frac{a}{\rho}, \frac{\Delta S_0}{\Delta\sigma}, \frac{\Delta K_0}{\Delta S_0 \sqrt{\rho}}, \gamma\right) \tag{9.86}$$

Assim, usando as razões adimensionais $x \equiv a/\rho$, $\kappa \equiv \Delta K_0/\Delta S_0\sqrt{\rho}$ e $\varsigma \equiv \Delta S_0/\Delta\sigma$, pode-se descrever o comportamento das trincas curtas que partem de um furo circular dizendo que elas crescem por fadiga quando $\varphi(x) > g(x, \varsigma, \kappa, \gamma)$. A Fig. 9.54 mostra a função φ e as funções g geradas por 5 razões $\Delta S_0/\Delta\sigma$, escolhidas para ilustrar os vários tipos de comportamentos das pequenas trincas (menores do que o diâmetro do furo $a/\rho < 2$) que partem da sua borda, quando $\gamma = 6$ e $\kappa = 1.5$. A razão κ depende do limite de fadiga e do limiar de propagação do material, e também do raio do furo. No caso do aço HT80 da Fig. 9.45, o valor $\kappa = 1.5$ corresponde a um minúsculo furo de raio $\rho = (\Delta K_0/\Delta S_0 \cdot \kappa)^2 = 169\mu m$. Para a faixa dos valores dos tamanhos das trincas de transição dos aços estimada da forma tradicional $a_0 = (1/\pi) \cdot (\Delta K_0/\Delta S_0)^2$, o raio do furo que corresponde a $\kappa = 1.5$ pode variar de $\rho = 10\mu m$ a $\rho = 1mm$. No caso das ligas de alumínio, que tem uma faixa típica de a_0 bem maior, $\kappa = 1.5 \Rightarrow 1.4\mu m < \rho < 7mm$.

A curva $g_{1.4}$, mostrada na parte inferior da Fig. 9.54, corresponde à gama $\Delta\sigma_{1.4} = \Delta S_0/1.4$ e permanece sempre abaixo da curva $\varphi(a/\rho)$. Este é o comportamento das gamas de tensão $\Delta\sigma$ altas, logo das razões $\Delta S_0/\Delta\sigma$ pequenas: nestes casos, a carga $\Delta\sigma$ é suficiente para iniciar e propagar trincas (de qualquer tamanho) por fadiga a partir da borda do furo circular.

Já a função g_3, localizada na parte superior da figura, permanece sempre acima da curva $\varphi(a/\rho)$, pois a sua gama $\Delta\sigma_3 = \Delta S_0/3$ não basta para iniciar uma trinca por fadiga a partir do furo, nem para propagar trincas menores do que seu diâmetro, $a < 2\rho$ (se $\kappa = 1.5$ e $\gamma = 6$). Isto ocorre com todas as gamas $\Delta\sigma$ suficientemente pequenas para terem $\Delta S_0/\Delta\sigma \geq K_t = 3$.

Mas as trincas que partem da borda do furo sob $\Delta\sigma$ fixa na Fig. 9.54 podem ter dois outros comportamentos, o primeiro relacionado às curvas g_2 e $g_{1.75}$, e o segundo à curva $g_{1.64}$. A curva $g_2(a/\rho, \Delta S_0/\Delta\sigma_2 = 2, \Delta K_0/\Delta S_0\sqrt{\rho} = 1.5, \gamma = 6)$ tem uma interseção com $\varphi(a/\rho)$ no intervalo $0 \leq a/\rho \leq 2$. Logo, a gama de tensão $\Delta\sigma_2 = S_0/2$ pode iniciar uma trinca a partir da borda do furo, mas só consegue fazê-la crescer até um tamanho $a/\rho \cong 0.24$, quando a curva g_2 (da carga) encontra a curva φ (da resistência ao trincamento) e a trinca pára. E como as trincas com tamanho $a < 2\rho = 2\Delta K_0/1.5S_0$ neste caso não crescem por fadiga sob uma carga pulsante $\Delta\sigma_2 = S_0/2$ fixa, esta placa tolera trincas não-propagantes maiores do que o seu (pequeno) furo. Mas as trincas não-propagantes por fadiga sob carga fixa só são seguras se não puderem crescer por nenhum outro mecanismo, como corrosão ou fluência. A gama $\Delta\sigma_{1.75} = S_0/1.75$, e.g., pode iniciar e propagar uma trinca por fadiga nesta placa, que pára quando atinge um tamanho $a/\rho \cong 0.42$; mas se esta trinca crescer por qualquer razão até atingir $a/\rho \cong 1.6$, então pode voltar a propagar por fadiga sob $\Delta\sigma_{1.75}$.

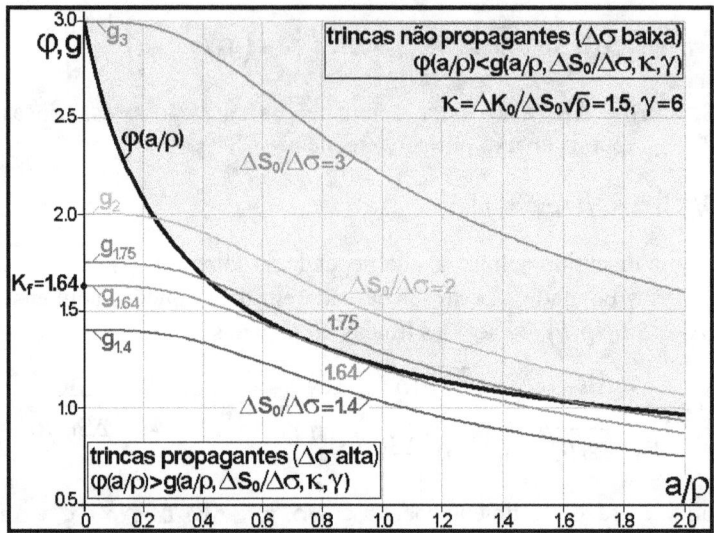

Fig. 9.54: As trincas que partem da borda de um furo circular só propagam por fadiga se $\varphi(a/\rho) > g(a/\rho, \Delta S_0/\Delta\sigma, \Delta K_0/\Delta S_0\sqrt{\rho}, \gamma)$, portanto as trincas localizadas na parte cinza desta figura não são danosas sob uma carga $\Delta\sigma$ pulsante fixa. Expoente $\gamma = 6$ e furo de raio $\rho \cong 1.40 \cdot a_0$ (estimando $a_0 = (1/\pi) \cdot (\Delta K_0/\Delta S_0)^2$).

A Fig. 9.55 reforça este ponto: se $\gamma = 6$ e $\kappa = \Delta K_0/\Delta S_0\sqrt{\rho} = 1.5$, as trincas podem se propagar por fadiga sob $\Delta\sigma_2 = S_0/2$ se $a/\rho > \sim 3$; ou sob $\Delta\sigma_3 = \Delta S_0/3 = \Delta S_0/K_t$ se $a/\rho > \sim 10.5$; ou até sob uma carga incapaz de iniciá-las por fadiga, e.g. $\Delta\sigma_{3.5} = \Delta S_0/3.5 < \Delta S_0/K_t$ se $a/\rho > \sim 15$. Ou seja, as trincas não-propagantes por fadiga sob uma dada gama $\Delta\sigma$ fixa só são toleradas enquanto forem pequenas o bastante para ter $g > \varphi$ (note que a região de tolerância às trincas não-propagantes fica acima a curva de resistência ao trincamento φ). Por isso, se estas trincas puderem crescer por qualquer outro mecanismo, elas voltam a propagar por fadiga sob aquela gama $\Delta\sigma$ quando atingirem um tamanho no qual $\varphi > g$, ou seja, no qual $K_I > \Delta K_{th}(a)$.

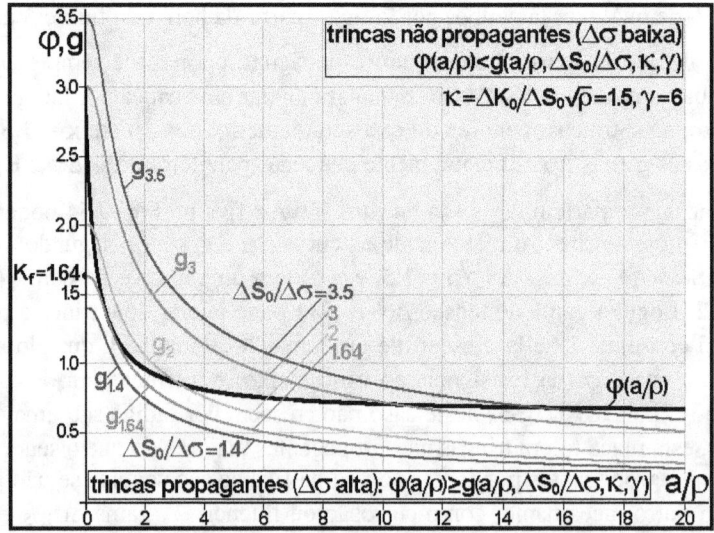

Fig. 9.55: As trincas que não propagam por fadiga sob uma gama $\Delta\sigma$ fixa por terem $g > \varphi$ podem voltar a propagar se puderem crescer por qualquer outro mecanismo até atingir um tamanho no qual $\varphi < g \Rightarrow K_I > \Delta K_{th}(a)$. Curvas geradas para $\kappa = 1.5$ e $\gamma = 6$.

Por fim, a curva $g_{1.64}$ que tangencia $\varphi(a/\rho)$ é particularmente importante, pois a sua gama de tensão $\Delta\sigma = \Delta S_0/1.64$ é a maior gama capaz de gerar uma trinca não-propagante na placa de Kirsh com $\rho = \Delta K_0/1.5S_0$ e $\gamma = 6$ (como estudado no Capítulo 4, as trincas não-propagantes são geradas quando $\Delta S_L/K_t \leq \Delta\sigma \leq \Delta S_L/K_f$). Portanto, no caso da placa das figuras 9.54 e 9.55, $K_f = 1.64$. Além disso, esta curva $g_{1.64}$ tangente a φ também pode ser usada para definir a sensibilidade ao entalhe $q = (K_f - 1)/(K_t - 1)$. As Fig. 9.54 e 9.55 foram geradas para $\gamma = 6$ e $\kappa = 1.5$, que corresponde ao furo de raio $\rho \cong 1.11 \cdot a_0$ (estimando $a_0 = (1/\pi) \cdot (\Delta K_0/\eta\Delta S_0)^2$). Mas é preciso enfatizar que tanto o expoente γ quanto a razão κ podem afetar muito a propagação inicial das trincas curtas, vide figuras 9.56 e 9.57.

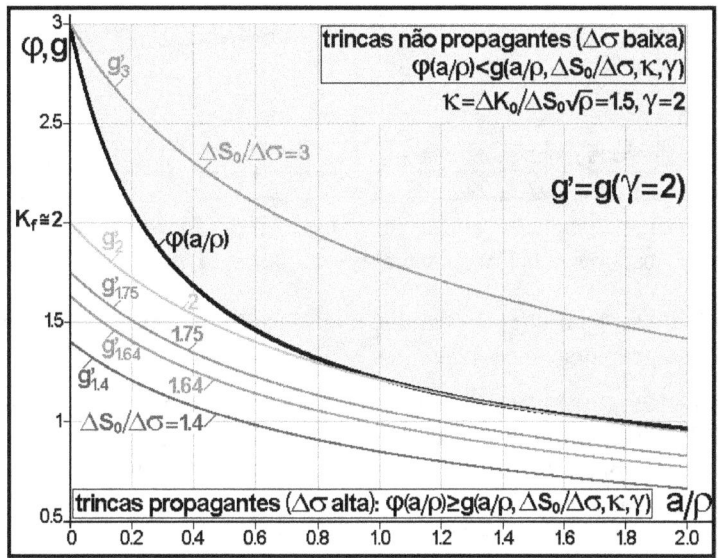

Fig. 9.56: Propagação de trincas por fadiga sob carga pulsante $\Delta\sigma$ fixa a partir da borda de um pequeno furo circular de raio $\rho \cong 1.11 \cdot a_0$, quando $\gamma = 2$ e $a_0 = (1/\pi) \cdot (\Delta K_0/\eta\Delta S_0)^2$.

O efeito do expoente γ, usado para ajustar melhor os resultados dos testes de propagação das trincas curtas pela equação $\Delta K_{th}(a) = \Delta K_0[1 + (a_0/a)^{\gamma/2}]^{-1/\gamma}$, é ilustrado na Fig. 9.56, que reproduz o comportamento das trincas estudadas na Fig. 9.54 alterando apenas o expoente de $\gamma = 6$ para $\gamma = 2$. Em ambas as figuras se observa que a gama $\Delta\sigma_2 = \Delta S_0/2 > \Delta S_0/K_t$ pode iniciar uma trinca por fadiga a partir da borda do pequeno furo circular (com raio $\rho \cong 1.11 \cdot a_0$, já que ambas têm $\kappa = \Delta K_0/\Delta S_0\sqrt{\rho} = 1.5$). Mas esta gama $\Delta\sigma_2$, que não é danosa se $\gamma = 6$ (pois a trinca pára em $a/\rho = 0.24$), não pode ser tolerada se $\gamma = 2$, pois a trinca por ela gerada não seria estável (note que a curva g_2 é tangente à curva φ neste caso, portanto $\gamma = 2 \Rightarrow K_f = 2$). Ou seja, os expoentes γ menores, que prolongam a transição do comportamento das trincas de longas para curtas, facilitam a propagação das trincas curtas.

Já os furos grandes (em relação ao tamanho característico das trincas curtas a_0), que são associados a razões $\kappa \equiv \Delta K_0/\Delta S_0\sqrt{\rho}$ pequenas, não induzem a parada das trincas curtas. Vide e.g. a Fig. 9.57 onde $\kappa = 0.3$, que corresponde a um furo de raio $\rho' = 5 \cdot \rho$, onde ρ é o raio do furo com $\kappa = 1.5$ estudado nas figuras 9.54-9.56: praticamente todas as gamas $\Delta\sigma > \Delta S_0$ que podem iniciar por fadiga uma trinca na borda do furo sob cargas pulsantes também podem propagá-la neste caso. Este efeito só se acentua à medida que a razão κ diminui ainda mais. Mas, apesar de interessantes e ilustrativas, as Fig. 9.54 a 9.57 não são eficientes para descrever o efeito dos entalhes nas trincas curtas sujeitas a cargas de fadiga. O método discutido a seguir é muito mais poderoso.

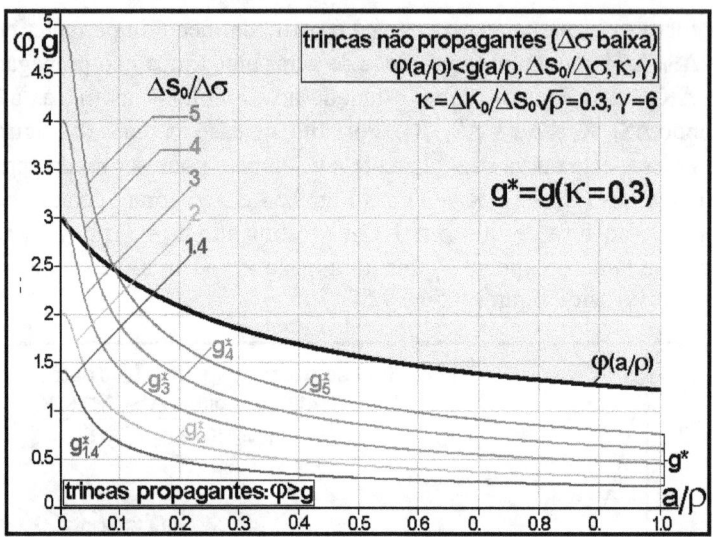

Fig. 9.57: Propagação de pequenas trincas por fadiga sob $\Delta\sigma$ fixa a partir da borda de um furo circular quando $\kappa = 0.3 \Rightarrow \rho' \cong 5.5 \cdot a_0$, sendo $a_0 \cong (1/\pi) \cdot (\Delta K_0/\eta \Delta S_0)^2$ e $\gamma = 6$.

9.9.3 Cálculo da sensibilidade ao entalhe q em função do limite de fadiga ΔS_0 e do limiar de propagação ΔK_0

A curva $g_{1.64}$ da Fig. 9.54 tangencia φ quando $a/\rho \cong 0.8$, $\kappa \equiv \Delta K_0/\Delta S_0 \sqrt{\rho} = 1.5$, $\gamma = 0.6$ e $\Delta\sigma = \Delta S_0/1.64$, logo sendo $\Delta K_{th}(a) = \Delta K_0[1 + (a_0/a)^{\gamma/2}]^{-1/\gamma}$ e $a_0 \cong (1/\pi) \cdot (\Delta K_0/\eta \Delta S_0)^2$, esta é a menor gama de tensão pulsante que pode iniciar e propagar uma trinca por fadiga naquela placa. Logo, por definição, o fator de concentração de tensão à fadiga da placa de Kirsh com $\rho = 1.5 \cdot \Delta S_0/\Delta K_0 \cong 1.11 \cdot a_0$ e $\gamma = 6$ é $K_f = \Delta S_0/\Delta\sigma = 1.64$. Ou seja, para calcular K_f a partir do limite e do limiar de fadiga do material, e da geometria da peça e do entalhe, basta montar e resolver o sistema de equações:

$$\begin{cases} \varphi(a/\rho) = g(a/\rho, \Delta S_0/\Delta\sigma, \kappa, \gamma) \\ \partial\varphi(a/\rho)/\partial a = \partial g(a/\rho, \Delta S_0/\Delta\sigma, \kappa, \gamma)/\partial a \end{cases} \tag{9.87}$$

Este sistema pode ser resolvido numericamente para diversas combinações furo/material especificadas por κ e por γ, para obter o fator sensibilidade ao entalhe q da placa:

$$q(\kappa, \gamma) \equiv [K_f(\kappa, \gamma) - 1]/(K_t - 1) \tag{9.88}$$

Este enfoque tem 3 grandes vantagens: (i) considera que o expoente γ (usado para modificar o modelo ETS original visando ajustar melhor os dados experimentais) depende do material, um fato que tem influência significativa nos cálculos; (ii) é baseado num procedimento analiticamente exato; e (iii) pode ser facilmente generalizado. De fato, o FIT de uma pequena trinca **a** que parte de um entalhe semi-elíptico com semi-eixos **b** e **c**, sendo **b** na mesma direção de **a** e perpendicular à tensão (nominal) $\Delta\sigma$, pode ser descrito como:

$$\Delta K_I = \eta \cdot F(a/b, c/b) \cdot \Delta\sigma \sqrt{\pi a} \tag{9.89}$$

onde $\eta = 1.1215$ é o fator de correção de superfície livre e $F(a/b, c/b)$ é o fator geométrico associado ao efeito concentrador do entalhe, que pode ser expresso como uma função do parâmetro adimensional $s = a/(a + b)$ e do fator de concentrador de tensão K_t, dado por [1]:

$$K_t = (1 + 2b/c) \cdot \left[1 + 0.1215 / (1 + c/b)^{2.5}\right] \tag{9.90}$$

Duas expressões analíticas para $F(a/b, c/b)$ foram obtidas em [100] através do ajuste dos resultados de uma série de análises de modelos de elementos finitos (EF) de diversos tipos de entalhes semi-elípticos, feitas no **Quebra2D**, as quais reproduzem muito bem os resultados de Nishitani e Tada citados por Bazant [93], vide Fig. 9.58 e 9.59:

$$F(a/b,c/b) \equiv f(K_t,s) = K_t \sqrt{[1-\exp(-K_t^2 \cdot s)]/(K_t^2 \cdot s)}, c \le b \qquad (9.91)$$

$$F(a/b,c/b) \equiv f'(K_t,s) = K_t \sqrt{\frac{1-\exp(-K_t^2 \cdot s)}{K_t^2 \cdot s}} \cdot [1-\exp(-K_t^2)]^{-s/2}, c \ge b \qquad (9.92)$$

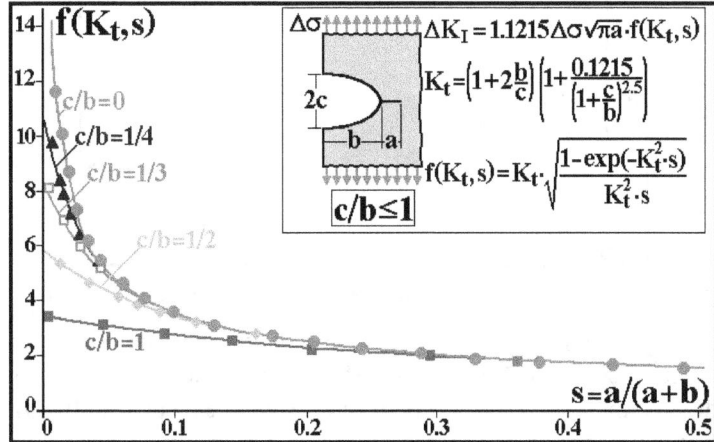

Fig. 9.58: Comparação entre a expressão analítica proposta para a função $f(K_t, s)$ de entalhes semi-elípticos com $b \ge c$, onde $s = a/(a + b)$, obtida pelo ajuste de cálculos de EF gerados no **Quebra2D**, e resultados calculados por Nishitani e Tada.

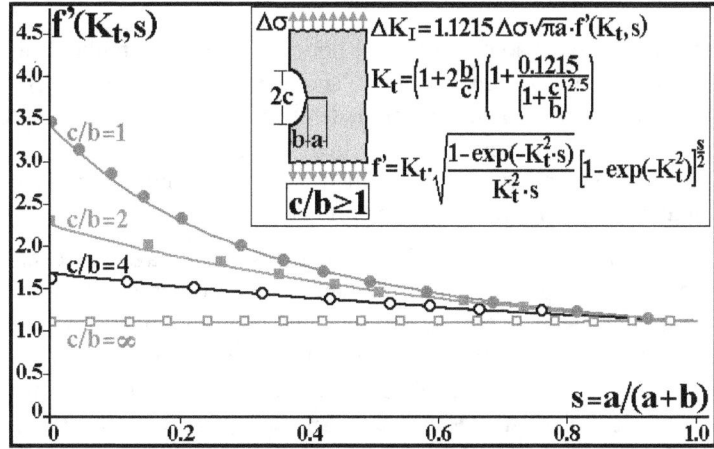

Fig. 9.59: Comparação entre a função $f'(K_t, s)$ proposta para entalhes semi-elípticos de $b \le c$, onde $s = a/(a + b)$, e valores calculados Nishitani e Tada.

Fazendo $g = \varphi$, pode-se calcular a menor gama $\Delta\sigma$ necessária para iniciar e propagar uma trinca por fadiga a partir da borda do entalhe, para diversas combinações de κ e γ, obtendo assim expressões para K_f e, consequentemente, para a sensibilidade ao entalhe q. A Fig. 9.60 mostra os resultados obtidos para furos circulares em função de $1/\kappa \equiv \Delta S_0 \sqrt{\rho}/\Delta K_0$. Note que a sensibilidade ao entalhe $q(1/\kappa)$ estimada desta forma é aproximadamente linear para $q > 0$, logo ela é equacionável por:

$$q(\kappa,\gamma) \cong q_1(\gamma)/\kappa - q_0(\gamma) = q_1(\gamma)\,\Delta S_0\sqrt{\rho}\big/\Delta K_0 - q_0(\gamma) \qquad (9.93)$$

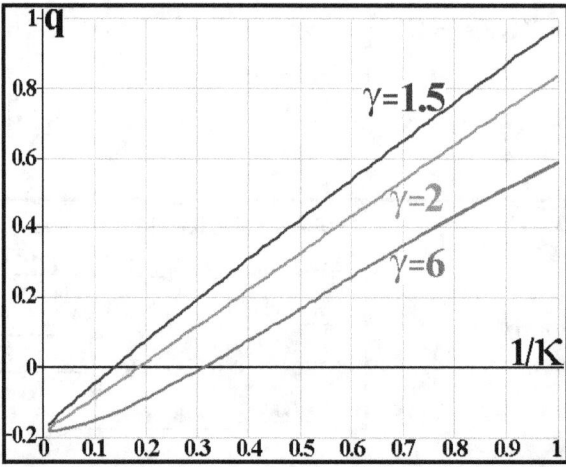

Fig. 9.60: Sensibilidade ao entalhe $q(1/\kappa)$ estimada para um furo circular

Os parâmetros $q_0(\gamma)$ e $q_1(\gamma)$ que ajustam a parte quase linear da estimativa $q(\gamma, \kappa)$ só dependem do expoente γ, enquanto $1/\kappa = \Delta S_0\sqrt{\rho}/\Delta K_0$ inclui os efeitos do limiar de propagação e do limite de fadiga do material, e do raio ρ do furo. Note que a equação (9.93) pode gerar valores $q > 1$ para razões $1/\kappa$ altas, quando o furo tem raio ρ grande (em relação ao valor de a_0), maior do que um raio ρ_{sup} dado por:

$$\frac{\Delta S_0\sqrt{\rho_{sup}}}{\Delta K_0} > \frac{1+q_0(\gamma)}{q_1(\gamma)} \Rightarrow \rho_{sup} > \left(\frac{1+q_0(\gamma)}{q_1(\gamma)}\cdot\frac{\Delta K_0}{\Delta S_0}\right)^2 \qquad (9.94)$$

Calcular uma sensibilidade ao entalhe $q > 1$ pode até parecer estranho (pois nestes casos é preciso usar $q = 1$ no dimensionamento à fadiga, já que por definição $K_f \leq K_t$), mas estes valores têm uma boa interpretação física: sensibilidades $q > 1$ significam que as trincas iniciadas por fadiga a partir da borda do furo sob uma dada gama $\Delta\sigma$ fixa não param, ou seja, nunca se tornam não-propagantes. Isto ocorre quando a queda da tensão junto à borda do furo é pequena em relação ao tamanho característico da trinca curta a_0.

De fato, na ausência de tensões residuais compressivas, a razão mecânica pela qual as trincas iniciadas por fadiga a partir da borda de um entalhe podem parar (ao atingirem um tamanho a_{prd}, sob a mesma gama de tensão $\Delta\sigma$ constante que as iniciou) é o gradiente da tensão junto ao entalhe de onde ela partiu. Para que uma trinca pare é preciso que a queda da gama de tensão $\Delta\sigma\cdot f(a)$ junto à borda do entalhe seja capaz de sobrepujar o efeito do aumento do tamanho da trinca no FIT, de forma que $\Delta K = \eta\cdot\varphi(a)\cdot\Delta\sigma\sqrt{(\pi a)}$ possa cair até ficar menor do que o limiar de propagação. O tamanho de parada a_{prd} é, portanto, atingido quando:

$$\Delta K_I = \eta\cdot\varphi(a_{prd})\cdot\Delta\sigma\sqrt{\pi a_{prd}} = \Delta K_{th} = \Delta K_0\cdot\left[1+(a_0/a_{prd})^{\gamma/2}\right]^{-1/\gamma} \qquad (9.95)$$

Por outro lado, também é possível estimar valores $q < 0$, isto é, sensibilidades ao entalhe negativas, até $q \cong -0.2$ no caso do furo circular, vide Fig. 9.60 (o que parece ainda mais estranho que os valores de $q > 1$). Isto ocorre quando o furo é pequeno demais, com um raio menor do que um valor ρ_{inf} dado por:

$$\Delta S_0 \sqrt{\rho_{inf}}/\Delta K_0 < q_0(\gamma)/q_1(\gamma) \Rightarrow \rho_{inf} < [(q_0(\gamma)/q_1(\gamma)) \cdot (\Delta K_0/\Delta S_0)]^2 \qquad (9.96)$$

Mas os valores de $q < 0$ também têm uma interpretação física convincente: eles significam que nestes casos é mais fácil iniciar uma trinca a partir de uma superfície livre não entalhada do que da borda do entalhe. Isto ocorre porque o gradiente $\partial g(a)/\partial a$ é tão grande que o FIT da trinca rapidamente atinge a condição limite da trinca longa, a qual não inclui mais o efeito $\alpha = 1.1215$ da superfície livre, que afeta o FIT das trincas que partem das superfícies entalhadas. Na maioria dos materiais, o valor de ρ_{inf} é da ordem poucos micrometros, significando que pequenos defeitos internos de raio equivalente $\rho < \rho_{inf}$ não são danosos, e que as trincas vão nascer, como usual, na superfície livre da peça [36].

É importante enfatizar que as estimativas tradicionais da sensibilidade ao entalhe, como a proposta por Peterson [101], $q = (1 + \alpha/\rho)^{-1}$, equação (4.77), onde α é um comprimento obtido pelo ajuste de apenas 7 pontos experimentais mostrados na Fig. 4.58, supõe que a sensibilidade depende apenas do raio da ponta do entalhe ρ e da resistência do material à tração, S_R. Mas q depende de ρ, ΔS_0, ΔK_0 e de γ. Há relações razoáveis entre ΔS_0 e S_R, mas não entre ΔK_0 e S_R. Isto significa que, por exemplo, dois aços de mesma S_R, mas ΔK_0 muito diferentes, podem se comportar de uma maneira não reproduzível por equações tipo Peterson.

450 aços e ligas de alumínio com S_R, S_L (para $R = -1$) e ΔK_0 supostamente medidos foram identificados no banco de dados do **ViDa**. Os valores médios do limite de fadiga S_L e do limiar de propagação ΔK_0 dos aços foram calculados após separar suas resistências à tração em faixas em torno de **400, 800, 1200, 1600** e **2000MPa**. As ligas de alumínio foram analisadas em relação à sua resistência média $S_R = 225$MPa. Em todos os casos, o limite à fadiga sob carga pulsante foi estimado por Goodman, $\Delta S_0 = 2S_L S_R/(S_L + S_R)$. Os valores assim obtidos foram usados para gerar as curvas $q \times \rho$ do furo circular, vide Fig. 9.61, supondo $\gamma = 6$. Estas curvas reproduzem de forma bem razoável as curvas propostas por Peterson, a partir dos dados experimentais mencionados acima.

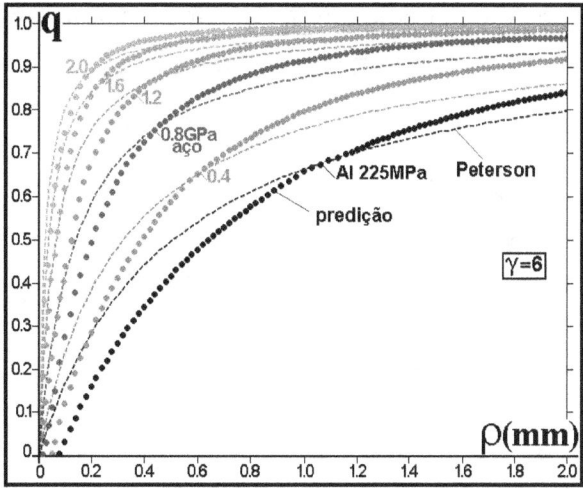

Fig. 9.61: Sensibilidade ao entalhe **q** em função do raio ρ do furo circular, estimada usando ΔK_0, ΔS_0 e S_R médios (a partir de dados de 450 aços e ligas de Al) e supondo $\gamma = 6$. Note que $q = 0$ significa que é mais fácil iniciar a trinca numa superfície livre não entalhada do que a partir da borda dos furos de raios muito pequenos.

Os fatores de sensibilidade estimados para os entalhes semi-elípticos mostrados nas Fig. 9.62 a 9.65 dependem de ρ, ΔS_0, ΔK_0 e γ, e também (e muito) da razão **c/b**. Ou seja, a sensibilidade destes entalhes não depende apenas do raio da sua ponta, como suposto nas análises **SN** tradicionais, mas sim de toda a sua geometria. De fato, o efeito da razão **c/b** é muito significativo, e não pode ser ignorado na prática. As curvas **q×ρ** das ligas de Al e dos aços foram estimadas a partir das propriedades médias das 450 ligas mencionadas acima.

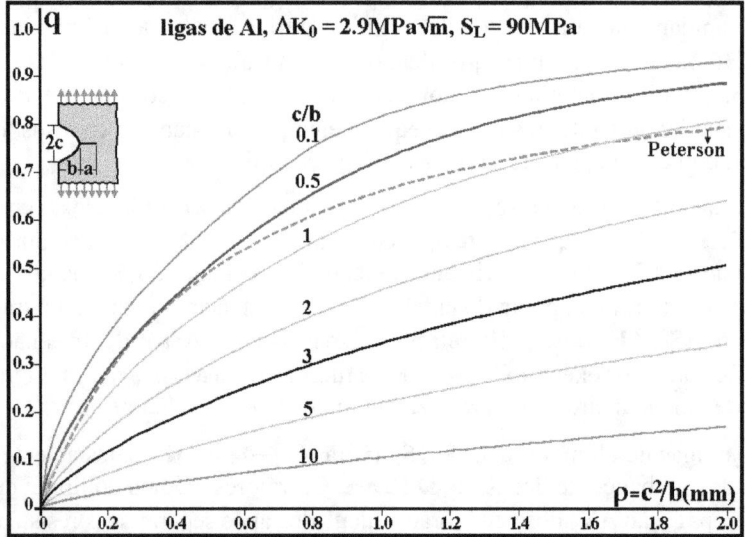

Fig. 9.62: Sensibilidade ao entalhe **q** em função do raio da ponta **ρ** dos entalhes semi-elípticos para ligas de Al com $a_0 = 0.26mm$, $S_R \cong 225MPa$ e $\gamma = 6$.

Tanto para as ligas de Al simuladas na Fig. 9.62, quanto para os aços estudados nas Fig. 9.63-65, a estimativa original de Peterson só se aplica aos entalhes semicirculares de **c/b = 1**. Na realidade, o efeito da razão de aspecto **c/b** dos entalhes elípticos na sensibilidade **q** é muito significativo, e não pode ser desprezado. Em outras palavras: o efeito da geometria na sensibilidade ao entalhe *não* depende apenas do raio da ponta, mas também da sua forma.

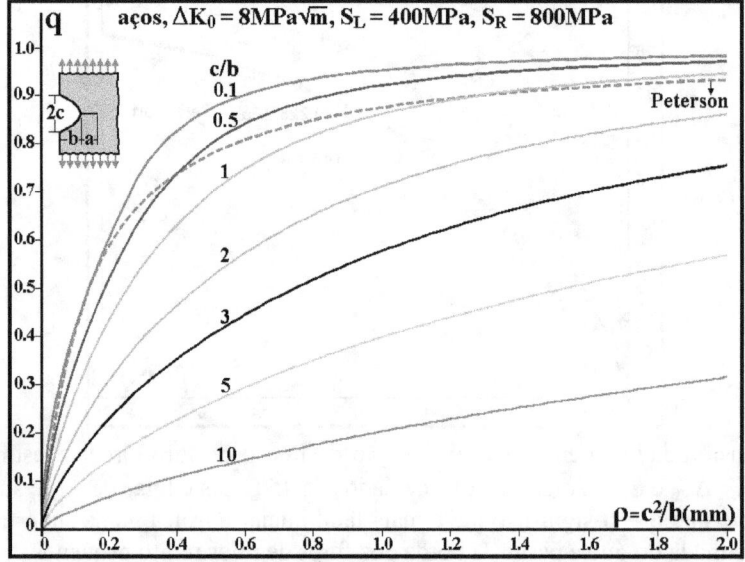

Fig. 9.63: Sensibilidade ao entalhe **q** em função do raio da ponta **ρ** dos entalhes semi-elípticos para aços com $a_0 = 0.10mm$, $S_R \cong 800MPa$ e $\gamma = 6$.

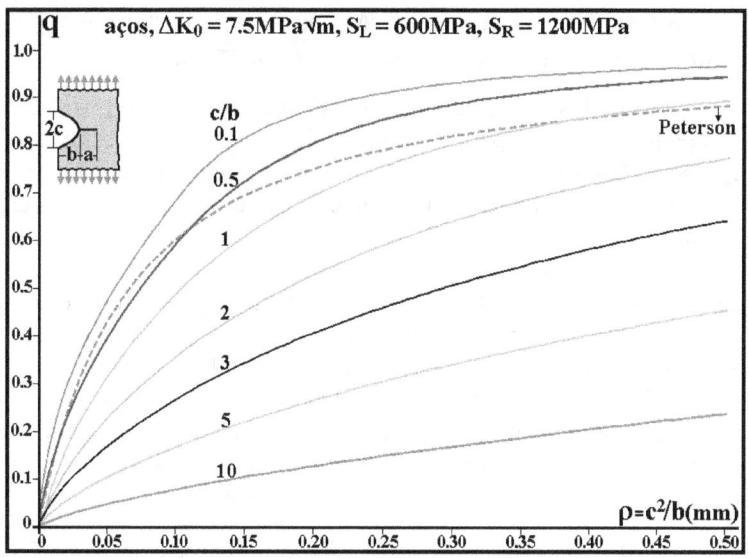

Fig. 9.64: Sensibilidade ao entalhe **q** em função do raio da ponta ρ dos entalhes semi-elípticos para aços com $a_0 = 40\mu m$, $S_R \cong 1200MPa$ e $\gamma = 6$.

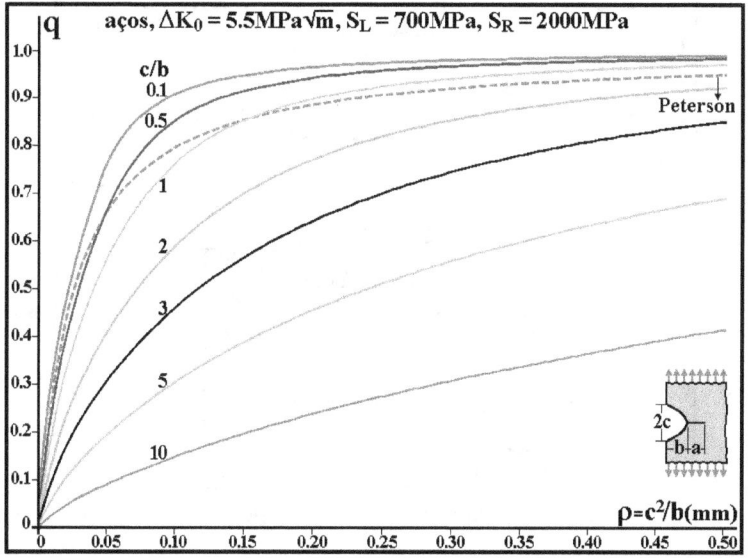

Fig. 9.65: Sensibilidade ao entalhe **q** em função do raio da ponta ρ dos entalhes semi-elípticos para aços com $a_0 = 40\mu m$, $S_R \cong 2000MPa$ e $\gamma = 6$.

Outros resultados similares podem ser encontrados em [100]. Para estudo mais detalhado do efeito dos defeitos microestruturais na resistência à fadiga, consultar Murakami [36].

9.9.4 Comprovação experimental das previsões de sensibilidade ao entalhe

Introduzir um furo à frente da trinca, para remover a sua ponta e forçá-la a reiniciar antes de recomeçar o seu crescimento por fadiga, é uma técnica muito usada na prática para reparo emergencial de peças trincadas. Esta técnica simples e barata pode aumentar muito a vida útil da peça, mas o seu resultado efetivo depende de várias variáveis, dentre elas o raio ρ do furo. Este efeito foi estudado introduzindo e reparando trincas em CPs tipo SEN(T) modificados de **w = 80mm** e **t = 8mm**, feitos da liga de alumínio 6082 T6 (0.7-1.3Si, 0.6-1.2Mg, 0.4-1.0Mn,

0.5Fe, 0.25Cr, 0.2Zn, 0.1Cu, 0.1Ti) com $S_E = 280MPa$, $S_R = 327MPa$, $E = 68GPa$, $RA = 12\%$ e $HV_{50} = 95kg/mm^2$), sob gamas de força ΔP fixas e $R = 0.57$ [105].

Nos 23 CPs pré-trincados por fadiga, os furos de reparo com raio $\rho = 1, 2.5$ ou $3mm$ foram centrados na ponta das trincas para que todos os entalhes resultantes tivessem um mesmo tamanho $a = a_0 + \rho = 27.5mm$. Como esperado, observou-se que sob uma dada gama ΔP a vida de reiniciação das trincas aumenta com o diâmetro do furo de reparo (as vidas de reiniciação de todos os CPs testados estão listadas na Tabela 9.6). Estes testes foram feitos de forma particularmente cuidadosa: após o término do trincamento inicial sob carga de gama ΔP fixa, os CPs eram removidos da máquina de testes servo-hidráulica para serem fixados e posicionados numa fresadora, onde eram furados lentamente sob refrigeração abundante; em seguida os furos eram alargados para atingir uma precisão dimensional de $d \pm 1.5\mu m$; por fim, os CPs eram remontados na máquina de teste, evitando qualquer sobrecarga durante todo este processo. Assim, após o cuidadoso reparo dos CPs trincados, todos os entalhes resultantes começaram o processo de re-iniciação da trinca de uma mesma razão $a/w = 0.344$, sob uma mesma (pseudo) gama $\Delta K^* = 1.895\Delta P/t\sqrt{w}$, pois o FIT do SEN(T) é dado por [106]:

$$K_I = \frac{P}{t\sqrt{w}}\left(1.99\left[\frac{a}{w}\right]^{0.5} - 0.41\left[\frac{a}{w}\right]^{1.5} + 18.7\left[\frac{a}{w}\right]^{2.5} - 38.85\left[\frac{a}{w}\right]^{3.5} + 53.85\left[\frac{a}{w}\right]^{4.5}\right) \quad (9.97)$$

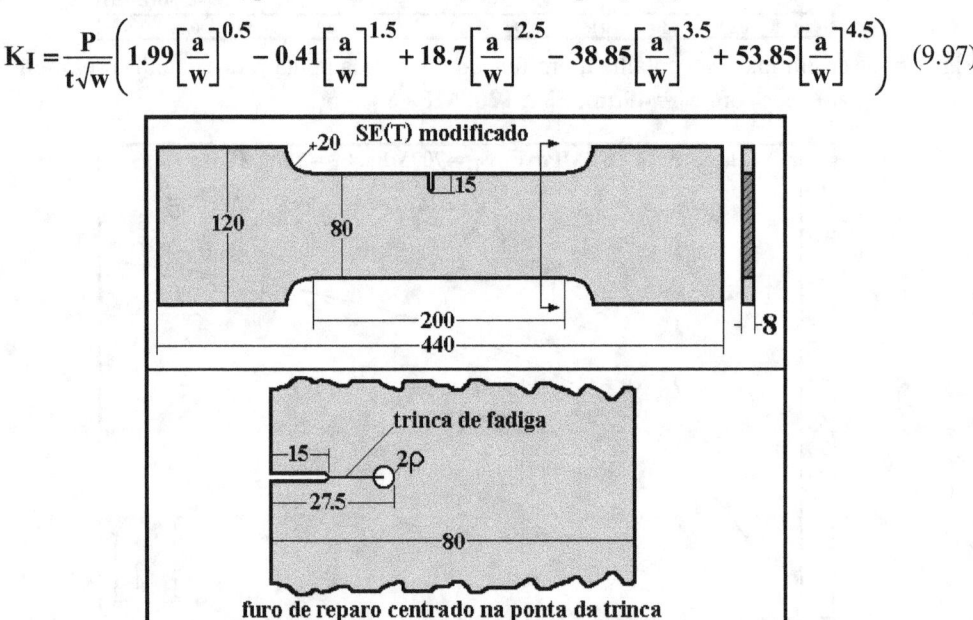

Fig. 9.66: CP usado no estudo da técnica de reparo pela furação da ponta da trinca.

Tabela 9.6: Vidas de reiniciação N_r das trincas após a introdução do furo.

$\rho = 1$ mm		$\rho = 2.5$ mm		$\rho = 3$ mm	
ΔK^* MPa$\sqrt{m}$	N_r $\times 10^3$ ciclos	ΔK^* MPa$\sqrt{m}$	N_r $\times 10^3$ ciclos	ΔK^* MPa$\sqrt{m}$	N_r $\times 10^3$ ciclos
6.0	> 2000	7.5	> 2000	8.5	> 2000
7.4	980, 724, 580	8.1	1800	9.0	1150, 960
8.0	600, 560, 510	10.1	355, 270	10.1	611, 580
10.1	119, 84	13.5	65, 58, 37	14.0	60, 32

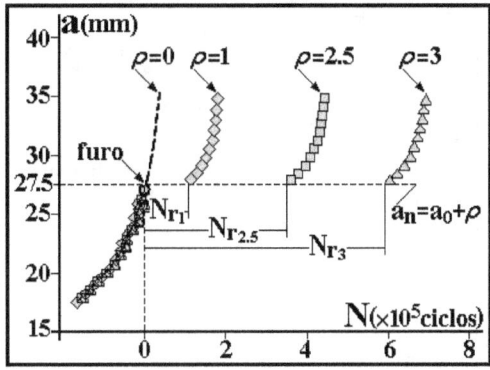

Fig. 9.67: Efeito do raio ρ do furo na vida de reiniciação da trinca.

As vidas de reiniciação medidas nos CPs com furos de $\rho = 3$ e $\rho = 2.5mm$ são bem descritas pelos modelos εN que consideram a tensão média, SWT, Morrow EL e EP, vide Capítulo 6, usando $\sigma_n = P/[t \cdot (w - a)]$, Neuber e o K_t do entalhe semi-elíptico que envolve a trinca reparada (estimado por Inglis: $K_t \cong 1 + 2\sqrt{(a/\rho)} = 11.49, 7.63$ e 7.06 para $\rho = 1, 2.5$ e $3mm$), vide Fig. 9.68 e 9.69. Esta boa descrição era esperada, pois os furos eram grandes o suficiente para remover todas as zp e, portanto, todo o material danificado à frente da ponta das trincas. O modelo de Coffin-Manson, que não considera σ_m, gera previsões de vidas de reiniciação altamente não conservativas, logo inúteis. Todavia, as vidas residuais dos CPs reparados com furos de $\rho = 1mm$ são surpreendentemente subestimadas por esta mesma metodologia, como mostrado na Fig. 9.70. É preciso enfatizar que todas as curvas das Fig. 9.68-73 são calculadas (e não ajustadas aos dados experimentais) usando as propriedades cíclicas do Al 6082 T6 [107]: $H_c = 443MPa$, $h_c = 0.064$, $\sigma_c = 485MPa$, $b = -0.0695$, $\varepsilon_c = 0.733$ e $c = -0.827$.

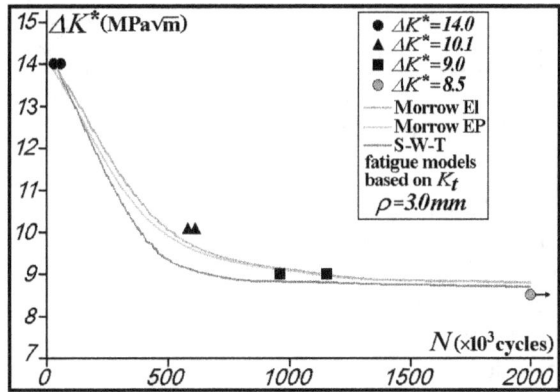

Fig. 9.68: Vidas de reiniciação das trincas por fadiga a partir da raiz do furo de reparo de raio $\rho = 3.0mm$, medidas e previstas usando o K_t do entalhe semi-elíptico envolvente.

Tensões residuais compressivas poderiam justificar as vidas maiores do que as previstas medidas nos CPs com as trincas reparadas por furos de $\rho = 1mm$. Mas todos os reparos foram feitos seguindo o mesmo procedimento cuidadoso, e não há razão para que os furos menores gerassem tensões residuais diferentes dos grandes. Além disso, as vidas dos CPs com furos maiores foram bem previstas supondo $\sigma_{res} = 0$. O mesmo pode ser dito a respeito do acabamento superficial dos furos, pois todos foram terminados com alargadores de precisão. E como todos os CPs foram feitos de uma mesma placa de alumínio, também não é provável que a dispersão intrínseca dos testes de fadiga possa justificar a diferença observada entre o desempenho das previsões de vida feitas para os reparos com os furos grandes e pequenos.

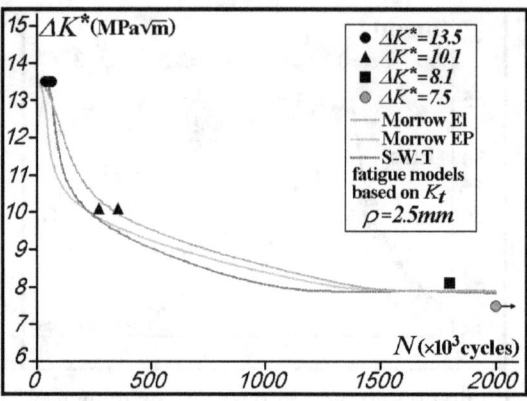

Fig. 9.69: Vidas de reiniciação das trincas por fadiga a partir da raiz do furo de reparo de raio ρ = **2.5mm**, medidas e previstas usando o K_t do entalhe semi-elíptico envolvente.

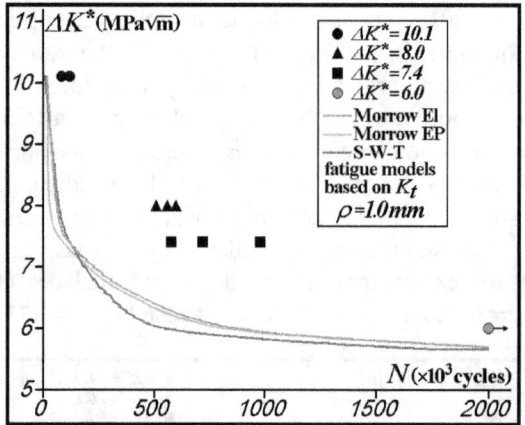

Fig. 9.70: Vidas de reiniciação das trincas por fadiga a partir da raiz do furo de reparo de raio ρ = **1.0mm**, medidas e previstas usando o K_t do entalhe semi-elíptico envolvente.

Todavia, ainda há uma outra explicação mecânica para estas previsões conservativas demais: o K_t e o gradiente de tensão dos furos menores são bem mais altos do que os dos furos grandes, e podem afetar muito o crescimento das trincas curtas, como mostrado no item 9.9.3. Assim, estes resultados experimentais podem comprovar a adequação daquela modelagem da sensibilidade ao entalhe, se for possível descrevê-los de forma mais precisa usando o K_f por ela calculado em vez do K_t na regra de Neuber. E é exatamente isto que acontece. Os furos maiores, com ρ = **3** e ρ = **2mm**, têm K_f = **7.0** e K_f = **7.2**, logo q ≅ **1** (valores estimados usando ΔS_0 = **110MPa**, ΔK_0 = **4.8MPa√m** [107] e γ = **6** [100] ⇒ a_0 ≅ **600μm**), e por isso as previsões εN de vida de re-iniciação obtidas usando K_f em Neuber são tão boas quanto as geradas usando K_t, vide Fig. 9.71 e 9.72. Já os furos de ρ = **1mm** têm q ≅ **0.72** e K_f = **8.3**, e as curvas mostradas na Fig. 9.73 foram geradas usando este K_f em Neuber.

A melhoria na previsão das vidas de reiniciação dos furos de menor diâmetro gerada por este procedimento é notável. Os dados apresentados nas Fig. 9.68 a 9.73 são certamente limitados para que se possa afirmar que se deve sempre usar o K_f obtido a partir da sensibilidade ao entalhe calculada a partir dos conceitos de trincas curtas (em vez de K_t) na modelagem εN. Mas como é improvável que a melhoria nas previsões mostradas na Fig. 9.73 seja devida apenas à sorte, pode-se recomendar que este procedimento seja considerado em casos similares. Um comentário adicional cabe aqui: note que estas boas descrições das melhorias da vida residual dos espécimens reparados foram obtidas sem que fosse necessário usar qualquer parâmetro ajustável no modelo mecânico, o que certamente depõe a favor da sua qualidade.

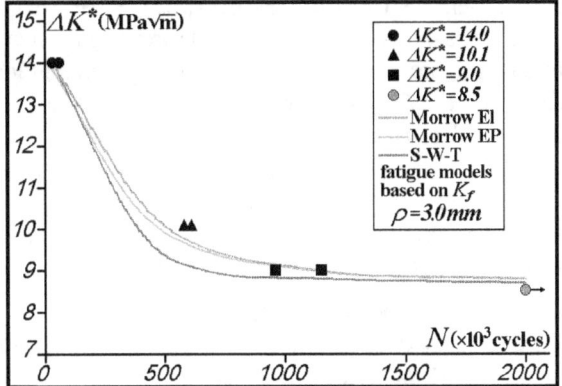

Fig. 9.71: Vidas de reiniciação das trincas por fadiga a partir da raiz do furo de reparo de raio $\rho = 3.0mm$, medidas e previstas usando K_f do entalhe semi-elíptico envolvente.

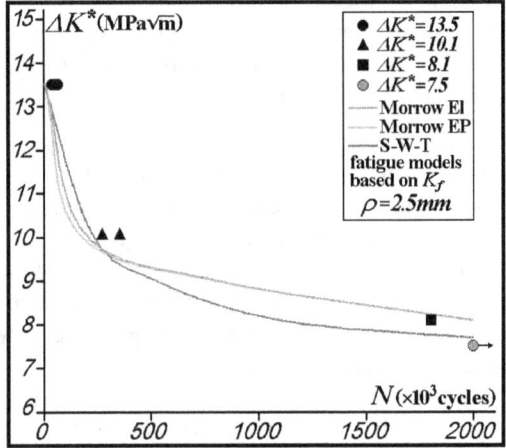

Fig. 9.72: Vidas de reiniciação das trincas por fadiga a partir da raiz do furo de reparo de raio $\rho = 3.0mm$, medidas e previstas usando K_f do entalhe semi-elíptico envolvente.

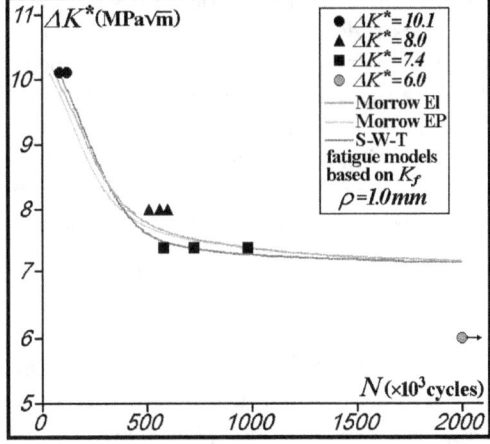

Fig. 9.73: Vidas de reiniciação das trincas por fadiga a partir da raiz do furo de reparo de raio $\rho = 1.0mm$, medidas e previstas usando o K_f do entalhe semi-elíptico envolvente.

9.10 A Fase II

As taxas de propagação típicas da fase II do trincamento por fadiga das ligas estruturais metálicas são em geral da ordem de $10^{-9} \sim 10^{-8} \leq da/dN|_{fase\ II} \leq 10^{-6} \sim 10^{-5} m/ciclo$. Do ponto de vista microestrutural, estas taxas equivalem a avanços da frente da trinca que variam de alguns poucos diâmetros atômicos, d_{at}, até algo da ordem do diâmetro dos grãos, d_{gr}, a cada ciclo da carga, ou seja, $d_{at}/ciclo < da/dN|_{fase\ II} < d_{gr}/ciclo$. Além disso, a zona plástica reversa, que sempre acompanha as pontas das trincas de fadiga, é normalmente maior do que o tamanho dos grãos típicos das ligas mais comuns nesta fase, $zp_r|_{fase\ II} > d_{gr}$. Assim, a região sujeita à plasticidade cíclica junto às pontas das trincas durante a sua propagação por fadiga na fase II é em geral policristalina, logo aproximadamente isotrópica e homogênea. Portanto, o trincamento por fadiga nesta fase tende a ser quase uniforme ao longo da frente da trinca.

De fato, as estrias aproximadamente paralelas nas superfícies das trincas de fadiga (as marcas típicas deixadas à medida que as trincas crescem a cada ciclo da carga, as quais se formam principalmente na fase II da curva $da/dN \times \Delta K$, vide Fig. 2.36 a 2.40), indicam que o seu avanço paulatino é (quase) uniforme nestes casos. Todavia, é preciso relembrar que como as maiores taxas de trincamento por fadiga são tipicamente menores do que $100\mu m/ciclo$, as estrias são tão próximas que em geral só podem ser observadas num MEV. Também vale a pena relembrar que na vida real nem sempre as estrias ficam tão bem marcadas nas superfícies das trincas, vide Capítulo 2. Mas quando as estrias podem ser identificadas, elas constituem a mais forte evidência fratográfica de que a falha foi causada por fadiga [108-114].

A fase II do trincamento por fadiga é em geral menos sensível do que as fases I e III à carga média, à carga de abertura da trinca, à espessura da peça, à microestrutura e ao meio ambiente (quando estes não afetam muito nem a resistência nem a ductilidade do material), como esquematizado na Fig. 9.8. Assim, é razoável supor que nestes casos a causa primária do trincamento por fadiga seja o acúmulo de dano elastoplástico cíclico à frente da ponta da trinca. Desta forma, pode-se propor um modelo mecânico relativamente simples para estimar convincentemente as taxas de propagação a partir das propriedades εN cíclicas, do limiar e da tenacidade do material, como discutido a seguir.

9.10.1 Modelagem da curva de propagação das trincas por fadiga

As estrias quase paralelas nas faces das trincas de fadiga indicam que as suas frentes avançam por incrementos sucessivos aproximadamente iguais a cada ciclo da carga. Além disso, o espaçamento entre estrias consecutivas geradas sob gamas ΔK fixas é quase constante, confirmando a idéia de um processo de propagação uniforme, contínuo e repetitivo. De fato, a distância entre estrias pode ser usada para medir as taxas de propagação e para inferir as cargas que as causaram nas análises fratográficas em análise de falhas e até em engenharia forense [115]. Assim, é razoável imaginar que a propagação das trincas por fadiga seja modelável por uma mecânica macroscópica e contínua, supondo que as trincas avançam pela fratura sucessiva de pequenos elementos de volume (EV) adjacentes à frente das suas pontas; e que estes EV quebram pelo acúmulo do dano causado pelas cargas cíclicas que neles atuam.

Portanto, as técnicas εN tradicionais, em geral só usadas para modelar a iniciação das trincas, podem ser combinadas à Mecânica da Fratura para também prever a sua propagação por fadiga, calculando o dano causado pelas tensões e deformações à frente da ponta da trinca. Estes chamados modelos de acúmulo de dano não são novos [116-122]. Alguns consideram que o incremento da trinca a cada ciclo é a largura do EV na direção de crescimento da trinca. Outros que a taxa de propagação da trinca é dada pela largura de um EV padrão dividida pelo número de ciclos necessários para cruzá-lo. Mas a maioria assume que o campo $\sigma\varepsilon$ à frente da ponta da trinca é singular, concentrando desta forma todo o dano na região que lhe é adjacente.

Desta forma, eles precisam de algum parâmetro que os ajuste às curvas **da/dN×ΔK**, as quais devem ser medidas a priori, comprometendo assim todo o seu potencial de previsão.

Todavia, a singularidade do campo $\sigma\epsilon$ é uma característica dos modelos matemáticos que postulam um raio de ponta $\rho = 0$, não das trincas de fadiga reais carregadas, cujas pontas têm sempre um raio pequeno, mas certamente não nulo: as trincas seriam instáveis se as tensões e deformações nas suas pontas não fossem finitas, ainda que grandes. Por isso, o modelo aqui desenvolvido estima a gama das deformações no EV adjacente à ponta da trinca $\Delta\epsilon_{pt}$ a partir do fator de concentração de tensões K_t da trinca carregada e de uma regra de concentração de deformações, eliminando assim a necessidade de uma constante ajustável para prever as taxas **da/dN** a partir das propriedades ϵN [123-127]. O valor do K_t pode ser estimado por Inglis ou Creager e Paris, vide Capítulo 5. A regra de concentração pode ser Neuber, Molsky-Glinka ou Linear, vide Capítulo 6. E a distribuição das deformações à frente da trinca $\Delta\epsilon(x, \Delta K)$ pode ser dada pelo campo de HRR modificado por Schwalbe para reconhecer as deformações plásticas cíclicas [117], cuja origem é deslocada copiando a idéia de Creager e Paris para eliminar a sua (suposta) singularidade. Ou então se pode assumir gamas $\Delta\epsilon(x, \Delta K)$ que são limitadas por $\Delta\epsilon_{pt}$, como discutido alhures [125]. Mas, começando pelo início para não violentar a didática, o modelo do dano crítico aqui proposto parte de dois princípios básicos:

1. A trinca cresce pela fratura sucessiva de EV, que são tratados como se fossem pequenos CPs tipo ϵN fixos no plano pelo qual a trinca avança, os quais vão fraturando um a um conforme a ponta da trinca os vai atingindo, vide Fig. 9.74.

2. A fratura do CP adjacente à ponta da trinca ocorre porque ele acumulou todo o dano que o material poderia suportar.

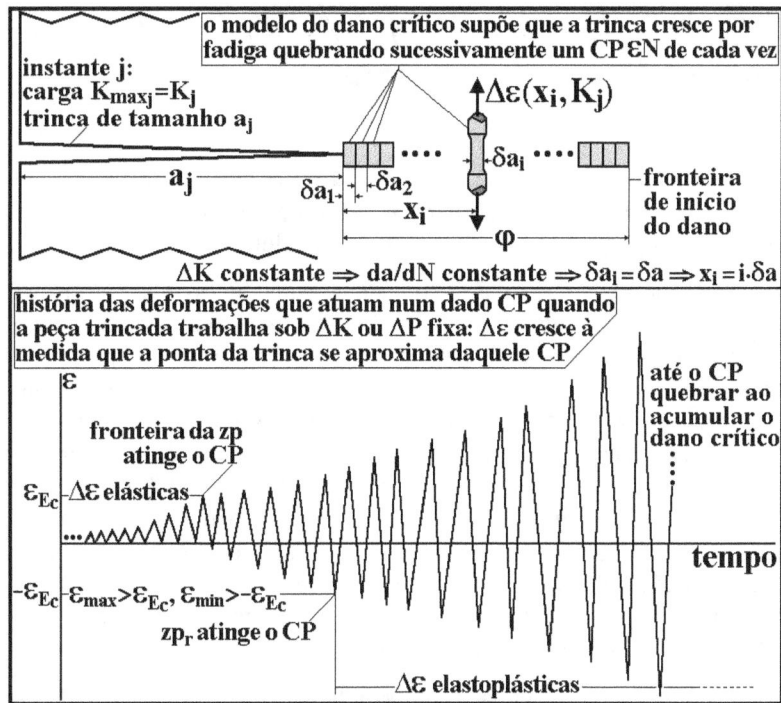

Fig. 9.74: O modelo de dano crítico assume que o trincamento por fadiga é causado pela quebra sucessiva de elementos de volume tratados como minúsculos CPs ϵN ao longo do caminho da trinca, que fraturam ao atingirem todo o dano que podem suportar, o qual é causado pela história das deformações cíclicas que os solicitam em serviço.

Desta forma, este modelo reconhece que a propagação da trinca é causada pela história completa das cargas que nela atuam. Em particular quando as trincas se propagam sob gamas ΔK constantes (logo, sob taxas **da/dN** também constantes), pode-se assumir que todos os CPs têm a mesma largura $\Delta a \cong da$. Também é razoável supor que as deformações cíclicas que atuam nos CPs localizados fora da **zp** são elásticas. Portanto, sendo $x_i > zp$ a distância daqueles CPs à ponta da trinca (no seu plano), se pode estimar em primeira aproximação que elas devem variar entre $\varepsilon_{min} = 0$ e $\varepsilon_{max} \cong K_{max}/[E \cdot \sqrt{(2\pi x_i)}]$ sob carga pulsante (i.e, com $R = 0$). Para os CPs localizados dentro da zona plástica monotônica **zp**, mas fora da reversa zp_r, pode-se igualmente supor que as deformações cíclicas variem entre $-\varepsilon_{Ec} < \varepsilon_{min} < 0$ e $\varepsilon_{max} > \varepsilon_{Ec}$, pois os EV contidos naquela região devem (por definição) escoar durante o carregamento, e descarregar elasticamente. Por fim, como os CPs englobados pela zp_r devem escoar tanto na parte crescente quanto na decrescente do ciclo de carga, eles devem ser sofrer deformações elasto-plásticas cíclicas que variam entre $\varepsilon_{min} < -\varepsilon_{Ec}$ e $\varepsilon_{max} > \varepsilon_{Ec}$, vide Fig. 9.75.

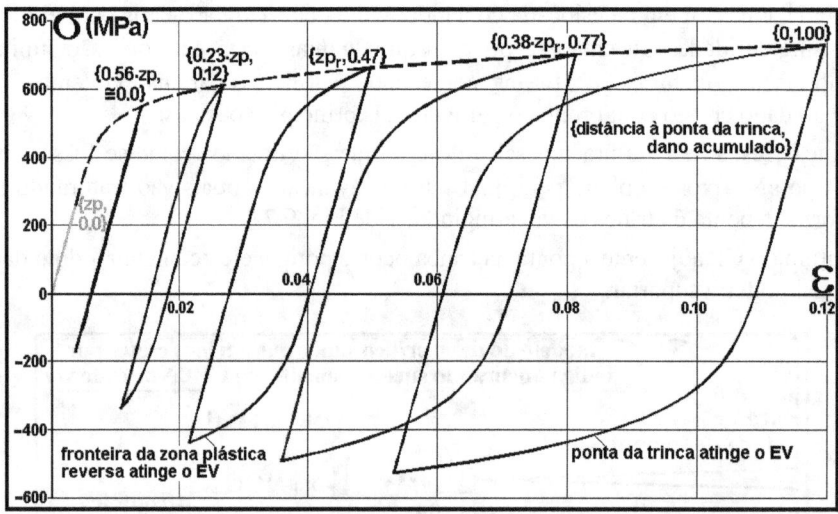

Fig. 9.75: Laços $\Delta\sigma\Delta\varepsilon$ crescentes que atuam num EV de um material com $S_{Ec} \cong 600MPa$ à medida que a ponta da trinca dele se aproxima durante a sua propagação por fadiga.

Ou seja, cada EV à frente da ponta da trinca atua como se fosse um micro CP εN fixo no seu plano de propagação, sofrendo laços de amplitude crescente à medida que a ponta dele se aproxima a cada ciclo da carga, vide Fig. 9.75. Enquanto está longe da ponta, o EV sofre ciclos elásticos de amplitude crescente até ser atingido pela fronteira da **zp**. Quando a distância do EV à ponta da trinca é $zp_r < x_i < zp$, ele escoa na carga atingindo $\varepsilon_{max} > \varepsilon_{Ec} = S_{Ec}/E$, e descarrega de forma quase elástica, pois $\varepsilon_{min} > -\varepsilon_{Ec} = -S_{Ec}/E$ (a descarga "quase" elástica não implica num laço de histerese elastoplástica de largura nula, pois S_{Ec} é a tensão que gera **0.2%** de deformação plástica). Por fim, o EV sofre ciclos de escoamento reverso com gama plástica $\Delta\varepsilon_p > 0.4\%$ quando a sua distância à ponta da trinca é menor que a zp_r. Desta forma, o EV vai acumulando dano a cada ciclo da carga de fadiga, até que ele acaba fraturando no seu ciclo final, quando está junto à ponta da trinca, porque acumulou todo o dano que podia tolerar. A mecânica desta fenomenologia é descrita a seguir.

Num dado **j**-ésimo ciclo, o dano causado pela gama de deformações $\Delta\varepsilon(x_i, \Delta K_j)$ que atua no CP que dista x_i da ponta da trinca depende de x_i e da gama da carga ΔK_j naquele evento. Cada CP acumula dano a cada ciclo, e a fratura do CP adjacente à ponta da trinca ocorre porque ele acumulou todo o dano que poderia suportar. No caso particular de carga ΔK constante, a trinca avança uma distância fixa Δa em cada ciclo, e se (por simplicidade) o dano fora da zp_r

é desprezado, então há $zp_r/\Delta a$ CPs sofrendo dano à frente da ponta da trinca a cada evento da carga. Neste caso, o dano de Miner causado num dado ciclo no CP que dista x_i da ponta da trinca é $D = 1/N[\Delta\varepsilon(x_i)]$. Logo, cada CP carregado por ciclos subseqüentes de amplitude crescente acumula dano como mostrado no esquema da Fig. 9.76. Como a zp_r avança com a trinca, cada novo ciclo fratura o CP adjacente à ponta da trinca, induz laços de amplitude crescente nos CPs que estavam contidos na zp_r anterior, e acrescenta um novo CP à região de dano. Assim, a fratura dos (sucessivos) CPs adjacentes à ponta da trinca ocorre por Miner quando:

$$\sum_{i=0}^{i=zp_r/\Delta a} 1/N(zp_r - i\cdot\Delta a) = \sum_{x_i=0}^{x_i=zp_r} 1/N(x_i) = 1 \tag{9.98}$$

$N(x_i) = N(zp_r - i\cdot\Delta a)$ é a vida à fadiga correspondente a gama de deformações plásticas $\Delta\varepsilon_p(x_i)$ que atua numa distância x_i da ponta da trinca, a qual pode ser calculada a partir da parte plástica da regra de Coffin-Manson:

$$N(x_i) = (1/2)\left(\Delta\varepsilon_p(x_i)/2\varepsilon_c\right)^{1/c} \tag{9.99}$$

A gama $\Delta\varepsilon_p(x_i)$ por sua vez pode ser descrita pela modificação proposta por Schwalbe's para o campo de HRR:

$$\Delta\varepsilon_p(x_i) = (2S_{Ec}/E)\cdot\left(zp_r/x_i\right)^{1/(1+h_c)} \tag{9.100}$$

onde S_{Ec} é a resistência ao escoamento cíclico, e h_c é o expoente de encruamento cíclico de Ramberg-Osgood. E sendo ν o coeficiente de Poisson, a zona plástica reversa em deformação plana pode ser estimada por:

$$zp_r = \frac{(1-2\nu)^2}{4\pi\cdot(1+h_c)}\cdot(\Delta K/S_{Ec})^2 \Rightarrow$$
$$N(x_i) = \frac{1}{2}\left[\left(\frac{S_{Ec}}{E\cdot\varepsilon_c}\right)\cdot\left(\frac{zp_r}{x_i}\right)^{1/(1+h_c)}\right]^{1/c} \tag{9.101}$$

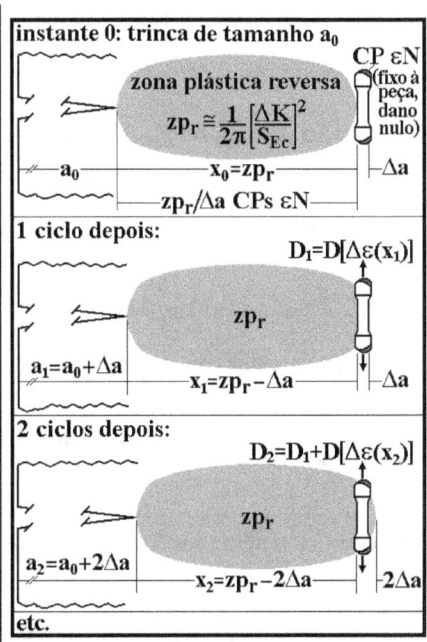

Fig. 9.76: Esquema do acúmulo sucessivo de dano num dado CP quando se despreza o efeito dos ciclos de carga quando o CP está fora da zp_r.

O campo de HRR é singular em $x = 0$, pois assume que a ponta da trinca tem raio $\rho = 0$. Os modelos singulares são muito úteis na Mecânica da Fratura, mas *não* podem descrever o campo $\sigma\varepsilon$ na ponta das trincas, pois tensões e deformações infinitas são fisicamente impossíveis. Logo, para eliminar esta singularidade matemática, a origem do campo HRR é deslocada para dentro da trinca de uma pequena distância X, copiando a idéia de Creager e Paris:

$$\Delta\varepsilon_p(x+X) = (2S_{Ec}/E)\cdot[zp_r/(x+X)]^{1/(1+h_c)} \tag{9.102}$$

Aproximando a largura finita Δa dos EV pela diferencial da, e trocando o somatório por uma integral mais amigável, pode-se então escrever que:

$$da/dN = \int_0^{zp_r} dx/N(x+X) \tag{9.103}$$

Para determinar a translação da origem das coordenadas X e a vida $N(x + X)$ se poderia usar o deslocamento proposto por Creager e Paris (C&P), $X = \rho/2 = CTOD/4$, para obter:

$$X = \rho/2 = CTOD/4 = \left(K_{max}^2\cdot(1-2\nu)/\pi E S_{Ec}\right)\cdot\sqrt{1/2(1+h_c)} \tag{9.104}$$

Mas em vez de arbitrar $\mathbf{X} = \rho/2$ como o deslocamento da origem do campo de deformações à frente da ponta da trinca (para eliminar a sua suposta singularidade), é mais razoável *determinar* o valor de $\mathbf{X}$ usando o fator de concentração de tensões $\mathbf{K_t}$ estimado por C&P:

$$K_t = 2\Delta K / (\Delta\sigma_n \cdot \sqrt{\pi\rho}) \tag{9.105}$$

Para qualquer combinação de $\Delta\mathbf{K}$ e $\mathbf{K_{max}}$ (ou $\mathbf{R}$), pode-se estimar $\rho = \mathbf{CTOD/2}$ e $\mathbf{K_t}$ para obter a gama de deformações na ponta da trinca $\Delta\varepsilon_{pt}$ a partir de uma regra de concentração apropriada. Supondo que os laços do material podem ser descritos por Ramberg-Osgood, e desprezando a contribuição da parte elástica, pode-se se obter a gama das deformações plásticas na ponta da trinca pelas regras Linear, de Neuber ou de Molsky-Glinka, respectivamente:

$$\Delta\varepsilon_{pt} = K_t\,\Delta\sigma_n / E = 2\Delta K / E\,\sqrt{\pi\rho} \qquad\text{(linear)} \tag{9.106}$$

$$\begin{cases} \Delta\sigma_{pt} \cdot \Delta\varepsilon_{pt} = (K_t\,\Delta\sigma_n)^2 / E = 16\Delta K^2 / E\pi\rho \\ \Delta\varepsilon_{pt} = 2(\Delta\sigma_{pt}/2\,H_c)^{1/h_c} \end{cases} \qquad\text{(Neuber)} \tag{9.107}$$

$$\begin{cases} 4\Delta K^2 / E\pi\rho = \left[\Delta\sigma_{pt}^2 / 4E\right] + \left[\Delta\sigma_{pt}/(1+h_c)\right]\cdot\left(\Delta\sigma_{pt}/2\,H_c\right)^{1/h_c} \\ \Delta\varepsilon_{pt} = 2(\Delta\sigma_{pt}/2\,H_c)^{1/h_c} \end{cases} \qquad\text{(M\&G)} \tag{9.108}$$

Após calcular $\Delta\varepsilon_p$ por alguma destas regras, o deslocamento $\mathbf{X}$ da origem do campo HRR é obtido por:

$$\Delta\varepsilon_{pt} = (2\,S_{Ec}/E)\cdot(zp_r/X)^{1/1+h_c} \Rightarrow X = zp_r \cdot (2\,S_{Ec}/E\Delta\varepsilon_{pt})^{1+h_c} \tag{9.109}$$

A distribuição das deformações à frente da ponta da trinca $\Delta\varepsilon_p(x+X)$, já liberta da singularidade fisicamente inadmissível, pode ser usada para estimar a taxa de propagação da trinca por fadiga:

$$da/dN = \int_0^{zp_r} 2\cdot\left[2\,\varepsilon_c/\Delta\varepsilon_p(x+X)\right]^{1/c}dx \tag{9.110}$$

Esta equação pode ser usada para finalmente prever o (único) parâmetro $\mathbf{A}$ de uma regra de propagação similar à de McEvily:

$$\frac{da}{dN} = \frac{A\left[\Delta K - \Delta K_{th}(R)\right]^2 \cdot K_C}{K_C - [\Delta K/(1-R)]} = \frac{A\left[\Delta K - \Delta K_{th}(R)\right]^2 \cdot K_C}{K_C - K_{max}} \tag{9.111}$$

onde $\mathbf{K_C}$ é a tenacidade do material e $\Delta\mathbf{K_{th}(R)}$ é o seu limiar de propagação medido na razão $\mathbf{R} = \mathbf{K_{min}/K_{max}}$.

Esta predição das taxas de propagação de trincas por fadiga a partir das propriedades εN, da tenacidade $\mathbf{K_C}$ e do limiar $\Delta\mathbf{K_{th}(R)}$ do material foi experimentalmente verificada em aços SAE1020 e API 5L X-60, e na liga de Al 7075 T6 [124]. Para garantir a consistência desta verificação experimental, $\mathbf{K_C}$, $\Delta\mathbf{K_{th}(R)}$, as propriedades εN e as taxas $\mathbf{da/dN}$ foram todos obtidos testando CPs fabricados de um mesmo lote de cada material estudado, seguindo cuidadosamente todas as normas ASTM pertinentes. Este cuidado é particularmente importante para evitar que a verificação do modelo possa ser contaminada pela variabilidade das propriedades mecânicas de lotes similares, mas não idênticos, de materiais de mesma denominação, mas procedência diversa. Desta forma, as taxas $\mathbf{da/dN}$ medidas podem ser adequadamente comparadas com as taxas previstas nas figuras 9.77 a 9.79, pois todas as previsões foram feitas a partir de propriedades medidas em CPs retirados do mesmo lote de cada material testado.

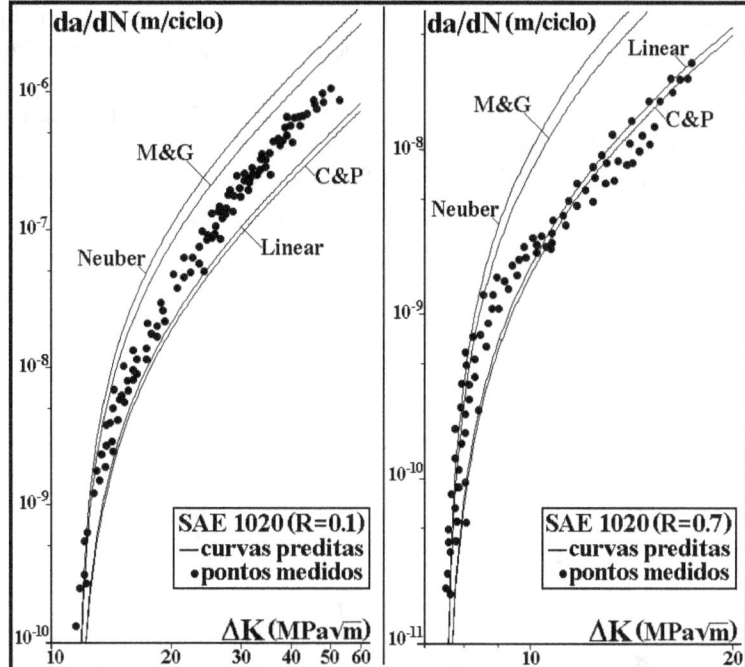

Fig. 9.77: Taxas de propagação medidas e previstas para o aço 1020.

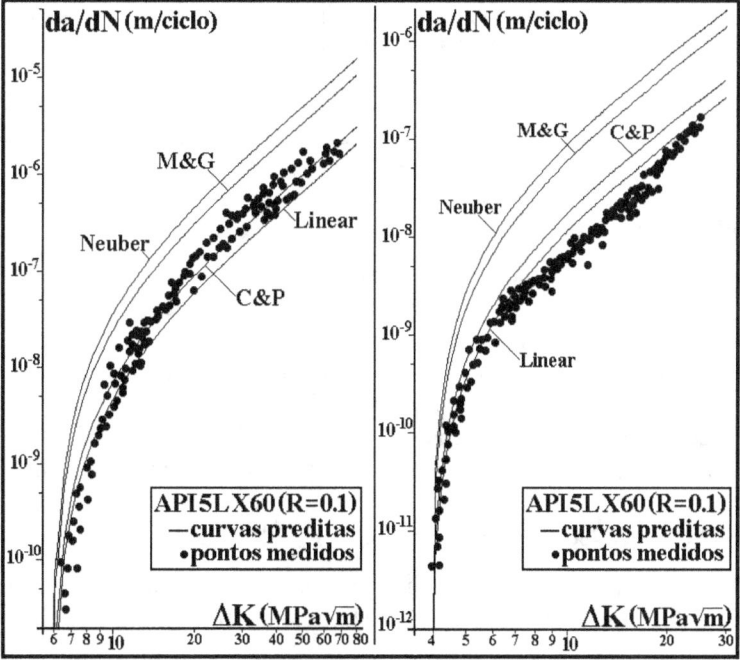

Fig. 9.78: Taxas de propagação medidas e previstas para o aço API 5L X60.

Deve-se enfatizar que as curvas previstas mostradas nas Fig. 9.76-78 **não** foram ajustadas aos dados de propagação medidos. Elas foram calculadas seguindo os procedimentos estudados acima, e reproduzem de forma bem razoável tanto a forma quanto a magnitude das taxas medidas. As melhores predições do modelo de dano crítico foram feitas a partir da regra linear, provavelmente porque as taxas de propagação foram medidas sob deformação plana dominante. Como este modelo não usa nenhuma constante ajustável, este desempenho certamente não é coincidência, e reflete a propriedade das hipóteses e da mecânica usada. Portanto, pode-se concluir que a hipótese "a propagação das trincas é causada pelo acúmulo de dano elasto-plástico cíclico à frente da trinca" é válida nos casos testados. Desta forma, comprova-se também a coerência entre as metodologias usadas para descrever a iniciação e a propagação das trincas por fadiga, usualmente tratadas como se fossem técnicas não correlacionáveis.

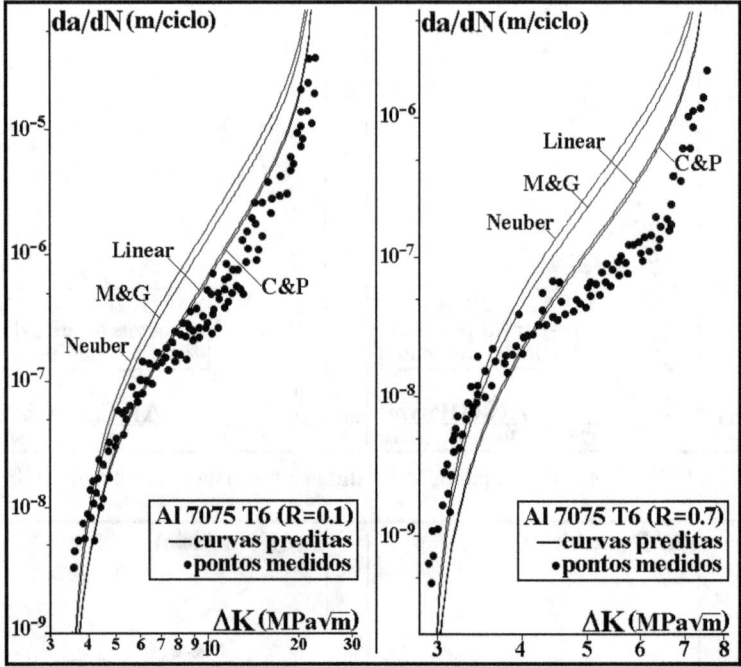

Fig. 9.79: Taxas de propagação medidas e previstas para a liga AL 7075 T6.

9.10.2 Modelagem εN da propagação de trincas sob cargas complexas

O modelo de dano crítico pode ser adaptado para considerar cargas de amplitude variável, considerando que a trinca propaga por fadiga fraturando em seqüência EV de largura variável. Como a regra linear de concentração de deformações gerou os melhores resultados para as cargas de gama constante estudadas acima, ela será a única usada na análise a seguir. E como os efeitos de seqüência da carga podem ser muito significativos na propagação de trincas por fadiga, deve-se considerar o efeito da tensão média σ_m no dano εN usando (por exemplo) a regra de Morrow Elástica para prever a vida do EV distante $\mathbf{x}$ da ponta da trinca:

$$N(x+X)=(1/2)\Big[\big(\Delta\varepsilon_p(x+X)/2\varepsilon_c\big)\big(1-\sigma_m/\sigma_c\big)^{-c/b}\Big]^{1/c} \tag{9.112}$$

Em geral o deslocamento X_j da origem do campo HRR varia a cada $\mathbf{j}$-ésimo ciclo da carga, que corresponde a uma vida N_j, e gera, por Miner a função de dano dada por:

$$D_j\big(x+X_j\big)=1/N_j\big(x+X_j\big) \tag{9.113}$$

Se o material à frente da trinca é suposto virgem no início do carregamento, então o incremento da trinca no primeiro evento da carga Δa_1 é igual à região à sua frente que sofre um dano maior que o dano crítico D_C que o material pode suportar. Usando $D_C = 1$ como usual:

$$D_1\big(x_1+X_1\big)=1 \Rightarrow \Delta a_1 = x_1 \tag{9.114}$$

Em todos os eventos subseqüentes da carga, os incrementos da trinca são devidos ao a-cúmulo de dano causado por todos os eventos prévios, considerando que o sistema de coorde-nadas move com a trinca. O avanço da trinca no **j**-ésimo ciclo Δa_j é igual à distância à frente da ponta da trinca na qual o dano total acumulado iguala o dano crítico, $D = 1$. Como o dano em cada evento depende da gama e do máximo da carga, EVs de larguras diferentes podem ser quebrados por este modelo. Esta idéia é ilustrada na Fig. 9.80.

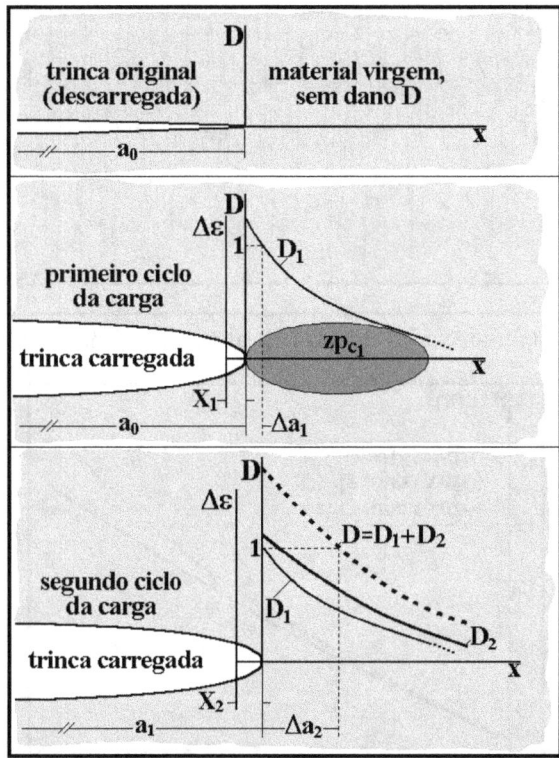

Fig. 9.80: Esquema do modelo de acúmulo de dano sob cargas complexas, que considera in-crementos de trinca variáveis fazendo o avanço da trinca em cada ciclo igual à dis-tância à frente da sua ponta na qual o dano acumulado por todos os eventos da carga iguala o dano crítico suportável pelo material, em geral suposto $D = 1$.

A implementação numérica deste modelo não é propriamente trivial e não cabe discuti-la aqui, mas detalhes são apresentados em [127]. Todavia é interessante mostrar resultados expe-rimentais que o suportam, começando com testes de propagação sob CAV feitos em CPs de aço API 5L X52 cujas curvas εN medidas sob várias razões $-1 \leq R \leq 0.8$ são mostradas na Fig. 6.76. A história mostrada na Fig. 9.81 contém $5{\cdot}10^4$ blocos de 100 reversões cada, todos com razão **R** alta para manter a trinca sempre aberta durante todo o carregamento, e evitar que possíveis efeitos de fechamento de trinca mascarassem os resultados experimentais. Os even-tos da carga foram contados pelo método *rain-flow* seqüencial usando o **ViDa**, e o cálculo de acúmulo de dano foi feito usando um código especialmente desenvolvido para isto. As pre-dições de crescimento da trinca baseadas **apenas** nos parâmetros εN (não é preciso neste caso supor uma curva de propagação de trincas como a da equação (9.111), pois os incrementos Δa_i são calculados seqüencialmente), são de novo bastante razoáveis, vide Fig. 9.82, confirmado a propriedade da analogia $\varepsilon N\text{-}da/dN$ proposta no modelo do dano crítico. A predição baseada supondo dano nulo fora da zp_r subestima um pouco o crescimento medido. Porém, quando a pequena (mas significativa) contribuição do dano que atua no material localizado entre a zona plástica reversa zp_r e a monotônica **zp** é incluído no cálculo do dano total, a predição melhora ainda mais. Por isso, pode-se argüir que a pequena diferença entre o crescimento medido e o previsto nas vidas maiores que $1.8{\cdot}10^6$ ciclos é provavelmente devida ao desprezo do dano causado pelas cargas elásticas que atuam fora da **zp**.

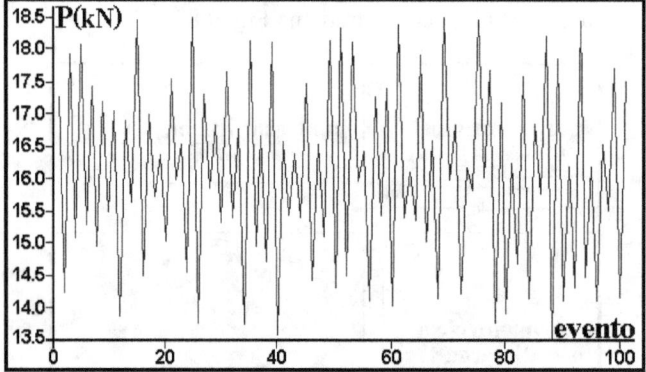

Fig. 9.81: Bloco de amplitude variável e razão R alta aplicado num CP de aço API 5L X52.

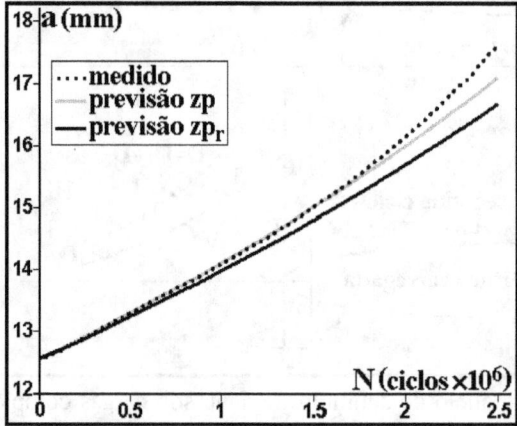

Fig. 9.82: Comparação entre o crescimento da trinca medido sob a carga da Fig. 9.81 e as pre-visões totalmente baseadas em propriedades εN (aço API 5L X52).

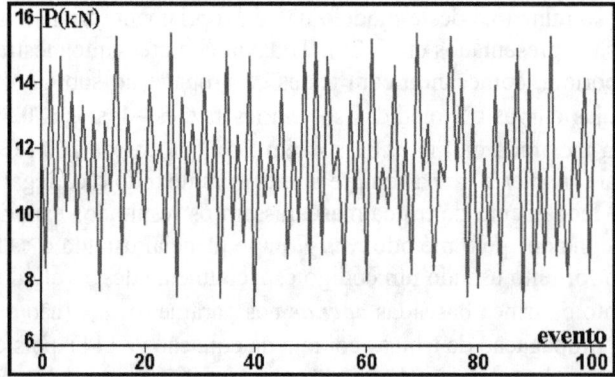

Fig. 9.83: Bloco de carga de amplitude variável aplicado num (outro) CP de aço 1020, de novo usando uma razão **R** alta para evitar possíveis efeitos de fechamento que poderiam afetar o mecanismo de acúmulo de dano à frente da trinca.

Um teste similar (vide fig. 9.83) foi feito num CP de aço AISI 1020 ($h_c = 0.18$, $\varepsilon_c = 0.25$, $b = -0.114$, $c = -0.54$, $S_R = 491$, $S_E = 285$, $S_{Ec} = 270$, $H_c = 941$ e $\sigma_c = 815$MPa, $E = 205$GPa, $\Delta K_{th} = 11.6$ e $K_c = 277$ MPa$\sqrt{m}$), com resultados igualmente satisfatórios, vide Fig. 9.84. Isto confirma que é razoável supor que a causa primária da propagação das trincas por fadiga é o acúmulo de dano elastoplástico à frente da sua trinca. Portanto, pode-se concluir que o modelo do dano crítico cumpre de fato o seu propósito de correlacionar os modelos de iniciação e de propagação das trincas por fadiga, usualmente tratados como se fossem estanques. Todavia, deve-se enfatizar que o modelo do dano crítico *não* pode substituir as técnicas de previsão de vida residual sob cargas de amplitude variável estudadas adiante.

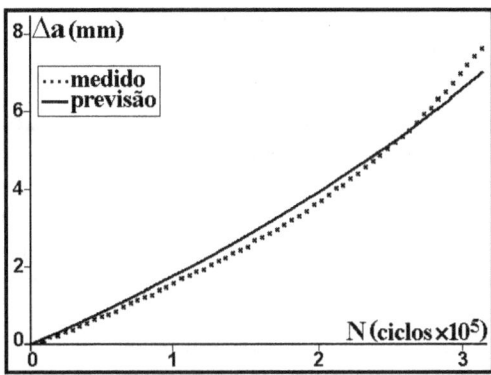

Fig. 9.84: Comparação entre o crescimento da trinca medido sob a carga da Fig. 9.83 e as previsões totalmente baseadas em propriedades εN (aço 1020).

9.11 A Fase III

A fase III é dominada pela tenacidade da peça, logo é muito sensível à carga média, à microestrutura e à espessura da peça, pois estes fatores influem em K_C. Como em geral nesta fase as zonas plásticas são bem maiores que o grão do material, $zp > zp_r \gg d_{grão}$, a trinca se propaga acompanhada de muita plasticidade em torno da sua ponta. Por isso, principalmente nos materiais mais tenazes, é comum que o tamanho da zona plástica seja da mesma ordem que o ligamento residual das peças, e neste caso o parâmetro elástico ΔK em princípio *não* pode ser mais usado para descrever a taxa **da/dN**. Mas deve-se lembrar que mesmo quando a falha final ocorre sob plasticidade generalizada, em geral ΔK controla as fases I e II. As taxas da fase III tendem a acelerar quando ΔK cresce porque os mecanismos de fraturamento dúctil ou frágil interagem sinergicamente com os do trincamento por fadiga. A fase III termina por causar o fraturamento, que sob condições predominantemente elásticas (isto é, quando a zona plástica crítica zp_C é muito menor que todas as dimensões da peça) pode ser estimada por $\Delta K/(1 - R)$ $= K_{max} \cong K_C(t) \geq K_{IC}$, onde t é a espessura da peça. A ordem de grandeza da maior taxa de propagação da trinca por fadiga é, portanto, limitada pela abertura crítica da ponta da trinca **da/dN** $< CTOD_C/$ciclo $\cong (K_C)^2/ES_E$. Como o **CTOD$_C$** das ligas metálicas mais tenazes é da ordem de **1mm**, a maior taxa de crescimento de trincas por fadiga pura é da ordem de **0.1mm/ciclo**, pois acima deste valor o os mecanismos de fraturamento começam a influir no trincamento. Como a tenacidade influi muito na fase III, vale a pena listar de novo aqui algumas de suas principais estimativas, já estudadas no Capítulo 8:

- $K_{IC} \cong [0.8 \cdot E \cdot (S_E + S_R) \cdot CTOD_C]^{0.5}$
- $K_{IC} \cong [(\pi/4) \cdot E' \cdot S_E \cdot CTOD_C]^{0.5}$, $E' = E/(1 - \nu^2)$
- $K_{IC}[MPa\sqrt{m}] \cong (0.64 \cdot E[GPa] \cdot Charpy[J])^{0.5}$

- $K_C(t) \cong [E \cdot S_E \cdot CTOD_C(t)]^{0.5}$
- $K_C(t)/K_{IC} \cong [1 + 0.224 \cdot (t_0/t)^2]^{0.5}$, $t_0 = 2.5(K_{IC}/S_E)^2$
- $K_C(t)/K_{IC} \cong [1 + 2.3 \cdot K_C(t)/(S_E \cdot t^{0.5})]^{0.5}$
- $K_C(t)/K_{IC} \cong 1 + \exp[-(5 \cdot t/t_0)^2]$
- $K_C(t)/K_{IC} \cong 1 + A \cdot \exp[-(B \cdot t/t_0)^2]$ (**A** e **B** são listados no Capítulo 8 e no Apêndice 1)

A tenacidade determina o tamanho da trinca crítica a_C que a peça pode tolerar antes de começar o processo de fraturamento (e quanto maior a_C, mais fácil é detectá-la), logo ela é uma propriedade fundamental para a segurança intrínseca das estruturas. Mas a tenacidade não influi muito na vida à fadiga que, sendo em geral quase toda gasta em **ΔK** baixos, é normalmente pouco sensível à fase III. Portanto, do ponto de vista da previsão da vida residual à fadiga, a fase II em geral é muito pouco relevante.

Quando a fratura ocorre sob condições quase elásticas (com zp_C pequena em relação às dimensões da peça e do CP usado para medir K_C), o tamanho crítico da trinca a_C pode ser razoavelmente bem previsto, pois nestes casos K_C é uma propriedade relativamente pouco dispersa. Mas a previsão da carga crítica da fratura e de a_C baseada num único parâmetro de tenacidade não é boa quando a fratura ocorre sob plasticidade generalizada, tendo em geral que ser feita de forma muito conservativa devido à grande dispersão dos resultados experimentais. É por isso razoável lembrar que o uso do fator de intensidade de tensões **K**, um parâmetro linear elástico, nas previsões das fraturas dúcteis é no mínimo uma prática questionável.

Apesar da propagação das trincas por fadiga quase sempre ocorrer num plano perpendicular à máxima tensão trativa, é possível observar uma mudança no plano original de propagação sob **ΔK** muito altos. Esta mudança é causada pelo aparecimento progressivo de lábios de cisalhamento que buscam crescer em planos que fazem um ângulo de 45° com a direção da máxima tensão trativa cuja largura tende a crescer paulatinamente, os quais podem até cobrir toda a espessura de peças finas (em relação ao tamanho das **zp** que acompanham a ponta da trinca de fadiga). Este fenômeno, similar ao que ocorre nas fraturas por esgotamento de ductilidade em σ-plana, vide Capítulo 8, é ilustrado na Fig. 9.85 [22]. Estes lábios de cisalhamento tendem a diminuir o valor efetivo de **ΔK** ao longo da ponta da trinca (que ao mudar de plano não cresce mais em modo I puro), e podem afetar sensivelmente as taxas **da/dN**, como será estudado mais adiante.

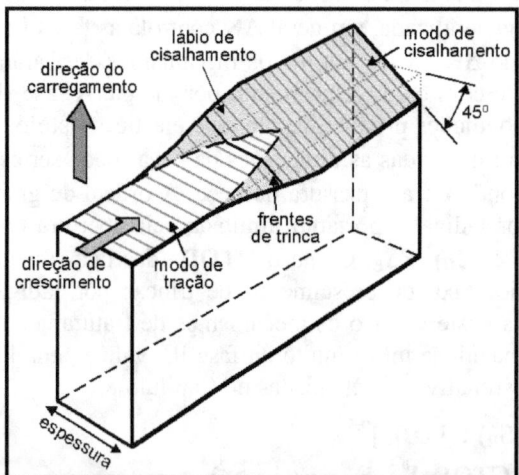

Fig. 9.85: Esquema da formação de lábios de cisalhamento sob cargas altas nas faces das trincas de fadiga, um fenômeno comum em chapas finas.

9.12 Introdução à Modelagem da Propagação de Trincas sob Cargas Complexas

As cargas reais de serviço são em geral complexas, isto é, podem ter gamas $\Delta\sigma_i$ e máximos K_{maxi} (ou razões R_i) variáveis a cada i-ésimo evento da carga. E é para modelar decentemente este problema que a porca torce o rabo: prever de forma acurada a vida residual à fadiga das estruturas trincadas nestes casos *não* é uma tarefa trivial, pois os efeitos da seqüência dos eventos são *muito* importantes na propagação de trincas por fadiga. Variações bruscas na gama e/ou na razão R da carga não são bem previsíveis por acúmulo linear de dano, já que sobrecargas podem desacelerar ou até mesmo parar o crescimento subseqüente das trincas (comparado às taxas que seriam obtidas na ausência das sobrecargas), enquanto subcargas podem acelerá-lo. Além disso, as estruturas em geral têm geometria complicada, e as trincas que nelas propagam podem mudar de forma e/ou de direção durante o seu crescimento. Todavia, desenvolver modelos de dimensionamento mecânico que possam ser manipulados confiavelmente para projetar estruturas reais à fadiga causada por cargas complexas é uma necessidade prática, ainda que trabalhosa e não elementar. Os problemas práticos realmente interessantes de fato não são tediosos nem ofensivos à inteligência do analista estrutural!

Para atacar este problema sem agredir a didática, a sua complexidade real será introduzida paulatinamente. Primeiro se estuda um método simplificado chamado de ΔK_{rms}, ou método da carga de amplitude constante equivalente. Este método, como qualquer estatística, não reconhece os efeitos de seqüência da carga, mas pode gerar previsões satisfatórias na previsão da vida residual de estruturas trincadas que trabalham sob cargas máximas freqüentes de amplitude similar. Por exemplo, pontes metálicas construídas em regiões de geologia estável e clima bem comportado, cujo dano é causado primariamente por veículos de peso máximo limitado e bem conhecido. Em seguida é introduzido o método CCC, ou método do crescimento ciclo-a-ciclo, um enfoque tipo força bruta que quantifica o dano a cada evento da carga, mas que por isso mesmo pode reconhecer os efeitos de seqüência quando associado a modelos de dano apropriados. Todavia, o método CCC só pode ser aplicado na prática com auxílio de uma ferramenta computacional eficiente, como o **ViDa**. Depois se estudam as diferenças entre a propagação das trincas unidimensionais (1D) e bidimensionais (2D), e a propagação das trincas curvas. Após estudar estes fundamentos, passa-se à modelagem detalhada dos efeitos de seqüência ou de interação entre os ciclos das cargas de gama e/ou máximo variável. Por fim, se estudam os limites, as vantagens, a implementação e a eficiência computacional dos diversos modelos dos efeitos de seqüência na vida residual de estruturas trincadas.

9.13 O Método ΔK_{rms}

A idéia deste método é substituir uma história complexa de tensões de gama $\Delta\sigma_i$ e/ou razão R_i variável pela história de gama $\Delta\sigma_{rms}$ e média R_{rms} constantes que lhe seja equivalente, no sentido de causar o mesmo crescimento da trinca. Estes valores equivalentes devem ser calculados após zerar todos os vales e picos negativos da história de gama variável original, através de [18, 128]:

$$\begin{cases} (\sigma_{max_i}, \ \sigma_{min_i}) \geq 0 \\ \sigma_{max_{rms}} = \sqrt{\sum_{i=1}^{i=p}\left[\sigma_{max_i}^2/p\right]} \\ \sigma_{min_{rms}} = \sqrt{\sum_{i=1}^{i=p}\left[\sigma_{min_i}^2/p\right]} \end{cases} \Rightarrow \begin{cases} \Delta\sigma_{rms} = \sigma_{max_{rms}} - \sigma_{min_{rms}} \\ \Delta K_{rms} = \Delta\sigma_{rms} \cdot \sqrt{\pi a} \cdot f(a/w) \\ R_{rms} = \sigma_{min_{rms}}/\sigma_{max_{rms}} \end{cases} \tag{9.115}$$

Cuidado para não confundir $\Delta\sigma_{rms}$ com σ_{rms}, o valor médio quadrático da tensão σ. Por exemplo, uma história senoidal de tensão $\sigma \cdot sin(\omega t)$ tem $\sigma_{rms} = \sigma\sqrt{2}/2$ e $\Delta\sigma_{rms} = \sigma$, valor este obtido após zerar todos os seus vales, cujo valor é $\sigma_{min} = -\sigma$. Note que se estes vales não fossem zerados antes de calcular $\Delta\sigma_{rms}$, se obteria $\Delta\sigma_{rms} = \Delta K_{rms} = 0$, e se concluiria que as trincas não cresceriam sob cargas senoidais, um absurdo evidente. Como ΔK_{rms} se comporta como uma carga simples de gama constante, o número de ciclos N que uma trinca leva para crescer de a_0 até a_f sob uma carga complexa equivalente a ΔK_{rms} e R_{rms} numa peça cujo material tem uma curva $da/dN = F(a)$ é facilmente obtido por:

$$N = \int_{a_0}^{a_f} \frac{da}{F(a)} = \int_{a_0}^{a_f} \frac{da}{F(\Delta K_{rms}(a), R_{rms}, \Delta K_{th}(R_{rms}), K_C, ...)} \qquad (9.116)$$

Como o valor de ΔK_{rms} também varia com o tamanho da trinca a, o método ΔK_{rms} talvez devesse ser chamado de método $\Delta\sigma_{rms}$, pois é este o valor equivalente à carga de amplitude variável usado nos cálculos de vida residual. O método ΔK_{rms}, a maneira mais simples para se tratar carregamentos de amplitude variável, foi validado através de testes com diversos tipos de cargas, como as ilustradas na Fig. 9.86. Todas as histórias de carga desta figura geraram taxas descritas por uma mesma curva $da/dN \times \Delta K_{rms}$ (quando aplicadas em CPs feitos do mesmo aço), vide Fig. 9.87 [13]. Mas deve-se enfatizar que ΔK_{rms} é uma estatística, logo não pode reconhecer a ordem dos eventos da carga, nem pode considerar os efeitos de interação entre os ciclos do carregamento. Além disso, note que a faixa dos ΔK_{rms} mostrados nessas figuras são limitadas à parte superior da fase II da curva de propagação do material testado, o que impede a generalização desses resultados para qualquer carregamento complexo.

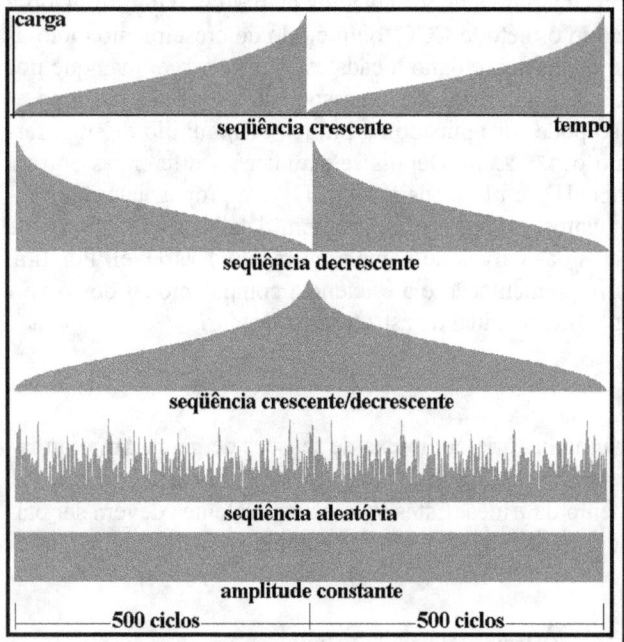
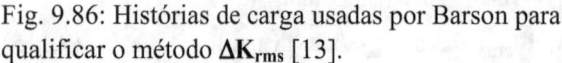

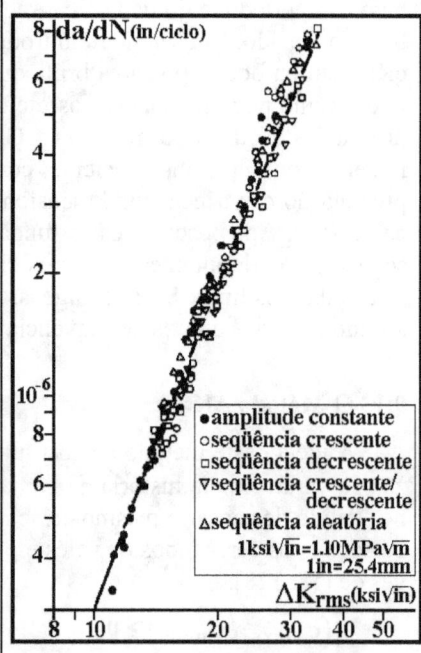

Fig. 9.86: Histórias de carga usadas por Barson para qualificar o método ΔK_{rms} [13].

Fig. 9.87: Uma curva $da/dN \times \Delta K_{rms}$ ajusta as taxas de todas as histórias.

Assim, para aplicar o método ΔK_{rms} na prática, as cargas reais devem primeiro ser especificadas pela seqüência dos seus vales e picos $\{\sigma_{min\,i}, \sigma_{max\,i+1}, \sigma_{min\,i+2}, ...\}$, ou pela seqüência equivalente das componentes alternada e média de cada um dos seus eventos (ou dos 1/2 ciclos da carga) $\{(\sigma_{a\,i}, \sigma_{m\,i}), (\sigma_{a\,i+1}, \sigma_{m\,i+1}), ...\}$. Em seguida, como explicado acima, se devem zerar todos os eventos com vales ou picos negativos, para calcular os valores ΔK_{rms} e R_{rms} da carga de amplitude constante que causa (segundo a hipótese básica deste método) o mesmo crescimento da trinca que a carga complexa original. Por fim, se deve usar ΔK_{rms} e R_{rms} para integrar a regra $da/dN = F(a)$ que melhor descreve a propagação das trincas no material.

⇨ E9.14: Se uma grande placa de Ti 6Al 4V com uma trinca lateral $a_0 = 10mm$ trabalha sob blocos de $\sigma = \{10 \to 100 \to 30 \to 80 \to -20 \to 95 \to 10\}MPa$ em modo I, estime a sua vida residual à fadiga pelo método ΔK_{rms}, supondo $K_C = 55MPa\sqrt{m}$ e a regra mediana de propagação das ligas de Ti, $da/dN = 6\times10^{-12}\Delta K^{3.5}$ m/ciclo (ΔK em $MPa\sqrt{m}$), vide Fig. 9.20.

Primeiro, todos os eventos compressivos devem ser zerados, para em seguida calcular:

$$\begin{cases} \sigma_{max_{rms}} = \sqrt{(100^2+80^2+95^2)/3} \cong 92MPa \\ \sigma_{min_{rms}} = \sqrt{(10^2+30^2+0^2)/3} \cong 18MPa \end{cases} \tag{9.117}$$

Em seguida, é preciso calcular os valores de $\Delta\sigma_{rms}$, ΔK_{rms} e R_{rms} correspondentes:

$$\begin{cases} \Delta\sigma_{rms} = \sigma_{max_{rms}} - \sigma_{min_{rms}} = 92-18 = 74MPa \\ R_{rms} = \sigma_{min_{rms}}/\sigma_{max_{rms}} = 18/92 = 0.196 \\ \Delta K_{rms} = f(a/w)\cdot\Delta\sigma_{rms}\sqrt{\pi a} = 1.12\cdot74\sqrt{\pi a} \end{cases} \tag{9.118}$$

É preciso cuidado para calcular a_C, que é relacionado à maior tensão da história de carga real, $\sigma_{max} = 100MPa$, e não a $\sigma_{max\ rms} = 92MPa$, logo $a_C = (55/1.12\cdot100\cdot\sqrt{\pi})2 = 77mm$. Assim, a vida N é estimada por:

$$N = \int_{a_0}^{a_C} \frac{da}{6\cdot10^{-12}(1.12\cdot74\cdot\sqrt{\pi a})^{3.5}} = \frac{0.01^{-0.75}-0.077^{-0.75}}{0.75\cdot6\cdot10^{-12}(1.12\cdot74\cdot\sqrt{\pi})^{3.5}} \cong 1.43\cdot10^5 ciclos \checkmark$$

O E9.14 é trivial, pois usa Paris para descrever a propagação da trinca (logo nem precisa do valor de R_{rms}), mas ilustra o potencial do método ΔK_{rms}. Mas ele não realça as suas limitações, que devem ser bem compreendidas pelo analista estrutural. Primeiro deve-se enfatizar que o valor ΔK_{rms} de uma carga de amplitude variável é um carregamento simples que causa efeitos similares, mas não idênticos, à carga original. Como acontece com qualquer estatística, o valor ΔK_{rms} *não* pode reconhecer efeitos de ordem temporal, logo não pode perceber nenhum dos problemas relacionados com a seqüência da carga como, por exemplo: a fratura súbita (que ocorre no primeiro pico da carga que atinge a tenacidade da peça, $K_{max\ i} \geq K_C$); qualquer efeito de interação entre os eventos da carga (como os retardos induzidos por sobrecargas, que podem ter grande influência na vida residual à fadiga, como será estudado adiante); e a parada da trinca (mesmo que as estatísticas da carga não mudem ao longo do tempo, não se pode garantir que uma trinca permanecerá inativa se $\Delta K_{rms}(a_0) < \Delta K_{th}(R_{rms})$).

⇨ E9.15: Refaça o E9.14 para blocos de carga $\sigma = \{10 \to 50 \to 30 \to 35 \to 20 \to 25 \to 10\}MPa$, $\Delta K_{th}(R) = 3.9(1-0.2R)MPa\sqrt{m}$, $da/dN = 4\times10^{-11}[\Delta K - \Delta K th(R)]^{3.1}$ e $a_0 = 5mm$.

Não havendo eventos compressivos para serem zerados, pode-se calcular diretamente:

$$\begin{cases} \sigma_{max_{rms}} = \sqrt{(50^2+35^2+25^2)/3} \cong 38MPa \\ \sigma_{min_{rms}} = \sqrt{(10^2+30^2+20^2)/3} \cong 21.6MPa \end{cases} \tag{9.119}$$

Logo, $\Delta\sigma_{rms} = 38 - 21.6 = 16.4MPa$, $R_{rms} = 21.6/38 = 0.57$ e $\Delta K_{rms} = 1.12\cdot16.4\cdot\sqrt{(\pi a)}$. Desta forma, $\Delta K_{rms}(a_0) \cong 18.4\sqrt{(\pi\cdot0.01)} \cong 3.26 < \Delta K_{th}(R) = 3.45MPa\sqrt{m}$. Portanto, este método simplificado prevê que a trinca não propagaria, apesar da contagem *rain-flow* identificar na carga o ciclo $\{10\rightarrow50\rightarrow10\}$MPa, que gera $\Delta K(a_0) = 1.12\cdot40\sqrt{(\pi\cdot0.01)} = 7.94 >> \Delta K_{th}(R)$. Assim, o método ΔK_{rms} **não** pode ser usado neste caso, pois ele geraria uma previsão inadmissivelmente não conservativa. O método do crescimento ciclo-a-ciclo descrito a seguir prevê que esta placa teria $a_C = [55/(1.12\cdot50)]^2/\pi = 307$mm e uma vida de $N = 6.57\cdot10^6$ ciclos. ✓

9.14 O Método CCC

Na sua forma mais simples, o método CCC, ou do crescimento ciclo-a-ciclo, apenas aplica a regra de acúmulo linear de dano à propagação das trincas, associando a cada reversão ou meio ciclo da carga o crescimento que a trinca teria se apenas aquele evento nela atuasse. Para isto, se deve primeiro fazer a contagem *rain-flow* seqüencial de todos os eventos da história da carga que causam dano (pois a *rain-flow* tradicional altera a ordem da carga), contribuindo para propagar a trinca. Em seguida, se deve calcular seqüencialmente os incrementos Δa_i da trinca de fadiga causados por cada evento da carga. Desta forma, se **F** é a regra de propagação de trincas do material, e se no **i**-ésimo meio ciclo as componentes da carga são $\Delta\sigma_i$ e R_i, e o tamanho da trinca é a_i, o incremento Δa_i que este evento causa na trinca é dado por:

$$\Delta a_i = (1/2)\,F(\Delta K(\Delta\sigma_i, a_i), R(\Delta\sigma_i, \sigma_{max_i}), \Delta K_{th}(R_i), K_C, ...) \qquad (9.120)$$

O crescimento total da trinca é a soma de todos os incrementos Δa_i causados por cada evento da carga. É claro que quando aplicado desta forma simplista, o método CCC não pode reconhecer nenhum dos (***importantes*!!!**) efeitos de ordem ou seqüência da carga na propagação das trincas, que podem ser de 2 naturezas: (i) de memória (causados, e.g., por fechamentos ou por bifurcações da trinca induzidos por sobrecargas); ou (ii) instantâneos (como a fratura que ocorre assim que a tenacidade é atingida num único pico da carga). Estes últimos são facilmente identificáveis se a história da carga for contada pelo método *rain-flow* seqüencial, e se os vários incrementos Δa_i forem calculados na ordem que ocorrem, vide Fig. 9.88 [129].

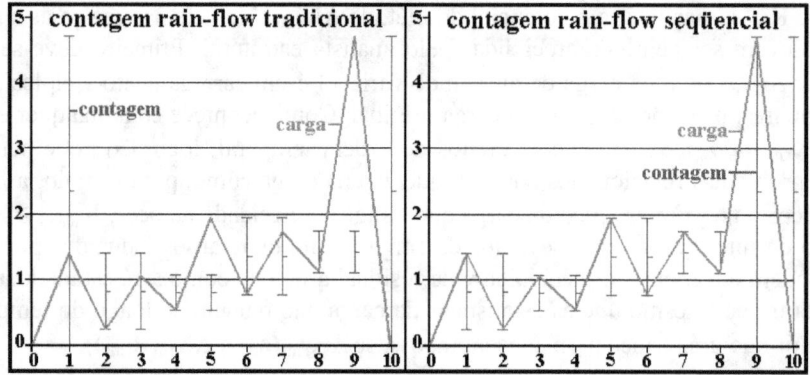

Fig. 9.88: O rain-flow seqüencial preserva a ordem dos grandes eventos da carga.

O método *rain-flow* seqüencial conta os eventos no seu fim, e não no seu início como o *rain-flow* tradicional, reconhecendo assim todos os eventos da carga, mas preservando a sua ordem. Assim, ele evita em particular a antecipação das sobrecargas, um pequeno detalhe de fundamental importância na propagação das trincas: antecipar os picos de carga é prática não conservativa, pois pode associá-los a um tamanho de trinca menor do que o real no instante em que o pico atua na peça. De fato, se no início de um grande pico a trinca tem tamanho a_i, e se os eventos que nela atuam antes do fim daquele pico a fazem crescer até a_f, então quando o pico solicita a trinca ele em geral gera um FIT $K(a_f) > K(a_i)$. As Fig. 9.89 e 9.90 esclarecem as diferenças entre as duas contagens *rain-flow*.

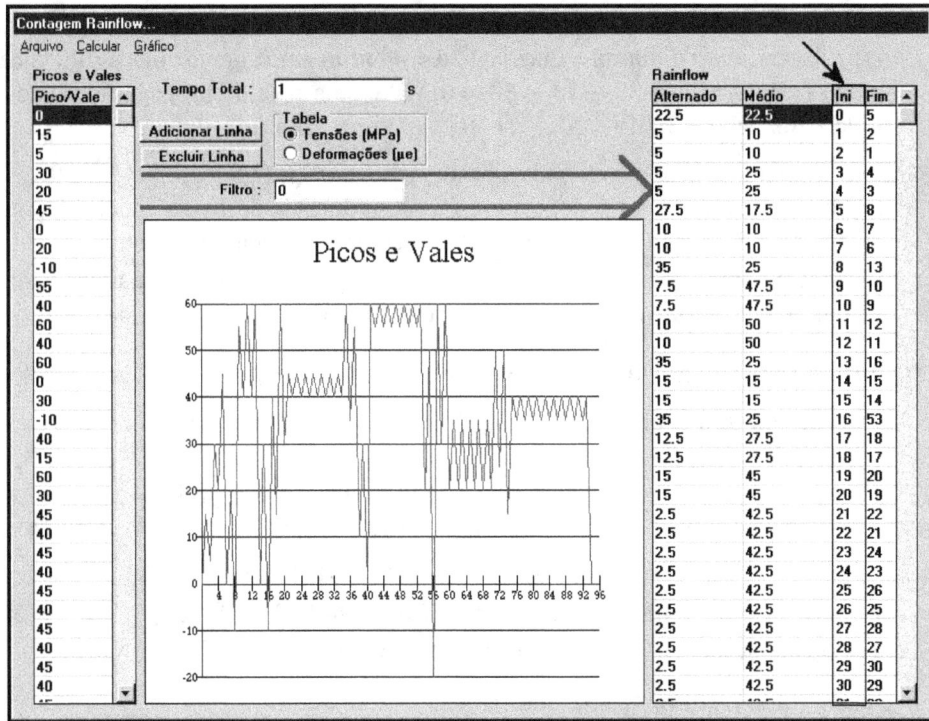

Fig. 9.89: Contagem *rain-flow* tradicional de uma história complexa feita no **ViDa** (note que as cargas na tabela à direita são ordenadas pelo ponto *inicial* de contagem).

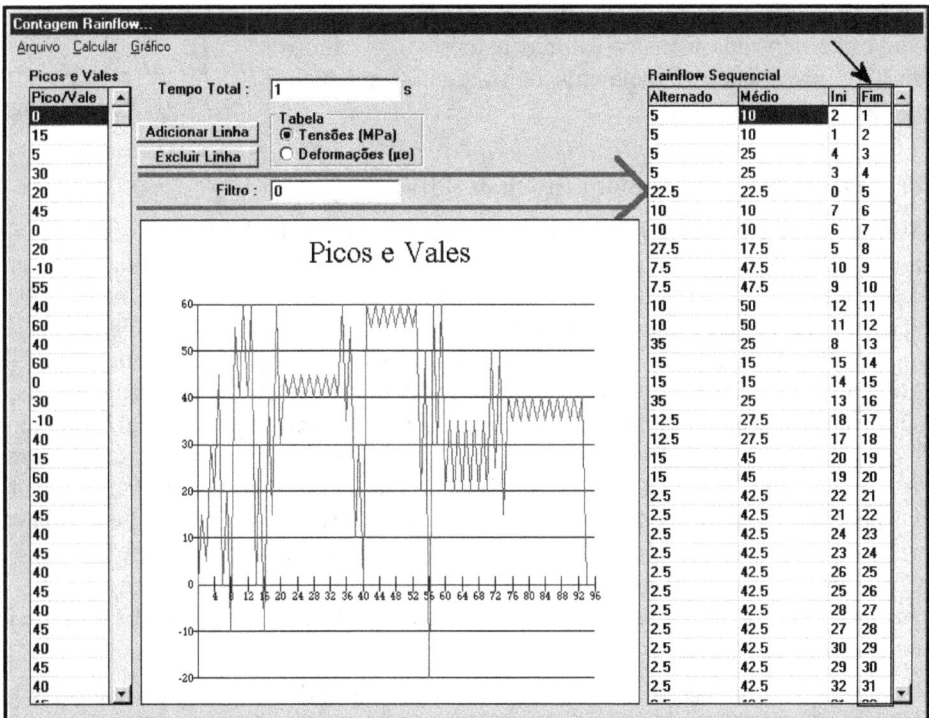

Fig. 9.90: Contagem *rain-flow* seqüencial da história complexa feita no **ViDa** (neste caso as cargas na tabela à direita são ordenadas pelo ponto *final* da contagem).

⇨ E9.16: Calcule o crescimento de uma trinca de tamanho $a_0 = 5mm$ que parte de um furo losangular de raio $\rho = 40mm$ e diagonal $2d = 400mm$ numa grande placa solicitada em modo I por $\sigma = \{0 \to 50 \to 20 \to 80 \to 0\}MPa$, se a taxa de propagação é dada por da/dN [m/ciclo] $= 2.7 \cdot 10^{-12} \Delta K^{3.8}/(1-R)^{1.5}$ (ΔK em $MPa\sqrt{m}$).

Para trincas grandes, com $a > \rho$, pode-se estimar $K_I \cong \sigma\sqrt{[\pi \cdot (2d + a)/2]}$ (vide E9.1 e Fig. 9.91). Porém esta trinca tem $a \ll \rho$, logo sofre grande influência do K_t do entalhe, e por isso deve-se estimar $K_I \cong 1.12 \cdot \sigma_\theta(a)\sqrt{\pi a}$, onde $\sigma_\theta(a)$ é a tensão tangencial que atua na distância a da raiz do furo sem a trinca, a qual pode ser aproximada pela solução exata de Inglis para furo elíptico de semi-eixo maior d e raio ρ. Assim, sendo $\rho < d$ e $a' \equiv \sqrt{(a^2 + 2ad + \rho d)}$:

$$\sigma_\theta(a)/\sigma_n = 1 + d(d - 2\sqrt{\rho d})(d + a - a')/(d - \sqrt{\rho d})^2 a' + \rho d^2(d + a)/(d - \sqrt{\rho d})a'^3 \qquad (9.121)$$

A contagem rain-flow seqüencial da carga que atua na placa gera (nesta ordem) os meio ciclos $\{20 \to 50\}$, $\{50 \to 20\}$, $\{0 \to 80\}$ e $\{80 \to 0\}$, portanto:

- $a_0 = 5mm \Rightarrow \Delta\sigma_\theta(a_0) = \Delta\sigma_{\theta 0} = 4.32 \cdot \Delta\sigma_n = 4.32 \cdot |50 - 20| = 130$, logo $R_0 = 20/50 = 0.4$ e $\Delta K(a_0) \cong 1.12 \cdot \Delta\sigma_{\theta 0}\sqrt{(\pi a_0)} = 18.2$ ∴ $\Delta a_0 = 0.5 \cdot 2.7 \cdot 10^{-12} \cdot 18.2^{3.8}/(1 - 0.4)^{1.5} = 1.78 \cdot 10^{-7}m$.
- $a_1 = a_0 + \Delta a_0 \Rightarrow \Delta\sigma_{\theta 1} = 4.32 \cdot |20 - 50| = 130$, $\Delta K(a_1) \cong 18.2$, $R_1 = 0.4$ ∴ $\Delta a_1 \cong \Delta a_0$.
- $a_2 = a_1 + \Delta a_1 \Rightarrow \Delta\sigma_{\theta 2} = 4.32 \cdot |80 - 0| = 345$, $\Delta K(a_2) \cong 48.5$, $R_2 = 0$ ∴ $\Delta a_2 = 3.43 \cdot 10^{-6}m$.
- $a_3 = a_2 + \Delta a_2 \Rightarrow \Delta\sigma_{\theta 3} = 4.32 \cdot |0 - 80| = 345$, $\Delta K(a_3) \cong 48.5$, $R = 0$ ∴ $\Delta a_3 \cong \Delta a_2$.

Note que a razão $\sigma_\theta(a)/\sigma_n \cong 4.32$ praticamente não se alterou (exceto na 7ª casa decimal) neste caso, pois a trinca cresceu muito pouco nestes 4 meio ciclos. Isto confirma que só é preciso recalcular esta razão após um incremento Δa significativo (como faz o **ViDa** para agilizar os cálculos de propagação, pois é esta conta que demanda o maior esforço numérico). Assim, o método CCC prevê que o crescimento da trinca nestes 4 meio ciclos é $\Sigma\Delta a_i = 7.22 \cdot 10^{-6}m$. ✓

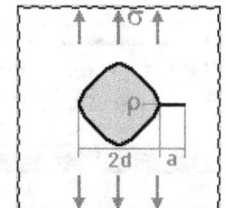

Fig. 9.91: Furo losangular.

9.15 Propagação das Trincas Bidimensionais (2D)

As trincas que crescem por fadiga em 2 direções, em geral mudando de forma a cada ciclo da carga, são chamadas de trincas bidimensionais ou 2D, pois é preciso usar duas coordenadas para descrevê-las. As trincas elipsoidais 2D de semi-eixos a e c são particularmente importantes. Elas em geral propagam por fadiga mudando a razão a/c a cada ciclo da carga, mas mantendo aproximadamente o seu formato elipsoidal, como comprovado pelas marcas de praia, vide Capítulo 3. As trincas elipsoidais podem ser divididas em trincas internas elípticas, trincas superficiais semi-elípticas ou trincas de canto quarto-elípticas, vide Fig. 9.92 (que repete a Fig. 8.4, por conveniência). Assim, a propagação por fadiga das trincas elipsoidais 2D, muitas das quais muitas têm FIT exprimíveis por funções analíticas, pode ser modelada assumindo que elas podem crescer mudando de aspecto ou de razão a/c, mas sempre mantendo suas frentes sucessivas concêntricas e elipsoidais. Por isso a propagação 2D das trincas elipsoidais pode ser calculada pela solução acoplada dos incrementos Δa_i e Δc_i dos seus semi-eixos a_i e c_i a cada evento da carga, usando essencialmente a mesma metodologia local que tão bem modela o crescimento das trincas unidimensionais.

As expressões analíticas dos FITs das trincas 2D elipsoidais são muito complexas [130], pois dependem de vários parâmetros e variam de ponto para ponto ao longo da ponta da trinca: $K = f(\sigma, a/c, a/t, c/w, \theta)$, vide Apêndice 4. Por exemplo, os FITs nos extremos dos semi-eixos a e c da trinca superficial semi-elíptica, $K_{I,a}$ e $K_{I,c}$, são dados por:

$$
\begin{cases}
K_{I,a} = \sigma\sqrt{\pi a} \cdot F \cdot M / \sqrt{Q} \\[4pt]
K_{I,c} = \sigma\sqrt{\pi c} \cdot F \cdot (M/\sqrt{Q}) \cdot a/c \cdot G \\[4pt]
F(c/w, a/t) = \sqrt{\sec[(\pi c/2w)\sqrt{a/t}]} \cdot \left[1 - 0.025[(c/w)\sqrt{a/t}]^2 + 0.06[(c/w)\sqrt{a/t}]^4\right] \\[6pt]
M = \begin{cases}
1.13 - 0.09\dfrac{a}{c} + \left[\dfrac{0.89}{0.2+a/c} - 0.54\right]\dfrac{a^2}{t^2} + \left[0.5 - \dfrac{1}{0.65+a/c} + 14(1-\dfrac{a}{c})^{24}\right]\dfrac{a^4}{t^4}, \ a \le c \\[10pt]
c/a + 0.04(c/a)^2 + (c/a)^{4.5}(a/t)^2\left[0.2 - 0.11(a/t)^2\right], \ a > c
\end{cases} \\[14pt]
Q = \begin{cases}
1 + 1.464(a/c)^{1.65}, \ a \le c \\
1 + 1.464(c/a)^{1.65}, \ a \le c
\end{cases} \\[8pt]
G = \begin{cases}
1.1 + 0.35(a/t)^2, \ a \le c \\
1.1 + 0.35(a/t)^2(c/a), \ a \le c
\end{cases}
\end{cases}
\tag{9.122}
$$

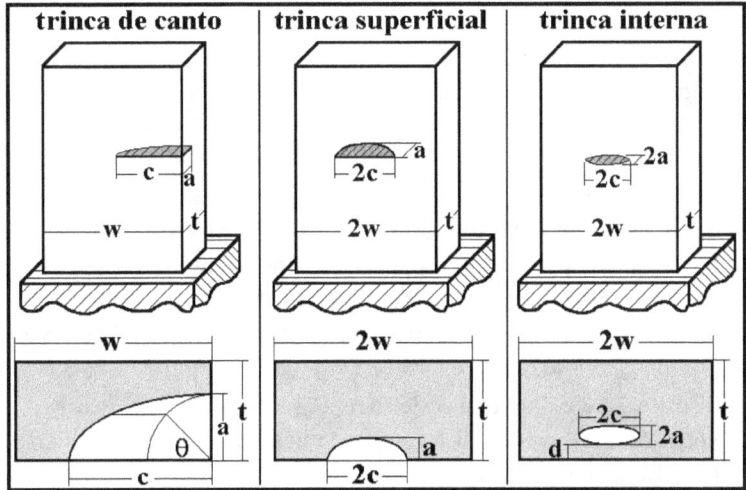

Fig. 9.92: Trincas elipsoidais 2D de canto, superficiais e internas.

Em geral as trincas não-passantes solicitadas em modo I propagam em 2D. A Fig. 9.93 mostra uma trinca aproximadamente quarto-elíptica que nasceu e propagou a partir da borda do furo de um rebite [17]. A Fig. 9.94 mostra uma trinca superficial que propagou por fadiga a partir de um entalhe superficial semi-elíptico, mudando o seu aspecto, ou a razão **a/c** entre os seus semi-eixos, à medida que crescia: esta peça foi solicitada em modo I, e a trinca cresceu mudando de uma semi-elipse alongada para um aspecto quase semicircular [16].

Fig. 9.93: Trinca de canto aproximadamente quarto-elíptica.

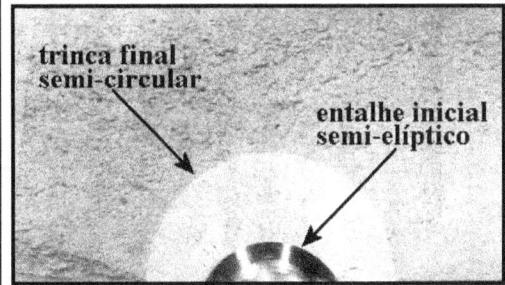

Fig. 9.94: Trinca inicialmente semi-elíptica que propagou mudando sua razão **a/c**, até atingir uma forma quase semi-circular.

Os FITs das trincas elipsoidais normalmente variam ao longo das suas pontas, mas atingem os seus valores extremos nos semi-eixos **a** e **c**. Assim, como em geral $\Delta K_I(a) \neq \Delta K_I(c)$, pode-se separar a propagação 2D em modo I (quando a carga é simples) em 4 casos:

1. $\Delta K_I(a_0)$ e $\Delta K_I(c_0) > \Delta K_{th}$: a trinca de semi-eixos iniciais a_0 e c_0 propaga em ambas as direções, mudando em geral sua razão **a/c** a cada ciclo em função da razão $\Delta K_I(a_i)/\Delta K_I(c_i)$.

2. $\Delta K_I(a_0)$ e $\Delta K_I(c_0) < \Delta K_{th}$: a trinca não propaga por fadiga.

3. $\Delta K_I(a_0) > \Delta K_{th} > \Delta K_I(c_0)$: a trinca só pode crescer na direção **a** até que $\Delta K_I(c_0)$ atinja ΔK_{th}, quando então o caso 1 se repete. Mas quando as trincas nascem de entalhes, gradientes de tensão grandes podem fazer $\Delta K_I(a)$ diminuir quando **a** cresce, e assim há casos nos quais a trinca pode ter $\Delta K_I(a_0) > \Delta K_{th}$ e **da/dN** decrescente, parando eventualmente no i-ésimo ciclo se $\Delta K(a_i)$ e $\Delta K(c_0) < \Delta K_{th}$.

4. $\Delta K_I(a_0) < \Delta K_{th} < \Delta K_I(c_0)$: simétrico ao caso 3.

Assim, prever o crescimento por fadiga de uma trinca 2D elipsoidal em modo I sob cargas de amplitude constante, dados seu tipo e tamanho inicial (a_0, c_0), a gama $\Delta\sigma$ da tensão, a razão de tensão **R** e a regra de propagação **da/dN = F(ΔK, R)**, é um pouco trabalhoso, mas não particularmente difícil. Primeiro deve-se escolher um pequeno incremento percentual fixo ou ajustável Δa arbitrário (ou Δc, se $a_0 > c_0$) para efetuar a integração numérica (o qual controla a sua precisão), e obter em seqüência:

- os valores dos FITs iniciais $\Delta K(a_0)$ e $\Delta K(c_0)$ nos semi-eixos originais da trinca;
- o número de ciclos que a trinca gasta para crescer por fadiga de a_0 até $a_0 + \Delta a_0$, que para Δa pequenos pode ser aproximado por $N_0 \cong \Delta a_0 /F(\Delta K(a_0), R)$;
- o incremento correspondente na direção **c** durante estes N_0 ciclos, $\Delta c_0 = N_0 \cdot F(\Delta K(c_0), R)$;
- os novos semi-eixos $a_1 = a_0 + \Delta a_0$ e $c_1 = c_0 + \Delta c_0$ (como em geral $\Delta a_0 \neq \Delta c_0$, a trinca cresce mudando sua razão **a/c**, fato que pode se repetir a cada evento da carga);
- $\Delta K(a_1)$, $\Delta K(c_1)$, Δa_1, N_1, Δc_1 e daí a_2 e c_2, continuando a iteração até atingir o tamanho final desejado para a trinca.

Esta modelagem da propagação das trincas 2D em modo I *supõe* que a geometria elipsoidal fique constante, mas pode quantificar a mudança da razão **a/c** entre os semi-eixos. Todavia, na prática trincas podem nascer de entalhes não-elípticos, e eventualmente crescer com outras geometrias não elipsoidais. Para testar qual o erro de modelagem associado com este fato, foi feito um teste de fadiga forçando uma trinca a partir de um entalhe retangular, vide Fig. 9.95 [131]. Mas as trincas 2D parecem de fato gostar muito da forma elipsoidal: esta trinca partiu da forma retangular, mas buscou rapidamente uma forma aproximadamente semi-elíptica, o que comprova que a hipótese usada na modelagem 2D é fisicamente razoável.

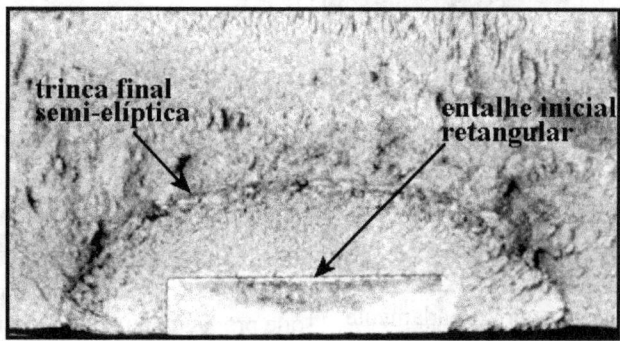

Fig. 9.95: A trinca nasceu de um entalhe retangular, mas buscou logo uma forma elipsoidal.

⇨ E9.17: Calcule a vida residual à fadiga **N** de uma placa retangular de Al 7075 T6 com largura **2w = 1m** e espessura **t = 6mm**, sabendo que ela tem uma trinca superficial semi-elíptica central de largura **2c = 8mm** e profundidade **a = 2mm**, e que ela trabalha sob uma carga trativa pulsante **Ds = 100MPa**.

O banco de dados do **ViDa** lista as propriedades do Al 7075 T6 necessárias para o cálculo: a curva **da/dN×ΔK** ajustada por Elber modificada, **da/dN = 1.27·10⁻⁶(ΔK − ΔK_{th})^{2.25}** (**ΔK** em **MPa√m** e **da/dN** em **mm/ciclo**), o limiar **ΔK_{th}(R = 0) = 3.3MPa√m** e a tenacidade **K_{IC} = 29MPa√m** (mas o programa aceita qualquer outra equação **da/dN**). A expressão do **K_I** da trinca superficial semi-elíptica está listada no Apêndice 4. Mas ela também está incluída no banco de dados do **ViDa**, que é particularmente útil para resolver problemas computacionalmente intensivos como este. Além disso, ele até inclui um gerador de frentes de trincas 2D, usado para facilitar a visualização do avanço da trinca, como ilustrado na Fig. 9.96.

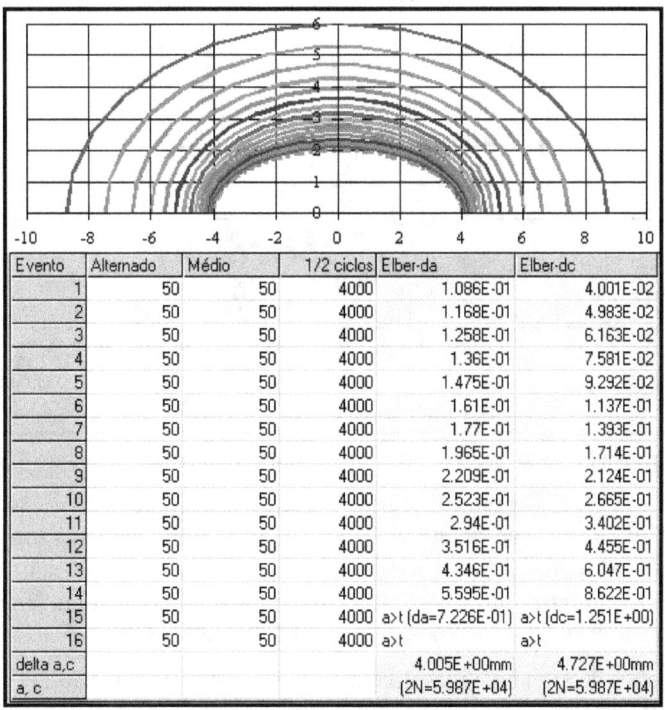

Fig. 9.96: Incrementos **Δa** e **Δc** (em **mm**) dos semi-eixos **a** e **c** da trinca, calculados a cada 4000 meio-ciclos da carga pelo **ViDa**, e as frentes de trinca correspondentes.

Os cálculos mostrados na Fig. 9.96 são interrompidos quando a frente da trinca atinge a face traseira (**a = t = 6mm**) da placa, pois este é o limite de validade da equação usada para os FITs da trinca semi-elíptica. Mas a placa **não** rompeu após os **N = 29935** ciclos necessários para a frente da trinca atingir a fronteira, pois **K_I(a = 6mm) < K_{IC}**. Para calcular a vida total da placa é preciso modelar a transição da trinca superficial 2D para uma trinca passante 1D. Alguns autores [17] sugerem considerar uma transição instantânea assim que **a = t**, vide Fig. 9.97, supondo assim que a trinca superficial se transformaria num salto brusco em trinca passante com largura inicial **2c = 17.45mm**, levando mais **N = 7995** ciclos até causar a ruptura numa vida total de **N = 37930 ciclos**. Mas essa simplificação pode ser muito conservativa. A transição 2D/1D na realidade não é brusca, e por isso a sua modelagem no **ViDa** é feita de forma contínua e paulatina, usando uma forma modificada do FIT da trinca 2D até que a trinca atinja uma profundidade imaginária **a' = 2.3t** (que geraria na face traseira da placa a largura

2c' = 0.9·2c), para só então transformar a trinca 2D numa trinca passante 1D, vide Fig. 9.98 e Apêndice 4 [132]. A Fig. 9.98 mostra as frentes da trinca a cada 2000 ciclos e a vida até a fratura da placa prevista pela simulação desta transição paulatina feita no **ViDa**.

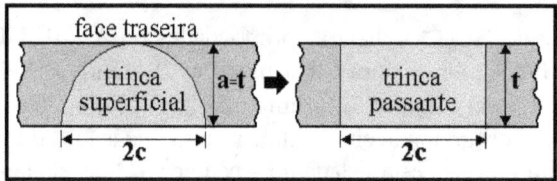

Fig. 9.97: Supor que a transição da trinca superficial 2D para uma trinca passante 1D é brusca não simula a física do problema, e pode gerar previsões muito conservativas.

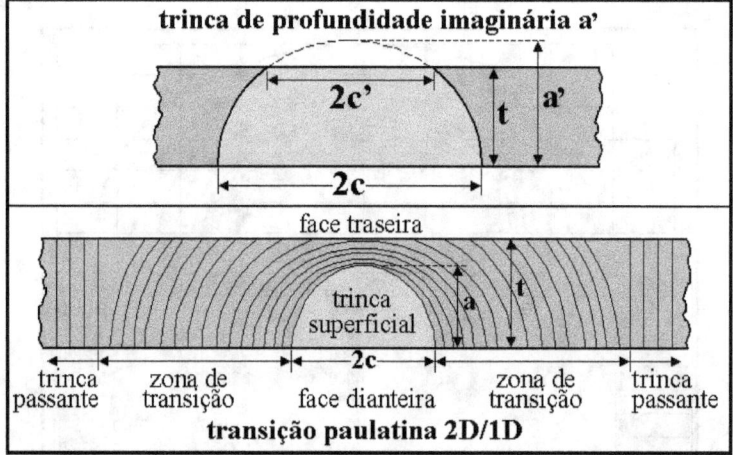

Fig. 9.98: A transição da trinca superficial 2D para uma trinca passante 1D é paulatina.

A simulação usada para gerar a tabela da Fig.9.99 prevê que a transição 2D/1D inicia no 15° evento (de 2000 ciclos), que no 20° evento a trinca se torna passante (ou 1D), que a placa rompe quando **2c = 53.4mm**, e que a vida total da peça é **N = 39250** ciclos. A aproximação instantânea da transição teria sido assim até razoável quando comparada à simulação deste exemplo, pois as vidas previstas diferiram de apenas **1320** ciclos (**3%**). ✔

Mas as previsões de vida baseadas no modelo simplista de transição 2D/1D brusca podem ser muito diferentes daquelas baseadas em modelos paulatinos mais realistas. Principalmente no caso de placas de pequena espessura, onde a trinca tem uma fase de propagação 2D até **a = t** curta se comparada com a região de transição 2D/1D, onde a frente da trinca mantém aproximadamente a forma de um arco de elipse [22]. Dessa forma, é aconselhável usar sempre a modelagem da transição 2D/1D contínua e paulatina (que apesar de mais complexa, é transparente para o usuário do **ViDa**).

Além disso, a previsão das fraturas das trincas 2D baseadas em K_{IC} (a tenacidade medida em trincas 1D sob deformação plana) tende a ser conservativa demais. De fato, não é razoável assumir um estado de tensões único ao longo das frentes das trincas 2D semi-elípticas, pois espera-se um estado mais próximo à ε-plana na profundidade da trinca, e à σ-plana na parte que aflora na superfície da peça. Assim, as tenacidades à fratura nas direções **a** e **c** podem depender da geometria da peça e ser diferentes entre si e do K_{IC} medido a partir de trincas 1D em peças suficientemente grossas. Henkener et al. [133] sugeriram que, na falta de resultados experimentais confiáveis, a tenacidade das trincas semi-elípticas 2D seja estimada comparando os FIT $K_I(a)$ da sua profundidade **a**, e $K_I(c)$ da sua largura **c**, com:

$$\begin{cases} K_C(a) = \min\left[K_{IC}\cdot(1 + 6.275\cdot K_{IC}/S_E),\ 1.4\cdot K_{IC} \right] \\ K_C(c) = 1.1\cdot K_C(a) \end{cases}$$ (9.123)

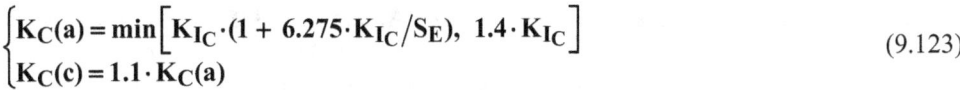

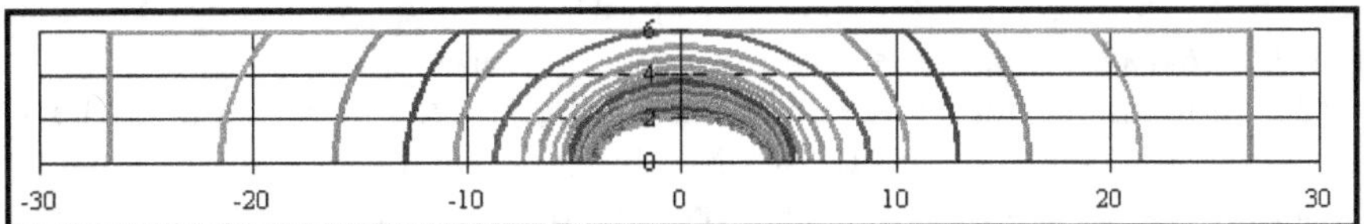

Evento	Alternado	Médio	1/2 ciclos	Elber-da		Elber-dc
1	50	50	4000		1.086E-01	4.001E-02
2	50	50	4000		1.168E-01	4.983E-02
3	50	50	4000		1.258E-01	6.163E-02
4	50	50	4000		1.36E-01	7.581E-02
5	50	50	4000		1.475E-01	9.292E-02
6	50	50	4000		1.61E-01	1.137E-01
7	50	50	4000		1.77E-01	1.393E-01
8	50	50	4000		1.965E-01	1.714E-01
9	50	50	4000		2.209E-01	2.124E-01
10	50	50	4000		2.523E-01	2.665E-01
11	50	50	4000		2.94E-01	3.402E-01
12	50	50	4000		3.516E-01	4.455E-01
13	50	50	4000		4.346E-01	6.047E-01
14	50	50	4000		5.595E-01	8.622E-01
15	50	50	4000	a=t (2D-->1D)		1.305E+00
16	50	50	4000	a=t (2D-->1D)		1.797E+00
17	50	50	4000	a=t (2D-->1D)		2.321E+00
18	50	50	4000	a=t (2D-->1D)		3.324E+00
19	50	50	4000	a=t (2D-->1D)		5.299E+00
20	50	50	4000	a=t (1D)	ruptura-Kc (dc=5.175E+00)	
21	50	50	4000	ruptura-Kc	ruptura-Kc	
delta a,c					4.E+00mm	2.27E+01mm
a, c					6.E+00mm (2N=7.85E+04)	2.67E+01mm (2N=7.85E+04)

Fig. 9.99: Simulação da transição 2D/1D paulatina feita no **ViDa**.

Note que a variação da tenacidade $K_C(a) < K_C(c)$ é devida ao estado de tensão plana em torno do eixo **c** das trincas semi-elípticas, que está na superfície da peça. Isto não ocorre com as trincas de canto quarto-elípticas, onde ambos os semi-eixos **a** e **c** estão na superfície sob σ-plana, e cujos FIT $K_I(a)$ e $K_I(c)$ devem ser, portanto, ambos comparados a $K_C(c)$. Estas propostas são suportadas pelos dados experimentais mostrados na Fig. 9.100 [133].

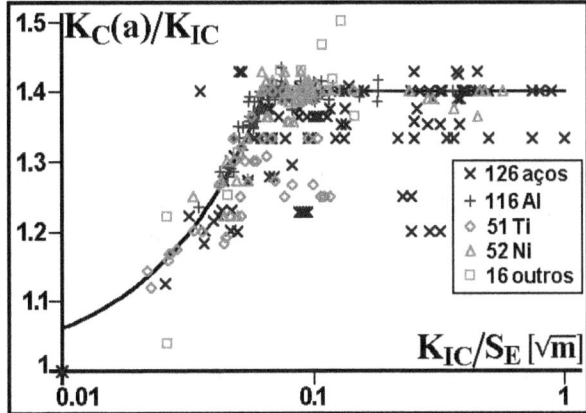

Fig. 9.100: Tenacidade $K_C(a)$ das trincas superficiais semi-elípticas.

⇨ E9.18: Calcule a vida à fadiga **N** de uma grande peça de Al 2024T3 com uma trinca 2D semi-elíptica de $a_0 = 9mm$ e $2c_0 = 20mm$ sob carga trativa pulsante $\Delta\sigma = 100MPa$.

Pelo banco de dados do **ViDa**, esta liga de Al tem $S_E = 345MPa$, $K_{IC} = 37MPa\sqrt{m}$ e $da/dN(m/ciclo) = 1.3 \cdot 10^{-10} \cdot \Delta K^3$ (ΔK em $MPa\sqrt{m}$). Supondo a trinca muito pequena em relação à peça, $K_I(a)$ e $K_I(c)$ podem ser estimados fazendo $a/t \to 0$ e $c/w \to 0$ na equação (9.122) para obter $K_I(a) = \sigma\sqrt{(\pi a)} \cdot M/Q$ e $K_I(c) = K_I(a) \cdot 1.1\sqrt{(a/c)}$, onde $M(a/c) = 1.13 - 0.09(a/c)$ e $Q(a/c) = 1 + 1.464(a/c)^{1.65}$ para $a \le c$. As trincas 2D semi-elípticas que trabalham sob carga trativa tendem a mudar de forma até atingirem uma razão a/c a partir da qual elas passam a crescer de forma homóloga, com taxas $(da/dN)/(dc/dN) = a/c$. Logo, supondo um expoente de Paris **m**, estas trincas 2D semi-elípticas em peças grandes tracionadas tendem à forma:

$$a/c = (da/dN)/(dc/dN) = \left[K_I(a)/K_I(c)\right]^m = \left[1/1.1\sqrt{a/c}\right]^m \Rightarrow a/c = 1.1^{-2/(m+2)} < 1 \quad (9.124)$$

Como tipicamente $2 < m < 5$, a razão a/c homóloga para a qual estas trincas 2D tendem varia apenas entre $0.91 \le a/c \le 0.87$. Portanto, $a/c \cong 0.9$, valor que gera $K_I(a) \cong 0.70 \cdot \sigma\sqrt{(\pi a)}$ e $K_I(c) \cong 0.70 \cdot \sigma\sqrt{(\pi c)}$. Estimando $K_C(a) = min[37 \cdot (1 + 6.275 \cdot 37/345), 1.4 \cdot 37] = 51.8MPa\sqrt{m}$ e $K_C(c) = 1.1 \cdot K_C(a) = 57.0MPa\sqrt{m}$ pela equação (9.123), pode-se estimar os tamanhos críticos $a_C = [51.8/(0.7 \cdot 100)]^2/\pi = 174mm$ e $c_C = [57/(0.7 \cdot 100)]^2/\pi = 211mm$ (apesar de (9.123) não ser lá muito coerente, pois $a_C/c_C = 1/1.1^2 \cong 0.83 < 0.9 = a/c$). Como neste problema a trinca já inicia com $a_0/c_0 = 9/10 = 0.9$, então se pode supor que o seu crescimento será sempre homólogo, e prever a sua vida à fadiga integrando da/dN em apenas uma das direções (e.g. em **a**), eliminando assim a necessidade de usar um programa dedicado para obter **N**:

$$N = \left[1/\left(1.3 \cdot 10^{-10}(0.7 \cdot 100\sqrt{\pi})^3\right)\right] \int_{0.009}^{0.174} a^{-3/2} da = 65600 \text{ ciclos}$$

A simplificação que supõe crescimento homólogo é bem razoável neste caso (o **ViDa** calcula $N = 64050$ ciclos e $a/c \to 0.892$, vide Fig. 9.101), mas ela só vale na fase II, e se os efeitos de retardo da trinca no caso das cargas complexas forem desprezados. ✔

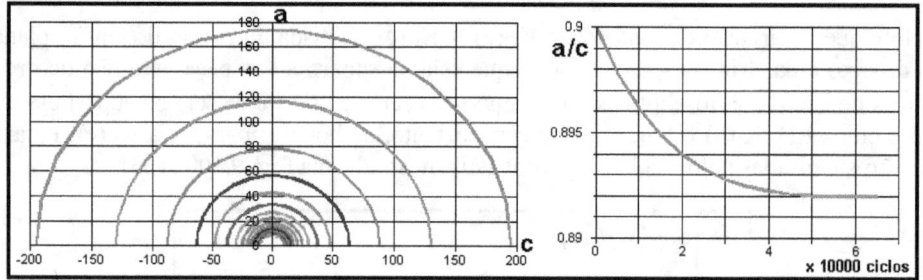

Fig. 9.101: Frentes 2D da trinca e razão **a/c** previstas pelo **ViDa** para a trinca semi-elíptica do E9.18.

⇨ E9.19: Calcule o crescimento que uma trinca semi-elíptica de $a_0 = 1mm$ e $2c_0 = 14mm$ numa placa similar à do E9.17 teria por fadiga após $5 \cdot 10^5$ ciclos, se ela fosse solicitada por um momento fletor pulsante de gama $\Delta M = 600N \cdot m$.

A gama nominal $\Delta\sigma$ causada pelo fletor usada na expressão do FIT K_I desta placa (vide Apêndice 4 ou o banco de dados do **ViDa**) é dada por:

$$\Delta\sigma = 6\Delta M/2wt^2 = 3 \cdot 600000/(500 \cdot 6^2) = 100MPa \quad (9.124)$$

Esta gama nominal é a mesma do E9.17, no entanto se espera que a placa deste exemplo tenha um crescimento de trinca mais lento, devido ao gradiente das tensões de flexão ao longo da sua espessura **t**. Esta expectativa é confirmada pela simulação mostrada na Fig. 9.102 onde, para melhor visualização, as cargas são divididas em 20 eventos de 25000 ciclos.

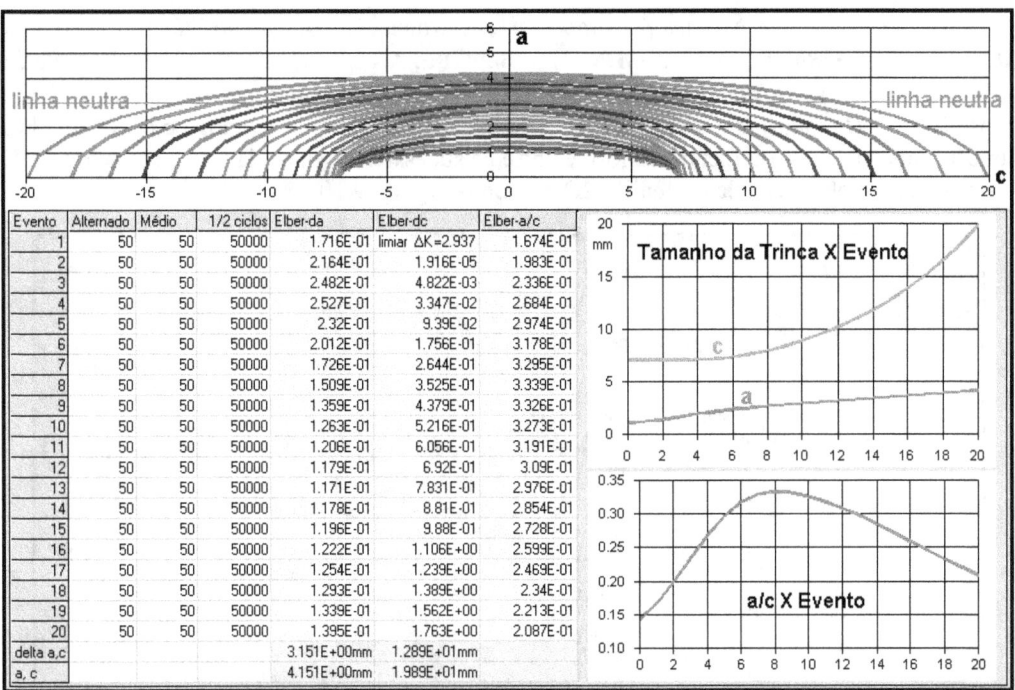

Evento	Alternado	Médio	1/2 ciclos	Elber-da	Elber-dc	Elber-a/c
1	50	50	50000	1.716E-01	limiar ΔK=2.937	1.674E-01
2	50	50	50000	2.164E-01	1.916E-05	1.983E-01
3	50	50	50000	2.482E-01	4.822E-03	2.336E-01
4	50	50	50000	2.527E-01	3.347E-02	2.684E-01
5	50	50	50000	2.32E-01	9.39E-02	2.974E-01
6	50	50	50000	2.012E-01	1.756E-01	3.178E-01
7	50	50	50000	1.726E-01	2.644E-01	3.295E-01
8	50	50	50000	1.509E-01	3.525E-01	3.339E-01
9	50	50	50000	1.359E-01	4.379E-01	3.326E-01
10	50	50	50000	1.263E-01	5.216E-01	3.273E-01
11	50	50	50000	1.206E-01	6.056E-01	3.191E-01
12	50	50	50000	1.179E-01	6.92E-01	3.09E-01
13	50	50	50000	1.171E-01	7.831E-01	2.976E-01
14	50	50	50000	1.178E-01	8.81E-01	2.854E-01
15	50	50	50000	1.196E-01	9.88E-01	2.728E-01
16	50	50	50000	1.222E-01	1.106E+00	2.599E-01
17	50	50	50000	1.254E-01	1.239E+00	2.469E-01
18	50	50	50000	1.293E-01	1.389E+00	2.34E-01
19	50	50	50000	1.339E-01	1.562E+00	2.213E-01
20	50	50	50000	1.395E-01	1.763E+00	2.087E-01
delta a,c				3.151E+00mm	1.289E+01mm	
a, c				4.151E+00mm	1.989E+01mm	

Fig. 9.102: Simulação do crescimento de uma trinca superficial semi-elíptica sob flexão (a linha neutra desenhada na parte superior da figura é a nominal).

As trinca semi-elípticas 2D podem ter um comportamento à fadiga muito interessante quando trabalham em modo I sob flexão, em vez de sob tração. De fato, a trinca deste exemplo, que é inicialmente muito alongada (**a/c = 0.14**), começa a crescer tendendo a aumentar a sua razão **a/c**, buscando uma forma próxima mais próxima do formato aproximadamente semicircular preferido pelas trincas que trabalham à fadiga sob gamas de tensão trativas. No primeiro evento (de 25000 ciclos) ela nem chega a crescer na sua largura **2c**, pois inicialmente o valor de $\Delta K_I(c_0)$ é menor do que o limiar $\Delta K_{th} = 3.3MPa\sqrt{m}$. Mas, como a trinca cresce na profundidade **a** aumentando a razão **a/c** e, conseqüentemente, o valor de $\Delta K_I(c_0)$, a trinca acaba crescendo também na direção **c**, eventualmente atingindo taxas **dc/dN > da/dN**. Isto ocorre porque a tensão nominal na profundidade **a** vai diminuindo à medida que a trinca vai se aproximando da linha neutra desta placa (que trabalha sob flexão), até que a gama de tensão na ponta da trinca **a** acaba ficando menor do que a gama na superfície **2c**, e a razão **a/c** passa a cair (vide o gráfico inferior na Fig. 9.102). Apesar disso, esta trinca não pára de crescer na sua profundidade, pois a redistribuição de tensões por ela causada move a linha neutra da placa, evitando tensões compressivas em **a**. Os tamanhos finais de trinca após os $5 \cdot 10^5$ ciclos da carga aplicada são então $a_f = 4.15mm$ e $2c_f = 2 \cdot 19.9 = 39.8mm$. ✓

Um último exemplo ilustra ainda mais quão interessantes, e às vezes até mesmo surpreendentes, podem ser os problemas de propagação de trincas 2D por fadiga. Na simulação a seguir se estuda a propagação certamente não intuitiva de uma pequena trinca (quase um arranhão) superficial numa placa fina de uma liga de alumínio muito usada na indústria aeroespacial, com conseqüências importantes na filosofia de inspeção não destrutiva.

⇨ E9.20: Calcule a propagação de uma trinca semi-elíptica de $a_0 = 0.7mm$ e $2c_0 = 18.6mm$ centrada no meio duma placa de Al 7075 T6 com **1m** de largura e **3mm** de espessura solicitada por carga trativa pulsante de gama $\Delta\sigma = 40MPa$.

As propriedades necessárias para modelar esta trinca são listadas no banco de dados do **ViDa**: $S_R = 558MPa$, $S_E = 530MPa$, $E = 70.9GPa$, $\Delta K_{th} = 2.3MPa\sqrt{m}$, $K_C = 25MPa\sqrt{m}$ e da/dN (m/ciclo) $= 1.085 \cdot 10^{-9} \cdot (\Delta K - \Delta K_{th})^{2.8}$. Usando a expressão do FIT que considera a transição 2D/1D, e ajustando o número de ciclos de cada evento por tentativa e erro para obter um espaçamento mais ou menos uniforme entre as sucessivas frentes da trinca até a fratura final da placa, se obteve a tela de análise 2D mostrada na Fig. 9.103.

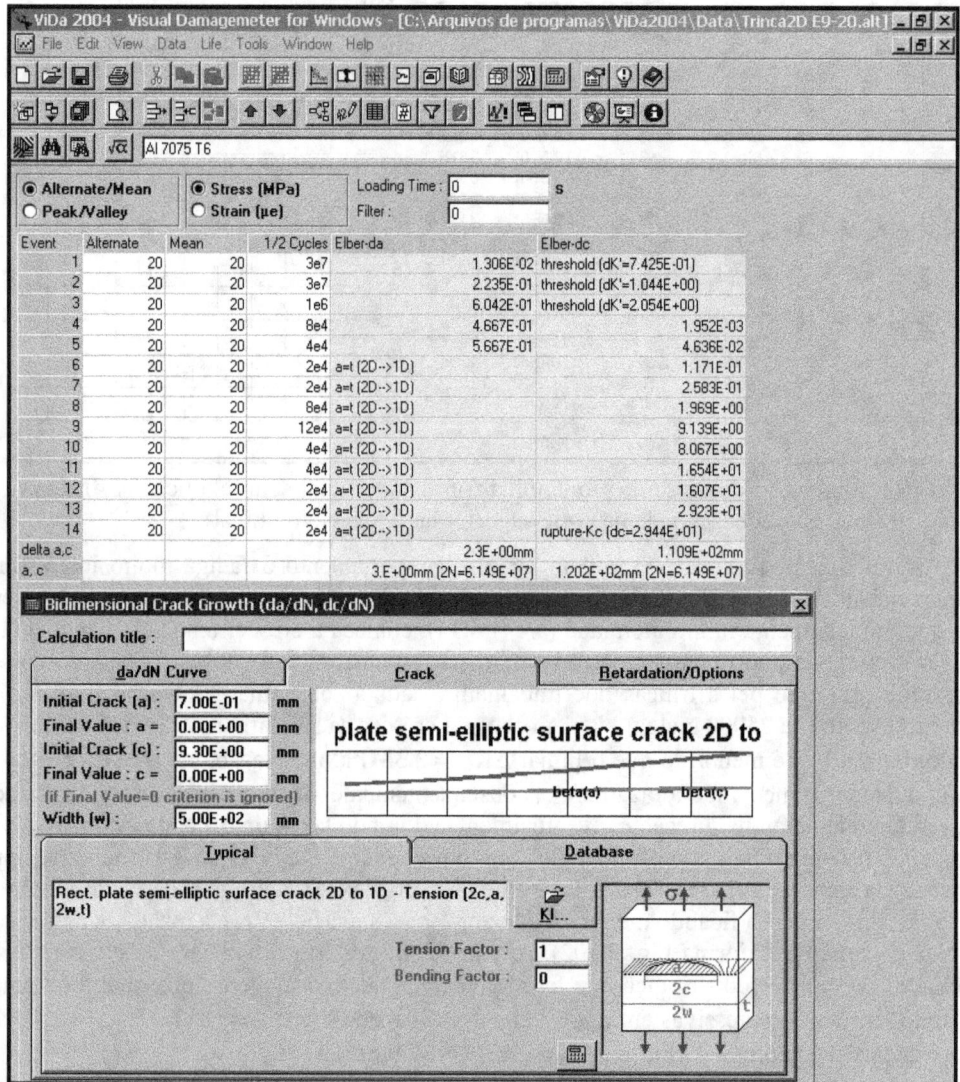

Fig. 9.103: Simulação do crescimento da trinca superficial semi-elíptica do E9.20.

A tela mostrada nesta figura está em inglês para lembrar que o **ViDa** permite que o seu idioma seja escolhido entre português, inglês, francês, espanhol, alemão e italiano. A carga na placa é de gama constante, mas foi dividida em eventos com diferentes números de (meio) ciclos porque os gráficos seqüenciais gerados pelo programa usam eventos, e não ciclos, como a ordenada de plotagem. Desta forma, a escolha do número de ciclos de cada evento, que obviamente não influi no cálculo da vida residual da placa, foi ajustada para gerar na Fig. 9.104 frentes de trinca, que descrevem a progressão da trinca ao longo da vida à fadiga da placa, convenientemente espaçadas. Note que para facilitar a sua visualização destas frentes, a escala vertical é 5 vezes maior que a horizontal nesta figura, e que os incrementos da trinca descritos por suas frentes sucessivas são associados a vidas (dadas em número de ciclos) que diferem de várias ordens de grandeza.

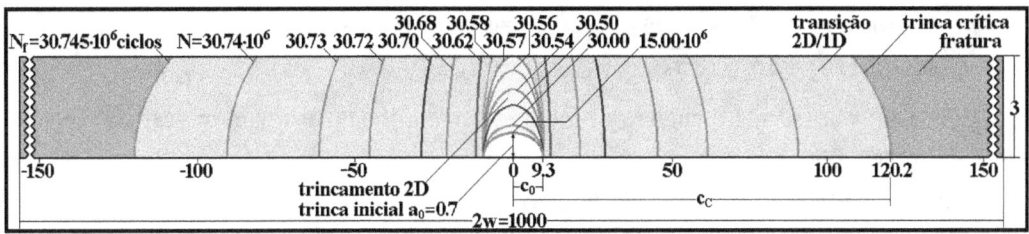

Fig. 9.104: Frentes sucessivas da trinca do E9.20 durante o seu crescimento por fadiga.

A pequena trinca inicial tem $\Delta K_I(a_0) > \Delta K_{th} > \Delta K_I(c_0)$, logo cresce apenas na direção **a** enquanto $\Delta K_I(c_0)$ (que depende de c_0 e de **a**) não atinge o limiar ΔK_{th}, e leva um tempo imenso (isto é, gasta um enorme número de ciclos) neste processo. O crescimento da trinca após os primeiros **15** milhões de ciclos é tão minúsculo que ela continua praticamente indistinguível da trinca inicial. Após **30** milhões de ciclos já se percebe na figura um pequeno aumento na profundidade **a** da trinca, e após **30.5** milhões de ciclos a frente da trinca já é bem distinta, mas ainda continua com a mesma largura $2c_0$ da trinca inicial. Assim, um inspetor diligente, que acompanhasse esta trinca através do método de inspeção superficial mais preciso disponível no mercado, digamos, a cada um quarto de milhão de ciclos, mediria um mesmo tamanho 122 vezes seguidas. Logo, ele compreensivelmente poderia concluir que a trinca seria inativa, portanto não danosa. Todavia, a vida total desta placa fina pré-trincada (supondo a gama trativa pulsante $\Delta\sigma = \textbf{40MPa}$ fixa) é de menos de **30.75** milhões de ciclos de trabalho até a sua fratura final. Ou seja, a placa que parecia totalmente indiferente à trinca, fraturaria antes da 123ª inspeção! Este comportamento certamente não é intuitivo: por mais de **30.5** milhões de ciclos, ou cerca de **99.2%** da vida total, a trinca não se move na direção **c**, logo toda a atividade de propagação aparente na superfície ocorre nos últimos **0.8%** da vida da placa!

Portanto, talvez seja até justificável a atitude quase paranóica daqueles que não aceitam sequer discutir a possibilidade de conviver com trincas. De fato, na prática é recomendável especificar procedimentos de reparo imediato assim que uma trinca for detectada, pois todas elas são potencialmente problemáticas, e é sempre melhor evitar um problema do consertar suas conseqüências. Todavia, a intolerância radical às trincas não diminui em nada a importância do estudo dos modelos que descrevem os seus efeitos, pois o verdadeiro problema não são as trincas detectadas e acompanhadas durante o serviço do componente estrutural, mas sim aquelas que passam despercebidas durante as inspeções periódicas. E comportamentos como o deste exemplo não podem ser explicados, nem muito menos previstos, por aqueles que não dominam a erudição mínima necessária à sua modelagem. Um comentário final sobre esta modelagem: como as taxas de propagação variam muito na fase I, estas contas só convergem quando se usa incrementos Δa_i muito pequenos no modelo numérico. ✓

9.15.1 Propagação das trincas 2D sob cargas complexas pelo método ΔK_{rms}

Para prever a vida à fadiga das trincas 2D elipsoidais sob cargas de gama variável pelo método ΔK_{rms}, supõe-se de novo que elas crescem mantendo a forma elipsoidal, mas podendo mudar de aspecto ou de razão **a/c** a cada ciclo da carga. Assim, dados o tipo e o tamanho inicial da trinca (a_0, c_0) e a regra de propagação do material, deve-se calcular primeiro o valor da gama $\Delta\sigma_{rms}$ e razão R_{rms} equivalentes à história da carga, e escolher o pequeno incremento ajustável Δa (ou Δc, se $a_0 > c_0$) para efetuar a integração numérica. É aconselhável escolher Δa

(ou Δc) como uma fração do tamanho da trinca, o que melhora a eficiência numérica dos cálculos. Para modelar a propagação das trincas 2D se usa o mesmo procedimento já estudado para as trincas 1D, começando por calcular o valor de ΔK_{rms} em a_0 e c_0:

$$\begin{cases} \Delta K_{rms}(a_0) = \Delta\sigma_{rms}\sqrt{\pi a_0} \cdot f_a(a_0/c_0, a_0/t, c_0/w, \pi/2) \\ \Delta K_{rms}(c_0) = \Delta\sigma_{rms}\sqrt{\pi c_0} \cdot f_c(a_0/c_0, a_0/t, c_0/w, 0) \end{cases} \tag{9.125}$$

Em seguida se calcula o número de ciclos N_0 que a trinca leva para crescer do tamanho incial a_0 até $a_0 + \Delta a_0$:

$$N_0 \cong \Delta a / F(\Delta K_{rms}(a_0), R_{rms}, \Delta K_{th}, K_C, ...) \tag{9.126}$$

onde F é a regra da/dN do material. Durante estes N_0 ciclos a trinca cresce de Δc_0 na direção do semi-eixo c (se $\Delta K_{rms}(c_0) > \Delta K_{th}(R_{rms})$), sendo Δc_0 dado por:

$$\Delta c_0 = N_0 \cdot F(\Delta K_{rms}(c_0), R_{rms}, \Delta K_{th}, K_C, ...) \tag{9.127}$$

Quando $\Delta K(a_0) < \Delta K(c_0)$ é mais conveniente calcular N_0 a partir de Δc_0 em vez de Δa_0, para aumentar a robustez do algoritmo (pois usando o incremento arbitrado na direção que cresce mais rápido, se calcula um N_0 *menor*).

Para começar a segunda iteração, se deve calcular os novos semi-eixos da trinca elipsoidal $a_1 = a_0 + \Delta a_0$ e $c_1 = c_0 + \Delta c_0$. Como em geral $\Delta a_0 \neq \Delta c_0$, esta simulação reconhece que a trinca pode crescer mudando de aspecto a cada evento de carga. Em seguida se calcula Δa_1 ou Δc_1 (quando se escolhe usar um incremento arbitrário da trinca que depende do seu tamanho), $\Delta K_{rms}(a_1)$ e $\Delta K_{rms}(c_1)$, $N_1 \cong \Delta a_1/F(a_1)$ e $\Delta c_1 = N_1 \cdot F(c_1)$. E assim por diante.

A precisão numérica desta metodologia é ajustável pelo valor dos pequenos incrementos arbitrários Δa_i (ou Δc_i). Como estas contas são muito trabalhosas, o **ViDa** é particularmente útil nestes cálculos, pois o seu algoritmo robusto e eficiente de integração importa facilmente as complicadas fórmulas dos $K_I(a)$ e $K_I(c)$ dos tipos mais comuns de trincas 2D, que já constam do seu banco de dados. Além disso, ele aceita qualquer outra fórmula que possa ser digitada em Basic, calcula a gama equivalente ΔK_{rms} e a razão R_{rms} de qualquer carga de gama variável, e escolhe automaticamente a direção em que a trinca propaga mais rápido para usar o pequeno passo de integração especificado pelo usuário (Δa_i ou Δc_i) e aumentar a precisão dos cálculos.

$\Leftrightarrow$ E9.21: Calcule o número de ciclos N para que uma trinca 2D semi-elíptica de $a_0 = 20mm$ e $2c_0 = 160mm$ cresça por fadiga até $a_f = 21mm$ numa grande peça sujeita a blocos de $\sigma = \{10 \to 100 \to 30 \to 80 \to -20 \to 95 \to 10\} MPa$, se $da/dN = 10^{-9}(\Delta K - 3)^{2.5}$ (em **m/ciclo** e **MPa√m**).

Como visto no E9.14, esta carga gera $\Delta\sigma_{rms} = 92 - 18 = 74MPa$. Por simplicidade, escolhe-se um passo fixo $\Delta a = 0.2mm$ (ao invés de Δc, pois a trinca cresce mais rápido em a, já que $a_0 \ll c_0$). E como já estudado no E9.18, numa grande peça sob tração com $a \leq c$,

$$\begin{cases} \Delta K_I(a) = \Delta\sigma_{rms}\sqrt{\pi a} \cdot [1.13 - 0.09(a/c)] / \sqrt{1 + 1.464(a/c)^{1.65}} \\ \Delta K_I(c) = 1.1\sqrt{a/c} \cdot \Delta K_I(a) \end{cases} \tag{9.128}$$

Os 5 passos necessários para simular o crescimento da trinca supondo $\Delta a = 0.2mm$ são:

1. $a_0 = 20mm$ e $c_0 = 80mm \Rightarrow \Delta K_I(a_0) = 19.17MPa\sqrt{m}$ e $\Delta K_I(c_0) = 10.54MPa\sqrt{m}$, logo o número de ciclos é $N_0 = \Delta a/F(a_0) = 2 \cdot 10^{-4}/[10^{-9}(19.17 - 3)^{2.5}] \cong 190$ **ciclos**, e o incremento em c é $\Delta c_0 = N_0 \cdot F(c_0) = 190 \cdot [10^{-9}(19.17 - 3)^{2.5}] = 2.97 \cdot 10^{-5}m$;

2. $a_1 = 20.2$, $c_1 = 80.03 \Rightarrow \Delta K_I(a_1) = 19.24$, $\Delta K_I(c_1) = 10.63 \Rightarrow N_1 \cong 188$, $\Delta c_1 = 3.03 \cdot 10^{-5}$

3. $a_2 = 20.4$, $c_2 = 80.06 \Rightarrow \Delta K_I(a_2) = 19.31$, $\Delta K_I(c_2) = 10.72 \Rightarrow N_2 \cong 186$, $\Delta c_2 = 3.09 \cdot 10^{-5}$

4. $a_3 = 20.6$, $c_3 = 80.09 \Rightarrow \Delta K_I(a_3) = 19.38$, $\Delta K_I(c_3) = 10.81 \Rightarrow N_3 \cong 184$, $\Delta c_3 = 3.14 \cdot 10^{-5}$

5. $a_4 = 20.8$, $c_4 = 80.12 \Rightarrow \Delta K_I(a_4) = 19.45$, $\Delta K_I(c_4) = 10.90 \Rightarrow N_4 \cong 182$, $\Delta c_4 = 3.20 \cdot 10^{-5}$

Assim, para atingir $a_5 = a_f = 21mm$ (e $c_5 = c_f = 80.15mm$) estima-se que sejam necessários $N_0 + N_1 + N_2 + N_3 + N_4 = $ **930 ciclos** (usando um passo de integração 10 vezes menor no **ViDa**, $\Delta a = 20\mu m$, se obtém uma vida de $N = $ **926 ciclos**). ✔

9.15.2 Propagação das trincas 2D sob cargas complexas pelo método CCC

Quando não se considera os efeitos de retardo e/ou aceleração da taxa de crescimento das trincas por fadiga induzidos pela ordem da *carga*, é bem fácil generalizar o método CCC para prever a propagação por fadiga das trincas 2D elipsoidais sob cargas de gama variável. Isto por que o algoritmo de cálculo 2D segue essencialmente a mesma filosofia passo a passo de integração da curva **da/dN**. Assim, se no **i**-ésimo meio *ciclo* da contagem *rain-flow* seqüencial as componentes da carga são ($\Delta\sigma_i$, R_i) e os semi-eixos da trinca são a_i e c_i, a trinca cresce naquele evento de:

$$\begin{cases} \Delta a_i = (1/2) \cdot F(\Delta K[\Delta\sigma_i, f_a(a_i, c_i)], R_i, \Delta K_{th}, K_C, ...) \\ \Delta c_i = (1/2) \cdot F(\Delta K[\Delta\sigma_i, f_c(a_i, c_i)], R_i, \Delta K_{th}, K_C, ...) \end{cases} \qquad (9.129)$$

onde **da/dN** $= F(\Delta K, R, ...)$ é a regra de propagação no material, e f_a e f_c (que dependem de a_i e de c_i) são as funções adimensionais de forma apropriadas para calcular $K_I(a_i)$ e $K_I(c_i)$.

Como o crescimento 2D é *acoplado*, Δa_i e Δc_i dependem de a_i e de c_i, e só podem ser calculados simultaneamente. O crescimento total da trinca é obtido pelas somas dos incrementos causados por cada evento da carga, $\Sigma\Delta a_i$ e $\Sigma\Delta c_i$. E como o esforço numérico requerido pelo método CCC 2D é significativo, a sua implementação computacional deve conter opções para aumentar a eficiência do algoritmo, pois em geral $\Delta K(a_i) = \Delta\sigma_i \cdot [\sqrt{\pi a_i} \cdot f_a(a_i, c_i)] = f(\sigma_i) \cdot g(a_i, c_i)$ e $\Delta K(c_i) = f(\sigma_i) \cdot g'(a_i, c_i)$ têm que ser recalculados a cada reversão da carga, já que $\Delta\sigma_i$ pode variar à vontade. Mas as funções da geometria **g** e **g'**, apesar de algebricamente complicadas, variam lentamente à medida que os semi-eixos **a** e **c** da trinca crescem. E como elas *não* dependem de σ_i, só é preciso recalculá-las quando sua variação for significativa, o que requer que a trinca cresça o suficiente para causá-la. É por isso que especificar um pequeno incremento **Δa(a)** ou **Δc(c)** ajustável pode melhorar muito a eficiência do cálculo, pois é a atualização de **g** e de **g'** que requer o maior esforço numérico. Valores de $\Delta a = a/1000$ em geral são suficientes para garantir a convergência da integração numérica, garantindo dois ou três dígitos significativos na vida calculada. De qualquer forma, é trivial checar isto na prática, ajustando **Δa(a)** no **ViDa** por tentativa e erro.

Em resumo, após atualizar $\Delta K(a_i)$ e $\Delta K(c_i)$ quando os semi-eixos da trinca atingirem a_i e c_i, recalculando $g(a_i, c_i)$ e $g'(a_i, c_i)$, assume-se que nos eventos subseqüentes da carga a influência da geometria fica constante pelos ciclos necessários para fazer a trinca crescer de a_i até $a_i + \Delta a_i(a_i)$, aproximando $\Delta K(a_{i+j}) \cong f(\Delta\sigma_{i+j}) \cdot g(a_i, c_i)$ e $\Delta K(c_{i+j}) \cong f(\Delta\sigma_{i+j}) \cdot g'(a_i, c_i)$. Isto torna estas contas bem mais rápidas, sem comprometer a precisão obtenível por estes cálculos, pois $\Delta a_i(a_i)$ é especificável pelo calculista. Só é preciso recalcular $\Delta a_k(a_k)$, $g(a_k)$ e $g'(a_k)$ quando a trinca atinge $a_k = a_i + \Delta a(a_i)$, a partir de onde se passa a calcular $\Delta K(a_{k+j}) \cong f(\Delta\sigma_{k+j}) \cdot g(a_k, c_k)$ e $\Delta K(a_{k+j}) \cong f(\Delta\sigma_{k+j}) \cdot g(a_k, c_k)$ enquanto $a < a_k + \Delta a_k(a_k)$, e assim por diante. Este método melhora a precisão das previsões quando as trincas são pequenas (onde em geral é gasta a maior parte da vida à fadiga), e a sua velocidade quando elas são grandes. Mas o **ViDa** é ainda mais útil, pois inclui os modelos que quantificam os importantes *efeitos de interação* nas carga de amplitude variável, como será estudado adiante.

⇨ E9.22: Calcule passo a passo pelo método CCC o crescimento da trinca do E9.20 em apenas 1 bloco da carga, sem considerar seus possíveis efeitos de seqüência.

Zerando o vale $\sigma = -20MPa$ (assumindo que a trinca não se propaga sob cargas compressivas), a contagem *rain-flow* seqüencial revela, nesta ordem, os 6 meio-ciclos a seguir:

1. $\{10 \rightarrow 100\}$: $a_0 = 20$ e $c_0 = 80 \Rightarrow$ (pela equação (9.128)) $\Delta K(a_0) = 23.3$ e $\Delta K(c_0) = 12.8 \Rightarrow$ (por (9.129)) $\Delta a_0 = 9.30 \cdot 10^{-7}$ e $\Delta c_0 = 1.51 \cdot 10^{-7}$.

2. $\{80 \rightarrow 30\}$: $a_1 = 20.00093$, $c_1 = 80.00015$, $\Delta K(a_1) = 13.0$, $\Delta K(c_1) = 7.1$, $\Delta a_1 = 1.56 \cdot 10^{-7}$, $\Delta c_1 = 1.73 \cdot 10^{-8}$.

3. $\{30 \rightarrow 80\}$: $a_2 = 20.00109$, $c_2 = 80.00017$, $\Delta K(a_2) = 13.0$, $\Delta K(c_2) = 7.1$, $\Delta a_2 = 1.56 \cdot 10^{-7}$, $\Delta c_2 = 1.73 \cdot 10^{-8}$.

4. $\{100 \rightarrow 0\}$: $a_3 = 20.00124$, $c_3 = 80.00019$, $\Delta K(a_3) = 25.9$, $\Delta K(c_3) = 14.3$, $\Delta a_3 = 1.26 \cdot 10^{-6}$, $\Delta c_3 = 2.12 \cdot 10^{-7}$.

5. $\{0 \rightarrow 95\}$: $a_4 = 20.00250$, $c_4 = 80.00040$, $\Delta K(a_4) = 24.6$, $\Delta K(c_4) = 13.5$, $\Delta a_4 = 1.08 \cdot 10^{-6}$, $\Delta c_4 = 1.80 \cdot 10^{-7}$.

6. $\{95 \rightarrow 10\}$: $a_5 = 20.00358$, $c_5 = 80.00058$, $\Delta K(a_5) = 22.0$, $\Delta K(c_5) = 12.1$, $\Delta a_5 = 7.89 \cdot 10^{-7}$, $\Delta c_5 = 1.25 \cdot 10^{-7}$.

onde a_i e c_i estão em **mm**, $\Delta K(a_i)$ e $\Delta K(c_i)$ em **MPa√m**, e Δa_i e Δc_i em **m**. Portanto, o crescimento total da trinca é $\Delta a = \Sigma(\Delta a_i) = 4.37 \cdot 10^{-6}m$, $\Delta c = \Sigma(\Delta c_i) = 7.03 \cdot 10^{-7}m$. ✓

9.16 Efeitos de Seqüência da Carga

As taxas de propagação das trincas por fadiga são muito sensíveis à seqüência ou à ordem dos eventos das cargas de gama variável: mudanças bruscas na gama e/ou no máximo (ou na razão **R**) da carga aplicada numa peça trincada podem causar variações significativas das taxas de propagação subseqüentes, em relação às taxas que seriam obtidas caso não houvesse os efeitos de seqüência. Estes efeitos incluem retardos ou paradas no crescimento da trinca após sobrecargas (**SC**) trativas, diminuição do efeito de retardo causado por SC após subcargas compressivas, e fratura súbita por **SC** excessivas, os quais podem influenciar *muito* a vida residual dos componentes estruturais trincados, e de forma fortemente não linear. Por exemplo, as **SC** podem fraturar a peça, ou retardar e até parar o crescimento da trinca sob cargas reais de serviço. Na realidade, em muitos casos práticos só se pode prever a vida residual à fadiga através de modelos de cálculo que quantifiquem adequadamente estes efeitos. Por isso, eles têm que ser considerados nas análises de integridade estrutural sérias.

A Fig. 9.105 ilustra eventos que causam efeitos de seqüência. A Fig. 9.106 mostra uma trinca que parou de crescer após uma **SC**, e as Fig. 9.107-108 trincas retardadas após **SC** (note a retomada da taxa anterior após o fim da influência das **SC**). Estes dados representam efeitos de seqüência típicos induzidos por **SC** em trincas que propagam sob ΔK e K_{max} fixos [134]. A Fig. 9.109 e 9.110 mostram efeitos de subcargas após **SC**, e do número de **SC**.

A fenomenologia dos efeitos de ordem da carga no crescimento das trincas por fadiga é complexa, pois eles podem ser causados por vários mecanismos diferentes, que não são exclusivos nem independentes [13-36, 135-136]. Os principais mecanismos indutores de retardos e/ou de acelerações após variações bruscas da carga são [125]:

- fechamento da trinca induzido por plasticidade, oxidação, rugosidade e/ou transformação de fase, um mecanismo que atua *antes* da ponta da trinca;
- cegamento, dobra ou bifurcação da ponta da trinca, mecanismos que atuam *na* ponta da trinca, um junto dela; e
- tensões e/ou deformações residuais, que atuam à *frente* da ponta da trinca.

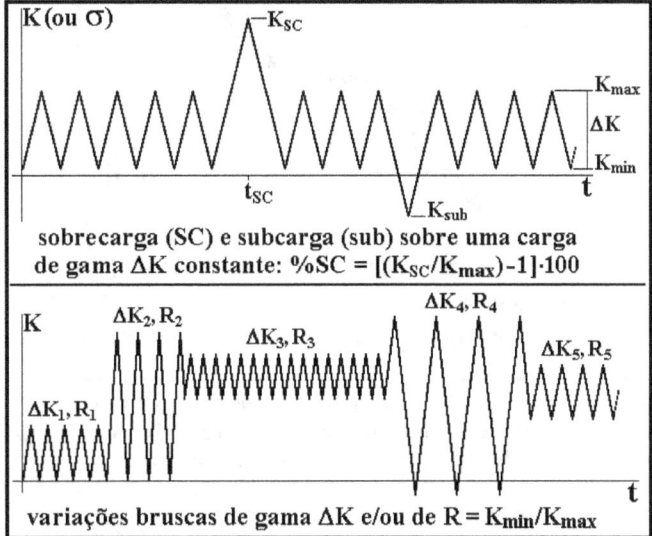

Fig. 9.105: Sobrecargas (**SC**), subcargas (**sub**) ou mudanças bruscas na carga podem gerar efeitos de seqüência e afetar muito a taxa do crescimento subseqüente da trinca.

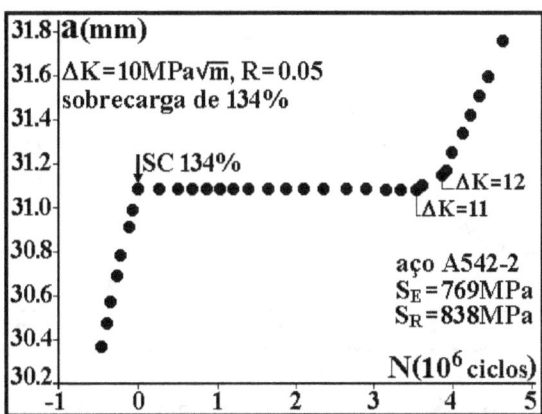

Fig. 9.106: Parada de uma trinca que crescia sob **$\Delta K = 10 MPa\sqrt{m}$ e $R = 0.05$** (e só voltou a crescer após o aumento de ΔK), causada por uma **SC** de **134%** em K_{max} [134].

A importância relativa dos mecanismos causadores de efeitos de seqüência depende de vários fatores, dentre eles: (i) os tamanhos da trinca e da peça; (ii) o estado de tensões dominante na ponta da trinca; (iii) a gama e o máximo da carga; (iv) o número de ciclos do evento indutor do efeito de ordem; (v) a microestrutura do material; e (vi) o meio ambiente. Há muitos casos em que um dos mecanismos é tão dominante, que os outros se tornam desprezíveis, mas nem sempre isto ocorre. Em alguns casos, mecanismos diferentes podem agir de forma concorrente, atenuando os efeitos de um deles ou de ambos (o cegamento e/ou a bifurcação da ponta da trinca após sobrecargas podem diminuir a carga de abertura K_{ab} subseqüente, amortecendo assim o efeito do fechamento da trinca, e.g.). Em outros, eles podem potencializar-se (a transformação martensítica induzida por plasticidade envolve aumento de volume, e tende a aumentar a carga de abertura e a intensidade das tensões residuais compressivas, e.g.).

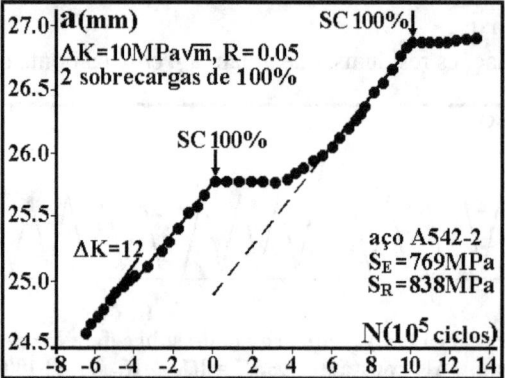

Fig. 9.107: Retardos na taxa **da/dN** de uma trinca sujeita à carga $\Delta K = 10MPa\sqrt{m}$ e **R = 0.05** fixa gerados por 2 **SC** de **100%** em K_{max} (espaçadas para não interagirem) [134].

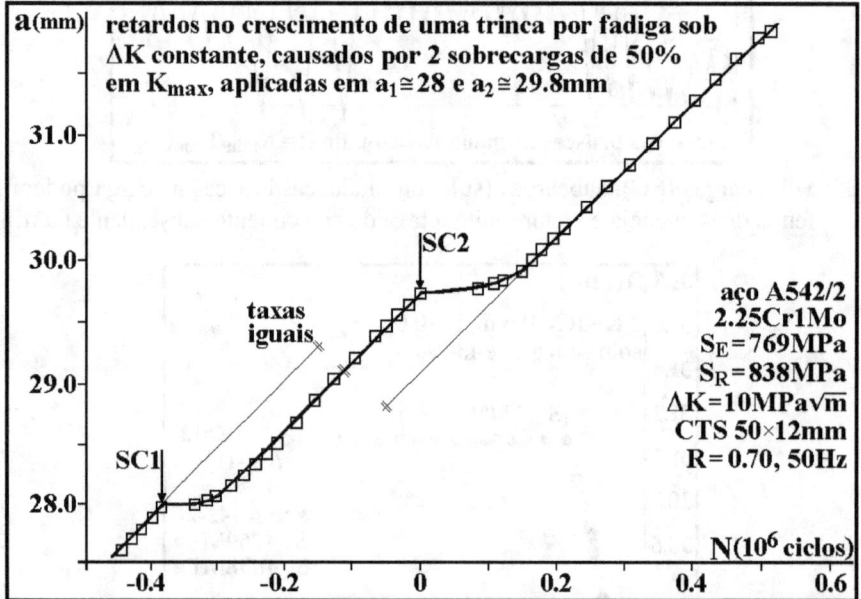

Fig. 9.108: Retardos induzidos na taxa **da/dN** de uma trinca sujeita à carga $\Delta K = 10MPa\sqrt{m}$ e **R = 0.70** fixa por 2 **SC** de **50%** em K_{max} (de novo, bem espaçadas) [134].

Diante dessa complexidade, não é surpreendente que até hoje haja muita controvérsia na literatura sobre este assunto. Há grupos que defendem vigorosamente que o fechamento induzido por plasticidade é a causa primária de todos os efeitos de ordem. Há outros que simplesmente negam que o fechamento tenha qualquer importância na propagação das trincas. Para complicar ainda mais este quadro, ambos apresentam resultados experimentais respeitáveis para justificar seus pontos de vista, às vezes até de maneira lamentavelmente radical.

Como o escopo primário deste livro é desenvolver modelos de dimensionamento à fadiga eficazes e práticos, quantificar os efeitos de ordem da carga no trincamento é mais importante aqui do que descrever detalhadamente todos os mecanismos capazes de causá-los. E como estes efeitos são similares, poder-se-ia ignorar a controvérsia acadêmica, apresentando os modelos que prevêem retardos e/ou acelerações das trincas sem criticar a sua fundamentação física. Aliás, vários modelos populares carecem de justificativa física plausível, mas apresentam desempenho operacional satisfatório em muitos casos. Além disso, ainda não há nenhum modelo universal que possa quantificar todos os efeitos de ordem da carga conhecidos. Todavia, para julgar as vantagens e limites dos modelos disponíveis, é preciso apresentar e comentar dados e argumentos relevantes que suportem ou rechacem os vários mecanismos indutores dos efeitos de ordem. Isto é feito a seguir de forma tão isenta quanto possível, mas sem qualquer pretensão de apresentar uma visão enciclopédica sobre este assunto tão importante.

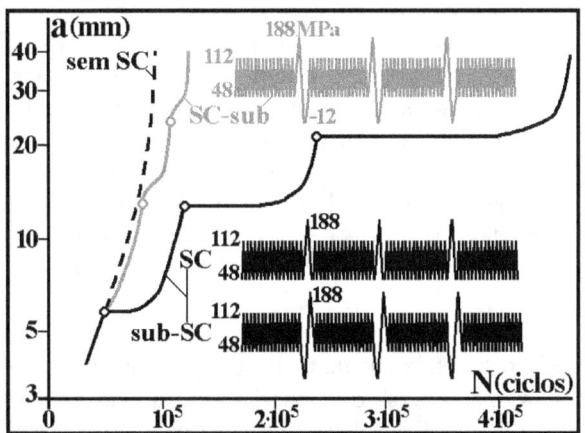

Fig. 9.109 Efeito de **SC**, de **SC** seguidas de subcargas, e de subcargas seguidas de **SC** na vida de placas de Al 2024-T3 [22].

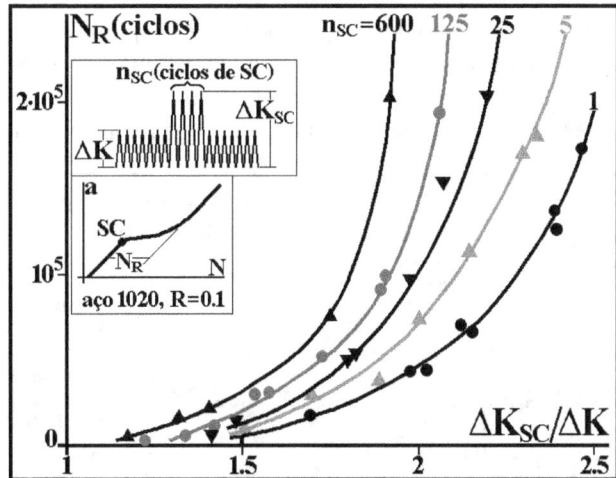

Fig. 9.110: O número de **SC** consecutivas n_{SC} tende a aumentar o número de ciclos N_R do retardo (ao menos quando ele é controlado pela carga de abertura) [22].

Subcargas reduzem o retardo causado por **SC** prévias, mas em geral não aceleram o crescimento sob gama fixa, pois uma trinca toda fechada não concentra tensões sob cargas compressivas (ao contrário do que acontece nos entalhes, que sempre permanecem abertos). No caso de **SC** múltiplas, sendo K_{ab} e K_{abSC} as cargas de abertura que seriam obtidas sob gamas ΔK e ΔK_{SC} fixas, então a K_{abn} gerada após n_{SC} sobrecargas, que satisfaz $K_{ab} < K_{abn} < K_{abSC}$, cresceria com n_{SC} (aumentando assim o retardo subseqüente ao reduzir ΔK_{ef}) até convergir para K_{abSC} quando $n_{SC} \to \infty$. Todavia, a modelagem quantitativa deste efeito é difícil.

9.17 O Fechamento Induzido por Plasticidade

O fechamento induzido por plasticidade, descoberto por Elber em 1970 [47-48] e introduzido no item 9.5.3, ainda é o mais popular de todos os mecanismos capazes de induzir efeitos de seqüência da carga. Esta idéia interessante pode justificar e quantificar muitos destes efeitos, e por isso foi rapidamente aceita e usada por uma comunidade ávida para prever as vidas residuais das peças trincadas sob cargas reais de serviço. De fato, pode-se afirmar que trincas não crescem por fadiga em material virgem, pois elas só se propagam cortando as zonas plásticas que sempre acompanham as suas pontas. As **zp** são em geral muito menores do que o ligamento residual elástico das peças trincadas, **zp << lr**, mas deixam um envelope de deformações residuais em torno das faces das trincas, vide Fig. 9.16. A (grande) parte elástica da maioria das peças trincadas tende a comprimir a esteira plástica que envolve as trincas de fadiga, forçando o seu fechamento quando descarregadas, pois a **zp** induz deformações residuais trativas que sobrepujam as compressivas induzidas pela $\mathbf{zp_r}$, que é bem menor do que ela. Desta forma, ao recarregar a peça trincada é preciso aliviar primeiro a compressão transmitida através faces das trincas fechadas, que só se abrem totalmente numa carga de abertura $\mathbf{K_{ab}} > \mathbf{0}$. Assim, *supondo* que as pontas das trincas de fadiga só sejam de novo solicitadas após a sua total abertura quando $K > K_{ab}$, pode-se definir uma gama efetiva ΔK_{ef}, tal que:

$$\Delta K_{ef} = K_{max} - K_{ab} \leq \Delta K = K_{max} - K_{min} \tag{9.130}$$

Logo, se a trinca só cresce após aberta, pode-se argüir que é a gama efetiva ΔK_{ef} e não a gama ΔK que deveria controlar a taxa de propagação das trincas por fadiga. E que, portanto, qualquer evento que varie K_{ab} também deve afetar as taxas **da/dN** subseqüentes. Logo, para justificar os retardos após sobrecargas, basta supor que quando a trinca penetra na $\mathbf{zp_{SC}}$ hipertrofiada pela **SC**, a tendência da maioria elástica da peça é aumentar a compressão sobre este enclave plastificado em tração, forçando a carga de abertura K_{ab} a aumentar e ΔK_{ef} a diminuir, vide Fig. 9.111. Esta é uma idéia bem posta, que pode explicar porque as taxas **da/dN** diminuem após as sobrecargas sem ofender a inteligência do leitor. Ela também pode explicar as acelerações após subcargas compressivas, que tendem a diminuir as deformações residuais trativas nos envelopes que envolvem as trincas de fadiga, logo a aumentar ΔK_{ef}.

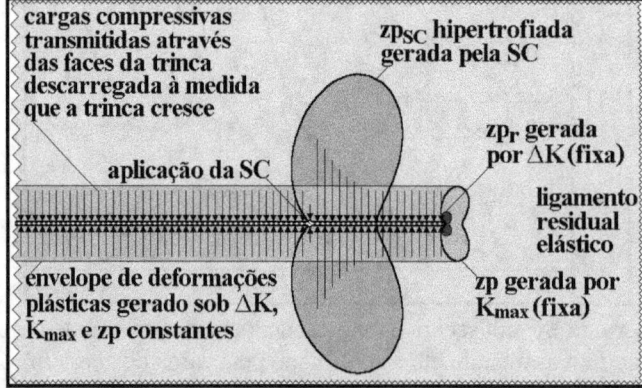

Fig. 9.111: Esquema do mecanismo de retardo causado por uma sobrecarga na propagação de uma trinca de fadiga que cresce sob ΔK, K_{max} e carga de abertura K_{ab} fixas pelo modelo do fechamento induzido por plasticidade: K_{ab} aumenta enquanto a trinca estiver cruzando a zona plástica hipertrofiada pela **SC**, $\mathbf{zp_{SC}}$, diminuindo a gama efetiva ΔK_{ef} e a taxa **da/dN** correspondente.

De fato, parece uma idéia bem razoável supor que a força imposta pela parte elástica da peça sobre as faces das trincas de fadiga descarregadas cresce quando a esteira de deformações residuais trativas que as cobre aumenta. Também parece razoável supor que K_{ab} cresça após a ponta da trinca penetrar na **zp** hipertrofiada pela SC, diminuindo ΔK_{ef} e retardando a trinca. Mas não se espera que logo após a **SC** haja um retardo significativo, pois as faces da trinca a-inda não estariam sujeitas ao aumento das cargas compressivas induzidas pela reação do liga-mento residual elástico às deformações residuais geradas pela (hipertrofiada) $\mathbf{zp_{SC}}$. Assim, o retardo máximo só deveria ocorrer após a trinca ter crescido o necessário para que sua ponta pudesse ser influenciada pela $\mathbf{zp_{SC}}$; e não no ciclo seguinte ao da **SC**, no qual se esperaria na realidade um aumento local em **da/dN** devido ao cegamento da ponta da trinca, que tende a diminuir K_{ab}, um fenômeno chamado de atraso no retardo. Além disso, como as deformações residuais dentro da $\mathbf{zp_{SC}}$ decrescem a partir do ponto de aplicação da SC, espera-se que a carga de abertura aumentada pela SC, e o retardo por ela induzido, sejam variáveis à medida que a ponta da trinca cruza $\mathbf{zp_{SC}}$: a variação em K_{ab} deve ir diminuindo após atingir o seu valor má-ximo, até desaparecer quando a **zp** da carga (de gama ΔK e máximo K_{max} fixos) tiver cruzado toda a $\mathbf{zp_{SC}}$, deixando para trás sua influência, vide Fig. 9.112. Esta fenomenologia foi com-provada experimentalmente em chapas finas logo após a introdução do conceito do fechamen-to induzido por plasticidade, popularizando esta idéia rapidamente [137].

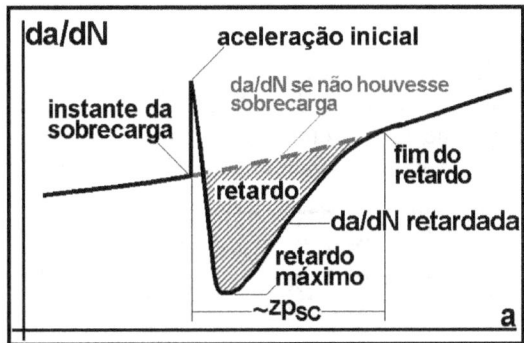

Fig. 9.112: Esquema do retardo elberiano na curva **da/dN×a** sob carga $\Delta\sigma$ fixa após uma **SC**: primeiro a **SC** cega a ponta da trinca, aumentando localmente ΔK_{ef} e a taxa de propagação; depois, à medida que a trinca vai cortando a $\mathbf{zp_{SC}}$, ΔK_{ef} decresce, a-tinge seu mínimo e causa o retardo máximo na taxa **da/dN**, para em seguida voltar a crescer até retomar o valor anterior à **SC**, causando assim um retardo variável.

O mesmo raciocínio se aplica para justificar os retardos e as acelerações causados por va-riações bruscas de ΔK e/ou de **R**. Há inúmeros relatos de comprovação experimental destas hipóteses, principalmente em testes com ΔK alto e **R** baixo, e quando neles a propagação da trinca ocorre sob condições de tensão plana dominante, i.e., quando a **zp** é da ordem da espes-sura da peça [135-136]. Mas a análise das medidas de retardo deve ser feita com cuidado: tan-to as medidas óticas quanto as analógicas (queda de potencial ou variação da rigidez, e.g.) do comprimento das trincas têm precisão real típica de **a ± 20μm** (desconfie das afirmações em contrário, se elas não forem corroboradas por alguma comprovação metrológica confiável), logo as medições de **da/dN** "instantâneas" devem ser usadas com bastante cautela [40].

Mas há argumentos igualmente razoáveis que podem levantar dúvidas sobre a real impor-tância de ΔK_{ef}. Por exemplo, como o tamanho da **zp** depende do estado de tensões dominante na ponta da trinca, que por sua vez é uma função da espessura da peça, tanto a carga de abertu-ra K_{ab} e a gama efetiva ΔK_{ef}, quanto a (suposta conseqüente) taxa **da/dN**, também deveriam depender da espessura. Todavia, não é bem isto que se observa na prática. Esta dependência, quando existe, em geral não é tão grande assim. Tanto que a norma E647 da ASTM, que rege as medidas das taxas de propagação, permite que elas sejam medidas em CPs de qualquer espessura (apesar de recomendar que se use a espessura da peça quando possível) [46]. De fato, há dados que indicam alguma influência da espessura na taxa de propagação, vide Fig. 9.113 [22], mas há outros dados medidos em materiais similares onde esta influência é desprezível, vide Fig. 9.114 [138]. A opinião radical de que as taxas **da/dN** são "sempre" controladas por ΔK_{ef} (em vez de por $(\Delta K, K_{max})$, e.g.) pode certamente ser contestada nestes casos. Como na maioria dos casos, não é sensato manter posições intransigentes em fadiga.

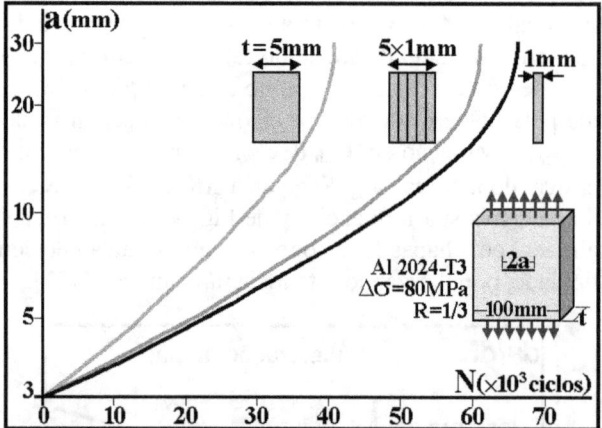

Fig. 9.113: Resultados experimentais que mostram alguma influência da espessura na taxa de propagação de trincas por fadiga numa liga de Al 2024 T3.

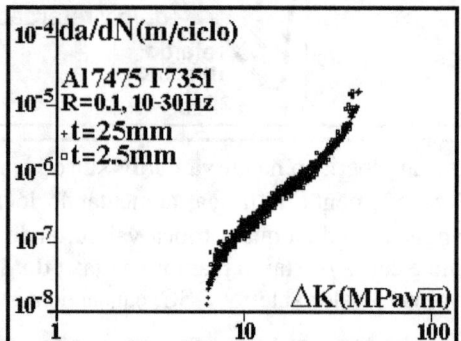

Fig. 9.114: Resultados experimentais que mostram que a espessura **t** do CP quase ***não*** influi na taxa de propagação de trincas por fadiga numa liga de Al 7475 T7351.

De qualquer forma, sendo ou não o fechamento o mecanismo controlador dos retardos, é esperável que as sobrecargas influenciem bem mais as superfícies das peças, que trabalham sob tensão plana dominante, pois o tamanho da zp_{SC} causado por uma dada sobrecarga K_{SC} é muito maior sob σ-plana do que sob ε-plana. Logo, os retardos deveriam ser mais acentuados nas peças finas (nas quais as trincas propagam sob σ-plana dominante) do que nas grossas (onde a maior parte da frente das trincas cresce sob ε-plana). Alguns dados que suportam esta idéia são mostrados na Fig. 9.115 [139].

Por isso, há autores que atribuem os retardos após **SC** em peças grossas primariamente à sua região superficial. Por exemplo, McEvily apresentou resultados experimentais interessantes que suportam o ponto de vista de que o retardo é um fenômeno primariamente superficial causado pela zp_{SC} em σ-plana, vide Fig. 9.116 [67]. Paris e Hermann também afirmam que o fechamento é um fenômeno primariamente superficial, e que a trinca primeiro abre em seu interior sob ε-plana, e só bem depois nas faces sob σ-plana [140].

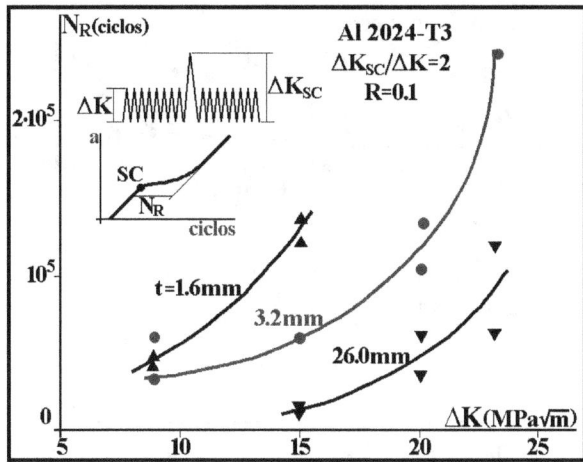

Fig. 9.115: Variação do número de ciclos de retardo N_R após uma sobrecarga de 100% em ΔK ($\Delta K_{SC}/\Delta K = 2$) em CPs de várias espessuras, em função da gama ΔK.

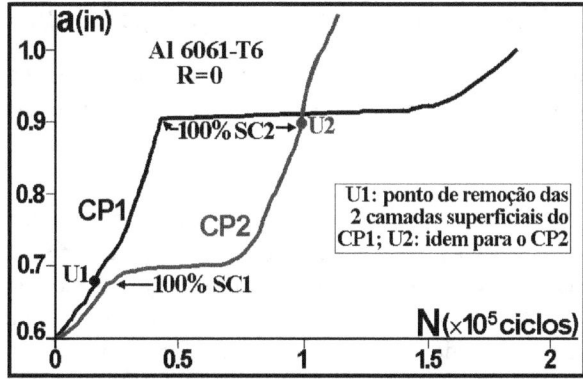

Fig. 9.116: Eliminação dos efeitos de retardo pela remoção das camadas superficiais que trabalham sob σ-plana em 2 CPs idênticos de 1/2" de espessura, submetidos a cargas de gama $\Delta\sigma$ iguais e constantes, e a 2 **SC** de 100% quando as suas trincas tinham o mesmo tamanho: o CP1 teve as suas faces usinadas até a metade da espessura (removendo 1/4" de cada face) após a SC1, e o CP2 idem após a SC2.

Por outro lado, Schive diz que o retardo em geral não é muito alterado após a usinagem superficial de CPs testados sob ΔK baixa. Nesses casos, o retardo poderia ser causado pelo fechamento induzido por rugosidade (estudado adiante), que não é função da espessura, pois o serrilhamento das faces da trinca é quase uniforme ao longo da sua frente [22]. Desse modo, o efeito da espessura no retardo pode ou não ocorrer, dependendo do mecanismo dominante.

Uma variação da gama efetiva pode ser calculada a partir do fechamento parcial das trincas, uma idéia interessante proposta por Paris et al. [141], que sugeriram que o fechamento das trincas seria causado por uma cunha de espessura **2h**, logo só poderia ocorrer a partir de uma pequena distância **d** atrás das suas pontas, vide Fig. 9.117. Desta forma, esta cunha causaria o fechamento parcial da trinca mesmo com a peça toda descarregada, deixando a sua ponta parcialmente carregada e provocando, portanto, um valor mínimo de K_{ef} **não** nulo:

$$K_{ef_{min}} = E'h/\sqrt{2\pi d} \tag{9.131}$$

onde **E'** = **E** sob σ-plana, e **E'** = **E/(1 − v²)** sob ε-plana, onde **v** é o coeficiente de Poisson.

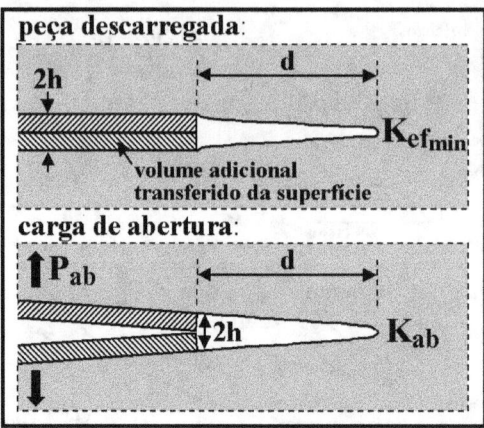

Fig. 9.117: Esquema do fechamento parcial das trincas proposto por Paris.

Além disso, a carga de abertura K_{ab} desta cunha precisa gerar uma abertura δ_d da trinca em d igual à sua espessura $2h$, logo (vide Capítulo 8):

$$\delta_d = \left(4K_{ab}/E'\right)\sqrt{2d/\pi} = 2h \Rightarrow K_{ef_{min}} = \left(E'/\sqrt{2\pi d}\right)\left(2K_{ab}/E'\right)\sqrt{2d/\pi} = \left(2/\pi\right)K_{ab} \quad (9.132)$$

Desta forma, pode-se concluir que sob fechamento parcial a carga de abertura diminui de K_{ab} para $(2/\pi)K_{ab} \cong 0.64 \cdot K_{ab}$, e que a gama efetiva $\Delta K_{2/\pi}$ assim corrigida é dada por:

$$\Delta K_{2/\pi} = K_{max} - \left(2/\pi\right)K_{ab} \quad (9.133)$$

Curiosamente, o fechamento parcial independe de h ou d. Esta expressão supõe $K_{min} \leq 0$, mas se $0 < K_{min} \leq K_{ab}$ então $K_{max} - (2/\pi)K_{ab} - (1 - 2/\pi)K_{min} \leq \Delta K_{2/\pi} \leq K_{max} - (2/\pi)K_{ab}$. A gama efetiva modificada $\Delta K_{2/\pi}$ foi usada com sucesso para ajustar melhor do que ΔK_{ef} a fase I dos dados da/dN de ligas de Al medidos em várias razões R, como será ilustrado adiante. Todavia, um melhor ajuste foi obtido substituindo o fator $2/\pi$ por um parâmetro $0 \leq p \leq 1$, que varia de $p = 2/\pi$ próximo de ΔK_{th} até $p = 1$ na região de Paris [139-141].

Um experimento idealizado por Blazewicz provê uma evidência que suporta a importância do fechamento induzido por plasticidade. Segundo Schijve [22], este teste pode discriminar se o retardo é causado primariamente pelo campo de tensões residuais que atua à *frente* da ponta da trinca, ou pelo fechamento das suas faces, que ocorre *atrás* da ponta. Tensões residuais atuam como cargas fixas, logo afetam o máximo K_{max}, mas não a gama ΔK gerada pela carga externa. Portanto, as tensões residuais compressivas só afetam a propagação da trinca diminuindo a razão R da carga externa. Já os retardos causados pelo fechamento dependem do aumento da carga de abertura, logo também afetam a gama ΔK_{ef}. No teste em questão, antes de iniciar a propagação da trinca central numa placa fina sob uma carga de fadiga de gama $\Delta\sigma$ constante, 4 indentações plásticas são feitas com uma esfera (por exemplo, através de impressões de dureza Brinell) acima e abaixo do plano da trinca, para gerar um campo de tensões residuais compressivas que afete o seu (futuro) caminho, vide Fig. 9.118. Se estas marcas causarem um retardo na propagação enquanto a trinca estiver cruzando a região afetada pelas indentações ($a_1 < a < a_2$ na figura), então o campo de tensões residuais será um mecanismo importante neste fenômeno. Mas se um retardo significativo só ocorrer após a trinca ultrapassar o campo de tensões afetado pelas indentações (região $a > a_2$ na figura), então ele só poderá ser explicado pelo fechamento das faces da trinca. Isto porque o fechamento é induzido primariamente pelas deformações e não pelas tensões residuais entre as indentações. Como os resultados experimentais esboçados na Fig. 9.118 só mostraram retardo significativo se $a > a_2$, pode-se concluir pela predominância do fechamento neste caso.

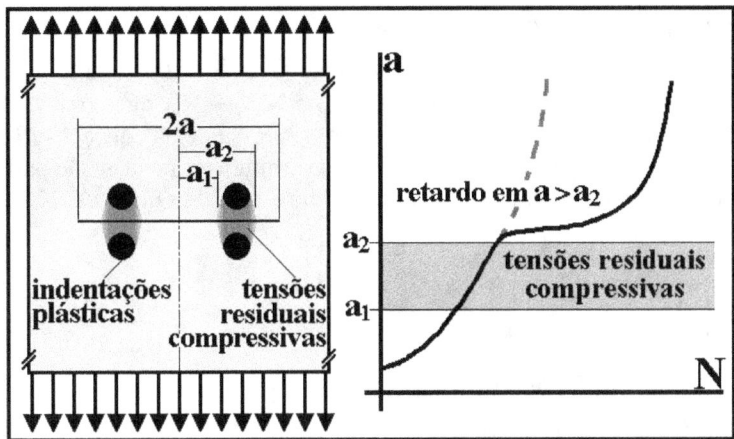

Fig. 9.118: As indentações plásticas feitas (previamente) acima e abaixo do plano de crescimento da trinca sob carga $\Delta\sigma$ introduzem tensões residuais compressivas e deformações residuais trativas entre elas. Nas placas finas testadas por Blazewicz só
houve retardo significativo em $a > a_2$, após a trinca ultrapassar as indentações.

Muitos outros resultados experimentais similares são revistos em [135-136], mas a breve
revisão feita acima é suficiente para ilustrar os dados típicos que suportam a idéia de que o fechamento elberiano é um mecanismo importante na propagação das trincas de fadiga sob cargas de gama variável. Portanto, não é surpreendente que o fechamento induzido por plasticidade seja muito usado para explicar os efeitos da ordem dos eventos das cargas complexas na
vida à fadiga. O fechamento das trincas de fadiga sem dúvidas existe, e pode ser medido confiavelmente por várias técnicas experimentais, ainda que de forma não propriamente trivial. E
muitos experimentos criativos indicam que ele pode causar efeitos de ordem da carga na propagação das trincas. Todavia, deve-se enfatizar que a hipótese "a gama efetiva ΔK_{ef} controla a
taxa **da/dN**" não pode ser aceita dogmaticamente, pois não é óbvio que apenas a parte da carga
que induz $K > K_{ab}$ possa contribuir para propagar as trincas. Para começar, não é inquestioná-
vel que a ponta de qualquer trinca de fadiga fechada esteja sempre sob carga zero, vide equação (9.133), ou que só possa ser recarregada após totalmente aberta, pois a interferência das
faces da trinca causada pelo envelope plástico que a circunda pode tracionar a sua ponta.

O método **da/dN** assume que toda trinca propagada sob uma dada carga (ΔK, K_{max}) fixa
em qualquer peça feita de um dado material cresce numa mesma taxa também fixa (o FIT *não*
pode ser a âncora do princípio da similitude na modelagem do trincamento por fadiga quando
uma dada carga fixa não gera uma única taxa **da/dN**). Mas esta hipótese *não* implica que a
carga de abertura dessas trincas independa do ligamento residual variável, pois é concebível
que K_{ab} varie com lr, que afeta a região elástica que tende a fechar a trinca. E se por acaso K_{ab}
variar enquanto **da/dN** permanece constante sob carga fixa, então esta taxa *não* pode estar
sendo controlada por ΔK_{ef}. Portanto, não bastam evidências para analisar a importância do fechamento elberiano em fadiga, medidas de K_{ab} são indispensáveis para comprová-la.

Apesar dessas dúvidas razoáveis, o fechamento induzido por plasticidade é o mecanismo
usado para implementar (ou para justificar) talvez a maioria dos modelos usados para prever a
vida à fadiga de peças trincadas sob cargas complexas na prática. Mas estas dúvidas são importantes demais para serem ignoradas, e serão estudadas mais a fundo na seção 9.17. Por fim,
é preciso lembrar que ainda não há um método universal disponível para calcular confiavelmente a carga de abertura K_{ab} e a gama efetiva ΔK_{ef} em qualquer peça. Isto complica muito a
previsão da vida residual das estruturas reais, pois na prática em geral só se consegue estimar
K_{ab} usando modelos bastante simplificados, como os descritos a seguir.

9.17.1 Modelagem da carga de abertura

Como já mencionado no item 9.7.4, o programa NASGRO [63], muito popular na indústria aeroespacial, assume que é a gama efetiva $\Delta K_{ef} = K_{max} - K_{ab}$ que controla a taxa de propagação da/dN, e usa a regra de Forman-Newman, expressa pelas equações (9.52) a (9.54) e ilustrada na Fig. 9.33, para prever a vida residual de estruturas trincadas. De particular interesse aqui é a estimativa da razão entre a carga de abertura e a carga máxima, K_{ab}/K_{max}, repetida a seguir por conveniência:

$$\begin{cases} \dfrac{K_{ab}}{K_{max}} = \begin{cases} \max\left[R, (A_0 + A_1R + A_2R^2 + A_3R^3)\right], & R \ge 0 \\ A_0 + A_1R, & -2 \le R < 0 \end{cases} \\ A_0 = (0.825 - 0.34\alpha + 0.05\alpha^2) \cdot [\cos(\pi\sigma_{max}/2S_{FL})]^{1/\alpha} \\ A_1 = (0.415 - 0.071\alpha)\sigma_{max}/S_{FL} \\ A_2 = 2 - 3A_0 - 2A_1 \\ A_3 = 2A_0 + A_1 - 1 \end{cases} \tag{9.53}$$

onde σ_{max} é a tensão nominal máxima; $S_{FL} = (S_R + S_E)/2$ é a tensão de fluxo do material; e α é a restrição 3D, que depende do estado de tensão dominante à frente da ponta da trinca.

Logo, se deveria usar $\alpha = 1$ ou $\alpha = 1/(1 - 2\nu)$ quando a trinca cresce sob σ-plana ou sob ε-plana dominante ($\therefore 2 < \alpha_{\varepsilon\text{-pl}} < 3$ em metais). Todavia, Newman [65-66] usou elementos finitos para modelar placas de espessura t com trinca central ou lateral sob tração e/ou flexão feitas de um material elastoplástico sem encruamento, e obteve outras estimativas para a constante α (e também para a zp) em função de t. Desta forma, para placas com comprimentos de trinca a e ligamentos residuais $lr = w - a > 4t$, ele propôs que:

$$zp = (\pi/8)[K_I/(\alpha(t)S_E)]^2, \quad \alpha(t) = 1.15 + 1.4\exp\left[-0.95(K_I/S_E\sqrt{t})^{1.5}\right] \tag{9.54}$$

Portanto, segundo Newman, $\alpha = 1.15$ em σ-plana e $\alpha \cong 2.55$ em ε-plana, quando se despreza o encruamento (e para considerá-lo, o programa NASGRO estima $\alpha \cong 1.9$ para as ligas de Al, $\alpha \cong 2.1$ para os aços, e $\alpha \cong 2.5$ para as ligas de Ti, em ε-plana) [64].

Schijve [142] propôs uma outra estimativa para a razão K_{ab}/K_{max} em σ-plana:

$$K_{ab}/K_{max} = 0.45 + (0.1 + \lambda)R + (0.45 - 2\lambda)R^2 + \lambda R^2 \tag{9.134}$$

onde $\lambda \cong 0.1$, na ausência de informações mais precisas. Uma terceira estimativa para a razão K_{ab}/K_{max} foi proposta por Topper et al. [143-144] especificamente para a propagação de trincas curtas em CPs εN, onde a razão σ_{ab}/σ_{max} foi modelada por uma função de dois parâmetros α e β ajustáveis (com valores $\alpha = 0.45$ e $\beta = 0.2$ sugeridos por eles para ajustar os dados experimentais medidos em ligas de Al):

$$\sigma_{ab}/\sigma_{max} = \alpha \cdot \left[1 - (\sigma_{max}/S_{Ec})^2\right] + \beta \cdot R \tag{9.135}$$

A Fig. 9.119 compara estas 3 estimativas em função da razão R. Note que as estimativas de Newman prevêem cargas de abertura sensivelmente maiores para trincas que propagam em σ-plana (assumindo $\alpha = 1.15$ e $\sigma_{max}/S_{FL} = 0.3$) do que em ε-plana (supondo $\alpha = 3$). Coerentemente, a estimativa de Schijve (usando $\lambda = 0.1$) é similar à de Newman em σ-plana. Mas a estimativa de Topper (supondo $\sigma_{max}/S_{Ec} = 0.45$), que é baseada em medidas ópticas diretas da carga de abertura de trincas curtas em CPs εN (as quais em princípio crescem sob σ-plana), curiosamente é idêntica à estimativa de Newman sob ε-plana para $R > \sim 0.5$ [22].

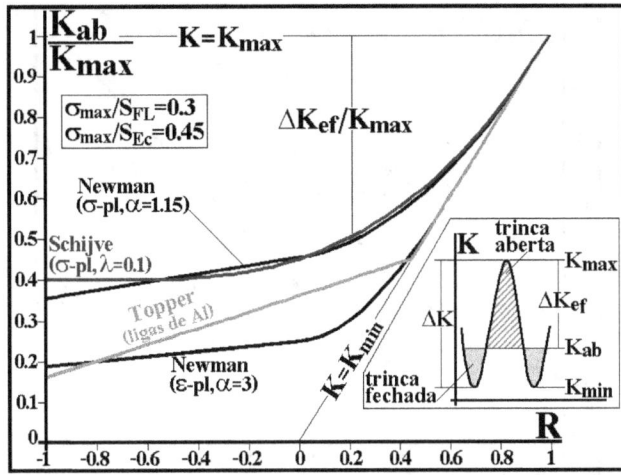

Fig. 9.119: Comparação entre as previsões dos diversos modelos estudados para a razão entre a carga de abertura e a carga máxima K_{ab}/K_{max} em função da razão de carga R.

A Fig. 9.120 mostra as previsões de Newman para a razão K_{ab}/K_{max} em σ-plana para várias razões σ_{max}/S_{FL}, em função da razão R, segundo as quais a carga de abertura e, conseqüentemente, ΔK_{ef} diminuem à medida que a tensão nominal máxima cresce.

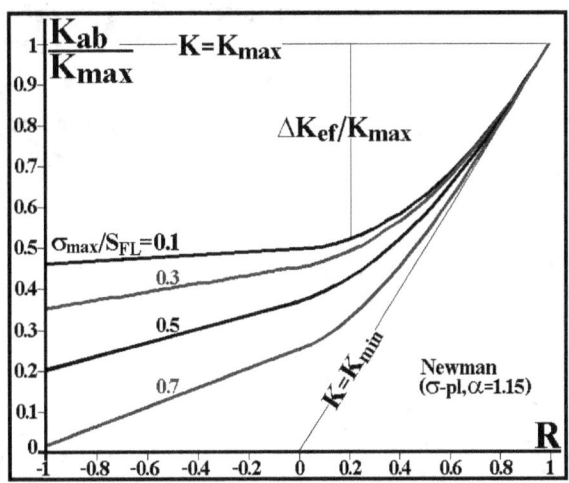

Fig. 9.120: O modelo elberiano de Newman prevê redução no valor da carga de abertura K_{ab} sob R fixa e σ-plana à medida que a tensão nominal máxima σ_{max} cresce.

A Fig. 9.121 compara as razões $\Delta K_{ef}/\Delta K$ previstas pelos modelos de Newman, de Schijve e de Topper, em função de R [22]. Das várias estimativas de ΔK_{ef} mostradas nesta figura, pode-se concluir que se o fechamento induzido por plasticidade fosse o único mecanismo capaz de retardar as trincas de fadiga, não se deveriam medir efeitos de seqüência da carga em razões R altas, pelo menos não nas trincas que crescem sob deformação plana dominante.

Todavia, a Fig. 9.108 mostra claramente retardos (bem) medidos em ε-plana dominante. Naqueles testes, as sobrecargas retardaram as taxas de propagação de trincas obtidas sob uma gama ΔK fixa numa razão $R = 0.70$ alta, bem maior do que a $R \cong 0.5$ a partir da qual se prevê que $\Delta K_{ef} = \Delta K$ em ε-plana. Logo, ou aqueles efeitos de seqüência foram causados por outros mecanismos de retardo, ou as várias previsões de K_{ab} (baseadas em cálculos de EF, nos quais a modelagem do fechamento não é tarefa trivial) são imprecisas demais para descrevê-los.

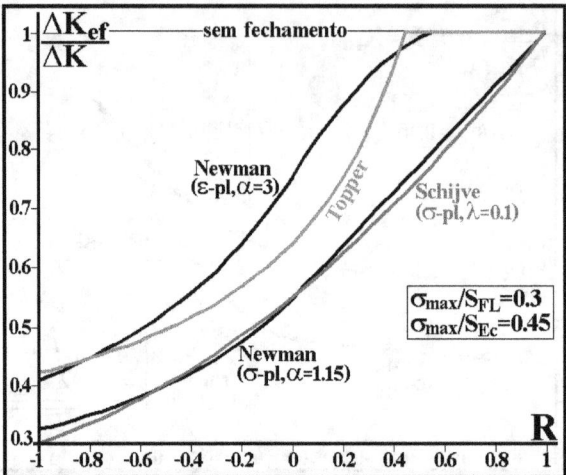

Fig. 9.121: O modelo elberiano de Newman *não* prevê fechamento da trinca sob ε-plana em razões **R > ~0.5**. O modelo de Topper também não, se **R > ~0.4**.

Além disso, as Fig. 9.122 a 9.125 mostram que se é a gama efetiva ΔK_{ef} que controla a propagação da trinca, e se ΔK_{ef} pode ser calculado pela relação de Newman, então o uso de curvas **da/dN** medidas em CPs testados sob σ-plana para prever a vida das estruturas trincadas que trabalhem sob ε-plana poderia ser *inseguro*: nestes casos as previsões de vida residual poderiam incluir erros não-conservativos relevantes, um fato que certamente não pode ser ignorado na prática [125].

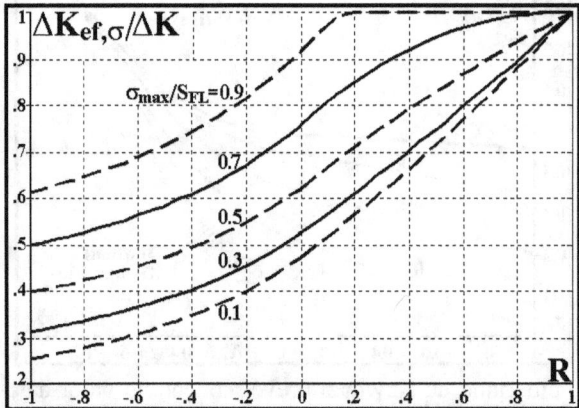

Fig. 9.122: Efeito da carga nominal (dada pela razão σ_{max}/S_{FL}) na razão $\Delta K_{ef,\,\sigma}/\Delta K$ (entre a gama efetiva $\Delta K_{ef,\,\sigma}$ em σ-plana calculada a partir da carga de abertura prevista por Newman e a gama aplicada ΔK), em função da razão **R**.

Se estas previsões são verdadeiras, e se é de fato a gama efetiva ΔK_{ef} que controla as taxas **da/dN**, como o estado de tensão em torno da ponta da trinca depende da espessura **t**, então o princípio da similitude que forma a base da Mecânica da Fratura pode ser questionado. Neste caso, a vida à fadiga de peças finas (associadas a um estado de σ-plana dominante e a **zps** grandes) poderia ser bem maior do que a vida de peças grossas que trabalham sob uma mesma carga $(\Delta K, R)$ (em ε-plana com **zps** pequenas). Pior, sob uma carga $(\Delta K, K_{max})$ invariável, as taxas de propagação poderiam variar numa mesma peça, quando a trinca começasse a crescer em ε-plana e paulatinamente fosse passando a propagar sob um estado dominado por σ-plana. Portanto, seria muito difícil prever confiavelmente a vida residual das estruturas trincadas.

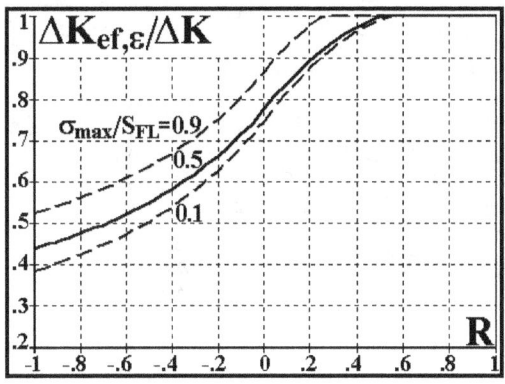

Fig. 9.123: Efeito da carga nominal dada por σ_{max}/S_{FL} na razão entre a gama efetiva $\Delta K_{ef,\varepsilon}$ em ε-plana calculada a partir da carga de abertura prevista por Newman e a gama aplicada ΔK, em função da razão **R**.

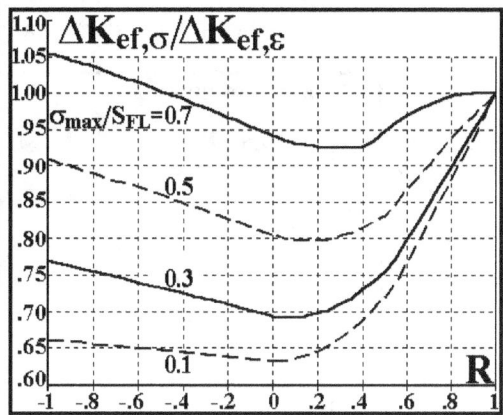

Fig. 9.124: Razão $\Delta K_{ef,\sigma}/\Delta K_{ef,\varepsilon}$ entre as gamas efetivas em tensão e em deformação plana, em função da razão **R**, para várias cargas nominais σ_{max}/S_{FL}.

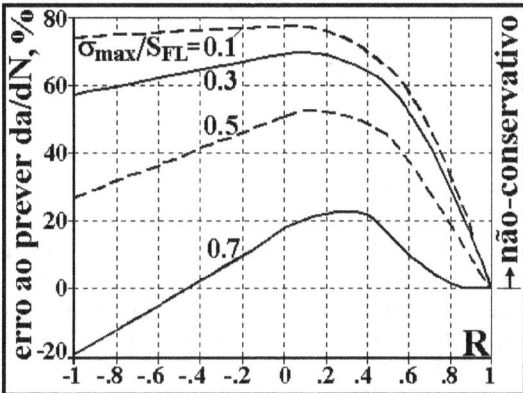

Fig. 9.125: Erros na vida à fadiga de trincas que propagam na fase II em ε-plana, que seriam causados pelo uso de curvas **da/dN** medidas em σ-plana para prevê-las, quando o modelo de Newman for aplicável ao material em questão. Esta figura foi gerada supondo um expoente de Paris **m = 3.25** (logo os erros nela mostrados são dados por $[1 - (\Delta K_{ef,\sigma}/\Delta K_{ef,\varepsilon})^{3.25}]$).

Todavia, ao contrário do que acontece nas previsões de fraturamento, o efeito da espessura nas previsões do trincamento não tem gerado muitas preocupações na prática, e as curvas **da/dN×ΔK** (em vez de **da/dN×ΔK_{ef}**) continuam sendo usadas nas previsões de vida residual e nas análises de integridade estrutural com bastante sucesso e confiança. A Fig. 9.126 indica que esta prática parece ser sensata. Os dados mostrados nesta figura foram obtidos aplicando gamas **ΔK** iguais em trincas de tamanhos diferentes num mesmo CP, e eles indicam que a gama **ΔK** descreveu muito melhor as taxas **da/dN** (i.e., com muito menos dispersão) do que a gama efetiva **ΔK_{ef}** neste caso [145]. É importante enfatizar que a carga de abertura **K_{ab}** necessária para calcular a gama efetiva **ΔK_{ef}** nesta figura foi devidamente *medida* nos testes de propagação, a partir da deformação da face traseira em CPs tipo disco compacto DCT de 75mm de diâmetro, usando a técnica de subtração da linearidade descrita no item 9.5.3. Estes dados experimentais suportam o ponto de vista da norma ASTM E-647 [46], que ao permitir CPs de qualquer espessura, implicitamente aceita que é a gama **ΔK** (e *não* **ΔK_{ef}**) o parâmetro que controla o trincamento sob **R** fixa (ou que K_{ab} e ΔK_{ef} dependem apenas de ΔK e de K_{max} ou **R**, logo podem ser por eles substituídas). Outras limitações de ΔK_{ef} são exploradas a seguir.

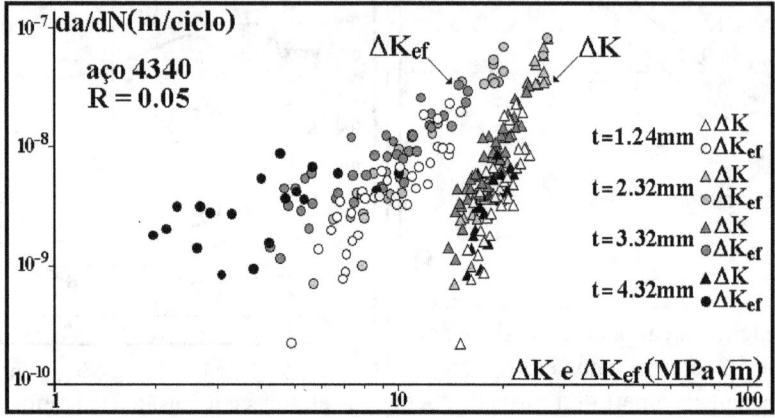

Fig. 9.126: Taxas **da/dN** em função da gama ΔK e da gama efetiva ΔK_{ef} medidas.

9.18 Efeitos de Seqüência Não Modeláveis pelo Fechamento Elberiano

O fechamento elberiano é o mais popular dos mecanismos que causam efeitos de seqüência, mas certamente não é o único, e talvez nem mesmo o mais importante na prática. Por exemplo, poderia se argumentar que supondo verdadeira a previsão $\Delta K_{ef}/\Delta K = 1$ quando as trincas crescem sob **R** > ~**0.5** em ε-plana, então o fechamento não poderia explicar os retardos e paradas medidos após **SC** em **R** alta. Mas hipóteses desta natureza só podem ser levadas a sério se comprovadas através de medidas apropriadas de K_{ab} antes e após **SC**. De fato, quando se mede $K_{min} > K_{ab} \Rightarrow \Delta K_{ef} = \Delta K$ durante toda a história da carga, pode-se concluir que as trincas permanecem sempre abertas, logo que a carga de abertura K_{ab} simplesmente não interfere na propagação por fadiga. Portanto, os efeitos de retardo medidos nestas condições *não* podem ser explicados pelo fechamento induzido por plasticidade.

A Figura 9.127 mostra curvas **P×ε** (carga versus deformação na face traseira do CP tipo C(T) de 50×12.5mm) medidas antes e após uma **SC** de 50% em K_{max} (similar às mostradas na Fig. 9.108), a qual retardou a trinca propagada sob $\Delta K = 10MPa\sqrt{m}$ e **R = 0.70** em ε-plana dominante por cerca de 10^5 ciclos: estes dados comprovam que a trinca permaneceu sempre toda aberta, com $\Delta K = \Delta K_{ef}$ antes e depois da SC. Note que as abscissas das sucessivas curvas **P×ε** são arbitrariamente deslocadas para permitir a sua distinção. A Fig. 9.128 é parecida, só que neste caso a **SC** de 100% em K_{max} parou a trinca (por quase 3 milhões de ciclos), também com a trinca sempre aberta, antes e depois da **SC**. Portanto, o fechamento elberiano não pode ter sido a causa destes efeitos de seqüência da carga [125, 134]. Estes resultados comprovam que retardos e paradas no crescimento de trincas por fadiga podem ser gerados sem qualquer influência do fechamento elberiano.

Resultados experimentais ainda mais interessantes, medidos em vários testes de retardos e paradas de trincas sob razão **R** baixa em ε-plana, identificaram efeitos de seqüência associados a um *decréscimo* de K_{ab}, um fenômeno totalmente incompatível com o fechamento elberiano (ou com qualquer mecanismo baseado em ΔK_{ef}). Nestes casos as trincas apresentam fechamento, mas os retardos e paradas ocorrem enquanto a gama efetiva ΔK_{ef} *aumenta*. A Fig. 9.129 mostra curvas **P×ε** medidas antes e após uma **SC** de 100% em K_{max}, que causou um retardo na propagação da trinca por fadiga similar ao mostrado na Fig. 9.107. Este experimento é emblemático, e deve ser detalhado.

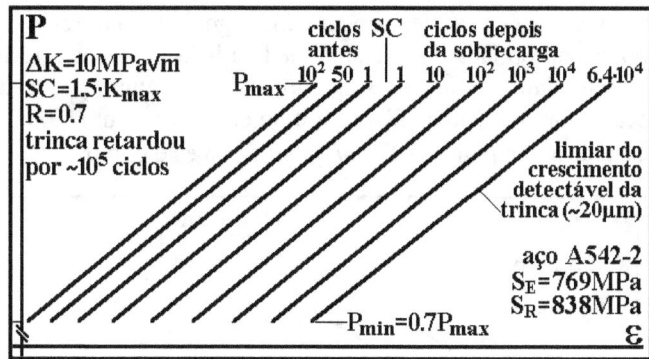

Fig. 9.127: A **SC** de 50% em K_{max} retardou a trinca (sempre toda aberta) por cerca de 10^5 ciclos. As várias curvas **P×ε** foram transladadas para permitir a sua identificação.

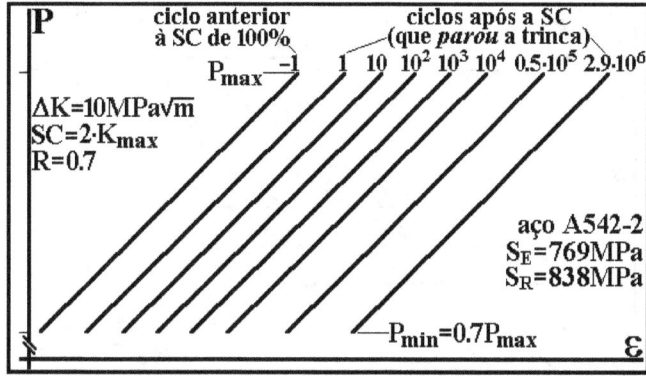

Fig. 9.128: A SC parou esta trinca, novamente sem qualquer evidência de fechamento.

A trinca de fadiga, cujas medidas de K_{ab} antes e depois da **SC** = $2K_{max}$ são mostradas na Fig. 9.129, foi propagada num CP tipo C(T) de largura **w = 50** e espessura **t = 12.5mm** sob gama **ΔK = 10MPa√m** quase constante e **R = 0.05**, num estado de ε-plana dominante (pois $K_{SC} = 2·10/0.95 = 21.05MPa\sqrt{m} \Rightarrow zp_{SC} \cong (1/2\pi)(K_{SC}/S_E)^2 \cong 120\mu m < t/100$). Como as curvas **P×ε** têm curvatura inicial facilmente identificável, a trinca claramente fecha antes e depois da **SC**, e o comportamento da carga de abertura pode ser dividido em cinco fases: (i) em todos os 9 ciclos anteriores à SC, a razão (repetidamente) medida entre a carga de abertura e a carga máxima é $K_{ab}/K_{max} = 0.28$; (ii) logo após a SC esta razão *cai* para $K_{ab}/K_{max} = 0.23$, e permanece neste valor enquanto a trinca retarda (sem crescimento aparente por mais de 10^4 ciclos); (iii) **7.5·10⁴** ciclos após a **SC** já se nota um pequeno crescimento confiavelmente mensurável **Δa = 40μm** na trinca (cujo tamanho passa de **a = 25.60** para **a = 25.64mm**), e a carga de abertura aumenta ligeiramente para $K_{ab}/K_{max} = 0.25$; (iv) **1.5·10⁵** ciclos depois da SC a trinca cresceu de **Δa = 330μm**, um valor maior que a zp_{SC}, mas ainda apresenta algum retardo, apesar da razão $K_{ab}/K_{max} = 0.29$ ter crescido significativamente; e (v) finalmente, **2·10⁵** ciclos após a SC e a trinca ter crescido **Δa = 570μm**, não há mais vestígio de qualquer retardo, e a trinca retorna à taxa **da/dN** e à razão $K_{ab}/K_{max} = 0.23$ medidas antes que a **SC** fosse aplicada na peça.

É preciso enfatizar a qualidade destas medidas de K_{ab}, feitas a partir de curvas **P×ε** (força versus deformação na face traseira) e **(P – P_{el})×ε** (geradas por um subtrator de linearidade, onde P_{el} é a carga associada à rigidez elástica do CP com a trinca toda aberta) [40, 49-50]. A pequena dispersão dos resultados experimentais e a célula de carga classe **0.25%** garantem uma precisão classe **1%** nas medidas de K_{ab}. Ademais, a medida da carga de abertura a partir de um parâmetro global, como a deformação na face traseira do CP, é a forma adequada de acessar as variações de rigidez devidas ao fechamento ao longo de toda a frente da trinca. Esta técnica global é muito mais apropriada do que uma medida local, como a deformação na face lateral do CP junto à ponta da trinca às vezes apregoada na literatura, pois esta é contaminável por perturbações localizadas que podem não influir no comportamento global desta trinca, cuja frente propaga quase toda sob ε-plana. A Fig. 9.130 reforça este ponto.

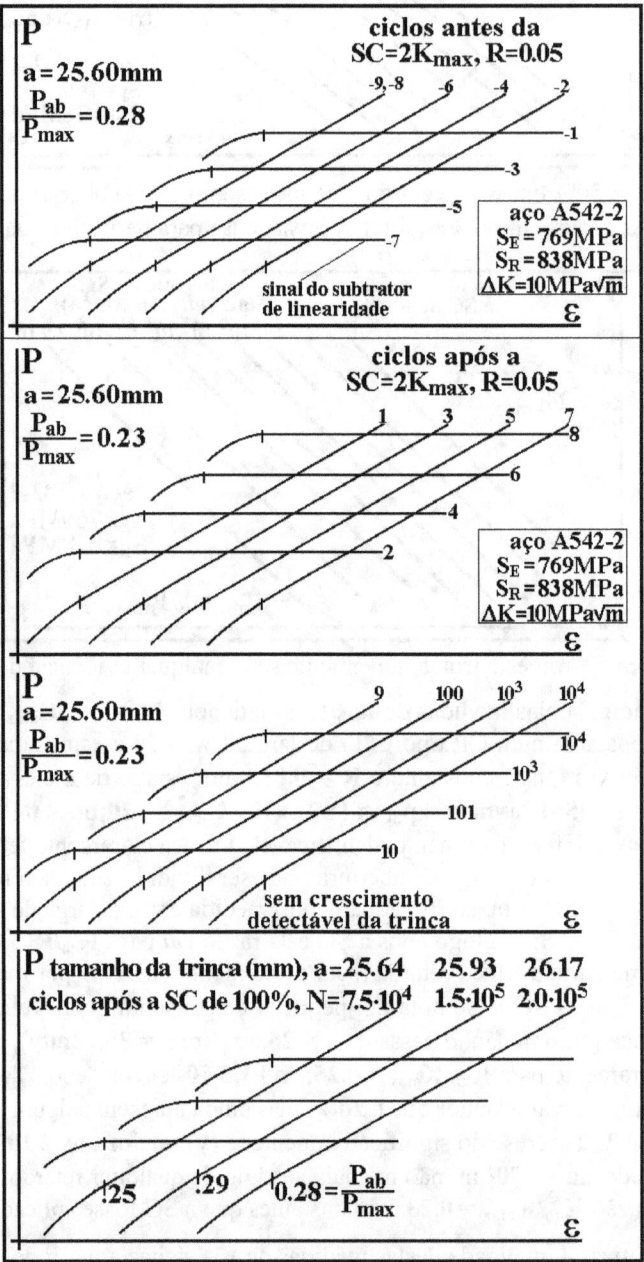

Fig. 9.129: Esta trinca retardou por cerca de $2{\cdot}10^5$ ciclos enquanto $\mathbf{K_{ab}}$ *diminuiu*, e depois voltou a crescer na mesma taxa e com a mesma $\mathbf{K_{ab}}$ anterior à SC (as várias curvas $\mathbf{P}{\times}\varepsilon$ e $(\mathbf{P} - \mathbf{P_{el}}){\times}\varepsilon$ foram transladadas para permitir a sua identificação).

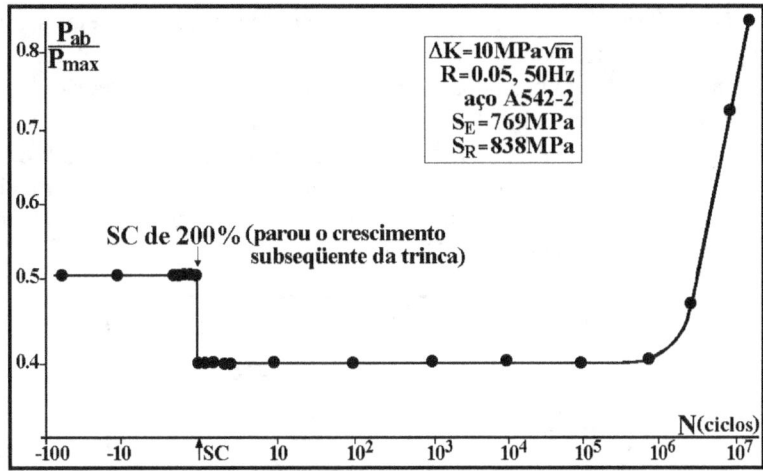

Fig. 9.130: Variação da carga de abertura numa trinca parada por uma sobrecarga.

A Fig. 9.130 difere das anteriores porque mostra a razão $K_{ab}/K_{max} = P_{ab}/P_{max}$ em função do número de ciclos aplicados no CP (um C(T) idêntico aos das Fig. 9.127-9.129), pois o tamanho da trinca não varia neste teste. Nos eventos anteriores à **SC**, as várias medidas da carga de abertura desta trinca mostram que $K_{ab} = 0.51 \cdot K_{max}$. Mas após a **SC** de **200%** em K_{max} (ou seja, $K_{SC} = 3 \cdot K_{max} = 3 \cdot \Delta K/(1 - R)$) a carga de abertura *cai* para $K_{ab} = 0.39 \cdot K_{max}$, e a trinca pára de crescer. K_{ab} permanece neste nível pelos próximos 10^6 ciclos (ou por um pouco mais de 8 horas de teste a 50Hz, contando o tempo necessário para medir repetidamente as cargas de abertura K_{ab}), sem qualquer crescimento detectável da trinca. Todavia, com o prosseguimento do teste a carga de abertura começa a crescer, com a trinca parada, até atingir $K_{ab} \cong 0.85 \cdot K_{max}$ após mais de 10^7 ciclos sob $\Delta K = 10MPa\sqrt{m}$ e $R = 0.05$. A razão deste crescimento foi a oxidação das faces da trinca, parada num ambiente úmido durante tanto tempo [146]. Logo, a técnica usada para a medição de K_{ab} é suficientemente sensível para acompanhar o crescimento do filme de óxido nas faces da trinca, confirmando que este mecanismo pode afetar o seu fechamento. Por fim, deve-se mencionar que a taxa **da/dN** medida antes da **SC** no teste da Fig. 9.130 sob razão $K_{ab}/K_{max} = 0.51$ é essencialmente igual à taxa medida antes e depois do fim da influência da **SC** relatada na Fig. 9.129 sob $K_{ab}/K_{max} = 0.28$, já que em ambos os CPs a carga era $\Delta K = 10MPa\sqrt{m}$ e $R = 0.05$. É claro que uma mesma taxa **da/dN** associada a dois valores muito diferentes de ΔK_{ef} também não pode ser explicada pelo fechamento elberiano.

Outro questionamento sensato do uso da gama efetiva ΔK_{ef} como parâmetro controlador da propagação de trincas por fadiga é apresentado por Kujawski, que analisou dados de uma liga de Al 2324 T39 medidos em 5 razões **R** diferentes [147]. Dentre suas conclusões, vale destacar: (i) as medidas de fechamento através da variação da rigidez da peça trincada não diferenciam os mecanismos de fechamento, logo não podem ser usadas para provar a validade do fechamento elberiano; (ii) o agrupamento de dados medidos em **R** diferentes em função de ΔK_{ef} também não prova que a gama efetiva controla a propagação, vide Fig. 9.131; e (iii) assumindo que o dano à fadiga é sempre intrinsecamente causado por dois parâmetros, e.g. por ΔK e K_{max}, as duas forças motrizes usadas pelo Enfoque Universal (item 9.8.3), a gama efetiva não é um parâmetro completo, pois ΔK_{ef} não considera explicitamente a contribuição do dano monotônico causada por K_{max}. Kujawski defende que este problema pode ser resolvido pelo uso do parâmetro $\Delta \kappa = (K_{max})^p (\Delta K^+)^{1-p}$, equação (9.58), onde ΔK^+ é a gama causada pela parte positiva da carga, para descrever o trincamento por fadiga. Na Fig. 9.131, os dados **da/dN** medidos nas diversas razões **R** são plotados primeiro em função de ΔK, mostrando a sua separação tradicional. Em seguida eles são plotados em função de ΔK_{ef}, agrupando razoavelmente a região de Paris das diversas curvas, mas não a fase I. Depois eles são plotados em função de $\Delta K_{2/\pi}$, a gama efetiva associada ao fechamento parcial dada pela equação (9.133), agrupando bem melhor também os dados medidos na fase I. Por fim, a região de Paris das várias taxas medidas, que são aproximadamente paralelas (e ajustáveis por $da/dN = A_R \Delta K^m$), é plotada em função de $\Delta K' = \Delta K (A/A')^{1/m}$, onde A é a constante de uma das curvas tomada como referência, e $A' = A_{Ri}$ a constante da i-ésima curva que se queira ajustar a ela. Este procedimento simples melhora sensivelmente o agrupamento dos dados na fase II, quando comparado aos agrupamentos conseguidos por ΔK_{ef} ou por $\Delta K_{2/\pi}$.

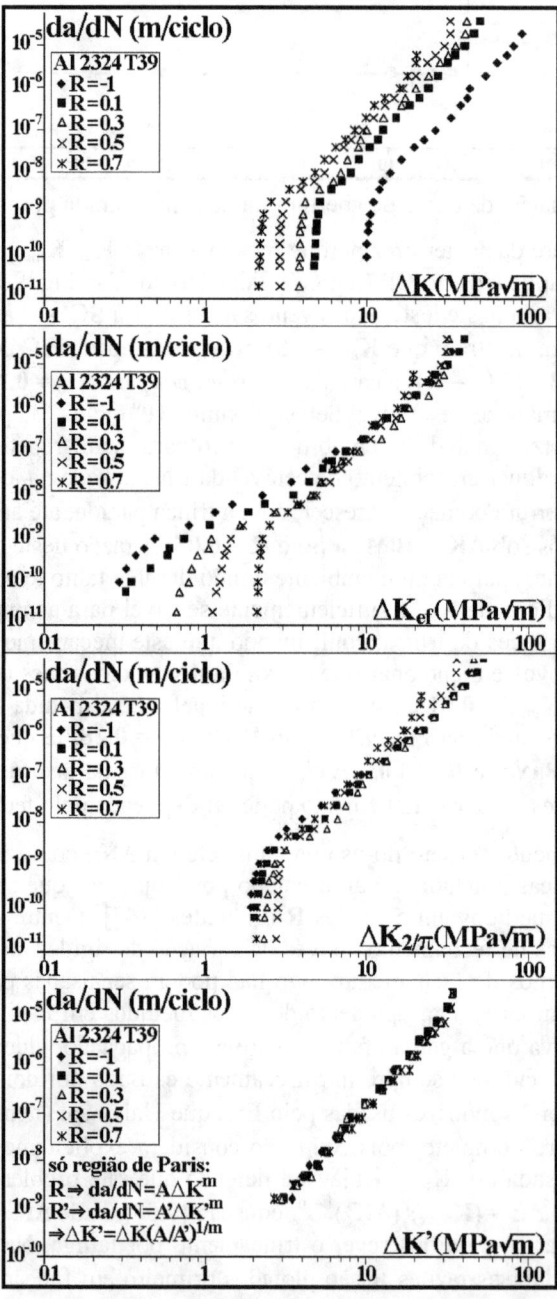

Fig. 9.131: ΔK_{ef} não agrupa todos dados de propagação desta liga, logo não os controla.

Uma forte evidência experimental usada pelos defensores do Enfoque Universal para questionar a relevância de ΔK_{ef} fecha esta breve revisão das limitações do fechamento elberiano: o limiar de propagação ΔK_{th} medido em vácuo de alta qualidade ($> \sim 10^{-3} Pa$) *não* diminui à medida que a razão R aumenta, vide Fig. 9.132 [148]. Este comportamento, incompatível com ΔK_{ef}, pode ser justificado considerando que a força motriz dos efeitos do meio ambiente é K_{max}, pois os efeitos do ambiente quando ativos (o que obviamente não ocorre no vácuo) só afetam o limiar do máximo $K_{max_{th}}^*$ e não o da gama ΔK_{th}^* (vide item 9.8.3). Na realidade, a constância do limiar medido em alto vácuo não pode ser explicada por nenhum mecanismo de fechamento, seja ele induzido por plasticidade, rugosidade ou oxidação da face da trinca, pois quando (ou se) $K_{ab} > 0$ influi na taxa **da/dN**, o limiar ΔK_{th} tem que diminuir enquanto a razão $\Delta K_{ef}/\Delta K$ crescer com R.

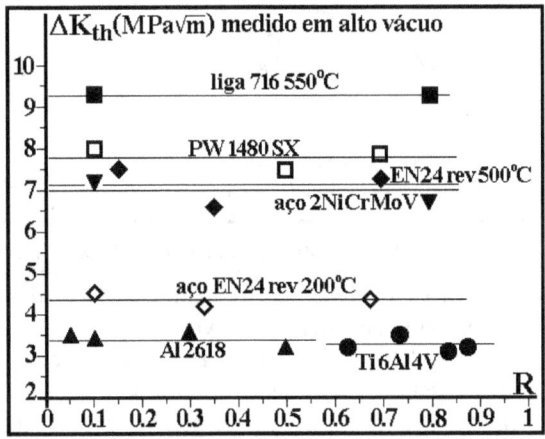

Fig. 9.132: O limiar ΔK_{th} medido sob alto vácuo não depende da razão R.

Esta revisão deixa claro que há muitas evidências experimentais que suportam a prevalência do fechamento induzido por plasticidade, logo do uso da gama efetiva ΔK_{ef} para descrever a propagação de trincas por fadiga, principalmente sob condições de σ-plana dominante; e outras tantas que demonstram que ΔK_{ef} não pode ser usada para este fim, em particular quando as trincas crescem sob ε-plana. Portanto, a única conclusão sensata é que não se pode usar apenas um destes enfoques para tratar todos os problemas de trincamento por fadiga.

9.19 Outros Mecanismos Indutores de Efeitos de Seqüência

Como mencionado na seção 9.15, o fechamento da trinca também pode ser induzido pela oxidação das suas faces [13]. Isto é comprovado pelos dados da Fig. 9.130, que mostram um aumento da carga de abertura K_{ab} ao longo do tempo devido à oxidação das faces de uma trinca parada por uma sobrecarga alta. Este mecanismo foi usado para justificar como e porque as taxas de propagação **da/dN** medidas sob razões R baixas em ambientes corrosivos, mas estagnados, podem ser menores do que as taxas medidas em ambientes não corrosivos ou mesmo inertes, vide Fig. 9.133. No aço desta figura, o fechamento induzido pela oxidação das faces da trinca provoca um limiar $\Delta K_{th}(R = 0.05)$ (uma razão R baixa, na qual $K_{ab} > K_{min}$) em ar úmido que é maior do que os limiares medidos em condições similares em H, que não é um ambiente corrosivo, ou em He, que é um ambiente inerte (se devidamente desumidificado); mas os limiares $\Delta K_{th}(R = 0.7)$ medidos nestes três meios são idênticos, pois a trinca de fadiga nunca fecha nesta razão R alta [149]. Isto ocorre porque os óxidos gerados pela corrosão das faces da trinca podem ter um volume muito maior do que o do metal que lhes deu origem (vide Capítulo 3) e, caso não sejam dali removidos, podem acabar por entupir a trinca, funcionando assim como uma cunha entre as suas faces. Os retardos inicialmente gerados por outros mecanismos podem aumentar o tempo de contato do material com o meio oxidante, logo a quantidade de óxido nas faces da trinca, retardando-a ainda mais.

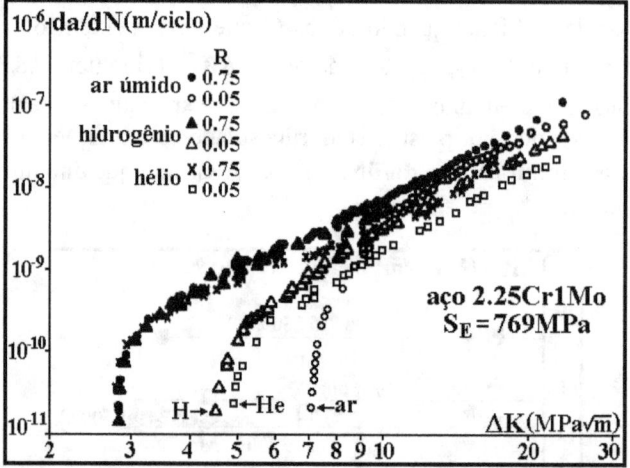

Fig. 9.133: Curvas **da/dN×ΔK** de um aço 2.25Cr1Mo medidas em 3 ar úmido, H e He.

O fechamento induzido por rugosidade ocorre quando as faces das trincas de fadiga, que em alguns casos podem ser bastante serrilhadas em vez de quase planas, sofrem um deslocamento relativo em modos II e/ou III que force a interferência entre os picos do serrilhado na descarga da peça, aumentando assim a carga de abertura K_{ab}. Estes deslocamentos relativos, e a conseqüente interferência entre as faces da trinca, podem ser aumentados por sobrecargas, causando retardo na sua propagação subseqüente. Na realidade, como já mencionado no Capítulo 3, os caminhos de trinca tortuosos são associados a grandes áreas reais de trinca e, portanto, a altos dispêndios de energia para propagá-las, e justificam a tenacidade relativamente alta de materiais compósitos. Logo é de se esperar que a rugosidade ou o serrilhamento das faces da trincas possa também ser associado a uma maior dificuldade intrínseca para propagá-las por fadiga, logo a taxas **da/dN** menores do que aquelas que seriam obtidas por caminhos menos acidentados ou tortuosos. A Fig.9.134 mostra claramente a interferência entre as faces de uma trinca bastante que cresce seguindo um caminho bem tortuoso.

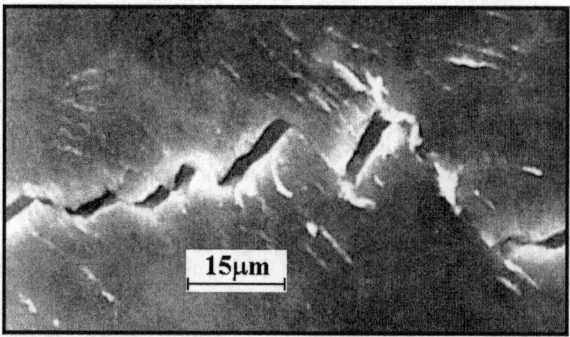

Fig. 9.134: A interferência entre os picos das faces de uma trinca que propague seguindo um caminho tortuoso pode causar o fechamento induzido por rugosidade [150]

O fechamento causado por transformação de fase pode ocorrer, por exemplo, em alguns aços polifásicos que contém austenita retida metaestável, nos quais a deformação plástica induz a transformação martensítica. Estes aços, chamados TRIP (sigla de *transformation induced (by) plasticity*, vide Capítulo 3), podem ter excelente ductilidade e tenacidade, além de alto limite à fadiga e as maiores razões K_C/S_R dentre todos os aços estruturais. Segundo Klesnil e Lukas, alguns outros materiais menos importantes do ponto de vista estrutural (como cerâmicas contendo zircônia e o estanho cinzento) também apresentam este fenômeno [4]. A martensita tem volume cerca de 4% maior do que a austenita que lhe dá origem (que é CFC, logo compacta). Nas aplicações estruturais, onde a carga primária é predominantemente elástica, a austenita na esteira de deformações plásticas que envolve a trinca de fadiga tende a transformar-se em martensita, potencializando o efeito das sobrecargas no aumento da carga de abertura K_{ab} pela sinergia entre o mecanismo TRIP e o fechamento da trinca.

A incompatibilidade entre frentes subseqüentes da trinca também pode gerar efeitos de ordem relevantes. Por exemplo, gamas ΔK_1 altas em chapas finas podem gerar lábios de cisalhamento significativos em relação à espessura da chapa (a $45°$ do plano da trinca). Nestes casos, a trinca propaga em modo misto I-II nos lábios e em modo I na sua parte central, numa taxa da/dN_1 em geral menor do que a obtida sob ΔK_1 em modo I puro [15, 21]. Assim, quando uma carga $\Delta K_2 < \Delta K_1$, associada a um crescimento em modo I puro, é aplicada na chapa fina logo após um bloco de ΔK_1, ela encontrará a frente da trinca numa orientação que lhe é incompatível. Isto tende a gerar um retardo na taxa subseqüente da/dN_{2ret} (em comparação à taxa da/dN_2 que seria medida sem os lábios de cisalhamento), que deve persistir até que os lábios desapareçam sob a carga ΔK_2. Por outro lado, se numa placa fina com uma trinca propagando em modo I puro sob ΔK_2 a carga for aumentada bruscamente de para ΔK_1, a taxa da/dN_{1ac} subseqüente deverá ser maior do que a taxa da/dN_1 associada aos lábios, gerando uma aceleração da trinca até que os lábios voltem a surgir neste nível.

As tensões residuais (causadas e.g. por gradientes de deformação plástica), que atuam mesmo quando a peça está em repouso, solicitam as trincas da mesma maneira que as tensões induzidas pelas cargas externas. Um exemplo provavelmente familiar dos seus efeitos são as peças de vidro que às vezes fraturam espontaneamente, ou seja, na ausência de forças externas (ou sobrenaturais), quando o K_I induzido pelas tensões residuais se iguala à sua tenacidade, devido ao crescimento subcrítico de uma trinca (causado e.g. pela oxidação da sua ponta). O fechamento induzido por plasticidade também é causado por tensões residuais, geradas pela reação do ligamento residual elástico sobre o envelope de deformações residuais trativas que envolve as trincas de fadiga: as cargas compressivas transmitidas através das faces de uma trinca fechada induzem tensões residuais de contato que atuam *antes* da ponta da trinca. Todavia, quando se fala em tensões residuais como mecanismo indutor de efeitos de ordem da carga não se pensa no fechamento já estudado, mas sim no efeito das tensões residuais que atuam *na* ponta da trinca, ou no material localizado à sua *frente*.

As tensões residuais que sempre atuam na ponta das trincas de fadiga *não* podem causar dos efeitos de retardo significativos após as sobrecargas. Mesmo quando se considera a trinca como um entalhe com raio de ponta minúsculo (para eliminar a singularidade das tensões característica da modelagem e não da física das trincas), qualquer carga que propague a trinca por fadiga provoca escoamento cíclico na vizinhança da sua ponta, gerando a zp_r que elimina a relevância de qualquer tensão residual lá presente: é trivial visualizar isto desprezando o encruamento, pois neste caso as tensões na ponta da trinca *sempre* oscilam entre $-S_{Ec}$ e S_{Ec}. Por isso, as tensões residuais na ponta da trinca *não* podem alterar nem a gama $\Delta\sigma$ nem a tensão máxima σ_{max} lá geradas pelas cargas de fadiga, logo também não podem afetar a vida residual do componente trincado. As trincas não se comportam, portanto, como os entalhes de K_t baixo, nos quais as tensões residuais locais influem muito na iniciação de trincas que deles partem quando a gama de tensões $\Delta\sigma$ lá atuante é predominantemente elástica. Mesmo quando crescem sob cargas baixas, as trincas sempre se propagam devido ao acúmulo de dano elasto-plástico cíclico no material à frente de sua ponta, o qual é quase insensível às tensões médias que lá atuam, logo independe das tensões residuais aí localizadas.

Todavia, é importante enfatizar que isto não quer dizer que os campos de tensão residual à frente da ponta de uma trinca não possam afetar o seu crescimento por fadiga. As forças motrizes que causam a propagação das trincas por fadiga são a gama ΔK e o máximo K_{max} do fator de intensidade de tensões que a solicitam: ΔK é a causa do dano cíclico, enquanto K_{max} controla os mecanismos de dano estático que influem em **da/dN**. O efeito das tensões residuais depende da escala dimensional da sua região de influência, que pode ser bem descrita pelos termos global e local, tão úteis na modelagem dos problemas de fadiga. As tensões residuais localizadas na ponta da trinca são simplesmente eliminadas pelas altas gamas das tensões elastoplásticas que ali atuam durante o trincamento. Em contrapartida, o campo das tensões residuais globais que atuam no ligamento residual se superpõe ao campo das tensões induzidas pelas cargas externas de serviço, e pode reduzir o K_{max} por elas causado, afetando assim as taxas **da/dN**. E este efeito pode ocorrer à frente da ponta da trinca sem provocar necessariamente o fechamento das suas faces [151].

Apesar da sua grande importância, as tensões residuais são freqüentemente desprezadas do dimensionamento estrutural, pois se é fácil descrever os seus efeitos no trincamento por fadiga, medi-los e quantificá-los de forma confiável não é tarefa trivial. Assim, é prática usual usar fatores de segurança superdimensionados para evitar as conseqüências das tensões residuais deletérias, fazendo de conta que elas não existem, um procedimento arriscado, mas bem mais fácil do que se preocupar com elas. Todavia, quando os fatores de segurança tem que ser diminuídos devido a limites de peso ou custo, as tensões residuais trativas não podem ser desprezadas na prática, principalmente ao dimensionar componentes pouco tenazes ou que trabalhem em ambientes agressivos, nos quais K_{max} tende a influir muito no trincamento.

Os mecanismos localizados *na* (ou *junto à*) ponta da trinca que podem gerar efeitos de ordem dos eventos do carregamento são o cegamento, a dobra e a bifurcação. Dos três, a bifurcação da ponta da trinca é de longe o mecanismo de retardo mais eficaz. A quantificação dos seus efeitos exige, contudo, uma modelagem menos simples do que a dos problemas estudados até agora, pois requer o uso conjunto dos enfoques global e local, como será estudado um pouco mais adiante. Todavia, vale a pena enfatizar aqui que a bifurcação pode retardar muito o crescimento subseqüente de uma trinca por fadiga, logo é um mecanismo que pode explicar mecanicamente os efeitos de seqüência não causados pelo fechamento elberiano.

9.20 Quantificação dos Efeitos de Seqüência

Na prática é muito difícil quantificar e superpor os efeitos dos vários mecanismos que causam efeitos de seqüência na propagação de trincas por fadiga, logo a maioria dos modelos usados na previsão da vida residual de estruturas trincadas sob cargas de gama variável é semi-empírica. Estes modelos simplificados podem ser divididos em dois grandes grupos:

• Modelos baseados na zp_{SC}, que correlacionam os efeitos de ordem ao tamanho das zonas plásticas geradas pelos eventos que os geram, cuja idéia básica é alterar o valor da razão **R**, da taxa **da/dN** ou da gama ΔK subseqüentes para quantificar os seus efeitos. Estes modelos podem capturar tanto os efeitos de fechamento quanto os dos campos de tensões residuais.

• Modelos baseados no fechamento elberiano, ou na variação da carga de abertura após eventos indutores de efeitos de seqüência, que usam cálculos (ou estimativas simplificadas semi-empíricas) de K_{ab} para quantificar os retardos e acelerações das trincas.

9.20.1 Modelos de retardo baseados na variação da razão R

Provavelmente o primeiro modelo deste tipo foi proposto por Willenborg, Engle e Wood [152]. Para quantificar o efeito de retardo induzido por sobrecargas, eles assumiram que elas introduziam fatores de intensidade de tensão residuais $K_{res}(a_i)$ variáveis com a distância entre as zp_i (que avançam com a trinca) e a zp_{SC} (fixa na peça) enquanto $(a_i + zp_i) < (a_{SC} + zp_{SC})$ (ou seja, enquanto a zp_{SC} contiver as zp_i, sendo $i > 0$ se chamarmos de 0 o evento da SC), vide Fig. 9.135. Assim, sendo a_i o tamanho da trinca no i-ésimo evento após a SC, o FIT residual de Willenborg $K_{res}(a_i)$ é (arbitrariamente) definido por:

$$K_{res}(a_i) = K_{SC}\sqrt{\frac{zp_{SC} + a_{SC} - a_i}{zp_{SC}}} - K_{max}(a_i) \quad (9.136)$$

Como os valores de $K_{res}(a_i)$ devem ser subtraídos tanto de $K_{max}(a_i)$ quanto de $K_{min}(a_i)$, eles modificam apenas as razões $R(a_i)$ sem alterar as gamas $\Delta K(a_i)$ posteriores à SC, enquanto $(a_i + zp_i) < (a_{SC} + zp_{SC})$:

$$R_{ret}(a_i) = \frac{K_{min}(a_i) - K_{res}(a_i)}{K_{max}(a_i) - K_{res}(a_i)} \quad (9.137)$$

Assim, segundo Willenborg, o retardo máximo ocorreria logo após a SC, quando $a_1 \cong a_{SC}$ (pois a trinca cresce bem devagar por fadiga) gera o maior valor de $K_{res}(a_i)$:

$$K_{res}(a_1) = K_{SC}\sqrt{zp_{SC}/zp_{SC}} - K_{max}(a_1) \atop \therefore K_{res}(a_1) = K_{SC} - K_{max}(a_1)} \quad (9.138)$$

E o retardo acabaria no j-ésimo evento após a SC, quando a zp_j toca na zp_{SC}, pois neste caso:

$$K_{res}(a_j) = K_{SC}\sqrt{zp_j/zp_{SC}} - K_{max}(a_j)$$
$$\sqrt{\frac{zp_j}{zp_{SC}}} = \sqrt{\frac{K_{max}^2(a_j)}{zp_{SC}}} \Rightarrow K_{res}(a_j) = 0 \quad (9.139)$$

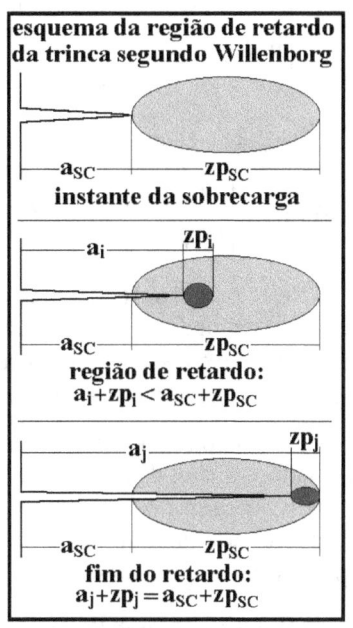

Fig. 9.135: Pelo o modelo de Willenborg, a região à frente da ponta da trinca onde atua o efeito da SC é $(a_i + zp_i) < (a_{SC} + zp_{SC})$.

O retardo no crescimento da trinca após a sobrecarga é obtido pela diminuição do valor de $R(a_i)$ para $R_{ret}(a_i)$, o que reduz o valor da taxa da/dN na região afetada pela SC se (e somente se) a curva da/dN×ΔK que descreve a propagação da trinca no material da peça quantificar o efeito da carga média em da/dN. Logo, o modelo de Willenborg (abreviado por Wb) não pode ser usado com a regra de Paris, por exemplo. Outra desvantagem de Wb é sempre prever a parada da trinca se $K_{max}(a_1) \leq K_{SC}(a_0)/2$, onde $K_{max}(a_1)$ é o pico da carga logo após a SC, pois se $K_{SC}(a_0) = 2 \cdot K_{max}(a_1) \Rightarrow K_{res}(a_1) = K_{max}(a_1) \Rightarrow R_{ret}(a_1) \rightarrow -\infty \Rightarrow da/dN(a_1) \rightarrow 0$. Ou seja, este modelo assume uma razão de parada de trinca $R_{pt} = K_{SC}(a_0)/K_{max}(a_1) = 2$. Mas não há justificativa para se assumir que a razão R_{pt} que pára as trincas de fadiga seja constante, já que ela depende do valor de pico, da razão R e da freqüência das sobrecargas, além da geometria e do material da peça trincada, como já estudado acima. Para modelar retardos causados por razões $R_{pt} = K_{SC}(a_0)/K_{max}(a_1) > 2$, pode-se usar o chamado modelo de Willenborg generalizado (WbG), multiplicando $K_{res}(a_i)$ por um fator $\Phi(a_i)$ dado por [153-154]:

$$\Phi(a_i) = (1 - \Delta K_{th}/\Delta K(a_i))/(R_{pt} - 1) \quad (9.140)$$

Segundo Forman et al., valores típicos de R_{pt} são **3.5** para ligas de aço e Ni, **2.3-2.7** para ligas de Al, e **2.25** para ligas de Ti [64].

Apesar da idéia de que **SC** retardam a propagação das trincas por fadiga porque causam a redução da razão **R** subseqüente ser certamente questionável, há vários outros modelos de retardo nela baseados. Por exemplo, o chamado modelo de Willenborg generalizado e modificado (WbGM) estende WbG para modelar de forma mais cuidadosa o efeito dos valores negativos de R_{ret}, e considerar a aceleração da trinca após as subcargas compressivas [155]. Para isto, sendo $K_R(a_i) = \Phi(a_i)\cdot K_{res}(a_i)$, o modelo WbGM supõe que:

$$\begin{cases} K_{res}(a_i)\big|_{max} = K_{max}(a_i) - K_R(a_i) \\[2mm] K_{res}(a_i)\big|_{min} = \begin{cases} K_{max}(a_i) - K_R(a_i), & se\ K_{min}(a_i) > K_R(a_i) \\ 0, & se\ 0 < K_{min}(a_i) \le K_R(a_i) \\ K_{min}(a_i), & se\ K_{min}(a_i) \le 0 \end{cases} \end{cases} \tag{9.141}$$

onde $K_{res}(a_i)$ é calculado pelo modelo Wb e $\Phi(a_i)$ por:

$$\Phi(a_i) = \begin{cases} min\Big[1,\ 2.523\cdot\Phi_0\big/\big(1 + 3.5\cdot[0.25 - R_{sub}(a_i)]^{0.6}\big)\Big], & se\ R_{sub}(a_i) < 0.25 \\ 1, & se\ R_{sub}(a_i) \ge 0.25 \end{cases} \tag{9.142}$$

Nesta equação, $R_{sub} = K_{min,sub}/K_{SC}$ é a razão da subcarga ($R_{sub} < 0 \Rightarrow$ subcarga compressiva), a qual pode diminuir o efeito de retardo causado por uma sobrecarga prévia (ou seja, a subcarga só é considerada efetiva quando atua na região afetada pela **SC**), e Φ_0 é uma constante, com valores típicos na faixa $0.2 \le \Phi_0 \le 0.8$ [64].

Por fim, o modelo de Walker-Chang-Willenborg (WCW) aplica WbG à regra **da/dN×ΔK** de Walker-Chang dada na equação (9.144), vide Apêndice 5, e considera a aceleração da trinca após subcargas compressivas, mas só é aplicável quando a subcarga ocorrer imediatamente após a sobrecarga trativa [156]. A idéia deste modelo é simplesmente diminuir o valor da **zp_{SC}** após a subcarga compressiva que a segue (desde que ela tenha $-0.5 < R_{sub} < 0$), para obter:

$$zp_{sub} = (1 + R_{sub})\cdot zp_{SC} \tag{9.143}$$

$$\frac{da}{dN} = \begin{cases} A\cdot\Delta K^m/0.25^p, & R > 0.75 \\ A\cdot\Delta K^m/(1-R)^p, & 0 \le R \le 0.75 \\ A\cdot K_{max}^m (1+R^2)^q, & -0.5 \le R < 0 \\ A\cdot K_{max}^m\cdot 1.25^q, & R < -0.5 \end{cases} \quad \text{(Walker-Chang)} \tag{9.144}$$

A zp_{sub} reduz o valor de $\Phi(a_i)\cdot K_{res}(a_i)$, diminuindo os efeitos de retardo da **SC** trativa prévia calculados por WbG. No entanto, mesmo com todas estas modificações, os modelos de retardo baseados na variação da razão **R** baseiam-se em hipóteses no mínimo duvidosas.

⇨ E9.23: Calcule por Wb, WbM e WbGM o número de ciclos de retardo n_R previstos após sobrecargas de **50**, **100** ou **135%** em K_{max} numa peça de aço ASTM A542/2 que trabalha sob uma carga $\Delta K = 10MPa\sqrt{m}$ e R = 0.05 fixa, sabendo que $S_E = 769MPa$, $da/dN(m/ciclo) = 2\cdot 10^{-10}\cdot[\Delta K - 7\cdot(1 - 0.9\cdot R)]^2$, e supondo que num teste específico se tenha medido $n_R(SC = 100\%) = 4.5\cdot 10^5\ ciclos$.

O valor de n_R é calculável a partir das taxas com e sem retardo dentro da zp_{SC}:

$$n_R = \int_{a_{SC}}^{a_{SC}+zp_{SC}} [1/(da/dN)_{ret} - 1/(da/dN)]\cdot da \tag{9.145}$$

Como $K_{max}(a_i) = \Delta K/(1-R) \cong 10.5$, obtém-se $K_{SC} \cong 15.8,\ 21.0$ e $24.7MPa\sqrt{m}$ para as sobrecargas de **50**, **100** e **135%**, logo $zp_{SC} \cong (1/2\pi)(K_{SC}/S_E)^2 \cong 67,\ 119$ e $164\mu m$ para estas 3

SC, respectivamente. Wb prevê $K_{res}(a_1) = K_{SC} − K_{max}(a_1) \cong 5.3, 10.5$ ou $14.2 MPa\sqrt{m}$ logo após as sobrecargas e, sendo $K_{res}(a_i)$ dado pela equação (9.136), um retardo na taxa subseqüente dado por:

$$[da_i/dN]_{ret} = 20 \cdot 10^{-10}\left[10 − 7 \cdot \{1 − 0.9[(0.5 − K_{res}(a_i))/(10.5 − K_{res}(a_i))]\}\right]^2 \quad (9.146)$$

Wb não é calibrável, e prevê parada desta trinca após todas as 3 sobrecargas. Portanto, Wb pode prever parada mesmo quando $K_{SC} < 2 \cdot K_{max}(a_1)$.

Calibrando WbM para forçar a previsão do retardo gerado pela sobrecarga de **100%** a ser $n_R(100\%) = 4.5 \cdot 10^5$, obtém-se $\Phi(a_1) = [1 − \Delta K_{th}/\Delta K(a_1)]/(R_{pt} − 1) = (1 − 6.7/10)/0.9 \cong 0.37$. Substituindo então o valor de $K_{res}(a)$ por $0.37 \cdot K_{res}(a)$ na equação (9.137) para obter a razão **R** usada na equação $da/dN \times \Delta K$ do material, ela pode ser integrada (por exemplo, no **ViDa**) para obter $n_R(SC = 135\%) = \infty$ (parada de trinca) e $n_R(50\%) = 1.1 \cdot 10^4$ **ciclos**.

No modelo WbGM, as 3 sobrecargas resultam no mesmo $K_{res}(a_i)|_{min} = 0$ e $R_{ret}(a_i) = 0$ mas **não** em $\Delta K_{ret}(a_i) = K_{res}(a_i)|_{max} − K_{res}(a_i)|_{min}$ fixo, pois K_{max} e K_{min} têm reduções diferentes. Calibrando WbGM para que $n_R(100\%) = 4.5 \cdot 10^5$, obtém-se $\Phi_0 = 0.322$ e, como não há subcargas após a **SC**, $R_{sub} = K_{min}/K_{SC} > 0$, logo $\Phi \cong \Phi_0$. WbGM também prevê parada de trinca após a **SC** de **135%**, vide Fig. 9.136, e calcula $n_R(50\%) = 1.1 \cdot 10^4$ **ciclos** por:

$$[da_i/dN]_{ret} = 2.10^{-10} \cdot \left[3.5 − 0.322 \cdot \left(15.8\sqrt{[67 + (a_{SC} − a_i)]/67} − 10.5\right)\right]^2 \quad (9.147)$$

onde o valor de $(a_{SC} − a_i)$ deve estar em μm, a mesma unidade usada para zp_{SC}.

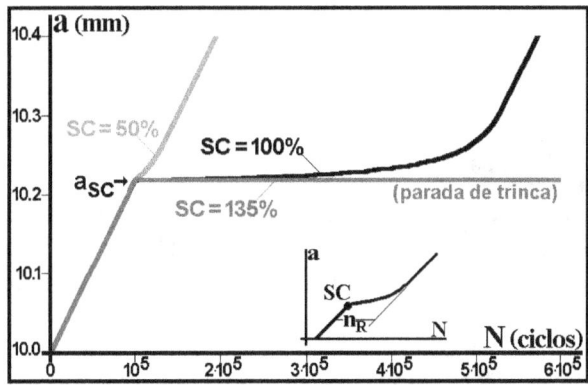

Fig. 9.136: Previsões do modelo WbGM (o valor medido foi $n_R(50\%) = 6.5 \cdot 10^3$ **ciclos**). ✔

9.20.2 Modelos de retardo baseados na variação da taxa da/dN

Wheeler [157] também supôs que as sobrecargas retardam as taxas subseqüentes (em relação às taxas que seriam obtidas na ausência da **SC**) enquanto a zp_i do **i**-ésimo evento após a **SC** estiver embutida na zp_{SC} por ela gerada, vide Fig. 9.134. Ele assumiu que as taxas retardadas $(da_i/dN)_{ret}$ dependem das distâncias entre as fronteiras das zonas plásticas zp_i geradas pelos eventos posteriores à **SC** (que vão avançando com a trinca) e a fronteira da zp_{SC} (fixa na peça), ou seja, que $(da_i/dN)_{ret} < da_i/dN$ enquanto $(a_i + zp_i) < (a_{SC} + zp_{SC})$, sendo:

$$[da_i/dN]_{ret} = (da_i/dN) \cdot [zp_i/(zp_{SC} + (a_{SC} − a_i))]^\beta \quad (9.148)$$

onde da_i/dN é a taxa que atuaria no **i**-ésimo evento da carga caso a sobrecarga não retardasse a trinca, e $(da_i/dN)_{ret}$ é a taxa prevista para o crescimento retardado da trinca após a sobrecarga.

Desta forma, Wheeler prevê que a taxa de propagação após a **SC** deve sofrer um retardo variável que, de um valor máximo logo no ciclo seguinte à **SC**, deve decrescer à medida que a trinca avance pela $\mathbf{zp_{SC}}$, terminando quando a fronteira da zona plástica $\mathbf{zp_i}$ (que avança com a ponta da trinca a cada ciclo) atinge a fronteira da $\mathbf{zp_{SC}}$ (que foi previamente hipertrofiada pela **SC**). Assim, se a sobrecarga for chamada de evento 0, o retardo máximo no modelo de Wheeler também ocorre no ciclo seguinte à **SC**, e vale:

$$(da_1/dN)_{ret} = da_1/dN \cdot (K_{max}(a_1)/K_{SC})^{2\beta} = da_1/dN \cdot (\sigma_{max}(a_1)/\sigma_{SC})^{2\beta} \qquad (9.149)$$

O efeito de retardo termina em $(\mathbf{a_j} + \mathbf{zp_j}) = (\mathbf{a_{SC}} + \mathbf{zp_{SC}})$ no **j**-ésimo evento após a **SC**, quando $(\mathbf{da_j}/\mathbf{dN})_{ret} = \mathbf{da_j}/\mathbf{dN}$. Todavia, o modelo de Wheeler (Wh) não consegue prever a parada de trincas observada na prática, pois não pode gerar $(\mathbf{da_1}/\mathbf{dN})_{ret} = \mathbf{0}$. Mas ele pode ser usado com cargas de amplitude variável ou com múltiplas sobrecargas, bastando observar a regra do retardo proporcional à distância entre a fronteira da $\mathbf{zp_i}$ do evento em questão e a mais distante fronteira das (várias) zonas plásticas $\mathbf{zp_{SCk}}$ causadas pelas **k** sobrecargas prévias que ainda a estiverem envolvendo. Portanto, como no caso do fechamento elberiano (mas sem ter nada a ver com ele), a $\mathbf{zp_{SC}}$ hipertrofiada pela **SC** pode ser imaginada como a causa do retardo subseqüente na taxa de propagação da trinca. Segundo Broek [17], na prática, o expoente do modelo de Wheeler deve ser ajustado experimentalmente para otimizar a qualidade das previsões de vida à fadiga sob cargas de gama variável, como ilustrado na Fig. 9.137.

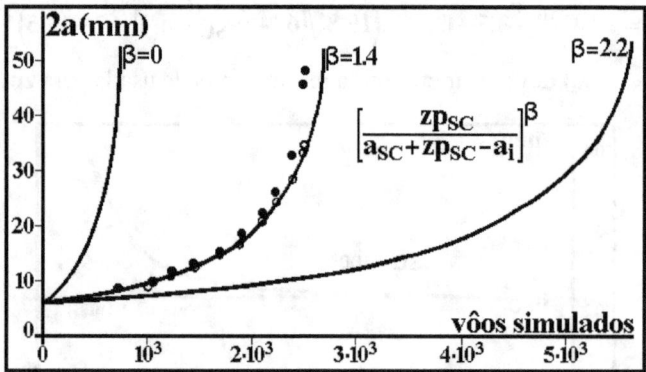

Fig. 9.137: Influência do expoente de Wheeler β na previsão da propagação de trincas propagadas sob cargas de gama variável.

9.20.3 Modelos de retardo baseados na variação da gama ΔK

É trivial eliminar uma limitação do modelo original de Wheeler, a sua incapacidade de prever as paradas das trincas, sem alterar o seu poder de quantificar os retardos: basta multiplicar os valores das gamas $\Delta K(\mathbf{a_i})$ subseqüentes à **SC** (em vez das taxas $\mathbf{da_i}/\mathbf{dN}$) por um parâmetro retardador similar ao do modelo original, dado na equação (9.148). Sendo este um modelo totalmente fenomenológico, é até surpreendente que não tenha sido esta a forma original escolhida para apresentá-lo. Assim, pode-se propor uma versão modificada do modelo de Wheeler (WhM) dada por [158]:

$$\Delta K_{ret}(a_i) = \Delta K(a_i) \cdot [zp_i/(zp_{SC} + (a_{SC} - a_i))]^{\gamma} \qquad (9.150)$$

onde $\Delta K(\mathbf{a_i})$ é a gama que seria gerada pelo **i**-ésimo evento da carga de serviço sobre a trinca de tamanho $\mathbf{a_i}$ se a sobrecarga não tivesse sido aplicada no evento **0**, em $\mathbf{a} = \mathbf{a_{SC}}$. O retardo atua enquanto $(\mathbf{a_i} + \mathbf{zp_i}) < (\mathbf{a_{SC}} + \mathbf{zp_{SC}})$. É preciso enfatizar que o expoente γ deste modelo em geral é diferente do expoente β do modelo original de Wheeler: $\gamma \neq \beta$. Segundo WhM, a trinca pára em qualquer evento que tenha $\Delta K_{ret}(a_i) \leq \Delta K_{th}(R_i)$, sendo $R_i = (K_{min}/K_{max})_i$ a razão R do i-ésimo evento da carga, que neste modelo não depende da história prévia, como suposto no modelo de Willenborg.

Wheeler e Wheeler Modificado são modelos simples e fáceis de usar, que podem ser associados a qualquer regra $da/dN \times \Delta K$. Como WhM é mais versátil, vale a pena escolhê-lo sempre que possível. Além disso, o modelo WhM pode ser generalizado para quantificar as acelerações causadas por subcargas compressivas nas taxas da_i/dN previamente retardadas por sobrecargas, supondo que os efeitos das subcargas só podem ocorrer enquanto a trinca está na zona de influência da SC, $(a_i + zp_i) < (a_{SC} + zp_{SC})$. O chamado modelo de Wheeler modificado e generalizado (WhMG) é dado por [159]:

$$\Delta K_{ret}(a_i) = \Delta K(a_i) \cdot \left\{ zp_i / \left[(1 - R_{sub}^*) \cdot zp_{SC} + (a_{SC} - a_i) \right] \right\}^{\gamma}$$

$$R_{sub}^* = \begin{cases} 0, & R_{sub} \geq 0 \\ -\kappa R_{sub}, & R' < R_{sub} < 0 \\ \kappa R', & R_{sub} < R' \end{cases} \tag{9.151}$$

onde R_{sub} é a razão R da subcarga, κ uma constante ajustável e R' um patamar de corte (na falta de informações melhores, sugere-se usar $R' = -0.5$). Note que a redução $(1 - R_{sub}) \cdot zp_{SC}$ causada por uma subcarga no tamanho da zona plástica induzida por uma sobrecarga prévia foi originalmente proposta para generalizar o modelo de Willenborg, e ela foi aqui adaptada para generalizar também o modelo de Wheeler modificado.

Como os modelos tipo Willemborg, Wh, WhM e WhMG também não têm uma justificativa teórica apropriada. Sua maior utilidade é descrever a fenomenologia da propagação das trincas sob cargas de gama variável da maneira mais simples possível. Todavia, eles apresentam um desempenho surpreendentemente satisfatório em vários casos práticos. Em particular, WhMG (após suas constantes terem sido ajustadas em testes de referência) pode simular tanto os retardos e paradas quanto as acelerações nas taxas da/dN causadas pelas mudanças bruscas da carga, característica só encontrada em modelos muito mais complexos. Além disso, o ajuste das constantes destes modelos por tentativa e erro usando o **ViDa** é relativamente simples e rápido. Mas o expoente dos modelos depende não só do material, como também do espectro de carga, do nível da tensão e da forma da trinca [160-161].

Em resumo, os modelos tipo Wheeler são mais simples e podem gerar previsões melhores que os tipo Willenborg, e WhM ou WhMG tendem a se sair melhor que Wh, pois podem descrever toda a fenomenologia básica dos efeitos de seqüência dos eventos das cargas reais de serviço. Mas para usá-los em previsões de vida residual na prática, o expoente γ de WhM ou de WhMG deve ser previamente ajustado para reproduzir tão bem quanto possível uma curva de propagação de referência. É recomendável fazer estas calibrações empíricas usando curvas $a \times N$ de referência medidas em CPs similares à peça de interesse, sob espectros representativos das cargas (e das sobrecargas) que se espera ter em serviço, para minimizar a influência das variáveis que podem afetar a vida à fadiga e o desempenho dos modelos. Por fim, caso não se consiga reproduzir adequadamente a curva $a \times N$ padrão ajustando γ, pode-se tentar melhorar as previsões incluindo outras constantes ajustáveis no parâmetro de Wheeler, pois estes modelos não são leis físicas, logo podem ser adaptados ao gosto do freguês.

⇨ E9.24: Calcule por Wh, WhM e WhMG quantos ciclos uma trinca leva para crescer **1.0mm** numa peça feita do aço do E9.23 sob uma carga de $R = 0$ e gama $\Delta K = 10$ **MPa√m**, após sofrer uma **SC** de $K_{max} = 18$ seguida de uma subcarga de $K_{sub} = -8$**MPa√m**, supondo que $\beta(Wh) = 2.5$, $\gamma(WhM) = 0.25$ e $\alpha(WhMG) = 1$.

Como $zp_i = (1/2\pi)(K_{max}/S_E)^2 = (1/2\pi)(10/769)^2 \cong 27\mu m$ e $zp_{SC} \cong 87\mu m$, o tamanho da região do retardo é $zp_{SC} - zp_i = 60\mu m$, logo Wh prevê:

$$N_{Wh} = \left(\int_{a_{SC}}^{a_{SC}+60} [27/(87 + a_{SC} - a)]^{-2.5} da + \int_{a_{SC}+60}^{a_{SC}+1000} da \right) / \left[2 \cdot 10^{-10} \cdot (10 - 7)^2 \right] \quad (9.152)$$

A primeira integral quantifica a vida gasta para propagar a trinca através da região do retardo induzido pela sobrecarga, e a segunda para propagá-la após o fim do retardo. Portanto $N_{Wh} \cong 2.5 \cdot 10^5 + 5.2 \cdot 10^5 = 7.7 \cdot 10^5$ ciclos. Analogamente, WhM prevê:

$$N_{WhM} = \frac{\int_{a_{SC}}^{a_{SC}+60} da / \{10 \cdot [27/(87 + a_{SC} - a)]^{0.25} - 7\}^2 + \int_{a_{SC}+60}^{a_{SC}+1000} da / (10-7)^2}{2 \cdot 10^{-10}} \quad (9.153)$$

Desta forma, $N_{WhM} \cong 3.2 \cdot 10^5 + 5.2 \cdot 10^5 = 8.4 \cdot 10^5$ ciclos (mostrando que os expoentes β e γ assumidos para Wh e WhM são coerentes). O modelo WhMG quantifica a diminuição do retardo gerada pela subcarga compressiva de $R_{sub} = -8/18 = -0.444$ aplicada após a SC reduzindo a zp_{SC} de $87\mu m$ para $(1 + \alpha \cdot R_{sub}) \cdot 87 \cong 48\mu m$, bem como a região de atuação do retardo para $21\mu m$, portanto:

$$N_{WhMG} = \frac{\int_{a_{SC}}^{a_{SC}+21} da / \{10 \cdot [27/(48 + a_{SC} - a)]^{0.25} - 7\}^2 + \int_{a_{SC}+21}^{a_{SC}+1000} da / (10-7)^2}{2 \cdot 10^{-10}} \quad (9.154)$$

Assim, $N_{WhMG} \cong 2.3 \cdot 10^4 + 5.4 \cdot 10^5 \cong 5.6 \cdot 10^5$ ciclos. Estas previsões exemplificam o grande efeito do retardo que, de acordo com WhM consome um pouco mais do que 38% dos ciclos ($3.2 \cdot 10^5$ dentre $8.4 \cdot 10^5$) para crescer apenas 60μm dentro da região influenciada pela SC, que corresponde a somente 6% do incremento total de 1mm usado neste problema. Já, segundo WhMG, a subcarga aplicada logo após a SC reduz significativamente os ciclos de retardo para apenas $2.3 \cdot 10^4$, que neste caso correspondem a somente cerca de 5% dos $5.6 \cdot 10^5$ ciclos gastos para que a trinca cresça 1mm depois de sofrer a SC. ✔

9.20.4 Modelos de retardo baseados na variação da carga de abertura K_{ab}

Estes modelos assumem que os efeitos de seqüência na propagação de trincas por fadiga são causados pela variação da gama efetiva ΔK_{ef}, e usam estimativas da carga de abertura K_{ab} a cada evento da carga para calcular a taxa de propagação da trinca.

O chamado modelo da carga de abertura constante (A_bC_{te}), o mais simples deles, assume que o valor de K_{ab} permanece invariável sob cargas complexas. Para placas, a razão K_{ab}/K_{SC} pode ser estimada pela equação (9.53), vide item 9.16.1, e para peças mais complexas pode-se estimar $0.3 < K_{ab}/K_{SC} < 0.5$ na ausência de informações mais precisas [162]. Mas sempre que possível deve-se calibrar a razão K_{ab}/K_{SC} através de testes apropriados, como proposto para o ajuste dos parâmetros dos modelos descritos acima. O modelo A_bC_{te} é certamente muito limitado, e tem limitações similares às de ΔK_{rms}, que também usa um parâmetro único para descrever os efeitos das cargas complexas. Assim, ele só deve ser usado para estimar efeitos de ordem em histórias de carga que incluam sobrecargas ou variações bruscas da razão R freqüentes e com magnitudes similares. Quando as SC são muito espaçadas, o modelo A_bC_{te} pode gerar previsões de vida residual à fadiga *não*-conservativas, pois se ΔK_{ef} controla a propagação da trinca, K_{ab} deve diminuir quando ela sai da zona de influência da SC.

⇨ E9.25: Estime pelo modelo A_bC_{te} a vida residual de uma grande placa fina de aço 17-4PH com uma trinca $a_0 = 10mm$ na borda, que trabalha sob carga trativa pulsante de gama

$\Delta\sigma = 100MPa$ sofrendo uma **SC** de **60%** e $\mathbf{R_{SC}} = 0$ a cada 10^6 ciclos, seguida ou não de uma subcarga de $\mathbf{K_{sub}/K_{SC}} = -1$. Suponha que a placa não flamba sob $\mathbf{K_{sub}}$, e que $\mathbf{da/dN(m/ciclo)} = 2\times10^{-12}(\mathbf{K_{max} - K_{ab}})^{3.2}$, $\mathbf{S_E} = 1GPa$ e $\mathbf{K_{IC}} = 100MPa\sqrt{m}$.

Pela equação (8.40), para o aço 17-4PH estima-se $\mathbf{K_C} \cong 1.5\cdot\mathbf{K_{IC}} = 150MPa\sqrt{m}$ usando $\mathbf{K_C(t)/K_{IC}} = 1 + A\exp[-(Bt/t_0)^2]$, $\mathbf{A} = 0.5$ e $\mathbf{B} = 1$, e pela eq. (9.53) estima-se $\alpha \cong 1.15$ (pois a placa é "fina", logo trabalha sob σ-plana). Assim, estima-se que a placa (grande) romperá numa das sobrecargas quando $\mathbf{K_C} = 1.12\cdot\sigma_{SC}\sqrt{(\pi a_C)} \Rightarrow \mathbf{a_C} = [150/(1.12\cdot160\sqrt{\pi})]^2 \cong 223mm$.

Usando $\mathbf{R_{SC}} = 0$, $\mathbf{R_{sub}} = -1$, $\alpha = 1.15$, $\sigma_{max} = 160$ e supondo $\mathbf{S_E} \cong \mathbf{S_R} \cong \mathbf{S_{FL}} = 1000$ desprezando o encruamento, estima-se $\mathbf{K_{ab}}$ pela eq. (9.53), repetida abaixo por conveniência:

$$\begin{cases} \dfrac{\mathbf{K_{ab}}}{\mathbf{K_{max}}} = \begin{cases} \max\left[R,(A_0 + A_1R + A_2R^2 + A_3R^3)\right], & R \geq 0 \\ A_0 + A_1R, & -2 \leq R < 0 \end{cases} \\ A_0 = (0.825 - 0.34\alpha + 0.05\alpha^2)\cdot[\cos(\pi\sigma_{max}/2S_{FL})]^{1/\alpha} \\ A_1 = (0.415 - 0.071\alpha)\sigma_{max}/S_{FL} \\ A_2 = 2 - 3A_0 - 2A_1 \\ A_3 = 2A_0 + A_1 - 1 \end{cases} \quad (9.53)$$

Logo, pode-se estimar a carga de abertura (que supostamente permanece constante após as sobrecargas) por $\mathbf{K_{ab}(SC)} = A_0\mathbf{K_{SC}} \cong 0.49\cdot\mathbf{K_{SC}}$. Também se pode estimar que quando a **SC** é seguida de uma subcarga $\mathbf{K_{ab}(sub)} = (A_0 + A_1R) \cong 0.44\cdot\mathbf{K_{SC}}$. Assim, desprezando o crescimento das trincas durante as **SC** de um único ciclo (boa hipótese, exceto quando elas causam a fratura da peça), e a variação da carga de abertura $\mathbf{K_{ab}}$ entre elas (hipótese básica, mas questionável, deste método A_bC_{te}), pode-se estimar a vida residual da placa trincada por:

$$N = \frac{\int_{0.010}^{0.223}(\sqrt{\pi a})^{-3.2}da}{2\cdot10^{-12}[1.12\cdot(100 - 0.49\cdot160)]^{3.2}} = \frac{(0.01^{-0.6} - 0.223^{-0.6})}{0.6\cdot2\cdot10^{-12}(24.2\sqrt{\pi})^{3.2}} = 6.67\cdot10^7 \text{ ciclos} \quad (9.155)$$

Como as sobrecargas ocorrem a cada 10^6 ciclos, estima-se então que a placa só romperia após a **67ª SC** (a primeira **SC** é o evento 0). Para prever a vida quando subcargas são aplicadas após as sobrecargas, deve-se substituir a estimativa da carga de abertura $\mathbf{K_{ab}} \cong 0.44\cdot\mathbf{K_{SC}}$ na integral acima, o que resulta, como esperado, numa vida menor de $\mathbf{N} = 2.44\cdot10^7$ **ciclos**. Ou seja, estima-se que a placa romperá após a **25ª** subcarga neste caso. ✔

Todavia, uma palavra de cautela é necessária aqui. Supor que a carga de abertura $\mathbf{K_{ab}}$ permanece fixa durante uma série de **SC** similares espaçadas ao longo do tempo só é razoável quando a trinca sempre sofre uma **SC** enquanto ainda está sob a influência da **SC** prévia. Nesta placa a zona plástica da primeira **SC** é $\mathbf{zp_{SC0}} \cong (1/\pi)(1.12\cdot160\sqrt{(\pi\cdot0.01)}/1000)^2 \cong 32\mu m$ (pois a placa supostamente está em σ-plana, logo $\mathbf{zp_{SC}} \cong (1/\pi)(\mathbf{K_{max}/S_E})^2$). Como para cruzá-la é preciso $\mathbf{N_0} = (0.01^{-0.6} - 0.010032^{-0.6})/[0.6\cdot2\cdot10^{-12}\cdot(24.2\sqrt{\pi})^{3.2}] = 1.51\cdot10^5$ **ciclos**, e a segunda **SC** ocorre após 10^6 ciclos, ela só atua bem depois que trinca deixa a zona plástica da primeira **SC**. Assim, estas previsões devem ser **não**-conservativas, pois $\mathbf{K_{ab}} = 0.49\cdot\mathbf{K_{max}} < 0.49\cdot\mathbf{K_{SC}}$ quando a ponta da trinca não está sob efeito da **SC**, segundo a equação (9.53). Portanto, esta previsão seria menos duvidosa se o número de sobrecargas aplicadas sobre a placa aumentasse muito, por exemplo, se elas fossem aplicadas a cada 10^5 ciclos.

Este problema pode ser resolvido propondo um modelo de abertura constante modificado ($A_bC_{te}M$), supondo que a **SC** só afeta a sua região de influência, que pode ser estimada como a de Wheeler, por exemplo. Assim, pode-se retirar a restrição "sobrecargas freqüentes com K_{SC} similares", necessária para aplicar o modelo A_bC_{te}. Desta forma, o modelo $A_bC_{te}M$ aqui proposto pode usar a equação (9.53) para estimar a razão K_{ab}/K_{max} de cada evento da carga em placas. No caso mais simples, uma SC superposta a uma carga de $\Delta\sigma$ e σ_{max} (ou ΔK e K_{max}) fixas, a carga de abertura $K_{ab} = K_{SC}\cdot[\max[R, (A_0 + A_1R + A_2R^2 + A_3R^3)]$ é mantida constante pelos próximos i-ésimos eventos enquanto $(a_i + zp_i) < (a_{SC} + zp_{SC})$, após os quais ela retorna ao valor anterior $K_{ab} = K_{max}\cdot[\max[R, (A_0 + A_1R + A_2R^2 + A_3R^3)]$. Em princípio, as razões R da sobrecarga e da carga podem ser diferentes, e isto deve ser considerado nestas equações. No caso geral, quando as sobrecargas (ou subcargas) podem ser aplicadas enquanto a ponta da trinca está dentro da zona de influência de uma SC prévia, troca-se a estimativa de K_{ab} toda vez que a nova SC gerar uma zona plástica que ultrapasse a zp_{SC} prévia, passando assim a controlar o retardo. É mais fácil compreender esta idéia acompanhando com cuidado o exemplo simples a seguir.

⮕ E9.26: Estime pelo modelo $A_bC_{te}M$ o número de ciclos necessários para propagar uma trinca de $a_0 = 50$ até $a_f = 60mm$ na placa do E9.25, supondo que ela trabalha sob carga trativa pulsante de gama $\Delta\sigma = 100MPa$ e $R = 0.1$, e sofre 3 sobrecargas de 100%, a primeira em $a_1 = 50$, a segunda em $a_2 = 55$ e a terceira em $a_3 = 56mm$, seguidas de uma subcarga de -100% em $a_4 = 57mm$ (sem flambar quando comprimida).

Por (9.53), as SC geram $A_0 = 0.5\cdot\{\cos[\pi\cdot200/(1 - 0.1)\cdot2\cdot1000]\}^{1/1.15} = 0.474$, $A_1 = 0.074$, $A_2 = 0.431$, $A_3 = 0.021$, logo $K_{abSC} \cong 0.485\cdot K_{SC}$ e a subcarga $K_{absub} = 0.481\cdot K_{SC}$, enquanto a carga não afetada pela sobrecarga tem $K_{ab} = 0.5\cdot K_{max}$. Assim, na região de influência da SC, $\Delta K_{efSC} = K_{max} - K_{abSC} = 0.03\cdot K_{max}$, valor que aumenta ligeiramente após a subcarga para $\Delta K_{efsub} = 0.038\cdot K_{max}$. Na região não afetada pela SC, a gama efetiva é $\Delta K_{ef} = 0.5\cdot K_{max}$.

Como $zp_{SC1} = (1/\pi)(K_{SC1}/S_E)^2 = (1/\pi)[1.12\cdot2\cdot100\sqrt{(\pi\cdot0.050)}/(1 - 0.1)\cdot1000]^2 \cong 3.10mm$, e como a sua zona de influência é menor do que isto, a segunda SC atua após o efeito da primeira ter terminado. Já como $zp_{SC2} \cong 3.4mm$, a terceira SC atua sobre a região afetada pela segunda. Por fim, a subcarga atua sobre o efeito da terceira SC, o qual termina antes que a trinca atinja a_f. A zona plástica da carga varia entre $zp(a_0) = 0.774$ e $zp(a_f) = 0.929mm$. Assumindo que as SC afetam regiões com $(a_i + zp_i) < (a_{SC} + zp_{SC})$, pode-se então supor que:

- $\Delta K_{ef1} = 0.03\cdot K_{max}$, $a_0 = 50 < a < a_1 = a_0 + zp_{SC1} - zp(a_1) \cong 50 + 3.1 - 0.81 = 52.29mm$;
- $\Delta K_{ef2} = 0.5\cdot K_{max}$, $a_1 < a < a_{SC2} = 55mm$;
- $\Delta K_{ef3} = 0.03\cdot K_{max}$, $a_{SC2} < a < a_{sub} = 57mm$ (pois a SC$_3$ atua dentro da zp_{SC2});
- $\Delta K_{ef4} = 0.038\cdot K_{max}$, $a_{sub} < a < a_2 = a_{SC3} + zp_{SC3} - zp(a_2) \cong 56 + 3.47 - 0.91 = 58.56mm$;
- $\Delta K_{ef5} = 0.5\cdot K_{max}$, $a_2 < a < a_f = 60mm$.

Portanto, sendo $A = 2\cdot10^{-12}$, a vida necessária para propagar a trinca é estimada por:

$$N = \int_{a_0}^{a_1} \frac{da}{A\Delta K_{ef1}^{3.2}} + \int_{a_1}^{a_{SC2}} \frac{da}{A\Delta K_{ef2}^{3.2}} + \int_{a_{SC2}}^{a_{sub}} \frac{da}{A\Delta K_{ef3}^{3.2}} + \int_{a_{sub}}^{a_2} \frac{da}{A\Delta K_{ef4}^{3.2}} +$$

$$+ \int_{a_2}^{a_f} \frac{da}{A\Delta K_{ef5}^{3.2}} = 4.5\cdot10^8 + 6.1\cdot10^4 + 3.4\cdot10^8 + 1.2\cdot10^8 + 2.8\cdot10^4 \cong 9.1\cdot10^8 \text{ ciclos}$$

As sobrecargas são tão significativas neste caso, que a vida prevista sem considerá-las seria de apenas $N \cong 2.2\cdot10^5$ ciclos. ✓

Todavia, não se pode confundir previsão de modelos com a realidade física. O modelo $A_bC_{te}M$ mantém uma característica muito pouco razoável, uma variação brusca da carga de abertura ao sair da zona afetada pela SC. Supondo que a taxa da/dN é controlada por uma gama ΔK_{ef} invariável na região afetada pela SC, as previsões de vida podem acabar, como no caso acima, independentes das regiões não afetadas pelas sobrecargas. Assim, se as estimativas de K_{ab} (notoriamente imprecisas) não forem conservativas, as estimativas de vida residual podem acabar superdimensionadas, uma tendência certamente indesejável. Por isso, pode-se propor uma variação adicional neste modelo, trabalhando com uma carga de abertura variável na zona afetada pela SC, por exemplo, variando-a linearmente entre o valor previsto para K_{abSC} logo após a SC, e o valor de K_{ab} previsto para a carga normal ao sair daquela zona. Estas idéias são implementáveis computacionalmente, mas sem dados experimentais para suportá-las, seu interesse por enquanto é mais didático do que prático.

Os modelos de retardo baseados em K_{ab} vêm sendo recentemente usados com a chamada regra da/dN$\times\Delta K_{ef}$ de deKoning-Newman [163-164], principalmente na área aeroespacial (que ainda gosta muito desta idéia, talvez porque trabalhe principalmente com chapas finas). Ao contrário das regras de propagação estudadas anteriormente, esta regra é incremental, isto é, ela divide o ciclo de carga em duas partes regidas por equações diferentes, logo é relativamente difícil de usar na prática. Além disso, ela tem parâmetros demais, o que dificulta a sua quantificação experimental. Apesar disso vale a pena mencioná-la aqui, por causa do prestígio do grupo que a suporta:

$$\begin{cases} \dfrac{da}{dN} = A\left(K_{max} - K_{ab}\right)^m \left[1 - \left(\dfrac{\Delta K_{th_{in}}}{K_{max} - K_{ab}}\right)^p\right], & K_{ab} + \Delta K_{th_{in}} < K_{max} < K^* \\[4mm] \dfrac{da}{dN} = A\left(K^* - K_{ab}\right)^m \left[1 - \left(\dfrac{\Delta K_{th_{in}}}{K^* - K_{ab}}\right)^p\right] + A_p\left[K_{max}^m - K^{*m}\right], & K^* < K_{max} < K_C \end{cases} \tag{9.156}$$

O limar intrínseco $\Delta K_{th_{in}}$ já foi mencionado no item 9.7.4, vide equações (9.55)-(9.56), e K^* é o nível do FIT associado à transição da plasticidade cíclica para a primária, onde começa o escoamento de material virgem à frente da ponta da trinca, o qual deve ser calculado a cada ciclo do carregamento. Detalhes sobre a aplicação deste modelo podem ser encontrados nas referências já citadas.

9.21 Quantificação dos Efeitos de Seqüência em Trincas 2D

A modelagem da interação entre os ciclos das cargas de gama variável na propagação das trincas 2D é mais trabalhosa, mas não muito mais difícil do que no caso 1D. A idéia fundamental continua sendo manter a geometria elipsoidal das trincas 2D, sem impedir a mudança da razão entre os seus semi-eixos a/c. Isto é feito contabilizando o crescimento acoplado dos semi-eixos a e c a cada evento da carga, incluindo os efeitos de retardo da mesma forma que foi feito no caso 1D. Como em geral $\Delta K(a) \neq \Delta K(c)$, os efeitos de retardo no crescimento 2D podem ser diferentes em cada direção, mas não introduzem dificuldades conceituais de monta. Entretanto, a propagação 2D tem sutilezas interessantes, tipo uma SC pode parar durante algum tempo a trinca numa direção enquanto ela continua crescendo na outra. Por exemplo, usando WhM para modelar os efeitos de interação na propagação 2D, e supondo por simplicidade que a SC seja o evento 0 (i.e., após a SC a trinca cresce de $a_{SC} = a_0$ até a_1 e de $c_{SC} = c_0$ até c_1), e que a trinca tenha $\Delta K(a_0) > \Delta K(c_0)$, primeiro se calcula:

$$\Delta K_{ret}(a_1) = \Delta K(a_1) \cdot [zp(a_1)/(zp_{SC}(a_0) + a_0 - a_1)]^\gamma \tag{9.157}$$

onde $zp_{SC}(a_0) = [K_{SC}(a_0)/S_E]^2/2\pi$ e $\Delta K(a_1)$ é a gama do FIT que atuaria no semi-eixo a_1 no primeiro evento após a SC, caso ela não retardasse a trinca nesta direção. Em seguida deve-se especificar um pequeno incremento Δa e calcular N_1, o número de ciclos necessários para que o semi-eixo a da trinca cresça de Δa sob $\Delta K_{ret}(a_1)$, para quantificar o efeito do retardo na direção de a logo após a SC, $N_1 = \Delta a/F(\Delta K_{ret}(a_1), R_1, \cdots)$, sendo F a regra de propagação do material em questão. Em seguida se precisa calcular o incremento do semi-eixo c durante estes N_1 ciclos, $\Delta c_1 = N_1 \cdot F(\Delta K_{ret}(c_1), R_1, \cdots)$, onde

$$\Delta K_{ret}(c_1) = \Delta K(c_1) \cdot \left[zp(c_1)/(zp_{SC}(c_0) + c_0 - c_1) \right]^{\gamma} \tag{9.158}$$

e $zp_{SC}(c_0) = [K_{SC}(c_0)/S_E]^2/2\pi$ e $\Delta K(c_1)$ é a gama do FIT que atuaria no semi-eixo c_1 logo após a SC, caso ela não retardasse a trinca.

O processo iterage, gerando os novos semi-eixos da trinca, $a_2 = a_1 + \Delta a_1$ e $c_2 = c_1 + \Delta c_1$, calculando $\Delta K_{ret}(a_2)$, N_2 e Δc_2, e assim por diante. Para quantificar decentemente os efeitos de retardo, deve-se usar um incremento $\Delta a \ll zp_{SC}(a_0)$ pequeno em relação à região onde eles atuam, pois há retardo na direção a enquanto $[a_i + zp(a_i)] < [a_0 + zp_{SC}(a_0)]$, e na direção c enquanto $[c_i + zp(c_i)] < [c_0 + zp_{SC}(c_0)]$. Deve-se lembrar que as frentes das trincas semi-elípticas encontram-se sob ε-plana na profundidade (semi-eixo a) e sob σ-plana nas laterais (semi-eixo c). Portanto, é possível que os parâmetros de retardo (por exemplo, o expoente γ de WhM) sejam diferentes nas duas direções. Neste caso, basta usar expoentes γ_a e γ_c calibrados respectivamente sob ε-plana e σ-plana, e usar estimativas para as zps que adequadas, por exemplo $zp(a) = \pi[K_1(a)/(2.55 \cdot S_E)]^2/8$ e $zp(c) = \pi[K_1(c)/(1.15 \cdot S_E)]^2/8$ pela equação (9.54).

Nas trincas de canto quarto elípticas ambos os semi-eixos a e c estão sempre sob σ-plana, e nas trincas elípticas internas, ambos em geral estão sob ε-plana. Mas, como a maior parte da frente das trincas 2D sempre cresce sob ε-plana, é razoável argumentar que é provável que não seja conservativo assumir σ-plana na simulação do crescimento destas trincas. Ou seja, como quase toda a frente dessas trincas se encontra sob ε-plana, seria mais apropriado (e conservativo) usar em ambos os semi-eixos tamanhos de zp e os parâmetros de retardo estimados sob ε-plana. Este ponto de vista é corroborado por experimentos em placas de Al 7075-T6, onde o atraso na propagação previsto pelo maior fechamento sob σ-plana não é significativo, ou então só ocorre muito próximo da superfície e, portanto, não é representativo do comportamento global da trinca [22]. Newman e Raju sugerem que o efeito da superfície livre (sob σ-plana) no fechamento é realmente pequeno, mas não nulo, podendo diminuir em até 10% o valor do ΔK_{ef} calculado assumindo ε-plana, resultando em [165]:

$$\begin{cases} \Delta K_{ef} = (0.9 + 0.2R^2 - 0.1R^4) \cdot \Delta K_{ef}(\varepsilon-\text{plana}), & \text{se } R \geq 0 \\ \Delta K_{ef} = 0.9 \cdot \Delta K_{ef}(\varepsilon-\text{plana}), & \text{se } R < 0 \end{cases} \tag{9.159}$$

Esta correção adicional para trincas 2D só deveria ser usada nas superfícies livres, como na direção c de trincas semi-elípticas e em ambas as direções a e c em trincas de canto. Porém a correção acima é simplista, pois não considera o efeito do nível de tensão σ_{max} no fechamento. Uma opção é usar nas superfícies o valor α da restrição 3D, calibrado entre os valores de σ-plana e ε-plana. Além disso, os modelos acima não fornecem boas estimativas quando a profundidade a da trinca se aproxima da espessura t da peça trincada, pois neste caso o ligamento residual $lr = t - a$ pode escoar, diminuindo o fechamento e mantendo a trinca aberta.

⇨ E9.27: Calcule a propagação de uma trinca 2D semi-elíptica com $2c_0 = 14$ e $a_0 = 1mm$ no centro de uma placa retangular de Al 7075 T6 com $2w = 1m$ e $t = 6mm$, sob momentos fletores ΔM (em N·m) pulsantes aplicados por N **ciclos**, segundo a seqüência $(\Delta M, N) = \{(1200, 1), (600, 3.5 \cdot 10^5), (1500, 1), (600, 2.5 \cdot 10^5)\}$, supondo uma regra $da/dN(m/ciclo) = 1.27 \cdot 10^{-9}(\Delta K - 3.3)^{2.25}$ (ΔK em MPa√m) e usando γ = 0.25 para modelar os retardos por Wheeler modificado.

A expressão do FIT desta trinca usa a gama da tensão nominal máxima na superfície da placa, $\Delta M = 3\Delta M/wt^2$, vide Fig. 9.138, portanto $\Delta\sigma = \{200, 100, 250, 100\}MPa$. A história da carga é dividida no **ViDa** em **24** eventos de **25000** ciclos (ou **50000** meio-ciclos) com gama $\Delta\sigma = 100MPa$ e $R = 0$, uma sobrecarga com $\Delta\sigma = 200$, e outra com $\Delta\sigma = 250MPa$, vide Fig. 9.139. A equação **da/dN** é integrada em **a** e **c** considerando o retardo por WhM. Note que o efeito das sobrecargas é em geral diferente nos semi-eixos **a** e **c**, não só devido à variação dos FITs nas duas direções com a razão **a/c**, como também por causa do gradiente da tensão de flexão.

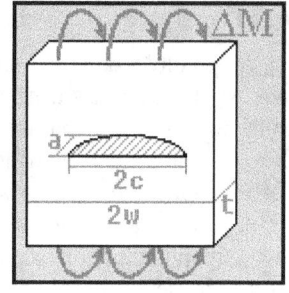

Fig. 9.138: Trinca 2D sob flexão.

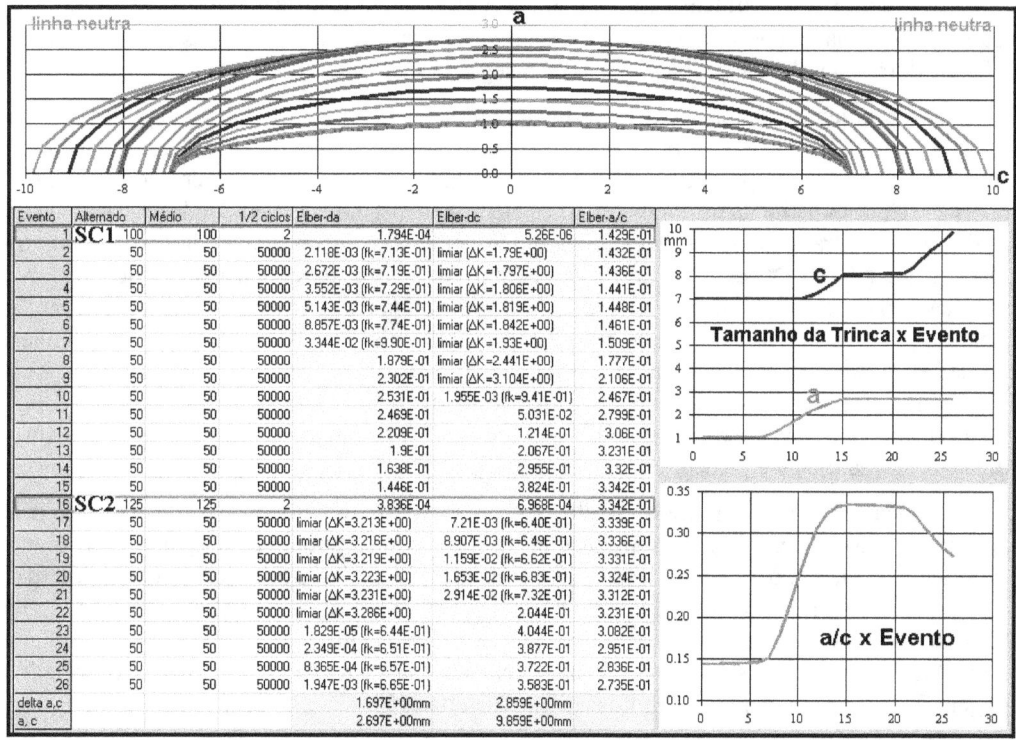

Fig. 9.139: Cálculo no **ViDa** da propagação da trinca 2D do E9-27, considerando os efeitos de retardo (que são diferentes nas direções **a** e **c**) por WhM: note as paradas causadas pelas duas **SC**, a primeira na direção **c** e a segunda na direção **a**.

A primeira **SC** retarda o crescimento na profundidade **a** da trinca, mas (devido à forma inicial alongada, **a/c = 0.14**) o pára na largura **c**, pois gera $\Delta K_l(c_1) < \Delta K_{th} = 3.3MPa\sqrt{m}$. Todavia, à medida que a profundidade **a** cresce, o aumento na razão **a/c** permite que a gama ΔK_l em **c** ultrapasse o limiar ΔK_{th}, e a trinca volta a se propagar em ambas as direções. Curiosamente, a segunda **SC** causa a parada do semi-eixo **a** da trinca, pois neste caso ele está perto da linha neutra de flexão e tem um $K_l(a)$ baixo. A propagação subseqüente na largura **c** (retardada pelos fatores f_k de WhM também listados na Fig. 9.139, que resume os cálculos feitos no **ViDa**), faz a razão **a/c** ir diminuindo e o $K_l(a)$ aumentando, até retomar o crescimento em **a** quando $\Delta K_l(a) > \Delta K_{th}$. Este comportamento complexo não é intuitivo, e realça a utilidade de ferramentas computacionais como o **ViDa** para simulá-lo. Os tamanhos finais da trinca são $a_f = 2.70mm$ e $2c_f = 2\cdot9.86 = 19.7mm$. ✓

9.22 Propagação das Trincas Curvas

A predição da vida à fadiga das trincas que trabalham sob modos I e II e/ou III é mais trabalhosa do que a das trincas estudadas até aqui, porque elas tendem a se curvar durante a propagação (por não trabalhar sob modo I puro), o que dificulta a sua modelagem. Como já estudado no Capítulo 8, as trincas podem curvar até mesmo em componentes estruturais simples, por exemplo, numa placa sujeita a cargas trativas pulsantes com uma trinca inicial inclinada em relação à carga, vide seção 8.17. Isto ocorre porque as trincas preferem crescer numa direção perpendicular à máxima tensão normal trativa σ_I que atua junto às suas pontas, já que o modo I tende a separar as faces da trinca, enquanto os modos II e III tendem a esfregá-las. Portanto, é natural que as trincas busquem o modo I para fugir do atrito e minimizar o trabalho despendido durante a sua propagação por fadiga. Por isso, é quase um axioma na fratografia supor que o caminho das trincas é perpendicular à direção de σ_I, vide Capítulo 2. E como a direção de σ_I é variável nos componentes de geometria complexa, a maioria das trincas realmente desafiadoras na vida real propaga por fadiga seguindo um caminho curvo.

Até os problemas menos triviais de trincamento por fadiga em modo I puro podem em geral ser resolvidos sem que seja preciso calcular o campo de tensões na peça toda, pois nestes casos o K_I da peça trincada pode ser catalogado, já que as trincas tendem a crescer no seu plano. Esta metodologia de análise local é tão eficiente que permite a previsão das vidas sob cargas de gama arbitrariamente variável considerando os efeitos de seqüência da carga, como estudado acima. O **ViDa** trata destes problemas de forma particularmente eficiente, mas (com desculpas pelo trocadilho) a vida do analista à fadiga é tudo menos monótona. A modelagem da propagação das trincas que crescem em modo misto I e II e/ou III em geral também ter que ser mista, pois não se conhece a priori o caminho das trincas, nem os valores dos seus FIT. Por isso, em geral não se consegue sequer estimar de forma razoável as suas vidas aproximando-as por trincas simples parecidas que tenham K_I catalogado, pois o erro destas aproximações normalmente é inaceitável para uso prático.

As trincas carregadas em modo misto tendem a curvar e/ou empenar o seu plano de propagação em busca do modo I, ajustando-se às variações do campo de tensões à medida que elas crescem. Portanto, para prever as suas vidas residuais à fadiga é preciso calcular primeiro o caminho (curvo) da trinca e os valores de K_I e K_{II} (e/ou K_{III}) ao longo dele, reanalisando globalmente o campo de tensões em toda a peça a cada incremento da trinca. Este tarefa só é implementável nas estruturas de geometria complexa através de métodos numéricos apropriados, em geral baseados em elementos finitos (EF) ou de contorno.

Todavia, os códigos de EF comerciais normalmente não incluem rotinas dedicadas eficazes para descrever a propagação das trincas. Na prática, a simulação numérica destes problemas requer pelo menos: (i) um gerador de malhas eficiente, que disponha de elementos especiais de ponta de trinca, e que seja capaz de produzir e verificar a qualidade de elementos de tamanhos muito diferentes; (ii) critérios adequados para calcular os FIT K_I e K_{II} (e/ou K_{III}) associados à trinca; (iii) critérios específicos para prever a direção de propagação a cada passo da trinca (que em geral varia à medida que a trinca cresce, causando a sua curvatura); e (iv) rotinas automáticas e autoadaptativas para remalhar e recalcular as tensões na peça a cada passo da trinca. A implementação destes quesitos num código operacional e amigável não é tarefa trivial, em particular porque é difícil garantir a estabilidade numérica de malhas com elementos de tamanhos muito diferentes, necessários para viabilizar uma simulação numérica eficiente das peças trincadas. De fato, como a discretização muito fina só é necessária junto à ponta da trinca, é desejável aumentar o tamanho dos EF à medida que eles se afastam dela, para diminuir o esforço computacional e viabilizar a repetida simulação global dos campos de tensão e deformação a cada incremento da trinca.

Mas, mesmo quando se consegue simular bem o caminho da propagação da trinca, a modelagem da vida residual à fadiga sob cargas reais de serviço tem que ser mista na prática. Isto porque os modelos numéricos globais não são eficazes para simular o crescimento das trincas curvas a cada evento da carga. O esforço numérico necessário para recalcular o campo global de tensões ciclo a ciclo é simplesmente inviável (além de desnecessário). A saída é usar o enfoque global para calcular primeiro o caminho da trinca e os FIT $K_I(a)$, $K_{II}(a)$ e/ou $K_{III}(a)$ a ele associados, aumentando passo a passo o tamanho da trinca através de incrementos discretos Δa, sem se preocupar com a vida necessária para consegui-los. A direção de propagação em geral varia a cada passo quando a carga é mista, e é por isso que a trinca curva. Esta curvatura (em geral suave) pode ser aproximada por 10 a 30 segmentos de reta em quase todos os casos práticos. E se o caminho da trinca for muito complexo, basta aumentar a sua discretização. Além disso, na prática é fácil chegar a um incremento de trinca adequado, verificando a convergência do caminho e dos FIT previstos por EF à medida que o seu tamanho diminui. A magnitude da carga nesta etapa é irrelevante, pois os FIT são parâmetros lineares elásticos (as análises elastoplásticas não são em geral necessárias para modelar as vidas à fadiga longas, as que realmente interessam na prática).

Em seguida, os valores de $K_I(a_i)$ calculados por EF a cada passo da trinca (onde a coordenada **a** é o comprimento ao longo do caminho da trinca) devem ser ajustados por uma função apropriada. Esta função deve ser então exportada para um programa de análise local como o **ViDa**, capaz de tratar as cargas de gama variável considerando adequada e eficientemente os efeitos de seqüência. Isto pode ser feito porque as trincas preferem crescer em modo I, com a sua taxa de propagação **da/dN** dependendo de $\Delta K_I(a)$ mesmo quando a carga é complexa. Ou seja, as trincas curvas se comportam como trincas 1D quando são descritíveis por uma única coordenada ao longo do seu caminho. Em outras palavras, trincas curvas antes de mais nada são trincas e gostam de crescer em modo I, logo o modo II, que serve para curvá-las, não afeta diretamente a sua propagação, mas influi no valor de $K_I(a)$, logo toma parte no problema. Assim, basta conhecer $K_I(a)$ para prever a vida de trincas curvas sob cargas reais de serviço, um fato comprovado experimentalmente, como mostrado adiante.

Desta forma, as vantagens complementares dos enfoques global e local podem ser usadas da maneira mais eficiente possível. Todavia, a implementação prática desta metodologia mista não é propriamente trivial, pois requer domínio de áreas bem diferentes. Mas ela já pode ser usada na solução de problemas corriqueiros de engenharia, porque já há ferramentas numéricas prontas e testadas que viabilizam a sua utilização.

O caso particular do crescimento sob modos I e II tem grande importância prática, pois a maioria das estruturas que precisam tolerar trincas é composta por chapas ou placas que não trabalham em modo III. Nestas estruturas as trincas podem curvar o seu plano de propagação, mas em geral não o empenam (a não ser na fase III da propagação das trincas por fadiga em chapas finas de alta tenacidade, como visto no item 9.11, a qual normalmente pouco contribui para a vida residual da peça trincada). Nestes casos, as trincas curvas podem ser descritas por uma única coordenada ao longo do seu caminho, que pode, portanto, ser previsto por um modelo global de EF 2D. Foi para efetuar esta tarefa que se desenvolveu o **Quebra2D**, um programa específico para simular o trincamento que inclui todas as características citadas acima, e que pode ser usado com praticamente qualquer código comercial de EF, já descrito na seção 8.17 [166-171]. De interesse agora é verificar o desempenho da metodologia mista de análise global/local na simulação do comportamento à fadiga de trincas reais.

Para verificar os caminhos previstos pelo **Quebra2D**, CPs tipo compacto de tensão C(T) foram furados para curvar as trincas de fadiga, vide Fig. 9.140, e depois testados sob gama ΔK quase constante e razão **R = 0.1** numa máquina servo-hidráulica computadorizada. Os CPs foram modelados *antes* dos testes, e no seu projeto a posição dos furos foi escolhida alterando-a sucessivamente no modelo numérico para gerar os caminhos (previstos) mais interessantes para as trincas de fadiga. As geometrias escolhidas foram então usinadas, e os CPs foram remodelados para considerar a influência das imprecisões de fabricação na posição real (medida) dos furos no caminho previsto para as trincas. A modelagem por EF usando a interface amigável e interativa do **Quebra2D** é um procedimento simples: é preciso desenhar a peça (usando a interface gráfica do próprio programa, ou de qualquer outro programa adequado) e listar os seus atributos; escolher o refinamento para a malha inicial, o incremento da trinca e os métodos de cálculo desejados; e esperar os resultados. Como o **Quebra2D** é autoadaptativo, isto é, gera automaticamente as novas malhas à medida que vai incrementando a trinca, todo o processo de cálculo é automático.

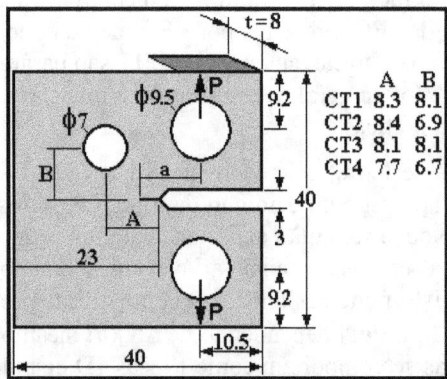

Fig. 9.140: C(T) furado para verificar a previsão do caminho da trinca.

No caso destes C(T) furados, usou-se o método MCC para calcular K_I e K_{II}, e o critério $\sigma_{\theta max}$ para prever a direção do incremento inicial da trinca, mas o **Quebra2D** permite que se escolha qualquer das outras técnicas descritas na seção 8.17. Este programa primeiro calcula $K_I(a_0)$, $K_{II}(a_0)$ e o ângulo θ_0 do primeiro incremento da trinca; em seguida incrementa a trinca do pequeno Δa_0 especificado a priori na direção θ_0 prevista; depois remalha a peça com a nova trinca (que já não é mais reta) $a_1 = a_0 + \Delta a_0$ para calcular $K_I(a_1)$, $K_{II}(a_1)$ e θ_1, e assim por diante, até atingir o tamanho final da trinca. Nos modelos iniciais dos CPs, as malhas tinham cerca de 1300 elementos e 2300 nós, e as malhas finais (após simular toda a propagação da trinca) tinham cerca de 2200 elementos e 5500 nós, vide Fig. 9.141. No PC usado na época (um hoje pré-histórico Pentium 650MHz com 128 MB de RAM), o tempo total de cálculo para prever o caminho de cada trinca, gerando em média 30 valores de $K_I(a_i)$, foi de apenas 2 minutos. Desta forma, mesmo usando uma máquina que hoje em dia está totalmente ultrapassada, o processo de experimentação numérica usado para otimizar a posição dos furos (a forma esnobe de chamar o método de tentativa e erro) pôde ser completado rapidamente.

Os caminhos das trincas nos C(T)s furados são sempre influenciados pelo furo, que afetam o campo de tensões no CP. Mas elas curvam de uma forma que não é previsível por inspeção, e que depende das coordenadas **x** e **y** do centro do furo em relação à ponta do entalhe: as trincas podem ser atraídas para e terminar no o furo, ou então podem ser defletidas por ele (e continuar crescendo após ultrapassarem-no). Tratando as trincas curvas como se fossem trincas 1D comuns, usa-se o tamanho **a** ao longo do seu caminho para gerar uma tabela com os valores de $K_I(a_i) = \sigma\sqrt{(\pi a_i)} \cdot f(a_i/w)$ calculados a cada incremento. Estes valores, após ajustados por uma função analítica apropriada, são exportados para o **ViDa**, onde a vida da trinca é simulada. Para testar a precisão da modelagem implementada no **Quebra2D**, alterou-se a localização do furo nos modelos de EF até se identificar o ponto exato da transição entre as trincas que eram atraídas para o furo e as que eram defletidas por ele, para poder projetar 2 tipos de CPs furados: C(T)s com o furo localizado a apenas **0.5mm** abaixo do ponto previsto para a transição, e C(T)s com o furo **0.5mm** acima daquele ponto. Devido a imprecisões de fabricação, a distância real entre as posições verticais dos centros dos furos nos CPs 1 e 2 em vez de 1mm acabou sendo de **1.2mm**, e nos CPs 3 e 4 foi de **1.4mm**. Para que as previsões refletissem a geometria real dos CPs, todos eles foram remodelados antes dos testes.

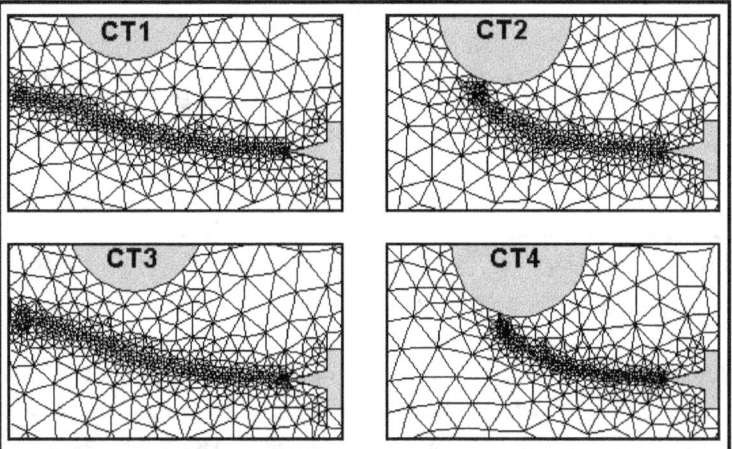

Fig. 9.141: Malhas finais com os caminhos de trinca previstos para os vários C(T) furados.

A Fig. 9.142 mostra os caminhos previstos pelo **Quebra2D** e as trincas geradas nos testes, e o quanto esta modelagem é de fato eficiente e precisa. A Fig. 9.143 compara as curvas **a×N** *previstas* no **ViDa** com os resultados medidos nos testes dos C(T)s furados (no C(T)4 um dos pinos de carga trincou, e provocou um empenamento no plano da trinca) [167]. Deve-se enfatizar que estas curvas **a×N** *não* são ajustadas aos pontos experimentais (medidos por uma câmera digital e um sistema de análise de imagens, e por lupa montada numa mesa de coordenadas micrométrica). Elas são geradas pela integração da curva **da/dN×ΔK** do material, usando a função ajustada aos $\Delta K_I(a_i)$ calculados no **Quebra2D**. Isto comprova que a metodologia mista pode ser usada com confiança para prever a vida à fadiga das trincas curvas.

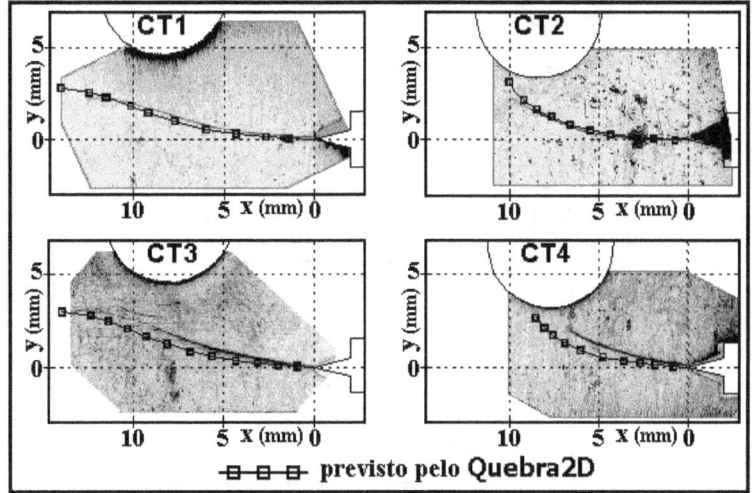

Fig. 9.142: Caminhos de trinca previstos e medidos nos 4 C(T)s testados.

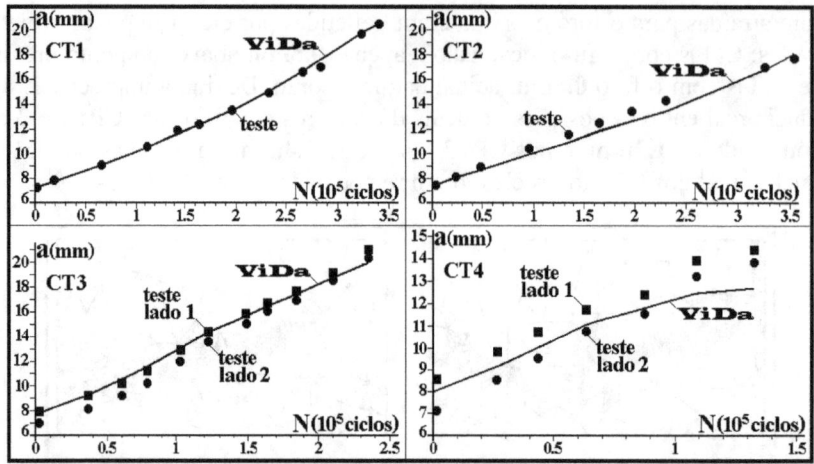

Fig. 9.143: Vidas à fadiga previstas e medidas nos 4 C(T)s testados.

O material testado foi o aço SAE 1020, com $E = 205GPa$, $S_E = 285MPa$, $S_R = 491MPa$ e $RA = 53.7\%$, cuja curva $da/dN \times \Delta K$ medida sob $R = 0.1$ (segundo a E 647-99) foi ajustada por $da/dN = 4.5 \cdot 10^{-10} \cdot (\Delta K - \Delta K_{th})^{2.1}$, onde $\Delta K_{th} = 11.6 MPa\sqrt{m}$, vide Fig. 9.144. Os valores de $K_I(a) = \sigma\sqrt{\pi a} \cdot f(a/w)$ calculados pelo **Quebra2D** e exportados para o **ViDa** são mostrados na Fig. 9.145. A carga foi aplicada nos CPs mantendo $\Delta K_I \cong 20MPa\sqrt{m}$ quase constante sob $R = 0.1$ ou $R = 0.7$, seguindo procedimentos similares aos dos testes tradicionais padronizados, ajustando regularmente a carga à medida que a trinca crescia, numa máquina servohidráulica de 250kN a 20Hz. A única diferença foi o a medição simultânea do caminho e do tamanho da trinca curva, usando a câmera digital e o sistema de análise de imagens [167].

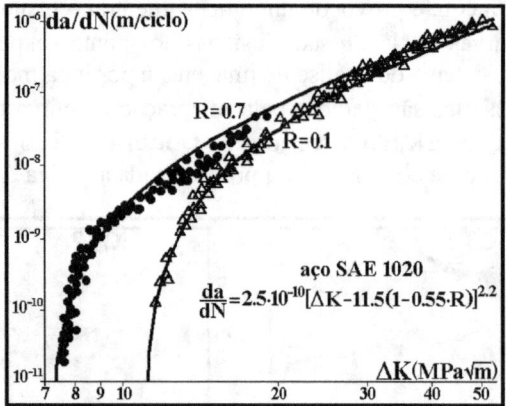

Fig. 9.144: Curva $da/dN \times \Delta K$ do aço SAE 1020 usado nos C(T)s furados.

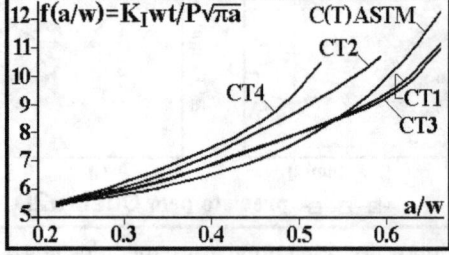

Fig. 9.145: Valores de $K_I(a)$ calculados pelo **Quebra2D** para os C(T)s furados.

9.22.1 Propagação de trincas curvas sob cargas de gama variável

O bom desempenho da metodologia mista de análise global/local na previsão dos caminhos e das vidas à fadiga de trincas curvas sob cargas de gama constante é encorajador, mas o seu verdadeiro desafio é prever a vida residual destas trincas sob cargas reais de serviço. Isto só pode ser bem feito, é claro, considerando todos os efeitos de seqüência da carga. Portanto, é preciso verificar experimentalmente se o caminho e os fatores de intensidade de tensão previstos globalmente usando pequenos incrementos arbitrários no tamanho da trinca (curva), sem considerar qualquer detalhe do carregamento, não são de fato afetados por sobrecargas ou por outros eventos geradores de efeitos de seqüência, como suposto por esta metodologia. Para isto deve-se escolher um CP apropriado e modelá-lo no **Quebra2D**, para prever o caminho da trinca e calcular $K_I(a)$. Em seguida deve-se usar este FIT no **ViDa** para prever a vida à fadiga da trinca, considerando os retardos e acelerações causados pelas variações bruscas da carga. Por fim, após submeter o CP à carga complexa analisada, devem-se comparar as vidas medidas com as previstas.

A Fig. 9.146 mostra um CP tipo SE(B) furado e seu $K_I(a)$ (que difere bastante da função padronizada pela ASTM), feito do aço 1020 cuja curva **da/dN×ΔK** é mostrada na Fig. 9.144. A previsão do caminho das suas trincas curvas, mostrada na Fig. 8.89, foi particularmente precisa, mas ao comparar a vida originalmente prevista com os dados medidos num teste observou-se um desvio significativo após cerca de 440 kciclos, vide Fig. 1.147. Isto indica que algo estranho havia ocorrido durante aquele teste. De fato, ao rever a gravação da história de carga, identificou-se uma sobrecarga acidental de 60% exatamente onde o desvio começava: a **SC** retardou a trinca, mas **não** interferiu no seu caminho, confirmando a hipótese básica da metodologia global/local. Modelando esta **SC** no **ViDa**, usando modelos de retardo originalmente desenvolvidos para trincas retas, pode-se reproduzir adequadamente toda a curva **a×N** medida durante a propagação da trinca curva, como mostrado na Fig. 9.147 [167]. É oportuno relembrar que **a** é o comprimento da trinca curva ao longo do seu caminho. A curva que reproduz o retardo causado pela **SC** foi gerada usando um expoente $\gamma = 1.43$ no modelo de Wheeler modificado, que dos modelos simplificados freqüentemente é o que se sai melhor. Todavia, este bom desempenho da metodologia mista precisa ser confirmado através de testes mais severos, com histórias de carga mais realistas.

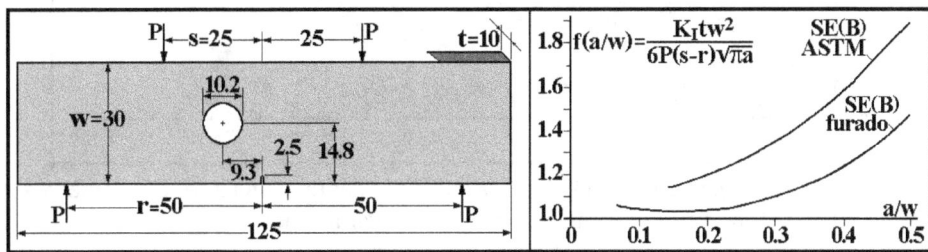

Fig. 9.146: CP de flexão em 4 pontos, com um furo descentrado para curvar a trinca.

Dois CPs foram então testados sob histórias de carga complexas similares, mas não idênticas, mostradas na Fig. 9.148: um C(T) padrão, para obter uma trinca reta; e outro modificado com um furo de 7mm para curvar a trinca (como os da Fig. 9.140), ambos de 40×8mm e feitos do mesmo aço 1020. Note que as sobrecargas aplicadas causaram zonas plásticas significativas, mas **não** alteraram o caminho previsto para a trinca curva. A curva de propagação **a×N** medida sob a carga de gama variável no C(T) padrão foi usada para calibrar os vários modelos de retardo estudados. Os melhores resultados foram obtidos pelo modelo da abertura constante, com a carga de abertura ajustada em **26%** da maior sobrecarga, $K_{ab} = 0.26 \cdot K_{SCmax}$; pelo modelo de Wheeler modificado, com o seu expoente ajustado por $\gamma = 0.51$; e pelo modelo de fechamento de Newman, adaptado para o caso de cargas de gamas variáveis, com a sua constante de restrição 3D ajustada por $\alpha = 1.07$, como se a propagação fosse dominada por σ-plana (apesar das **zps << t** sugerirem ε-plana). O resultado do ajuste do modelo de WhM às medidas de propagação da trinca reta no C(T) padrão é mostrado na Fig. 9.149 [168].

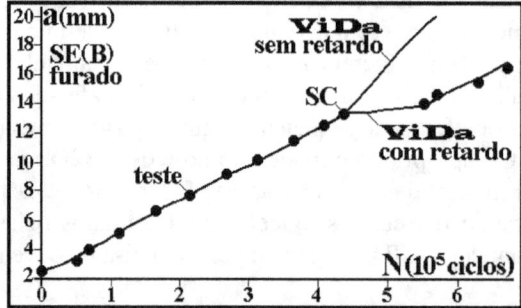

Fig. 9.147: Curvas **a×N** previstas sem considerar e considerando o retardo causado pela **SC** de **60%** aplicada acidentalmente em aproximadamente $4.4 \cdot 10^5$ ciclos no CP furado.

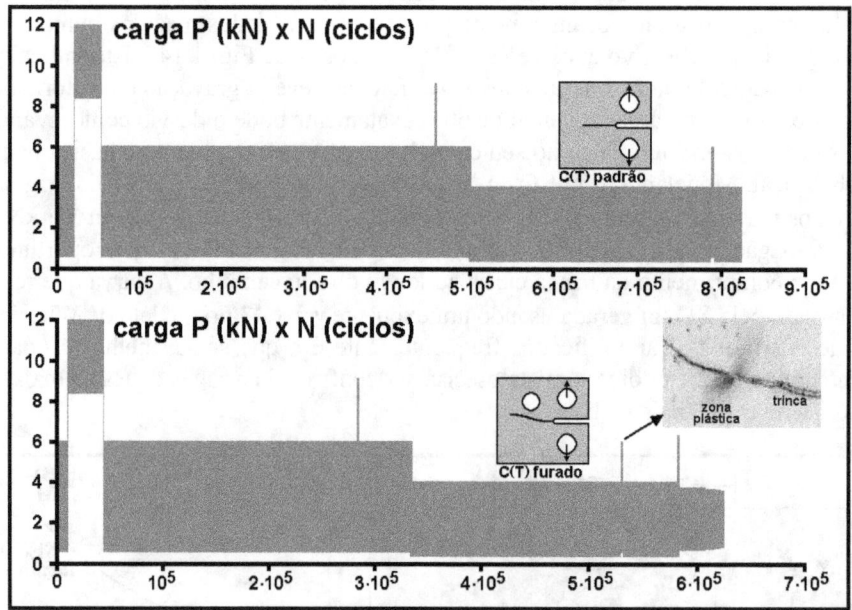

Fig. 9.148: Histórias de carga variável aplicadas no C(T) padrão, cuja a trinca resultante é reta, e no C(T) modificado com um furo, para curvar a trinca.

Os parâmetros assim ajustados foram então usados para *prever* a curva **a×N** do C(T) furado, calculando-a ciclo a ciclo no **ViDa**, como também mostrado na Fig. 9.149. É importante frisar que esta curva, ao contrário da curva do C(T) padrão, *não* foi ajustada aos dados experimentais. O resultado particularmente bom da previsão de WhM provavelmente é devido à opção de usar a sua zona de influência empírica, que pode contabilizar efeitos de fechamento e de tensão residual, para modificar a gama ΔK (reconhecendo assim, portanto, as 3 fases da curva **da/dN×ΔK**). Estes (bons) resultados certamente suportam as 3 hipóteses usadas nesta modelagem: (i) a propagação das trincas curvas é controlada pela história de $\Delta K_I(a)$ ao longo do seu caminho; (ii) este caminho independe da história da carga, logo pode ser previsto sob cargas simples; e (ii) se pode usar dados de propagação de trincas retas para calibrar os modelos de retardo usados para prever a vida das trincas curvas.

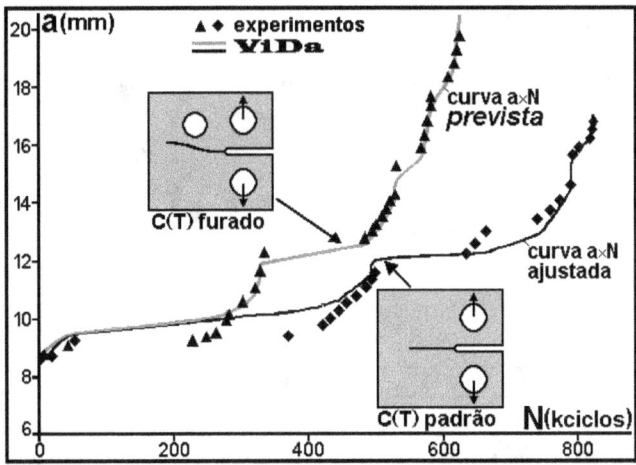

Fig. 9.149: Dados medidos testando o C(T) padrão e o C(T) furado sob as histórias de carga da Fig. 9.148, e curvas **a×N** correspondentes geradas por Wheeler modificado: o expoente γ = **0.51** da curva do C(T) padrão foi obtido ajustando-a aos dados medidos; mas a curva do C(T) furado foi *prevista* no **ViDa**, usando este mesmo γ.

Todavia, deve-se apontar que as histórias usadas neste experimento são similares, o que pode ser uma razão para o bom comportamento das previsões neste caso. Quando os espectros são muito diferentes, é possível que os parâmetros ajustáveis dos modelos de seqüência variem em função da história da carga, em particular quando as trincas crescem primariamente na fase I da curva **da/dN×ΔK**. De fato, próximo do limiar, pequenos erros na estimativa dos efeitos de seqüência (em **ΔK_{ret}**, e.g.) podem causar grandes diferenças na vida prevista. Na realidade, é preciso cuidado ao analisar resultados de testes de propagação feitos apenas na região de Paris, pois eles podem mascarar este efeito. Do ponto de vista prático é, portanto, altamente recomendável que os parâmetros ajustáveis dos diversos modelos de retardo sejam sempre calibrados sob histórias similares às cargas reais de serviço.

A Fig. 9.150 compara as previsões dos três modelos (Wheeler modificado, abertura constante e Newman adaptado) que melhor previram a propagação da trinca curva medida sob a carga de gama variável no C(T) furado. Como se pode ver na figura, o desempenho de WhM é equivalente ao de A_bC_{te}, e o de Newman adaptado é similar. Isto indica que estes modelos podem de fato reproduzir satisfatoriamente a fenomenologia dos efeitos de seqüência causados por cargas de gama variável, e que podem ser igualmente usados em previsões de vida residual na prática, desde que devidamente suportados por evidências experimentais confiáveis.

9.23 Bifurcação da Ponta da Trinca

A bifurcação da ponta da trinca induzida por sobrecargas pode provocar retardo ou mesmo a parada da trinca até mesmo na ausência de qualquer fechamento (por exemplo, durante a propagação sob razões **R** altas em ε-plana dominante). Na realidade, as trincas podem desviar localmente do seu crescimento em modo I não só devido a **SC**, mas também por causa de mudanças nas direções principais de tensões multi-axiais, inomogeneidades microestruturais (como fronteiras de grão e interfaces entre fases), ou efeitos ambientais. Uma trinca bifurcada induz localmente condições mistas de propagação inclusive quando a carga remota atua globalmente em modo I puro, gerando FIT k_1 e k_2 junto à ponta do ramo maior e k_1' e k_2' junto à do menor, vide Fig. 9.151. Estes valores locais podem ser bem menores do que o FIT K_I da trinca reta de mesmo tamanho projetado e, além disso, podem também alterar a carga de abertura da trinca, perturbando sensivelmente a sua propagação subseqüente [169-172].

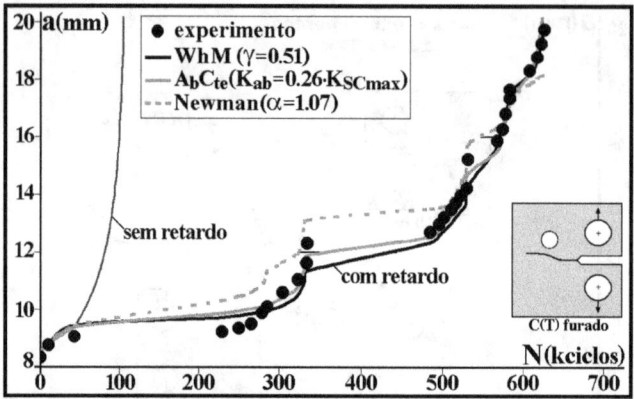

Fig. 9.150: As previsões da propagação da trinca curva sob cargas de gama variável no C(T) furado, feitas no **ViDa** pelos modelos WhM, A_bC_{te} e Newman adaptado calibrados pelo teste no C(T) padrão, reproduzem satisfatoriamente a vida medida.

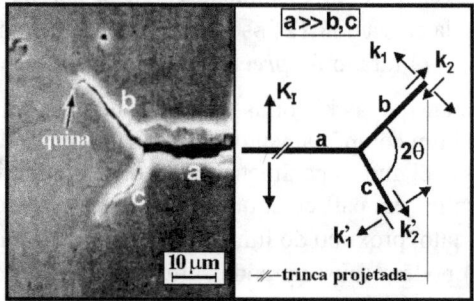

Fig. 9.151: Trinca bifurcada e sua nomenclatura.

Qualquer minúscula diferença entre os comprimentos (ou entre as resistências locais) dos ramos **b** e **c** basta para que o menor deles acabe parando enquanto o maior continua propagando por fadiga, em geral mudando a sua direção até que a trinca retorne à direção, à gama ΔK e à taxa **da/dN** que tinha antes da **SC**. Portanto, mesmo que muitas bifurcações ocorram durante o trincamento por fadiga, somente os ramos maiores progridem, enquanto todos os outros acabam parando. Isto ocorre porque os ramos maiores sombreiam ou bloqueiam as tensões que atuam localmente sobre a ponta dos menores, que acabam assim descarregados (este comportamento típico foi de fato observado em muitos materiais, vide [173]).

Há algumas poucas soluções analíticas para trincas bifurcadas simples [174], mas só se pode prever a sua propagação através de métodos numéricos. Assim, para quantificar os efeitos de uma bifurcação na vida à fadiga, o **Quebra2D** foi usado para calcular os FIT em modos I e II dos (pequenos) ramos de trincas bifurcadas de ângulo $15° < 2\theta < 168°$, e o caminho de crescimento destes ramos. As trincas foram simuladas num C(T) padrão com **w = 32mm, a_0 = 14.9mm** e ramos iniciais **b_0 = 10μm ≥ c_0 = 5, 7, 8, 9, 9.5 e 10μm**. Bifurcações típicas induzidas por **SC** têm ramos iniciais entre **10** e **100μm**, e ângulos entre cerca de **30°** nos materiais muito frágeis como o vidro, e **180°** na interface fibra/matriz nos compósitos, mas a faixa estudada certamente cobre a maioria das bifurcações nas ligas metálicas [175-176]. Uma destas simulações numéricas é mostrada na Fig. 9.152. Como estudado no Capítulo 8, a direção do incremento inicial do ramo maior da trinca bifurcada segundo o critério da máxima tensão tangencial, $\sigma_{\theta max}$, é dada por:

$$\theta_{b_0} = 2\arctan\left[(1/4)\left(k_{1_0}/k_{2_0} \pm \sqrt{\left(k_{1_0}/k_{2_0}\right)^2 + 8}\right)\right] \qquad (9.160)$$

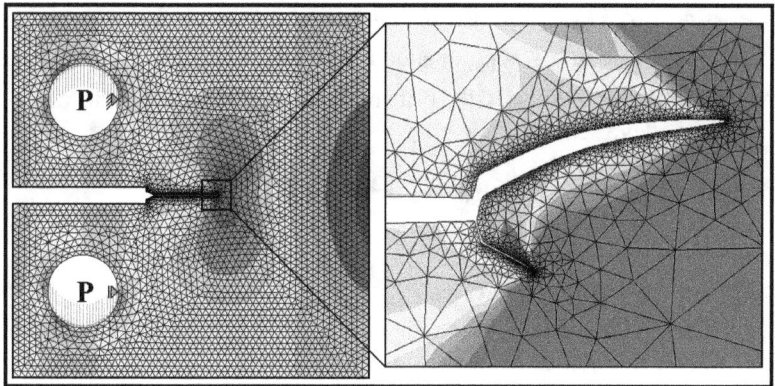

Fig. 9.152: Simulação do caminho de uma trinca bifurcada por elementos finitos.

O ângulo θ_{b_0}, que maximiza a máxima tensão tangencial em torno da ponta do ramo b_0, tem um sinal o oposto ao do FIT local em modo II, k_{2_0}, e é medido em relação ao plano de b_0. E o FIT (em modo I) local associado a $\sigma_{\theta max}$, ou o FIT equivalente a k_{1_0} e k_{2_0}, é dado por:

$$K_{b_0} = \left(k_{1_0}/4\right)\left(3\cos\theta_{b_0}/2 + \cos 3\theta_{b_0}/2\right) - \left(3k_{2_0}/4\right)\left(\sin\theta_{b_0}/2 + \sin 3\theta_{b_0}/2\right) \quad (9.161)$$

Expressões similares podem ser usadas para calcular θ_{c_0} e K_{c_0}. Sendo K_I o FIT que seria causado por uma trinca de tamanho igual ao da trinca bifurcada projetada sobre o plano da trinca original, as razões K_{b_0}/K_I e K_{c_0}/K_I, bem como os ângulos θ_{b_0} e θ_{c_0} são plotados em função do ângulo da bifurcação 2θ na Fig. 9.153.

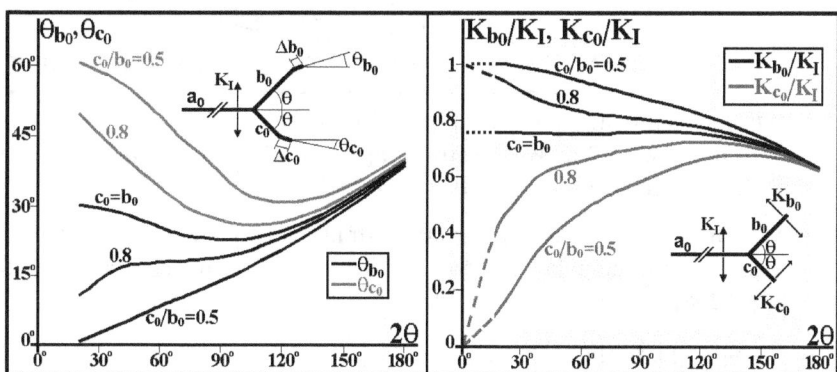

Fig. 9.153: Ângulos de propagação incremental θ_{b_0} e θ_{c_0} e razões entre os FIT equivalentes da trinca bifurcada e o K_I da trinca projetada, K_{b_0}/K_I e K_{c_0}/K_I.

As razões K_{b_0}/K_I e K_{c_0}/K_I entre os FIT equivalentes locais e o da trinca reta podem ser ajustadas por equações empíricas que reproduzem os resultados calculados por EF com erros menores do que 2% para $40^\circ \leq 2\theta \leq 168^\circ$ e para $0.7 \leq c_0/b_0 \leq 1.0$ [169-170]:

$$\begin{cases} K_{b_0}/K_I = 0.75 + (1 - \sin\theta)\cdot(1 - c_0/b_0) \\ K_{c_0}/K_I = 0.75 - (1 - \sin\theta)\cdot(1 - c_0/b_0) \end{cases} \quad (9.162)$$

Mas para estudar o comportamento à fadiga das trincas bifurcadas não basta conhecer o ângulo dos incrementos e os FIT equivalentes dos seus ramos iniciais b_0 e c_0, é preciso simular também a sua propagação. Para isto, primeiro é preciso fixar um pequeno incremento Δb no ramo b_0 ($0.1 \leq \Delta b/b_0 \leq 0.3$ em geral é suficiente para garantir a convergência dos cálculos). Em seguida, sendo $c_0 \leq b_0$ e $K_{c_0} \leq K_{b_0}$, quando a taxa de propagação das trincas no material é descrita por $da/dN = A[\Delta K - \Delta K_{th}(R)]^m$, o incremento correspondente do ramo c, que independe da constante A, deve ser calculado por:

$$\Delta c_0 = \Delta b_0 \cdot \left[\left(\Delta K_{c_0} - \Delta K_{th}(R) \right) / \left(\Delta K_{b_0} - \Delta K_{th}(R) \right) \right]^m \tag{9.163}$$

Incrementando de Δb_0 e Δc_0 os ramos b e c nas direções θ_{b_0} e θ_{c_0} para obter os seus próximos tamanhos $b_1 = b_0 + \Delta b_0$ e $c_1 = c_0 + \Delta c_0$, pode-se calcular θ_{b_1}, θ_{c_1}, K_{b_1} e K_{c_1}, e assim por diante. Uma destas simulações é mostrada na Fig. 9.154. Nela se vê que o ramo menor c acaba parando, enquanto o ramo maior b eventualmente volta à direção da trinca original a. Esta figura mostra também a razão b_{fzr}/b_0, em função do ângulo inicial da bifurcação 2θ, para $m = 3$, onde b_{fzr} é o tamanho final do ramo b no qual a zona de retardo finda, ou onde termina o efeito de seqüência causado pela pequena bifurcação inicial $b_0 = 10\mu m \geq c_0$ na ponta da trinca $a_0 = 14.9mm$ no C(T) de $w = 32mm$. Muitas outras simulações similares são apresentadas em [169-170].

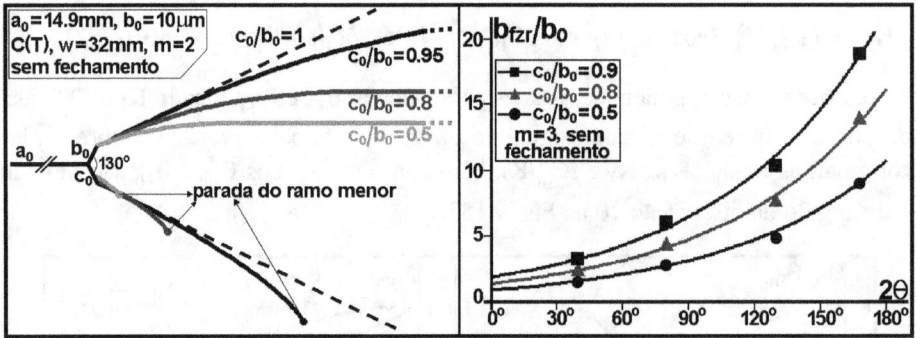

Fig. 9.154: Simulação da propagação de uma trinca bifurcada com $2\theta = 130°$, $a_0 = 14.9mm$ e $b_0 = 10\mu m$ num C(T) de $w = 32mm$ ($\therefore a_0/w = 0.466$ e $b_0/a_0 = 6.71 \cdot 10^{-4}$) e $m = 2$; e tamanho da zona de retardo b_{fzr}/b_0 para $m = 3$.

As curvas mostradas no gráfico $b_{fzr}/b_0 \times 2\theta$ mostradas na figura acima resultam do ajuste do tamanho da zona de retardo pela equação empírica (válida ao menos para $40° < 2\theta < 168°$, $0.5 \leq c_0/b_0 \leq 0.95$ e $2 \leq m \leq 4$):

$$b_{fzr}/b_0 = \exp\left[\left(2\theta - 30° \right) / \left(56 + 17 \cdot (m-2)^{2/3} \right) \right] / \left(1 - c_0/b_0 \right)^{(12-m)/20} \tag{9.164}$$

Uma outra equação empírica descreve o FIT do ramo maior $b_0 \leq b \leq b_{fzr}$ durante o transiente de retardo causado pela bifurcação (para $0.7 \leq c_0/b_0 < 1$):

$$K_b = K_{b_0} + \left(K_I - K_{b_0} \right) \cdot \left[\tan^{-1}[3(b-b_0)/(b_{fzr}-b_0)]/1.25 \right]^{2c_0/b_0} \tag{9.165}$$

É preciso mencionar que estas simulações das trincas bifurcadas por EF podem ter algumas limitações, pois os ramos iniciais das bifurcações reais em geral são da mesma ordem de grandeza da plasticidade localizada junto à ponta da trinca. Além disso, efeitos do ambiente podem afetar as taxas de propagação na zona afetada pela bifurcação. Todavia, estas mesmas limitações também se aplicam a todos os problemas de trincamento por fadiga, cujos incrementos da ordem da gama do CTOD ($\Delta\delta \cong \Delta K^2/ES_E \ll zp \cong (1/2\pi)(K_{max}/S_E)^2$) são muito bem modeláveis pelos conceitos da MFLE (quando $lr \gg zp$). Assim, parece sensato usar a MFLE para descrever os caminhos e vidas das trincas bifurcadas que propagam sob condições predominantemente elásticas (mas *não* para quantificar a bifurcação da trinca após uma **SC**). De fato, há evidências experimentais que suportam esta hipótese razoável. Mas antes é preciso mencionar que a modelagem da propagação das trincas bifurcadas pode incluir o efeito do limiar do máximo K^*_{maxth} do Enfoque Universal, da carga de abertura K_{ab}, ou do limiar de propagação K_{PR} de Lang e Marci [151], vide [170], generalizando a equação (9.164) por:

$$\begin{cases} \dfrac{b_{fzr}}{b_0} = \exp\left(\dfrac{2\theta - 30^0}{56 + 17\cdot(m-2)^{2/3}} + \dfrac{-\beta K^*_{maxth}}{K_I\left(1 - c_0/b_0\right)^\gamma}\right) \bigg/ \left(1 - \dfrac{c_0}{b_0}\right)^{(12-m)/20} \\[2mm] \beta = \left[2\theta / \left(110 + 60\cdot(m-2)^{0.6}\right)\right]^{2.5}, \quad \gamma = \left(180^0 - 2\theta\right)/\left[280 - 130\cdot(m-2)^{0.3}\right] \end{cases} \qquad (9.166)$$

quando K^*_{maxth}, K_{ab} ou $K_{PR} < K_{min}$ de ambos os ramos da bifurcação, vide Fig. 155.

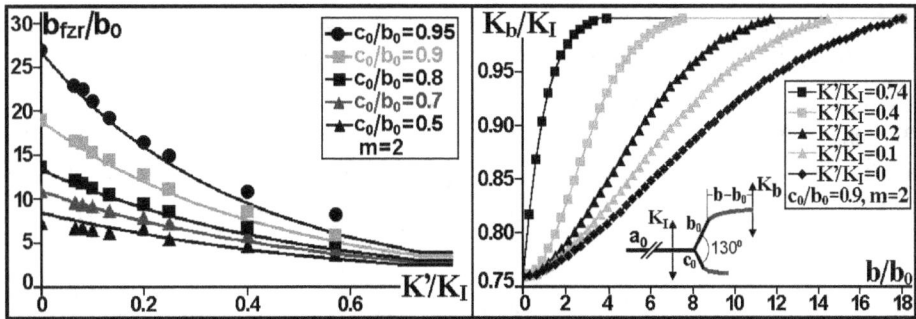

Fig. 9.155: Simulação do efeito de $K' = K^*_{maxth}$, K_{ab} ou $K_{PR} < K_{min}$, na propagação de uma trinca bifurcada com $2\theta = 130^0$, $a_0/w = 0.466$, $b_0/a_0 = 6.71\cdot10^{-4}$ e $m = 2$.

Esta modelagem foi validada em CPs tipo ESE(T) [46] de aço SAE 4340, aplicando **SC** para bifurcar trincas propagadas sob ΔK quase constante numa servo-hidráulica de 250kN a 20-30Hz. Medidas de cargas de abertura também foram feitas nestes testes, usando uma implementação digital do sistema de subtração de linearidade, cuja precisão é da ordem de $K_{max}/100$. Os N_{ret} ciclos de retardo causados pelas bifurcações foram razoavelmente previstos por esta metodologia mista numa faixa $\sim0.44\cdot N_{ret} < N_{prv} < N_{ret}$. A previsão mais conservadora foi obtida para uma única sobrecarga de 100% em ΔK ($K_{SC} = [\Delta K + \Delta K/(1 - R)]$) aplicada numa trinca propagada sob $\Delta K = 13.9 MPa\sqrt{m}$ e $R = 0.7$, que gerou uma bifurcação de ângulo $2\theta \cong 160^0$ e ramos iniciais $b_0 \cong 9\mu m$ e $c_0 \cong 8.5\mu m$, e retardou a trinca por $N_{ret} \cong$ **22000 ciclos**, vide Fig. 9.156 e 9.157. Outros resultados ainda melhores são descritos em [169-170]

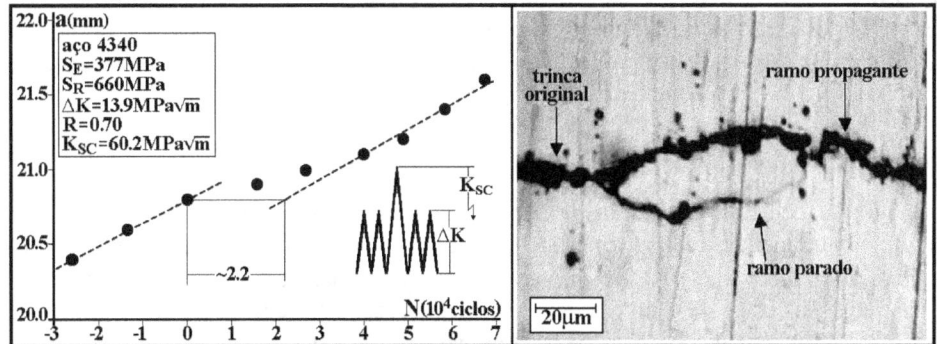

Fig. 9.156: **SC** de **100%** em ΔK que bifurcou a ponta da trinca e a retardou por $\sim$**22 kciclos**.

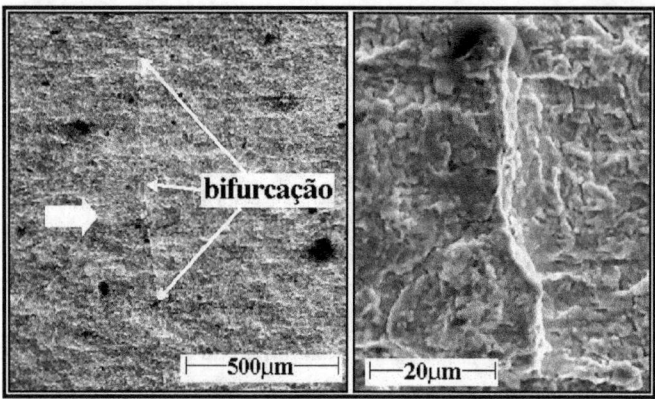

Fig. 9.157: As faces da trinca bifurcada vistas num microscópio eletrônico de varredura mostram claramente que a bifurcação cruza toda a espessura da peça.

A curva de propagação deste aço é dada por $da/dN[m/ciclo] = 9 \cdot 10^{-11}(\Delta K - 2.8)^{2.1}$, onde $\Delta K_{th}(R = 0.7) = 2.8MPa\sqrt{m}$. Nesta razão R alta a trinca está sempre aberta, logo pela equação (9.162), $K_{b_0}/K_I = 0.751 \Rightarrow K_{b_0} = 10.437$ e $K_{c_0}/K_I = 0.749 \Rightarrow K_{c_0} = 10.413MPa\sqrt{m}$, e por (9.164) $b_{fzr} = 332\mu m$. Assim, por (9.165) o número de ciclos de retardo é previsto por:

$$N_{prv} = \int_{b_0}^{b_{fzr}} \frac{1}{A}\left[\frac{1}{(\Delta K_b - \Delta K_{th})^m} - \frac{1}{(\Delta K_I - \Delta K_{th})^m}\right]db =$$

$$\int_9^{332}\left\{\left[7.64 + 2.27\left[\tan^{-1}\left[\frac{3(b-9)}{332-9}\right]\right/1.25\right]^{1.88}\right]^{-2.1} - [13.9 - 3.8]^{-2.1}\right\}\frac{db}{9 \cdot 10^{-5}} \cong 9700 \qquad (9.167)$$

A razão $N_{prv}/N_{ret} \cong 0.44$ neste caso pode ser devida a erros na estimativa de b_0 e c_0, ou a fenômenos não incluídos na modelagem. Nos demais experimentos, os erros (sempre conservativos) das previsões baseadas nesta metodologia mista foram menores. Mas o que menos importa aqui é a precisão desta estimativa, pois ela não é uma ferramenta de projeto, já que não se consegue ainda prever com precisão o tamanho da bifurcação inicial causada uma sobrecarga. O propósito primário deste exercício é mostrar inequivocamente que pelo menos um mecanismo alternativo ao fechamento elberiano pode quantificar os efeitos de seqüência na propagação de trincas por fadiga. E que, portanto, se deve olhar com muita cautela os programas "avançados" que se propõe a resolver todos os problemas de fadiga a partir de uma única equação milagrosa. Fadiga é um fenômeno complexo demais para ser tratado desta forma. É por isso que no **ViDa** desde sua concepção se manteve uma atitude aberta, permitindo ao usuário a escolha de qualquer regra de dano que consiga ser programada em Basic. Este assunto é discutido em maiores detalhes a seguir.

9.24 O Método da/dN no **ViDa**

Como já sabemos, o programa **ViDa** (de Danômetro Visual) foi concebido e desenvolvido para automatizar todos os métodos tradicionais usados no projeto à fadiga sob cargas reais de serviço: o **SN** (incluindo rotinas específicas para estruturas soldadas) e o **εN** para prever a iniciação das trincas e o **da/dN** para modelar a sua propagação 1D e 2D, incluindo todos os efeitos de seqüência dos eventos de uma carga complexa. Desta forma, ele viabiliza a aplicação das metodologias de dimensionamento estrutural menos triviais estudadas neste livro, que de outra forma seriam relegadas ao limbo de meras curiosidades acadêmicas, através de uma interface gráfica amigável que usa a notação tradicional deste livro. O **ViDa** tem um completo arquivo de ajuda, e inclui diversas facilidades complementares como:

- rotinas eficientes e confiáveis, para garantir a velocidade e a qualidade dos cálculos;

- bancos de dados inteligentes contendo propriedades de mais de 13500 materiais (além de regras ajustáveis para estimar as propriedades não medidas, listando-as em cores diferentes); e equações de K_I, de K_t e de regras **da/dN**

  - todos os bancos de dados são expansíveis, e os bancos de equações incluem um interpretador capaz de reconhecer equações digitadas em Basic, para que o seu operador tenha total liberdade de escolha e controle dos cálculos;

- 2 contadores *rain-flow*, um filtro de amplitude (para eliminar os eventos não danosos), geradores de laços de histerese elastoplástica corrigidos, de frentes de trincas 2D, de curvas **SN**, **εN**, **da/dN**, **σε**, etc.;

- importação e ajuste de dados experimentais, que podem ser dados por seqüências ordenadas de máximos e mínimos ou de gamas e cargas médias, ou então por espectros de carga (mas neste caso, como em qualquer estatística, se perde a informação da ordem dos eventos, logo se cancela a possibilidade de quantificar os efeitos de seqüência); e

- a propagação de trincas 1D e 2D sob cargas de gama variável pode ser estimada pelo método ΔK_{rms} ou modelada seqüencialmente pelo método CCC (e neste pode-se escolher qual o modelo desejado para quantificar os efeitos de seqüência da carga, usando filtros de carga e de sobrecarga ajustáveis, contadores seqüenciais de picos e vales e ajuste do incremento dos cálculos para melhor quantificar a propagação nas zp_{SC}).

Maiores detalhes são mostrados na página www.tecgraf.puc-rio.br/vida, mas de interesse aqui é apresentar um resumo de algumas das características dos cálculos **da/dN** no **ViDa**.

9.24.1 Características da implementação do método CCC no **ViDa**

A entrada seqüencial dos eventos da carga preserva sua ordem temporal, logo pode ser usada para quantificar os efeitos de ordem tão importantes na propagação de trincas por fadiga. Neste caso há a opção altamente recomendável de se fazer a contagem *rain-flow* seqüenciada da carga de serviço, para reconhecer todos os eventos da carga no momento em que eles ocorrem, vide seção 9.14. Para diminuir o esforço numérico, há opções para filtrar a carga em amplitude, retirando os eventos de amplitude muito pequena, que em geral são muito freqüentes nas cargas reais de serviço, mas não causam dano algum na peça. Também se pode zerar os picos e vales compressivos (assumindo que a trinca só cresce quando aberta).

O método CCC não é numericamente eficaz, mas como $\Delta K_i = \Delta\sigma_i \cdot [\sqrt{\pi a_i} \cdot f(a_i/w)]$ depende de duas variáveis diversas, da variação da tensão $\Delta\sigma_i$ naquele **i**-ésimo evento e do comprimento da trinca a_i naquele instante, ele pode ser "envenenado". A gama $\Delta\sigma_i$ pode, é claro, variar a cada reversão da carga, mas as trincas sempre crescem lentamente por fadiga: as maiores taxas do trincamento por fadiga são bem menores que a abertura crítica da ponta da trinca, tipicamente $\delta_C/10$ ou $10^{-5} < da/dN_{max} < 10^{-4}$ **m/ciclo**. Logo, não é necessário nem recomendável recalcular em todos os eventos o produto $\sqrt{(\pi a_i)} \cdot f(a_i/w)$, que em geral é complexo e consome muito esforço numérico. Para acelerar os cálculos se pode e deve manter este produto fixo durante pequenos incrementos da trinca, que no **ViDa** são variáveis e especificáveis como uma fração da raiz do tamanho da trinca, $\Delta(\sqrt{a_i})$, pois em geral a maior parte da vida à fadiga é gasta para propagar trincas pequenas. Como na prática muitas vezes se deseja primeiro obter uma estimativa rápida e razoável da vida à fadiga, pode-se começar com incrementos $\Delta(\sqrt{a_i})$ grandes, que devem ir sendo depois refinados à medida do necessário, até que a resposta convirja dentro da tolerância desejada. A opção mais grosseira no **ViDa** recalcula o produto $\sqrt{(\pi a_i)} \cdot f(a_i/w)$ toda vez que a $\sqrt{a_i}$ aumenta **5%**, e a mais fina (e demorada) recalcula esta influência a cada evento da carga. Com os computadores modernos pode parecer pouco importante economizar tempo de computação, mas quando se trabalha com muitas simulações a diferença entre segundos e minutos de cálculo é muito grande para o operador do programa.

Todavia, o problema da simulação dos efeitos de ordem é um pouco mais complicado, pois só se pode quantificar retardo nas **zp$_{SC}$s** após subdividi-las em vários domínios numéricos, e nestes casos o produto $\sqrt{(\pi a_i)} \cdot f(a_i/w)$ deve ser reajustado em pequenas frações da $\sqrt{a_i}$ ou da diferença (**zp$_{SC}$ – zp$_i$**), a que for menor. Como em geral a carga pode variar a cada evento, então para economizar muito tempo de computação, vale a pena filtrar também as sobrecargas ao modelar os retardos. Isto pode ser feito porque pequenas variações na amplitude das cargas não causam retardos significativos, logo não precisam (nem devem) ser consideradas na simulação numérica. Portanto, se os retardos são desprezíveis se $\sigma_i/\sigma_{i-2} < \alpha$, onde σ_{i-2} e σ_i são picos sucessivos da carga e α é uma constante que deve ser idealmente medida, não se deve ativar a previsão numérica nos modelos de retardo. Na falta de informações melhores, variações de **25 a 30%** na amplitude de picos sucessivos podem ser consideradas desprezíveis, vide Fig. 1.158, logo $\alpha = 1.25$ ou 1.30 pode ser uma escolha razoável na prática.

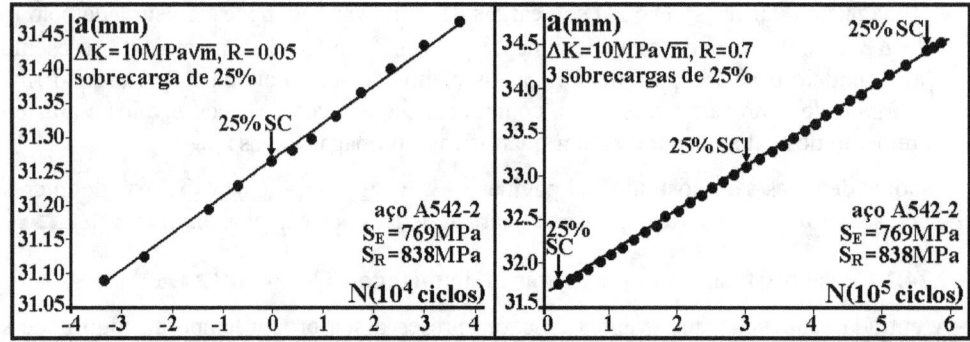

Fig. 9.158: Pequenas **SC** *não* causam retardo significativo na taxa **da/dN** subseqüente: de fato, **SC** de **25%** não causaram mudanças perceptíveis na taxa medida sob **R = 0.05** nem sob **R = 0.7** nestes testes sob $\Delta K = 10 MPa\sqrt{m}$ quase constante, logo não precisam ser consideradas na modelagem numérica.

Um problema mais sutil ocorre com a filtragem das **SC grandes**, que paradoxalmente pode ser necessária por razões de segurança em alguns casos. Na prática do dimensionamento estrutural normalmente não se conhece a priori a história de todas as cargas que serão enfrentadas durante o serviço real. O que se sabe é o tipo de carregamento, freqüentemente descrito através de espectros representativos. É por isso que a curva de Gassner estudada na seção 4.8 (muito usada, por exemplo, na indústria automotiva germânica) é de fato uma forma sensata de dimensionar contra a iniciação de uma trinca por fadiga pelo método **SN**: a medida da resistência de à fadiga de componentes estruturais sob blocos ordenados de cargas não considera explicitamente os efeitos de ordenação, que não são de qualquer forma identificáveis nos espectros, mas isto não faz muita diferença quando as tensões de serviço nos pontos críticos são primariamente elásticas.

Todavia, nos equipamentos que devem ser dimensionados para tolerar trincas, os efeitos de ordem são de fundamental importância para a previsão da vida residual à fadiga. Este problema é particularmente importante no dimensionamento de aeronaves, que deve levar em consideração os conceitos de tolerância ao dano. Mas as **SC** grandes, que podem aumentar muito a vida das trincas (em particular das pequenas), podem não ocorrer durante a vida operacional de algumas aeronaves. Portanto, a forma mais segura de dimensionar neste caso é descobrir qual a vida mínima prevista sob as cargas representativas, simulando o efeito da retirada sucessiva das maiores **SC** esporádicas no modelo numérico da estrutura. O **ViDa** é uma ferramenta ideal para estas simulações, que podem ser encaradas como experimentos numéricos, devido à eficiência dos seus algoritmos de cálculo.

9.24.2 Garantia da qualidade das previsões e interfaces do **ViDa**

É de primordial importância que programas sofisticados incluam medidas de segurança nos seus cálculos, cuja complexidade não é transparente para o usuário e, por isso, o **ViDa** pára os cálculos se: (i) a trinca atingir o tamanho máximo especificado; (ii) houver fratura por $K_{max} = K_C$ em qualquer evento; (iii) as tensões nominais no ligamento residual **lr** atingirem S_R (ou a tensão que causa o colapso plástico, caso disponível); (iv) a zona plástica máxima igualar o ligamento residual, $zp_{max} = lr$; (v) o incremento Δa da trinca igualar sua abertura crítica δ_C; (vi) a taxa **da/dN** atingir **0.1mm/ciclo** (acima desta taxa o problema é de fraturamento, não de trincamento nas ligas estruturais metálicas); (vii) a frente da trinca 2D atingir a fronteira da peça, caso não se escolha a transição 2D/1D proposta para algumas geometrias simples. Além disso, o programa avisa quando há escoamento no ligamento residual **lr**. O fluxograma simplificado dos cálculos **da/dN** é mostrado na Fig. 159.

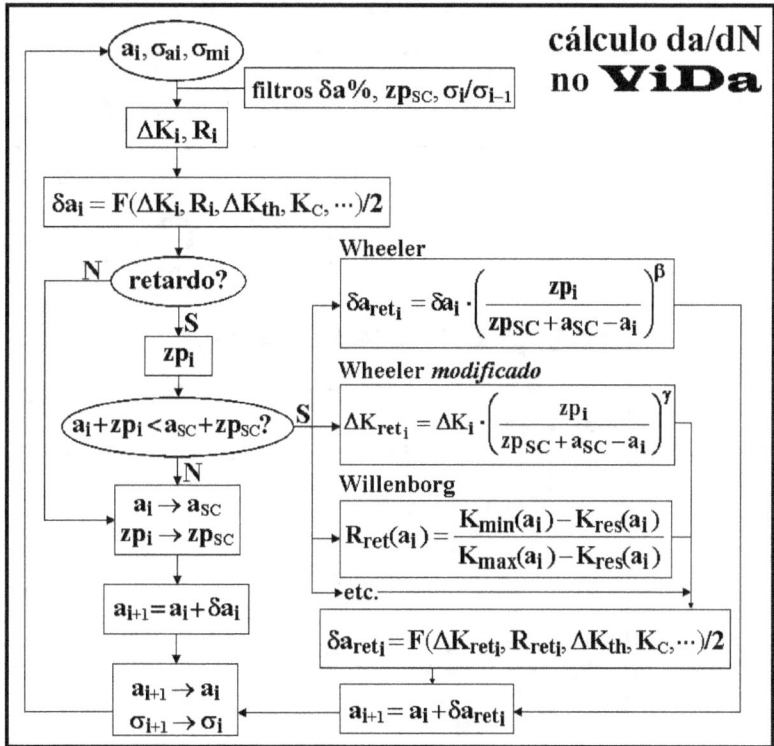

Fig. 9.159: Fluxograma simplificado dos algoritmos de cálculo **da/dN** usados no **ViDa**.

As telas do **ViDa** relacionadas à modelagem da propagação das trincas são ilustradas a seguir. Note como sua notação de engenharia é auto-explicativa, e como a erudição acadêmica é indispensável para controlar as muitas opções de cálculo nelas incluídas. Estas opções têm imensa influência no resultados dos cálculos, e devem ser usadas com cautela e conhecimento de causa (há uma opção "cálculo simplificado" que faz as contas básicas para quem não quer se preocupar com isso, mas ela limita demais a grande versatilidade do **ViDa**).

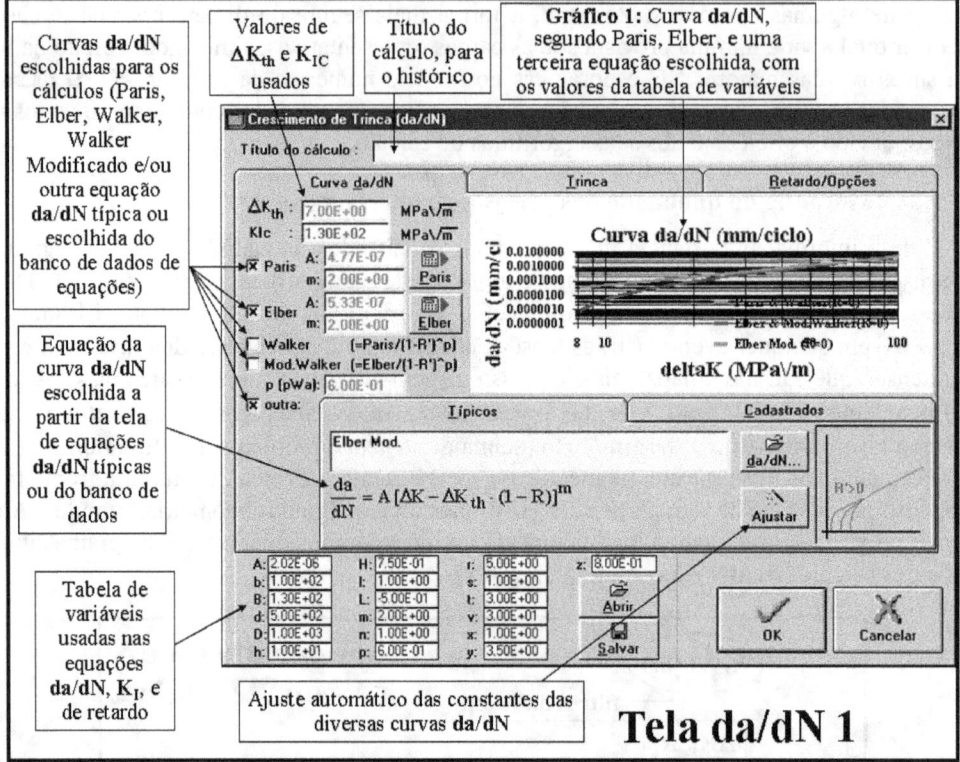

Fig. 9.160: Tela **da/dN** 1, onde se escolhem o tipo e os parâmetros da curva **da/dN×ΔK**.

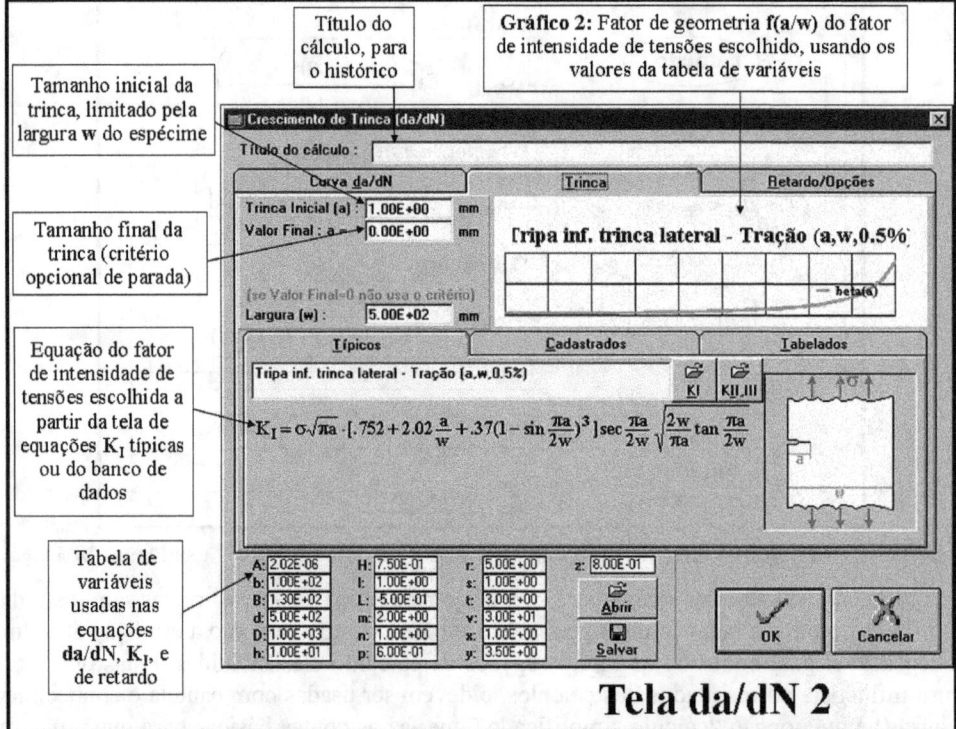

Fig. 9.161: Tela **da/dN** 2, onde se escolhem o FIT K_I e os tamanhos inicial e final da trinca.

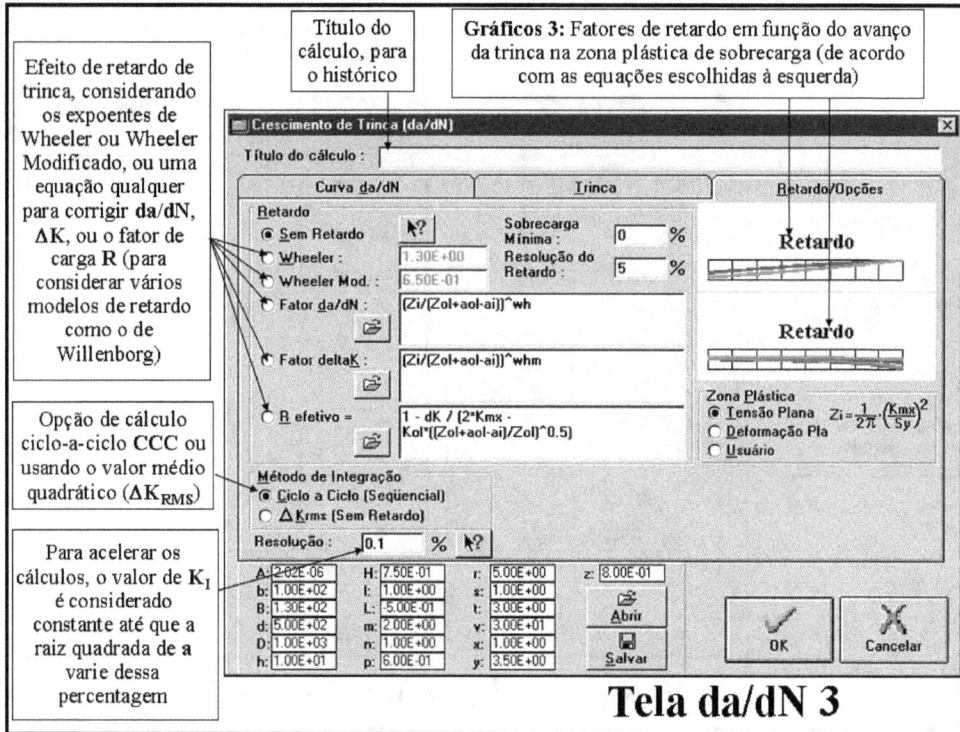

Fig. 9.162: Tela **da/dN** 3, onde se escolhem os modelos de retardo, os incrementos da $\sqrt{a_i}$ e de $(zp_{SC} - zp_i)$ e o corte das **SC**, que afetam a precisão e a velocidade dos cálculos.

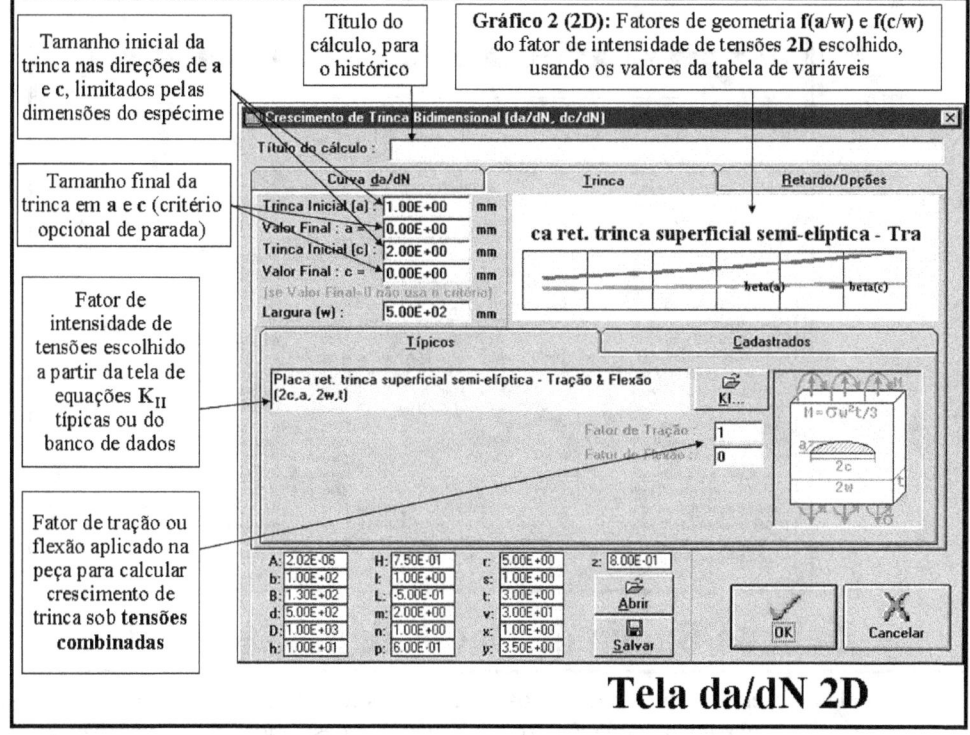

Fig. 9.163: Tela **da/dN** 2D, onde se escolhem as opções das trincas 2D.

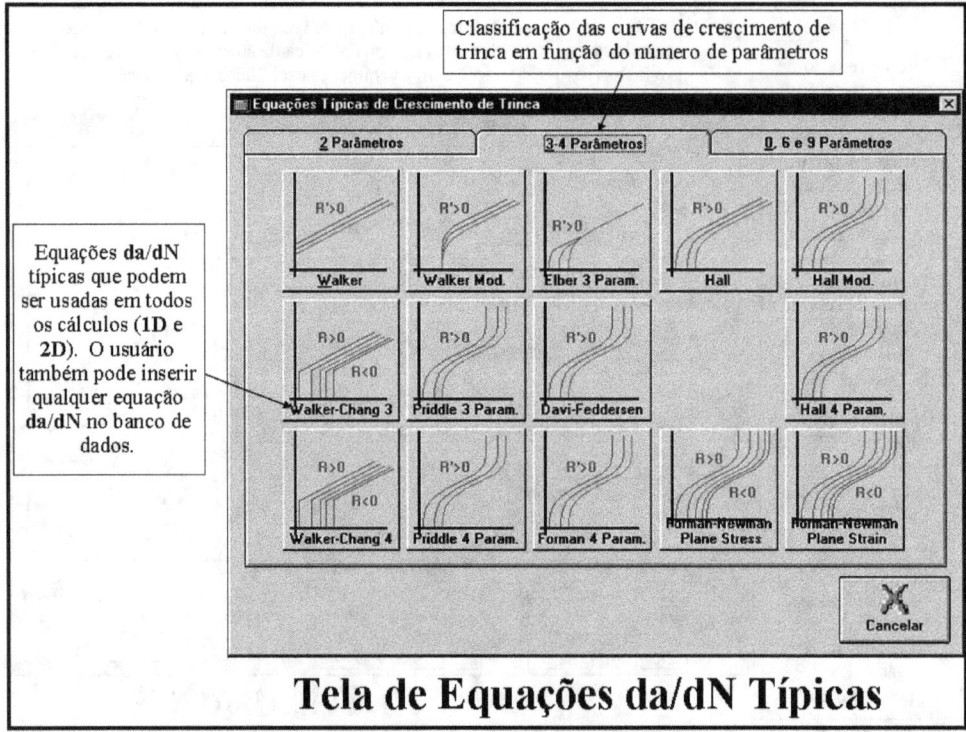

Classificação das curvas de crescimento de trinca em função do número de parâmetros

Equações **da/dN** típicas que podem ser usadas em todos os cálculos (**1D** e **2D**). O usuário também pode inserir qualquer equação **da/dN** no banco de dados.

Tela de Equações da/dN Típicas

Fig. 9.164: Tela do banco de dados onde se escolhem as equações **da/dN×ΔK** típicas.

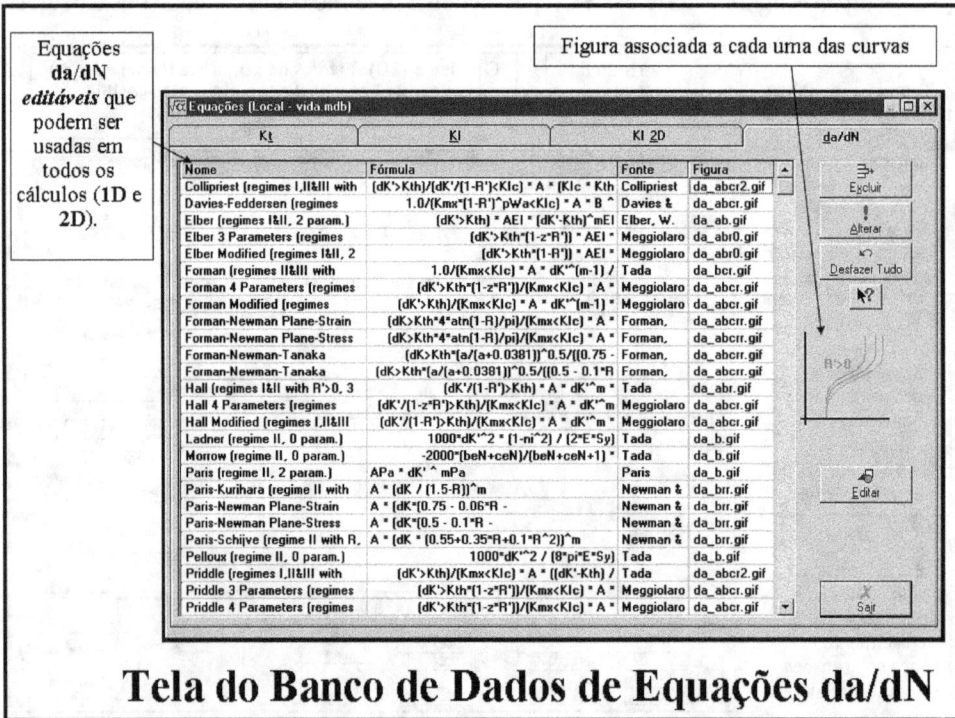

Equações **da/dN** *editáveis* que podem ser usadas em todos os cálculos (**1D** e **2D**).

Figura associada a cada uma das curvas

Tela do Banco de Dados de Equações da/dN

Fig. 9.165: Tela de acesso ao banco de dados de equações **da/dN×ΔK**, onde se pode editá-las ou acrescentar novas equações (tantas quanto o desejado), que devem ser escritas seguindo a sintaxe da linguagem Basic.

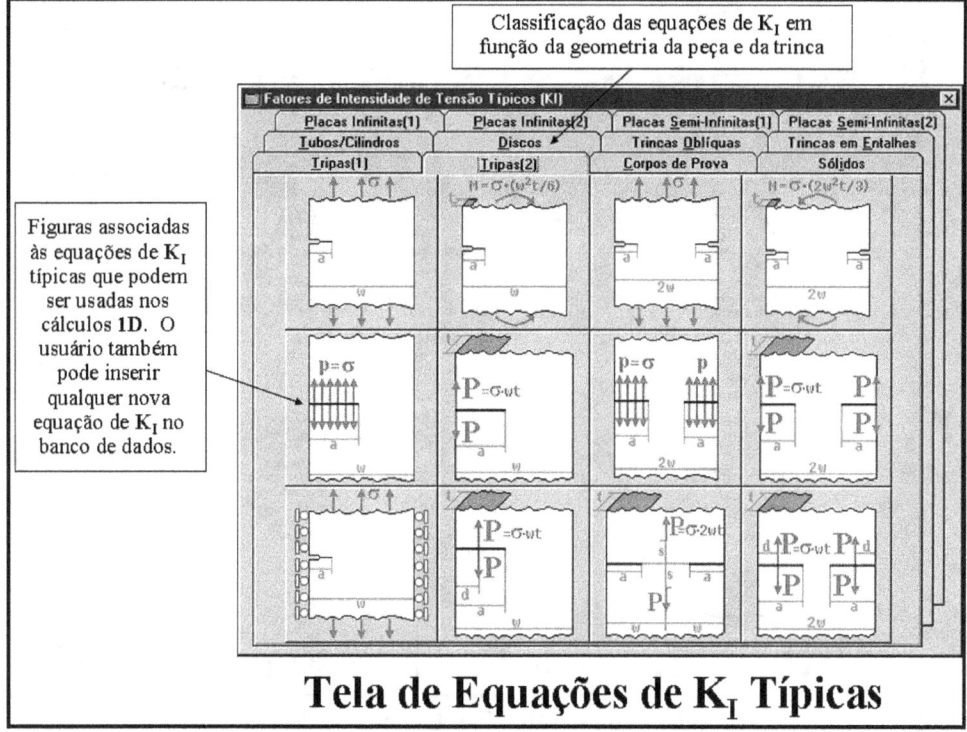

Fig. 9.166: Banco de dados onde se escolhem os FIT K_I típicos.

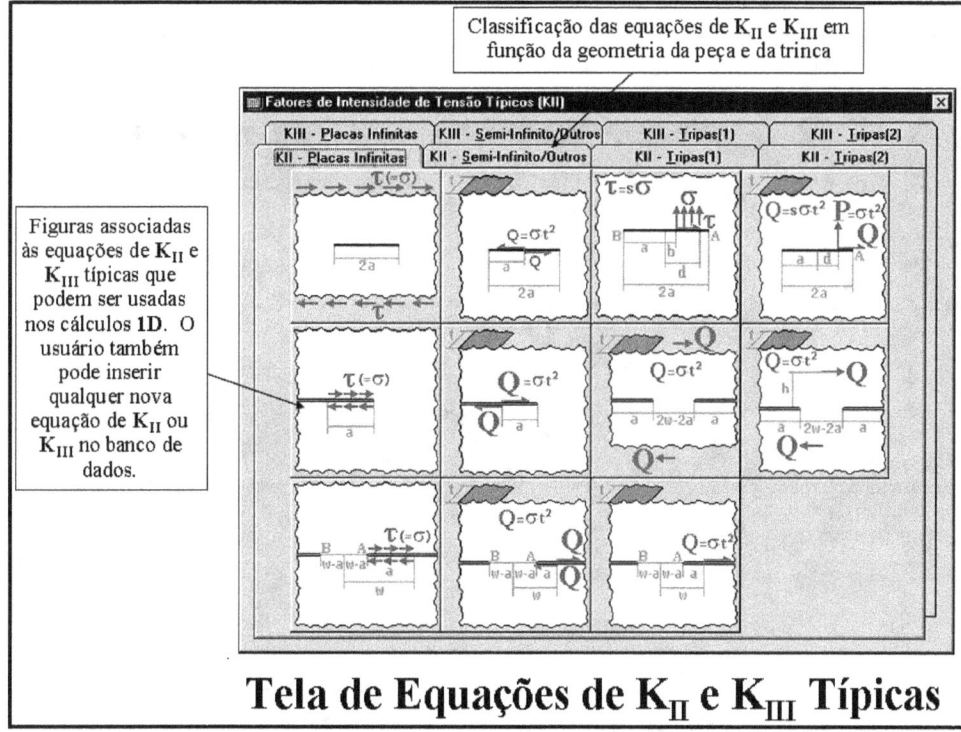

Fig. 9.167: Tela de K_{II} e K_{III} típicos (que devem ser usados com cautela, pois nestes casos as trincas preferem mudar de direção para crescer sob o K_I a eles associado).

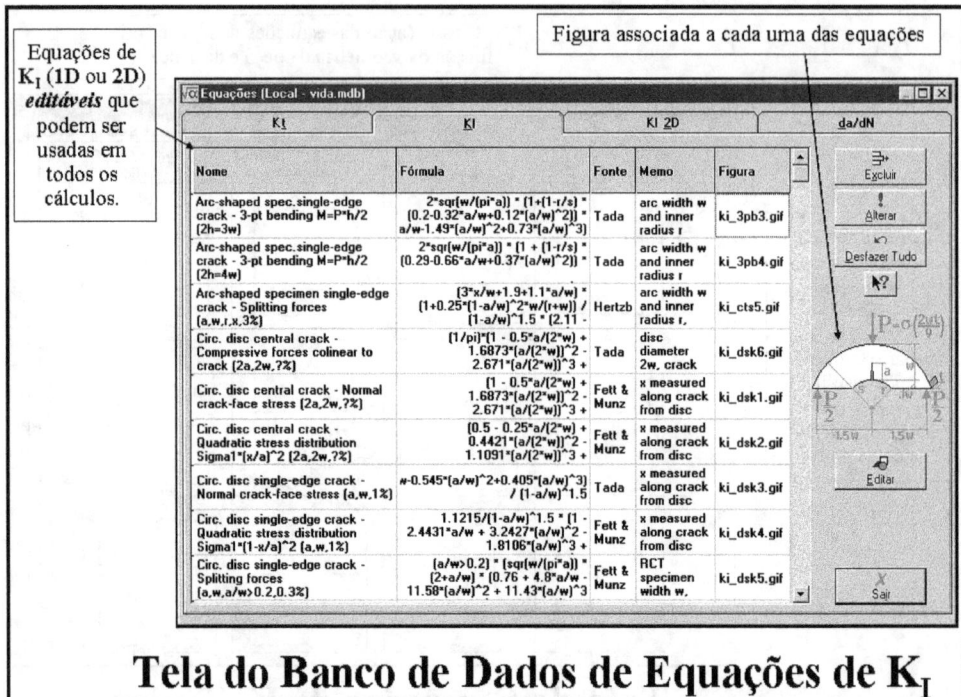

Tela do Banco de Dados de Equações de K_I

Fig. 9.168: Banco de dados das equações dos FIT K_I, onde se pode editá-las ou incluir novas
equações escritas em Basic (com figuras que as descrevam). Não há limite no número de equações que podem ser acrescentadas nos bancos de dados do **ViDa**.

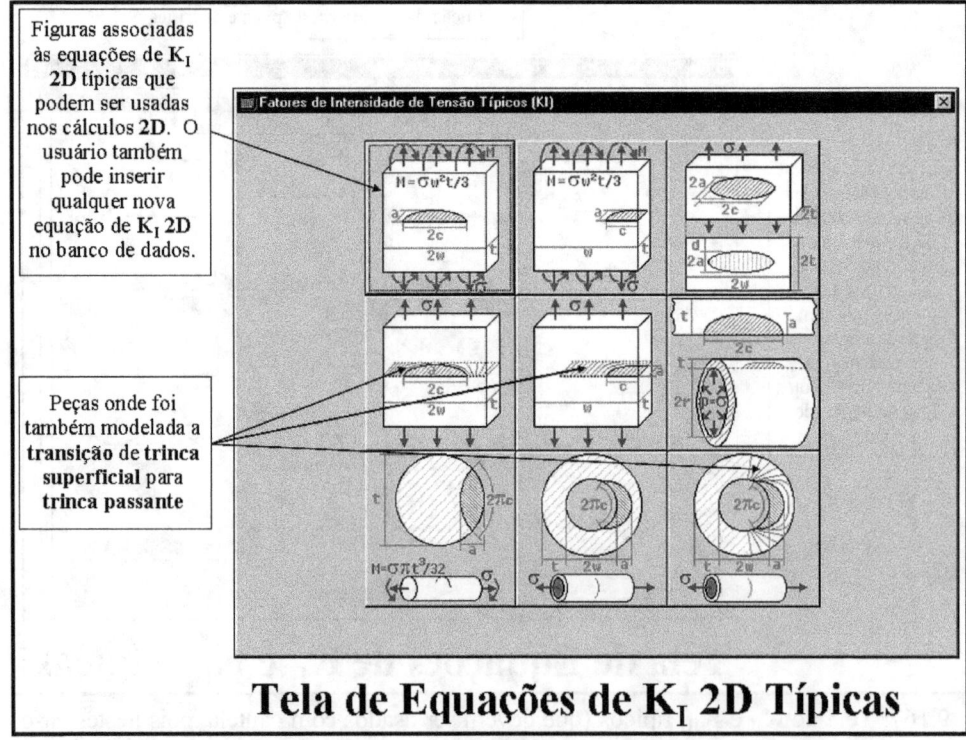

Tela de Equações de K_I 2D Típicas

Fig. 9.169: Banco de dados das equações dos FIT $K_I(a)$ e $K_I(c)$ das trincas 2D.

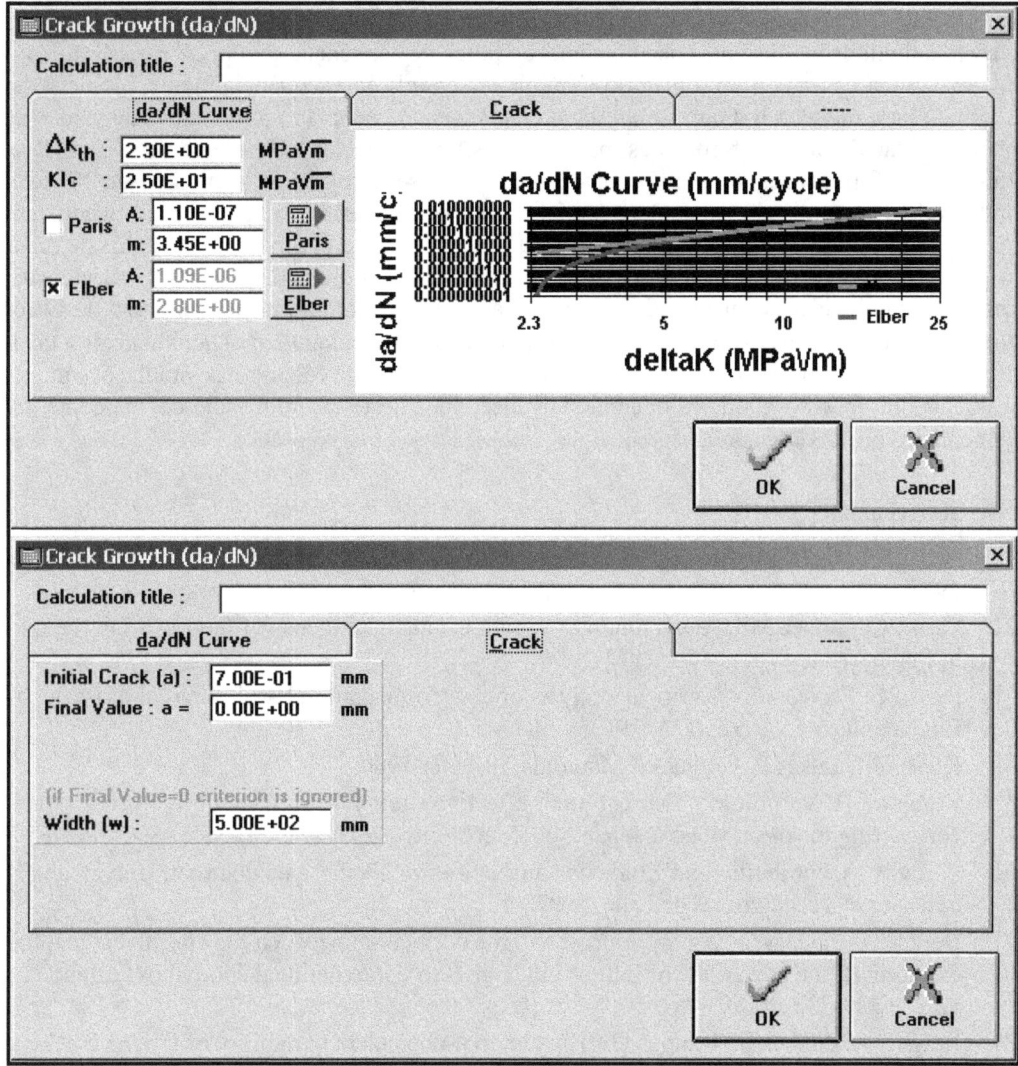

Fig. 9.170: As telas do cálculo **da/dN** simplificado limitam muito as opções do usuário, mas podem ser usadas por aqueles que prefiram não se preocupar com as escolhas necessárias para maximizar a eficiência e a precisão dos cálculos.

9.25 Conclusões

A propagação de trincas pode ser modelada precisa e eficientemente usando conceitos da MFLE. A taxa de propagação das trincas depende de dois parâmetros, ΔK e K_{max} (ou qualquer outra combinação equivalente, como ΔK e R, e.g.), e por isso as previsões de vida residual sob cargas de gama constante são tarefas relativamente fáceis: basta integrar a curva de propagação **da/dN**×ΔK do material, medida sob a carga máxima K_{max} ou a razão R da carga. Todavia, mesmo nestes casos, em geral é preciso usar técnicas de integração numérica, pois as trincas reais têm expressões de K_I complicadas. Além disso, em geral se deve usar a regra que melhor descreva a fase I da curva **da/dN**×ΔK nos cálculos de vida residual à fadiga, pois é nesta fase que se gasta a maior parte da vida das trincas na prática. Os efeitos de seqüência da carga são muito importantes na propagação de trincas sob cargas reais de serviço, mas têm fenomenologia complexa e de difícil modelagem. Entretanto, não há como desconsiderá-los na prática. O método ΔK_{rms} é simples e gera previsões razoáveis, se os picos da carga forem freqüentes e tiverem amplitude similar, mas não reconhece efeitos de seqüência nem pode garantir a inatividade de uma trinca. Como o método CCC pode ser aplicado seqüencialmente, ele deve ser escolhido para modelar a interação entre os ciclos, quando acoplado a modelos adequados de retardo. Na ausência de informações mais precisas, para modelar toda a fenomenologia desta interação da forma mais simples possível, recomenda-se escolher ou o modelo de Wheeler modificado e generalizado, ou então o modelo da carga de abertura constante modificado, ambos devidamente calibrados por testes apropriados, sempre que possível. Os modelos de retardo podem ser usados para descrever o crescimento 2D, a um custo computacional elevado, mas sem complexidades conceituais significativas. É altamente recomendável o uso de filtros numéricos, como a separação de ΔK em duas partes, uma $f(\sigma)$ e outra $g(a)$, atualizáveis a taxas diferentes, e de filtros de sobrecargas, para diminuir o tempo de cálculo nas simulações numéricas. Por fim, todos os modelos operacionais discutidos neste capítulo estão devidamente implementados no **ViDa**, a ferramenta que viabiliza o seu uso na prática.

9.26 Referências

[1]   Tada,H; Paris,PC; Irwin,GR. The Stress Analysis of Cracks Handbook, Del Research 1985.

[2]   Paris,PC; Gomez,MP; Anderson,WE "A rational analytic theory of fatigue", The Trend in Engineering v.13, p.9-14, 1961.

[3]   Paris,PC; Erdogan,F "A critical analysis of crack propagation laws", Journal of Basic Engineering v.85, p.528-534, 1963.

[4]   Klesnil,M; Lukas,P. Fatigue of Materials, Elsevier 1980.

[5]   Kitagawa,H; Misumi,M. "Estimation of effective stress intensity factor by a crack model considering the mean stress", Japan Soc. Mech. Eng., p.710-717, 1971.

[6]   Wang,H. "Contribuition à l'Etude de l'Influence des...", thèse de doctorat, Université de Sciences et Technologies de Lille, 1997.

[7]   Bergner,F; Zouhar,G "A new approach to the correlation between the coefficient and the exponent of the power law of fatigue crack growth", International Journal of Fatigue v.22, p.229-239, 2000.

[8]   Bergner,F; Zouhar,G; Tempus,G "The material-dependent variability of fatigue crack growth rates of aluminium alloys in the Paris regime", International Journal of Fatigue v.23, p.383-394, 2001.

[9]   Niccols,EH "A correlation for fatigue crack growth rate", Scripta Met. v.10, p.295-298, 1976.

[10]   Tanaka,K; Matsuoka,SA "A tentative explanation for two parameters in Paris equation of fatigue crack growth", International Journal of Fracture v.15, p.57-68, 1977.

[11]   Nishioka,K; Hirakawa,K; Kitaura,I "Fatigue crack propagation behavior of various steels", Sumitomo Search v.17, p.39-55, 1977.

[12]   Baïlon,JP; Massounave,J "On the relation between the parameters of Paris' law for fatigue crack growth", Scripta Met. v.11, p.1101-1106, 1977.

[13]   Suresh,S. Fatigue of Materials, 2nd ed., Cambridge 1998.

[14]   Dowling,NE. Mechanical Behavior of Materials, 3rd ed., Prentice Hall 2007.

[15]   Schijve,J. "Four lectures on fatigue crack growth", Engineering Fracture Mechanics v.11, p.176-221, 1979.

[16]   Broek,D. Elementary Engineering Fracture Mechanics, 4th ed., Kluwer, 1986.

[17]   Broek,D. The Practical Uses of Fracture Mechanics, Kluwer 1989.

[18] Barsom,JM; Rolfe,ST. Fracture and Fatigue Control in Structures, 3rd ed., ASTM 1999.

[19] Frost,NE; Marsh,KJ; Pook,LP. Metal Fatigue, Dover 1999.

[20] Stephens,RI; Fatemi,A; Stephens,RR; Fuchs,HO. Metal Fatigue in Engineering, 2nd ed., Interscience 2000.

[21] McClintock,FA; Argon,AS. Mechanical Behavior of Materials, Addison-Wesley 1966.

[22] Schijve,J. Fatigue of Structures and Materials, Kluwer 2001.

[23] Duggan,TV; Byrne,J. Fatigue as a Design Criterion, Macmillan 1977.

[24] Farahmand,B. Fatigue and Fracture Mechanics of High Risk Parts, Chapman & Hall 1997.

[25] Rice,RC ed. SAE Fatigue Design Handbook, 3rd ed., SAE 1997

[26] Sanford,RJ. Principles of Fracture Mechanics, Pearson 2002.

[27] Cadell,RM. Deformation and Fracture of Solids, Prentice-Hall 1980.

[28] Bannantine,JA; Comer,JJ; Handrock,JL. Fundamentals of Metal Fatigue Analysis, Prentice-Hall 1990

[29] Moura Branco,C; Fernandes,AA; Castro,PMS. Fadiga de Estruturas Soldadas, Gulbenkian 1987.

[30] Anderson,TL. Fracture Mechanics, 3rd ed., CRC 2005.

[31] Grandt Jr,AF. Fundamentals of Structural Integrity, Wiley 2004.

[32] McEvily,AJ. Metal Failures, Wiley 2002.

[33] Sanford,RJ ed. Selected Papers on Foundations of Linear Elastic Fracture Mechanics, SEM 1997.

[34] Hertzberg,RW. Deformation and Fracture Mechanics of Engineering Materials, 4th ed., Wiley 1996.

[35] Lee,YL; Pan,J; Hathaway,R; Barkey,M. Fatigue Testing and Analysis, Elsevier 2005.

[36] Murakami,Y. Metal Fatigue: Effects of Small Defects and Non-Metallic Inclusions, Elsevier 2002.

[37] Carnahan,B; Luther,HA; Wilkes,JO. Applied Numerical Methods, Wiley 1969.

[38] Ritchie,RO "Near-threshold fatigue-crack propagation in steels", International Metals Reviews, n.5-6, p.205-230, 1979.

[39] Fernandes,JL "Uma Metodologia para a Análise e Modelagem de Tensões Residuais", tese doutorado, PUC-Rio 2002.

[40] Castro,JTP "Some critical remarks on the use of potential drop and compliance systems to measure crack growth in fatigue experiments", Revista Brasileira de Ciências Mecânicas v.7, n.4, p.291-314, 1985.

[41] Beevers,CJ ed. The Measurement of Crack Length and Shape During Fracture and Fatigue, EMAS 1980.

[42] Kobayashi,AS ED. Handbook on Experimental Mechanics, cap.20, Prentice-Hall 1987.

[43] Deans,WF; Richards,CE "A simple and sensitive method of monitoring crack and load in compact fracture mechanics specimens using strain gages", Journal of Testing and Evaluation, v.7, n.3, p.147-154, 1979.

[44] Fisher,DM; Buzzard,RJ "Experimental compliance calibration of the compact fracture toughness specimen", NASA TN81655, 1980.

[45] Kobayashi,AS Ed. Experimental Techniques in Fracture Mechanics, v.1-2, The Iowa State University Press and SESA, 1975.

[46] Norma E647 "Standard test methods for measurement of fatigue crack growth rates", ASTM Standards v. 03.01.

[47] Elber,W "Fatigue crack closure under cyclic tension", Engineering Fracture Mechanics v.2(1), p.37-45, 1970.

[48] Elber,W "The significance of fatigue crack closure", Damage Tolerance of Aircraft Structures, ASTM STP 486, p.230-242, 1971.

[49] Castro,JTP "A circuit to measure crack closure", Experimental Techniques v.17, n.2, p.23-25, 1993.

[50] Paris,PC; Hermann,L "Twenty years of reflections on questions involving fatigue crack growth, part II: some observations of fatigue crack closure", Fatigue Thresholds v.1, p. 11–33, EMAS 1982.

[51] Newman,JC "An evaluation of the plasticity-induced crack-closure concept and measurement methods", NASA/TN-1998-208430, Langley Research Center, 1998.

[52] McEvily,AJ; Ishihara,S "On the development of crack closure at high R levels after an overload", Fatigue and Fracture of Engineering Materials and Structures, v.25, p.993-998, 2002.

[53] Sadananda,K; Vasudevan,AK "Fatigue crack growth mechanisms in steels" International Journal of Fatigue v.25, p.899-914, 2003.

[54] Kujawski,D "On assumptions associated with ΔK_{eff} and their implications on FCG predictions", International Journal of Fatigue v.27, p.1267-1276, 2005.

[55] Castro,JTP; Meggiolaro,MA; Miranda,ACO "Singular and non-singular approaches for predicting fatigue crack growth behavior", International Journal of Fatigue v.27, p.1366-1388, 2005.

[56] Castro,JTP; Meggiolaro,MA "Estatísticas das taxas de propagação de trincas de fadiga em materiais estruturais", Máquinas e Metais, n.463, p.176-184, 2004.

[57] Castro,JTP; Giassoni,A; Kenedi,PP "Fatigue propagation of semi and quart-elliptical cracks in wet welds", Revista Brasileira de Ciências Mecânicas v.20, p.263-277, 1998.

[58] Forman,RG; Kearney,VE; Engle,RM "Numerical Analysis of Crack Propagation in a Cyclic-Loaded Structure", Journal of Basic Engineering v.89, p.459-464, 1967.

[59] Priddle,EK; Walker,FE "Effect of Grain-Size on Occurrence of Cleavage Fatigue Failure in 316 Stainless-Steel", Journal of Material Science v.11, p.386-388, 1976.

[60] Collipriest,JE; Ehret,RM "A Generalized Relationship Representing the Sigmoidal Distribution of Fatigue Crack Growth Rates", Rockwell Int. # SD74-CE-0001, 1974.

[61] Walker,K "Effects of Environment and Complex Load History on Fatigue Life", ASTM STP 462, p.1-14, 1970.

[62] Hall,LR; Shah,RC; Engstrom,WL "Fracture and Fatigue Crack Growth Behavior of Surface Flaws and Flaws Originating at Fastener Holes", AFFDL-TR-74-47, 1974.

[63] http://www.nasgro.swri.org/

[64] Forman,RG; Shivakumar,V; Mettu,SR; Newman,JC "Fatigue Crack Growth Computer Program NASGRO Version 3.0, Reference Manual", NASA 2000.

[65] Newman,J.C. "A Crack Opening Stress Equation for Fatigue Crack Growth", International Journal of Fracture v.24, p.R131-R135, 1984.

[66] Newman,JC; Crews,JH; Bigelow,CA; Dawicke,DS "Variations of a Global Constraint Factor in Cracked Bodies under Tension and Bending Loads", ASTM STP 1244, p.21-42, 1995.

[67] McEvily,AJ "Current Aspects of Fatigue", Metal Science v.11, p.274-284, 1977.

[68] McEvily,AJ; Ritchie,RO "Crack closure and the fatigue crack propagation threshold as a function of load ratio", Fatigue and Fracture of Engineering Materials and Structures v.21, p.847-855, 1998.

[69] McEvily,AJ; Ishiara,S "On the development of crack closure at high R levels after an overload", Fatigue and Fracture of Engineering Materials and Structures v.25, p.993-998, 2002.

[70] Schmidt,RA; Paris,PC "Threshold for fatigue crack propagation and effects of load ratio and frequency", ASTM STP 536, p.79-94, 1973.

[71] Ritchie,R.O. "Near-threshold fatigue crack propagation in ultra-high strength steel", Journal of Engineering Materials and Technology, ASME, v.99, p.195-204, 1977.

[72] Liaw,P; Leax,T; Logsdon,W "Near-threshold fatigue crack growth behavior in metals", Acta Metallurgica, v.31, n.10, p.1581-1587, 1983.

[73] Taylor,D. Compendium of Fatigue Thresholds and Growth Rates, UK Engineering Materials Advisory Services, 1985.

[74] Lindley,TC "Near threshold fatigue crack growth: experimental methods, mechanisms, and applications", in Subcritical Crack Growth Due to Fatigue, Stress Corrosion, and Creep, p.167-213, Elsevier 1985.

[75] Wasén,J, Heier,E "Fatigue crack growth thresholds, the influence of Young's modulus and fracture surface roughness", International Journal of Fatigue v.20, p.737-742, 1998.

[76] Lawson,L; Chen,EY; Meshii,M "Near threshold fatigue: a review" International Journal of Fatigue v.21, p.S15-S34, 1999.

[77] Vasudevan,AK; Sadananda,K; Louat,N "Two critical stress intensities for threshold crack propagation", Scripta Mettallurgica et Materialia v.28, p.65-70, 1993.

[78] Vasudevan,AK; Sadananda,K; Louat,N "A review of crack closure, fatigue crack threshold and related phenomena", Materials Science and Engineering, v.188A, p.1-22, 1994.

[79] Kujawski,D "A new $(\Delta K^+ K_{max})^{0.5}$ driving force parameter for crack growth in aluminun alloys", International Journal of Fatigue v.23, p.733-740, 2001.

[80] Dinda,S; Kujawski,D "Correlation and prediction of fatigue crack growth for different R-ratios using Kmax and $\Delta K+$ parameters", Engineering Fracture Mechanics v.71, p.1779-1790, 2004.

[81] Sadananda,K; Vasudevan,AK "Short crack growth and internal stresses", International Journal of Fatigue v.19, s.1, p.S99–S108S, 1997.

[82] Vasudevan,AK; Sadananda,K; Glinka,G "Critical parameters for fatigue damage", International Journal of Fatigue v.23, s.1, p.39-53, 2001.

[83] Sadananda,K; Vasudevan,AK; Holtz,RL "Extension of the Unified Approach to fatigue crack growth to environmental interactions", International Journal of Fatigue v.23, s.1, p.277-286, 2001.

[84] Sadananda,K; Holtz,RL; Vasudevan,AK "Non-propagating fatigue cracks", Fatigue 2002 v.2, p.1187-1197, Emas 2002.

[85] Sadananda,K; Vasudevan,AK "Crack tip driving forces and crack growth representation under fatigue", International Journal of Fatigue v.26, p.39-47, 2004.

[86] McEvily,AJ "The growth of short fatigue cracks: a review", Materials Science Research International v.4, p.3-11, 1988.

[87] Lawson,L; Chen,EY; Meshii,M "Near-threshold fatigue: a review", International Journal of Fatigue v.21, s.1, p.S15-S34, 1999.

[88] Verreman,Y "Propagation des fissures curtes", in Fatigue des Matériaux et Structures 2, Bathias,C; Pineau,A ed., Hermes-Lavoisier 2008.

[89] El Haddad,MH; Topper,TH, Smith,KN "Prediction of non-propagating cracks", Engineering Fracture Mechanics v.11, p.573-584, 1979.

[90] El Haddad,MH; Smith,KN; Topper,TH "Fatigue crack propagation of short cracks", Journal of Engineering Materials and Technology, ASME v.101, p.42-46, 1979.

[91] Yu,MT; Duquesnay,DL; Topper,TH "Notch fatigue behavior of 1045 steel", International Journal of Fatigue v.10, p.109-116, 1988.

[92] Kitagawa,H; Takahashi,S "Aplicability of fracture mechanics to very small crack or cracks in the early stage", Proceedings of Second International Conference on Mechanical Behavior of Materials, Boston, MA, p.627–631, ASM 1976.

[93] Bazant,ZP "Scaling of quasibrittle fracture: asymptotic analysis" International Journal of Fracture v.83(1), p.19-40, 1997.

[94] Tanaka,K; Nakai,Y; Yamashita,M "Fatigue growth threshold of small cracks", International Journal of Fracture v.17, n.5, p.519-533, 1981.

[95] Livieri,P; Tovo,R "Fatigue limit evaluation of notches, small cracks and defects: an engineering approach", Fatigue and Fracture of Engineering Materials and Structures v.27, p.1037-1049, 2004.

[96] Atzori,B; Lazzarin,P; Meneghetti,G "Fracture mechanics and notch sensitivity", Fatigue and Fracture of Engineering Materials and Structures v.26, p.257-267, 2003.

[97] Vallellano,C; Navarro,A; Dominguez,J "Fatigue crack growth threshold conditions at notches. Part I: theory", Fatigue and Fracture of Engineering Materials and Structures, v. 23, p.113-121, 2000.

[98] Ciavarella,M; Meneghetti,G "On fatigue limit in the presence of notches: classical vs. recent unified formulations", International Journal of Fatigue v.26, p.289-298, 2004.

[99] Du Quesnay,DL; Yu,MT, Topper,TH "An analysis of notch-size effects at the fatigue limit", Journal of Testing and Evaluation v.16(4), p.375-385, 1988.

[100] Meggiolaro,MA; Miranda,ACO; Castro,JTP "Short crack threshold estimates to predict notch sensitivity factors in fatigue", International Journal of Fatigue v. 29, p.2022–2031, 2007.

[101] Peterson,RE. Stress Concentration Factors, Wiley 1974.

[102] Shigley,JE; Mischke,CR, Budynas,RG. Mechanical Engineering Design, 7th ed., Mc-Graw-Hill 2004.

[103] Juvinall,RC; Marshek,KM. Fundamentals of Machine Component Design, 4th ed., Wiley 2005.

[104] Norton,RL. Machine Design, An Integrated Approach, 3rd ed., Prentice-Hall 2005.

[105] Wu,H; Imad,A; Nourredine;B; Castro,JTP; Meggiolaro,MA "On the prediction of the residual fatigue life of cracked structures repaired by the stop-hole method", submetido ao International Journal of Fatigue, 2009.

[106] Rabbe,P; Lieurade,HP; Galtier,A "Essais de fatigue", partie I, techniques de l'Ingénieur, traité M4170, www.techniques-ingenieur.fr, 2000

[107] Borrego,LP; Ferreira,JM; Pinho da Cruz,JM; Costa,JM "Evaluation of overload effects on fatigue crack growth and closure, Engineering Fracture Mechanics v.70, p.1379–1397, 2003.

[108] McMillan,JC; Pelloux,RMN "Fatigue Crack Propagation under Program and Random Loads", ASTM STP 415, p.505-535, 1967

[109] Masuda,C; Ohta,A; Nishijima,S.; Sasaki,E "Fatigue striation in a wide range of crack propagation rates up to 70μm/cycle in a ductile structural steel", Journal of Material Science v.15, p.1663-1670, 1980

[110] Cai,H; McEvily,AJ "On striations and fatigue crack growth in 1018 steel", Materials Science and Engineering A v.313, p.86-89, 2001

[111] Moreira,PMGP; Matos,PFP; Castro,PMST "Fatigue striation spacing and equivalent initial flaw size in Al 2024-T3 riveted specimens", Theoretical and Applied Fracture Mechanics v.43, p.89-99, 2005

[112] Engel,L; Klingele,H. An Atlas of Metal Damage, Prentice Hall 1981.

[113] Metals Handbook, v.12, 9th ed., "Fractography", ASM 1987.

[114] Hertzberg,RW; Manson,JA "Fatigue" in Kroschwitz,JI ed. Polymers, an Encyclopedic Sourcebook of Engineering Properties, Wiley 1987

[115] Aviation Safety Council "In-flight breakup over the Taiwan strait northeast of Makung, Penghu Island, China airlines flight C1611, Boeing 747-200, B-18255", ASC-AOR-05-02-001, 2002

[116] Majumdar,S; Morrow,J "Correlation between fatigue crack propagation and low cycle fatigue properties", ASTM STP 559, p.159-182, 1974

[117] Schwalbe,KH "Comparison of several fatigue crack propagation laws with experimental results', Engineering Fracture Mechanics v.6, p.325-341, 1974

[118] Glinka,G "A cumulative model of fatigue crack growth', International Journal of Fatigue v.4, p.59-67, 1982

[119] Glinka,G "A notch stress-strain analysis approach to fatigue crack growth', Engineering Fracture Mechanics v.21, p.245-261, 1985

[120] Kujawski,D; Ellyin,F. "A cumulative damage theory for fatigue crack initiation and propagation", International Journal of Fatigue v.6, p.83-87, 1984

[121] Kujawski,D; Ellyin,F. "A fatigue crack growth model with load ratio effects", Engineering Fracture Mechanics v.28, p.367-378, 1987

[122] Noroozi,AH; Glinka,G; Lambert,S "A two parameter driving force for fatigue crack growth analysis", International Journal of Fatigue v.27, p.1277-1296, 2005.

[123] Castro,JTP; Kenedi,PP "Previsão das taxas de propagação de trincas de fadiga partindo dos conceitos de Coffin-Manson", Revista Brasileira de Ciências Mecânicas v.17, p.292-303, 1995

[124] Durán,JAR; Castro,JTP; Payão Filho,JC "Fatigue crack propagation prediction by cyclic plasticity damage accumulation models", Fatigue and Fracture of Engineering Materials and Structures v.26, p.137-150, 2003

[125] Castro,JTP; Meggiolaro,MA; Miranda,ACO "Singular and non-singular approaches for predicting fatigue crack growth behavior", International Journal of Fatigue v.27, p.1366-1388, 2005

[126] Castro,JTP; Meggiolaro,MA; Miranda,ACO "A note on fatigue crack growth predictions based on damage accumulation ahead of the crack tip", Solid Mechanics in Brazil 2007, Alves & Mattos ed., p.133-146, ABCM, 2007 (ISBN 978-85-85763-30-7).

[127] Castro,JTP; Meggiolaro,MA; Miranda,ACO "Fatigue crack growth predictions based on damage accumulation calculations ahead of the crack tip", Computational Materials Science v.46, p.115-123, 2009.

[128] Hudson,CM "A root-mean-square approach for predicting fatigue crack growth under random loading", ASTM STP 748, p.41-52, 1981.

[129] Meggiolaro,MA; Castro,JTP "ViDa 98 - Danômetro visual para automatizar o projeto à fadiga sob carregamentos complexos", Revista Brasileira de Ciências Mecânicas v.20, p.666-685, 1998.

[130] Newman,JC; Raju,I "Stress-intensity factor equations for cracks in three-dimensional finite bodies subjected to tension and Bending Loads", NASA TM-85793, 1984.

[131] Castro,JTP; Giassoni,A; Kenedi,PP "Fatigue propagation of semi and quart-elliptical cracks in wet welds", Revista Brasileira de Ciências Mecânicas v.20, p.263-277, 1998.

[132] Meggiolaro,MA; Castro,JTP "Modeling surface flaw transition to a through crack", Proceedings of COBEM 2003, in CD, 2003.

[133] Henkener,JA; Lawrence,VB; Forman,RG "An evaluation of Fracture Mechanics properties of various aerospace materials", ASTM STP 1189, p.474-497, 1993.

[134] Castro,JTP "Load history effects in plane strain fatigue crack growth", Ph.D. thesis, Mechanical Engineering Department, M.I.T., 1982.

[135] Skorupa,M. "Load interaction effects during fatigue crack Growth under variable amplitude loading - a literature review - part I: empirical trends", Fatigue and Fracture of Engineering Materials and Structures v.21, pp.987-1006, 1998.

[136] Skorupa,M. "Load interaction effects during fatigue crack Growth under variable amplitude loading - a literature review - part II: qualitative interpretation", Fatigue and Fracture of Engineering Materials and Structures v.22, pp.905-926, 1999.

[137] von Euw,EFG; Hertzberg,RW; Roberts,R "Delay effects in fatigue crack propagation", ASTM STP 513, p.230-259, 1972.

[138] Ruckert,COFT; Tarpani,JR; Milan,MT; Bose,WW; Spinelli,D "Evaluating the Berkovitz's K-parametrization method to predict fatigue loads in failure investigations", SAE Fatigue 2004 Proceedings, paper 2004-01-2211, em CD, SAE 2004.

[139] Mills,WJ; Hertzberg,RW "The effect of sheet thickness on fatigue crack retardation in 2024-T3 aluminum alloy", Engineering Fracture Mechanics v.7, p.705-711, 1975.

[140] Paris,PC; Hermann,L. Fatigue Thresholds v.1, p.11-33, Emas 1982.

[141] Paris,PC; Tada,H; Donald,JK "Service load fatigue damage - a historical perspective", International Journal of Fatigue v.21, p.S35-S46, 1999.

[142] Schijve,J. "The stress ratio effect on fatigue crack growth in 2024-T3 Alclad and the relation to crack closure", Technische Hogeschool Delft, 1979.

[143] DuQuesnay,DL; Topper,TH; Yu,MT; Pompetzki,M "The effective stress range as a mean stress parameter", International Journal of Fatigue v.14, p.45-50, 1992.

[144] DuQuesnay,DL; Pompetzki,M; Topper,TH "Fatigue life predictions for variable amplitude strain histories", SAE Transactions v.5, 1993.

[145] Durán,JR; Castro,JTP "Variação de $\Delta K_{EFETIVO}$ na propagação de trincas por Fadiga", Anais do VI COTEQ, em CD, IBP 2002.

[146] Castro,JTP; Parks,DM "Decrease in closure and delay of fatigue crack growth in plane strain", Scripta Metallurgica v.16, p.1443-1445, 1982.

[147] Kujawski,D "ΔK_{eff} parameter under re-examination", International Journal of Fatigue v.25, p.793-800, 2003.

[148] Vasudevan,AK; Sadananda,K; Holtz,RL "Analysis of vacuum fatigue crack growth results and its implications", International Journal of Fatigue v.27, p.1519-1529, 2005.

[149] Suresh,S; Zamiski,GF; Ritchie,RO "Oxide-induced crack closure: an explanation for near-threshold corrosion Fatigue crack growth Behavior", Metallurgical Transactions v.12A, p.1435-1443, 1981.

[150] Starke,EA; Williams,JC "Microstructure and the Fracture Mechanics of fatigue crack propagation", Fracture Mechanics: Perspectives and Directions, ASTM STP 1020, p.184-205, 1989.

[151] Lang,M; Marci,G "The influence of single and Multiple overloads on fatigue crack propagation", Fatigue and Fracture of Engineering Materials and Structures v.22, p.257-271, 1999.

[152] Willenborg,J; Engle,RM; Wood,HA "Crack growth retardation model using an effective stress concept", Wright Patterson Air Force Laboratory, 1971.

[153] Gallagher,JP "A generalized development of yield zone models", Wright Patterson Air Force Laboratory, 1974.

[154] Gallagher,JP; Hughes,T "Influence of yield strength on overload affected fatigue crack growth behavior in 4340 steel", Wright Patterson Air Force Laboratory, 1974.

[155] Abelkis,PR "Effect of transport aircraft wing loads spectrum variation on crack growth" ASTM STP 714, p.143-169, 1980.

[156] Chang,JB; Engle,RM "Improved damage-tolerance analysis methodology" Journal of Aircraft v.21, p.722-730, 1984.

[157] Wheeler,OE "Spectrum loading and crack growth", Journal of Basic Engineering v.94, p.181-186, 1972.

[158] Castro,JTP; Meggiolaro,MA "Previsão da vida residual de estruturas trincadas", Anais do COTEQ 97, p.263-268, IBP 1997.

[159] Meggiolaro,MA; Castro,JTP "Comparison of load interaction models in fatigue crack propagation", Anais do XVI COBEM v.12, p.247-256, ABCM, 2001.

[160] Sippel,KO; Weisgerber,D "Flight by flight crack propagation test results with several load spectra and comparison with calculation according to different models", ICAF Symposium, Darmstadt, 1977.

[161] Finney,JM "Sensitivity of fatigue crack growth predictions using Wheeler retardation to data representation", Journal of Testing and Evaluation v.17, p.75-81, 1989.

[162] Bunch,JO; Trammell,R; Tanouye,P "Structural life analysis methods used on the B-2 bomber", ASTM STP 1292, p.220-247, 1996.

[163] deKoning,AU; tenHoeve,HJ; Hendriksen,TK "The description of crack growth on the basis of the strip-yield model for computation of crack opening loads, the crack tip s-tretch and strain rates", National Aerospace Laboratory Report (NLR), 1997.

[164] tenHoeve,HJ; deKoning,AU "Implementation of the improved strip yield model into NASGRO Software - architecture and detailed design document", NLR, 1995.

[165] Newman,JC; Raju,IS "Prediction of fatigue crack-growth patterns and lives in three-dimensional cracked bodies", 6th International Conference on Fracture v.3, p.1597-1608, 1984.

[166] Miranda,ACO; Meggiolaro,MA; Castro,JTP; Martha,LF; Bittencourt,TN "Fatigue crack propagation under complex loading in arbitrary 2D geometries", ASTM STP 1411, p.120-145, 2002.

[167] Miranda,ACO; Meggiolaro,MA; Martha,LF; Castro,JTP; Bittencourt,TN "Fatigue life and crack path predictions in generic 2D structural components", Engineering Fracture Mechanics v.70, n.10, p.1259-1279, 2003.

[168] Miranda,ACO; Meggiolaro,MA; Castro,JTP; Martha,LF "Fatigue life prediction of complex 2D components under mixed-mode variable loading", International Journal of Fatigue v.25, p.1157-1167, 2003.

[169] Meggiolaro,MA; Miranda,ACO; Castro,JTP; Martha,LF "Stress intensity factor equations for branched crack growth", Engineering Fracture Mechanics v.72(17), p.2647-2671, 2005.

[170] Miranda,ACO; Meggiolaro,MA; Castro,JTP; Martha,LF "Crack retardation equations for the propagation of branched fatigue cracks", International Journal of Fatigue v.27(10-12), p.1398-1407, 2005.

[171] Miranda,ACO; Meggiolaro,MA; Martha,LF; Castro,JTP "Practical aspects of 2D curved crack paths finite elements models", submetido à Computational Materials Science.

[172] Lankford,J; Davidson,DL. The effect of overloads upon fatigue crack tip opening displacement and crack tip opening/closing loads in aluminum alloys. Advances in Fracture Research v.2, p.899–906, Pergamon Press 1981.

[173] Kosec,B; Kovacic,G; Kosec,L "Fatigue cracking of an aircraft wheel", Engineering Failure Analysis v.9, p.603–609, 2002.

[174] Suresh,S; Shih,CF "Plastic near-tip fields for branched cracks", International Journal of Fracture v.30, p.237-259, 1986.

[175] Shi,HJ; Niu,LS; Mesmacque,G; Wang,ZG "Branched crack growth behavior of mixed-mode fatigue for an austenitic 304L steel", International Journal of Fatigue v.22, p.457–465, 2000.

[176] Pippan,R; Flechsig,K; Riemelmoser,FO "Fatigue crack propagation behavior in the vicinity of an interface between materials with different yield stresses", Materials Science and Engineering A v.283, p.225–233, 2000.

Capítulo 10 – Efeitos da Temperatura

10.1 Objetivos

Introduzir noções de fluência, viscoelasticidade e tensões térmicas para quantificar a influência da temperatura no comportamento mecânico das ligas estruturais, estudando:

- a fenomenologia e a magnitude das deformações $\varepsilon = \varepsilon(\sigma, \Theta, t)$ causadas pela fluência das ligas metálicas sob cargas e temperaturas de serviço típicas, e os principais micromecanismos que as causam nas diversas combinações tensão/temperatura;

- os principais modelos usados para quantificar os efeitos da fluência no dimensionamento estrutural, inclusive os modelos viscoelásticos lineares que podem descrever o comportamento de polímeros e do concreto sob tensões não muito altas;

- os principais modelos de acúmulo de dano nas estruturas sujeitas à fluência e à fadiga;

- os fundamentos da análise das tensões térmicas.

10.2 Introdução

Fluência é o mecanismo de falha mecânica caracterizado por um acúmulo paulatino de deformações anelásticas que independe de incrementos da carga, o qual pode afetar muito ou até dominar a vida útil das estruturas que trabalham em temperaturas Θ altas em relação à temperatura de fusão Θ_f do material. Por causa da fluência, as deformações em geral dependem não só das tensões, mas também da temperatura e do tempo, $\varepsilon = \varepsilon(\sigma, \Theta, t)$.

Na prática da análise estrutural, são tipicamente consideradas como "altas" as temperaturas $\Theta > 0.3 \cdot \Theta_f$ nas ligas metálicas, $\Theta > 0.4 \cdot \Theta_f$ nas cerâmicas e $\Theta > 0.5 \cdot \Theta_v$ nos polímeros (a temperatura de transição vítrea, vide Capítulo 3). Por isso, é comum desprezar a fluência na análise das estruturas metálicas que trabalham na temperatura ambiente, Θ_{amb}, supondo que suas deformações elásticas e/ou plásticas podem ser modeladas como se dependessem apenas das tensões, $\varepsilon = \varepsilon(\sigma)$. Mas os componentes estruturais poliméricos devem em geral ser dimensionados considerando a fluência mesmo quando eles trabalham somente na Θ_{amb} [1-33].

Em outras palavras, sempre que a temperatura de trabalho Θ for alta ***não*** se pode usar a hipótese simplificada $\varepsilon = \varepsilon(\sigma)$ nos cálculos estruturais, pois ela é ***insegura*** nesses casos. Vários equipamentos importantes como caldeiras, fornos, turbinas, etc., trabalham em temperaturas altas e são, portanto, sujeitos aos danos causados por fluência, os quais em geral se superpõem aos danos gerados por fadiga. Além disso, sob tensões muito altas, próximas ou maiores do que a resistência ao escoamento do material, a fluência pode ser importante até mesmo em temperaturas usualmente consideradas "baixas", se o tempo de aplicação da carga for muito longo em relação ao tempo de medição de S_E.

As curvas de fluência $\varepsilon \times t$ típicas (também chamadas de curvas de Andrade), que descrevem como a deformação varia ao longo do tempo sob tensão fixa, podem geralmente ser divididas em 3 fases, vide Fig. 10.1 e 10.2:

- fluência primária ou fase I, que muitas vezes é relativamente curta, e cuja taxa de fluência $d\varepsilon/dt = \dot{\varepsilon}_{pri}$ é decrescente ao longo do tempo;

- fluência secundária ou fase II, que normalmente domina a vida à fluência nas tensões usadas na maioria das aplicações estruturais, e cuja taxa $d\varepsilon/dt = \dot{\varepsilon}_S$ é quase constante; e

- fluência terciária ou fase III, cuja taxa $\dot{\varepsilon}_{ter}$ cresce até causar a eventual ruptura do CP (a fase III não é necessariamente breve, mesmo quando fase II é dominante).

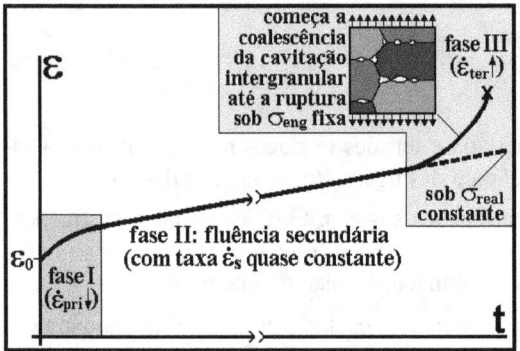

Fig. 10.1: Esquema de uma curva de fluência típica, ou curva de Andrade ($\varepsilon_0 = \varepsilon_{el} + \varepsilon_{pl}$, onde ε_{el} e ε_{pl} são as deformações elástica e plástica medidas logo após a aplicação da carga).

Fig. 10.2: Variação típica das taxas de fluência nas curvas de Andrade: a taxa decresce na fase I, é quase fixa na II e cresce na III.

Os testes de fluência podem ser muito longos (podem levar mais de $t > 10^5$ **horas** ou **11.42 *anos*** em alguns casos), e são quase sempre feitos em CPs sujeitos a tração uniaxial em máquinas de peso morto [8-10]. O efeito da temperatura Θ (que deve ser muito bem controlada nos testes de fluência) é em geral modelável segundo Arrhenius, ou seja, a taxa de fluência secundária muitas vezes pode ser bem descrita por:

$$\dot{\varepsilon}_S = f(\sigma) \cdot \exp(-Q/R\Theta) \qquad (10.1)$$

onde $f(\sigma)$ é uma função que descreve o efeito da tensão na taxa de fluência, Q é a energia específica (em J/mol) que ativa os micromecanismos causadores da fluência (os quais em geral são dependentes do material e da sua microestrutura, da tensão σ e da temperatura Θ, em K), e R é a constante universal dos gases:

$$R = k_B \cdot N_{Av} = 8.31 \text{ J/K·mol} \qquad (10.2)$$

onde $k_B = 1.38 \cdot 10^{-23}$ **J/átomo·K** é a constante de Boltzmann e $N_{Av} = 6.02 \cdot 10^{23}$ **átomos/mol** é o número de Avogadro.

A Fig. 10.3 mostra um esquema de uma máquina de fluência típica. Os testes de fluência sob carga fixa são simples, mas como a taxa **dε/dt** cresce exponencialmente com Θ, a temperatura do CP deve ser controlada com precisão (e.g., segundo a norma ASTM E139, $\Theta \pm 2^oC$ quando $\Theta \leq 1000^oC$, ou $\Theta \pm 3^oC$ se $\Theta > 1000^oC$, durante todo o teste, que pode durar ***anos***). Isto requer fornos com pelo menos 3 zonas de aquecimento, e baterias de reserva para manter o forno aquecido durante as (prováveis) falhas de energia.

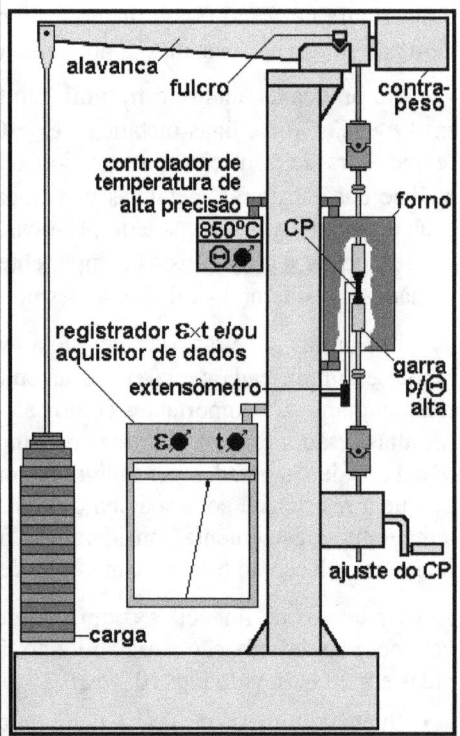

Fig. 10.3: Esquema de uma máquina de fluência sob carga fixa típica.

O comportamento típico das 3 fases das curvas **εxt** de fluência medidas sob várias tensões σ_i constantes numa mesma temperatura Θ (fixa) é ilustrado na Fig. 10.4. As curvas desta figura mostram a fluência primária com uma taxa $\dot{\varepsilon}_{pri}$ decrescente, a fluência secundária cuja taxa

$\dot{\varepsilon}_S$ é quase constante, e a fluência terciária com taxa $\dot{\varepsilon}_{ter}$ crescente, a qual termina na eventual fratura da peça. Note que as curvas de Andrade se deslocam para cima e para a esquerda à medida que a tensão aumenta, isto é, as taxas de fluência crescem e o tempo de ruptura diminui quando σ cresce. As curvas $\varepsilon \times t$ obtidas em diversas temperaturas Θ_i sob uma mesma tensão σ têm uma forma típica similar, como esquematizado na Fig. 10.5.

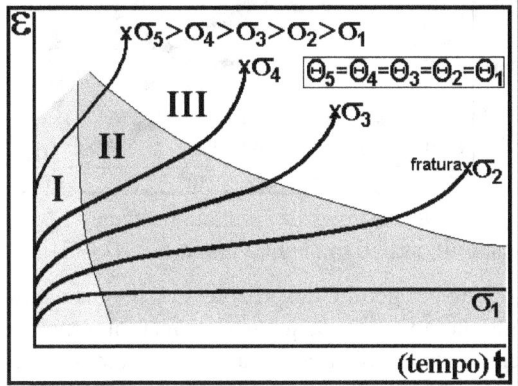

Fig. 10.4: Esquema das curvas de Andrade tipicamente obtidas sob várias tensões σ_i (fixas) numa mesma temperatura Θ (o **X** no fim das curvas significa a fratura do CP).

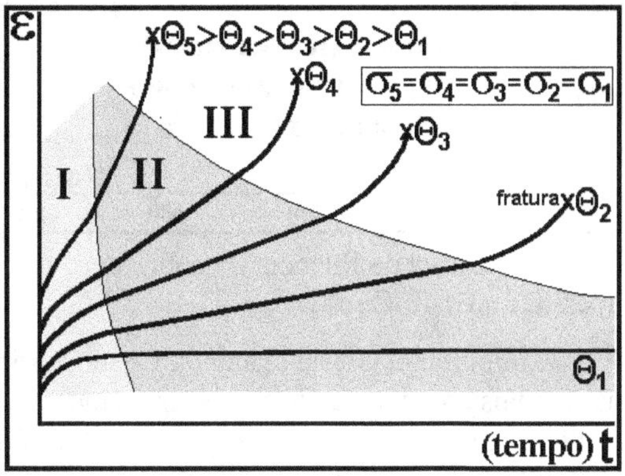

Fig. 10.5: Esquema das curvas de Andrade tipicamente obtidas sob várias temperaturas Θ_i (fixas), mas sob uma mesma tensão nominal σ (gerada por uma carga **P** constante).

Deve-se enfatizar que o comportamento típico das curvas de Andrade esquematizado nas Fig. 10.4 e 10.5 não é exclusivo dos materiais desenvolvidos para uso em altas temperaturas, e é observado na maioria dos materiais estruturais. Ou seja, as ligas que não são normalmente usadas em temperaturas "altas" também fluem desta mesma maneira, como ilustrado pelos dados medidos numa liga de Al mostrados a seguir.

A Fig. 10.6 mostra curvas $\varepsilon \times t$ da liga de Al 2024-T4, que funde a $\Theta_f \cong 570^o C \cong 840K$ (a temperatura do teste $\Theta = 180^o C = 453K \cong 0.54\Theta_f$ *não* é baixa para ela) [16]. Note que a taxa $\dot{\varepsilon}_{pri}$ diminui na fase I à medida que ε cresce e as discordâncias mais livres vão sendo ancoradas, até atingir o processo difusivo aproximadamente uniforme que gera na fase II uma taxa $\dot{\varepsilon}_S$ quase constante.

É importante enfatizar que problemas de fluência também podem ocorrer em temperaturas menores que $0.3\Theta_f$. Por exemplo, a Fig. 10.7 mostra as 3 fases de uma curva de Andrade completa que termina na ruptura de um CP de Cu puro micr018 granular após apenas 6 horas sob $\Theta/\Theta_f = 0.23$, uma temperatura relativamente baixa [34]. O aumento da taxa $\dot{\varepsilon}_{ter}$ na fase III (claramente mostrado na Fig. 10.7) é freqüentemente causado pela cavitação intergranular gerada pelo acúmulo das deformações de fluência, e pela eventual coalescência daquelas microcavidades ou microporos.

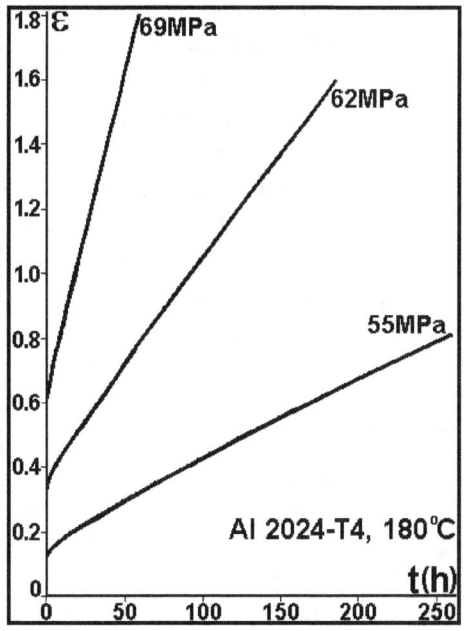

Fig. 10.6: Fluência primária e secundária numa liga de Al 2024-T4 a 180°C [16].

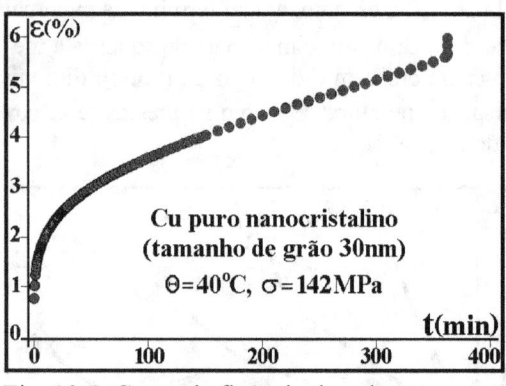

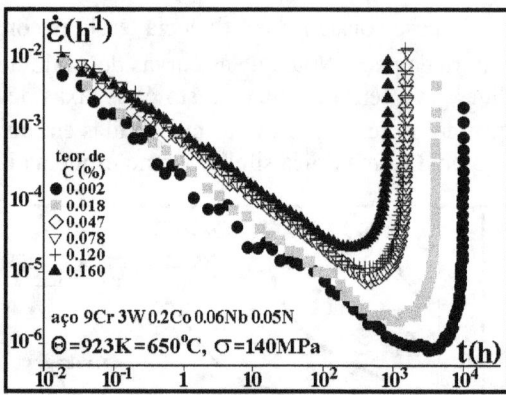

Fig. 10.7: Curva de fluência do cobre puro na-
nocristalino a 40°C [34].

Fig. 10.8: As taxas de fluência neste aço não
estabilizam, logo ele não tem a fase II [35].

A importância desta chamada fluência a frio, que em geral é desprezível nos metais estruturais mais comuns, tende a crescer quando o tamanho de grão é pequeno demais (como no caso do Cu microcristalino da Fig. 10.7). A fluência a frio também pode causar problemas práticos importantes em componentes que trabalham sob cargas fixas muito altas, como a perda de
carga em tirantes de protensão, por exemplo. Além disso, as curvas de fluência típicas esque-
matizadas acima não são exclusivas, pois nem sempre as três fases da curva de Andrade são
claramente identificáveis, vide Fig. 10.8. Mas o detalhamento destes problemas atípicos é considerado fora do escopo desta breve revisão.

10.3 Quantificação da Resistência à Fluência das Ligas Estruturais

Os vários efeitos da fluência costumam ser medidos de diversas formas, por exemplo:

- pela taxa de deformação sob fluência secundária $\dot{\varepsilon}_S = d\varepsilon(\sigma, \Theta, t)/dt$ (na fase II da curva
  $\varepsilon \times t$) em $\mu m/m/s$ ou em h^{-1}, sendo fixas a tensão σ e a temperatura Θ do teste;

- pela resistência $S_{\dot{\varepsilon}}(\dot{\varepsilon}_S, \Theta)$ em **MPa** à taxa de fluência secundária $\dot{\varepsilon}_S$ sob uma temperatura Θ fixa (ou seja, pela tensão que induz a taxa $\dot{\varepsilon}_S$ sob Θ fixa);

- pela resistência à ruptura sob fluência $S_R(t, \Theta)$ num dado tempo **t** sob Θ fixa, em **MPa**
  (ou pela tensão de engenharia que rompe o CP após **t** h de teste sob Θ fixa);

- pela temperatura $\Theta_R(\sigma, t)$ em **K** ou **°C** na qual o CP de fluência rompe após **t** h de teste
  sob a tensão de engenharia σ fixa; ou

- pelo tempo $t_R(\sigma, \Theta)$ em **h** após o qual o CP de fluência rompe sob σ e Θ fixas.

Como regra geral, a resistência à fluência tende a crescer com o aumento da temperatura
de fusão Θ_f (vide Tabela 10.1) e da resistência à oxidação no meio e na temperatura de trabalho [36-38]. Para ilustrar a ordem de grandeza do problema da fluência das ligas metálicas estruturais, a seguir se apresenta uma amostra significativa de diversas propriedades medidas em
temperaturas altas, compiladas de muitas fontes e devidamente traduzidas para o SI.

A Fig. 10.9 e a Tabela 10.2 começam listando usos e limites típicos para os aços estruturais. A temperatura limite recomendada pela API 530 para o projeto estrutural dos tubos de
aquecedores ou de fornalhas listada na Tabela 10.2, $\Theta_{projeto}$, é associada à obtenção de dados
de ruptura por fluência confiáveis. Temperaturas até **30°C** abaixo da temperatura crítica do
material, $\Theta_{crítica}$, são permitidas para operações de curta duração necessárias para a manutenção do aquecedor, como descoquificação, por exemplo. Esta norma não cita explicitamente
limites de carga ou de tensão nessas operações curtas em temperaturas bem mais altas que a
permitida para o serviço normal. Todavia, como as taxas de fluência crescem exponencialmen-

te com a temperatura, se deve tomar extremo cuidado para evitar danos significativos nestas operações, limitando conservativamente a valores muito baixos as tensões a elas associadas. Operações acima de $\Theta_{\text{crítica}}$ podem resultar em mudanças microestruturais significativas nas ligas ferríticas listadas naquela tabela. Segundo a norma API 530, os aços inox austeníticos não têm problemas com temperaturas críticas. Mas ela menciona explicitamente que outros fatores como a oxidação, a grafitização, a carbonetação e o ataque por hidrogênio podem limitar as temperaturas máximas permitidas, e que estes fatores têm que ser considerados quando os tubos do aquecedor ou da fornalha forem projetados.

Tabela 10.1: Temperaturas de fusão de alguns materiais representativos.

material	$\theta_{\text{fusão}}$ (K)	material	$\theta_{\text{fusão}}$ (K)	material	$\theta_{\text{fusão}}$ (K)	material	$\theta_{\text{fusão}}$ (K)
diamante	~4000	Pt	2045	Mg	923	PA	488-533
W	3680	Ti	1930	vidro	700-900	POM	453
Ta	3250	Fe	1808	Zn	693	PP	438-448
SiC	3110	Co	1768	kevlar	673-823	PMMA	433
MgO	3073	Ni	1726	Pb	601	PE	382-408
Mo	2880	Si	1680	PTFE	600	H_2O	273
Nb	2740	Mn	1519	PI	580-630	Hg	234
BeO	2700	U	1405	PVC	546	N	63.3
Al_2O_3	2323	Cu	1358	PC	541	O	50.5
Si_3N_4	2173	Au	1338	PET	523-543	Ne	24.7
Cr	2130	Ag	1234	Sn	505	H	14.2
Zr	2125	Al	933	PBT	493	He	~0

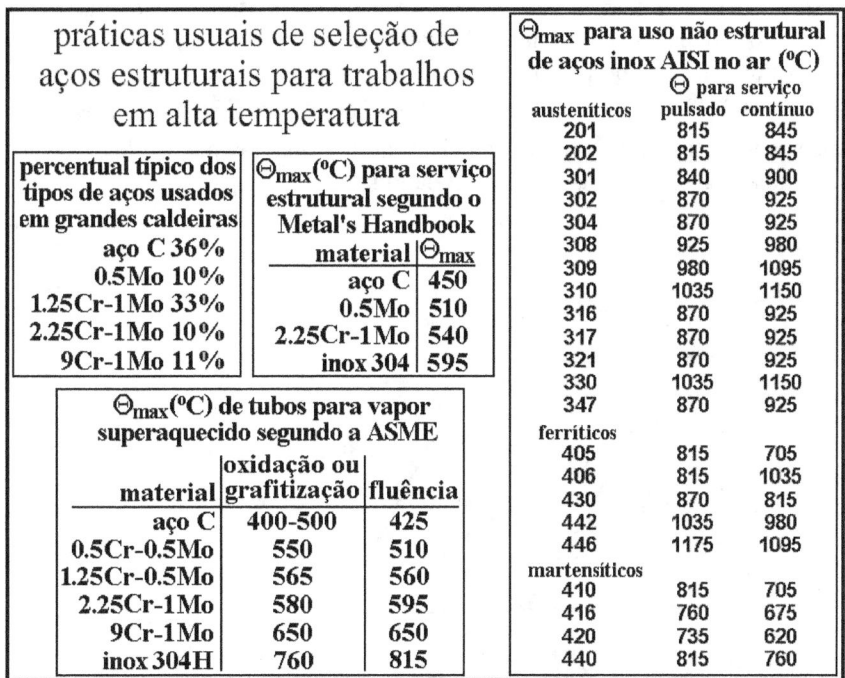

Fig. 10.9: Recomendações típicas para escolha de aços usados em temperaturas altas: a receita básica é aumentar o teor de Cr e de Mo à medida que a temperatura Θ aumenta até cerca de **650°C**, e usar aços inoxidáveis acima desta temperatura [11-12, 18, 21].

Tabela 10.2: Limites de temperatura recomendadas pela norma API 530, que trata do cálculo da espessura de tubos de aquecimento em refinarias de petróleo [39].

Aço	tipo/grau	$\Theta_{projeto}$ (°C)	$\Theta_{crítica}$ (°C)
carbono	B	540	720
C-½Mo	T1 ou P1	595	720
1¼Cr-½Mo	T11 ou P11	595	775
2¼Cr-1Mo	T22 ou P22	650	805
3Cr-1Mo	T21 ou P21	650	815
5Cr-½Mo	T5 ou P5	650	820
5Cr-½Mo-Si	T5b ou P5b	705	845
7Cr-½Mo	T7 ou P7	705	825
9Cr-1Mo	T9 ou P9	705	825
9Cr-1Mo-V	T91 ou P91	650	830
18Cr-8Ni	304 ou 304H	815	—
16Cr-12Ni-2Mo	316 ou 316H	815	—
16Cr-12Ni-2Mo	316L	815	—
18Cr-10Ni-Ti	321 ou 321H	815	—
18Cr-10Ni-Nb	347 ou 347H	815	—
liga Ni-Fe-Cr	800H/800HT	985	—
liga 25Cr-20Ni	HK40	1010	—

Deve-se notar que as temperaturas e/ou as tensões admissíveis pelos vários códigos de dimensionamento à fluência podem diferir bastante. E que isso não significa incoerência entre eles, pois os valores limites propostos por cada um refletem os procedimentos operacionais e as conseqüências das falhas dos equipamentos que eles se propõem a normalizar.

A influência da temperatura na resistência à ruptura (medida num teste de tração convencional) de algumas ligas metálicas é mostrada na Fig. 10.10.

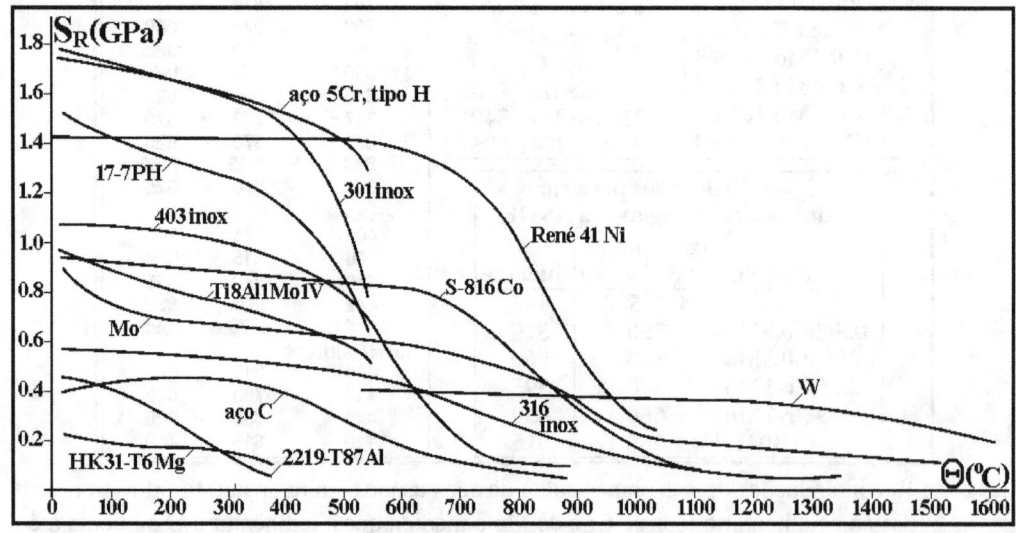

Fig. 10.10: Influência da temperatura na resistência à ruptura S_R de algumas ligas [31].

As faixas das resistências típicas à ruptura por fluência para $t_R = 1000h$ (quase *42 dias*) de alguns aços estruturais inoxidáveis e de baixo C em função da temperatura de teste ou de trabalho Θ é mostrada na Fig. 10.11 [12]. Estes valores são representativos dos resultados medidos em testes de fluência feitos em CPs tracionados sob carga constante em máquinas similares à mostrada na Fig. 10.3.

As temperaturas típicas que causam a ruptura por fluência $\Theta_R(t, \sigma)$ de CPs tracionados de algumas superligas em $t_R = 100h$ e $t_R = 1000h$ sob $\sigma = 140MPa$ são mostradas na Fig. 10.12 [27]. Os dados mostrados nestas figuras são típicos, mas de novo não devem ser usados em projeto, pois carecem de verificação específica.

Uma recomendação clássica sensata é só usar no dimensionamento à fluência dados medidos em testes acelerados que gerem vidas no máximo uma ordem de grandeza menor do que a desejada, usando técnicas de extrapolação que serão discutidas mais adiante [2].

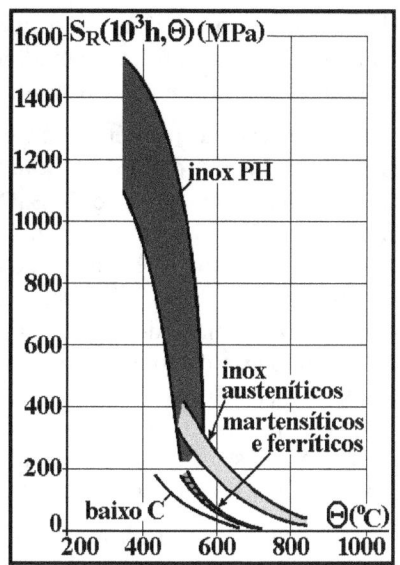

Fig. 10.11: Valores típicos da resistência à ruptura por fluência $S_R(t,\Theta)$ em $10^3 h$ de alguns aços [12].

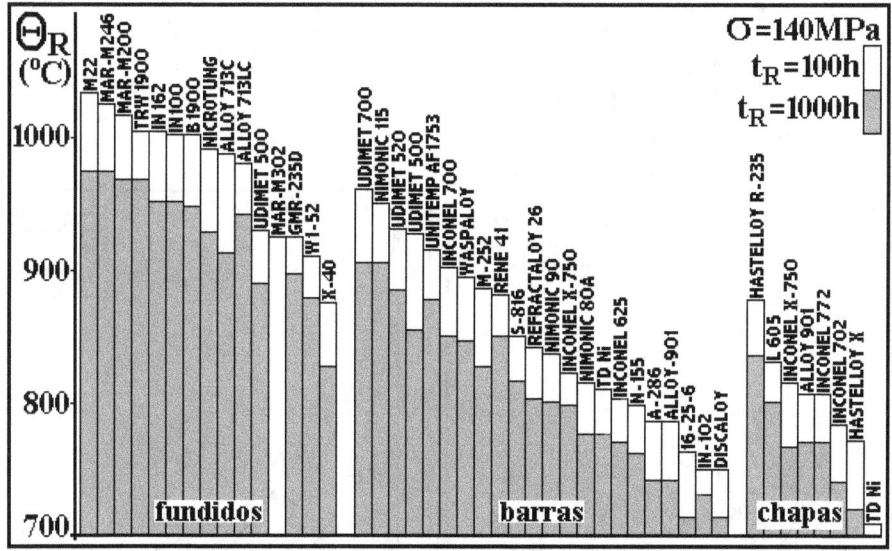

Fig. 10.12: $\Theta_R(100h, 140MPa)$ e $\Theta_R(1000h, 140MPa)$ de algumas superligas [27].

As chamadas superligas mantêm resistência estrutural em temperaturas muito altas, e podem trabalhar em $\Theta \gg 0.3\Theta_f$. A maioria é baseada em Ni, Co ou Fe, e usa grande quantidade de elementos de liga para estabilizar a sua microestrutura a quente. Muitas delas também têm alta resistência à corrosão, e são usadas para este fim em indústrias químicas.

As superligas de Ni, em geral as mais resistentes à fluência, usam Al e Ti para formar uma segunda fase γ' (substituindo os vértices da célula CFC do Ni), a principal responsável pela sua resistência a quente. Cr e Al são essenciais para resistência à corrosão, e o Y (ítrio) ajuda a aderência dos óxidos. Co, Fe, Cr, Ni, Ta, Mo, W, Va, Ti e Al induzem endurecimento por precipitação nas fases γ e γ'. As ligas policristalinas contêm endurecedores dos contornos de grão como B e Zr, e também formadores de carbonetos como C, Cr, Mo, W, Nb, Ta, Ti e

Hf. A resistência à fluência é maximizada aumentando os grãos e alinhando-os à carga, para diminuir ou eliminar os seus contornos. A metalurgia das melhores superligas é complexa, e o domínio da sua tecnologia é restrito, devido às suas aplicações militares [18-19, 31, 41-44].

A variação das resistências à ruptura por fluência em $t_R = 10^5$ **horas** (ou cerca de **11** *anos e* **5** *meses*) em função da temperatura de teste Θ, $S_R(10^5h, \Theta)$, de CPs de alguns aços CrMo (que são muito usados em tubos de caldeiras e trocadores de calor) e do aço inoxidável 304 é mostrada na Fig. 10.13 [40]. Dados de ruptura por fluência são mais comuns do que as curvas $\varepsilon \times t$, mas não em vidas tão longas como esta, pois estes testes são caros e lentos demais. Todavia, estes dados são indispensáveis para o projeto de equipamentos que devem durar muito, porque não é seguro extrapolar vidas à fluência a partir dos resultados de testes muito curtos.

As Fig. 10.14-36 mostram outros dados típicos do comportamento à fluência de vários materiais usados em alta temperatura. Muitos dos dados disponíveis na literatura de fluência ainda estão no pré-histórico sistema inglês de unidades, mas como neste livro só se usa o SI, os gráficos aqui apresentados foram devidamente traduzidos quando necessário. É importante enfatizar que esta conversão tem que ser feita com o devido cuidado. Por isso vale relembrar que **1ksi = 6.89MPa** e que **$(\Theta - 32)/1.8$** converte a temperatura Θ de °F para °C.

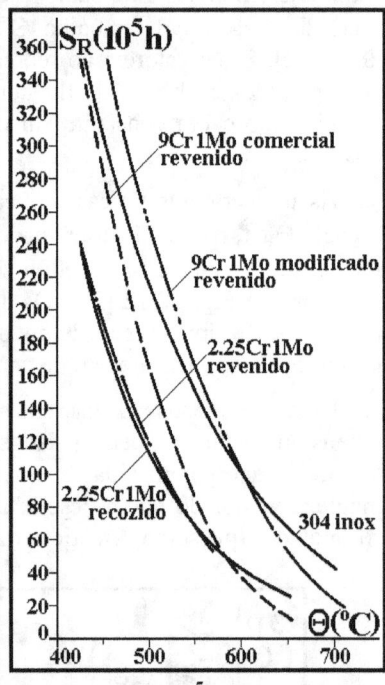

Fig. 10.13: $S_R(10^5h, \Theta)$ de alguns aços.

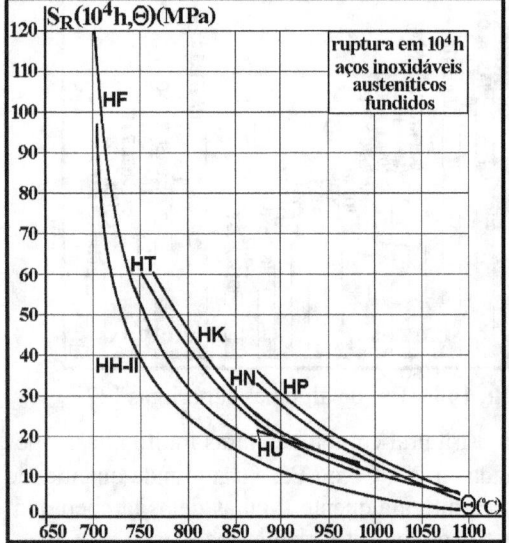

Fig. 10.14: $S_R(10^4h, \Theta)$ de vários aços inoxidáveis austeníticos fundidos [12].

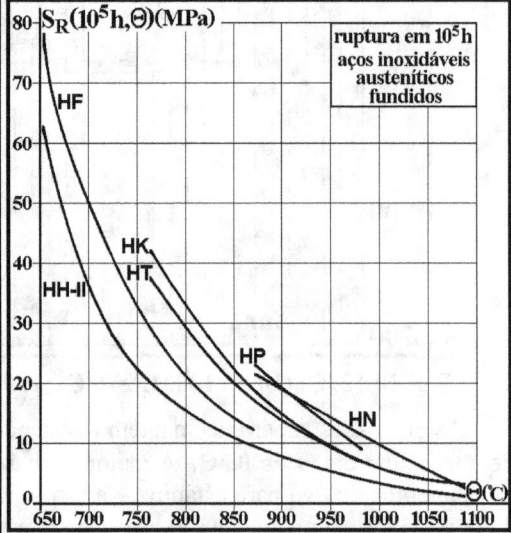

Fig. 10.15: $S_R(10^5h, \Theta)$ de diversos aços inoxidáveis austeníticos fundidos [12].

Os aços inox fundidos mostrados nas Fig. 10.14 e 10.15 são muito usados para resistir à corrosão em equipamentos que trabalham sob tensões baixas e temperaturas altas, pois são menos caros do que as superligas. A resistência à ruptura em $t_r = 10^4h$ (aproximadamente **13** *meses e* **22** *dias*) de alguns aços inoxidáveis austeníticos é ilustrada na Fig. 10.16.

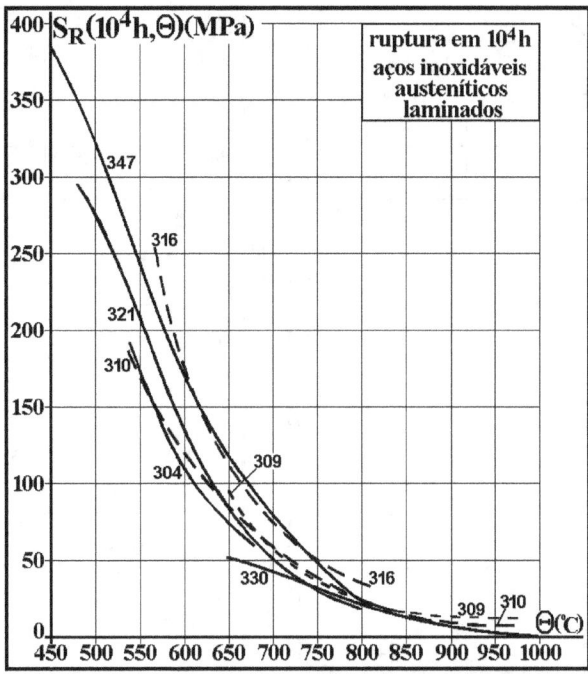

Fig. 10.16: $S_R(10^4h, \Theta)$ de alguns aços inoxidáveis austeníticos laminados [11-12].

As chamadas superligas podem em muitos casos ser usadas em temperaturas mais altas do que os aços inoxidáveis, e elas podem ser baseadas em Co, Fe ou Ni.

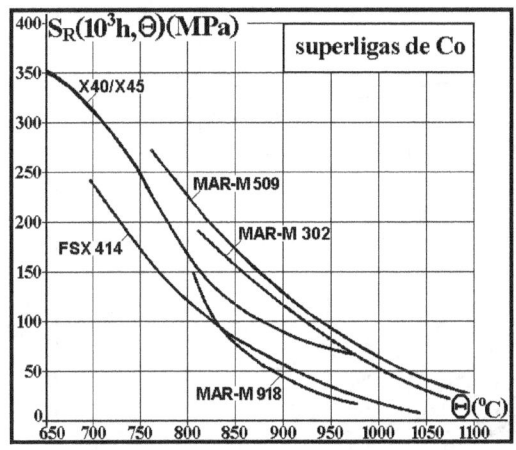

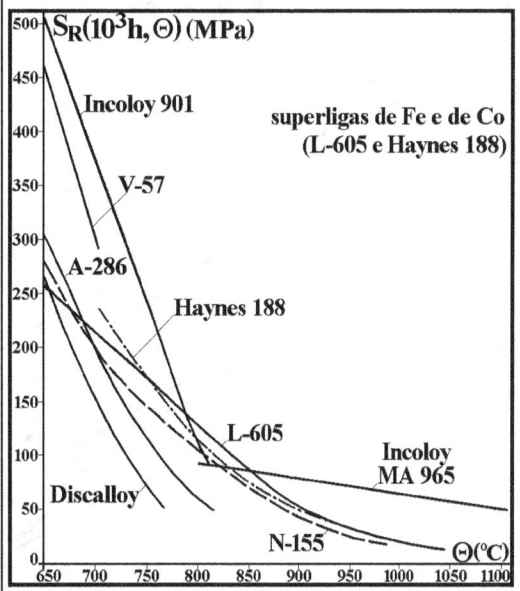

Fig. 10.17: $S_R(1000h, \Theta)$ de algumas superligas de Co [12].

Fig. 10.18: $S_R(1000h, \Theta)$ de superligas de Co e de Fe [12].

As superligas mais resistentes são em geral feitas a partir de uma base de Ni, e as figuras 10.19 e 10.20 mostram a resistência à ruptura por fluência em $t_r = 1000h$ em função da temperatura de algumas delas. A resistência à ruptura por fluência em $t_r = 10^4h$ de algumas superligas de Fe e de Ni é ilustrada na Fig. 10.21. Estas ligas são em geral conhecidas pelos seus nomes comerciais, e as suas resistências podem atingir valores bem altos. É interessante notar que as ligas modernas mais resistentes à fluência são monocristalinas, por razões que serão estudadas um pouco mais adiante.

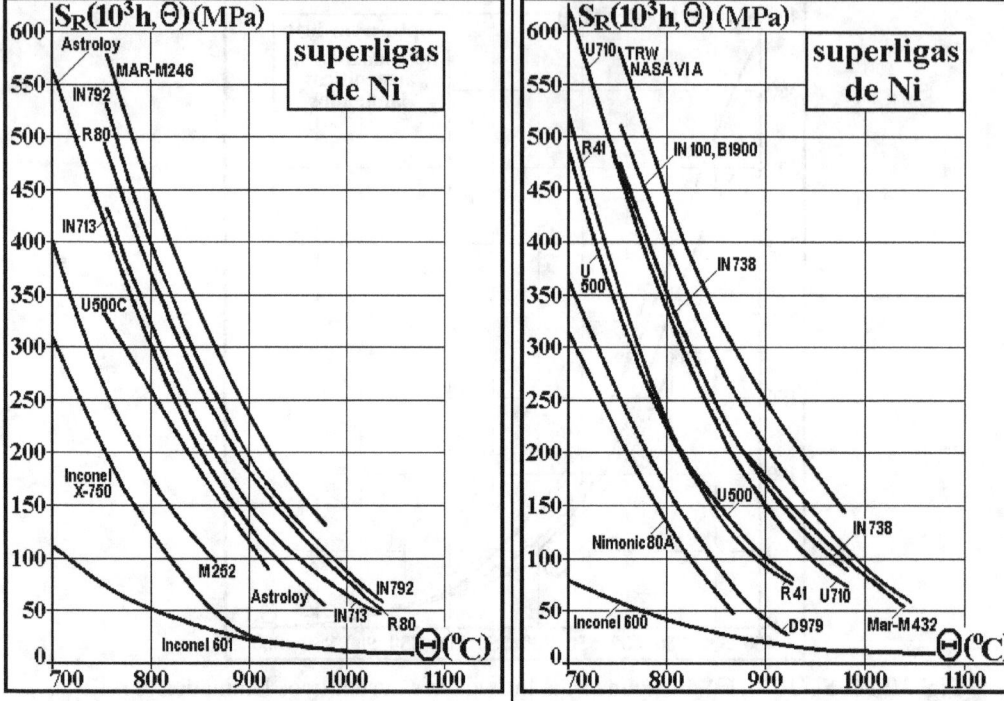

Fig. 10.19: S_R(**1000h, Θ**) de algumas superligas de Ni [12].

Fig. 10.20: S_R(**1000h, Θ**) de outras superligas de Ni [12].

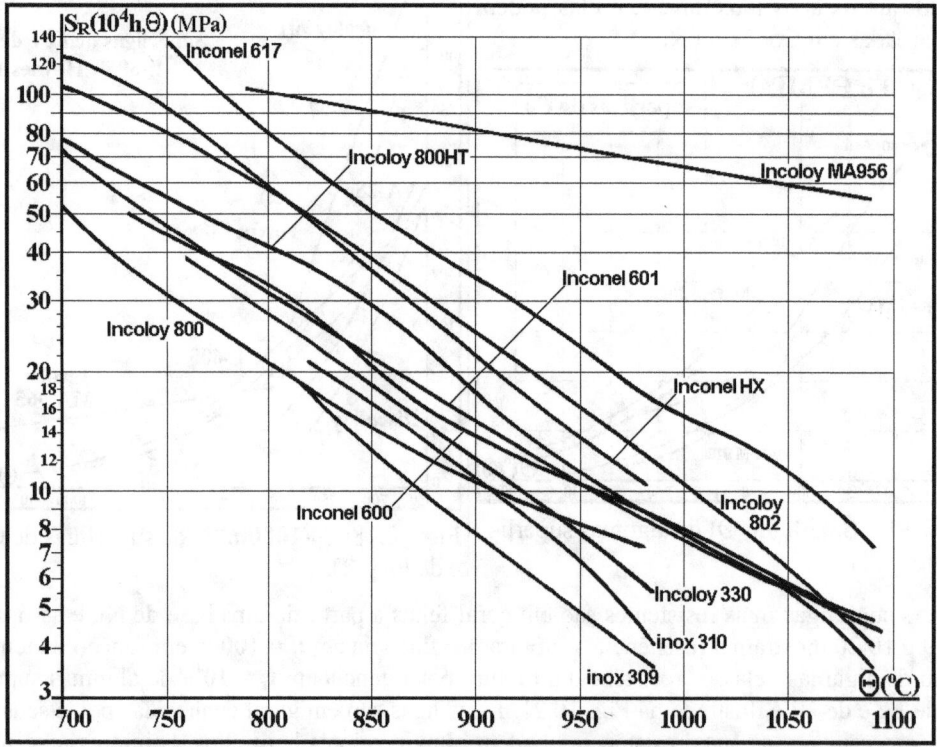

Fig. 10.21: S_R(**10^4h, Θ**), ou resistência à ruptura por fluência em **10^4h** de 2 aços inox e de algumas superligas de Fe (Incoloy) e de Ni (Inconel) [11-12, 19].

A resistência à fluência também pode ser expressa pelas tensões trativas $S_{\dot{\varepsilon}}(\dot{\varepsilon},\Theta)$ que geram uma dada taxa $\dot{\varepsilon}$ na temperatura Θ. Por exemplo, as tensões que geram $\dot{\varepsilon}=10^{-6}/h$ (ou 1% de deformação após 10^4 horas) ou $\dot{\varepsilon}=10^{-7}/h$ (1% em 10^5h) em aços inoxidáveis, em função da temperatura sob cargas e Θ fixas, são mostradas nas Fig. 10.22 a 10.25.

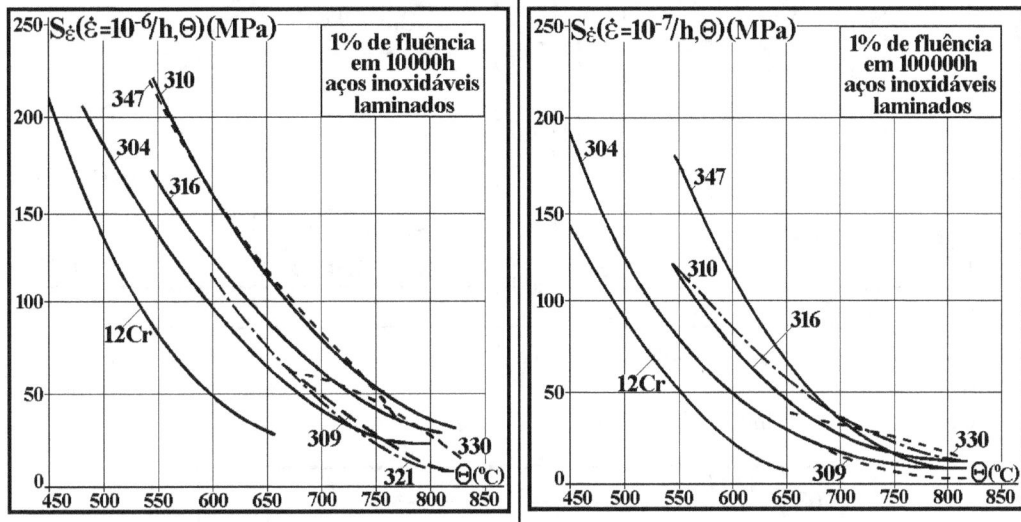

Fig. 10.22: $S_{\dot{\varepsilon}}(10^{-6}/h, \Theta)$ de alguns aços inoxidáveis laminados [12].

Fig. 10.23: $S_{\dot{\varepsilon}}(10^{-7}/h, \Theta)$ de alguns aços inoxidáveis laminados [12].

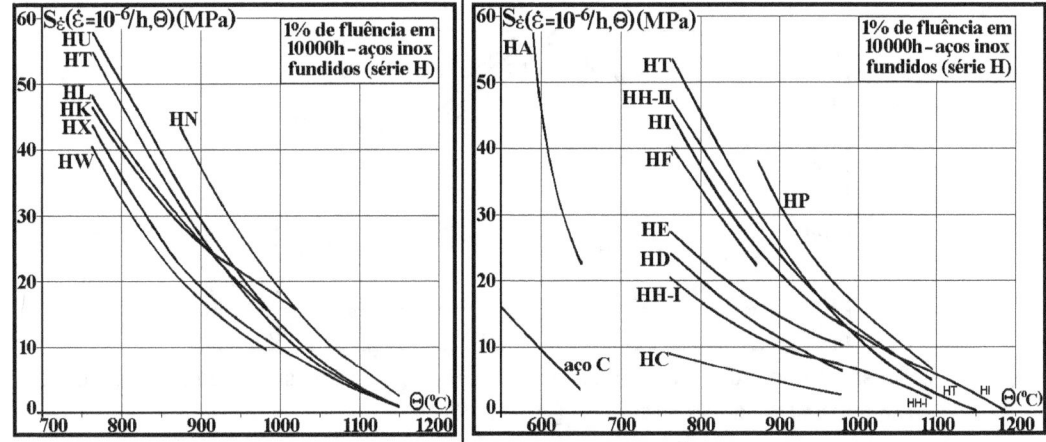

Fig. 10.24: $S_{\dot{\varepsilon}}(10^{-6}/h, \Theta)$ de alguns aços inoxidáveis fundidos [12].

Fig. 10.25: $S_{\dot{\varepsilon}}(10^{-6}/h, \Theta)$ de outros aços inoxidáveis fundidos [12].

As Fig. 10.26 a 10.28 mostram as deformações de fluência acumuladas após 10^3 e 10^4 h sob carga fixa em função da temperatura em duas superligas de Ni. Como as curvas da deformação de 1% e da ruptura são bem próximas, é preciso enfatizar as maiores deformações de fluência toleráveis em serviço real não são muito grandes. As Fig. 10.29 a 10.31 mostram a tensão que causa a ruptura em função do tempo sob fluência, para várias temperaturas, também em algumas superligas de Ni. A Fig. 10.32 ilustra a dispersão de dados de ruptura por fluência num aço inoxidável 316.

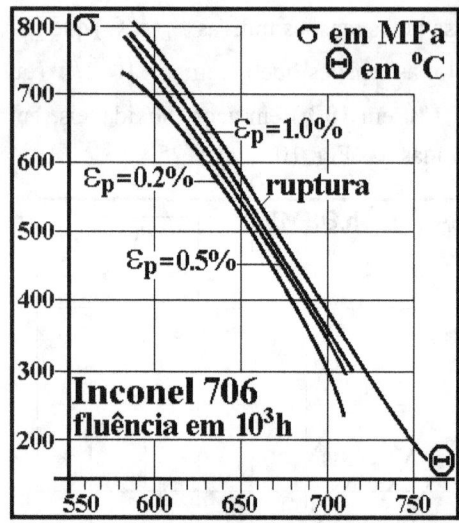

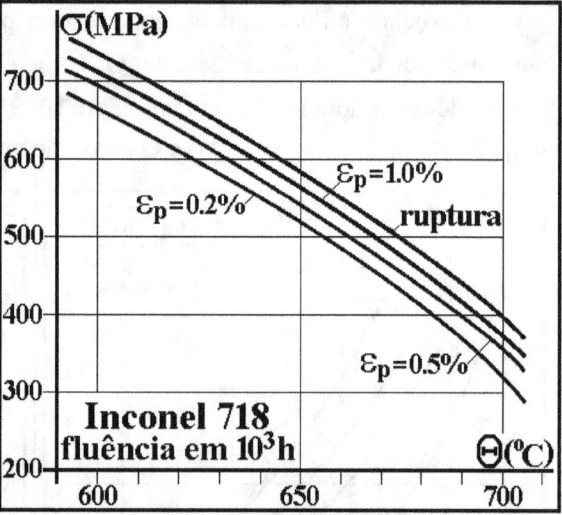

Fig. 10.26: Deformação permanente total ε_p após 10^3h sob a tensão σ na temperatura Θ na superliga de Ni Inconel 706 [19].

Fig. 10.27: Deformação permanente total ε_p após 10^3h sob a tensão σ na temperatura Θ na superliga de Ni Inconel 718 [19]

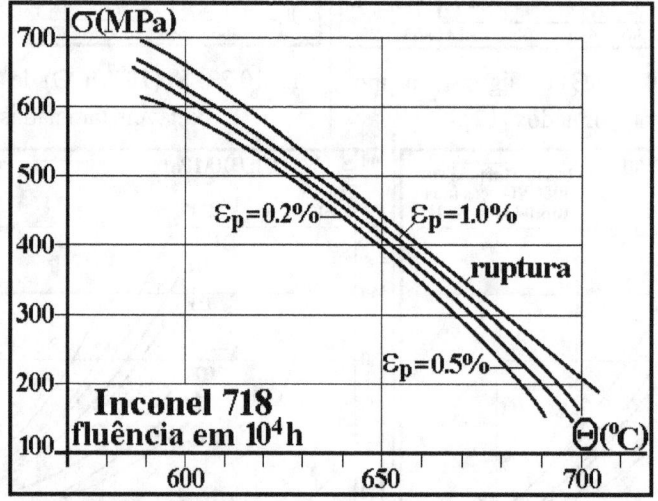

Fig. 10.28: Tensão σ que induz a deformação permanente total ε_p na superliga de Ni Inconel 718 após 10^4h na temperatura Θ [19].

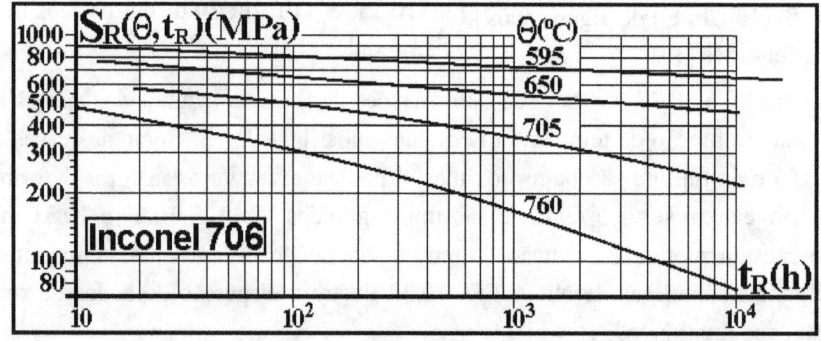

Fig. 10.29: $S_R(\Theta, t_R)$, resistência à ruptura por fluência da superliga de Ni Inconel 706 [19].

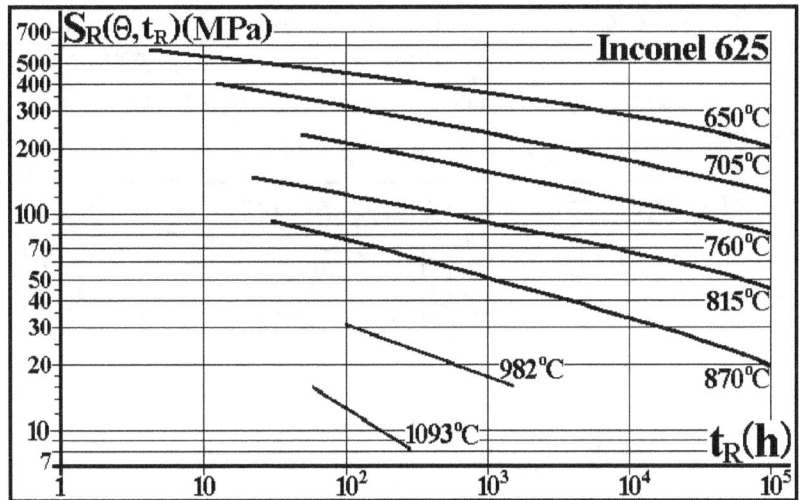

Fig. 10.30: $S_R(\Theta, t_R)$, resistência à ruptura por fluência da superliga de Ni Inconel 625 (i.e., a tensão S_R que rompe o CP de fluência após t_R horas sob a temperatura Θ) [19].

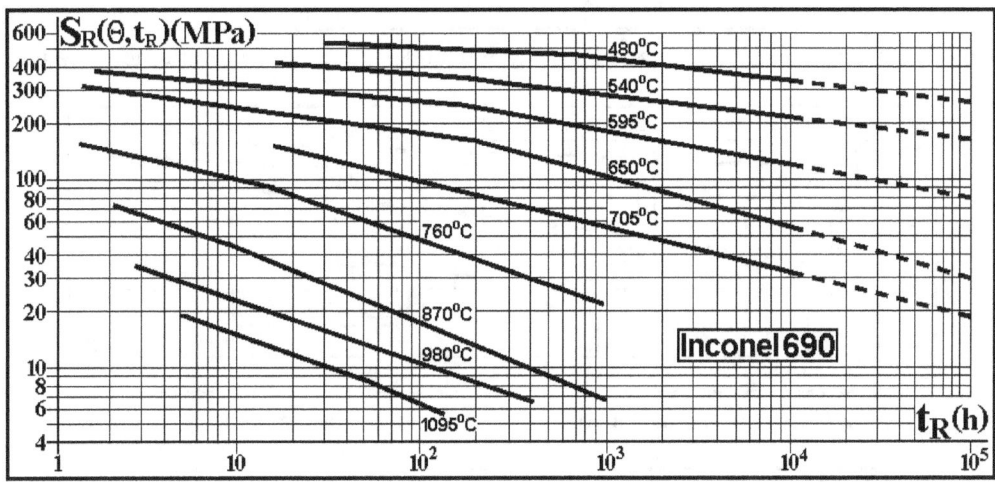

Fig. 10.31: $S_R(\Theta, t_R)$, resistência à ruptura por fluência da superliga de Ni Inconel 690 [19].

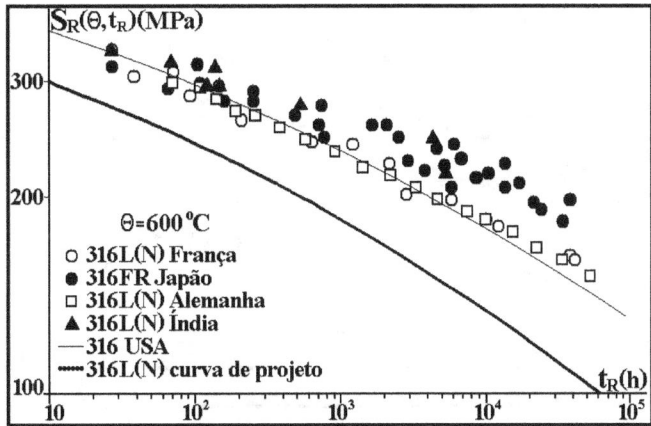

Fig. 10.32: Resistência à ruptura por fluência a **600°C** do aço 316 de várias procedências [40].

As Fig. 10.33 a 10.36 mostram as curvas tensão versus taxa de deformação secundária em várias temperaturas de algumas superligas [19]. As relações ou curvas $\sigma \times \dot{\varepsilon}_S$ que plotam como retas em log-log podem ser descritas pela chamada lei de Norton-Bailey, $\dot{\varepsilon}_S = \kappa \cdot \sigma^m$, como estudado em seguida.

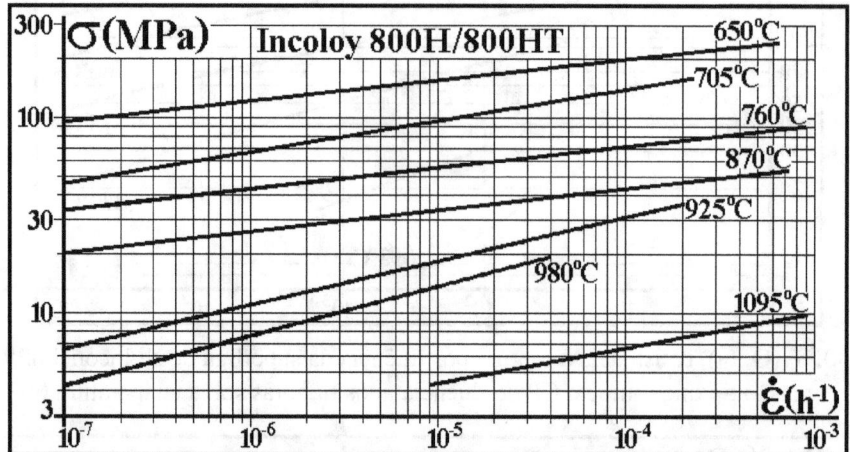

Fig. 10.33: Curvas $\sigma \times \dot{\varepsilon}_S$ da superliga Incoloy 800H/800HT medidas em várias temperaturas.

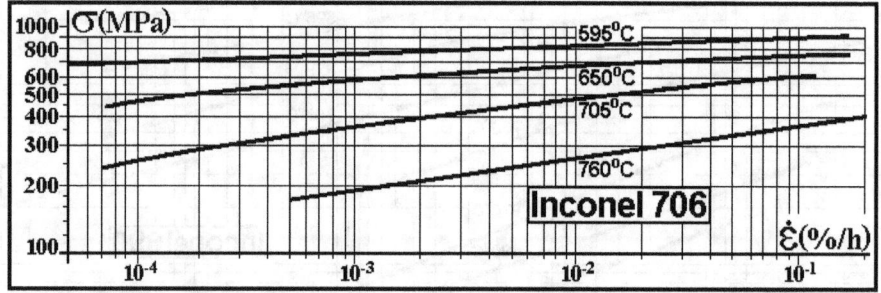

Fig. 10.34: Curvas $\sigma \times \dot{\varepsilon}_S$ da superliga Inconel 706 medidas em várias temperaturas.

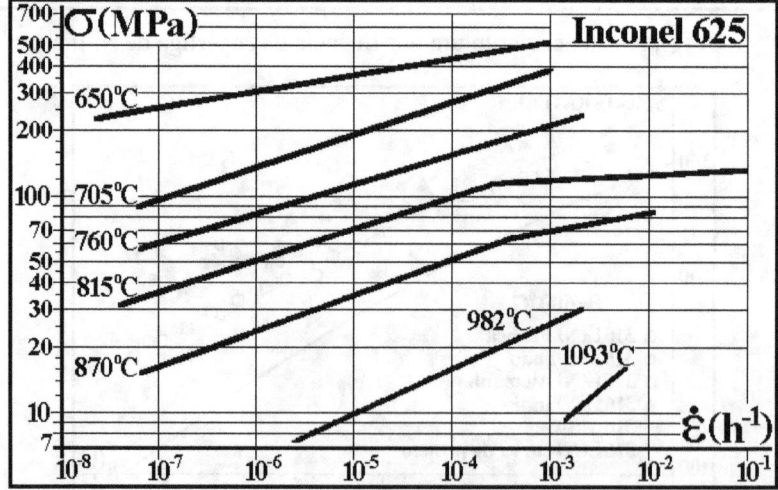

Fig. 10.35: Curvas $\sigma \times \dot{\varepsilon}_S$ da superliga Inconel 625 medidas em várias temperaturas.

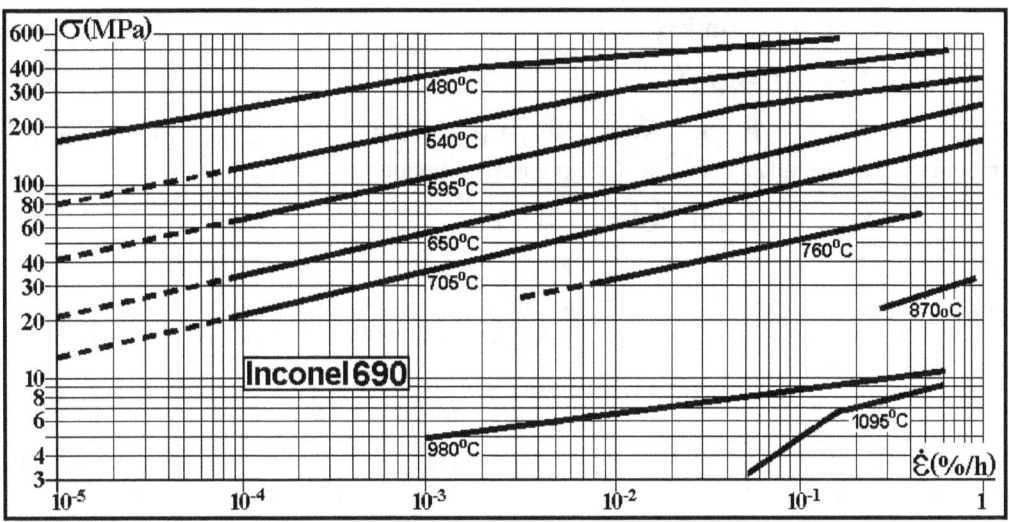

Fig. 10.36: Curvas $\sigma \times \dot{\varepsilon}_S$ da superliga Inconel 690 medidas em várias temperaturas.

10.4 Equações de Fluência

Vicat teria sido o primeiro a reportar (em 1834) o fenômeno de fluência, e Thurston (em 1895) o primeiro a descrever as 3 fases da curva $\varepsilon \times t$ [22], estudada em seguida nos trabalhos pioneiros de Phillips (1905) e de Andrade (1910) [28]. No seu clássico trabalho, Andrade mostrou que as fases I e II das suas curvas $\varepsilon \times t$ (medidas sob tensão real σ em vez de carga P fixa, usando um engenhoso peso de seção variável imersível num fluido) eram ajustáveis por:

$$\varepsilon(t) = \varepsilon_0 + \kappa \sqrt[3]{t} + \dot{\varepsilon}_S t \qquad (10.3)$$

onde $\varepsilon_0 = \varepsilon_{el} + \varepsilon_{pl}$ é a deformação instantânea causada pela tensão σ; e κ e $\dot{\varepsilon}_S$ são parâmetros de ajuste dos dados experimentais. Portanto, Andrade supôs que a fluência primária era proporcional à raiz cúbica do tempo de teste t e, conseqüentemente, que a taxa $\dot{\varepsilon}$ de fluência era monotonicamente decrescente ao longo do tempo mesmo na fase II, uma vez que:

$$\dot{\varepsilon}(t) = \dot{\varepsilon}_S + \kappa / 3t^{2/3} \qquad (10.4)$$

Phillips usou modelos logarítmicos para descrever as suas curvas $\varepsilon \times t$, do tipo:

$$\varepsilon(t) = \varepsilon_0 + \kappa \ln(t) \qquad (10.5)$$

$$\varepsilon(t) = \varepsilon_0 + \kappa_1 \ln(1 + \kappa_2 t) \qquad (10.6)$$

onde κ, κ_1 e κ_2 são parâmetros de ajuste dos dados experimentais. Muitas outras equações foram propostas para modelar as curvas $\varepsilon \times t$. Por exemplo, para modelar as fases I e II pode-se usar [18, 28]:

$$\varepsilon(t) = \varepsilon_0 + k_1 t / (1 + k_2 t) \qquad (10.7)$$

$$\varepsilon(t) = \varepsilon_0 + \dot{\varepsilon}_S t + k_1 t^n + k_2 \ln(t) \qquad (10.8)$$

$$\varepsilon(t) = \varepsilon_0 + \dot{\varepsilon}_S t + k_1 [1 - \exp(-k_2 t)] \qquad (10.9)$$

$$\varepsilon(t) = \varepsilon_0 + \dot{\varepsilon}_S (t + \ln\{1 + k_1[1 - \exp(-k_2 t)]\}/k_3) \qquad (10.10)$$

Viswanathan [18] diz que a fase III ou a fluência terciária, que inicia em $t = t_3$, pode ser descrita por pelo menos duas equações:

$$\varepsilon_{ter}(t-t_3) = k_1 \cdot \exp[k_2(t-t_3)]$$ (10.11)

$$\dot{\varepsilon}_{ter}(t) = k_1/[1-D(t)]^{k_2}$$ (10.12)

onde o dano à fluência $D(t)$ tem como limites $D(t = 0) = 0$ e $D(t = t_{ruptura}) = 1$. Viswanathan também afirma que toda a curva $\varepsilon \times t$ (sob σ e Θ fixas) pode ser bem descrita por:

$$\varepsilon(t) = k_1[1-\exp(-k_2 t)] + k_3[\exp(k_4 t)-1]$$ (10.13)

As várias constantes k_i usadas nas diversas equações acima são parâmetros de ajuste dos dados, e ε_0 é a soma das deformações elástica e plástica no início do teste. Norton e Bailey (ambos em 1929) usaram uma relação parabólica para modelar o grande efeito da tensão na taxa (quase) constante da fase II, normalmente escrita como:

$$\dot{\varepsilon}_S = \kappa \cdot \sigma^m$$ (10.14)

onde κ é uma constante ajustável e $3 < m < 10$ é a faixa típica dos expoentes das ligas estruturais metálicas. Mas na realidade eles propuseram uma forma mais geral [28], dada por:

$$\varepsilon(t,\sigma) = \kappa \cdot \sigma^m \cdot t^n$$ (10.15)

com $n \leq 1$, para descrever as fases I e II da curva $\varepsilon \times t$. Odqvist (1933) e Bailey (1935) estenderam esta regra à fluência multiaxial [32], como será visto mais adiante.

Relações exponenciais para a taxa de fluência secundária foram propostas por Ludwik, Soderberg e Nadai, respectivamente:

$$\dot{\varepsilon}_S = \kappa \cdot \exp(\sigma/\sigma_0)$$ (10.16)

$$\dot{\varepsilon}_S = \kappa \cdot [\exp(\sigma/\sigma_0)-1]$$ (10.17)

$$\dot{\varepsilon}_S = \kappa_1 \cdot \exp(\kappa_2 + \sigma/\sigma_0)$$ (10.18)

Uma relação seno-hiperbólica para a mesma taxa é associada aos nomes de Prandtl, Ludwik, McVetty e Nadai, entre outros [18, 22, 28]:

$$\dot{\varepsilon}_S = \kappa \cdot \sinh(\sigma/\sigma_0)$$ (10.19)

Segundo Findley [22], a taxa de fluência primária é em geral bem descrita por:

$$\dot{\varepsilon}_{pri}(t,\sigma) = \kappa \cdot \sigma^m \cdot t^{n-1}$$ (10.20)

onde $0 < n < 0.5$. Todos os modelos acima supõem Θ e σ constantes durante os testes, e neles σ_0 é uma tensão de referência enquanto κ_i, m e n são parâmetros de ajuste dos experimentos.

Para quantificar o imenso efeito que a temperatura tem na fluência (em particular nos micromecanismos relacionados à difusão de átomos, vazios e/ou discordâncias), Mott e Dorn [28] relacionaram taxa secundária com a temperatura através da equação de Arrhenius:

$$\dot{\varepsilon}_S = \kappa \cdot \exp(-Q/R\Theta)$$ (10.21)

onde Q é a energia específica (em J/mol) que ativa os micromecanismos difusivos de fluência, $R = 8.31 J/K \cdot mol$ é a constante universal dos gases (que por sua vez é igual à constante de Boltzmann, $k_B = 1.38 \cdot 10^{-23} J/(\text{átomo} \cdot K)$, vezes o número de Avogadro, $N_A = 6.02 \cdot 10^{23}$ átomos/mol), e a temperatura deve ser, é claro, expressa em Kelvin, Θ em K.

Outras relações tempo-temperatura muito usadas para compactar resultados experimentais de fluência são a de Larson-Miller e a de Manson-Haferd, dadas respectivamente por:

$$\varepsilon(t,\Theta) = f[\Theta \cdot (\kappa + \ln t)]$$ (10.22)

$$\varepsilon(t,\Theta) = g[(\Theta - \kappa_1)/\ln(t - \kappa_2)] \tag{10.23}$$

Os parâmetros de Mott-Dorn, Larson-Miller e Manson-Haferd também permitem calcular o quanto se deve aumentar a temperatura do teste para diminuir o tempo necessário para obter uma dada deformação por fluência. Estas estimativas têm grande importância prática, como estudado em detalhes mais adiante.

O efeito conjunto do tempo, da tensão e da temperatura na fluência pode ser modelado combinando as equações que descrevem o efeito da tensão sob temperatura constante com as que descrevem o efeito da temperatura sob tensão constante, por exemplo:

$$\varepsilon(t,\sigma,\Theta) = \varepsilon_0 + \kappa \exp(-Q/R\Theta) \cdot t^n \cdot \sigma^m \tag{10.24}$$

$$\varepsilon(t,\sigma,\Theta) = \varepsilon_0 + \kappa \cdot \exp(-Q/R\Theta) \cdot t^n \cdot [\sinh(\sigma/\sigma_0)]^m \tag{10.25}$$

Estas equações substituem a (em geral curta) taxa primária variável $\dot{\varepsilon}_{pri}$ pela taxa $\dot{\varepsilon}_S$ fixa, e supõem constante a energia de ativação específica que pode ser variável, $Q = Q(\sigma, \Theta, t)$, o que limita a sua utilidade a faixas de σ e Θ que afetem pouco o valor de Q. Ademais, no dimensionamento mecânico à fluência é comum simplificar ainda mais a modelagem do problema, superpondo a forma mais simples de Norton-Bailey à equação de Arrhenius:

$$\dot{\varepsilon}_S(\sigma,\Theta) = \kappa \cdot \sigma^m \cdot \exp(-Q/R\Theta) \Rightarrow \varepsilon(t,\sigma,\Theta) = \varepsilon_0 + \kappa \cdot t \cdot \sigma^m \cdot \exp(-Q/R\Theta) \tag{10.26}$$

Quando a deformação inicial ε_0 é elástica, $\varepsilon_0 = \sigma/E(\Theta)$, onde $E(\Theta)$ é o módulo na temperatura Θ. A regra parabólica de Norton-Bailey, $\dot{\varepsilon}_S = \kappa\sigma^m$, pode de fato modelar satisfatoriamente a taxa da fluência estável $\dot{\varepsilon}_S$ sob Θ constante em muitos casos práticos, com κ e m medidas em curvas $\sigma \times \dot{\varepsilon}_S$, como e.g. as da superliga Incoloy 800H/HT (min39.5Fe, 30-35Ni, 19-23Cr, 0.3-1.2(Al + Ti), 0.5-1C) mostradas na Fig. 10.33 [19]. As taxas $\dot{\varepsilon}_S$ de fluência deste material sofrem uma imensa influência tanto de Θ quanto de σ, mas as suas várias curvas $\sigma \times \dot{\varepsilon}_S$ podem ser bem descritas por relações parabólicas (que geram retas em log-log). A superliga de Ni Inconel 706 apresenta um comportamento similar, vide Fig. 10.34. A relação parabólica de Norton-Bailey modela bem as curvas $\sigma \times \dot{\varepsilon}_S$ das Fig. 10.33 e 34, que são retas não-paralelas em log-log. Nelas o expoente m só varia com a temperatura Θ, mas em geral m pode depender também da tensão σ: $m = m(\sigma, \Theta)$. Isto ocorre quando há troca do mecanismo de fluência dominante a partir de uma dada tensão numa curva $\sigma \times \dot{\varepsilon}_S$ medida sob Θ fixa, como ilustrado nas Fig. 10.35 e 36, que mostram dados de fluência das superligas de Ni Inconel 625 e Inconel 690. Note e.g. a mudança pronunciada do expoente m a partir de $\sigma = 120MPa$ na curva $\sigma \times \dot{\varepsilon}_S$ do Inconel 615 medida sob $\Theta = 815^oC$.

As previsões baseadas na regra de Norton-Bailey podem ser imprecisas demais quando o expoente m varia com σ sob Θ constante. Este problema é muito importante quando as previsões envolvem a extrapolação de dados experimentais, uma vez que tanto a energia de ativação Q quanto o expoente de Norton-Bailey m em geral dependem de σ e de Θ, $Q = Q(\sigma, \Theta)$ e $m = m(\sigma, \Theta)$, vide Tabela 10.3 [18]. Por isso o ideal é só fazer previsões de fluência baseadas em dados experimentais confiáveis, medidos em testes onde o material tenha sido submetido a uma combinação de tensão, temperatura e meio ambiente similar à que será encontrada durante o serviço real do componente estrutural em questão. Entretanto, extrapolações são necessárias na prática. Por isso, como feito a seguir, é preciso estudar um pouco mais a física que governa as propriedades de fluência, até para aprender a evitar erros de previsão grosseiros, pois eles são inadmissíveis na vida real.

Tabela 10.3: Energia de ativação **Q** e expoente de Norton-Bailey **m** de alguns aços usados em trocadores de calor [18].

aço	Θ (°C)	tensão σ baixa		tensão σ alta	
		m	Q (kJ/mol)	m	Q (kJ/mol)
1Cr.5Mo	550-605	5.6	---	5.6	---
1Cr.5Mo (zta)	550-605	3	300	6	300
1.25Cr.5Mo	510-620	4	400	10	625
2.25Cr1Mo	565	2.5	---	12	---
CrMoV	550-600	4.9	326	14.3	503
20Cr25NiNb	750	3-4.7	465-532	8-12	440-494

10.5 Relação entre Fluência e Difusão

A taxa de fluência $\dot{\varepsilon} = f(\mathbf{material}, \sigma, \Theta, \mathbf{Q}, \mathbf{t})$ é causada pela superposição de vários micromecanismos que dependem do material e da sua microestrutura, da tensão σ, da temperatura Θ e até com o tempo **t** (quando a microestrutura do material muda muito ao longo do teste e.g. pela coalescência de partículas de $2^{\underline{a}}$ fase, ou pela dissolução de precipitados). Dentre os vários parâmetros microestruturais que afetam a fluência destacam-se o tipo da rede (se cristalina); o tamanho do grão e a sua orientação em relação à tensão σ; e o tamanho, a forma, a distribuição e a estabilidade térmica das partículas de $2^{\underline{a}}$ fase. Vários destes micromecanismos podem causar fluência através de movimentos de transporte difusivo de átomos, vazios, discordâncias, moléculas e/ou contornos de grão, que em geral seguem a lei de Arrhenius:

$$\dot{\varepsilon} = f(\sigma) \cdot \exp[-Q/R\Theta] \tag{10.27}$$

A taxa de fluência $\dot{\varepsilon}$ cresce exponencialmente com as temperaturas Θ nestes casos, e é por isso que a fluência normalmente só é um mecanismo de falha estrutural importante nas Θ altas. Para provar isso é preciso lembrar que os fenômenos difusivos são descritos pela lei de Fick, que na sua forma unidimensional é dada por:

$$T_d = -D \cdot dC/dx \tag{10.28}$$

onde T_d é a taxa de difusão dos átomos, vazios ou das partículas que fluem através de um plano normal à direção **x** (em número de partículas por s e por m^2), **C** é a concentração (em número de partículas por m^3), e **D** é o coeficiente de difusão das partículas no meio (em m^2/s).

Portanto, é o gradiente da concentração que induz a difusão: as partículas buscam uma distribuição uniforme no meio se movendo (ou difundindo) da região de maior para a de menor concentração, como acontece ao pingar uma gota de tinta solúvel num copo d'água parada, ou ao dissolver os átomos do soluto numa liga metálica sólida [1-2], por exemplo. Mas a taxa de difusão, ou seja, o fluxo líquido das partículas que cruzam um plano unitário perpendicular à direção do fluxo, depende do coeficiente de difusão, que quantifica o (grande) efeito da temperatura e a influência do tipo de partículas e da matriz ou meio em que estão dissolvidas. Pode-se estimar o coeficiente de difusão **D** numa rede cristalina, onde os átomos vibram em torno da posição de equilíbrio com freqüência $f_{at} \cong 10^{13}$Hz e uma energia média dada por:

$$\overline{E} = 3k_B\Theta \tag{10.29}$$

onde k_B é a constante de Boltzmann, $k_B = 1.38 \cdot 10^{-23}$ J/(átomo·K), e Θ é a temperatura (sempre expressa em K). Como os átomos interagem ao vibrar [4], a sua energia varia em torno da média $3k_B\Theta$ seguindo uma estatística onde a probabilidade de um dado átomo ter num dado instante uma energia **E** maior que um dado valor **q** é dada por:

$$pr(E > q) = \exp(-q/k_B\Theta) \tag{10.30}$$

Pode-se supor que há n_a átomos na camada **a** da rede e n_b átomos na camada similar adjacente **b**, ambas de espessura **dx**, e que para cruzar o plano de área **A** (vide Fig. 10.37) que as separa os átomos têm que ultrapassar a barreira de energia **q**. Como há 6 direções nas quais os átomos podem vibrar, o número líquido de átomos que consegue passar por segundo da camada **a** para a camada **b** é a taxa de difusão T_d, dada por [1]:

$$T_d = f_{at} \cdot (n_a - n_b) \cdot \exp(-q/k_B\Theta)/6A \tag{10.31}$$

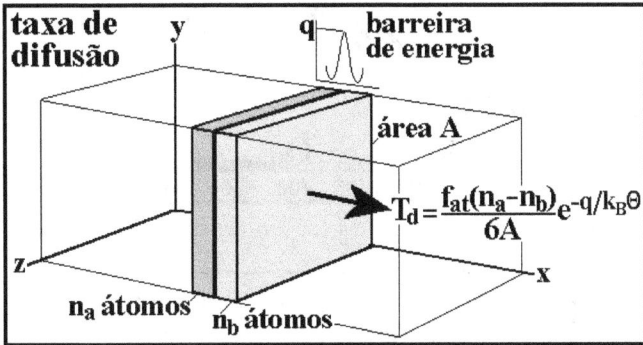

Fig. 10.37: Esquema da difusão unidimensional.

Portanto, se $T_d = -D \cdot dC/dx = f_{at} \cdot (n_a - n_b) \cdot \exp(-q/k_B\Theta)/6A$ é a taxa ou o fluxo de difusão ao longo do eixo **x**, e se a concentração $C = n/Ax$ dos átomos nas camadas varia ao longo de **x**, de forma que entre as camadas **a** e **b** adjacentes $dC/dx = -(n_a - n_b)/Ax^2$, então o coeficiente de difusão de Fick é dado por:

$$D = (f_{at} \cdot x^2/6) \cdot \exp(-q/k_B\Theta) \tag{10.32}$$

É por isso que os micromecanismos (difusivos) causadores da fluência seguem a lei de Arrhenius, induzindo taxas **dε/dt** que crescem exponencialmente com a temperatura Θ. Mas como os valores de k_B (em **J/(átomo·K)**) e de **q** (em **J/átomo**) são pequenos demais, em geral é mais conveniente usar $Q = N_{Av} \times q$ (em **J/mol**) e $R = N_{Av} \times k_B = 8.31 J/(K \cdot mol)$ no dimensionamento à fluência, onde N_{Av} é o número de Avogadro ($N_{Av} = 6.02 \cdot 10^{23}$ **átomos/mol**).

Pode-se escrever o coeficiente de difusão como $D = D_0 \cdot \exp(-Q/R\Theta)$, onde $D_0 = (f_{at} \cdot x^2/6)$ (em **m²/s**) pode ser medido acompanhando o movimento de isótopos radioativos no material. Assim, pode-se tabelar D_{0ad} e $Q_{ad}/R\Theta_f$ para a auto-difusão na microestrutura do material, como ilustrado na Tabela 10.4.

Tabela 10.4: Coeficientes de auto-difusão D_{0ad} e razão $Q_{ad}/R\Theta_f$ [1].

material	D_{0ad} (m²/s)	$Q_{ad}/R\Theta_f$
metais CFC (Cu, Al, Ni, etc.)	$5.0 \cdot 10^{-5}$	18.4
metais CCC (W, Mo, Fe em $\theta < 911°C$)	$1.6 \cdot 10^{-4}$	17.8
metais HC (Zn, Mg, Ti)	$5.0 \cdot 10^{-5}$	17.3
cerâmicas halogênicas (NaCl, LiF)	$2.5 \cdot 10^{-3}$	22.5
óxidos cerâmicos (MgO, FeO, Al_2O_3)	$3.8 \cdot 10^{-4}$	23.4

Como os micromecanismos de fluência são difusivos, há uma boa correlação entre as energias específicas de ativação da fluência e da auto-difusão se $\Theta > 0.5\Theta_f$, vide Fig. 10.38 e 10.39. Hertzberg [15] estima a energia de ativação da auto-difusão por $Q_{ad} = R\Theta_f(c + v)$, onde **c = 21** nos cristais cúbicos, **17** nos CFC e HC e **14** nos CCC, e **v** é a valência do material.

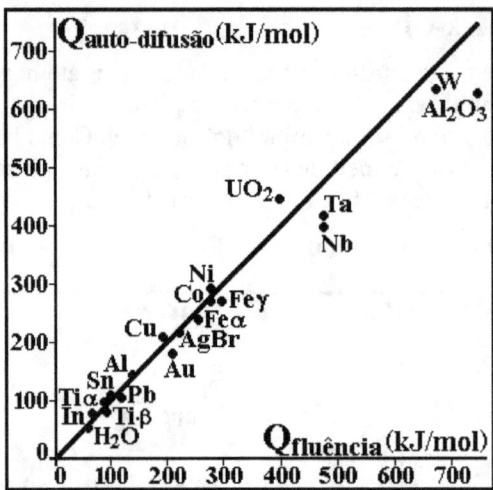

Fig. 10.38: Correlação entre as energias específicas de fluência e de auto-difusão.

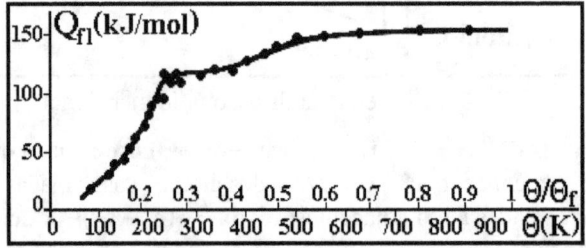

Fig. 10.39: Variação da energia de ativação específica da fluência do Al com a temperatura.

10.6 Aparência do Dano por Fluência

O dano por fluência pode ser às vezes correlacionado com a aparência da microestrutura, através do relacionamento entre a fração das fronteiras de grão cavitadas, F_{cav}, e a fração da vida à ruptura por fluência, t/t_R, vide Fig. 10.40 [18]. Nestes casos, o processo de fluência pode ser acompanhado por técnicas metalográficas não-destrutivas que permitem a inspeção e a quantificação da evolução do dano (e do conseqüente decréscimo no coeficiente de segurança) nas estruturas que trabalham em alta temperatura, algo muito conveniente na prática. Todavia, é importante mencionar que a aplicação e a interpretação dessas técnicas conceitualmente simples não é uma tarefa trivial, pois a dispersão dos dados $F_{cav} \times t/t_R$ pode ser bem maior do que a mostrada na Fig. 10.40, que é particularmente bem comportada [45-46].

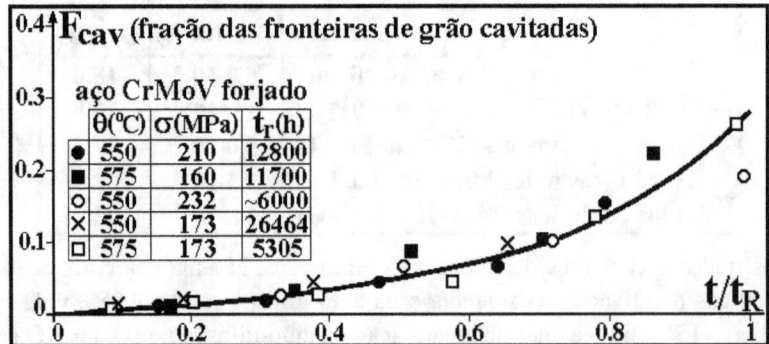

Fig. 10.40: Relação entre a fração das fronteiras de grão cavitadas e o tempo sob fluência.

A cavitação intergranular por fluência em geral é gerada a partir de inclusões nos contornos de grão ou dos pontos triplos (de encontro entre 3 grãos), vide Fig. 10.41.

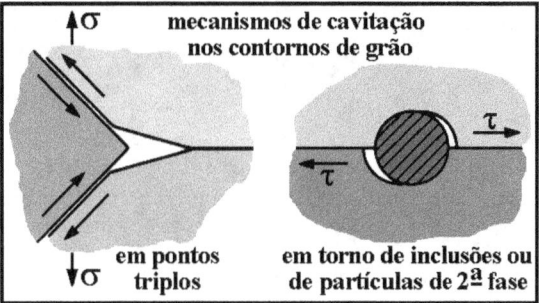

Fig. 10.41: Esquema da formação das micro-cavidades intergranulares por fluência.

Uma técnica muito usada para medir o dano por fluência no campo é a chamada réplica metalográfica, que pode ser brevemente descrita subdividindo-a em 6 passos: (i) polir os pontos a serem inspecionados; (ii) atacar com um reagente apropriado a superfície polida para revelar a sua microestrutura; (iii) observar os pontos polidos com um microscópio portátil, para identificar o estado do dano; (iv) fazer as réplicas metalográficas pressionando uma plaquinha de acetato amolecido em acetona contra a superfície da peça até que ela endureça; (v) metalizar as réplicas; e (vi) observá-las num MEV, se necessário. Um esquema da evolução típica do dano na microestrutura de peças que trabalham à fluência, e de sua relação com a curva $\varepsilon \times t$, é mostrado na Fig. 10.42.

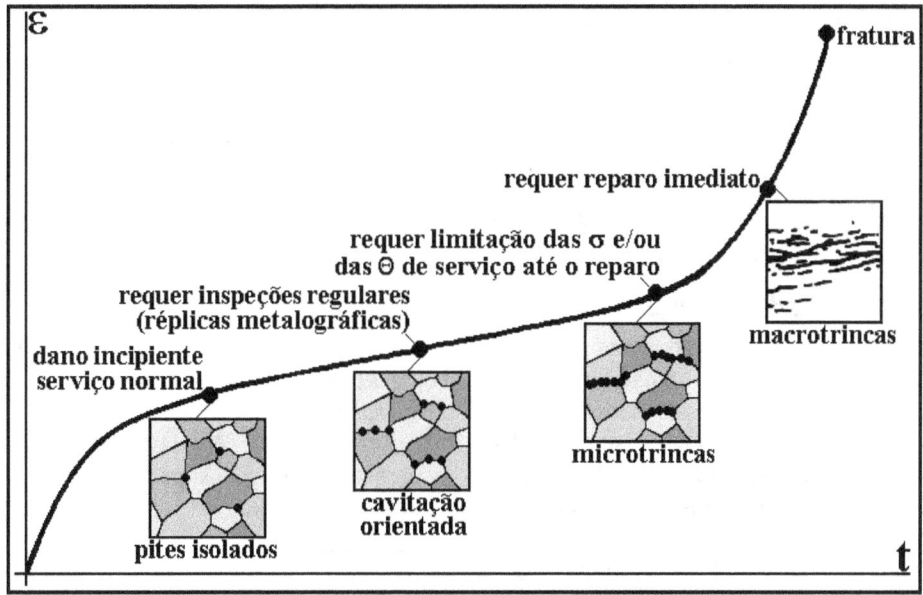

Fig. 10.42: Esquema da evolução típica do dano por fluência ao longo da curva $\varepsilon \times t$, caracterizado pela quantidade e pela distribuição da cavitação nos contornos de grão.

Um exemplo da evolução do dano por fluência, relacionado à evolução da cavitação numa superliga Nimonic 108 à medida que o tempo passa, é mostrado na Fig. 10.43 [18].

Neubauer dividiu o dano acumulado por fluência em cinco classes, e a Tabela 10.5 reproduz uma classificação européia recente [45] que correlaciona a aparência da microestrutura com o dano, com pequenas modificações em relação àquela classificação original.

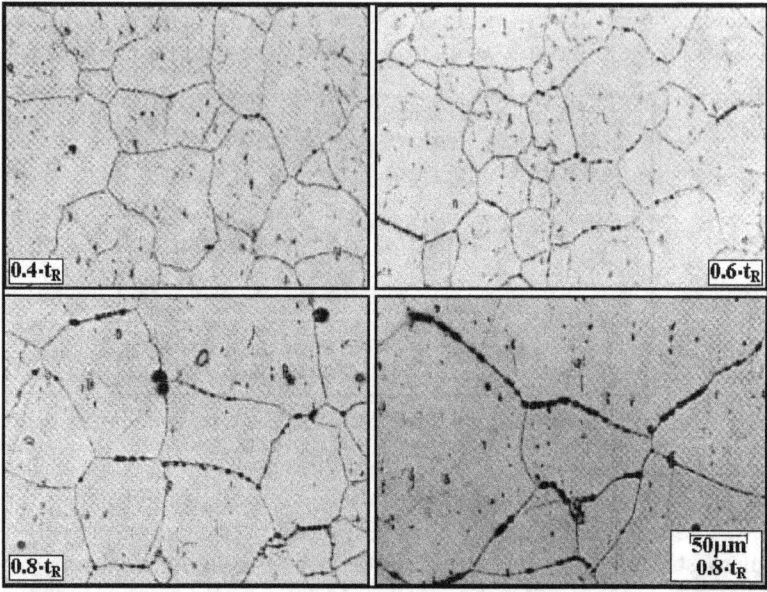

Fig. 10.43: A vida residual à fluência desta superliga Nimonic 108 pode ser estimada pela
quantidade da cavitação intergranular [18].

Tabela 10.5: Correlação entre a aparência da microestrutura e o dano acumulado por fluência.

Classe	Estado da Microestrutura
0	Virgem, ou como recebida (sem ter sido exposta à fluência)
1	Exposta à fluência, mas sem cavitação
2a	Exposição à fluência avançada, com cavidades isoladas
2b	Exposição à fluência avançada, várias cavidades não-orientadas
3a	Dano por fluência, várias cavidades orientadas
3b	Dano significativo, cadeias de cavidades e/ou separações no contorno de grãos
4	Dano avançado, microtrincas
5	Dano muito avançado, macrotrincas

Uma outra classificação citada na recomendação européia mencionada acima [45] é baseada na análise do dano acumulado por fluência na zona termicamente afetada de juntas soldadas de aços ferríticos de baixa liga. Seguindo Neubauer, o dano também é separado em 5 classes semi-qualitativas, e cada classe é correlacionada com uma faixa de vida residual à fluência através da razão t/t_R, vide Fig. 10.44. Entretanto, é preciso notar que a superposição das várias faixas de dano é significativa, em particular na região $0.3 < t/t_R < 0.5$.

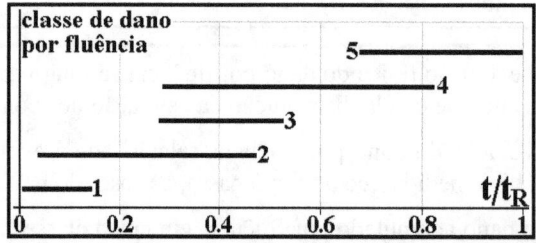

Fig. 10.44: Correlação entre as classes de dano a fluência e a fração da vida gasta na zona termicamente afetada em juntas soldadas de aços ferríticos de baixa liga.

Muitos materiais tradicionalmente usados em aplicações estruturais em temperaturas altas apresentam ductilidade elevada em fluência, ou seja, eles têm curvas de Andrade com um estágio III relativamente longo. Esta condição é necessária para que os materiais tenham a tenacidade requerida para tolerarem as microtrincas caracterizáveis como causadoras do dano por fluência. Desta forma, a alta ductilidade é também necessária para permitir a detecção deste dano por réplicas metalográficas, ou por qualquer outro método de inspeção não destrutiva. Nestes casos, as réplicas bem feitas e bem interpretadas podem de fato ser muito úteis na identificação do dano à fluência. Mas segundo os especialistas na área, a avaliação do dano à fluência na vida real pode ser bem mais complicada, como enfatiza Silveira [46].

Nem todos os materiais são dúcteis à fluência, e mesmo aqueles que em geral o são podem, sob determinadas condições, se comportar de forma diferente. A ductilidade à fluência tende a diminuir à medida que a vida ou o tempo de ruptura cresce, como será visto mais adiante. O efeito de entalhes que concentram localmente as tensões também precisa ser considerado, e ele é mais pronunciado nos materiais mais resistentes à fluência, que são menos dúcteis. Ademais, a fratura por fluência não é necessariamente causada por cavitação e coalescência de microcavidades, pois ela pode também ser causada por outros micromecanismos, como instabilidade plástica com formação de estricção. Os vários micromecanismos de fraturamento associados às diversas combinações de tensão e temperatura podem ser separados nos chamados mapas de fratura de Ashby, como o exemplificado na Fig. 10.45 [47].

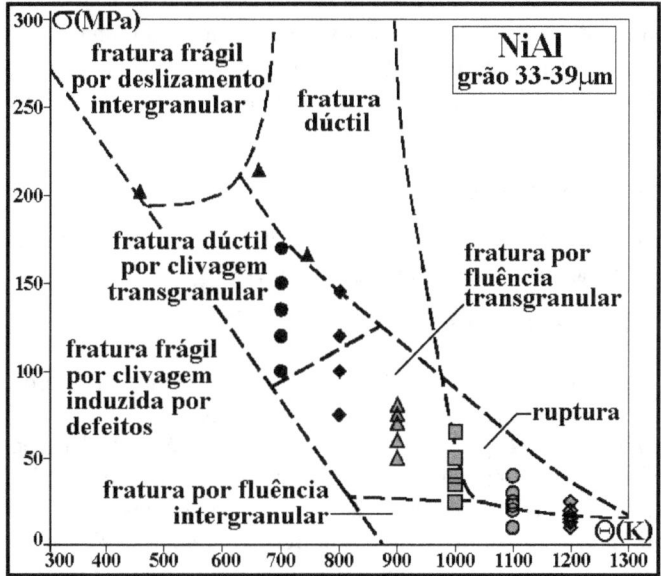

Fig. 10.45: Mapa de micromecanismos de fratura da liga NiAl.

A vida à ruptura por fluência t_R é fortemente influenciada pela tensão e pela temperatura, que nunca são constantes nos equipamentos reais. Pontos quentes localizados, por exemplo, sob depósitos superficiais que dificultem a troca de calor em tubulações de caldeiras, podem limitar a vida útil desses equipamentos na prática. Como as réplicas metalográficas também são localizadas, elas podem não identificar alguns daqueles pontos. Nesses casos, a aplicação e a leitura das réplicas devem ser feitas por técnicos experientes e qualificados. Além disso, como as réplicas são feitas na superfície dos equipamentos, nem sempre é fácil separar a cavitação causada por fluência da causada por corrosão. Esta diferenciação é importante porque a corrosão, ao contrário da fluência, é um fenômeno superficial. Logo, as réplicas não podem ser encaradas como uma panacéia capaz de identificar qualquer problema de dano à fluência.

Por causa disso, da mesma forma que no caso da fadiga, as avaliações de integridade estrutural que incluam previsões de vida residual à fluência devem também requerem o uso de técnicas multidisciplinares, que integrem a erudição acadêmica às tecnologias consagradas na prática. Em outras palavras, qualquer serviço sério de AIE nesta área precisa incluir e integrar pelo menos quatro etapas complementares:

- levantamento do histórico construtivo e operacional do equipamento, incluindo a identificação das propriedades dos seus materiais e da geometria real, considerando as opiniões qualitativas e quantitativas dos seus operadores e inspetores mais experientes;
- inspeção detalhada, com o uso de técnicas fratográficas e metalográficas adequadas;
- conhecimento dos efeitos da temperatura e da tensão nos micromecanismos de dano do material, da evolução da sua microestutura e da sua interação com o meio ambiente; e
- análise de tensões e de deformações adequada, usando modelos que incluam a complexidade mínima necessária para descrever os efeitos dos mecanismos de dano à fluência.

10.7 Micromecanismos Causadores de Fluência

Os principais micromecanismos responsáveis pela fluência nos materiais cristalinos podem ser separados em duas grandes classes [1-2, 4-7, 15-18, 48-49]: (i) o fluxo difusivo (de vazios, das regiões tracionadas para as comprimidas dos grãos, e de átomos ou íons no sentido inverso); e (ii) a fluência por movimentação de discordâncias.

Sendo d tamanho do grão, o fluxo difusivo em geral predomina em tensões σ relativamente baixas e em temperaturas Θ mais altas, gerando taxas de fluência proporcionais a σ e a $1/d^2$ quando este fluxo ocorre através do grão (a chamada fluência de Nabarro-Herring), cujas taxas são dadas por:

$$\dot{\varepsilon}_{S_{NH}} = k_{NH} \cdot \sigma \cdot \exp(-Q_{NH}/R\Theta)/d^2 \qquad (10.33)$$

Mas quando o fluxo difusivo ocorre pelas interfaces dos grãos (a chamada fluência de Coble), as taxas de fluência são proporcionais a σ e a $1/d^3$:

$$\dot{\varepsilon}_{S_{Cb}} = k_{Cb} \cdot \sigma \cdot \exp(-Q_{Cb}/R\Theta)/d^3 \qquad (10.34)$$

Um terceiro mecanismo similar envolve a fluência difusiva de discordâncias (*pipe dislocation difusion*), cresce com a densidade das discordâncias e é proporcional a $1/d^2$, mas ele é menos importante na prática [49]. Assim, quando a fluência é controlada pelo fluxo difusivo, as microestruturas monocristalinas ou com grãos muito grandes alinhados à direção da carga são mais resistentes do que as microestruturas com grãos pequenos. Deve-se notar que esta característica microestrutural é bem diferente da preferida para aplicações estruturais em temperaturas Θ baixas, nas quais em geral é melhor usar materiais com granulação pequena.

Isto ocorre porque o fluxo difusivo tende a alongar os grãos na direção da carga, que para manterem-se juntos tendem deslizar nos seus contornos, como esquematizado na Fig. 10.46. É por isso que a resistência à fluência causada pelos fluxos difusivos de Nabarro-Herring ou de Coble cresce quando os grãos do material são grandes e alinhados com a direção da tensão σ, o que dificulta o escorregamento dos seus contornos. Estes grãos colunares podem ser obtidos por solidificação direcional controlada, uma técnica de fundição avançada [2]. Mas a resistência à fluência causada por fluxos difusivos aumenta ainda mais quando a microestrutura só tem um grão, logo não tem fronteiras intercristalinas que possam escorregar umas sobre as outras. A Fig. 10.47 mostra valores representativos dos ganhos em vida esperados pelo controle da granulação da microestrutura de um mesmo material. Os monocristais também resistem melhor à corrosão e à fadiga térmica [12, 18, 36].

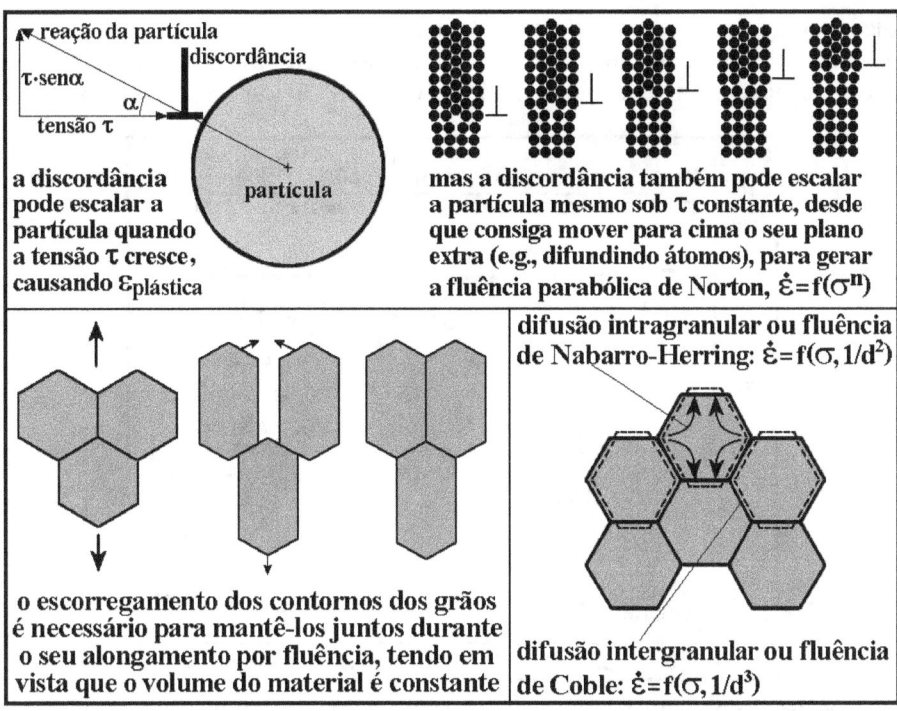

Fig. 10.46: Esquema dos principais mecanismos de fluência em cristais.

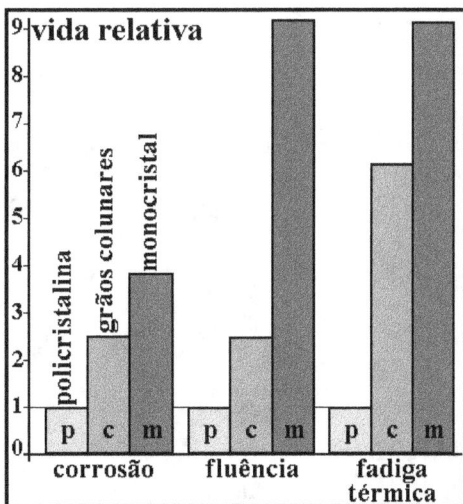

Fig. 10-47: Resistência relativa das várias microestruturas cristalinas.

Entretanto, o tamanho do grão não é significativo nas tensões altas, quando o micromeca-nismo que controla a fluência é o movimento das discordâncias para contornar ou escalar os obstáculos que as ancoram. A taxa de fluência (de Norton-Bailey) neste caso depende de σ^n (onde, como já mencionado acima, tipicamente $3 < n < 10$), gerando as taxas independentes do tamanho de grão dadas pela equação (10.26), repetida aqui por conveniência:

$$\dot{\varepsilon}_{S_{NB}} = k_{NB} \cdot \sigma^n \cdot \exp(-Q_{NB}/R\Theta) \tag{10.35}$$

Como a fluência é gerada pela superposição de pelo menos três micromecanismos que se-guem leis diferentes, os resultados de testes feitos numa dada combinação $\sigma_1 \Theta_1$ só podem ser extrapolados com alguma segurança para uma outra condição operacional $\sigma_2\Theta_2$ enquanto a taxa $\dot{\varepsilon}$ ainda for controlada pelo mesmo micromecanismo. É por isso que mapas de micromecanismos de fluência dominantes como os das Fig. 10.48 a 10.50 são tão úteis na prática.

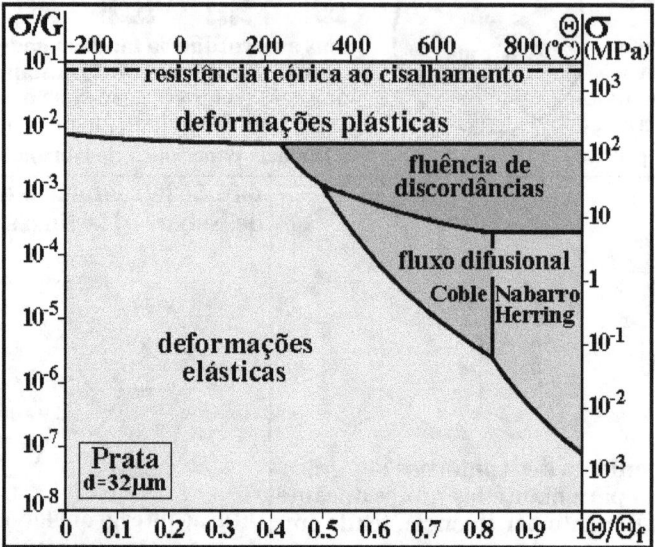

Fig. 10.48: Mapa dos micromecanismos de fluência dominantes em função de σ e Θ da prata com tamanho de grão $d = 32\mu m$ [1-2, 15-16, 18].

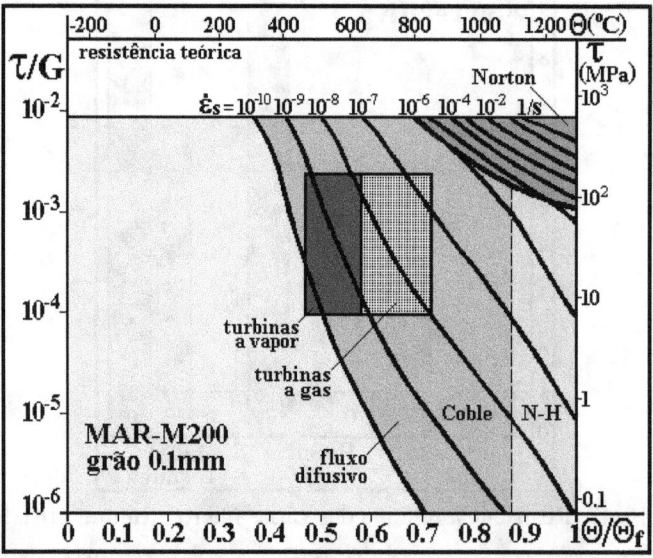

Fig. 10.49: Mapa de Ashby para a superliga MAR-M200 com $d = 0.1mm$. Note que as aletas e palhetas de turbina feitas desta liga têm fluência controlada por Coble [18].

Além disso, deve-se mencionar que, apesar do fluxo difusivo e da escalagem de discordâncias serem os principais mecanismos termicamente ativados que influem nas taxas de fluência, eles não são os únicos. Por exemplo, a grande variação do expoente de Norton-Bailey do aço 1.25Cr0.5Mo observada na Fig. 10.51 (de $n \cong 4$ nas tensões mais baixas para $n \cong 10$ nas tensões mais altas) pode ser relacionada à mudança da forma de propagação da falha por fluência: de intergranular nas tensões baixas para transgranular nas tensões altas [18].

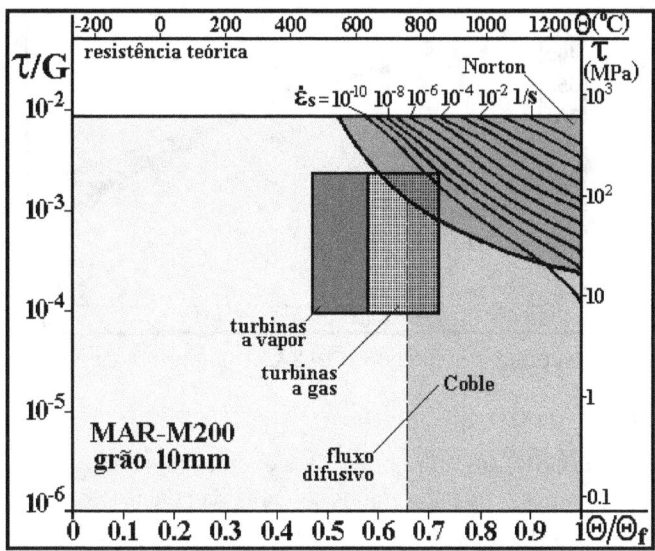

Fig. 10.50: Mapa de Ashby para a superliga MAR-M200 com **d = 10mm**. Note o imenso efeito do tamanho de grão na resistência à fluência desta liga [18].

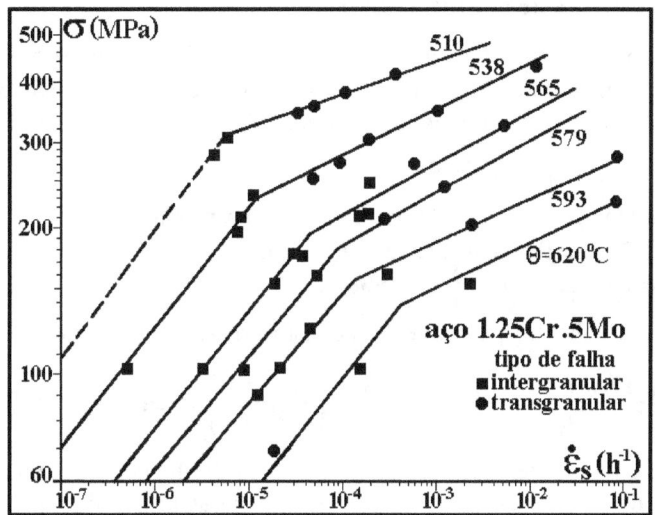

Fig. 10.51: Variação do expoente de Norton-Bailey num aço 1.25Cr0.5Mo.

10.8 Parâmetros Tempo-Temperatura (t⊖)

Muitas estruturas que trabalham à fluência devem ser projetadas para vidas muito longas (várias décadas para caldeiras ou turbinas a vapor, e.g.), mas os testes de fluência em geral não podem durar tanto (só raramente eles chegam até 10^5h, ou cerca de 11.4 anos). Mas em princípio **não** é seguro extrapolar resultados de testes curtos para prever vidas muito mais longas do que as obtidas nos testes, pois o micromecanismo controlador da fluência pode mudar ao longo do tempo, vide Fig. 10.52. Em geral é menos arriscado extrapolar os resultados de testes curtos feitos na mesma tensão σ, mas numa temperatura Θ maior do que a usada em serviço, aproveitando o fato das taxas de fluência $d\varepsilon/dt$ crescerem exponencialmente com Θ. Os tempos dos testes acelerados são calculados para manter fixos os mesmos parâmetros tempo-temperatura $t\Theta$ usados em serviço, seguindo as técnicas discutidas a seguir [12, 15-20].

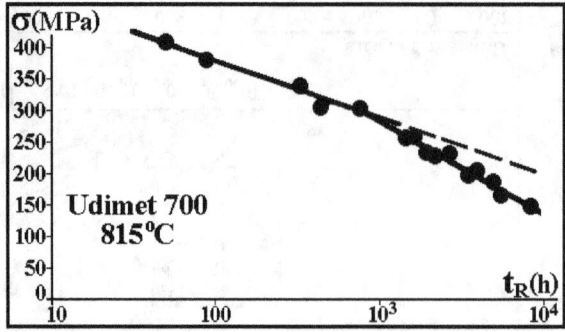

Fig. 10.52: Resistência à ruptura por fluência a 815°C da superliga de Ni Udimet 700 [12].

10.8.1 O parâmetro de Orr-Sherby-Dorn

Orr, Sherby e Dorn (OSD) assumiram que **Q**, a energia específica de ativação da fluência, era a mesma em serviço e nos testes acelerados sob uma dada tensão **σ**, independentemente do aumento de temperatura necessário para encurtar os testes (e.g. **Q ≅ 380kJ/mol** em muitos a-ços ferríticos [18]). Assim, a deformação acumulada por fluência secundária sob uma tensão σ fixa pode ser descrita por uma única curva $\varepsilon_S(\sigma) \times \Phi$, onde $\Phi = t \cdot exp(-Q/R\Theta)$:

$$\varepsilon_S(\sigma, \Phi) = f(\sigma) \cdot \Phi = f(\sigma) \cdot t \cdot exp(-Q/R\Theta) \tag{10.36}$$

Nestes casos, pode-se encurtar o tempo t_t de um teste de fluência sob uma dada tensão **σ** aumentando a sua temperatura Θ_t, para induzir a mesma deformação $\varepsilon_S(\sigma, \Theta_s, t_s)$ de fluência que só seria obtida em serviço sob uma temperatura Θ_s após um tempo (maior) t_s, fazendo:

$$t_t \cdot exp(-Q/R\Theta_t) = t_s \cdot exp(-Q/R\Theta_s) \tag{10.37}$$

⇨ E10.1: Estime a temperatura de teste necessária para reproduzir em apenas 10^3h as mesmas deformações de fluência que seriam acumuladas por um aço com **Q = 374kJ/mol** após $t_s = 10^4$h de serviço a $\Theta_s = 500°C$.

Usando a hipótese de OSD, e mantendo no teste a mesma tensão **σ** do serviço, então:

$$\ln\frac{t_s}{t_t} = \frac{Q}{R}\left(\frac{1}{\Theta_s} - \frac{1}{\Theta_t}\right) \Rightarrow \ln 10 = \frac{3.74 \cdot 10^5}{8.31}\left(\frac{1}{773} - \frac{1}{\Theta_t}\right) \Rightarrow \Theta_t = 805\,K = 532°C \tag{10.38}$$

Note como o efeito da temperatura na deformação de fluência acumulada é imenso! Segundo OSD, para dividir por **10** o tempo necessário para acumular num CP de fluência deste aço a deformação ε_S obtida em serviço numa peça sob uma dada tensão **σ**, basta testá-lo sob a mesma tensão **σ** a **532°C** (ou seja, mantendo **σ** e aumentando em apenas **4%** a temperatura do teste Θ_t em relação à de serviço $\Theta_s = 500°C = 773K$). É por isso que o controle de temperatura nos testes de fluência deve ser muito preciso. ✓

Esta mesma idéia pode ser usada para acelerar testes de ruptura por fluência cuja deformação de ruptura ε_R sob uma tensão **σ** fixa só dependa de $\Phi_R = t_R \cdot exp(-Q/R\Theta)$, logo de um único parâmetro de Orr-Sherby-Dorn, P_{OSD}, calculado por:

$$P_{OSD} = log(\Phi_R) = log[t_R \cdot exp(-Q/R\Theta)] = log(t_R) - 0.434 \cdot Q/R\Theta \tag{10.39}$$

onde **Q** é dado em **J/mol** e Θ em **K, R = 8.31J/K·mol**, o tempo de ruptura t_R é em geral expresso em horas, e **0.434 = log(e)**.

Em outras palavras, quando um dado material rompe por fluência obedecendo a duas condições: (i) a deformação acumulada por fluência secundária sob uma tensão **σ** fixa pode ser descrita por uma única curva $\varepsilon_S(\sigma)\times\Phi$; e (ii) a maior parte da deformação de fluência é acumulada durante a fase II; é razoável supor que a sua deformação de ruptura ε_R também só dependa da tensão σ e de Φ_R, ou seja:

$$\varepsilon_R(\sigma, \Phi_R) = f(\sigma)\Phi_R = f(\sigma)\cdot t_R\cdot\exp(-Q/R\Theta) \qquad (10.40)$$

Desta forma, quando este material que segue a hipótese de OSD rompe por fluência após ser mantido por um tempo t_{R1} sob uma tensão σ na temperatura Θ_1, pode-se esperar que ele rompa sob σ e Θ_2 no tempo t_{R2} obtido por:

$$t_{R1}\exp\left(\frac{-Q}{R\Theta_1}\right)=t_{R2}\exp\left(\frac{-Q}{R\Theta_2}\right)\Rightarrow t_{R2}= t_{R1}\exp\left[\frac{-Q}{R}\left(\frac{\Theta_2-\Theta_1}{\Theta_2\Theta_1}\right)\right] \qquad (10.41)$$

Uma outra grande vantagem do parâmetro de Orr-Sherby-Dorn é permitir que todos os tempos de ruptura t_R, medidos em testes de fluência de um dado material em diversas temperaturas Θ sob uma mesma tensão σ, sejam compactados num único ponto de uma única curva $S_R(\Phi_R)\times P_{OSD}$, vide Fig. 10.53. É esta capacidade de compactar dados que justifica o estudo detalhado e o uso generalizado dos parâmetros $t\Theta$ na prática.

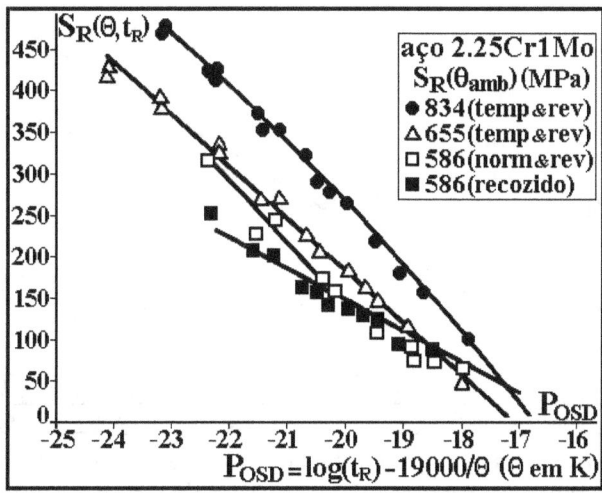

Fig. 10.53: Resistência à ruptura por fluência do aço 2.25Cr1Mo em função do parâmetro de Orr-Sherby-Dorn, $S_R(\Theta, t_R)\times P_{OSD}$ [18]. Note que estes dados são coerentes com os da Fig. 10.12, e que $\log(e)\cdot Q/R = 190000 \Rightarrow Q = 364kJ/mol$.

10.8.2 O parâmetro de Larson-Miller

O parâmetro de Larson e Miller, P_{LM}, ainda é o mais popular dos parâmetros $t\Theta$. Ele é definido supondo que a deformação de ruptura por fluência sob uma dada tensão σ fixa é dada por $\varepsilon_R = f(\sigma)\cdot t_R\cdot\exp(-Q/R\Theta) = f(\sigma)\cdot\Phi_R$, e que Φ_R (em vez de Q) é uma constante do material:

$$P_{LM} = \Theta\cdot[\log(t_R) + k_{LM}] \qquad (10.42)$$

Portanto, $\log(\Phi_R) = \log(t_R) - \log(e)\cdot Q/R\Theta \Rightarrow \Theta\cdot[\log(t_R) - \log(\Phi_R)] = 5.23\cdot10^{-2}Q = P_{LM}$, pois como Φ_R é suposto constante, $k_{LM} = -\log(\Phi_R)$.

Muitos materiais têm $k_{LM} \cong 20$, quando t_R é dado em horas [17-20, 23]. Mas como o valor do parâmetro de Larson-Miller P_{LM} (ao contrário do P_{OSD}) também depende da unidade de usada para a temperatura Θ, então:

$$P_{LM}(^oF) = (\Theta_F + 460)\cdot[\log(t_R) + k_{LM}] = 1.8\cdot P_{LM}(^oC) \qquad (10.43)$$

Em outra palavras, o valor de P_{LM} em °F ou °R é **1.8** vezes maior do que o P_{LM} em °C ou **K**, mas a constante k_{LM} não varia com a unidade de temperatura, pois ela só depende da unidade de tempo, em geral expresso em horas em quase todos os testes de fluência.

⇨ E10.2: Se a superliga de Ni Inconel X-750 tem k_{LM} = **15** e rompe em 10^4h numa dada tensão σ a **800K**, estime a temperatura necessária para reproduzir esta falha em 10^3h.

Como o $P_{LM} = \Theta \cdot [\log(t_R) + k_{LM}] = 800 \cdot (4 + 15) = 1.52 \cdot 10^4$ nas condições originais, a sua ruptura por fluência pode ser reproduzida (segundo Larson-Miller) em 10^3h sob a mesma tensão σ mantendo o valor do P_{LM} na nova temperatura, logo $\Theta = 1.52 \cdot 10^4/(3 + 15) = 844K$. Como no caso do P_{OSD}, o efeito da temperatura na vida à fluência previsto por P_{LM} também é imenso (o que não é surpresa, pois ambos o modelam por Arrhenius). ✓

A Fig. 10.54 compara as estimativas de OSD e de LM para as temperaturas de teste Θ_t necessárias para reproduzir em 10^3h de teste as deformações induzidas durante 10^4h sob a temperatura de serviço Θ_s (mantendo em ambos os casos a mesma tensão σ) num aço 1Cr1Mo0.25V com **Q = 460kJ/mol** e k_{LM} = **22**.

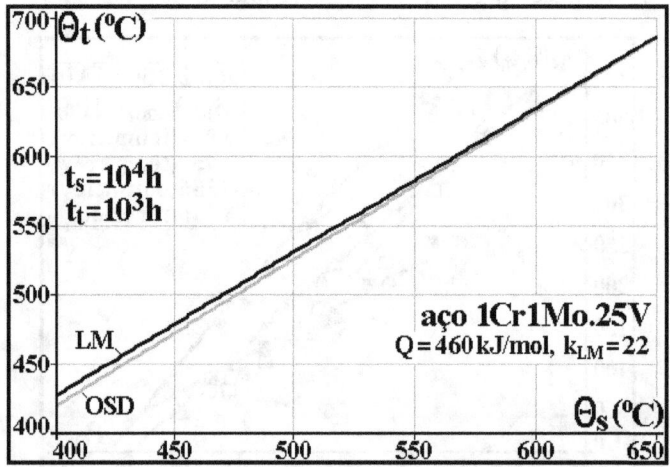

Fig. 10.54: As estimativas das temperaturas Θ_t que induziriam em testes de apenas 10^3h a fluência acumulada por este aço CrMoV após 10^4h de serviço sob $400 < \Theta_s < 650°C$ (sob uma mesma tensão σ) por LM e por OSD são quase iguais.

Muitos dados experimentais de fluência são disponibilizados em função do parâmetro de Larson-Miller. Note que, como acontece com o P_{OSD}, o P_{LM} é correlacionável não apenas com as deformações de ruptura, mas também com as deformações de fluência e com outros fenômenos difusivos que seguem a lei de Arrhenius. Por exemplo, a Fig. 10.55 compacta uma imensa quantidade de informações sobre a superliga de Ni Inconel X-750 laminada a quente e envelhecida (por 24h a 885°C e resfriada ao ar, em seguida reaquecida por 20h a 705°C e resfriada ao ar), e pode ser muito útil na prática [19]. Ela inclui as tensões necessárias para causar deformações de fluência de **0.1, 0.2, 0.5, 1** e **2%**, além das tensões que causam a ruptura do material, em função da temperatura e do tempo combinados usando k_{LM} = **15** em P_{LM}. A Fig. 10.56 mostra dados similares para o Inconel 718, mas usando k_{LM} = **25**.

⇨ E10.3: Compare as tensões que acumulam **0.5** e **1%** de deformação de fluência na superliga Inconel X-750 após 6 meses de trabalho a **550°C**, e estime o expoente de Norton-Bailey **n** e a energia de ativação específica **Q** desta combinação tΘ.

O primeiro passo é obter o valor do parâmetro de Larson-Miller nesta combinação tΘ:
550°C = 823K e **6 meses = 365·12 = 4380h** $\Rightarrow P_{LM}$ = **823·[log(4380) + 15] = 15.3·10^3**.

Depois, usando este valor de P_{LM} e a deformação $\varepsilon_1 = 0.5\%$ pode-se estimar na Fig. 10.53 o valor da tensão correspondente $\sigma_1 \cong 355MPa$. Em seguida, usando o mesmo P_{LM} e a deformação $\varepsilon_2 = 1\%$, estima-se que $\sigma_2 \cong 445MPa$. Por fim, pode-se estimar o expoente de Norton-Bailey n e a energia de ativação específica Q a ele associada:

$$\varepsilon = k\sigma^n \cdot t \cdot \exp(-Q/R\Theta) \Rightarrow \varepsilon_1/\varepsilon_2 = (\sigma_1/\sigma_2)^n \Rightarrow n = \log(\varepsilon_1/\varepsilon_2)/\log(\sigma_1/\sigma_2) \cong 3.1 \qquad (10.44)$$

$$k_{LM} = -\log\Phi \Rightarrow 15 = -\log t + \frac{Q}{R\Theta}\log e \Rightarrow Q = \frac{(15+\log t)R\Theta}{0.434} = 294kJ/mol \checkmark \qquad (10.45)$$

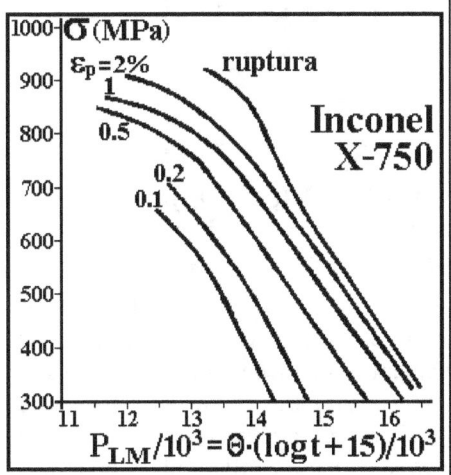

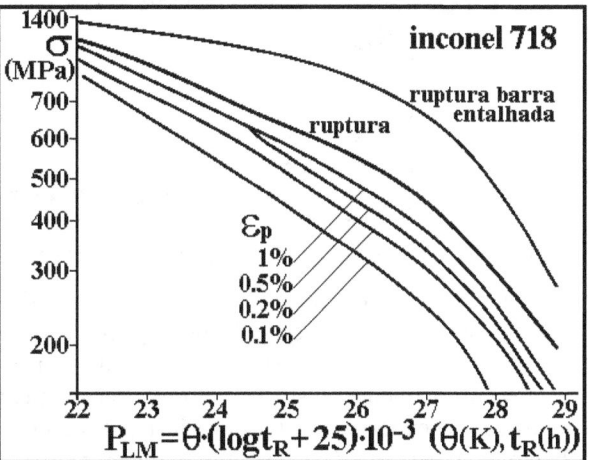

Fig: 10-55: Curvas $\sigma \times P_{LM}$ da superliga Inconel X-750 para várias deformações de fluência.

Fig. 10-56: Curvas $\sigma \times P_{LM}$ do Inconel 718 para várias deformações de fluência (note que a constante $k_{LM} = 25$, e não 15 como no Inconel X-750) [19].

As Fig. 10.58 e 10.59 mostram dados de $S_R(\Theta,t) \times P_{LM}$ de alguns aços. Note que $k_{LM} = 20$ na Fig. 10.57, enquanto $k_{LM} = 25$ na Fig. 10.58. Mas note também que estes dados são coerentes: $S_R = 100MPa \Rightarrow P_{LM} \cong 21000 \Rightarrow t_R = 10^3 h$ sob $\Theta = 913K$ nos aços da Fig. 10.57, enquanto $P_{LM} \cong 25700 \Rightarrow t_R = 10^3 h$ sob $\Theta = 918K$ na curva inferior da Fig. 10.58.

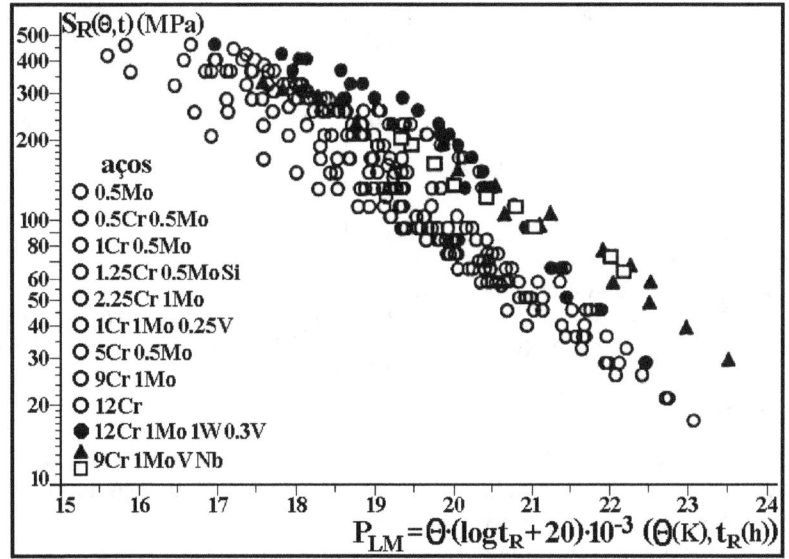

Fig. 10.57: $S_R(\Theta,t) \times P_{LM}$, resistência à ruptura por fluência de vários aços para Θ altas [12].

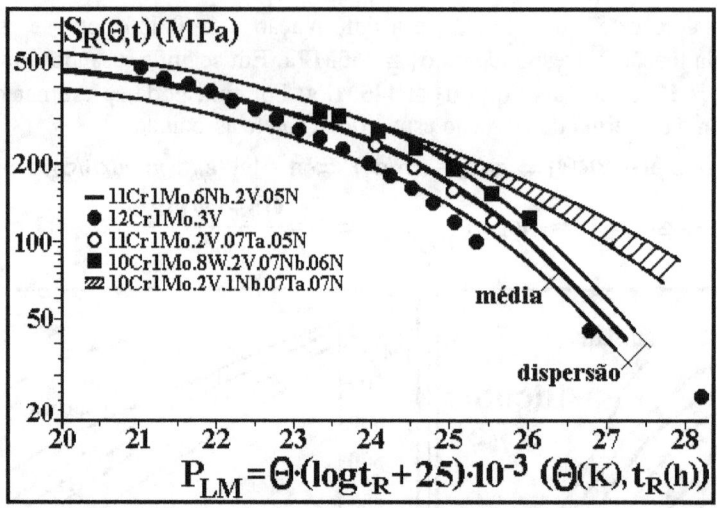

Fig. 10.58: $S_R(\Theta,t) \times P_{LM}$, resistência à ruptura por fluência de outros aços para Θ altas [18].

A dispersão dos testes de fluência pode ser significativa, como ilustrado nas Fig. 10.59 e 10.60. Ela é tão intrínseca à fluência quanto o é na iniciação de trincas por fadiga. Por isso, deve-se usar com cautela dados de fluência que não incluam informações sobre como eles foram estatisticamente ajustados aos resultados experimentais. Em particular é importante saber se as curvas experimentais foram ajustadas à média dos dados, ou a alguns desvios-padrão abaixo dela. Esta informação é importante para que se possa avaliar a confiabilidade do dimensionamento ou das previsões de vidas residuais à fluência.

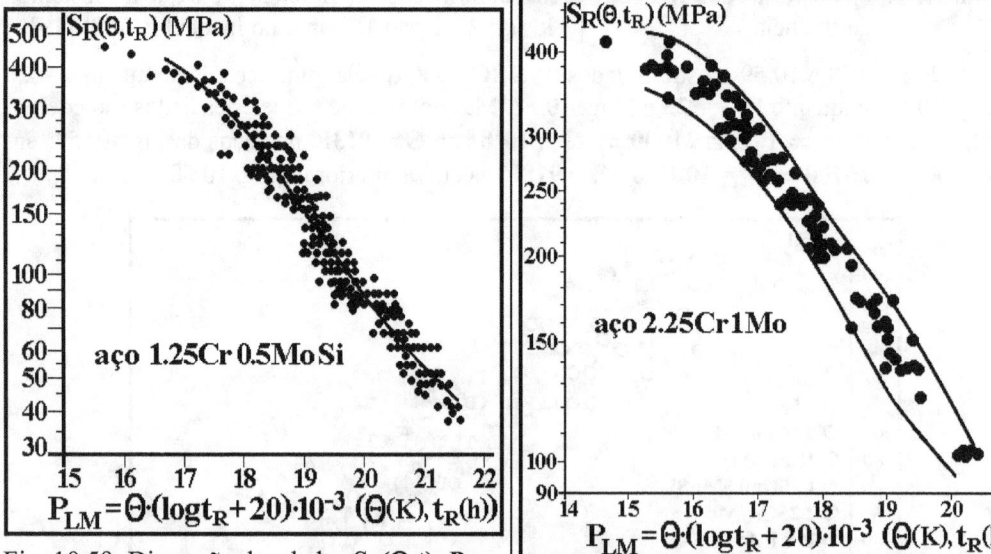

Fig. 10.59: Dispersão dos dados $S_R(\Theta,t) \times P_{LM}$ que descrevem a resistência à ruptura por fluência do aço 1.25Cr0.5MoSi [12].

Fig. 10.60: Dispersão dos dados $S_R(\Theta,t) \times P_{LM}$ do aço 2.25Cr1Mo [18].

Por causa da dispersão dos dados é comum especificar as chamadas curvas de projeto ou de tensões admissíveis em serviço nelas incluindo um fator de segurança apropriado em relação à curva de ajuste dos resultados experimentais mínimos, como ilustrado na Fig. 10.61. A Fig. 10.62 mostra uma curva de projeto à fluência aprovada por um código muito popular internacionalmente reconhecido, baseada neste mesmo princípio.

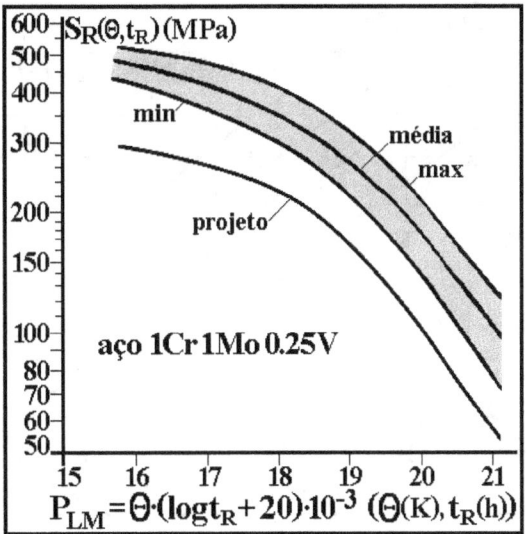

Fig. 10.61: Faixas típicas dos pontos $S_R(\Theta,t) \times P_{LM}$ do aço 1Cr1Mo0.25V (usado em eixos de turbinas), e curva recomendada para uso em dimensionamento mecânico [12].

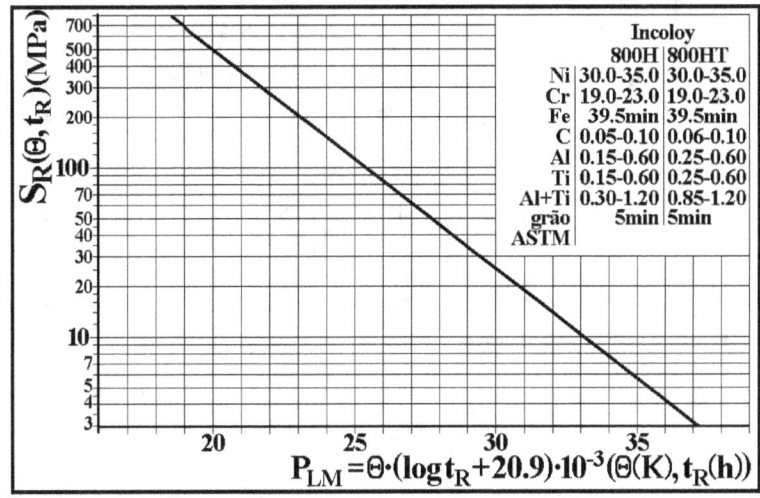

Fig. 10.62: Curva $S_R(\Theta, t_R) \times P_{LM}$ das superligas Incoloy 800H e 800HT, aprovadas pelo código de caldeiras e vasos de pressão da ASME para uso em temperaturas altas [21].

As curvas de resistência à ruptura por fluência de superligas mostradas nas Fig. 10.63 a 10.68 são associadas à mesma constante $k_{LM} = 20$, logo é fácil compará-las. Por exemplo, a tensão $\sigma = 150MPa$ corresponde a $P_{LM} \cong 24.6$ no Inconel X-750 (velha superliga muito usada em componentes mecânicos) da Fig. 10.64, e a $P_{LM} \cong 29.7$ na CMXC-4 (superliga monocristalina de $3^{\underline{a}}$ geração) da Fig. 10.68 (a escala desta figura está certa sim, a da referência original é que está errada). Logo, a ruptura por fluência após **1000h** sob $\sigma = 150MPa$ que ocorre (nominalmente) na temperatura $\Theta \cong 24.6 \cdot 10^3/(3 + 20) = 1070K = 797^oC$ no Inconel X-750, só ocorre na CMXC-4 sob $\Theta \cong 29.7 \cdot 10^3/23 = 1291K = 1018^oC$. Já sob $P_{LM} = 28 \cdot 10^3$ (ou sob **99h** a **1000°C, 784h a 950°C, 7420h a 900°C, 85700h a 850°C**, etc.) esta mesma CMXC-4 só rompe sob $\sigma \cong 260MPa$; a René 80 da Fig. 10.64 (uma das melhores superligas policristalinas disponíveis) rompe sob $\sigma \cong 140MPa$; enquanto o Inconel X-750 rompe sob $\sigma < 50MPa$. Estes números ilustram bem a melhoria de desempenho conseguida pelas superligas modernas.

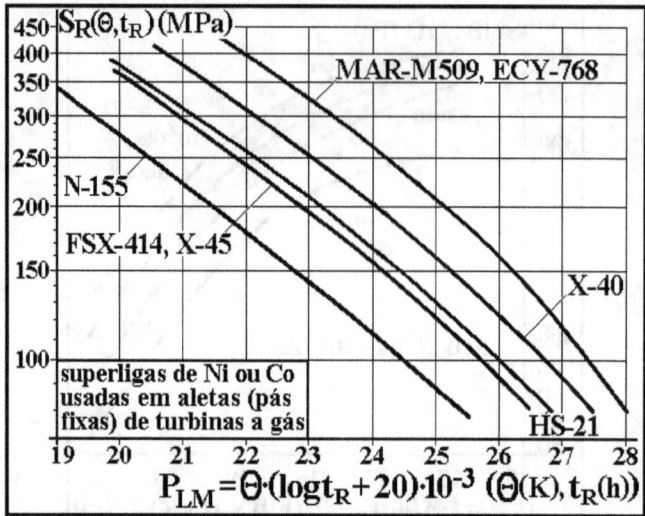

Fig. 10.63: $S_R(\Theta, t_R) \times P_{LM}$ de algumas superligas usadas em aletas de turbinas [12, 18].

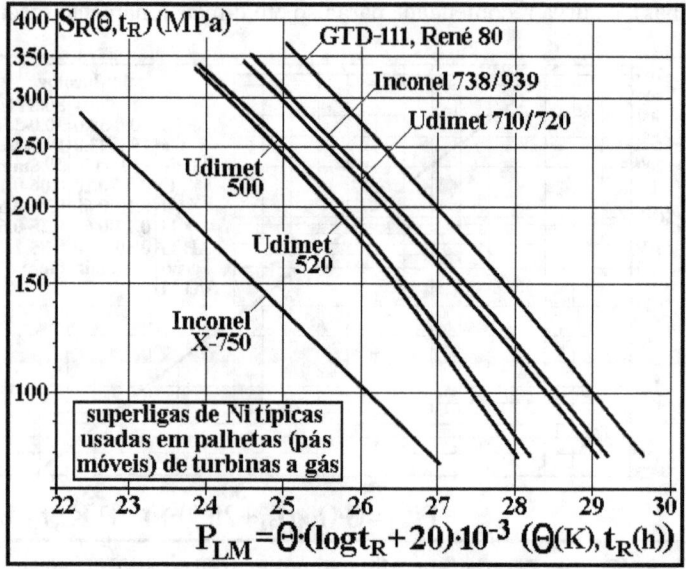

Fig. 10.64: $S_R(\Theta, t_R) \times P_{LM}$ de algumas superligas usadas em palhetas de turbinas [18].

10.8.3 Outros parâmetros tΘ e algumas outras correlações similares

Manson e co-autores propuseram vários outros parâmetros tΘ:

Manson-Haferd: $P_{MH} = (\log t - \log t_0)/(\Theta - \Theta_0)$ (10.46)

Manson-Brown: $P_{MB} = (\log t - \log t_0)/(\Theta - \Theta_0)^m$ (10.47)

Manson-Succop: $P_{MS} = \log t + k\Theta$ (10.48)

O chamado método do compromisso mínimo (MCM) de Manson-Ensign [18] é mais recente e gera um parâmetro com 5 constantes k_i ajustáveis aos dados experimentais:

$$P_{MCM} = k_1 \log t + k_2 (\Theta - \bar{\Theta}) + k_3 (1/\Theta - 1/\bar{\Theta}) - k_4 \log \sigma - k_5$$ (10.49)

onde $\overline{\Theta}$ é o valor médio do intervalo de temperatura dos dados analisados, e k_4 e k_5 são usados quando os testes incluem CPs de vários lotes. Nenhum dos parâmetros $t\Theta$ é universal ou sequer claramente superior aos outros, o que não é surpresa devido aos vários mecanismos causadores de fluência. Mas de todos eles, o parâmetro de Larson-Miller P_{LM} ainda continua sendo de longe o mais usado na prática.

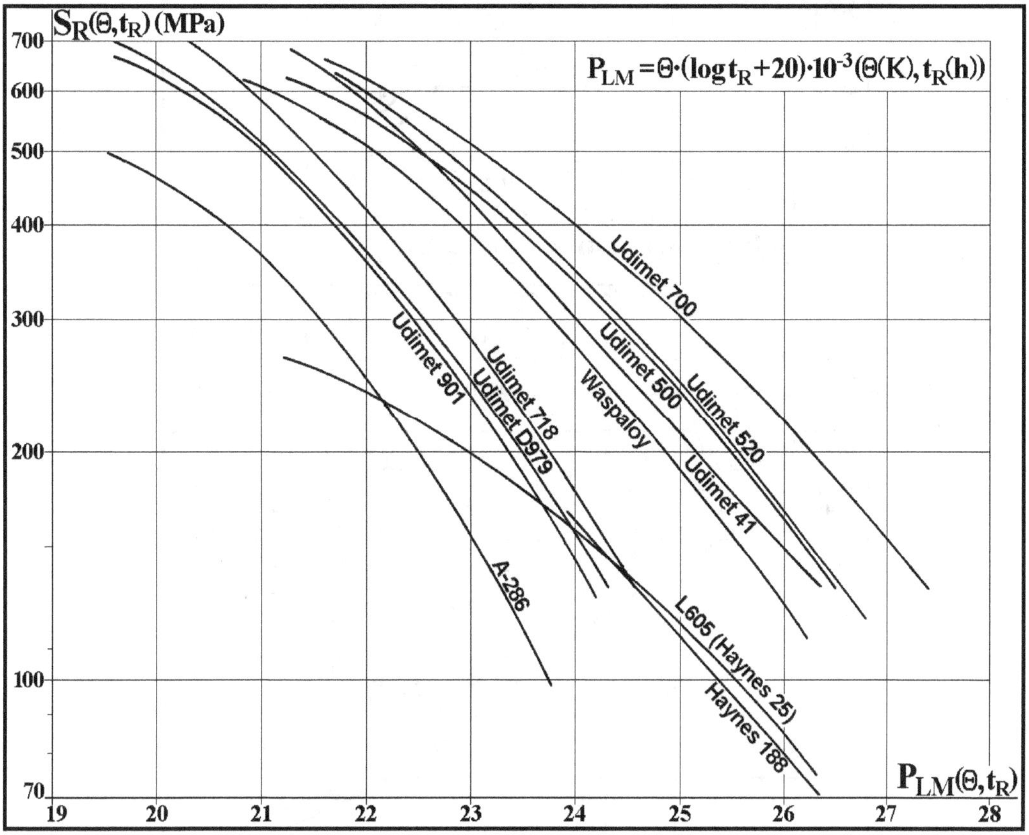

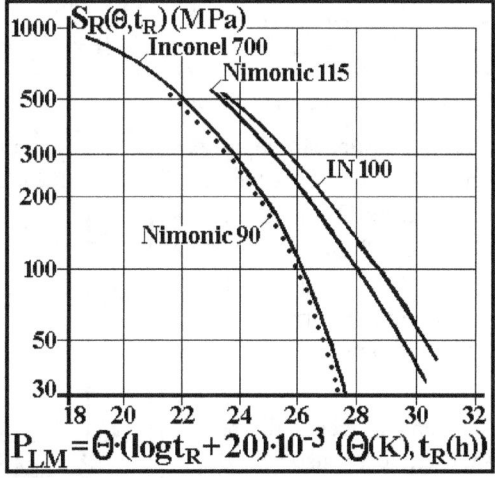

Fig. 10.65: $S_R(\Theta, t_R) \times P_{LM}$ de outras superligas de Ni [12].

Fig. 10.66: $S_R(\Theta, t_R) \times P_{LM}$ de mais outras superligas de Ni [11].

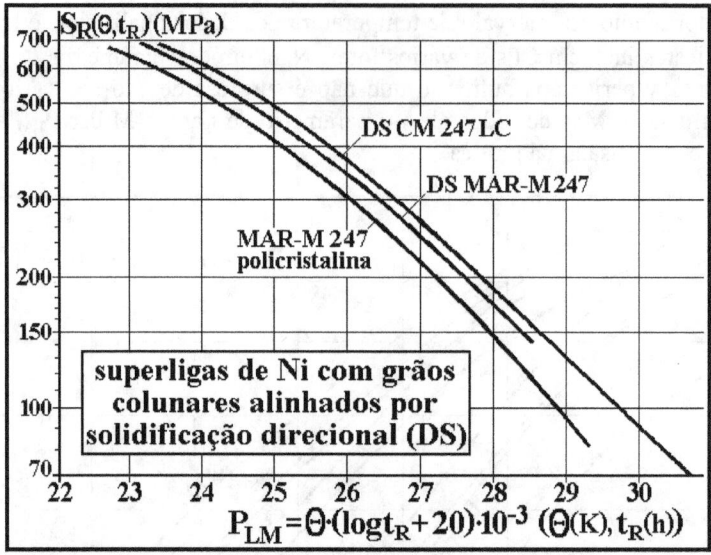

Fig: 10.67: $S_R(\Theta, t_R) \times P_{LM}$ de algumas superligas de Ni com grãos colunares [18].

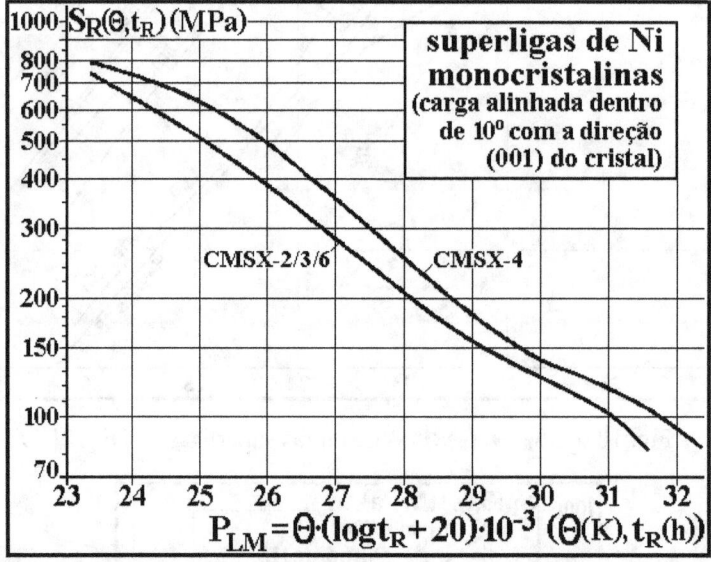

Fig. 10.68: $S_R(\Theta, t_R) \times P_{LM}$ de algumas superligas de Ni monocristalinas [12].

A Fig. 10.69 ilustra uma rara aplicação de um parâmetro $t\Theta$ alternativo: a curva que mostra a tensão σ (em **MPa**) que sob uma temperatura Θ (em ^{o}C) causa a taxa mínima de fluência $\dot{\varepsilon}_S$ (em **%/h**) na superliga Inconel 718 temperada e envelhecida (dados adaptados de [19]), com o tempo e a temperatura agrupados numa forma modificada do parâmetro de Manson-Haferd, P'_{MH}.

Por fim, a Fig. 10.70 ilustra uma aplicação diferente do parâmetro de Larson-Miller, neste caso para descrever a variação da dureza a quente em aços.

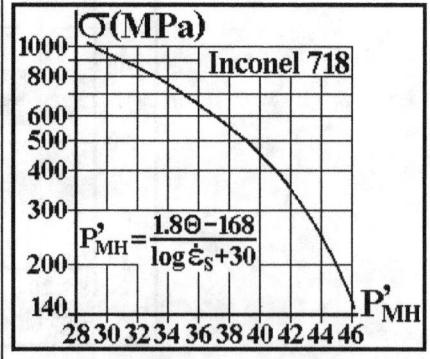

Fig. 10.69: Fluência do Inconel 718.

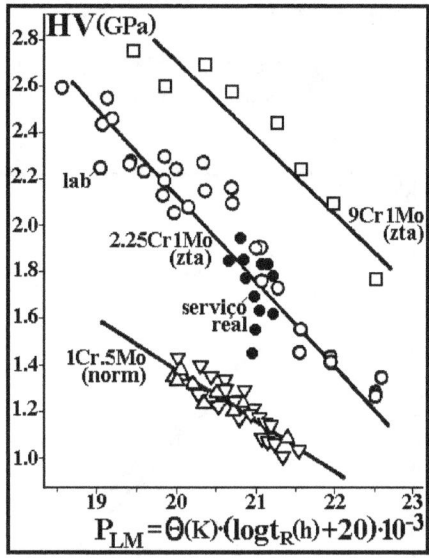

Fig. 10.70: **HV×P$_{LM}$**, variação da dureza de aços em função do parâmetro de Larson-Miller (que pode assim ser usada como uma ferramenta de inspeção não-destrutiva) [18].

A Fig. 10.71 ilustra uma interpretação gráfica interessante que pode ser usada para decidir na prática quais dos parâmetros **tΘ** descreve melhor os dados de fluência de um material.

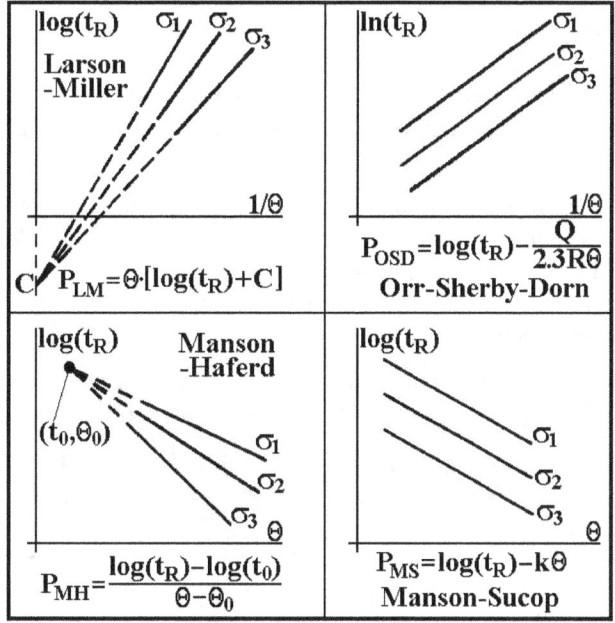

Fig. 10.71: Interpretação gráfica de alguns parâmetros Θt.

Monkman e Grant descobriram que o tempo de ruptura **t$_R$** e a taxa de fluência secundária **$\dot{\varepsilon}_S$** de muitos materiais seguem uma relação do tipo:

$$\log t_R + a \cdot \log \dot{\varepsilon}_S = b \qquad\qquad (10.50)$$

onde **a** e **b** são constantes de ajuste dos resultados experimentais, vide Fig. 10.72. Além disso, como muitas vezes **a ≅ 1**, esta relação pode ser freqüentemente simplificada para:

$$\dot{\varepsilon}_S \cdot t_R = \alpha_{MG} \tag{10.51}$$

Esta relação pode ser muito útil na prática para estimar a vida residual à fluência, t_{res}, a partir de medidas dimensionais de componentes como tubos de caldeiras, que são relativamente simples e baratas.

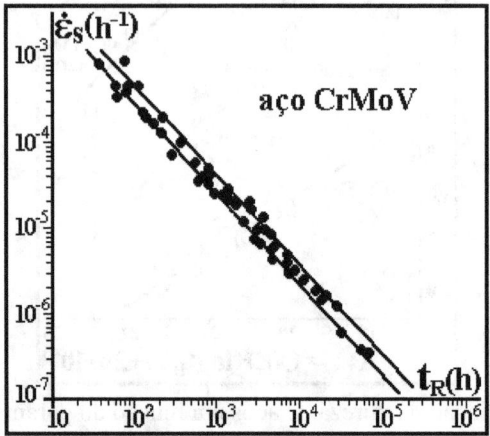

Fig. 10.72: Curva $\dot{\varepsilon}_S \times t_R$ de um aço CrMoV [18].

Viswanathan [18] diz que medindo o diâmetro de tubos de caldeiras pode-se estimar a sua fração de vida residual por:

$$f_{vr}(t) = (1 - t/t_R) = (1 - \varepsilon(t)/\varepsilon_R)^{\varepsilon_R/\alpha_{MG}} \tag{10.52}$$

onde $\varepsilon(t)$ é a deformação acumulada no tempo t, $\varepsilon_R(\sigma, \Theta)$ é a ductilidade à fluência dos tubos e $\alpha_{MG} \cong 0.03$ é o valor usual para a constante de Monkman-Grant dos aços de baixa liga sob σ baixas.

A equação (10.52) foi proposta por Cane a partir de modelos de dano desenvolvidos por Rabotinov e Kachanov, e tem a vantagem de ser pouco sensível ao valor de ε_R. Todavia, deve-se mencionar que a incerteza associada ao diâmetro inicial de tubos velhos (que são aqueles nos quais vale a pena fazer uma avaliação de vida residual à fluência) pode na prática ser da ordem ou maior do que as deformações de fluência, o que pode inviabilizar esta bela idéia.

⇨ E10.4: Estime por Monkman-Grant a vida residual de uma barra de aço 2.25Cr1Mo que a-
   cumulou $\varepsilon(5 \cdot 10^4 h) = 0.02$ sob σ e Θ fixas, supondo $0.03 < \varepsilon_R < 0.30$.

Segundo Cane, $(1 - 2/3)^{3/3} < f_{vr}(5 \cdot 10^4 h) < (1 - 2/30)3^{0/3} \Rightarrow 0.333 < f_{vr}(5 \cdot 10^4 h) < 0.502$, e sabendo que $(1 - f_{vr})t_R = t = 5 \cdot 10^4 h$, então $t_{res} = f_{vr} \cdot t/(1 - f_{vr}) \Rightarrow 2.5 \cdot 10^4 < t_{res} < 5 \cdot 10^4 h$. ✓

Portanto, a fração de vida residual f_{vr} é de fato muito pouco sensível à (grande) variação suposta para ε_R. Esta pouca sensibilidade da f_{vr} à ductilidade à fluência é uma característica interessante, pois na fluência a ductilidade pode diminuir bastante à medida que o tempo de ruptura t_R cresce. Por exemplo, CPs de aço 1.25Cr1Mo testados sob várias tensões e temperaturas mantêm uma relação entre ε_R e t_R dada por $\varepsilon_R = 0.79 t_R^{-0.20}$, vide Fig. 10.73. Isto significa que $\varepsilon_R(10h) \cong 50\%$, enquanto $\varepsilon_R(10^4 h) \cong 12.5\%$.

O efeito da tensão σ na ductilidade à fluência do aço 1.25Cr1Mo testado em várias temperaturas Θ é mostrado na Fig. 10.74 [18]. Nas tensões baixas a ductilidade pode ser significativamente menor que nas altas (as quais são associadas às vidas curtas).

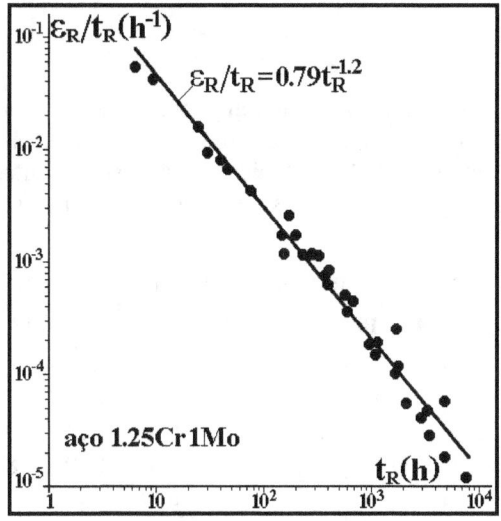

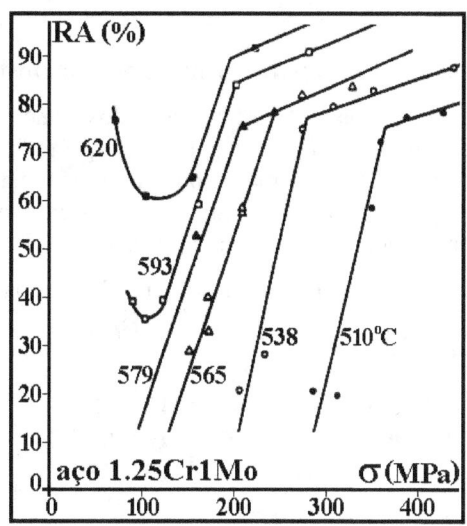

Fig. 10.73: Razão entre a ductilidade e o tempo de ruptura do aço 1.25Cr1Mo.

Fig. 10.74: Efeito da tensão σ na ductilidade à fluência do aço 1.25Cr1Mo.

Como a maioria das estruturas tem entalhes ou variações de seção que concentram as tensões no seu entorno, as suas falhas podem ser controladas pela ductilidade na ruptura por fluência ε_R do material. E como ε_R pode decrescer quando a resistência S_R ou o tempo de ruptura t_R crescem, é preciso considerar ambas as propriedades nestes casos. O provável efeito na ruptura por fluência de um entalhe de fator de concentração de tensões K_t é esquematizado na Fig. 10.75. O comportamento esperado varia muito se o material é muito dúctil e pouco resistente à fluência (neste caso o efeito de K_t não é muito importante); ou se o material é pouco dúctil e muito resistente à fluência (caso em que os entalhes têm grande importância).

Outros fatores, como o teor de impurezas I da liga, também podem afetar muito a ductilidade à fluência, vide Fig. 10.76 [18]. Portanto, é evidente que as rupturas por fluência não são necessariamente associadas a deformações grandes, ou a deslocamentos significativos. Ou, em outras palavras, *não* se pode assumir que por ocorrerem a quente todas as falhas por fluência devem ser dúcteis, logo devem gerar avisos prévios evidentes. Esta hipótese pode ter conseqüências catastróficas. Isto é muito importante na prática, onde a maioria das peças não trabalha sob solicitações uniformes, o que pode agravar e muito o problema. Por isso, nunca é demais relembrar que não se deve jamais negligenciar as tarefas de inspeção durante o gerenciamento da integridade das estruturas que trabalham à fluência.

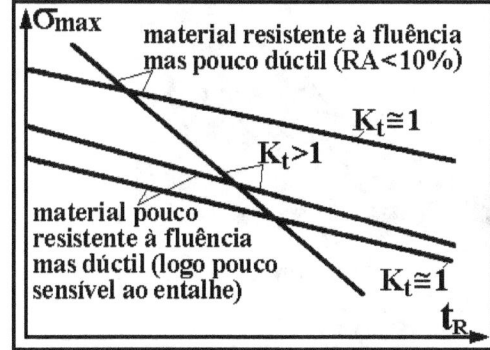

Fig. 10.75: Esquema do efeito dos entalhes na tensão máxima tolerável em fluência.

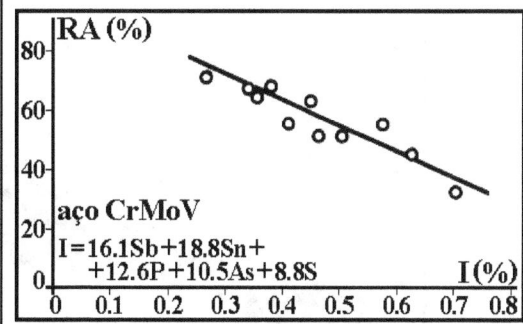

Fig. 10.76: Efeito deletério do teor de impurezas $I = 16.1Sb + 18.8Sn + 12.6P + 10.5As + 8.8S$ na ductilidade à fluência de um aço CrMoV.

10.9 Materiais para Turbinas de Combustão

É interessante listar alguns dos principais materiais usados em componentes de turbinas de combustão, uma das aplicações que mais demandam componentes com grande resistência à fluência. Desta forma, se pode ter uma idéia de uma lista de ligas "típicas" para resistir a altas temperaturas no ar ou em atmosferas compostas de gases resultantes da combustão. Uma lista representativa é mostrada na Tabela 10.6 [41-42].

Tabela 10.6: Composição típica de algumas ligas usadas em turbinas (MB = metal de base).

peças	material	Ni	Co	Fe	Cr	W	Mo	Ti	Al	Nb	V	C	B	Ta
aletas e palhetas	U 500	MB	18.5	-	18.5	-	4	3	3	-	-	0.07	0.006	-
	René 77	MB	17	-	15	-	5.3	3.4	4.3	-	-	0..07	0.02	-
	IN 738	MB	8.3	0.2	16	2.6	1.8	3.4	3.4	0.9	-	0.10	0.001	1.8
	GTD 111	MB	9.5	-	14	3.8	1.5	4.9	3	-	-	0.10	0.01	2.8
injetores	X 40	10	MB	1	25	8	-	-	-	-	-	0.50	0.01	-
	X45	10	MB	1	25	8	-	-	-	-	-	0.25	0.01	-
	FSX 414	10	MB	1	28	7	-	-	-	-	-	0.25	0.01	-
	N 155	20	20	MB	21	2.5	3	-	-	-	-	0.20	-	-
	GTD 222	MB	19	-	22.5	2	2.3	1.2	0.8	-	0.1	0.008	1.00	-
combustor	inox 309	13	-	MB	23	-	-	-	-	-	-	0.10	-	-
	Hast X	MB	1.5	1.9	22	0.7	9	-	-	-	-	0.07	0.005	-
	N 263	MB	20	0.4	20	-	6	2.1	0.4	-	-	0.06	-	-
	HA 188	22	MB	1.5	22	14	-	-	-	-	-	0.05	0.01	-
rodas de turbinas	Inconel 718	MB	-	18.5	19	-	3	0.9	0.5	5.1	-	0.03	-	-
	Inconel 706	MB	-	37	16	-	-	1.8	-	2.9	-	0.03	-	-
	CrMoV	0.5	-	MB	1	-	1.3	-	-	-	0.25	0.30	-	-
	A 288	25	-	MB	15	-	1.2	2	0.3	-	0.25	0.08	0.006	-
	M 152	2.5	-	MB	12	-	1.7	-	-	-	0.3	0.12	-	-
pás do compressor	inox 403	-	-	MB	12	-	-	-	-	-	-	0.11	-	-
	inox 403+Ni	-	-	MB	12	-	-	-	-	0.2	-	0.15	-	-
	GTD 450	6.3	-	MB	15.5	-	0.8	-	-	-	-	0.03	-	-

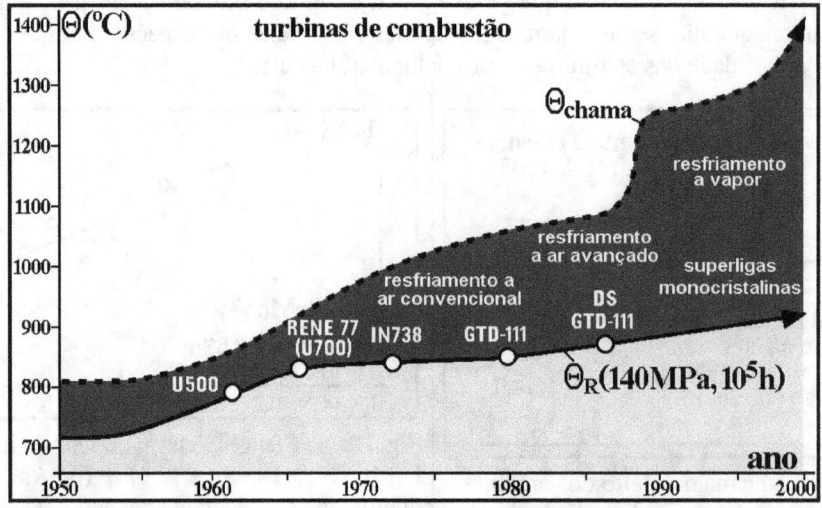

Fig. 10.77: Materiais usados em palhetas de turbinas de combustão [41].

O desenvolvimento de materiais mais resistentes à fluência e das técnicas de resfriamento dos componentes internos tem permitido o aumento contínuo das temperaturas de operação e do rendimento térmico das turbinas a combustão, como ilustrado na Fig. 10.77.

A Fig. 10.78 mostra o corte esquemático de uma turbina de combustão estacionária a gás ou óleo usada em termoelétricas modernas, que usa superligas de Ni nas palhetas refrigeradas (monocristalinas no 1° estágio, com grãos colunares obtidos por solidificação direcional no 2° estágio, e policristalinas nos 3° e 4° estágios). A queima do combustível (que pode ser gás ou óleo) ocorre a mais de **1200°C**, e os gases que saem da turbina a mais de **550°C** podem ser usados para gerar vapor e acionar uma outra turbina, obtendo assim uma eficiência térmica combinada que já chega a $\eta_\Theta \cong 60\%$. Para realçar este feito da engenharia moderna basta lembrar que o rendimento das primeiras locomotivas era da ordem de $\eta_\Theta \cong 1\%$.

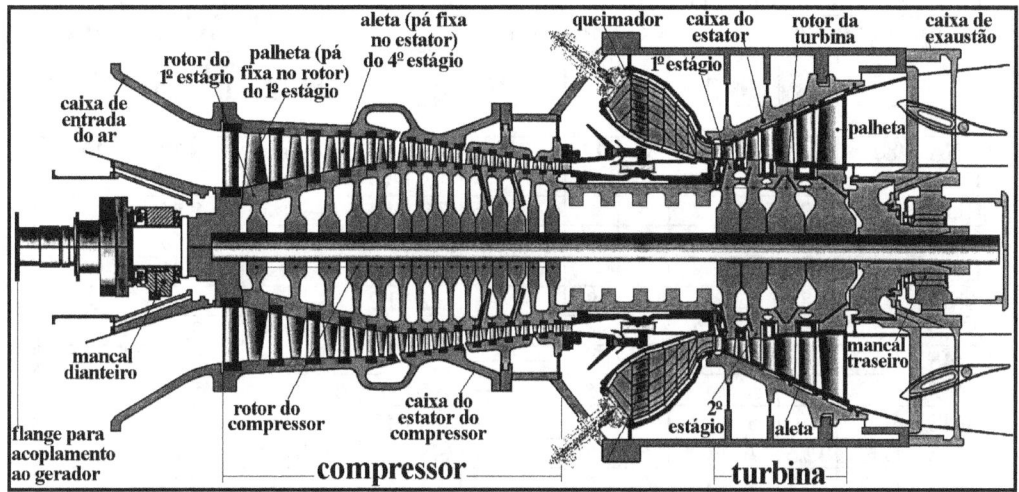

Fig. 10.78: Corte esquemático de uma turbina de combustão estacionária moderna.

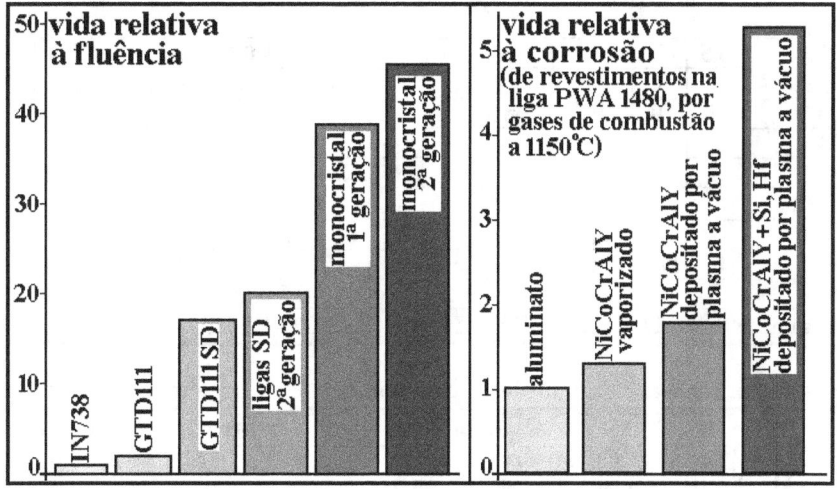

Fig. 10.79: Vidas relativas típicas de alguns materiais e de revestimentos protetores usados em pás de turbinas de combustão (DS = solidificação direcional) [18, 40-43].

As Tabelas 10.7 a 10.10 listam a composição de algumas superligas modernas com grãos colunares e monocristalinas, e os materiais usados por alguns fabricantes de turbinas de combustão usadas em termoelétricas modernas.

Tabela 10.7: Composição nominal de superligas de Ni com grãos colunares obtidos por solidificação direcional - DS (% em peso) [41-42].

Composição Nominal de Superligas de Ni Fundidas Direcionalmente-DS

LIGA	C	Cr	Co	Al	Ti	Mo	W	Hf	Ta	Nb	Zr	B	Ni
DS GTD 111	0.10	14	9.5	3	4.9	1.5	3.8	—	2.8	—	0.03	0.01	resto
DS MAR M247	—	8.25	10	5.5	1	0.78	10	1.5	2.8	—	—	0.015	resto
MAR-M200 Hf	0.15	9	10	5	2	—	12.5	2	—	1	0.05	0.02	resto
MAR-M002DS	0.15	9	10	5.5	1.5	—	10	1.5	2.5	—	0.05	0.015	resto
IN 6203	0.15	22	19	2.3	3.5	—	2	0.75	1.1	0.8	0.10	0.01	resto

Tabela 10.8: Composição nominal de algumas superligas de Ni monocristalinas [41-42].

Composição Nominal de 3 Gerações de Superligas de Ni Monocristalinas

Liga	Cr	Co	Mo	W	Ta	Re	Nb	Al	Ti	Hf	Ni	densidade (kg/dm^3)	$\Theta_R^*(^oC)$
1ª geração													
PWA 1480	10	5	—	4	12	—	—	5	1.5	—	resto	8.70	1060
PWA 1483	12.8	9	1.9	3.8	4	—	—	3.6	4	—	resto	—	—
René N4	9	8	2	6	4	—	0.5	3.7	4.2	—	resto	8.56	—
SRR 99	8	5	—	10	3	—	—	5.5	2.2	—	resto	8.56	1080
RR 2000	10	15	3	—	—	—	—	5.5	4	—	resto	7.87	—
AM 1	8	6	2	6	9	—	—	5.2	1.2	—	resto	8.59	1090
AM 3	8	6	2	5	4	—	—	6	2	—	resto	8.25	—
CMSX-2	8	5	0.6	8	6	—	—	5.6	1	—	resto	8.56	1070
CMSX-3	8	5	0.6	8	6	—	—	5.6	1	0.1	resto	8.56	—
CMSX-6	10	5	3	—	2	—	—	4.8	4.7	0.1	resto	7.98	—
CMSX-11B	12.5	7	0.5	5	5	—	0.1	3.6	4.2	0.04	resto	8.44	—
CMSX-11C	14.9	3	0.4	4.5	5	—	0.1	3.4	4.2	0.04	resto	8.36	—
AF 56(SX 792)	12	8	2	4	5	—	—	3.4	4.2	—	resto	8.25	—
SC 16	16	—	3	—	3.5	—	—	3.5	3.5	—	resto	8.21	1030
2ª geração													
CMSX-4	6.5	9	0.6	6	6.5	3	—	5.6	1	0.1	resto	8.70	1110
PWA 1484	5	10	2	6	9	3	—	5.6	—	0.1	resto	8.95	1100
SC 180	5	10	2	5	8.5	3	—	5.2	1	0.1	resto	8.84	—
MC 2	8	5	2	8	6	—	—	5	1.5	—	resto	8.63	1125
René N5	7	8	2	5	7	3	—	6.2	—	0.2	resto	—	—
3ª geração													
CMSX-10	2	3	0.4	5	8	6	0.1	5.7	0.2	0.03	resto	9.05	—
René N6	4.2	12.5	1.4	6	7.2	5.4	—	5.75	—	0.15	resto	8.98	—
CM 186LC	6	9	—	8	3	3	—	6	0.7	1.4	resto	—	—

*ruptura em 100h sob 140MPa   NASAIR 100, CMSX-2 e CMSX-3 são similares à M247

Tabela 10.9: Materiais usados em turbinas de combustão de termoelétricas modernas [41-42].

	queimador	transição	discos da turbina
Alston (ABB)	hastelloy X + camada refratária (termal barrier coating, TBC)	IN 617	aços A469/A565
GE	hastelloy X e haynes 188 + TBC	nimonic 263 + TBC	IN 706 e 718
Siemens	hastelloy X + TBC	IN 617	aço A565
Siemens-Westinghouse	hastelloy X + TBC	IN 617 + TBC haynes 230 + TBC	aço NiCrMoV
Mitsubishi	tomilloy (similar a IN 617)	tomilloy	aço NiCrMoV

Tabela 10.10: Materiais usados em aletas, palhetas e revestimentos de turbinas [41-42].

	modelo	aletas	palhetas	revestimento
Alston (ABB)	11N2	IN939	IN738LC	NiCrAlY+Si
	GT24	DS CM247LC(e1), MarM247LC (estágios 2-3), IN738(e4-5)	DS CM247LC(e1-3) MarM247LC(e4-5)	TBC(aleta e1) NiCrAlY+Si(e2-4)
	GT26			
GE	7/9EA	FX414	GTD111(e1), IN738(e2), U500(e3)	CoCrAlY
	7/9FA	FX414(e1), GTD222(e2-3)	DS GTD111(e1), GTD111(e2-3)	MCrAlY, CoCrAlY
	7H	René N5(e1), DS GTD222(e2) René 108(e3), GTD222(e4)	René N5(e1), DS GTD111(e2) DS GTD444(e3-4)	TBC(e1-2) MCrAlY
Siemens	V84/94.2	IN939	IN738LC(e1-3), IN792(e4)	CoNiCrAlY+Si
	V84/94.3A	PWA1483(e1-2), IN939(e3-4)	PWA1483	TBC, MCrAlY+Re
Siemens-Westinghouse	501D5	ECY768(e1-3), X45(e4)	IN738(e1), U520(e2-4)	TBC, MCrAlY
	501F	ECY768(e1,3), X45(e2,4)	IN738LC(e1-3)	TBC, MCrAlY
	501G	IN939	DS CM247(e1-2), CM247(e3-4)	TBC, MCrAlY
Mitsubishi	501/701F	IN939	IN792	TBC, MCrAlY
	501/701G	IN939	IN792DS(e1-2), IN792(e3-4)	TBC, MCrAlY

Há poucos fabricantes de turbinas de combustão estacionárias de grande porte: os principais são Alston-ABB, GE, Mitsubishi e Siemens-Westinghouse (ou eram, pois tem havido mudanças recentes nestas corporações). Os principais fabricantes de turbinas aeronáuticas são GE (USA), Pratt & Whitney (USA/Canadá), Rolls-Royce (UK), Snecma (França), e Aviadvigatel, Klimov e Saturn (Rússia). Como a tecnologia das turbinas estacionárias é essencialmente a mesma das turbinas de aviação (ambas buscam aumentar ao máximo a temperatura de trabalho para melhorar seu rendimento), os materiais mais resistentes à fluência são estratégicos e de disponibilidade bastante restrita, devido à sua grande importância militar.

10.10 Noções de Dimensionamento Mecânico à Fluência

Dimensionar à fluência sob cargas trativas uniaxiais e sob temperaturas fixas é uma tarefa relativamente simples, que muitas vezes pode ser resolvida a contento usando apenas as curvas experimentais publicadas na literatura, as quais são em geral medidas sob carregamentos similares. Mas a maioria das peças estruturais não trabalha sob tração pura, e até mesmo o projeto à fluência das peças mais simples, como o das vigas prismáticas em flexão pura sob σ e Θ constantes, acaba sendo **não** elementar. Como já visto no Cap. 6, a simetria das seções daquelas vigas as leva a defletir num arco de círculo, logo a ter deformações lineares a partir do plano neutro, qualquer que seja a relação $\sigma \times \varepsilon$. Por exemplo, no projeto à fluência dessas vigas pela regra de Norton-Bailey, a mais simples delas, a deformação acumulada no tempo t nos planos paralelos ao plano neutro, e que dele distam y, é dada por:

$$\varepsilon_S(t) = y/\rho(t) = t \cdot \kappa \cdot \sigma^m \qquad (10.53)$$

onde $\rho(t)$ é o raio do arco (circular) de curvatura do eixo neutro da viga fletida. Mas ao contrário da deformação, a tensão σ correspondente não varia linearmente com y, e é dada por:

$$\sigma(t) = [y/(\rho \cdot t \cdot \kappa)]^{1/m} \qquad (10.54)$$

Logo, supondo $\sigma(t = 0)$ elástica, desprezando a fluência primária e usando Norton-Bailey para $t \geq 0$, pode-se gerar uma relação $\sigma \times \varepsilon$ parecida com Ramberg-Osgood, somando a deformação elástica com a de fluência (sob Θ e t fixos) para obter:

$$\varepsilon(\sigma, t) = \sigma/E(\Theta) + t \cdot \kappa \cdot \sigma^m \qquad (10.55)$$

Deve-se notar que esta equação despreza a deformação plástica (inicial) $\varepsilon_{pl}(t = 0)$ e a deformação causada pela fluência primária ε_{pri}, e por isso ela é às vezes substituída por:

$$\varepsilon(\sigma, t) = \varepsilon_0(\sigma) + t \cdot \kappa \cdot \sigma^m \qquad (10.56)$$

onde $\varepsilon_0 = \varepsilon_{el} + \varepsilon_{pl} + \varepsilon_{pri}$, vide Fig. 10.80.

Na prática é comum ter $\varepsilon_{pl} \cong 0$, já que tensões muito altas são raras no projeto à fluência (pois elas são associadas a vidas muito curtas), mas a fluência primária $\varepsilon_{pri}(t)$ pode influenciar muito as previsões de vidas curtas. Além disso, equações do tipo $\varepsilon(\sigma, \Theta, t) = f(\sigma) + t \cdot g(\sigma)$ não são úteis quando a tensão σ e/ou a temperatura Θ variam durante o serviço da peça, vide Fig. 10.81. Estes problemas devem ser tratados por equações incrementais do tipo $\varepsilon = f + \int g dt$ ou $\dot{\varepsilon} = \dot{f} + g$ [32], como será estudado um pouco mais adiante. Além disso, é claro que sob tensões (e/ou temperaturas, caso gerem tensões térmicas) variáveis o problema da fluência se superpõe ao da fadiga, e nestes casos o dimensionamento mecânico deve considerar o acúmulo do dano causado por estes dois mecanismos agindo em conjunto, vide seção 10.12.

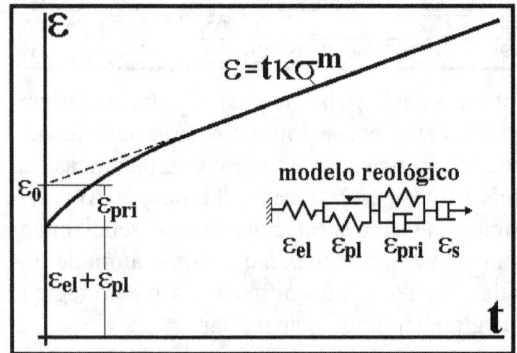

Fig. 10.80: Modelo de acúmulo das deformações de fluência sob σ e Θ constantes. | Fig. 10.81: Curva $\varepsilon \times t$ com um incremento de carga $\Delta\sigma_1$ em $t = t_1$.

Usando a técnica estudada no Cap. 6 para dimensionar vigas à flexão inelástica, pode-se começar forçando a viga a obedecer as equações de equilíbrio, igualando o momento M aplicado na viga ao momento resistente gerado pelas tensões $\sigma(y)$ que atuam na sua seção reta:

$$M = \int_{y_{min}}^{y_{max}} \sigma(y) \cdot b(y) \cdot dy \cdot y \tag{10.57}$$

onde y é o eixo perpendicular ao plano neutro da viga, y_{max} e y_{min} são as cotas dos pontos dele mais distantes, e $b(y)$ é a largura do plano que dista y do plano neutro e é paralelo a ele. Como nas vigas prismáticas todas as seções retas são iguais, se elas forem feitas de um único material e sofrerem solicitações constantes, por simetria pode-se assumir que todas as seções têm que girar da mesma forma, logo a viga fletida deflete num arco de círculo e a deformação $\varepsilon(y)$ é uma função linear de y: assim, $y = y_{max} \cdot \varepsilon/\varepsilon_{max} = y_{min} \cdot \varepsilon/\varepsilon_{min}$ e $dy = y_{max} \cdot d\varepsilon/\varepsilon_{max}$, logo o momento M é dado por:

$$M = \left(\frac{y_{max}}{\varepsilon_{max}}\right)^2 \int_{\varepsilon_{min}}^{\varepsilon_{max}} \sigma(\varepsilon) \cdot b(\varepsilon) \cdot \varepsilon \cdot d\varepsilon \tag{10.58}$$

E como $\varepsilon = \sigma/E + t \cdot \kappa \cdot \sigma^m$ $\therefore$ $d\varepsilon = (1/E + m \cdot t \cdot \kappa \cdot \sigma^{m-1})d\sigma$ (para um dado tempo t fixo), sendo σ_{max} e σ_{min} as tensões que atuam nos pontos mais distantes do plano neutro da viga no após t horas (ou outra unidade de tempo adequada) de serviço, e $b(\sigma)$ é a largura das fatias paralelas ao plano neutro, pode-se então finalmente escrever que:

$$M = \frac{y_{max}^2 \int_{\sigma_{min}}^{\sigma_{max}} \left[\frac{\sigma^2}{E^2} + \frac{(m+1) \cdot t \cdot \kappa \cdot \sigma^{m+1}}{E} + m(t \cdot \kappa \cdot \sigma^m)^2\right] \cdot b(\sigma) \cdot d\sigma}{(\sigma_{max}/E + t \cdot \kappa \cdot \sigma_{max}^m)^2} \tag{10.59}$$

⇨ E10.5: Calcule o menor lado **a** de uma viga de seção quadrada de Inconel 690 com **L = 2m** de comprimento, para que ela possa resistir sem romper à carga **P = 5kN** aplicada no meio de seu vão bi-apoiado durante **t = 1 ano (= 8760h)** a **Θ = 650°C**.

A resistência **$S_R(650°C, 8760h) \cong 58MPa$** é obtida nas curvas **$S_R(\Theta) \times t_R$** do Inconel 690 da Fig. 10.31, e o seu módulo **$E(650°C) = 171GPa$** em [19]. Mas é sempre preciso usar um fator de segurança adequado para projetar, digamos **$\phi_{t_R} = 5$** na vida à ruptura (que é um evento terminal), o qual limita as tensões de trabalho a **$\sigma_{max} \cong 38MPa$**. Fatores de segurança altos na vida são comuns na prática, pois não só a dispersão dos dados de fluência é em geral bastante significativa (vide Fig. 10.57 a 10.61), como pequenas variações de tensão afetam muito a vida à fluência. De fato, neste caso o generoso fator de segurança na vida **$\phi_{t_R} = 5$** corresponde a um fator de segurança bem menor na tensão, **$\phi_\sigma = 58/38 \cong 1.5$**.

Os parâmetros de Norton são obtidos da curva $\sigma(650°) \times \dot{\varepsilon}_S$ do Inconel 690 na Fig. 10.36. Por exemplo, usando **$\dot{\varepsilon}_S = 10^{-7} \Rightarrow \sigma \cong 21MPa$** e **$\dot{\varepsilon}_S = 3 \cdot 10^{-3} \Rightarrow \sigma \cong 200MPa$** (com $\dot{\varepsilon}_S$ em h^{-1} ou **(m/m)/h** para facilitar as contas), obtém-se **$\dot{\varepsilon}_S \cong 9 \cdot 10^{-14} \sigma^{4.6}$**.

Desprezando o peso próprio (prática usual no projeto de vigas leves) e o cortante nesta viga bi-apoiada (supondo que ela trabalha sob flexão pura, uma boa hipótese quando **L >> a**), e usando a equação (10.58) com **$M = 2.5 \cdot 10^6 Nmm$**, **$-\sigma_{min} = \sigma_{max} = 38MPa$**, **$b(\sigma) = 2y_{max} = a$**, **$E = 171000MPa$**, **$k = 9 \cdot 10^{-14}$**, **$n = 4.6$** e **$t = 8760h$**, obtém-se:

$$2.5 \cdot 10^6 = \frac{2 \cdot a \cdot \dfrac{a^2}{4} \displaystyle\int_0^{38} \left[\dfrac{\sigma^2}{2.92 \cdot 10^{10}} + \dfrac{\sigma^{5.6}}{3.87 \cdot 10^{13}} + \dfrac{\sigma^{9.2}}{3.50 \cdot 10^{17}} \right] \cdot d\sigma}{(38/171000 + 8760 \cdot 9 \cdot 10^{-14} \cdot 38^{4.6})^2} \tag{10.60}$$

Portanto, **$3.75 \cdot 10^{-3} a^3 / 2 \cdot 2.19 \cdot 10^{-4} = 2.5 \cdot 10^6 \Rightarrow a = 66.4mm$**. ✓

O comportamento das vigas fletidas à fluência não é intuitivo. Por exemplo, as deformações iniciais da viga do E10.5 são lineares elásticas, com $\varepsilon_{max}(t = 0) = 6M/a^3E = 3.00 \cdot 10^{-4} \Rightarrow$ $\sigma_{max}(t = 0) = 51.2MPa$. Mas após um ano fluindo a **Θ = 650°C**, a tensão máxima *decai* para $\sigma_{max}(8760h) = 38MPa$, vide Fig. 10.82, enquanto as deformações crescem muito, chegando a $\varepsilon_{max}(8760h) = \varepsilon_{el} + \varepsilon_{fl} = 2.22 \cdot 10^{-4} + 1.46 \cdot 10^{-2} = 1.48 \cdot 10^{-2}$, vide Fig. 10.83. Isto ocorre porque as deformações de fluência nas vigas prismáticas carregadas por um fletor **M** fixo devem crescer mantendo sua distribuição linear (pois as seções da viga se mantêm planas), enquanto a distribuição das tensões correspondentes é não-linear, logo o seu pico σ_{max} deve diminuir para manter o momento equilibrado durante todo o tempo.

A densidade do Inconel 690 é **8.19**, logo o peso próprio da viga do E10.5, **w = 354N/m**, gera um fletor **$M_{PP} = wL^2/8 = 1.77 \cdot 10^5 Nmm$** no meio do seu vão, o qual equivale a cerca de **7%** do momento fletor **M** causado pela carga externa aplicada na viga. Este fletor adicional pode justificar o redimensionamento da viga (para resistir a **M + M_{PP}**), e sugere-se ao leitor que verifique isto.

Por fim, é bom relembrar duas boas dicas para evitar problemas de cálculo no projeto à fluência de vigas:

(i) o fletor de colapso plástico **M_{CP}** sob σ_{max} deve ser maior que o fletor aplicado **M**: por exemplo, $\sigma = 38MPa \Rightarrow M_{CP} = a^3\sigma/4 = 2.78 \cdot 10^6 = 1.11 \cdot M$ no caso do E10.5; e

(ii) deve-se sempre verificar se a deformação máxima $\varepsilon_{max}(t)$ é menor do que a ductilidade à fratura do material $\varepsilon_R(t)$ na vida de projeto **t**, a qual pode ser bem menor nas vidas longas que nas curtas, vide Fig. 10.73.

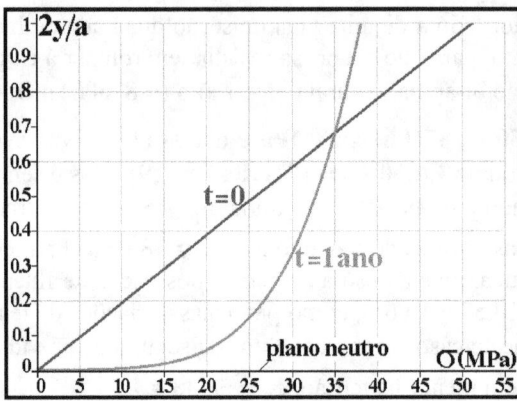

Fig. 10.82: Tensões na metade superior da viga do E10.5 em **t = 0** e após **t = 1 ano**.

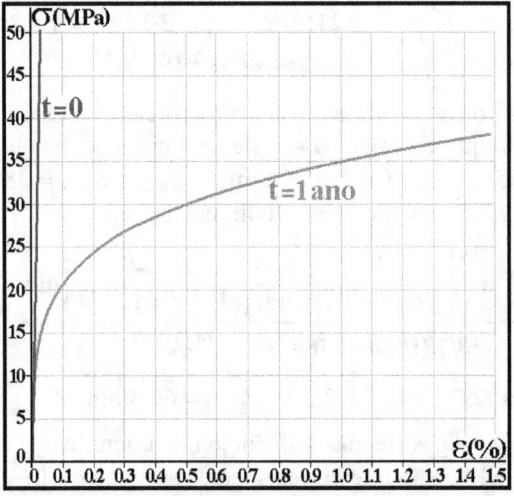

Fig. 10.83: A relação σ×ε na metade superior da viga do E10.5, que é linear no instante da a-
plicação da carga, muda muito após 1 ano sob carga a **Θ = 650°C**: a maior tensão
diminui de σ_{max}(t = 0) = 51.2 para σ_{max}(8760h) = 38MPa, enquanto a deformação
máxima *cresce* quase 50 vezes, de ε_{max}(t = 0) = 0.03% para ε_{max}(8760h) = 1.48%.

O expoente **m** de Norton-Bailey tem um grande efeito na variação ao longo do tempo da
distribuição das tensões que atuam nas vigas sob fluência. Partindo da distribuição linear das
deformações nas seções retas das vigas prismáticas carregadas por um fletor constante, as tensões podem ser calculadas sem grande dificuldade usando a equação (10.54). Mas não é possível visualizar toda a influência do expoente **m** num gráfico único, e por isso é preciso fazer
uma seqüência de gráficos para estudá-la.

⇨ E10.6: Modelando a fluência do material sob **Θ** constante por $\varepsilon(\sigma, t) = \sigma/E + t\kappa\sigma^m$, ilustre
como o expoente **m** influi na variação ao longo do tempo das tensões de fluência na
metade superior de vigas de seção quadrada de lado **a**, submetidas a fletores (variáveis) que nelas induzem uma tensão máxima σ_{max} = 25 ou σ_{max} = 50MPa após um
dado tempo **t**. Assuma que **E = 171000MPa**, $\kappa = 9 \cdot 10^{-14}$ e **m = 3, 4, 5, 6 ou 7**.

A distribuição das tensões de fluência a partir dos planos neutros das vigas, seqüencialmente calculada para **t = 1 hora, 1 dia, 1 mês, 1 ano** e **10 anos,** é mostrada na Fig. 10.84 (que
inclui 10 gráficos em 2 páginas). Observe na figura que um expoente **m** baixo retarda enquanto um **m** alto acelera a redistribuição das tensões por fluência nas seções retas das vigas.

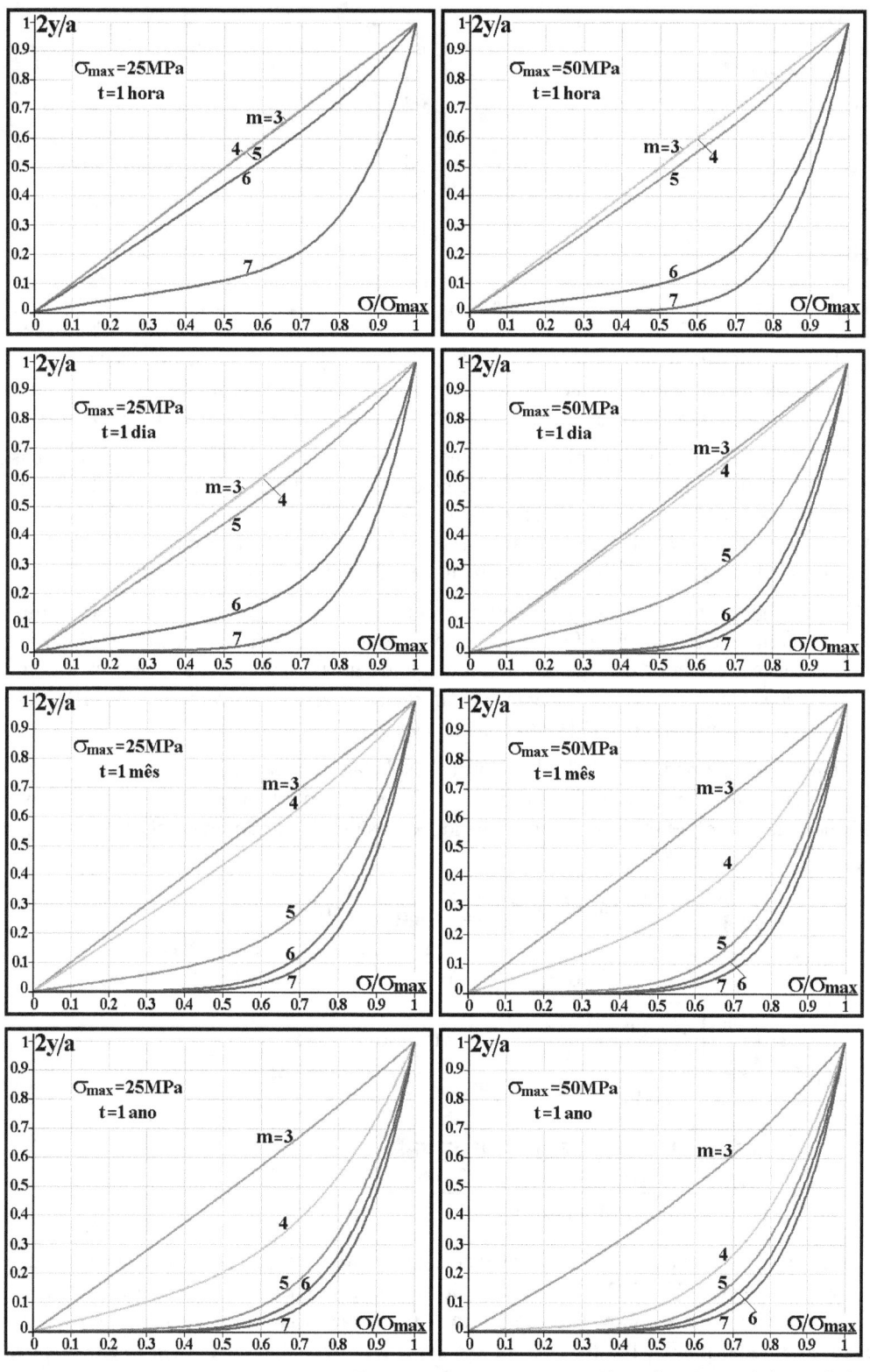

(continua na próxima página)

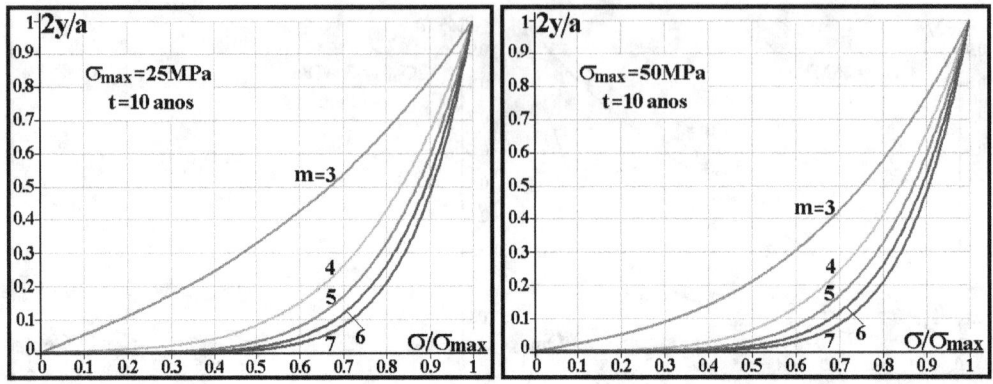

Fig. 10.84: Distribuição das tensões de flexão na metade superior de vigas de seção quadrada de lado **a** sujeitas à fluência sob Θ e σ_{max} fixas segundo $\varepsilon(\sigma, t) = \sigma/E + t\kappa\sigma^m$, para **m = 3, 4, 5, 6 e 7, σ_{max} = 25 e 50MPa, e t = 1h, 1 dia, 1 mês, 1 ano e 10 anos.**

A Fig. 10.84 ilustra o problema do dimensionamento à fluência para uma dada tensão máxima após um tempo pré-determinado, segundo a lógica do E10.5. Outro problema igualmente interessante é estudar como variam as tensões de fluência em vigas sujeitas a um fletor **M** constante, em função do expoente **m**. Neste caso a tensão máxima σ_{max} que atua na viga não só varia ao longo do tempo, como também passa a depender do valor de **m**.

⇨ E10.7: Modelando a fluência do material sob Θ constante por $\varepsilon(\sigma, t) = \sigma/E + t\kappa\sigma^m$, ilustre como o expoente **m** influi na variação ao longo do tempo das tensões de fluência na metade superior de vigas de seção quadrada iguais de lado **a**, submetidas a fletores constantes **M** que inicialmente causam $\sigma_{max}(t = 0) = \sigma_0 = 25$ ou $\sigma_0 = 50MPa$. Assuma de novo que **E = 171000MPa** e $\kappa = 9 \cdot 10^{-14}$.

Este problema pode ser resolvido a partir da solução de uma equação integral cuja incógnita é a tensão máxima $\sigma_{max}(t)$ (que atua numa viga na seção reta quadrada de lado **a** após ela fluir por **t** horas sob Θ e **M** constantes, quando a tensão inicial máxima é elástica e dada por $\sigma_{max}(t = 0) = \sigma_0 = 6M/a^3$):

$$M = \frac{2 \cdot \dfrac{a^2}{4} \cdot \displaystyle\int_0^{\sigma_{max}} \left[\dfrac{\sigma^2}{E^2} + \dfrac{(m+1) \cdot t \cdot \kappa \cdot \sigma^{m+1}}{E} + m(t \cdot \kappa \cdot \sigma^m)^2 \right] \cdot a \cdot d\sigma}{(\sigma_{max}/E + t \cdot \kappa \cdot \sigma_{max}^m)^2} = \frac{a^3\sigma_0}{6} \Rightarrow$$

$$\sigma_0 = \frac{3 \cdot \displaystyle\int_0^{\sigma_{max}} \left[\dfrac{\sigma^2}{E^2} + \dfrac{(m+1) \cdot t \cdot \kappa \cdot \sigma^{m+1}}{E} + m(t \cdot \kappa \cdot \sigma^m)^2 \right] \cdot d\sigma}{(\sigma_{max}/E + t \cdot \kappa \cdot \sigma_{max}^m)^2} \Rightarrow$$

$$\sigma_0 = 3 \left[\frac{\dfrac{\sigma_{max}^3}{3E^2} + \dfrac{(m+1)t \cdot \kappa \cdot \sigma_{max}^{m+2}}{(m+2)E} + \dfrac{mt^2\kappa^2\sigma_{max}^{2m+1}}{2m+1}}{(\sigma_{max}/E + t \cdot \kappa \cdot \sigma_{max}^m)^2} \right] \tag{10.61}$$

As tensões máximas $\sigma_{max}(\sigma_0, t)$ calculadas para vários tempos sob fluência **t** partindo de tensões iniciais $\sigma_0 = 25$ e **50MPa** pela equação (10.60) são mostradas na Fig. 10.85 em função do expoente de Norton-Bailey, suposto $2 \leq m \leq 8$. E as deformações $\varepsilon_{max}(\sigma_0, t)$ correspondentes são mostradas na Fig. 10.86. Note como o aumento do momento $M = \sigma_0 a^3/6$ e do expoente **m** aceleram o processo de fluência: para **m > 7** e $\sigma_0 = 50$, a tensão máxima na viga $\sigma_{max}(t)$ fica praticamente estável após apenas **t = 1h** sob carga.

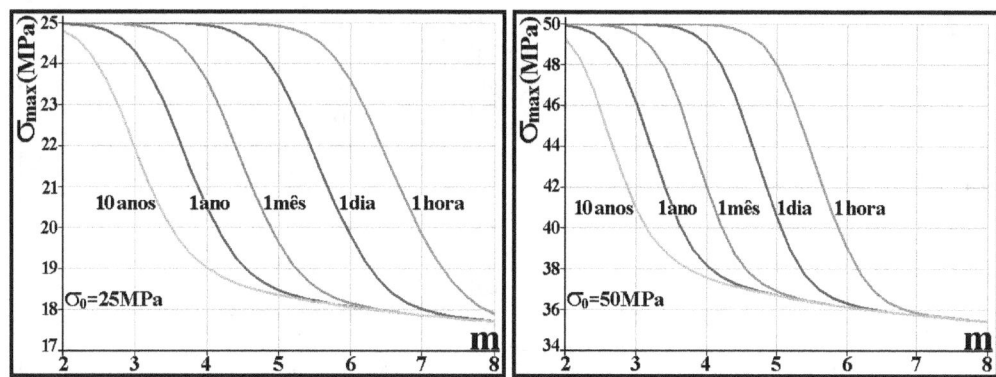

Fig. 10.85: Tensões máximas $\sigma_{max}(\sigma_0, t)$ na viga do E10.7 em função do expoente **m** (de fluência descrita por $\varepsilon(\sigma, t) = \sigma/E + t\kappa\sigma^m$), para tensões iniciais (elásticas) máximas $\sigma_0 = 25$ e **50MPa** e tempo sob fluência **t = 1 hora, 1 dia, 1 mês, 1 ano** e **10 anos**.

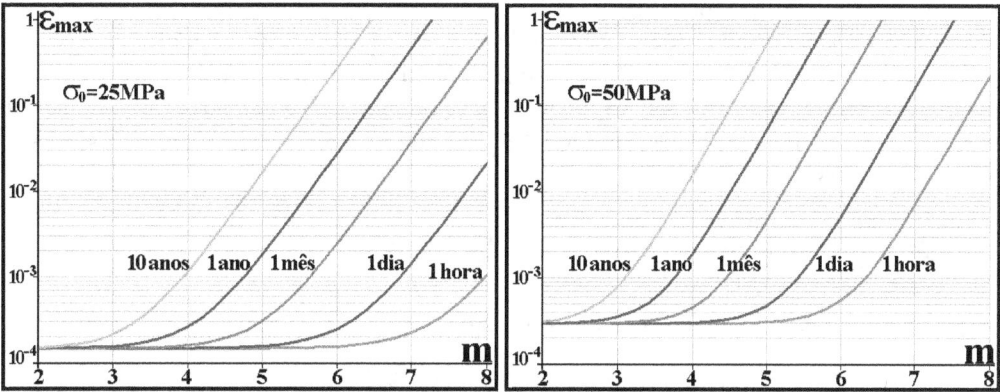

Fig. 10.86: Deformações máximas $\varepsilon_{max}(\sigma_0, t)$ correspondentes às $\sigma_{max}(\sigma_0, t)$ da Fig. 10.89 em função de **m**, para $\sigma_0 = 25$ e **50MPa** e vários tempo sob fluência **t**.

É importante notar que como a ductilidade à fluência pode diminuir significativamente quando **t** aumenta (vide Fig. 10.73), o dimensionamento das vigas à fluência também deve considerar se o valor de ε_{max} é admissível na vida pretendida para o seu serviço. A distribuição das tensões de fluência é obtida da distribuição linear das deformações na seção reta da viga (que é prismática e sujeita a um fletor **M** constante), vide Fig. 10.87.

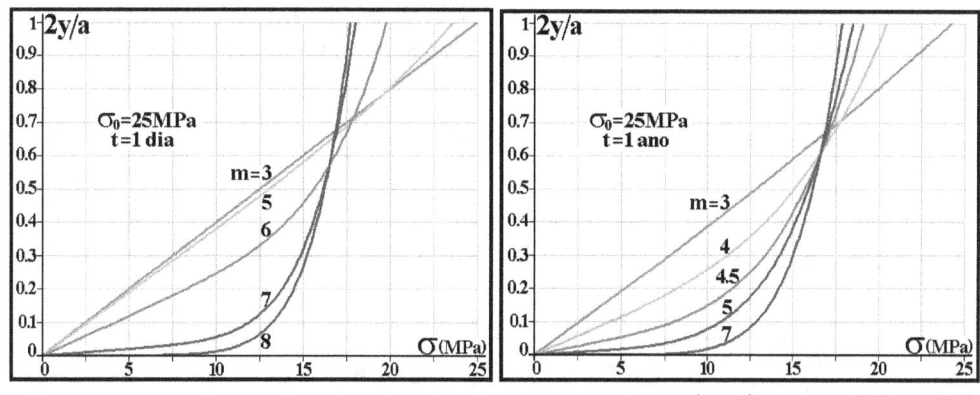

(continua na próxima página)

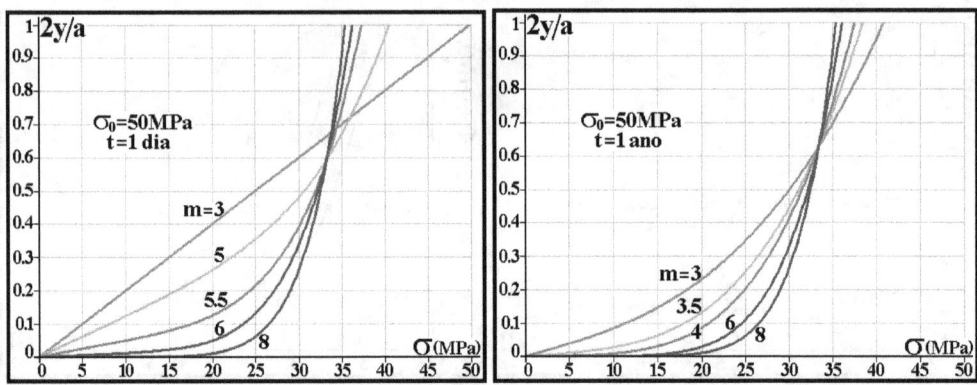

Fig. 10.87: Distribuição das tensões de flexão na metade superior da viga de seção quadrada de lado **a** sujeita à fluência sob Θ e **M** constantes quando a tensão inicial é $\sigma_0 = 25$ ou **50MPa**, em **t = 1h** e em **t = 1 ano**, para vários expoentes **m**.

Em muitos casos práticos as deformações de fluência rapidamente ficam bem maiores do que as deformações iniciais. Nestes casos, pode-se usar um modelo mais simples para projetar para vidas à fluência nas quais $\varepsilon_{fl} \gg \varepsilon_0$ (que podem ser até relativamente curtas quando **m** é grande), desprezando as deformações iniciais e usando apenas Norton-Bailey para dimensionar as vigas (ou outros elementos estruturais). Por exemplo, pode-se explicitar $\sigma(\varepsilon) = (\varepsilon/t\kappa)^{1/m}$ na equação de equilíbrio:

$$M = \left(\frac{y_{max}}{\varepsilon_{max}}\right)^2 \int_{\varepsilon_{min}}^{\varepsilon_{max}} \sigma(\varepsilon) \cdot b(\varepsilon) \cdot \varepsilon \cdot d\varepsilon \qquad (10.62)$$

para obter o momento **M** em função só de ε ou só de σ:

$$M = \left(\frac{y_{max}}{\varepsilon_{max}}\right)^2 \int_{\varepsilon_{min}}^{\varepsilon_{max}} \frac{\varepsilon^{(m+1)/n} \, b(\varepsilon) \, d\varepsilon}{(t\kappa)^{1/m}} = \left(\frac{y_{max}}{t \cdot \kappa \cdot \sigma_{max}^m}\right)^2 \int_{\sigma_{min}}^{\sigma_{max}} m(t \cdot \kappa \cdot \sigma^m)^2 \, b(\sigma) \, d\sigma \qquad (10.63)$$

$\diamond$ E10.8: Compare o dimensionamento da viga do E10.5 pelas equações (10.58) e (10.62).

Usando a curva $S_R(t, 650°C) \times t$ do Inconel 690 com $\phi_{t_R} = 5$ na vida, as tensões de projeto são $\sigma_1 = S_R(5t_1) \cong 170MPa$ para $t_1 = 1$ dia; $\sigma_2 \cong 76MPa$ para $t_2 = 1$ mês $= 720h$; $\sigma_3 \cong 38MPa$ para $t_3 = 1$ ano $= 8760h$ e $\sigma_4 \cong 19MPa$ para $t_4 = 10$ anos $= 8.77 \cdot 10^4 h$.

Como a viga tem uma seção quadrada, $b(\sigma) = 2y_{max} = a$ e $-\sigma_{min} = \sigma_{max}$. Desprezando de novo o peso próprio da viga, se pode explicitar o lado **a** na equação (10.62):

$$a^3 = 2M(t_i \cdot \kappa \cdot \sigma_i^m)^2 \cdot \left[\int_0^{\sigma_i} m(t_i \cdot \kappa \cdot \sigma^m)^2 \, d\sigma \right]^{-1} \qquad (10.64)$$

onde $\sigma_{max} = \sigma_i$ para $t = t_i$, $E = 171GPa$, $\kappa = 9 \cdot 10^{-14}$, $m = 4.6$. Já pelo método geral que também considera as deformações elásticas, o lado da viga é dado por:

$$a^3 = \frac{2M \cdot (\sigma_i/E + t_i \cdot \kappa \cdot \sigma_i^m)}{\int_0^{\sigma_i} \left[\frac{\sigma^2}{E^2} + \frac{(m+1)t_i \cdot \kappa \cdot \sigma^{m+1}}{E} + m(t_i \cdot \kappa \cdot \sigma^m)^2 \right] \cdot d\sigma} \qquad (10.65)$$

Desta forma, $a_1 = 40.29$ e $a_{s1} = 40.25$; $a_2 = 52.67$ e $a_{s2} = 52.64$; $a_3 = 66.37$ e $a_{s3} = 66.33$; e $a_4 = 83.63$ e $a_{s4} = 83.56mm$, com a_i e a_{si} sendo as dimensões da viga obtidas pelo método geral e pelo método simplificado para $t = t_i$. Portanto, os dois métodos neste caso geram resultados essencialmente equivalentes. Ou seja, o expoente $m = 4.6$ é suficientemente alto neste caso para garantir que as deformações de fluência ε_{fl} sejam muito maiores do que as iniciais ε_0 mesmo em vidas relativamente curtas, como já estudado na Fig. 10.85.

Mas se o expoente de Norton fosse **3** em vez de **4.6**, obter-se-ia $a_1 = 44.46$ e $a_{s1} = 40.94$; $a_2 = 55.77$ e $a_{s2} = 53.54$; $a_3 = 71.90$ e $a_{s3} = 67.46$; e $a_4 = 84.00$ e $a_{s4} = 89.03mm$, uma diferença sensível. O grande sucesso do método simplificado para calcular as dimensões das vigas com $m = 4.6$ é devido à severa não-linearidade das distribuições das tensões nas suas seções retas, uma vez que elas foram dimensionadas com tensões maiores para as vidas curtas. Este efeito indica a predominância das deformações de fluência sobre as elásticas, que podem ser assim desprezadas neste caso com segurança. Todavia, este efeito é bem menos pronunciado no caso de $m = 3$, como pode ser visto na Fig. 10.88. ✓

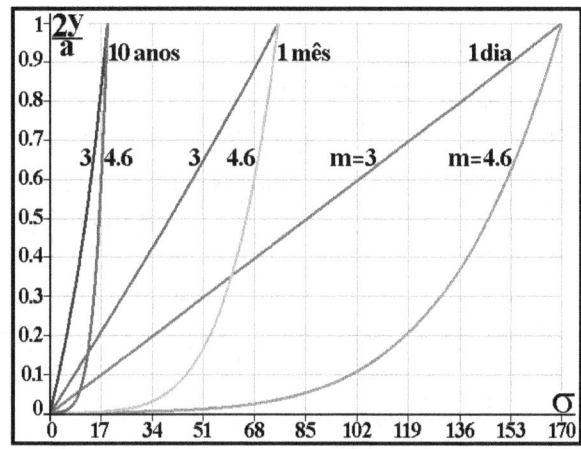

Fig. 10.88: Distribuição das tensões na parte tracionada da seção reta das vigas do E10.8.

10.11 Relaxação de Tensões por Fluência

A fluência gera deformações crescentes nas estruturas que trabalham sob controle de tensão, ou sob cargas que permanecem fixas (ou quase) durante um tempo suficientemente longo (como, e.g., as vigas estudadas acima ou as pás de turbinas estacionárias). Mas nas peças que operam sob controle de deslocamento (como, e.g., parafusos, tirantes ou molas de válvulas de motores de combustão), a fluência relaxa ou diminui as cargas e as tensões ao longo do tempo. Assim, parafusos de fixação que trabalham a quente podem precisar de reapertos periódicos para recuperar a pré-carga operacional. Quando uma dessas peças é sujeita a uma tensão uniaxial e trabalha durante um tempo t_f numa temperatura Θ fixa, a tensão inicial σ_0 relaxa paulatinamente até um valor final σ_f que, se o material segue Norton-Bailey, é dado por:

$$\varepsilon = \varepsilon_{el} + \varepsilon_{flu} = \frac{\sigma}{E} + \int \kappa \sigma^m dt \therefore \frac{d\varepsilon}{dt} = 0 \Rightarrow \frac{1}{E}\frac{d\sigma}{dt} = -\kappa \sigma^m \bigg|_{\varepsilon_{fixo}} \therefore -\int_{\sigma_0}^{\sigma_f} \frac{d\sigma}{\sigma^m} = E\kappa \int_0^{t_f} dt \Rightarrow$$

$$\Rightarrow (m-1)E\kappa \cdot t_f = \frac{1}{\sigma_f^{m-1}} - \frac{1}{\sigma_0^{m-1}} \Rightarrow \sigma_f = \frac{\sigma_0}{\left[(m-1)E\kappa \cdot t_f \cdot \sigma_0^{m-1} + 1\right]^{1/(m-1)}}$$

(10.66)

⇨ E10.9: Calcule o diâmetro e a pré-tensão σ_0 de um tirante de Inconel 706 para que ele mantenha uma força de pelo menos **100kN** após $t_2 = $ **2 anos** de serviço a $\Theta = 760^\circ C$.

A curva $\sigma \times \dot{\epsilon}_S$ do Inconel 706, apresentada na Fig. 10.34, mostra que a sua fluência é bem descrita por Norton-Bailey. Portanto, supondo o tirante fixo entre apoios rígidos, após trabalhar por $t_2 = $ **2 anos** sob Θ fixa, a tensão inicial σ_0 relaxará para um valor σ_2 dado por:

$$\sigma_2 = \frac{\sigma_0}{[(m-1)\sigma_0^{m-1}E\kappa t_2 + 1]^{1/(m-1)}} \tag{10.67}$$

Na Fig. 10.34 obtém-se $\dot{\epsilon} \cong 3 \cdot 10^{-7}/h$ se $\sigma = 200 MPa$ e $\dot{\epsilon} \cong 1.8 \cdot 10^{-5}$ se $\sigma = 400$, portanto:

$$\left. \begin{array}{l} 1.8 \cdot 10^{-5} = \kappa \cdot 400^m \\ 3 \cdot 10^{-7} = \kappa \cdot 200^m \end{array} \right\} \Rightarrow \frac{1.8 \cdot 10^{-5}}{3 \cdot 10^{-7}} = \left(\frac{400}{200}\right)^m \Rightarrow m = \frac{\log 60}{\log 2} = 5.9 \tag{10.68}$$

e $\kappa = 1.8 \cdot 10^{-5}/400^{5.9} = 8 \cdot 10^{-21}$. O módulo $E(760^\circ C)$ pode ser estimado extrapolando os dados plotados na Fig. 10.89 [19], uma tarefa arriscada, mas não temerária neste caso, por causa da similaridade entre as várias curvas $\sigma \times \dot{\epsilon}$.

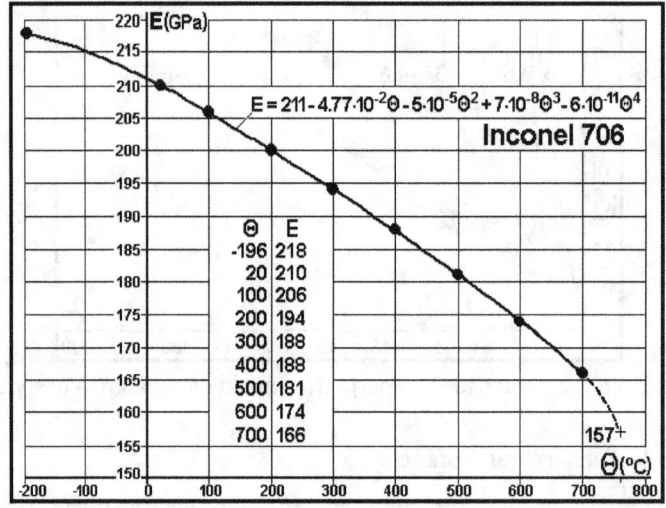

Fig. 10.89: Variação do módulo do Inconel 706 com a temperatura.

Ajustando por mínimos quadrados um polinômio de $4^{\underline{o}}$ grau aos valores de $E(\Theta)$ fornecidos pelo fabricante do Inconel 706 na faixa $-196 < \Theta < 700^\circ C$, estima-se $E(760) \cong 157 GPa$. Logo, os 2 anos sob $\Theta = 760^\circ C$ reduzem a pré-tensão σ_0 no tirante a:

$$\sigma_2 = \frac{\sigma_0}{(4.9 \cdot \sigma_0^{4.9} \cdot 157000 \cdot 8 \cdot 10^{-21} \cdot 24 \cdot 365 \cdot 2 + 1)^{1/4.9}} = \frac{\sigma_0}{(1.1 \cdot 10^{-10} \sigma_0 + 1)^{0.204}} \tag{10.69}$$

A função $\sigma_2(\sigma_0)$, mostrada na Fig. 10.90, não é intuitiva, porque tem um comportamento quase linear até $\sigma_2(100) \cong 90 MPa$, mas acaba limitada a $\sigma_2(\sigma_0 > 270) \cong 108 MPa$. Logo, *não* adianta usar uma pré-tensão muito alta para garantir a tensão no tirante após 2 anos, pois valores maiores do que, digamos, $\sigma_0 > 150 MPa$, só aumentariam em aproximadamente **4%** o valor de σ_2. Como o Inconel 706 é um material caro, vale a pena minimizar o diâmetro do tirante para diminuir seu custo. E como a sua função é garantir uma carga $P_2 > 100 kN$ após 2 anos de serviço, isto requer o uso da maior pré-carga razoável para as suas condições de trabalho. Assim, especificando $\sigma_0 = 150 \Rightarrow \sigma_2 \cong 104 MPa$, se consegue nele manter após os 2 anos ao menos a carga $P_2 = 100kN$ se $d \geq (4P_2/\pi\sigma_2)^{1/2} \geq 35mm$. Todavia, se deve lembrar que num projeto real é preciso especificar um fator de segurança apropriado para calcular **d**, considerando tanto a dispersão dos dados de fluência, quanto a tolerância admissível no valor de P_2. ✓

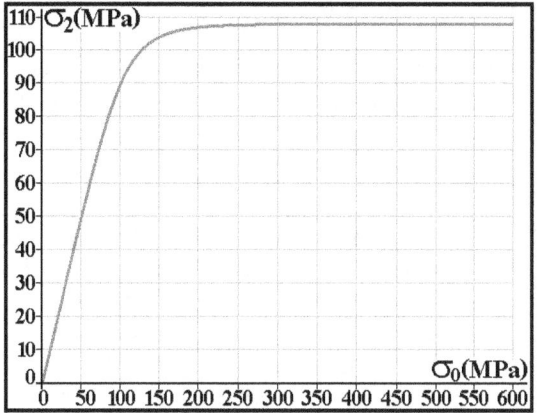

Fig. 10.90: Tensão σ_2 no tirante de Inconel 706 do E10.9 após 2 anos de serviço trabalhando sob deslocamento constante a $\Theta = 760°C$, em função da pré-tensão σ_0.

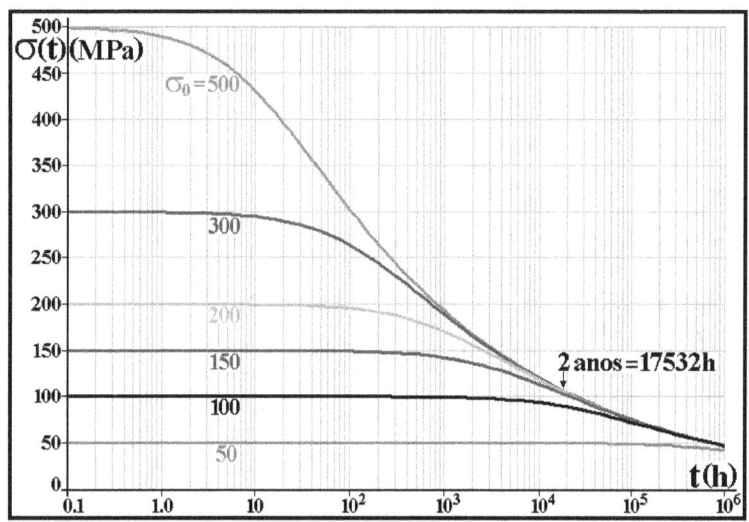

Fig. 10.91: Efeito da pré-tensão σ_0 na relaxação do tirante do E10.9 ao longo do tempo: $\sigma(t)$ cai rápido à medida que σ_0 cresce, e independe de σ_0 quando $t \to \infty$.

10.12 Fluência sob Tensões Multiaxiais

Como nos casos do escoamento e da iniciação de trincas por fadiga, os principais micromecanismos causadores da fluência também são ativados pela energia de distorção ou pelas tensões cisalhantes [1, 4-7, 15-18, 22-23, 28, 32-33, 47-49]. Portanto, é preciso usar as tensões e deformações equivalentes de Tresca ou de Mises para correlacionar as taxas de fluência medidas em testes de tração uniaxial com as que atuam nas estruturas que trabalham sob tensões multiaxiais. Nos casos mais simples, isto pode ser feito supondo que:

• a fluência do material é isotrópica e não afeta as direções dos eixos principais do campo de tensões, que permanecem sempre coincidentes com os eixos principais das deformações;

• a resposta do material à tração é (e permanece) simétrica à sua resposta à compressão;

- as deformações de fluência são insensíveis às tensões hidrostáticas e conservam o volume da peça (logo o coeficiente de Poisson a elas associado é $\nu_{fl} = 0.5$), ou seja, chamando de ε_{fl} as deformações de fluência:

$$\varepsilon_{1_{fl}} + \varepsilon_{2_{fl}} + \varepsilon_{3_{fl}} = \dot{\varepsilon}_{1_{fl}} + \dot{\varepsilon}_{2_{fl}} + \dot{\varepsilon}_{3_{fl}} = 0 \tag{10.70}$$

- as máximas taxas de deformação cisalhantes são proporcionais às tensões principais e permanecem constantes durante o regime permanente na fluência secundária, portanto:

$$\frac{\dot{\varepsilon}_{S_1} - \dot{\varepsilon}_{S_2}}{\sigma_1 - \sigma_2} = \frac{\dot{\varepsilon}_{S_2} - \dot{\varepsilon}_{S_3}}{\sigma_2 - \sigma_3} = \frac{\dot{\varepsilon}_{S_3} - \dot{\varepsilon}_{S_1}}{\sigma_3 - \sigma_1} = C \tag{10.71}$$

Estas hipóteses são bem razoáveis e permitem a modelagem satisfatória da fluência da maioria das ligas estruturais, que são aproximadamente isotrópicas. Porém deve-se notar que como os monocristais e os fundidos direcionais resistem bem melhor à fluência do que os materiais policristalinos, os materiais de escolha para serviço severo em temperaturas muito altas têm microestruturas anisotrópicas. Assim, a anisotropia pode ter importância prática bem maior no dimensionamento à fluência do que no dimensionamento tradicional à fadiga ou ao escoamento em temperaturas mais baixas (nestes casos, em geral se preferem as ligas metálicas policristalinas de grãos pequenos). Mas modelar a fluência dos materiais anisotrópicos é uma tarefa complexa e especializada demais para ser discutida nesta breve revisão. Desta forma, partindo das hipóteses formuladas acima, as taxas principais de deformação secundária de fluência são dadas por:

$$\begin{cases} \dot{\varepsilon}_{S_1} = (2C/3)[\sigma_1 - 0.5 \cdot (\sigma_2 + \sigma_3)] \\ \dot{\varepsilon}_{S_2} = (2C/3)[\sigma_2 - 0.5 \cdot (\sigma_1 + \sigma_3)] \\ \dot{\varepsilon}_{S_3} = (2C/3)[\sigma_3 - 0.5 \cdot (\sigma_2 + \sigma_1)] \end{cases} \tag{10.72}$$

Já as tensões, as deformações e as taxas de deformação de Mises são dadas por:

$$\begin{cases} \sigma_{Mises} = \left(\sqrt{2}/2\right)\sqrt{(\sigma_1 - \sigma_2)^2 + (\sigma_2 - \sigma_3)^2 + (\sigma_3 - \sigma_1)^2} \\ \varepsilon_{Mises} = \left(\sqrt{2}/2\right)\sqrt{(\varepsilon_1 - \varepsilon_2)^2 + (\varepsilon_2 - \varepsilon_3)^2 + (\varepsilon_3 - \varepsilon_1)^2} \\ \dot{\varepsilon}_{S_{Mises}} = \left(\sqrt{2}/2\right)\sqrt{(\dot{\varepsilon}_{S_1} - \dot{\varepsilon}_{S_2})^2 + (\dot{\varepsilon}_{S_2} - \dot{\varepsilon}_{S_3})^2 + (\dot{\varepsilon}_{S_3} - \dot{\varepsilon}_{S_1})^2} \end{cases} \tag{10.73}$$

Logo, por Mises a constante C da fluência secundária multiaxial isotrópica deve ser:

$$2C/3 = \dot{\varepsilon}_{S_{Mises}}/\sigma_{Mises} \tag{10.74}$$

Assim, assumindo que a fluência secundária do material segue Norton-Bailey, as suas taxas estáveis de deformação por Mises são dadas por:

$$\dot{\varepsilon}_{S_{Mises}} = \kappa \cdot \sigma_{Mises}^m \tag{10.75}$$

e as tensões principais se correlacionam às taxas secundárias das deformações principais por:

$$\begin{cases} \dot{\varepsilon}_{S_1} = \kappa \cdot \sigma_{Mises}^{m-1} [\sigma_1 - 0.5 \cdot (\sigma_2 + \sigma_3)] \\ \dot{\varepsilon}_{S_2} = \kappa \cdot \sigma_{Mises}^{m-1} [\sigma_2 - 0.5 \cdot (\sigma_1 + \sigma_3)] \\ \dot{\varepsilon}_{S_3} = \kappa \cdot \sigma_{Mises}^{m-1} [\sigma_3 - 0.5 \cdot (\sigma_2 + \sigma_1)] \end{cases} \tag{10.76}$$

A extensão multiaxial de Odqvist para (10.15), a equação completa de Norton-Bailey que também considera a fluência primária, é dada em notação indicial por [50]:

$$\dot{\varepsilon}_{ij} = (3/2)\,\kappa \cdot \sigma_{Mises}^{m-1} \cdot s_{ij} \cdot t^n \tag{10.77}$$

onde s_{ij} são as tensões desviadoras, $s_{ij} = \sigma_{ij} - \delta_{ij}s_{kk}/3$ (obtidas retirando das componentes da tensão a sua parte hidrostática); $\delta_{ij} = 1$ se $i = j$, ou $\delta_{ij} = 0$ se $i \neq j$, é o delta de Kronecker; e $\delta_{ij}s_{kk}/3 = (\sigma_x + \sigma_y + \sigma_z)/3 = \overline{\sigma}$. Como $s_{ij} = \sigma_{ij}$ se $i \neq j$, na notação tradicional pode-se então escrever que:

$$\begin{cases} \dot{\varepsilon}_x = (3/2)\,\kappa \cdot \sigma_{Mises}^m \cdot [\sigma_x - \overline{\sigma}] \cdot t^n \\ \dot{\gamma}_{xy} = 2 \cdot \dot{\varepsilon}_{xy} = 3\kappa \cdot \sigma_{Mises}^m \cdot \tau_{xy} \cdot t^n \end{cases}, \text{ etc.} \tag{10.78}$$

Como mostrado em [50], a fluência multiaxial também pode ser modelada por:

$$\dot{\varepsilon}_{ij} = (3\kappa/2\sigma_{Mises}) \cdot s_{ij} \cdot \sinh[\lambda\sigma_{Mises}(1-\mu)] \tag{10.79}$$

mas o desenvolvimento deste tópico é considerado fora do escopo desta breve revisão.

Viswanathan [18] recomenda usar a maior tensão normal σ_1 em vez de σ_{Mises} quando a falha por fluência é causada pela propagação de trincas, e quando há cavitação e trincamento propõe que se use uma tensão equivalente σ_{eq} dada por uma das seguintes equações:

$$\sigma_{eq} = \kappa \cdot \sigma_{Mises} + (1-\kappa) \cdot \sigma_1 \tag{10.80}$$

$$\sigma_{eq} = \kappa_1 \cdot \sigma_1 + \kappa_2 \cdot \sigma_{Mises} + \kappa_3 \cdot \overline{\sigma} \tag{10.81}$$

⇨ E10.10: Assumindo que as taxas de deformação por fluência podem ser descritas por Norton-Bailey, calcule as taxas que atuam em cilindros de parede fina de raio r e espessura t, quando eles são solicitados por uma pressão interna p sob Θ fixa.

Neste caso, as tensões tangencial $\sigma_t = \sigma_1 \cong pr/t$, axial $\sigma_a = \sigma_2 \cong pr/2t$ e radial $\sigma_r = \sigma_3 \cong 0$, induzem $\sigma_{Tresca} = pr/t$ e $\sigma_{Mises} = \sqrt{3}pr/2t$, e os tubos fluem estavelmente sob uma temperatura Θ fixa seguindo:

$$\begin{cases} \dot{\varepsilon}_{S_1} = \kappa \cdot (\sqrt{3}pr/2t)^{m-1} \cdot (pr/t - 0.5 \cdot pr/2t) = \sqrt{3}/2 \cdot \kappa \cdot [\sqrt{3}pr/2t]^m = -\dot{\varepsilon}_{S_3} \\ \dot{\varepsilon}_{S_2} = \kappa \cdot (\sqrt{3}pr/2t)^{m-1} \cdot (pr/2t - 0.5 \cdot pr/t) = 0 \end{cases} \tag{10.82}$$

Assim, o comprimento dos tubos de parede fina não varia sob fluência, mas os seus raios crescem enquanto a sua espessura diminui (para conservar o volume do material do tubo, como sempre acontece antes que a fase terciária de fluência cause cavitação generalizada). ✔

⇨ E10.11: Assumindo que as taxas de deformação por fluência podem ser descritas por Norton-Bailey, calcule as taxas que atuam em tubos de parede fina torcidos por um torque T sob uma temperatura Θ fixa.

Neste caso, a tensão cisalhante τ não só é uniforme em todos os pontos da parede cilíndrica (em todos eles, $\tau \cong T/2\pi rt = \sigma_1 = -\sigma_3$, $\sigma_2 = 0$ e $\sigma_{Mises} = \sqrt{3}\tau$), como também tem que permanecer constante para manter o equilíbrio durante a fluência do tubo. Desta forma, os tubos de parede fina fluem na fase II por Norton e Mises seguindo:

$$\begin{cases} \dot{\varepsilon}_{S_1} = \kappa \cdot (\sqrt{3}\tau)^{m-1} \cdot [\tau - 0.5(-\tau)] = (\sqrt{3}/2) \cdot \kappa \cdot (\sqrt{3}\tau)^m = -\dot{\varepsilon}_{S_3} \\ \dot{\varepsilon}_{S_2} = \kappa \cdot (\sqrt{3}\tau)^{m-1} \cdot [0 - 0.5(\tau - \tau)] = 0 \end{cases} \tag{10.83}$$

Note que os tubos torcidos não precisam ter seções retas circulares para obedecer (10.82), basta que o fluxo das tensões cisalhantes nas suas paredes finas tenha um gradiente nulo. ✔

As tensões são iguais em todos os pontos das paredes finas dos tubos estudados acima, logo as suas taxas de fluência não precisam se alterar ao longo do tempo para mantê-los em equilíbrio. Portanto, naqueles tubos é trivial achar a taxa $d\varepsilon/dt$ dados a pressão p ou o torque T. Mas o dimensionamento à fluência pode ser uma tarefa bem mais complexa quando há gradientes de tensão na peça, pois (como já visto na análise da viga) as taxas de deformação variáveis redistribuem as tensões ao longo do tempo nestes casos. A solução destes problemas normalmente não é trivial, em particular no caso das cargas multiaxiais. Além disso, as cargas reais de serviço em geral têm gamas (e, no caso da fluência, também temperaturas) variáveis, o que pode complicar ainda mais a solução dos problemas práticos de dimensionamento à fluência. Estas tarefas são interessantes e desafiadoras, mas extrapolam o escopo de um livro sobre fadiga. O leitor interessado deve consultar a literatura especializada em fluência para estudá-las em detalhe. Entretanto, antes de terminar esta breve revisão, vale a pena relembrar algumas regras tradicionais de projeto usadas em fluência e na interação fadiga-fluência.

10.13 Acúmulo de Dano em Fluência

Prever vidas à fluência sob tensões e temperaturas fixas normalmente não é uma tarefa simples, mas prever vidas sob σ e/ou Θ variáveis é ainda mais complicado, pois adiciona ao problema a necessidade de acumular o dano por fluência por alguma regra razoável. Sendo σ_i, Θ_i e t_i a tensão, a temperatura e o tempo de duração do i-ésimo evento da carga, e sendo t_{Ri} a vida à fluência sob σ_i e Θ_i constantes, a mais simples delas é a chamada regra de Robinson ou da fração da vida, que assume que o dano à fluência gerado naquele evento seja dado por:

$$D_i = t_i/t_{Ri} \tag{10.84}$$

Supondo que o dano acumule linearmente, e que a falha por fluência ocorra quando o somatório dos danos atinge o dano crítico D_C (em geral suposto igual a 1), obtém-se:

$$\sum D_i = \sum t_i/t_{Ri} = D_C \cong 1 \tag{10.85}$$

Desta forma, a regra de Robinson é em fluência o equivalente da regra de Miner em fadiga, com todas as suas vantagens e limitações.

⇨ E10.12: Estime qual a vida residual de serviço de uma palheta de GTD 111, que operou durante $t_{o1} = 10kh$ nas condições originais de projeto $t_1 = 25kh$ sob $\sigma_1 = 180MPa$ e $\Theta_1 = 820°C$, após sua temperatura de trabalho ter subido para $\Theta_2 = 840°C$, devido a uma troca do tipo de combustível usado na turbina.

Estes problemas são comuns na prática, e podem apresentar desafios bem interessantes para o engenheiro estrutural. Este caso é simples, desde que se possa assumir que as tensões na palheta não são afetadas por Θ_2. Da curva $S_R(\Theta, t_R) \times P_{LM}$ do GTD 111 mostrada na Fig. 10.64 obtém-se:

$$P_{LM_1}(\sigma = 180MPa) \cong 27300 \Rightarrow t_{R_1} = 10^{(P_{LM_1}/\Theta_1)-20} = 95kh \Rightarrow D_1 = 10/95 = 0.11 \tag{10.86}$$

onde $\Theta_1 = 820 + 273 = 1093K$. Como $\Theta_2 = 1113K \Rightarrow t_{R2} \cong 33.7kh$, para manter o mesmo fator de segurança na vida à ruptura por fluência da palheta após a troca do combustível da turbina, $\phi_{tR} = 25/95 = 3.8$, pela regra de Robinson a vida residual t_{res} estimada para a palheta deve diminuir das $15kh$ ainda disponíveis a $820°C$ para:

$$t_{res} = t_{R_2}(1-D_1)/\phi_{t_R} = 33.7 \cdot (1-0.11)/3.8 = 7.9kh \tag{10.87}$$

Este exemplo ilustra mais uma vez como o efeito da temperatura na vida residual dos componentes estruturais que trabalham sob fluência pode ser imenso. Um pequeno e aparentemente desprezível aumento de apenas **20°C** na temperatura original de trabalho $\Theta_1 = 820°C$ para $\Theta_2 = 840°C$ cortou quase a metade da vida residual esperada para a palheta. ✓

Como no caso de fadiga, a regra do acúmulo linear de dano à fluência ignora os efeitos de memória (tipo tensões residuais induzidas por plasticidade ou mudanças na microestrutura, e.g.) que podem ser muito importantes na prática. Mas, apesar disso, ela é muito usada em projetos e em avaliações de integridade estrutural. A Fig. 10.92 apresenta vários dados experimentais que suportam esta prática.

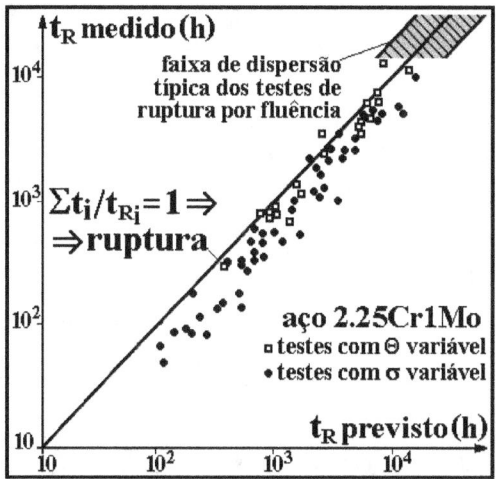

Fig. 10.92: A regra de Robinson modela bem os testes deste aço, supondo que o dano por fluência no i-ésimo evento da carga é dado pela fração da vida t_i/t_{Ri} (onde t_i é o tempo que a peça fica sob a tensão σ_i e a temperatura Θ_i, e t_{Ri} é o tempo de ruptura sob σ_i e Θ_i), e que a falha ocorre pelo acúmulo linear dos danos, $\Sigma t_i/t_{Ri} = 1$ [18].

O dano por fluência também pode ser estimado através de outras regras empíricas menos populares, por exemplo [18]:

- a regra da fração da deformação, que quantifica o dano à fluência por:

$$D_i = \varepsilon_i/\varepsilon_{Ri} \tag{10.88}$$

onde ε_i é a deformação acumulada durante o i-ésimo evento (σ_i, Θ_i) de um carregamento com tensões e/ou temperaturas variáveis, e ε_{Ri} é a deformação de ruptura por fluência da peça que seria obtida se as condições (σ_i, Θ_i) fossem mantidas fixas durante toda a sua vida à fluência.

- a regra da raiz quadrada do produto das frações de vida e de deformação, que quantifica o dano à fluência por:

$$D_i = \sqrt{(t_i/t_{Ri})\cdot(\varepsilon_i/\varepsilon_{Ri})} \tag{10.89}$$

- a regra mista (ou regra das frações ponderadas), que quantifica o dano à fluência por:

$$D_i = \kappa_p\cdot(t_i/t_{Ri})+(1-\kappa_p)\cdot(\varepsilon_i/\varepsilon_{Ri}) \tag{10.90}$$

onde $0 \le \kappa_p \le 1$ é um fator de ponderação.

⇨ E10.13: Estime novamente a vida residual da palheta do E10.12 usando as três regras de acúmulo de dano por fluência apresentadas acima.

É preciso primeiro calcular ε_i e ε_{Ri} para aplicar as regras da fração da deformação, da raiz do produto das frações e das frações ponderadas, e para esta também é necessário saber o valor do fator de ponderação κ_p. O tempo de ruptura t_R foi retirado do gráfico $S_R \times P_{LM}$ da superliga GTD 111 da Fig. 10.64, mas obter dados para ε_{Ri} e κ_p é muito mais difícil. Assim, na ausência destas informações, só resta modelar a fluência do GTD 111 assumindo (de forma arbitrária, mas educada) que a sua ductilidade ε_R diminui quando t_R cresce segundo uma equação similar à da Fig. 10.72, $\varepsilon_R = 0.8 t_R^{-0.21}$ (com t_R em horas), que o seu parâmetro de Monkman-Grant $\alpha_{MG} = 0.05$ (estes valores que são compatíveis com os mostrados anteriormente para alguns aços), e que $\kappa_p = 0.7$.

Com estas hipóteses, pode-se estimar (mas apenas como um exercício) as deformações de ruptura em $\Theta_1 = 820°C$, $\varepsilon_{R1} = 0.8 \cdot 95000^{-0.21} \cong 0.072$, e em $\Theta_2 = 840°C$, $\varepsilon_{R2} \cong 0.090$. Em seguida, pode-se estimar por Monkman-Grant (após enfatizar de novo que o comportamento à fluência do GTD 111 assumido neste exemplo acadêmico **não** pode ser usado em projetos, que só devem ser feitos a partir de dados experimentais específicos) as taxas de deformação em Θ_1 e Θ_2: $\dot{\varepsilon}_{S_1} = \alpha_{MG}/t_{R_1} = 0.05/95000 = 5.3 \cdot 10^{-7} h^{-1}$ e $\dot{\varepsilon}_{S_2} = 0.05/33700 = 1.5 \cdot 10^{-6} h^{-1}$.

Desta forma, pela regra da fração da deformação o dano do primeiro evento é dado por $D_1 = \varepsilon_1/\varepsilon_{R1} = 10^4 \cdot 5.3 \cdot 10^{-7}/0.072 = 0.07$, e (assumindo que a falha ocorre quando $\Sigma D_i = 1$) a deformação permitida no segundo evento é calculada por $\varepsilon_2 = (1 - D_1) \cdot \varepsilon_{R2} = 0.08$, logo o tempo de vida residual é estimado por $t_{res} = \varepsilon_2/(\dot{\varepsilon}_{S_2} \cdot \phi_{t_R}) = 0.08/1.5 \cdot 10^{-6} \cdot 3.8 \cong 14 kh$.

Pela regra da raiz quadrada do produto das frações de vida e de deformação, os danos são $D_1 = \sqrt{(t_{o1}/t_{R_1}) \cdot (\varepsilon_1/\varepsilon_{R_1})} = \sqrt{0.11 \cdot 0.07} = 0.09$ e $D_2 = \sqrt{(t_2/t_{R_2}) \cdot (t_2 \dot{\varepsilon}_{S_2}/\varepsilon_{R_2})} = t_2 \sqrt{\dot{\varepsilon}_{S_2}/t_{R_2} \varepsilon_{R_2}}$, logo $t_{res} = t_2/\phi_{t_R} = (1 - D_1)/(\phi_{t_R} \sqrt{\dot{\varepsilon}_{S_2}/\varepsilon_{R_2} t_{R_2}}) = 0.91/3.8 \sqrt{1.5 \cdot 10^{-6}/0.09 \cdot 33700} = 10.8 kh$.

E por fim, pela regra das frações ponderadas o dano é $D_1 = \kappa_p(t_{o1}/t_{R_1}) + (1 - \kappa_p)(\varepsilon_1/\varepsilon_{R_1})$, portanto $D_1 = 0.7 \cdot 0.11 + 0.3 \cdot 0.07 = 0.098$ e $D_2 = 1 - D_1 = t_2[\kappa_p/t_{R_2} + (1 - \kappa_p)(\dot{\varepsilon}_{S_2}/\varepsilon_{R_2})]$, logo o tempo residual de vida da palheta é estimado por $t_{res} = t_2/\phi_{t_R} = 9.2 kh$. ✓

10.14 Códigos de Projeto à Fluência

A segurança ao escoamento e à ruptura das peças estruturais que trabalham sob carga estática e temperatura baixa em meio não corrosivo pode em geral ser garantida se:

$$\sigma_{max} < S_E/\varphi_E \text{ ou } S_R/\varphi_R, \text{ e } K_I < K_C/\varphi_K \tag{10.91}$$

onde σ_{max} ou K_I é a solicitação indutora da falha no ponto mais solicitado da peça, e φ_i é um fator de segurança apropriado ao seu uso. Mas a segurança das peças que trabalham sob fluência decresce ao longo do tempo, à medida que as deformações crescem e o dano nelas vai se acumulando. Por isso, os códigos de projeto à fluência incluem vários limites na "tensão admissível" pela estrutura, σ_{ad}. Por exemplo, como mostrado na Fig. 10.93, o Código de Caldeiras e Vasos de Pressão da ASME [21] limita as tensões admissíveis à **menor** σ_{ad} dentre:

- $\sigma_{ad} < S_R/4$ na temperatura ambiente,
- $\sigma_{ad} < S_R(\Theta)/4$ na temperatura de trabalho,
- $\sigma_{ad} < S_E/1.5$ na temperatura ambiente,
- $\sigma_{ad} < S_E(\Theta)/1.5$ na temperatura de trabalho,
- $\sigma_{ad} < S_{\dot{\varepsilon}}(\dot{\varepsilon} = 10^{-7}/h)$, a tensão que induz uma deformação de fluência de 1% após $10^5 h$,
- $\sigma_{ad} < S_R(t_R = 10^5 h)/1.5$ ou $\sigma_{ad} < S_{Rmin}(t_R = 10^5 h)/1.25$, onde $S_R(10^5)$ e $S_{Rmin}(10^5)$ são as resistências média e mínima à ruptura por fluência após 10^5 horas, respectivamente.

Não se podem confundir as tensões admissíveis com as resistências do material, pois elas incluem fatores de segurança generosos e devem ser comparadas a tensões calculadas de uma forma normalizada, em geral simplificada. Os códigos de projeto têm que ser seguidos ao pé da letra quando especificados pela legislação ou pelo contrato, mas suas recomendações podem ser muito úteis mesmo quando eles não são obrigatórios. Isto porque elas refletem procedimentos consensuais entre os membros das associações profissionais que as patrocinam, logo embutem muita experiência acumulada. Além disso, as recomendações dos códigos são em geral conservativas, mas não necessariamente anti-econômicas.

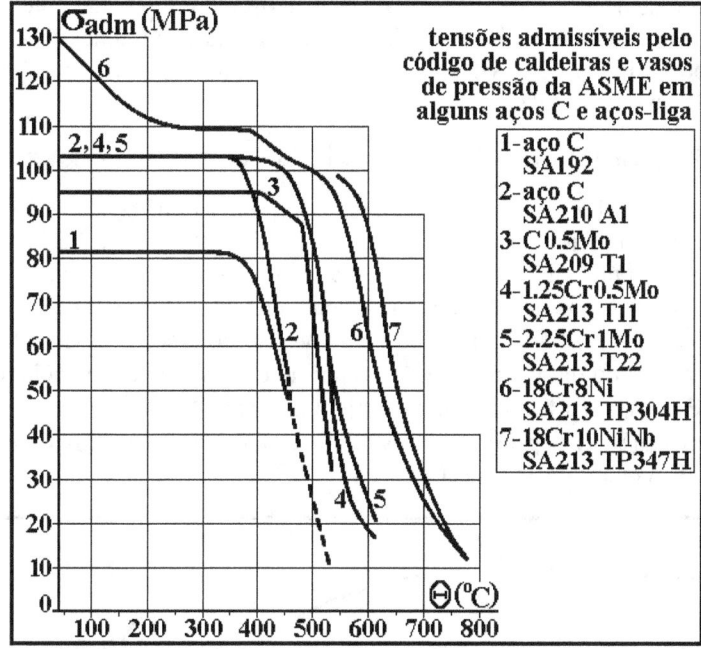

Fig. 10.93: As tensões de fluência admissíveis pelo código da ASME são bem baixas [18].

O código API 530 [39] refere-se ao dimensionamento de tubos de aquecimento expostos a chama em equipamentos fechados usados em refinarias de petróleo, e especifica a rotina de cálculo e as tensões admissíveis para os vários materiais que ele considera apropriados para esta aplicação, vide Tabela 10.2. O código trata de tubos sem costura com $t_{min}/D \leq 0.15$, onde D é o diâmetro externo e t_{min} é a menor espessura dos tubos novos. A tolerância de fabricação para a espessura dos tubos é grande, $(0, +1.28)t_{min}$ nos fabricados a quente e $(0, +1.22)t_{min}$ nos acabados a frio. A menor espessura aceita depende do material e dos diâmetros dos tubos considerados, $60 < D < 273mm$, e varia entre $3.4 < t_{min} < 8.1mm$ para os tubos ferríticos, ou entre $2.4 < t_{min} < 3.7mm$ para os austeníticos. Para tubos com costura, esta norma recomenda que as tensões admissíveis sejam multiplicadas por um fator de eficiência da junta para a solda longitudinal (que ela não especifica), mas ela não degrada as soldas circunferenciais.

Os tubos de aquecimento considerados no API 530 perdem massa durante o serviço, e devem ser projetados com uma generosa sobre-espessura de corrosão por ela especificada (o que reflete o aspecto prático desta norma, uma vez que problemas do tipo "seja um tubo sob fluência pura" são de interesse apenas acadêmico). Como as cargas dinâmicas são desprezíveis naqueles tubos, ele despreza qualquer interação fadiga-fluência, e para tratar eventuais problemas de variação na temperatura de trabalho, recomenda a regra de Robinson.

O código API 530 considera apenas as tensões induzidas pela pressão interna, não incluindo no dimensionamento dos tubos (e.g.) as tensões de flexão devidas ao peso próprio e as tensões de contato nos apoios (por serem desprezíveis nas aplicações que ele normaliza). To-davia, esta simplificação não pode ser estendida para as aplicações estruturais típicas. Além disso, nas estruturas aquecidas e resfriadas repetidamente, a conseqüente ciclagem nas tensões térmicas pode causar dano à fadiga considerável, mesmo quando as cargas dinâmicas são des-prezíveis. Como desprezar tensões é uma prática não conservativa, é recomendável cautela ao usar as recomendações deste código (ou de qualquer outro) no dimensionamento de equipamentos similares, mas não idênticos, aos previstos na norma.

A tensão circunferencial induzida pela pressão interna **p** é calculada no diâmetro médio do tubo supondo-o de paredes finas, $\sigma = p(D - t)/2t$, e (usando implicitamente Tresca) compa-rada com duas tensões admissíveis: a elástica e a de ruptura por fluência, dadas em gráficos como o mostrado na Fig. 10.94. Assim, a espessura mínima requerida do tubo novo e_{min} se-gundo a API 530 deve ser obtida por:

$$e_{min} \geq max\left[e_{cor} + p_{max}D/(2\sigma_{el_{ad}} + p_{max}), \ f_{cor}e_{cor} + p_{pr}D/(2\sigma_{R_{ad}} + p_{pr})\right] \quad (10.92)$$

onde $e_{cor} > k_{cor} \cdot t_{pr}$ é a sobre-espessura de corrosão; k_{cor} é a taxa de corrosão (e.g. em mm/ano) do material do tubo no meio e na temperatura de trabalho [36-38]; t_{pr} é a vida de projeto do tubo; p_{max} é a máxima pressão esperada durante a vida do tubo; **D** é o diâmetro externo do tu-bo; f_{cor} é o fator de corrosão que considera o aumento de tensão por perda de material ao longo da vida do tubo; p_{pr} é a pressão de trabalho ou de projeto do tubo; $\sigma_{el_{ad}}(\Theta)$ é a tensão elástica admissível no material do tubo; e $\sigma_{R_{ad}}(\Theta, t)$ é a tensão de ruptura por fluência nele admissível na temperatura $\Theta \geq \Theta_{tr} + 15^{o}C$ e na vida de projeto t_{pr}, sendo Θ_{tr} a temperatura de trabalho do tubo. $\sigma_{el_{ad}}(\Theta)$ e $\sigma_{R_{ad}}(\Theta, t)$ dependem do material, e são dadas em gráficos como o da Fig. 10.94, que mostra os dados do aço 2.25Cr1Mo.

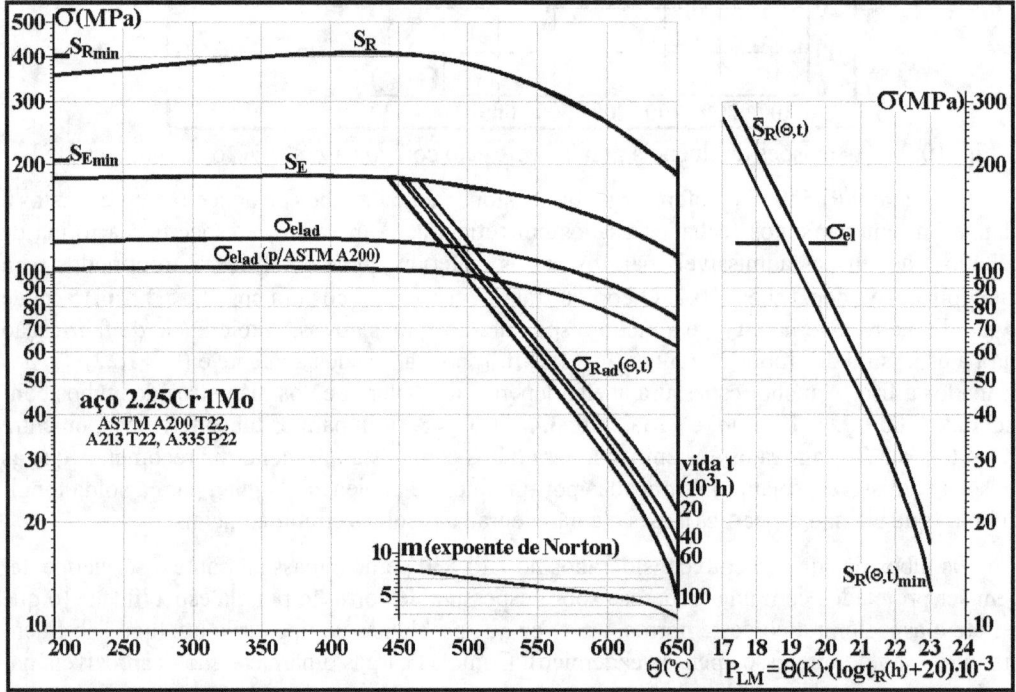

Fig. 10.94: Tensões admissíveis no aço 2.25Cr1Mo, segundo a norma API 530.

Note como **m**, o expoente que deve ser usado para se obter f_{cor} na Fig. 10.95, varia com Θ, e que a tensão de fluência admissível $\sigma_{R_{ad}}(\Theta, t)$ diminui à medida que a vida **t** aumenta.

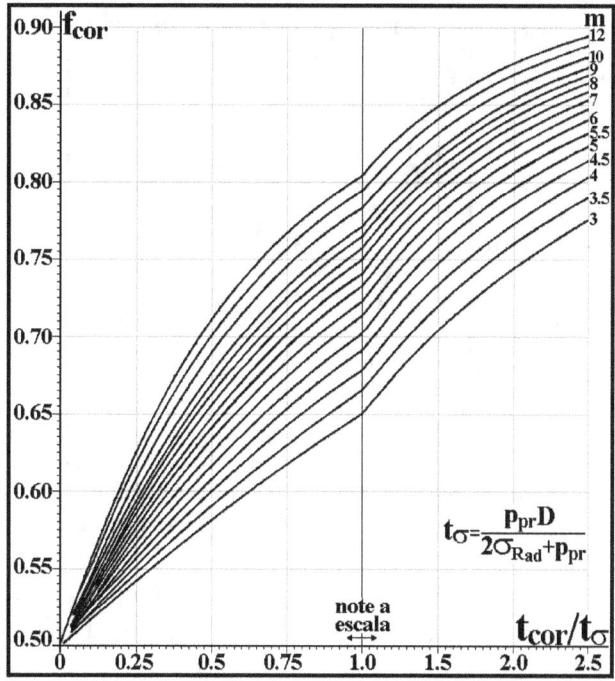

Fig.10.95: Fator de corrosão f_{cor} usado na equação (10.92).

10.15 Interação Fadiga-Fluência

O modelo mais simples para quantificar o dano conjunto gerado por fadiga e por fluência assume que as frações da vida consumidas por cada mecanismo de falha podem ser somadas, como se eles atuassem de forma independente. Desta forma, para dimensionar ou para estimar vidas residuais de estruturas sujeitas à fadiga-fluência, segundo este modelo simples basta somar os danos previstos separadamente (e.g.) por Miner e por Robinson, via:

$$\sum(n_i/N_i) + \sum(t_j/t_{Rj}) = 1/\phi \qquad (10.93)$$

onde as vidas à fadiga N_i devem ser obtidas na temperatura Θ_i de atuação dos n_i ciclos da gama de tensão $\Delta\sigma_i$ ou de deformação $\Delta\varepsilon_i$ solicitante; t_j são os tempos de duração dos j ciclos de fluência, durante os quais podem atuar ou não muitos n_i ciclos de fadiga; e ϕ é um fator de segurança adequado para o projeto em questão.

Esta regra empírica não tem embasamento mecânico nem reconhece qualquer efeito de seqüência da temperatura ou da carga, mas é muito usada na prática, pois é a mais simples possível. Ela é usada, e.g., no código de caldeiras e vasos de pressão da ASME [21, 51] para tratar dos problemas de fadiga-fluência. Entretanto, como o acúmulo linear de dano pode gerar previsões *não* conservativas (vide Fig. 10.96), ele deve ser usado com cautela, e sempre com fatores de segurança generosos.

Note que é trivial trocar a regra de Robinson neste modelo de acúmulo linear de dano à fadiga-fluência por uma das outras regras que estimam o dano à fluência, passando a calcular o dano conjunto, por exemplo, por $\Sigma n_i/N_i + \Sigma\varepsilon_i/\varepsilon_{Ri} = 1/\phi$. E mantendo a hipótese da independência entre os danos à fadiga e à fluência, também se pode trocar Miner por outra regra de acúmulo de dano à fadiga. Mas, a menos que se comprove experimentalmente que este exercício pode melhorar as previsões, não há qualquer vantagem intrínseca nesta troca.

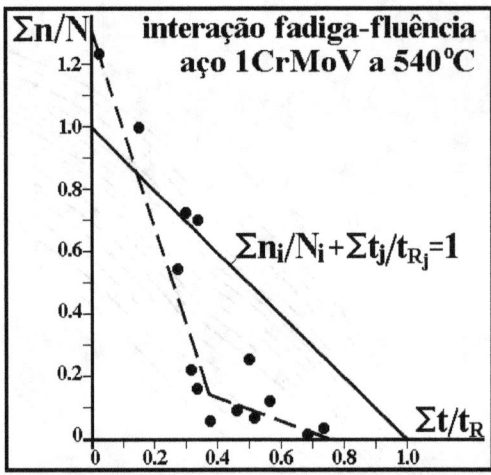

Fig. 10.96: Falhas por fadiga-fluência de um aço 1CrMoV (usado em rotores de turbinas a vapor) a 540°C: a regra linear que superpõe o dano à fadiga calculado por Miner ao dano à fluência obtido por Robinson é *não*-conservativa neste caso [18].

Todavia, em vez de mudar os termos de Miner ou de Robinson, é mais comum usar na prática uma outra adaptação da regra de acúmulo linear de dano à fadiga-fluência. Quando os dados experimentais demonstram que a regra original é não conservativa, o projeto à fadiga-fluência pode ser feito limitando a soma $\Sigma n_i/N_i + \Sigma t_i/t_{Ri}$ por um envelope bilinear como o da Fig. 10.97, evitando desta forma a região insegura no plano $n/N \times t/t_R$. Este enfoque é usado, e.g., no código de caldeiras e vasos de pressão da ASME [21], que aceita uma versão da regra de acúmulo linear de dano que usa vidas admissíveis N_{ad} à fadiga e t_{ad} à fluência (as quais já embutem fatores de segurança super-dimensionados), em vez de N_i e t_{Rj}, as vidas à fadiga e à fluência correspondentes às cargas associadas com n_i e t_j.

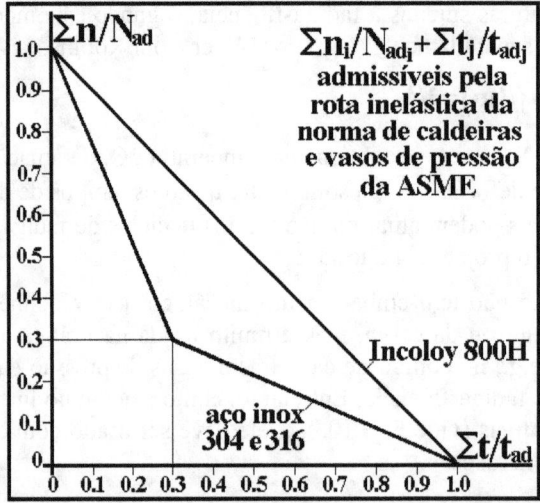

Fig. 10.97: Envelopes das combinações $\Sigma n_i/N_{adi} + \Sigma t_j/t_{adj}$ permitidas pela chamada rota inelástica do código de caldeiras e vasos de pressão da ASME [21], para peças feitas de Incoloy 800H, ou de aços inoxidáveis 304 e 316.

Na seção III, caso N-47 do código da ASME, o dano à fadiga-fluência é quantificado por $\Sigma n_i/N_{adi} + \Sigma t_j/t_{adj} = D_C$. A vida admissível à fluência t_{adj} é a vida mínima à ruptura por fluência sob Θ_j e $1.1\sigma_j$. A vida admissível à fadiga N_{adi} é obtida em curvas εN especificadas no código, que incluem fatores de segurança **2** em **$\Delta\varepsilon_i$** ou **20** na vida correspondente **N_i** (o mais conservativo deles), e que dependem das metodologias de cálculo (estranhamente chamadas de rotas elástica ou inelástica). Na rota elástica, **$D_C = 1$**, e na rota inelástica **D_C** é limitado pelos gráficos **n/N_{ad}× t/t_{ad}** da Fig. 10.97.

As curvas **εN** da rota inelástica são obtidas sob fadiga pura na temperatura Θ do teste, sem efeitos de fluência causados por tempo de parada sob carga. As curvas **εN** da rota elástica são mais conservativas que as da inelástica, e devem ser associadas aos efeitos de fluência através de um fator de tempo de parada sob carga que reduza a vida admissível. As Fig. 10.98 a 10.101 mostram as curvas **$\Delta\varepsilon$×N_{ad}** das rotas elástica e inelástica do código da ASME para os aços inox 304 e 316 e para a superliga Inconel 800H [18].

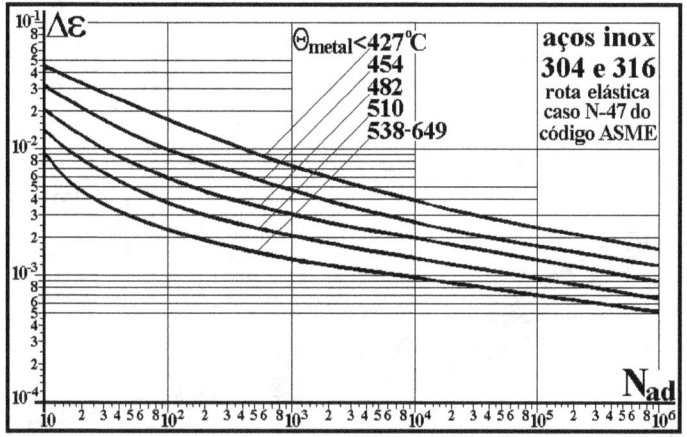

Fig. 10.98: Curvas **εN** dos aços inox 304 e 316 para projeto à fadiga-fluência segundo a rota elástica do caso N-47 do código de caldeiras e vasos de pressão da ASME [21].

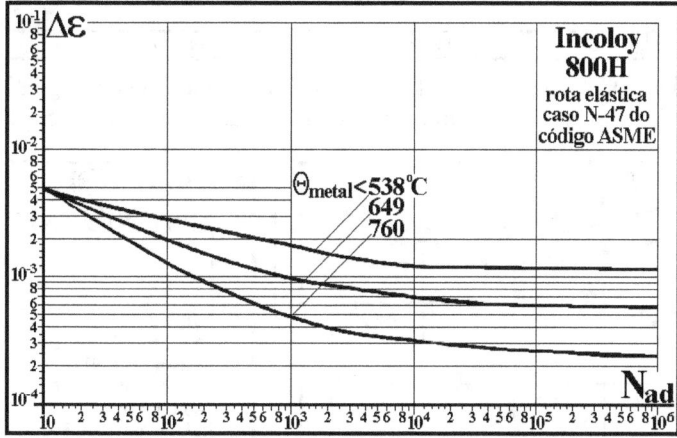

Fig. 10.99: Curvas **εN** do Incoloy 800H para projeto à fadiga-fluência segundo a rota elástica do caso N-47 do código de caldeiras e vasos de pressão da ASME [21].

Viswanathan afirma no seu excelente livro [18] que o código da ASME é puramente empírico e gera previsões excessivamente conservativas nas avaliações da vida residual à fadiga-fluência, mas que apesar disso ele seria o melhor atualmente disponível. Quando não se deseja ou não se pode usar um código para quantificar a interação fadiga-fluência (e.g., quando o material usado não é descrito no código), é preciso usar informações que descrevam o efeito da temperatura nas propriedades de fadiga, como mostrado nas Figuras 10.102 e 10.103.

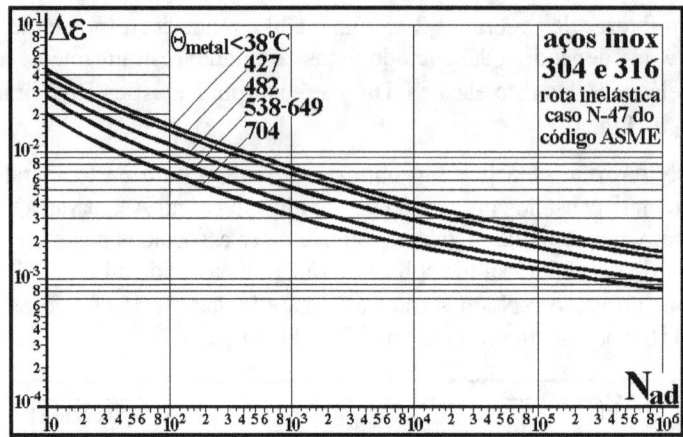

Fig. 10.100: Curvas εN dos aços inox 304 e 316 para projeto à fadiga-fluência segundo a rota inelástica do caso N-47 do código de caldeiras e vasos de pressão da ASME [21].

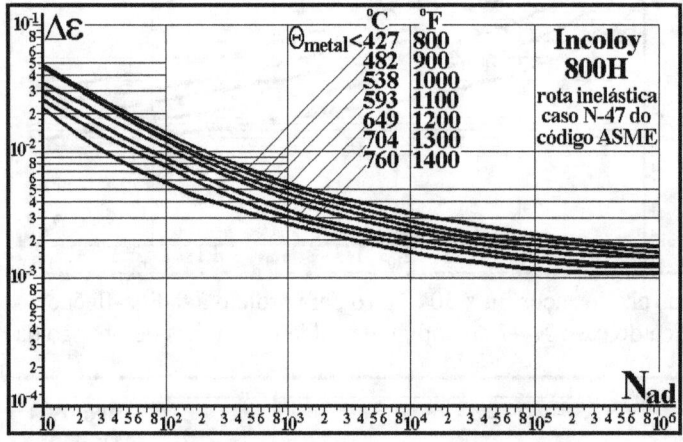

Fig. 10.101: Curvas εN do Incoloy 800H para projeto à fadiga-fluência segundo a rota inelástica do caso N-47 do código de caldeiras e vasos de pressão da ASME [21].

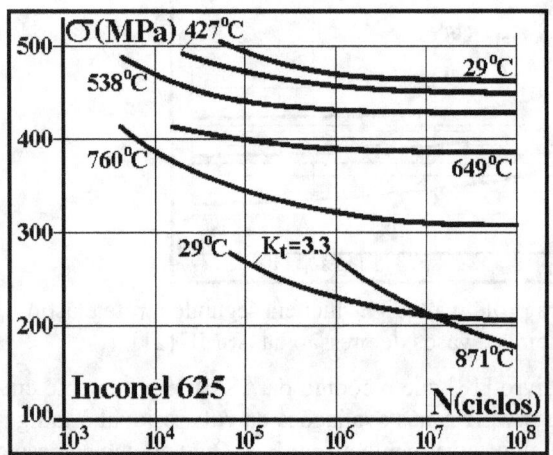

Fig. 10.102: Curvas SN do Inconel 625, medidas sob flexão rotativa em CPs de 15.88mm (5/8") de diâmetro com **100μm** de tamanho de grão [19, 52].

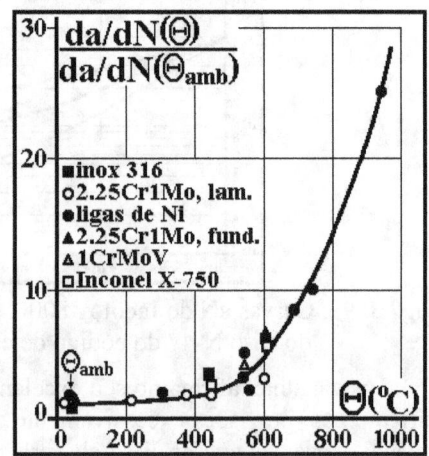

Fig. 10.103: $da/dN(\Theta)/da/dN(\Theta_{amb})$, taxas de propagação de trincas por fadiga sob $\Delta K = 30MPa\sqrt{m}$ [53].

Estas duas figuras contêm informações interessantes, mas lamentavelmente as curvas **SN** da Fig. 10.102 não incluem informações sobre o tempo ou a freqüência dos testes, o que limita bastante a sua aplicabilidade prática. Os dados da Fig. 10.103 também são incompletos. Como a fluência depende do tempo sob carga, e como nem o tempo nem as freqüências e a forma da onda dos testes são especificados nestas figuras, não se pode usá-las em qualquer tentativa de modelagem da interação fadiga-fluência.

Halford preconiza que os testes εN (feitos sob controle de deformação) são os que melhor representam as condições de contorno nos pontos críticos das estruturas sujeitas a cargas de fadiga. E que os efeitos de fluência na vida à fadiga podem ser bem simulados nesses testes através de paradas sob deformação máxima ε_{max} constante, como ilustrado na Fig. 10.104 (ajustando continuamente a carga para compensar a perda de rigidez do CP por fluência), e/ou sob deformação mínima ε_{min} fixa [18, 53].

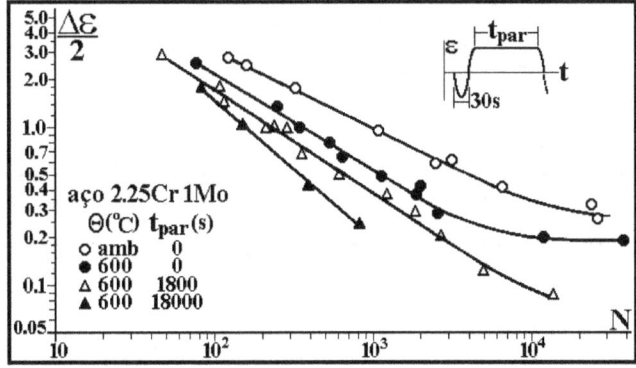

Fig. 10.104: Efeito do tempo de parada sob ε_{max}, t_{par}, nas curvas εN do aço 2.25Cr1Mo [53].

Halford também sugere que os períodos de fluência sob ε_{min} constante tendem a influir bem menos na vida à fadiga do que as paradas sob deformação máxima fixa. Ou seja, que o dano por fluência sob taxas de deformação trativas não é simétrico ao dano sob taxas compressivas. Por isso, como mostrado na Fig. 10.105, Manson, Halford e Hirschberg propuseram o método da partição da gama da deformação (*strain-range partitioning*, SRP) para considerar as diferentes contribuições da fadiga e da fluência sob taxas de deformação inelástica positivas ou negativas, dividindo o ciclo de histerese em quatro componentes, a saber:

(i)   PP, plasticidade trativa revertida por plasticidade compressiva, de gama $\Delta\varepsilon_{PP}$;

(ii) CP, fluência (*creep*) trativa revertida por plasticidade compressiva, de gama $\Delta\varepsilon_{CP}$;

(iii) PC, plasticidade trativa revertida por fluência compressiva, de gama $\Delta\varepsilon_{PC}$; e

(iv) CC, fluência trativa revertida por fluência compressiva, de gama $\Delta\varepsilon_{CC}$.

Esta partição pode reproduzir as gamas de deformação de qualquer ciclo de histerese causado por fadiga-fluência. E a cada tipo de gama de deformação associaram curvas de Coffin-Manson específicas, que devem ser medidas em testes que reproduzam cada um dos quatro laços ideais, $\Delta\varepsilon_{PP}$, $\Delta\varepsilon_{CP}$, $\Delta\varepsilon_{PC}$ e $\Delta\varepsilon_{CC}$. Assim, $N_{PP} = \alpha_{PP} \cdot \Delta\varepsilon_{PP}^{\beta_{PP}}$, etc.

O laço da Fig. 10.106 foi usado por Halford [53] para ilustrar o uso do método SRP. Começando do ponto 1, a carga é aplicada rapidamente até 2, e a partir daí a tensão σ é mantida constante até 3, acumulando deformações de fluência sob tração. Após algum tempo, a peça é descarregada elasticamente até o ponto 4 e em seqüência comprimida até o ponto 5, num evento rápido. De 5 até 6 a tensão compressiva é mantida constante, acumulando deformações de fluência. Por fim, a deformação atingida em 6 é mantida fixa, relaxando a tensão até o ponto 7, a partir do qual a peça é descarregada elasticamente para fechar o laço $\sigma\varepsilon$ no ponto 1.

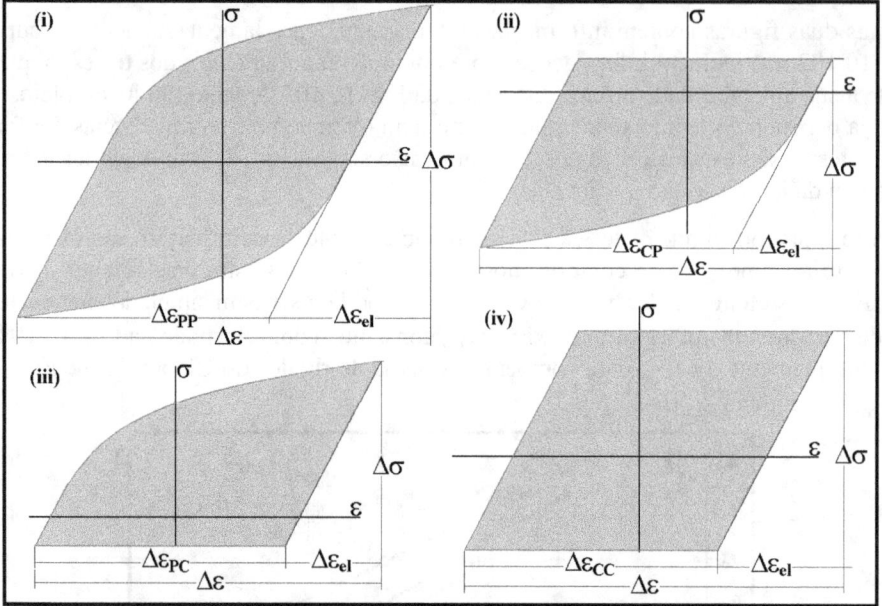

Fig.10.105: Laços básicos usados no método SRP para quantificar o dano à fadiga-fluência.

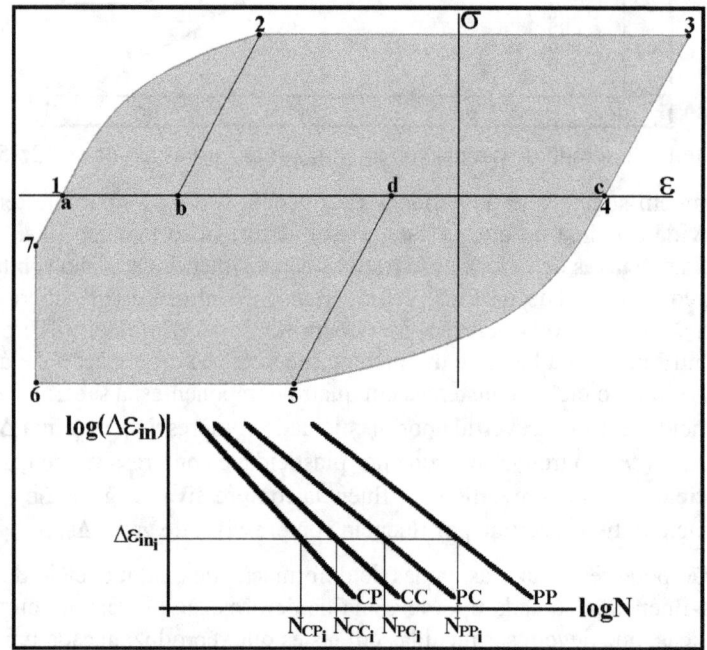

Fig. 10.106: Laço complexo gerado por uma carga de fadiga-fluência.

No laço desta figura, a gama da deformação inelástica é dada por $\Delta\varepsilon_{in} = \varepsilon_4 - \varepsilon_1 = c - a$. No trecho trativo do laço, a deformação inelástica tem uma parte plástica, $\varepsilon_{pt} = b - a$, e outra de fluência, $\varepsilon_{Ct} = c - b$ (usando o índice C de *creep* para denotar a fluência, mantendo coerência com a notação das várias componentes da gama inelástica usadas no método SRP). Já no trecho compressivo, a parte plástica das deformações inelásticas é $\varepsilon_{pc} = d - c$, enquanto a de fluência é $\varepsilon_{Cc} = a - d$. Como o módulo da deformação plástica compressiva é maior que o da trativa, $|\varepsilon_{pc}| = c - d > \varepsilon_{pt} = b - a$, toda a deformação plástica trativa ε_{pt} é revertida por parte da compressiva ε_{pc}. E toda a deformação compressiva de fluência ε_{Cc} é revertida por parte da trativa ε_{Ct}. Portanto, a componente plástica da gama inelástica do laço é $\Delta\varepsilon_{PP} = b - a$, e a componente de fluência é $\Delta\varepsilon_{CC} = d - a$. O resto da deformação trativa de fluência é revertido pela outra parte da deformação plástica compressiva, logo $\Delta\varepsilon_{CP} = c - b - (d - a)$.

É interessante notar que qualquer laço pode conter no máximo 3 das 4 componentes da gama de deformação usadas no método SRP: $\Delta\varepsilon_{PP}$ e/ou $\Delta\varepsilon_{CC}$ e/ou ($\Delta\varepsilon_{CP}$ ou $\Delta\varepsilon_{PC}$). Isto porque ou o excesso de deformação de fluência trativa é revertido pela deformação plástica compressiva, gerando uma componente $\Delta\varepsilon_{CP}$ como no laço da Fig. 10.106, ou vice-versa se $\varepsilon_{pt} > |\varepsilon_{pc}|$, gerando $\Delta\varepsilon_{PC}$. Ou seja, é impossível ter ambas $\Delta\varepsilon_{CP}$ e $\Delta\varepsilon_{PC}$ num mesmo ciclo. Segundo o método SRP, o dano em cada ciclo de fadiga-fluência é dado por:

$$d_i = \frac{1}{N_i} = \frac{\Delta\varepsilon_{PP_i}/\Delta\varepsilon_{in_i}}{N_{PP_i}} + \frac{\Delta\varepsilon_{CC_i}/\Delta\varepsilon_{in_i}}{N_{CC_i}} + \left(\frac{\Delta\varepsilon_{CP_i}/\Delta\varepsilon_{in_i}}{N_{CP_i}} \text{ ou } \frac{\Delta\varepsilon_{PC_i}/\Delta\varepsilon_{in_i}}{N_{PC_i}} \right) \quad (10.94)$$

onde N_{PPi}, N_{CCi}, N_{CPi} e N_{PCi} são as vidas associadas à gama inelástica $\Delta\varepsilon_{in}$ do i-ésimo ciclo do carregamento, obtidas diretamente das curvas $\Delta\varepsilon N$ correspondentes, como também ilustrado na Fig. 10.106. A Fig. 10.107 apresenta algumas curvas $\Delta\varepsilon N$ usadas no método SRP [18].

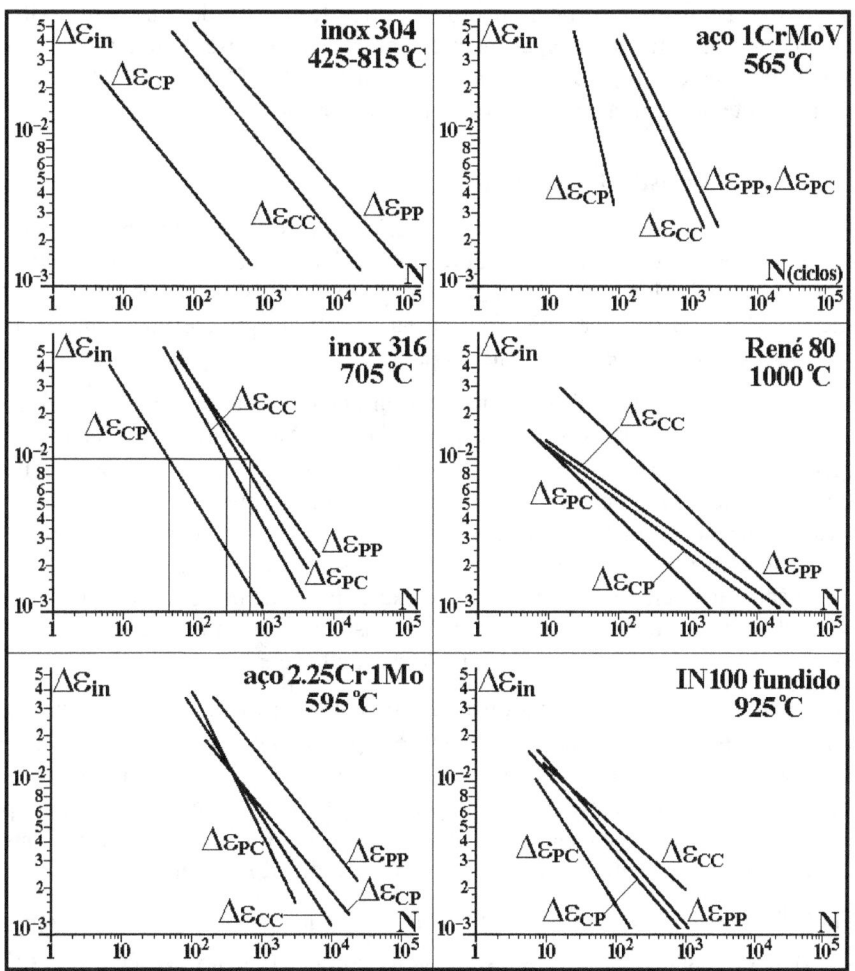

Fig. 10.107: Curvas $\Delta\varepsilon_{in} \times N_{PP}$, $\Delta\varepsilon_{in} \times N_{PC}$, $\Delta\varepsilon_{in} \times N_{CC}$ e $\Delta\varepsilon_{in} \times N_{CP}$ de alguns materiais.

⇨ E10.14: Calcule o dano causado pelo laço da Fig. 10.106 numa peça de aço inox 316 solicitada por fadiga-fluência a $\Theta = 705^{\circ}C$, sabendo que as deformações medidas no laço
são $\varepsilon_i = \{-7321, -3650, 4192, 2679, -3016, -7873, -7873\}\mu m/m$, i = 1, 2, ⋯, 7.

A gama inelástica do laço é $\Delta\varepsilon_{in} = \varepsilon_4 - \varepsilon_1 = 2679 + 7321 = 10000\mu m/m = 10^{-2} = 1\%$. As
gamas SRP são $\Delta\varepsilon_{PP} = b - a = \varepsilon_2 - \varepsilon_1 - (\varepsilon_3 - \varepsilon_4) = -3650 + 7321 - 4192 + 2679 = 2158\mu m/m$,
$\Delta\varepsilon_{CC} = d - a = \varepsilon_5 - \varepsilon_1 + (\varepsilon_3 - \varepsilon_4) = 5818\mu m/m$ e $\Delta\varepsilon_{CP} = \Delta\varepsilon_{in} - \Delta\varepsilon_{PP} - \Delta\varepsilon_{CC} = 2024\mu m/m$. As
vidas correspondentes (lidas na Fig. 10.107) são $N_{PP} = 630$, $N_{CC} = 300$ e $N_{CP} = 45$ ciclos.

Portanto, segundo o método da partição da gama de deformações, o dano causado por este
ciclo de fadiga-fluência é: $d = 0.2158/630 + 0.5818/300 + 0.2024/45 = 0.007$, valor que por
Miner implicaria numa vida residual de $1/d = 147$ ciclos, se esta mesma carga fosse mantida
durante toda a vida da peça. ✔

Kitamura e Halford apresentam uma justificativa para o método SRP baseada na Mecânica da Fratura em [54], e Shang et al. discutem o problema de fadiga-fluência multiaxial em
[54]. Já Viswanathan [18] cita quatro outros modelos de dano por fadiga-fluência: o da curva
εN modificada pela freqüência da carga proposto por Coffin; a função de dano de Ostergren; o
critério de energia de Bisego e o esgotamento da ductilidade de Priest. Mas nenhum destes
métodos tem vantagem significativa sobre o SRP o qual, segundo muitos autores, tende a gerar
previsões de vida menos ou tão ruins quanto os outros (em geral dentro de um fator de pelo
menos 2 ou 3 dos dados medidos experimentalmente). Uma análise de falha relativamente recente que contém uma comparação desta natureza foi feita por Dedekind e Harris, ao estuda-
rem um componente de turbina a gás que falhou prematuramente [55].

10.16 Noções de Viscoelasticidade Linear

Em princípio, o termo "viscoelástico" só deveria ser usado para descrever os materiais cuja deformação viscosa ou de fluência é toda recuperável após sua descarga, enquanto os materiais cuja deformação de fluência é em parte irrecuperável deveriam ser chamados de "viscoelastoplásticos". Mas esta distinção não é usual na literatura, que costuma chamar a fluência
dos polímeros simplesmente de viscoelasticidade.

As taxas de fluência em geral *não* variam linearmente com a tensão, vide os dados das ligas metálicas estudadas acima. Mas o caso particular da taxa de fluência diretamente propor-
cional à tensão, $\dot{\varepsilon} = \sigma \cdot f(\Theta)$, tem grande importância prática: a maioria dos polímeros, nos
quais a fluência pode ser o mecanismo de dano dominante até mesmo na temperatura ambien-
te, pode ser modelada e dimensionada como viscoelástica linear quando as tensões não são
muito altas. Também podem ser modelados como viscoelásticos lineares as cerâmicas e os
metais sob tensão e temperatura relativamente baixas, apesar de nestes casos a taxa de fluência
ser desprezível na maioria dos problemas de dimensionamento mecânico. Mas há exceções
remarcáveis como o concreto, cuja fluência pode ser muito relevante na prática.

Um material é viscoelástico linear quando cada curva de fluência $\varepsilon_i \times t$ (obtida numa dada
temperatura Θ sob uma dada tensão σ_i) tem deformações $\varepsilon(t)$ proporcionais a σ_i. O dimensionamento das estruturas viscoelásticas lineares é menos complicado do que o projeto à fluência
não-linear, pois naquela tarefa se pode usar o princípio da superposição. Além disso, para descrever o comportamento viscoelástico linear se podem usar várias técnicas de modelagem reo-
lógicas que geram equações diferencias lineares, como estudado a seguir.

Sendo $\langle x \rangle^0 = 0$ se $x < 0$ ou $\langle x \rangle^0 = 1$ se $x \geq 0$ o degrau unitário de Heaviside, a resposta típica dos materiais viscoelastoplásticos a um pulso retangular de tensão $\sigma_0 \cdot (1 - \langle t - t_1 \rangle^0)$ é ilustrada na Fig. 10.108, e inclui: (i) deformações iniciais elásticas ou elastoplásticas; (ii) fluxo

viscoso contínuo sob carga constante; e (iii) recuperações elástica e viscosa quando a carga é retirada ou diminuída.

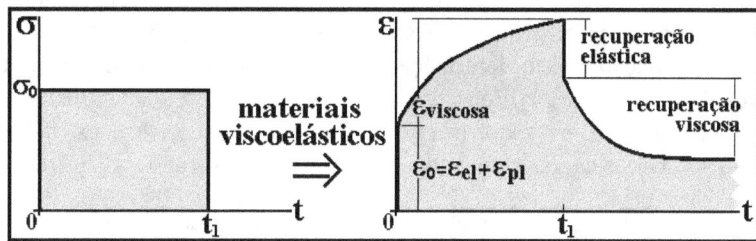

Fig. 10.108: Resposta típica dos materiais viscoelastoplásticos ao degrau $\sigma_0 \cdot (1 - \langle t - t_1 \rangle^0)$.

É bom recordar que a viscosidade μ mede a resistência ao fluxo ou ao cisalhamento dos fluidos, ou seja, que os fluidos mais viscosos tendem a fluir mais lentamente. Como mostrado na Fig. 10.109, é preciso uma força $\mathbf{F}$ para manter a placa de área $\mathbf{A} = \mathbf{a} \cdot \mathbf{b}$ deslizando com velocidade constante $\mathbf{U}$ sobre um filme fluido fino, de espessura $\mathbf{h} \ll \mathbf{a}, \mathbf{b}$ e viscosidade μ. O movimento da placa gera no filme o gradiente de velocidade $\mathbf{du/dy}$, pois a camada do fluido em contato com a placa adquire a sua velocidade $\mathbf{U}$, enquanto a camada em contato com a parede fixa tem velocidade $\mathbf{u = 0}$. Nos fluidos newtonianos, a resistência gerada pela viscosidade do fluido ao deslizamento de suas camadas causa uma tensão cisalhante dada por:

$$\tau = F/A = \mu \cdot du/dy \qquad (10.95)$$

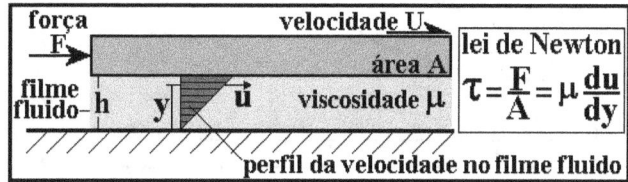

Fig. 10.109: Placa deslizando sobre um filme fluido fino com viscosidade μ.

Assim, a viscosidade (dinâmica) μ é a razão entre a tensão τ e a taxa de deformação cisalhante $\dot{\gamma} = du/dy$, e nos fluidos newtonianos $\mu = \tau/\dot{\gamma}$. A viscosidade é, portanto, medida em $\mathbf{Pa \cdot s}$. Também se pode definir uma viscosidade normal de forma análoga como:

$$\eta = \sigma/\dot{\varepsilon} \qquad (10.96)$$

onde, no caso ideal das substâncias incompressíveis, $\eta = 3 \cdot \mu$.

Os polímeros podem ser (e são muito) usados em aplicações estruturais de responsabilidade até em temperaturas Θ relativamente altas (nos vasos de expansão de radiadores selados de automóveis, e.g.). Mas os polímeros em geral, e em particular os termoplásticos, podem fluir muito até mesmo na temperatura ambiente, Θ_{amb}, sob tensões bem menores do que a sua resistência à ruptura S_R, vide Fig. 10.110. Portanto, a fluência em geral *não* pode ser desprezada no dimensionamento de peças e estruturas poliméricas. Por isso, deve-se enfatizar que as propriedades dos polímeros medidas nos testes tradicionais (como, e.g., E, S_E, S_R ou RA), que são relativamente rápidos, variam *muito* com Θ, σ e t, e *não* podem ser usadas para prever o seu comportamento a longo prazo. Mas como muitos polímeros são de fato aproximadamente viscoelásticos lineares sob tensões baixas, vale a pena estudar as técnicas específicas de dimensionamento aplicáveis nestes casos.

A Fig. 10.110 mostra curvas de fluência $\varepsilon_i \times t$ do polipropileno (PP), um termoplástico tenaz relativamente barato e muito usado na prática, cujas propriedades típicas são: resistência à ruptura $31 < S_R < 41MPa$ (medida em testes de tração curtos, que duram alguns minutos); densidade $\rho \cong 910kg/m^3$ menor que a da água; temperatura de transição vítrea $4 < \Theta_V < 12°C$; e reputação de um bom desempenho à fadiga. Os polímeros modeláveis como viscoelásticos lineares têm curvas $\sigma\epsilon$ isócronas (quase) retas, como ilustrado na Fig. 10.111. As curvas isócronas descrevem a relação tensão-deformação do material após um dado tempo $t = t_0$ fixo, e são geradas unindo os pares (σ_i, ϵ_i) retirados das curvas de fluência $\epsilon_i \times t$ (medidas sob σ_i fixa numa mesma temperatura Θ) em $t = t_0$ (a Fig. 10.111 foi gerada a partir das deformações medidas após 1 ano sob várias cargas constantes a 20°C, como mostrado na Fig. 10.110).

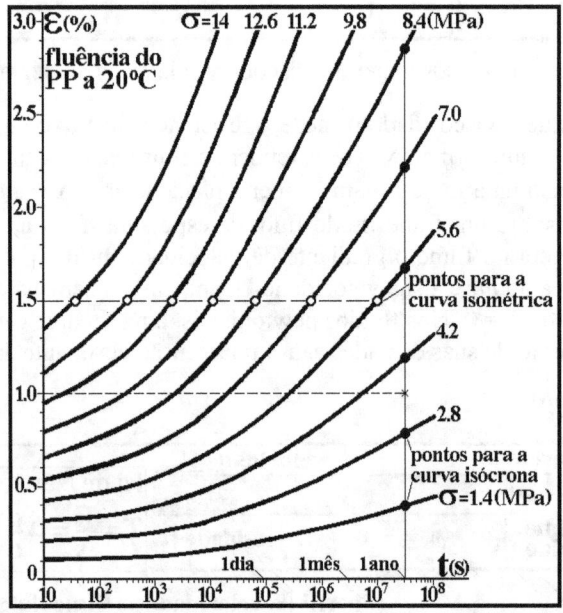

Fig. 10.110: Curvas ϵt de fluência do polipropileno (PP) sob $\Theta = 20°C$ [24].

Deve-se notar na Fig. 10.111 que, pelo menos nas tensões mais baixas, a deformação (crescente ao longo do tempo) é de fato proporcional à tensão: por exemplo, a deformação obtida em $\Theta = 20°C$ sob $\sigma = 2.8MPa$ após 1 ano é aproximadamente igual ao dobro da deformação obtida sob $\sigma = 1.4MPa$, e à metade da deformação gerada sob $\sigma = 4.2MPa$. É esta (quase) proporcionalidade que caracteriza o comportamento viscoelástico (quase) linear.

As curvas σt, que descrevem a variação temporal da tensão necessária para obter uma dada deformação ϵ fixa como ilustrado na Fig. 10.112, são chamadas de isométricas. Estas curvas também são obtidas das curvas de fluência ϵt, e podem ser muito úteis no dimensionamento mecânico de componentes estruturais poliméricos, como exemplificado no E10.15.

⇨ E10.15: Calcule a espessura e mínima da parede cilíndrica de um vaso de PP com diâmetro interno $d = 100mm$, para que d não cresça mais que 1% após 1 ano de serviço a 20°C sob a pressão interna $p = 10atm \cong 1MPa$.

O módulo secante do PP após $t = 1$ ano em $\Theta = 20°C$ sob a tensão $\sigma = 3.9MPa$ (que gera a deformação $\epsilon = 0.01$ na Fig. 10.111) é definido por $E_s(1 \text{ ano}, 20°C) = 3.9/0.01 = 390MPa$. Sendo $\epsilon_\theta = 0.01$, pode-se usar a análise simplificada de paredes finas baseada no diâmetro externo que considera a tensão radial (que é sempre conservativa, vide Apêndice 2) supondo que o volume de PP permanece constante (logo $\nu = 0.5$) para obter:

$$E_s\epsilon_\theta = \sigma_\theta - \nu\cdot(\sigma_a + \sigma_r) \cong p\{(d+2e)/2e - 0.5\cdot[(d+2e)/4e - 1]\} = p[(3d+10e)/8e] \quad (10.97)$$

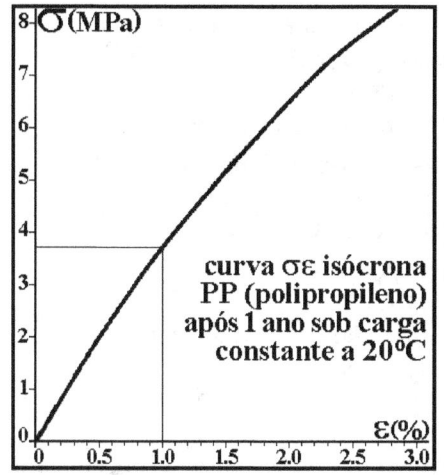

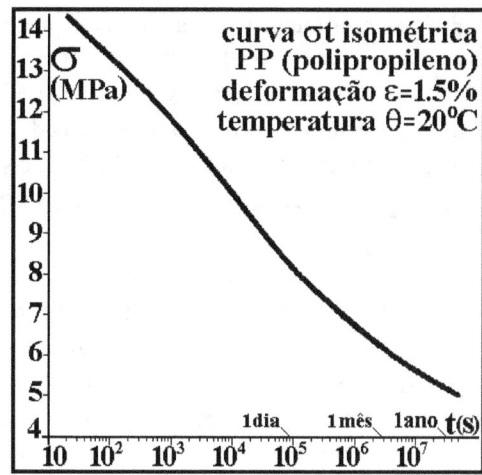

Fig. 10.111: Curva **σε** isócrona do PP após **t =1 ano** sob **Θ = 20°C** (e.g., **ε = 1%** após 1 ano sob **σ ≅ 3.7MPa** a **Θ = 20°C**), gerada a partir dos dados da Fig. 10.114.

Fig. 10.112: Curva **σt** isométrica do PP (obtida a partir da Fig. 10.114), que descreve a variação temporal da tensão que gera uma deformação total **ε = 1.5%** a **Θ = 20°C** [24].

Desta forma, para **d = 100mm** e **p = 1MPa**, a espessura mínima requerida do vaso é:

$$3.9 = 1 \cdot [(3 \cdot 100 + 10e)/8e] \Rightarrow e = 14.15\text{mm} \checkmark \qquad (10.98)$$

Quando se dispõe de dados tão completos quanto os das Fig. 10.110-112, o dimensionamento de componentes estruturais poliméricos viscoelásticos é trivial. A graça deste problema está na extrapolação destes dados para outras condições de tensão e temperatura, que em geral variam durante a vida das peças reais, como discutido a seguir.

10.17 Modelos Reológicos

Uma descrição didática razoável, apesar de simplista, facilita a compreensão dos mecanismos responsáveis pelo comportamento viscoelástico dos polímeros: mesmo sendo fortes as ligações nas longas cadeias poliméricas, são as ligações fracas entre elas que se opõem ao seu deslizamento. Portanto, pode-se imaginar que as cadeias (que em geral serpenteiam entre si, pois os polímeros normalmente são amorfos) sejam análogas a um emaranhado de linhas recobertas por uma graxa viscosa para simular as ligações fracas, que perdem eficiência à medida que a temperatura aumenta, facilitando o deslizamento entre elas. Assim, quando se solicita o emaranhado de linhas, espera-se dele uma resposta elástica (análoga à causada pelo alongamento das cadeias) associada a um fluxo viscoso (gerado pelo escorregamento entre elas). Isto implica numa resistência e numa rigidez decrescentes ao longo do tempo.

Um material linear elástico sob tração uniaxial, onde **σ = Eε**, é análogo a uma mola onde **F = kx**, pois a tensão **σ** equivale à força **F**, a deformação **ε** ao deslocamento **x**, e o módulo **E** à rigidez **k**. Da mesma forma, um material linear viscoso é análogo a um amortecedor, pois a viscosidade **η** corresponde à constante de amortecimento **c**, e a taxa de deformação **ε̇** à velocidade **ẋ**, uma vez que **σ = η ε̇** e **F = c ẋ**. Por isso, pode-se simular o comportamento dos materiais viscoelásticos lineares usando modelos reológicos simples baseados em molas e amortecedores lineares. Combinando molas e amortecedores em paralelo e/ou série, podem-se gerar os modelos viscoelásticos básicos que reproduzem as deformações instantâneas, a fluência ou o fluxo viscoso sob carga (ou a relaxação da carga sob deslocamento constante), e a recuperação descritas na Fig. 10.108, como ilustrado na Fig. 10.113.

Pode-se reproduzir passo a passo a equação de Zener para ilustrar o uso destes modelos reológicos. Se $\sigma_1 = k_{Z_1}\varepsilon$, $\sigma_2 = k_{Z_2}\varepsilon_2$ e $\sigma_3 = c_Z(\dot{\varepsilon}-\dot{\varepsilon}_2)$ são as tensões que atuam nas molas e no amortecedor, onde ε_2 é a deformação na ponta da mola k_{Z_2} ; e se (i)

$$\sigma = \sigma_1 + \sigma_2 = k_{Z_1}\varepsilon + k_{Z_2}\varepsilon_2 \therefore \varepsilon_2 = (\sigma - k_{Z_1}\varepsilon)/k_{Z_2}$$

e (ii) $\sigma_2 = \sigma_3$ são as condições necessárias para manter o equilíbrio e a compatibilidade geométrica entre as molas e o amortecedor, então substituindo o valor de ε_2 nas expressões de σ_2 e σ_3 se obtém $k_{Z_2}(\sigma - k_{Z_1}\varepsilon)/k_{Z_2} = c_Z[\dot{\varepsilon}-(\dot{\sigma}-k_{Z_1}\dot{\varepsilon})/k_{Z_2}]$. E por fim, dividindo esta última equação por c_Z, chega-se à forma apresentada na Fig. 10.113 para relacionar as tensões às deformações nos materiais de Zener.

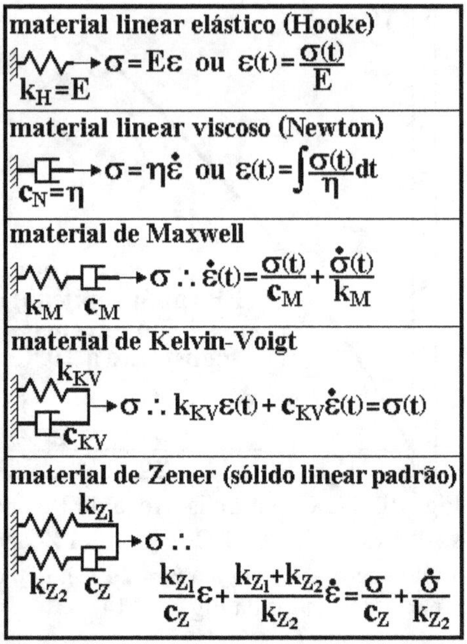

Deve-se notar que todos os modelos básicos mostrados na Fig. 10.113 servem para relacionar σ, ε e **t** nos materiais viscoelásticos lineares por uma equação diferencial do tipo:

$$a_1\dot{\varepsilon} + a_0\varepsilon = b_0\sigma + b_1\dot{\sigma} \qquad (10.99)$$

material linear elástico (Hooke)

$$\sigma = E\varepsilon \text{ ou } \varepsilon(t) = \frac{\sigma(t)}{E}$$
$$k_H = E$$

material linear viscoso (Newton)

$$\sigma = \eta\dot{\varepsilon} \text{ ou } \varepsilon(t) = \int\frac{\sigma(t)}{\eta}dt$$
$$c_N = \eta$$

material de Maxwell

$$\sigma \therefore \dot{\varepsilon}(t) = \frac{\sigma(t)}{c_M} + \frac{\dot{\sigma}(t)}{k_M}$$
$$k_M \quad c_M$$

material de Kelvin-Voigt

$$\sigma \therefore k_{KV}\varepsilon(t) + c_{KV}\dot{\varepsilon}(t) = \sigma(t)$$
$$k_{KV} \quad c_{KV}$$

material de Zener (sólido linear padrão)

$$\sigma \therefore$$
$$\frac{k_{Z_1}}{c_Z}\varepsilon + \frac{k_{Z_1}+k_{Z_2}}{k_{Z_2}}\dot{\varepsilon} = \frac{\sigma}{c_Z} + \frac{\dot{\sigma}}{k_{Z_2}}$$
$$k_{Z_2} \quad c_Z$$

Fig. 10.113: Modelos reológicos para simular o comportamento viscoelástico.

Várias outras molas e amortecedores podem ser adicionados aos modelos básicos quando necessário para simular melhor o comportamento viscoelastoplástico, gerando modelos mais complexos, mas com equações lineares que ainda mantêm a forma básica do tipo [22-24]:

$$a_m\frac{d^m\varepsilon}{dt^m} + a_{m-1}\frac{d^{m-1}\varepsilon}{dt^{m-1}} + \dots + a_0\varepsilon = b_0\sigma + b_1\frac{d\sigma}{dt} + \dots + b\frac{d^n\sigma}{dt^n} \Rightarrow \sum_0^m a_m\frac{d^m\varepsilon}{dt^m} = f(t) \quad (10.100)$$

Esta equação diferencial é *linear* (pois ela é composta por uma combinação linear da variável ε e de suas derivadas), tem coeficientes constantes (que dependem de molas e amortecedores invariáveis), e é de ordem **m** (a ordem da maior derivada de ε). A solução $\varepsilon(t)$ que a resolve obedecendo às suas **m** condições iniciais é *única* [56-57], e pode ser obtida em três passos. Primeiro se faz $f(t) = 0$ para se obter a solução da equação homogênea resultante:

$$a_m\frac{d^m\varepsilon}{dt^m} + a_{m-1}\frac{d^{m-1}\varepsilon}{dt^{m-1}} + \dots + a_0\varepsilon = 0 \Rightarrow \varepsilon_h(t) = \sum_{i=1}^m \alpha_i \cdot \varepsilon_i(t) \qquad (10.101)$$

A solução homogênea $\varepsilon_h(t)$ é composta pela combinação linear de **m** funções independentes $\alpha_i\varepsilon_i(t)$, que podem ser obtidas substituindo $\varepsilon(t) = \alpha\cdot\exp(st)$ em (10.101), o que gera:

$$a_m s^m + a_{m-1}s^{m-1} + \dots + a_0 = 0 \qquad (10.102)$$

Assim, se as **m** raízes desta equação (algébrica), $s = s_1, s_2, \cdots, s_m$ forem distintas, a solução homogênea é composta pela combinação linear de **m** funções exponenciais:

$$\varepsilon_h(t) = \alpha_1 e^{s_1 t} + \alpha_2 e^{s_2 t} + \cdots + \alpha_m e^{s_m t} \qquad (10.103)$$

E se uma raiz s_i for repetida **k** vezes, então os termos da solução homogênea correspondentes às **k** raízes iguais são dados por:

$$\varepsilon_h(t)\big|_{s=s_i} = \alpha_1 e^{s_i t} + \alpha_2 t e^{s_i t} + \cdots + \alpha_k t^{k-1} e^{s_i t} \qquad (10.104)$$

Nesse caso, os outros $(m - k)$ termos da solução homogênea são funções exponenciais da forma dada em (10.103), a menos que haja mais raízes repetidas, gerando funções da forma (10.104).

Assim, a solução homogênea da equação de primeira ordem descrita em (10.100) é dada por $\varepsilon_h(t) = \alpha \cdot \exp[-(a_0/a_1) \cdot t]$, enquanto a solução homogênea da equação de segunda ordem $a_2\ddot{\varepsilon} + a_1\dot{\varepsilon} + a_0\varepsilon = f(t)$ depende do tipo das raízes $s_{1,2} = (-a_1 \pm \sqrt{a_1^2 - 4a_2a_0})/2a_2$:

- se $a_1^2 > 4a_2a_0$ as duas raízes são reais e negativas, e $\varepsilon_h(t) = \alpha_1\exp(s_1t) + \alpha_2\exp(s_2t)$;

- se $a_1^2 = 4a_2a_0$ as raízes são iguais e reais, e $\varepsilon_h(t) = (\alpha_1 + \alpha_2t) \cdot \exp[-(a_1/2a_2) \cdot t]$;

- e se $a_1^2 < 4a_2a_0$, as duas raízes complexas conjugadas geram uma solução homogênea oscilatória amortecida (em geral sem utilidade na simulação dos materiais viscoelásticos), $\varepsilon_h(t) = \exp[-(a_1/2a_2) \cdot t] \cdot (\alpha_1\sin\omega_dt + \alpha_2\cos\omega_dt)$, onde $\omega_d = \sqrt{4a_2a_0 - a_1^2}/2a_2$.

A solução homogênea das equações de ordem mais alta é obtida e analisada de forma similar, uma tarefa que pode ser muito trabalhosa, mas que não é particularmente difícil.

Para completar a solução das equações diferenciais lineares do tipo dado em (10.100) é preciso obter uma solução particular $\varepsilon_{pt}(t)$ sem constantes arbitrárias que satisfaça à equação completa $\sum a_m \, d^m\varepsilon/dt^m = f(t)$, para gerar a solução geral $\varepsilon(t) = \varepsilon_h(t) + \varepsilon_{pt}(t)$. As m constantes α_i que a solução homogênea introduz na solução geral podem ser obtidas fazendo $\varepsilon(t)$ e as suas $m - 1$ primeiras derivadas $d\varepsilon(t)/dt$, ..., $d^{m-1}\varepsilon(t)/dt^{m-1}$ iguais às m condições iniciais especificadas em $t = t_0$.

Por fim, vale a pena lembrar que, pelo princípio da superposição, a resposta $\varepsilon(t)$ de um material viscoelástico linear a um forçamento composto por várias funções, $f(t) = \Sigma f_i(t)$, pode ser obtida somando a resposta homogênea causada pelas condições iniciais com soluções particulares apropriadas para cada f_i sob condições iniciais nulas: se as m condições iniciais são $CI_1 = \varepsilon_0$, $CI_2 = \dot{\varepsilon}_0$, ⋯, $CI_m = d^{m-1}\varepsilon(t = t_0)/dt^{m-1} = \varepsilon_0^{(m-1)}$, então [57]:

$$\varepsilon(t) = \varepsilon_h(t)\big|_{CI_i = \varepsilon_0^{(i-1)}} + \big[\varepsilon_h(t) + \varepsilon_{pt_1}(t)\big]_{CI_i = 0} + \big[\varepsilon_h(t) + \varepsilon_{pt_2}(t)\big]_{CI_i = 0} + \cdots \quad (10.105)$$

Assim, a resposta a partir do repouso dos modelos de primeiro grau mostrados na Fig. 10.113 ao degrau de tensão $\sigma(t) = \sigma_0\langle t\rangle^0$ é dada por:

$$\varepsilon(t) = b_0\sigma_0(1 - \exp[-(a_0/a_1) \cdot t])/a_0 \quad (10.106)$$

Na prática, é útil calcular os chamados módulos secantes dos diversos modelos viscoelásticos, definidos pela razão entre o degrau unitário $\sigma_0\langle 0\rangle^0 = 1$ e a deformação por ele causada num dado tempo t, e.g. nos modelos de $1^{\underline{o}}$ grau $E(t) = a_0/\{b_0(1 - \exp[-(a_0/a_1) \cdot t])\}$. Assim, os módulos secantes dos modelos de Maxwell, de Kelvin-Voigt e de Zener são dados por:

$$E_M(t) = c_M/(c_M/k_M + t) \quad (10.107)$$

$$E_{KV}(t) = k_{KV}/[1 - \exp(-k_{KV}t/c_{KV})] \quad (10.108)$$

$$E_Z(t) = k_{Z1}(k_{Z1} + k_{Z2})/\{k_{Z1} + [1 - \exp(-k_{Z1}k_{Z2}t/(k_{Z1} + k_{Z2}) \cdot c_Z)] \cdot k_{Z2}\} \quad (10.109)$$

Conhecendo estes módulos, fica fácil descrever o comportamento $\sigma\varepsilon$ do material em qualquer instante do tempo. Por exemplo, a deformação gerada por um degrau de tensão aplicado em $t = 0$, $\sigma_0\langle t\rangle^0$, é $\varepsilon(t) = \sigma_0/E(t)$, e quando em $t = t_1$ a tensão é incrementada de $\Delta\sigma_1$, a deformação do material passa a ser dada por $\varepsilon(t) = \sigma_0/E(t) + \Delta\sigma_1\langle t - t_1\rangle^0/E(t - t_1)$. Esta é a idéia fundamental do princípio da superposição de Boltzmann que, para prever a resposta dos materiais viscoelásticos lineares a uma seqüência de **n** degraus de carga, usa o somatório:

$$\varepsilon(t) = \sum_{i=0}^{i=n} \frac{\Delta\sigma_i \langle t - t_i\rangle^0}{E(t - t_i)}$$ (10.110)

onde $\Delta\sigma_i$ é o incremento de tensão causado pelo i-ésimo degrau da carga.

Note que as molas em série com os amortecedores nos modelos de Maxwell e de Zener geram uma resposta elástica instantânea aos degraus de tensão, uma vez que $E_M(0) = k_M \neq 0$ e $E_Z(0) = k_{Z1} + k_{Z2} \neq 0$. Portanto, um incremento brusco de tensão $\Delta\sigma_i$ induz um aumento instantâneo de deformação elástica $\varepsilon_i = \Delta\sigma_i/k_M$ nos materiais de Maxwell, e $\varepsilon_i = \Delta\sigma_i/(k_{Z1} + k_{Z2})$ nos materiais de Zener. Este aumento "instantâneo" é facilmente calculável a partir das equações diferenciais daqueles modelos, e é causado pelo termo **dσ/dt** presente em ambos. Assim, no intervalo de tempo infinitesimal em que o degrau de tensão $\Delta\sigma_i$ é aplicado, pode-se supor que $\dot{\varepsilon} \gg \varepsilon$ e $\dot{\sigma} \gg \sigma$, logo que $\dot{\varepsilon} = \sigma/c_M + \dot{\sigma}/k_M \cong \dot{\sigma}/k_M \Rightarrow \Delta\varepsilon_i(t = t_i) = \Delta\sigma_i/k_M$ no modelo de Maxwell, e que $\varepsilon(k_{Z1}/c_Z) + \dot{\varepsilon}(k_{Z1} + k_{Z2})/k_{Z2} = \sigma/c_Z + \dot{\sigma}/k_{Z2} \cong \dot{\varepsilon}(k_{Z1} + k_{Z2})/k_{Z2} = \dot{\sigma}/k_{Z2} \Rightarrow \Delta\varepsilon_i(t = t_i) = \Delta\sigma_i/(k_{Z1} + k_{Z2})$ no modelo de Zener.

⇨ E10.16: Sendo $E_H = k_M/5 = k_{KV} = k_{Z1} = 2.5k_{Z2} = 2GPa$ as molas dos modelos estudados acima e $\eta_N = c_M = 5c_{KV} = 20c_Z = 100GPa\cdot s$ os seus amortecedores, ache as deformações $\varepsilon(t)$ que o pulso de tensão $\sigma(t) = \sigma_0\cdot(1 - \langle t - t_1\rangle^0) = 10\cdot(1 - \langle t - 50\rangle^0)MPa$ causa em cada um deles.

Hooke: $\varepsilon_H(t) = \sigma(t)/E_H = 5\cdot(1 - \langle t - 50\rangle^0)mm/m.1$

Newton: $\varepsilon_N(t) = \sigma(t)/E_N = [0.1\cdot t\cdot(1 - \langle t - 50\rangle^0) + 5\cdot\langle t - 50\rangle^0]mm/m$.

Maxwell: $\varepsilon_M(t) = \varepsilon_H(t) + \varepsilon_N(t) = [(1 + 0.1t)\cdot(1 - \langle t - 50\rangle^0) + 5\cdot\langle t - 50\rangle^0]mm/m$.

E como os módulos de Kelvin-Voigt e de Zener são do tipo $E(t) = a/[1 - \exp(-bt)]$:

K-V: $\varepsilon_{KV}(t) = (\sigma_0/k_{KV})\cdot\{[1 - \exp(-k_{KV}\cdot t/c_{KV})] - \langle t - 50\rangle^0\cdot[1 - \exp(-k_{KV}(t - 50)/c_{KV})]\}$

Zener: $\varepsilon_Z(t) = [\sigma_0/k_{Z1}(k_{Z1} + k_{Z2})]\cdot\{k_{Z1} + [1 - \exp(-k_{Z1}k_{Z2}\cdot t/(k_{Z1} + k_{Z2})\cdot c_Z)]\cdot k_{Z2}\} -$
$\qquad - \langle t - 50\rangle^0\cdot\{k_{Z1} + [1 - \exp(-k_{Z1}k_{Z2}(t - 50)/(k_{Z1} + k_{Z2})\cdot c_Z)]\cdot k_{Z2}\}$

Estas 5 respostas estão desenhadas na Fig. 10.114. ✓

Entretanto, nenhum dos modelos estudados no E10.16 simula a deformação permanente causada por uma relaxação viscosa parcial, que só pode ser obtida quando se usa pelo menos um modelo de Maxwell em série com um de Kelvin-Voigt. Este modelo viscoelastoplástico linear é chamado de Burgers [22], e se k_1 e k_2 são as molas e c_1 e c_2 os amortecedores das partes de Maxwell e de Kelvin, respectivamente, o seu módulo secante $E_B(t)$ é dado por:

$$E_B(t) = \frac{k_1 c_1 k_2}{c_1 k_2 + c_1 k_1[1 - \exp(-k_2 t/c_2)] + k_1 k_2 t}$$ (10.111)

Obter o módulo dos modelos reológicos viscoelastoplásticos lineares mais elaborados é trabalhoso, mas o seu uso para prever as deformações $\varepsilon(t)$ causadas por qualquer história de tensões $\sigma(t)$ pelo princípio da superposição de Boltzmann é relativamente simples. O que em geral não é trivial na prática é obter os valores das muitas constantes dos modelos mais complicados a partir de dados experimentais obtidos em testes simples.

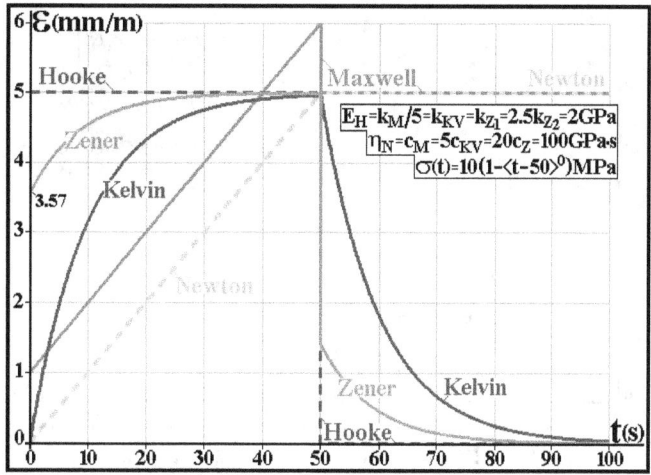

Fig. 10.114: Resposta dos modelos reológicos viscoelásticos simples a um pulso de tensão.

Por fim, vale a pena mencionar que sendo $C(t) = 1/E(t)$ a flexibilidade à fluência de um material viscoelastoplástico linear, as deformações $\varepsilon(t)$ nele causadas por qualquer história de tensão $\sigma(t)$ podem ser calculadas pela forma integral da superposição de Boltzmann:

$$\varepsilon(t) = \int_0^t C(t-\tau)\frac{\partial\sigma(\tau)}{\partial\tau}d\tau = C(0)\sigma(t) - \int_0^t \frac{\partial C(t-\tau)}{\partial\tau}\sigma(\tau)d\tau \qquad (10.112)$$

Entretanto, o detalhamento deste problema não é necessário para resolver problemas de fadiga, logo ele é considerado fora do escopo desta breve revisão (o leitor interessado deve recorrer à literatura especializada consultando, por exemplo, a referência [22]). Mas o problema da resposta viscoelastoplástica linear às cargas cíclicas é tratado a seguir.

⇨ E10.17: Explore a influência dos parâmetros do modelo de Burgers na sua resposta ao pulso de tensão $\sigma(t) = \sigma_0 \cdot (1 - \langle t - 100\rangle^0)\mathbf{MPa}$.

Partindo da expressão do módulo de Burgers calculada acima fica fácil calcular a história $\varepsilon_B(t) = \sigma_0 \cdot [1 - \langle t - 100\rangle^0] \cdot \{1/k_1 + t/c_1 + [1 - \exp(-k_2 t/c_2)]/k_2\}$, e gerar as Fig. 10.115-119, nas quais se varia, um de cada vez, o valor de σ_0, de k_1, de k_2, de c_1 e de c_2, respectivamente.

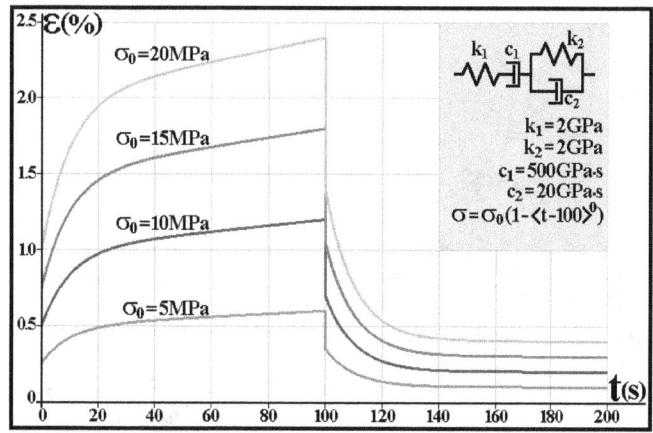

Fig. 10.115: Efeito da magnitude do pulso de tensão $\sigma(t) = \sigma_0 \cdot (1 - \langle t - 50\rangle^0)\mathbf{MPa}$ na história de deformação $\varepsilon(t)$ de um material viscoelastoplástico linear de Burgers.

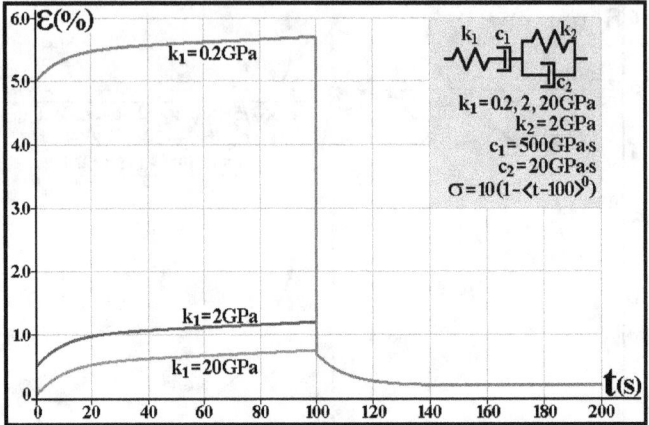

Fig. 10.116: Efeito de **$0.2 < k_1 < 20GPa$** na deformação **$\varepsilon(t)$** de um material de Burgers gerada pelo pulso de tensão **$\sigma(t) = 10\cdot(1 - \langle t - 100\rangle^0)MPa$**. O módulo medido nos testes tradicionais de tração da maioria dos polímeros corresponde a **$1 < k_1 < 5GPa$**.

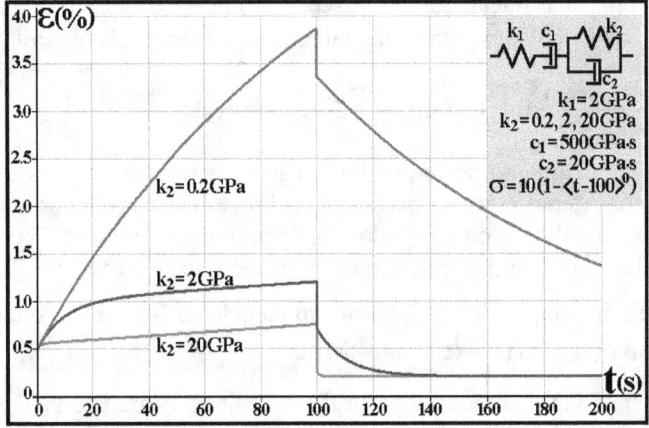

Fig. 10.117: Efeito da mola **$0.2 < k_2 < 20GPa$** na história de deformação **$\varepsilon(t)$** de um material de Burgers causada pelo pulso de tensão **$\sigma(t) = 10\cdot(1 - \langle t - 100\rangle^0)MPa$**.

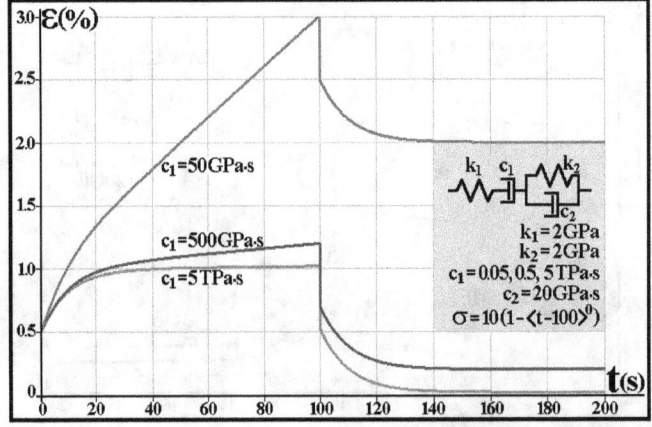

Fig. 10.118: Efeito do amortecedor **$0.05 < c_1 < 5TPa\cdot s$** na história de deformação **$\varepsilon(t)$** de um material de Burgers causada pelo pulso **$\sigma(t) = 10\cdot(1 - \langle t - 100\rangle^0)MPa$**.

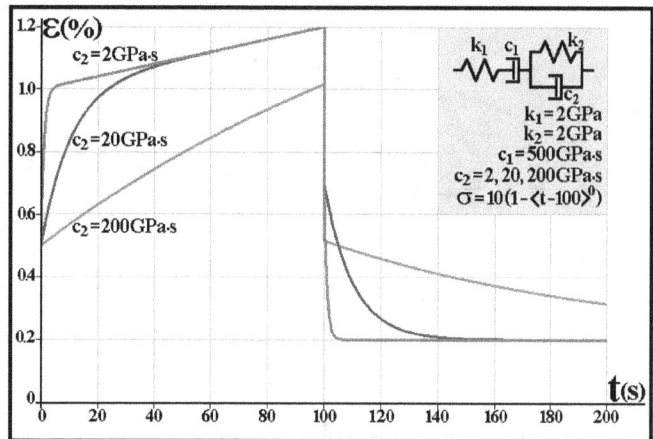

Fig. 10.119: Efeito do amortecedor $2 < c_2 < 200$GPa·s na história de deformação $\varepsilon(t)$ de um material de Burgers causada pelo pulso $\sigma(t) = 10 \cdot (1 - \langle t - 100 \rangle^0)$MPa.

Quando invariáveis, os valores de referência da carga e das propriedades usadas nas figuras acima são: $\sigma_0 = 10$MPa, $k_1 = k_2 = 2$GPa, $c_1 = 500$GPa·s e $c_2 = 20$GPa·s. Estes valores foram escolhidos para simular deformações de fluência que podem ser encontradas na prática quando se usa polímeros em aplicações estruturais. ✓

Os valores dos parâmetros c_1, k_2 e c_2 devem ser obtidos pelo ajuste de dados de fluência, como exemplificado a seguir.

⇨ E10.18: A resistência à ruptura por compressão de um concreto estimada após uma cura padrão de 28 dias é $f_c' = 18$MPa (notação tradicional em engenharia civil), e ele flui sob carga compressiva como descrito na Fig. 10.120. Estime a variação da deformação atuante em colunas feitas deste concreto armado com vergalhões de aço, que tipicamente ocupam de 1 a 2% da área total da coluna. Assuma que a carga na coluna é fixa e centrada, e que ela induz inicialmente uma deformação compressiva elástica $\varepsilon_0 = 500\mu$m/m.

O módulo do concreto aos 28 dias pode ser estimado por $E_{c28} \cong 1.36\sqrt{\rho_c^3 \cdot f_c'}$ em GPa, onde $2.3 < \rho_c < 2.4$ é a densidade típica do concreto. Logo o módulo deste concreto no começo dos testes de fluência (logo após a cura de 28 dias) é estimado como $E_{c28} \cong 21$GPa. Assim, as 3 curvas da Fig. 10.120, medidas sob 2.1, 4.2 e 6.3MPa correspondem a uma deformação inicial $\varepsilon_0 = 100$, 200 e 300μm/m, e têm uma deformação final de fluência após 600 dias sob carga $\varepsilon_n(t = 600 \text{ dias}) = 446$, 872 e 1325$\mu$m/m, respectivamente. Portanto, a deformação de fluência do concreto (suposta neste exemplo positiva por conveniência) *não* é desprezível frente à deformação elástica inicial.

Quando as curvas de fluência $\varepsilon_n \times t$ da Fig. 10.120 medidas sob 2.1 e 4.2MPa são multiplicadas por 3 e por 1.5, elas praticamente coincidem com a curva medida sob 6.3MPa, vide Fig. 10.121. Isto comprova que se pode modelar o comportamento deste concreto como viscoelastoplástico *linear*. O próximo passo é achar um modelo adequado para reproduzir todas estas curvas. Mas como elas só mostram as deformações de fluência, não se deve incluir no modelo uma mola em série com a carga para simular as deformações elásticas dos CPs estimadas acima. Assim, pode-se tentar primeiro um ajuste dos dados experimentais por Kelvin-Voigt. Mas as deformações deste modelo tendem para um valor constante σ/k_{KV}, logo não simulam o aumento contínuo de deformação mostrado na Fig. 10.121.

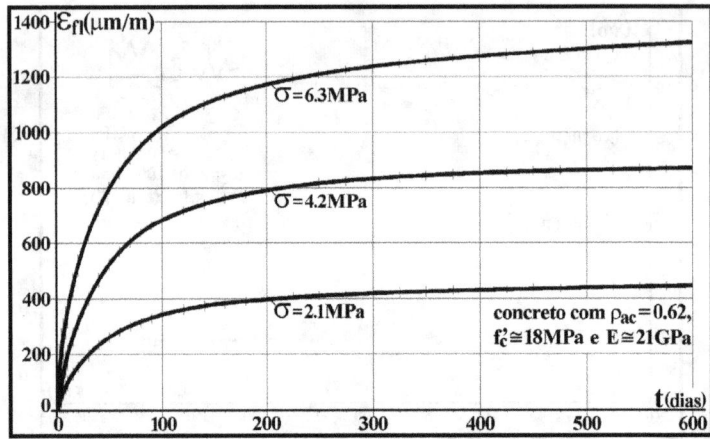

Fig. 10.120: Deformações de fluência sob compressão uniaxial de um concreto com razão á-
gua/cimento ρ_{ac} = **0.62** em peso, medidas após a cura padrão de 28 dias, quando o
concreto já teria atingido a resistência à compressão estimada f'_c = **18MPa** [58].

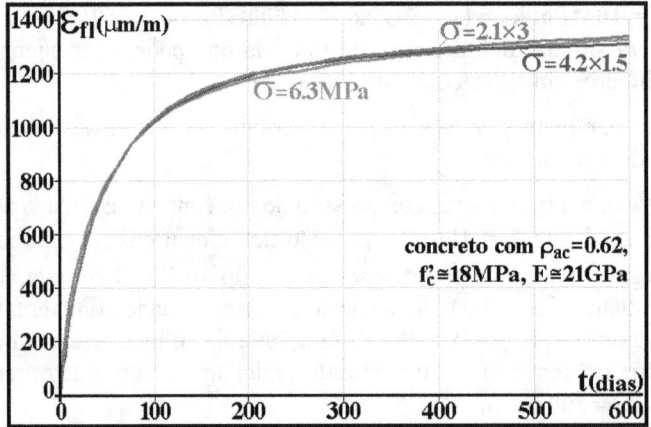

Fig. 10.121: Multiplicando as curvas de fluência medidas sob **2.1MPa** por **3** e sob **4.2MPa** por
1.5 as leva a praticamente coincidir com a curva medida sob **6.3MPa**.

A obtenção dos parâmetros dos modelos viscoelásticos para ajustar adequadamente as
curvas experimentais não é mais uma tarefa hercúlea. Por exemplo, o programa Mathcad [54],
que é particularmente simples e simpático, usa uma função chamada "genfit" para ajustar um
modelo especificado a um conjunto de dados. As curvas 1 e 2 da Fig. 10.122 foram geradas
desta forma. Note que a curva 1 se desvia bastante dos dados experimentais, e tende para o valor constante mencionado acima. Portanto, pode-se concluir que o modelo de Kelvin-Voigt é
simplista demais para descrever adequadamente a fluência deste concreto. O problema do a-
juste de dados experimentais por modelos ou funções genéricas cujos parâmetros são otimizados através do algoritmo de Levemberg-Marquardt é estudado em detalhes no Capítulo 11.

Já a curva 2, cujo modelo inclui um segundo amortecedor em série com a carga, se ajusta
bem melhor aos dados experimentais, e simula adequadamente o crescimento contínuo da deformação de fluência do concreto. Mas é interessante notar também como o ajuste "ótimo"
provido pelo algoritmo matemático não substitui o velho e bom julgamento de engenharia: a
curva 3, cujos parâmetros foram ajustados visualmente, descreve ainda melhor do que a 2 o
comportamento de longo prazo da média das curvas experimentalmente medidas, como pode
ser observado na Fig. 10.122. Na realidade, a melhor maneira de usar as novas ferramentas

computacionais para ajustar modelos a dados experimentais é combinando as suas capacidades de cálculo e de plotagem. A capacidade humana de julgar é imbatível não só para refinar o ajuste calculado, como também para gerar estimativas iniciais adequadas para garantir a convergência dos cálculos (um problema não desprezível na prática, pois os cálculos necessários ao ajuste de funções com muitos parâmetros não são particularmente robustos).

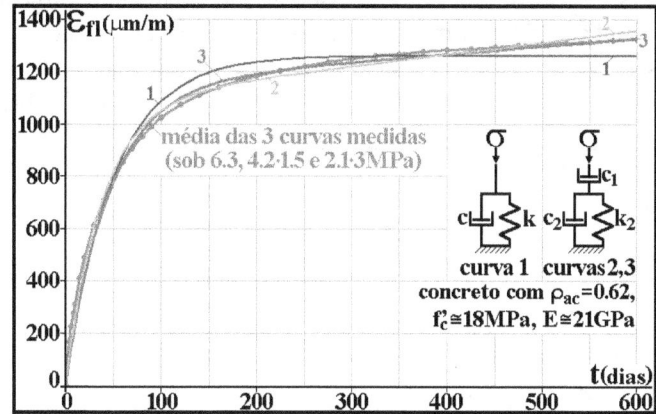

Fig. 10.122: Ajuste da média das 3 curvas da Fig. 10.121: curva 1, Kelvin-Voigt com os 2 parâmetros otimizados por mínimos quadrados; curva 2, Kelvin-Voigt em série com um amortecedor e os 3 parâmetros otimizados por mínimos quadrados; e curva 3, com os 3 parâmetros ajustados visualmente.

Os parâmetros calculados (usando a função genfit do Mathcad) para ajustar a curva 1 aos dados experimentais foram $k = 5GPa$ e $c = 0.25TPa·dia = 21.6GPa·s$, e para ajustar a curva 2 foram $c_1 = 13.84TPa·dia = 1.196TPa·s$, $k_2 = 5.8GPa$ e $c_2 = 0.219TPa·dia = 18.92GPa·s$. O ajuste visual da curva 3 foi conseguido usando $c_1 = 21TPa·dia = 1.814TPa·s$, $k_2 = 5.8GPa$ e $c_2 = 0.25TPa·dia = 21.6GPa·s$. A modelagem das deformações totais do concreto requer mais uma mola $k_1 = 21GPa$ em série com a carga, para simular o módulo de elasticidade E_{c28}. Este modelo de Burgers para as deformações totais do concreto é mostrado na Fig. 10.123.

Para modelar uma coluna de concreto armado sob compressão pura, basta usar uma mola em paralelo com o modelo de Burgers do concreto deste exemplo, porque a fluência do aço usado na armadura do concreto é desprezível na temperatura ambiente. E porque, para manter a compatibilidade geométrica entre os vergalhões da armadura e o concreto da coluna, as deformações do concreto e do aço têm que ser iguais enquanto a coluna permanecer íntegra. Este modelo também é esquematizado na Fig. 10.123.

Assim, sendo A_a a área total dos vergalhões de aço e A_c a área do concreto numa coluna cuja seção reta tem área total $A = A_a + A_c$; $fa_a = A_a/A$ e $(1 - fa_a)$ as frações de área do aço e do concreto na área total da seção reta da coluna; F a força (suposta constante) que solicita a coluna; E_a e o módulo do aço (que não flui, logo independe do tempo t) e $E_c(t)$ o módulo (variável) do concreto; $\sigma_a(t)$ e $\sigma_c(t)$ as tensões que atuam nos vergalhões e no concreto (ambas variam ao longo do tempo, pois a fluência do concreto transfere carga para o aço da armadura); e $\varepsilon(t)$ a deformação da coluna ao longo do tempo, então é trivial mostrar que a força compressiva pura que nela atua é $F = \sigma_a(t)·A_a + \sigma_c(t)·A_c = \varepsilon(t)·[E_a·A_a + E_c(t)·A_c]$, portanto:

$$\varepsilon(t) = \frac{F}{E_a A_a + E_c(t) A_c} = \frac{F/A}{fa_a k_a + \dfrac{(1 - fa_a)}{1/k_1 + t/c_1 + [1 - \exp(-k_2 t/c_2)]/k_2}} \qquad (10.113)$$

Também se pode mostrar facilmente que a tensão que solicita a coluna é dada por:

$$\sigma = F/A = \varepsilon(0)[fa_a k_a + (1-fa_a)k_1] = \varepsilon_0[fa_a k_a + (1-fa_a)k_1] \tag{10.114}$$

A área da armadura de aço nas colunas de concreto armado é tipicamente de **1 a 2%** da área total da coluna. Como **2000µm/m** é a deformação elástica de falha usada na maioria dos projetos de estruturas de concreto, pode-se considerar que uma coluna projetada para suportar uma deformação inicial $\varepsilon_0 = 500µm/m$ represente os problemas encontrados na prática. Assim, a Fig. 10.127 mostra a variação das deformações esperadas em colunas de concreto puro (com $f'_c = 18MPa$), e de concreto armado com fração de área de aço $fa_a = 0.01$ e $fa_a = 0.02$.

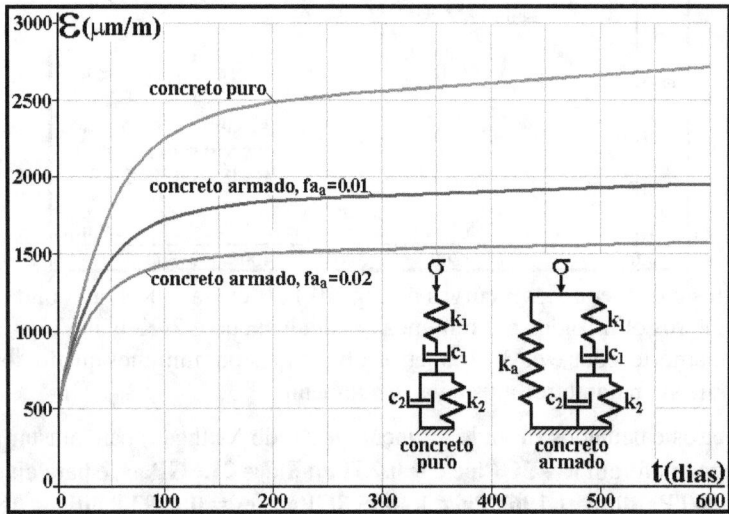

Fig. 10.123: Variação das deformações ao longo do tempo esperada em colunas feitas do concreto cuja fluência é descrita na Fig. 10.120, quando sujeitas a uma compressão pura que gera uma deformação inicial $\varepsilon_0 = 500µm/m$.

Como esquematizado acima, o concreto puro é modelado como um material viscoelastoplástico de Burgers com $k_1 = 21GPa$, $c_1 = 1.814TPa{\cdot}s$, $k_2 = 5.8GPa$ e $c_2 = 21.6GPa{\cdot}s$, e a armadura é modelada como um material hookeano de $k_a = 200GPa$. Note que as tensões σ e as deformações ε compressivas são plotadas como positivas. ✔

É interessante notar que as deformações nas colunas de concreto (armado ou não) rapidamente atingem valores bem maiores que a deformação inicial ε_0. Também é notável como uma pequena quantidade de aço pode diminuir significativamente as deformações de fluência nas colunas de concreto armado. Estas previsões são confirmadas por diversas medidas feitas por Ziehl et al. [59] em colunas de concreto com $f'_c = 28$ e $56MPa$, e pela prática ACI 209-R86 recomendada pelo *American Concrete Institute* para prever os efeitos de fluência em estruturas de concreto [60].

10.18 Efeitos das Cargas Alternadas nos Materiais Viscoelastoplásticos Lineares

Uma história de tensão harmônica de freqüência ω do tipo:

$$\sigma(t) = Re(\sigma_0 e^{i\omega t}) = \sigma_0 \cos(\omega t) \tag{10.115}$$

onde $i = \sqrt{(-1)}$, induz nos materiais viscoelastoplásticos lineares uma história de deformações $\varepsilon(t)$ que também é harmônica e de mesma freqüência ω, mas retardada de um ângulo de perda ψ que depende da dissipação interna do material viscoelástico:

$$\varepsilon(t) = \varepsilon_0(\omega) \cdot e^{i(\omega t - \psi)} = \varepsilon^*(\omega) \cdot e^{i\omega t} = \varepsilon_0(\omega) \cdot (\cos\psi - i \cdot \sin\psi) \cdot e^{i\omega t} \tag{10.116}$$

No caso geral, estes materiais respondem às cargas harmônicas $\sigma_0 e^{i\omega t}$ por:

$$[a_0 + a_1 i\omega + a_2(i\omega)^2 + \cdots] \cdot \sigma_0 e^{i\omega t} = [b_0 + b_1 i\omega + b_2(i\omega)^2 + \cdots] \cdot \varepsilon^*(\omega) e^{i\omega t} \tag{10.117}$$

Assim, a chamada flexibilidade complexa dos materiais viscoelastoplásticos lineares (que é uma função da freqüência ω da tensão de forçamento) é dada pela razão:

$$C^*(\omega) = \varepsilon^*(\omega)/\sigma_0 = \left[a_0 + a_1 i\omega + a_2(i\omega)^2 + \cdots\right] / \left[b_0 + b_1 i\omega + b_2(i\omega)^2 + \cdots\right] \tag{10.118}$$

A flexibilidade complexa $C^*(\omega)$ pode ser separada em duas partes, uma elástica conservativa $C_{el}(\omega)$, e outra viscosa dissipativa $C_{vs}(\omega)$:

$$C^*(\omega) = [\varepsilon_0(\omega)/\sigma_0] \cdot (\cos\psi - i \cdot \sin\psi) = C_{el}(\omega) - i \cdot C_{vs}(\omega) \tag{10.119}$$

Da mesma forma, a história de deformações $\varepsilon(t) = \mathrm{Re}(\varepsilon_0 e^{i\omega t})$ causa a história de tensões harmônica $\sigma(t) = \sigma_0(\omega) \cdot e^{i(\omega t + \psi)} = \sigma^*(\omega) \cdot e^{i\omega t}$, onde $E^*(\omega) = \sigma^*(\omega)/\varepsilon_0$ é o módulo complexo do material viscoelastoplástico linear. O módulo complexo $E^*(\omega)$ também pode ser separado em duas partes, uma elástica $E_{el}(\omega)$, que não dissipa energia, e outra viscosa $E_{vs}(\omega)$, que é a responsável pela geração de calor nas cargas cíclicas:

$$E^*(\omega) = [\sigma_0(\omega)/\varepsilon_0] \cdot (\cos\psi + i \cdot \sin\psi) = E_{el}(\omega) + i \cdot E_{vs}(\omega) \tag{10.120}$$

O ângulo de perda $\psi(\omega)$ é dado por:

$$\tan\psi(\omega) = E_{vs}(\omega)/E_{el}(\omega) \tag{10.121}$$

$E_{el}(\omega) = [\sigma_0(\omega)/\varepsilon_0] \cdot \cos\psi$, a parte elástica do módulo complexo, é às vezes chamada de módulo de armazenagem e está sempre em fase com a carga. $E_{vs}(\omega) = [\sigma_0(\omega)/\varepsilon_0] \cdot \sin\psi$, a parte viscosa do módulo, é chamada de módulo de perda e está sempre $90°$ fora de fase com a carga. E sempre valem as relações $E^* \cdot C^* = 1$, $|E^*| = \sqrt{E_{el}^2 + E_{vs}^2}$, e $|C^*| = \sqrt{C_{el}^2 + C_{vs}^2}$.

⇨ E10.19: Explore a influência da freqüência de forçamento $f = 2\pi\omega$ e dos parâmetros de um material reológico de Burgers nos seus módulos elástico E_{el} e viscoso E_{vs}.

Sendo $\sigma + a_1\dot{\sigma} + a_2\ddot{\sigma} = b_1\dot{\varepsilon} + b_2\ddot{\varepsilon}$ a equação diferencial linear do modelo de Burgers, onde $a_1 = c_1/k_1 + c_1/k_2 + c_2/k_2$, $a_2 = c_1 c_2/k_1 k_2$, $b_1 = c_1$ e $b_2 = c_1 c_2/k_2$ [22], pode-se escrever que:

$$E^* = \frac{b_1 i\omega - b_2\omega^2}{1 + a_1 i\omega - a_2\omega^2} = \frac{(a_1 b_1 - b_2)\omega^2 + a_2 b_2\omega^4 + i(b_1\omega + a_1 b_2\omega^2 - a_2 b_1\omega^3)}{a_1^2\omega^2 + (1 - a_2\omega^2)^2} \tag{10.122}$$

$$\Rightarrow \begin{cases} E_{el} = \mathrm{Re}\, E^* = \left[(a_1 b_1 - b_2)\omega^2 + a_2 b_2\omega^4\right] / \left[a_1^2\omega^2 + (1 - a_2\omega^2)^2\right] \\ E_{vs} = \mathrm{Im}\, E^* = \left[b_1\omega + a_1 b_2\omega^2 - a_2 b_1\omega^3\right] / \left[a_1^2\omega^2 + (1 - a_2\omega^2)^2\right] \end{cases} \tag{10.123}$$

Estas funções são exploradas nas Fig. 10.124 a 10.127 a seguir. ✔

Como discutido no Capítulo 4, a dissipação viscosa associada ao módulo de perda E_{vs} gera calor e esquenta os CPs de fadiga (e também as peças sujeitas a cargas dinâmicas). A potência por unidade de volume $\mathcal{P}$ dissipada num material viscoelastoplástico linear submetido à solicitação harmônica $\sigma(t) = \sigma_0\sin\omega t = \sigma_0\sin 2\pi f t \Rightarrow \varepsilon(t) = \varepsilon_0\sin(\omega t - \psi)$ é dada por:

$$\begin{aligned} \mathcal{P} &= f \int_0^{1/f} \sigma \frac{d\varepsilon}{dt} dt = f \int_0^{1/f} \sigma_0 \sin\omega t \cdot \varepsilon_0\omega\cos(\omega t - \psi) \cdot dt = \\ &= f\pi\sigma_0\varepsilon_0\sin\psi = \pi f\varepsilon_0^2 E_{vs} = 4\pi f\Delta\varepsilon^2 E_{vs} = 2\omega\Delta\varepsilon^2 E_{vs} \end{aligned} \tag{10.124}$$

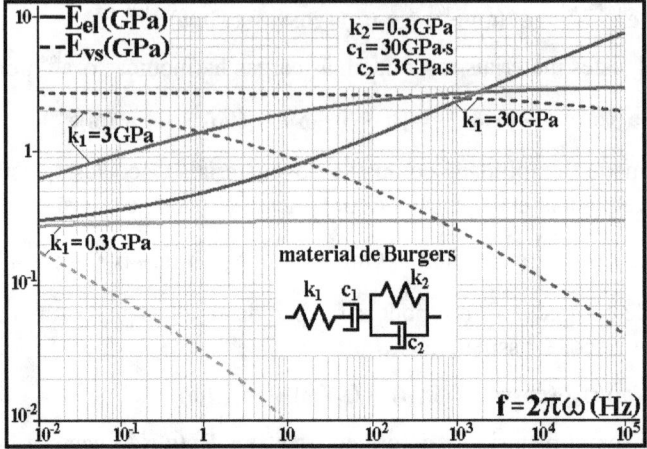

Fig. 10.124: Influência da rigidez k_1 e da freqüência de forçamento f nos módulos E_{el} e E_{vs} de um material (viscoelastoplástico linear) de Burgers.

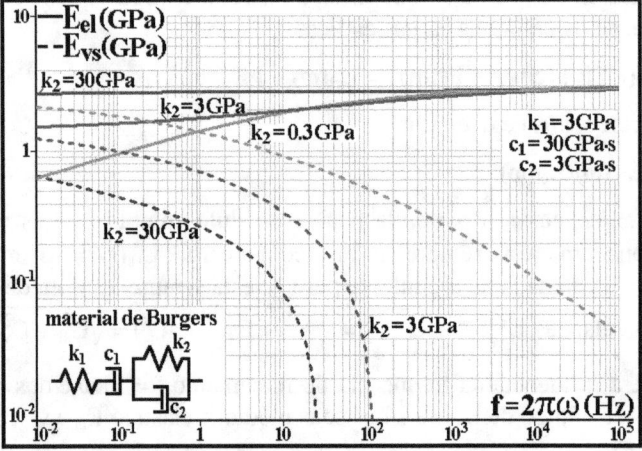

Fig. 10.125: Influência da rigidez k_2 e da freqüência de forçamento f nos módulos E_{el} e E_{vs} de um material (viscoelastoplástico linear) de Burgers.

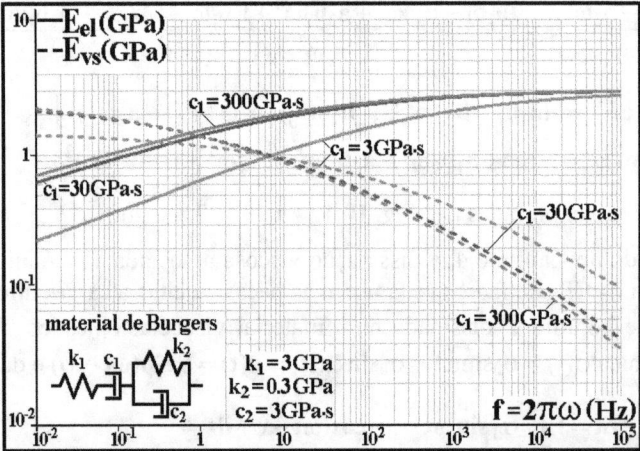

Fig. 10.126: Influência do amortecedor c_1 e da freqüência de forçamento f nos módulos E_{el} e E_{vs} de um material (viscoelastoplástico linear) de Burgers.

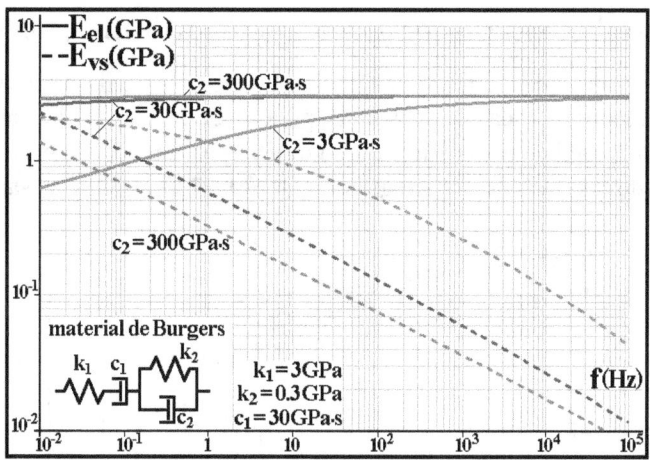

Fig. 10.127: Influência do amortecedor c_2 e da freqüência de forçamento f nos módulos E_{el} e E_{vs} de um material (viscoelastoplástico linear) de Burgers.

Como discutido no Capítulo 4, a dissipação viscosa associada ao módulo de perda E_{vs} gera calor e esquenta os CPs de fadiga (e também as peças sujeitas a cargas dinâmicas). A potência por unidade de volume $\mathcal{P}$ dissipada num material viscoelastoplástico linear submetido à solicitação harmônica $\sigma(t) = \sigma_0\sin\omega t = \sigma_0\sin 2\pi f t \Rightarrow \varepsilon(t) = \varepsilon_0\sin(\omega t - \psi)$ é dada por:

$$\mathcal{P}= f \int_0^{1/f}\sigma\frac{d\varepsilon}{dt}dt = f \int_0^{1/f}\sigma_0 \sin\omega t \cdot \varepsilon_0\omega\cos(\omega t - \psi)\cdot dt =$$
$$= f\pi\sigma_0\varepsilon_0 \sin\psi = \pi f\varepsilon_0^2 E_{vs}= 4\pi f\Delta\varepsilon^2 E_{vs}=2\omega\Delta\varepsilon^2 E_{vs} \qquad (10.125)$$

A potência dissipada gera calor que esquenta a peça e diminui o módulo do polímero, logo sob $\Delta\sigma$ constante $\Delta\varepsilon$ cresce e gera mais calor, um processo instável quando a perda de calor (por refrigeração natural ou forçada da peça) não equilibra a potência total dissipada $\int\mathcal{P}dv$, que cresce com o produto $f\cdot\Delta\varepsilon^2\cdot E_{vs}$. Mas note que sendo $\mathcal{P}$ a potência dissipada no ponto da peça onde atuam $\sigma_0\sin\omega t$ e $\varepsilon_0\sin(\omega t - \psi)$, calcular a potência total dissipada pode ser uma tarefa bem complicada quando há gradientes de tensão e/ou de deformação na peça.

10.19 Influência da Temperatura no Módulo dos Materiais Viscoelastoplásticos

Devido à sua componente viscosa E_{vs}, o módulo dos polímeros depende muito da taxa da deformação, principalmente nas temperaturas altas $\Theta > \sim 0.5\Theta_V$, a sua temperatura de transição vítrea. Além disso, ele cai tipicamente 3 ordens de magnitude após cruzar Θ_V, como ilustrado na Fig. 10.128 (que reproduz por conveniência a Fig. 3.42) [1].

A variação temporal do módulo $E(t, \Theta)$ de um acrílico (PMMA), medida em várias temperaturas numa taxa fixa, é mostrada na Fig. 10.129 [23]. Como estas diversas curvas praticamente coincidem ao serem deslocadas na direção horizontal (temporal), vide Fig. 10.130, após quantificar este deslocamento pode-se construir uma curva única para o módulo numa temperatura de referência adequada, como mostrado a seguir. Se a influência da temperatura na taxa de deformação do material é dada por Arrhenius, o módulo $E_1(t, \Theta_1) = \sigma/\varepsilon(t, \Theta_1)$ (medido na temperatura Θ_1 após passar um tempo t sob a tensão σ) pode ser transformado no módulo $E_2(t, \Theta_2)$ (medido na temperatura Θ_2 após um tempo t sob σ) por um deslocamento constante $\log(a_\Theta)$ ao longo do eixo $\log(t)$. Isto porque nestes casos, $\dot{\varepsilon}(\Theta) = A\cdot\exp(-Q/R\Theta) \Rightarrow E = \sigma/\varepsilon = \sigma/t\cdot A\exp(-Q/R\Theta)$, logo $E_1 = E_2 \Rightarrow \exp(Q/R\Theta_1)/t_1 = \exp(Q/R\Theta_2)/t_2$, e assim os módulos nas temperaturas Θ_1 e Θ_2 serão iguais quando:

$$t_1/t_2 = \exp\left[(Q/R)(1/\Theta_1 - 1/\Theta_2)\right] \Rightarrow \ln t_1 - \ln t_2 = (Q/R)(1/\Theta_1 - 1/\Theta_2) \qquad (10.126)$$

Esta é a idéia básica do parâmetro de Orr-Sherby-Dorn estudado na seção 10.7: quando a influência da temperatura é dada por Arrhenius, pode-se definir um deslocamento fixo $\log(a_\Theta)$ a partir de uma curva medida numa temperatura de Θ_{ref} para prever as taxas $\dot\varepsilon$ em outras temperaturas Θ, fazendo $\log(a_\Theta) = \log(t) - \log(t_{ref}) = Q(1/\Theta - 1/\Theta_{ref})/2.3R$ e usando $\ln(10) \cong 2.3$.

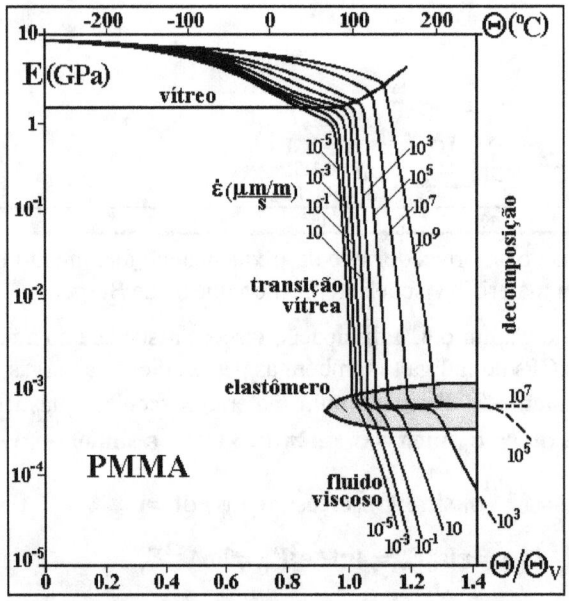

Fig. 10.128: Variação do módulo do PMMA com a temperatura Θ em várias taxas $\dot\varepsilon$.

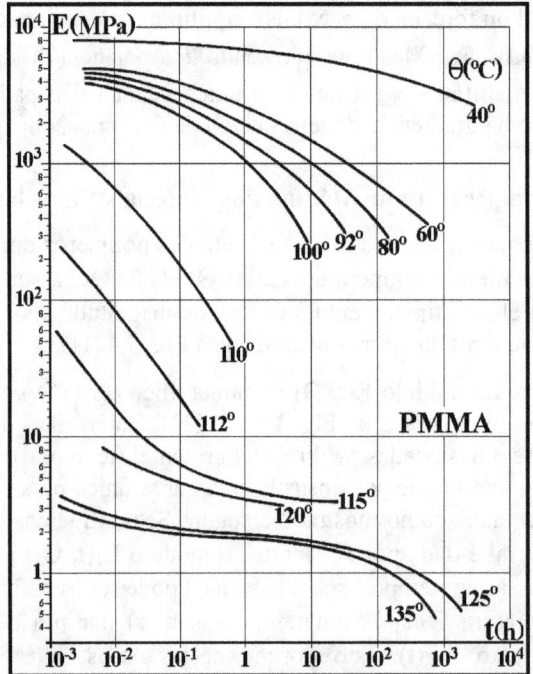

Fig. 10.129: Variação temporal do módulo $\mathbf{E(t, \Theta)}$ do acrílico em várias temperaturas Θ.

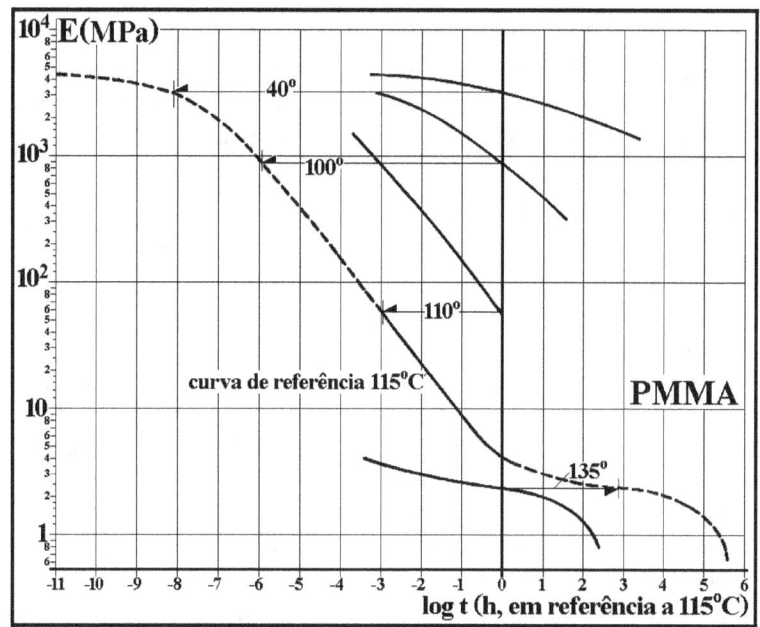

Fig. 10.130: Módulo do PMMA na temperatura de referência $\Theta = 115°C$.

Mas a translação **t⊖** dos polímeros é mais complexa do que a dos cristais, já que envolve micromecanismos não descritos por Arrhenius. Por isso, ela em geral é mais bem prevista pela chamada equação WLF (Williams, Landel e Ferry) [22-24], que é muito usada na prática:

$$\log(t_2/t_1) = \log a_\theta = [-\kappa_1 \cdot (\theta_2 - \theta_1)]/[\kappa_2 + \theta_2 - \theta_1] \qquad (10.127)$$

onde κ_1 e κ_2 são parâmetros de ajuste de dados obtidos experimentalmente.

Quando a temperatura de transição vítrea é a referência usada, a translação **t⊖** pode em geral ser estimada pela equação WLF universal (que seria aplicável a todos os polímeros vítreos se $\Theta_V < \Theta < \Theta_V + 100K$, e muitas vezes em faixas bem mais amplas), a qual é dada por:

$$\log(t/t_V) = \log a_{\theta_V} = [-17.4 \cdot (\theta - \theta_V)]/[51.6 + \theta - \theta_V] \qquad (10.128)$$

Da mesma forma que para os metais, esta troca entre tempo e temperatura é uma ferramenta muito poderosa no dimensionamento de peças poliméricas. Ela permite não só acelerar testes que seriam longos demais para serem úteis na prática, como também usar dados medidos numa temperatura Θ_1 para prever vidas em qualquer outra temperatura Θ_2 (dentro da faixa tolerável pela equação WLF), como ilustrado no E10.20 a seguir.

⇨ E10.20: Em quanto tempo a tensão $\sigma = 3.9\text{MPa}$ causaria a deformação $\varepsilon = 1\%$ no polipropileno do vaso do E10.15 a **40°C**?

Como visto no E10.15, esta razão entre σ e ε é atingida após **1 ano** a **20°C**, ou após um tempo $t_1 = 3.15 \cdot 10^7 s$ a $\Theta_1 = 293K$, e deve-se achar o tempo t_2 a $\Theta_2 = 313K$ para obter este mesmo módulo $E = \sigma/\varepsilon$. Supondo que este PP tenha $\Theta_V = 8°C$, usando a equação universal de WLF pode-se escrever que:

$$\log t_2 - \log t_1 = \frac{-17.4 \cdot (\theta_2 - \theta_V)}{51.6 + \theta_2 - \theta_V} - \frac{-17.4 \cdot (\theta_1 - \theta_V)}{51.6 + \theta_1 - \theta_V} =$$
$$= \frac{-17.4 \cdot 51.6 \cdot (\theta_2 - \theta_1)}{(51.6 + \theta_2 - \theta_V)(51.6 + \theta_1 - \theta_V)} = \frac{-898 \cdot 20}{(51.6 + 32)(51.6 + 12)} = -3.38 \qquad (10.129)$$

Portanto, $t_2 = t_1 \cdot 10^{-3.38} = 1.31 \cdot 10^4 s = 3h39min$. ✓

Como variações de **20°C** na temperatura ambiente são comuns durante o dia, e como a equação WLF é aplicável a qualquer polímero, este exemplo enfatiza a imensa influência que a temperatura tem no comportamento mecânico destes materiais.

10.20 Fadiga sob Tensões Térmicas

Os efeitos estruturais da temperatura não se limitam apenas às faixas onde a fluência é importante, pois mesmo quando esta pode ser desprezada, as variações de temperatura podem causar fadiga. De fato, como quase todos os materiais estruturais tendem a expandir quando aquecidos, as partes quentes das peças em geral tendem a crescer mais do que as frias. E qualquer restrição às tendências de expansão (ou de retração) é causadora de tensões térmicas. As restrições ao livre deslocamento térmico podem ser causadas por apoios externos, ou por gradientes de temperatura na própria peça. Nestes casos, tensões térmicas significativas podem ser necessárias para manter a compatibilidade geométrica entre pontos da peça sujeitos a gradientes de temperatura severos, causados por transientes de aquecimento ou de resfriamento, ou mesmo por fluxos de calor permanentes. E a aplicação repetida de ciclos térmicos pode causar fadiga, como facilmente comprovável através da solução de um exemplo simples:

⇨ E10.21: Estime a quantos ciclos de aquecimento/resfriamento entre **0** e **100°C** uma barra curta fixada entre paredes indeformáveis resistiria antes de iniciar uma trinca por fadiga, se for de aço 1020 com coeficiente de expansão térmica $\alpha = 12\mu m/m/°C$, e tiver um entalhe de $K_t = 3$ na sua seção central.

As propriedades do aço 1020 estão listadas na Tabela 6.2 e no Apêndice 1. Assim, usando **E = 203GPa** (desprezando a variação de 1.5% no módulo prevista entre **0** e **100°C** na Fig. 3.41), é fácil calcular que as paredes rígidas devem impor na barra uma gama nominal de tensões (térmicas) $\Delta\sigma_n = E \cdot \alpha \cdot \Delta\Theta = 0.203 \cdot 1200 = 244MPa$, para impedir a gama de deformações nominais $\Delta\varepsilon_n = \alpha \cdot \Delta\Theta = 1200\mu m/m$ que os ciclos de temperatura de gama $\Delta\Theta = 100°C$ causariam numa barra livre. É fácil prever também que esta gama nominal de tensões térmicas causaria escoamento cíclico na raiz do entalhe, pois $K_t \cdot \Delta\sigma_n = 732 > 2S_E = 524MPa$. Portanto, deve-se usar o método εN para estimar o número de ciclos requeridos para iniciar uma trinca por fadiga na barra devido aos ciclos de temperatura $\Delta\Theta$ nela impostos. Assim, tratando as tensões térmicas como qualquer outra componente de tensão, pode-se usar as Equações (6.81) e (6.82) para estimar a vida de iniciação pelo método εN tradicional:

$$\begin{cases} (K_t \Delta\sigma_n)^2 = \Delta\sigma^2 + 2E\Delta\sigma^{(h_c+1)/h_c} / (2H_c)^{1/h_c} \Rightarrow \\ \Rightarrow (3 \cdot 244)^2 = \Delta\sigma^2 + [2 \cdot 203000 \cdot \Delta\sigma^{1.18/0.18}] / (2 \cdot 772)^{1/0.18} \Rightarrow \Delta\sigma = 482 \\ \Delta\varepsilon/2 = \Delta\sigma/2E + (\Delta\sigma/2H_c)^{1/h_c} = (\sigma_c/E)(2N)^b + \varepsilon_c(2N)^c \Rightarrow \\ \Rightarrow 1.96 \cdot 10^{-3} = 896(2N)^{-0.12}/203000 + 0.41(2N)^{-0.51} \Rightarrow N = 80000 \end{cases} \quad (10.130)$$

Mas esta estimativa de **N = 80000 ciclos** para iniciar uma trinca por fadiga térmica pode e deve ser mais bem elaborada. Nela não se considerou o efeito dos parâmetros que afetam o limite à fadiga, como o acabamento superficial do entalhe, e.g. Não se considerou também a tensão nominal elastoplástica, nem as correções necessárias nos laços de histerese estudadas no Capítulo 6. Desta forma, esta primeira estimativa tende a ser não-conservativa, logo insegura. Além disso, o problema não especificou a temperatura de montagem, mas este detalhe pode ter uma importância fundamental tanto na vida à fadiga, quanto na estabilidade da barra. Se ela for montada na temperatura máxima de **100°C**, todas as tensões térmicas causadas por $\Delta\Theta$ serão trativas (pois se oporão à tentativa de retração da barra). Isto é ruim para a vida à fadiga, mas elimina o problema de uma possível flambagem térmica. Já se a barra for montada a **0°C**, todas as tensões térmicas serão compressivas, o que é bom para a fadiga, mas ruim para a flambagem. Este problema tem grande importância prática, e.g., na construção das ferrovias modernas, onde a temperatura de assentamento dos trilhos contínuos é um parâmetro construtivo que influi muito na estabilidade e na resistência estrutural da linha. Mas como foi dito que a barra era "curta", a possibilidade de flambagem será ignorada neste exercício.

Entretanto, não se pode desprezar o efeito da temperatura de montagem na estimativa da vida à fadiga da barra. Assim, mantendo a amplitude nominal σ_{an} = **122MPa** fixa, pode-se assumir uma temperatura de montagem Θ_M = **100ºC**, a qual geraria uma tensão média trativa, $\sigma_{mn}(100)$ = **122MPa**; ou uma Θ_M = **50ºC**, o que geraria uma tensão média nula $\sigma_{mn}(50)$ = **0**; ou então uma montagem a frio com Θ_M = **0ºC**, gerando uma tensão média nominal compressiva, $\sigma_{mn}(0)$ = **–122MPa**. Esta comparação fica trivial no **ViDa**, que gerou em menos de 1 minuto a tabela mostrada na Fig. 10.131. Os laços previstos para a história $\sigma\varepsilon$ atuante na raiz do entalhe quando a barra é montada a frio ou a quente são comparados na Fig. 10.132.

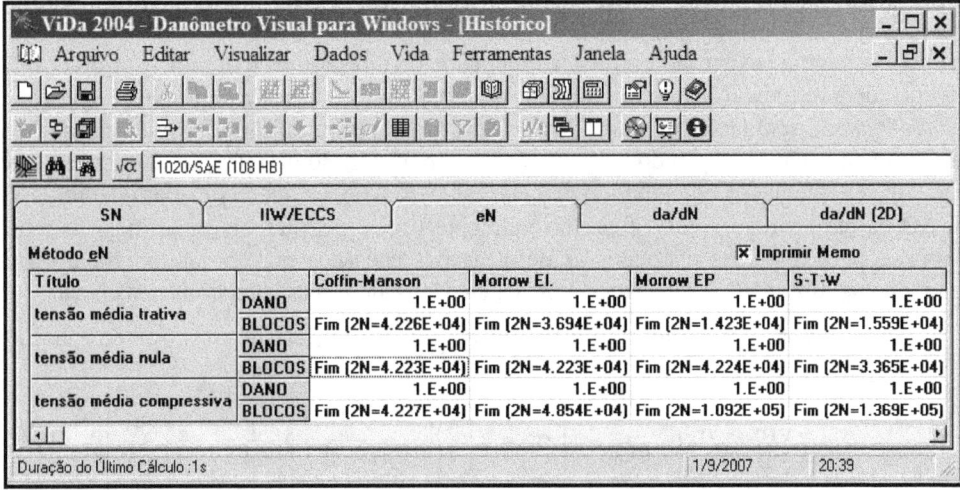

Fig. 10.131: Vida de iniciação prevista para 3 temperaturas de montagem da barra.

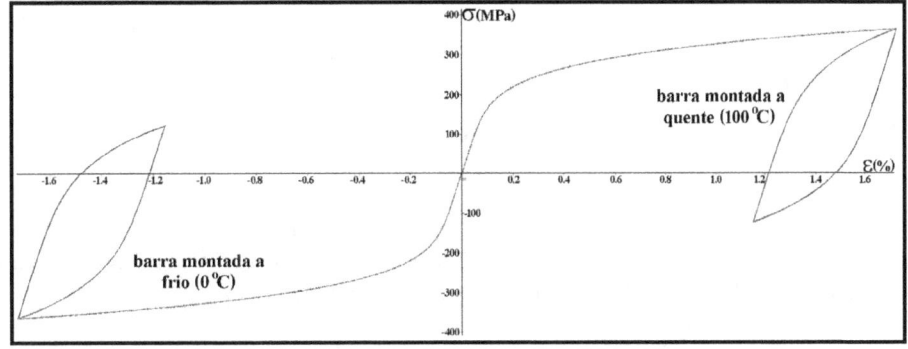

Fig. 10.132: Laços previstos quando a barra é montada a quente ou a frio.

A primeira observação importante é em relação ao resultado dos cálculos baseados no modelo de Coffin-Manson, que desta vez foram feitos considerando todas as correções necessárias. Como o dano à fadiga calculado por este modelo é insensível à carga média, a vida prevista nos três casos estudados é a mesma: **N $\cong$ 21100 ciclos**, ou um pouco mais de 1/4 da vida obtida a partir da equação (10.129). Isto confirma a previsão de que a estimativa εN tradicional tende a gerar resultados não-conservativos em comparação aos obtidos considerando as tensões nominais por Ramberg-Osgood em vez de Hooke, e incluindo todas as correções estudadas no Capítulo 6.

Mas o **ViDa** calcula também as previsões obtidas pelos modelos elástico e elastoplástico de Morrow e por Smith-Watson-Topper, que consideram o efeito da carga média. Por exemplo, por SWT a vida de iniciação é estimada em $N \cong 7800$ **ciclos** se a barra for montada a $100°C$, o que gera uma tensão média nominal trativa $\sigma_{mn} = 122MPa$. Já se a barra for montada a $0°C$ a vida à fadiga estimada por SWT é quase **9 vezes maior**, $N \cong 68500$, devido à tensão média compressiva. O modelo de Morrow EP gera previsões de vida à fadiga um pouco menores neste caso, mas confirma o grande efeito da tensão média previsto por SWT. Entretanto, o efeito benéfico da carga média compressiva previsto pelo modelo de Morrrow EL é bem menos pronunciado neste caso. Esta discrepância entre as previsões dos vários modelos εN já foi comentada no Capítulo 6, e só pode ser resolvida pela obtenção de dados experimentais específicos. ✓

10.20.1 Fundamentos da Análise de Tensões Térmicas

O coeficiente de expansão térmica α independe da direção nos materiais isotrópicos, logo ele não tende a introduzir distorções angulares nem afeta as tensões e deformações cisalhantes [61]. A expansão térmica livre, causada por uma temperatura uniforme Θ, não produz qualquer tensão na peça. Mas quando há restrições à livre expansão ou retração térmica, seus efeitos podem ser calculados computando primeiro as deformações que ocorreriam devido à variação $\Delta\Theta$ da temperatura se elas fossem totalmente livres; para depois quantificar as tensões necessárias para impor as restrições às deformações causadas por apoios externos, ou para manter a compatibilidade geométrica na presença de gradientes de temperatura na peça.

A relação tensão-deformação-temperatura no caso linear, elástico, isotrópico e homogêneo é dada por:

$$\begin{cases} \varepsilon_x = \dfrac{\sigma_x - v(\sigma_y + \sigma_z)}{E} + \alpha\Theta \\[2mm] \varepsilon_y = \dfrac{\sigma_y - v(\sigma_x + \sigma_z)}{E} + \alpha\Theta \\[2mm] \varepsilon_z = \dfrac{\sigma_z - v(\sigma_y + \sigma_x)}{E} + \alpha\Theta \\[2mm] \gamma_{xy} = \tau_{xy}/G \\[2mm] \gamma_{xz} = \tau_{xz}/G \\[2mm] \gamma_{yz} = \tau_{yz}/G \end{cases} \Rightarrow \begin{cases} \sigma_x = E\left[\dfrac{v(\varepsilon_x + \varepsilon_y + \varepsilon_z)}{(1+v)(1-2v)} + \dfrac{\varepsilon_x}{1+v} - \dfrac{\alpha\Theta}{1-2v}\right] \\[2mm] \sigma_y = E\left[\dfrac{v(\varepsilon_x + \varepsilon_y + \varepsilon_z)}{(1+v)(1-2v)} + \dfrac{\varepsilon_y}{1+v} - \dfrac{\alpha\Theta}{1-2v}\right] \\[2mm] \sigma_z = E\left[\dfrac{v(\varepsilon_x + \varepsilon_y + \varepsilon_z)}{(1+v)(1-2v)} + \dfrac{\varepsilon_z}{1+v} - \dfrac{\alpha\Theta}{1-2v}\right] \\[2mm] \tau_{xy} = G\gamma_{xy} \\[2mm] \tau_{xz} = G\gamma_{xz} \\[2mm] \tau_{yz} = G\gamma_{yz} \end{cases} \quad (10.131)$$

Pode-se reduzir ou eliminar as tensões térmicas diminuindo ou evitando as restrições ao livre deslocamento, usando juntas de expansão apropriadas e/ou suavizando os gradientes de temperatura na peça. Para visualizar o efeito do gradiente de temperaturas em peças livres, pode-se imaginar uma grande placa aquecida por um maçarico apenas no centro, que tende a expandir contrariando o resto da placa, que permanece frio. Assim, a parte central quente tende a ser comprimida pelo resto da placa, que por sua vez fica sob tração, pois as tensões térmicas nas peças livres têm que ser auto-equilibrantes. Se a placa for suficientemente grossa para gerar gradientes de temperatura ao longo da sua espessura, as tensões térmicas podem causar distorções e empenamentos, que após o seu total resfriamento podem ser reversíveis ou não. A irreversibilidade ocorre quando as tensões térmicas ultrapassam a resistência ao escoamento $S_E(\Theta)$ do material (que também pode variar muito com a temperatura) em algum ponto da placa, o que em geral causa tensões residuais na peça resfriada.

De fato, tensões residuais são freqüentemente causadas por processos que geram grandes gradientes de temperatura, como têmperas, corte a quente (oxi-acetilênico ou a laser, e.g.), soldagem, retífica, etc. Uma regra geral, *"o que esfria por último fica sob tração"* [62], pode ser aplicada para compreender o que acontece em muitos casos práticos. Por exemplo, os jatos de ar usados na fabricação de painéis de vidro temperado resfriam rapidamente a superfície por convecção forçada, contraindo e comprimindo o núcleo ainda quente, que cede com facilidade porque a sua resistência ao escoamento é baixa. Quando o núcleo resfria após algum tempo, pois ele só pode perder calor por condução, a sua retração térmica é restrita pela superfície já fria e muito mais resistente. Assim, após o resfriamento total, a superfície fica sob tensões residuais compressivas, enquanto o núcleo fica sob tensões residuais trativas. O resultado deste processo é benéfico para a resistência do painel, porque o vidro interage com o meio ambiente através de sua superfície, que sob tensões residuais compressivas fica muito mais resistente a pequenos arranhões ou trincas. Por outro lado, o corte a quente e a soldagem tendem a deixar a superfície sob tensões residuais trativas, o que é deletério à vida à fadiga.

É preciso enfatizar que a têmpera dos aços, um caso importante na prática, pode violar a regra "esfria por último, fica tracionado", pois a martensita é menos densa do que a austenita que lhe dá origem, logo a sua formação é acompanhada de alguma expansão volumétrica. Como nas têmperas profundas a parte interna da peça transforma depois da superfície (que resfria primeiro), esta acaba tendendo a ficar sob tração, o que é indesejável. Um desempenho mecânico muito melhor pode ser obtido quando se junta o aumento de resistência associado à martensita com tensões residuais compressivas, que podem ser introduzidas por gradientes de deformação plástica a frio após a têmpera (gerados, e.g., por jateamento de granalhas).

Também vale a pena lembrar que as tensões residuais causadas por gradientes térmicos ou de deformações plásticas a frio podem ser anuladas por um recozimento adequado, mantendo a peça pelo tempo necessário numa temperatura apropriada, e em seguida resfriando-a lentamente. Tratamentos propositais de alívio de tensões residuais são usados para aumentar a resistência à fadiga de juntas soldadas, e.g. Mas muitas vezes passa despercebido o efeito deletério de aquecimentos acidentais capazes de aliviar tensões residuais compressivas, que podem ser muito benéficas em fadiga. Este problema é particularmente importante nas ligas de Al, pois elas são muito mais sensíveis à temperatura que os aços.

Já sabemos que as tensões residuais são muito importantes na prática, porque elas se somam às tensões de serviço. E que, apesar disso, elas são freqüentemente ignoradas no dimensionamento mecânico. Uma razão já estudada para esta prática lamentável é a dificuldade de sua medição. Mas outra igualmente relevante é a dificuldade de calculá-las, uma vez que as tensões residuais são em geral causadas por gradientes de deformação plástica de modelagem não trivial, em particular quando induzidos por tensões térmicas. Na realidade, os cálculos das tensões geradas por gradientes de temperatura são trabalhosos até mesmo nos casos hookeanos mais simples. Por exemplo, um disco circular de raio $\mathbf{R}$ sujeito a temperaturas $\Theta(\mathbf{r})$ que só variam radialmente, tem tensões $\sigma_r(\mathbf{r})$ e $\sigma_\theta(\mathbf{r})$ dadas por:

$$\sigma_r(r) = \left[E/(1-v^2) \right][\varepsilon_r + v\varepsilon_\theta - (1+v) \cdot \alpha \cdot \Theta(r)]$$
$$\sigma_\theta(r) = \left[E/(1-v^2) \right][\varepsilon_\theta + v\varepsilon_r - (1+v) \cdot \alpha \cdot \Theta(r)] \tag{10.132}$$

onde $\varepsilon_r(\mathbf{r}) = \mathbf{du_r(r)/dr}$ e $\varepsilon_\theta(\mathbf{r}) = \mathbf{u_r(r)}/\mathbf{r}$ são as deformações radiais e tangenciais associadas a $\sigma_r(\mathbf{r})$ e $\sigma_\theta(\mathbf{r})$, e $\mathbf{u_r(r)}$ é o deslocamento radial que as causa. Substituindo essas expressões na equação de equilíbrio $\mathbf{d\sigma_r/dr} + (\sigma_r - \sigma_\theta)/\mathbf{r} = \mathbf{0}$, e exercitando a álgebra, chega-se a:

$$\mathbf{d^2 u_r/dr^2} + (1/r)\mathbf{du_r/dr} - \mathbf{u_r/r^2} = (1+v) \cdot \alpha \cdot \mathbf{d\Theta/dr} \tag{10.133}$$

Os deslocamentos $\mathbf{u_r(r)}$ são obtidos integrando esta equação [61]:

$$u_r(r) = \frac{(1+\nu)\alpha}{r} \int_0^r \Theta(r) r \, dr + C_1 r + \frac{C_2}{r} \qquad (10.134)$$

A constante $\mathbf{C_2 = 0}$, porque os deslocamentos na origem do disco têm que ser finitos. Calculando ε_r e ε_θ a partir desta expressão de $\mathbf{u_r}$, e usando o resultado em (10.127) obtém-se:

$$\sigma_r = \frac{-\alpha E}{r^2} \int_0^r \Theta \cdot r \, dr + \frac{EC_1}{1-\nu}$$

$$\sigma_\theta = \frac{\alpha E}{r^2} \int_0^r \Theta \cdot r \, dr + \frac{EC_1}{1-\nu} - \alpha \cdot E \cdot \Theta \qquad (10.135)$$

A constante $C_1 = \dfrac{(1-\nu)\alpha}{R^2} \displaystyle\int_0^R \Theta \cdot r \, dr$, pois na borda do disco a tensão radial tem que ser nula, ou seja, $\sigma_r(R) = 0$, logo:

$$\sigma_r(r) = \alpha \cdot E \cdot \left[\frac{1}{R^2} \int_0^R \Theta(r) \cdot r \, dr - \frac{1}{r^2} \int_0^r \Theta(r) \cdot r \, dr \right]$$

$$\sigma_\theta(r) = \alpha \cdot E \cdot \left[\frac{1}{R^2} \int_0^R \Theta(r) \cdot r \, dr + \frac{1}{r^2} \int_0^r \Theta(r) \cdot r \, dr - \Theta(r) \right] \qquad (10.136)$$

Assim fica fácil mostrar que um disco circular fino, submetido a uma temperatura que varia radialmente de forma linear partindo de Θ_0 no centro para Θ_R na sua borda, fica com esta submetida a uma tensão tangencial $\sigma_\theta(R) = -\alpha E(\Theta_R - \Theta_0)/3$ (mesmo sob um estado permanente de troca de calor). Como esperado, esta tensão é compressiva se $\Theta_R > \Theta_0$, e pode ser bem alta se este $\Delta\Theta$ for grande (ou se o gradiente de temperatura for mais severo do que o linear suposto acima). Mas o exemplo abaixo é ainda mais interessante.

⇨ E10.22: Calcule as tensões térmicas na parede de um tubo de aço de um trocador de calor sabendo que em regime permanente a face interna de diâmetro **50mm** trabalha a **80°C**; enquanto a face externa de diâmetro **80mm** trabalha a **280°C**.

Sendo $\alpha = 12\mu m/m°C$, $\nu = 0.29$, $E = 200GPa$ (desprezando a sua variação com a temperatura), $R_i = 25mm$ e $R_e = 30mm$ os raios interno e externo e $\Delta\Theta = \Theta_i - \Theta_e = -200°C$ a diferença entre as temperaturas das faces interna e externa do tubo, a temperatura na parede do tubo é dada por $\Theta(r) = \dfrac{\Theta_i - \Theta_e}{\ln(R_e/R_i)} \ln\left(\dfrac{R_e}{r}\right) = \dfrac{\Delta\Theta \ln(R_e/r)}{\ln(R_e/R_i)}$, e as tensões térmicas no tubo (com extremos livres) são dadas por [28, 54, 63-64]:

$$\sigma_\theta(r) = \frac{\alpha \cdot E \cdot \Delta\Theta}{2(1-\nu)\ln(R_e/R_i)} \left[1 - \frac{R_i^2 (R_e^2 + r^2)}{r^2 (R_e^2 - R_i^2)} \ln\left(\frac{R_e}{R_i}\right) - \ln\left(\frac{R_e}{r}\right) \right]$$

$$\sigma_r(r) = \frac{\alpha \cdot E \cdot \Delta\Theta}{2(1-\nu)\ln(R_e/R_i)} \left[\frac{R_i^2 (R_e^2 - r^2)}{r^2 (R_e^2 - R_i^2)} \ln\left(\frac{R_e}{R_i}\right) - \ln\left(\frac{R_e}{r}\right) \right] \qquad (10.137)$$

$$\sigma_l(r) = \frac{\alpha \cdot E \cdot \Delta\Theta}{2(1-\nu)\ln(R_e/R_i)} \left[1 - \frac{2R_i^2}{R_e^2 - R_i^2} \ln\left(\frac{R_e}{R_i}\right) - 2\ln\left(\frac{R_e}{r}\right) \right]$$

É importante enfatizar que as tensões térmicas neste tubo, que opera em regime permanente sob temperaturas razoáveis, atingem valores muito grandes, vide Fig. 10.133. Na prática, estas tensões devem ser somadas às tensões causadas pela pressurização do tubo, o que pode ser feito sem problemas enquanto o material do tubo não escoar. ✔

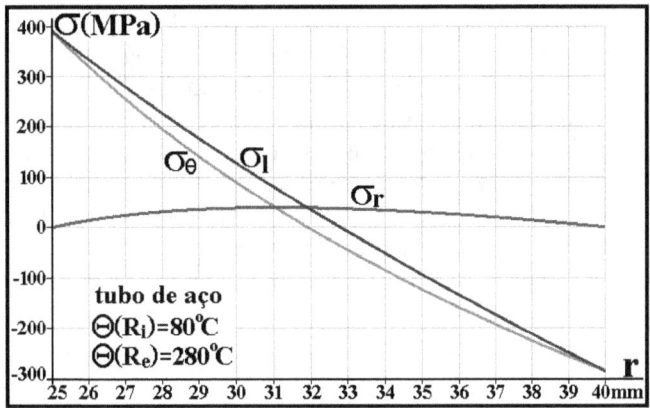

Fig. 10.133: Tensões térmicas tangenciais, radiais e longitudinais, σ_θ, σ_r e σ_l, ao longo da espessura do tubo, supondo que ele permaneça linear elástico.

Nos tubos de raios interno $\mathbf{R_i}$ e externo $\beta\mathbf{R_i}$ que trabalham trocando calor em regime permanente sob um gradiente de temperatura $\Delta\Theta = \Theta_i - \Theta_e$, as tensões máximas e mínimas atuam nas suas faces interna e externa, e são dadas por:

$$\sigma_\theta(R_i) = \sigma_l(R_i) = \left[\alpha E\Delta\Theta/2(1-\nu)\ln\beta\right]\left[1 - 2\beta^2\ln\beta/(\beta^2-1)\right]$$
$$\sigma_\theta(R_e) = \sigma_l(R_e) = \left[\alpha E\Delta\Theta/2(1-\nu)\ln\beta\right]\left[1 - 2\ln\beta/(\beta^2-1)\right]$$

(10.138)

A Fig. 10.134 mostra a variação destas tensões (dadas pela razão $\sigma/\alpha E\Delta\Theta$) em função da espessura do tubo (dada pela razão $\beta = \mathbf{d_e/d_i}$). Note que as tensões tangencial e longitudinal são iguais nas faces do tubo (que trabalham sob tensões bi-axiais uniformes, com $\sigma_\theta = \sigma_l = \sigma$), com $\sigma(\mathbf{R_i})$ trativa e $\sigma(\mathbf{R_e})$ compressiva quando $\Theta i < \Theta e$, e vice-versa em caso contrário. Note também que as tensões na parede interna do tubo sempre têm módulo maior que as tensões na parede externa, e que a magnitude dessas tensões pode ser muito alta se $\Delta\Theta$ for grande.

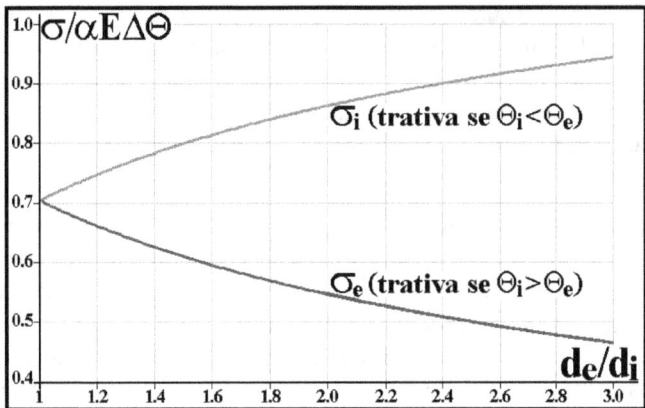

Fig. 10.134: Variação do módulo das tensões $\sigma_\theta(R_i) = \sigma_l(R_i) = \sigma_i$ e $\sigma_\theta(R_e) = \sigma_l(R_e) = \sigma_e$ (adimensionalizadas na razão $\sigma/\alpha E\Delta\Theta$) nas faces interna e externa dos tubos sujeitos a temperaturas Θ_i e Θ_e, em função da espessura do tubo (dada pela razão $\mathbf{d_e/d_i}$).

10.20.2 Estudo de um Caso Prático de Interação Corrosão-Fadiga Térmica [65]

A modelagem do dano composto devido à interação fadiga-corrosão, um problema que não é raro na prática, normalmente demanda capacitação científica e tecnológica avançada. Esta é uma tarefa indispensável na análise de estruturas cujo desempenho e segurança têm que ser maximizados a qualquer custo, como palhetas de turbinas a gás de alta eficiência, e.g. Mas esta combinação é cara, e seu custo em geral restringe ou impede a análise de problemas mais prosaicos. O problema discutido a seguir, o trincamento de uma coifa com cerca de **2m** de diâmetro que coleta os gases quentes provenientes do forno de uma aciaria, é um exemplo de uma exceção a esta regra. Este exemplo também mostra como a erudição acadêmica pode direcionar e solidificar (mas certamente não substituir) o velho e bom sentimento de engenharia. A coifa é formada por tubos de aço ASTM A106 com cerca de **90mm** de diâmetro e **8mm** de espessura conformados e soldados longitudinalmente, pelo interior dos quais circula a água para refrigeração da coifa, vide Fig. 10.135.

Fig. 10.135: Coifa típica para gases quentes, formada por tubos de aço refrigerados à água.

Alguns tubos da coifa estavam trincando repetidamente por corrosão-fadiga em intervalos de 3-4 meses. Estas vidas tão curtas são reproduzíveis por um modelo que junta fundamentos mecânicos de análise de tensões térmicas, cálculos básicos de elementos finitos, efeitos de concentração dos alvéolos de corrosão e conceitos εN, com técnicas elementares e confiáveis de metalografia. Este enfoque multidisciplinar não é caro, é facilmente manuseável por engenheiros bem treinados, e pode ser incorporado nas rotinas de projeto de equipamentos relativamente pouco sofisticados, como a coifa em questão.

As resistências mínimas requeridas dos aços especificados na norma ASTM A106 gr. B são $S_E > 240MPa$ e $S_R > 415$, e o alongamento é $\varepsilon_R = 0.25\text{-}0.30$, mas as propriedades medidas nos tubos são melhores, $S_E = 391MPa$, $S_R = 541MPa$ e $\varepsilon_R = 26\%$. A temperatura dos gases de exaustão é muito alta, variando tipicamente entre $150 < \Theta < 1500°C$, mas a coifa não tem qualquer revestimento refratário para diminuir seu peso, pois ela tem que ser movida repetidamente durante as cargas e descargas do forno. Além disso, os gases escoam em alta velocidade arrastando partículas erosivas que desgastariam rapidamente os refratários comuns. É conveniente chamar de "face quente" à face do tubo exposta aos gases quentes, de "face fria" à exposta à atmosfera; e de "face interna" à que fica em contato com a água de refrigeração.

A água de refrigeração é farta e não vaporiza em serviço, mas partes dos tubos podem trabalhar muito quentes. Análises fratográficas indicaram duas evidências importantes: (i) alvéolos de corrosão superficial com profundidade de alguns grãos, que devem ser tratados como entalhes superficiais, vide Fig. 10.136; e (ii) modificação na microestrutura do tubo junto às faces quentes, causada por recristalização local que eliminou o bandeamento das colônias de perlita característico das partes do tubo que permaneceram frias, vide Fig. 10.137, indicação de superaquecimento local por dias sob temperaturas de pelo menos **500°C**.

A coifa trabalha sofrendo tipicamente **2200** ciclos térmicos por mês sob tensões térmicas bem altas, pois a parede quente dos tubos trabalha sob um gradiente de temperatura severo, que na melhor das hipóteses cai de **500°C** na face quente para no máximo **100°C** na face interna em apenas **8mm**, vide equação (10.136).

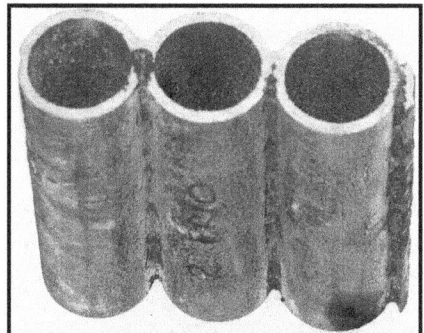 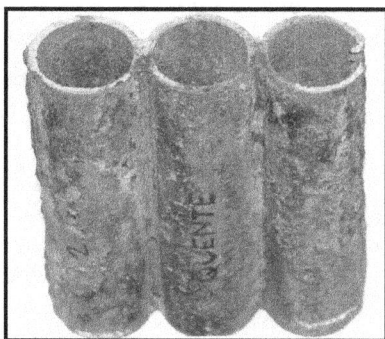

Fig. 10.136: Parte dos tubos que ficava em contato com o ar externo à esquerda, e a que ficava em contato com os gases quentes à direita.

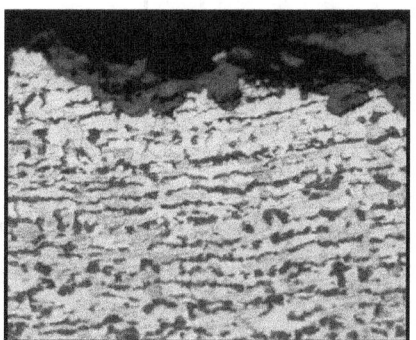 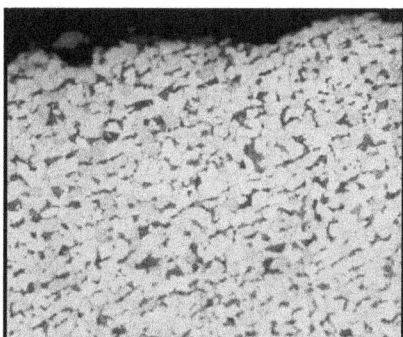

Fig. 10.137: À esquerda, seção junto à face interna: a microestrutura é constituída por uma matriz ferrítica e colônias de perlita, com grãos claramente orientados. À direita, seção junto à face quente: a microestrutura não apresenta o bandeamento característico do resto do tubo. Reagente Nital 2%, aumento 200X.

Se os tubos da coifa, que têm $\beta = 45/37 = 1.136$, fossem axissimétricos, as tensões térmicas extremas (desprezando a variação do módulo **E** e do coeficiente de expansão térmica α com Θ) seriam dadas por $\Delta\sigma_\theta(R_i) = \Delta\sigma_l(R_i) = 1.80\Delta\Theta$ e $\Delta\sigma_\theta(R_e) = \Delta\sigma_l(R_e) = -1.58\Delta\Theta$ (para σ em **MPa**, $\Delta\Theta$ em °C, **E = 200GPa** e $\alpha = 12 \cdot 10^{-6}$). Logo, sob $\Delta\Theta = 100°C$ a face quente do tubo trabalharia sob $\Delta\sigma \cong -158MPa$ e a face interna sob $\Delta\sigma \cong 180MPa$. Assim, tubos de A106, com $2S_E \geq 480MPa$, poderiam trabalhar elasticamente sob $\Delta\Theta = 480/1.80 = 267°C$.

Como os tubos da coifa não são axissimétricos, a sua análise de tensões (termo elásticas) precisa ser mais sofisticada. Mas se pode aproximá-la por um modelo simples que obedece às condições de contorno dos tubos: temperaturas Θ_q na face quente, Θ_i na face interna e Θ_f na face fria, e $\varepsilon_l \cong 0$. Este problema é facilmente solúvel em qualquer código de elementos finitos que se preze, mas é importante reconhecer que o módulo do aço varia muito com a temperatura usando, e.g., a Fig. 3.40. Para $\Theta_q = 500°C$, $\Theta_i = 100°C$ e $\Theta_e = 80°C$, se obtém neste caso

σ_{Mi} = **364MPa** (para a tensão de Mises na face interna, que fica em contato com a água de refrigeração) e σ_{Mq} = **(–)290MPa** na face quente. A tensão de Mises é sempre positiva, mas deve-se reconhecer que ela causa σ_m < **0** quando é gerada por componentes compressivas.

Assim, as tensões nominais nas faces internas variam entre **0** < σ_{Mi} < **364MPa** em cada ciclo térmico. Além disso, aquelas faces têm alvéolos de corrosão não muito profundos, mas maiores que os grãos, os quais são grandes o suficiente para serem tratados como concentradores de tensão, digamos com **2** < K_t < **3** (vide Capítulos 4 e 5). Como $K_t\Delta\sigma_{Mi}$ > **2S$_E$**, o problema do início do trincamento do tubo deve ser modelado pelo método εN, e na ausência de dados experimentais confiáveis, deve-se estimar as propriedades cíclicas aço dos tubos pela regra das medianas (Capítulo 6), fazendo:

$$\Delta\varepsilon = (3S_R/E)(2N)^{-0.09} + 0.9(2N)^{-0.59}, \quad h_c = 0.153, \quad H_c = 1.69S_R/E \qquad (10.139)$$

Usando estas propriedades, K_t = **2.5**, Neuber e Ramberg-Osgood obtém-se os laços mostrados na Fig. 10.138, e por SWT estima-se trincamento em **N = 7300** ciclos, que correspondem a um pouco mais de 3 meses de operação da coifa. É desnecessário (mas também é irresistível) apontar que esta é exatamente a vida das coifas.

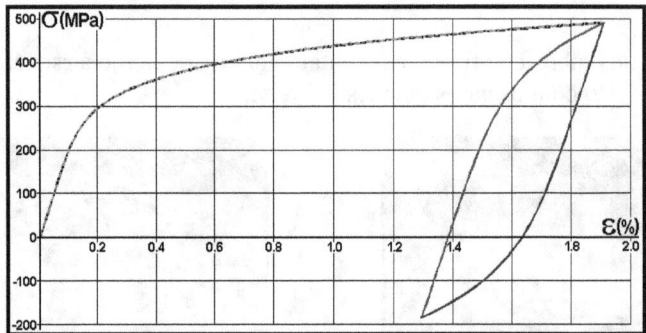

Fig. 10.138: Laços previstos na raiz de um alvéolo de K_t = **2.5** previstos por Neuber e Ramberg-Osgood para uma gama nominal $\Delta\sigma_{Mi}$ = **364MPa**, gerada por temperaturas que variam na face quente entre Θ_i = **100** ≤ Θ_q ≤ **500°C** em cada ciclo térmico.

Modelos simples e robustos como este podem responder a questões importantes para o projetista dos tubos. Por exemplo, se a corrosão for eliminada (K_t = **1**), a vida estimada sobe para **N = 670000** ciclos, uma melhoria significativa. Se a temperatura da face quente for limitada a Θ_q = **400°C** sem resolver o problema da corrosão interna (K_t = **2.5**), a vida aumenta menos, para **N = 32000** ciclos. Como os ciclos térmicos são idênticos, estes cálculos podem ser refeitos a mão, mas é claro que o **ViDa** ajuda muito nesta experimentação numérica.

10.21 Conclusões

As temperaturas altas sempre causam efeitos importantes nas propriedades mecânicas dos materiais. Nas ligas estruturais metálicas, a fluência em geral só é um mecanismo de falha importante nas temperaturas maiores que cerca de 30% da sua temperatura de fusão em K, mas nos polímeros ela quase nunca pode ser desprezada.

A compreensão dos fundamentos dos mecanismos microestruturais da fluência, e das técnicas necessárias para considerar os efeitos da fluência e da interação fadiga-fluência no dimensionamento estrutural de componentes metálicos e poliméricos estudados neste capítulo, permite a solução de muitos problemas práticos importantes.

10.22 Referências

[1] Ashby,MF; Jones,DRH. Engineering Materials, Pergamon 1981.

[2] Ashby,MF; Jones,DRH. Engineering Materials 2, Pergamon 1992.

[3] Telles,PCS. Vasos de Pressão, LTC 1991.

[4] Cottrell,AH. The Mechanical Properties of Matter, Krieger 1981.

[5] Callister,WD. Material Science and Engineering, Wiley 2000.

[6] Dieter,GE. Mechanical Metallurgy, McGraw Hill 1976.

[7] McClintock,FA; Argon,AS. Mechanical Behavior of Materials, Addison-Wesley 1966.

[8] ASM Handbook v. 8, Mechanical Testing and Evaluation, ASM 2000.

[9] Souza,SA. Ensaios Mecânicos de Materiais Metálicos, Edgard Blucher 1974.

[10] Garcia,A; Spim,JA; Santos,CA. Ensaios dos Materiais, LTC 2000.

[11] ASM Source Book on Industrial Alloy and Engineering Data, ASM 1978.

[12] ASM Handbook v.1, Properties and Selection: Irons, Steels and High Performance Alloys, ASM 1990.

[13] ASM Handbook v.11, Failure Analysis and Prevention, ASM 2002.

[14] ASM Handbook v.12, Fractography, ASM 1987.

[15] Hertzberg,RW. Deformation and Fracture Mechanics of Engineering Materials, 4th ed., Wiley 1995.

[16] Dowling,NE. Mechanical Behavior of Materials, 3rd ed., Prentice-Hall 2006.

[17] Juvinall,RC. Stress, Strain and Strength, McGraw-Hill 1967.

[18] Wiswanathan,R. Damage Mechanisms and Life Assessment of High temperature Components, ASM 1995.

[19] www.specialmetals.com

[20] Conway,JB. Stress Rupture Parameters: Origin, Calculation and Use, Gordon and Breach 1969.

[21] ASME Boiler and Pressure Vessel Code, American Society of Mechanical Engineers.

[22] Findley,WN; Lai,JS; Onaran,K. Creep and Relaxation of Non-Linear Viscoelastic Materials, Dover 1989.

[23] Suh,NP; Turner,APL. Elements of the Mechanical Behavior of Solids, Scripta Books 1975.

[24] Crawford,RJ. Plastics Engineering, Pergamon 1987.

[25] Kroschwitz,JI ed. Polymers, an Encyclopedic Sourcebook of Engineering Properties, Wiley 1987.

[26] Hall,C. Polymer Materials, Wiley 1989.

[27] Dallas,DB ed. Tool and Manufacturing Engineers Handbook, McGraw Hill 1976.

[28] Boresi,AP; Schmidt,RJ; Sidebotton,OM. Advanced Mechanics of Materials, 5th ed., Wiley 1993.

[29] Collins,JA. Failures of Materials in Mechanical Design, Wiley 1981.

[30] Faupel,JH; Fisher,FE. Engineering Design, 2nd ed., Wiley 1981.

[31] ASM Handbook v.2, Properties and Selection: Non-Ferrous Alloys and Special Purpose Materials, ASM 1991.

[32] Hult,JAH. Creep in Engineering Structures, Blaisdell 1966.

[33] Smith,AI; Nicolson,AM. Advances in Creep Design, Applied Science Publishers 1971.

[34] Cai,B; Kong,QP; Lu,L; Lu,K "Low temperature creep of nanocristalline pure copper", Materials Science and Engineering A v.286, p.188-192, 2000.

[35] Taneike,M; Abe,F; Sawada,S "Creep-stengthening of steel at high temperatures using nano-sized carbonitride dispersions", Nature v.424, p.294-296, 2003.

[36] Gentil,V. Corrosão, LTC 1996.

[37] Fontana,MG. Corrosion Engineering, McGraw Hill 1986.

[38] ASM Handbook v.13, Corrosion, ASM 1987.

[39] ANSI/API Standard 530, Calculation of Heater Tube Thickness in Petroleum Refineries 5th ed., 2003 (also ISO Standard 13704:2001).

[40] www.igcar.ernet.in\igc2004\baldev2

[41] Shcilke,PW. "Advanced gas turbines materials and coatings" GE Energy GER3569G, 2004.

[42] Viswanathan,R; Scheirer,ST. "Materials technology for advanced land based gas turbines", Power Generation, 1998.

[43] www.msm.cam.ac.uk/phase-trans/2003/nickel

[44] Budinski,KG; Budinski,MK. Engineering Materials, 7th ed., Prentice Hall 2002.

[45] Concari,S. ed. "Residual life assessment and microstructure", ECCC Recommendations volume 6, issue 1, 2005.

[46] Silveira,TL, correspondência pessoal, 2007.

[47] Raj,SV "Tensile creep fracture of polycrystalline near-stoichiometric NiAl", Materials Science and Engineering A, v.381, p.154-164, 2004.

[48] Fost,HJ; Ashby,MF. Deformation-Mechanism Maps, The Plasticity and Creep of Metals and Ceramics, Pergamon 1982 (vide http://thayer.dartmouth.edu/defmech/).

[49] Zinkle,SJ; Lucas,GE "Deformation and fracture mechanisms in irradiated FCC and BCC metals', Oak Ridge National Laboratory report, 1998.

[50] Vakili-Tahami,F; Hayhurst,DR; Wong,MT "High-temperature creep rupture of low alloy butt-welded pipes subjected to combined internal pressure and end loadings", Philosophical Transactions of the Royal Society A, v.363, p.2629-2661, 2005

[51] Shah,VN; Majumdar,S; Natesan,K "Review and assessment of codes and procedures for HTGR components", NUREG/CR-6816, ANL-02/36, US Nuclear Regulatory Commission, 2003.

[52] Boyer,HE ed. Atlas of Fatigue Curves, ASM 1986.

[53] Davis, GR ed. Heat Resisting Materials, ASM Specialty Handbook, ASM 1997.

[54] Kitamura,T; Halford,GR "A non-linear high temperature Fracture Mechanics base for strainrange partitioning", NASA TM 4133, 1989.

[55] Shang,DG; Sun,GQ; Yan,CL; Chen,JH; Cai,N "Creep-fatigue life prediction under fully-reversed multiaxial loading at high temperatures", International Journal of Fatigue v.29, p.705-712, 2007.

[56] Hildebrand,FB. Advanced Calculus for Applications, 2nd ed., Prentice Hall 1976.

[57] Shearer,JL; Murphy,AT; Richardson,HH. Introduction to System Dynamics, Addison-Wesley 1967.

[58] Leet,K. Reinforced Concrete Design, 2nd ed., McGraw-Hill 1982.

[59] Ziehl,PH; Cloyd,JE; Kreger,ME "Evaluation of minimum longitudinal reinforcement requirements for reinforced concrete columns", Report FHWA/TX-02/1473-S, 1998.

[60] ACI 209-R86, "Prediction of creep, shrinkage, and temperature effects in concrete structures," ACI, 1986.

[61] Timoshenko,SP; Goodier,JN. Theory of Elasticity, McGraw-Hill 1970.

[62] Peterson, RE. Stress Concentration Factors, Wiley 1974.

[63] Ford,H. Advanced Mechanics of Materials, Longmans 1963.

[64] Volterra,E; Gaines,JH. Advanced Strength of Materials, Prentice-Hall 1971.

[65] Castro,JTP; Vieira,RD; Vidal,ACN; Miranda,ACO; Freire,JLF; Meggiolaro,MA "A case study on corrosion-thermal fatigue damage", Proceedings of the SEM XI Congress on Experimental and Applied Mechanics, on CD, 2008.

Capítulo 11 - Fundamentos da Estatística Aplicada ao Projeto Mecânico

11.1 Objetivos

Estudar as ferramentas básicas que descrevem e quantificam os fenômenos aleatórios, e as técnicas necessárias para aplicá-las em problemas de análise de falhas e de dimensionamento mecânico estocástico. Por isso, neste capítulo são introduzidos:

- o conceito de probabilidade, as medidas que quantificam a tendência e a variabilidade de um conjunto de dados aleatórios, e as principais funções de distribuição (ou de densidade ou de freqüência) de probabilidade $p(x)$ e de probabilidade acumulada $P(x) = \int p(x)dx$;

- os métodos e as técnicas usadas para quantificar a estatística de fenômenos aleatórios, em particular como ajustar $P(x)$ e $p(x)$ a amostras representativas destes fenômenos;

- as técnicas de ajuste de curvas especificadas a um conjunto de dados experimentais;

- a avaliação estatística das principais estimativas das propriedades usadas em projeto mecânico, a partir do estudo de dados de mais de 13500 materiais; e

- os fundamentos do projeto mecânico estocástico (ou do projeto feito para uma dada confiabilidade).

11.2 Conceitos Básicos

Os fenômenos previsíveis com exatidão são chamados de determinísticos, enquanto os fenômenos que variam ao acaso, mesmo quando sucessivamente medidos sob condições idênticas, são chamados de aleatórios ou randômicos [1-14]. Por exemplo, a queda de potencial $\mathbf{V}$ causada por uma corrente $\mathbf{I}$ fluindo num circuito de resistência (linear e constante) $\mathbf{R}$ pode ser precisamente prevista pela lei de Ohm, $\mathbf{V} = \mathbf{RI}$, logo $\mathbf{V}$ é uma variável determinística. Mas o resultado de uma jogada de dois dados não pode ser previsto a priori, só se pode estimar a probabilidade ou a chance de ocorrência de cada uma das onze somas possíveis, contidas no conjunto $\{2, 3, \cdots, 12\}$. Estes fenômenos cujo resultado só pode ser estimado ou quantificado por uma expectativa ou chance de ocorrência são descritos por variáveis aleatórias. Essas variáveis podem ser discretas (como nos dados ou nas cartas) ou contínuas (como nas medidas das resistências ou da vida de uma peça em serviço).

A probabilidade $\mathbf{pr(x)}$ é o número entre zero e um que quantifica a expectativa de ocorrência do evento aleatório $\mathbf{x}$. Sendo $\mathbf{O(x)}$ o número de ocorrências do evento $\mathbf{x}$ em $\mathbf{T}$ testes ou tentativas, a probabilidade $\mathbf{0 \leq pr(x) \leq 1}$ é matematicamente definida por:

$$pr(x) = \lim_{T \to \infty} \left(\frac{O(x)}{T} \right) \tag{11.1}$$

Se o evento $\mathbf{x}$ é impossível, ou seja, se o resultado de qualquer teste, independentemente do número de tentativas, é uma falha certa, então $\mathbf{pr(x) = 0}$. Por outro lado, se o evento $\mathbf{x}$ ocorre sempre, i.e., se o sucesso de qualquer teste é certo, então $\mathbf{pr(x) = 1}$. Por exemplo, num jogo honesto (não tendencioso) de dois dados, há 36 resultados possíveis: tirar 1 no primeiro dado e 1, 2, ..., 6 no segundo, ou 2 no primeiro e 1, 2, ..., 6 no segundo, etc. Mas só há um tipo de jogada capaz de gerar as somas 2 ou 12, dois de obter as somas 3 ou 11, e seis de obter a soma 7, logo $\mathbf{pr(2) = pr(12) = 1/36}$, $\mathbf{pr(3) = pr(11) = 1/18}$, e $\mathbf{pr(7) = 1/6}$. Obter alguma de todas as somas possíveis é um evento certo, logo $\mathbf{pr(2) + pr(3) + \cdots + pr(12) = 1}$. E obter qualquer soma fora do espaço amostral $\{2, 3, \cdots, 12\}$ é impossível, logo $\mathbf{pr(1) = pr(13) = 0}$. O espaço amostral é o conjunto dos resultados possíveis (que pode ser contínuo, por exemplo para a resistência à ruptura de todos os materiais estruturais $\{0 < \mathbf{S_R} < \sim\mathbf{E/10}\}$).

Quando **x** e **y** forem eventos independentes (i.e., quando a ocorrência de **x** não afetar a probabilidade de **y** e vice-versa), **pr(x ou y) = pr(x) + pr(y)**, e **pr(x e y) = pr(x)·pr(y)**. Por exemplo, a probabilidade de obter uma das somas 2 ou 3 numa jogada honesta de dois dados é **pr(2 ou 3) = pr(2) + pr(3) = 3/36**. Já a probabilidade de se obter um 7 em três jogadas seguidas é **pr(7 e 7 e 7) = pr(7)×pr(7)×pr(7) = 1/216**.

No entanto, quando os eventos **x** e **y** forem dependentes, **pr(x·y) = pr(x)·pr(y|x)**, onde **pr(y|x)** é a probabilidade de **y** ocorrer tendo **x** já ocorrido. Por exemplo, a chance de tirar 4 ases seguidos num baralho de 52 cartas é **pr(4A) = (4/52)·(3/51)·(2/50)·(1/49) $\cong$ 3.69·10⁻⁶**, um valor irrisório e igual à chance de qualquer outro *four*, mas a probabilidade de tirar algum *four* em quatro retiradas seguidas do baralho é 13 vezes maior: **pr(algum *four*) $\cong$ 4.8·10⁻⁵**.

11.2.1 Histogramas e funções que descrevem as variáveis aleatórias

Um histograma é um gráfico onde se representa o número $O(x_i)$ de ocorrências (ou as razões $O(x_i)/T$ entre o número de ocorrências e o número total de testes) de cada um dos eventos x_i de uma amostra de tamanho **T** retirada de uma dada população. Antes de construir histogramas de variáveis aleatórias contínuas é preciso primeiro discretizá-las (pode-se, por exemplo, separar o peso de todos os atletas que disputam uma olimpíada em intervalos de 5kg antes de fazer um histograma). Os histogramas podem ser apresentados de muitas formas, como gráficos de barras, tortas e até pirâmides, vide Fig 11.1.

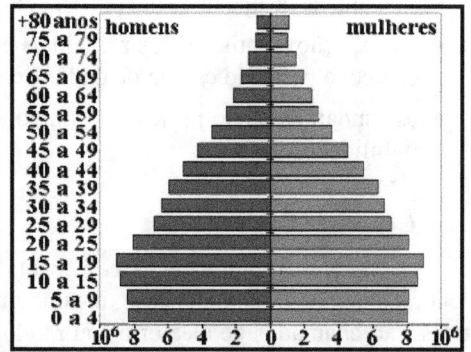

Fig. 11.1: Histogramas das idades dos brasileiros em 2005, segundo o IBGE.

A função de distribuição de probabilidade (FDP) ou função de freqüência **p(x)** descreve como a probabilidade da variável aleatória **x** varia ao longo do espaço amostral. Quando **x** é discreta, $p(x_i) = pr(x_i)$, mas se **x** é contínua a probabilidade de qualquer valor exato (por exemplo, a de um atleta pesar exatamente 80.00000...kg) tende a zero, apesar da **pr(a < x < b)** digamos, **pr(79 < x < 81kg)**, ser bem definida. Logo, não se pode confundir a probabilidade **pr(x)** com a FDP **p(x)**, mas pode-se pensar em **p(x)** como a função que ajustaria o histograma que seria obtido quando o intervalo de discretização **δx → 0** e o número de testes **T → ∞**. Assim, qualquer FDP tem duas propriedades básicas:

$$\int_{-\infty}^{\infty} p(x)dx = 1 \tag{11.2}$$

$$pr(a < x < b) = \int_a^b p(x)dx \tag{11.3}$$

As amostragens de uma população aleatória em geral visam identificar e quantificar a FDP que descreve o seu comportamento, mas a FDP da população não deve ser confundida com o histograma de uma amostra, cuja forma só iguala a da FDP quando **T → ∞**. Ou seja, a FDP de uma população pode ser muito diferente do histograma de uma amostra pequena. Por exemplo, a Fig. 11.2 compara a FDP das jogadas de dois dados com o histograma obtido numa única amostra onde foram feitas **T = 36** jogadas seguidas. Este é o resultado de um teste real, e o histograma foi construído a partir dos valores que medi jogando 36 vezes seguidas os dois dados de um brinquedo dos meus filhos. Esta figura realça como a FDP de uma população (no caso, dos resultados das jogadas de dois dados honestos) pode ser muito diferente do histograma de uma amostra, e justifica o estudo das técnicas necessárias para interpretá-los.

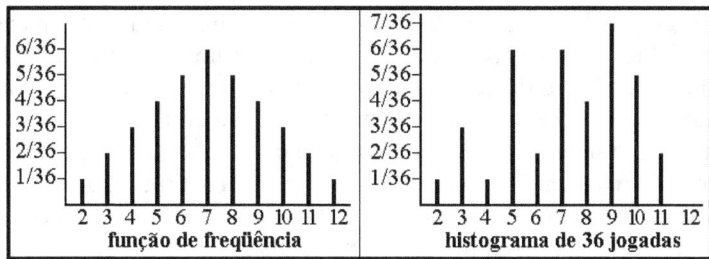

Fig. 11.2: A FDP e um histograma de 36 jogadas de dois dados ilustram como a FDP de uma população pode diferir muito do histograma de uma amostra pequena dela retirada.

A grande utilidade das FDP é permitir que a previsão das probabilidades de uma dada propriedade da população que ela descreve seja feita de forma relativamente simples. Para descrever os vários tipos de fenômenos aleatórios, são necessários muitos tipos de funções de distribuição de probabilidade, e as propriedades de diversas dessas funções serão detalhadamente estudadas um pouco mais adiante. Mas vale a pena já ir apresentando as principais formas básicas que as FDP podem assumir na prática. Os fenômenos simétricos em relação à média são em geral bem descritos por FDP que têm a forma de um sino, como mostrado na Fig. 11.3. Por exemplo, FDP com esta forma descrevem a estatística dos diâmetros de um lote de eixos usinados numa mesma máquina, da altura ou do peso dos adultos sadios, do consumo de energia nos dias úteis, as medidas repetidas em metrologia, etc. Mas os fenômenos com caudas assimétricas em relação à média (tipo a distribuição de renda ou a expectativa de vida de uma população sadia), ou com vários máximos (e.g., a distribuição das despesas diárias de uma família ao longo do ano), têm que ser descritos por outros tipos de funções.

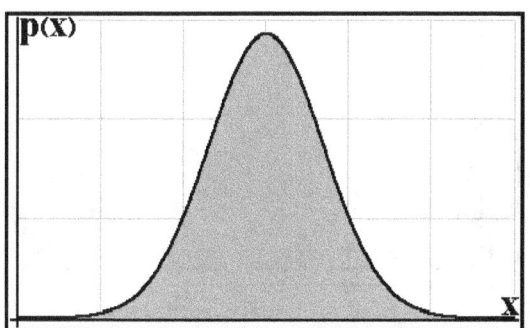

Fig. 11.3: FDP na forma de um sino, típica dos fenômenos aleatórios que variam de forma simétrica em torno da média.

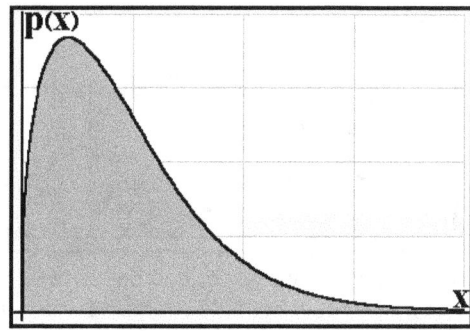

Fig. 11.4: FDP com a cauda alongada para a direita, onde os valores mais baixos da são mais prováveis que os valores mais altos.

FDP com caudas deslocadas para a direita, como mostrado na Fig. 11.4, são típicas de fenômenos como a distribuição da renda, o grau de escolaridade e a expectativa de vida nos países subdesenvolvidos, ou o tempo dedicado ao estudo pelos maus alunos, nos quais os valores mais baixos são muito mais freqüentes que os mais altos. Já as FDP com caudas deslocadas para a esquerda, como a mostrada na Fig. 11.5, descrevem fenômenos como a escolaridade e o consumo de calorias nos países desenvolvidos, ou o tempo dedicado ao estudo pelos bons alunos, cujos valores mais altos têm maior probabilidade que os mais baixos. A Fig. 11.6 ilustra uma FDP constante, que pode descrever a probabilidade de fenômenos como um dado número ganhar na loteria ou um dado carro ser alvejado por um meteorito. A Fig. 11.7 mostra uma FDP multimodal, que descreve fenômenos com vários picos, tipo a quantidade de estudo dos alunos pouco aplicados ao longo do semestre acadêmico, cuja atitude pode ser descrita como: "tô nem aí" entre as provas, estudo um pouquinho antes das primeiras provas (só por desencargo de consciência), e dou uma virada antes da prova final, para tentar recuperar o tempo perdido. Por fim, a Fig. 11.8 mostra uma FDP bi-modal chamada curva da banheira, que descreve a probabilidade de falhas de muitos equipamentos complexos: no início da vida a chance de falhas prematuras é grande (a chamada mortalidade infantil); após os ajustes iniciais, a chance de falha diminui muito e permanece pequena e quase constante por um longo período (quando as rotinas de manutenção preventiva são levadas a sério); e por fim, devido ao dano acumulado ou ao envelhecimento, a probabilidade de falha começa a aumentar, o que acaba causando a obsolescência (ou a senilidade) do equipamento. Lamentavelmente, nós somos equipamentos complexos, e também não temos como escapar desta curva...

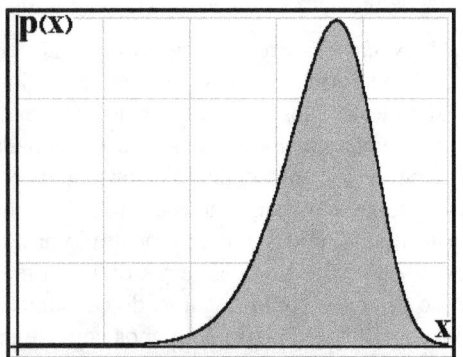

Fig. 11.5: FDP deslocada para a direita, indicando que os valores mais altos de x são mais prováveis do que os mais baixos.

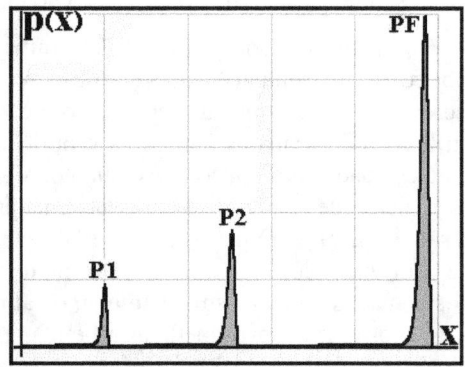

Fig. 11.7: FDP multimodal, com vários picos.

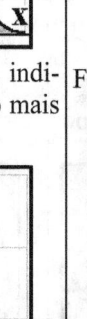

Fig. 11.6: FDP uniforme, que descreve fenômenos cuja probabilidade de ocorrência num dado intervalo é constante.

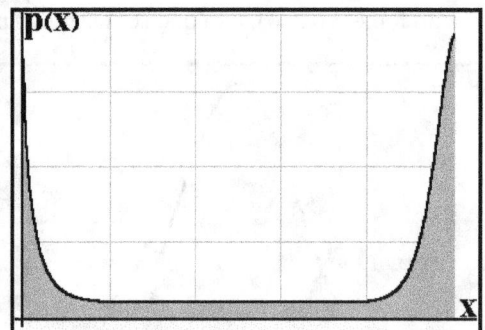

Fig. 11.8: FDP bi-modal que descreve a chance de falhas de equipamentos complexos.

A função de probabilidade acumulada (FPA) ou função de distribuição $P(x)$ descreve a probabilidade da variável x ser menor que um dado valor x_0: $P(x_0) = pr(x < x_0)$. Portanto:

$$P(x) = \int_{-\infty}^{x} p(x)\,dx \tag{11.4}$$

Desta forma, é fácil provar que $pr(a \leq x \leq b) = P(b) - P(a)$, $P(-\infty) = 0$, $P(\infty) = 1$, e que $P(x)$ cresce monotonicamente de 0 até 1. A FDP ajuda muito a visualizar as distribuições dos valores que uma variável aleatória pode assumir: além de permitir a fácil localização dos valores mais prováveis, as FDP das populações pouco dispersas são estreitas e altas, e as das muito dispersas são largas e baixas. Mas na ausência de um bom programa para automatizar os cálculos estatísticos, em geral é bem mais fácil ajustar na mão a FPA de uma população aos dados ordenados obtidos numa amostra (usando um papel de gráfico próprio), do que ajustar a FDP correspondente ao histograma da amostra. Outro uso da FPA é na chamada taxa de azar $\alpha(t) = p(t)/[1-P(t)]$, que é usada para gerar a curva da banheira mencionada acima.

Mas para quantificar numericamente as tendências de uma variável aleatória são necessárias no mínimo medidas de tendência central e de dispersão, como as estudadas a seguir.

11.2.2 Medidas de tendência central

A medida mais usada da tendência central de uma variável aleatória **x** é a sua média $\mu(x)$, também chamada de o valor esperado **E(x)**. A média é a ordenada do centro de gravidade da FDP **p(x)**, o fulcro ou o ponto sobre o qual a área sob **p(x)** se equilibraria se fosse uma lâmina de densidade constante:

$$E(x) = \mu = \int_{-\infty}^{\infty} x \cdot p(x) dx \tag{11.5}$$

No caso das variáveis aleatórias x_i discretas, a média $\mu(x_i)$ é definida pelo somatório:

$$\mu(x_i) = \sum_{-\infty}^{\infty} x_i \cdot p(x_i) \tag{11.6}$$

A média $\bar{x}$ de uma amostra de **T** testes (para diferenciá-la da média $\mu(x)$ da população de onde a amostra é retirada) é dada por:

$$\bar{x} = \left(x_1 + x_2 + \dots + x_T \right) / T \tag{11.7}$$

A média é popular porque segue uma álgebra simples: a média da soma de duas variáveis aleatórias independentes **x** e **y** é a soma das médias de **x** e de **y**, $E(x \pm y) = E(x) \pm E(y)$; a média da variável **x** multiplicada por uma constante **k** é dada por $E(k \cdot x) = k \cdot E(x)$; e a média do produto de duas variáveis **x** e **y** é o produto das médias de **x** e de **y**, $E(x \cdot y) = E(x) \cdot E(y)$. Também se pode definir uma média ponderada por qualquer função **f(x)** através de:

$$E[f(x)] = \int_{-\infty}^{\infty} f(x) \cdot p(x) dx \tag{11.8}$$

Assim, a média quadrática, por exemplo, é dada por $E[x^2] = \int_{-\infty}^{\infty} x^2 \cdot p(x) dx$.

A moda de uma população localiza a ordenada x_m do pico (ou dos picos, caso haja mais de um) da FDP **p(x)**. A moda de uma amostra é o seu valor mais freqüente. Portanto:

$$x_m \Rightarrow \frac{dp(x_m)}{dx} = 0, \ \frac{d^2 p(x_m)}{dx^2} \leq 0 \tag{11.9}$$

A mediana é a ordenada do ponto médio da FPA, ou seja, a metade da área da FDP fica abaixo da ordenada da mediana. Logo, a mediana é ponto x_{50} que tem:

$$\int_{-\infty}^{x_{50}} p(x) dx = 0.5 \Rightarrow P(x_{50}) = 0.5 \tag{11.10}$$

Quando todos os **T** testes de uma amostra são ordenados em ordem crescente, a mediana da amostra é $x_{50} = (x_{T/2} + x_{1+T/2})/2$ se **T** par, ou $x_{50} = x_{(T+1)/2}$ se **T** ímpar. A média, a moda e a mediana são medidas de tendência central que em geral têm valores diferentes, vide Fig. 11.9.

11.2.3 Medidas de dispersão

A raiz da média quadrática, também chamada de valor **rms**, é associada à energia contida no sinal aleatório **x** (é usada, por exemplo, para cobrar o consumo da energia elétrica):

$$\sqrt{E(x^2)} = rms(x) = \sqrt{\int_{-\infty}^{\infty} x^2 \cdot p(x) dx} \tag{11.11}$$

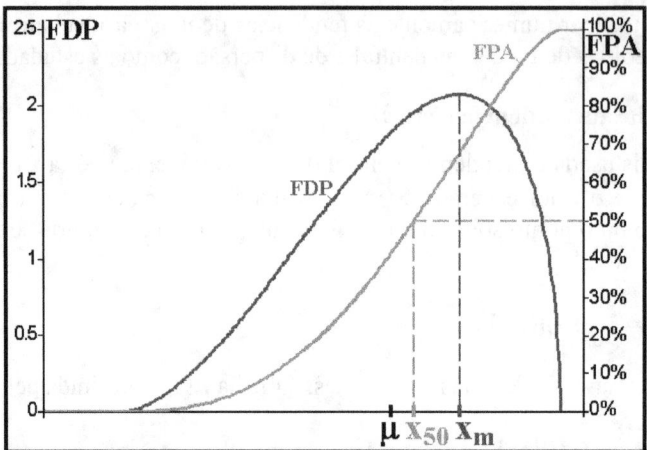

Fig. 11.9: Média μ, mediana x_{50} e moda x_m de uma população aleatória.

A variância $\hat{\sigma}^2$ quantifica a dispersão quadrática em torno da média μ da população:

$$E[(x-\mu)^2] = \hat{\sigma}^2 = \int_{-\infty}^{\infty} (x-\mu)^2 \cdot p(x)dx \qquad (11.12)$$

É fácil provar que a variância é igual à média quadrática menos o quadrado da média:

$$\hat{\sigma}^2 = E[(x-\mu)^2] = E(x^2) - [E(x)]^2 = rms^2 - \mu^2 \qquad (11.13)$$

Portanto, a variância $\hat{\sigma}^2$ é igual ao valor $\mathbf{rms}^2$ quando $\mu = 0$. Também é fácil provar que se x e y são variáveis aleatórias independentes e k é uma constante, então:

$$\hat{\sigma}^2(x \pm y) = \hat{\sigma}^2(x) + \hat{\sigma}^2(y) \qquad (11.14)$$

$$\hat{\sigma}^2(k \cdot x) = k^2 \cdot \hat{\sigma}^2(x) \qquad (11.15)$$

O desvio padrão $\hat{\sigma}$, ou a raiz quadrada da variância, é a medida mais usada para quantificar a dispersão de $p(x)$ em torno da média μ:

$$\hat{\sigma} = \sqrt{\int_{-\infty}^{\infty} (x-\mu)^2 \cdot p(x)dx} \qquad (11.16)$$

É boa prática usar símbolos diferentes para propriedades similares de uma população e das amostras dela retiradas. Isto evita confusão quando se estimam as propriedades da população a partir das propriedades de uma ou mais amostras. Esta prática foi seguida no caso da média: se usou μ para a população e $\overline{x}$ para as amostras. Assim, se reserva o símbolo $\hat{\sigma}$ (com chapéu, para diferenciá-lo da tensão normal σ) para o desvio padrão da população. O desvio padrão de uma amostra de T testes é notado por s, e dado por:

$$s = \sqrt{\frac{\sum_{i=1}^{T} (x_i - \overline{x})^2}{T-1}} = \sqrt{\frac{(\sum_{i=1}^{T} x_i^2) - T \cdot \overline{x}^2}{T-1}} \qquad (11.17)$$

Notar que na definição do desvio padrão de T testes, o denominador é $(T-1)$ em vez de T. Se uma constante k for somada a todos os eventos de uma amostra, então a nova média aumenta de k e a dispersão fica constante ($\overline{x}' = \overline{x} + k$ e $s' = s$), mas se k multiplicar todos os eventos, a média e o desvio padrão também são multiplicados por k ($\overline{x}' = k \cdot \overline{x}$ e $s' = k \cdot s$).

11.2.4 Nível de confiança, confiabilidade e ordenação

A estatística é a ciência que estuda as técnicas e os métodos para identificar o tipo da distribuição de uma população aleatória e estimar os parâmetros que a quantificam (μ e $\hat{\sigma}$, e.g.), através da medição dos parâmetros equivalentes (neste caso, $\bar{x}$ e s) de uma amostra dela retirada. Também se chama de estatística qualquer parâmetro da população ou da amostra (por exemplo, diz-se que a média é uma estatística).

Deve-se notar que em geral os parâmetros e a FDP ou a FPA da população *não* são conhecidos a priori quando se experimenta com amostras de fenômenos aleatórios (aliás, se eles fossem conhecidos, o experimento não seria necessário). Por isso, as técnicas de amostragem são muito importantes para o sucesso das previsões estatísticas. Em particular, as amostras não podem ser tendenciosas, para poder representar bem o comportamento de toda a população. Além disso, o tamanho da amostra também é muito importante.

É claro que quando o tamanho de uma amostra cresce, os seus parâmetros tendem para os parâmetros da população (pois se a amostra incluir toda a população eles terão que ser idênticos), mas o custo do experimento também cresce com o tamanho da amostra. Assim, um outro objetivo muito importante da estatística é calcular o tamanho das menores amostras que sejam estatisticamente representativas. Mas as diferentes amostras (mesmo as que têm tamanho igual) também formam um conjunto aleatório, que em geral *não* tem parâmetros iguais. Por exemplo, as médias das alturas dos alunos ou das alunas das várias turmas de uma universidade em geral diferem entre si e da média da escola (mesmo que em princípio as turmas gerem boas amostras, pois alunos universitários já completaram o seu crescimento físico, e não é esperável que eles mudem muito durante o seu curso). Portanto, conceitos adicionais são necessários para tratar as estatísticas dos parâmetros das amostras.

O nível de confiança C quantifica a probabilidade de um dado parâmetro de uma população, por exemplo, a sua média μ, estar no intervalo α_C em torno do parâmetro equivalente medido numa amostra (neste caso, a média $\bar{x}$). De fato, como a média $\bar{x}$ de uma amostra é uma variável aleatória, ao se estimar μ a partir de $\bar{x}$ só se pode obter a probabilidade de μ estar num intervalo em torno de $\bar{x}$:

$$\mathrm{pr}(\bar{x} - \alpha_C/2 < \mu < \bar{x} + \alpha_C/2) = C \qquad (11.18)$$

onde α_C é um intervalo associado ao nível de confiança C. O tamanho do intervalo α_C necessário para atingir um dado nível de confiança diminui à medida que o tamanho da amostra aumenta e/ou a sua dispersão decresce.

A confiabilidade (*reliability* em inglês) $R = \mathrm{pr}(S)$ quantifica a probabilidade de sucesso S (ou de não haver falhas) em um dado evento aleatório. Por exemplo, quando as estatísticas da resistência e da carga são bem conhecidas, o projeto ou o dimensionamento mecânico para uma dada confiabilidade tem vantagens intrínsecas bem interessantes sobre o projeto determinístico, o qual precisa de fatores de segurança arbitrados, como será estudado mais adiante.

A confiabilidade R não deve ser confundida com o nível de confiança C. A confiabilidade mede a chance do teste não falhar, enquanto o nível de confiança mede a chance de uma estatística da população ser representada pela estatística equivalente da amostra. Por exemplo, uma confiabilidade $R = 90\%$ dentro de um nível de confiança $C = 80\%$ pode significar que **8** entre **10** amostras de **10** peças terão no máximo **1** falha, ou que **16** entre **20** amostras de **30** peças terão no máximo **3** falhas. A confiabilidade R, o nível de confiança C e o tamanho da amostra T são relacionáveis por [1]:

$$C = 1 - R^{T+1} \Rightarrow T = \frac{\log(1-C)}{\log(R)} - 1 \qquad (11.19)$$

Por exemplo, para medir com uma confiabilidade **R = 99%** dentro de um nível de confiança **C = 90%** é preciso testar pelo menos **T = log(0.1)/log(0.99) = 230** elementos de uma população aleatória. Portanto, só se pode medir uma confiabilidade **R** alta com nível de confiança **C** também alto se o número de testes **T** for bem grande.

A ordenação (*ranking* em inglês) é um conceito importante na análise de dados estatísticos. A ordenação **r(i, T)** quantifica a fração ou a percentagem representativa da população que deve ser correlacionada a cada um dos **T** testes de uma amostra, após ordená-los em ordem crescente **i = 1, 2, ⋯ , T**. Ou seja, o menor valor da amostra é associado ao número de ordem **i = 1**, o segundo menor a **i = 2**, e assim por diante até o maior, que é associado a **i = T**.

Este procedimento é indispensável, e.g., para ajustar uma FPA que represente o comportamento de toda uma população aos vários resultados medidos numa amostra dela retirada. O menor valor de todas as amostras de tamanho **T** que podem dela ser retiradas segue uma estatística, pois não é sempre igual à fração **1/T** da população. Da mesma forma o maior valor de todas as amostras não é sempre o maior valor da população. Por exemplo, se num saco há 100 bolas numeradas de 1 a 100, e se várias amostras de 10 bolas são dele retiradas (e repostas em seguida), o menor valor da primeira amostra pode ser 3 (e estar, é claro, localizado em 3% da população), o menor valor da segunda amostra pode ser 19, etc.

Um tipo popular de ordenação correlaciona os **T** testes de uma amostra ao chamado posto médio da população, dado por [2-3]:

$$r(i, T) = i/T - 1/(2T) \qquad (11.20)$$

onde **i = 1, 2, ⋯ , T** é o número de ordem dos valores da amostra ordenados crescentemente. Por exemplo, o posto (*rank*) médio do menor resultado de uma amostra de **10** medidas é associado a **5%** da população, e o quinto valor de uma amostra de **20** testes a **22.5%** da população. Outro tipo de ordenação correlaciona os **T** testes de uma amostra ao chamado posto mediano **r₅₀(i,T)** da população, o qual é estimado por [1,4]:

$$r_{50}(i,T) \cong \frac{i - 0.3}{T + 0.4} \qquad (11.21)$$

Assim, **r₅₀(5, 20) = 4.7/20.4 = 0.23** significa que o 5º valor de metade (é por isso que o posto se chama mediano) das amostras ordenadas de **20** testes provavelmente será menor que o valor correspondente a **23%** da população. Pode-se também definir postos diferentes do mediano, usando equações específicas que podem ser encontrados na literatura [1]. Por exemplo, **r₉₉.₅(5, 20) = 0.5193** significa que o 5º valor de **99.5%** das amostras de **20** itens provavelmente estará abaixo do valor correspondente a **51.93%** da população.

A partir desses conceitos básicos, a seguir se estudam as distribuições estatísticas que são mais úteis para a modelagem dos problemas de engenharia estrutural.

11.3 Distribuição Normal ou Gaussiana

A distribuição normal ou gaussiana é definida para todos os números reais $-\infty < x < \infty$, e a sua FDP, que é simétrica em relação à média μ e tem variância $\hat{\sigma}^2$, é definida por:

$$p(x) = N(x) = \frac{1}{\hat{\sigma}\sqrt{2\pi}} \exp\left[-\frac{(x - \mu)^2}{2\hat{\sigma}^2} \right] \qquad (11.22)$$

A normal, que também é associada aos nomes de de Moivre e de Laplace, pode descrever de forma satisfatória a estatística de muitos fenômenos contínuos e simétricos em relação à média, por exemplo: medições repetidas em metrologia; resistências (S_E, S_R, dureza, etc.) de um mesmo lote; velocidade das moléculas de gases numa temperatura Θ fixa; dimensão das peças de um mesmo lote de produção; propriedades físicas como altura ou peso; desgaste de peças que trabalham sob condições similares; gama de ruído eletromagnético, etc.

A normal é muito usada na prática, e a sua FDP às vezes é notada por $p(x) = N(\mu, \hat{\sigma})$. As distribuições normais têm uma álgebra simpática, tipo a soma de duas normais também segue uma distribuição normal. Por isso, muitas análises estatísticas são feitas *supondo* que a população em estudo é gaussiana. Mas generalizar as análises gaussianas para prever o comportamento de qualquer população é uma prática inadmissível e potencialmente perigosa, pois muitos fenômenos físicos importantes não são simétricos em relação à média, logo não podem ser descritos por distribuições normais. Entretanto, a soma de muitas variáveis independentes tende a ser normal, quaisquer que sejam as suas distribuições (este é o chamado teorema central do limite). Por isso, as normais podem e devem ser usadas para modelar fenômenos gerados pela soma de muitas variáveis aleatórias. As FDP normais têm a forma de um sino simétrico em relação à sua média, que é igual à mediana e à moda, $\mu = x_{50} = x_m$, vide Fig. 11.10.

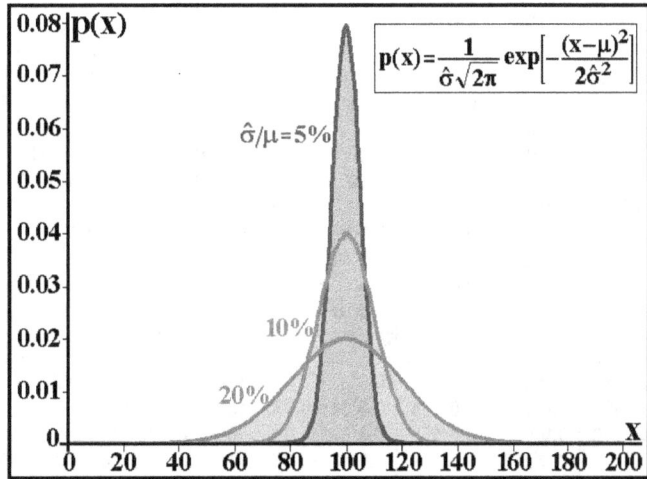

Fig. 11.10: Gaussianas de mesma média $\mu = 100$, e diferentes desvios-padrão $\hat{\sigma} = 5$, $\hat{\sigma} = 10$ e $\hat{\sigma} = 20$, mostrando como a FDP fica mais baixa e larga quando o desvio padrão e, portanto, também a dispersão, aumentam.

Mas as FDP normais *não* são integráveis analiticamente, o que complica muito a obtenção das probabilidades dos fenômenos gaussianos. Nem Gauss conseguiu resolver este problema, mas uma transformação simples pode minimizá-lo: é fácil transformar qualquer distribuição normal $p(x)$ numa distribuição normal normalizada $p(z)$ com média $\mu = 0$ e desvio padrão $\hat{\sigma} = 1$ fazendo:

$$z = (x-\mu)/\hat{\sigma} \tag{11.23}$$

Como a normal é simétrica em relação à média, a normal normalizada é simétrica em relação a $z = 0$. Assim fica fácil listar probabilidades de z, e qualquer livro de estatística tem tabelas de $P(z)$, ou de $P(z) - \dfrac{1}{2} = \displaystyle\int_0^z \dfrac{\exp(-z^2/2)dz}{\sqrt{2\pi}}$, ou então de $1 - P(z) = \displaystyle\int_z^\infty \dfrac{\exp(-z^2/2)dz}{\sqrt{2\pi}}$, vide Fig. 11.11, uma vez que $p(-z) = p(z)$, $P(-z) = 1 - P(z)$ e $P(|z| > 0) = P(-|z| < 0)$. Os valores de $1 - P(z)$ da curva normal normalizada são listados na Tabela 11.1, mas também podem ser facilmente calculados hoje em dia em qualquer programa de integração numérica.

Tabela 11.1: Valores de $1 - P(z)$ da curva normal normalizada, onde $0.0^3 = 0.000$, etc.

z	0.00	0.01	0.02	0.03	0.04	0.05	0.06	0.07	0.08	0.09
0.0	0.5000	0.4960	0.4920	0.4880	0.4840	0.4801	0.4761	0.4721	0.4681	0.4641
0.1	0.4602	0.4562	0.4522	0.4483	0.4443	0.4404	0.4364	0.4325	0.4286	0.4247
0.2	0.4207	0.4168	0.4129	0.4090	0.4052	0.4013	0.3974	0.3936	0.3897	0.3859
0.3	0.3821	0.3783	0.3745	0.3707	0.3669	0.3632	0.3594	0.3557	0.3520	0.3483
0.4	0.3446	0.3409	0.3372	0.3336	0.3300	0.3264	0.3238	0.3192	0.3156	0.3121
0.5	0.3085	0.3050	0.3015	0.2981	0.2946	0.2912	0.2877	0.2843	0.2810	0.2776
0.6	0.2743	0.2709	0.2676	0.2643	0.2611	0.2578	0.2546	0.2514	0.2483	0.2451
0.7	0.2420	0.2389	0.2358	0.2327	0.2296	0.2266	0.2236	0.2206	0.2177	0.2148
0.8	0.2119	0.2090	0.2061	0.2033	0.2005	0.1977	0.1949	0.1922	0.1894	0.1867
0.9	0.1841	0.1814	0.1788	0.1762	0.1736	0.1711	0.1685	0.1660	0.1635	0.1611
1.0	0.1587	0.1562	0.1539	0.1515	0.1492	0.1469	0.1446	0.1423	0.1401	0.1379
1.1	0.1357	0.1335	0.1314	0.1292	0.1271	0.1251	0.1230	0.1210	0.1190	0.1170
1.2	0.1151	0.1131	0.1112	0.1093	0.1075	0.1056	0.1038	0.1020	0.1003	0.0985
1.3	0.0968	0.0951	0.0934	0.0918	0.0901	0.0885	0.0869	0.0853	0.0838	0.0823
1.4	0.0808	0.0793	0.0778	0.0764	0.0749	0.0735	0.0721	0.0708	0.0694	0.0681
1.5	0.0668	0.0655	0.0643	0.0630	0.0618	0.0606	0.0594	0.0582	0.0571	0.0559
1.6	0.0548	0.0537	0.0526	0.0516	0.0505	0.0495	0.0485	0.0475	0.0465	0.0455
1.7	0.0446	0.0436	0.0427	0.0418	0.0409	0.0401	0.0392	0.0384	0.0375	0.0367
1.8	0.0359	0.0351	0.0344	0.0336	0.0329	0.0322	0.0314	0.0307	0.0301	0.0294
1.9	0.0287	0.0281	0.0274	0.0268	0.0262	0.0256	0.0250	0.0244	0.0239	0.0233
2.0	0.0228	0.0222	0.0217	0.0212	0.0207	0.0202	0.0197	0.0192	0.0188	0.0183
2.1	0.0179	0.0174	0.0170	0.0166	0.0162	0.0158	0.0154	0.0150	0.0146	0.0143
2.2	0.0139	0.0136	0.0132	0.0129	0.0125	0.0122	0.0119	0.0116	0.0113	0.0110
2.3	0.0107	0.0104	0.0102	0.00990	0.00964	0.00939	0.00914	0.00889	0.00866	0.00842
2.4	0.00820	0.00798	0.00776	0.00755	0.00734	0.00714	0.00695	0.00676	0.00657	0.00639
2.5	0.00621	0.00604	0.00587	0.00570	0.00554	0.00539	0.00523	0.00508	0.00494	0.00480
2.6	0.00466	0.00453	0.00440	0.00427	0.00415	0.00402	0.00391	0.00379	0.00368	0.00357
2.7	0.00347	0.00336	0.00326	0.00317	0.00307	0.00298	0.00289	0.00280	0.00272	0.00264
2.8	0.00256	0.00248	0.00240	0.00233	0.00226	0.00219	0.00212	0.00205	0.00199	0.00193
2.9	0.00187	0.00181	0.00175	0.00169	0.00164	0.00159	0.00154	0.00149	0.00144	0.00139

z	0.0	0.1	0.2	0.3	0.4	0.5	0.6	0.7	0.8	0.9
3	0.00135	0.0^3968	0.0^3687	0.0^3483	0.0^3337	0.0^3233	0.0^3159	0.0^3108	0.0^4723	0.0^4481
4	0.0^4317	0.0^4207	0.0^4133	0.0^5854	0.0^5541	0.0^5340	0.0^5211	0.0^5130	0.0^6793	0.0^6479
5	0.0^6287	0.0^6170	0.0^7996	0.0^7579	0.0^7333	0.0^7190	0.0^7107	0.0^8599	0.0^8332	0.0^8182
6	0.0^9987	0.0^9530	0.0^9282	0.0^9149	$0.0^{10}777$	$0.0^{10}402$	$0.0^{10}206$	$0.0^{10}104$	$0.0^{11}523$	$0.0^{11}260$

E.g.: $z = 1.03 \Rightarrow 1 - P(z) = 0.1515$, $z = -2 \Rightarrow P(z) = 0.0228$, $z = 4 \Rightarrow 1 - P(z) = 0.0000317$.

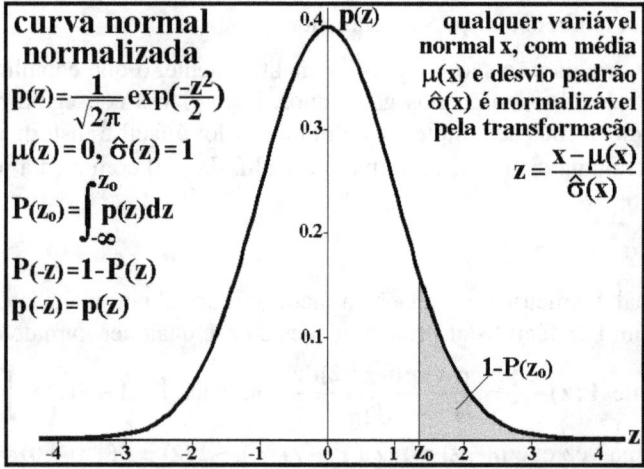

curva normal normalizada

$$p(z) = \frac{1}{\sqrt{2\pi}} \exp\left(\frac{-z^2}{2}\right)$$

$$\mu(z) = 0, \, \hat{\sigma}(z) = 1$$

$$P(z_0) = \int_{-\infty}^{z_0} p(z) dz$$

$$P(-z) = 1 - P(z)$$

$$p(-z) = p(z)$$

qualquer variável normal x, com média $\mu(x)$ e desvio padrão $\hat{\sigma}(x)$ é normalizável pela transformação

$$z = \frac{x - \mu(x)}{\hat{\sigma}(x)}$$

$1 - P(z_0)$

Fig. 11.11: Curva normal normalizada, e a área listada na Tabela 11.1, que é usada para obter as probabilidades associadas com a variável $z = [x - \mu(x)/\hat{\sigma}(x)]$.

A assimetria de uma distribuição, medida pela razão entre $E(x-\mu)^3$ e $\hat{\sigma}^3$, é positiva caso a cauda direita seja mais longa do que a esquerda, negativa em caso contrário, e zero se a distribuição for simétrica. A curtose, medida pela razão entre $E(x-\mu)^4$ e $\hat{\sigma}^4$, é positiva quando a distribuição tem um pico mais alto e fino e caudas mais grossas do que a normal, e é negativa caso o seu pico seja mais baixo e as suas caudas sejam mais finas do que o pico e as caudas da normal. Obviamente, ambas a assimetria e a curtose são zero nas distribuições normais.

⇨ E11.1: Ache a dispersão máxima tolerável numa retificadora para que só **1** peça em **1000** seja rejeitada durante a fabricação de um lote de eixos com diâmetro **D = 50h6**.

Na ausência de testes específicos, pode-se supor que os diâmetros **D** dos eixos retificados seguem uma distribuição normal, pois se espera que a sua distribuição seja simétrica. A tolerância dos ajustes tipo **h** deslizantes da classe IT6 aceita diâmetros dados por [15]:

$$\text{tol(IT6)} = 10 \cdot (0.45 \cdot \sqrt[3]{D} + 0.001D) = 17\mu m \Rightarrow 49.984 \leq D \leq 50.000\text{mm} \quad (11.24)$$

Caso a retificadora, como o usual, só resolva o μm, o seu ajuste deve ser para o diâmetro nominal menos o valor médio da tolerância ajustado para baixo, e como $\text{tol}_{IT6} = 17\mu m$, então **D = 50.000 – 0.008 = 49.992mm** (pois os eixos rejeitados com **D** grande são reaproveitáveis). Portanto, o maior desvio padrão tolerável nos diâmetros retificados é dado por:

$$\text{pr}\left(z < -9/\hat{\sigma}\right) + \text{pr}\left(z > 8/\hat{\sigma}\right) = P\left(-9/\hat{\sigma}\right) + \left[1 - P\left(8/\hat{\sigma}\right)\right] = 10^{-3} \Rightarrow \hat{\sigma} = 2.5\mu m \; \checkmark \quad (11.25)$$

⇨ E11.2: E se a retificadora usinar os diâmetros dos eixos com uma dispersão maior, digamos com $\hat{\sigma} = 5\mu m$, quantas peças serão rejeitadas?

Este aumento aparentemente pequeno no desvio padrão dos diâmetros retificados acaba tendo uma influência muito grande na quantidade de eixos rejeitados:

$$\text{pr}(z < -9/5) + \text{pr}(z > 8/5) = P(-9/5) + [1 - P(8/5)] = 0.0359 + 0.0548 = 9.07\% \; \checkmark \quad (11.26)$$

Assim, a qualidade das máquinas ferramenta pode e deve ser associada a sua capacidade de usinar lotes de peças idênticas com pouca dispersão nas suas dimensões. A Fig. 11.12 mostra a **P(z)** da gaussiana normalizada e algumas probabilidades úteis a ela associadas.

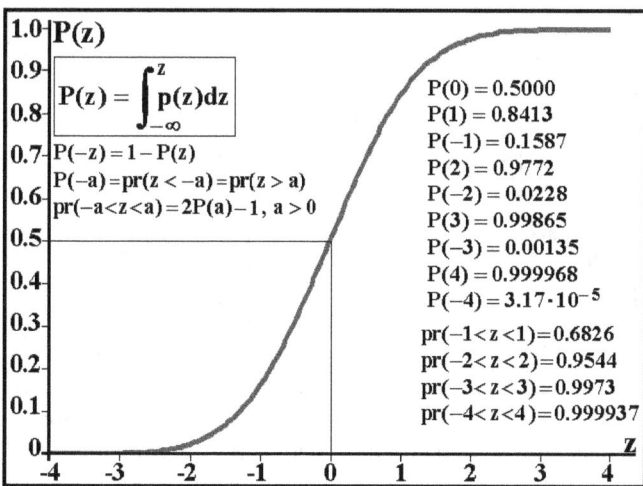

Fig. 11.12: Função de probabilidade acumulada **P(z)** da normal normalizada.

Como a normal é definida de $-\infty < z < \infty$, a probabilidade de encontrar um valor fora da faixa $-4 \leq z \leq 4$ é mínima, mas não é nula: o intervalo de $\pm 4\hat{\sigma}$ da média engloba **99.9937%** da área sob a gaussiana. Mas se pode usar a Fig. 11.13 se for preciso avaliar probabilidades associadas a $|z| > 4$. Todavia, qualquer previsão baseada num cálculo extremo como esse deve ser usada com cautela, pois será muito difícil de comprovar experimentalmente.

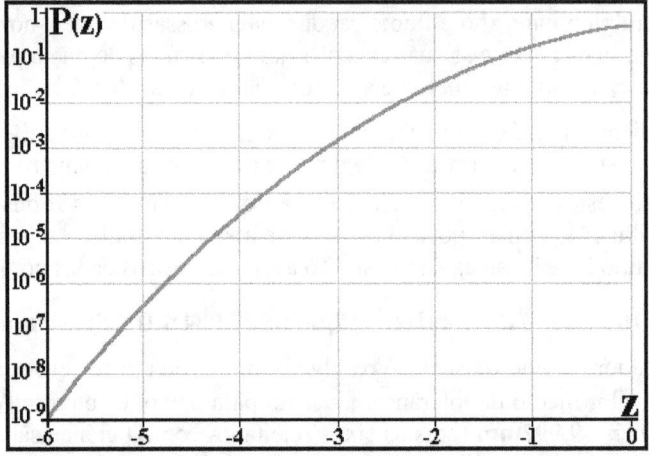

Fig. 11.13: FPA da cauda da distribuição gaussiana.

⇨ E11.3: Se após 20000km uma amostra de 15 discos de embreagem apresentar os desgastes listados abaixo em mm, qual é a confiabilidade deste lote se o maior desgaste admissível nos discos aos 50000km for 4mm?

Assumindo que o desgaste dos discos é gaussiano e proporcional à quilometragem, deve-se ordenar do menor para o maior os 15 dados desta amostra, para em seguida associá-los (por exemplo) ao seu posto mediano:

Posto (%)	4.5	11.0	17.5	24.0	30.5	37.0	43.5	50.0	56.5	63.0	69.5	76.0	82.5	89.0	95.5
Desgaste (mm)	0.17	0.17	0.20	0.42	0.48	0.52	0.53	0.57	0.81	1.14	1.16	1.26	1.40	1.69	2.33

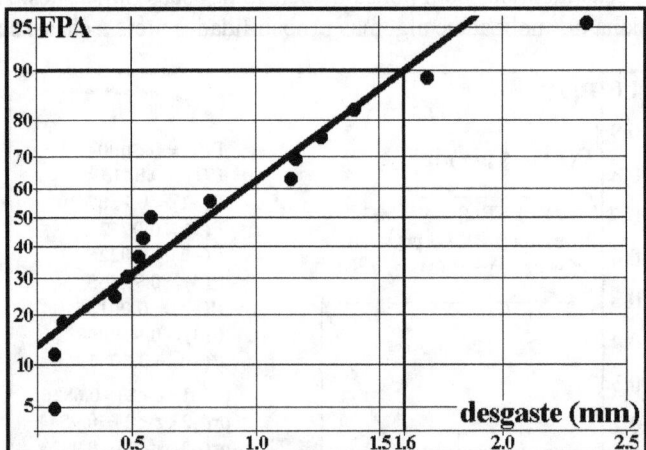

Fig. 11.14: Ajuste dos dados de desgaste dos 15 discos de embreagem por uma FPA gaussiana, que é uma reta quando desenhada em papel de probabilidade.

Para achar a **pr(desgaste < 4×2/5 = 1.6mm)** à moda antiga, primeiro plotam-se os dados em papel de probabilidade, que tem um eixo com uma escala linear e o outro com uma escala proporcional à FPA gaussiana (que assim geram retas nessas coordenadas). Depois ajusta-se uma reta aos dados, como na Fig. 11.14, e por fim chega-se à confiabilidade correspondente ao desgaste máximo tolerado de **1.6mm** (aos 20.000km), **R ≅ 90%**. Mas como esses dados não são lá muito bem ajustados por uma reta, pode-se argumentar que eles não seguem uma gaussiana, e que se deveria tentar outras distribuições para descrevê-los. ✓

11.3.1 Álgebra básica das variáveis aleatórias

As regras básicas das operações algébricas fundamentais com variáveis aleatórias independentes x, y e x_i de médias μ_x, μ_y e μ_{xi}, variâncias $\hat{\sigma}_x^2$, $\hat{\sigma}_y^2$ e $\hat{\sigma}_{x_i}^2$ e coeficientes de variação V_x, V_y e V_{xi} $(i = 1, ..., n)$, sendo $V = \hat{\sigma}/\mu$ e a uma constante são resumidas na Tabela 11.2.

Tabela 11.2: Álgebra básica das variáveis aleatórias independentes [1-13].

função	média μ	desvio-padrão $\hat{\sigma}$
$x + a$	$\mu_x + a$	$\hat{\sigma}_x$
$a \cdot x$	$a \cdot \mu_x$	$a \cdot \hat{\sigma}_x$
$x \pm y$	$\mu_x \pm \mu_y$	$\sqrt{\hat{\sigma}_x^2 + \hat{\sigma}_y^2}$
xy	$\mu_x \cdot \mu_y$	$\mu_x \cdot \mu_y \cdot \sqrt{(1+V_x^2)(1+V_y^2)-1}$
x/y	μ_x/μ_y	$(\mu_x/\mu_y) \cdot \sqrt{(V_x^2 + V_y^2)/(1+V_y^2)}$
$x_1 x_2 ... x_n$	$\mu_{x1} \cdot \mu_{x2} \cdot ... \cdot \mu_{xn}$	$\mu_{x1} \cdot \mu_{x2} \cdot ... \cdot \mu_{xn} \cdot \sqrt{(1+V_{x_1}^2)(1+V_{x_2}^2)...(1+V_{x_n}^2)-1}$
x^2	$\mu_x^2 \cdot (1+V_x^2)$	$2\mu_x^2 V_x \cdot (1+V_x^2/4)$
x^3	$\mu_x^3 \cdot (1+3V_x^2)$	$3\mu_x^3 V_x \cdot (1+V_x^2)$
x^4	$\mu_x^4 \cdot (1+6V_x^2)$	$4\mu_x^4 V_x \cdot (1+9V_x^2/4)$
$\sqrt{x}$	$\sqrt{\mu_x} \cdot (1-V_x^2/8)$	$(\sqrt{\mu_x}V_x/2) \cdot (1+V_x^2/16)$
$1/x$	$(1/\mu_x) \cdot (1+V_x^2)$	$(V_x/\mu_x) \cdot (1+V_x^2)$
$1/x^2$	$(1/\mu_x^2) \cdot (1+3V_x^2)$	$(2V_x/\mu_x^2) \cdot (1+9V_x^2/4)$
$1/x^3$	$(1/\mu_x^3) \cdot (1+6V_x^2)$	$(3V_x/\mu_x^3) \cdot (1+4V_x^2)$
$1/x^4$	$(1/\mu_x^4) \cdot (1+10V_x^2)$	$(4V_x/\mu_x^4) \cdot (1+25V_x^2/4)$
x^n	$\mu_x^n \cdot [1+n(n-1)V_x^2/2]$	$\lvert n \rvert \cdot \mu_x^n V_x \cdot [1+(n-1)^2 V_x^2/4]$
$f(x)$	$f(\mu_x) + \dfrac{1}{2}\dfrac{\partial^2 f(\mu_x)}{\delta x^2} \cdot \hat{\sigma}_x^2$	$\sqrt{\left(\dfrac{\partial f(\mu_x)}{\delta x}\right)^2 \hat{\sigma}_x^2 + \dfrac{1}{2}\left(\dfrac{\partial^2 f(\mu_x)}{\delta x^2}\right)^2 \hat{\sigma}_x^4}$
$f(x,y)$	$f + \dfrac{1}{2}\left(\dfrac{\partial^2 f}{\delta x^2}\hat{\sigma}_x^2 + \dfrac{\partial^2 f}{\delta y^2}\hat{\sigma}_y^2\right)_{\substack{x=\mu_x\\y=\mu_y}}$	$\sqrt{(\dfrac{\partial f}{\delta x}\hat{\sigma}_x)^2 + (\dfrac{\partial f}{\delta y}\hat{\sigma}_y)^2 + \dfrac{1}{2}\left((\dfrac{\partial^2 f}{\delta x^2}\hat{\sigma}_x^2)^2 + (\dfrac{\partial^2 f}{\delta y^2}\hat{\sigma}_y^2)^2\right)}\,\Bigg|_{\substack{x=\mu_x\\y=\mu_y}}$
$f(x_1,\cdots,x_n)$	$f + \dfrac{1}{2}\displaystyle\sum_{i=1}^{n}\dfrac{\partial^2 f}{\delta x_i^2}\hat{\sigma}_{x_i}^2\,\Big\vert_{x_i=\mu_{x_i}}$	$\sqrt{\displaystyle\sum_{i=1}^{n}(\dfrac{\partial f}{\delta x_i}\hat{\sigma}_{x_i})^2 + \dfrac{1}{2}\displaystyle\sum_{i=1}^{n}(\dfrac{\partial^2 f}{\delta x_i^2}\hat{\sigma}_{x_i}^2)^2}\,\Bigg\vert_{x_i=\mu_{x_i}}$

Estas equações podem ser aplicadas para calcular a média e o desvio padrão de qualquer distribuição, mas apenas as 6 primeiras geram μ e $\hat{\sigma}$ exatas. As outras são aproximações obtidas a partir de expansões em série de Taylor, que geram bons resultados se $V^2 \ll 1$. Assim, é fácil calcular a média e o desvio-padrão das operações algébricas básicas com variáveis aleatórias, mas normalmente não é trivial prever a distribuição resultante, exceto no caso da soma e da subtração de duas variáveis normais independentes, que também são normais. No entanto o produto e o quociente de duas normais não geram distribuições normais.

O produto de duas normais independentes gera uma distribuição de Bessel modificada de segundo tipo simétrica (assimetria = 0), mas com curtose igual a 9 e um pico bem mais agudo que o da normal. O quociente de duas normais normalizadas independentes gera uma distribuição de Cauchy simétrica, mas com caudas mais grossas do que as da normal. Aproximar esta distribuição por uma normal pode até ajustar bem a região em torno da média, mas resulta em grandes erros nas caudas. Apesar disso, é comum supor que o produto e o quociente de duas normais são aproximadamente normais nos cálculos menos importantes [1-13].

$\Rightarrow$ E11.4: Se o peso médio por pessoa é estipulado como **70kg** nos elevadores de passageiros, e se a estatística do peso dos homens é dada por $N_h(80, 20)$**kg** (ou seja, por uma normal de média 80 e desvio padrão 20kg) e a das mulheres por $N_m(56, 10)$**kg**, calcule a probabilidade de que um elevador para **16** pessoas seja sobrecarregado quando nele entrarem: (i) **16** homens; (ii) **16** mulheres; e (iii) **8** casais.

A carga permitida no elevador é **16·70 = 1120kg**, e as distribuições dos pesos são:

(i) $16 \cdot N_h(80, 20) = N_{h16}(16 \cdot 80, 20\sqrt{16}) = N_{h16}(1280, 80)$**kg**;

(ii) $16 \cdot N_m(56, 10) = N_{m16}(16 \cdot 56, 10\sqrt{16}) = N_{m16}(896, 40)$**kg**; e

(iii) $8 \cdot [N_h(80, 20) + N_m(56, 10)] = N_{c8}[8 \cdot 80 + 8 \cdot 56, \sqrt{(8 \cdot 20^2 + 8 \cdot 10^2)}] = N_{c8}(1088, 63.25)$**kg**.

A idéia agora é achar qual a probabilidade de cada uma destas distribuições ter valores maiores que os **1120kg** permitidos no elevador. Para isso, deve-se normalizar cada variável normal fazendo $z = (\mu - 1120)/\hat{\sigma}$ para depois achar $P(z)$ na Tabela 11.1:

(i) $z_{h16} = (1280 - 1120)/80 = 2 \Rightarrow P(2) = 97.72\%$ (vide Fig. 11.12);

(ii) $z_{m16} = (896 - 1120)/40 = -5.60 \Rightarrow P(-5.60) \cong 10^{-8}$ (vide Fig. 11.13); e

(iii) $z_{c8} = (1088 - 1120)/63.25 = -0.51 \Rightarrow P(-0.51) = 30.5\%$

Se as estatísticas supostas acima estiverem certas, e se o elevador for usado num prédio comercial movimentado, é sensato diminuir sua lotação para evitar sobrecargas constantes. ✔

$\Rightarrow$ E11.5: Se a resistência ao escoamento de um lote de arames de aço é gaussiana e dada por $N_S(1800, 60)$**MPa**, e se as peças fabricadas com ele são sujeitas a uma distribuição de tensões (estáticas) de serviço também gaussiana dada por $N_\sigma(1200, 400)$**MPa**, qual é a percentagem dessas peças que deverá escoar em serviço?

As peças escoam quando $\sigma > S_E$, logo quando $N_\sigma - N_S < 0$, uma DFP normal de média $\mu_{(\sigma - S)} = 1200 - 1800 = -600$**MPa** e desvio padrão $\hat{\sigma}(\sigma - S) = (400^2 + 60^2)^{1/2} = 404.5$**MPa**. Para achar a probabilidade de falha por escoamento ou de $N_{(\sigma - S)}(-600, 404.5) < 0$, deve-se obter a variável normalizada correspondente, $z = (x - \mu)/\hat{\sigma} = (0 - 600)/404.5 = -1.48$, e depois o valor de $P(z)$ correspondente usando a Tabela 11.1: $P(z) = 1 - P(-z) = 6.94\%$. ✔

Deve-se notar que o fator de segurança neste caso é $\phi_E = 1800/1200 = 1.5$, e que ainda assim quase **7%** das peças falham por escoamento devido à grande dispersão da carga. Estas idéias são detalhadas mais adiante no estudo do dimensionamento mecânico estocástico.

11.3.2 Estimativa das estatísticas de uma população normal a partir de amostras

As amostras aleatórias *grandes* (digamos, com $T \geq 30$ testes) retiradas de uma população normal de média μ e desvio padrão $\hat{\sigma}$ têm uma média cuja estatística é descrita por [1, 5-8]:

$$\bar{x} = N(\mu, \hat{\sigma}/\sqrt{T}) \tag{11.27}$$

Desta forma, a distribuição das médias das amostras grandes é também gaussiana, e tem média $\bar{x} = \mu$ idêntica à da população da qual elas são retiradas. Além disso, se a população não for gaussiana, este resultado também vale se $T \to \infty$. Assim, partindo de uma amostra grande de T testes com média $\bar{x}$ e desvio padrão s retirada de uma população normal, a média μ da população é localizável dentro de um dado nível de confiança C entre:

$$\bar{x} - [z(C) \cdot s/\sqrt{T}] < \mu < \bar{x} + [z(C) \cdot s/\sqrt{T}] \tag{11.28}$$

A variável normal normalizada $z(C)$ é obtida da Tabela 11.1 a partir do nível de confiança C desejado, vide a Tabela 11.3.

$$C = \int_{-z(C)}^{z(C)} p(z)dz = 2P(z(C)) - 1 \tag{11.29}$$

Tabela 11.3: Valor de $z(C)$ para alguns níveis de confiança C.

C(%)	50	68.3	90	95	95.4	99	99.7	99.9	99.99
z(C)	0.675	1	1.65	1.96	2	2.57	3	3.3	3.9

⟡ E11.6: Qual a probabilidade da média $\bar{x}$ de uma amostra de **30** homens com desvio padrão **s = 8cm** diferir menos que **3cm** da média μ da população cuja altura é dada por **N(1.73m, $\hat{\sigma}$)**? E se a amostra for de **100** homens?

Assumindo que $\hat{\sigma} \cong s$, pois amostras com $T \geq 30$ testes são consideradas grandes:

$$\hat{\sigma}_{\bar{x}}(T=30) = \hat{\sigma}/\sqrt{T} = 0.08/\sqrt{30} = 0.0146 \therefore z_{\bar{x}} = 0.03/0.0146 = 2.054 \therefore C(z_{\bar{x}}) = 95.8\%$$

$$\hat{\sigma}_{\bar{x}}(T=100) = \hat{\sigma}/\sqrt{100} = 0.008 \Rightarrow z_{\bar{x}} = 0.03/0.008 = 3.75 \Rightarrow C(z_{\bar{x}}) = 99.98\%$$

O nível de confiança das estatísticas geradas a partir de amostras grandes é alto. ✔

Mas o desvio padrão da amostra **s** não é uma estimativa razoável para o desvio padrão $\hat{\sigma}$ da população quando a amostra é *pequena* (digamos, com $T < 30$ testes). Desta forma, para estimar o intervalo de confiança C da estimativa da média μ de uma população gaussiana a partir da média $\bar{x}$ e do desvio padrão **s** de uma amostra pequena, a variável normal normalizada $z(C)$ precisa ser substituída pela variável **t** de Student, obtida na Fig. 11.15 ou na Tabela 11.4, e definida por $t(T,C) = |\mu - \bar{x}|/(s/\sqrt{T})$. Assim, quando $T < 30$, o intervalo de confiança da média μ deve ser estimado por:

$$\bar{x} - [t(T,C) \cdot s/\sqrt{T}] < \mu < \bar{x} + [t(T,C) \cdot s/\sqrt{T}] \tag{11.30}$$

⟡ E11.7: Refaça a estimativa do nível de confiança C para a amostra de **30** homens do E11.6 usando a variável **t** de Student.

$$t(30,C) = |\mu - \bar{x}|/(s/\sqrt{T}) = 0.03/(0.08/\sqrt{30}) = 2.054 \Rightarrow C(30, 2.054) \cong 95\%$$

Esta é praticamente a mesma estimativa obtida a partir da variável normal $z(C)$, o que confirma que uma amostra de $T = 30$ testes já pode ser tratada como grande. ✔

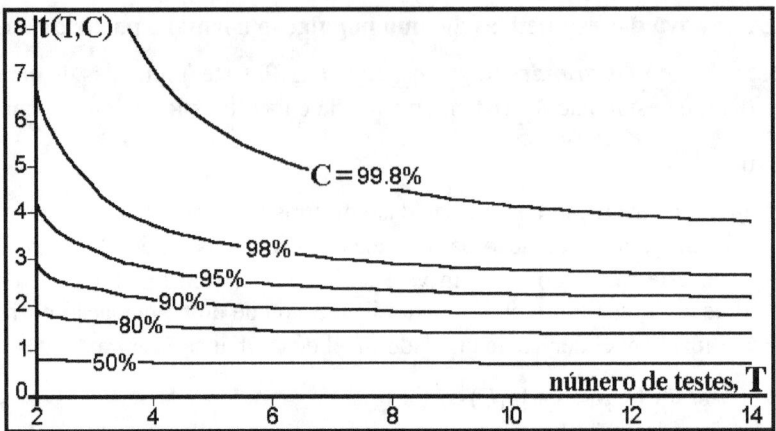

Fig. 11.15: Variável **t(T, C)** de Student, em função do número (pequeno) de testes **T**.

Tabela 11.4: Valores da variável **t(T, C)** da distribuição **t** de Student para vários níveis de confiança **C**, em função do número de testes **T** (**t(T, C) = z(C)** se **T→ ∞**).

	nível de confiança C					
	50%	**80%**	**90%**	**95%**	**98%**	**99.8%**
T=1	1.000	3.078	6.314	12.706	31.821	318.313
2	0.816	1.886	2.920	4.303	6.965	22.327
3	0.765	1.638	2.353	3.182	4.541	10.215
4	0.741	1.533	2.132	2.776	3.747	7.173
5	0.727	1.476	2.015	2.571	3.365	5.893
6	0.718	1.440	1.943	2.447	3.143	5.208
7	0.711	1.415	1.895	2.365	2.998	4.782
8	0.706	1.397	1.860	2.306	2.896	4.499
9	0.703	1.383	1.833	2.262	2.821	4.296
10	0.700	1.372	1.812	2.228	2.764	4.143
11	0.697	1.363	1.796	2.201	2.718	4.024
12	0.695	1.356	1.782	2.179	2.681	3.929
13	0.694	1.350	1.771	2.160	2.650	3.852
14	0.692	1.345	1.761	2.145	2.624	3.787
15	0.691	1.341	1.753	2.131	2.602	3.733
20	0.687	1.325	1.725	2.086	2.528	3.552
40	0.681	1.303	1.684	2.021	2.423	3.307
80	0.678	1.292	1.664	1.990	2.374	3.195
∞	0.674	1.282	1.645	1.960	2.326	3.090

⇨ E11.8: Repita o E11.6 para uma amostra de apenas 5 homens.

$$t(5,C) = |\mu - \bar{x}|/(s/\sqrt{T}) = 0.03/(0.08/\sqrt{5}) = 0.839 \Rightarrow C(5, 0.839) \cong 54\%$$

Esta amostra é bem pequena, logo o seu nível de confiança **C(T, t)** deve ser estimado pela variável **t** de Student associada aos **T** testes (o valor de **C(5, 0.839)** foi estimado por interpolação na Tabela 11.4). Diminuir o tamanho da amostra diminui o seu custo, mas diminui também o nível de confiança da estatística da população estimada a partir dela. ✓

⇨ E11.9: Se uma amostra de **20** CPs tem **s = 41.5MPa**, qual é a chance da sua média $\bar{x}$ diferir menos que **16MPa** da média **μ** de um material cuja $S_E = N_S(541, \hat{\sigma})$**MPa**? E qual a probabilidade de $\bar{x}$ ser maior que **525MPa**?

$$t(T,C) = |\mu - \bar{x}|/(s/\sqrt{T}) \Rightarrow t(20,C) = 16/(41.5/\sqrt{20}) = 1.724 \therefore C(20, 1.742) \cong 90\% \checkmark$$

Portanto, **90%** das amostras de **20** CPs retiradas da população com $N_S(541, \hat{\sigma})$**MPa** satisfazem a hipótese bilateral $\bar{x} - 16$**MPa** $< 541 < \bar{x} + 16$**MPa**, ou a **525MPa** $< \bar{x} < 557$**MPa** (a Tabela 11.4 é válida somente para a hipótese bilateral). Mas como a distribuição normal é simétrica, a probabilidade da hipótese unilateral **525MPa** $< \bar{x}$ é igual a $1 - (1 - 0.9)/2 = 0.95$, logo ela é satisfeita em **95%** das amostras de **20** testes, ou seja, **5%** destas amostras terão médias $\bar{x} < 525$**MPa**, **90%** terão médias **525MPa** $< \bar{x} < 557$**MPa**, e os outros **5%** terão médias $\bar{x} > 557$**MPa**. ✓

11.3.3 Comparação entre as médias de amostras normais

Há aplicações importantes onde se deve determinar se a diferença entre as médias de duas amostras gaussianas (em geral com $\bar{x}$, **s** e **T** distintos) é significativa, ou se é apenas devida à dispersão dos testes (para saber, e.g., qual das amostras representa um produto de melhor qualidade). Assim, sendo T_1 e T_2 os tamanhos de 2 amostras com médias $\bar{x}_1$ e $\bar{x}_2$ e desvios-padrão s_1 e s_2, a variância de uma mesma distribuição gaussiana que teria gerado ambas as amostras é estimada por:

$$\hat{\sigma}^2 = \frac{\sum_{i=1}^{T_1}(x_{1,i} - \bar{x}_1)^2 + \sum_{i=1}^{T_2}(x_{2,i} - \bar{x}_2)^2}{(T_1 - 1) + (T_2 - 1)} = \frac{(T_1 - 1) \cdot s_1^2 + (T_2 - 1) \cdot s_2^2}{T_1 + T_2 - 2} \qquad (11.31)$$

Se ambas as amostras vierem da mesma distribuição normal, então a diferença entre elas $d = \bar{x}_1 - \bar{x}_2$ também é normal com média $\mu_d = 0$ e variância:

$$\hat{\sigma}_d^2 = \frac{\hat{\sigma}^2}{T_1} + \frac{\hat{\sigma}^2}{T_2} = \frac{(T_1 - 1) \cdot s_1^2 + (T_2 - 1) \cdot s_2^2}{T_1 + T_2 - 2} \cdot \left(\frac{1}{T_1} + \frac{1}{T_2}\right) \qquad (11.32)$$

Desta forma, pode-se concluir que, dentro de um dado nível de confiança **C**, a média da distribuição da diferença entre as médias das duas amostras $\mu_d = 0$ localiza-se entre:

$$(\bar{x}_1 - \bar{x}_2) - t(T,C) \cdot \hat{\sigma}_d < \mu_d = 0 < (\bar{x}_1 - \bar{x}_2) + t(T,C) \cdot \hat{\sigma}_d \qquad (11.33)$$

Note que se usou a variável **t(T,C)** de Student em vez da normal normalizada **z(C)** porque o desvio padrão $\hat{\sigma}_d$ da distribuição de **d** foi estimado a partir das dispersões das amostras. Note também que como a distribuição de $d = \bar{x}_1 - \bar{x}_2$ é normal e, portanto, simétrica, há uma probabilidade **C/2** de ocorrência da chamada hipótese unilateral:

$$\mu_d = 0 < (\bar{x}_1 - \bar{x}_2) + t(T,C) \cdot \hat{\sigma}_d \Rightarrow (\bar{x}_1 - \bar{x}_2) < t(T,C) \cdot \hat{\sigma}_d \qquad (11.34)$$

O valor de **t(T,C)** é obtido da Tabela 11.4 para $T = T_1 + T_2 - 2$. Se **T** for grande pode-se, é claro, usar a variável normal normalizada **z(C)** em vez da **t(T,C)** de Student na equação (11.34). Mas em qualquer caso, quando **z(C)** ou $t(T,C) \geq |\bar{x}_1 - \bar{x}_2|/\hat{\sigma}_d$ esta equação é violada, indicando que as duas amostras T_1 e T_2 foram retiradas de distribuições que não têm a mesma média dentro do nível de confiança **C**, logo que aquelas amostras provavelmente provêem de distribuições diferentes. Assim, a probabilidade das duas amostras terem vindo de distribuições distintas, com a de maior média μ vinda da amostra de maior $\bar{x}$, é $P = 1 - (1 - C)/2$, onde C é a solução de:

$$t(T, C) = |\bar{x}_1 - \bar{x}_2| / \hat{\sigma}_d \text{ ou de } z(C) = |\bar{x}_1 - \bar{x}_2| / \hat{\sigma}_d \tag{11.35}$$

⇨ E11.10: Verifique se as resistências ao escoamento S_E de dois lotes de um dado tipo de aço medidas em amostras de $T_1 = 25$ CPs, $\bar{x}_1 = 563MPa$ e $s_1 = 35MPa$, e de $T_2 = 17$ CPs, $\bar{x}_2 = 543MPa$ e $s_2 = 42MPa$, são de fato estatisticamente diferentes.

Se ambas as amostras viessem de uma mesma população, o desvio padrão da distribuição da diferença entre as suas médias seria estimado por:

$$\hat{\sigma}_d^2 = \frac{(25-1)\cdot 35^2 + (17-1)\cdot 42^2}{25+17-2}\cdot\left(\frac{1}{25}+\frac{1}{17}\right) \cong 142 \therefore \hat{\sigma}_d \cong 11.9MPa$$

Assim, a probabilidade das duas amostras proverem de dois lotes com distribuições de S_E estatisticamente diferentes pode ser estimada por:

$$t(T=17+25-2=40,C) = \frac{|\bar{x}_1 - \bar{x}_2|}{\hat{\sigma}_d} = 1.680 \therefore C \cong 90\% \Rightarrow P = 1 - \frac{1-C}{2} = 95\%$$

Portanto, estima-se em **95%** a chance desses lotes serem diferentes, com o aço da primeira amostra sendo mais resistente (pois tem maior $\bar{x}$) do que o da segunda. Note que se **P** fosse pequena as resistências dos aços das duas amostras seriam provavelmente similares, com a diferença entre as médias $\bar{x}_1$ e $\bar{x}_2$ sendo devida apenas à dispersão dos testes. Note também que usando $z(C) = 1.680$ (em vez de $t(40, C)$), se estimaria $P = 95.35\%$ (vide Tabela 11.1). ✓

11.4 Distribuição Log-Normal

A log-normal é a distribuição obtida quando o logaritmo natural de uma variável aleatória $x \geq x_0$, $x_L \equiv \ln(x - x_0)$, segue uma FDP normal:

$$p(x) = \frac{1}{(x-x_0)\sqrt{2\pi\gamma^2}}\exp\left[-\frac{(\ln(x-x_0)-\theta)^2}{2\gamma^2}\right] \tag{11.36}$$

onde θ é o chamado fator de escala, γ é o fator de forma e x_0 é o fator de localização (que só translada a curva ao longo do eixo x) da log-normal. Se $x_0 = 0$, a distribuição é chamada de log-normal padrão. A média e a variância de uma distribuição log-normal são dadas por:

$$\mu_L = \exp(\theta + \gamma^2/2), \quad \hat{\sigma}_L^2 = \exp(2\theta + \gamma^2)\cdot[\exp(\gamma^2)-1] \tag{11.37}$$

O produto de muitas variáveis independentes tende a ser log-normal, quaisquer que sejam suas distribuições, e por isso ela é usada para descrever fenômenos gerados pelo produto de muitas variáveis aleatórias. Além disso, o produto e o quociente de duas variáveis log-normais independentes também são log-normais. A soma de variáveis log-normais pode ser aproximada por uma log-normal, mas não a subtração.

A log-normal também é usada para modelar as variáveis randômicas que têm um valor mínimo e englobam várias ordens de grandeza, como a vida em testes de fadiga, por exemplo. O efeito do fator de forma γ na aparência da FDP da log-normal é explorado na Fig. 11.16, e o dos fatores de escala e de localização na Fig. 11.17. A log-normal tem a forma de sino típica da gaussiana quando plotada contra o logaritmo da variável aleatória x, vide Fig. 11.18.

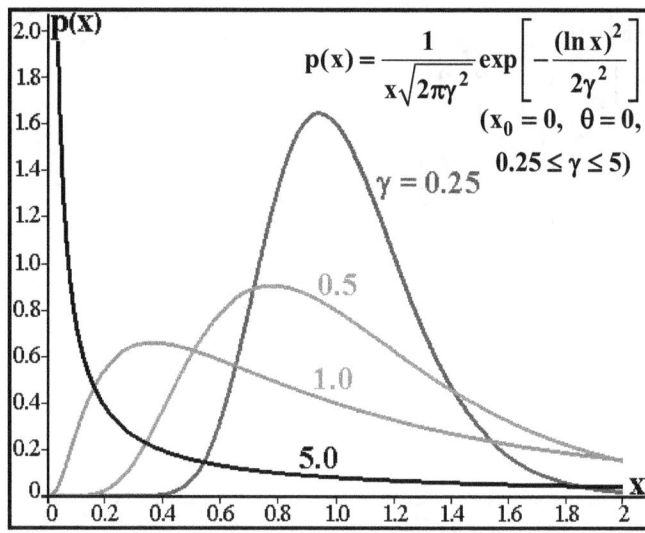

Fig. 11.16: Efeito do fator de forma γ na aparência de uma log-normal padrão.

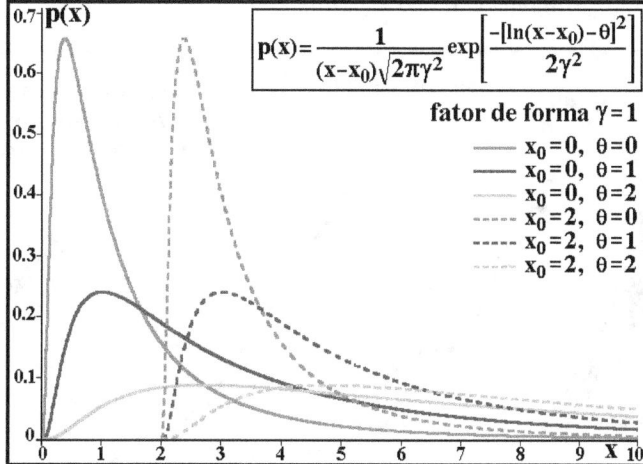

Fig. 11.17: Efeito dos fatores de escala θ e de localização x_0 na aparência da log-normal.

Os testes (SN) de fadiga da liga de alumínio mostrados na Fig. 11.19, que reproduz a Fig. 4.43, foram razoavelmente bem ajustados por log-normais [1]: centenas de CPs foram testados em 6 níveis de tensão, a vida de cada CP foi ordenada pelo seu posto mediano em cada nível, e sua confiabilidade foi plotada em papel de probabilidade, que lineariza a log-normal (usando um eixo logarítmico e o outro proporcional à FPA da gaussiana). Note que a dispersão desses testes tende a crescer com a vida à fadiga, pelas razões estudadas no Capítulo 4.

⇨ E11.11: Ache as propriedades da log-normal que ajusta as vidas à fadiga da liga de Al da Fig.11.19 medidas sob $\sigma_a = \mathbf{210MPa}$.

Como mostrado na Fig. 11.19, sob esta solicitação a vida curta $N_c = \mathbf{2{\cdot}10^6}$ ciclos corresponde à $P(N_c) \cong \mathbf{1.5\%}$, e a vida longa $N_l = \mathbf{10^8}$ ciclos à $P(N_l) \cong \mathbf{96\%}$. Assim, devem-se achar os fatores de escala θ e de forma γ que geram estas probabilidades acumuladas em N_c e N_l para ajustar aos dados dos testes da Fig. 11.19 feitos sob $\sigma_a = \mathbf{210MPa}$ (vide Fig. 11.20 e 11.21) uma log-normal padrão do tipo:

$$p(N) = \left(1/N\sqrt{2\pi\gamma^2}\right)\exp\left[-(\ln(N)-\theta)^2/2\gamma^2\right] \tag{11.38}$$

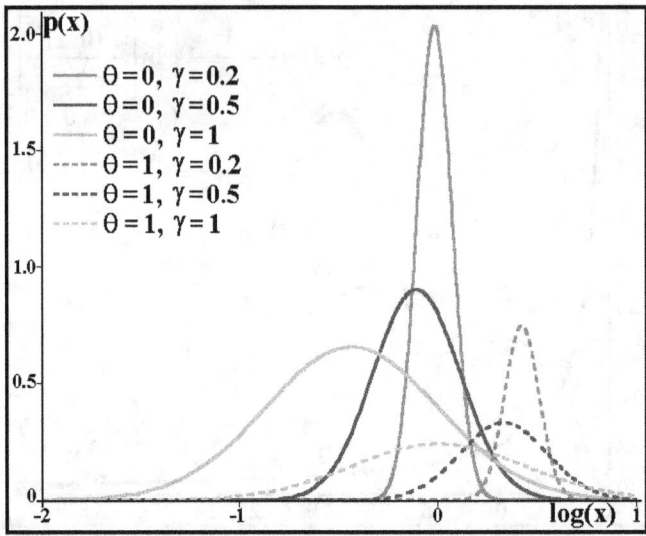

Fig. 11.18: A FDP log-normal tem a forma de sino característica da gaussiana quando plotada contra o logaritmo da variável aleatória **x**.

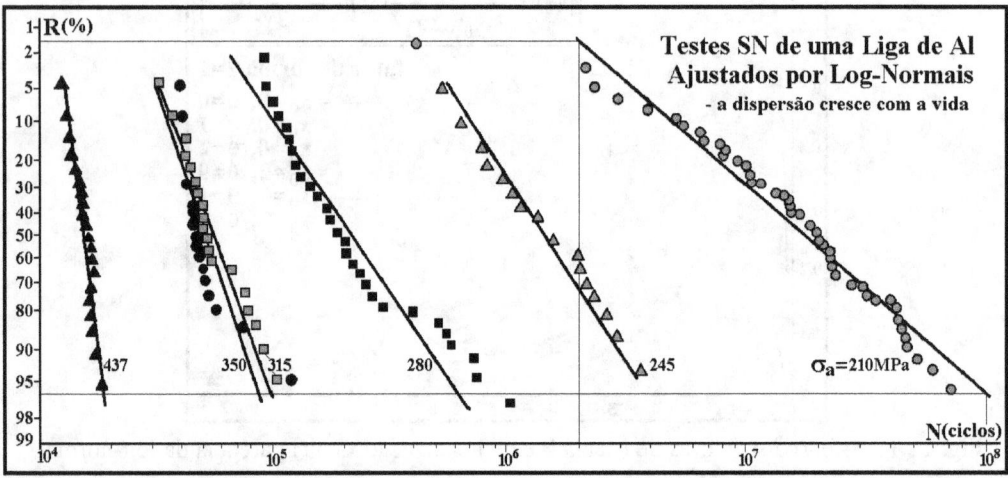

Fig. 11.19: Vidas de CPs SN de Al medidas em 6 gamas de tensão, ajustadas por log-normais.

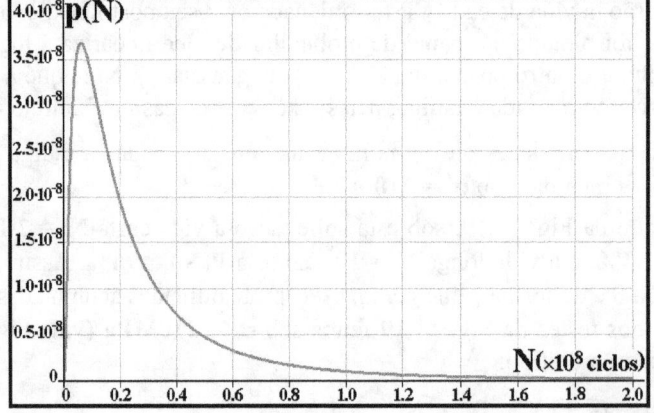

Fig. 11.20: FDP log-normal que ajusta as vidas medidas sob σ_a = **210MPa** na Fig. 11.19.

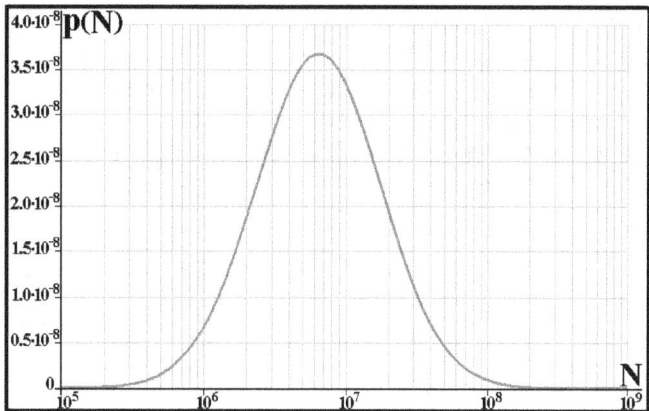

Fig. 11.21: Mesma FDP da Fig. 11.20, mas plotada contra o logaritmo da vida, **log(N)**.

Usando um programa genérico de cálculo como, e.g., o Mathcad, que é particularmente simpático, não é difícil achar $\theta = \mathbf{16.67}$ e $\gamma = \mathbf{1.0}$, valores que substituídos em **p(N)** geram as Fig. 11.20-21. Os algoritmos que podem ajustar automaticamente uma dada equação a um conjunto de dados ou pontos experimentais são estudados na seção 11.11. Portanto, a média e o desvio padrão desta distribuição são:

$$\mu_L = \exp(\theta + \gamma^2/2) = 2.86 \cdot 10^7, \quad \hat{\sigma}_L = \sqrt{\exp(2\theta + \gamma^2) \cdot [\exp(\gamma^2) - 1]} = 3.75 \cdot 10^7$$

Note como esta log-normal, com sua cauda prolongada para a direita, desvia muito do comportamento simétrico da gaussiana: como $\mathbf{N > 0}$, as menores vidas à fadiga distam menos de um desvio-padrão da média, cujo valor é menor do que o do desvio padrão. ✔

11.5 Distribuição de Weibull

Weibull é uma distribuição muito versátil, que é usada para descrever vários problemas de engenharia relacionados com vidas e resistências. Ela é particularmente útil na modelagem da resistência ou da vida de peças ou sistemas com **n** componentes idênticos em série, que falham quando o primeiro deles falha: se resistência ou a vida de cada componente é uma variável aleatória, a distribuição da resistência ou da vida da peça tende a Weibull quando o número **n** de componentes é grande, independentemente do modelo que descreve a estatística de cada um deles. Por exemplo, Weibull descreve a tensão de ruptura S_R de peças feitas de materiais muito frágeis, como será visto mais adiante, pois neste caso S_R depende do tamanho da maior trinca presente nas peças (que em geral têm muitas trincas). A distribuição de Weibull com 3 parâmetros (ou Weibull 3p) tem FDP e FPA dadas por:

$$p(x) = \left[\frac{b}{\theta}\left(\frac{x - x_0}{\theta}\right)^{b-1}\right] \exp\left[-\left(\frac{x - x_0}{\theta}\right)^b\right] \Rightarrow P(x) = 1 - \exp\left[-\left(\frac{x - x_0}{\theta}\right)^b\right] \quad (11.39)$$

A média da distribuição de Weibull é dada por $\mu = \Gamma(1/b) \cdot (\theta/b) + x_0$, sendo $\Gamma(x)$ a função gama, e a sua variância por $\hat{\sigma}^2 = \{2\Gamma(2/b) - \Gamma(1/b)^2/b\} \cdot (\theta^2/b)$ (b é a inclinação; $\theta > 0$ é o valor característico; e $x_0 < \theta$ é o valor mínimo da FDP, a qual só é definida para $x \geq x_0$). Quando $x_0 = \mathbf{0}$, a distribuição é chamada de Weibull 2 parâmetros (Weibull 2p), pois:

$$p(x) = b\theta^{1/b}x^{b-1} \exp\left[-(x/\theta)^b\right] \Rightarrow P(x) = 1 - \exp\left[-(x/\theta)^b\right] \quad (11.40)$$

Portanto, o valor característico θ da Weibull 2p é associado a uma probabilidade acumulada bem maior do que a mediana: $P(\theta) = 1 - e^{-1} = 0.632 > P(x_{50}) = 0.5$.

A forma da FDP de Weibull varia muito em função da inclinação **b**: é assintótica ao eixo **p(x)** se **b < 1**; é igual à exponencial se **b = 1**; parece com a normal se **b ≅ 3.5**; o pico é deslocado para a direita se **b > 3.5**; para a esquerda se **b < 3.5**; a dispersão cresce quando **b** decresce ou θ cresce; e o parâmetro x_0 é o valor mínimo da variável **x**, vide Fig. 11.22-28. Exceto pela dispersão, que diminui à medida que **b** cresce, a influência do valor da inclinação **b** no formato da distribuição Weibull 2p é menor quando **b >> 3.5**

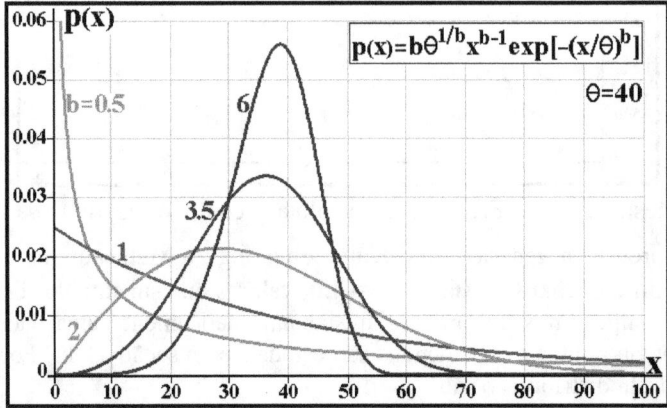

Fig. 11.22: Efeito da inclinação **b** na forma de Weibull 2p com valor característico $\theta = 40$.

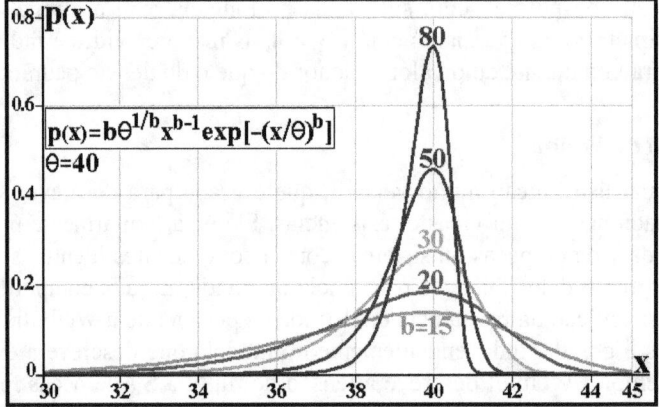

Fig. 11.23: Weibull 2p com $\theta = 40$ e valores de **b** altos, associados a uma dispersão menor.

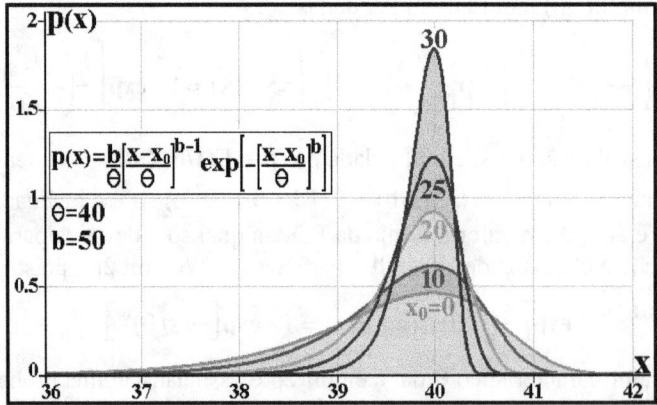

Fig. 11.24: Efeito do valor mínimo x_0 numa distribuição de Weibull 3p.

Numa distribuição de Weibull 3p, o efeito do valor mínimo x_0 é duplo: ele define o limite inferior da distribuição, pois $P(x \leq x_0) = 0$, mas também afeta muito a sua dispersão, a qual diminui sensivelmente à medida que x_0 se aproxima do valor característico θ, vide Fig. 11.24. Note que $x_0 < \theta$ (o valor de x_0 sempre tem que ser menor do que o de θ); e que a escala horizontal desta figura é ainda mais compacta do que a da Fig. 11.23. Quando o expoente **b** aumenta, a dispersão de Weibull 3p diminui, vide Fig. 11.25, mas como mostrado na Fig. 11.26, a influência de **b** também depende da distância $\theta - x_0$.

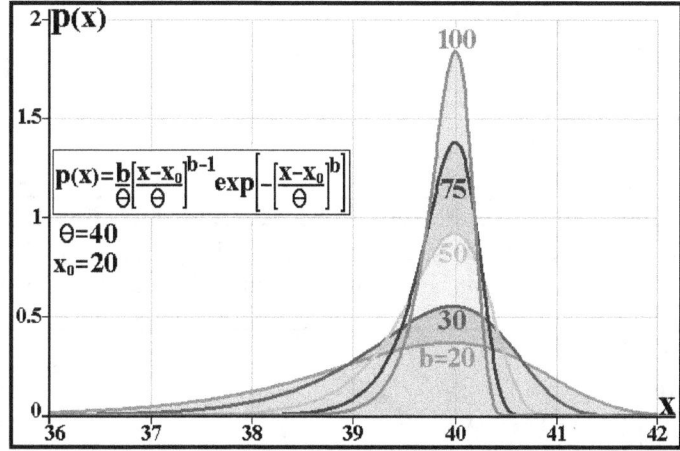

Fig. 11.25: Quando o expoente **b** aumenta, a dispersão de Weibull 3p diminui.

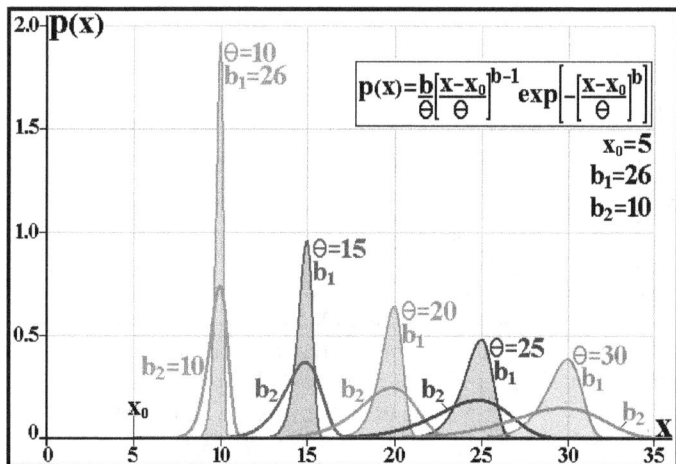

Fig. 11.26: O valor de θ localiza aproximadamente o máximo de uma curva **p(x)** de Weibull quando $\theta \gg x_0$, enquanto a sua dispersão depende de **b** e da distância $\theta - x_0$.

Como acontece com a gaussiana, a distribuição de Weibull 2p também é retificável:

$$x_0 = 0 \Rightarrow P(x) = 1 - \exp\left[-\left(x/\theta\right)^b\right] \Rightarrow 1 - P(x) = \exp\left[-\left(x/\theta\right)^b\right] \Rightarrow$$
$$\Rightarrow \ln\left[1/(1 - P(x))\right] = \left(x/\theta\right)^b \therefore \ln\left(\ln\left[1/(1 - P(x))\right]\right) = b \cdot (\ln x - \ln\theta) \tag{11.41}$$

Assim, o gráfico do $\ln(x) \times \ln\{\ln[1/(1 - P(x))]\}$ é uma reta de inclinação **b**. Desta forma, também se pode construir um papel de gráfico para a Weibull 2p, onde sua FPA pode ser desenhada como uma reta. Como a dispersão diminui à medida que **b** aumenta, deve-se notar que **b** grande significa um fenômeno aleatório com pouca variabilidade.

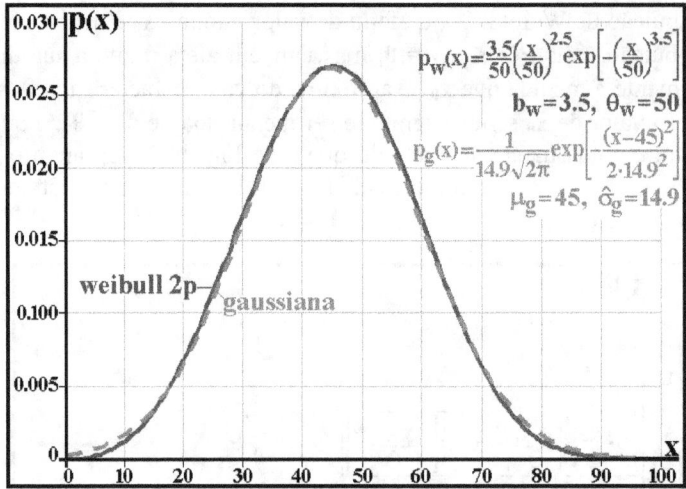

Fig. 11.27: Acertando o valor característico θ de uma distribuição de Weibull 2p com $b = 3.5$ pode-se ajustá-la de forma bem razoável a uma dada distribuição gaussiana.

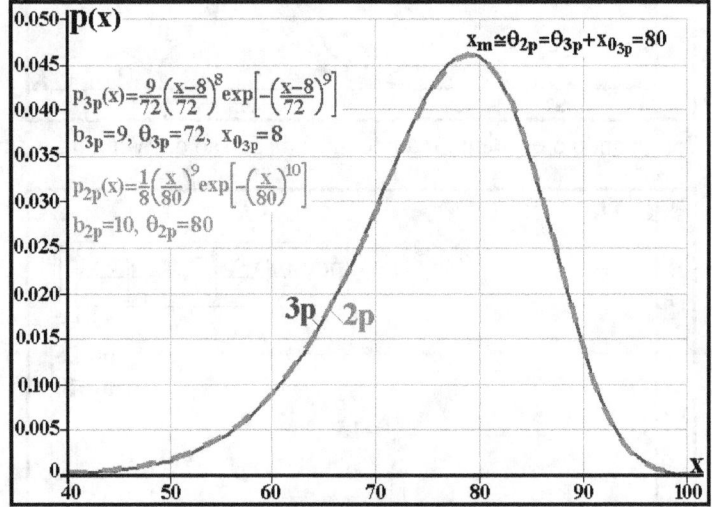

Fig. 11.28: Quando a distribuição de Weibull 3p tem alguma cauda também na esquerda, isto é, quando $b_{3p} > \sim 3$, ela pode ser bem ajustada por uma Weibull 2p, como mostrado acima para $b_{3p} = 9$, o que torna esta distribuição ainda mais útil.

11.5.1 Descrição da estatística da resistência à ruptura por tração de materiais frágeis por Weibull

Como já estudado no Capítulo 8, a fratura dos materiais frágeis (cuja tenacidade G_{IC} é pequena) é controlada pelo tamanho da maior trinca presente na peça ou na estrutura [16]. Portanto, é trivial concluir que quanto menor o tamanho da peça frágil, maior tende a ser a sua resistência à ruptura por tração S_{Rt}, por uma razão muito simples: as trincas grandes não cabem nas peças pequenas. De fato, esta tendência foi comprovada experimentalmente por Griffith [17] já no seu trabalho original, que marcou o nascimento da Mecânica da Fratura (ele mostrou que a resistência das fibras de vidro aumentava quando o seu diâmetro diminuía).

Mas como não se pode garantir que todas as peças frágeis de um dado lote tenham trincas máximas idênticas, é razoável esperar que a dispersão de S_{Rt} seja significativa, além de dependente da quantidade de trincas na peça. Ou seja, que os materiais frágeis mais porosos, como o giz e.g., tenham uma S_{Rt} bem mais dispersa do que os mais compactos, como uma cerâmica de alta resistência, tipo um SiC, por exemplo. Assumindo assim que a resistência à tração de uma peça frágil de volume V_0 siga uma distribuição de Weibull 2p, a sua chance de sobreviver a uma dada tensão σ (ou a sua confiabilidade $R_{V_0}(\sigma)$) é dada por:

$$R_{V_0}(\sigma) = 1 - P(\sigma) = \exp\left[-(\sigma/\sigma_0)^b\right] \tag{11.42}$$

Desta forma, se a tensão aplicada na peça for nula, $\sigma = 0 \Rightarrow R = 1$, se $\sigma = \infty \Rightarrow R = 0$, e se $\sigma = \sigma_0 \Rightarrow R = e^{-1} = 36.8\%$.

A dispersão das resistências à tração S_{Rt} medidas testando CPs de um mesmo lote e descritas por Weibull diminui quando o expoente b cresce. Assim, se observa que a S_{Rt} do giz comum é muito dispersa, tipicamente descrita por distribuições com $b \cong 5$ (o giz é uma cerâmica frágil muito porosa, e as suas muitas trincas não são controladas). Já as cerâmicas de engenharia (como SiC, Al_2O_3 e Si_3N_4) têm microestruturas muito mais controladas (muitas são fabricadas por sinterização sob altas pressões hidrostáticas), logo as suas resistências são bem menos dispersas, e em geral descritas por distribuições de Weibull com $b \geq 10$. E os metais dúcteis, que são muito tenazes e quase insensíveis às trincas, têm resistências à ruptura muito menos dispersas que a das cerâmicas, descritas por distribuições com b da ordem de 100.

Para se modelar o efeito do volume na diminuição da resistência dos materiais frágeis, é razoável supor que a probabilidade de n peças de volume V_0 sobreviverem à tensão trativa σ é $[R_{V_0}(\sigma)]^n$, e que a confiabilidade $R(\sigma,V)$ de uma peça de volume $V = n \cdot V_0$ é obtida por:

$$\ln R(\sigma, V) = (V/V_0)\ln[R_{V_0}(\sigma)] \Rightarrow R(\sigma, V) = \exp\left[-(V/V_0)(\sigma/\sigma_0)^b\right] \tag{11.43}$$

Note que σ é a tensão aplicada na peça, e σ_0 é a tensão que corresponde a uma confiabilidade $R(\sigma_0) = 1/e$, ou seja, $1/e = 36.8\%$ das peças sujeitas à tensão σ_0 não quebram. As Fig. 11.29-32 ilustram o efeito do expoente (ou da inclinação) b e do volume da peça V na variabilidade da resistência à tração S_{Rt}, segundo esta modelagem. A Fig. 11.29 mostra o efeito de b na variação da confiabilidade $R(\sigma)$ descrita por Weibull 2p, quando b é pequeno. Isto ocorre quando a resistência S_{Rt} é muito dispersa, como ocorre nas cerâmicas frágeis, que tipicamente têm $5 < b < 20$. As peças metálicas dúcteis, que não falham por propagação de trincas, têm b típicos da ordem de 100 e confiabilidade pouco dispersa, vide Fig. 11.30.

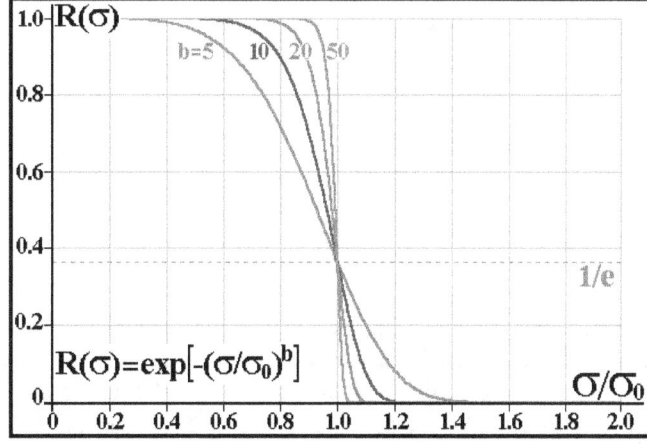

Fig. 11.29: Efeito de b pequenos na variação da confiabilidade $R(\sigma)$ descrita por Weibull 2p.

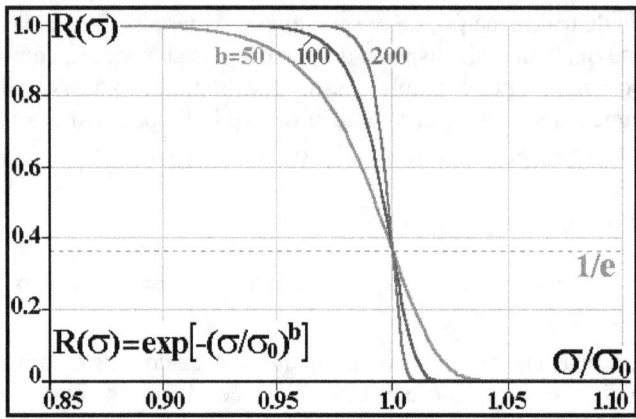

Fig. 11.30: Efeito de **b** grandes na confiabilidade **R(σ)** descrita por Weibull 2p (note a escala).

O volume importa na resistência das peças frágeis porque sua ruptura depende da resistência à tração ideal do material e também da maior trinca presente na peça: a peça rompe em serviço sob $\sigma_{max} = K_{IC}/[\sqrt{(\pi a_{Imax})} \cdot f(a_{Imax}/w)]$, onde a_{Imax} é o tamanho da trinca mais danosa à peça (o qual depende do tamanho e da direção da trinca em relação à da carga), e as peças grandes toleram trincas maiores. Já a dispersão observada na resistência à tração S_{Rt} ou à flexão S_{Rf} de um material frágil (esta medida testando barrinhas em flexão de 3 ou 4 pontos) é primariamente controlada pela dispersão do tamanho e da orientação das trincas presentes nos CPs (em geral $S_{Rt} > S_{Rf}$, pois apenas as trincas mais distantes do eixo neutro são perigosas na flexão). O mesmo acontece em qualquer peça feita de um desses materiais: quanto maior e mais (micro) trincada for a peça frágil, menor e mais dispersa acaba sendo a sua resistência. As Fig. 11.31 e 11.32 ilustram este efeito, com esta última realçando o trecho de confiabilidade $R(\sigma, V)$ alta.

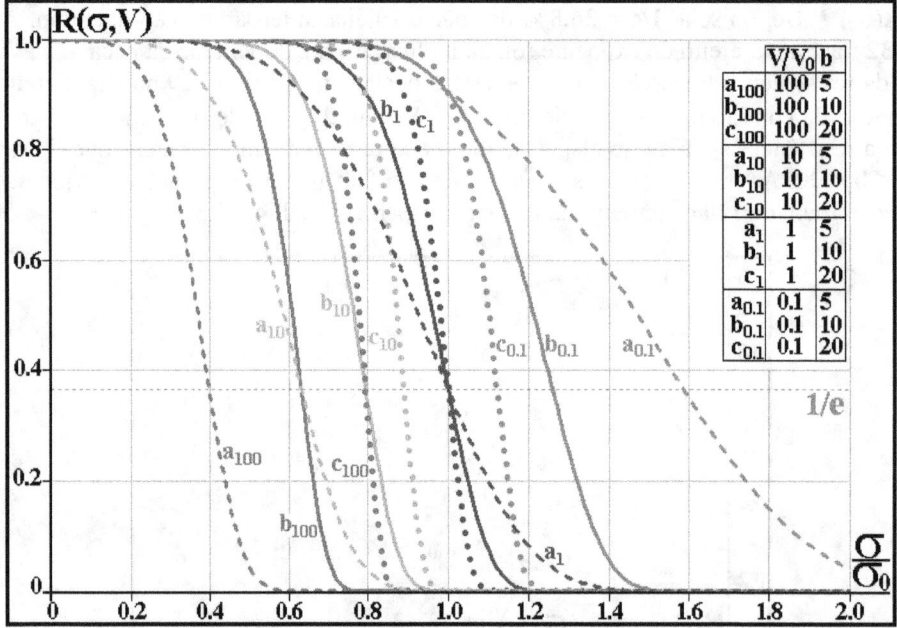

Fig. 11.31: Efeito da razão entre os volumes **V** da peça e **V₀** do CP usado ao medir S_{Rt}, V/V_0, na confiabilidade $R(\sigma, V) = exp[-(V/V_0) \cdot (\sigma/\sigma_0)^b]$, em função da razão σ/σ_0, para **b** = **5** (curvas **a**), **10** (curvas **b**) e **20** (curvas **c**), e V/V_0 = **0.1**, **1**, **10** e **100**.

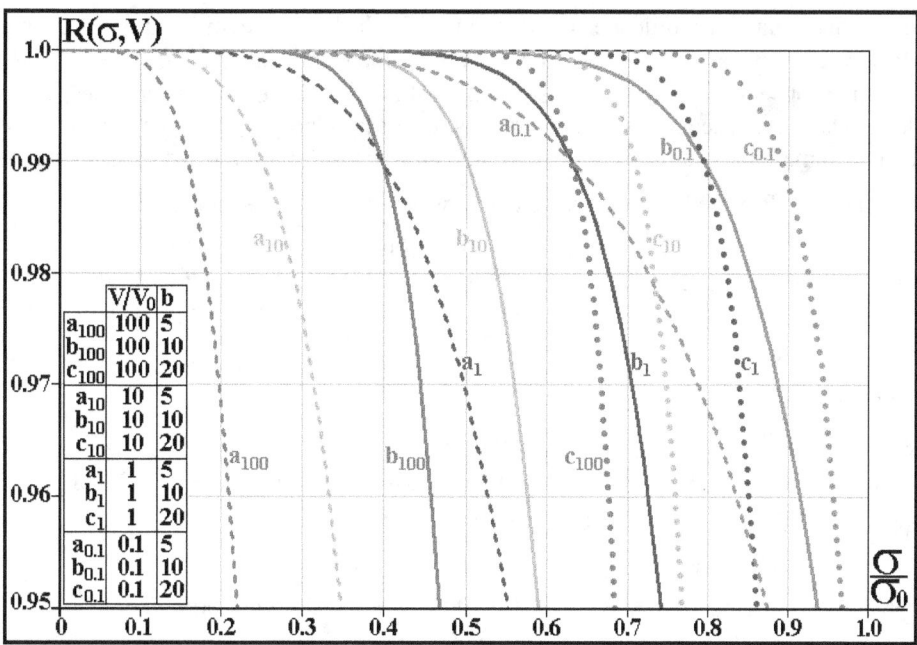

Fig. 11.32: Trecho de confiabilidade alta da Fig. 11.31, usando a mesma notação aplicada naquela figura. Note que se $V \gg V_0$, **R alta** $\Rightarrow \sigma/\sigma_0 \ll 1$.

Assim, para garantir a resistência de uma peça muito frágil é preciso controlar a presença e/ou o efeito das microtrincas que podem levá-la à fratura. Para isso deve-se diminuir a quantidade e o tamanho das microtrincas durante a sua fabricação (e.g. moldando a peça a vácuo sob grandes pressões hidrostáticas durante a sua cura), e evitar a introdução de microtrincas superficiais durante o seu manuseio. Todavia, mesmo quando o material é bem compactado, em geral é impossível evitar trincas superficiais durante o serviço da peça. E as trincas superficiais toleráveis pelos materiais muito frágeis podem ser muito pequenas. Por exemplo, o vidro comum, muito usado por sua transparência em janelas de todos os tipos, tem resistência típica à flexão $S_{Rf} = 50MPa$ e tenacidade $K_{IC} = 0.7MPa\sqrt{m}$ (vide Tabela 11.5). Portanto, as suas trincas superficiais críticas são da ordem de apenas $a_{Imax} = [K_{IC}/(1.12 \cdot S_{Rf} \cdot \sqrt{\pi})]^2 \cong 50\mu m$. Logo, os seus efeitos só podem ser controlados mantendo a superfície sob tensões compressivas (que podem ser tensões residuais propositadamente introduzidas na peça). É por isso que, apesar de ter a mesma composição do vidro comum, o vidro temperado tem uma resistência à flexão típica da ordem de $S_{Rf} = 140MPa$, muito maior do que a do vidro normalizado.

Aliás, é também por causa das microtrincas que o módulo dos materiais frágeis, ao contrário do das ligas metálicas tenazes, em geral cresce com a sua resistência: como tanto S_{Rf} quanto **E** são muito influenciados pela quantidade das microtrincas intrínsecas nos materiais frágeis, eles muitas vezes acabam relacionáveis por alguma equação empírica apropriada.

Apesar de suas limitações, os materiais frágeis são usados em estruturas que trabalham sob tração quando alguma de suas propriedades é indispensável à funcionalidade da peça (e.g. as janelas de vidro trabalham normalmente sob flexão). Mas como em geral não se consegue controlar muito bem a dispersão da orientação e do tamanho das microtrincas que podem ser danosas nesses materiais, a resistência das peças muito frágeis acaba quase sempre sendo muito dispersa, principalmente se feitas de cerâmicas não compactadas.

Desta forma, o projeto mecânico de peças muito frágeis tem que considerar a dispersão inevitável da sua resistência. Quando se conhece a dispersão, isso pode ser feito projetando a peça para uma dada confiabilidade (como exemplificado logo a seguir), ou então usando um fator de segurança ϕ generoso na carga de serviço. E como indicado na Fig. 11.32, "generoso" pode significar $\phi > 10$, quando se quiser confiabilidades altas em peças grandes. Mas para completar esta breve discussão sobre as práticas necessárias no projeto mecânico de peças frágeis, é preciso mencionar dois outros mecanismos importantes para o seu dimensionamento.

Tabela 11.5: Propriedades típicas de algumas cerâmicas representativas* [16,18-20].

Cerâmicas	E GPa	ν	ρ kg/l	S_{Rf} (flex) MPa	S_{Rc} GPa	K_{IC} MPa√m	$\Delta\Theta$ K	α MK^{-1}	b	η
vidro	74	0.19-.25	2.48	30-140	1.0	0.7	84	8.5	10	10
vidro Pirex	65	0.2-.24	2.23	55	1.2	0.8	280	3.3-4	10	10
porcelana	70	-	2.3-2.5	45	3.5	1.0	220	3.0	10	-
diamante	1050	-	3.52	1000	5-11	-	1000	1.2	-	-
Al_2O_3	275-400	0.23-.30	3.5-4.0	280-550	2.4-4.6	2.7-4.3	150-225	7.3-8	10-13	10
$Al_2O_3 \cdot ZrO_2$	289	0.22	4.4	680	2.9	6	250	8.8	-	-
SiC	380-415	0.16-.18	3.1-3.2	200-800	2.0-7.0	3.8-4.4	300	4.8	8-15	40
Si_3N_4	260-330	0.24.26	3.2	450-1200	1.2	3.8-7.7	200-800	3.2	10-25	40
ZrO_2	200	0.23-.33	5.6	200-500	2.0	4-12	500	8	10-25	10
Si_2AlON_3	285-300	0.25-.30	3.2	500-950	2.0	5-8	300-550	3.2	15	10
cimento	20-30	-	2.4-2.5	7	0.05	0.2	< 50	10-14	12	40

*E é o módulo de elasticidade, ν o coeficiente de Poisson, ρ a densidade, S_{Rf} a resistência à tração (medida em testes de flexão), S_{Rc} a resistência à compressão, K_{IC} a tenacidade, $\Delta\Theta$ a resistência ao choque térmico, α o coeficiente de expansão térmica linear, b o expoente de Weibull e η o expoente de envelhecimento.

Muitas cerâmicas perdem resistência ao longo do tempo e, segundo Ashby e Jones [16], sendo t o tempo sob carga e t_0 o tempo do teste usado para medir S_{Rt}, a variação temporal da resistência $S_{Rt}(t)$ pode em muitos casos ser estimada por uma função parabólica:

$$S_{Rt}(t)/S_{Rt}(t_0) = [t_0/t]^{1/\eta} \tag{11.44}$$

onde η é o expoente temporal ou de envelhecimento listado na Tabela 11.5.

Note que a perda de resistência à ruptura por envelhecimento é devida à corrosão sob tensão causada pela hidratação progressiva, no ar ambiente, das pontas das microtrincas em cerâmicas baseadas em óxidos (por exemplo, vidros e alumina), e *não* tem nada a ver com fluência! O valor desta perda pode ser significativo: por exemplo, se S_{Rt} é medida num teste que dura $t_0 = 0.1h$, e se o expoente de envelhecimento do material é $\eta = 10$, a razão $S_{Rt}(t)/S_{Rt}$ é dada na Fig. 11.33. Mas vale a pena mencionar que de acordo com a Corning, uma grande e tradicional fábrica americana de vidros de todos os tipos, a variação temporal da resistência dos vidros é mais bem descrita por $S_{Rt}(1000h) \cong S_{Rt}/3$ e $S_{Rt}(t > 1000h) = S_{Rt}(1000h)$.

Como estudado no Capítulo 10, as tensões térmicas associadas a gradientes de temperatura severos podem ser muito grandes, e os materiais frágeis são particularmente sensíveis a elas, como bem sabem todos aqueles que já jogaram água fervente num copo de vidro frio. A resistência desses materiais ao choque térmico é dada por:

$$\Delta\Theta = \frac{S_{Rt}}{\alpha E} = \frac{K_{IC}}{\sqrt{\pi \cdot a_{Imax}} \cdot f(a_{Imax}/w)} \tag{11.45}$$

onde $\Delta\Theta$ é a gama da variação brusca de temperatura que rompe o material por choque térmico, e α é o coeficiente linear de expansão térmica, vide Tabela 11.5.

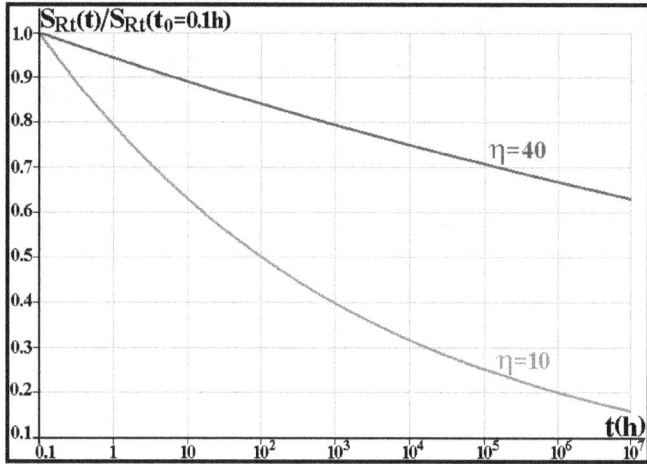

Fig. 11.33: Diminuição progressiva da resistência à ruptura de cerâmicas com expoentes de envelhecimento $\eta = 10$ e $\eta = 40$, causada pela hidratação progressiva, no ar ambiente, das pontas das microtrincas.

⇨ E11.12: Se numa amostra de CPs de vidro com **10x200x2mm** mediu-se uma resistência à ruptura por tração cuja confiabilidade é dada por $R(\sigma/\sigma_0, V_0) = \exp[-(\sigma/70)^{11}]$, qual deve ser a tensão admissível numa placa de **100x1000x2mm** (e volume 50 vezes maior) para que a sua confiabilidade seja **R = 99%** após **10 anos** de serviço?

Assumindo que os CPs tenham sido testados em $t_0 = 0.1h$, e que o expoente temporal seja $\eta = 10$ (usando o valor típico listado na Tabela 11.5), pode-se calcular:

$$R(\sigma(t_0), V) = \exp\left[-(V/V_0)(\sigma(t_0)/\sigma_0)^b\right] \Rightarrow 0.99 = \exp\left[-50(\sigma(t_0)/70)^{11}\right] \Rightarrow$$

$$\sigma(t_0) = 70(-\ln 0.99/50)^{1/11} = 32.3 \therefore \sigma(10\ anos) = \sigma_{adm} = 0.255 \cdot \sigma(t_0) = 8.2 MPa \ ✓$$

Esta σ_{adm} seria mais facilmente obtida simplesmente dividindo $\sigma_0 = \mathbf{70MPa}$ pelo fator de segurança $\phi = \mathbf{8.5}$, mas este é um valor que só poderia ser arbitrado com confiança se o calculista tivesse experiência e *know-how* neste tipo de projeto!

⇨ E11.13: Estime a espessura necessária para uma janela de vidro plano de um grande aquário, sabendo que ela deve ter $a = \mathbf{2m}$ de largura por $b = \mathbf{1m}$ de altura, e ser instalada sob uma coluna d'água de **15m**.

Este é um típico problema de dimensionamento estrutural com materiais frágeis. A transparência é um requisito funcional indispensável para uma janela de um aquário comercial que, além disso, não pode quebrar em hipótese nenhuma. O vidro é um candidato natural, e de fato é usado em muitos desses casos (um outro candidato também muito usado nestas aplicações é o polimetacrilato de metila, PMMA, ou acrílico, um polímero muito transparente, mas menos duro do que o vidro, vide Capítulo 3).

Como a janela deve ser apoiada em coxins de borracha em toda a sua periferia para garantir a vedação indispensável, pode-se assumir que ela se comporta como uma placa plana apoiada nas bordas e sujeita a uma pressão quase uniforme. Como o enunciado não é claro sobre qual é a parte da janela que está sob **15m** de água, supõe-se por segurança que ela trabalhe sob uma pressão uniforme $p = 0.16MPa$, como se toda ela estivesse a $16m$ de profundidade (pois uma coluna d'água de $10m$ gera $p \cong 0.1MPa$). Segundo o clássico manual de Roark [21], neste caso a maior tensão de flexão vale $\sigma = 0.61pb^2/t^2$, onde t é a espessura da placa. As sobrecargas operacionais no aquário não devem ser severas, pois a pressão é intrinsecamente limitada pela sua altura, mas ainda assim se estipula um fator de segurança $\phi = 2$, para cobrir incidentes, como um choque de um peixe grande ou de um mergulhador descuidado (ou apavorado) contra a janela. Além disso, a confiabilidade da resistência deve ser muito alta, digamos algo como $R = 99.99\%$.

Supondo que o vidro da janela seja temperado e que a sua confiabilidade seja descrita por $R[\sigma(t_0), V] = exp[-500(\sigma(t_0)/140)^{10}]$, onde $\sigma_0 = 140MPa$ é a resistência característica medida fletindo CPs com $V_0 = V/500$, sendo V o volume da parte da janela que trabalha com tensões próximas da máxima, e usando a estimativa da Corning de que $S_{Rt}(t \gg t_0) = S_{Rt}/3$, então:

$$\sigma_{adm} = \sigma(t_0)/3 = 140\{-[ln(0.9999)/500]^{0.1}\}/3 \cong 10MPa$$

Logo, fazendo $\phi \cdot \sigma = 2 \cdot 0.61pb^2/t^2 = 1.22 \cdot 0.16 \cdot 1000^2/t^2 = \sigma_{adm} = 10$, pode-se finalmente estimar a espessura necessária para o vidro da janela do aquário: $t = 140mm$. Note que se o controle de qualidade do vidro garantir um expoente de Weibull maior, digamos $b = 15$, se obteria $\sigma_{adm} = 16.7MPa$ e $t = 108mm$. Além disso, é sensato estudar a possibilidade de construir a janela de vidro laminado, que é intrinsecamente mais tenaz do que o vidro sólido (os chamados vidros à prova de bala são laminados, isto é, são feitos de várias placas de vidro coladas entre si por lâminas poliméricas tenazes). Mas note que essas estimativas educadas são baseadas em hipóteses razoáveis, não em dados reais sobre a resistência do vidro. Por isso o dimensionamento de um material frágil para uma aplicação dessa responsabilidade só deve ser finalizado com a anuência do fornecedor do vidro. ✓

Para terminar este estudo, vale a pena comprovar o efeito deletério das microtrincas nos materiais frágeis mostrando na Fig. 11.34 um filamento de sílica sem defeitos fletido sob uma tensão $\sigma \cong 5GPa$, que equivale ao dobro da resistência dos melhores aços, e microtrincas geradas na superfície de um vidro esfregando a ponta de um alfinete sobre ela [22].

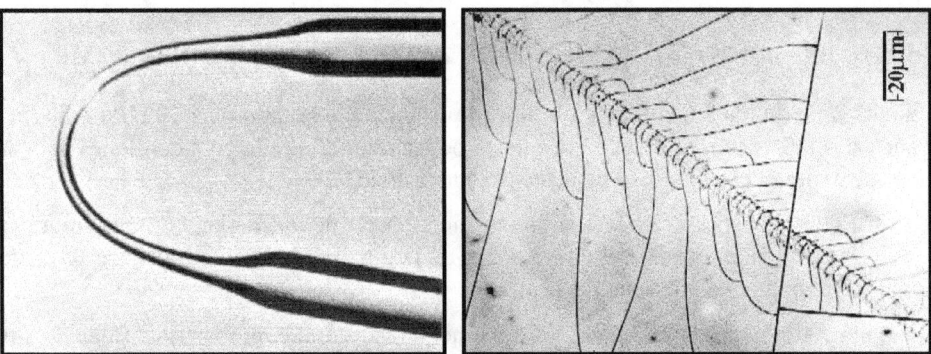

Fig. 11.34: Fibra de SiO_2 sem defeitos fletida *elasticamente* sob $\varepsilon = r/\rho \cong 7\% \Rightarrow \sigma \cong 5GPa$ (onde r é o raio do filamento, ρ é o raio de dobramento e $E \cong 70GPa$) na esquerda, e microtrincas na superfície de um vidro arranhada pela ponta de um alfinete.

11.6 Distribuição de Birnbaum-Saunders ou de (Vida à) Fadiga

Birnbaum-Saunders é um modelo tão versátil quanto o de Weibull, e o seu uso principal é descrever a dispersão da vida de peças de engenharia. As FDP e FPA da distribuição de fadiga são dadas por [23]:

$$p(x) = \frac{\sqrt{(x-x_0)/\theta} + \sqrt{\theta/(x-x_0)}}{2\gamma \cdot (x-x_0) \cdot \sqrt{2\pi}} \cdot \exp\left[-\frac{1}{2\gamma^2}\left(\frac{x-x_0}{\theta} + \frac{\theta}{x-x_0} - 2\right)\right] \qquad (11.46)$$

$$P(x) = \Phi\left[(1/\gamma)\sqrt{(x-x_0)/\theta} - (1/\gamma)\sqrt{\theta/(x-x_0)}\right] \qquad (11.47)$$

$\Phi(z)$ é a função probabilidade acumulada da distribuição gaussiana normalizada (a $P(z)$ do item 11.3); θ é o fator de escala; γ é o fator de forma (θ e $\gamma > 0$); e x_0 é o fator de localização da distribuição, que só é definida para $x \geq x_0$. O caso $x_0 = 0$ e $\theta = 1$ é chamado de distribuição padrão de vida à fadiga, a qual fica assim definida por:

$$p(x) = \left(\sqrt{x} + \sqrt{1/x}\right)/\left(2\gamma \cdot x \cdot \sqrt{2\pi}\right) \cdot \exp\left[-\left(1/2\gamma^2\right)(x + 1/x - 2)\right] \qquad (11.48)$$

A média da distribuição de fadiga é dada por $\mu = \theta(1 + \gamma^2/2) + x_0$, enquanto a sua variância é dada por $\hat{\sigma}^2 = (\theta \cdot \gamma)^2 \cdot (1 + 5\gamma^2/4)$. Esta distribuição é chamada "de fadiga" porque a sua expressão geral pode ser deduzida de um problema de acúmulo de dano sob cargas variáveis: seja uma peça submetida a cargas aleatórias, que causam em cada ciclo um dano D_i, uma variável aleatória não-negativa com média μ_D e variância $\hat{\sigma}_D^2$. Por Miner, a falha ocorre quando o dano acumulado $\Sigma D_i = \beta$, onde β é um valor arbitrário usado para ajustar os resultados experimentais (normalmente se adota $\beta = 1$). Desta forma, pode-se escrever que se a falha (por fadiga) ocorrer em N ciclos, então:

$$\text{pr(peça ter quebrado após n ciclos)} = \text{pr}(n \geq N) = \text{pr}(\Sigma D_{i\,=\,1,\,...,\,n} \geq \beta) \qquad (11.49)$$

Mas se n for suficientemente grande, então a variável $\Sigma D_{i\,=\,1,...,\,n}$ é aproximadamente normal (desde que os D_i sejam de uma mesma distribuição) com média $\mu_{\Sigma D} = n \cdot \mu_D$ e variância $\hat{\sigma}_{\Sigma D}^2 = n \cdot \hat{\sigma}_D^2$. Assim, sendo $\Phi(z)$ a FPA da distribuição normal normalizada:

$$\text{pr}(n \geq N) = \text{pr}\left[\sum_{i=1}^{n} D_i \geq \beta\right] = \Phi\left[(n\mu_D - \beta)/(\hat{\sigma}_D \sqrt{n})\right] \qquad (11.50)$$

Substituindo a (grande) variável discreta n por uma variável contínua x, obtém-se a FDP resultante dada por:

$$p(x) = \left[(\mu_D x + \beta)/2x\hat{\sigma}_D \sqrt{x}\right] \cdot \left[1/2\pi\right] \cdot \exp\left\{-(1/2)\left[(\mu_D x - \beta)/\hat{\sigma}_D \sqrt{x}\right]\right\} \qquad (11.51)$$

com média $\mu = \beta/\mu_D + \hat{\sigma}_D^2/2\mu_D$ e variância $\hat{\sigma}^2 = (\hat{\sigma}_D^2/\mu_D^2) \cdot (\beta/\mu_D + 5\hat{\sigma}_D^2/4\mu_D^2)$.

Esta distribuição é equivalente à de vida à fadiga, ao se considerar que não ocorreu dano nos primeiros x_0 ciclos, e que $\theta \equiv \beta/\mu_D$ e $\gamma \equiv \hat{\sigma}_D/\beta\mu_D$. Essa demonstração foi originalmente obtida para a propagação de trincas, assumindo que o crescimento a cada ciclo é uma variável aleatória independente [23]. Mas esta hipótese não é fisicamente razoável, pois na prática os crescimentos de uma trinca por fadiga em cada ciclo **não** são independentes dos eventos anteriores, uma vez que a taxa **da/dN** depende da carga e do tamanho da trinca, mas também é sempre muito influenciada pela história do carregamento prévio. Desse modo, a distribuição de vida à fadiga só deve ser aplicada a mecanismos de falha que possam ser bem descritos pela regra de Miner.

⇨ E11.14: Qual é média μ e o desvio padrão $\hat{\sigma}$ da vida N de uma peça que sofre a cada ciclo danos aleatórios com $\mu_D = 10^{-4}$ e $\hat{\sigma}_D = 2 \cdot 10^{-5}$?

Supondo válida a regra de Miner com $\beta = 1$, pode-se estimar que:

$$\mu = \beta/\mu_D + \hat{\sigma}_D^2/2\mu_D = 1/10^{-4} + (2 \cdot 10^{-5})^2/2 \cdot (10^{-4})^2 = 10\,000.02 \text{ ciclos}$$

$$\hat{\sigma}^2 = \frac{\sigma_D^2}{\mu_D^2} \cdot \left(\frac{\beta}{\mu_D} + \frac{5\sigma_D^2}{4\mu_D^2} \right) = \frac{(2 \cdot 10^{-5})^2}{(10^{-4})^2} \cdot (\frac{1}{10^{-4}} + \frac{5(2 \cdot 10^{-5})^2}{4(10^{-4})^2}) \cong 400 \Rightarrow \hat{\sigma} = 20 \text{ ciclos}$$

É interessante notar que μ não é exatamente 10^4 ciclos, pois no último ciclo o valor de β é em geral ultrapassado, elevando ligeiramente o valor esperado. E que em aplicações reais o desvio padrão é muito maior que o calculado, pois neste problema ignorou-se a dispersão de β da regra de Miner, que foi considerada determinística. ✔

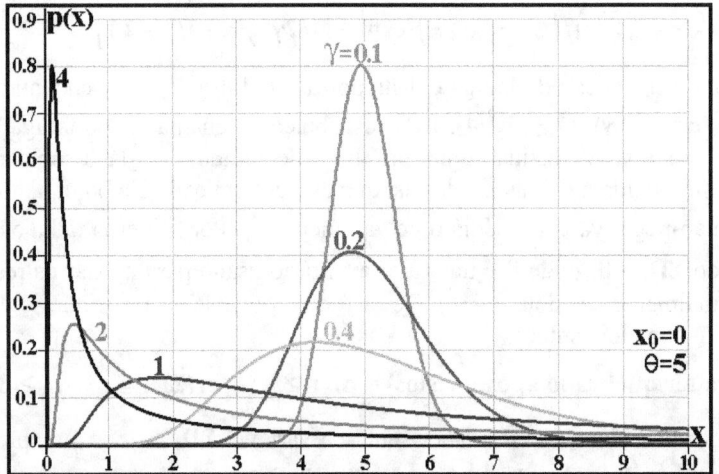

Fig. 11.35: Efeito do fator de forma γ na aparência da distribuição de Birnbaum-Saunders ou de (vida à) fadiga, com fator de localização $x_0 = 0$ e fator de escala $\theta = 5$. A moda da distribuição neste caso é mínima (e a dispersão é máxima) para $\gamma \cong 0.91$, e aumenta à medida que γ cresce ou diminui em relação a este valor, diminuindo assim também a dispersão. Valores de γ grandes deslocam a moda para a esquerda e valores pequenos tendem a centrar a moda em θ.

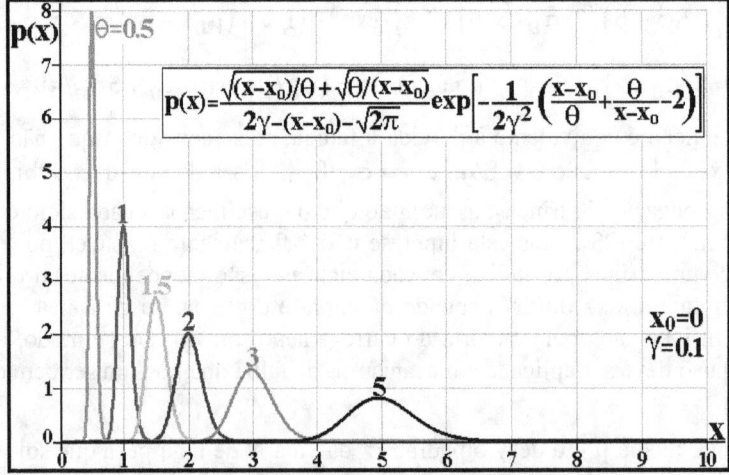

Fig. 11.36: Efeito do fator de escala θ na aparência da distribuição de fadiga para valores de γ pequenos: a moda é quase centrada em θ, e diminui à medida que θ cresce.

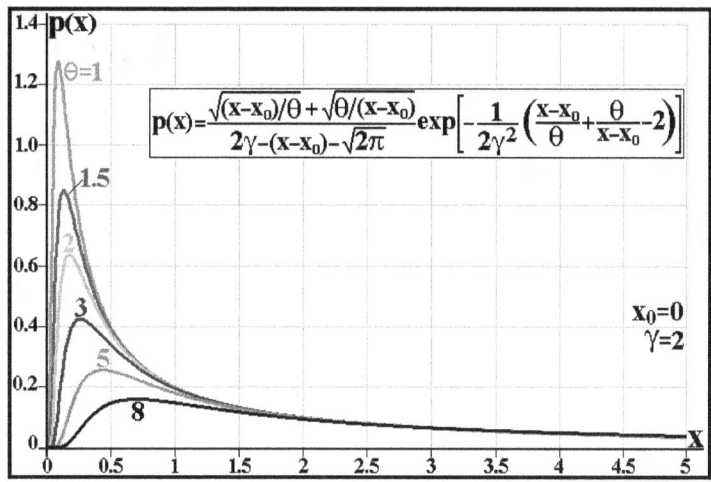

Fig. 11.37: Efeito do fator de escala θ na aparência da distribuição de fadiga para valores de γ grandes: a moda é deslocada para a esquerda, e diminui à medida que θ cresce.

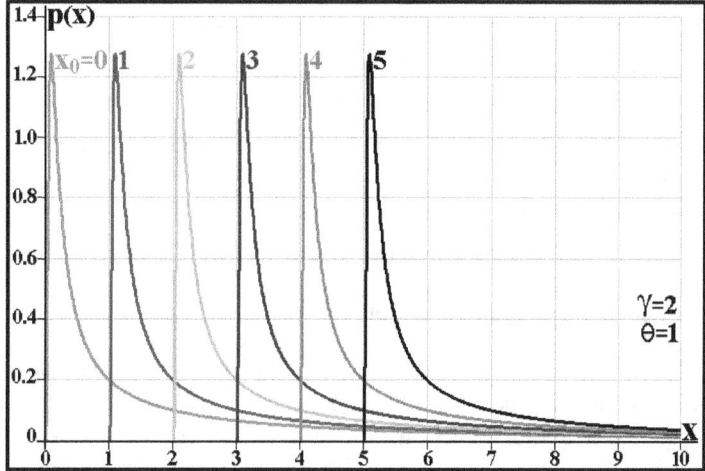

Fig. 11.38: O efeito do fator de localização x_0 na distribuição de fadiga é bem descrito pelo seu nome: a distribuição começa em x_0, mantendo a forma definida por γ e θ.

11.7 Distribuição Exponencial

A distribuição exponencial descreve os eventos cuja taxa de azar α, definida por:

$$\alpha(t) = \text{pr(falha entre } t_0 \text{ e } t_0 + dt, \text{ tendo sobrevivido a } t_0) \div dt = p(t)/[1-P(t)] \quad (11.52)$$

é constante ao longo do tempo t, $\alpha(t) = \alpha_0$. Assim, a distribuição exponencial supõe que a probabilidade do evento aleatório depende apenas da sorte (ou do azar), e.g. ganhar na loteria, ser atingido por um meteorito, etc. Alguns sistemas bem ajustados seguem esta distribuição (mas ela viola a lei de Murphy...). Como já estudado, a distribuição exponencial é um caso particular de Weibull com expoente $b = 1$, e suas FDP e FPA são dadas por, vide Fig. 11.39:

$$p(t) = \exp(-t/\theta)/\theta \Rightarrow P(t) = 1 - \exp(-t/\theta) \quad (11.53)$$

A média da exponencial é igual ao seu desvio padrão $\mu = \int t \cdot p(t) dt = \theta = \hat{\sigma}$, e a sua taxa de azar é dada por $\alpha = [\exp(-t/\theta)/\theta]/\{1 - [1 - \exp(-t/\theta)]\} = 1/\theta$.

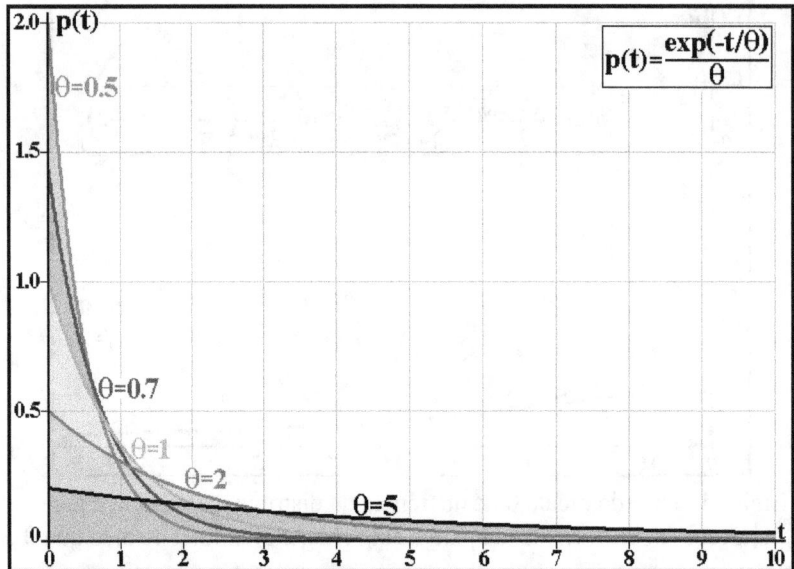

Fig. 11.39: Efeito de θ na forma da distribuição exponencial, que é muito dispersa.

⇨ E11.15: Se numa estrada muito ruim **1%** dos pneus furam acidentalmente antes de **100km**, quantos pneus devem furar antes de 10^4**km**?

Supondo que a chance do evento "furar um pneu" independe do seu uso (o que não é verdade se o pneu for usado demais, mas é uma hipótese razoável se o pneu não estiver muito desgastado, condição esperada dos pneus de boa qualidade após apenas 10^4**km**), então:

$$P(100) = 1 - \exp\left(-100/\theta\right) = 0.01 \Rightarrow -100/\theta = \ln 0.99 \Rightarrow \theta = 9950 \therefore$$

$$P(10000) = 1 - \exp\left(-10000/9950\right) = 63\% \checkmark$$

Todavia se deve notar que as previsões **não** podem ser melhores que as hipóteses que as governam, e pode **não** ser realista assumir uma taxa de azar constante no tempo. No caso dos pneus, por exemplo, a probabilidade de um furo certamente depende do pavimento. Além disso, lei de Murphy à parte, os equipamentos bem ajustados seguem freqüentemente a chamada curva da banheira, já mencionada acima: uma taxa de azar grande e decrescente no início da vida (a chamada mortalidade infantil), seguida (se a qualidade do equipamento for boa) de um longo período com uma taxa de azar pequena e quase constante (a maturidade), após o qual a taxa volta a crescer de novo (a senilidade).

11.8 Outras Distribuições Contínuas

As cinco distribuições contínuas estudadas até agora são resumidas na Tabela 11.6.

Tabela 11.6: Cinco distribuições contínuas muito usadas em mecânica.

Nome	FPA p(x)	Média (μ)	Variância ($\hat{\sigma}^2$)
Normal (μ,σ)	$\dfrac{1}{\sqrt{2\pi\hat{\sigma}^2}}\exp\left[-\dfrac{(x-\mu)^2}{2\hat{\sigma}^2}\right]$	μ	$\hat{\sigma}^2$
Log-Normal (θ, γ, x_0) $x > x_0$	$\dfrac{1}{(x-x_0)\sqrt{2\pi\gamma^2}}\exp\left[-\dfrac{[\ln(x-x_0)-\theta]^2}{2\gamma^2}\right]$	$e^{\theta+\gamma^2/2}+x_0$	$(e^{\gamma^2}-1)\cdot e^{2\theta+\gamma^2}$

Weibull (θ, b, x_0) $x > x_0$	$\dfrac{b}{\theta}\left(\dfrac{x-x_0}{\theta}\right)^{b-1}\cdot\exp\left[-\left(\dfrac{x-x_0}{\theta}\right)^{b}\right]$	$(\theta/b)\cdot\Gamma(1/b)$ $+ x_0$	$(\theta^2/b)\cdot[2\Gamma(2/b) -$ $-\Gamma(1/b)^2/b]$
Birnbaum-Saunders (ou fadiga) $(\theta, \gamma, x_0), x > x_0$	$p(x) = \dfrac{\sqrt{(x-x_0)/\theta}+\sqrt{\theta/(x-x_0)}}{2\gamma\cdot(x-x_0)\cdot\sqrt{2\pi}}\cdot$ $\cdot\exp\left\{-\left[(x-x_0)/\theta+\theta/(x-x_0)-2\right]/2\gamma^2\right\}$	$\theta\cdot(1+\gamma^2/2)$ $+ x_0$	$(\theta\cdot\gamma)^2\cdot(1+5\gamma^2/4)$
Exponencial (θ)	$\dfrac{\exp(-x/\theta)}{\theta}$	θ	θ^2

Outras distribuições similares também são usadas em algumas das análises estatísticas que serão feitas mais adiante. As principais propriedades dessas distribuições são resumidas na Tabela 11.7.

Tabela 11.7: Algumas outras distribuições contínuas úteis em mecânica.

Nome	FDP p(x)	Média (μ)	Variância ($\hat{\sigma}^2$)
Logística (μ, β)	$\dfrac{\exp[-(x-\mu)/\beta]}{\beta\cdot\{1+\exp[-(x-\mu)/\beta]\}^2}$	μ	$\beta^2\pi^2/3$
Log-Logística (α, β, x_0) $\alpha, \beta > 0, x > x_0$	$\dfrac{\alpha\cdot[(x-x_0)/\beta]^{\alpha-1}}{\beta\cdot\{1+[(x-x_0)/\beta]^\alpha\}^2}$	$\beta\cdot\theta\cdot\csc(\theta) +$ x_0, se $\alpha > 1$, $\theta = \pi/\alpha$	$\beta^2\cdot\theta\cdot[2\csc(2\theta) -$ $-\theta\cdot\csc^2(\theta)]$, se $\alpha > 2$
Valor Extremo (ou Gumbel) $(\alpha, \beta), \beta > 0$	$\dfrac{1}{\beta}\exp\left(-\dfrac{x-\alpha}{\beta}\right)\exp\left[-\exp\left(-\dfrac{x-\alpha}{\beta}\right)\right]$	$\alpha +$ $+ 0.5772\beta$	$\beta^2\pi^2/6$
Gauss Inversa ou Wald (μ, β) $x > 0$	$\left(\dfrac{\beta}{2\pi x^3}\right)^{1/2}\exp\left(\dfrac{-\beta(x-\mu)^2}{2\mu^2 x}\right)$	μ	μ^3/β
Beta $(\alpha, \beta, x_0, x_{max})$ $x_0 \le x \le x_{max}$	$\dfrac{(x-x_0)^{\alpha-1}(x_{max}-x)^{\beta-1}}{(x_{max}-x_0)^{\alpha+\beta-1}\int_0^1 t^{\alpha-1}(1-t)^{\beta-1}dt}$	$(x_{max}-x_0)\cdot$ $\cdot\alpha/(\alpha+\beta) +$ $+ x_0$	$\dfrac{(x_{max}-x_0)^2\alpha\beta}{(\alpha+\beta)^2(\alpha+\beta+1)}$
Gama (α, β) $x \ge 0$	$\beta^{-\alpha}x^{\alpha-1}e^{-x/\beta}\Big/\int_0^\infty t^{\alpha-1}e^{-t}dt$	$\alpha\beta$	$\alpha\beta^2$
Pearson (α, β) $x > 0$	$x^{-(\alpha+1)}e^{-\beta/x}\Big/\beta^{-\alpha}\int_0^\infty t^{\alpha-1}e^{-t}dt$	$\beta/(\alpha+1)$, se $\alpha > 1$	$\beta^2/[(\alpha-1)^2(\alpha-2)]$, se $\alpha > 2$

A *logística* é uma distribuição simétrica e centrada na média μ (que assim é igual à moda e à mediana $\mu = x_m = x_{50}$), que tem aplicações similares às da gaussiana. A sua dispersão aumenta quando o valor de β cresce (pois $\hat{\sigma}^2 = \pi^2\beta^2/3$), e a sua FDP também pode ser escrita como $p(x,\mu,\hat{\sigma}) = (\pi/4\sqrt{3}\hat{\sigma})\text{sech}^2[\pi(x-\mu)/2\sqrt{3}\hat{\sigma}]$, vide Fig. 11.40. A *log-logística* é uma distribuição tão versátil quanto Weibull, e também é usada para ajustar vidas. O valor de x_0 apenas desloca as curvas, enquanto o parâmetro β funciona como um fator de escala: as dispersões crescem quando β aumenta, mas sem alterar muito a forma básica das curvas, vide Fig. 11.41 (na qual todas as curvas têm $\alpha = 2$). Outras *log-logísticas* de $\beta = 3$ são mostradas na Fig. 11.42. Sua forma é insensível a x_0, mas depende do valor de α, com a dispersão diminuindo quando α cresce (que assim se comporta de maneira similar à inclinação **b** de Weibull ou ao fator de forma γ de Birnbaum-Saunders).

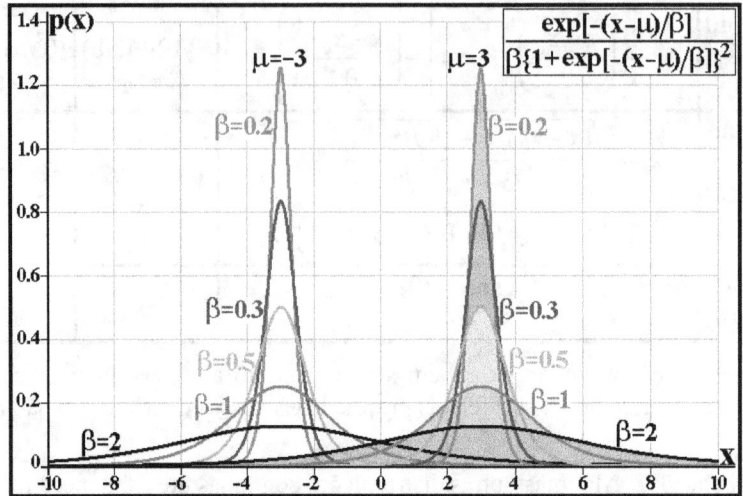

Fig. 11.40: Distribuição *logística*, simétrica e centrada na média μ.

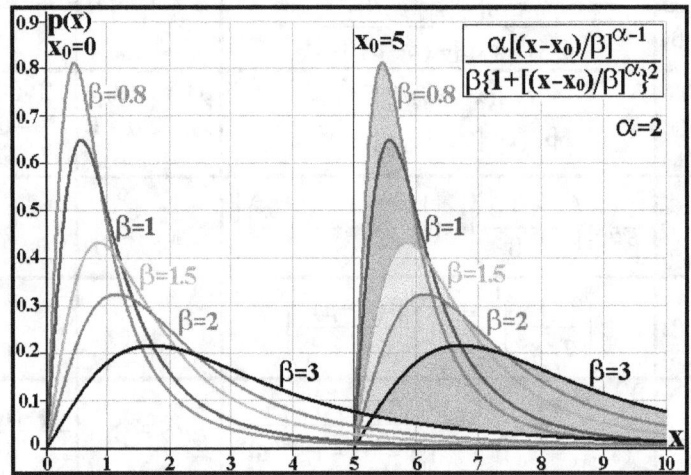

Fig. 11.41: *Log-logísticas* de $\alpha = 2$, uma distribuição tão versátil quanto Weibull.

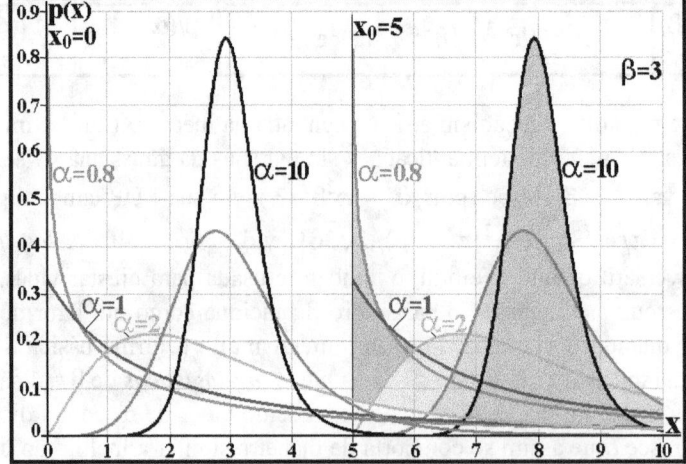

Fig. 11.42: *Log-logísticas* de $\beta = 3$ cuja forma é insensível a x_0, mas depende do valor de α.

A forma da distribuição de **Gumbel** é determinada pelo valor de β (a dispersão cresce quando β aumenta), enquanto α localiza aproximadamente a sua moda, vide Fig. 11.43. A forma de **Gauss inversa** depende de β, enquanto μ localiza a sua média, vide Fig. 11.44. Outras propriedades dessas e de várias outras distribuições podem hoje em dia ser facilmente obtidas na Wikipedia [24], logo não é necessário continuar detalhando deste tópico.

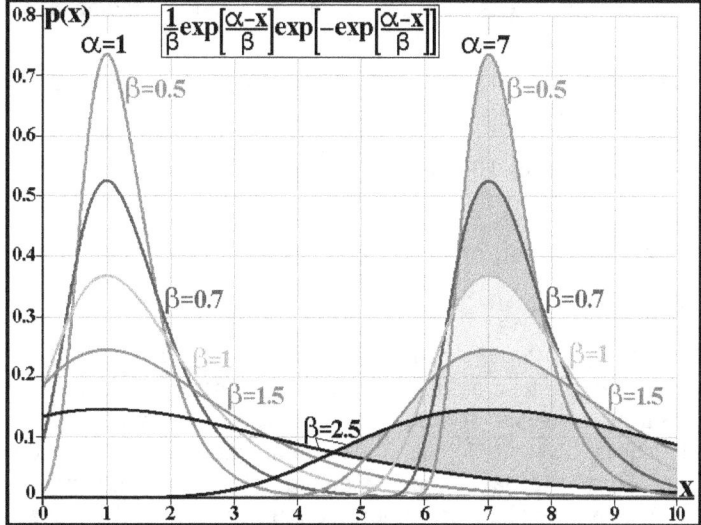

Fig. 11.43: Distribuição de **Gumbel**.

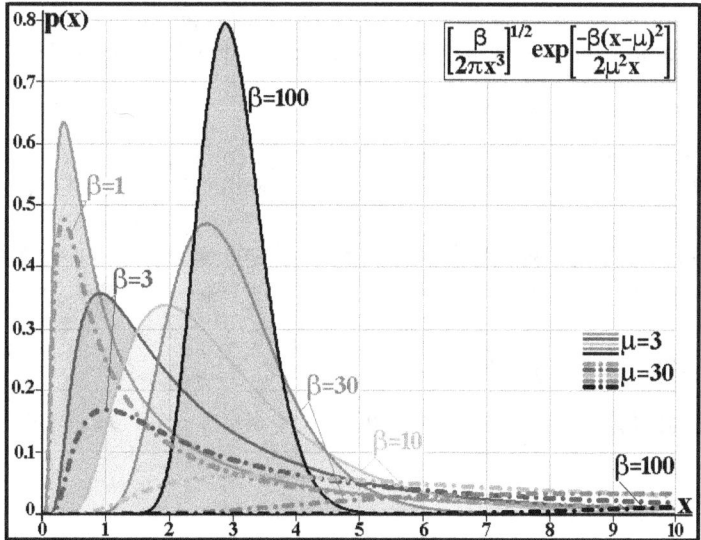

Fig. 11.44: Distribuição de **Gauss inversa**.

11.9 Algumas Distribuições Discretas

11.9.1 A distribuição de Poisson

A distribuição de Poisson descreve a distribuição da probabilidade de ocorrência de **a** acontecimentos discretos durante o tempo no qual a sua média μ (que é igual à sua variância, $\mu = \hat{\sigma}^2$) foi medida, se esta média permanecer constante ao longo do tempo:

$$p(a) = \mu^a e^{-\mu}/a! \tag{11.54}$$

A distribuição de Poisson pode ser aplicada a vários fenômenos discretos cuja probabilidade de ocorrência é (ou pode ser assumida como aproximadamente) constante no tempo ou no espaço, por exemplo, ao número de: estrelas num dado volume do espaço, lâmpadas que queimam num dado intervalo de tempo, animais mortos por atropelamento num dado trecho de uma estrada, mutações genéticas após uma dada quantidade de radiação, erros de digitação por página, clientes numa fila, etc. [24].

⮕ E11.16: Se na média **1%** dos pneus furam em **10 000km**, qual a probabilidade de **3** pneus furarem neste período?

$$p(3) = 0.01^3 e^{-0.01}/3! = 1.65 \cdot 10^{-7} \checkmark$$

⮕ E11.17: Qual a chance de entrarem **10** clientes no mesmo minuto se um banco recebe em média **2** clientes/minuto?

$$p(10) = 2^{10} e^{-2}/10! = 3.82 \cdot 10^{-5} \checkmark$$

Sendo este um livro escrito por e para engenheiros, uma nota de cautela é necessária aqui. A conta acima parece não modelar as filas que tenho que enfrentar, pois quando vou ao banco elas estão sempre imensas. Mesmo sabendo que a lei de Murphy pode interferir nas mais bem intencionadas estatísticas, não sou tão azarado assim na maioria das outras tarefas. Logo, se a média acima é verdadeira, é razoável concluir que ela não é independente do tempo (de fato, muitas pessoas só podem ir aos bancos na hora do almoço, em geral nos dias de pagamento). Na realidade, médias localmente variáveis são muito comuns, mesmo quando a média global é fixa. Assim, tentar prever e.g. o número de carros num dado trecho de uma via sabendo que por lá passam **x** carros por dia usando Poisson sem restrições apropriadas não é uma boa prática, pois na hora do rush certamente haverá mais carros do que de madrugada.

11.9.2 A distribuição de Bernoulli

A distribuição de Bernoulli ou binomial descreve o comportamento de eventos aleatórios discretos retirados de uma população infinita cuja probabilidade seja conhecida e se mantenha constante nos testes, por exemplo, a probabilidade de "tirar 10 caras em 12 lançamentos de uma moeda", **pr(10/12) = p(10/12)**. Sendo a probabilidade de sucesso dada por **S** e a de falha por **F = 1−S**, e sendo **a** o número de acertos em **T** tentativas, a FDP **p(a/T)** da distribuição de Bernoulli é dada por:

$$p(a/T) = \left(T!/a!(T-a)!\right)S^a F^{T-a} \tag{11.55}$$

Portanto, sendo **0! = 1** por convenção, **p(0/1) = F**, **p(1/1) = S**. Esta distribuição tem média μ = **T·S** e desvio padrão $\hat{\sigma} = \sqrt{T \cdot S \cdot F}$.

⮕ E11.18: Qual a chance de se tirar **10** caras em **12** lançamentos de uma moeda?

$$p(10/12) = \left(12!/10! \cdot 2!\right)0.5^{10}0.5^2 = 0.0161 \checkmark$$

A distribuição de Bernoulli é chamada de *binomial* porque os seus coeficientes vêm da expansão do binômio $(S + F)^T$, por exemplo:

- no caso de 2 tentativas **p(2/2) = S²**, **p(1/2) = 2SF** e **p(0/2) = F²**;
- no caso de 3 tentativas **p(3/3) = S³**, **p(2/3) = 3S²F**, **p(1/3) = 3SF²** e **p(0/3) = F³**, etc.

Os coeficientes do binômio $(S + F)^T$ podem ser facilmente obtidos do chamado triângulo de Pascal, uma simpática matriz triangular com cada linha associada ao número de tentativas

T e com as colunas contendo os coeficientes do binômio correspondente, que são assim denominados $C_{T,a}$. A primeira coluna é toda preenchida com o número **1**, $C_{i,1} = 1$, da mesma forma que o último membro de cada linha, $C_{T,i} = 1$. Logo, $C_{1,0} = C_{1,1} = 1$ na primeira linha, associada a apenas 1 tentativa. De forma semilar, todos os outros membros da matriz são obtidos usando a chamada relação de Stifel, somando o membro superior ao que o antecede na linha superior: $C_{i,j} = C_{(i-1),j} + C_{(i-1),(j-1)}$. Assim, a segunda coluna e o penúltimo membro de cada linha são preenchidos com a seqüência **1, 2, 3, …**; o número na sexta linha com a quarta coluna é a soma dos números da terceira e da quarta colunas da quinta linha, **5 + 10 = 15**, etc. Na realidade é muito mais fácil construir o Triângulo de Pascal na Tabela 11.8 do que descrevê-lo:

Tabela 11.8: O Triângulo de Pascal com 9 linhas.

T									
1	1	1							
2	1	2	1						
3	1	3	3	1					
4	1	4	6	4	1				
5	1	5	10	10	5	1			
6	1	6	15	20	15	6	1		
7	1	7	21	35	35	21	7	1	
8	1	8	28	56	70	56	28	8	1
9	1	9	36	84	126	126	84	36	9	1

⇨ E11.19: Calcule as probabilidades de se obter **i = 0, 1, …, 6** acertos em **6** tentativas se a chance de sucesso em cada tentativa for **S = 0.8**.

Fica fácil obter esta resposta usando o triângulo de Pascal, pois $C_{i,j} = T!/[a!\cdot(T-a)!]$:

$p(0/6) = 1\cdot0.8^0\cdot0.2^6 = 6.400\cdot10^{-5}$

$p(1/6) = 6\cdot0.8^1\cdot0.2^5 = 1.536\cdot10^{-3}$

$p(2/6) = 15\cdot0.8^2\cdot0.2^4 = 1.536\cdot10^{-2}$

$p(3/6) = 20\cdot0.8^3\cdot0.2^3 = 8.192\cdot10^{-2}$

$p(4/6) = 15\cdot0.8^4\cdot0.2^2 = 2.458\cdot10^{-1}$

$p(5/6) = 6\cdot0.8^5\cdot0.2^1 = 3.932\cdot10^{-1}$

$p(6/6) = 1\cdot0.8^6\cdot0.2^0 = 2.621\cdot10^{-1}$

Vale a pena notar que essas probabilidades não são intuitivas, e que $\Sigma p(i/6) = 1$. ✓

⇨ E11.20: Se **7%** das lâmpadas de um grande lote são defeituosas, quantas devem ser adquiridas para se garantir com confiabilidade **R > 99%** que pelo menos **10** funcionam?

$t = 10 \Rightarrow p(10/10) = (10!/10!\cdot0!)S^{10}F^0 = 0.93^{10} = 0.484$ ✘

$t = 11 \Rightarrow [p(10/11) = (11!/10!\cdot1!)S^{10}F = 0.373] + [p(11/11) = S^{11} = 0.450] = 0.823$ ✘

$t = 12 \Rightarrow (12\cdot11/2)S^{10}F^2 + 12\cdot S^{11}F + S^{12} = 0.157 + 0.378 + 0.419 = 0.953$ ✘

$t = 13 \Rightarrow p(10/13) + p(11/13) + p(12/13) + p(13/13) = 0.9897$ ✘

Logo, são necessárias no mínimo 14 lâmpadas! ✓

Este cálculo trabalhoso pode ser substituído em alguns casos pela aproximação gaussiana (que é o limite da binomial simétrica com $S \cong F$ quando $T \to \infty$) com média $\mu = T\cdot S$ e desvio padrão $\hat{\sigma} = \sqrt{T \cdot S \cdot F}$: usando $z = (a - T \cdot S)/\sqrt{T \cdot S \cdot F}$ pode-se aproximar a confiabilidade pedida através de $P(z)$. Mas esta aproximação só é recomendada se ambos $T \cdot S$ e $T \cdot F > 5$.

⇨ E11.21: Qual a chance de tirar **70** ou mais caras em **100** jogadas seguidas de uma moeda?

70! > 9.99·10^{99} é um número imenso (este cálculo satura a minha velha HP 15C), mas da aproximação gaussiana obtém-se:

$$z = (a - TS)/\sqrt{TSF} = (70 - 50)/\sqrt{25} = 4 \Rightarrow P(z > 4) = 1 - P(4) = 3.17 \cdot 10^{-5}$$

Esta estimativa é robusta, pois $T \cdot S = T \cdot F = 50 \gg 5$. ✓

Há também uma relação entre as distribuições de Bernoulli e de Poisson: se o evento for raro, isto é, se T for grande e S for pequena, isto é, se $F \cong 1$, então $p(a/T) \cong TS^a \exp(-TS)/a!$

⇨ E11.22: Se **5%** das peças de um grande lote são defeituosas, qual a chance de uma amostra de 20 peças conter apenas uma com defeito?

Por Bernoulli: $p(1/20) = [t!/a!(t-a)!]S^a F^{t-a} = (20!/1!19!) \cdot 0.05 \cdot 0.95^{19} = 0.3774$

Por Poisson: $p(1/20) \cong 20 \cdot 0.05 \cdot \exp(-20 \cdot 0.05) = 0.3679$ ✓

11.9.3 A Distribuição Multinomial

A distribuição multinomial descreve eventos aleatórios discretos E_1, E_2,···, E_k que têm probabilidades constantes de sucesso S_1, S_2, ···, S_k com $\Sigma S_i = 1$. Isto porque E_1, E_2,···, E_k são eventos estatisticamente independentes, ou seja, o resultado de cada teste não depende dos anteriores nem afeta os testes subseqüentes. Nestes casos, a chance de E_1 ocorrer T_1 vezes, E_2 ocorrer T_2 vezes, ... e E_k ocorrer T_k vezes num total de $T = \Sigma T_i$ testes é dada por:

$$p[E_1(T_1/T), \cdots, E_k(T_k/T)] = (T!/T_1! \cdots T_k!) \cdot S_1^{T_1} \cdots S_k^{T_k} \tag{11.56}$$

Esta distribuição chama-se multinomial porque os seus coeficientes vêm da expansão de $(S_1 + S_2 + \cdots + S_k)^T$, cuja obtenção é trabalhosa sem a fórmula acima.

⇨ E11.23: Se um dado for jogado **12** vezes, qual é a chance de que cada número saia exatamente **2** vezes?

$$p[1(2/12), \dots, 6(2/12)] = (12!/2!^6) \cdot [(1/6)^2]^6 = 0.0034 ✓$$

11.9.4 A distribuição Hipergeométrica

Esta distribuição descreve eventos discretos cuja amostragem é feita num universo finito sem reposição, com chances de sucesso ou de falha que variam durante o teste. Assim, se num lote de N peças há D defeituosas e B boas, a probabilidade de escolher d peças defeituosas (ou b boas) numa amostra de $n = b + d$ peças é dada por:

$$p(d/n) = p(b/n) = \frac{D!}{d!(D-d)!} \cdot \frac{B!}{b!(B-b)!} \cdot \frac{(N-n)!n!}{N!} \tag{11.57}$$

⇨ E11.24: Se numa caixa há **6** lâmpadas boas e **10** queimadas, qual a chance de se tirar as **10** queimadas numa amostra de **10** e de tirar **4** boas numa amostra de **5** lâmpadas?

$$p(10/10) = \frac{10!}{10! \cdot 0!} \cdot \frac{6!}{0! \cdot 6!} \cdot \frac{6! \cdot 10!}{16!} = \frac{10}{16} \cdot \frac{9}{15} \cdot \frac{8}{14} \cdots \frac{1}{7} = 0.0125\%$$

$$p(4/5) = \frac{10!}{1! \cdot 9!} \cdot \frac{6!}{4! \cdot 2!} \cdot \frac{11! \cdot 5!}{16!} = 10 \cdot 15 \cdot \frac{5}{16} \cdot \frac{4}{15} \cdots \frac{1}{12} = 3.43\% \checkmark$$

⇨ E11.25: Qual a probabilidade de se tirar 4 ases seguidos de um baralho com 52 cartas honestamente embaralhado? E de tirar os quatro ases numa mão de 5 cartas?

$$p(4/4) = \frac{48!}{0! 48!} \cdot \frac{4!}{4! 0!} \cdot \frac{48! 4!}{52!} = 3.69 \cdot 10^{-6}$$ (esta é, como não podia deixar de ser, exatamente a mesma resposta obtida por inspeção no item 11.2).

$$p(4/5) = \frac{48!}{1! 47!} \cdot \frac{4!}{4! 0!} \cdot \frac{47! 5!}{52!} = 1.85 \cdot 10^{-5} \checkmark$$

11.10 Testes de Adequabilidade do Ajuste

Os testes de adequabilidade do ajuste (*goodness-of-fit*) quantificam qual das distribuições é a que melhor ajusta uma dada amostra aleatória [11]. Estes testes podem partir de dois tipos de hipóteses:

- Simples: quando os parâmetros da distribuição sendo testada são especificados antes de se obter a amostra, e.g., "testar se uma dada amostra é normal com $\mu = 0$ e $\hat{\sigma} = 1$".
- Composta: quando um ou mais parâmetros da distribuição são desconhecidos, ou então foram ajustados a partir dos dados da própria amostra sendo testada, e.g., "testar se a amostra é normal com $\mu = \bar{x}$ e $\hat{\sigma} = s$".

As hipóteses compostas são mais comuns, pois permitem decidir se uma amostra vem de qualquer distribuição de um determinado tipo, mas os seus testes são mais difíceis de computar. Os principais testes de adequabilidade do ajuste são:

11.10.1 Teste do χ^2

O teste do χ^2 (lê-se qui-quadrado) de Pearson [12, 22] se baseia num resíduo quadrático entre os números observado O_i e esperado E_i de ocorrências em cada seção i do histograma da amostra. O valor esperado E_i de cada seção do histograma é calculado a partir da FPA assumida para a amostra usando-se $E_i = P(x_{i+1}) - P(x_i)$, onde x_i e x_{i+1} são os extremos da i-ésima seção do histograma. Para uma amostra de T elementos, recomenda-se gerar o histograma com aproximadamente $2 \cdot T^{2/5}$ seções. Assim, o histograma recomendado para uma amostra de 30 testes deve ter $2 \cdot 30^{0.4} \cong 7.8 \Rightarrow 8$ seções, e o de uma amostra de 100 testes deve ter 13 seções. A hipótese é rejeitada se o valor de χ^2 for maior que valores críticos χ_C^2 tabelados, os quais dependem do número de graus de liberdade da amostra, definido pela diferença entre o número de seções utilizadas no histograma n e o número de parâmetros n_p da distribuição sendo testada. O valor de χ^2 é calculado por:

$$\chi_{n-n_p}^2 = \sum_{i=1}^{n} (O_i - E_i)^2 / E_i \qquad (11.58)$$

Este teste usa o fato de que se x_i e n são variáveis independentes e gaussianas normalizadas, então a variável $\sum_{i=1}^{n} x_i^2$ segue uma distribuição χ^2, cujas FDP e FPA são dadas por:

$$p(x, n) = \left(x^{(n/2)-1} \cdot e^{-x/2} \right) / \left(2^{n/2} \cdot \Gamma(n/2) \right), \quad x > 0 \qquad (11.59)$$

$$P(x, n) = \gamma(n/2, x/2) / \Gamma(n/2) \qquad (11.60)$$

onde $\Gamma(\mathbf{n/2})$ é a função gama e $\gamma(\mathbf{n/2}, \mathbf{x/2})$ é a função gama incompleta inferior, dadas por:

$$\Gamma(\mathbf{n/2}) = \int_0^\infty t^{(n/2)-1}e^{-t}dt \tag{11.61}$$

$$\gamma(\mathbf{n/2}, \mathbf{x/2}) = \int_0^{x/2} t^{(n/2)-1}e^{-t}dt \tag{11.62}$$

A probabilidade acumulada **P** de valores de χ^2 excederem χ_C^2 em função do número de graus de liberdade é mostrada na Fig. 11.45 [25]. Valores de χ^2 muito altos indicam que a amostra *não* veio da distribuição testada, e valores muito baixos indicam que os dados podem ter sido manipulados. A necessidade de amostras grandes é uma desvantagem deste teste.

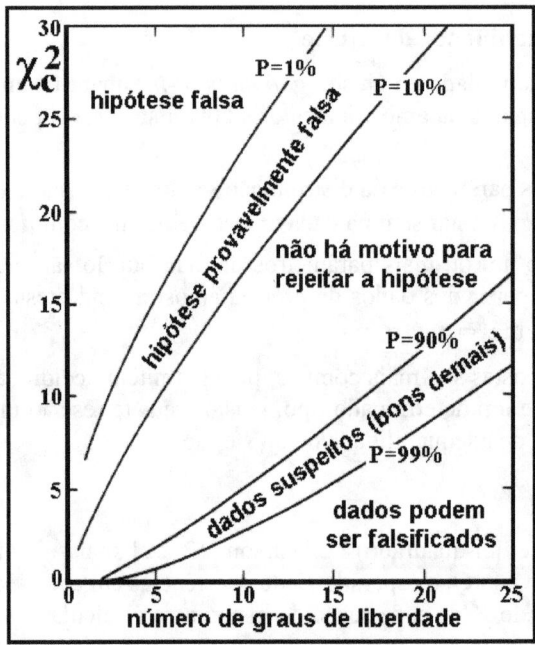

Fig. 11.45: Teste do χ^2 para aceitação de uma hipótese estatística [25].

11.10.2 Teste de Kolmogorov-Smirnov

O teste de Kolmogorov-Smirnov [13] se baseia na máxima diferença entre a FPA teórica $P(x_i)$ (com valores x_i ordenados) e o posto i/T, onde **T** é o número de elementos da amostra:

$$KS = \max_{1 \le i \le T} |P(x_i) - i/T| \tag{11.63}$$

A hipótese é rejeitada se o valor de **KS** for maior que valores críticos tabelados, que são independentes da distribuição sendo testada. Este teste tem a vantagem de ser exato (pois, ao contrário do teste do χ^2, é aplicável a qualquer tamanho de amostra), no entanto apresenta várias desvantagens: só é aplicável para distribuições contínuas; é mais sensível no centro da distribuição do que nas caudas; e não é válido para o teste da hipótese composta. Para contornar as duas últimas limitações, é preferível usar o teste de Anderson-Darling.

11.10.3 Teste de Anderson-Darling

O teste de Anderson-Darling [26] é um dos testes mais recomendados para distribuições contínuas, pois é válido tanto para a hipótese simples quanto para a composta. Apesar de ser um teste exato, os valores críticos são específicos para cada tipo de distribuição, o que permite uma boa sensibilidade aos desvios nas caudas, mas dificulta a obtenção de tabelas para cada caso. Essa desvantagem é irrelevante para os *softwares* de estatística, que podem calcular facilmente esses valores. Sendo $\ln[P(x_i)]$ o logaritmo natural da FPA considerada (com valores x_i ordenados) e T o número de elementos da amostra, a variável de teste é definida por:

$$AD^2 = -T - \sum_{i=1}^{T} [(2i-1)/T]\{\ln P(x_i) + \ln[1 - P(x_{T+1-i})]\} \qquad (11.64)$$

A hipótese é rejeitada se o valor de AD^2 for maior que valores críticos tabelados. Para as distribuições normal e log-normal, a hipótese de adequabilidade é rejeitada em um nível de significância α (o qual é equivalente a um nível de confiança $C = 1 - \alpha$) usando a função de teste $AD^2 \cdot (1 + 0.75/T + 2.25/T^2) > AD_C^2$, e para as distribuições de Weibull e Gumbel é rejeitada se $AD^2 \cdot (1 + 0.2/\sqrt{T}) > AD_C^2$. Alguns valores de AD_C^2 são listados na Tabela 11.9.

Tabela 11.9: Valores de AD_C^2 usados no teste de Anderson-Darling.

α	0.1	**0.05**	0.025	0.01
AD_C^2 (normal e log-normal)	0.631	**0.752**	0.873	1.035
AD_C^2 (Weibull e Gumbel)	0.637	**0.757**	0.877	1.038

Tabelas de valores críticos AD_C^2 para outras distribuições específicas podem ser encontradas na literatura [26], ou então calculadas através de programas estatísticos. Na realidade, hoje em dia estes programas são tão indispensáveis na prática quanto os programas genéricos de matemática. Um desses programas particularmente simpático é o BestFit [27], usado com sucesso pelos autores em muitas das análises que serão discutidas um pouco mais adiante. Desta forma, é desnecessário insistir no detalhamento dos testes de ajuste. Mas antes de encerrar este resumo das ferramentas estatísticas é preciso discutir um último tópico de grande interesse prático: o ajuste de curvas a um dado conjunto de pontos experimentais.

11.11 Ajuste de Modelos Teóricos a Dados Experimentais

Um problema estatístico de grande importância prática é como ajustar da melhor maneira possível uma curva especificada a um conjunto de dados experimentais. Um exemplo típico em fadiga é calcular os parâmetros de Coffin-Manson que melhor ajustam os dados dos testes de vários CPs de um mesmo material. Este não é um problema trivial, mas ele é solúvel pelo algoritmo de Levenberg-Marquardt (LM) [28-29], que busca numericamente os parâmetros que ajustam pelo método dos mínimos quadrados uma dada função genérica (em geral não linear) a um dado conjunto de pontos.

Assim, dado um conjunto de m pontos (x_i, y_i), $i = 1, \cdots, m$, o algoritmo LM procura o vetor $p = [p_1, p_2, \cdots, p_n]^T$ (onde T é o símbolo de transposto) das n constantes da função não linear $f(x_i, p)$ especificada que minimiza a soma dos desvios quadráticos:

$$S(p) = \sum_{i=1}^{m} [y_i - f(x_i, p)]^2 \qquad (11.65)$$

Na formulação a seguir, supõe-se que $f(x_i, p)$ e y_i são escalares, apesar de LM também ser aplicável a funções vetoriais. Já x_i pode ser um escalar, para as funções de uma variável, ou um vetor, para as funções de várias variáveis. A função $f(x_i, p)$ em geral é não linear, por exemplo: na regra de Paris $da/dN = f(x_i, p) = A_p \cdot \Delta K^{m_p}$, $x_i = \Delta K$ e $p = [A_p, m_p]^T$; na regra de

Walker $da/dN = f(x_i,p) = A_w \cdot \Delta K^{m_w}/(1-R)^{p_w}$, $x_i = [\Delta K, R]^T$ e $p = [A_w, m_w, p_w]^T$; e na regra de Coffin-Manson $\Delta \varepsilon = f(x_i,p) = (2\sigma_c/E)(2N)^b + (2\varepsilon_c)(2N)^c$, $x_i = N$ e $p = [\sigma_c, E, b, \varepsilon_c, c]^T$.

LM é um procedimento iterativo, que depende de uma estimativa inicial para p. Para funções altamente não lineares, a estimativa inicial precisa estar próxima da solução final para garantir a convergência, mas normalmente isso não é necessário em fadiga. Em cada iteração, p é substituído por uma nova estimativa $p + q$. Para achar o vetor $q = [q_1, q_2, \cdots, q_n]^T$, as funções $f(x_i, p+q)$ são aproximadas por suas linearizações, dadas por:

$$f(x_i, p+q) \cong f(x_i,p) + J(x_i,p) \cdot q \qquad (11.66)$$

onde J é o Jacobiano de f em relação a p:

$$J(x_i,p) = \left[\frac{\partial f(x_i,p)}{\partial p_1}, \frac{\partial f(x_i,p)}{\partial p_2}, \cdots, \frac{\partial f(x_i,p)}{\partial p_n} \right] \qquad (11.67)$$

No caso aqui discutido, como f é escalar, o Jacobiano resulta no gradiente de f em relação a p. Quando a soma dos desvios $S(p)$ é mínima, o gradiente de S em relação a q é igual a zero. Logo, substituindo (11.65) em $S(p+q)$ e fazendo $\partial S/\partial q = 0$, obtém-se:

$$\sum_{i=1}^{m} \{J(x_i,p)^T \cdot J(x_i,p)\} \cdot q = \sum_{i=1}^{m} \{J(x_i,p)^T \cdot [y_i - f(x_i,p)]\} \qquad (11.68)$$

Assim, o vetor de correção q pode ser obtido a cada iteração por:

$$q = \left[\sum_{i=1}^{m} J(x_i,p)^T \cdot J(x_i,p) \right]^{-1} \cdot \sum_{i=1}^{m} \{J(x_i,p)^T \cdot [y_i - f(x_i,p)]\} \qquad (11.69)$$

Podem-se empilhar todos os dados dos m pontos experimentais em uma matriz J_t de dimensão $m \times n$ e em um vetor de erro e_t de m linhas, definidos como:

$$J_t(p) \equiv \begin{bmatrix} J(x_1,p) \\ J(x_2,p) \\ \vdots \\ J(x_m,p) \end{bmatrix} \quad e \quad e_t(p) \equiv \begin{bmatrix} y_1 - f(x_1,p) \\ y_2 - f(x_2,p) \\ \vdots \\ y_m - f(x_m,p) \end{bmatrix} \qquad (11.70)$$

e assim reescrever a equação (11.69) como:

$$q = (J_t^T J_t)^{-1} J_t^T \cdot e_t \equiv pinv(J_t) \cdot e_t \qquad (11.71)$$

onde $pinv(J_t)$ é conhecida como a pseudo-inversa de J_t, com $pinv(J_t) \equiv (J_t^T J_t)^{-1} J_t^T$. Após achar q em cada iteração e somá-lo à estimativa atual p, o algoritmo continua até que a correção q seja menor do que uma dada tolerância.

Se f variar linearmente com p, então J independe de p e o algoritmo converge em apenas 1 iteração. Esse é o caso da maioria das equações de fadiga, quando representadas em log-log e após algumas mudanças de variáveis, exemplificadas adiante. Mesmo quando J depender de p, o uso da escala log-log normalmente garante convergência em poucas iterações. Sugere-se monitorar o valor da soma dos desvios $S(p)$, que sempre deverá diminuir a cada iteração. Caso $S(p)$ aumente em alguma iteração, o que pode ocorrer em funções altamente não lineares, será necessário introduzir um termo de amortecimento positivo λ na pseudo-inversa:

$$q = (J_t^T J_t + \lambda I)^{-1} J_t^T \cdot e_t \qquad (11.72)$$

onde I é a matriz identidade $n \times n$. O fator λ é ajustado a cada iteração: se a redução de $S(p)$ for muito alta, valores menores de λ são escolhidos para evitar que o algoritmo se torne instável, e se $S(p)$ reduzir muito lentamente, λ é aumentado para acelerar a convergência dos cálculos iterativos.

Marquardt [29] recomenda introduzir o amortecimento no algoritmo de cálculo numérico do vetor de correção q arbitrando um valor inicial $\lambda = \lambda_0 > 0$ e um fator de correção $v > 1$, por exemplo, usando $\lambda = 1$ e $v = 2$. A cada iteração, calcula-se q usando um amortecimento λ/v. Se $S(p+q) < S(p)$, então esse q é somado a p, $\lambda = \lambda/v$ é escolhido como o novo fator, e parte-se para a próxima iteração. Caso contrário, q é recalculado usando λ. Se $S(p+q) < S(p)$, então esse q é somado a p, λ é mantido, e parte-se para a próxima iteração. Se nos dois casos observou-se $S(p+q) \geq S(p)$, então q é recalculado com fatores de amortecimento $\lambda \cdot v^k$ cada vez maiores, $k = 1, 2, \cdots$, até que $S(p+q) < S(p)$. Quando isso ocorrer, então esse q é somado a p, $\lambda = \lambda \cdot v^k$ é escolhido como o novo fator, e parte-se para a próxima iteração. Com isso, a estabilidade do algoritmo é garantida.

⇨ E11.26: Ajuste uma função linear $y = f(x) = p_1 + p_2 \cdot x$ por mínimos quadrados a um dado conjunto de m pontos experimentais (x_i, y_i).

Este problema é relativamente simples, e de convergência imediata.

As constantes da reta são estimadas inicialmente por $p = [p_1, p_2]^T = [0, 0]^T$, para o qual $f(x_i, p) = 0 + 0 \cdot x = 0$. O Jacobiano de f em relação a p é $J = [\partial f/\partial p_1, \partial f/\partial p_2] = [1, x]$, logo:

$$J_t(p) \equiv \begin{bmatrix} 1 & x_1 \\ 1 & x_2 \\ \vdots & \vdots \\ 1 & x_m \end{bmatrix} \quad e \quad e_t(p) \equiv \begin{bmatrix} y_1 - f(x_1, p) \\ y_2 - f(x_2, p) \\ \vdots \\ y_m - f(x_m, p) \end{bmatrix} = \begin{bmatrix} y_1 - 0 \\ y_2 - 0 \\ \vdots \\ y_m - 0 \end{bmatrix} = \begin{bmatrix} y_1 \\ y_2 \\ \vdots \\ y_m \end{bmatrix} \tag{11.73}$$

Como o jacobiano J independe de p, o fator de amortecimento λ não é necessário para a convergência $(\lambda = 0)$, e o algoritmo LM converge em apenas 1 iteração $[p_1, p_2]^T = [0, 0]^T + q$, onde:

$$q = (J_t^T J_t)^{-1} J_t^T \cdot e_t = \left(\begin{bmatrix} 1 & \cdots & 1 \\ x_1 & \cdots & x_m \end{bmatrix} \cdot \begin{bmatrix} 1 & x_1 \\ \vdots & \vdots \\ 1 & x_m \end{bmatrix} \right)^{-1} \begin{bmatrix} 1 & \cdots & 1 \\ x_1 & \cdots & x_m \end{bmatrix} \cdot \begin{bmatrix} y_1 \\ \vdots \\ y_m \end{bmatrix} \tag{11.74}$$

E assim se pode finalmente escrever:

$$\begin{bmatrix} p_1 \\ p_2 \end{bmatrix} = \begin{bmatrix} \dfrac{\sum x_i^2 \cdot \sum y_i - \sum x_i \cdot \sum x_i y_i}{m \cdot \sum x_i^2 - \left(\sum x_i \right)^2} \\ \dfrac{m \cdot \sum x_i y_i - \sum x_i \cdot \sum y_i}{m \cdot \sum x_i^2 - \left(\sum x_i \right)^2} \end{bmatrix} \quad \checkmark \tag{11.75}$$

É fácil mostrar que o resultado do E11.26 pode ser aplicado no ajuste das constantes de equações que possam ser representadas por uma reta em log-log, como Wöhler (SN), Paris (da/dN) e, após mudanças de variáveis mostradas na Tabela 11.10, até mesmo Elber (da/dN), Ramberg-Osgood, e Coffin-Manson (εN).

⇨ E11.27: Ajuste Coffin-Manson a um aço 1020 com $E = 203000MPa$ a partir de $m = 5$ pontos dados por $(N_i, \Delta\sigma_i/2, \Delta\varepsilon_i/2) = \{(10, 620, 0.09), (10^2, 470, 0.03), (10^3, 360, 0.01), (10^4, 270, 0.004), (10^5, 200, 0.002)\}$, com $\Delta\sigma_i/2$ em MPa.

A parte elástica pode ser ajustada assumindo a compatibilidade entre Coffin-Manson e Ramberg-Osgood, fazendo $x_i \equiv \ln(2N_i)$ e $y_i \equiv \ln(\Delta\sigma_i/2)$, e assim:

$$\sum x_i = \ln(2\cdot10) + \ln(2\cdot10^2) + \ln(2\cdot10^3) + \ln(2\cdot10^4) + \ln(2\cdot10^5) = 38.00$$

$$\sum y_i = \ln(620) + \ln(470) + \ln(360) + \ln(270) + \ln(200) = 29.37$$

$$\sum x_i^2 = \ln(2\cdot10)^2 + \ln(2\cdot10^2)^2 + \ln(2\cdot10^3)^2 + \ln(2\cdot10^4)^2 + \ln(2\cdot10^5)^2 = 341.9 \qquad (11.76)$$

$$\sum x_i y_i = \ln(2\cdot10)\ln(620) + \ln(2\cdot10^2)\ln(470) + \ln(2\cdot10^3)\ln(360) +$$
$$+ \ln(2\cdot10^4)\ln(270) + \ln(2\cdot10^5)\ln(200) = 216.7$$

Pela Equação (11.74) obtém-se:

$$\begin{bmatrix} p_1 \\ p_2 \end{bmatrix} = \frac{1}{5\cdot341.9 - 38.00^2} \cdot \begin{bmatrix} 341.9\cdot29.37 - 38.00\cdot216.7 \\ 5\cdot216.7 - 38.00\cdot29.37 \end{bmatrix} = \begin{bmatrix} 6.803 \\ -0.122 \end{bmatrix} \qquad (11.77)$$

E assim $\sigma_c = \exp(p_1) = \exp(6.803) = 901$ e $b = p_2 = -0.122$. A parte plástica é então ajustada fazendo $x_i \equiv \ln(2N_i)$ e $y_i \equiv \ln(\Delta\varepsilon_i/2 - \Delta\sigma_i/2E)$, o que gera:

$$\sum x_i = 38.00, \quad \sum y_i = -23.65, \quad \sum x_i^2 = 341.9, \quad \sum x_i y_i = -205.6 \Rightarrow$$

$$\begin{bmatrix} p_1 \\ p_2 \end{bmatrix} = \frac{1}{5\cdot341.9 - 38.00^2} \cdot \begin{bmatrix} 341.9\cdot(-23.65) - 38.00\cdot(-205.6) \\ 5\cdot(-205.6) - 38.00\cdot(-23.65) \end{bmatrix} = \begin{bmatrix} -1.019 \\ -0.488 \end{bmatrix} \qquad (11.78)$$

E assim $\varepsilon_c = \exp(p_1) = \exp(-1.019) = 0.361$ e $c = p_2 = -0.488$. A Figura 11.46 mostra os pontos experimentais e a curva de Coffin-Manson que os ajusta por mínimos quadrados. ✔

Tabela 11.10: Mudanças de variáveis para ajustar várias curvas típicas usadas nas análises de fadiga a partir da Equação (11.75), onde $\exp(x)$ é a função exponencial e^x, e $\ln(x)$ é o logaritmo neperiano, ou o logaritmo na base $e = 2.71828$.

Equação	x_i	y_i	coeficiente ajustado	expoente ajustado
Wöhler: $N\cdot S_F{}^B = C \Rightarrow$ $S_F = (C/N)^{1/B}$	$\ln(N_i)$	$\ln(S_{Fi})$	$C = \exp(-p_1/p_2)$	$B = -1/p_2$
Paris: $da/dN = A_p\cdot\Delta K^{m_p}$	$\ln(\Delta K_i)$	$\ln[(da/dN)_i]$	$A_p = \exp(p_1)$	$m_p = p_2$
Elber: $da/dN =$ $A_e\cdot(\Delta K - \Delta K_{th})^{m_e}$	$\ln(\Delta K_i - \Delta K_{th})$	$\ln[(da/dN)_i]$	$A_e = \exp(p_1)$	$m_e = p_2$
Ramberg-Osgood: $\varepsilon = \sigma/E +$ $(\sigma/H_c)^{1/h_c} \Rightarrow \sigma = H_c\cdot(\varepsilon - \sigma/E)^{h_c}$	$\ln(\varepsilon_i - \sigma_i/E)$	$\ln(\sigma_i)$	$H_c = \exp(p_1)$	$h_c = p_2$
Coffin-Manson (parte elástica): $\Delta\sigma/2 = \sigma_c\cdot(2N)^b$	$\ln(2N_i)$	$\ln(\Delta\sigma_i/2)$	$\sigma_c = \exp(p_1)$	$b = p_2$
Coffin-Manson (parte plástica): $\Delta\varepsilon/2 - \Delta\sigma/2E = \varepsilon_c\cdot(2N)^c$	$\ln(2N_i)$	$\ln(\Delta\varepsilon_i/2 - \Delta\sigma_i/2E)$	$\varepsilon_c = \exp(p_1)$	$c = p_2$

No exemplo acima, a confiabilidade associada a esse ajuste é de **50%**, ou seja, espera-se que em média **50%** dos corpos de prova tenham vida superior e **50%** inferior aos valores da curva ajustada. É fácil ajustar curvas para uma confiabilidade mais alta, basta associá-la ao número **k** de desvios padrão abaixo da média a ser utilizado no ajuste. Por exemplo, assumindo a distribuição gaussiana, confiabilidades de **84.13%**, **97.72%**, **99.87%** e **99.997%** estão associadas a **k = 1, 2, 3** e **4** desvios padrão abaixo da média, respectivamente. O desvio padrão **s** do ajuste é obtido por:

$$s = \sqrt{\frac{1}{m-1}\sum_{i=1}^{m}[y_i - f(x_i,p)]^2} \qquad (11.79)$$

bastando então reajustar a equação para os pontos $(x_i, y_i - k \cdot s)$.

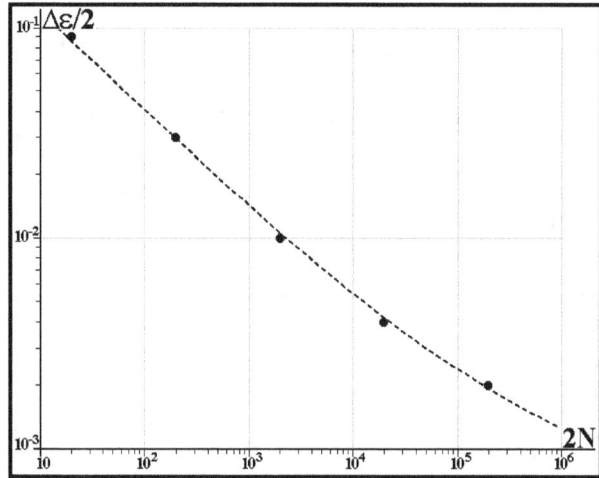

Fig. 11.46: Ajuste ótimo de Coffin-Manson aos pontos experimentais do E11.27.

⇨ E11.28: Ajuste Wöhler com confiabilidade **R = 97.72%** (**k = 2**) aos **m = 9** pontos dados por $(N_i, S_{Fi}) = \{(1.8 \cdot 10^4, 600), (2.0 \cdot 10^4, 600), (2.2 \cdot 10^4, 600), (1.0 \cdot 10^5, 500), (1.4 \cdot 10^5, 500), (1.8 \cdot 10^5, 500), (4.0 \cdot 10^5, 420), (8.0 \cdot 10^5, 420), (2.0 \cdot 10^6, 420)\}$ **(ciclos, MPa)**.

Inicialmente ajusta-se Wöhler com confiabilidade de 50% aos dados, fazendo $x_i \equiv \ln(N_i)$ e $y_i \equiv \ln(S_{Fi})$, assim

$$\sum x_i = 106.2, \sum y_i = 55.96, \sum x_i^2 = 1275, \sum x_i y_i = 658.0 \qquad (11.80)$$

$$\begin{bmatrix} p_1 \\ p_2 \end{bmatrix} = \frac{1}{9 \cdot 1275 - 106.2^2} \cdot \begin{bmatrix} 1275 \cdot 55.96 - 658 \cdot 106.2 \\ 9 \cdot 658 - 106.2 \cdot 55.96 \end{bmatrix} = \begin{bmatrix} 7.261 \\ -0.0885 \end{bmatrix} \qquad (11.81)$$

Logo $C = \exp(-p_1/p_2) = 4.395 \cdot 10^{35}$ e $B = -1/p_2 = 11.30$. O desvio padrão do ajuste, calculado pela Equação (11.78), vale **s = 17.57MPa**. Logo, para uma confiabilidade de **97.72%**, deve-se ajustar Wöhler aos pontos $(x_i, y_i - 2 \cdot 17.57)$, que possuem **k = 2** desvios padrão abaixo da média, obtendo:

$$\sum x_i = 106.2, \sum y_i = 55.29, \sum x_i^2 = 1275, \sum x_i y_i = 650 \qquad (11.82)$$

$$\begin{bmatrix} p_1 \\ p_2 \end{bmatrix} = \frac{1}{9 \cdot 1275 - 106.2^2} \cdot \begin{bmatrix} 1275 \cdot 55.29 - 650 \cdot 106.2 \\ 9 \cdot 650 - 106.2 \cdot 55.29 \end{bmatrix} = \begin{bmatrix} 7.266 \\ -0.0952 \end{bmatrix} \qquad (11.83)$$

e assim $C = \exp(-p_1/p_2) = 1.443 \cdot 10^{33}$ e $B = -1/p_2 = 10.51$. Note que estes cálculos não consideraram o fato de que a dispersão das vidas aumenta nas vidas longas. Como nesse exemplo há várias medidas feitas em mesmos níveis de tensão, **600, 500** e **420MPa**, é fácil calcular diferentes dispersões **s** em relação ao ajuste de confiabilidade **50%** em cada nível de tensão:

$$s(600) = \sqrt{\frac{1}{3-1}\sum_{i=1}^{3}[600 - (4.395 \cdot 10^{35}/N_i)^{1/11.3}]^2} = 10.17$$

$$s(500) = \sqrt{\frac{1}{3-1}\sum_{i=4}^{6}[500 - (4.395 \cdot 10^{35}/N_i)^{1/11.3}]^2} = 13.08 \qquad (11.84)$$

$$s(420) = \sqrt{\frac{1}{3-1}\sum_{i=7}^{9}[420 - (4.395 \cdot 10^{35}/N_i)^{1/11.3}]^2} = 30.99$$

Wöhler é então finalmente ajustado aos pontos $(x_i, y_i - 2 \cdot s(y_i))$, obtendo:

$$\sum x_i = 106.2, \ \sum y_i = 55.21, \ \sum x_i^2 = 1275, \ \sum x_i y_i = 649 \ \Rightarrow \ \begin{bmatrix} p_1 \\ p_2 \end{bmatrix} = \begin{bmatrix} 7.543 \\ -0.1194 \end{bmatrix} \quad (11.85)$$

e assim $C = \exp(-p_1/p_2) = 2.767 \cdot 10^{27}$ e $B = -1/p_2 = 8.377$. A Figura 11.47 mostra os pontos experimentais e os ajustes ótimos com $R = 50\%$ e com $R = 97.72\%$, e nesta confiabilidade maior considerando ou não a variação do desvio padrão com a vida. ✔

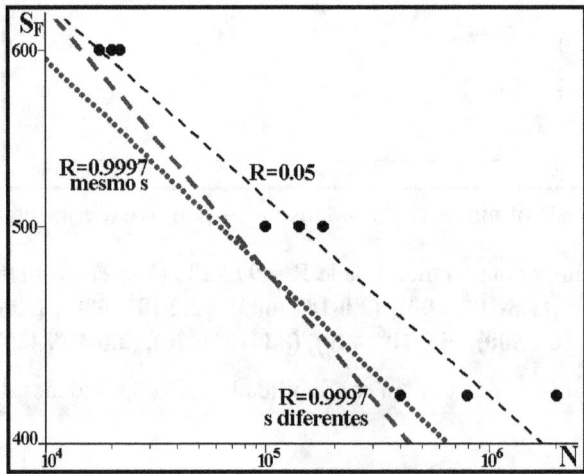

Fig. 11.47: Ajustes ótimos de Wöhler aos pontos experimentais do E11.28 para confiabilidades $R = 50\%$ e $R = 97.72\%$, esta considerando ou não a diferença entre os desvios-padrão s medidos em cada nível de tensão.

⇨ E11.29: Ajuste por mínimos quadrados a equação **da/dN** de Hall modificada ao conjunto de **m = 12** pontos experimentais dados por $(\Delta K_i, R_i, (da/dN)_i) = \{(4, 0, 3.1 \cdot 10^{-12}), (10, 0, 7.5 \cdot 10^{-10}), (50, 0, 6.4 \cdot 10^{-7}), (200, 0, 1.1 \cdot 10^{-3}), (2.5, 0.4, 2.5 \cdot 10^{-12}), (5, 0.4, 1.7 \cdot 10^{-10}), (30, 0.4, 3.4 \cdot 10^{-7}), (120, 0.4, 5.6 \cdot 10^{-4}), (2, 0.7, 2.3 \cdot 10^{-11}), (4, 0.7, 5.9 \cdot 10^{-10}), (20, 0.7, 4.7 \cdot 10^{-7}), (60, 0.7, 2.4 \cdot 10^{-4})\}$, com ΔK_i em MPa√m e **(da/dN)**$_i$ em m/ciclo, sabendo que $K_C = 220$ e $\Delta K_{th} = 3.3$MPa√m.

A equação de Hall modificada é dada por:

$$\frac{da}{dN} = A_h \cdot \frac{\Delta K^{m_h}}{K_C/K_{max} - 1} \cdot (K_{max} - \Delta K_{th})^{p_h} \qquad (11.86)$$

O Jacobiano desta função pode ser simplificado fazendo o ajuste em log-log, através da equação:

$$f(x_i, p) = \ln(da/dN) = \ln A_h + m_h \cdot \ln \Delta K + p_h \cdot \ln(K_{max} - \Delta K_{th}) - \ln(K_C/K_{max} - 1) \quad (11.87)$$

O vetor das constantes a serem ajustadas é escolhido como $\mathbf{p} = [\ln(A_h), \ m_h, \ p_h]^T$, estimado inicialmente por $\mathbf{p} = [0, \ 0, \ 0]^T$, para o qual $\mathbf{f}(x_i, \mathbf{p}) = -\ln(K_C/K_{max,i} - 1)$. As variáveis ΔK e K_{max}, onde $K_{max} \equiv \Delta K/(1 - R)$, podem ser representadas para cada ponto por um vetor de 3 elementos $\mathbf{x_i} \equiv [\ln(\Delta K_i), \ \ln(K_{max,i} - \Delta K_{th}), \ -\ln(K_C/K_{max,i} - 1)]^T$. Note que o número de elementos do vetor $\mathbf{x_i}$ é totalmente irrelevante para o algoritmo. O Jacobiano de $\mathbf{f}$ em relação a $\mathbf{p}$ é $\mathbf{J} = [\partial f/\partial \ln(A_h), \ \partial f/\partial m_h, \ \partial f/\partial p_h] = [1, \ \ln(\Delta K), \ \ln(K_{max} - \Delta K_{th})]$. Assim, para os 12 pontos experimentais deste exercício se obtém a matriz do Jacobiano $\mathbf{J_t}(\mathbf{p})$ e o vetor de erro $\mathbf{e_t}(\mathbf{p})$ por:

$$
\mathbf{J_t}(\mathbf{p}) \equiv
\begin{bmatrix}
1 & \ln 4 & \ln(4 - 3.3) \\
1 & \ln 10 & \ln(10 - 3.3) \\
1 & \ln 50 & \ln(50 - 3.3) \\
1 & \ln 200 & \ln(200 - 3.3) \\
1 & \ln 2.5 & \ln(4.17 - 3.3) \\
1 & \ln 5 & \ln(8.33 - 3.3) \\
1 & \ln 30 & \ln(50 - 3.3) \\
1 & \ln 120 & \ln(200 - 3.3) \\
1 & \ln 2 & \ln(6.67 - 3.3) \\
1 & \ln 4 & \ln(13.3 - 3.3) \\
1 & \ln 20 & \ln(66.7 - 3.3) \\
1 & \ln 60 & \ln(200 - 3.3)
\end{bmatrix}
\ \text{e}\ \
\mathbf{e_t}(\mathbf{p}) \equiv
\begin{bmatrix}
\ln 3.1 \cdot 10^{-12} - [-\ln(220/4 - 1)] \\
\ln 7.5 \cdot 10^{-10} - [-\ln(220/10 - 1)] \\
\ln 6.4 \cdot 10^{-7} - [-\ln(220/50 - 1)] \\
\ln 1.1 \cdot 10^{-3} - [-\ln(220/200 - 1)] \\
\ln 2.5 \cdot 10^{-12} - [-\ln(220/4.17 - 1)] \\
\ln 1.7 \cdot 10^{-10} - [-\ln(220/8.33 - 1)] \\
\ln 3.4 \cdot 10^{-7} - [-\ln(220/50 - 1)] \\
\ln 5.6 \cdot 10^{-4} - [-\ln(220/200 - 1)] \\
\ln 2.3 \cdot 10^{-11} - [-\ln(220/6.67 - 1)] \\
\ln 5.9 \cdot 10^{-10} - [-\ln(220/13.3 - 1)] \\
\ln 4.7 \cdot 10^{-7} - [-\ln(220/66.7 - 1)] \\
\ln 2.4 \cdot 10^{-4} - [-\ln(220/200 - 1)]
\end{bmatrix}
\tag{11.88}
$$

Como $\mathbf{J}$ independe de $\mathbf{p}$, o fator de amortecimento λ não é necessário para convergência ($\lambda = 0$), então pode-se calcular:

$$
\mathbf{q} = (\mathbf{J_t}^T \mathbf{J_t})^{-1} \mathbf{J_t}^T \cdot \mathbf{e_t} = [-23.72 \quad 1.26 \quad 1.50]^T
\tag{11.89}
$$

Assim, o algoritmo LM converge em 1 iteração $\mathbf{p} = [\ln(A_h), \ m_h, \ p_h]^T = [0, \ 0, \ 0]^T + \mathbf{q}$, logo $A_h = \exp(-23.72) = 5.02 \cdot 10^{-11}$, $m_h = 1.26$ e $p_h = 1.50$. A Figura 11.48 mostra os pontos experimentais e as curvas ótimas a eles ajustadas. ✓

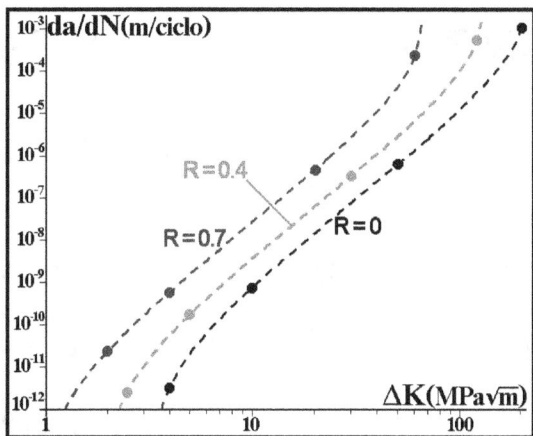

Fig. 11.48: Ajuste que minimiza o erro médio quadrático do modelo de Hall modificado (com 3 parâmetros, A_h, m_h e p_h) aos pontos experimentais do E11.29.

Note que este problema requer o ajuste simultâneo de 3 curvas com as mesmas 3 constantes a pontos medidos em 3 razões R, uma tarefa que não é propriamente trivial. A maioria das equações de fadiga, em especial as curvas da/dN, podem ser linearizadas em log-log em relação às suas constantes após alguma transformação de coordenadas apropriada, garantindo a convergência do algoritmo de LM em apenas uma iteração. No entanto há exceções, como no exemplo a seguir.

⇨ E11.30: Ajuste a equação **da/dN** de Forman 4 parâmetros aos **12** pontos do E11.29.

A equação de Forman 4 parâmetros é dada por:

$$da/dN = A_f \cdot [\Delta K - \Delta K_{th}(1 - \alpha_f R)]^{m_f} \big/ [(K_C / K_{max}) - 1]^{p_f} \qquad (11.90)$$

O Jacobiano desta função pode ser simplificado se fizermos o ajuste em log-log, através da equação:

$$f(x_i, p) = \ln(da/dN) = \ln A_f + m_f \cdot \ln[\Delta K - \Delta K_{th}(1 - \alpha_f R)] - p_f \cdot \ln[(K_C / K_{max}) - 1] \qquad (11.91)$$

O vetor das constantes a serem ajustadas é escolhido como $p = [\ln(A_f), m_f, p_f, \alpha_f]^T$. As variáveis ΔK, K_{max} e R, apesar de relacionadas por $K_{max} \equiv \Delta K/(1 - R)$, podem ser representadas sem problemas como se fossem independentes em $x_i \equiv [\Delta K_i, K_{max,i}, R_i]^T$. Portanto, o Jacobiano de f em relação a p é dado por:

$$J = [\partial f/\partial \ln(A_f), \ \partial f/\partial m_f, \ \partial f/\partial p_f, \ \partial f/\partial \alpha_f] =$$

$$= [1, \ \ln\{\Delta K - \Delta K_{th}(1 - \alpha_f R)\}, \ -\ln\{(K_C/K_{max}) - 1\}, \ m_f \cdot \Delta K_{th} R/\{\Delta K - \Delta K_{th}(1 - \alpha_f R)\}] \qquad (11.92)$$

Nesse caso, J é uma função de p e, portanto, se deve tomar cuidado com as condições iniciais: o valor inicial de m_f não pode ser zero para não zerar a última coluna de J_t. Escolhendo inicialmente $p = [1, 1, 1, 1]^T$, calculam-se $J(x_i, p)$ e $f(x_i, p)$ para cada ponto experimental x_i, obtendo J_t e e_t, e assim $q = pinv(J_t) \cdot e_t = [-20.7056, 0.8943, 0.4787, 0.1033]^T$.

Desta forma, esta primeira iteração resulta numa nova estimativa $p = [1, 1, 1, 1]^T + q = [-19.7056, 1.8943, 1.4787, 1.1033]^T$. Repetindo o procedimento, obtém-se na segunda iteração $p = [-19.7363, 1.9022, 1.4755, 1.0651]^T$, e assim por diante.

Assumindo uma pequena tolerância, digamos $|q| < 10^{-6}$, LM converge após 6 iterações, quando $p = [-19.7260, 1.8995, 1.4766, 1.0637]^T$, valor que gera para as constantes do modelo $A_f = \exp(-19.72) = 2.71 \cdot 10^{-9}$, $m_f = 1.90$, $p_f = 1.48$ e $\alpha_f = 1.06$.

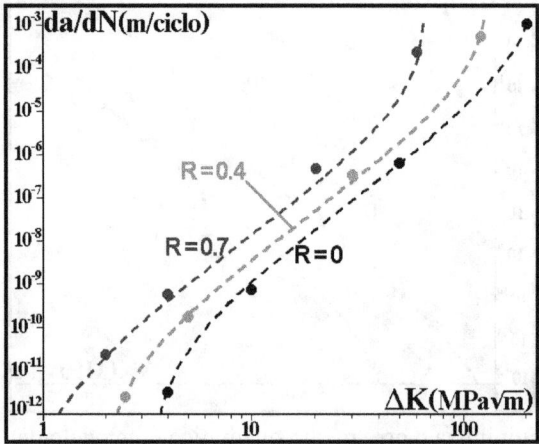

Fig. 11.49: Ajuste ótimo de Forman 4 parâmetros aos dados do E11.29.

Nesse exemplo, a soma dos desvios $S(p)$ sempre decresceu a cada iteração, portanto não foi necessário usar o fator λ. A Figura 11.49 mostra os dados originais e as curvas ótimas ajustadas com essas constantes. ✓

Note que é relativamente trivial ajustar os parâmetros de uma equação a partir de outra. Por exemplo, para ajustar uma equação **da/dN** de Forman 4 parâmetros a outra de Hall modificado, basta escolher pontos $(\Delta K_i, R_i)$ dentro dos intervalos do domínio onde se deseja melhor precisão do ajuste, calcular pela equação de Hall modificado os respectivos $(da/dN)_i$, e usar estes dados no ajuste ótimo de Forman 4 parâmetros. Uma boa dica nesse caso é escolher valores de ΔK_i igualmente espaçados em log-log.

O algoritmo de LM também é útil para identificar parâmetros de modelos a partir de respostas temporais, por exemplo, as constantes de rigidez e amortecimento de qualquer modelo reológico de um material a partir da sua resposta no tempo, como demonstrado no E11.31.

⇨ E11.31: Ajuste o modelo viscoelastoplástico linear de Burgers aos dados de fluência do concreto usados no E10.18.

O modelo reológico de Burgers, o mais simples capaz de reproduzir todas as características do comportamento viscoelástico, consiste de 2 molas e 2 amortecedores, cujas constantes a serem identificadas são k_1, k_2, c_1 e c_2, vide Capítulo 10 e Fig. 11.50. Neste modelo, a resposta temporal da deformação a um degrau de tensão σ_0 constante é dada por:

$$\varepsilon(t) = f(t,p) = \sigma_0 \cdot \{1/k_1 + 1/c_1 + 1/k_2\,[1 - \exp(-k_2 t/c_2)]\} \tag{11.93}$$

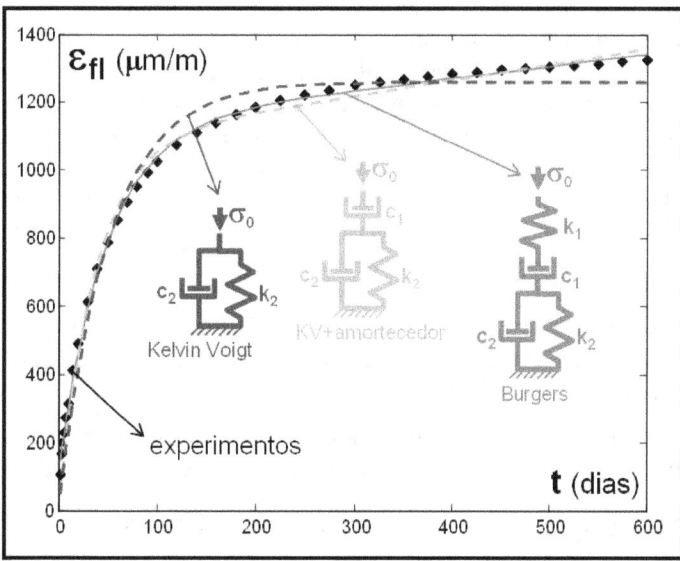

Fig. 11.50: Ajuste ótimo dos modelos de Kelvin Voigt puro, Kelvin Voigt com amortecedor em série, e Burgers aos pontos experimentais da fluência do concreto usados nos exemplos E10.18 e E11.31.

Os pontos experimentais são definidos por $(x_i, y_i) \equiv (t_i, \varepsilon_{fl}(t_i))$. Para simplificar a expressão do Jacobiano de **f**, é conveniente nesse problema definir $p = [1/k_1, 1/c_1, 1/k_2, 1/c_2]^T$, logo:

$$J = \left[\frac{\partial f}{\partial(1/k_1)}\ \ \frac{\partial f}{\partial(1/c_1)}\ \ \frac{\partial f}{\partial(1/k_2)}\ \ \frac{\partial f}{\partial(1/c_2)}\right] \Rightarrow$$

$$J = \sigma_0 \cdot \left[1\ \ \ t\ \ \ 1 - \left(1 + \frac{k_2}{c_2}t\right)\exp\left(-\frac{k_2}{c_2}t\right)\ \ \ t\cdot\exp\left(-\frac{k_2}{c_2}t\right)\right] \tag{11.94}$$

onde $\sigma_0 = \textbf{6.3MPa}$. Note que o valor inicial de c_2 não pode ser zero em **J**. Além disso, é conveniente escolher inicialmente c_2 bem maior que k_2 para que a terceira e quarta colunas de J_t não fiquem muito próximas de zero por causa da função exponencial.

Partindo de $p = [1, 0.01, 1, 0.01]^T$, o algoritmo de LM converge em poucas iterações para $p = 10^{-6} \cdot [16.1926, 0.0559, 163.1280, 3.4309]^T \Rightarrow k_1 = 1/16.19 \cdot 10^{-6} = 61757MPa = 61.8GPa$, $c_1 = 1/0.056 \cdot 10^{-6} = 17.9TPa \cdot dia$, $k_2 = 1/163 \cdot 10^{-6} = 6.13GPa$, $c_2 = 1/3.43 \cdot 10^{-6} = 0.29TPa \cdot dia$.

O alto valor de k_1 em relação a k_2 sugere que Burgers possa ser simplificado para um modelo de Kelvin-Voigt em série com um amortecedor (vide Capítulo 10), fazendo $k_1 \to \infty$. Para isso, basta eliminar o termo em k_1 da equação (11.93) e a primeira coluna de J_t, e refazer os cálculos usando $p = [1/c_1, 1/k_2, 1/c_2]^T$. Os parâmetros convergem para $c_1 = 13.84TPa \cdot dia$, $k_2 = 5.82GPa$ e $c_2 = 0.219TPa \cdot dia$, os mesmos valores obtidos no Capítulo 10.

Finalmente, para avaliar o ajuste de um modelo de Kelvin-Voigt puro, basta eliminar os termos em k_1 e c_1 da equação (11.93) e as duas primeiras colunas de J_t, e refazer os cálculos usando $p = [1/k_2, 1/c_2]^T$, convergindo para $k_2 = 5.00GPa$ e $c_2 = 0.256TPa \cdot dia$, de novo os mesmos valores obtidos no Capítulo10. Em nenhum dos casos acima foi necessário usar o fator λ. A Figura 11.50 mostra os pontos experimentais e as curvas ótimas ajustadas. ✓

11.12 Introdução ao Projeto Mecânico para uma Dada Confiabilidade

11.12.1 Fator de segurança

O dimensionamento tradicional é baseado em fatores de segurança adequados para cada tipo de aplicação, freqüentemente especificados em normas emitidas por inúmeras organizações técnicas ou de fiscalização, muitas delas já citadas neste texto. Estas normas devem ser usadas religiosamente em todos os casos em que são obrigatórias por contrato ou por legislação, e também são referência preciosa quando o projetista não tem experiência com o desempenho em serviço de produtos similares aos nelas especificados. Mas na ausência de dados específicos ou similares, a única opção é arbitrar os fatores de segurança de forma educada. Por exemplo, Norton [30] recomenda usar nesses casos contra as falhas dúcteis ou frágeis:

$$\phi_{frágil} \cong 2 \cdot \phi_{dúctil} \cong \max(\phi_1, \phi_2, \phi_3) \tag{11.95}$$

onde ϕ_1 depende dos dados sobre o material, ϕ_2 das condições ambientais e ϕ_3 do modelo usado no dimensionamento, como especificado na Tabela 11.11. Todavia, é questionável a independência assumida entre esses 3 fatores na equação (11.95).

Tabela 11.11: Fatores de segurança recomendados por Norton [30] na ausência de informações específicas sobre o desempenho em serviço de estruturas similares.

fator	informações	qualidade das informações	valor
ϕ_1	propriedades dos materiais	o material realmente usado foi devidamente testado	1.3
		dados do material obtido de testes representativos	2
		dados do material típicos	3
		dados insuficientes	5+
ϕ_2	ambiente de serviço real do equipamento em dimensionamento	idênticas às condições do teste	1.3
		testes feitos em laboratório	2
		ambiente moderadamente severo	3
		ambiente extremamente desafiador	5+
ϕ_3	modelos usados para calcular as forças e tensões	corroborados por experimentos adequados	1.3
		representam adequadamente o sistema	2
		representam aproximadamente o sistema	3
		baseados em aproximações grosseiras	5+

Já Juvinall [31], citando Vidosic, recomenda que a escolha do fator de segurança seja feita seguindo as seguintes recomendações:

1. ϕ_E = **1.25-1.5** para materiais excepcionalmente confiáveis, usados em condições ambientais controladas e sujeitos a cargas e tensões determináveis com exatidão, quando o peso é condição importante de projeto, onde ϕ_E é o fator de segurança ao escoamento.

2. ϕ_E = **1.5-2**, para materiais bem conhecidos, usados em condições ambientais aproximadamente constantes e sujeitos a cargas e tensões determináveis sem dificuldade.

3. ϕ_E = **2-2.5**, para materiais medianos, usados em condições ambientais ordinárias e sujeitos a cargas e tensões determináveis.

4. ϕ_E = **2.5-3**, para materiais menos testados em serviço ou mais frágeis, usados em condições ambientais ordinárias e sujeitos a cargas e tensões determináveis.

5. ϕ_E = **3-4**, para materiais não testados em serviço, usados em condições ambientais ordinárias e sujeitos a cargas e tensões determináveis.

6. ϕ_E = **3-4**, para materiais bem conhecidos, usados em condições ambientais e sujeitos a cargas e tensões incertas.

7. ϕ_L = **1.25-4**, onde ϕ_L é o fator de segurança contra o início do trincamento por fadiga nos casos de cargas variáveis, mantendo as condições descritas nos itens 1-6 acima.

8. ϕ_I = **2-4**, onde ϕ_I é o fator de segurança para forças impulsivas, mantendo as condições descritas nos itens 1-6, mas incluindo um fator de impacto no cálculo das tensões.

9. ϕ_R = **2·ϕ_E**, onde ϕ_R é o fator de segurança à ruptura, no caso de materiais frágeis, sujeitos às condições descritas nos itens 1-6.

Juvinall também recomenda uma melhor análise do problema quando parecer desejável o uso de um fator de segurança maior que os listados acima. Fatores similarmente baseados em conceitos qualitativos são encontráveis na maioria dos livros de dimensionamento mecânico.

Collins [32] propõe um sistema alternativo, e calcula o valor do fator de segurança por:

$$\phi = 1 + (10 + \Sigma P_i)^2/100 \geq 1.15 \qquad (11.96)$$

onde $-4 \leq P_i \leq 4$ são penalidades, que devem ser positivas quando se perceber a necessidade de aumentar ϕ e negativas em caso contrário, e P_i = **1, 2, 3** ou **4** se a necessidade de mudar ϕ for leve, moderada, forte ou extrema, respectivamente. Os vários P_i são associados a 8 itens:

1. incerteza sobre os fatores indutores da falha (esforços, deflexões, temperatura, etc.);
2. precisão da análise de tensões;
3. precisão dos dados de resistência;
4. necessidade de restringir peso, custo, material ou espaço;
5. gravidade das conseqüências das falhas;
6. qualidade da fabricação;
7. condições de operação; e
8. qualidade da inspeção e da manutenção.

Como a "arbitragem educada" depende de conceitos e julgamentos subjetivos, é desejável dispor de métodos menos qualitativos para dimensionar na ausência de experiência prévia com o uso de equipamentos similares em serviço real. Este é o objetivo primário do dimensionamento estocástico, cujos fundamentos são discutidos a seguir.

11.12.2 Fundamentos do projeto estocástico ao escoamento

Chama-se de dimensionamento estrutural estocástico ao conjunto de técnicas usadas para projetar para uma dada probabilidade de sucesso (ou confiabilidade) **R**. A idéia básica dessas técnicas parte do princípio de que tanto as resistências **S** quanto as tensões de serviço σ são na realidade variáveis aleatórias, cujas estatísticas devem ser explicitamente levadas em consideração no dimensionamento estrutural. Esta idéia [14, 30-36], que gera uma filosofia de projeto elegante e razoável, é ilustrada na Fig. 11.51.

Assim, o objetivo do dimensionamento estocástico é ajustar as dimensões da peça ou da estrutura para garantir que, durante toda a sua vida operacional, elas tenham uma dada confiabilidade mínima. Ou seja, partindo das estatísticas das solicitações e das propriedades mecânicas do material, calculam-se as dimensões da estrutura para obter uma probabilidade (especificável pelo projetista) de que durante o seu serviço a resistência a um dado mecanismo de falha seja menor do que as tensões capazes de ativá-lo: $\mathbf{pr(falha) = pr(S < \sigma) = pr(1 - R)}$.

Nos casos mais simples assume-se que tanto a resistência ao escoamento do material da peça, quanto a tensão que nela atua, são variáveis aleatórias gaussianas com propriedades conhecidas e descritas por $\mathbf{S = N_S(\mu_S, \hat{\sigma}_S)}$ e por $\mathbf{\sigma = N_\sigma(\mu_\sigma, \hat{\sigma}_\sigma)}$, onde $\mathbf{N(\mu, \hat{\sigma})}$ significa que a distribuição é normal de média μ e desvio padrão $\hat{\sigma}$.

Assim, a diferença entre a resistência de uma peça e a tensão que a solicita, chamada de margem de tensão $\mathbf{m}$, é dada por:

$$\mathbf{m = S - \sigma = N_m(\mu_m, \hat{\sigma}_m) = N_m(\mu_S - \mu_\sigma, \sqrt{\hat{\sigma}_S^2 + \hat{\sigma}_\sigma^2})} \tag{11.97}$$

Portanto, a confiabilidade da peça é dada por $\mathbf{R = pr(S > \sigma) = pr(m > 0)}$, onde:

$$\mathbf{m = 0 \Rightarrow z_0 = \frac{0 - \mu_m}{\hat{\sigma}_m} = -\frac{\mu_S - \mu_\sigma}{\sqrt{\hat{\sigma}_S^2 + \hat{\sigma}_\sigma^2}} \therefore R = \int_{z_0}^{\infty} \frac{\exp(-z^2/2)\, dz}{\sqrt{2\pi}}} \tag{11.98}$$

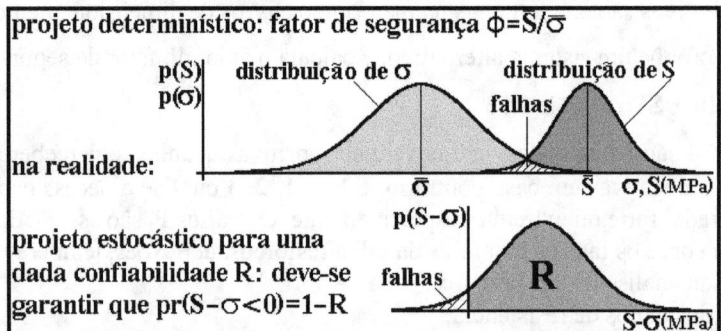

Fig. 11.51: A filosofia do projeto estocástico considera explicitamente a dispersão das resistências e das solicitações no dimensionamento estrutural.

⇨ E11.32: Qual é a confiabilidade ao escoamento de um lote de barras de aço A36 se a sua resistência for descrita pela gaussiana $\mathbf{S_E = N_S(250, 10)MPa}$ e a tensão máxima que as solicita em serviço for dada por $\mathbf{\sigma = N_\sigma(180, 40)MPa}$?

Neste caso, sendo $\mathbf{m(z) = S - \sigma}$ e $\mathbf{z_0 = z(m = 0) = -(250 - 180)/(10^2 + 40^2)^{1/2} = -1.70}$, da Tabela 11.1 se obtém $\mathbf{1 - P(z) = R = 1 - 0.0446 = 95.54\%}$.

É interessante notar que o fator de segurança neste caso é $\mathbf{\phi_E = \mu_S/\mu_\sigma = 250/180 = 1.39}$, e ainda assim a chance de falha é de quase **45** peças em cada lote de **1000**. Ou seja, o fator de segurança real certamente não é determinístico, e depende das médias e das dispersões da resistência e da tensão. ✔

Uma nota de cautela é apropriada aqui. A conta acima é simpática e estimulante, pois o projeto para uma dada confiabilidade é quantitativo e, portanto, pelo menos em tese é bem mais razoável do que o projeto tradicional, que depende de fatores de segurança arbitrados a partir de julgamentos qualitativos. Mas isso não quer dizer que o fator de segurança seja ultrapassado, pois os fatores bem arbitrados permitem o dimensionamento de inúmeras estruturas que funcionam muito bem na prática. Além disso, o projeto estocástico só faz sentido quando as distribuições de σ e de S forem bem conhecidas. Mas quando isso acontece, também se pode calcular um fator de segurança apropriado ao projeto, que fica assim muito mais simples de ser feito. Ademais, a distribuição de $m = S - \sigma$ só é fácil de calcular se ambas S e σ forem gaussianas, pois em caso contrário não se conhece a priori a distribuição de m. Em suma, o dimensionamento estocástico tem um potencial interessante e que merece ser explorado, mas não é uma panacéia e nem obsoleta as práticas tradicionais de projeto.

⇨ E11.33: Ache por Tresca o d_{min} que a alavanca de seção reta circular da Fig. 11.52 deve ter para que sua confiabilidade ao escoamento seja $R_E = 99\%$ se $P = N_P(1, 0.1)kN$ e $S_E = N_S(250, 10)MPa$.

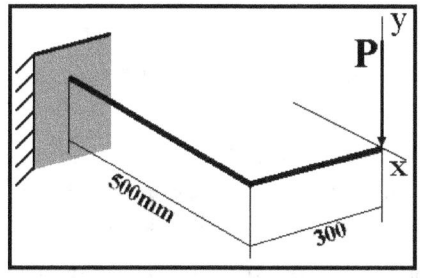

Fig. 11.52: Alavanca do E11.33

Por Tresca:

$$\sigma_T = \frac{32P}{\pi d^3}\sqrt{500^2 + 300^2} = \frac{5.94 \cdot 10^3 P}{d^3}$$

$$\therefore \sigma = N_\sigma(5.94 \cdot 10^6, 5.94 \cdot 10^5)/d^3$$

e como $R = 0.99 \Rightarrow z_0 = -2.32$ (Tabela 11.1), basta fazer:

$$2.32 = \frac{250 - 5.94 \cdot 10^6/d^3}{[10^2 + (5.94 \cdot 10^5/d^3)^2]^{1/2}} \Rightarrow d = 31.1mm$$

Portanto, neste caso um fator de segurança $\phi_E = 1.26$ gera uma confiabilidade maior do que o $\phi_E = 1.39$ do exemplo anterior, porque as dispersões neste caso são menores. ✓

11.12.3 Fundamentos do projeto estocástico à fadiga

Mishke apresenta duas propostas diferentes para tratar a estatística do projeto estocástico SN, uma baseada em distribuições normais [33] e a outra em log-normais [14], mas não comprova qual delas é a mais apropriada. Assim, ambas são reproduzidas a seguir.

Na primeira proposta, o limite de fadiga determinístico, $S_L = k_a k_b k_c k_\Theta S'_L$, é tratado como uma variável aleatória gaussiana $S_L = N(\mu_{S_L}, \hat\sigma_{S_L}) = \mu_{S_L}(1, V_{S_L})$ de média μ_{S_L}, desvio padrão $\hat\sigma_{S_L}$ e coeficiente de variação $V_{S_L} = \hat\sigma_{S_L}/\mu_{S_L}$, calculáveis a partir das distribuições dos coeficientes modificadores k_i e do limite de fadiga do material S'_L, todas também supostas gaussianas. Assim, o fator de acabamento superficial é descrito pela normal $k_a = a \cdot S_R^b(1, V_{k_a})$, de acordo com a Tabela 11.12.

Tabela 11.12: Constantes das gaussianas dos vários tipos de acabamento superficial.

$k_a = a \cdot S_R^b(1, V_{k_a})$	a	b	V_{k_a}
retificado	1.58	−0.085	0.13
usinado	4.51	−0.265	0.06
laminado a quente	57.7	−0.718	0.11
forjado	272	−0.995	0.08

Segundo Mishke, o fator de tamanho k_b não altera a dispersão de S_L, logo é determinístico: nas cargas de flexão e torção, $k_b = (d/7.62)^{-0.113}$ quando $2.8 < d < 51mm$, ou $k_b = 0.75$ quando $d > 51mm$; e nas cargas trativas, $k_b = 1$.

O fator de carga, dado por $k_c = 0.92(1, 0.044)$ quando $S_R \leq 1520MPa$, ou $k_c = 1$ quando $S_R > 1520MPa$, só se aplicaria às cargas trativas.

O fator de temperatura é dado por $k_\theta = [S_R(\Theta_{trabalho})/S_R(\Theta_{ambiente})](1, 0.11)$.

O fator de concentração de tensão na fadiga é dado por $K_f = [1 + q(K_t - 1)](1, V_{K_f})$, e sua dispersão depende também do tipo de entalhe:

- para furos, $V_{K_f} = 0.11$;
- para ombros, $V_{K_f} = 0.08$;
- para rasgos, $V_{K_f} = 0.13$;
- e para os outros tipos de entalhes, $V_{K_f} = 0.11$.

A dispersão suposta para os limites de fadiga dos aços é grande: $S_L = 0.5 \cdot S_R(1, 0.146)$ quando $S_R \leq 1400MPa$, ou $S_L = 700(1, 0.146)$ quando $S_R > 1400MPa$.

⤳ E11.34: Calcule a distribuição esperada para o limite de fadiga S_L/K_f de uma barra de aço A36 com $S_R = 400MPa$ e $100mm$ de largura, $5mm$ de espessura e $300mm$ de comprimento, supondo que ela vá trabalhar sob cargas axiais alternadas.

Sabendo que $K_f = 1 + q(K_t - 1)$, $K_t = 2.5$, e $q = 0.78$, para o furo suposto usinado, e chamando $S_L/K_f = k_a k_c S'_L/K_f = S$, então usando as estatísticas dos diversos fatores:

$S = [4.51 \cdot 400^{-0.265}(1, 0.06)][0.92(1, 0.044)][0.5 \cdot 400(1, 0.146)/2.17(1, 0.11)]$, o que gera $\mu_S = [0.92 \cdot 0.92 \cdot 200/2.17] = 78MPa$, $V_S = [0.06^2 + 0.044^2 + 0.146^2 + 0.11^2]^{1/2} = 0.20$, logo uma distribuição da resistência dada por $S = 78(1, 0.20)MPa$. ✓

Para se fazer um projeto estocástico à fadiga com cargas médias e alternadas, deve-se calcular a $pr(m = S - \sigma > 0)$, onde S é a resistência à fadiga e σ a tensão equivalente à combinação das tensões alternada σ_a e média σ_m geradas pela carga, ambas tratadas como variáveis aleatórias. No caso do dimensionamento à fadiga pelo método SN quando a razão σ_a/σ_m não varia durante toda a vida da peça, a receita mais simples é: (i) supor que S e σ são variáveis aleatórias gaussianas; e (ii) usando um diagrama $\sigma_a\sigma_m$ apropriado, calcular a resistência à componente alternada da carga S_a e a interferência $m_a = S_a - \sigma_a$ entre as distribuições da resistência e da solicitação, para obter a confiabilidade $R = pr(m_a > 0)$.

Na ausência de resultados específicos, Mishke [33] recomenda usar o critério de Gerber no projeto à fadiga estocástico, que na opinião dele em geral ajustaria melhor a média dos experimentos $\sigma_a\sigma_m$. Como a resistência à ruptura é descrita por $N(\overline{S}_R, \hat{\sigma}_{S_R})$, e como para prevenir início do trincamento usa-se o limite de fadiga dado por $N(\overline{S}_L, \hat{\sigma}_{S_L})$, por Gerber pode-se escrever:

$$\frac{\overline{S}_a}{\overline{S}_L} + \left(\frac{\overline{S}_m}{\overline{S}_R}\right)^2 = 1 \Rightarrow \overline{S}_a = \overline{S}_L\left(1 - \frac{\overline{S}_m^2}{\overline{S}_R^2}\right) = \overline{S}_L\left(1 - \frac{\overline{S}_a^2}{R_\sigma^2 \overline{S}_R^2}\right) \tag{11.99}$$

onde $R_\sigma = \sigma_a/\sigma_m$ foi suposto determinístico, o que normalmente é uma boa hipótese se ambas as tensões alternada e média forem causadas pela mesma carga. Assim, resolvendo a equação acima, se pode calcular o valor médio e o desvio padrão da resistência à carga alternada, que são dados por:

$$\overline{S}_a = \frac{R^2 \overline{S}_R^2}{2\overline{S}_L}\left(\sqrt{1+\left(\frac{2\overline{S}_L}{R_\sigma \cdot \overline{S}_R}\right)^2} - 1\right) \tag{11.100}$$

$$\hat{\sigma}_{S_a} = \frac{R_\sigma^2(\overline{S}_R + \hat{\sigma}_{S_R})^2}{2(\overline{S}_L + \hat{\sigma}_{S_L})}\left(\sqrt{1+\left[\frac{2(\overline{S}_L + \hat{\sigma}_{S_L})}{R_\sigma(\overline{S}_R + \hat{\sigma}_{S_R})}\right]^2} - 1\right) - \overline{S}_a \tag{11.101}$$

↪ E11.35: Ache o diâmetro mínimo **d** necessário para que a alavanca da Fig. 11.52 resista com confiabilidade **R = 99%** à iniciação de uma trinca por fadiga sob uma carga pulsante $P_a = P_m = N_P(10, 2)$kN de $R = \sigma_a/\sigma_m = 1.0$, sabendo que ela é de aço 5160 com $S_R = N_S(1200, 100)$MPa, e que no engaste ela passa do diâmetro **d** para **2d**, com um raio de arredondamento $\rho = 1$mm.

A carga **P** gera na seção do engaste um momento fletor e um momento torçor que induzem tensões normais e cisalhantes, as quais, combinadas por Mises, dão:

$$\sigma_{Mises} = \sqrt{\left[K_{f_M} 32M/\pi d^3\right]^2 + 3 \cdot \left[K_{f_T} 16T/\pi d^3\right]^2}$$

Os fatores de concentração de tensão no engaste devidos ao fletor e ao torçor são:

$$K_{f_M} = [1 + q(K_{t_M} - 1)](1, V_{Kf}) = 3.16(1, 0.08) \text{ e } K_{f_T} = 2.90(1, 0.08)$$

Assim, a média e o coeficiente de variação da tensão alternada valem:

$$\overline{\sigma}_a = \frac{32\overline{P}_a}{\pi d^3}\sqrt{4 \cdot (3.16 \cdot 500)^2 + 3 \cdot (2.90 \cdot 300)^2} = \frac{3.57 \cdot 10^8}{d^3} \text{ e } V_{\sigma_a} = \sqrt{0.2^2 + (2 \cdot 0.08)^2} = 0.26$$

Portanto, $\sigma_a = \overline{\sigma}_a(1, V_{\sigma_a}) = (3.57 \cdot 10^8/d^3)(1, 0.26)$MPa

Supondo acabamento superficial usinado, o limite de fadiga do 5160 é calculado por:

$$S_L = [4.51 \cdot 1200^{-0.265}(1, 0.06)] \cdot (0.75) \cdot [0.5 \cdot 1200 (1, 0.146)] = 312(1, 0.16)\text{MPa}$$

Logo, a média e o desvio padrão da resistência à carga alternada, por Gerber, são:

$$\overline{S}_a = \frac{(1.0 \cdot 1200)^2}{2 \cdot 312}\left(\sqrt{1+\left(\frac{2 \cdot 312}{1.0 \cdot 1200}\right)^2} - 1\right) = 293$$

$$\hat{\sigma}_{S_a} = \frac{[1.0 \cdot (1200+100)]^2}{2 \cdot (312+50)}\left(\sqrt{1+\left[\frac{2 \cdot (312+50)}{1.0 \cdot (1200+100)}\right]^2} - 1\right) - 293 = 45$$

Para uma confiabilidade **R = 99%**, o valor da variável normal normalizada deve ser:

$$z_{99\%} = (\overline{\sigma} - \overline{S})/\sqrt{\hat{\sigma}_\sigma^2 + \hat{\sigma}_S^2} = -2.32$$

Desta forma, o diâmetro mínimo da alavanca para garantir esta confiabilidade operacional é dado por:

$$-2.32 = \left(3.57 \cdot 10^8/d^3 - 293\right)/\sqrt{(0.26 \cdot 3.57 \cdot 10^8/d^3)^2 + 45^2} \Rightarrow d = 133\text{mm}$$

Esta é, sem dúvida, uma maneira interessante de projetar, entretanto ela baseia-se em hipóteses gaussianas de cálculo e em dados de dispersão pouco confiáveis. ✓

11.13 Estudo Estatístico das Propriedades Mecânicas e de suas Estimativas

Este estudo foi feito em cerca de **7500** dos mais de **13000** materiais listados no banco de dados do **ViDa**, cujas propriedades foram filtradas para garantir a sua qualidade. Esta filtragem arbitrária, mas educada, dos dados coletados na literatura é fundamental para eliminar da análise estatística valores não-realísticos (que são lamentavelmente mais freqüentes do que o desejável na prática) como, e.g.: $E = 296GPa$ num aço carbono (provavelmente devido a um erro de digitação na referência original, pois este valor poderia ser **206GPa**); $S_E = 47MPa$ num aço inox austenítico com $S_R = 710MPa$ (a fonte original deve ter trocado ksi por MPa, pois o correto poderia ser $S_E = 47ksi \cong 323MPa$); ou $\varepsilon_c \gg 2.3$ em aços estruturais (provavelmente resultado de um ajuste mal feito da curva de Coffin-Manson, pois esse valor implicaria numa absurda redução de área $RA \gg 90\%$ em $2N = 1$). O processo de filtragem dos dados exige paciência, experiência e bom senso, mas como regra geral só se deve aceitar valores fora de faixas típicas se a referência original descrever a metodologia usada nos testes e comprovar a certificação das medidas feitas. Podem ser consideradas "típicas" faixas como: (i) módulos $180 < E < 230GPa$ para os aços na temperatura ambiente; (ii) $0 < h_c < 0.6$ e $E/10^3 < H_c < E/40$ em Ramberg-Osgood; e (iii) $-0.3 < b < -0.01$, $-1.5 < c < -0.1$, $E/10^3 < \sigma_c < E/40$, e $\varepsilon_c < 2.3$ para os parâmetros de Coffin-Manson dos metais; etc.

Vários subconjuntos da coletânea apresentada a seguir são estatisticamente representativos, e.g.: valores medidos de **HB**, S_E e S_R para mais de **6500** materiais; todas as 7 constantes do método εN (E, σ_c, ε_c, b, c, H_c e h_c) para cerca de **750** aços; limite de fadiga S_L para cerca de **220** ligas de Al, etc. Esse grande volume de dados permitiu também estudar estatisticamente as estimativas de propriedades usadas em projeto mecânico, e até mesmo propor novas. Uma lista com todas estas estimativas é apresentada no Apêndice 1.

Foram estudadas as dispersões das várias propriedades εN e de tração, e também de algumas das principais regras que foram propostas para estimá-las, incluindo e.g.:

- S_R em função da dureza Brinell **HB** para **2344** aços e Al;
- S_E em função de **HB** ou S_R para mais de **5800** materiais;
- limite de fadiga S_L em função de S_R para **218** ligas de Al;
- expoente de encruamento h_c em função da razão b/c;
- coeficiente de encruamento H_c em função de $\sigma_c/\varepsilon_c^{h_c}$;
- σ_c em função de S_R e b, além de estimativas para ε_c.

Primeiro os dados foram ordenados de forma crescente, e cada valor foi associado ao posto médio $r(i, T) = i/T - 0.5 \cdot T$, onde $i = 1, \cdots, T$ é número de ordem dos valores dos **T** elementos de cada amostra. Depois os dados de cada amostra foram ajustados pelas distribuições beta, gama, Gauss inversa, Gumbel (valor extremo), logística, log-logística, log-normal, normal, Pearson e Weibull. Em seguida, usando os testes de adequabilidade do qui-quadrado e de Anderson-Darling, verificou-se quais dentre estas 10 distribuições ajustadas satisfaziam a hipótese composta. Note que o teste de Kolmogorov-Smirnov não é válido aqui, pois as distribuições foram ajustadas a partir dos dados da própria amostra sendo testada (a chamada hipótese composta). Por fim atribuiu-se então uma classificação das distribuições para cada amostra, ordenando-as de acordo com valores crescentes da variável de teste calculada.

Dessa forma, a distribuição mais adequada recebeu a classificação "1ª" (pois ela possui o menor valor de χ^2 ou de AD^2), a segunda melhor foi chamada "2ª", e assim por diante. As distribuições rejeitadas pelos testes são associadas ao símbolo "–", indicando que $\chi^2 > \chi_C^2$ ou que $AD^2 > AD_C^2$. Em quase todos os casos, ambos os testes resultaram na mesma classificação das distribuições, assim nas tabelas a seguir só o teste de Anderson-Darling será mostrado.

Tabela 11.13: Adequabilidade das várias distribuições para descrever as razões S_R/HB, S_E/HB, S_E/S_R e S_L/S_R de diversos materiais por Anderson-Darling [37].

estimativa	S_R/HB	S_R/HB	S_E/HB	S_E/HB	S_E/S_R	S_L/S_R
amostra	1924 aços	420 ligas Al	1991 aços	420 ligas Al	5848 materiais	218 ligas Al
média μ	3.42	3.50	2.50	2.65	0.70	0.37
mediana x_{50}	3.42	3.54	2.54	2.71	0.72	0.37
desvio padrão $\hat{\sigma}$	0.13	0.49	0.47	0.67	0.18	0.10
coef. variação V	3.8%	14%	19%	25%	25%	27%
DISTRIBIÇÃO	CLASSIFICAÇÃO					
Beta	-	2º	1º	1º	1º	1º
Gama	5º	-	-	-	-	-
Gauss Inversa	4º	-	-	-	-	3º
Logística	1º	1º	3º	3º	3º	9º
Log-Logística	2º	-	-	-	-	8º
Log-Normal	3º	-	-	-	-	5º
Normal	6º	3º	2º	2º	2º	7º
Pearson	-	-	-	-	-	6º
Gumbel	7º	4º	4º	4º	4º	4º
Weibull	-	-	-	-	-	2º

Tabela 11.14: Ordenação das distribuições das propriedades εN de 549 aços [37].

estimativa	h_c	$\dfrac{h_c}{b/c}$	$\dfrac{H_c}{\sigma_c/\varepsilon_c^{h_c}}$	$\lvert b \rvert$	$\lvert c \rvert$	$\dfrac{\sigma_c}{S_R}$	$\dfrac{\sigma_c}{\dfrac{0.76S_R}{2000^b}}$	ε_c	$\dfrac{\varepsilon_c \cdot 2000^{\frac{b}{h_c}-c}}{(\sigma_c/H_c)^{1/h_c}}$
média	0.167	1.00	0.99	0.097	0.617	1.67	1.00	0.56	0.99
mediana	0.15	1.00	1.00	0.091	0.596	1.52	1.00	0.44	0.99
desvio padrão	0.087	0.13	0.13	0.040	0.183	0.65	0.13	0.47	0.19
coef. variação	59%	13%	13%	41%	30%	43%	13%	84%	16%
DISTRIBIÇÃO	CLASSIFICAÇÃO								
Beta	-	-	-	7º	-	-	3º	1º	-
Gama	6º	-	-	6º	5º	6º	-	-	3º
Gauss Inversa	4º	3º	-	5º	4º	4º	-	2º	4º
Logística	8º	1º	1º	8º	7º	8º	1º	7º	1º
Log-Logística	1º	2º	-	1º	1º	1º	-	5º	2º
Log-Normal	3º	4º	-	4º	3º	3º	-	3º	-
Normal	9º	5º	2º	9º	8º	9º	2º	8º	5º
Pearson	2º	-	-	3º	2º	2º	-	4º	-
Gumbel	5º	6º	3º	2º	6º	5º	4º	6º	6º
Weibull	7º	-	-	-	-	7º	-	-	-

Tabela 11.15: Distribuições que melhor descrevem as dispersões das propriedades cíclicas.

$P\left(\dfrac{S_R}{HB}<x\right)=\begin{cases}\dfrac{1}{1+\exp[-(x-3.42)/0.068]}, & \text{1924 aços}\\[4mm]\dfrac{1}{1+\exp[-(x-3.57)/0.261]}, & \text{420 alumínios}\end{cases}$	logística
$p\left(\dfrac{S_E}{HB}=x\right)=\begin{cases}\dfrac{(x-0.809)^{3.39}(3.583-x)^{1.78}}{(2.774)^{6.17}\int_0^1 t^{3.39}(1-t)^{1.78}dt}, & \text{1991 aços}\\[5mm]\dfrac{(x-0.908)^{1.37}(3.929-x)^{0.76}}{(3.021)^{3.13}\int_0^1 t^{1.37}(1-t)^{0.76}dt}, & \text{420 alumínios}\end{cases}$	beta
$p\left(\dfrac{S_E}{S_R}=x\right)=\dfrac{(x-0.156)^{1.76}(1-x)^{0.52}}{(0.844)^{3.28}\int_0^1 t^{1.76}(1-t)^{0.52}dt}$, 5840 materiais	beta
$p\left(\dfrac{S'_L}{S_R}=x\right)=\dfrac{(x-0.162)^{0.97}(0.612-x)^{1.27}}{(0.45)^{3.24}\int_0^1 t^{0.97}(1-t)^{1.27}dt}$, 218 alumínios	beta
$P\left(\dfrac{S'_L}{S_R}<x\right)=\exp\left[-\exp\left(-\dfrac{x-0.322}{0.087}\right)\right]$, 218 alumínios	Gumbel
$P(h_c<x)=\dfrac{1}{1+[(x+0.014)/0.163]^{-3.91}}$, 549 aços	log-logística
$P\left(\dfrac{h_c}{b/c}<x\right)=\dfrac{1}{1+\exp[-(x-1)/0.061]}$, 549 aços	logística
$P\left(\dfrac{H_c}{\sigma_c/\varepsilon_c^{h_c}}<x\right)=\dfrac{1}{1+\exp[-(x-1)/0.054]}$, 549 aços	logística
$P(|b|<x)=\dfrac{1}{1+[(x+0.015)/0.106]^{-5.374}}$, 549 aços	log-logística
$P(|c|<x)=\dfrac{1}{1+[(x+0.159)/0.755]^{-7.844}}$, 549 aços	log-logística
$P\left(\dfrac{\sigma_c}{S_R}<x\right)=\dfrac{1}{1+[(x-0.471)/1.047]^{-3.607}}$, 549 aços	log-logística
$P\left(\dfrac{\sigma_c}{S_R+345}<x\right)=\dfrac{1}{1+[(x-0.180)/0.790]^{-4.220}}$, 549 aços	log-logística
$P\left(\dfrac{\sigma_c}{0.76\cdot S_R/2000^b}<x\right)=\dfrac{1}{1+\exp[-(x-1)/0.073]}$, 549 aços	logística
$P\left(\dfrac{\varepsilon_c}{(\sigma_c/H_c)^{1/h_c}2000^{(b/c)-1}}<x\right)=\dfrac{1}{1+\exp[-(x-1)/0.087]}$, 549 aços	logística

Estas várias estatísticas são ilustradas nas figuras a seguir. Mas note que elas avaliam o comportamento das estimativas das propriedades dos materiais, logo se referem a comparações entre tipos de aços ou de alumínios, não à dispersão dos dados medidos em vários CPs de uma mesma liga.

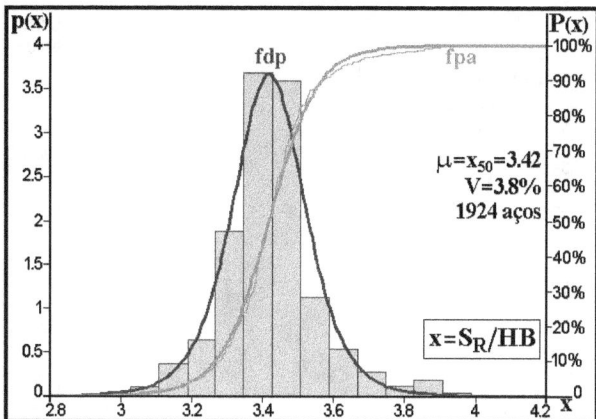

Fig. 11.53: A razão entre a resistência à ruptura e a dureza **S_R/HB** (em **MPa/kg/mm^2**) destes **1924** aços é pouco dispersa (o seu coeficiente de variação **V = 3.8%** é pequeno), e é bem ajustada por uma distribuição logística de média **μ = 3.42**.

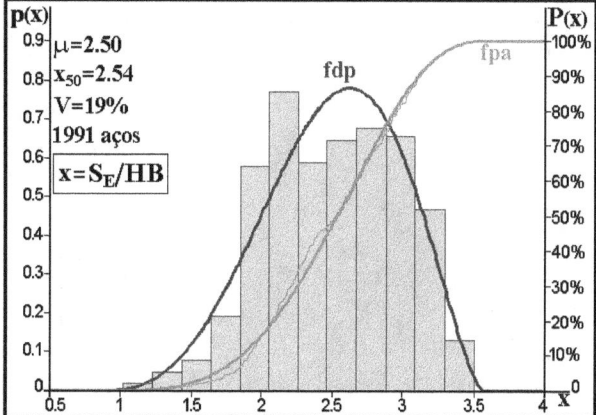

Fig. 11.54: Já a razão entre a resistência ao escoamento e a dureza **S_E/HB** de **1991** aços é bem mais dispersa (tem **V = 19%**), e mais bem descrita por uma distribuição beta com média **μ = 2.50** e mediana **x_{50} = 2.54**.

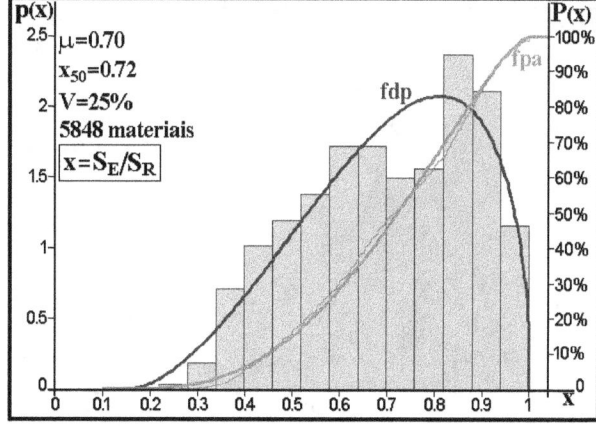

Fig. 11.55: Uma distribuição beta com média **μ = 0.70** e mediana **x_{50} = 0.72** foi a que melhor descreveu a dispersão muito grande (**V = 25%**) da razão entre as resistências ao escoamento e à ruptura, **S_E/S_R**, de **5848** materiais.

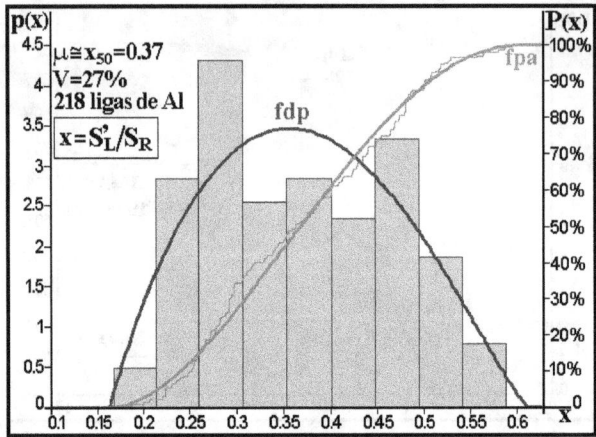

Fig. 11.56: Uma distribuição beta com média quase igual à mediana, $\mu \cong x_{50} = 0.37$, foi a que melhor ajustou a dispersão muito grande ($V = 27\%$) da relação entre o limite de fadiga e a resistência à ruptura, S'_L/S_R, das 218 ligas de alumínio analisadas.

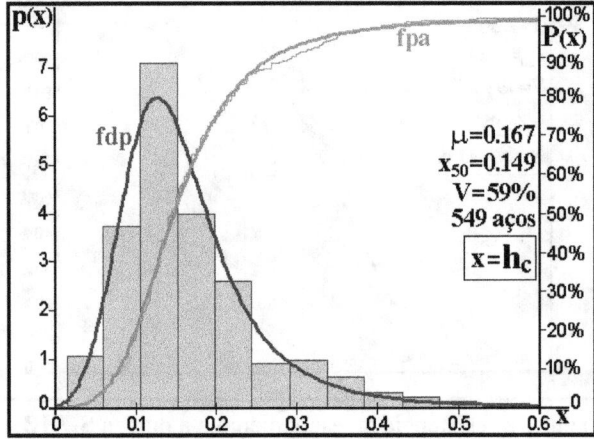

Fig. 11.57: A log-logística com $\mu = 0.167$ e $x_{50} = 0.149$ é a FDP que melhor ajusta a gigantesca dispersão ($V = 59\%$) dos expoentes de encruamento cíclico h_c destes 549 aços.

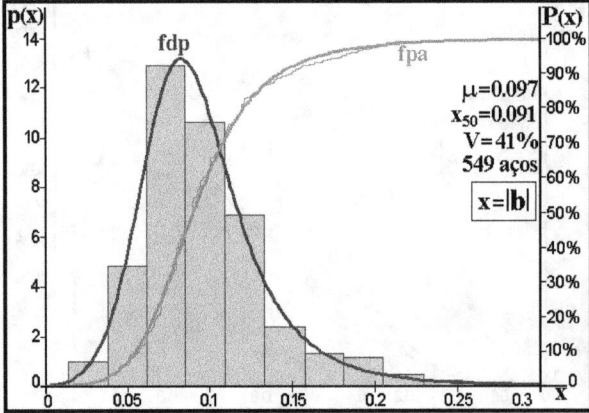

Fig. 11.58: A log-logística com $\mu = 0.097$ e $x_{50} = 0.091$ também gera o melhor ajuste da imensa dispersão ($V = 41\%$) dos módulos de b (os expoentes da parte elástica de Coffin-Manson) dos 549 aços analisados.

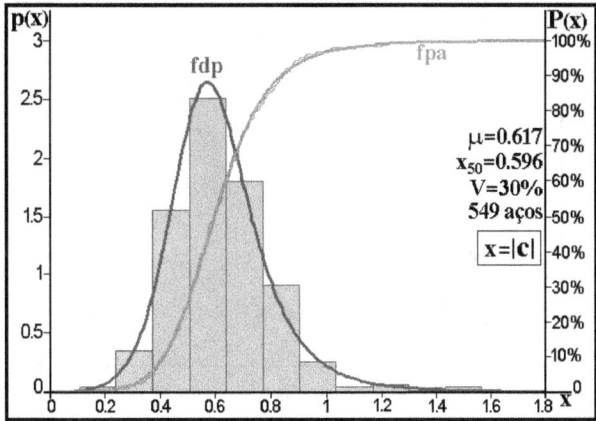

Fig. 11.59: A log-logística com **μ = 0.617** e **x₅₀ = 0.596** é de novo a distribuição que gera o melhor ajuste da grande dispersão (**V = 30%**) dos módulos dos expoentes **c** (os expoentes da parte plástica de Coffin-Manson) dos **549** aços analisados.

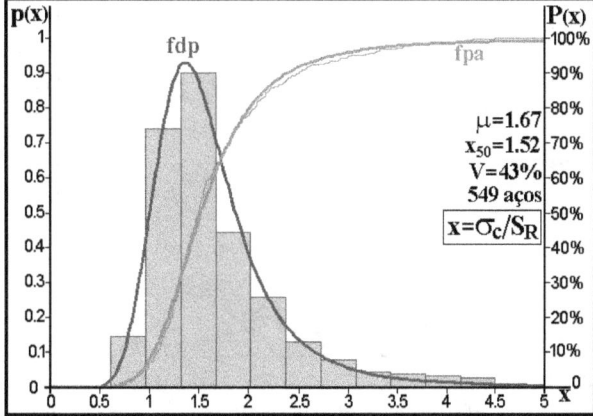

Fig. 11.60: A log-logística com **μ = 1.67** e **x₅₀ = 1.52** também é a distribuição que ajusta melhor a imensa dispersão (**V = 43%**) das razões σ_c/S_R dos **549** aços analisados, que podem ser usadas para estimar o coeficiente da parte elástica de Coffin-Manson.

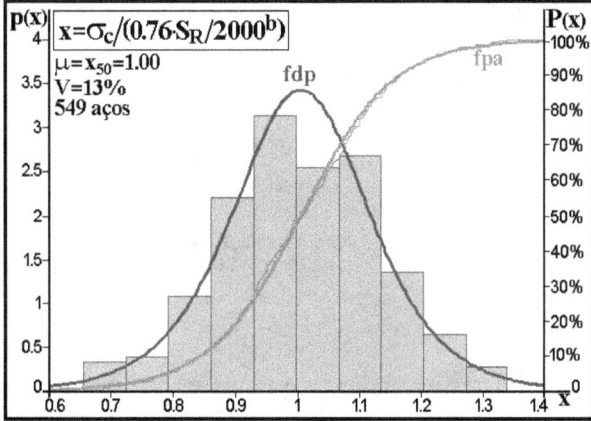

Fig. 11.61: A razão $\sigma_c/(0.76S_R/2000^b)$, que é muito menos dispersa (**V = 13%**) do que σ_c/S_R e bem ajustada pela FDP logística de **μ = x₅₀ = 1.00**, gera uma estimativa menos imprecisa para σ_c (mas como ela usa o expoente **b**, tem pouca importância prática).

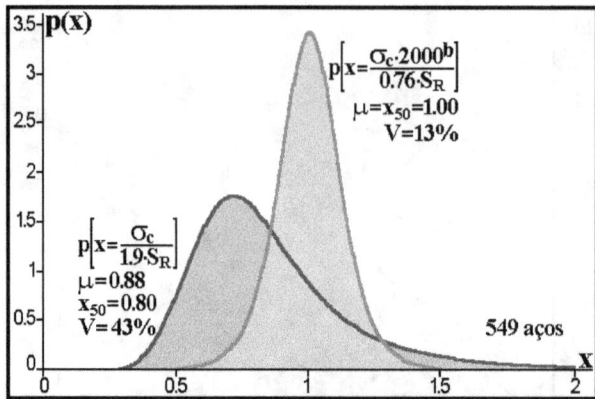

Fig. 11.62: A comparação entre as distribuições log-logística da Fig. 11.60 e logística da Fig. 11.61 mostra que a estimativa $\sigma_c \cong (0.76S_R/2000^b)$ é de fato muito menos dispersa do que a estimativa das medianas $\sigma_c \cong 1.52S_R$ nesta amostra de **549** aços.

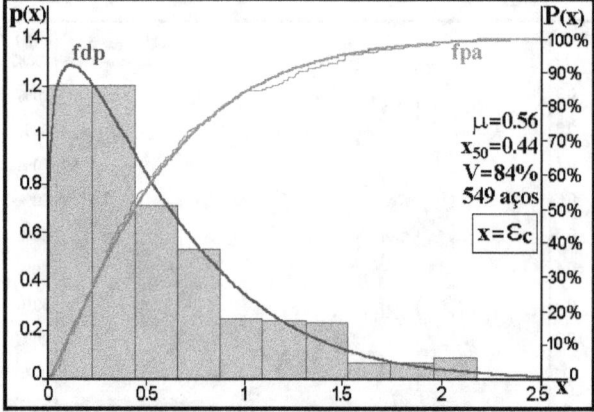

Fig. 11.63: A dispersão dos coeficientes ε_c desses **549** aços é gigantesca: a distribuição beta que melhor a ajusta por Anderson-Darling tem **V = 84%**, logo um desvio padrão quase igual à média $\mu = 0.56$ (a sua moda é $x_m = 0.12$, e a mediana $x_{50} = 0.44$).

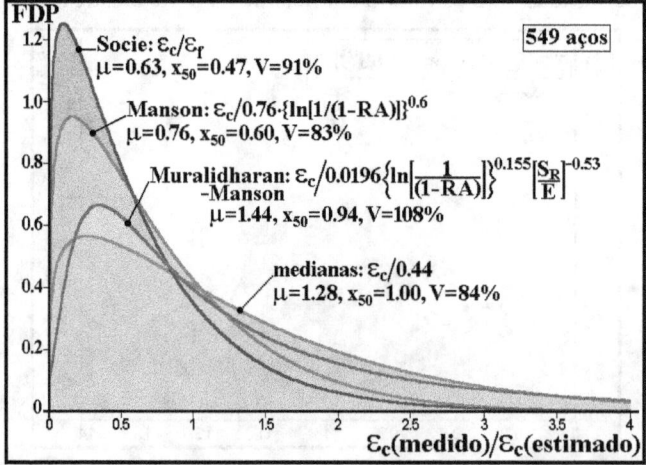

Fig. 11.64: As estimativas de ε_c, o coeficiente da parte plástica da equação de Coffin-Manson, também são dispersas demais, e não corroboram a sua correlação com a ductilidade do material medida num teste de tração (vide Capítulo 6).

Todas as estimativas tradicionais de ε_c são dispersas demais [37], com coeficientes de variação até maiores do que o da própria distribuição de ε_c ($V = 84\%$). Isso indica que ε_c **não** se correlaciona com a ductilidade medida num teste de tração, nem muito menos com a deformação elástica na carga máxima, S_R/E, como estudado no Capítulo 6. A estimativa

$$\varepsilon_c = (\sigma_c/H_c)^{1/h_c} \cdot 2000^{(b/h_c-c)} \tag{11.102}$$

é muito menos dispersa ($V = 16\%$), porém tem pouca utilidade prática, pois depende das outras 5 propriedades cíclicas usadas no método εN. Na realidade, a maneira menos ruim de prever vidas à fadiga na ausência de dados experimentais é usando a estimativa das medianas que supõe $\varepsilon_c = 0.44$ constante, como mostrado na próxima seção [37].

A Tabela 11.16 lista estimativas de resistências e de parâmetros de encruamento cíclico em vários níveis de confiança, obtidas a partir das distribuições que melhor ajustaram os dados experimentais (e.g., **95%** dos aços têm $S_R / HB > 3.217$ e **99%** têm $h_c < 0.515$, etc.). A Tabela 11.17 lista níveis de confiança dos parâmetros de Coffin-Manson para os aços.

Tabela 11.16: Níveis de confiança de estimativas de propriedades a partir do ajuste otimizado dos dados experimentais de **549** aços e **218** ligas de Al.

Nível de confiança	50%	60%	70%	80%	90%	95%	99%
S_R/HB (aços)	3.412	3.390	3.360	3.323	3.268	3.217	3.104
S_R/HB (Al)	3.569	3.463	3.348	3.207	2.996	2.801	2.371
S_E/HB (aços)	2.537	2.404	2.258	2.088	1.857	1.678	1.386
S_E/S_R (metais)	0.725	0.672	0.613	0.543	0.451	0.382	0.279
S'_L/S_R (Al)	0.369	0.340	0.310	0.278	0.240	0.216	0.185
h_c (mínimo, aços)	0.149	0.133	0.117	0.100	0.079	0.062	0.036
h_c (máximo, aços)	0.149	0.167	0.188	0.218	0.272	0.332	0.515
$h_c/(b/c)$ (mínimo)	0.997	0.973	0.946	0.913	0.864	0.818	0.718
$h_c/(b/c)$ (máximo)	0.997	1.022	1.049	1.082	1.131	1.177	1.277
$H_c/(\sigma_c/\varepsilon_c^{h_c})$	0.997	0.975	0.951	0.922	0.878	0.838	0.749

Tabela 11.17: Parâmetros de Coffin-Manson para os aços em vários níveis de confiança.

Nível de confiança	50%	60%	70%	80%	90%	95%	99%
expoente elástico, b	−0.090	−0.098	−0.108	−0.121	−0.144	−0.167	−0.233
expoente plástico, c	−0.596	−0.636	−0.682	−0.742	−0.840	−0.940	−1.197
coeficiente elástico, σ_c/S_R	1.519	1.407	1.299	1.185	1.041	0.934	0.764
$\sigma_c/(S_R+345)$	0.970	0.898	0.827	0.749	0.650	0.574	0.446
$\sigma_c/(0.76S_R/2000^b)$	1.006	0.976	0.944	0.905	0.845	0.791	0.670
coeficiente plástico, ε_c	0.440	0.340	0.250	0.168	0.090	0.050	0.014
$\varepsilon_c = (\sigma_c/H_c)^{1/h_c} \cdot 2000^{(b/h_c-c)}$	0.991	0.956	0.917	0.870	0.799	0.733	0.589

Cuidado: os dados acima **não** podem ser usados para prever a confiabilidade da previsão das vidas à fadiga neles baseados: por exemplo, **95%** destes aços têm $b > -0.167$ e (outros)

95% têm c > −0.940, no entanto uma equação de Coffin-Manson com esses valores *não* implica em cálculos de vida com confiabilidade de **95%** (mesmo que σ_c e ε_c também sejam estimados nessa confiabilidade), como mostrado a seguir.

11.14 Estudo Estatístico das Previsões de Vida Segundo o Método εN

Até agora, a estatística de várias propriedades mecânicas de milhares de materiais foi estudada como se elas fossem variáveis aleatórias independentes. No entanto, os coeficientes e expoentes de Coffin-Manson (e.g.) *não* são variáveis independentes, pois o ajuste dos dados experimentais de um material com um menor **c** implica em um maior ε_c calculado, e vice-versa. Isso explica (mas não justifica) os $\varepsilon_c \gg 2.3$ encontrados na literatura, resultantes de ajustes com **c** muito negativos. Assim, para validar as estimativas da curva **εN** é preciso fazer um estudo estatístico das vidas à fadiga previstas sob diversas amplitudes de deformação, comparando-as com os valores calculados a partir dos dados medidos.

Como comprovado nas Fig. 11.65 e 66, que mostram as dispersões das vidas à fadiga estimadas a partir das propriedades **εN** *medidas* segundo testes reportados na literatura de 549 aços diferentes, a dispersão das vidas é mínima entre aproximadamente **1000** e **3000 ciclos**. Assim, na ausência de dados experimentais, uma boa estimativa para a amplitude de deformação associada com vidas (de iniciação de trincas) de **1000 ciclos** é $\Delta\varepsilon(10^3)/2 \cong 0.8\%$. Este mínimo de dispersão é um bom motivo para se continuar usando a vida $N = 10^3$ **ciclos** para estimar um dos pontos das curvas de Wöhler do método **SN**.

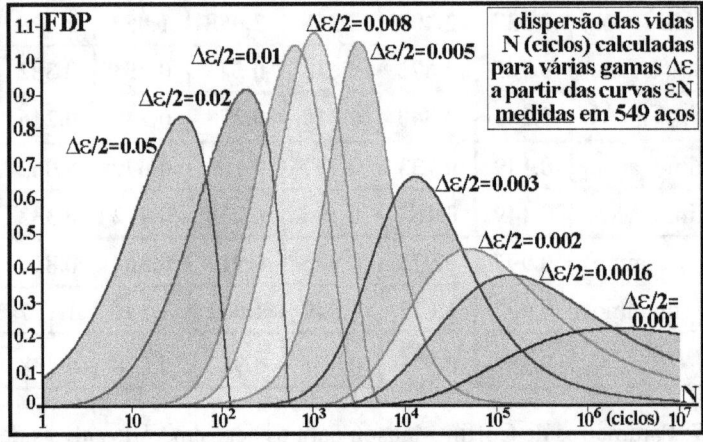

Fig. 11.65: FDPs ajustadas ao logaritmo das vidas calculadas a partir das curvas de Coffin-Manson medidas de **549** aços, para várias amplitudes de deformação $\Delta\varepsilon/2$ [37]:

$\Delta\varepsilon/2$ (%)	5	2	1	0.8	0.5	0.3	0.2	0.16	0.1
μ (ciclos)	17	100	475	829	$3.21\cdot10^3$	$2.25\cdot10^4$	$2.32\cdot10^5$	$1.0\cdot10^6$	$7.0\cdot10^7$
x_{50} (ciclos)	21	118	518	891	$3.21\cdot10^3$	$1.75\cdot10^4$	$1.10\cdot10^5$	$3.9\cdot10^5$	$2.0\cdot10^7$
V (%)	47	22	14	12	12	19	26	27	32

A alta dispersão observada nas vidas longas ($N > 10^5$) era esperada, pois a resistência dos vários aços varia muito. E como as vidas longas são quase isentas de macro plasticidade cíclica, nestes casos os micro defeitos aleatórios na microestrutura dos CPs, em particular nas suas superfícies, têm grande influência na vida à fadiga. Isto contribui e muito para a dispersão das vidas medidas, até mesmo nos testes feitos com um único material. Além disso, devido ao alto custo das máquinas servo-hidráulicas, os testes **εN** em geral não incluem muitos pontos medidos em vidas muito longas (um teste a **40Hz** demora mais do que **144 dias** para atingir $5 \cdot 10^8$ **ciclos**). Apesar deste fato não ser muito enfatizado na literatura, ele diminui sensivelmente o nível de confiança dos dados, logo contribui muito para a dispersão das previsões de vida. Por fim, os *clip-gages* (transdutores de deformação reutilizáveis que são montados sobre os CPs para controlar os testes **εN**) em geral não têm relação sinal/ruído adequada para controlar as amplitudes de deformação muito baixa, digamos $\Delta\varepsilon/2 < \sim 0.1\%$, e tendem a gerar medições ruidosas e menos precisas e, portanto, mais dispersão nas vidas longas.

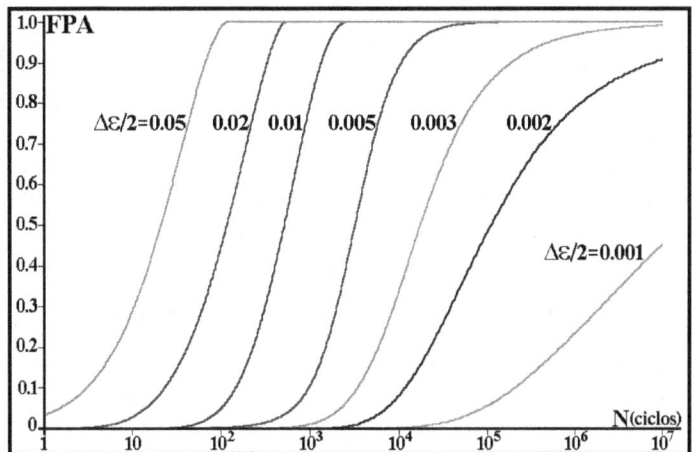

Fig. 11.66: FPAs das vidas calculadas a partir das curvas **εN** medidas dos **549** aços analisados neste estudo, mostrando (através da menor inclinação das curvas) a grande dispersão ($V > 30\%$) em vidas muito curtas ou muito longas [37].

A dispersão nas previsões de vidas muito curtas ($N < 100$) é provavelmente causada pela imensa dispersão dos parâmetros ε_c dos vários aços analisados, pois os testes de vida curta envolvem macro plasticidade, e nestes casos tanto o efeito de micro defeitos quanto o controle das gamas (grandes) $\Delta\varepsilon$ tendem a introduzir pouca dispersão experimental. Mas, como visto no Capítulo 6, os CPs **εN** podem flambar sob altas amplitudes de deformação compressiva, impossibilitando os testes em vidas muito curtas ou invalidando os seus resultados. Portanto, boas práticas experimentais devem ser seguidas (e relatadas) para garantir a qualidade dos ensaios **εN**.

Deve-se em particular incluir no ajuste das curvas **εN** dados suficientes medidos em vidas longas (que, quando $\Delta\varepsilon_p \ll \Delta\varepsilon_e$, podem ser obtidos, e.g., em máquinas ressonantes ou nas máquinas de flexão rotativa, que são de baixo custo operacional e podem ser usadas confiavelmente durante longos tempos).

Na Fig. 11.67, as vidas (de iniciação de uma trinca por fadiga) foram calculadas a partir das gamas de deformação $\Delta\varepsilon$ associadas às gamas de tensão elastoplásticas $\Delta\sigma$, calculadas por Ramberg-Osgood para cada um dos **549** aços com 7 propriedades **εN** medidas (de forma supostamente adequada) analisados neste estudo. Por esse motivo, as dispersões das vidas sob gamas $\Delta\sigma$ de tensão constante ***não*** são idênticas às que foram obtidas pelas gamas $\Delta\varepsilon$ correspondentes, pois também incluem a dispersão das constantes da curva de encruamento cíclica. Desta forma, podem-se usar os dados **εN** daqueles **549** aços para avaliar também as previsões de vida à fadiga feitas pelo método **SN**. Assim, estes dados indicam que os CPs **εN** de aço têm, em média, $S_F(10^3) = 0.76 \cdot S_R$ e $S_F(10^6) = 0.42 \cdot S_R < 0.5 \cdot S_R$. Mas deve-se notar que os CPs **εN** podem ser usinados em vez de polidos, logo podem ter $k_a < 1$. Essas estimativas serão analisadas em maiores detalhes mais adiante.

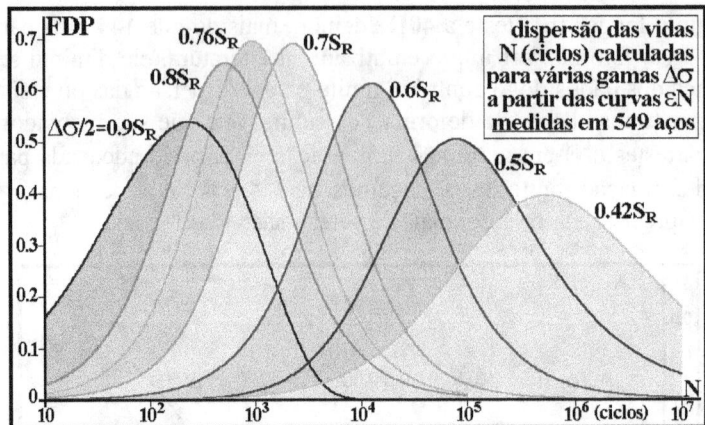

Fig. 11.67: FDPs ajustadas ao logaritmo das vidas calculadas a partir das curvas de Coffin-Manson medidas de **549** aços, para várias amplitudes de tensão **$\Delta\sigma/2$** [37]:

$\Delta\sigma/2 \cdot S_R$	0.9	0.8	0.76	0.7	0.6	0.5	0.42
μ (ciclos)	127	528	944	2305	$1.36\cdot10^4$	$1.30\cdot10^5$	$1.0\cdot10^6$
x_{50} (ciclos)	157	528	944	2305	$1.32\cdot10^4$	$1.03\cdot10^5$	$0.7\cdot10^6$
V (%)	36	25	21	19	19	19	20

É muito interessante notar que as FDPs ajustadas às vidas curtas associadas a gamas $\Delta\varepsilon$ de deformação constante apresentaram um limite superior definido (característico da distribuição beta), enquanto as FDPs que ajustam as vidas associadas às gamas de tensão $\Delta\sigma$ correspondentes não possuem este limite superior definido. De fato, apesar das vidas **N = 100** ciclos estarem associadas em média a amplitudes de deformação **$\Delta\varepsilon/2 = 2\%$** *ou* a amplitude de tensão **$\Delta\sigma/2 = 0.9 \cdot S_R$**, existem vários aços que sob **$\Delta\sigma/2 = 0.9 \cdot S_R$** possuem **N > 1000**. Entretanto, não foi encontrado nenhum aço que tivesse vida **N > 1000** sob **$\Delta\varepsilon/2 = 2\%$**. Isto ocorre porque os aços de alta resistência podem não escoar sob **$\Delta\sigma/2 = 0.9 \cdot S_R$**, o que justifica as vidas de iniciação **N > 1000**. Mas mesmo nos aços mais resistentes, com **$S_E \cong 2GPa$**, a deformação elástica máxima só é da ordem de **$S_E/E = 1\% < 2\%$**, logo todos os aços têm plasticidade significativa sob **$\Delta\varepsilon/2 = 2\%$**.

As Fig. 11.68-71 mostram as FDPs das razões **N_{est}/N_{cal}** entre as vidas avaliadas usando as estimativas de Manson, Muralidharan-Manson (Mur-Man), Socie e Medianas para as curvas de Coffin-Manson e as vidas calculadas na mesma gama de deformações usando os dados medidos dos 549 aços.

Só para relembrar, as estimativas de Manson, Muralidharan-Manson, Socie e das Medianas usadas nas análises acima, e já estudadas no Capítulo 6, são dadas por:

$$\frac{\Delta\varepsilon}{2} = 1.9\frac{S_R}{E}(2N)^{-0.12} + 0.76 \cdot \left[\ln\left(\frac{1}{1-RA}\right)\right]^{0.6}(2N)^{-0.6} \tag{11.103}$$

$$\frac{\Delta\varepsilon}{2} = 0.623\left(\frac{S_R}{E}\right)^{0.832}(2N)^{-0.09} + 0.0196\left[\ln\left(\frac{1}{1-RA}\right)\right]^{0.155}\left(\frac{S_R}{E}\right)^{-0.53}(2N)^{-0.56} \tag{11.104}$$

$$\frac{\Delta\varepsilon}{2} = 1.9\frac{S_R+345}{E}(2N)^{-\log[2(S_R+345)/S_R]/6} + \ln\left(\frac{1}{1-RA}\right)(2N)^{-0.6 \text{ ou } -0.5} \tag{11.105}$$

$$\Delta\varepsilon/2 = 1.52\,S_R/E\,(2N)^{-0.09} + 0.44\cdot(2N)^{-0.6} \tag{11.106}$$

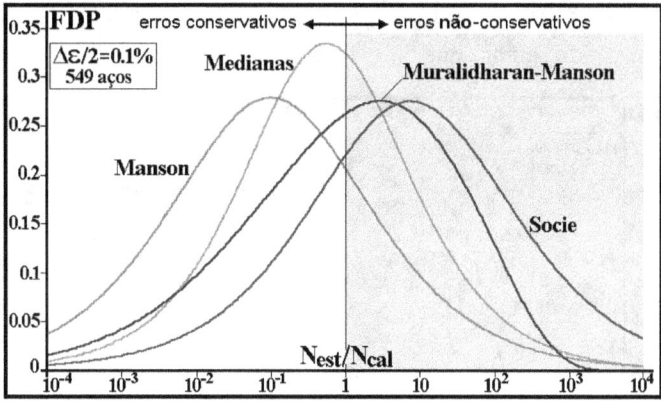

Fig. 11.68: FDPs das razões N_{est}/N_{cal} das 4 estimativas para os **549** aços e $\Delta\varepsilon/2 = 0.1\%$ (note a imprecisão e as imensas dispersões das previsões de todas as estimativas).

$\Delta\varepsilon/2 = 0.1\%$	Manson	Mur-Man	Socie	Medianas
μ	0.10	0.89	7.58	0.56
x_{50}	0.10	1.30	7.58	0.56
$\hat{\sigma}$	177	36	218	29

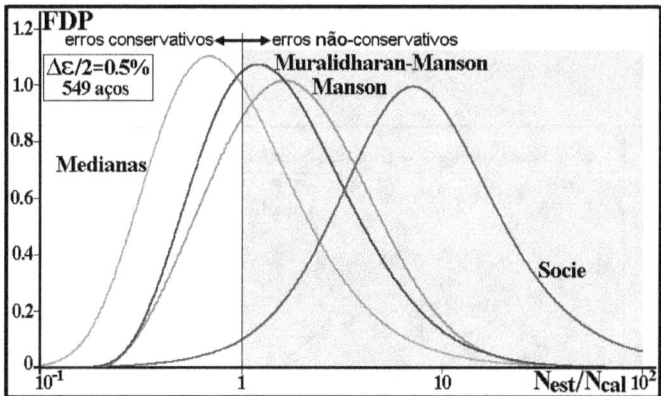

Fig. 11.69: N_{est}/N_{cal} para os **549** aços e $\Delta\varepsilon/2 = 0.5\%$ (a dispersão destas estimativas de vidas médias é bem menor do que as das vidas muito longas associadas à Fig. 11.68).

$\Delta\varepsilon/2 = 0.5\%$	Manson	Mur-Man	Socie	Medianas
μ	1.82	1.57	7.98	0.96
x_{50}	1.75	1.45	7.61	0.84
$\hat{\sigma}$	2.40	2.40	2.92	2.60

A estimativa uniforme dos materiais proposta por Bäumel e Seeger [41-43] também foi estudada [37], porém ela só é aplicável a aços C ou de baixa liga:

$$\frac{\Delta\varepsilon}{2} = 1.5\frac{S_R}{E}(2N)^{-0.087} + 0.59\cdot\psi\cdot(2N)^{-0.58} \qquad (11.107)$$

onde $\psi = 1$ se $S_R/E \leq 0.003$, ou $\psi = 1.375 - 125\cdot S_R/E$ se $S_R/E > 0.003$. Mas é preciso cautela ao usar esta estimativa, pois em casos como o do aço SAE 1045 de médio C, que temperado pode atingir **HB = 595 (kgf/mm²)** e **S_R = 2240MPa**, se estimaria por Bäumel-Seeger **ε_c < 0**, um valor absurdo (e obtido sempre que **S_R > 2.2GPa**).

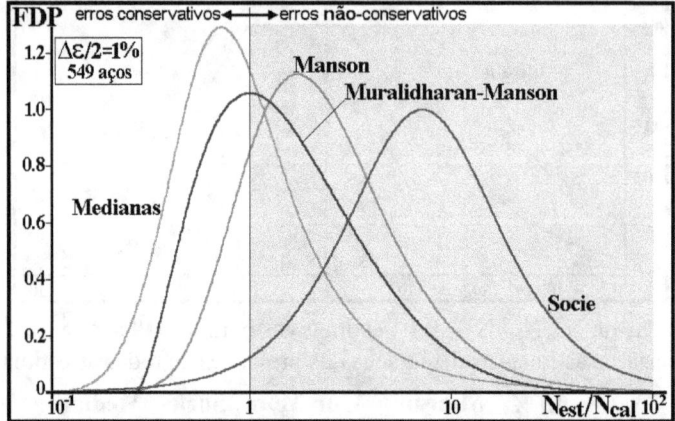

Fig. 11.70: N_{est}/N_{cal} para os **549** aços e **$\Delta\varepsilon/2$ = 1.0%** (note que apenas a estimativa das Medianas sempre gera mais previsões conservativas do que não-conservativas).

$\Delta\varepsilon/2$ = 1.0%	Manson	Mur-Man	Socie	Medianas
μ	2.31	1.52	7.18	1.04
x_{50}	2.10	1.35	7.18	0.87
$\hat{\sigma}$	2.42	2.43	2.84	2.55

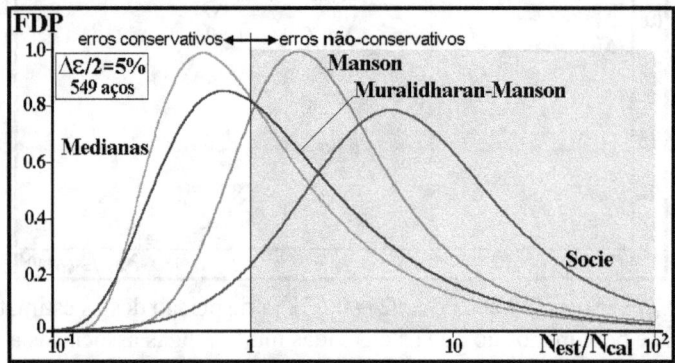

Fig. 11.71: N_{est}/N_{cal} para os **549** aços e **$\Delta\varepsilon/2$ = 5.0%** (a grande dispersão das previsões de vida feitas a partir de todas as estimativas comprova que é arriscado demais usá-las em projetos ou análises de integridade na prática: os dados εN devem ser medidos!).

$\Delta\varepsilon/2$ = 5.0%	Manson	Mur-Man	Socie	Medianas
μ	2.92	1.47	6.81	1.25
x_{50}	2.27	1.13	5.89	0.92
$\hat{\sigma}$	3.66	3.85	4.17	3.86

As Fig. 11.72 a 11.74 apresentam as médias, medianas e variâncias das melhores FDP a-justadas às previsões das várias estimativas estudadas, cujas grandes dispersões são equivalentes (exceto Socie, que é imprecisa demais, sendo sempre muito ***não***-conservativa, com erros médios entre **550%** e **750%**, devido à sua estimativa ruim para ε_c, pois em geral $\varepsilon_c < \varepsilon_R$; e ao valor de **b** quando S_R > 348MPa ser estimado maior do que a média **μ(b) ≅ −0.1** (um procedimento ***não***-conservativo em **98%** dos aços à Θ_{amb} dentre **2623** aços do banco de dados do **ViDa**). A estimativa de σ_c por Socie é conservativa em **88%** destes aços, mas o efeito de um expoente não-conservativo é em geral maior do que o de um coeficiente conservativo.

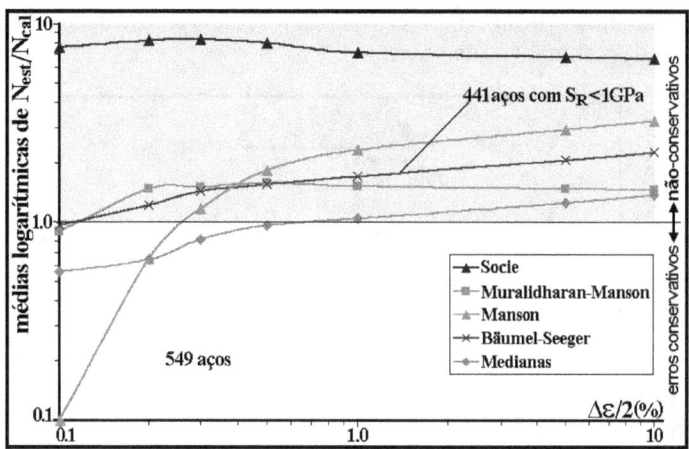

Fig. 11.72: Médias das razões N_{est}/N_{cal} entre as vidas estimadas pelas várias regras estudadas e as vidas calculadas a partir das propriedades das curvas medidas dos **549** aços: a estimativa das medianas é a melhor, pois a média das previsões geradas pelas outras regras (em particular por Socie) em geral ***não*** são conservativas.

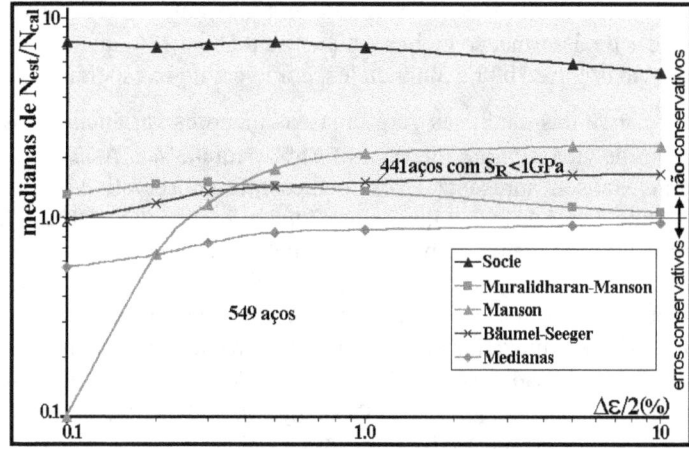

Fig. 11.73: Medianas das razões N_{est}/N_{cal} entre as vidas estimadas pelas várias regras estudadas e as vidas calculadas a partir das propriedades das curvas medidas dos **549** aços: a estimativa das medianas gera previsões conservativas em mais de **50%** dos aços que trabalham sob amplitudes de deformações cíclicas $\mathbf{0.1\% \leq \Delta\epsilon/2 \leq 10\%}$.

Outras estimativas também foram avaliadas em [37], e.g. a de Morrow $\mathbf{b = - h_c/(1 + 5h_c)}$ e $\mathbf{c = - 1/(1 + 5h_c)}$ e a de Raske-Morrow $\mathbf{\epsilon_c = 0.002 \cdot (\sigma_c/S_{Ec})^{1/h_c}}$, mas nenhuma delas correlaciona bem $\mathbf{b}$, $\mathbf{c}$ e/ou $\mathbf{\epsilon_c}$ com outras propriedades mecânicas [39-40], e assim as suas previsões de vida são ainda mais ***não***-conservativas e dispersas que as das estimativas estudadas acima. Manson 4 pontos [39-40] possui dispersões semelhantes à estimativa de Manson e erros ***não***-conservativos acima de **100%** para vidas curtas e médias ($\mathbf{N < 10^4}$), pois ϵ_c é superestimado (mas não $\mathbf{c}$, cuja média é $\mathbf{c \cong -0.6}$). O coeficiente σ_c também é superestimada por Manson 4 pontos (em média em **48%**), porém isto é compensado porque **b** é subestimado (em média **44%**), vide Capítulo 6. Esta estimativa só é conservativa nas vidas longas, com boa média apenas em torno de $N = 10^5$, o único dos 4 pontos do ajuste que possui boa correlação, pois nessa vida Manson 4 pontos prevê $\Delta\varepsilon_e/2 = 0.45 \cdot S_R/E$, um valor relativamente próximo da (boa) estimativa das medianas $\Delta\varepsilon_e/2 = 1.52 \cdot S_R \cdot (2 \cdot 10^5)^{-0.09}/E \cong 0.5 \cdot S_R/E$. Portanto, conclui-se que as estimativas mais elaboradas para **b**, **c** e ε_c só tendem a aumentar a dispersão destas previsões e, conseqüentemente, das estimativas de vidas.

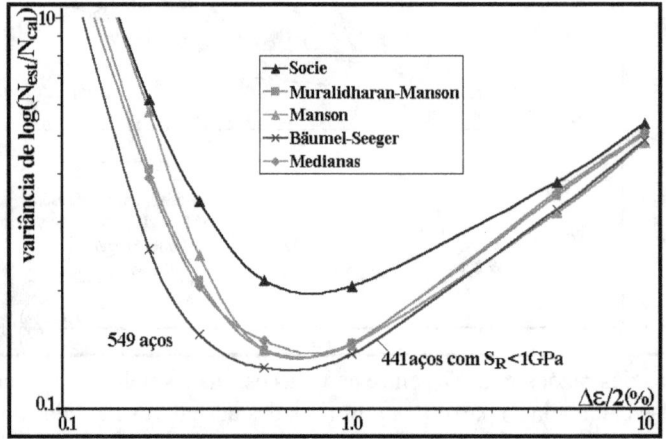

Fig. 11.74: Variâncias das razões N_{est}/N_{cal} entre as vidas estimadas pelas várias regras estudadas e as vidas calculadas a partir das propriedades das curvas medidas de **549** aços: as dispersões mínimas das FDPs que melhor ajustam as 5 estimativas ocorrem para amplitudes de deformação cíclica $\Delta\varepsilon/2$ entre **0.5%** e **1%**, que correspondem em média a vidas entre **1000** e **3000** ciclos, como era de se esperar.

Já a (boa) estimativa das medianas gera uma das menores variâncias e os menores erros médios nas previsões de vida, sempre inferiores a **25%** para $0.3\% \le \Delta\varepsilon/2 \le 5\%$. Nessa mesma faixa, Muralidharan-Manson apresenta erros médios **não**-conservativos entre **45%** e **60%**, Manson 4 pontos erros de até **170%**, Manson até **200%**, Socie entre **550%** e **750%**, e as estimativas de Morrow geram erros ainda maiores. O melhor desempenho da estimativa das medianas não é casual, pois os seus parâmetros foram otimizados através de testes de sensibilidade das médias e das variâncias das FDPs que melhor ajustaram os dados experimentais analisados [37]. Os parâmetros otimizados resultaram aproximadamente nas medianas de cada um deles (para os 549 aços analisados $\sigma_c = 1.52 \cdot S_R$, $\varepsilon_c = 0.44$, $b = -0.09$ e $c = -0.6$), e assim o uso de outros valores (e.g., as médias $\sigma_c = 1.67 \cdot S_R$, $\varepsilon_c = 0.56$, $b = -0.097$ e $c = -0.617$) só pioraria a média e aumentaria a dispersão das previsões de vida.

Por fim, tanto as medianas quanto as médias das vidas calculadas a partir dos coeficientes das curvas εN medidas para os **549** aços estudados são ajustáveis por uma curva de Coffin-Manson universal, que pode ser usada na ausência de quaisquer dados sobre o aço, como mostrado na Fig. 11.75. A equação εN universal desta figura foi obtida a partir da própria estimativa das medianas, usando $S_R = 750MPa$ e $E = 200GPa$. A estimativa das medianas para aços de $0.4 \le S_R \le 2GPa$ e $E = 200GPa$ gera as curvas mostradas na Fig. 11.76. Em suma, na ausência de resultados experimentais confiáveis, deve-se ajustar a curva εN dos aços pela equação (11.106), devido às muitas vantagens da estimativa das medianas: (i) prever vidas com os menores erros médios (em relação às vidas calculadas a partir de curvas de Coffin-Mansom medidas) dentre todas as estimativas estudadas: abaixo de **25%** para $0.3\% < \Delta\varepsilon/2 < 5\%$ e de **36%** para $0.2\% < \Delta\varepsilon/2 < 10\%$, com erros médios conservativos sempre que $\Delta\varepsilon/2 < 1\%$ e *não*-conservativos, mas menores que **25%**, se **1% < Δε/2 < 5%**; (ii) uma das menores disper-sões dentre todas as estimativas disponíveis; (iii) reproduz a estimativa **SN** $S_F(10^3) = 0.76 \cdot S_R$, pois $S_F(10^3) = E \cdot \Delta\varepsilon_e/2 = 1.52 S_R \cdot (2000)^{-0.09} \cong 0.767 \cdot S_R$, e a resistência às vidas longas dos CPs **εN** de aço $S_F(10^6) = 0.42 \cdot S_R$, pois $S_F(10^6) = 1.52 S_R \cdot (2 \cdot 10^6)^{-0.09} \cong 0.412 \cdot S_R$; e (iv) estima me-lhor as propriedades **εN** usando apenas S_R e **E**, pois todas as tentativas de incorporar medidas de ductilidade nas estimativas só aumentaram a dispersão das previsões.

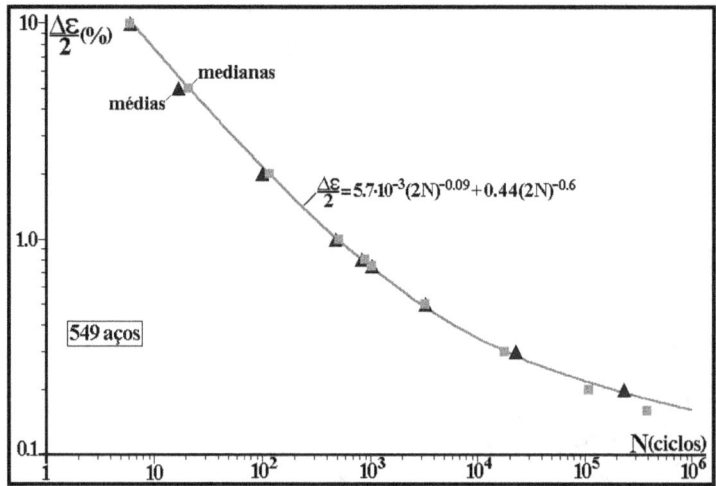

Fig. 11.75: Curva de Coffin-Manson universal segundo a estimativa das medianas, que pode ser usada na ausência de quaisquer dados experimentais sobre o aço.

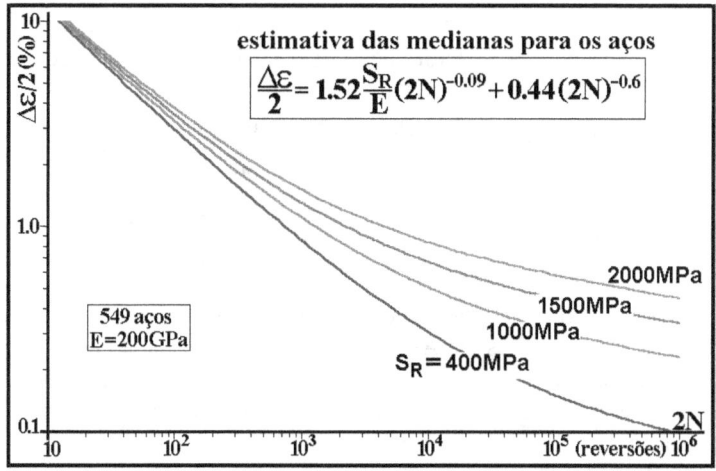

Fig. 11.76: Curvas de Coffin-Manson geradas pela estimativa das medianas para aços com módulo **E = 200GPa** e resistências à ruptura $400 \leq S_R \leq 2000MPa$.

As funções de densidade de probabilidade que melhor descrevem a dispersão das previ-sões de vida feitas pela estimativa das medianas para várias amplitudes de deformação entre $0.1 \leq \Delta\varepsilon/2 \leq 10\%$ são mostradas na Fig. 11.77. Note que a dispersão das previsões é muito grande, mas que, como mencionado acima, pelo menos a mediana das FDPs de todas as previ-sões feitas para as razões N_{est}/N_{cal} nas várias amplitudes Δε/2 é sempre conservativa.

Todas as estimativas anteriores foram desenvolvidas para os aços, logo elas não devem ser aplicadas para estimar a vida à fadiga de componentes feitos de outras de ligas. Mas uma estimativa das medianas específica para ligas de alumínio ou de titânio também foi proposta em [37], a partir de um estudo similar feito a partir dos coeficientes e expoentes das curvas de Coffin-Manson medidas de **66** ligas de Al e Ti, disponíveis no banco de dados do **ViDa**. A grande maioria destes dados foi garimpada na literatura, e teve que ser tratada com os mesmos cuidados e restrições já discutidos no estudo dos aços. Primeiro foi avaliada a dispersão dos dados medidos de **52** ligas de Al, calculando a vida à fadiga em vários níveis de deformação $(0.1\% \leq \Delta\varepsilon/2 \leq 10\%)$. Em seguida este exercício foi repetido usando os dados experimentais de **14** ligas de Ti. Estas amostras são significativamente menores do que a amostra de **549** aços estudada anteriormente, mas elas já permitem um tratamento estatístico consistente, ainda que dentro de um nível de confiança menor.

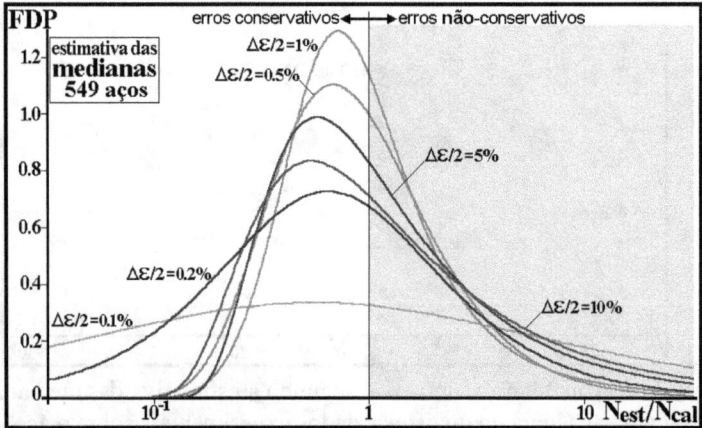

Fig. 11.77: FDPs ajustadas às razões N_{est}/N_{cal} entre as vidas estimadas pela regra das medianas e as vidas calculadas a partir das propriedades das curvas medidas dos **549** aços, para várias amplitudes de deformação $\Delta\varepsilon/2$ [37] (note que as medianas das várias distribuições são sempre conservativas).

$\Delta\varepsilon/2$ (%)	0.1	0.2	0.5	1.0	5.0	10
μ	0.56	0.65	0.96	1.04	1.25	1.37
x_{50}	0.56	0.65	0.84	0.87	0.92	0.94
$\hat{\sigma}$	29	4.59	2.60	2.55	3.86	5.01

As distribuições das vidas calculadas num dado nível de tensão constante nas ligas de Ti são bem diferentes daquelas obtidas em Al (especialmente nas vidas longas). Isto era esperado, pois as ligas de Ti são em geral bem mais resistentes à fadiga do que as ligas de Al. Apesar disso, um único conjunto de coeficientes permite que se estimem os parâmetros de Coffin-Manson de ambas as famílias de ligas por uma mesma regra das medianas (que é naturalmente normalizada por S_R/E) [37], dada por:

$$\frac{\Delta\varepsilon}{2} = 1.94\frac{S_R}{E}(2N)^{-0.11} + 0.28 \cdot (2N)^{-0.65} \tag{11.108}$$

Outra estimativa similar foi proposta por Bäumel e Seeger para ligas de Al ou de Ti [42]:

$$\frac{\Delta\varepsilon}{2} = 1.67\frac{S_R}{E}(2N)^{-0.095} + 0.35 \cdot (2N)^{-0.69} \tag{11.109}$$

Assim como para os aços, a estimativa das medianas para Al e Ti foi obtida otimizando as médias e variâncias das FDPs das vidas calculadas a partir das curvas de Coffin-Manson medidas: a estimativa (11.108) gera o menor erro nas razões N_{est}/N_{cal} usando as medianas de cada um dos parâmetros medidos. De fato, comparando a estimativa das medianas com a de Bäumel-Seeger para Al e Ti, pode ser visto na Fig. 11.78 que, segundo os dados das **66** ligas estudadas, a média das previsões desta última é bem menos precisa, pois ela gera previsões **não**-conservativas tanto em vidas longas como em vidas curtas. Logo, como a variância das duas previsões é essencialmente a mesma, vide Fig. 11.79, deve-se preferir a das medianas quando for indispensável estimar as propriedades cíclicas das ligas de Al ou de Ti.

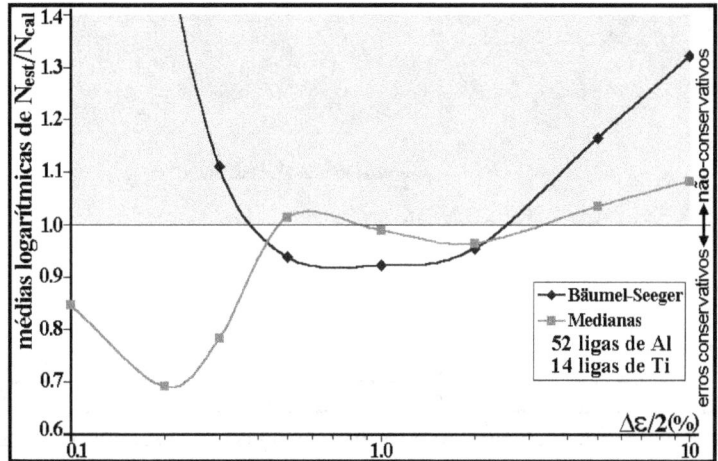

Fig. 11.78: Médias das razões N_{est}/N_{cal} entre as vidas estimadas pelas estimativas das medianas e de Bäumel-Seeger e as vidas calculadas a partir das propriedades das curvas medidas das **52** ligas de Al e **14** de Ti: a estimativa das medianas é melhor, pois a média das previsões geradas por Bäumel-Seeger pode ser muito **não** conservativa.

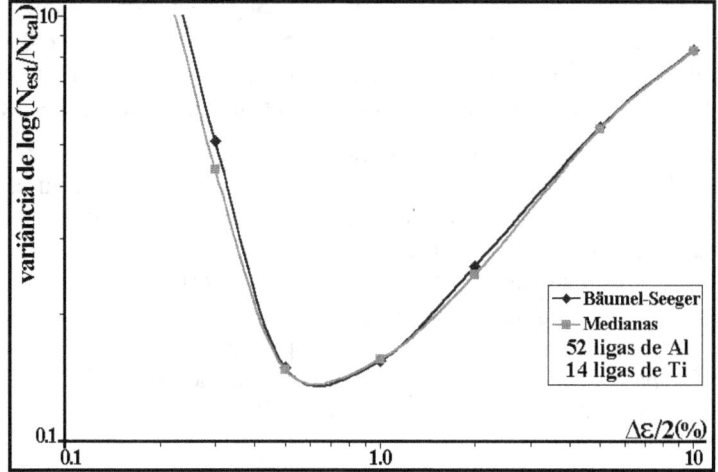

Fig. 11.79: As variâncias das razões N_{est}/N_{cal} (entre as vidas estimadas por Bäumel-Seeger e pela regra das medianas e as vidas calculadas a partir das propriedades das curvas medidas das **52** ligas de Al e **14** de Ti) são similares. Como nos aços, as dispersões mínimas destas estimativas ocorrem para **0.5% ≤ Δε/2 ≤ 1%**, que correspondem em média a vidas entre **1000** e **3000** ciclos.

As medianas e médias das vidas medidas nas ligas de Al também são bem ajustadas por uma curva de Coffin-Manson universal, que pode ser (cautelosamente) usada na ausência de quaisquer dados experimentais sobre o comportamento cíclico de uma liga. Esta equação εN universal para as ligas de Al, que é mostrada na Fig. 11.80 e foi obtida a partir da própria estimativa das medianas para Al e Ti usando $S_R = 410MPa$ e $E = 70GPa$, é dada por:

$$\Delta\varepsilon/2 = 1.14 \cdot 10^{-2}(2N)^{-0.11} + 0.28 \cdot (2N)^{-0.65}$$ (11.110)

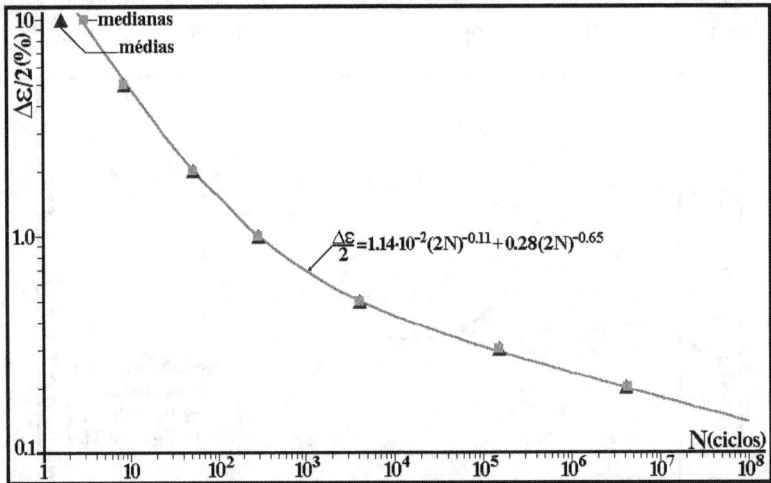

Fig. 11.80: Curva de Coffin-Manson universal para as ligas de Al segundo a estimativa das medianas, que pode ser usada na ausência de quaisquer dados experimentais.

A estimativa das medianas para Al e Ti tem vantagens similares à dos aços, e.g.: (i) erros médios abaixo de **17%** para **0.3%** $\leq \Delta\varepsilon/2 \leq$ **5%** (baseados nesta amostra limitada de **66** ligas de Al e Ti); (ii) os parâmetros otimizados coincidem com as medianas de σ_c/S_R, **b, c** e ε_c das **52** ligas de Al e **14** de Ti analisadas; (iii) $S_F(10^3) = E \cdot \Delta\varepsilon_e/2 = 1.94 S_R \cdot (2000)^{-0.11} \cong 0.84 \cdot S_R$ é uma estimativa conservativa em relação à estimativa **SN** (**0.89**$\cdot S_R$ para Al e **0.86**$\cdot S_R$ para Ti); (iv) só depende de S_R e de **E** (como nos aços), e quando $S_R = 410MPa$ e $E = 70GPa$ reproduz a equação εN universal para Al, que ajusta as medianas e médias medidas dos **52** Al.

Finalmente, é preciso lembrar que todas as dispersões apresentadas neste estudo de **549** aços, **52** ligas de Al e **14** de Ti são inter-materiais, ou seja, elas descrevem as variações das propriedades de materiais similares (pois pertencentes a uma mesma classe) mas não idênticos (pois são ligas diferentes). Devido à falta de dados, a dispersão intra-material não pode ser quantificada nessas de estimativas de propriedades mecânicas (mas sua influência foi avaliada na seção 11.12). Assim, cada uma das propriedades das curvas εN dos diversos materiais medidas foi tratada como determinística. Todavia, é importante frizar que as propriedades também variam de CP para CP de uma mesma liga, caracterizando uma dispersão intra-material que deve ser superposta à variação inter-material nas análises estocásticas.

11.15 Comparação Estatística entre as Previsões SN e εN

Uma das receitas mais populares [33] para, na ausência de resultados experimentais confiáveis, estimar as curvas **SN** dos aços é assumir uma função parabólica do tipo $NS^B = C$ entre $S_F(10^3) = 0.9 \cdot S_R$, e o limite de fadiga estimado por $S_L(10^6) = 0.5 \cdot S_R$ se $S_R \leq 1400MPa$ ou por $S_L(10^6) = 700MPa$ se $S_R > 1400MPa$, conforme detalhadamente estudado no Capítulo 4. Estas estimativas podem ser verificadas substituindo-se $N = 10^6$ ou $N = 10^3$ nas mesmas curvas de Coffin-Manson medidas dos **549** aços estudados anteriormente [37].

Mas como os CPs εN podem ser usinados e não necessariamente polidos como os CPs **SN**, as suas resistências à fadiga em 10^6 ciclos podem ser afetadas por um fator de acabamento superficial $k_a < 1$, através da equação $S_F(10^6) = k_a \cdot S_L(10^6)$. Assim, a razão $S_F(10^6)/k_a \cdot S_R$ da amostra de **549** aços pode ser usada para verificar o coeficiente **0.5**, onde $k_a = 4.45 \cdot (S_R)^{-0.265}$ é o fator de acabamento das superfícies usinadas, vide equação (4.25). E a média da razão $S_F(10^6)/k_a \cdot S_R$ dos **549** aços, $\mu = 0.497 \cong 0.5$, corrobora muito bem a receita **SN**. Mas, como esperado para vidas de iniciação tão longas, os dados são muito dispersos, e têm $V = 28\%$, vide Fig. 11.81. Todavia, dentre os **549** aços estudados, **40** têm $S_R > 1400\text{MPa}$, e a média da amostra é reduzida para $\mu = 0.489$ quando estes dados são filtrados, indicando que a estimativa $S_L = 700\text{MPa}$ para os aços muito resistentes é provavelmente muito conservativa.

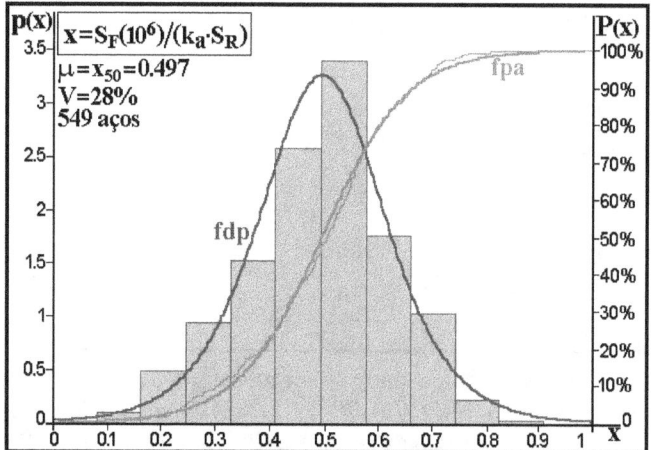

Fig. 11.81: A distribuição logística de média $\mu = x_{50} \cong 0.5$ e coeficiente de variação $V = 28\%$, dada por $p(x) = \exp[(x + 5)/0.077]/0.077[1 + \exp(x + 5)/0.077]^2$, é a que melhor ajusta a FDP da razão $S_F(10^6)/k_a \cdot S_R$ dos **549** aços estudados nesta análise. Estes dados corroboram a tradicional receita $S_L(10^6) = 0.5 \cdot S_R$.

Da mesma forma, a razão $S_F(10^3)/S_R$ da amostra de **549** aços pode checar o coeficiente da estimativa $S_F(10^3) = 0.9 \cdot S_R$ (note que sem considerar o efeito de k_a, que pode ser suposto desprezível numa vida tão curta). Mas, apesar de menos dispersa ($V = 13\%$) do que a receita usada para estimar o limite de fadiga S_L, a estimativa $S_F(10^3) = 0.9 \cdot S_R$ é *não*-conservativa, prevendo em média vidas **10** vezes maiores do que as vidas calculadas nesse nível de tensão a partir das curvas de Coffin-Manson medidas dos **549** aços, vide Fig. 11.82. Desta forma, é necessário e sensato trocá-la por $S_F(10^3) = 0.76 \cdot S_R$, o valor médio das tensões associadas com as vidas de **1000** ciclos na amostra de **549** aços, como proposto no Capítulo 4. É interessante notar que este valor proposto para os aços ($S_F(10^3) = 0.76 \cdot S_R$) é corroborado pela estimativa de Manson [38] para a curva εN, $S_F(10^3) = E \cdot \Delta\varepsilon_e/2 = 1.9SR \cdot (2000)^{-0.12} = 0.76 \cdot S_R$, e pelo próprio método **SN** quando a análise de tensões no CP de flexão rotativa é bem feita, vide Capítulo 6.

Como discutido nos Capítulos 4 e 6, $\sigma = 0.9 \cdot S_R$ é de fato a tensão pseudo-elástica associada ao fletor que induz na média uma vida de **1000** ciclos nos CPs **SN** padronizados de flexão rotativa. Mas como $0.9 \cdot S_R > S_E$ em mais de **85%** dos **7270** metais analisados no banco de dados do **ViDa**, esta tensão *não* pode ser simplesmente assumida elástica na prática. A análise das curvas cíclicas de Ramberg-Osgood dos **549** aços mostra que o momento fletor associado a (uma tensão máxima que se fosse puramente elástica seria) $\sigma e_{max} = 0.9 \cdot S_R$ corresponde na realidade a uma tensão elastoplástica máxima que na média é dada por $\sigma_{max} = 0.68 \cdot S_R$, com uma dispersão relativamente baixa ($V = 7\%$). Logo, o escoamento dos CPs de flexão rotativa causa um alívio de tensões significativo na grande maioria dos **549** aços estudados.

O cálculo da tensão máxima σ_{max} que realmente atua no CP de flexão rotativa não é propriamente trivial, pois exige a resolução numérica de uma equação que contém uma integral implícita em σ_{max}, como mostrado no Capítulo 6. Mas essa análise é fundamental para o projeto à fadiga, senão os resultados obtidos nos ensaios **SN** feitos sob flexão rotativa não poderiam ser aplicados a peças que trabalham, e.g., sob tração-compressão.

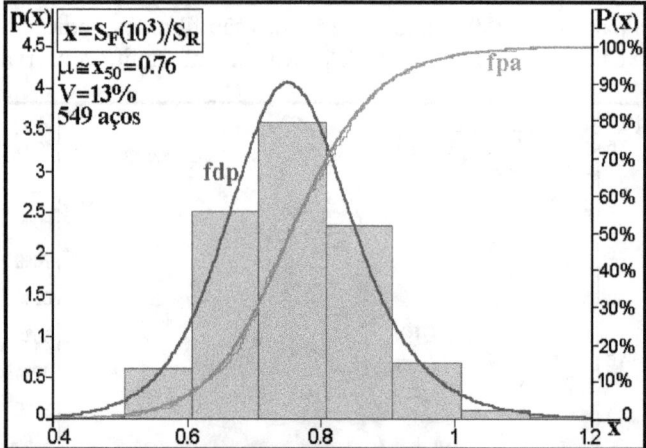

Fig. 11.82: A distribuição log-logística quase simétrica de $\mu \cong x_{50} \cong 0.76$, $V = 13\%$ e de FDP dada por $p(x) = 29[(x + 1.026)/1.783]^{28}/1.783\{1 + [(x + 1.026)/1.783]^{29}\}^{2}$ é a que melhor descreve a dispersão da razão $S_F(10^3)/S_R$ dos **549** aços. Portanto, é melhor estimar a resistência à fadiga em **1000** ciclos por $S_F(10^3) = 0.76 \cdot S_R$.

Ter-se assumido que a curva de encruamento cíclica atua em todo o CP **SN** pode ser uma explicação para a média de σ_{max} calculada a partir da análise elastoplástica do CP **SN** ter ficado um pouco abaixo da (boa) estimativa $S_F(10^3) = 0.76 \cdot S_R$ para os aços, uma vez que a região próxima da linha neutra ***não*** escoa, logo deve continuar seguindo a curva monotônica. Isto pode ser importante, pois boa parte dos aços da amostra analisada amolece ciclicamente, e assim a média de σ_{max} foi reduzida ao assumir-se propriedades cíclicas em todo o CP. De fato, uma análise usando as propriedades monotônicas de **19** aços mostrou que os momentos correspondentes a tensões elásticas de $0.9 \cdot S_R$ e S_R geram tensões elastoplásticas máximas que na média são $\sigma_{max} = 0.73 \cdot S_R$ e $0.77 \cdot S_R$, com coeficiente de variação $V = 11\%$.

Enfim, apesar da clássica estimativa $S_F(10^3) = 0.9 \cdot S_R$ para a resistência dos aços em **1000** ciclos ter sido baseada em bons resultados experimentais medidos sob flexão rotativa, ela foi baseada numa análise de tensões errada, e por isso deve ser substituída por $S_F(10^3) = 0.76 \cdot S_R$. Esta estimativa é confirmada independentemente de três formas: pelas vidas calculadas a partir das curvas εN medidas em **549** aços, pela estimativa εN de Manson, e pela tensão elastoplástica média associada ao momento fletor dos CPs SN de aço. Os erros ***não***-conservativos induzidos pela estimativa tradicional só não ficaram mais evidentes no passado porque na prática não se usa (nem se deve usar) a curva **SN** para projetar próximo de **1000** ciclos, pois nessas vidas a plasticidade é em geral muito significativa. E ao se projetar para vidas longas, a (boa) estimativa **SN** em 10^6 ciclos para aços é dominante nos cálculos, minimizando o efeito desses erros. Mas como é possível aplicar o método **SN** para prever vidas curtas em peças de aço de alta resistência, nas quais o trincamento pode iniciar sob tensões macroscópicas predominantemente elásticas em apenas **1000** ciclos, a estimativa $S_F(10^3) = 0.9 \cdot S_R$ seria em geral desastrosa nesses casos. A análise das medianas de amostras limitadas de CPs de Al, Ti, Ni, ferros fundidos, e de aços de alta resistência ($S_R \geq 1400\text{MPa}$) indicaram que [44]:

$S_F(10^3) = 0.67 \cdot S_R$ (**40** aços de $S_R \geq 1400MPa$, **V = 10%**);

$S_F(10^3) = 0.89 \cdot S_R$ (**37** ligas de Al com $S_R \geq 325MPa$, **V = 7.6%**);

$S_F(10^3) = 0.86 \cdot S_R$ (**14** ligas de Ti, **V = 8.7%**);

$S_F(10^3) = 0.65 \cdot S_R$ (**10** ferros fundidos, $\mu = 0.61$, **V = 28%**); e

$S_F(10^3) = 0.78 \cdot S_R$ (**7** ligas de Ni, $\mu = 0.77$, **V = 31%**).

Logo, a estimativa $S_F(10^3) = 0.76 \cdot S_R$ proposta para os aços *não* é universal para todos os materiais: deve-se usar estimativas específicas para cada família de ligas (vide Apêndice 1).

11.16 Generalização da Curva de Wöhler para Vidas Curtas

Como foi demonstrado acima, as melhores estimativas da curva εN dependem apenas da resistência à tração S_R. Portanto, pode-se afirmar que as tentativas de incorporar a ductilidade nas estimativas das propriedades εN, através do alongamento ε_R ou da redução de área **RA** medidos em testes de tração, só aumentaram a dispersão das previsões. Isto se explica em parte pela ausência de uma boa e consistente medida de ductilidade, pois nem o alongamento (que varia muito com a base de medição), nem a redução de área (que depende do estado tri-axial de tensões na estricção do CP), são verdadeiras propriedades mecânicas. Na realidade, não existe sequer uma correlação razoável entre ε_R e **RA** (vide Fig. 11.83), apesar de sua inegável importância prática como indicadores de ductilidade.

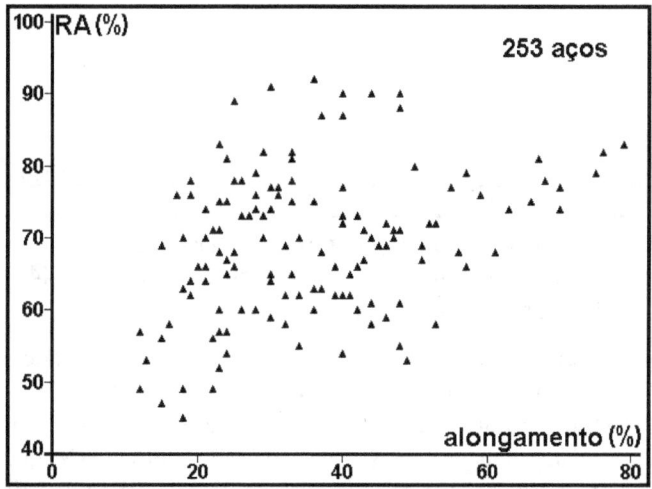

Fig. 11.83: Não existe uma correlação sistemática entre o alongamento e a redução de área no teste de tração, pois estes parâmetros não são propriedades mecânicas. Assim, eles devem ser usados como indicadores e não como medidas de ductilidade.

Além disso, as médias das vidas dos **549** aços sob amplitudes de tensão $\sigma_a = \Delta\sigma/2$ elastoplásticas formam uma reta em log-log inclusive para vidas curtas, sugerindo que é possível estender a aplicação da curva de Wöhler para descrever todas as vidas. Em outras palavras, a metodologia **SN** pode ser generalizada para qualquer vida por um "método σN", que correlaciona a amplitude de tensão elastoplástica σ_a com a vida **N** pela equação:

$$N \cdot (\sigma_a)^B = C \tag{11.111}$$

Assumindo que as mesmas estimativas tradicionais do método **SN** para a resistência à fadiga dos aços em 10^3 e 10^6 ciclos podem ser usadas neste caso (e não há nenhuma boa razão para questionar isso), então se pode escrever que:

$$N \cdot \left(\frac{\sigma_a}{0.76 \cdot S_R} \right)^{3/[\log(0.76/(0.5 \cdot k_a \cdot \ldots \cdot k_\theta))]} = 10^3 \qquad (11.112)$$

Os CPs εN de aço usinados dos **549** aços estudados nesta avaliação estatística têm na média $S_F(10^6) = 0.42 \cdot S_R$, a qual resulta num expoente **B = 11.65** que ajusta muito bem as médias das suas vidas medidas em amplitudes σ_a, vide Fig. 11.84. Vale notar que se a metodologia εN fosse inteiramente consistente, só 4 das 6 constantes {H_c, h_c, σ_c, ε_c, **b**, **c**} seriam independentes (vide Capítulo 6). Assim, o próprio método εN poderia ser substituído por um método σN baseado em apenas 4 constantes {H_c, h_c, **B**, **C**}, onde **B = −1/b** e **C = 0.5·$\sigma_c^{-1/b}$** , que teria a vantagem de utilizar 2 parâmetros a menos que o εN (reduzindo o número de testes necessários para levantá-los), além de ser inversível, ao contrário de Coffin-Manson.

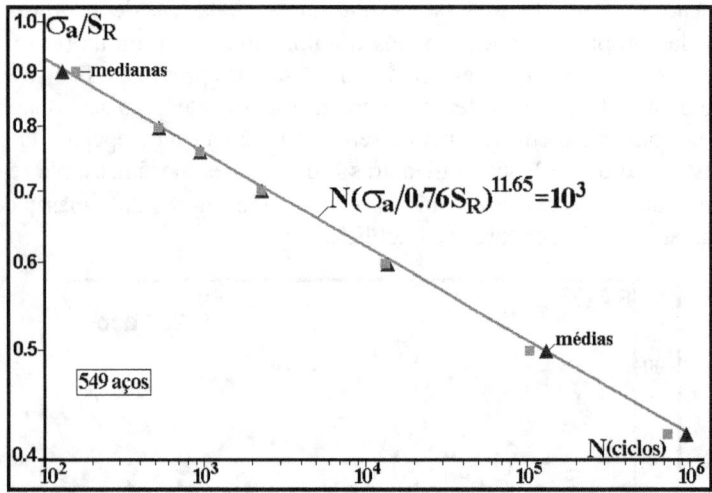

Fig. 11.84: As médias das vidas sob níveis de $\sigma_a = \Delta\sigma/2$ elastoplásticos formam uma reta em log-log e são muito bem ajustadas por uma curva de Wöhler [44], a qual também pode modelar vidas curtas, a chamada curva σN.

Entretanto, os 6 parâmetros do método εN lhe dão maior versatilidade para ajustar os dados experimentais, pois na prática as partes elástica e plástica de Coffin-Manson **não são** totalmente coerentes com as de Ramberg-Osgood (estas regras **não** são leis físicas). Isto é verificado pelo estudo estatístico das estimativas de vida pelo método σN, que apresentam uma dispersão sensivelmente maior do que as estimativas εN, com variâncias 3 a 4 vezes maiores do que as geradas e.g. por Manson ou pelas medianas em todas as faixas de vida. No entanto as médias das previsões pelo método σN são melhores do que as de todas as estimativas εN tradicionais, exceto a das medianas [44], que é particularmente eficaz neste quesito.

Assim, apesar da boa média das previsões do método σN (que com **B = 11.65** havia ajustado muito bem as vidas dos CPs εN), o uso deste método **não** é aconselhado devido à sua grande dispersão em relação às estimativas εN nas vidas curtas e médias. E como nas vidas longas, onde a dispersão das vidas à fadiga é muito grande, ambas as equações σN e εN coincidem com a curva SN, não há razão para não usar o método SN nestes casos.

Em suma, o método εN ajusta melhor (isto é, de forma menos dispersa) os dados experimentais por ter 2 constantes a mais que o σN. Assim, na ausência de resultados experimentais confiáveis, para vidas curtas e médias (**0.3% < Δε/2 < 5%**) deve-se usar a equação de Coffin-Manson com as estimativas das medianas nas previsões de vida:

- $\Delta\varepsilon/2 = (1.52\,S_R/E)(2N)^{-0.09} + 0.44\cdot(2N)^{-0.6}$, para os aços (vide equação (11.106)); e

- $\Delta\varepsilon/2 = (1.94\,S_R/E)(2N)^{-0.11} + 0.28\cdot(2N)^{-0.65}$, para as ligas de Al e de Ti (vide equação (11.108)).

Já para as vidas longas, bem maiores que a vida de transição, deve-se (na ausência de dados experimentais) usar as curvas de Wöhler estimadas pelas receitas SN tradicionais:

- $$N\left(\frac{S_F}{0.76\,S_R}\right)^{3/\left[\log\left(0.76/(\,0.5k_a\cdots k_\theta)\right)\right]} = 10^3,\ \text{aços},\ S_R \le 1400\text{MPa};\tag{11.113}$$

- $$N\left(\frac{S_F}{0.67\,S_R}\right)^{3/\left[\log\left(0.67S_R/(700k_a\cdots k_\theta)\right)\right]} = 10^3,\ \text{aços},\ S_R > 1400\text{MPa};\tag{11.114}$$

- $$N\left(\frac{S_F}{0.76\,S_R}\right)^{5.7/\left[\log\left(0.76S_R/(0.4k_a\cdots k_\theta)\right)\right]} = 10^3,\ \text{ligas de Al},\ S_R \le 325\text{MPa};\tag{11.115}$$

- $$N\left(\frac{S_F}{0.89\,S_R}\right)^{5.7/\left[\log\left(0.89\,S_R/(130\,k_a\cdots k_\theta)\right)\right]} = 10^3,\ \text{ligas de Al},\ S_R > 325\text{MPa};\tag{11.116}$$

- $$N\left(\frac{S_F}{0.86\,S_R}\right)^{3/\left[\log\left(0.86/(0.55\,k_a\cdots k_\theta)\right)\right]} = 10^3,\ \text{ligas de Ti.}\tag{11.117}$$

Por fim, nunca é demais relembrar que a dispersão destas estimativas é em geral muito alta e que, portanto, *não* se deve usar este algebrismo para substituir os experimentos!

11.17 Outras Avaliações Estatísticas

11.17.1 Erros induzidos pela modelagem hookeana das tensões nominais

Como estudado no Capítulo 6, o método εN tradicional é logicamente inconsistente ao modelar a gama da tensão nominal $\Delta\sigma_n$ como elástica usando Hooke, enquanto usa Ramberg-Osgood (que não reconhece as deformações elásticas puras) na descrição dos laços atuantes nos entalhes. A importância da formulação elastoplástica (EP) das tensões nominais foi estudada a partir das propriedades εN medidas de **517** aços [45-46], calculando primeiro as gamas $\Delta\sigma_{ep}$ das tensões na raiz do entalhe e as vidas N_{ep} correspondentes, modelando as gamas da tensão nominal $\Delta\sigma_n$ por Ramberg-Osgood (pela equação (6.95), reproduzida abaixo por conveniência):

$$K_t^2\left(\Delta\sigma_n^2 + \frac{2E\Delta\sigma_n^{(h_c+1)/h_c}}{(2H_c)^{1/h_c}}\right) = \Delta\sigma_{ep}^2 + \frac{2E\Delta\sigma_{el}^{(h_c+1)/h_c}}{(2H_c)^{1/h_c}} \Rightarrow$$

$$\Rightarrow \Delta\varepsilon_{el} = \frac{\Delta\sigma_{el}}{E} + 2\left[\frac{\Delta\sigma_{ep}}{2H_c}\right]^{1/h_c} = \frac{2\sigma_c}{E}(2N_{ep})^b + 2\,\varepsilon_c\,(2N_{ep})^c \tag{11.118}$$

Em seguida, as gamas $\Delta\sigma_{el}$ das tensões no entalhe e as vidas N_{el} correspondentes foram calculadas supondo as (mesmas) gamas nominais $\Delta\sigma_n$ como puramente elásticas, usando seqüencialmente as equações (6.81) e (6.82), que resultam em:

$$(K_t\Delta\sigma_n)^2 = \Delta\sigma_{el}^2 + 2E\Delta\sigma_{el}^{(h_c+1)/h_c}\big/(2H_c)^{1/h_c} \Rightarrow$$

$$\Rightarrow \Delta\varepsilon_{el} = \Delta\sigma_{el}/E + 2\cdot(\Delta\sigma_{el}/2H_c)^{1/h_c} = (2\sigma_c/E)(2N_{el})^b + 2\varepsilon_c(2N_{el})^c \tag{11.119}$$

Por fim, usando as propriedades medidas de **517** aços, as distribuições dos erros de previsão definidos pelas razões $E_\sigma = (\Delta\sigma_{ep} - \Delta\sigma_{el})/\Delta\sigma_{ep}$ e $E_N = (N_{ep} - N_{el})/N_{ep}$ foram calculadas para diversas razões $\Delta\sigma_n/2S_{Ec}$, vide Fig. 11.85-86. Note que os erros *não*-conservativos na vida prevista supondo $\Delta\sigma_n$ elástica podem ser imensos, mesmo sob gamas $\Delta\sigma_n \ll 2S_{Ec}$.

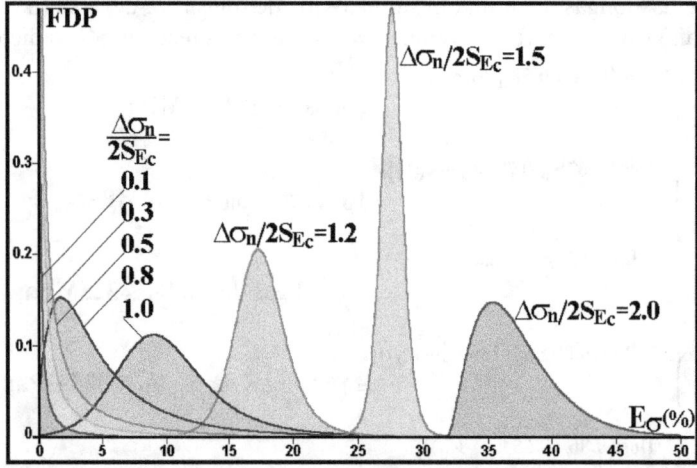

Fig. 11.85: FDPs dos erros (*não*-conservativos) $E_\sigma = (\Delta\sigma_{ep} - \Delta\sigma_{el})/\Delta\sigma_{ep}$ calculados a partir das propriedades medidas de **517** aços, para várias razões $\Delta\sigma_n/2S_{Ec}$ [45-46]:

$\Delta\sigma_n/2\cdot S_{Ec}$	0.1	0.3	0.5	0.8	1.0	1.2	1.5	2.0
μ (%)	$6.5\cdot10^{-5}$	0.037	0.30	5.1	10	18	28	37
x_{50} (%)	$1.8\cdot10^{-4}$	0.050	0.43	3.8	9.8	18	28	37
V (%)	69	96	200	93	44	13	3.5	8.6

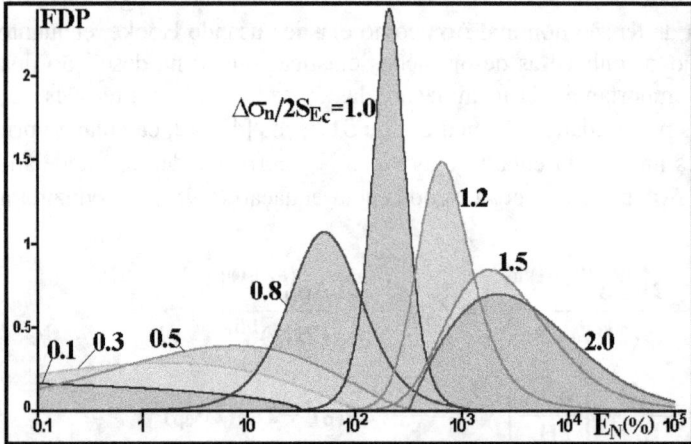

Fig. 11.86: FDPs dos imensos erros (*não*-conservativos) $E_N = (N_{ep} - N_{el})/N_{ep}$ calculados a partir das propriedades medidas de **517** aços, para várias razões $\Delta\sigma_n/2S_{Ec}$ [45-46]:

$\Delta\sigma_n/2\cdot S_{Ec}$	0.1	0.3	0.5	0.8	1.0	1.2	1.5	2.0
μ (%)	$5.4\cdot10^{-3}$	0.30	2.9	54	213	801	2682	3816
x_{50} (%)	$5.5\cdot10^{-3}$	0.48	3.9	54	213	733	2312	3243
V (%)	82	275	219	25	8.1	12	15	16

11.17.2 Taxas de propagação de trincas

Algumas estimativas para os parâmetros das regras de propagação de trincas foram apresentadas no Capítulo 9, baseadas num estudo [44] de taxas **da/dN** em **250** metais: **94** aços, **98** ligas de Al, **39** ligas de Ti e **19** super-ligas de Ni (vide também Apêndice 1). Devido ao grande volume de dados para os alumínios (em particular das séries Al 2xxx e Al 7xxx), é possível efetuar um estudo estatístico representativo das taxas **da/dN** nessa família de ligas, sob diversos ΔK. Estas taxas, calculadas a partir de curvas medidas sob $R = 0$ na temperatura ambiente, Θ_{amb}, foram ajustadas por várias distribuições, que em seguida foram testadas por Anderson-Darling, para escolher qual delas melhor descrevia a dispersão das taxas calculadas, como mostrado na Fig. 11.87. O aumento observado na dispersão de **da/dN** para ΔK muito altos é devido à grande influência da variabilidade da tenacidade K_{IC} nessas solicitações.

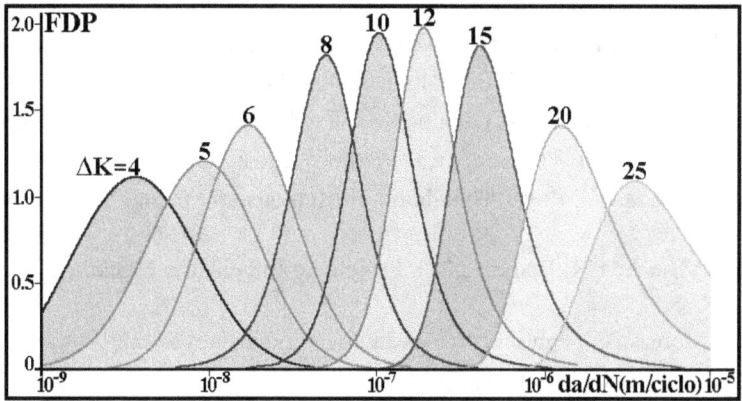

Fig. 11.87: FDPs ajustadas ao logaritmo das taxas **da/dN** (em m/ciclo) calculadas a partir das propriedades medidas de **98** ligas de Al (**40** 2xxx, **4** 6xxx e **54** 7xxx), para várias gamas ΔK (em MPa√m) [44]:

ΔK(MPa√m)	4	5	6	8	10	12	15	20	25
μ (m/ciclo)	$3.8 \cdot 10^{-9}$	$9.2 \cdot 10^{-9}$	$1.8 \cdot 10^{-8}$	$5.1 \cdot 10^{-8}$	$1.1 \cdot 10^{-7}$	$2.2 \cdot 10^{-7}$	$5.1 \cdot 10^{-7}$	$1.8 \cdot 10^{-6}$	$6.7 \cdot 10^{-6}$
x_{50} (m/ciclo)	$3.7 \cdot 10^{-9}$	$9.3 \cdot 10^{-9}$	$1.8 \cdot 10^{-8}$	$5.1 \cdot 10^{-8}$	$1.1 \cdot 10^{-7}$	$2.0 \cdot 10^{-7}$	$4.6 \cdot 10^{-7}$	$1.6 \cdot 10^{-6}$	$4.9 \cdot 10^{-6}$
V (%)	6.3	6.5	6.0	5.8	6.0	6.7	8.6	12	30

11.18 Conclusões

Os resultados dos testes de fadiga tendem a ser dispersos, particularmente os resultados de ensaios de iniciação de trincas sob cargas locais nominal ou macroscopicamente elásticas. Isto ocorre porque o trincamento por fadiga é fisicamente complexo, uma vez que envolve em última análise a ruptura de ligações atômicas, que na escala microscópica depende de tantas variáveis que não há como considerá-las todas nos problemas de dimensionamento mecânico. Desta forma, o problema do dimensionamento à fadiga é intrinsecamente influenciado pela dispersão não desprezível das propriedades que descrevem a resistência do material às cargas variáveis. Além disso, as cargas reais de serviço são também variáveis aleatórias, só descritíveis através de conceitos estatísticos. Na realidade, a dispersão da carga freqüentemente é a maior fonte de incertezas nos problemas práticos de dimensionamento estrutural e de análises de falhas. Portanto, os conceitos estatísticos fundamentais devem ser pelo menos conhecidos pelos projetistas estruturais, até para que possam avaliar os valores mais apropriados para os fatores de segurança usados nas metodologias determinísticas de dimensionamento mecânico.

11.19 Referências

[1] Lipson,C; Sheth,NJ. Statistical Design and Analysis of Engineering Experiments, McGraw Hill 1973.

[2] Manual do software "DataFit", Oakdale Engineering, 2001.

[3] Manual do software "BestFit", Palisade Inc., 2001.

[4] Croarkin,C; Tobias,P. Nist/Sematech Engineering Statistics Handbook, www.itl.nist.gov/div898/handbook.

[5] Spiegel,MR. Statistics, McGraw Hill 1961.

[6] Taylor,JR. An Introduction to Error Analysis, University Science Books 1982.

[7] Hoel,PG. Elementary Statistics, Wiley 1976.

[8] Maisel,L. Probability, Statistics and Random Process, Simon & Schouster 1971.

[9] Johnson,NL; Kotz,S; Balakrishnan,N. Continuous Univariate Distributions, Wiley 1994.

[10] Evans,M; Hastings,N; Peacock,B. Statistical Distributions, Wiley 1993.

[11] D'Agostino,RB; Stephens,MA. Goodness-Of-Fit Techniques, Marcel-Dekker, 1986.

[12] Snedecor,GW; Cochran,WG. Statistical Methods, Iowa State University Press 1989.

[13] Chakravarti,I; Laha,RG; Roy,J. Handbook of Methods of Applied Statistics v.1, Wiley 1967.

[14] Shigley,JE; Mischke,CR; Budynas,RG. Projeto de Engenharia Mecânica 7a ed., Bookman 2005.

[15] Alvin,HM; Moraes,AC. Fabricação Mecânica, Almeida Neves Editores 1972.

[16] Ashby,MF; Jones,DRH. Engineering Materials 2, Pergamon 1992.

[17] Griffith,AA "The phenomenon of rupture and flow in solids" Philosophical Transactions series A v.221, p.163-198, 1920.

[18] Harper,AC ed. Handbook of Materials for Product Design 3rd ed., McGraw-Hill 2001.

[19] ASM Specialty Handbook, Heat-Resistant Materials, ASM 1997.

[20] www.corning.com

[21] Young,WC; Budynas,RG Roark's Formulas for Stress and Strain, 7th ed., McGraw-Hill 2002.

[22] Gordon,JE. The New Science of Strong Materials, Princeton 1984.

[23] Birnbaum,ZW; Saunders,SC "A probabilistic interpretation of Miner's rule", SIAM Journal on Applied Mathematics v.16, p.637-652, 1968.

[24] http://en.wikipedia.org/wiki/statistics

[25] Dally,JW; Riley,WF. Experimental Stress Analysis, McGraw-Hill 1991.

[26] Stephens,MA "EDF statistics for goodness of fit and some comparisons", Journal of the American Statistical Association, v.69, p.730-737, 1974.

[27] http://www.palisade.com/bestfit/default.asp

[28] Levenberg,K "A method for the solution of certain non-linear problems in least squares", Quarterly of Applied Mathematics v.2, p.164-168, 1944.

[29] Marquardt,D "An algorithm for least-squares estimation of nonlinear parameters", SIAM Journal on Applied Mathematics v.11, p.431-441, 1963.

[30] Norton,RL. Projeto de Máquinas, 2ª ed., Bookman 2004.

[31] Juvinall,RC. Fundamentals of Machine Component Design, Wiley 1984.

[32] Collins,JA. Projeto Mecânico de Elementos de Máquinas, LTC 2006.

[33] Shigley,JE; Mischke,CR. Mechanical Engineering Design, 6th ed., McGraw-Hill 1989.

[34] Haugen,EB. Probabilistic Mechanical Design, Wiley 1980.

[35] Mischke,CR "Prediction of stochastic endurance strength", Journal of Vibration, Acoustics, Stress and Reliability in Design, Transactions of the ASME v.109, p.113-122, 1987.

[36] Freire,JLF; Castro,JTP; Vieira,RD "Fatigue life prediction of diesel engine blocks", Proceedings of the 24th Midwest Mechanics Conference, p.299-301, Iowa State U. 1995.

[37] Meggiolaro,MA; Castro,JTP "Statistical evaluation of strain-life fatigue crack initiation predictions", International Journal of Fatigue v.26(5), p.463-476, 2004.

[38] Manson,SS "Fatigue: A complex subject - some simple approximations", Experimental Mechanics, v.5, p.193-226, 1965.

[39] Brennan,FP "The use of approximate strain-life fatigue crack initiation predictions", International Journal of Fatigue v.16, p.351-356, 1994.

[40] Ong,JH "An evaluation of existing methods for the prediction of axial fatigue life from tensile data", International Journal Fatigue v.15, p.13-19, 1993.

[41] Böller,C; Seeger,T. Materials Data for Cyclic Loading, v.1-4, Elsevier 1987.

[42] Bäumel,A; Seeger,T. Materials Data for Cyclic Loading Supplement 1, Elsevier 1990.

[43] Park,JH; Song,JH "Detailed evaluation of methods for estimation of fatigue properties", International Journal of Fatigue v.17, p.365-373, 1995.

[44] Meggiolaro,MA; Castro,JTP "Avaliação das Estimativas dos Parâmetros SN e εN no Projeto à Fadiga", CONEM (Congresso Nacional de Engenharia Mecânica), em CD, ABCM 2002.

[45] Meggiolaro,MA; Castro,JTP "Evaluation of the errors induced by high nominal stresses in the classical εN method", in Fatigue 2002 v.2, Blom,AF ed., p.1451-1458, EMAS 2002.

[46] Meggiolaro,MA; Castro,JTP "On the errors induced by the hookean modeling of nominal stresses in the εN method", Fatigue 2001 p.257-266, (SAE P2001-01-4067), 2001.

Apêndice 1 - Estimativas e Tabelas de Propriedades Mecânicas

A1.1   Introdução

Este apêndice lista as principais estimativas de propriedades mecânicas e apresenta um pequeno catálogo representativo das propriedades de alguns materiais estruturais representativos, extraído do programa **ViDa** [1], que possui dados de mais de 13.000 materiais colhidos em diversas fontes [2-11]. As propriedades listadas são:

HB: dureza Brinell
E: módulo de elasticidade
S_R: resistência à ruptura
S_E: resistência ao escoamento
S_{Ec}: resistência ao escoamento cíclico
σ_R, ε_R (ou σ_f, ε_f): tensão e deformação de ruptura
RA: redução de área
h, **H**: coeficientes de encruamento
h_c, H_c: coeficientes de encruamento cíclico
θ_F: temperatura de fusão
B, **C**: expoente e constante da curva de Wöhler
S_L', S_L: limites de fadiga do material e da peça
N_L: vida associada ao limite de fadiga
σ_c, ε_c: coeficientes de Coffin-Manson (C-M)
b, **c**: expoentes de C-M
K_{IC}: fator de intensidade de tensão crítico (e-plana)
ΔK_0: limiar de propagação de trinca ΔK_{th} em **R = 0**
A, **m**: parâmetros de Paris
p: expoente de Walker

Outras definições podem ser encontradas na Lista de Símbolos. A seguir são apresentadas as principais estimativas utilizadas no projeto à fadiga.

A1.2   Estimativas por Valores Nominais

- **ensaio de tração (curva σ-ε):** [12-17]

  E = 205 GPa (x_{50} de uma amostra com **3157 aços** a **21°C**, $\mu = 202$, **V = 3.1%**)
  E = 71 GPa   (x_{50} de uma amostra com **551 ligas de Al**, $\mu = 71$, **V = 4.0%**)
  E = 108 GPa (x_{50} de uma amostra com **139 ligas de Ti**, $\mu = 109$, **V = 7.4%**)
  E = 116 GPa (x_{50} de uma amostra com **632 ligas de Cu**, $\mu = 119$, **V = 9.9%**)
  E = 211 GPa (x_{50} de uma amostra com **376 ligas de Ni**, $\mu = 210$, **V = 3.4%**)
  E = 225 GPa (x_{50} de uma amostra com **131 ligas de Co**, $\mu = 221$, **V = 6.1%**)
  E = 45 GPa   (x_{50} de uma amostra com **93 ligas de Mg**, $\mu = 45$, **V = 2.3%**)

  $S_R^2/2200 \leq S_E \leq S_R$ [MPa] (amostra com **5762** materiais)
  $S_R^2/700 \leq S_E \leq S_R$ [MPa]   (amostra com **467 ligas de Al**)
  $S_R^2/1600 \leq S_E \leq S_R$ [MPa] (amostra com **634 ligas de Cu**)
  $S_R = \sigma_R \cdot (1 - RA)$
  $S_E = H \cdot 0.002^h$

  $RA = 1 - e^{-\varepsilon_R}$

- **correlações entre S_R e a dureza:** [12]

  $S_R = HB \cdot 3.4$ (baseado numa amostra com **1924** aços, **V = 3.8%**)

  $S_R = HB \cdot 3.75$ (**256** ligas de Al **1xxx-5xxx** e **7xxx, V = 5.9%**)

  $S_R = HB \cdot 3.4$ (**57** ligas de Al **6xxx, V = 12%**)

  $S_R = HB \cdot 3.0$ (**107** ligas de Al fundidas, **V = 18%**)

  $S_R = HB \cdot 2.4$ (**40** ferros fundidos, **V = 9.9%**)

  $S_R = HB \cdot 3.0$ (**61** ligas de **Ti, V = 16%**)

  $S_R = HB \cdot 3.7$ (**71** ligas de **Ni, V = 22%**)

  $S_R = HB \cdot 3.9$ (**57** ligas de **Co, V = 18%**)

  $S_R = HB \cdot 4.0$ (**126** ligas de **Cu, V = 25%**)

  $S_R = HB \cdot 4.2$ (**68** ligas de **Mg, V = 20%**)

- **correlações entre S_E e a dureza para aços:** [12]

  $S_E = HB \cdot 2.9$ (amostra com **181** aços ferríticos trabalhados a frio, **V = 6.5%**)

  $S_E = HB \cdot 1.9$ (amostra com **75** aços ferríticos trabalhados a quente, **V = 8.1%**)

- **curva SN:** [12-18]

  $$N \cdot (S_F)^B = C$$

  $$B = [\log(1000) - \log(N_L)] / [\log(S_L) - \log(S_F(10^3))]$$

  $$C = 1000 \cdot [S_F(10^3)]^B; \quad S_L = k_a \cdot k_b \cdots k_\theta \cdot S_L'$$

  $N_L = 10^6$ (para os aços, ferros fundidos e ligas de **Ti**, N em ciclos) [15-17]

  $N_L = 10^8$ (para as ligas de **Cu, Ni** e **Mg**) [15-17]

  $N_L = 5 \cdot 10^8$ (para as ligas de **Al**) [15-17]

  $S_L'(10^6) = 0.5 \cdot S_R$ (amostra com **36** aços de $S_R < 1.4GPa$, **V = 16%**) [12-13]

  $S_L'(10^6) = 700MPa$ (aços de $S_R \geq 1.4GPa$) [18]

  $S_L'(5 \cdot 10^8) = 0.36 \cdot S_R$ (x_{50} de uma amostra com **218** ligas de Al, **μ = 0.37, V = 27%**) [12]

  $S_L'(5 \cdot 10^8) = 0.4 \cdot S_R$ (**142** ligas de Al de $S_R < 325MPa$, **V = 24%**) [12]

  $S_L'(5 \cdot 10^8) = 130MPa$ (**76** Al ligas de de $S_R \geq 325MPa$, **V = 28%**) [18]

  $S_L'(10^6) = 0.4 \cdot S_R$ (ferros fundidos de $S_R < 400MPa$) [18]

  $S_L'(10^6) = 160MPa$ (ferros fundidos de $S_R \geq 400MPa$) [18]

  $S_L'(10^8) = 0.4 \cdot S_R$ (**71** Cu com $S_R < 750MPa$, **V = 25%**) [12]

  $S_L'(10^8) = 300MPa$ (**37** ligas de Cu de $S_R \geq 750MPa$) [12]

  $S_L'(10^6) = 0.55 \cdot S_R$ (x_{50} de **49** Ti, **μ = 0.53, V = 35%**) [12]

  $S_L'(10^8) = 0.35$ a $0.5 \cdot S_R$ (ligas de **Ni**) [18]

  $S_L'(10^8) = 0.35 \cdot S_R$ (**32** ligas de **Mg, μ = 0.37, V = 20%**) [12]

  $S_L' (10^6$ a $10^7) = 0.4 \cdot S_R$ (x_{50} de **60** polímeros, **μ = 0.39, V = 29%**) [12]

  $S_F(10^3) = 0.76 \cdot S_R$ (baseado numa amostra com **724** aços, **V = 18%**) [14]

  $S_F(10^3) = 0.67 \cdot S_R$ (amostra com **40** aços de $S_R \geq 1400MPa$, **V = 10%**) [14]

  $S_F(10^3) = 0.82 \cdot S_R$ (amostra com **81** ligas de Al, **V = 10%**) [14]

  $S_F(10^3) = 0.89 \cdot S_R$ (amostra com **37** ligas de Al com $S_R \geq 325MPa$, **V = 8%**) [14]

  $S_F(10^3) = 0.89 \cdot S_R$ (amostra com **15** ligas de Ti, **V = 9%**) [14]

  $S_F(10^3) = 0.65 \cdot S_R$ (amostra com **16** ferros fundidos, **V = 28%**) [14]

  $S_F(10^3) = 0.76 \cdot S_R$ (amostra com **9** ligas de Ni, **V = 31%**) [14]

- **curvas de Wöhler (S_R em MPa, log na base 10):** [14]

$$N \cdot \left(\frac{S_F}{0.76 \cdot S_R} \right)^{\!\! 3 \Big/ \log\!\left(\frac{0.89 \cdot S_R}{0.5 \cdot k_a \cdots k_\theta} \right)} = 10^3 \quad \text{(amostra com \textbf{509} aços de $S_R < 1.4$GPa, V = 16\%)}$$

$$N \cdot \left(\frac{S_F}{0.67 \cdot S_R} \right)^{\!\! 3 \Big/ \log\!\left(\frac{0.67 \cdot S_R}{700 \cdot k_a \cdots k_\theta} \right)} = 10^3 \quad \text{(\textbf{40} aços de $S_R \geq 1.4$GPa, V = 10\%)}$$

$$N \cdot \left(\frac{S_F}{0.89 \cdot S_R} \right)^{\!\! 5.7 \Big/ \log\!\left(\frac{0.82 \cdot S_R}{0.4 \cdot k_a \cdots k_\theta} \right)} = 10^3 \quad \text{(\textbf{142} ligas de Al de $S_R < 325$MPa, V = 24\%)}$$

$$N \cdot \left(\frac{S_F}{0.89 \cdot S_R} \right)^{\!\! 5.7 \Big/ \log\!\left(\frac{0.89 \cdot S_R}{130 \cdot k_a \cdots k_\theta} \right)} = 10^3 \quad \text{(\textbf{76} ligas de Al de $S_R \geq 325$MPa, V = 28\%)}$$

$$N \cdot \left(\frac{S_F}{0.89 \cdot S_R} \right)^{\!\! 3 \Big/ \log\!\left(\frac{0.89}{0.55 \cdot k_a \cdots k_\theta} \right)} = 10^3 \quad \text{(\textbf{49} ligas de Ti, V = 35\%)}$$

- **curva σ-ε cíclica:** [12-17]
  - $h_c = b/c$ (baseado numa amostra com **724** aços, V = **15%**) [13]
  - $h_c = 0.15$ (mediana x_{50} de uma amostra com **823** aços, $\mu = 0.167$, V = **49%**) [13]
  - $h_c = 0.09$ (x_{50} de uma amostra com **237** ligas de Al, $\mu = 0.088$, V = **41%**) [13]
  - $h_c = 0.10$ (x_{50} de uma amostra com **43** ligas de Ti, $\mu = 0.122$, V = **64%**) [13]
  - $H_c = \sigma_c/\varepsilon_c^{h_c}$ (baseado numa amostra com **724** aços, V = **15%**) [13]
  - $S_{Ec} = H_c \cdot 0.002^{h_c}$ (baseado numa amostra com **531** aços, V = **11%**) [13]

- **curva εN:** [13-14, 19-31]

$$\frac{\Delta \varepsilon}{2} = \frac{\sigma_c}{E}(2N)^b + \varepsilon_c (2N)^c$$

  - $b = -0.09$ (x_{50} de uma amostra com **755** aços, $\mu = -0.098$, V = **40%**) [13]
  - $b = -0.11$ (x_{50} de uma amostra com **82** ligas de Al, $\mu = -0.112$, V = **28%**) [13]
  - $c = -0.59$ ($\approx x_{50}$ de uma amostra com **755** aços, $\mu = -0.62$, V = **28%**) [13]
  - $c = -0.66$ (x_{50} de uma amostra com **82** ligas de Al, $\mu = -0.70$, V = **33%**) [13]
  - coincidentemente, para aços tem-se:

$$\frac{x_{50}(b)}{x_{50}(c)} = \frac{-0.09}{-0.59} \cong 0.15 = x_{50}(h_c)$$

  - $\sigma_c = 1.5 \cdot S_R$ (mediana x_{50} de uma amostra com **755** aços, V = **43%**) [13]
  - $\sigma_c = 1.9 \cdot S_R$ (x_{50} de uma amostra com **82** ligas de Al, V = **24%**) [13]
  - $\sigma_c = 1.9 \cdot S_R$ (Manson, baseado numa amostra com **69** metais, V = **43%**) [20]
  - $\sigma_c = S_R + 345$[MPa] (Socie, para aços, V = **40%**) [22]
  - $\sigma_c = 0.76 \cdot S_R/2000^b$ (amostra com **755** aços, pouco dispersa, V = **13%**) [13]
  - $\varepsilon_c = 0.45$ (x_{50} de uma amostra com **755** aços, $\mu = 0.98$, V = **157%**) [13]
  - $\varepsilon_c = 0.28$ (x_{50} de uma amostra com **82** ligas de Al, $\mu = 0.93$, V = **179%**) [13]
  - $\varepsilon_c = 0.76 \cdot \ln[1/(1-RA)]^{0.6}$ (Manson, amostra com **69** metais, V = **83%**) [20]
  - $\varepsilon_c = (\sigma_c/H_c)^{1/h_c} \cdot 2000^{(b/h_c - c)}$ (amostra com **755** aços, V = **16%**) [13]

estimativas das medianas: [13-14]

$$\frac{\Delta\varepsilon}{2} = 1.5\frac{S_R}{E}(2N)^{-0.09} + 0.45\cdot(2N)^{-0.59} \text{ (x}_{50}\text{ de uma amostra com 755 aços)}$$

$$\frac{\Delta\varepsilon}{2} = 1.9\frac{S_R}{E}(2N)^{-0.11} + 0.28\cdot(2N)^{-0.66} \text{ (x}_{50}\text{ de uma amostra com 82 ligas de Al)}$$

Estimativas:	σ_c	ε_c	b	c
Morrow (1964)	-	-	$-h_c/(1+5h_c)$	$-1/(1+5h_c)$
Manson (1965)	$1.9\cdot S_R$	$0.76\cdot\left[\ln\left(\frac{1}{1-RA}\right)\right]^{0.6}$	-0.12	-0.6
Manson 4-pontos (1965)	$1.25\sigma_f\cdot 2^b$ $\sigma_f \cong S_R(1+\varepsilon_f)$	$\frac{0.125}{20^c}\cdot\left[\ln\left(\frac{1}{1-RA}\right)\right]^{3/4}$	$\dfrac{\log(0.36\cdot S_R/\sigma_f)}{5.6}$	$\frac{1}{3}\log\dfrac{0.0066-\Delta\varepsilon^*/2}{0.239\cdot\varepsilon_f{}^{3/4}}$ $\Delta\varepsilon^*/2 = \sigma_c(2\cdot10^4)^b/E$
Mitchell (aços, 1979)	$S_R + 345MPa$	ε_f	$\frac{1}{6}\log\dfrac{0.5\cdot S_R}{S_R+345}$	-0.6 (dúctil), ou -0.5 (resistente)
Muralidharan – Manson (1988)	$0.623\,E\left(\frac{S_R}{E}\right)^{0.832}$	$0.0196\,(S_R/E)^{-0.53}\cdot$ $\cdot[\ln(\frac{1}{1-RA})]^{0.155}$	-0.09	-0.56
Bäumel – Seeger (aços, 1990)	$1.5\cdot S_R$	0.59 se $S_R/E \le 0.003$, ou $0.812-74\cdot S_R/E$	-0.087	-0.58
Bäumel – Seeger (Al e Ti, 1990)	$1.67\cdot S_R$	0.35	-0.095	-0.69
Ong (1993)	$S_R\cdot(1+\varepsilon_f)$	ε_f	$\frac{1}{6}\log\dfrac{(S_R/E)^{0.81}}{6.25\cdot\sigma_f/E}$	$\frac{1}{4}\log\dfrac{0.0074-\Delta\varepsilon^*/2}{2.074\cdot\varepsilon_f}$ $\Delta\varepsilon^*/2 = \sigma_c(10^4)^b/E$
Roessle-Fatemi (2000)	$4.25\cdot HB +$ $225MPa$	$[0.32\cdot HB^2 - 487\cdot HB$ $+ 191000MPa]\,/\,E$	-0.09	-0.56
Medianas (aços, 2002)	$1.5\cdot S_R$	0.45	-0.09	-0.59
Medianas (ligas Al, 2002)	$1.9\cdot S_R$	0.28	-0.11	-0.66
Medianas (ligas Ti, 2002)	$1.9\cdot S_R$	0.50	-0.10	-0.69

- **curva γN:** [13,32]

$$\frac{\Delta\gamma}{2} = \frac{\tau_c}{G}(2N)^{b_\gamma} + \gamma_c(2N)^{c_\gamma}$$

$\tau_c = \sigma_c/\sqrt{3}$, $b_\gamma = b$, $\gamma_c = \varepsilon_c\sqrt{3}$, $c_\gamma = c$ (estimando por Mises)

estimativas das medianas (usando $G = E/[2(1 + \nu)]$): [13]

$$\frac{\Delta\gamma}{2} = 2.24\frac{S_R}{E}(2N)^{-0.09} + 0.78\cdot(2N)^{-0.59} \text{ em aços}$$

$$\frac{\Delta\gamma}{2} = 2.93\frac{S_R}{E}(2N)^{-0.11} + 0.48\cdot(2N)^{-0.66} \text{ em ligas de Al}$$

- **fadiga multiaxial:** [32]

  $\beta_S = (\sqrt{2}/3) \cdot S_L$, $\alpha_S = \beta_S/S_R$ (critério de Sines)

  $\alpha_{BM} = 0.29$ (vidas longas em metais dúcteis, modelo de Brown-Miller)

  $\alpha_{BM} = 0.46$ (vidas curtas em metais dúcteis, modelo de Brown-Miller)

  $\alpha_{FS} = \dfrac{0.153 \cdot S_{Ec}}{\sigma_c (2N)^b}$ ou $\alpha_{FS} = \dfrac{S_{Ec}}{\sigma_c}$ (Fatemi-Socie)

- **estimativas de zonas plásticas:** [33-34]

  $zp = (K_I/S_E)^2/2\pi$ (zona plástica de Williams, σ-plana) [33]

  $zp = (K_I/S_E)^2/\pi$ (zona plástica de Irwin, σ-plana) [33]

  $zp = (K_I/S_E)^2/3\pi$ (zona plástica de Irwin, ε-plana) [33]

  $zp = \pi(K_I/S_E)^2/8$ (zona plástica de Dugdale em σ-plana) [33]

  $zp = \pi[K_I/(1.15 \cdot S_E)]^2/8$ (zp de Newman [34] em σ-plana, pode modelar as laterais de trincas superficiais)

  $zp = \pi[K_I/(2.55 \cdot S_E)]^2/8$ (zp de Newman [34] em ε-plana, pode modelar trincas superficiais na profundidade)

  zona plástica de Newman [34], placa de espessura **t**:

$$zp = \frac{\pi}{8}\left(\frac{K_I}{\alpha(t) \cdot S_E}\right)^2, \quad \alpha(t) = 1.15 + 1.4 \cdot \exp\left[-0.95\left(\frac{K_I}{S_E\sqrt{t}}\right)^{1.5}\right]$$

  $zp_r = (\Delta K_I/S_{Ec})^2/8\pi$ (zona plástica reversa ou cíclica) [33]

- **estimativas de K_C, K_{IC} e K_{IIC}:** [35-36]

  $K_C(t) \cong [E \cdot S_E \cdot CTOD_C]^{0.5}$ (para qualquer espessura **t**)

  $K_C(t \to 0) = [(\pi/4) \cdot E \cdot S_E \cdot CTOD_C]^{0.5}$ (para σ-plana)

  $K_{IC} = (0.64 \cdot E[GPa] \cdot Charpy[J])^{0.5}$ [MPa$\sqrt{m}$] [35]

  $K_{IC} = [0.8 \cdot E \cdot (S_E + S_R) \cdot CTOD_C]^{0.5}$ [MPa$\sqrt{m}$] [35]

  $K_{IC} = [(\pi/4) \cdot E' \cdot S_E \cdot CTOD_C]^{0.5}$, $E' = E/(1 - v^2)$ (ε-plana)

  $K_{IIC} = (\sqrt{3}/2) \cdot K_{IC} = 0.87 \cdot K_{IC}$ (critério de $\sigma_{\theta max}$) [36]

  $K_{IIC} = 0.63 \cdot K_{IC}$ (critério de $\mathcal{G}_{\theta max}$) [36]

  $K_{IIC} = \sqrt{\dfrac{12 \cdot (\lambda - 1)}{8\lambda - 4 - \lambda^2}} \cdot K_{IC}$ (critério de $U_{\theta min}$) [36], onde $\lambda = 2/(1 + v)$ em σ-plana e

  $\lambda = 2(1 - v)$ em ε-plana

  tenacidade à fratura para trincas superficiais: [11]

  $K_{Ca} = min[K_{IC} \cdot (1 + 6.275 \cdot K_{IC}/S_E), 1.4 \cdot K_{IC}]$ [MPa$\sqrt{m}$] (a ser comparada com K_I na profundidade da trinca)

  $K_{Cc} = 1.1 \cdot K_{Ca}$ (comparada com K_I na largura da trinca)

  tenacidade à fratura numa espessura **t** ($t_0 = 2.5(K_{IC}/S_E)^2$):

  $K_C(t)/K_{IC} = \{1 + 2.3 \cdot K_C(t)/[S_E \cdot t^{0.5}]\}^{0.5}$ (Hagiwara [37])

  $K_C(t)/K_{IC} = [1 + 0.224 \cdot (t_0/t)^2]^{0.5}$ (Irwin [37])

  $K_C(t)/K_{IC} = 1 + \exp[-(5 \cdot t/t_0)^2]$ (Vroman [38])

  $K_C(t)/K_{IC} = 1 + A \cdot \exp[-(B \cdot t/t_0)^2]$ (NASGRO [34])

  onde **A = B = 1** para ligas de Al das séries 2xxx, 6xxx e 7xxx, ligas de Al fundidas, aços inox 17-7PH, ligas de Nb, AM367

  A = 0.5 e **B = 1** para aços-ferramenta, aços inox 3xx, 4xx, 17-4PH, 15-5PH e de alta temperatura, ligas de Ti, Cu, Mg, Zn, Nitronic, Inconel 6xx, MP35N

A = 0.5 e B = 0.75 para aços C com S_R < 1.4GPa, ferros fundidos, superligas de Ni
Inconel 7xx e X-750
A = 0.75 e B = 0.75 para aços C e aços BLAR (aços de baixa liga e alta resistência)
com 1.4 < S_R < 1.7GPa
A = 1 e B = 0.75 para aços C e BLAR com S_R > 1.7GPa

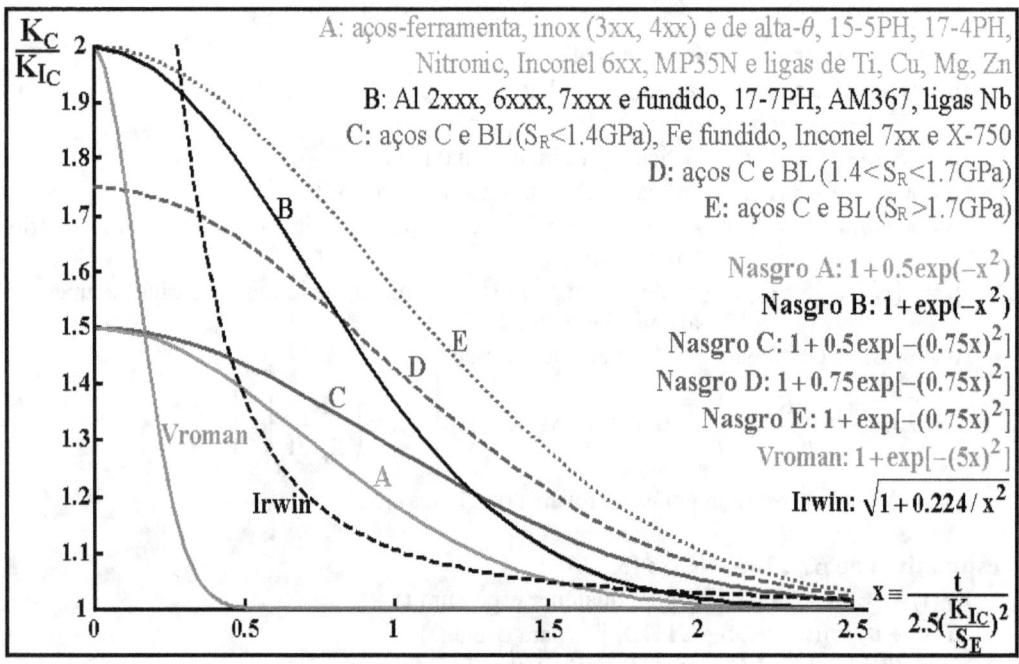

- **curva da/dN:**

$$\frac{da}{dN} = A \cdot \Delta K^m, \quad \frac{da}{dN} = A \cdot \Delta K^m/(1-R)^p \quad \text{(A e m de Paris, p: expoente de Walker)}$$

$A = Z \cdot [2^{-c} \cdot S_{Ec} \cdot \varepsilon_c/E]^{1+hc} \cdot (1-2\nu)^2/[4\pi \cdot (1+h_c) \cdot S_{Ec}^2]$ [m/ciclo], sendo $z = -1/[c \cdot (1+h_c)]$, $Z = [1^z + 2^z + 3^z + \cdots]^{1/z}$ e **m = 2.0** [39-40]

$A = 6.9 \cdot 10^{-12}$ [m/ciclo], **m = 3** (Barson, aços ferrítico-perlíticos) [35]

$A = 1.35 \cdot 10^{-10}$ [m/ciclo], **m = 2.25** (Barson, aços martensíticos) [35]

$A = 5.6 \cdot 10^{-12}$ [m/ciclo], **m = 3.25** (Barson, aços austeníticos) [35]

$A = 5 \cdot 10^{-12}$ [m/ciclo], **m = 3** (mediana x_{50} de uma amostra com **94 aços**) [41]

$A = 3.5 \cdot 10^{-11}$ [m/ciclo], **m = 3.5** (x_{50} de uma amostra com **98 ligas de Al**) [41]

$A = 1.2 \cdot 10^{-11}$ [m/ciclo], **m = 3.9** (x_{50} de uma amostra com **40 Al 2xxx**) [41]

$A = 7.5 \cdot 10^{-11}$ [m/ciclo], **m = 3.2** (x_{50} de uma amostra com **54 Al 7xxx**) [41]

$A = 6 \cdot 10^{-12}$ [m/ciclo], **m = 3.5** (x_{50} de uma amostra com **39 ligas de Ti**) [41]

$A = 2 \cdot 10^{-13}$ [m/ciclo], **m = 3.9** (x_{50} de uma amostra com **19 ligas de Ni**) [41]

p = 0.4·m (x_{50} de uma amostra com **126 aços**, **116 ligas de Al**, **51 ligas de Ti**, **53 ligas de Ni**, **5 ligas de Cu**, **5 ligas de Mg**, e **2 ligas de Zn**, **V = 4.4%**) [41]

- **limiar de propagação de trinca ($\Delta K_0 \equiv \Delta K_{th}(R = 0)$):** [41]

$\Delta K_0 = 6$ [MPa√m] (baseado numa amostra com **109 aços à θ ambiente**, **V = 32%**)

$\Delta K_0 = 3$ [MPa√m] (baseado numa amostra com **123 ligas de Al**, **V = 34%**)

$\Delta K_0 = 4$ [MPa√m] (baseado numa amostra com **48** ligas de **Ti**, **V = 33%**)

$\Delta K_0 = 8$ [MPa√m] (baseado numa amostra com **22 ligas** de **Ni**, **V = 50%**)

max[2.2, 6·(1–0.9R)] < $\Delta K_{th}(R)$ < 12·(1–0.8R) (aços, **Fe** fundidos, ligas de **Ni**) [MPa√m]

1.2·(1 – 0.2R) < $\Delta K_{th}(R)$ < 5 · (1 – 0.9R) (ligas de **Al**)

2·(1 – 0.5R) < $\Delta K_{th}(R)$ < 9.5 · (1 – 0.8R) (ligas de **Cu** e **Ti**)

limiar de propagação de trinca intrínseco (valor de ΔK_{th} sem fechamento, **R→ 1**): [42-43]

$\Delta K_{thin} = $ **2.5** a **3.0** [MPa√m] (aços à temperatura Θ ambiente)

$\Delta K_{thin} \cong 1$ [MPa√m] (ligas de **Al** à Θ ambiente)

$\Delta K_{thin} \cong (E[GPa] / 62)$ [MPa√m] (metais à Θ ambiente)

outras estimativas específicas pelo tipo de liga: [12-18]

	Aço	Alumínio	Fe Fund.	Titânio	Cobre	Níquel
E (GPa)	**205**	**71**	******	**108**	**116**	**211**
ν	**0.292**	**0.334**	**0.211**	**0.340**	**0.326**	**0.310**
ρ (Mg/m³)	**7.8**	**2.7**	**7.2**	**4.6**	**8.9**	**8.9**
α (με/°C)	**11.5**	**23.9**	**10.6**	**8.8**	**16.5**	**13.0**
θ_F (°C)	**1510**	**660**	**1150**	**1795**	**1085**	**1455**
S_R (MPa)	**HB·3.4**	**HB·3.75***	**HB·2.4**	**HB·3**	**HB·4**	**HB·3.7**
S_L' (MPa)	**S_R/2 max:700**	**0.4·S_R max:130**	**0.4·S_R max:160**	**0.55·S_R**	**0.4·S_R max:300**	**0.4·S_R**
N_L (ciclos)	**1.0·10⁶**	**5.0·10⁸**	**1.0·10⁶**	**1.0·10⁶**	**1.0·10⁸**	**1.0·10⁸**
h_c	**0.15**	**0.09**	**0.15**	**0.10**	**-**	**0.14**
σ_c/S_R	**1.5**	**1.9**	**1.2**	**1.9**	**-**	**1.4**
ε_c	**0.45**	**0.28**	**0.04**	**0.50**	**-**	**0.15**
b	**−0.09**	**−0.11**	**−0.08**	**−0.10**	**-**	**−0.08**
c	**−0.59**	**−0.66**	**−0.52**	**−0.69**	**-**	**−0.59**
ΔK_0 (MPa√m)	**6**	**2.5**	**7**	**4**	**4**	**8**

*exceto **Al 6xxx** (S_R = **HB·3.4**) e **Al** fundidos (S_R = **HB·3**) [12]

$E[GPa] = 60 + 0.19 \cdot S_R[MPa]$ se $S_R \leq 415$, ou **E = 160GPa se $S_R > 415$

estimativas básicas para outras famílias de ligas: [2-5]

liga de:	Mo	Mg	Zn	Pb	W	Co	Be	Sn
E (GPa)	**320**	**45**	**97**	**15**	**406**	**209**	**288**	**50**
ν	**0.32**	**0.35**	**0.25**	**0.43**	**0.28**	**0.31**	**0.032**	**0.36**
ρ (Mg/m³)	**10.2**	**1.8**	**7.1**	**11.35**	**19.3**	**8.9**	**1.9**	**7.3**
α (με/°C)	**5**	**26**	**30**	**29**	**4.5**	**12**	**15**	**22**
θ_F (°C)	**2623**	**650**	**420**	**328**	**3422**	**1495**	**1287**	**232**

A1.3   Tabelas de Propriedades Mecânicas

As tabelas a seguir são representativas de alguns materiais estruturais [1-11]. Os números em preto são medições, e em cinza ou branco são estimativas.

Aço	GPa E	MPa S_R	MPa S_E	MPa S_{Ec}	% RA	h	MPa H	h_c	MPa H_c
0030 (137 HB)	207	496	303	310	46	-	-	0.17	887
1006 (85 HB)	207	318	248	236	73	0.14	414	0.28	1352
1009 (90 HB)	200	345	262	228	80	0.16	531	0.12	462
1015 (80 HB)	207	414	228	241	68	0.26	1147	0.22	945
1018 (106 HB)	200	354	250	235	-	-	-	0.27	1259
1020 (108 HB)	205	491	285	270	54	0.18	804	0.18	941
1025 (165 HB)	207	566	387	362	57	-	-	0.19	1178
1030 (128 HB)	206	454	289	255	59	-	-	0.29	1545
10B30 (362 HB)	195	1240	1140	750	63	-	-	0.10	1396
10B62 (430 HB)	193	1641	1510	965	38	0.04	1793	0.16	2130
1035 (140 HB)	196	476	250	267	56	-	-	0.24	1185
1038 (195 HB)	219	649	410	364	67	0.22	1183	0.21	1330
1040 (225 HB)	200	621	345	386	60	0.22	1354	0.18	1181
1045 (153 HB)	204	621	382	345	-	0.23	1185	0.21	1258
1045 (225 HB)	200	751	516	402	44	0.12	1047	0.17	1178
1045 (410 HB)	200	1448	1365	827	51	0.08	2082	0.15	2310
1045 (630 HB)	207	2327	1899	1946	37	-	-	0.11	3784
1050 (220 HB)	203	829	460	523	34	0.16	1313	0.15	1292
1080 (421 HB)	207	1349	978	870	32	0.15	2228	0.21	3178
1141 (199 HB)	220	695	418	405	53	0.22	1287	0.21	1448
1144 (265 HB)	197	931	717	552	33	-	-	0.15	1189
1522 (304 HB)	200	1088	1005	699	61	-	-	0.19	2278
1541 (195 HB)	205	906	475	469	42	0.20	1924	0.11	950
1561 (234 HB)	197	836	447	445	29	-	-	0.19	1448
15B27 (264 HB)	198	916	854	628	66	-	-	0.05	857
15B35 (600 HB)	204	2073	1454	1867	41	-	-	0.23	7795
300M (108 HB)	203	1070	800	800	62	0.19	738	0.18	772
4130 (253 HB)	220	895	778	565	67	-	-	0.13	1359
4130 (365 HB)	200	1429	1360	813	55	-	-	0.12	1758
4140 (310 HB)	201	1076	965	621	60	-	-	0.14	1482
4142 (475 HB)	207	1931	1724	1344	35	0.05	2323	0.11	2713
4340 (350 HB)	193	1241	1172	758	57	0.07	1579	0.14	1863
4340 (409 HB)	200	1469	1372	827	38	-	-	0.15	1950
5160 (430 HB)	193	1669	1531	1000	42	0.06	2124	0.15	2310
52100 (527 HB)	207	2016	1927	1324	12	-	-	0.15	3328
8620H (456 HB)	198	1510	1200	1071	42	-	-	0.11	2149
8630 (305 HB)	207	1144	985	763	29	-	-	0.18	2363
8640 (361 HB)	223	1373	1306	817	52	-	-	0.14	1951
9262 (260 HB)	207	924	455	524	14	0.22	1744	0.15	1379
9262 (410 HB)	200	1565	1379	1048	32	0.06	1951	0.09	2013

Aço	GPa E	MPa S_R	MPa S_E	MPa S_{Ec}	% RA	h	MPa H	h_c	MPa H_c
304 (146 HB)	192	601	280	208	46	-	-	0.42	2807
310 (134 HB)	193	642	220	421	63	-	-	0.27	2267
316 (126 HB)	205	428	378	265	-	-	-	0.15	691
321 (150 HB)	200	620	265	336	-	-	-	0.20	1170
13-8 PH (411 HB)	205	1483	1379	1004	40	-	-	0.15	2549
15-5 PH (351 HB)	205	1172	1069	793	40	-	-	0.15	2014
18 Ni 250 (500 HB)	205	1800	1700	1226	-	0.03	2160	0.10	2282
A302B (200 HB)	210	603	486	477	69	-	-	0.14	1139
A36 (160 HB)	190	414	224	233	67	0.26	780	0.25	1097
A514 (303 HB)	209	939	891	617	63	0.06	1187	0.09	1080
A588	191	480	355	331	-	-	-	0.16	912
API 5L X-60	210	526	450	375	44.1	0.07	707	0.13	855
API 5L X-60 Weld	198	576	478	475	48.3	0.12	898	0.10	890
H11 (660 HB)	207	2586	2034	2344	33	0.12	3541	0.07	3785
HT 80	210	885	743	545	57	-	-	0.14	1294
HY 80	206	850	778	475	66	-	-	0.19	1528
HY 130	193	1105	1015	794	60	-	-	0.11	1573
RQT 501	200	590	472	395	-	-	-	0.17	1102
RQT 701	200	825	735	546	-	-	-	0.11	1049
SAR-60	205	620	540	500	-	-	-	0.13	1122

Ligas de Níquel	GPa E	MPa S_R	MPa S_E	MPa S_{Ec}	% RA	h	MPa H	h_c	MPa H_c
Inconel 718	209	1420	1160	972	-	0.08	1910	0.07	1530
Inconel X (322 HB)	214	1215	704	849	20	-	-	0.15	2130

Alumínio/Titânio	GPa E	MPa S_R	MPa S_E	MPa S_{Ec}	% RA	h	MPa H	h_c	MPa H_c
Al 2014 T6	73	510	462	448	35	0.04	572	0.07	703
Al 2024 T3	82	486	378	460	-	-	-	0.04	590
Al 2024 T351	73	469	379	427	25	0.03	455	0.07	655
Al 2024 T4	70	476	304	448	35	0.20	807	0.10	808
Al 2219 T851	71	469	359	331	24	-	-	0.14	793
Al 356 T6	72	262	185	238	-	-	-	0.08	398
Al 5083 0	71	294	131	286	23	0.13	300	0.11	580
Al 6061 T6	75	310	276	296	-	0.08	416	0.06	426
Al 6061 T651	75	310	290	296	58	0.04	366	0.10	538
Al 7075 T6	71	580	470	517	33	0.11	827	0.09	913
Al 7075 T651	70	589	537	541	-	-	-	0.04	694
Al 7075 T73	72	483	414	400	23	0.05	593	0.03	510
Al 7075 T7351	71	462	382	388	-	-	-	0.09	695
Al 7175 T73	71	524	447	431	-	0.07	659	0.03	529
Ti 6Al 4V (250 HB)	122	845	805	714	22	-	-	0.10	1288
Ti 6Al 4V (375 HB)	117	1236	1188	991	41	-	-	0.11	1938
Ti 8Al 1Mo 1V	117	1022	1008	780	48	-	-	0.12	1685

As tabelas a seguir apresentam coeficientes de Coffin-Manson e de crescimento de trinca (por Paris) de alguns materiais estruturais [1-11]. Analogamente, os números em preto são medições, e em cinza ou branco são estimativas.

Aço	MPa σ_c	ε_c	b	c	MPa K_{Ic}	MPa ΔK_{th}	Paris (mm/ciclo) A	m
0030 (137 HB)	704	0.21	-0.09	-0.52	77	8.8	1.1E-11	4.75
1006 (85 HB)	802	0.48	-0.12	-0.52	150	11	6.9E-09	3.00
1009 (90 HB)	641	0.10	-0.11	-0.39	150	11	5.9E-11	4.35
1015 (80 HB)	827	0.95	-0.11	-0.64	150	11	6.9E-09	3.00
1018 (106 HB)	782	0.19	-0.11	-0.41	130	11	6.9E-09	3.00
1020 (108 HB)	815	0.25	-0.11	-0.53	130	11.6	8.5E-11	4.20
1025 (165 HB)	953	0.34	-0.09	-0.50	99	7	6.9E-09	3.00
1030 (128 HB)	902	0.17	-0.12	-0.42	95	7	6.9E-09	3.00
1035 (140 HB)	906	0.33	-0.11	-0.47	76	7	6.9E-09	3.00
1038 (195 HB)	1009	0.23	-0.10	-0.46	80	7	6.9E-09	3.00
1040 (225 HB)	1538	0.61	-0.14	-0.57	80	7	6.9E-09	3.00
1045 (153 HB)	948	0.26	-0.09	-0.45	-	7.1	8.2E-10	3.50
1045 (225 HB)	960	0.50	-0.08	-0.52	-	7	6.9E-09	3.00
1045 (410 HB)	1862	0.60	-0.07	-0.70	-	7	1.4E-07	2.25
1045 (630 HB)	2666	0.04	-0.08	-0.69	-	7	1.4E-07	2.25
1050 (220 HB)	1094	0.31	-0.08	-0.50	59	7	6.9E-09	3.00
1080 (421 HB)	2365	0.51	-0.10	-0.59	28	6	1.4E-07	2.25
1090 (259 HB)	1310	0.25	-0.09	-0.50	-	6	1.4E-07	2.25
10B30 (362 HB)	1289	1.50	-0.05	-0.70	-	6	1.4E-07	2.25
10B62 (430 HB)	1779	0.32	-0.07	-0.56	-	8	1.4E-07	2.25
1141 (199 HB)	1117	0.26	-0.10	-0.46	-	6	6.9E-09	3.00
1144 (265 HB)	1000	0.32	-0.08	-0.58	70	6	1.4E-07	2.25
1522 (304 HB)	1464	0.28	-0.08	-0.51	-	6	1.4E-07	2.25
1541 (195 HB)	1044	0.51	-0.08	-0.56	-	6	1.4E-07	2.25
1561 (234 HB)	1278	0.53	-0.11	-0.54	-	6	1.4E-07	2.25
15B27 (264 HB)	909	2.20	-0.05	-0.82	-	6	1.4E-07	2.25
15B35 (600 HB)	4541	0.41	-0.13	-0.78	-	6	1.4E-07	2.25
300M (108 HB)	896	0.41	-0.12	-0.51	85	4.9	8.0E-09	2.90
4130 (253 HB)	1273	1.51	-0.08	-0.72	-	6	1.4E-07	2.25
4130 (365 HB)	1691	0.81	-0.08	-0.67	-	6	1.4E-07	2.25
4140 (310 HB)	1827	1.20	-0.08	-0.59	65	6	1.4E-07	2.25
4142 (475 HB)	2172	0.09	-0.08	-0.61	-	5	1.4E-07	2.25
4340 (350 HB)	1655	0.73	-0.08	-0.62	121	6	8.8E-10	3.45
4340 (409 HB)	1999	0.48	-0.09	-0.60	88	4.9	1.1E-09	3.45
5160 (430 HB)	1931	0.40	-0.07	-0.57	-	5	1.4E-07	2.25
52100 (527 HB)	2620	0.15	-0.09	-0.56	-	5	1.4E-07	2.25
8620H (456 HB)	3046	0.54	-0.14	-0.78	-	5	1.4E-07	2.25
8630 (305 HB)	2099	0.42	-0.13	-0.70	-	5	1.4E-07	2.25
8640 (361 HB)	1487	0.60	-0.06	-0.61	-	5	1.4E-07	2.25
9262 (260 HB)	1041	0.16	-0.07	-0.47	-	5	1.4E-07	2.25
9262 (410 HB)	1855	0.38	-0.06	-0.65	-	5	1.4E-07	2.25

Aço	MPa σ_c	ε_c	b	c	MPa K_{Ic}	MPa ΔK_{th}	Paris (mm/ciclo) A	m
304 (146 HB)	1936	0.41	-0.20	-0.48	220	3.3	2.3E-10	3.75
310 (134 HB)	1646	0.30	-0.15	-0.57	220	3.5	5.6E-09	3.25
316 (126 HB)	660	0.34	-0.08	-0.45	220	3.8	1.4E-09	3.36
321 (150 HB)	1019	0.13	-0.11	-0.39	220	3	5.6E-09	3.25
13-8 PH (411 HB)	2254	0.44	-0.09	-0.60	100	6	1.6E-08	2.87
15-5 PH (351 HB)	1781	0.44	-0.09	-0.60	66	5.5	9.4E-09	2.74
18 Ni 250 (500 HB)	2232	0.80	-0.06	-0.61	85	3.3	3.3E-09	3.35
A302B (200 HB)	1153	1.26	-0.11	-0.80	110	7.7	3.2E-11	4.23
A36 (160 HB)	1014	0.27	-0.13	-0.45	100	6	8.8E-11	4.07
A514 (303 HB)	1010	0.97	-0.05	-0.69	93	4.4	1.3E-09	3.32
A588	1036	0.62	-0.12	-0.62	73	5.2	4.0E-09	3.60
API 5L X-60	918	1.74	-0.09	-0.75	355	6.3	3.0E-12	4.87
API 5L X-60 Weld	650	0.26	-0.06	-0.77	363	11.8	2.6E-12	4.91
H11 (660 HB)	3172	0.08	-0.08	-0.74	-	-	-	-
HT 80	1222	0.69	-0.09	-0.64	165	8.8	3.3E-10	3.75
HY 80	1378	0.58	-0.11	-0.60	220	6	7.1E-10	3.25
HY 130	1548	0.86	-0.07	-0.64	220	5.5	1.4E-09	3.25
RQT 501	892	0.20	-0.09	-0.50	80	5.35	1.0E-07	1.72
RQT 701	955	2.08	-0.06	-0.79	113	5.35	1.0E-07	1.72
SAR-60	616	0.51	-0.01	-0.66	286	6	6.9E-09	3.00

Ligas de Níquel	MPa σ_c	ε_c	b	c	MPa K_{Ic}	MPa ΔK_{th}	Paris (mm/ciclo) A	m
Inconel 718	1640	2.67	-0.06	-0.82	99	8.8	2.9E-10	3.65
Inconel X (322 HB)	1990	0.18	-0.11	-0.60	-	-	2.0E-10	3.90

Alumínio/Titânio	MPa σ_c	ε_c	b	c	MPa K_{Ic}	MPa ΔK_{th}	Paris (mm/ciclo) A	m
Al 2014 T6	786	0.85	-0.08	-0.86	30	3	3.9E-08	3.55
Al 2024 T3	1044	1.77	-0.11	-0.93	37	3.3	1.4E-08	3.84
Al 2024 T351	1103	0.22	-0.12	-0.59	37	3.3	6.3E-09	4.10
Al 2024 T4	764	0.33	-0.08	-0.65	37	3.3	1.2E-07	3.04
Al 2219 T851	834	1.33	-0.11	-0.79	34	2.3	3.0E-08	3.61
Al 356 T6	388	0.11	-0.08	-0.61	18	7.1	9.9E-11	5.73
Al 5083 0	711	0.41	-0.12	-0.69	49	5.5	3.2E-07	2.69
Al 6061 T6	590	0.04	-0.12	-0.45	29	3.9	1.8E-07	3.05
Al 6061 T651	634	0.92	-0.10	-0.78	30	3.9	2.1E-07	3.00
Al 7075 T6	886	0.45	-0.08	-0.76	29	3.3	2.4E-07	3.25
Al 7075 T651	166	0.16	-0.15	-0.83	26	3.3	4.8E-07	2.67
Al 7075 T73	800	0.26	-0.10	-0.73	25	3.3	3.9E-08	3.66
Al 7075 T7351	989	6.81	-0.14	-1.20	32	3.3	4.8E-08	3.05
Al 7175 T73	765	6.18	-0.08	-1.14	38		2.6E-08	3.50
Ti 6Al 4V (250 HB)	1293	0.26	-0.09	-0.72	75	7	4.7E-10	4.01
Ti 6Al 4V (375 HB)	1797	0.40	-0.09	-0.68	43	7	1.3E-08	3.38
Ti 8Al 1Mo 1V	1825	1.83	-0.10	-0.77	60	3.9	6.2E-09	3.25

A1.4   Algumas Ligas Metálicas Estruturais Típicas

A1.4.1   Aços carbono e aços de baixa liga (BL)

Tipo	Características	Aplicações
1006 1008 1010 1015	Aços de muito baixo C (ferrita quase pura), baixa resistência, altas ductilidade e tenacidade (mas que cai muito abaixo da θ de transição dúctil-frágil), conformação e soldagem muito boas, usinagem razoável (é difícil quebrar o cavaco), não temperáveis. Grão cresce sob $\theta \cong 600°C$ após deformação a frio. $\theta_{recozimento} > 950°C$.	Usados principalmente em peças conformadas a frio, onde a ductilidade e não a resistência seja a propriedade preponderante como, e.g., em arames para amarração, latas, panelas, rebites, bocais de lâmpadas, etc.
1017 1018 1019 1020 1021 1024 1025 1026 1027 1030	Aços de baixo C, de resistência mais alta e conformabilidade a frio menor que o grupo acima, de usinagem, soldagem e tenacidade muito boas. A resistência aumenta e a ductilidade diminui com o teor de C. Peças carbonetadas são temperáveis superficialmente, em geral em água. Um maior teor de Mn facilita a usinagem e a têmpera, e aumenta a resistência do núcleo. Baixos teores de Mn são melhores para conformação a frio.	Uso geral em peças usinadas e forjadas como eixos, parafusos e engrenagens de baixa resistência; e em estruturas soldadas, onde a soldabilidade e a tenacidade sejam mais importantes que a resistência mecânica. Devem ser endurecidos superficialmente quando a resistência ao desgaste é um requisito importante. Em aplicações estruturais é comum especificar aços desta classe por uma norma ASTM ou equivalente.
1035 1036 1038 1040 1041 1042 1045 1050 1052	Aços de médio C, tratáveis termicamente em água ou em óleo (quando a peça é pequena), de resistência mais alta e menor ductilidade que as dos aços de baixo C. A soldagem requer pré e/ou pós aquecimento. Boa usinagem. Um maior teor de Mn facilita a têmpera. Podem requerer alívio de tensões após trabalho a frio.	Peças usinadas e forjadas de maior resistência que a dos aços de baixo C como eixos, parafusos, engrenagens, virabrequins, etc. Baixa profundidade de têmpera (para endurecer o núcleo de peças grandes usar aços BL), o que facilita a têmpera superficial em engrenagens ou eixos de comando de válvulas, e.g.
1055 1060 1065 1070 1080 1085 1090	Aços com alto teor de C, temperáveis em água ou em óleo, de alta resistência e baixas ductilidade e tenacidade. O 1080 é o aço C eutetóide, logo tem microestrutura perlítica quando recozido. A soldagem é difícil e a usinagem em geral requer ferramentas duras.	Quase sempre usados na condição temperado e revenido, quando se requer alta resistência mecânica ou ao desgaste, como em molas, facas, arados, pás ou ferramentas manuais, e.g.
série 11xx	Aços C com alto teor de S. Usinagem excelente, com prejuízo da soldagem, conformação e forjamento. Podem ser carbonetados e temperados.	Peças nas quais o quesito mais importante seja maximizar as velocidades de corte na usinagem, como pequenos parafusos de baixa resistência, e.g.
4130 4140	0.8-1.1Cr, 0.15-0.25Mo, de alta resistência com tenacidade muito alta em durezas de até aproximadamente 320HB.	Aplicações estruturais em geral. O 4130 é usado em peças soldadas.
4340	1.65-2Ni, 0.4-0.6Cr, 0.2-0.3Mo, de resistência e tenacidade similar ao 4140, mas com maior profundidade de têmpera.	Aplicações estruturais em geral, especialmente em peças de maior diâmetro.

5160	0.7-0.9Cr, ductilidade e tenacidade elevadas, alta relação S_R/S_E.	Molas, especialmente na área automotiva.
52100	1.3-1.6Cr, alto C. Muito duro após temperado.	Usado em rolamentos.
6150	0.8-1.1Cr, 0.15V, de grãos pequenos, com alta resistência à abrasão.	Molas e ferramentas manuais de boa qualidade.
8620 **4320** **9310**	Aços BL ao Cr, Mo e Ni (em teor crescente), especiais para cementação, com núcleo resistente e tenaz.	Na condição cementada são usados em engrenagens, eixos, cames e virabrequins.
HY80 **HY100** **HY130**	Aços NiCrMo de baixo C, alta resistência e tenacidade, boa soldabilidade.	Calderaria pesada de alta resistência, como cascos de submarinos.
Hadfield	Aços Mn austeníticos, encruam e endurecem muito por deformação, soldáveis.	Equipamentos de terraplanagem, caçambas de transporte
300M **D6AC**	1.65-2Ni, 1.45-1.8Si, 0.7-0.95Cr, 0.3-0.65Mo, 0.38-0.46C, 0.05V refundido a vácuo, de resistência muito elevada.	Peças de alta responsabilidade e resistência muito alta, usados em aeronáutica.
Maraging A, B, C	17-19Ni, 7-9.5Co, 4-5Mo, C < 0.03, não são BL mas têm resistência muito alta com tenacidade mais alta que os aços concorrentes, ASTM A538	Peças de alta responsabilidade, resistência muito alta e boa tenacidade.

A1.4.2 Aços-ferramenta

Tipo	Características	Aplicações
W1	0.6-1.4C, temperável em água (difere dos aços C pelo processo de fabricação)	Usado em ferramentas manuais de corte de metal.
O1	1Mn, 0.5W, 0.5Cr, 0.9C. Tempera em óleo.	Matrizes de baixa produção.
S1	2.5W, 1Cr, 0.5C, aços ferramenta de menor dureza e maior tenacidade.	Formões, martelos, talhadeiras, etc.
S6	2.25Si, 1.5Cr, 1.4Mn, 0.45C, similar ao S1, com Si como endurecedor primário.	Ferramentas resistentes a impactos, martelos, formões.
P20	1.7Cr, .4Mo, 0.35C, endurece até 300HB	Matrizes de injeção
A2	5Cr, 1Mo, 1C para trabalho a frio, tempera em ar em seções de até 150mm.	Matrizes e resistência ao desgaste.
A6	2Mn, 1.25Mo, 1Cr, 0.7C, tempera em ar, distorção ainda menor que o A2.	Matrizes intricadas.
A11	9.75V, 5.25Cr, 1.30Mo, 2.45C, tipo recente, fabricado por PM, muito duro.	Desgaste extremamente severo.
D2	12Cr, 1Mo, 1V, 1.5C, tempera em ar em seções de até 250mm.	Trabalho a frio, popular, mas mais caro que o A2.
H11 **H13**	5Cr, 1.5Mo, 0.4V (1V no H13), 0.35C, têmpera em ar, resistem ao amolecimento em θ até ~480°C.	Trabalho a quente, o H11 é também usado em componentes estruturais que trabalham sob tensões muito altas.
M1- **M7**	Mo, W, Cr e V, similares aos aços tipo T, mas com um custo mais baixo.	Usado para ferramentas de corte de todos os tipos.
T4- **T15**	alto W + Cr, V, Co, muito resistentes ao amolecimento à quente.	Ferramentas de corte.

A1.4.3   Aços inox (séries 2xx e 3xx austeníticos, 4xx ferríticos ou martensíticos)

Tipo	Características	Aplicações
301 201	16-18Cr, 6-8 Ni, 2Mn, 0.15C, encrua muito. No 301, o Mn substitui parte do Ni para estabilizar a austenita (16-18Cr, 5.5-7.5Mn, 3.5-5.5 Ni, 0.15C).	Uso estrutural onde ductilidade e endurecimento a frio sejam necessários, acabamentos, peças conformadas em geral.
302 202	17-19Cr, 8-10 Ni, 2Mn, 0.15C, similar ao 304 mas com maior teor de C. Boa resistência mecânica e à corrosão. 202 (17-19Cr, 7.5-10Mn, 4-6 Ni, 0.15C) troca parte do Ni por Mn.	Componentes estampados de uso geral. Acabamentos externos, transporte de alimentos, equipamentos de cozinha, etc.
303	Similar ao 302, com S > 0.15% para facilitar usinabilidade.	Peças usinadas. Parafusos, porcas, buchas, etc.
304 304L	18-20Cr, 8-12 Ni, 2Mn, 0.08C (sufixo L se C < 0.03%, para facilitar a soldagem). Inox padrão, conhecido por 18-8 pelos seus teores mínimos de Cr e Ni.	Componentes estampados e soldados em geral. Vasos criogênicos. O 304L deve ser usado para evitar a corrosão no entorno dos cordões de solda.
309 310	309 (22-24Cr, 12-15Ni, 2Mn, 0.2C) resiste à oxidação no ar até 1000°C, o 310 (24-26Cr, 19-22Ni, 2Mn, 0.25C) até 1100°C, alta resistência à fluência.	Fornos, trocadores de calor, bandejas para tratamento térmico e outros recipientes que trabalham em alta temperatura.
316 316L 316N	16-18Cr, 10-14 Ni, 2-3Mo, 2Mn, 0.08C, (L: 0.03C, N: 0.13N), melhor resistência à corrosão e à fluência que o 304.	Uso geral na indústria e em ambientes marinhos. Usar sufixo L para evitar corrosão em cordões de solda, e N para maior S_E e S_R.
317 317L	18-20Cr, 11-15Ni, 3-4Mo, 2Mn, 0.08 ou 0.03C. Melhor resistência à corrosão e à fluência que o 316.	Equipamentos químicos e têxteis que requerem alta resistência à corrosão.
330	Resistência à carbonetação e à oxidação em alta temperatura.	Fornos, turbinas a gás, tratamento térmico,etc.
405 430	405: 11.5-14.5Cr, 0.08C, 430: 16-18Cr, 0.12C. Ferríticos (não temperam). Resistem à corrosão atmosférica (430 mais que o 405) e à corrosão sob tensão.	Mais baratos que os austeníticos. Uso geral em acabamentos e escapamentos automotivos, arquitetura, equipamentos de cozinha.
410 416	12-14Cr, 0.15C (S > 0.15 no 416). Martensíticos. O 416 tem melhor usinabilidade. 330-380HB.	Uso geral em peças de alta resistência mecânica tratadas termicamente.
420	13-15Cr, 0.15-0.30C. Martensítico, tempera ao ar. Boa resistência mecânica. 450-520HB.	Facas, instrumentos dentais e cirúrgicos, eixos de bombas, ferramentas manuais.
431	15-17Cr, 1.3-2.5Ni, 0.2C. Resistências mecânicas elevadas com a melhor resistência à corrosão dentre os aços inox martensíticos.	Estruturas aeronáuticas e mecânicas, parafusos, componentes de válvulas, equipamentos químicos.
440A 440B 440C	16-18Cr, 0.75Mo, 0.60-0.75C (A), 0.75-0.95C(B) e 0.95-1.2C (C). Martensíticos de alta dureza, 520-650HB.	Cutelaria, instrumentos de medição, dentais e cirúrgicos, esferas de rolamentos, válvulas.

13-8PH 15-5PH 17-4PH	Martensíticos endurecíveis por precipitação (maraging). Elevadas tenacidade e resistências mecânicas, obtidas por um único tratamento térmico a baixas temperaturas, alta resistência à corrosão.	Componentes estruturais aeronáuticos, mecânicos, petroquímicos e nucleares de alta resistência e qualidade, válvulas, eixos, molas, etc.
17-7PH	Semiaustenítico endurecível por precipitação, baixa distorção no tratamento térmico, muito estável.	Similar aos outros PH.

A1.4.4 Super ligas

Tipo	Características	Aplicações
AM 100	Altas resistência à ruptura, tenacidade à fratura e dureza.	Eixos de turbinas a jato, componentes balísticos.
Astroloy	Ni-Cr-Co-Mo com adições substanciais de Al e Ti para endurecer por precipitação.	Alta resistência a altas temperaturas em componentes da seção quente de turbinas a gás.
Incoloy 800	Ni-Cr-Fe, resiste à oxidação em temperaturas altas, uma primeira escolha para melhor desempenho a altas temperaturas que o dos aços inox da série 300.	Usada em equipamentos de tratamento térmico, dispositivos elétricos e trocadores de calor.
Incoloy 825	Liga austenítica de Ni-Fe-Cr com outros elementos para aumentar a resistência à corrosão química.	Equipamentos de processos químicos, tubulações e recipientes para ácidos.
Incoloy 903	Super liga de Ni-Co com Nb para aumentar a resistência mecânica e à oxidação em altas temperaturas.	Usada em componentes da seção quente de turbinas a gás.
Incoloy 907	Ni-Co-Fe com Nb, endurecível por envelhecimento, resistência mecânica elevada e baixo coeficiente de expansão térmica em temperaturas até $426^{\circ}C$.	Usada em vedação vidro-metal, selos de turbinas a gás e outras peças estruturais para altas temperaturas.
Inconel 600	Resistência, estabilidade e durabilidade em altas temperaturas. Possui muito boa resistência à corrosão.	Aquecedores, trocadores de calor, equipamentos químicos, turbinas a gás.
Inconel 622	Ni-Cr-Mo-W, alta resistência à corrosão localizada, ótima estabilidade metalúrgica.	Usada em uma grande variedade de equipamentos de processos químicos.
Inconel 690	Ótima resistência à corrosão sob tensão, ao ataque de produtos químicos oxidantes ou gases quentes.	Aplicações corrosivas em alta temperaturas, queimadores, fornalhas indústria química.
Inconel 706	Super liga de Ni-Cr-Fe, de excelente usinabilidade, endurecida por precipitação, resistência a altas temperaturas.	Turbinas a gás.
Inconel 718	Alta resistência mecânica e à corrosão no ar até $700^{\circ}C$, boa fabricabilidade, endurece por envelhecimento.	Componentes da seção quente de turbinas a gás e tanques de armazenamento criogênicos.
Inconel 722	Resistência melhorada pela adição de Ti e de Al, endurecível por envelhecimento.	Usada em componentes estruturais de turbinas a gás.
Invar 42	Super liga de Fe-Ni com expansão térmica controladas.	Usada para a vedação vidro-metal, como lâmpadas e tubos de elétrons.

A1.4.5 Ligas de Alumínio

Tipo	Características	Aplicações
Al 1100	Al comercialmente puro, conformabilidade e soldabilidade excelentes e boa resistência à corrosão.	Aletas de trocadores de calor, utensílios de cozinha, peças decorativas e rebites.
Al 2011	Endurecível por envelhecimento, boa usinabilidade e resistência.	Parafusos, peças de máquinas.
Al 2014	Liga endurecível por precipitação com boa resistência.	Fuselagem de aviões, chassis de caminhões.
Al 2024	Resistência elevada, endurecível por envelhecimento.	Rodas de caminhões, fuselagem de aviões, instrumentos científicos, etc.
Al 2036	Liga automotiva para confecção de chapas.	Chapas para a indústria automotiva.
Al 2090	Liga de Al-Li com resitência similar ao Al 7075, mas menos densa.	Aplicações aeronáuticas em reforços da fuselagem.
Al 2124	Tenacidade e resistência melhores que o Al 2024.	Fuselagem de aviões.
Al 2219	Melhor resistência à temperaturas elevadas que outras ligas 2xxx.	Componentes estruturais para temperaturas relativamente altas.
Al 2618	Boa resistência em temperaturas até $300^{\circ}C$.	Turbinas de aviões.
Al 3003	Resistência muito boa à corrosão, não tratável termicamente.	Equipamentos químicos, dutos, utensílios de cozinha.
Al 3004	Liga de Al com Mg e Mn, endurecível somente por trabalho a frio.	Tanques de armazenamento.
Al 5052	Boa resistência à corrosão marinha, soldável, não tratável termicamente.	Tubos hidráulicos, congeladores, barcos pequenos.
Al 5083	Muito boa resistência à corrosão inclusive marinha, facilmente soldável.	Vasos de pressão soldados, aplicações criogênicas, barcos, peças aeronáuticas.
Al 5456	Boa resistência à ruptura, soldabilidade e resistência à corrosão marinha.	Estruturas soldadas de alta resistência, vasos de pressão, aplicações navais.
Al 6061	Boa resistência à ruptura e à corrosão, tratável termicamente.	Componentes mecânicos em geral.
Al 6063	Boa resistência à ruptura e à corrosão, tratável termicamente.	Perfis estruturais estrudados em geral.
Al 7049	Liga de forjamento, tratável termicamente com resistência muito boa à corrosão sob tensão.	Forjados estruturais, mísseis, indústria aeronáutica em geral.
Al 7050	Tratável termicamente com elevada resistência à ruptura e tenacidade.	Estruturas aeroespaciais e componentes mecânicos.
Al 7075	Liga de resistência à ruptura elevada após tratamento térmico.	Estruturas aeroespaciais e componentes mecânicos.
Al 7175	Liga de forjamento de resistência elevada, tratável termicamente.	Conexões usinadas na indústria aeronáutica.
Al 7475	Elevada resistência à ruptura e tenacidade melhor que o Al 7075.	Fuselagem de aviões e outras estruturas.

A1.4.6   Ligas de Titânio

Tipo	Características	Aplicações
Ti 6Al-4V	Liga estrutural mais usada, tratável termicamente, com excelentes resistências mecânica e à corrosão, soldável.	Turbinas e componentes estruturais em geral, em temperaturas de até 400°C.
Ti 3Al-2.5V	Liga com melhor resistência que as classes comercialmente puras, e excelente conformabilidade, soldabilidade e resistência à corrosão.	Tubulações em aviões, sistemas hidráulicos, equipamentos esportivos de alto desempenho.
Ti 3Al-8V-6Cr-4Zr-4Mo	Liga beta similar em desempenho ao Ti 13-11-3, mas de fundição mais fácil.	Usada em molas e em dutos de poços de petróleo e de gás.
Ti 5Al-2.5Sn	Liga alfa não tratável termicamente, que combina boa soldabilidade e estabilidade com excelente resistência mecânica em temperaturas criogênicas ou elevadas.	Empregada primariamente em aplicações de turbinas e fuselagem de aviões.
Ti 6Al-2Sn-4Zr-2Mo	Liga quase-alfa projetada para aplicações em temperaturas altas (até 538°C). Combina excelente resistência à corrosão com soldabilidade e fabricabilidade relativamente boas.	Encontrada em componentes do compressor de turbinas a gás, *afterburners* e em seções quentes da fuselagem de aviões.
Ti 6Al-2Sn-4Zr-6Mo	Liga alfa-beta tratável termicamente, para aplicações em temperaturas altas que requerem uma resistência mais elevada que a liga Ti 6Al-2Sn-4Zr-2Mo. Combina boas resistências à ruptura e à corrosão com soldabilidade e fabricabilidade.	Selecionada para aplicações que requerem boas resistências em temperaturas até 454°C, incluindo turbinas a gás.
Ti 6Al-6V-2Sn	Liga alfa-beta tratável termicamente para obter resistências mais elevadas. Combina excelentes resistências mecânicas e à corrosão, e fabricabilidade moderada.	Usada primariamente em aplicações de forjamento de seções da fuselagem de aviões.
Ti 8Al-1Mo-1V	Liga quase-alfa criada primariamente para resistir à fluência até 430°C. Possui a maior resistência à ruptura e a menor densidade dentre todas as ligas de Ti.	Encontrada primariamente em aplicações de turbinas a jato.
Ti 10-2-3	Liga quase-beta para aplicações de forjamento da fuselagem de aviões.	Componentes de alta resistência em aviões.
Ti 13-11-3	Liga beta tratável termicamente, para aplicações de alta resistência. Combina boa fabricabilidade com excelentes propriedades mecânicas e resistência à corrosão.	Usada em molas e componentes de alta resistência da fuselagem de aviões.
Ti 15-3	Liga beta meta-estável endurecível por envelhecimento, com excelente resistência mecânica e conformabilidade a frio.	Usada em fuselagem de aviões, tubulações e componentes aeroespaciais.

A1.5   Referências

[1] Meggiolaro,MA; Castro,JTP. "ViDa 98 - Danômetro Visual para Automatizar o Projeto à Fadiga sob Carregamentos Complexos", Revista Brasileira de Ciências Mecânicas, v.20, n.4, 1998.

[2] ASM Metals Reference Book, ASM International, 1993.

[3] ASM Source Book on Industrial Alloy and Engineering Data, ASM 1978.

[4] CRC Handbook of Chemistry and Physics, CRC Press 1979.

[5] Marks' Standard Handbook for Mechanical Engineers, McGraw-Hill 1979.

[6] Oberg,E; Jones,FD; Horton,HL. Machinery's Handbook, Industrial Press Inc., New York, 1978.

[7] SME Tool and Manufacturing Engineers Handbook, Society of Manufacturing Engineers, McGraw-Hill 1976.

[8] Technical Report on Fatigue Properties, SAE J1099, SAE Handbook, 1982.

[9] Böller,CJr; Seeger,T. Materials Data for Cyclic Loading, Elsevier Science Publishers, 1987.

[10] Matthews,WT. Plane Strain Toughness Data Handbook for Metals, Army Materials and Mechanics Research Center (AMMRC) MS 73-6, Watertown, MA, 1973.

[11] Henkener,JA; Lawrence,VB; Forman,RG. "An Evaluation of Fracture Mechanics Properties of Various Aerospace Materials", ASTM STP 1189, pp.474-497, 1993.

[12] Meggiolaro,MA; Castro,JTP. "Avaliação Estatística das Estimativas de Propriedades Mecânicas no Projeto à Fadiga", 57° Congresso Anual da ABM, São Paulo, SP, 2002.

[13] Meggiolaro,MA; Castro,JTP "Statistical evaluation of strain life fatigue crack initiation predictions", International Journal of Fatigue v.26, p.463-476, 2004.

[14] Meggiolaro,MA; Castro,JTP. "Avaliação das Estimativas dos Parâmetros SN e εN no Projeto à Fadiga", Congresso Nacional de Engenharia Mecânica - CONEM, ABCM 2002.

[15] Bannantine,JA; Comer,JJ; Handrock,JL. Fundamentals of Metal Fatigue Analysis, Prentice Hall 1990.

[16] Dieter,GE. Mechanical Metallurgy, McGraw Hill 1976.

[17] Fuchs,HO; Stephens,RI. Metal Fatigue in Engineering, Wiley 1980.

[18] Juvinall,RC. Stress, Strain & Strength, McGraw-Hill 1967.

[19] Morrow,J. "Cyclic Plastic Strain Energy and Fatigue of Metals", ASTM STP 378, pp.45-87, 1965.

[20] Manson,SS. "Fatigue: A Complex Subject - Some Simple Approximations", Exp. Mech., v.5, n.4, pp.193-226, 1965.

[21] Raske,DT; Morrow,J. "Mechanics of Materials in Low Cycle Fatigue Testing", Manual on Low Cycle Fatigue Testing, ASTM STP 465, pp.1-25, 1969.

[22] Socie,DF; Mitchell,MR; Caulfield,EM. "Fundamentals of Modern Fatigue Analysis", Fracture Control Program Report n.26, University of Illinois, 1977.

[23] Mitchell,MR. "Fundamentals of Modern Fatigue Analysis for Design", in "Fatigue and Microstructure", ASM 1979.

[24] Muralidharan,U; Manson,SS. "Modified Universal Slopes Equation for Estimation of Fatigue Characteristics", ASME Trans. J. Engineering Mater. and Tech., v.110, pp.55-58, 1988.

[25] Bäumel,AJr; Seeger,T. Materials Data for Cyclic Loading - Supplement 1, Elsevier Science Publishers, 1990.

[26] Ong,JH. "An Evaluation of Existing Methods for the Prediction of Axial Fatigue Life from Tensile Data", International Journal of Fatigue, v.15, n.1, pp.13-19, 1993.

[27] Ong,JH. "An Improved Technique for the Prediction of Axial Fatigue Life from Tensile Data", International Journal of Fatigue, v.15, n.3, pp.213-219, 1993.

[28] Brennan,F. "The Use of Approximate Strain-Life Fatigue Crack Initiation Predictions", Fatigue 16, pp.351-356, 1994.

[29] Park,JH; Song,JH. "Detailed Evaluation of Methods for Estimation of Fatigue Properties", International Journal of Fatigue, v.17, n.5, pp.365-373, 1995.

[30] Roessle,ML; Fatemi,A. "Strain-Controlled Fatigue Properties of Steels and Some Simple Approximations", International Journal of Fatigue, v.22, pp.495-511, 2000.

[31] Kim,KS; Chen,X; Han,C; Lee,HW. "Estimation Methods for Fatigue Properties of Steels under Axial and Torsional Loading", International Journal of Fatigue, v.24, pp.783-793, 2002.

[32] Socie,DF; Marquis,GB. Multiaxial Fatigue, SAE 1999.

[33] Hutchinson,JW. A Course on Nonlinear Fracture Mechanics, Technical University of Denmark 1979.

[34] manual de referência do programa "NASGRO" Versão 3.00, NASA 1998.

[35] Barson,JM; Rolfe,ST. Fracture and Fatigue Control in Structures, Prentice-Hall 1987.

[36] Whittaker,BN; Singh,RN; Sun,G. Rock Fracture Mechanics, Elsevier 1992.

[37] Wallin,K. "The Size Effect in K_{IC} Results", Engineering Fracture Mechanics v.22, n.1, pp.149-163, 1985.

[38] Vroman,GA. "Material Thickness Effect on Critical Stress Intensity", Monograph #106, TRW, 1983.

[39] Kenedi,PP; Castro,JTP. "Avaliação de Taxas de Fadiga pelo Método εN", VII SIBRAT, pp. 269-278, ABCM 1992.

[40] Kenedi,PP; Castro,JTP. "Estimativa da Taxa de Propagação de Trincas de Fadiga a Partir de Propriedades Mecânicas Cíclicas", XI Congresso Brasileiro de Engenharia Mecânica, pp.41-44, ABCM 1991.

[41] Meggiolaro,MA; Castro,JTP. "Estudo Estatístico das Propriedades do Banco de Materiais do ViDa", PUC-Rio 2001.

[42] Liaw,PK; Leax,TR; Logsdon,WA. "Near-Threshold Fatigue Crack Growth Behaviour in Metals", Acta Metallurgica, v.31, n.10, pp.1581-1587, 1983.

[43] Wasén,J; Heier,E. "Fatigue Crack Growth Thresholds - the Influence of Young's Modulus and Fracture Surface Roughness", International Journal of Fatigue, v.20, n.10, pp.737-742, 1998.

Apêndice 2 - Dimensionamento de Vasos de Pressão ao Escoamento

A2.1 Modelo de Paredes Finas

Longe das tampas de vasos de pressão cilíndricos, a tensão tangencial na parede cilíndrica σ_θ é dada por $\sigma_\theta = pr/t$ e a axial σ_a é dada por $\sigma_a = pr/2t$, onde p é a pressão interna, r é o raio do vaso e t a (pequena) espessura da parede, vide Fig. A2.1.

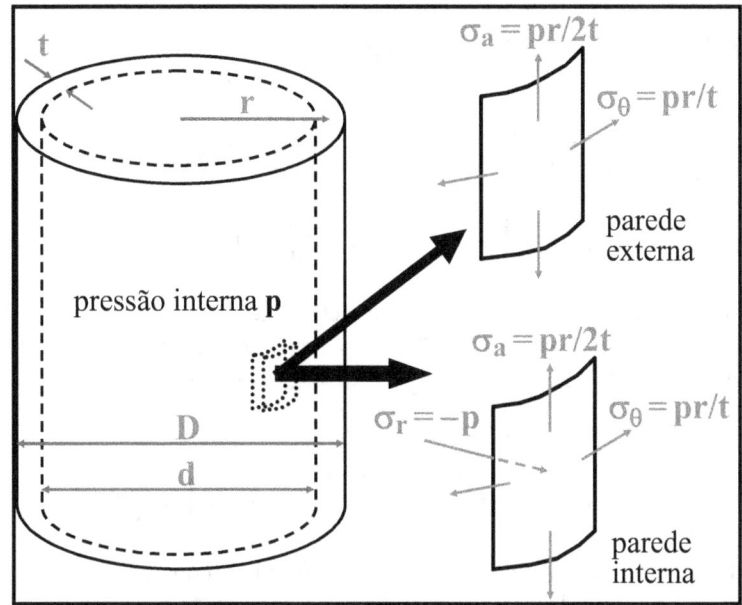

Fig. A2.1: Tensões atuantes nas paredes externa e interna de um vaso de pressão de paredes finas de diâmetros interno d e externo D.

É trivial achar qualquer destas componentes: basta equilibrar as forças atuantes nas duas metades do cilindro, para obter $\sigma_\theta = (p{\times}2r{\times}l)/(2{\times}t{\times}l)$, onde l é o comprimento do cilindro, ou equilibrar a força nas tampas, para achar $\sigma_a = (p\pi{\times}r^2)/(2\pi r{\times}t)$. A tensão radial σ_r na parede interna é desprezada, mas pode ser facilmente adicionada: $\sigma_r = -p$.

A teoria da máxima tensão cisalhante (ou de Tresca) prevê início do escoamento sob um estado complexo de tensões quando a máxima tensão cisalhante τ_{max} atuante no ponto crítico da peça atingir a metade da resistência ao escoamento do material, a qual é medida num teste de tração uniaxial: $\tau_{max} = S_E / 2$. A tensão de Tresca σ_T é a tensão normal uniaxial que corresponde a τ_{max}, logo $\sigma_T = 2{\cdot}\tau_{max} = \sigma_1 - \sigma_3$, onde σ_1 é a maior e σ_3 é a menor tensão principal atuantes.

Portanto, para se projetar um cilindro de pressão por Tresca pelo modelo de paredes finas e desprezando σ_r, basta fazer $\sigma_T = p{\cdot}r/t = S_E /\varphi$, onde φ é um fator de segurança apropriado (que depende do material e do uso do vaso).

Mas este não é um procedimento intrinsecamente seguro, já que a menor tensão principal atuante na parede do vaso, $\sigma_3 = \sigma_r = -p$, é menor que zero. Logo, como $\sigma_T = \sigma_\theta + p$, não se deve desprezar a σ_r que atua na parede interna, usando no projeto do vaso a expressão igualmente simples $p{\cdot}(r/ t + 1) = S_E /\varphi$.

Além disto, deve-se enfatizar que "paredes finas" é um conceito relativo: cilindros de pressão reais têm um diâmetro externo $\mathbf{D}$ e um diâmetro interno $\mathbf{d}$, logo possuem uma espessura finita $\mathbf{t} = (\mathbf{D} - \mathbf{d})/2$. Desta forma, no projeto de vasos reais há diferença numérica entre os cálculos baseados nos diâmetros interno $\mathbf{d}$, externo $\mathbf{D}$, e médio $\mathbf{d_m} = (\mathbf{D} + \mathbf{d})/2$. Esta diferença cresce com a razão $\mathbf{t}/\mathbf{D}$.

As tensões de Tresca baseadas nos vários diâmetros das paredes cilíndricas de vasos de pressão são:

$$\sigma_{Te} = p \cdot \left(\frac{D}{2t} + 1\right) = p \cdot \left(\frac{D/d}{D/d - 1} + 1\right) = p \cdot \left(\frac{2D/d - 1}{D/d - 1}\right) \tag{A2.1}$$

$$\sigma_{Tm} = p \cdot \left(\frac{d_m}{2t} + 1\right) = p \cdot \left(\frac{D/d + 1}{2(D/d - 1)} + 1\right) = p \cdot \left(\frac{3 D/d - 1}{2 D/d - 2}\right) \tag{A2.2}$$

$$\sigma_{Ti} = p \cdot \left(\frac{d}{2t} + 1\right) = p \cdot \left(\frac{1}{D/d - 1} + 1\right) = p \cdot \left(\frac{D/d}{D/d - 1}\right) \tag{A2.3}$$

onde o índice $\mathbf{i}$ significa cálculo baseado no diâmetro interno, $\mathbf{e}$ no diâmetro externo e $\mathbf{m}$ no diâmetro médio. Por exemplo, σ_{Ti} é a tensão de Tresca calculada com base no diâmetro interno $\mathbf{d}$, considerando a tensão radial induzida pela pressão interna σ_r.

Já as tensões calculadas quando se despreza σ_r são:

$$\sigma_{T0e} = p \cdot \left(\frac{D/d}{D/d - 1}\right), \ \sigma_{T0m} = p \cdot \left(\frac{D/d + 1}{2D/d - 2}\right), \ \text{e} \ \sigma_{T0i} = p \cdot \left(\frac{1}{D/d - 1}\right) \tag{A2.4}$$

onde o índice $\mathbf{0}$ significa cálculo desprezando a tensão radial induzida pela pressão interna σ_r. Por exemplo, σ_{T0e} é a tensão de Tresca calculada com base no diâmetro externo $\mathbf{D}$, desprezando σ_r. Note que as diversas expressões são funções simples de $\mathbf{D}/\mathbf{d}$, e que $\sigma_{T0e} = \sigma_{Ti}$.

Como a hipótese de paredes finas no projeto de vasos de pressão esféricos leva às tensões $\sigma_1 = \sigma_3 = pr/2t$, pode-se usar a mesma idéia para dimensioná-los fazendo, e.g.:

$$\sigma_{Te}\big|_{esf} = p \cdot \left(\frac{D}{4t} + 1\right) = p \cdot \left(\frac{3D/d - 2}{2D/d - 2}\right) \tag{A2.5}$$

$\Rightarrow$ EA2.1: Calcule por Mises, considerando o efeito da pressão interna em σ_r, a mínima espessura $\mathbf{t}$ da parede cilíndrica de um vaso de pressão de raio externo **200mm**, feito de aço com $\mathbf{S_E} = \textbf{252MPa}$, para resistir sem escoar a uma pressão interna de **2MPa**, considerando um fator de segurança ao escoamento $\varphi_E = \mathbf{4}$.

Como $\sigma_\theta = pr/t$, $\sigma_a = pr/2t$ e $\sigma_r = -p$, assumindo que $\mathbf{r}$ seja o raio externo do vaso (para estar do lado da segurança) e usando Mises obtém-se:

$$\sigma_{Mises} = \sqrt{\frac{1}{2}\left[\left(\frac{pr}{2t}\right)^2 + \left(\frac{pr}{t} + p\right)^2 + \left(\frac{pr}{2t} + p\right)^2\right]} = p \cdot \sqrt{\frac{3}{4}\frac{r^2}{t^2} + \frac{3}{2}\frac{r}{t} + 1} \tag{A2.6}$$

$$\sigma_{Mises} = \frac{S_E}{\varphi_E} \Rightarrow \frac{3}{4}\frac{r^2}{t^2} + \frac{3}{2}\frac{r}{t} + 1 = \left(\frac{252}{4 \cdot p}\right)^2 \therefore \frac{r}{t} = 35.4 \tag{A2.7}$$

Assim, a espessura da chapa deve ser pelo menos $\mathbf{t} = \textbf{5.65mm}$. ✔

⇨ EA2.2: Calcule a tensão equivalente de Mises de um vaso de pressão cilíndrico de raio externo **r** e espessura **t**, sob pressão interna **p** combinada a um momento torçor **T**.

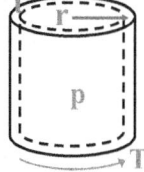

A pressão interna gera $\sigma_\theta = pr/t$, $\sigma_a = pr/2t$ e $\sigma_r = -p$. A torção em um cilindro de paredes finas com seção reta de área total (interna mais externa) **A** causa uma tensão cisalhante:

$$\tau = \frac{T}{2 \cdot A \cdot t} = \frac{T}{2 \cdot \pi r^2 \cdot t} \tag{A2.8}$$

Assim, a tensão de Mises é dada por

$$\sigma_{Mises} = \sqrt{\frac{1}{2}\left[(\frac{pr}{2t})^2 + (\frac{pr}{t} + p)^2 + (\frac{pr}{2t} + p)^2 + 6(\frac{T}{2\pi r^2 t})^2 \right]} \tag{A2.9}$$

e então

$$\sigma_{Mises} = \sqrt{(\frac{3}{4}\frac{r^2}{t^2} + \frac{3}{2}\frac{r}{t} + 1)p^2 + (\frac{3}{4\pi^2 r^4 t^2})T^2} \quad \checkmark \tag{A2.10}$$

A2.2 Solução de Lamé

A solução exata do problema da análise de tensões na região cilíndrica do vaso de pressão, desde que longe da influência das suas tampas, foi obtida por Lamé, e está desenvolvida no capítulo 5. Este problema é axissimétrico, o cilindro tem raios r_i e r_e, e é submetido a pressões p_i e p_e, e tanto σ_r como σ_θ só dependem da coordenada radial **r**:

$$\text{Lamé:} \quad \begin{cases} \sigma_r = \dfrac{r_i^2 p_i - r_e^2 p_e}{r_e^2 - r_i^2} - \dfrac{r_i^2 r_e^2 (p_i - p_e)}{r_e^2 - r_i^2} \cdot \dfrac{1}{r^2} \\[3mm] \sigma_\theta = \dfrac{r_i^2 p_i - r_e^2 p_e}{r_e^2 - r_i^2} + \dfrac{r_i^2 r_e^2 (p_i - p_e)}{r_e^2 - r_i^2} \cdot \dfrac{1}{r^2} \end{cases} \tag{A2.11}$$

No caso particular (importante) de um vaso de pressão interna, onde $p_i = p$ e $p_e = 0$, as equações se resumem a

$$\sigma_r = \frac{r_i^2 p}{r_e^2 - r_i^2} \cdot \left(1 - \frac{r_e^2}{r^2}\right) \quad e \quad \sigma_\theta = \frac{r_i^2 p}{r_e^2 - r_i^2} \cdot \left(1 + \frac{r_e^2}{r^2}\right) \tag{A2.12}$$

Neste caso, os maiores valores da tensão de Tresca por Lamé σ_{TL} ocorrem na parede interna do vaso, onde σ_θ é máximo e σ_r é mínimo, e valem:

$$\sigma_{TL} = p(\frac{r_e^2 + r_i^2}{r_e^2 - r_i^2} + 1) = p[\frac{(D/d)^2 + 1}{(D/d)^2 - 1} + 1] = p[\frac{2 \cdot (D/d)^2}{(D/d)^2 - 1}] \tag{A2.13}$$

A fórmula da tensão de Tresca obtida por Lamé é tão simples quanto as dos diversos modelos de paredes finas, logo vale a pena compará-las para quantificar os erros cometidos pelos modelos simplificados.

A2.3   Comparação entre Paredes Finas e Lamé

Se $D/d = \delta$, as relações entre os diversos modelos de paredes finas e a solução de Lamé são (vide Fig. A2.2):

$$E=\frac{\sigma_{Te}}{\sigma_{TL}}, \ M=\frac{\sigma_{Tm}}{\sigma_{TL}}, \ I=\frac{\sigma_{Ti}}{\sigma_{TL}}=e=\frac{\sigma_{T0e}}{\sigma_{TL}}, \ m=\frac{\sigma_{T0m}}{\sigma_{TL}}, \ i=\frac{\sigma_{T0i}}{\sigma_{TL}} \tag{A2.14}$$

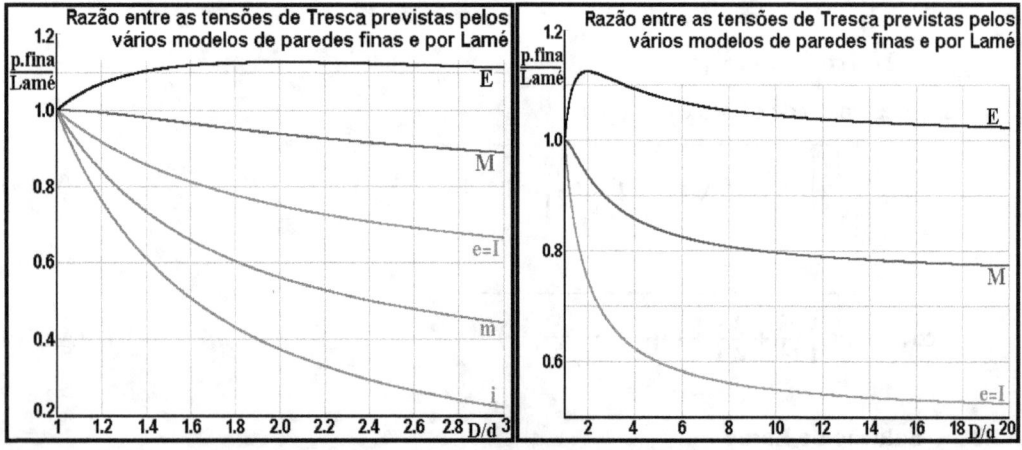

Fig. A2.2: Razão entre as tensões de Tresca previstas pelos vários modelos de paredes finas e por Lamé para as faixas de valores $1 < D/d < 3$ e $1 < D/d < 20$.

Note que quando $D/d = 1$ todos os modelos coincidem. σ_{Te} é o único modelo de projeto de vasos de pressão cilíndricos de paredes finas sempre conservativo. Além disso, $E \to 1$ quando $D/d \to \infty$, logo este modelo é exato nos dois extremos da gama de δ, e o seu maior erro ocorre em $D/d = 2$, e vale apenas 12.5%. Deve-se enfatizar que todos os outros modelos têm erros não-conservativos crescentes com D/d.

Os limites das outras funções quando $D/d \to \infty$ são $M \to 0.75$, $I = e \to 0.50$, $m \to 0.25$ e $i \to 0$. Como quando $D/d \to \infty$ a solução (exata) de Lamé tem limite $\sigma_{TL} \to 2p$ (vide Fig. A2.3), pode-se dizer que uma linha de pressão p no interior de um sólido gera uma tensão (de Tresca segundo Lamé) $\sigma_{TL} = 2p$.

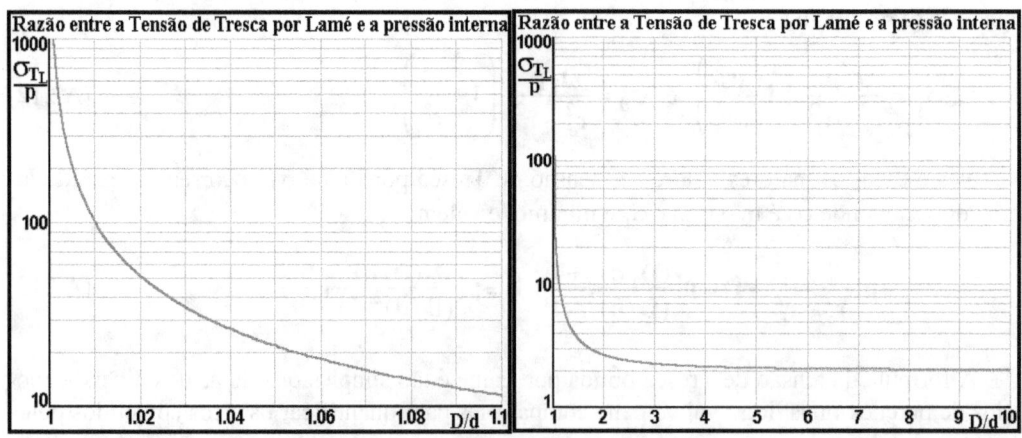

Fig. A2.3: Razão entre a tensão de Tresca por Lamé σ_{TL} e a pressão interna p para as faixas de valores $1 < D/d < 1.1$ e $1 < D/d < 10$.

Também se pode concluir que σ_{Te} é a única opção ao modelo de Lamé que pode ser recomendada para o projeto de vasos de pressão cilíndricos. A vantagem deste modelo simplificado é ser fácil de deduzir, bastando equilibrar as paredes do vaso sob pressão, baseando os cálculos no diâmetro externo e considerando $\sigma_r = -p$ (enquanto a fórmula de Lamé precisa ser decorada, pois sua dedução é trabalhosa).

No entanto, é sempre bom lembrar que apenas a solução de Lamé é exata, todas as outras são aproximações. Portanto, sempre que possível, use a fórmula de Lamé.

A2.4   Referências

[1] Crandall,SH; Dahl,NC; Lardner,TJ. An Introduction to the Mechanics of Solids, McGraw Hill 1978.

[2] Pilkey,WD. Formulas for Stress, Strain and Structural Matrices, Wiley 1994.

[3] Pilkey,WD; Chang,PY. Modern Formulas for Statics and Dynamics, McGraw Hill 1978.

[4] Telles,PCS. Vasos de Pressão, LTC 1991.

[5] Timoshenko,SP; Goodier,JN. Theory of Elasticity, McGraw Hill 1970.

[6] Young,WC. Roark's Formulas for Stress and Strain, McGraw Hill 1989.

[7] ASME Boiler and Pressure Vessel Code, section 8, div.1, 1986.

Apêndice 3 - Fatores de Concentração de Tensão

A3.1   Placas Infinitas com Furos

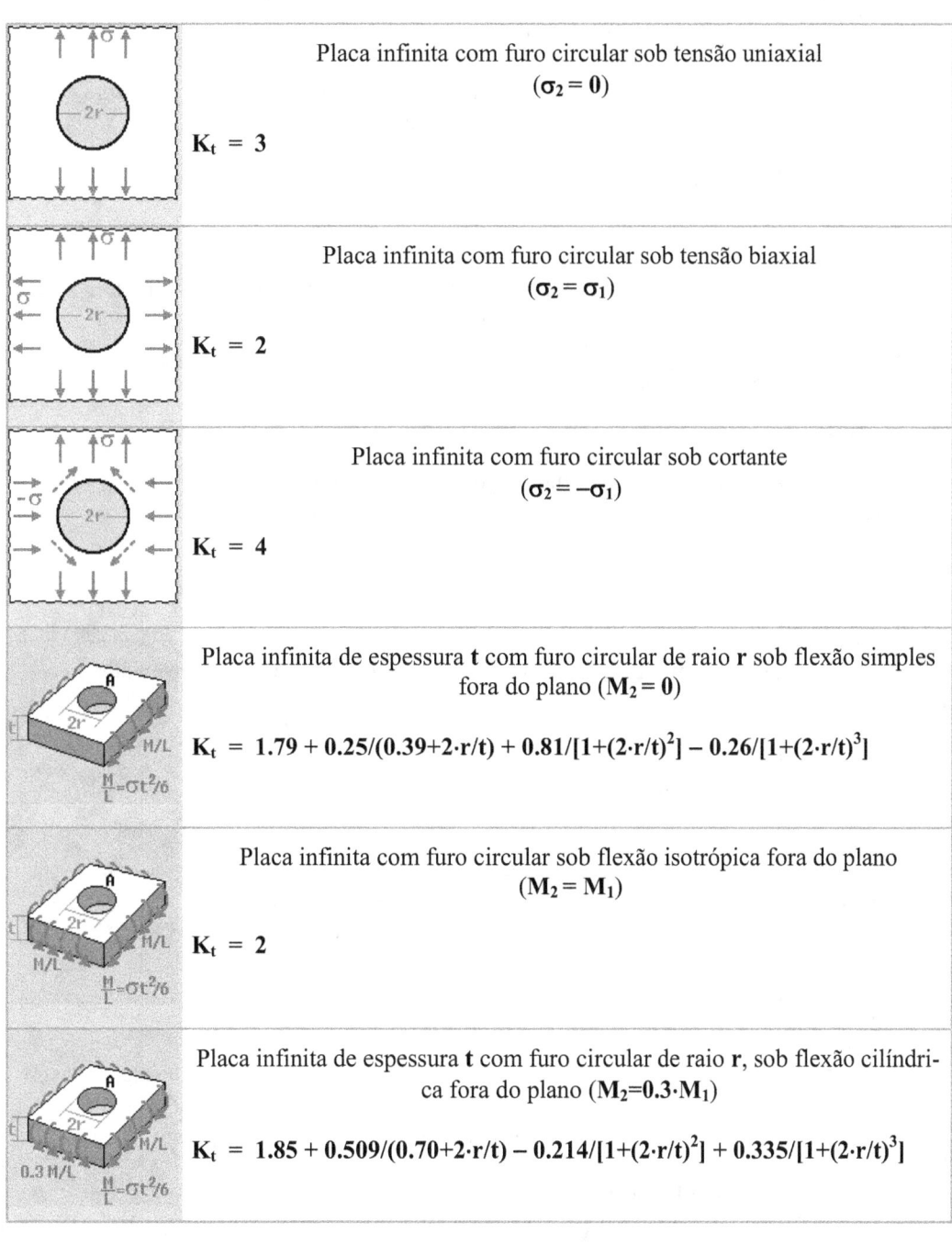

	Placa infinita com furo circular sob tensão uniaxial $(\sigma_2 = 0)$ $K_t = 3$
	Placa infinita com furo circular sob tensão biaxial $(\sigma_2 = \sigma_1)$ $K_t = 2$
	Placa infinita com furo circular sob cortante $(\sigma_2 = -\sigma_1)$ $K_t = 4$
	Placa infinita de espessura t com furo circular de raio r sob flexão simples fora do plano $(M_2 = 0)$ $K_t = 1.79 + 0.25/(0.39 + 2 \cdot r/t) + 0.81/[1 + (2 \cdot r/t)^2] - 0.26/[1 + (2 \cdot r/t)^3]$
	Placa infinita com furo circular sob flexão isotrópica fora do plano $(M_2 = M_1)$ $K_t = 2$
	Placa infinita de espessura t com furo circular de raio r, sob flexão cilíndrica fora do plano $(M_2 = 0.3 \cdot M_1)$ $K_t = 1.85 + 0.509/(0.70 + 2 \cdot r/t) - 0.214/[1 + (2 \cdot r/t)^2] + 0.335/[1 + (2 \cdot r/t)^3]$

	Placa infinita de espessura **t** com furo circular de raio **a** reforçado pela espessura **h** ($h > 3 \cdot t$) em um raio **d**, com raio **r** do entalhe ($r > 0.6 \cdot t$), sob tração $K_t = 1.00 + 1.66/[1 + f/(a \cdot t)] - 2.182/[1+f/(a \cdot t)]^2 + 2.521/[1+f/(a \cdot t)]^3$ onde: $f = (d-a) \cdot (h-t) + 0.429 \cdot r^2$
	Placa infinita com furo elíptico de eixo maior **2a** e raio de curvatura **r**, sob tensão uniaxial ($\sigma_2 = 0$) $K_t = 1+2 \cdot \sqrt{(a/r)}$
	Placa infinita com furo elíptico de eixo maior **2a** e raio de curvatura **r**, sob tensão biaxial ($\sigma_2 = \sigma_1$) $K_t = 2 \cdot \sqrt{(a/r)}$
	Placa infinita com furo elíptico de eixo maior **2a** e raio de curvatura **r**, sob cortante ($\sigma_2 = -\sigma_1$) $K_t = 2 \cdot [1+\sqrt{(a/r)}]$
	Placa infinita com furo losangular de diagonal **2a** e raio do entalhe **r**, sob tensão uniaxial ($\sigma_2 = 0$) (aproximação pela expressão do furo elíptico) $K_t = 1+2 \cdot \sqrt{(a/r)}$
	Placa infinita com furo losangular de diagonal **2a** e raio do entalhe **r**, sob tensão biaxial ($\sigma_2 = \sigma_1$) (aproximação pela expressão do furo elíptico) $K_t = 2 \cdot \sqrt{(a/r)}$
	Placa infinita com furo losangular de diagonal **2a** e raio do entalhe **r**, sob cortante ($\sigma_2 = -\sigma_1$) (aproximação pela expressão do furo elíptico) $K_t = 2 \cdot [1+\sqrt{(a/r)}]$

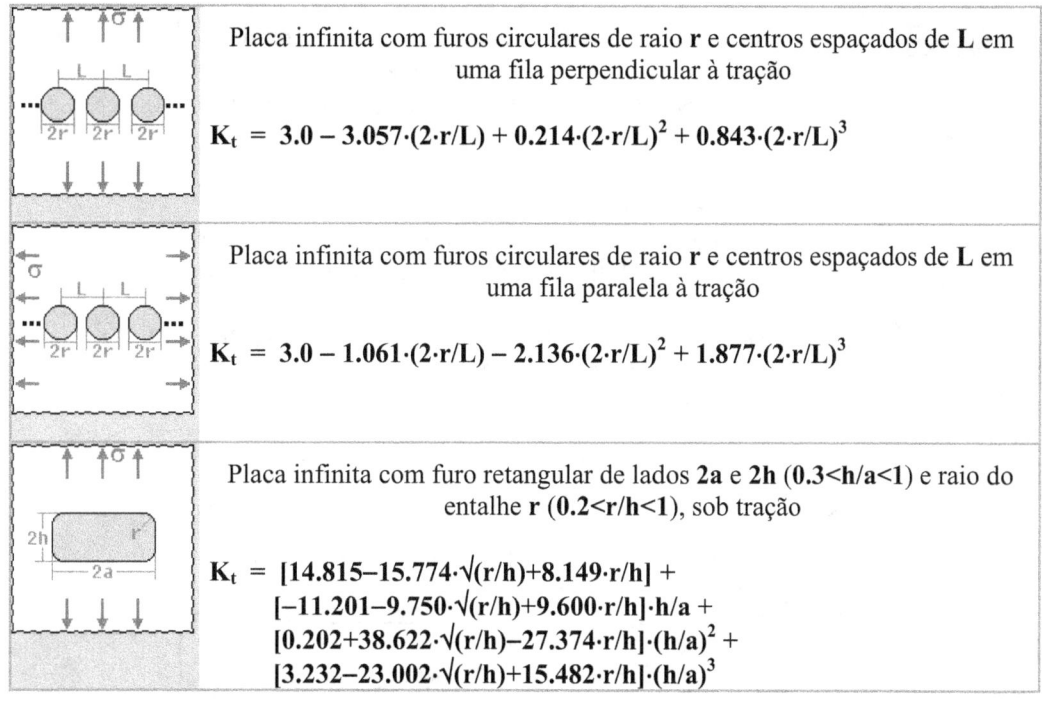

	Placa infinita com furos circulares de raio **r** e centros espaçados de **L** em uma fila perpendicular à tração $K_t = 3.0 - 3.057 \cdot (2 \cdot r/L) + 0.214 \cdot (2 \cdot r/L)^2 + 0.843 \cdot (2 \cdot r/L)^3$
	Placa infinita com furos circulares de raio **r** e centros espaçados de **L** em uma fila paralela à tração $K_t = 3.0 - 1.061 \cdot (2 \cdot r/L) - 2.136 \cdot (2 \cdot r/L)^2 + 1.877 \cdot (2 \cdot r/L)^3$
	Placa infinita com furo retangular de lados **2a** e **2h** (**0.3<h/a<1**) e raio do entalhe **r** (**0.2<r/h<1**), sob tração $K_t = [14.815 - 15.774 \cdot \sqrt{(r/h)} + 8.149 \cdot r/h] +$ $[-11.201 - 9.750 \cdot \sqrt{(r/h)} + 9.600 \cdot r/h] \cdot h/a +$ $[0.202 + 38.622 \cdot \sqrt{(r/h)} - 27.374 \cdot r/h] \cdot (h/a)^2 +$ $[3.232 - 23.002 \cdot \sqrt{(r/h)} + 15.482 \cdot r/h] \cdot (h/a)^3$

A3.2   Placas Retangulares com Furos

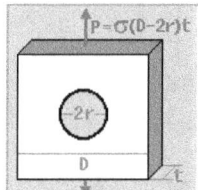

	Placa retangular de largura **D** com furo circular central de raio **r**, sob tração $K_t = 3.00 - 3.13 \cdot (2 \cdot r/D) + 3.66 \cdot (2 \cdot r/D)^2 - 1.53 \cdot (2 \cdot r/D)^3$

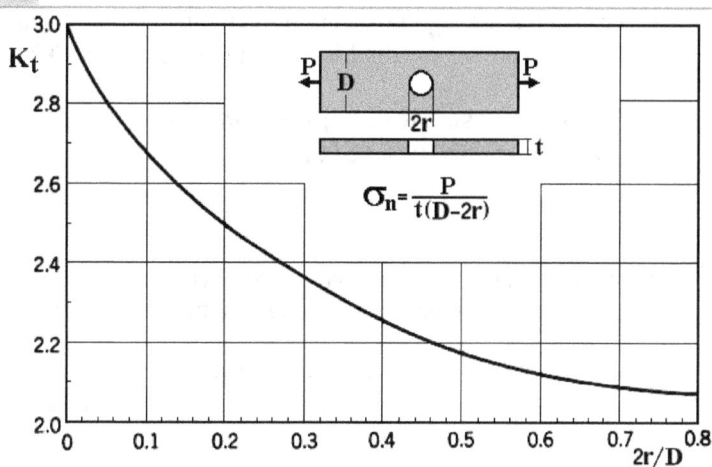

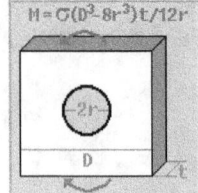

$M = \sigma(D^2-8r^3)t/12r$

Placa retangular de largura D com furo circular central de raio r, sob flexão no plano
(K_t à direita no furo, mas σ_{max} pode estar na borda)

$$K_t = 2$$

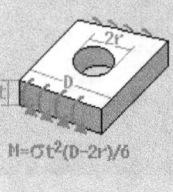

$M = \sigma t^2(D-2r)/6$

Placa retangular de largura D com furo circular central de raio r ($2r/D<0.3$), sob flexão simples fora do plano ($M_2 = 0$)

$$K_t = \{1.79 + 0.25/(0.39+2\cdot r/t) + 0.81/[1+(2\cdot r/t)^2] - 0.26/[1+(2\cdot r/t)^3]\} \cdot [1.00-1.04\cdot(2\cdot r/D)+1.22\cdot(2\cdot r/D)^2]$$

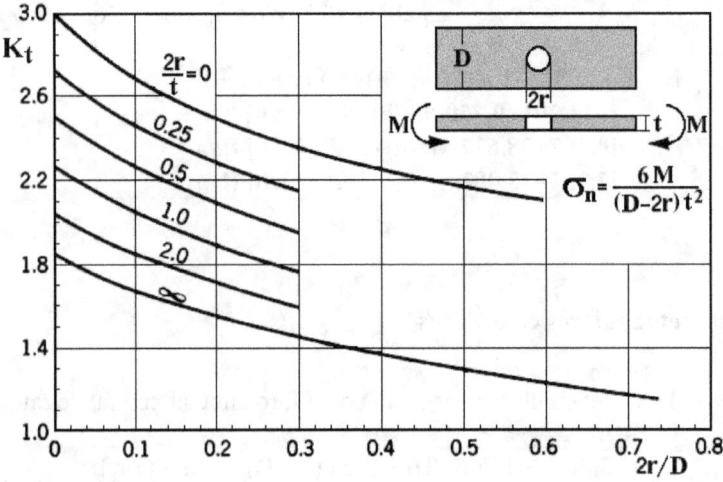

$$\sigma_n = \frac{6M}{(D-2r)\,t^2}$$

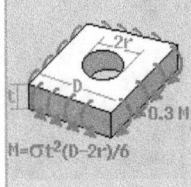

$M = \sigma t^2(D-2r)/6$

Placa retangular de largura D com furo circular central de raio r ($2r/D<0.3$), sob flexão cilíndrica fora do plano ($M_2 = 0.3\cdot M_1$)

$$K_t = \{1.85 + 0.509/(0.70+2\cdot r/t) - 0.214/[1+(2\cdot r/t)^2] + 0.335/[1+(2\cdot r/t)^3]\} \cdot [1.00-1.04\cdot(2\cdot r/D)+1.22\cdot(2\cdot r/D)^2]$$

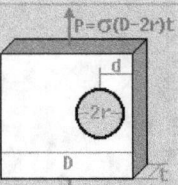

$P = \sigma(D-2r)t$

Placa retangular de largura D com furo circular assimétrico de raio r e distância d entre o centro e a borda, sob tração (K_t à direita no furo)

$$K_t = [3.00-3.13\cdot(r/d)+3.66\cdot(r/d)^2-1.53\cdot(r/d)^3] \cdot (1-2\cdot r/D) \cdot [\sqrt{(1-(r/d)^2)}/(1-r/d)] \cdot (1-d/D) / \{1-[2-\sqrt{(1-(r/d)^2)}]\cdot d/D\}$$

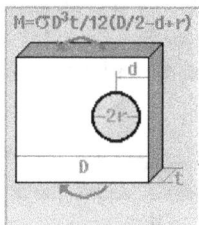

Placa retangular de largura **D** com furo circular assimétrico de raio **r** e distância **d** entre o centro e a borda, sob flexão no plano, **0.0<r/d<0.05**

$$K_t = 3$$

Placa retangular de largura **D** com furo circular assimétrico de raio **r** e distância **d** entre o centro e a borda, sob flexão no plano, **0.05<r/d<0.5** (**K$_t$** à direita no furo, mas σ_{max} pode estar na borda)

$$K_t = [3.022-0.422 \cdot r/d+3.556 \cdot (r/d)^2] +$$
$$[-0.569+2.664 \cdot r/d-4.397 \cdot (r/d)^2] \cdot (2 \cdot d/D) +$$
$$[3.138-18.367 \cdot r/d+28.09 \cdot (r/d)^2] \cdot (2 \cdot d/D)^2 +$$
$$[-3.591+16.125 \cdot r/d-27.252 \cdot (r/d)^2] \cdot (2 \cdot d/D)^3$$

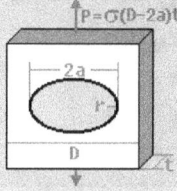

Placa retangular de largura **D** com furo elíptico central de eixo maior **2a** e raio **r** (**0.25<a/r<100**), sob tração

$$K_t = [1+2 \cdot \sqrt{(a/r)}] + [-0.35-0.02 \cdot (a/r)^{0.25}-2.48 \cdot \sqrt{(a/r)}] \cdot (2 \cdot a/D) +$$
$$[3.62-5.18 \cdot (a/r)^{0.25}+4.49 \cdot \sqrt{(a/r)}] \cdot (2 \cdot a/D)^2 +$$
$$[-2.27+5.204 \cdot (a/r)^{0.25}-4.01 \cdot \sqrt{(a/r)}] \cdot (2 \cdot a/D)^3$$

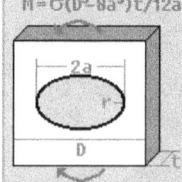

Placa retangular de largura **D** com furo elíptico central de eixo maior **2a** (**0.4<2a/D<1.0**) e raio **r** (**1<a/r<4**), sob flexão no plano (σ_{max} pode estar na borda)

$$K_t = [3.465-3.739 \cdot (a/r)^{0.25}+2.274 \cdot \sqrt{(a/r)}] +$$
$$[-3.84+5.58 \cdot (a/r)^{0.25}-1.74 \cdot \sqrt{(a/r)}] \cdot (2 \cdot a/D) +$$
$$[2.376-1.843 \cdot (a/r)^{0.25}-0.53 \cdot \sqrt{(a/r)}] \cdot (2 \cdot a/D)^2$$

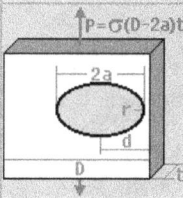

Placa retangular de largura **D** com furo elíptico assimétrico de eixo maior **2a**, raio **r** (**0.25<a/r<100**) e distância **d** entre o centro e a borda, sob tração (**K$_t$** à direita no furo)

$$K_t = \{[1+2 \cdot \sqrt{(a/r)}] + [-0.351-0.021 \cdot (a/r)^{0.25}-2.48 \cdot \sqrt{(a/r)}] \cdot (a/d) +$$
$$[3.621-5.183 \cdot (a/r)^{0.25}+4.49 \cdot \sqrt{(a/r)}] \cdot (a/d)^2 +$$
$$[-2.270+5.204 \cdot (a/r)^{0.25}-4.01 \cdot \sqrt{(a/r)}] \cdot (a/d)^3\} \cdot (1-2 \cdot a/D) \cdot$$
$$\{\sqrt{[1-(a/d)^2]}/(1-a/d)\} \cdot (1-d/D) / \{1-[2-\sqrt{(1-(a/d)^2)}] \cdot d/D\}$$

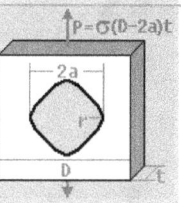

Placa retangular de largura **D** com furo losangular central de diagonal **2a** e raio do entalhe **r** (**0.25<a/r<100**), sob tração

$$K_t = [1+2 \cdot \sqrt{(a/r)}] + [-0.35-0.02 \cdot (a/r)^{0.25}-2.48 \cdot \sqrt{(a/r)}] \cdot (2 \cdot a/D) +$$
$$[3.62-5.18 \cdot (a/r)^{0.25}+4.49 \cdot \sqrt{(a/r)}] \cdot (2 \cdot a/D)^2 +$$
$$[-2.27+5.204 \cdot (a/r)^{0.25}-4.01 \cdot \sqrt{(a/r)}] \cdot (2 \cdot a/D)^3$$

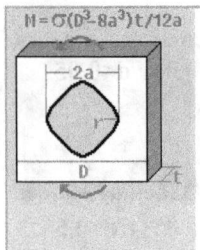

Placa retangular de largura **D** com furo losangular central de diagonal **2a** (**0.4<2a/D<1.0**) e raio do entalhe **r** (**1<a/r<4**), sob flexão no plano (σ_{max} pode estar na borda)

$$K_t = [3.465-3.739{\cdot}(a/r)^{0.25}+2.274{\cdot}\sqrt{(a/r)}] +$$
$$[-3.84+5.58{\cdot}(a/r)^{0.25}-1.74{\cdot}\sqrt{(a/r)}]{\cdot}(2{\cdot}a/D) +$$
$$[2.376-1.843{\cdot}(a/r)^{0.25}-0.53{\cdot}\sqrt{(a/r)}]{\cdot}(2{\cdot}a/D)^2$$

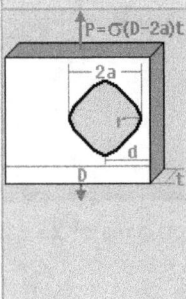

Placa retangular de largura **D** com furo losangular assimétrico de diagonal **2a** e raio do entalhe **r** (**0.25<a/r<100**), sob tração (**K$_t$** à direita no furo)

$$K_t = \{[1+2{\cdot}\sqrt{(a/r)}] + [-0.351-0.021{\cdot}(a/r)^{0.25}-2.48{\cdot}\sqrt{(a/r)}]{\cdot}(a/d) +$$
$$[3.621-5.183{\cdot}(a/r)^{0.25}+4.49{\cdot}\sqrt{(a/r)}]{\cdot}(a/d)^2 +$$
$$[-2.270+5.204{\cdot}(a/r)^{0.25}-4.01{\cdot}\sqrt{(a/r)}]{\cdot}(a/d)^3\} \cdot (1-2{\cdot}a/D) \cdot$$
$$\{\sqrt{[1-(a/d)^2]}/(1-a/d)\} \cdot (1-d/D) / \{1-[2-\sqrt{(1-(a/d)^2)}]{\cdot}d/D\}$$

A3.3   Placas Retangulares Entalhadas

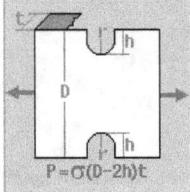

Placa retangular de largura **D** com dois entalhes U de profundidade **h** e raio **r**, sob tração, **0.1<h/r<2.0**

$$K_t = [0.850+2.628{\cdot}\sqrt{(h/r)}-0.413{\cdot}h/r] +$$
$$[-1.119-4.826{\cdot}\sqrt{(h/r)}+2.575{\cdot}h/r]{\cdot}(2{\cdot}h/D) +$$
$$[3.563-0.514{\cdot}\sqrt{(h/r)}-2.402{\cdot}h/r]{\cdot}(2{\cdot}h/D)^2 +$$
$$[-2.294+2.713{\cdot}\sqrt{(h/r)}+0.240{\cdot}h/r]{\cdot}(2{\cdot}h/D)^3$$

Placa retangular de largura **D** com dois entalhes U de profundidade **h** e raio **r**, sob tração, **2.0<h/r<50.0**

$$K_t = [0.833+2.069{\cdot}\sqrt{(h/r)}-0.009{\cdot}h/r] +$$
$$[2.732-4.157{\cdot}\sqrt{(h/r)}+0.176{\cdot}h/r]{\cdot}(2{\cdot}h/D) +$$
$$[-8.859+5.327{\cdot}\sqrt{(h/r)}-0.320{\cdot}h/r]{\cdot}(2{\cdot}h/D)^2 +$$
$$[6.294-3.239{\cdot}\sqrt{(h/r)}+0.154{\cdot}h/r]{\cdot}(2{\cdot}h/D)^3$$

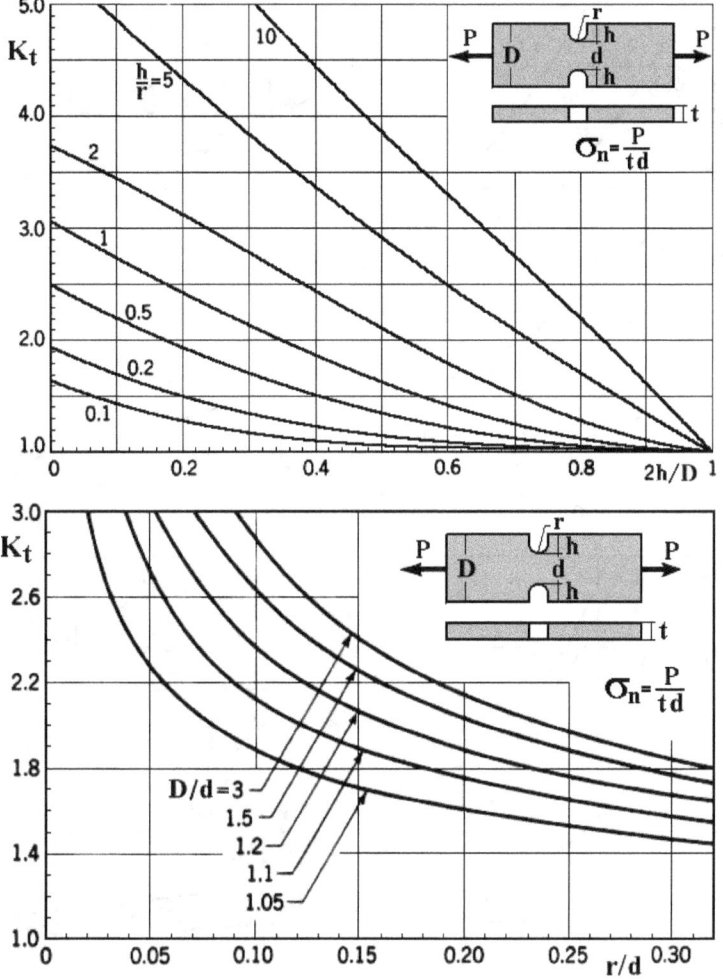

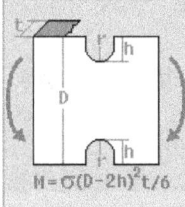

Placa retangular de largura **D** com dois entalhes U de profundidade **h** e raio **r**, sob flexão no plano, **0.1<h/r<2.0**

$$K_t = [0.723+2.845 \cdot \sqrt{(h/r)}-0.504 \cdot h/r) +$$
$$[-1.836-5.746 \cdot \sqrt{(h/r)}+1.314 \cdot h/r] \cdot (2 \cdot h/D) +$$
$$[7.254-1.885 \cdot \sqrt{(h/r)}+1.646 \cdot h/r] \cdot (2 \cdot h/D)^2 +$$
$$[-5.140+4.785 \cdot \sqrt{(h/r)}-2.456 \cdot h/r] \cdot (2 \cdot h/D)^3$$

Placa retangular de largura **D** com dois entalhes U de profundidade **h** e raio **r**, sob flexão no plano, **2.0<h/r<50.0**

$$K_t = [0.833+2.069 \cdot \sqrt{(h/r)}-0.009 \cdot h/r] +$$
$$[0.024-5.383 \cdot \sqrt{(h/r)}+0.126 \cdot h/r] \cdot (2 \cdot h/D) +$$
$$[-0.856+6.460 \cdot \sqrt{(h/r)}-0.199 \cdot h/r] \cdot (2 \cdot h/D)^2 +$$
$$[0.999-3.146 \cdot \sqrt{(h/r)}+0.082 \cdot h/r] \cdot (2 \cdot h/D)^3$$

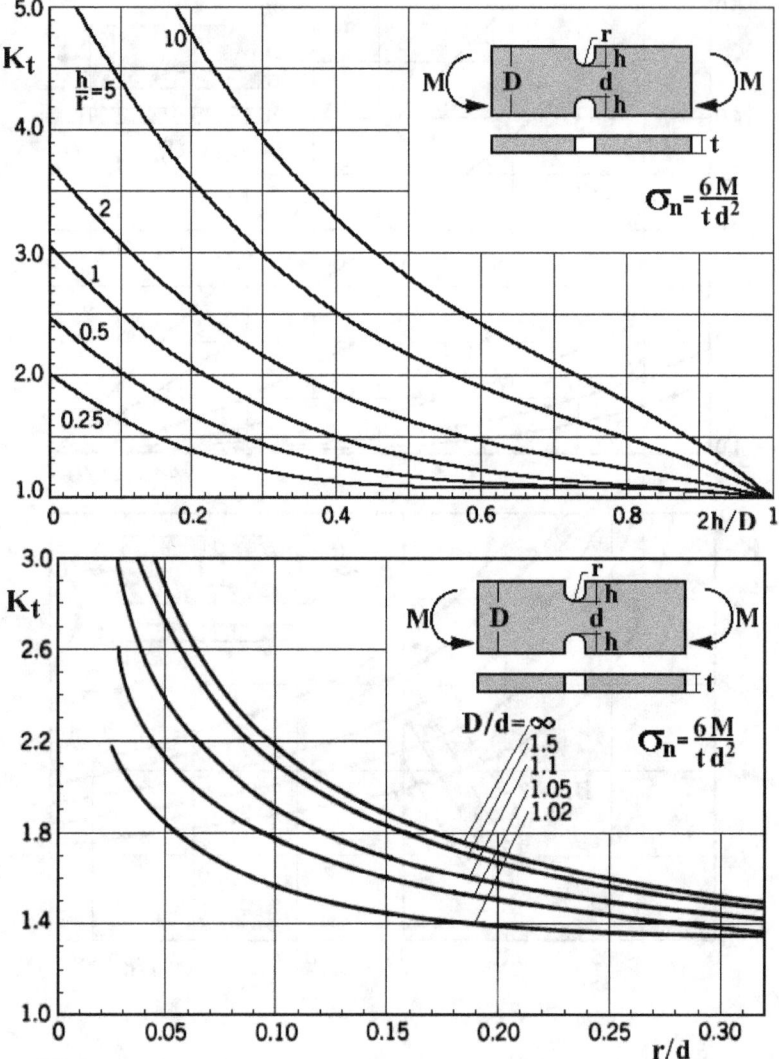

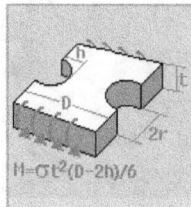

$H = \sigma t^2(D-2h)/6$

Placa retangular de largura **D** com dois entalhes U de profundidade **h** e raio **r** (0.25<h/r<4.0), sob flexão fora do plano

$$K_t = [1.031+0.831 \cdot \sqrt{(h/r)}+0.014 \cdot h/r] +$$
$$[-1.227-1.646 \cdot \sqrt{(h/r)}+0.117 \cdot h/r] \cdot (2 \cdot h/D) +$$
$$[3.337-0.750 \cdot \sqrt{(h/r)}+0.469 \cdot h/r] \cdot (2 \cdot h/D)^2 +$$
$$[-2.141+1.566 \cdot \sqrt{(h/r)}-0.600 \cdot h/r] \cdot (2 \cdot h/D)^3$$

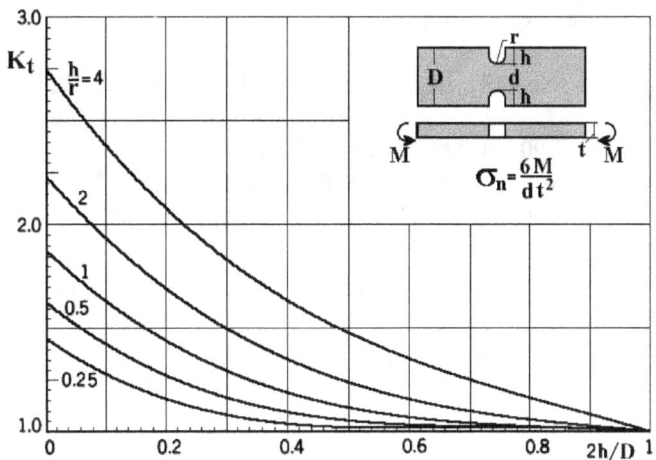

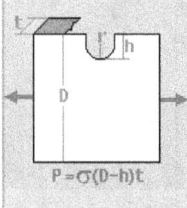 $P=\sigma(D-h)t$	Placa retangular de largura **D** com entalhe U de profundidade **h** e raio **r** (**0.5<h/r<4.0**), sob tração $K_t = [0.721+2.394\cdot\sqrt{(h/r)}-0.127\cdot h/r] +$ $[1.978-11.489\cdot\sqrt{(h/r)}+2.211\cdot h/r]\cdot(h/D) +$ $[-4.413+18.751\cdot\sqrt{(h/r)}-4.596\cdot h/r]\cdot(h/D)^2 +$ $[2.714-9.655\cdot\sqrt{(h/r)}+2.512\cdot h/r]\cdot(h/D)^3$
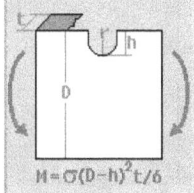 $M=\sigma(D-h)^2 t/6$	Placa retangular de largura **D** com entalhe U de profundidade **h** e raio **r** (**0.5<h/r<4.0**), flexão no plano $K_t = [0.721+2.394\cdot\sqrt{(h/r)}-0.127\cdot h/r] +$ $[-0.426-8.827\cdot\sqrt{(h/r)}+1.518\cdot h/r]\cdot(h/D) +$ $[2.161+10.968\cdot\sqrt{(h/r)}-2.455\cdot h/r]\cdot(h/D)^2 +$ $[-1.456-4.535\cdot\sqrt{(h/r)}+1.064\cdot h/r]\cdot(h/D)^3$
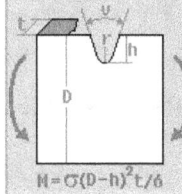 $M=\sigma(D-h)^2 t/6$	Placa retangular de largura **D** com entalhe V de ângulo **v** (**v<150°**), profundidade **h** e raio de curvatura **r** (**0.5<h/r<4.0**), sob flexão no plano $K_t = 1.11\cdot[f_1+ f_2\cdot(h/D) + f_3\cdot(h/D)^2 + f_4\cdot(h/D)^3] - [0.0275+0.1125\cdot(v/150)^4]$ $\cdot$ $[f_1 + f_2\cdot(h/D) + f_3\cdot(h/D)^2 + f_4\cdot(h/D)^3]^2$ onde: $f_1 = 0.721+2.394\cdot\sqrt{(h/r)}-0.127\cdot h/r$ $f_2 = -0.426-8.827\cdot\sqrt{(h/r)}+1.518\cdot h/r$ $f_3 = 2.161+10.968\cdot\sqrt{(h/r)}-2.455\cdot h/r$ $f_4 = -1.456-4.535\cdot\sqrt{(h/r)}+1.064\cdot h/r$

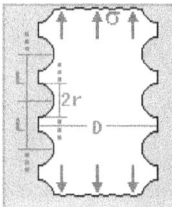	Tripa infinita de largura **D** com múltiplos pares de entalhes semicirculares de raio **r** e distância entre os centros **L** (**2r/L<1**), sob tração $K_t = \{1.1 - [0.88-1.68\cdot(2\cdot r/D)]\cdot 2\cdot r/L + [1.3\cdot(0.5-2\cdot r/D)^2]\cdot(2\cdot r/L)^3\} \cdot$ $[3.065-3.370\cdot(2\cdot r/D)+0.647\cdot(2\cdot r/D)^2+ 0.658\cdot(2\cdot r/D)^3]$

A3.4   Placas Retangulares Filetadas

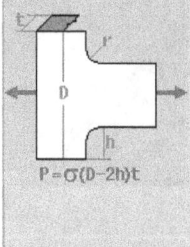

Placa retangular de largura **D** filetada com redução de largura **2h** e raio do entalhe **r**, sob tração, **0.1<h/r<2.0**

K_t = [1.007+1.000·√(h/r)−0.031·h/r] +
[−0.114−0.585·√(h/r)+0.314·h/r]·(2·h/D) +
[0.241−0.992·√(h/r)−0.271·h/r]·(2·h/D)² +
[−0.134+0.577·√(h/r)−0.012·h/r]·(2·h/D)³

Placa retangular de largura **D** filetada com redução de largura **2h** e raio do entalhe **r**, sob tração, **2.0<h/r<20.0**

K_t = [1.042+0.982·√(h/r)−0.036·h/r] +
[−0.074−0.156·√(h/r)−0.010·h/r]·(2·h/D) +
[−3.418+1.220·√(h/r)−0.005·h/r]·(2·h/D)² +
[3.450−2.046·√(h/r)+0.051·h/r]·(2·h/D)³

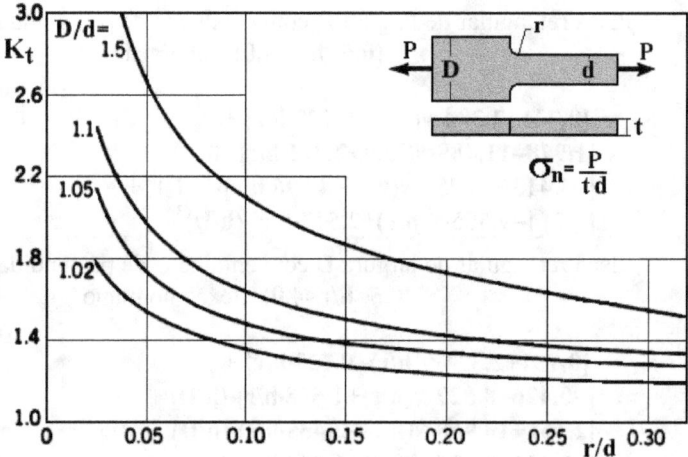

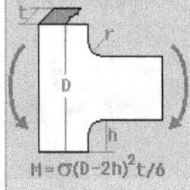

Placa retangular de largura **D** filetada com redução **2h** e raio do entalhe **r**, sob flexão no plano, **0.1<h/r<2.0**

K_t = [1.007+1.000·√(h/r)−0.031·h/r] +
[−0.270−2.404·√(h/r)+0.749·h/r]·(2·h/D) +
[0.677+1.133·√(h/r)−0.904·h/r]·(2·h/D)² +
[−0.414+0.271·√(h/r)+0.186·h/r]·(2·h/D)³

Placa retangular de largura **D** filetada com redução **2h** e raio do entalhe **r**, sob flexão no plano, **2.0<h/r<20.0**

K_t = [1.042+0.982·√(h/r)−0.036·h/r] +
[−3.599+1.619·√(h/r)−0.431·h/r]·(2·h/D) +
[6.084−5.607·√(h/r)+1.158·h/r]·(2·h/D)² +
[−2.527+3.006·√(h/r)−0.691·h/r]·(2·h/D)³

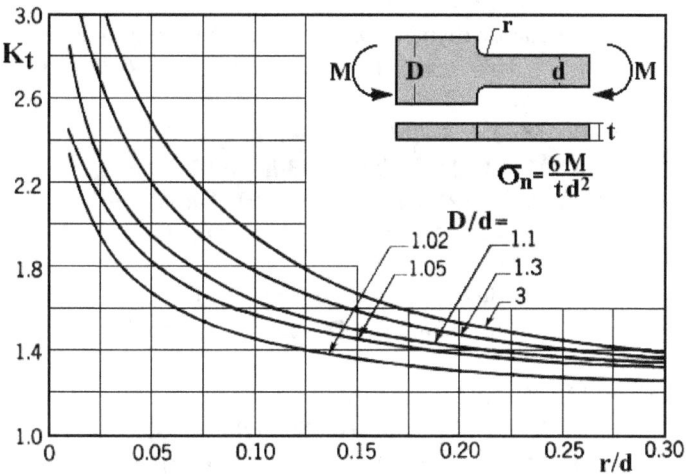

A3.5   Eixos Circulares Entalhados

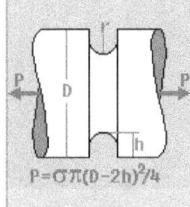

Eixo circular de diâmetro **D** com entalhe U de raio de curvatura **r** e diâmetro menor **d = D − 2h**, sob tração, **0.25<h/r<2.0**

$$K_t = [0.455+3.354 \cdot \sqrt{(h/r)} - 0.769 \cdot h/r] +$$
$$[3.129 - 15.955 \cdot \sqrt{(h/r)} + 7.404 \cdot h/r] \cdot (2 \cdot h/D) +$$
$$[-6.909 + 29.286 \cdot \sqrt{(h/r)} - 16.1 \cdot h/r] \cdot (2 \cdot h/D)^2 +$$
$$[4.325 - 16.685 \cdot \sqrt{(h/r)} + 9.469 \cdot h/r] \cdot (2 \cdot h/D)^3$$

Eixo circular de diâmetro **D** com entalhe U de raio de curvatura **r** e diâmetro menor **d = D − 2h**, sob tração, **2.0<h/r<50.0**

$$K_t = [0.935+1.922 \cdot \sqrt{(h/r)} + 0.004 \cdot h/r] +$$
$$[0.537 - 3.708 \cdot \sqrt{(h/r)} + 0.040 \cdot h/r] \cdot (2 \cdot h/D) +$$
$$[-2.538 + 3.438 \cdot \sqrt{(h/r)} - 0.012 \cdot h/r] \cdot (2 \cdot h/D)^2 +$$
$$[2.066 - 1.652 \cdot \sqrt{(h/r)} - 0.031 \cdot h/r] \cdot (2 \cdot h/D)^3$$

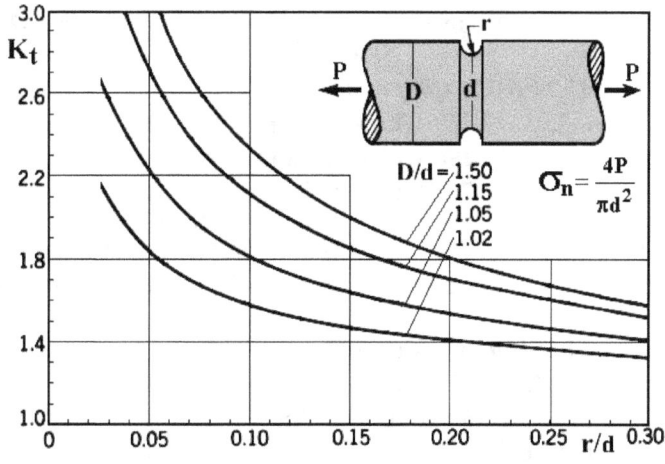

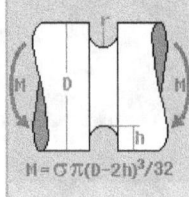

Eixo circular de diâmetro **D** com entalhe U de raio de curvatura **r** e diâmetro menor **d = D − 2h**, sob flexão, **0.25<h/r<2.0**

$$K_t = [0.455+3.354\cdot\sqrt{(h/r)}-0.769\cdot h/r] +$$
$$[0.891-12.721\cdot\sqrt{(h/r)}+4.593\cdot h/r]\cdot(2\cdot h/D) +$$
$$[0.286+15.481\cdot\sqrt{(h/r)}-6.392\cdot h/r]\cdot(2\cdot h/D)^2 +$$
$$[-0.632-6.115\cdot\sqrt{(h/r)}+2.568\cdot h/r]\cdot(2\cdot h/D)^3$$

Eixo circular de diâmetro **D** com entalhe U de raio de curvatura **r** e diâmetro menor **d = D − 2h**, sob flexão, **2.0<h/r<50.0**

$$K_t = [0.935+1.922\cdot\sqrt{(h/r)}+0.004\cdot h/r] +$$
$$[-0.552-5.327\cdot\sqrt{(h/r)}+0.086\cdot h/r]\cdot(2\cdot h/D) +$$
$$[0.754+6.281\cdot\sqrt{(h/r)}-0.121\cdot h/r]\cdot(2\cdot h/D)^2 +$$
$$[-0.138-2.876\cdot\sqrt{(h/r)}+0.031\cdot h/r]\cdot(2\cdot h/D)^3$$

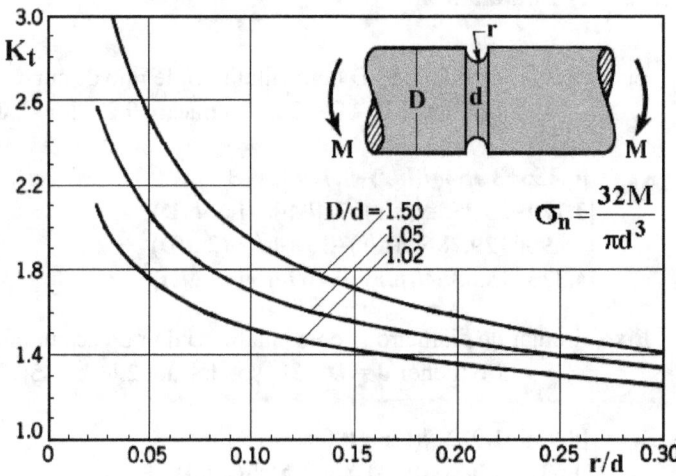

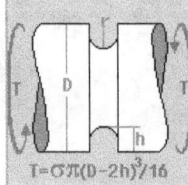

Eixo circular de diâmetro **D** com entalhe U de raio de curvatura **r** e diâmetro menor **d = D − 2h**, sob torção, **0.25<h/r<2.0**

$$K_t = [1.245+0.264\cdot\sqrt{(h/r)}+0.491\cdot h/r] +$$
$$[-3.030+3.269\cdot\sqrt{(h/r)}-3.633\cdot h/r]\cdot(2\cdot h/D) +$$
$$[7.199-11.286\cdot\sqrt{(h/r)}+8.318\cdot h/r]\cdot(2\cdot h/D)^2 +$$
$$[-4.414+7.753\cdot\sqrt{(h/r)}-5.176\cdot h/r]\cdot(2\cdot h/D)^3$$

Eixo circular de diâmetro **D** com entalhe U de raio de curvatura **r** e diâmetro menor **d = D − 2h**, sob torção, **2.0<h/r<50.0**

$$K_t = [1.651+0.614\cdot\sqrt{(h/r)}+0.040\cdot h/r] +$$
$$[-4.794-0.314\cdot\sqrt{(h/r)}-0.217\cdot h/r]\cdot(2\cdot h/D) +$$
$$[8.457-0.962\cdot\sqrt{(h/r)}+0.389\cdot h/r]\cdot(2\cdot h/D)^2 +$$
$$[-4.314+0.662\cdot\sqrt{(h/r)}-0.212\cdot h/r]\cdot(2\cdot h/D)^3$$

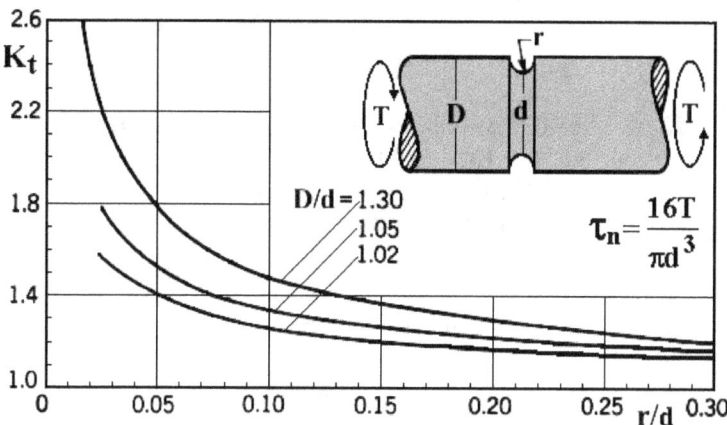

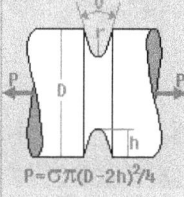

Eixo circular de diâmetro **D** com entalhe V de ângulo v (**v<135⁰**), raio de curvatura **r** e diâmetro menor

d = D – 2h (r < d/100), sob tração, **0.25<h/r<2.0**

$$K_t = 1.065 \cdot [f_1 + f_2 \cdot (2 \cdot h/D) + f_3 \cdot (2 \cdot h/D)^2 + f_4 \cdot (2 \cdot h/D)^3] -$$
$$[0.022 + 0.137 \cdot (v/150)^2] \cdot$$
$$[f_1 + f_2 \cdot (2 \cdot h/D) + f_3 \cdot (2 \cdot h/D)^2 + f_4 \cdot (2 \cdot h/D)^3 - 1] \cdot$$
$$[f_1 + f_2 \cdot (2 \cdot h/D) + f_3 \cdot (2 \cdot h/D)^2 + f_4 \cdot (2 \cdot h/D)^3]$$

onde:

$f_1 = 0.455 + 3.354 \cdot \sqrt{(h/r)} - 0.769 \cdot h/r$

$f_2 = 3.129 - 15.955 \cdot \sqrt{(h/r)} + 7.404 \cdot h/r$

$f_3 = -6.91 + 29.286 \cdot \sqrt{(h/r)} - 16.1 \cdot h/r$

$f_4 = 4.325 - 16.685 \cdot \sqrt{(h/r)} + 9.469 \cdot h/r$

Eixo circular de diâmetro **D** com entalhe V de ângulo v (**v<135⁰**), raio de curvatura **r** e diâmetro menor

d = D – 2h (r < d/100), sob tração, **2.0<h/r<50.0**

$$K_t = 1.065 \cdot [f_1 + f_2 \cdot (2 \cdot h/D) + f_3 \cdot (2 \cdot h/D)^2 + f_4 \cdot (2 \cdot h/D)^3] -$$
$$[0.022 + 0.137 \cdot (v/150)^2] \cdot$$
$$[f_1 + f_2 \cdot (2 \cdot h/D) + f_3 \cdot (2 \cdot h/D)^2 + f_4 \cdot (2 \cdot h/D)^3 - 1] \cdot$$
$$[f_1 + f_2 \cdot (2 \cdot h/D) + f_3 \cdot (2 \cdot h/D)^2 + f_4 \cdot (2 \cdot h/D)^3]$$

onde:

$f_1 = 0.935 + 1.922 \cdot \sqrt{(h/r)} + 0.004 \cdot h/r$

$f_2 = 0.537 - 3.708 \cdot \sqrt{(h/r)} + 0.040 \cdot h/r$

$f_3 = -2.538 + 3.438 \cdot \sqrt{(h/r)} - 0.012 \cdot h/r$

$f_4 = 2.066 - 1.652 \cdot \sqrt{(h/r)} - 0.031 \cdot h/r$

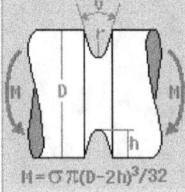

$H = \sigma \, \pi (D-2h)^3/32$

Eixo circular de diâmetro **D** com entalhe V de ângulo v (**v<135°**), raio de curvatura **r** e diâmetro menor
d = D − 2h (r < d/100), sob flexão

$$K_t = 1.065 \cdot [f_1 + f_2 \cdot (2 \cdot h/D) + f_3 \cdot (2 \cdot h/D)^2 + f_4 \cdot (2 \cdot h/D)^3]$$
$$- [0.022 + 0.137 \cdot (v/150)^2] \cdot$$
$$[f_1 + f_2 \cdot (2 \cdot h/D) + f_3 \cdot (2 \cdot h/D)^2 + f_4 \cdot (2 \cdot h/D)^3 - 1] \cdot$$
$$[f_1 + f_2 \cdot (2 \cdot h/D) + f_3 \cdot (2 \cdot h/D)^2 + f_4 \cdot (2 \cdot h/D)^3]$$

onde:

se **0.25<h/r<2.0**,
$$f_1 = 0.455 + 3.354 \cdot \sqrt{(h/r)} - 0.769 \cdot h/r$$
$$f_2 = 0.891 - 12.721 \cdot \sqrt{(h/r)} + 4.593 \cdot h/r$$
$$f_3 = 0.286 + 15.481 \cdot \sqrt{(h/r)} - 6.39 \cdot h/r$$
$$f_4 = -0.632 - 6.115 \cdot \sqrt{(h/r)} + 2.568 \cdot h/r$$

se **2.0<h/r<50.0**,
$$f_1 = 0.935 + 1.922 \cdot \sqrt{(h/r)} + 0.004 \cdot h/r$$
$$f_2 = -0.552 - 5.327 \cdot \sqrt{(h/r)} + 0.086 \cdot h/r$$
$$f_3 = 0.754 + 6.281 \cdot \sqrt{(h/r)} - 0.121 \cdot h/r$$
$$f_4 = -0.138 - 2.876 \cdot \sqrt{(h/r)} + 0.031 \cdot h/r$$

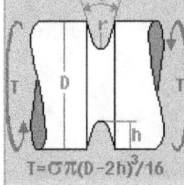

$T = \sigma \, \pi (D-2h)^3/16$

Eixo circular de diâmetro **D** com entalhe V de ângulo v (**v<135°**), raio de curvatura **r** e diâmetro menor
d = D − 2h (r < d/100), sob torção

$$K_t = 1.065 \cdot [f_1 + f_2 \cdot (2 \cdot h/D) + f_3 \cdot (2 \cdot h/D)^2 + f_4 \cdot (2 \cdot h/D)^3] -$$
$$[0.022 + 0.137 \cdot (v/150)^2] \cdot$$
$$[f_1 + f_2 \cdot (2 \cdot h/D) + f_3 \cdot (2 \cdot h/D)^2 + f_4 \cdot (2 \cdot h/D)^3 - 1] \cdot$$
$$[f_1 + f_2 \cdot (2 \cdot h/D) + f_3 \cdot (2 \cdot h/D)^2 + f_4 \cdot (2 \cdot h/D)^3]$$

onde:

se **0.25<h/r<2.0**,
$$f_1 = 1.245 + 0.264 \cdot \sqrt{(h/r)} + 0.491 \cdot h/r$$
$$f_2 = -3.030 + 3.269 \cdot \sqrt{(h/r)} - 3.633 \cdot h/r$$
$$f_3 = 7.199 - 11.286 \cdot \sqrt{(h/r)} + 8.318 \cdot h/r$$
$$f_4 = -4.414 + 7.753 \cdot \sqrt{(h/r)} - 5.176 \cdot h/r$$

se **2.0<h/r<50.0**,
$$f_1 = 1.651 + 0.614 \cdot \sqrt{(h/r)} + 0.040 \cdot h/r$$
$$f_2 = -4.794 - 0.314 \cdot \sqrt{(h/r)} - 0.217 \cdot h/r$$
$$f_3 = 8.457 - 0.962 \cdot \sqrt{(h/r)} + 0.389 \cdot h/r$$
$$f_4 = -4.314 + 0.662 \cdot \sqrt{(h/r)} - 0.212 \cdot h/r$$

A3.6   Eixos Circulares Filetados

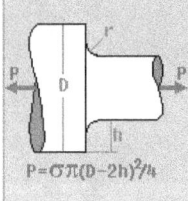

Eixo circular de diâmetro **D** filetado com diâmetro menor **d = D – 2h** e raio do entalhe **r**, sob tração, **0.25<h/r<2.0**

$$K_t = [0.927+1.149 \cdot \sqrt{(h/r)}-0.086 \cdot h/r] +$$
$$[0.011-3.029 \cdot \sqrt{(h/r)}+0.948 \cdot h/r] \cdot (2 \cdot h/D) +$$
$$[-0.304+3.979 \cdot \sqrt{(h/r)}-1.737 \cdot h/r] \cdot (2 \cdot h/D)^2 +$$
$$[0.366-2.098 \cdot \sqrt{(h/r)}+0.875 \cdot h/r] \cdot (2 \cdot h/D)^3$$

Eixo circular de diâmetro **D** filetado com diâmetro menor **d = D – 2h** e raio do entalhe **r**, sob tração, **2.0<h/r<20.0**

$$K_t = [1.225+0.831 \cdot \sqrt{(h/r)}-0.010 \cdot h/r] +$$
$$[-1.831-0.318 \cdot \sqrt{(h/r)}-0.049 \cdot h/r] \cdot (2 \cdot h/D) +$$
$$[2.236-0.522 \cdot \sqrt{(h/r)}+0.176 \cdot h/r] \cdot (2 \cdot h/D)^2 +$$
$$[-0.630+0.009 \cdot \sqrt{(h/r)}-0.117 \cdot h/r] \cdot (2 \cdot h/D)^3$$

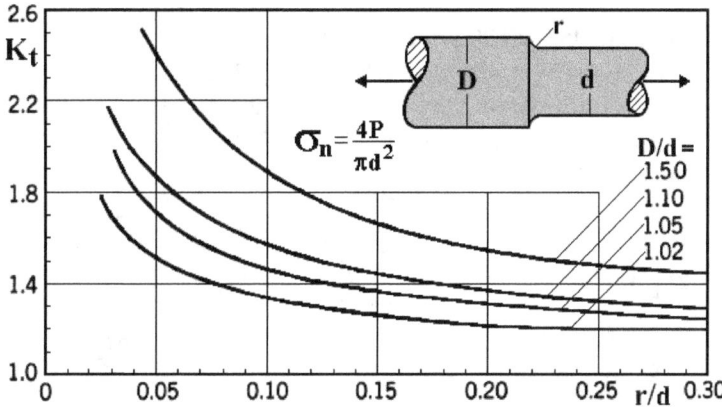

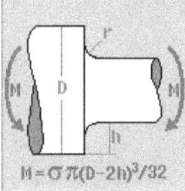

Eixo circular de diâmetro **D** filetado com diâmetro menor **d = D – 2h** e raio do entalhe **r**, sob flexão, **0.25<h/r<2.0**

$$K_t = [0.927+1.149 \cdot \sqrt{(h/r)}-0.086 \cdot h/r] +$$
$$[0.015-3.281 \cdot \sqrt{(h/r)}+0.837 \cdot h/r] \cdot (2 \cdot h/D) +$$
$$[0.847+1.716 \cdot \sqrt{(h/r)}-0.506 \cdot h/r] \cdot (2 \cdot h/D)^2 +$$
$$[-0.790+0.417 \cdot \sqrt{(h/r)}+0.246 \cdot h/r] \cdot (2 \cdot h/D)^3$$

Eixo circular de diâmetro **D** filetado com diâmetro menor **d = D – 2h** e raio do entalhe **r**, sob flexão, **2.0<h/r<20.0**

$$K_t = [1.225+0.831 \cdot \sqrt{(h/r)}-0.010 \cdot h/r] +$$
$$[-3.790+0.958 \cdot \sqrt{(h/r)}-0.257 \cdot h/r] \cdot (2 \cdot h/D) +$$
$$[7.374-4.834 \cdot \sqrt{(h/r)}+0.862 \cdot h/r] \cdot (2 \cdot h/D)^2 +$$
$$[-3.809+3.046 \cdot \sqrt{(h/r)}-0.595 \cdot h/r] \cdot (2 \cdot h/D)^3$$

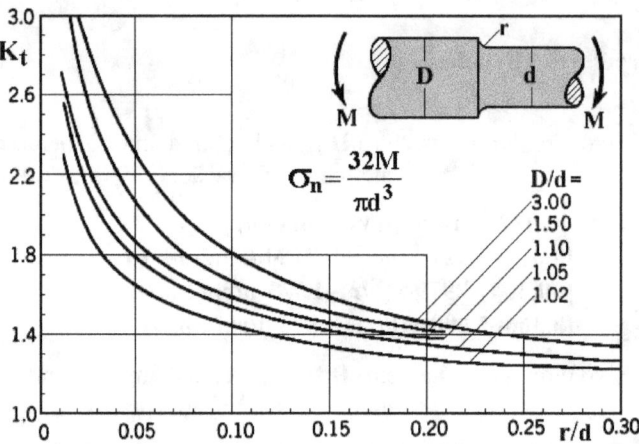

$$\sigma_n = \frac{32M}{\pi d^3}$$

D/d =
3.00
1.50
1.10
1.05
1.02

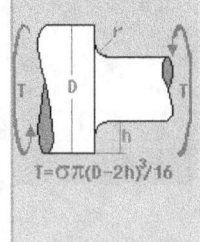

Eixo circular de diâmetro **D** filetado com diâmetro menor **d = D – 2h** e raio do entalhe **r** (**0.25<h/r<4.0**), sob torção

$T = \sigma \pi (D-2h)^3/16$

$$K_t = [0.953+0.680 \cdot \sqrt{(h/r)} - 0.053 \cdot h/r] +$$
$$[-0.493 - 1.820 \cdot \sqrt{(h/r)} + 0.517 \cdot h/r] \cdot (2 \cdot h/D) +$$
$$[1.621 + 0.908 \cdot \sqrt{(h/r)} - 0.529 \cdot h/r] \cdot (2 \cdot h/D)^2 +$$
$$[-1.081 + 0.232 \cdot \sqrt{(h/r)} + 0.065 \cdot h/r] \cdot (2 \cdot h/D)^3$$

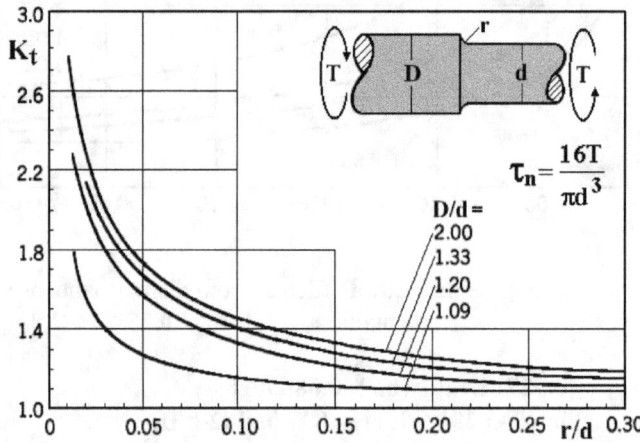

$$\tau_n = \frac{16T}{\pi d^3}$$

D/d =
2.00
1.33
1.20
1.09

A3.7   Eixos Circulares com Furos

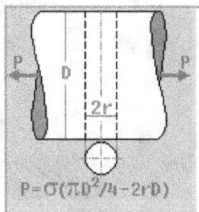

$P = \sigma(\pi D^2/4 - 2r \cdot D)$

Eixo circular de diâmetro **D** com furo radial de raio **r**, sob tração (semelhante à placa retangular com furo circular central sob tração)

$$K_t = 3.00 - 3.13 \cdot (2 \cdot r/D) + 3.66 \cdot (2 \cdot r/D)^2 - 1.53 \cdot (2 \cdot r/D)^3$$

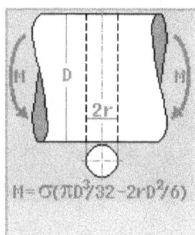

Eixo circular de diâmetro **D** com furo radial de raio **r** (**2r/D < 0.3**), sob flexão [Meggiolaro & Castro]

$$K_t = 3.00 - 16.7 \cdot (2 \cdot r/D) + 153 \cdot (2 \cdot r/D)^2 - 785 \cdot (2 \cdot r/D)^3 + 1949 \cdot (2 \cdot r/D)^4 - 1829 \cdot (2 \cdot r/D)^5$$

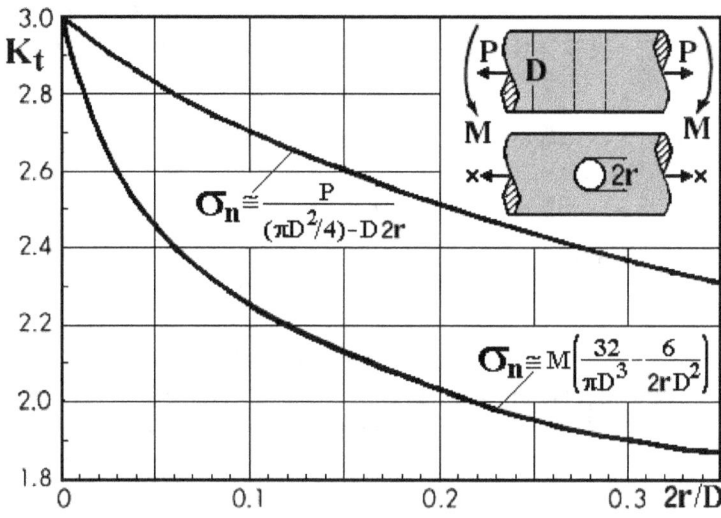

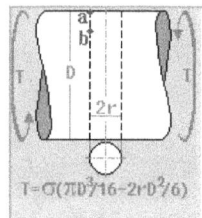

Eixo circular de diâmetro **D** com furo radial de raio **r** (**0.1 < 2r/D < 0.3**), sob torção [Meggiolaro & Castro]
(σ_{max} no ponto b da figura)

$$K_t = 1 / [0.25 + 0.185 \cdot (2r/D)^{0.3}] \quad \text{(no ponto a)}$$
$$K_t = 1 / [0.25 + 0.2 \cdot (2r/D)^{0.6}] \quad \text{(no ponto b)}$$

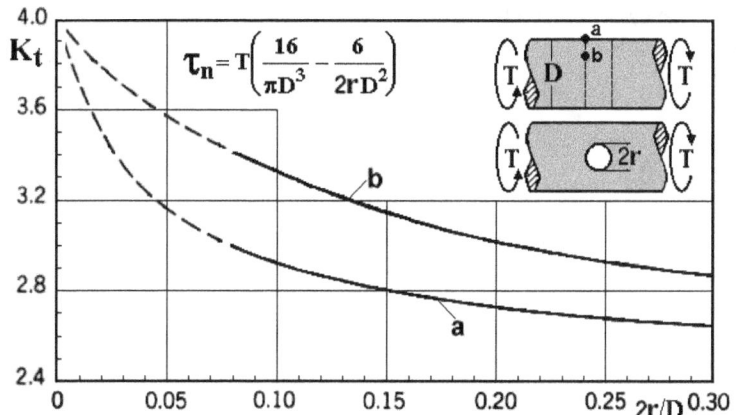

A3.8   Tubos com Furos

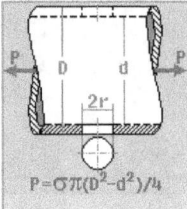

Tubo circular de diâmetro externo **D** e interno **d** (**d/D<0.9**), com dois furos de raio **r** (**2r/D<0.45**), sob tração

$$K_t = 3 + [2.773+1.529 \cdot d/D - 4.379 \cdot (d/D)^2] \cdot (2 \cdot r/D) +$$
$$[-0.42 - 12.78 \cdot d/D + 22.78 \cdot (d/D)^2] \cdot (2 \cdot r/D)^2 +$$
$$[16.84 + 16.678 \cdot d/D - 40.007 \cdot (d/D)^2] \cdot (2 \cdot r/D)^3$$

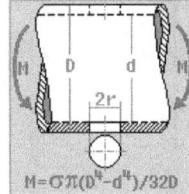

Tubo circular de diâmetro externo **D** e interno **d** (**d/D<0.9**), com dois furos de raio **r** (**2r/D<0.3**), sob flexão

$$K_t = 3 + [-6.690 - 1.620 \cdot d/D + 4.432 \cdot (d/D)^2] \cdot (2 \cdot r/D) +$$
$$[44.74 + 10.72 \cdot d/D - 19.93 \cdot (d/D)^2] \cdot (2 \cdot r/D)^2 +$$
$$[-53.31 - 25.998 \cdot d/D + 43.26 \cdot (d/D)^2] \cdot (2 \cdot r/D)^3$$

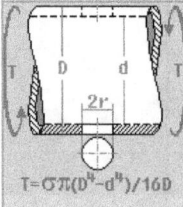

Tubo circular de diâmetro externo **D** e interno **d** (**d/D<0.9**), com dois furos de raio **r** (**2r/D<0.4**), sob torção

$$K_t = 4 + [-6.793 + 1.133 \cdot d/D - 0.126 \cdot (d/D)^2] \cdot (2 \cdot r/D) +$$
$$[38.38 - 7.242 \cdot d/D + 6.495 \cdot (d/D)^2] \cdot (2 \cdot r/D)^2 +$$
$$[-44.576 - 7.428 \cdot d/D + 58.66 \cdot (d/D)^2] \cdot (2 \cdot r/D)^3$$

A3.9   Referências

[1] Hardy,SJ.; Malik,NH. "A Survey of Post-Peterson Stress Concentration Factor Data", Int.J.Fatigue v.14, n.3, pp.147-153, 1992.

[2] Juvinall,RC. Stress, Strain & Strength, McGraw-Hill 1967.

[3] Peterson,RE. Stress Concentration Factors, Wiley 1974.

[4] Pilkey,WD. Formulas for Stress, Strain and Structural Matrices, Wiley 1994.

[5] Pilkey,WD; Chang,PY. Modern Formulas for Statics and Dynamics, McGraw Hill 1978.

[6] Savin,GN. Stress Concentration Around Holes, Pergamon 1961.

[7] Shigley,JE; Mischke,CR. Mechanical Engineering Design, McGraw-Hill 1989.

[8] Young,WC; Roark,RJ. "Roark's Formulas for Stress and Strain", McGraw-Hill 2001.

Apêndice 4 - Fatores de Intensidade de Tensão

A4.1   Placas Infinitas

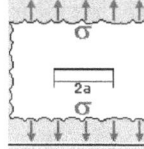 placa infinita com uma trinca de tamanho **2a**, perpendicular à tensão normal σ (modo I), solução analítica [1]

$$K_I = \sigma\sqrt{\pi a}$$

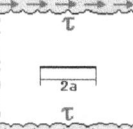 placa infinita com uma trinca de tamanho **2a**, paralela à tensão cisalhante no plano τ (modo II), solução analítica [1]

$$K_{II} = \tau\sqrt{\pi a}$$

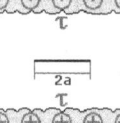 placa infinita com uma trinca de tamanho **2a**, sob tensão cisalhante τ perpendicular à placa (modo III), solução analítica [1]

$$K_{III} = \tau\sqrt{\pi a}$$

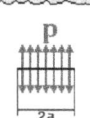 placa infinita com uma trinca de tamanho **2a** sob pressão uniforme **p**, solução analítica [1]

$$K_I = p\sqrt{\pi a}$$

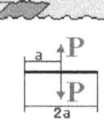 placa infinita de espessura **t** com uma trinca de tamanho **2a** sob um par de forças normais centradas **P** (modo I), solução analítica [1]

$$K_I = P/[t\sqrt{\pi a}]$$

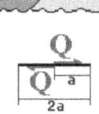 placa infinita de espessura **t** com uma trinca de tamanho **2a** sob um par de forças cisalhantes centradas **Q** (modo II), solução analítica [1]

$$K_{II} = Q/[t\sqrt{\pi a}]$$

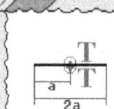 placa infinita de espessura **t** com uma trinca de tamanho **2a** sob um par de forças cisalhantes centradas **T** (modo III), solução analítica [1]

$$K_{III} = T/[t\sqrt{\pi a}]$$

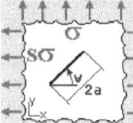 placa infinita com uma trinca de tamanho **2a** num ângulo **v** com o eixo **x**, sob tensão biaxial $\sigma_y = \sigma$, $\sigma_x = s\sigma$, solução analítica [2]

$$\begin{bmatrix} K_I \\ K_{II} \end{bmatrix} = \sigma\sqrt{\pi a} \cdot \begin{bmatrix} \cos^2 v + s \cdot \sin^2 v \\ (1-s) \cdot \cos v \cdot \sin v \end{bmatrix}$$

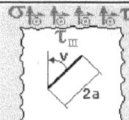 placa infinita com uma trinca **2a** sob carga mista σ, τ_{II}, τ_{III} (modos I, II e III) num ângulo **v** com a trinca, solução analítica [1]

$$\begin{bmatrix} K_I \\ K_{II} \\ K_{III} \end{bmatrix} = \begin{bmatrix} \sigma \sin v - \tau_{II} \cos v \\ \sigma \cos v + \tau_{II} \sin v \\ \tau_{III} \end{bmatrix} \cdot \sin v \cdot \sqrt{\pi a}$$

sendo: $k = (3-\nu)/(1+\nu)$, σ plana; $k = 3 - 4\nu$, ε plana

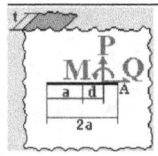

placa infinita de Poisson ν, com uma trinca **2a** sob linha de tensão normal σ e cisalhante τ de **b** a **d** do centro da trinca, solução analítica [2]

$$\begin{bmatrix} \mathbf{K_I(A)} \\ \mathbf{K_I(B)} \end{bmatrix} = \frac{1}{2\sqrt{\pi a}} \cdot [\sigma \cdot a \cdot (\sin^{-1}\frac{d}{a} - \sin^{-1}\frac{b}{a}\begin{bmatrix} - \\ + \end{bmatrix}$$

$$\begin{bmatrix} - \\ + \end{bmatrix}\sqrt{1-(\frac{d}{a})^2}\begin{bmatrix} + \\ - \end{bmatrix}\sqrt{1-(\frac{b}{a})^2}\,) + \tau \cdot (d-b)\frac{k-1}{k+1}]$$

$$\begin{bmatrix} \mathbf{K_{II}(A)} \\ \mathbf{K_{II}(B)} \end{bmatrix} = \frac{1}{2\sqrt{\pi a}} \cdot [\tau \cdot a \cdot (\sin^{-1}\frac{d}{a} - \sin^{-1}\frac{b}{a}\begin{bmatrix} - \\ + \end{bmatrix}$$

$$\begin{bmatrix} - \\ + \end{bmatrix}\sqrt{1-(\frac{d}{a})^2}\begin{bmatrix} + \\ - \end{bmatrix}\sqrt{1-(\frac{b}{a})^2}\,) - \sigma \cdot (d-b)\frac{k-1}{k+1}]$$

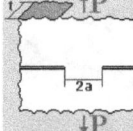

placa infinita de espessura **t** e Poisson ν, com trinca **2a** sob carga excêntrica $\mathbf{P + M + Q}$ a **d** do centro da trinca, solução analítica [1]

$$\mathbf{K_I(A)} = \frac{1}{2t\sqrt{\pi a}}[P\sqrt{\frac{a+d}{a-d}} + Q\frac{k-1}{k+1} + \frac{Ma}{(a-d)\sqrt{a^2-d^2}}]$$

$$\mathbf{K_{II}(A)} = \frac{1}{2t\sqrt{\pi a}}[Q\sqrt{\frac{a+d}{a-d}} - P\frac{k-1}{k+1}]$$

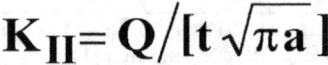

placa infinita bi-trincada (com duas trincas semi-infinitas co-planares) de espessura **t** e ligamento **2a**, sob carga **P** (modo I), solução analítica [1]

$$\mathbf{K_I} = P/[t\sqrt{\pi a}]$$

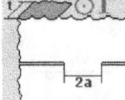

placa infinita bi-trincada de espessura **t** e ligamento **2a**, sob carga **Q** (modo II), solução analítica [1]

$$\mathbf{K_{II}} = Q/[t\sqrt{\pi a}]$$

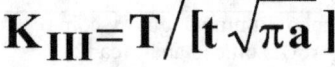

placa infinita bi-trincada de espessura **t** e ligamento **2a**, sob carga **T** (modo III), solução analítica [1]

$$\mathbf{K_{III}} = T/[t\sqrt{\pi a}]$$

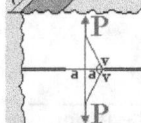

placa infinita bi-trincada de espessura **t**, Poisson ν e ligamento **2a**, sob duas cargas **P** (modo I) aplicadas à $\pm$**a·tan(v)** do centro, solução analítica [1]

$$\mathbf{K_I} = \frac{P}{t\sqrt{\pi a}}\sin v \cdot [1 - k\cos^2 v], \quad k = \begin{cases} (1+\nu)/2, & \sigma\,\mathbf{plana} \\ 1/2(1-\nu), & \varepsilon\,\mathbf{plana} \end{cases}$$

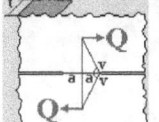

placa infinita bi-trincada de espessura **t**, Poisson ν e ligamento **2a**, sob duas cargas **Q** (modo II) aplicadas à $\pm$**a·tan(v)** do centro, solução analítica [1]

$$\mathbf{K_{II}} = \frac{Q}{t\sqrt{\pi a}}\sin v \cdot [1 + k\cos^2 v], \quad k = \begin{cases} (1+\nu)/2, & \sigma\,\mathbf{plana} \\ 1/2(1-\nu), & \varepsilon\,\mathbf{plana} \end{cases}$$

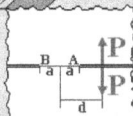

placa infinita bi-trincada de espessura **t**, sob 2 cargas normais **P** (modo I) a **d** do centro do ligamento **2a**, solução analítica [1]

$$\begin{bmatrix} K_I(A) \\ K_I(B) \end{bmatrix} = \frac{P}{t\sqrt{\pi a}} \left\{ \sqrt{d^2 - a^2} \, \frac{-a[\pm]2d}{ad[\mp]a^2} \right\}$$

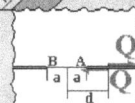

placa infinita bi-trincada de espessura **t**, sob 2 cargas cisalhantes **Q** (modo II) a **d** do centro do ligamento **2a**, solução analítica [1]

$$\begin{bmatrix} K_{II}(A) \\ K_{II}(B) \end{bmatrix} = \frac{Q}{t\sqrt{\pi a}} \frac{\sqrt{d^2 - a^2}}{d[\mp]a}$$

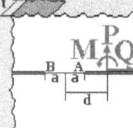

placa infinita bi-trincada de espessura **t**, sob 2 cargas cisalhantes **T** (modo III) a **d** do centro do ligamento **2a**, solução analítica [1]

$$\begin{bmatrix} K_{III}(A) \\ K_{III}(B) \end{bmatrix} = \frac{T}{t\sqrt{\pi a}} \left\{ \sqrt{d^2 - a^2} \, \frac{-a[\pm]2d}{ad[\mp]a^2} \right\}$$

placa infinita bi-trincada de espessura **t**, sob carga excêntrica **P+M+Q** a **d** do centro do ligamento **2a**, solução analítica [1]

$$\begin{bmatrix} K_I(A) \\ K_I(B) \end{bmatrix} = \frac{1}{2t\sqrt{\pi a}} \left\{ P\sqrt{\frac{d[\pm]a}{d[\mp]a}} \begin{bmatrix} - \\ + \end{bmatrix} \frac{Ma}{(d[\mp]a)\sqrt{d^2 - a^2}} \right\}$$

$$\begin{bmatrix} K_{II}(A) \\ K_{II}(B) \end{bmatrix} = \frac{1}{2t\sqrt{\pi a}} \left\{ Q\sqrt{\frac{d[\pm]a}{d[\mp]a}} \right\}$$

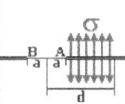

placa infinita bi-trincada, sob tensão **σ** (modo I) numa das trincas, da sua ponta até **d** do centro do ligamento **2a**, solução analítica [1]

$$\begin{bmatrix} K_I(A) \\ K_I(B) \end{bmatrix} = \frac{\sigma}{\sqrt{\pi a}} \left\{ \sqrt{d^2 - a^2} \, [\pm] \, d\sqrt{(d/a)^2 - 1} \right\}$$

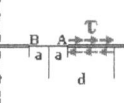

placa infinita bi-trincada, sob tensão **τ** (modo II) numa das trincas, da sua ponta até **d** do centro do ligamento **2a**, solução analítica [1]

$$\begin{bmatrix} K_{II}(A) \\ K_{II}(B) \end{bmatrix} = \frac{\tau}{\sqrt{\pi a}} \left\{ \sqrt{d^2 - a^2} \, [\pm] \, a \cdot \cosh^{-1}(d/a) \right\}$$

placa infinita bi-trincada, sob tensão **τ** (modo III) numa das trincas, da sua ponta até **d** do centro do ligamento **2a**, solução analítica [1]

$$\begin{bmatrix} K_{III}(A) \\ K_{III}(B) \end{bmatrix} = \frac{\tau}{\sqrt{\pi a}} \left\{ \sqrt{d^2 - a^2} \, [\pm] \, d\sqrt{(d/a)^2 - 1} \right\}$$

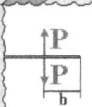

placa infinita de espessura **t**, com uma trinca semi-infinita sob duas forças normais **P** (modo I) aplicadas a **b** da sua ponta, solução analítica [1]

$$K_I = \frac{P}{t\sqrt{\pi b}} \sqrt{2}$$

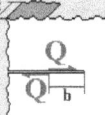

placa infinita de espessura **t**, com uma trinca semi-infinita sob duas forças cisalhantes **Q** (modo II) aplicadas a **b** da sua ponta, solução analítica [1]

$$K_{II} = \frac{Q}{t\sqrt{\pi b}} \sqrt{2}$$

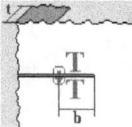

placa infinita de espessura **t**, com uma trinca semi-infinita sob duas forças cisalhantes **T** (modo III) aplicadas a **b** da sua ponta, solução analítica [1]

$$K_{III} = \frac{T}{t\sqrt{\pi b}}\sqrt{2}$$

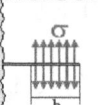

placa infinita com uma trinca semi-infinita sob tensões normais σ (modo I) aplicadas da sua ponta até **b**, solução analítica [1]

$$K_I = \sigma\sqrt{\pi b} \cdot \frac{2\sqrt{2}}{\pi}$$

placa infinita com uma trinca semi-infinita sob tensões cisalhantes τ (modo II) aplicadas da sua ponta até **b**, solução analítica [1]

$$K_{II} = \tau\sqrt{\pi b} \cdot \frac{2\sqrt{2}}{\pi}$$

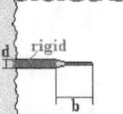

placa infinita com uma trinca semi-infinita sob tensões cisalhantes τ (modo III) aplicadas da sua ponta até **b**, solução analítica [1]

$$K_{III} = \tau\sqrt{\pi b} \cdot \frac{2\sqrt{2}}{\pi}$$

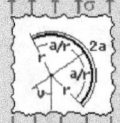

placa infinita com uma trinca semi-infinita carregada por uma cunha rígida de espessura **d** até **b** da sua ponta, solução analítica [1] (ν = Poisson)

$$K_I = \frac{E'}{\sqrt{\pi b}}\frac{d\sqrt{2}}{4}, \quad E' = \begin{cases} E, \sigma \text{ plana} \\ E/(1-\nu^2), \varepsilon \text{ plana} \end{cases}$$

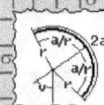

placa infinita com uma trinca em arco de círculo de tamanho **2a** com eixo de simetria num ângulo **v** com a tensão normal σ, solução analítica, **a/r** < π [2]

$$K_I = \sigma\sqrt{\pi a} \cdot 0.5\sqrt{\frac{r}{a}}\sin\left(\frac{a}{r}\right)[\frac{[1-\cos(2v)\sin^2(0.5a/r)\cos^2(0.5a/r)]\cos(0.5a/r)}{1+\sin^2(0.5a/r)} + \\ + \sin(2v)\sin^3(0.5a/r) + \cos(2v-1.5a/r)]$$

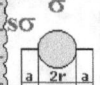

placa infinita sob tensão biaxial σ e **s**σ com uma trinca em arco de círculo **2a** com eixo de simetria num ângulo **v** com σ, solução analítica, s<1, **a/r** < π [2]

$$K_I = \sigma\sqrt{\pi a} \cdot 0.5\sqrt{\frac{r}{a}}\sin\left(\frac{a}{r}\right)[\frac{[1+s-(1-s)\cos(2v)\sin^2(0.5a/r)\cos^2(0.5a/r)]\cos(0.5a/r)}{1+\sin^2(0.5a/r)} + \\ + (1-s)\sin(2v)\sin^3(0.5a/r) + (1-s)\cos(2v-1.5a/r)]$$

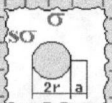

placa infinita sob tensão biaxial σ e **s**σ, com um furo de raio **r** do qual saem duas trincas **a** ⊥ a σ, precisão 1% [1] (b = 1 − [a/(r+a)])

$$K_I = \sigma\sqrt{\pi a} \cdot \{(1-s)[\frac{2+b}{2}(1+1.243\,b^3)] + s\cdot[1+b(.5+.743\,b^2)]\}$$

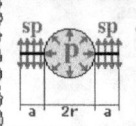

placa infinita sob tensão biaxial σ e **s**σ, com um furo de raio **r** do qual sai uma trinca **a** ⊥ a σ, precisão 1% [1] (b = 1 − [a/(r+a)])

$$K_I = \sigma\sqrt{\pi a} \cdot \{(1-s)\cdot[1+.2b+.3b^6]\cdot F + sF\}$$
$$F = 2.243 - 2.64(1-b) + 1.352(1-b)^2 - .248(1-b)^3$$

placa infinita com um furo de raio **r** do qual saem duas trincas **a** opostas, sob pressão **p** no furo e **sp** nas trincas, precisão 1% [1] (b = 1 − [a/(r+a)])

$$K_I = p\sqrt{\pi a} \cdot \{(1-s)b[.637+.485\,b^2+.4b(1-b)^2] + s[1+.5b+.743\,b^3)]\}$$

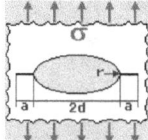

placa infinita sob tensão uniforme σ, com um furo elíptico de eixo **2d** e raio **r**, do qual saem duas trincas **a** ⊥ a σ, precisão 5% p/ **a** < **r** [3]

$$K_I = 1.1215 \cdot \sigma\sqrt{\pi a} \cdot (1 + 2\sqrt{d/r})/\sqrt{1 + 4.5 \cdot a/r}$$

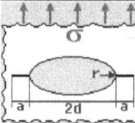

placa infinita sob tensão uniforme σ, com um furo elíptico de eixo **2d** e raio **r**, do qual saem duas trincas **a** ⊥ a σ, precisão 4% p/ **a** < **r** [4]

$$K_I = \sigma\sqrt{\pi a} \cdot 1.1215 \cdot (1 + 2\sqrt{\frac{d}{r}}) \cdot [\frac{1}{3} + \frac{1}{6}(\frac{1}{(1+a/r)^2} + \frac{3}{(1+a/r)^4})] \cdot$$
$$\cdot [1 + 0.2238 a/r - 0.1643(a/r)^2]$$

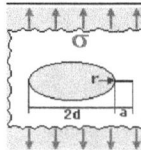

placa infinita sob tensão uniforme σ, com um furo elíptico de eixo **2d** e raio **r**, do qual sai uma trinca **a** ⊥ a σ, precisão 5% p/ **a** < **r** [3]

$$K_I = \sigma\sqrt{\pi a} \cdot 1.1215 \cdot (1 + 2\sqrt{\frac{d}{r}}) \cdot [\frac{1}{3} + \frac{1}{6}(\frac{1}{(1+a/r)^2} + \frac{3}{(1+a/r)^4})] \cdot$$
$$\cdot [1 + 0.2238\frac{a}{r} - 0.1643(\frac{a}{r})^2] \cdot \sqrt{\frac{d + 0.5a}{d + a}}$$

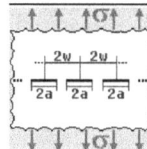

placa infinita com múltiplas trincas de tamanho **2a**, com centros espaçados de **2w**, perpendiculares à tensão normal σ (modo I), solução analítica [2]

$$K_I = \sigma\sqrt{\pi a} \cdot \sqrt{\frac{2w}{\pi a} \tan\frac{\pi a}{2w}}$$

A4.2 Placas Semi-Infinitas

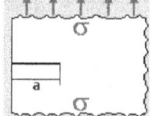

placa semi-infinita com uma trinca de tamanho **a** na borda, perpendicular à tensão normal σ (modo I), precisão 0.01% [1]

$$K_I = 1.1215 \cdot \sigma\sqrt{\pi a}$$

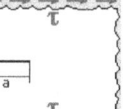

placa semi-infinita com uma trinca de tamanho **a** na borda, paralela à tensão cisalhante no plano τ (modo II), precisão 0.01% [1]

$$K_{II} = 1.1215 \cdot \tau\sqrt{\pi a}$$

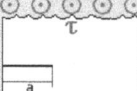

placa semi-infinita com uma trinca de tamanho **a** na borda, sob tensão cisalhante τ perpendicular à placa (modo III), solução analítica [1]

$$K_{III} = \tau\sqrt{\pi a}$$

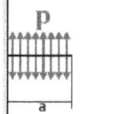

placa semi-infinita com uma trinca de tamanho **a** na borda, sob pressão uniforme **p**, precisão 0.01% [1]

$$K_I = 1.1215 \cdot p\sqrt{\pi a}$$

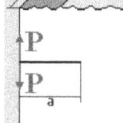

placa semi-infinita de espessura **t** sob um par de forças normais **P** aplicadas na boca da trinca **a** (modo I), solução analítica [1]

$$K_I = \frac{P}{t\sqrt{\pi a}} \cdot 2\pi/\sqrt{\pi^2 - 4} = 2.593\frac{P}{t\sqrt{\pi a}}$$

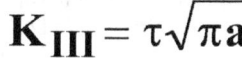

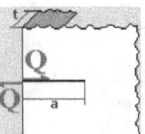

placa semi-infinita de espessura **t** sob um par de forças cisalhantes **Q** aplicadas na boca da trinca **a** (modo II), solução analítica [1]

$$K_{II} = 2.593 \cdot \frac{Q}{t\sqrt{\pi a}}$$

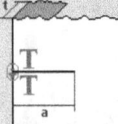

placa semi-infinita de espessura **t** sob um par de forças cisalhantes **T** aplicadas na boca da trinca **a** (modo III), solução analítica [1]

$$K_{III} = 2 \cdot \frac{T}{t\sqrt{\pi a}}$$

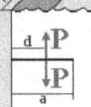

placa semi-infinita de espessura **t** sob um par de forças normais **P** aplicadas na trinca **a** em modo I à distância **d** da borda, precisão 0.5% [1]

$$K_I = \frac{P}{t\sqrt{\pi a}} \cdot [2.593 - .6(d/a)^{5/4}] / \sqrt{1 - (d/a)^2}$$

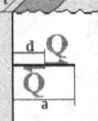

placa semi-infinita de espessura **t** sob um par de forças cisalhantes **Q** aplicadas na trinca **a** em modo II à distância **d** da borda, precisão 0.5% [1]

$$K_{II} = \frac{Q}{t\sqrt{\pi a}} \cdot [2.593 - .6(d/a)^{5/4}] / \sqrt{1 - (d/a)^2}$$

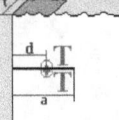

placa semi-infinita de espessura **t** sob um par de forças cisalhantes **T** aplicadas na trinca **a** em modo III à distância **d** da borda, solução analítica [1]

$$K_{III} = \frac{T}{t\sqrt{\pi a}} \cdot 2 / \sqrt{1 - (d/a)^2}$$

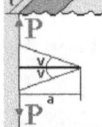

placa semi-infinita de espessura **t** e trinca **a** sob um par de forças **P** na borda (modo I), aplicadas num ângulo **v** com a ponta da trinca, precisão 0.5% [1]

$$K_I = \frac{P}{t\sqrt{\pi a}} \cdot 2\cos^3 v \cdot [1.3 - .75\sin v + .888\sin^2 v - .384\sin^3 v]$$

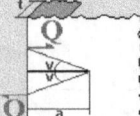

placa semi-infinita de espessura **t** e trinca **a** sob um par de forças **Q** na borda (modo II), aplicadas num ângulo **v** com a ponta da trinca, precisão 0.5% [1]

$$K_{II} = \frac{Q}{t\sqrt{\pi a}} \cdot 2\cos^3 v \cdot [1.3 - .75\sin v + .888\sin^2 v - .384\sin^3 v]$$

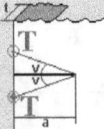

placa semi-infinita de espessura **t** e trinca **a** sob um par de forças **T** na borda (modo III), aplicadas num ângulo **v** com a ponta da trinca, solução analítica [1]

$$K_{III} = \frac{T}{t\sqrt{\pi a}} \cdot 2\cos v$$

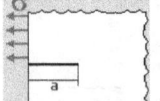

placa semi-infinita com uma trinca de tamanho **a** na borda, sob tensão σ aplicada somente acima e paralelamente à trinca (modo I), precisão 0.01% [1]

$$K_I = 0.561 \cdot \sigma\sqrt{\pi a}$$

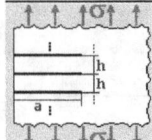

placa semi-infinita com múltiplas trincas de tamanho **a** na borda, espaçadas de **h**, perpendiculares à tensão normal σ (modo I), precisão 1% [3]

$$K_I = \sigma\sqrt{\pi a}\sqrt{\frac{h}{2\pi a}} \tanh[(1.1215\sqrt{2\pi a/h})^{2.2}]^{(1/2.2)}$$

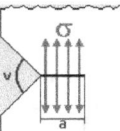

placa semi-infinita chanfrada num ângulo **v**, com uma trinca a sob pressão uniforme **p** (modo I), precisão 1% [3] ($s = [1 - v/2\pi]$)

$$K_I = \sigma\sqrt{\pi a} \cdot (0.1755 + 0.219s + 0.385s^2 + 0.12s^3)/s^{1.5}$$

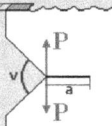

placa semi-infinita de espessura **t** chanfrada num ângulo **v**, sob um par de forças normais **P** aplicadas na boca da trinca **a** (modo I), solução analítica [1] ($s = 2\pi - v$)

$$K_I = \frac{P}{t\sqrt{a}}\sqrt{\frac{s + \sin(s)}{(s/2)^2 - \sin^2(s/2)}}$$

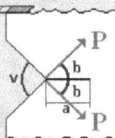

placa semi-infinita de espessura **t** chanfrada num ângulo **v**, sob um par de forças **P** na boca da trinca **a** num ângulo **b** (modo I), solução analítica [1] ($s = 2\pi - v$)

$$K_I = \frac{P}{t\sqrt{a}}\left(\sin b - \frac{2\sin^2(s/2)}{s + \sin(s)}\cos b\right)\sqrt{\frac{s + \sin(s)}{(s/2)^2 - \sin^2(s/2)}}$$

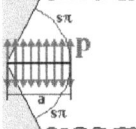

placa semi-infinita de espessura **t** chanfrada num ângulo **s**π, com uma trinca **a** sob pressão uniforme **p**, precisão 1% [1]

$$K_I = p\sqrt{\pi a} \cdot [.1755 + .219s + .385s^2 + .12s^3]/s^{1.5}$$

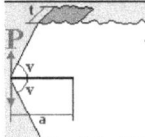

placa semi-infinita de espessura **t** chanfrada num ângulo **v**, com uma trinca **a** sob um par de forças **P** na boca da trinca (modo I), solução analítica [1]

$$K_I = \frac{P}{t\sqrt{\pi a}} \cdot \sqrt{\pi(2v + \sin 2v)/(v^2 - \sin^2 v)}$$

sendo:

$$f = \sqrt{\frac{\pi}{2}\frac{2\pi s + \sin 2\pi s}{(\pi s)^2 - \sin^2 \pi s}} \qquad F = g - 3f - 1$$

$$g = (1.103 + 3.615s^2 - .718s^3)/s^{1.5} \qquad G = 2 + 2f - g$$

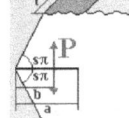

placa semi-infinita de espessura **t** chanfrada num ângulo **s**π, com uma trinca **a** sob um par de forças **P** (modo I) à distância **d** da borda, precisão 2% [1]

$$K_I = \frac{P}{t\sqrt{\pi a}} \cdot \sqrt{\frac{2}{1 - (b/a)}} \cdot [f + F \cdot (b/a) + G \cdot (b/a)^2]$$

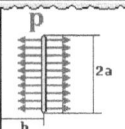

placa semi-infinita com uma trinca **2a** paralela à e distando **b** da borda, sob pressão uniforme **p**, precisão 1% [1]

$$K_I = p\sqrt{\pi a} \cdot [.23 + .585(\frac{b}{a + b}) + .185(\frac{b}{a + b})^6]/(\frac{b}{a + b})^{1.5}$$

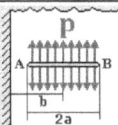

placa semi-infinita com uma trinca **2a** perpendicular à e com centro distando **b** da borda, sob pressão uniforme **p**, precisão 1% p/ **a/b < .8** [1] (Poisson $v = 1/3$)

$$\begin{bmatrix} K_I(A) \\ K_I(B) \end{bmatrix} = p\sqrt{\pi a} \cdot \begin{bmatrix} 1 - .175\,(a/b)^2 - .245\,(a/b)^3 \\ 1 - .145\,(a/b)^2 \end{bmatrix}$$

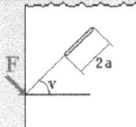

placa semi-infinita com uma trinca **2a** (ou semi-infinita) inclinada de ângulo **v** qualquer, sob uma força **F** no prolongamento da trinca, solução analítica [1]

$$K_I = K_{II} = K_{III} = 0$$

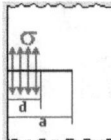

placa semi-infinita com uma trinca **a** sob tensão σ (modo I)
aplicada da boca até **d** na face da trinca, precisão 0.2% [1]

$$K_I = \sigma\sqrt{\pi a} \cdot \frac{2}{\pi} \sin^{-1}\frac{d}{a} \cdot [1.3 - .143\frac{d}{a} - .12(\frac{d}{a})^2 + .083(\frac{d}{a})^3]$$

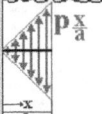

placa semi-infinita com uma trinca **a** sob tensão τ (modo II)
aplicada da boca até **d** na face da trinca, precisão 0.2% [1]

$$K_{II} = \tau\sqrt{\pi a} \cdot \frac{2}{\pi} \sin^{-1}\frac{d}{a} \cdot [1.3 - .143\frac{d}{a} - .12(\frac{d}{a})^2 + .083(\frac{d}{a})^3]$$

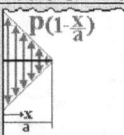

placa semi-infinita com uma trinca **a** sob tensão τ (modo III)
aplicada da boca até **d** na face da trinca, solução analítica [1]

$$K_{III} = \tau\sqrt{\pi a} \cdot \frac{2}{\pi} \sin^{-1}\frac{d}{a}$$

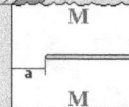

placa semi-infinita com uma trinca **a** sob pressão linearmente
crescente de **0** a **p**, precisão 0.2% [1]

$$K_I = 0.683 \cdot p\sqrt{\pi a}$$

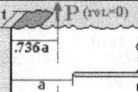

placa semi-infinita com uma trinca **a** sob pressão linearmente
decrescente de **p** a **0**, precisão 0.2% [1]

$$K_I = 0.439 \cdot p\sqrt{\pi a}$$

placa semi-infinita com uma trinca idem $\perp$ e distando **a**
da borda, sob fletor **M**, precisão 0.1% [1]

$$K_I = 7.046 \cdot \frac{M}{ta\sqrt{\pi a}}$$

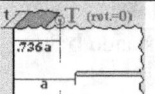

placa semi-infinita com uma trinca idem $\perp$ e distando **a** da borda, sob um par
de forças **P** (modo I) que não causam rotação, precisão 0.1% [1]

$$K_I = 2.593 \cdot \frac{P}{t\sqrt{\pi a}}$$

placa semi-infinita com uma trinca idem $\perp$ e distando **a** da borda, sob um par
de forças **Q** (modo II) que não causam rotação, solução analítica [1]

$$K_{II} = 2.593 \cdot \frac{Q}{t\sqrt{\pi a}}$$

placa semi-infinita com uma trinca idem $\perp$ e distando **a** da borda, sob um par
de forças **T** (modo III) que não causam rotação, solução analítica [1]

$$K_{III} = 2 \cdot \frac{T}{t\sqrt{\pi a}}$$

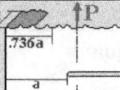

placa semi-infinita com uma trinca idem $\perp$ e distando **a** da borda,
sob um par de forças **P** (modo I), precisão 0.1% [1]

$$K_I = \frac{P}{t\sqrt{\pi a}}(7.046\frac{d}{a} - 2.593)$$

A4.3   Tripas Infinitas

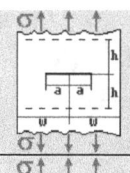

tripa infinita $(h/w > 3)$ de largura $2w$ com uma trinca central $2a$, perpendicular à tensão normal σ (modo I), precisão 0.3% [1]

$$K_I = \sigma\sqrt{\pi a} \cdot [1 - .5(\tfrac{a}{w}) + .370\,(\tfrac{a}{w})^2 - .044\,(\tfrac{a}{w})^3] \Big/ \sqrt{1 - (\tfrac{a}{w})}$$

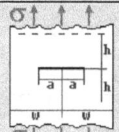

tripa infinita $(h/w > 3)$ de largura $2w$ com uma trinca central $2a$, perpendicular à tensão normal σ (modo I), precisão 0.1% [1]

$$K_I = \sigma\sqrt{\pi a} \cdot [1 - .025(\tfrac{a}{w})^2 + .06(\tfrac{a}{w})^4] \cdot \sqrt{\sec\frac{\pi a}{2w}}$$

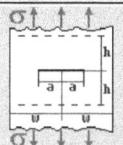

tripa infinita $(h/w > 3)$ de largura $2w$ com uma trinca central $2a$, perpendicular à tensão normal σ (modo I), precisão 0.3% p/ $a/w < 0.7$, 2.6% p/ $a/w < 0.95$ [1]

$$K_I = \sigma\sqrt{\pi a} \cdot \sqrt{\sec\frac{\pi a}{2w}}$$

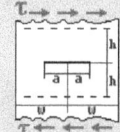

tripa infinita $(h/w > 3)$ de largura $2w$ com uma trinca central $2a$, paralela à tensão cisalhante τ (modo II), precisão 0.1% [1]

$$K_{II} = \tau\sqrt{\pi a} \cdot [1 - .025(\tfrac{a}{w})^2 + .06(\tfrac{a}{w})^4] \cdot \sqrt{\sec\frac{\pi a}{2w}}$$

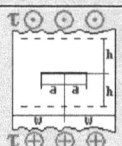

tripa infinita $(h/w > 3)$ de largura $2w$ com uma trinca central $2a$, sob tensão cisalhante τ em modo III, solução analítica [1]

$$K_{III} = \tau\sqrt{\pi a} \cdot \sqrt{\frac{2w}{\pi a}\tan\frac{\pi a}{2w}}$$

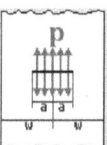

tripa infinita de largura $2w$ com uma trinca central $2a$ sob pressão uniforme $p = \sigma$, precisão 0.1% [1]

$$K_I = p\sqrt{\pi a} \cdot [1 - .025(\tfrac{a}{w})^2 + .06(\tfrac{a}{w})^4] \cdot \sqrt{\sec\frac{\pi a}{2w}}$$

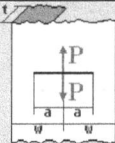

tripa infinita de largura $2w$ com uma trinca central $2a$, sob um par de forças normais centradas P (modo I), precisão 1% [1]

$$K_I = \frac{P}{t\sqrt{\pi a}} \cdot [1.297 - .297\cos(\tfrac{\pi a}{2w})] \cdot \sqrt{\frac{\pi a}{w}\csc(\tfrac{\pi a}{w})}$$

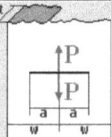

tripa infinita de largura $2w$ com uma trinca central $2a$, sob um par de forças normais centradas P (modo I), precisão 0.3% [1]

$$K_I = \frac{P}{t\sqrt{\pi a}} \cdot [1 - .5(\tfrac{a}{w}) + .957(\tfrac{a}{w})^2 - .16(\tfrac{a}{w})^3] \Big/ \sqrt{1 - (\tfrac{a}{w})}$$

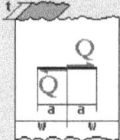

tripa infinita de largura $2w$ com uma trinca central $2a$, sob um par de forças cisalhantes centradas Q (modo II), precisão 0.3% [1]

$$K_{II} = \frac{Q}{t\sqrt{\pi a}} \cdot [1 - .5(\tfrac{a}{w}) + .957(\tfrac{a}{w})^2 - .16(\tfrac{a}{w})^3] \Big/ \sqrt{1 - (\tfrac{a}{w})}$$

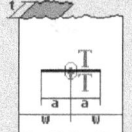

tripa infinita de largura $2w$ com uma trinca central $2a$, sob um par de forças cisalhantes centradas T (modo III), solução analítica [1]

$$K_{III} = \frac{T}{t\sqrt{\pi a}} \cdot \sqrt{\frac{\pi a}{w}\csc(\tfrac{\pi a}{w})}$$

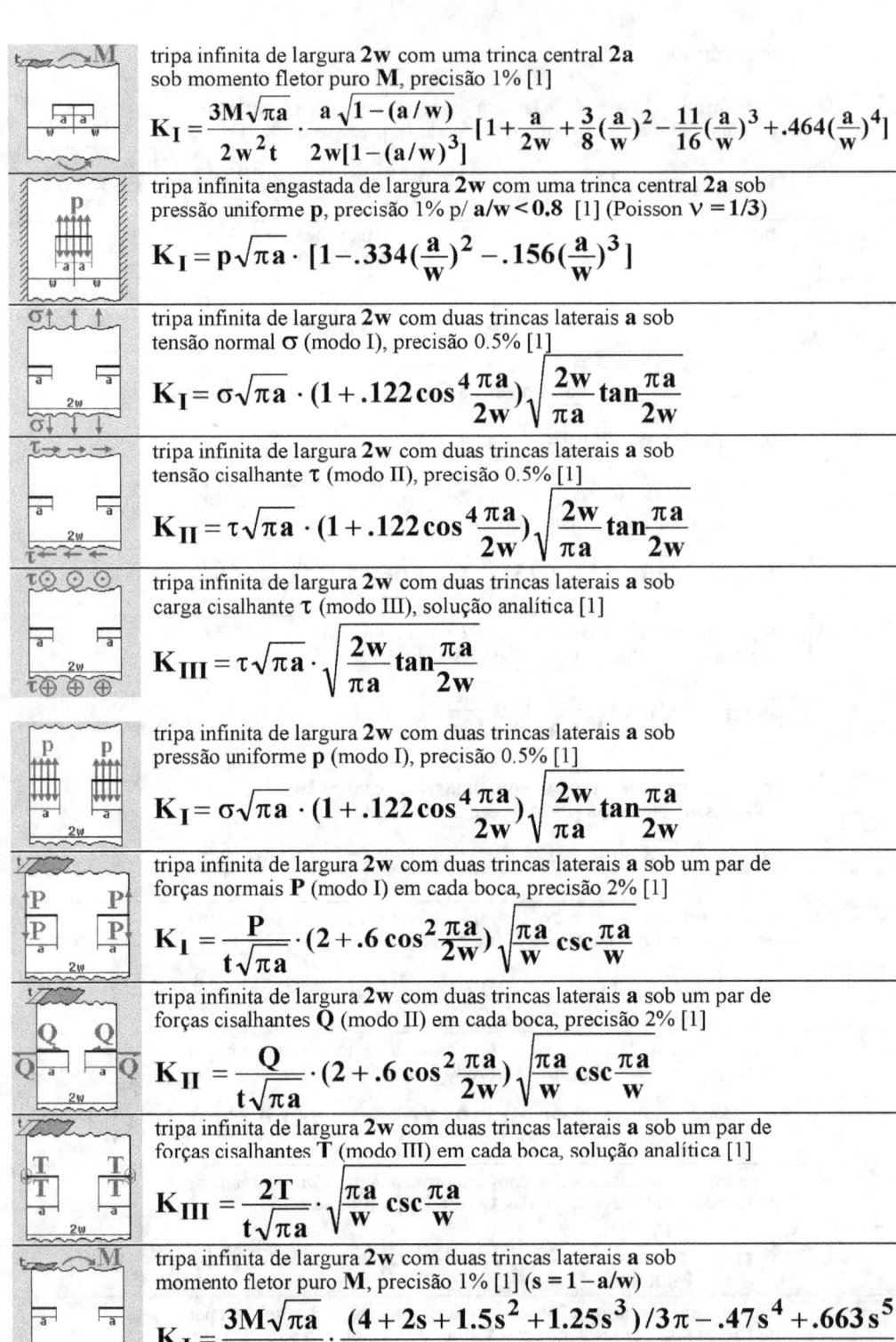

tripa infinita de largura **2w** com uma trinca central **2a** sob momento fletor puro **M**, precisão 1% [1]

$$K_I = \frac{3M\sqrt{\pi a}}{2w^2 t} \cdot \frac{a\sqrt{1-(a/w)}}{2w[1-(a/w)^3]}[1 + \frac{a}{2w} + \frac{3}{8}(\frac{a}{w})^2 - \frac{11}{16}(\frac{a}{w})^3 + .464(\frac{a}{w})^4]$$

tripa infinita engastada de largura **2w** com uma trinca central **2a** sob pressão uniforme **p**, precisão 1% p/ **a/w < 0.8** [1] (Poisson $\nu = 1/3$)

$$K_I = p\sqrt{\pi a} \cdot [1 - .334(\frac{a}{w})^2 - .156(\frac{a}{w})^3]$$

tripa infinita de largura **2w** com duas trincas laterais **a** sob tensão normal σ (modo I), precisão 0.5% [1]

$$K_I = \sigma\sqrt{\pi a} \cdot (1 + .122\cos^4\frac{\pi a}{2w})\sqrt{\frac{2w}{\pi a}\tan\frac{\pi a}{2w}}$$

tripa infinita de largura **2w** com duas trincas laterais **a** sob tensão cisalhante τ (modo II), precisão 0.5% [1]

$$K_{II} = \tau\sqrt{\pi a} \cdot (1 + .122\cos^4\frac{\pi a}{2w})\sqrt{\frac{2w}{\pi a}\tan\frac{\pi a}{2w}}$$

tripa infinita de largura **2w** com duas trincas laterais **a** sob carga cisalhante τ (modo III), solução analítica [1]

$$K_{III} = \tau\sqrt{\pi a} \cdot \sqrt{\frac{2w}{\pi a}\tan\frac{\pi a}{2w}}$$

tripa infinita de largura **2w** com duas trincas laterais **a** sob pressão uniforme **p** (modo I), precisão 0.5% [1]

$$K_I = \sigma\sqrt{\pi a} \cdot (1 + .122\cos^4\frac{\pi a}{2w})\sqrt{\frac{2w}{\pi a}\tan\frac{\pi a}{2w}}$$

tripa infinita de largura **2w** com duas trincas laterais **a** sob um par de forças normais **P** (modo I) em cada boca, precisão 2% [1]

$$K_1 = \frac{P}{t\sqrt{\pi a}} \cdot (2 + .6\cos^2\frac{\pi a}{2w})\sqrt{\frac{\pi a}{w}\csc\frac{\pi a}{w}}$$

tripa infinita de largura **2w** com duas trincas laterais **a** sob um par de forças cisalhantes **Q** (modo II) em cada boca, precisão 2% [1]

$$K_{II} = \frac{Q}{t\sqrt{\pi a}} \cdot (2 + .6\cos^2\frac{\pi a}{2w})\sqrt{\frac{\pi a}{w}\csc\frac{\pi a}{w}}$$

tripa infinita de largura **2w** com duas trincas laterais **a** sob um par de forças cisalhantes **T** (modo III) em cada boca, solução analítica [1]

$$K_{III} = \frac{2T}{t\sqrt{\pi a}} \cdot \sqrt{\frac{\pi a}{w}\csc\frac{\pi a}{w}}$$

tripa infinita de largura **2w** com duas trincas laterais **a** sob momento fletor puro **M**, precisão 1% [1] (s = 1 − a/w)

$$K_I = \frac{3M\sqrt{\pi a}}{2w^2 t} \cdot \frac{(4 + 2s + 1.5s^2 + 1.25s^3)/3\pi - .47s^4 + .663s^5}{s^{1.5}}$$

sendo:

$$F = 1 + [1 - \cos(\frac{\pi a}{2w})] \cdot .297\sqrt{1 - (d/a)^2}$$

$$\begin{bmatrix} G(A) \\ G(B) \end{bmatrix} = 1 \begin{bmatrix} + \\ - \end{bmatrix} [\sin(\frac{\pi d}{2w})/\sin(\frac{\pi a}{2w})]$$

$$H = \sqrt{\frac{\pi a}{2w} \tan(\frac{\pi a}{2w}) \Big/ \{1 - [\cos(\frac{\pi a}{2w})/\cos(\frac{\pi d}{2w})]^2\}}$$

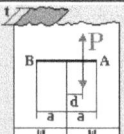

tripa infinita de largura **2w** com uma trinca central **2a** sob um par de forças normais **P** (modo I) excêntricas de **d**, precisão 1% [1]

$$\begin{bmatrix} K_I(A) \\ K_I(B) \end{bmatrix} = \frac{P}{t\sqrt{\pi a}} \cdot F \cdot \begin{bmatrix} G(A) \\ G(B) \end{bmatrix} \cdot H$$

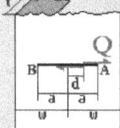

tripa infinita de largura **2w** com uma trinca central **2a** sob um par de forças cisalhantes **Q** (modo II) excêntricas de **d**, precisão 1% [1]

$$\begin{bmatrix} K_{II}(A) \\ K_{II}(B) \end{bmatrix} = \frac{Q}{t\sqrt{\pi a}} \cdot F \cdot \begin{bmatrix} G(A) \\ G(B) \end{bmatrix} \cdot H$$

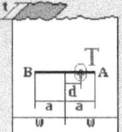

tripa infinita de largura **2w** com uma trinca central **2a** sob um par de forças cisalhantes **T** (modo III) excêntricas de **d**, solução analítica [1]

$$\begin{bmatrix} K_{III}(A) \\ K_{III}(B) \end{bmatrix} = \frac{T}{t\sqrt{\pi a}} \begin{bmatrix} G(A) \\ G(B) \end{bmatrix} \cdot H$$

sendo:

$$F = 1 + [1 - \cos(\frac{\pi a}{2w})] \cdot .297\sqrt{1 - (d/a)^2}$$

$$H = \sqrt{\frac{\pi a}{2w} \tan(\frac{\pi a}{2w}) \Big/ \{1 - [\cos(\frac{\pi a}{2w})/\cos(\frac{\pi d}{2w})]^2\}}$$

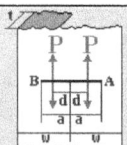

tripa infinita de largura **2w** com uma trinca central **2a** sob dois pares de forças normais **P** (modo I) excêntricas de **d**, precisão 1% [1]

$$K_I = \frac{P}{t\sqrt{\pi a}} \cdot 2 \cdot F \cdot H$$

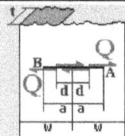

tripa infinita de largura **2w** com uma trinca central **2a** sob dois pares de forças cisalhantes **Q** (modo II) excêntricas de **d**, precisão 1% [1]

$$K_{II} = \frac{Q}{t\sqrt{\pi a}} \cdot 2 \cdot F \cdot H$$

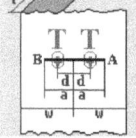

tripa infinita de largura **2w** com uma trinca central **2a** sob dois pares de forças cisalhantes **T** (modo III) excêntricas de **d**, solução analítica [1]

$$K_{III} = \frac{T}{t\sqrt{\pi a}} \cdot 2 \cdot H$$

sendo ν o coeficiente de Poisson e $b=(1+\nu)/2$ ou $1/2(1-\nu)$ em tensão ou deformação plana

$$F=1+\{.297+.115\sin(\frac{\pi a}{w})\cdot[1-\operatorname{sech}(\frac{\pi s}{2w})]\}\cdot[1-\cos(\frac{\pi a}{2w})]$$

$$G=b\cdot\frac{\pi s}{2w}\tanh(\frac{\pi s}{2w})\Big/\{[\cosh(\frac{\pi s}{2w})/\cos(\frac{\pi a}{2w})]^2-1\}$$

$$H=\sqrt{\frac{\pi a}{2w}\tan(\frac{\pi a}{2w})\Big/\{1-[\cos(\frac{\pi a}{2w})/\cosh(\frac{\pi s}{2w})]^2\}}$$

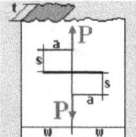

tripa infinita de largura **2w** com uma trinca central **2a**, sob um par de forças normais centradas **P** (modo I) aplicadas a **s** da trinca, precisão 1% [1]

$$K_I=\frac{P}{t\sqrt{\pi a}}\cdot F\cdot(1+G)\cdot H$$

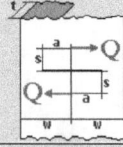

tripa infinita de largura **2w** com uma trinca central **2a**, sob um par de forças cisalhantes centradas **Q** (modo II) aplicadas a **s** da trinca, precisão 1% [1]

$$K_{II}=\frac{Q}{t\sqrt{\pi a}}\cdot F\cdot(1-G)\cdot H$$

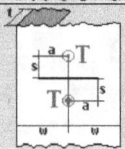

tripa infinita de largura **2w** com uma trinca central **2a**, sob um par de forças cisalhantes centradas **T** (modo III) aplicadas a **s** da trinca, solução analítica [1]

$$K_{III}=\frac{T}{t\sqrt{\pi a}}\cdot H$$

sendo:

$$F=.3[1-(\frac{d}{a})^{5/4}]$$

$$G=.5[1-\sin(\frac{\pi a}{2w})][2+\sin(\frac{\pi a}{2w})]$$

$$H=\sqrt{\frac{\pi a}{2w}\tan(\frac{\pi a}{2w})\Big/\{1-[\cos(\frac{\pi a}{2w})/\cos(\frac{\pi d}{2w})]^2\}}$$

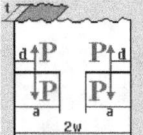

tripa infinita de largura **2w** com duas trincas laterais **a** sob um par de forças normais **P** (modo I) à distância **d** de cada boca, precisão 1% [1]

$$K_I=\frac{P}{t\sqrt{\pi a}}\cdot 2(1+F\cdot G)\cdot H$$

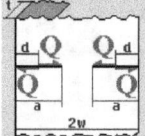

tripa infinita de largura **2w** com duas trincas laterais **a** sob um par de forças cisalhantes **Q** (modo II) à distância **d** de cada boca, precisão 1% [1]

$$K_{II}=\frac{Q}{t\sqrt{\pi a}}\cdot 2(1+F\cdot G)\cdot H$$

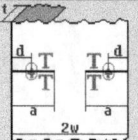

tripa infinita de largura **2w** com duas trincas laterais **a** sob um par de forças cisalhantes **T** (modo III) à distância **d** de cada boca, solução analítica [1]

$$K_{III}=\frac{T}{t\sqrt{\pi a}}\cdot 2\cdot H$$

sendo ν o coeficiente de Poisson e $b = (1+\nu)/2$ ou $1/2(1-\nu)$ em tensão ou deformação plana

$$\begin{bmatrix} G_I \\ G_{II} \end{bmatrix} = (1 + .122\cos^2(\frac{\pi a}{2w})] \cdot [1\begin{bmatrix} - \\ + \end{bmatrix} \frac{b\,\frac{\pi s}{2w}\coth(\frac{\pi s}{2w})}{1 + [\sinh(\frac{\pi s}{2w})/\cos(\frac{\pi a}{2w})\,]^2}]$$

$$H = \sqrt{\frac{\pi a}{2w}\tan(\frac{\pi a}{2w})\Big/\{1 + [\cos(\frac{\pi a}{2w})/\sinh(\frac{\pi s}{2w})]^2\}}$$

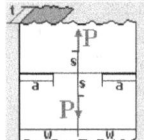

tripa infinita de largura $2w$ com duas trincas laterais a, sob um par de forças P (modo I) centradas e distando s da linha das trincas, precisão 2% [1]

$$K_I = \frac{P}{t\sqrt{\pi a}} \cdot G_I \cdot H$$

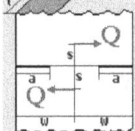

tripa infinita de largura $2w$ com duas trincas laterais a, sob um par de forças Q (modo II) centradas e distando s da linha das trincas, precisão 2% [1]

$$K_{II} = \frac{Q}{t\sqrt{\pi a}} \cdot G_{II} \cdot H$$

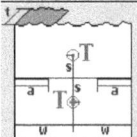

tripa infinita de largura $2w$ com duas trincas laterais a, sob um par de forças T (modo III) centradas e distando s da linha das trincas, solução analítica [1]

$$K_{III} = \frac{T}{t\sqrt{\pi a}} \cdot H$$

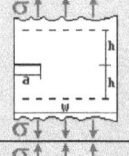

tripa infinita ($h/w > 1$) de largura w com uma trinca lateral a, perpendicular à tensão normal σ (modo I), precisão 1% [1]

$$K_I = \sigma\sqrt{\pi a} \cdot \{.857 + .265[\frac{a}{w} + (1 - \frac{a}{w})^{\frac{11}{2}}]\}\Big/(1 - \frac{a}{w})^{\frac{3}{2}}$$

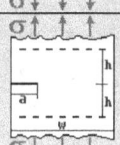

tripa infinita ($h/w > 1$) de largura w com uma trinca lateral a, perpendicular à tensão normal σ (modo I), precisão 0.5% [1]

$$K_I = \sigma\sqrt{\pi a} \cdot [.752 + 2.02\frac{a}{w} + .37(1 - \sin\frac{\pi a}{2w})^3]\sec\frac{\pi a}{2w}\sqrt{\frac{2w}{\pi a}\tan\frac{\pi a}{2w}}$$

nota:
não use $K_I = \sigma\sqrt{\pi a} \cdot 1.122 \cdot \sqrt{\sec\frac{\pi a}{2w}}$ $\Rightarrow$ **erros > 20%** **p/ a/w > 0.23**
porque esta expressão **não** inclui os efeitos do fletor

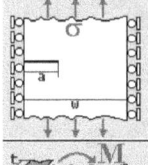

tripa infinita guiada de largura w com uma trinca lateral a perpendicular à tensão normal σ (modo I), precisão <3% [3]

$$K_I = \sigma\sqrt{\pi a} \cdot [5\Big/\sqrt{20 - 13\frac{a}{w} - 7(\frac{a}{w})^2}]$$

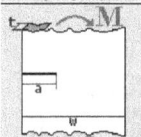

tripa infinita de largura w com uma trinca lateral a sob fletor puro M, precisão 0.5%, [1]

$$K_I = \frac{6M}{t w^2}\sqrt{\pi a} \cdot [.923 + .199(1 - \sin\frac{\pi a}{2w})^4]\sec\frac{\pi a}{2w}\sqrt{\frac{2w}{\pi a}\tan\frac{\pi a}{2w}}$$

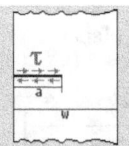

tripa infinita de largura **w** com uma trinca lateral **a** sob tensão cisalhante τ (modo II), precisão 2% [3]

$$K_{II} = \tau\sqrt{\pi a} \cdot \frac{1.122 - 0.561a/w - 0.2(a/w)^2 + 0.89(a/w)^3 - 0.426(a/w)^4}{\sqrt{1-a/w}}$$

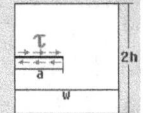

tripa finita de largura **w** e altura **2h** com uma trinca lateral **a** sob tensão cisalhante τ (modo II), precisão 3% [3]

$$K_{II} = \tau\sqrt{\pi a} \cdot \frac{1.122 - 0.561\,a/w - 0.2(a/w)^2 + 0.89(a/w)^3 - 0.426\,(a/w)^4}{\sqrt{1-a/w}} \cdot$$

$$\cdot \tanh^{-\frac{1}{2.2}} \{[\frac{\sqrt{h/w}}{3.27\frac{a}{w} - 5.1(\frac{a}{w})^2 + 0.74(\frac{a}{w})^3 + 5.7(\frac{a}{w})^4 - 4.61(\frac{a}{w})^5}]^{2.2}\}$$

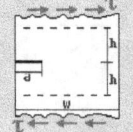

tripa infinita (**h/w > 1**) de largura **w** com uma trinca lateral **a**, paralela à tensão cisalhante τ (modo II), precisão 2% [1]

$$K_{II} = \tau\sqrt{\pi a} \cdot [1.122 - .561\frac{a}{w} + .085(\frac{a}{w})^2 + .18(\frac{a}{w})^3] \Big/ \sqrt{1 - \frac{a}{w}}$$

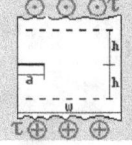

tripa infinita (**h/w > 1**) de largura **w** com uma trinca lateral **a**, sob tensão cisalhante τ em modo III, solução analítica [1]

$$K_{III} = \tau\sqrt{\pi a} \cdot \sqrt{\frac{2w}{\pi a}\tan\frac{\pi a}{2w}}$$

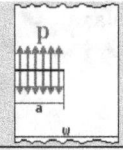

tripa infinita de largura **w** com uma trinca lateral **a** sob pressão unifome **p**, precisão 0.5% [1]

$$K_I = \sigma\sqrt{\pi a} \cdot [.752 + 2.02\frac{a}{w} + .37(1 - \sin\frac{\pi a}{2w})^3]\sec\frac{\pi a}{2w}\sqrt{\frac{2w}{\pi a}\tan\frac{\pi a}{2w}}$$

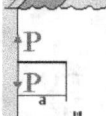

tripa infinita de largura **w** com uma trinca lateral **a**, sob um par de forças normais **P** (modo I) na boca, precisão 1% [1]

$$K_I = \frac{P}{t\sqrt{\pi a}} \cdot [.92 + 6.12\frac{a}{w} + 1.68(1 - \frac{a}{w})^5 + 1.22(\frac{a}{w} - \frac{a^2}{w^2})^2] \Big/ (1 - \frac{a}{w})^{\frac{3}{2}}$$

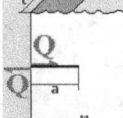

tripa infinita de largura **w** com uma trinca lateral **a**, sob um par de forças cisalhantes **Q** (modo II) na boca, precisão 1% [1]

$$K_{II} = \frac{Q}{t\sqrt{\pi a}} \cdot [2.6 - 1.3\frac{a}{w} + .74(\frac{a}{w})^2 + .56(\frac{a}{w})^3] \Big/ \sqrt{1 - \frac{a}{w}}$$

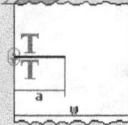

tripa infinita de largura **w** com uma trinca lateral **a**, sob um par de forças cisalhantes **T** (modo III) na boca, solução analítica [1]

$$K_{III} = \frac{T}{t\sqrt{\pi a}} \cdot 2\sqrt{\frac{\pi a}{w}\csc\frac{\pi a}{w}}$$

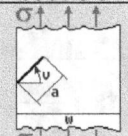

tripa infinita de largura **w** com uma trinca lateral a num ângulo **v** com o eixo perpendicular à tensão normal σ (modo II), precisão 2% p/ **a/w < 0.6** [3]

$$K_{II} = \sigma\sqrt{\pi a} \cdot [0.3515 + 0.2851\,a/w - 0.1723\,(a/w)^2 + 1.212\,(a/w)^3] \cdot$$

$$\cdot \sin[2v - v(\pi - 2v)(0.0436 - 0.088a/w - 0.83(a/w)^2 + 0.196(a/w)^3)]$$

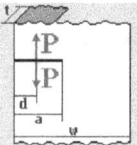

tripa infinita de largura **w** com uma trinca lateral **a** sob um par de forças normais **P** (modo I) à distância **d** da boca, precisão 1% [1]

$$K_I = \frac{P}{t\sqrt{\pi a}} 2[f_0 + f_1(\frac{d}{a}) + f_2(\frac{d}{a})^2 + f_3(\frac{d}{a})^3] / \{(1-\frac{a}{w})^{1.5} \cdot [1-(\frac{d}{a})^2]^{0.5}\}$$

onde:

$$f_0 = .46 + 3.06(\frac{a}{w}) + .84(1-\frac{a}{w})^5 + .66(\frac{a}{w})^2(1-\frac{a}{w})^2, \quad f_1 = -3.52(\frac{a}{w})^2,$$

$$f_2 = 6.17 - 28.22(\frac{a}{w}) + 34.54(\frac{a}{w})^2 - 14.39(\frac{a}{w})^3 - (1-\frac{a}{w})^{1.5} - 5.88(1-\frac{a}{w})^5 - 2.64(\frac{a}{w})^2(1-\frac{a}{w})^2, \quad e$$

$$f_3 = -6.63 + 25.16(\frac{a}{w}) - 31.04(\frac{a}{w})^2 + 14.41(\frac{a}{w})^3 + 2(1-\frac{a}{w})^{1.5} + 5.04(1-\frac{a}{w})^5 + 1.98(\frac{a}{w})^2(1-\frac{a}{w})^2$$

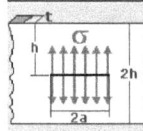

faixa infinita com uma trinca **2a** perpendicular à altura **2h** sob pressão uniforme **p** = σ (modo I), precisão 1% [3]

$$K_I = \sigma\sqrt{\pi a} \cdot [\frac{2}{\sqrt{3\pi}} + (1-\frac{2}{\sqrt{3\pi}}) \cdot e^{\frac{-1.5a/h}{(1-2/\sqrt{3\pi})}}] \cdot (1+\frac{a}{h})^{1.5}$$

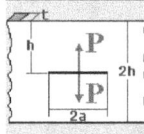

faixa infinita com uma trinca **2a** perpendicular à altura **2h** sob um par de forças normais centradas **P** (modo I), precisão 1% [3]

$$K_I = \frac{P}{t\sqrt{\pi a}}(0.4135 + 1.1215\frac{a}{h}\frac{1}{(1+a/h)} + 0.5865 \cdot e^{-6.635(a/h)^{1.2}}) \cdot (1+a/h)^{1.5}$$

A4.4   Discos

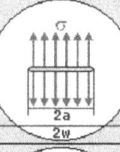

disco de diâmetro **2w** com trinca central **2a** sob pressão uniforme σ, precisão 1% [3]

$$K_I = \sigma\sqrt{\pi a}\ \frac{1 - 0.5(a/w) + 1.69(a/w)^2 - 2.67(a/w)^3 + 3.20(a/w)^4 - 1.89(a/w)^5}{\sqrt{1-(a/w)}}$$

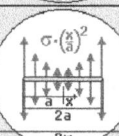

disco de diâmetro **2w** com trinca central **2a** sob pressão parabólica σ(x/a)², **x** medido a partir do centro da trinca, precisão 1% [3]

$$K_I - \sigma\sqrt{\pi a}\ \frac{.5 - .25(a/w) + .442(a/w)^2 - 1.109(a/w)^3 + 1.559(a/w)^4 - .867(a/w)^5}{\sqrt{1-(a/w)}}$$

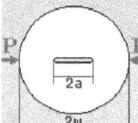

disco de diâmetro **2w** com trinca central **2a**, sob duas forças compressivas **P** alinhadas com a trinca, precisão 1% [1, 3]

$$K_I = \frac{P\sqrt{\pi a}}{\pi w}\ \frac{1 - 0.5(a/w) + 1.69(a/w)^2 - 2.67(a/w)^3 + 3.20(a/w)^4 - 1.89(a/w)^5}{\sqrt{1-(a/w)}}$$

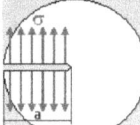

disco de diâmetro **w** com trinca lateral **a**, sob pressão uniforme σ, precisão 1% [1]

$$K_I = \sigma\sqrt{\pi a}\ \frac{1.1215 + .140(a/w) - .545(a/w)^2 + .405(a/w)^3}{[1-(a/w)]^{1.5}}$$

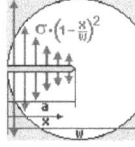

disco de diâmetro **w** com trinca lateral a, sob pressão parabólica σ(1−x/w)², **x** medido a partir da borda do disco, precisão 1% [3]

$$K_I = \sigma\sqrt{\pi a}\ \frac{1.1215 - 2.74(a/w) + 3.637(a/w)^2 - 2.031(a/w)^3 + .386(a/w)^4}{[1-(a/w)]^{1.5}}$$

sendo:

$$F_1 = \frac{1 - 0.5\,(a/w) + 1.6873\,(a/w)^2 - 2.671\,(a/w)^3 + 3.2027\,(a/w)^4 - 1.8935\,(a/w)^5}{\sqrt{1-(a/w)}}$$

$$F_2 = \frac{.5 - .25\,(a/w) + .4421\,(a/w)^2 - 1.1091\,(a/w)^3 + 1.5591\,(a/w)^4 - .867\,(a/w)^5}{\sqrt{1-(a/w)}}$$

$$G_1 = \frac{1.122 + .140(a/w) - .545(a/w)^2 + .405(a/w)^3}{[1-(a/w)]^{1.5}}$$

$$G_2 = \frac{1.1215 - 2.74(a/w) + 3.637(a/w)^2 - 2.031(a/w)^3 + .386(a/w)^4}{[1-(a/w)]^{1.5}}$$

e $b = \dfrac{1+\nu}{2}$, σ plana   ou $b = \dfrac{1}{2(1-\nu)}$, ε plana

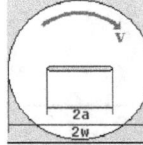

disco de densidade **r**, coeficiente de Poisson **ν**, diâmetro **d = 2w** e trinca central **2a**, sob velocidade angular **v**, precisão 1% [1, 3]

$$K_I = (1+b)\cdot rv^2 d^2 \sqrt{\pi a}\cdot\left[F_1 - \frac{3b-1}{b+1}\left(\frac{a}{w}\right)^2 F_2\right]$$

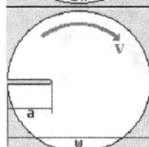

disco de densidade **r**, coeficiente de Poisson **ν**, diâmetro **d = w** e trinca lateral **a**, sob velocidade angular **v**, precisão 1% [1, 3]

$$K_I = (1+b)\cdot rv^2 d^2 \sqrt{\pi a}\cdot\left[G_1 - \frac{3b-1}{b+1}G_2\right]$$

A4.5   Eixos e Tubos

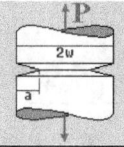

eixo circular de diâmetro **2w** com uma trinca circunferencial externa de profundidade **a**, sob tração **P**, precisão 1% [1] (s = 1 − a/w)

$$K_I = \frac{P\sqrt{\pi a}}{\pi\,(w-a)^2}\,\frac{\sqrt{s}}{2}\left[1 + \frac{s}{2} + \frac{3s^2}{8} - .363s^3 + .731s^4\right]$$

eixo circular de diâmetro **2w** com uma trinca circunferencial externa de profundidade **a**, sob fletor **M**, precisão 1% [1] (s = 1 − a/w)

$$K_I = \frac{4M\sqrt{\pi a}}{\pi(w-a)^3}\,\frac{3\sqrt{s}}{8}\left[1 + \frac{s}{2} + \frac{3s^2}{8} + \frac{5s^3}{16} + \frac{35}{128}s^4 + .537s^5\right]$$

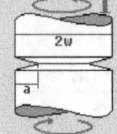

eixo circular de diâmetro **2w** com uma trinca circunferencial externa de profundidade **a**, sob torçor **T**, precisão 1% [1] (s = 1 − a/w)

$$K_{III} = \frac{2T\sqrt{\pi a}}{\pi(w-a)^3}\,\frac{3\sqrt{s}}{8}\left[1 + \frac{s}{2} + \frac{3s^2}{8} + \frac{5s^3}{16} + \frac{35}{128}s^4 + .208\,s^5\right]$$

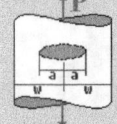

eixo circular de diâmetro **2w** com uma trinca circular interna centrada de diâmetro **2a**, sob tração **P**, precisão 0.5% [1]

$$K_I = \frac{P\sqrt{\pi a}}{\pi\,w^2}\,\frac{2}{\pi\sqrt{1-(a/w)}}\left[1 - \frac{a}{2w} + .148\left(\frac{a}{w}\right)^3\right]$$

eixo circular de diâmetro **2w** com uma trinca circular interna centrada de diâmetro **2a**, sob fletor **M**, precisão 1% [1]

$$K_I = \frac{4M\sqrt{\pi a}}{\pi\,w^3}\,\frac{4\sqrt{1-(a/w)}}{3\pi[1-(a/w)^4]}\left[\frac{a}{w} + \frac{1}{2}\left(\frac{a}{w}\right)^2 + \frac{3}{8}\left(\frac{a}{w}\right)^3 + \frac{5}{16}\left(\frac{a}{w}\right)^4 - \frac{93}{128}\left(\frac{a}{w}\right)^5 + .483\left(\frac{a}{w}\right)^6\right]$$

eixo circular de diâmetro **2w** com uma trinca circular interna
centrada de diâmetro **2a**, sob torçor **T**, precisão 1% [1]

$$K_{III} = \frac{2Ta\sqrt{\pi a}}{\pi(w^4 - a^4)} \frac{4\sqrt{1-(a/w)}}{3\pi}[1 + \frac{a}{2w} + \frac{3}{8}(\frac{a}{w})^2 + \frac{5}{16}(\frac{a}{w})^3 - \frac{93}{128}(\frac{a}{w})^4 + .038(\frac{a}{w})^5]$$

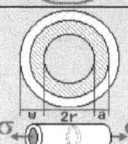

tubo cilíndrico de raio interno **r** e espessura **w**, com uma trinca circunferencial
interna de profundidade **a**, sob tensão axial σ, precisão 1% [5]

$$K_I = \begin{cases} \sigma\sqrt{\pi a} \cdot \{1.1 + (0.125\frac{r}{w} - 0.25)^{0.25}[1.948(\frac{a}{w})^{1.5} + 0.3342(\frac{a}{w})^{4.2}]\}, \ 5 \le \frac{r}{w} \le 10 \\ \sigma\sqrt{\pi a} \cdot \{1.1 + (0.4\frac{r}{w} - 3)^{0.25}[1.948(\frac{a}{w})^{1.5} + 0.3342(\frac{a}{w})^{4.2}]\}, \ 10 < \frac{r}{w} \le 20 \end{cases}$$

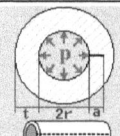

tubo cilíndrico de raio interno **r** e espessura **t**, com uma trinca longitudinal longa
de profundidade **a**, sob pressão interna **p**, precisão 1% [5]

$$K_I = \begin{cases} p\sqrt{\pi a} \frac{2(r+t)^2}{t^2 + 2rt}\{1.1 + (.125\frac{r}{t} - .25)^{0.25}[4.95(\frac{a}{t})^2 + 1.09(\frac{a}{t})^4]\}, \ 5 \le \frac{r}{t} \le 10 \\ p\sqrt{\pi a} \frac{2(r+t)^2}{t^2 + 2rt}\{1.1 + (.2\frac{r}{t} - 1)^{0.25}[4.95(\frac{a}{t})^2 + 1.09(\frac{a}{t})^4]\}, \ 10 \le \frac{r}{t} \le 20 \end{cases}$$

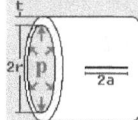

tubo cilíndrico de raio interno **r** e espessura **t**, com uma trinca longitudinal passante
de comprimento **2a**, sob pressão interna **p**, precisão 1% [5] (λ = a/√(rt))

$$K_I = p\sqrt{\pi a} \cdot \frac{r}{t} \cdot \sqrt{1 + .52\lambda + 1.29\lambda^2 - .074\lambda^3}$$

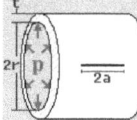

tubo cilíndrico de raio interno **r** e espessura **t**, com uma trinca longitudinal passante
de comprimento **2a**, sob pressão interna **p**, precisão 1% [1] (λ = a/√(rt))

$$K_I = \begin{cases} p\sqrt{\pi a} \cdot (r/t) \cdot (1 + 1.25\lambda^2)^{.5}, \ 0 \le \lambda < 1 \\ p\sqrt{\pi a} \cdot (r/t) \cdot (0.6 + 0.9\lambda)^{.5}, \ 1 \le \lambda < 5 \end{cases}$$

sendo:

$$R = w + \frac{t}{2} \ \text{(raio médio)} \qquad F_1 = \left(0.125\frac{R}{t} - 0.25\right)^{0.25} \qquad F_2 = \left(0.4\frac{R}{t} - 3\right)^{0.25}$$

$$G = 5.3303(\frac{a}{w})^{1.5} + 18.773(\frac{a}{w})^{4.24} \qquad H = 4.5967(\frac{a}{w})^{1.5} + 2.6422(\frac{a}{w})^{4.24}$$

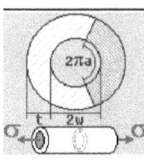

tubo cilíndrico de raio interno **w** e espessura **t**, com uma trinca circunferencial
passante de comprimento interno **2πa**, sob tensão axial σ, precisão 1% [5]

$$K_I = \begin{cases} \sigma\sqrt{\pi(\pi a)} \cdot \sqrt{R/w} \cdot (1 + F_1 G), \ 5 \le \frac{R}{t} \le 10 \\ \sigma\sqrt{\pi(\pi a)} \cdot \sqrt{R/w} \cdot (1 + F_2 G), \ 10 < \frac{R}{t} \le 20 \end{cases}$$

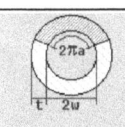

tubo cilíndrico de raio interno **w** e espessura **t**, com uma trinca circunferencial
passante de comprimento interno **2πa**, sob fletor **M**, precisão 1% [5]

$$K_I = \begin{cases} \frac{4M(w+t)}{(w+t)^4 - w^4}\sqrt{a} \cdot \sqrt{R/w} \cdot (1 + F_1 H), \ 5 \le \frac{R}{t} \le 10 \\ \frac{4M(w+t)}{(w+t)^4 - w^4}\sqrt{a} \cdot \sqrt{R/w} \cdot (1 + F_2 H), \ 10 < \frac{R}{t} \le 20 \end{cases}$$

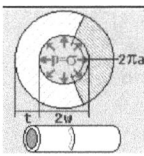

tubo cilíndrico de raio interno **w** e espessura **t**, com uma trinca circunferencial
passante de comprimento interno **2πa**, sob pressão interna **p**, precisão 1% [5]

$$K_I = \begin{cases} \frac{pR}{2t}\sqrt{\pi(\pi a)} \cdot \sqrt{R/w} \cdot [1 + 0.1501(\frac{\pi a}{w}\sqrt{R/t})^{1.5}], \ \frac{\pi a}{w}\sqrt{R/t} \le 2 \\ \frac{pR}{2t}\sqrt{\pi(\pi a)} \cdot \sqrt{R/w} \cdot [0.8875 + 0.2625\frac{\pi a}{w}\sqrt{R/t}], \ 2 < \frac{\pi a}{w}\sqrt{R/t} \le 5 \end{cases}$$

A4.6   Sólidos Infinitos

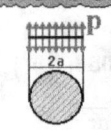

sólido infinito com uma trinca circular de raio **a**
sob pressão **p=σ**, solução analítica [1]

$$K_I = \sigma\sqrt{\pi a} \cdot \frac{2}{\pi}$$

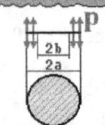

sólido infinito com uma trinca circular de raio **a** sob um anel de
pressão **p=σ** entre os raios **a** e **b**, solução analítica [1]

$$K_I = \sigma\sqrt{\pi a} \cdot \frac{2}{\pi}\sqrt{1-(b/a)^2}$$

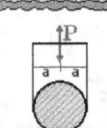

sólido infinito com uma trinca de raio **a** sob um par de forças **P**
(modo I) centradas, solução analítica [1]

$$K_I = \frac{P}{(\pi a)^{1.5}}$$

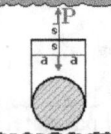

sólido infinito de Poisson **ν** com uma trinca de raio **a** sob um par de forças **P**
(modo I) centradas e distando **s** do plano da trinca, solução analítica [1]

$$K_I = \frac{P}{(\pi a)^{1.5}} \cdot \frac{1}{1+(s/a)^2}\{1+\frac{1}{(1-\nu)[1+(a/s)^2]}\}$$

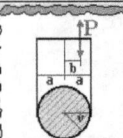

sólido infinito com uma trinca de raio **a** sob um par de forças **P**
(modo I) a **b** do centro da trinca, solução analítica [1]

$$K_I = \frac{P}{(\pi a)^{1.5}} \cdot [a(a^2-b^2)^{0.5}/(a-b)^2]$$

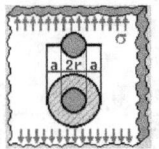

sólido infinito sob tensão normal **σ** com um vazio esférico de raio **r**, do qual sai
uma trinca anular de profundidade **a** ⊥ a **σ**, precisão 0.3% [3]

$$K_I = \sigma\sqrt{\pi a} \cdot [\frac{2}{\pi}\sqrt{\frac{a+2r}{a+r}}(\frac{0.5}{(1+a/r)^2} + \frac{3}{(7-5\nu)(1+a/r)^4} + 1) +$$
$$+ \frac{(9-5\nu)}{(21-15\nu)(1+2a/r)^2}]$$

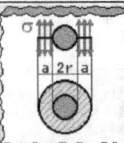

sólido infinito com um vazio esférico de raio **r**, do qual sai uma trinca anular de
profundidade **a** sob pressão **p=σ**, precisão 0.3% [3]

$$K_I = \sigma\sqrt{\pi a} \cdot [\frac{1.122}{(1+2a/r)^2} + \frac{2}{\pi}(1-\frac{1}{(1+2a/r)^2})\sqrt{\frac{a+2r}{a+r}}]$$

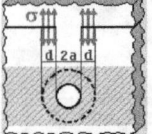

sólido infinito com uma trinca anular infinita de ligamento circular de raio **a** sob
pressão **p=σ** em uma região anular de raio externo **a+d**, solução analítica [1]

$$K_I = \frac{\sigma}{\sqrt{\pi a}}\{\sqrt{d(d+2a)} + \frac{(a+d)^2}{a}\cos^{-1}\frac{a}{a+d}\}$$

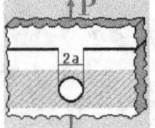

sólido infinito com uma trinca anular infinita de ligamento circular de raio **a** sob
tração **P**, solução analítica [1]

$$K_I = \frac{P}{2a\sqrt{\pi a}}$$

A4.7 Corpos de Prova

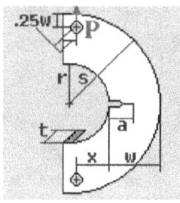

arco compacto de tração (ACTS) de trinca **a**, ligamento **w** e espessura **t**, precisão 3% p/ **a/w > 0.2, 0 < x/w < 1** [ASTM E399]

$$K_I = \frac{P}{t\sqrt{w}} \cdot (1.9 + 3\frac{x}{w} + 1.1\frac{a}{w}) \cdot [1 + .25(1 - \frac{a}{w})^2 (1 - \frac{r}{s})] \cdot$$

$$\cdot (\frac{a}{w})^{.5} [3.74 - 6.3\frac{a}{w} + 6.32(\frac{a}{w})^2 - 2.43(\frac{a}{w})^3] \Big/ (1 - \frac{a}{w})^{1.5}$$

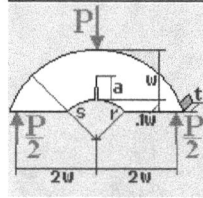

arco de flexão em 3 pontos (A3PB4w) de trinca **a**, ligamento **w**, espessura **t** e vão de **4w**, precisão 1% p/ **a/w > 0.2, 0.6 < r/s < 1** [ASTM E399]

$$K_I = \frac{12P}{t\sqrt{w}} \cdot \{1 + (1 - \frac{r}{s})[.29 - .66\frac{a}{w} + .37(\frac{a}{w})^2]\} \cdot$$

$$\cdot [.667 + 1.078\frac{a}{w} - 1.43(\frac{a}{w})^2 + .669(\frac{a}{w})^3] \Big/ (1 - \frac{a}{w})^{1.5}$$

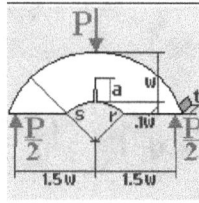

arco de flexão em 3 pontos (A3PB3w) de trinca **a**, ligamento **w**, espessura **t** e vão de **3w**, precisão 1.5% p/ **a/w > 0.2, 0.4 < r/s < 1** [ASTM E399]

$$K_I = \frac{9P}{t\sqrt{w}} \cdot \{1 + (1 - \frac{r}{s})[.20 - .32\frac{a}{w} + .12(\frac{a}{w})^2]\} \cdot$$

$$\cdot [.664 + 1.11\frac{a}{w} - 1.49(\frac{a}{w})^2 + .73(\frac{a}{w})^3] \Big/ (1 - \frac{a}{w})^{1.5}$$

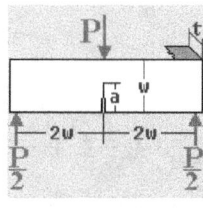

CP de flexão em 3 pontos (3PB4w) de largura **w**, trinca **a**, espessura **t** e vão **4w**, precisão 0.5% [ASTM E399]

$$K_I = \frac{6P}{t\sqrt{w}} \cdot \frac{\sqrt{a/w}}{(1 + 2\frac{a}{w})(1 - \frac{a}{w})^{1.5}} \cdot$$

$$\{1.99 - (\frac{a}{w})(1 - \frac{a}{w})[2.15 - 3.93\frac{a}{w} + 2.7(\frac{a}{w})^2]\}$$

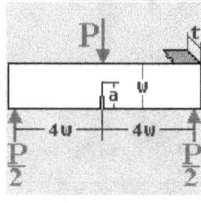

CP de flexão em 3 pontos (3PB8w) de largura **w**, trinca **a**, espessura **t** e vão **8w**, precisão 0.2% p/ **0.2 < a/w < 0.6** [1]

$$K_I = \frac{12P}{t\sqrt{w}} \sqrt{\frac{\pi a}{w}} [1.106 - 1.552\frac{a}{w} + 7.71(\frac{a}{w})^2 -$$

$$13.53(\frac{a}{w})^3 + 14.23(\frac{a}{w})^4]$$

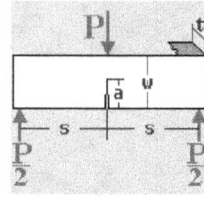

CP de flexão em 3 pontos (3PB) de largura **w**, trinca **a**, espessura **t** e vão **2s**, precisão 0.5% [1]

$$K_I = \frac{3Ps}{tw^2} \sqrt{\pi a} \cdot [.923 + .199(1 - \sin\frac{\pi a}{2w})^4] \cdot$$

$$\cdot \sec\frac{\pi a}{2w} \sqrt{\frac{2w}{\pi a} \tan\frac{\pi a}{2w}}$$

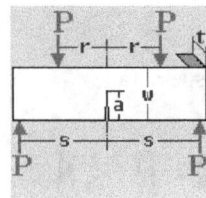

CP de flexão em 4 pontos (3PB) de largura **w**, trinca **a**, espessura **t**, vão da carga **2r** e vão do apoio **2s**, precisão 0.5% [1]

$$K_I = \frac{6P(s-r)}{t\,w^2}\sqrt{\pi a}\cdot[.923+.199(1-\sin\frac{\pi a}{2w})^4]\cdot$$

$$\cdot\sec\frac{\pi a}{2w}\sqrt{\frac{2w}{\pi a}\tan\frac{\pi a}{2w}}$$

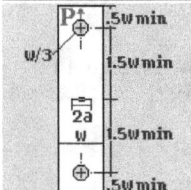

CP de tração central (MTS) de largura **w**, trinca **2a**, e espessura **t**, precisão 3% p/ **a/w < 0.95** [ASTM E647]

$$K_I = \frac{P}{t\sqrt{w}}\cdot\sqrt{\frac{\pi a}{w}\sec\frac{\pi a}{w}}$$

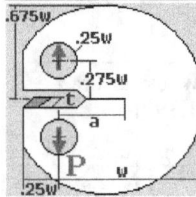

disco compacto de tração (DCTS) de trinca **a** e ligamento **w** (a partir da linha da força) e espessura **t**, precisão 0.3% p/ **a/w > 0.2** [ASTM E399]

$$K_I = \frac{P}{t\sqrt{w}}\cdot\frac{(2+\frac{a}{w})}{(1-a/w)^{1.5}}\cdot$$

$$\cdot[.76 + 4.8\frac{a}{w} - 11.58(\frac{a}{w})^2 + 11.43(\frac{a}{w})^3 - 4.08(\frac{a}{w})^4]$$

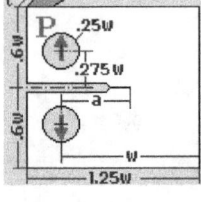

CP compacto de tração (CTS) de trinca **a** e ligamento **w** (medidos a partir da linha da força) e espessura **t**, precisão 0.5% p/ **a/w > 0.2** [ASTM E399]

$$K_I = \frac{P}{t\sqrt{w}}\cdot\frac{(2+\frac{a}{w})}{(1-a/w)^{1.5}}\cdot$$

$$\cdot[.886 + 4.64\frac{a}{w} - 13.32(\frac{a}{w})^2 + 14.72(\frac{a}{w})^3 - 5.6(\frac{a}{w})^4]$$

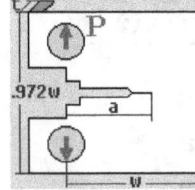

CP compacto de tração de trinca **a** e ligamento **w** (medidos a partir da linha da força), altura **0.972 w** e espessura **t**, precisão 0.5% p/ **a/w > 0.1** [2]

$$K_I = \frac{P}{t\sqrt{w}}\sqrt{\pi}\frac{(2+a/w)}{(1-a/w)^{1.5}}[0.4554 + 4.9976a/w - 17.0555(a/w)^2 +$$

$$+ 23.1814(a/w)^3 - 13.6252(a/w)^4 + 2.7933(a/w)^5]$$

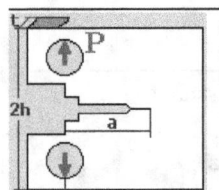

CP compacto de tração de trinca **a** e ligamento **w** (a partir da linha da força), altura **2h** e espessura **t**, precisão 0.5% p/ **0.3<a/w <0.7** [Meggiolaro & Castro]

$$K_I = \frac{P}{t\sqrt{a}}\frac{w}{h}\frac{(2+a/w)}{(1-a/w)^{1.5}}[0.5 + 2.62\frac{a}{w} - 7.515(\frac{a}{w})^2 + 8.3(\frac{a}{w})^3 - 3.16(\frac{a}{w})^4]\cdot$$

$$\cdot[(-0.728\frac{a}{w} + 0.858) + (2.345\frac{a}{w} - 1.267)\frac{h}{w} + 0.844(\frac{h}{w})^2]$$

A4.8   Trincas Superficiais

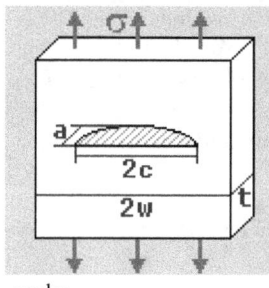

placa retangular de largura **2w** e espessura **t** com uma trinca superficial semi-elíptica de largura **2c < 2w** e profundidade **a < t**, perpendicular à tensão normal σ (modo I), precisão 3% [6]

$$K_{I,a} = \sigma\sqrt{\pi a} \cdot F_s \cdot \frac{M_s}{\sqrt{Q}} \quad \text{(na profundidade)}$$

$$K_{I,c} = \sigma\sqrt{\pi c} \cdot F_s \cdot \frac{M_s}{\sqrt{Q}} \cdot \frac{a}{c} \cdot G_{s,c} \quad \text{(na largura)}$$

onde:

$$F_s\left(\frac{c}{w},\frac{a}{t}\right) = \sqrt{\sec\left(\frac{\pi c}{2w}\sqrt{\frac{a}{t}}\right)} \cdot \left[1 - 0.025\left(\frac{c}{w}\sqrt{\frac{a}{t}}\right)^2 + 0.06\left(\frac{c}{w}\sqrt{\frac{a}{t}}\right)^4\right]$$

$$M_s\left(\frac{a}{c},\frac{a}{t}\right) = \begin{cases} 1.13 - 0.09\dfrac{a}{c} + \left(-0.54 + \dfrac{0.89}{0.2 + a/c}\right)\left(\dfrac{a}{t}\right)^2 + \left(0.5 - \dfrac{1}{0.65 + a/c} + 14\left(1 - \dfrac{a}{c}\right)^{24}\right)\left(\dfrac{a}{t}\right)^4 , a \le c \\[4mm] \dfrac{c}{a} + 0.04\left(\dfrac{c}{a}\right)^2 + \left(\dfrac{c}{a}\right)^{4.5}\left(\dfrac{a}{t}\right)^2\left[0.2 - 0.11\left(\dfrac{a}{t}\right)^2\right] , a > c \end{cases}$$

$$G_{s,c}\left(\frac{a}{c},\frac{a}{t}\right) = \begin{cases} 1.1 + 0.35(a/t)^2 , a \le c \\ 1.1 + 0.35(c/a)(a/t)^2 , a > c \end{cases}$$

$$Q\left(\frac{a}{c}\right) = \begin{cases} 1 + 1.464(a/c)^{1.65} , a \le c \\ 1 + 1.464(c/a)^{1.65} , a > c \end{cases}$$

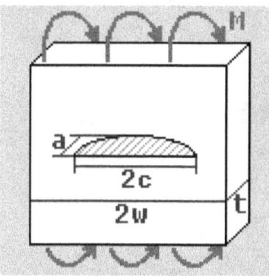

placa retangular de largura **2w** e espessura **t** com uma trinca superficial semi-elíptica de largura **2c < 2w** e profundidade **a < t**, sob fletor **M** (modo I), precisão 3% [6]

$$K_{I,a} = \frac{3M}{wt^2}\sqrt{\pi a} \cdot H_{s,a} \cdot F_s \cdot \frac{M_s}{\sqrt{Q}} \quad \text{(na profundidade)}$$

$$K_{I,c} = \frac{3M}{wt^2}\sqrt{\pi c} \cdot H_{s,c} \cdot F_s \cdot \frac{M_s}{\sqrt{Q}} \cdot \frac{a}{c} \cdot G_{s,c} \quad \text{(na largura)}$$

onde F_s, M_s, Q e $G_{s,c}$ foram definidos anteriormente, e:

$$H_{s,a}\left(\frac{a}{c},\frac{a}{t}\right) = \begin{cases} 1 - \left(1.22 + 0.12\dfrac{a}{c}\right)\dfrac{a}{t} + \left[0.55 - 1.05\left(\dfrac{a}{c}\right)^{0.75} + 0.47\left(\dfrac{a}{c}\right)^{1.5}\right]\left(\dfrac{a}{t}\right)^2 , a \le c \\[4mm] 1 - \left(2.11 - 0.77\dfrac{c}{a}\right)\dfrac{a}{t} + \left[0.55 - 0.72\left(\dfrac{c}{a}\right)^{0.75} + 0.14\left(\dfrac{c}{a}\right)^{1.5}\right]\left(\dfrac{a}{t}\right)^2 , a > c \end{cases}$$

$$H_{s,c}\left(\frac{a}{c},\frac{a}{t}\right) = \begin{cases} 1 - 0.34\dfrac{a}{t} - 0.11\dfrac{a}{c}\cdot\dfrac{a}{t} , a \le c \\[4mm] 1 - \left(0.04 + 0.41\dfrac{c}{a}\right)\dfrac{a}{t} + \left[0.55 - 1.93\left(\dfrac{c}{a}\right)^{0.75} + 1.38\left(\dfrac{c}{a}\right)^{1.5}\right]\left(\dfrac{a}{t}\right)^2 , a > c \end{cases}$$

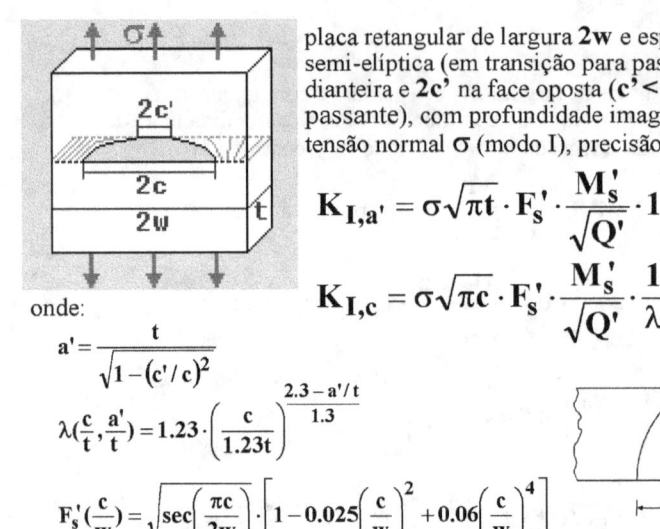

placa retangular de largura **2w** e espessura **t** com trinca superficial semi-elíptica (em transição para passante) de largura **2c<2w** na face dianteira e **2c'** na face oposta (**c'<0.9c**, senão considere trinca passante), com profundidade imaginária **a'> t**, perpendicular à tensão normal σ (modo I), precisão 3% [6, Meggiolaro & Castro]

$$K_{I,a'} = \sigma\sqrt{\pi t} \cdot F_s' \cdot \frac{M_s'}{\sqrt{Q'}} \cdot 1.1 \quad \text{(na profundidade imaginária)}$$

$$K_{I,c} = \sigma\sqrt{\pi c} \cdot F_s' \cdot \frac{M_s'}{\sqrt{Q'}} \cdot \frac{1}{\lambda} \cdot G_{s,c}' \quad \text{(na largura)}$$

onde:

$$a' = \frac{t}{\sqrt{1-(c'/c)^2}}$$

$$\lambda(\tfrac{c}{t}, \tfrac{a'}{t}) = 1.23 \cdot \left(\frac{c}{1.23t}\right)^{\frac{2.3 - a'/t}{1.3}}$$

$$F_s'(\tfrac{c}{w}) = \sqrt{\sec\left(\frac{\pi c}{2w}\right)} \cdot \left[1 - 0.025\left(\frac{c}{w}\right)^2 + 0.06\left(\frac{c}{w}\right)^4\right]$$

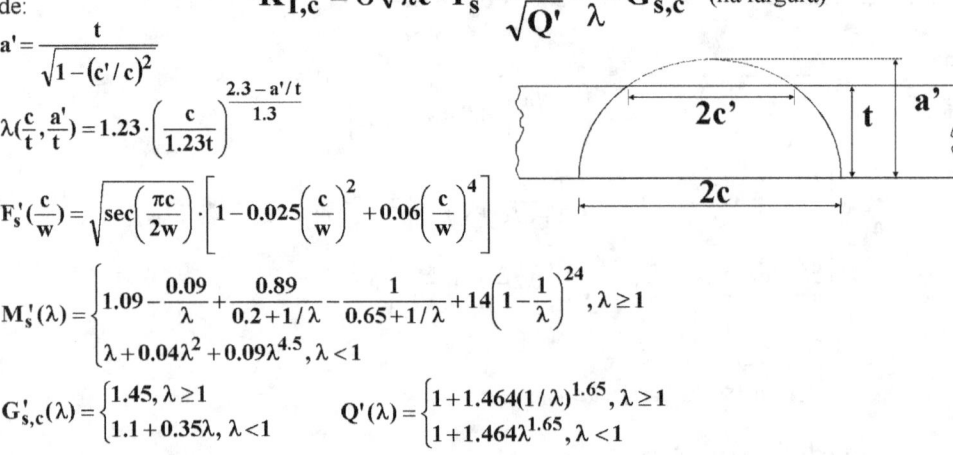

$$M_s'(\lambda) = \begin{cases} 1.09 - \dfrac{0.09}{\lambda} + \dfrac{0.89}{0.2 + 1/\lambda} - \dfrac{1}{0.65 + 1/\lambda} + 14\left(1 - \dfrac{1}{\lambda}\right)^{24}, & \lambda \geq 1 \\[2mm] \lambda + 0.04\lambda^2 + 0.09\lambda^{4.5}, & \lambda < 1 \end{cases}$$

$$G_{s,c}'(\lambda) = \begin{cases} 1.45, & \lambda \geq 1 \\ 1.1 + 0.35\lambda, & \lambda < 1 \end{cases} \qquad Q'(\lambda) = \begin{cases} 1 + 1.464(1/\lambda)^{1.65}, & \lambda \geq 1 \\ 1 + 1.464\lambda^{1.65}, & \lambda < 1 \end{cases}$$

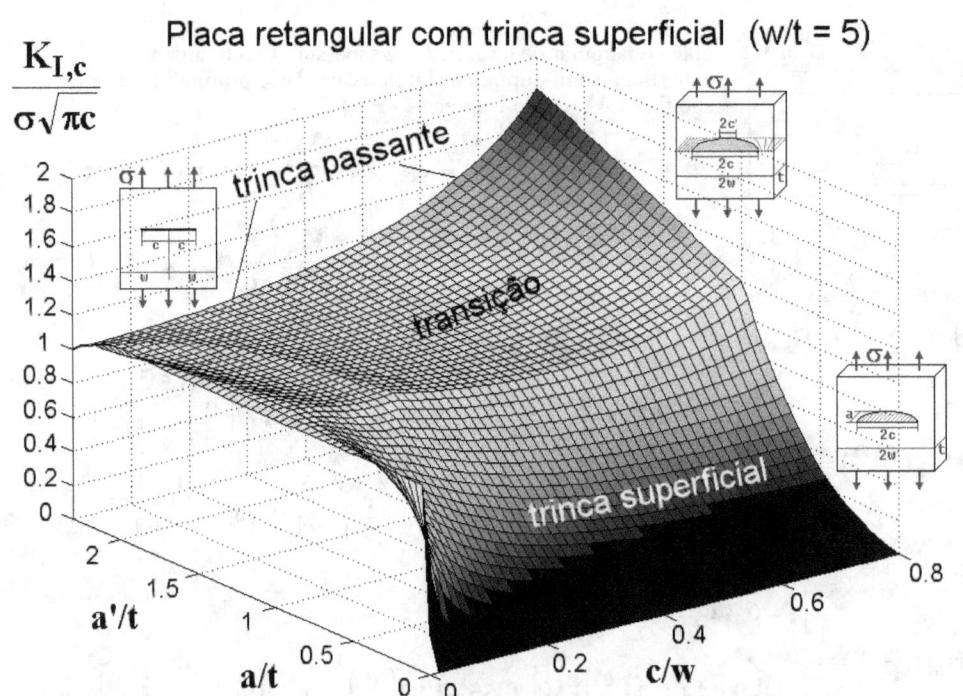

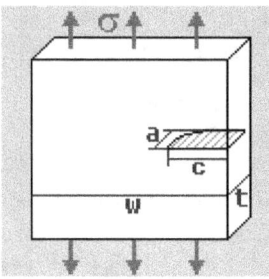

placa retangular de largura **w** e espessura **t** com uma trinca de canto quarto-elíptica de largura **c** < **w** e profundidade **a** < **t**, perpendicular à tensão normal σ (modo I), precisão 3% [6]

$$K_{I,a} = \sigma\sqrt{\pi a} \cdot F_q \cdot \frac{M_q}{\sqrt{Q}} \cdot G_{q,a} \quad \text{(na profundidade)}$$

$$K_{I,c} = \sigma\sqrt{\pi c} \cdot F_q \cdot \frac{M_q}{\sqrt{Q}} \cdot \frac{a}{c} \cdot G_{q,c} \quad \text{(na largura)}$$

onde:

$$F_q\left(\frac{c}{w},\frac{a}{t}\right) = \sec\left(\frac{\pi c}{2w}\sqrt{\frac{a}{t}}\right) \cdot \left[0.752 + 2.02\frac{c}{w}\sqrt{\frac{a}{t}} + 0.37\left(1 - \sin\left(\frac{\pi c}{2w}\sqrt{\frac{a}{t}}\right)\right)^3\right]\sqrt{\frac{2w}{\pi c}\sqrt{\frac{t}{a}}\tan\left(\frac{\pi c}{2w}\sqrt{\frac{a}{t}}\right)}$$

$$M_q\left(\frac{a}{c},\frac{a}{t}\right) = \begin{cases} 1.08 - 0.03\frac{a}{c} + \left(-0.44 + \frac{1.06}{0.3 + a/c}\right)\left(\frac{a}{t}\right)^2 + \left(-0.5 + 0.25\frac{a}{c} + 14.8\left(1-\frac{a}{c}\right)^{15}\right)\left(\frac{a}{t}\right)^4, a \le c \\[2mm] 1.08\frac{c}{a} - 0.03\left(\frac{c}{a}\right)^2 + \left(\frac{c}{a}\right)^{2.5}\left(\frac{a}{t}\right)^2\left[0.375 - 0.25\left(\frac{a}{t}\right)^2\right], a > c \end{cases}$$

$$G_{q,a}\left(\frac{a}{c},\frac{a}{t}\right) = \begin{cases} 1.08 + 0.15(a/t)^2, a \le c \\ 1.08 + 0.15(c/a)^2(a/t)^2, a > c \end{cases}$$

$$Q\left(\frac{a}{c}\right) = \begin{cases} 1 + 1.464(a/c)^{1.65}, a \le c \\ 1 + 1.464(c/a)^{1.65}, a > c \end{cases}$$

$$G_{q,c}\left(\frac{a}{c},\frac{a}{t}\right) = \begin{cases} 1.08 + 0.4(a/t)^2, a \le c \\ 1.08 + 0.4(c/a)^2(a/t)^2, a > c \end{cases}$$

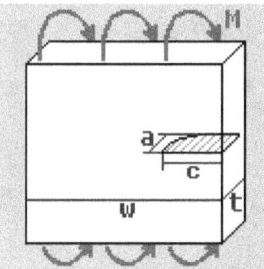

placa retangular de largura **w** e espessura **t** com uma trinca de canto quarto-elíptica de largura **c** < **w** e profundidade **a** < **t**, sob fletor **M** (modo I), precisão 3% [6]

$$K_{I,a} = \frac{6M}{wt^2}\sqrt{\pi a} \cdot H_{q,a} \cdot F_q \cdot \frac{M_q}{\sqrt{Q}} \cdot G_{q,a} \text{ (na profundidade)}$$

$$K_{I,c} = \frac{6M}{wt^2}\sqrt{\pi c} \cdot H_{q,c} \cdot F_q \cdot \frac{M_q}{\sqrt{Q}} \cdot \frac{a}{c} \cdot G_{q,c} \text{ (na largura)}$$

onde F_q, M_q, Q, $G_{q,a}$ e $G_{q,c}$ foram definidos anteriormente, e:

$$H_{s,a}\left(\frac{a}{c},\frac{a}{t}\right) = \begin{cases} 1 - \left(1.22 + 0.12\frac{a}{c}\right)\frac{a}{t} + \left[0.64 - 1.05\left(\frac{a}{c}\right)^{0.75} + 0.47\left(\frac{a}{c}\right)^{1.5}\right]\left(\frac{a}{t}\right)^2, a \le c \\[2mm] 1 - \left(2.11 - 0.77\frac{c}{a}\right)\frac{a}{t} + \left[0.64 - 0.72\left(\frac{c}{a}\right)^{0.75} + 0.14\left(\frac{c}{a}\right)^{1.5}\right]\left(\frac{a}{t}\right)^2, a > c \end{cases}$$

$$H_{s,c}\left(\frac{a}{c},\frac{a}{t}\right) = \begin{cases} 1 - 0.34\frac{a}{t} - 0.11\frac{a}{c}\cdot\frac{a}{t}, a \le c \\[2mm] 1 - \left(0.04 + 0.41\frac{c}{a}\right)\frac{a}{t} + \left[0.55 - 1.93\left(\frac{c}{a}\right)^{0.75} + 1.38\left(\frac{c}{a}\right)^{1.5}\right]\left(\frac{a}{t}\right)^2, a > c \end{cases}$$

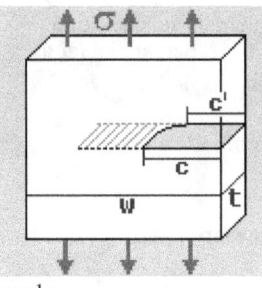

placa retangular de largura $\mathbf{w}$ e espessura $\mathbf{t}$ com trinca de canto quarto-elíptica (em transição para passante) de largura $\mathbf{c} < \mathbf{w}$ na face dianteira e $\mathbf{c'}$ na face oposta ($\mathbf{c'} < \mathbf{0.9c}$, senão considere trinca passante), com profundidade imaginária $\mathbf{a'} > \mathbf{t}$, perpendicular à tensão normal σ (modo I), precisão 3% [6, Meggiolaro & Castro]

$$K_{I,a'} = \sigma\sqrt{\pi t} \cdot F_q' \cdot \frac{M_q'}{\sqrt{Q'}} \cdot G_{q,a}' \text{ (na profundidade imaginária)}$$

onde:

$$K_{I,c} = \sigma\sqrt{\pi c} \cdot F_q' \cdot \frac{M_q'}{\sqrt{Q'}} \cdot \frac{1}{\lambda} \cdot G_{q,c}' \text{ (na largura)}$$

$$a' = \frac{t}{\sqrt{1 - (c'/c)^2}}$$

$$\lambda\left(\frac{c}{t}, \frac{a'}{t}\right) = 1.73 \cdot \left(\frac{c}{1.73t}\right)^{\frac{2.3 - a'/t}{1.3}}$$

$$F_q'\left(\frac{c}{w}\right) = \sec\left(\frac{\pi c}{2w}\right) \cdot \left[0.752 + 2.02\frac{c}{w} + 0.37\left(1 - \sin\left(\frac{\pi c}{2w}\right)\right)^3\right] \sqrt{\frac{2w}{\pi c}\tan\left(\frac{\pi c}{2w}\right)}$$

$$M_q'(\lambda) = \begin{cases} 0.14 + 0.22\frac{1}{\lambda} + \frac{1.06}{0.3 + 1/\lambda} + 14.8\left(1 - \frac{1}{\lambda}\right)^{15}, & \lambda \geq 1 \\ 1.08\lambda - 0.03\lambda^2 + 0.125\lambda^{2.5}, & \lambda < 1 \end{cases}$$

$$G_{q,a}'(\lambda) = \begin{cases} 1.23, & \lambda \geq 1 \\ 1.08 + 0.15\lambda^2, & \lambda < 1 \end{cases} \quad G_{q,c}'(\lambda) = \begin{cases} 1.48, & \lambda \geq 1 \\ 1.08 + 0.4\lambda^2, & \lambda < 1 \end{cases} \quad Q'(\lambda) = \begin{cases} 1 + 1.464(1/\lambda)^{1.65}, & \lambda \geq 1 \\ 1 + 1.464\lambda^{1.65}, & \lambda < 1 \end{cases}$$

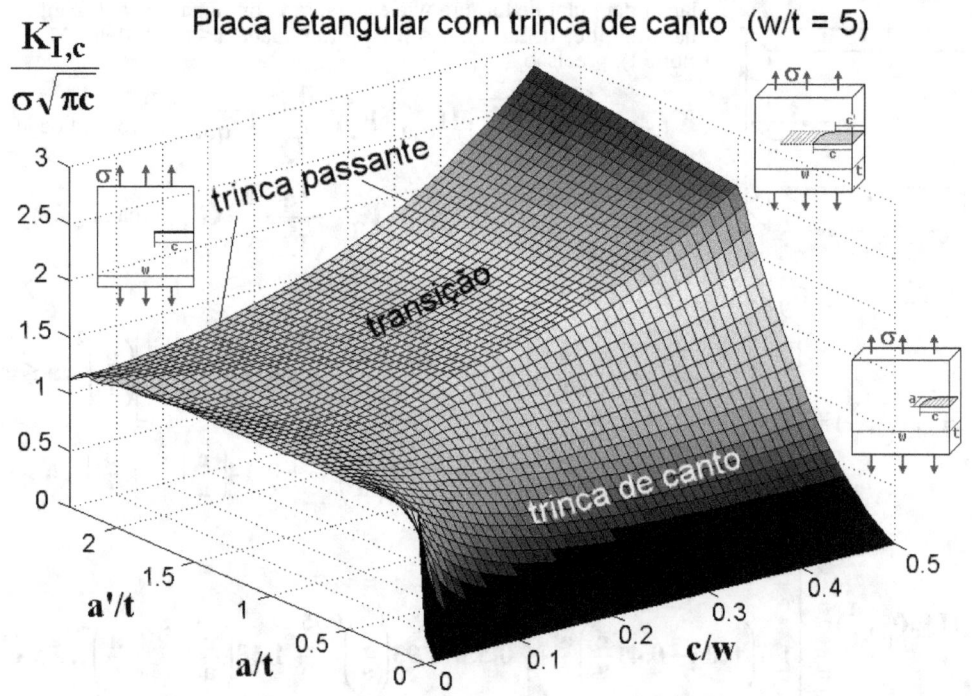

Placa retangular com trinca de canto (w/t = 5)

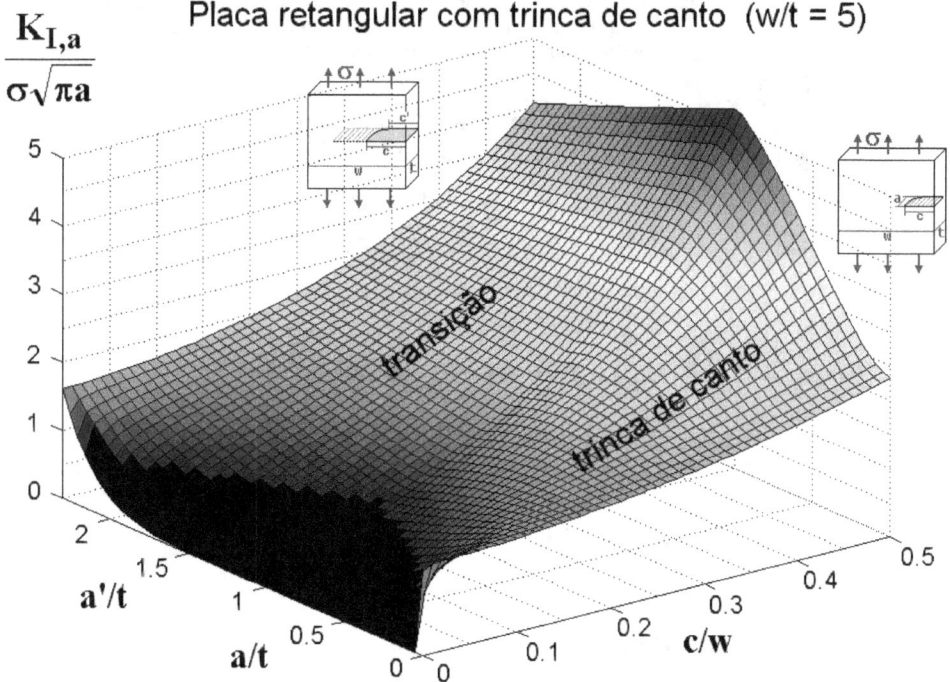

Placa retangular com trinca de canto (w/t = 5)

$$\frac{K_{I,a}}{\sigma\sqrt{\pi a}}$$

placa retangular de largura **2w** e espessura **2t** com uma trinca elíptica interna de dimensões **2c<2w** e **2a<2(t−d)** centrada na largura e com sua frente a uma distância **d** da superfície na espessura, perpendicular à tensão normal σ (modo I), precisão 3% [6]

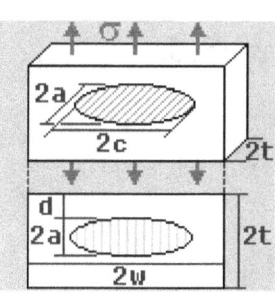

$$K_{I,a} = \sigma\sqrt{\pi a} \cdot F_e \cdot \frac{M_e}{\sqrt{Q}} \quad \text{(na profundidade)}$$

$$K_{I,c} = \sigma\sqrt{\pi c} \cdot F_e \cdot \frac{M_e}{\sqrt{Q}} \cdot \frac{a}{c} \cdot G_{e,c} \quad \text{(na largura)}$$

onde:

$$F_e\left(\frac{c}{w},\frac{a}{t}\right) = \sqrt{\sec\left(\frac{\pi c}{2w}\sqrt{\frac{a}{t}}\right)} \cdot \left[1 - 0.025\left(\frac{c}{w}\sqrt{\frac{a}{t}}\right)^2 + 0.06\left(\frac{c}{w}\sqrt{\frac{a}{t}}\right)^4\right]$$

$$M_e\left(\frac{a}{c},\frac{a}{a+d}\right) = \begin{cases} 1 + \dfrac{0.05}{0.11+(a/c)^{1.5}}\cdot\left(\dfrac{a}{a+d}\right)^2 + \dfrac{0.29}{0.23+(a/c)^{1.5}}\cdot\left(\dfrac{a}{a+d}\right)^4, a\le c \\[4mm] \dfrac{c}{a} + \dfrac{0.05\sqrt{c/a}}{0.11+(a/c)^{1.5}}\cdot\left(\dfrac{a}{a+d}\right)^2 + \dfrac{0.29\sqrt{c/a}}{0.23+(a/c)^{1.5}}\cdot\left(\dfrac{a}{a+d}\right)^4, a>c \end{cases}$$

$$G_{e,c}\left(\lambda \equiv \frac{a}{a+d}\right) = 1 - \frac{\lambda^4\sqrt{2.6-2\lambda}}{1+4\lambda}$$

$$Q\left(\frac{a}{c}\right) = \begin{cases} 1 + 1.464(a/c)^{1.65}, a\le c \\ 1 + 1.464(c/a)^{1.65}, a>c \end{cases}$$

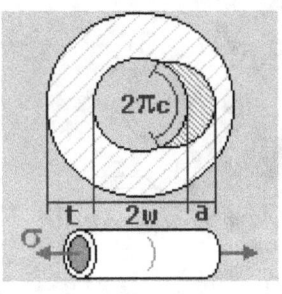

tubo cilíndrico de raio interno **w** e espessura **t**, com trinca superficial interna na direção circunferencial de largura **2πc** e profundidade **a < t**, sob tensão axial σ (modo I), precisão 5% p/ **w > 4.5t**, **a < πc** [7]

$$K_{I,a} = \sigma\sqrt{\pi a} \cdot \frac{F}{\sqrt{Q}} \qquad \text{(na profundidade)}$$

$$K_{I,c} = \sigma\sqrt{\pi(\pi c)} \cdot \frac{F}{\sqrt{Q}} \cdot \frac{a}{\pi c} \cdot G_c \qquad \text{(na largura)}$$

onde:

$$F(\gamma \equiv \frac{2\pi c}{t}) = 1 + [0.02 + 0.0103\gamma + 0.00617\gamma^2 +$$
$$+ 0.0035 \cdot (1 + 0.7\gamma) \cdot (w/t - 4.5)^{0.7}] \cdot Q^2$$

$$G_c(\frac{a}{t}) = 1.1 + 0.35(a/t)^2$$

$$Q(\frac{a}{\pi c}) = 1 + 1.464(\frac{a}{\pi c})^{1.65}$$

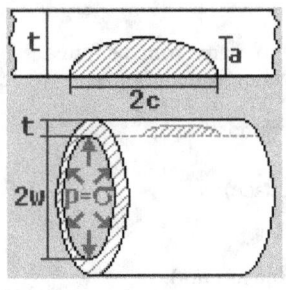

tubo cilíndrico de raio interno **w** e espessura **t**, com uma trinca superficial interna na direção axial de largura **2c** e profundidade **a < t**, sob pressão interna **p** (modo I), precisão 5% p/ **4.5t < w < 19.5t**, **a < c < 6a**, **a < 0.8t** [7]

$$K_{I,a} = \frac{p(w + t/2)}{t}\sqrt{\pi a} \cdot \frac{F}{\sqrt{Q}} \qquad \text{(na profundidade)}$$

$$K_{I,c} = \frac{p(w + t/2)}{t}\sqrt{\pi c} \cdot \frac{F}{\sqrt{Q}} \cdot \frac{a}{c} \cdot G_c \qquad \text{(na largura)}$$

onde:

$$F(\gamma \equiv \frac{2c}{t}) = 1.12 + 0.053\gamma + 0.0055\gamma^2 +$$
$$+ (1 + 0.02\gamma + 0.0191\gamma^2) \cdot \frac{(19.5 - w/t)^2}{1400}$$

$$G_c(\frac{a}{t}) = 1.1 + 0.35(a/t)^2$$

$$Q(\frac{a}{c}) = 1 + 1.464(a/c)^{1.65}$$

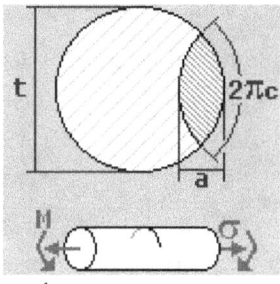

eixo circular de diâmetro **t** com uma trinca superficial de frente circular de largura **2πc** e profundidade **a < t**, perpendicular à tensão normal σ e/ou sob fletor **M** (modo I), precisão 3% p/ **a < 0.75t**, **c < 0.375t, c < a < 2πc** [3] (α = 2a/t, γ = 2c/t)

$$K_{I,a} = \sigma\sqrt{\pi a} \cdot F_a + \frac{32M}{\pi t^3}\sqrt{\pi a} \cdot G_a \quad \text{(na profundidade)}$$

$$K_{I,c} = \left(\sigma\sqrt{\pi c} \cdot F_c + \frac{32M}{\pi t^3}\sqrt{\pi c} \cdot G_c\right) \cdot \sqrt{a/c} \quad \text{(na largura)}$$

onde:

$$F_a = 1.08 + (-4.63\gamma - 3.33\gamma^2 + 15.8\gamma^3)\alpha + (2.39\gamma + 4.95\gamma^2 + 16\gamma^3)\alpha^2 - 12.9\gamma^3\alpha^3 + (0.285 - 2.3\gamma + 4.21\gamma^2 - \gamma^3 - 16\gamma^4 + 30.5\gamma^5) \cdot (-0.057 - 12\alpha + 13.5\alpha^2 - 6.7\alpha^3 + 5\alpha^4 - 2\alpha^5)$$

$$F_c = 0.791 + (-0.25\gamma - 0.42\gamma^2 + 7.81\gamma^3)\alpha + (2.82\gamma + 1.26\gamma^2 - 15.5\gamma^3)\alpha^2 + 11.3\gamma^3\alpha^3 + (-0.175 + 0.17\gamma + 6.2\gamma^2 - 10.6\gamma^3 - 40\gamma^4 + 80.8\gamma^5) \cdot (2.33 - 15.9\alpha + 44\alpha^2 - 36.7\alpha^3 - 13.9\alpha^4 + 15.5\alpha^5)$$

$$G_a = -0.24 + (3.07\gamma + 4.71\gamma^2 + 16.5\gamma^3)\alpha + (-1.33\gamma - 13.6\gamma^2 + 1.36\gamma^3)\alpha^2 + 9.22\gamma^3\alpha^3 + (-1.27 - 1.77\gamma + 0.11\gamma^2 + 3.21\gamma^3 + 30\gamma^4 + 74.3\gamma^5) \cdot (-0.4 + 1.32\alpha - 2.51\alpha^2 + 2.52\alpha^3 - 1.58\alpha^4 + 0.37\alpha^5)$$

$$G_c = 0.74 + (-0.048\gamma - 6.46\gamma^2 + 2.36\gamma^3)\alpha + (1.78\gamma + 3.72\gamma^2 + 8.38\gamma^3)\alpha^2 - 12.65\gamma^3\alpha^3 + (0.535 - 1.81\gamma + 0.98\gamma^2 - 1.84\gamma^3 - 1.97\gamma^4 + 7.53\gamma^5) \cdot (-0.707 + 6.29\alpha - 25.1\alpha^2 + 42.7\alpha^3 - 32.2\alpha^4 + 7.85\alpha^5)$$

A4.9   Outras Equações

Outras equações poderiam ter sido incluídas neste pequeno catálogo, no entanto muitos desses resultados são equivalentes. Um dos principais exemplos de equivalência são os casos de tensão aplicada remotamente ou na face da trinca. Dessa forma, nos três pares de espécimes abaixo, o fator de intensidade de tensão da figura à esquerda (espécime com tensão aplicada remotamente) é idêntico àquele da direita (com tensão aplicada na face da trinca).

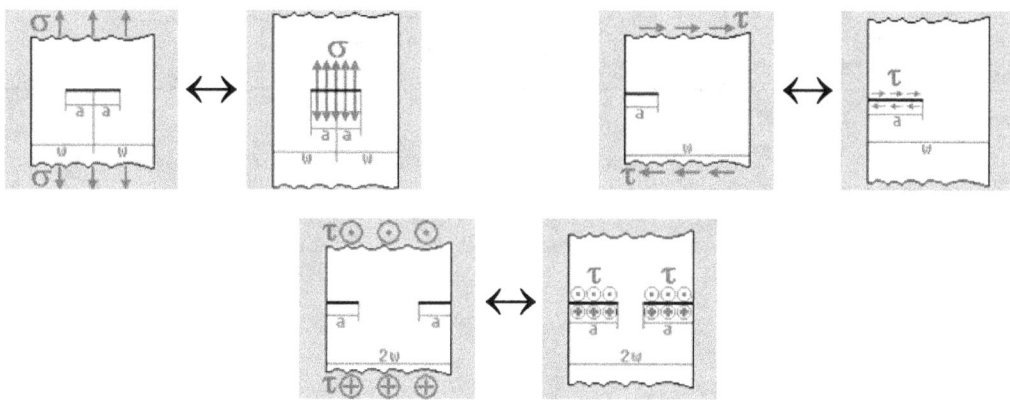

A4.10   Valores Numéricos das Funções Usadas na MFEP Baseada na Integral J

Barra tracionada com uma trinca na borda, ε-plana [5, 8].

ε-plana	a/w	h							
		0.500	0.333	0.200	0.143	0.100	0.077	0.063	0.050
$h_1(a/w,h)$	0.125	6.93	8.57	11.5	13.5	16.1	18.1	19.9	21.2
	0.250	4.77	4.64	3.82	3.06	2.17	1.55	1.11	0.712
	0.375	3.25	2.63	1.68	1.06	0.539	0.276	0.142	0.0595
	0.500	2.30	1.69	0.928	0.514	0.213	0.0902	0.0385	0.0119
	0.625	1.80	1.30	0.697	0.378	0.153	0.0625	0.0256	0.0078
	0.750	1.61	1.25	0.769	0.477	0.233	0.116	0.0590	0.0215
	0.875	1.57	1.37	1.10	0.925	0.702	-	-	-
$h_2(a/w,h)$	0.125	6.47	7.56	9.46	11.1	12.9	14.4	15.7	16.8
	0.250	4.56	4.28	3.39	2.64	1.81	1.25	0.875	0.552
	0.375	3.49	2.67	1.57	0.946	0.458	0.229	0.116	0.0480
	0.500	2.77	1.89	0.954	0.507	0.204	0.0854	0.0356	0.0110
	0.625	2.44	1.62	0.081	0.423	0.167	0.0671	0.0272	0.0082
	0.750	2.52	1.79	1.03	0.619	0.296	0.146	0.0735	0.0267
	0.875	2.75	2.14	1.55	1.23	0.921	-	-	-
$h_3(a/w,h)$	0.125	25.8	25.2	24.2	23.6	23.2	23.2	23.5	23.7
	0.250	7.64	5.87	3.70	2.48	1.50	0.970	0.654	0.404
	0.375	2.99	1.90	0.923	0.515	0.240	0.119	0.0600	0.0246
	0.500	1.54	0.912	0.417	0.215	0.0850	0.0358	0.0147	0.0045
	0.625	1.08	0.685	0.329	0.171	0.0670	0.0268	0.0108	0.0033
	0.750	1.10	0.765	0.435	0.262	0.125	0.0617	0.0312	0.0113
	0.875	1.27	0.988	0.713	0.564	0.424	-	-	-

funções adimensionais h_1, h_2 e h_3 para deformação plana

$$J_{pl} = \frac{a(w-a)}{wH^{1/h}}\left(\frac{PS_E}{P_0}\right)^{\frac{1+h}{h}} h_1, \quad v_{pl} = a\left(\frac{S_E}{H}\frac{P}{P_0}\right)^{\frac{1}{h}} h_2$$

$$\Delta_{P_{pl}} = a\left(\frac{S_E}{H}\frac{P}{P_0}\right)^{\frac{1}{h}} h_3, \quad P_0 = 1.455t(w-a)S_E\left[\sqrt{1+(\frac{a}{w-a})^2} - \frac{a}{w-a}\right]$$

Barra fletida com uma trinca na borda, σ-plana [5, 8].

σ-plana	a/w	h							
		0.500	0.333	0.200	0.143	0.100	0.077	0.063	0.050
$h_1(a/w,h)$	0.125	0.600	0.548	0.459	0.383	0.297	0.238	0.192	0.148
	0.250	0.731	0.629	0.479	0.370	0.246	0.174	0.117	0.0593
	0.375	0.797	0.680	0.527	0.418	0.307	0.232	0.174	0.105
	0.500	0.767	0.621	0.453	0.324	0.202	0.128	0.0813	0.0298
	0.625	0.786	0.649	0.494	0.357	0.235	0.173	0.105	0.0471
	0.750	0.786	0.643	0.474	0.343	0.230	0.167	0.110	0.0442
	0.875	0.928	0.810	0.646	0.538	0.423	0.332	0.242	0.205
$h_2(a/w,h)$	0.125	6.30	5.66	4.53	3.64	2.72	2.12	1.67	1.26
	0.250	4.50	3.68	2.61	1.95	1.29	0.897	0.603	0.307
	0.375	3.73	2.93	2.07	1.58	1.13	0.841	0.626	0.381
	0.500	3.12	2.32	1.55	1.08	0.655	0.410	0.259	0.0974
	0.625	2.83	2.12	1.46	1.02	0.656	0.472	0.286	0.130
	0.750	2.66	1.97	1.33	0.928	0.601	0.427	0.280	0.114
	0.875	2.76	2.16	1.56	1.23	0.922	0.702	0.561	0.428
$h_3(a/w,h)$	0.125	20.1	14.6	12.2	9.12	6.75	5.20	4.09	3.07
	0.250	8.81	7.19	4.73	3.39	2.20	1.52	1.01	0.508
	0.375	5.53	4.48	3.17	2.41	1.73	1.28	0.948	0.575
	0.500	4.09	3.09	2.08	1.44	0.874	0.545	0.344	0.129
	0.625	3.43	2.60	1.79	1.26	0.803	0.577	0.349	0.158
	0.750	3.01	2.24	1.51	1.05	0.680	0.483	0.316	0.129
	0.875	2.93	2.29	1.65	1.30	0.975	0.742	0.592	0.452

funções adimensionais h_1, h_2 e h_3 para tensão plana

$$J_{pl} = \frac{w-a}{H^{1/h}}\left(\frac{PS_E}{P_0}\right)^{\frac{1+h}{h}} h_1, \quad v_{pl} = a\left(\frac{S_E}{H}\frac{P}{P_0}\right)^{\frac{1}{h}} h_2,$$

$$\Delta_{P_{pl}} = a\left(\frac{S_E}{H}\frac{P}{P_0}\right)^{\frac{1}{h}} h_3, \quad P_0 = \frac{1.072t(w-a)^2 S_E}{s}$$

Barra fletida com uma trinca na borda, ε-plana [5, 8].

ε-plana	a/w	h							
		0.500	0.333	0.200	0.143	0.100	0.077	0.063	0.050
$h_1(a/w,h)$	0.125	0.869	0.805	0.687	0.580	0.437	0.329	0.245	0.165
	0.250	1.034	0.930	0.762	0.633	0.523	0.396	0.303	0.215
	0.375	1.15	1.02	0.840	0.695	0.556	0.442	0.360	0.265
	0.500	1.09	0.922	0.675	0.495	0.331	0.211	0.135	0.0741
	0.625	1.07	0.896	0.631	0.436	0.255	0.142	0.0840	0.0411
	0.750	1.15	0.974	0.693	0.500	0.348	0.223	0.140	0.0745
	0.875	1.35	1.20	1.02	0.855	0.690	0.551	0.440	0.321
$h_2(a/w,h)$	0.125	6.77	6.29	5.29	4.38	3.24	2.40	1.78	1.19
	0.250	4.67	4.01	3.08	2.45	1.93	1.45	1.09	0.758
	0.375	3.93	3.20	2.38	1.93	1.47	1.15	0.928	0.684
	0.500	3.28	2.53	1.69	1.19	0.773	0.480	0.304	0.165
	0.625	2.86	2.16	1.37	0.907	0.518	0.287	0.166	0.0806
	0.750	2.75	2.10	1.36	0.936	0.618	0.388	0.239	0.127
	0.875	2.90	2.31	1.70	1.33	1.00	0.782	0.613	0.459
$h_3(a/w,h)$	0.125	22.1	20.0	15.0	11.7	8.39	6.14	4.54	3.01
	0.250	9.72	8.36	5.86	4.47	3.42	2.54	1.90	1.32
	0.375	6.01	5.03	3.74	3.02	2.30	1.80	1.45	1.07
	0.500	4.33	3.49	2.35	1.66	1.08	0.669	0.424	0.230
	0.625	3.49	2.70	1.72	1.14	0.652	0.361	0.209	0.102
	0.750	3.14	2.40	1.56	1.07	0.704	0.441	0.272	0.144
	0.875	3.08	2.45	1.81	1.41	1.06	0.828	0.646	0.486

funções adimensionais h_1, h_2 e h_3 para deformação plana

$$J_{pl} = \frac{w-a}{H^{1/h}}\left(\frac{PS_E}{P_0}\right)^{\frac{1+h}{h}} h_1, \quad v_{pl} = a\left(\frac{S_E}{H}\frac{P}{P_0}\right)^{\frac{1}{h}} h_2,$$

$$\Delta_{P_{pl}} = a\left(\frac{S_E}{H}\frac{P}{P_0}\right)^{\frac{1}{h}} h_3, \quad P_0 = \frac{1.455t(w-a)^2 S_E}{s}$$

Barra tracionada e fletida com uma trinca na borda, $\lambda = M/Pw = 0.125$, ε-plana [5, 8].

ε-plana	a/w	h					
		0.500	0.333	0.200	0.143	0.100	
h₁(a/w,h)	0.125	4.544	3.881	2.632	1.743	0.905	funções adimensionais h₁, h₂, h₃ e h₄ para deformação plana
	0.250	2.536	1.773	0.843	0.392	0.119	
	0.375	1.657	1.016	0.373	0.136	0.029	
	0.500	1.305	0.804	0.310	0.120	0.030	
	0.625	1.056	0.678	0.290	0.129	0.039	
	0.750	0.901	0.609	0.293	0.142	0.050	
	0.875	0.785	0.551	0.283	0.153	0.060	
h₂(a/w,h)	0.125	4.988	9.314	2.872	1.873	0.962	
	0.250	3.193	2.195	1.006	0.445	0.138	
	0.375	2.316	1.357	0.468	0.163	0.034	
	0.500	1.977	1.131	0.399	0.149	0.036	$J_{pl} = \dfrac{a(w-a)}{wH^{1/h}}\left(\dfrac{PS_E}{P_0}\right)^{\frac{1+h}{h}} h_1$
	0.625	1.781	1.055	0.411	0.174	0.051	
	0.750	1.727	1.073	0.459	0.214	0.073	
	0.875	1.751	1.113	0.512	0.260	0.100	
h₃(a/w,h)	0.125	0.799	0.925	0.898	0.748	0.488	$v_{pl} = a\left(\dfrac{S_E}{H}\dfrac{P}{P_0}\right)^{\frac{1}{h}} h_2$
	0.250	0.868	0.765	0.443	0.227	0.075	
	0.375	0.787	0.539	0.204	0.073	0.015	
	0.500	0.724	0.465	0.157	0.057	0.013	$\Delta_{P_{pl}} = a\left(\dfrac{S_E}{H}\dfrac{P}{P_0}\right)^{\frac{1}{h}} h_3$
	0.625	0.707	0.441	0.162	0.067	0.019	
	0.750	0.741	0.462	0.193	0.090	0.030	$\omega_{pl} = a\left(\dfrac{S_E}{H}\dfrac{P}{P_0}\right)^{\frac{1}{h}} h_4$
	0.875	0.808	0.514	0.235	0.119	0.046	
h₄(a/w,h)	0.125	0.309	0.324	0.289	0.240	0.158	$P_0 = \dfrac{2t(w-a)S_E}{\sqrt{3}}\left[-\left(2\lambda+\dfrac{a}{w}\right)+\right.$
	0.250	0.682	0.548	0.321	0.165	0.054	
	0.375	0.952	0.612	0.237	0.085	0.018	$\left.+\sqrt{\left(2\lambda+\dfrac{a}{w}\right)^2+\left(\dfrac{a}{w-a}\right)^2}\right]$
	0.500	1.192	0.714	0.259	0.097	0.023	
	0.625	1.341	0.830	0.320	0.135	0.040	$\lambda = \dfrac{M}{Pw} = 0.125$
	0.750	1.513	0.946	0.402	0.188	0.064	
	0.875	1.644	1.059	0.486	0.247	0.095	

Barra tracionada e fletida com uma trinca na borda, $\lambda = M/Pw = 0.0625$, ε-plana [5, 8].

ε-plana	a/w	h					
		0.500	0.333	0.200	0.143	0.100	
h₁(a/w,h)	0.125	1.781	1.494	1.101	0.865	0.692	funções adimensionais h_1, h_2, h_3 e h_4 para deformação plana
	0.250	1.943	1.714	1.253	0.782	0.471	
	0.375	1.635	1.145	0.530	0.242	0.074	
	0.500	1.232	0.751	0.277	0.156	0.023	
	0.625	1.012	0.613	0.232	0.089	0.022	
	0.750	0.886	0.572	0.250	0.113	0.035	
	0.875	0.784	0.538	0.268	0.136	-	
h₂(a/w,h)	0.125	2.437	1.823	1.098	0.683	0.344	
	0.250	2.424	1.952	1.299	0.864	0.448	
	0.375	2.119	1.387	0.592	0.257	0.076	
	0.500	1.742	0.983	0.331	0.170	0.025	$J_{pl} = \dfrac{a(w-a)}{wH^{1/h}}\left(\dfrac{PS_E}{P_0}\right)^{\frac{1+h}{h}} h_1$
	0.625	1.589	0.880	0.305	0.113	0.027	
	0.750	1.607	0.940	0.376	0.163	0.049	
	0.875	1.697	1.044	0.470	0.229	-	
h₃(a/w,h)	0.125	0.353	0.364	0.294	0.310	0.428	$v_{pl} = a\left(\dfrac{S_E}{H}\dfrac{P}{P_0}\right)^{\frac{1}{h}} h_2$
	0.250	0.618	0.601	0.503	0.398	0.251	
	0.375	0.738	0.581	0.305	0.147	0.046	$\Delta_{P_{pl}} = a\left(\dfrac{S_E}{H}\dfrac{P}{P_0}\right)^{\frac{1}{h}} h_3$
	0.500	0.707	0.440	0.157	0.079	0.012	
	0.625	0.673	0.379	0.128	0.047	0.011	
	0.750	0.710	0.408	0.161	0.069	0.021	$\omega_{pl} = a\left(\dfrac{S_E}{H}\dfrac{P}{P_0}\right)^{\frac{1}{h}} h_4$
	0.875	0.789	0.482	0.217	0.105	-	
h₄(a/w,h)	0.125	0.253	0.252	0.139	0.007	0.063	$P_0 = \dfrac{2t(w-a)S_E}{\sqrt{3}}\left[-(2\lambda + \dfrac{a}{w}) + \right.$
	0.250	0.712	2.474	0.385	0.235	0.101	
	0.375	0.946	0.604	0.215	0.083	0.022	$\left. +\sqrt{(2\lambda + \dfrac{a}{w})^2 + (\dfrac{a}{w-a})^2}\right]$
	0.500	1.006	0.549	0.175	0.091	0.013	
	0.625	1.176	0.643	0.222	0.083	0.020	$\lambda = \dfrac{M}{Pw} = 0.0625$
	0.750	1.370	0.804	0.324	0.141	0.043	
	0.875	1.602	0.987	0.445	0.217	-	

Barra tracionada com uma trinca central, σ-plana [5, 8].

σ-plana	a/w	\multicolumn{8}{c}{h}							
		0.500	0.333	0.200	0.143	0.100	0.077	0.063	0.050
	0.125	3.57	4.01	4.47	4.65	4.62	4.41	4.13	3.72
	0.250	2.97	3.14	3.20	3.11	2.86	2.65	2.47	2.20
	0.375	2.53	2.52	2.35	2.17	1.95	1.77	1.61	1.43
$h_1(a/w,h)$	0.500	2.20	2.06	1.81	1.63	1.43	1.30	1.17	1.00
	0.625	1.91	1.69	1.41	1.22	1.01	0.853	0.712	0.573
	0.750	1.71	1.46	1.21	1.08	0.867	0.745	0.646	0.532
	0.875	1.57	1.31	1.08	0.972	0.862	0.778	0.715	0.630
	0.125	4.09	4.43	4.74	4.79	4.63	4.33	4.00	3.55
	0.250	3.29	3.30	3.15	2.93	2.56	2.29	2.08	1.81
	0.375	2.62	2.41	2.03	1.75	1.47	1.28	1.13	0.988
$h_2(a/w,h)$	0.500	2.01	1.70	1.30	1.07	0.871	0.757	0.666	0.557
	0.625	1.46	1.13	0.785	0.617	0.474	0.383	0.313	0.256
	0.750	0.970	0.685	0.452	0.361	0.262	0.216	0.183	0.148
	0.875	0.485	0.310	0.196	0.157	0.127	0.109	0.0971	0.0842
	0.125	0.661	0.997	1.55	2.05	2.56	2.83	2.95	2.92
	0.250	1.01	1.35	1.83	2.08	2.19	2.12	2.01	1.79
	0.375	1.20	1.43	1.59	1.57	1.43	1.27	1.13	0.994
$h_3(a/w,h)$	0.500	1.19	1.26	1.18	1.04	0.867	0.758	0.668	0.560
	0.625	1.05	0.970	0.763	0.620	0.478	0.386	0.318	0.273
	0.750	0.802	0.642	0.450	0.361	0.263	0.216	0.183	0.149
	0.875	0.452	0.313	0.198	0.157	0.127	0.109	0.0973	0.0842

funções adimensionais h_1, h_2 e h_3 para tensão plana

$$J_{pl} = \frac{a(w-a)}{wH^{1/h}}\left(\frac{PS_E}{P_0}\right)^{\frac{1+h}{h}}h_1, \quad v_{pl} = a\left(\frac{S_E}{H}\frac{P}{P_0}\right)^{\frac{1}{h}}h_2$$

$$\Delta_{P_{pl}} = a\left(\frac{S_E}{H}\frac{P}{P_0}\right)^{\frac{1}{h}}h_3, \quad P_0 = 2t(w-a)S_E$$

Barra tracionada com uma trinca central, ε-plana [5, 8].

ε-plana	a/w	h							
		0.500	0.333	0.200	0.143	0.100	0.077	0.063	0.050
	0.125	3.61	4.06	4.53	4.33	4.02	3.56	3.06	2.46
	0.250	3.01	3.21	3.29	3.18	2.92	2.63	2.34	2.03
	0.375	2.62	2.65	2.51	2.28	1.97	1.71	1.46	1.19
$h_1(a/w,h)$	0.500	2.29	2.20	1.97	1.76	1.52	1.32	1.16	0.978
	0.625	1.96	1.76	1.43	1.17	0.863	0.628	0.458	0.300
	0.750	1.73	1.47	1.11	0.895	0.642	0.461	0.337	0.216
	0.875	1.64	1.40	1.14	0.987	0.814	0.688	0.573	0.461
	0.125	3.62	3.91	4.06	3.93	3.54	3.07	2.60	2.06
	0.250	2.99	3.01	2.85	2.61	2.30	1.97	1.71	1.45
	0.375	2.39	2.23	1.88	1.58	1.28	1.07	0.890	0.715
$h_2(a/w,h)$	0.500	1.86	1.60	1.23	1.00	0.799	0.664	0.564	0.466
	0.625	1.32	1.04	0.707	0.524	0.358	0.250	0.178	0.114
	0.750	0.857	0.596	0.361	0.254	0.167	0.114	0.0810	0.0511
	0.875	0.428	0.287	0.181	0.139	0.105	0.0837	0.0682	0.0533
	0.125	0.574	0.840	1.30	1.63	1.95	2.03	1.96	1.77
	0.250	0.911	1.22	1.64	1.84	1.85	1.80	1.64	1.43
	0.375	1.06	1.28	1.44	1.40	1.23	1.05	0.888	0.719
$h_3(a/w,h)$	0.500	1.07	1.16	1.10	0.968	0.796	0.665	0.565	0.469
	0.625	0.937	0.879	0.701	0.522	0.361	0.251	0.178	0.115
	0.750	0.700	0.555	0.359	0.254	0.168	0.114	0.0813	0.0516
	0.875	0.400	0.219	0.182	0.140	0.106	0.0839	0.0683	0.0535

funções adimensionais h_1, h_2 e h_3 para deformação plana

$$J_{pl} = \frac{a(w-a)}{wH^{1/h}}\left(\frac{PS_E}{P_0}\right)^{\frac{1+h}{h}} h_1, \quad v_{pl} = a\left(\frac{S_E}{H}\frac{P}{P_0}\right)^{\frac{1}{h}} h_2$$

$$\Delta_{P_{pl}} = a\left(\frac{S_E}{H}\frac{P}{P_0}\right)^{\frac{1}{h}} h_3, \quad P_0 = \frac{4}{\sqrt{3}} t(w-a)S_E$$

Barra tracionada com duas trincas laterais, σ-plana [5, 8].

σ-plana	a/w	h							
		0.500	0.333	0.200	0.143	0.100	0.077	0.063	0.050
$h_1(a/w,h)$	0.125	0.825	1.02	1.37	1.71	2.24	2.84	3.54	4.62
	0.250	1.23	1.36	1.48	1.54	1.58	1.59	1.59	1.59
	0.375	1.42	1.43	1.34	1.24	1.09	0.970	0.873	0.764
	0.500	1.47	1.38	1.17	1.01	0.845	0.732	0.625	0.208
	0.625	1.45	1.29	1.04	0.822	0.737	0.649	0.466	0.0202
	0.750	1.43	1.22	0.979	0.834	0.701	0.630	0.297	-
	0.875	1.43	1.22	0.979	0.845	0.738	0.664	0.614	0.562
$h_2(a/w,h)$	0.125	1.05	1.23	1.55	1.87	2.38	2.96	3.65	4.70
	0.250	1.82	1.89	1.92	1.91	1.85	1.80	1.75	1.70
	0.375	2.39	2.22	1.86	1.59	1.28	1.07	0.922	0.709
	0.500	2.82	2.34	1.67	1.28	0.944	0.762	0.630	0.232
	0.625	3.15	2.32	1.45	1.06	0.790	0.657	0.473	0.0277
	0.750	3.37	2.22	1.30	0.966	0.741	0.636	3.12	-
	0.875	3.51	2.14	1.27	0.971	0.775	0.663	0.596	0.535
$h_3(a/w,h)$	0.125	0.159	0.260	0.504	0.821	1.41	2.18	3.16	4.73
	0.250	0.537	0.770	1.17	1.49	1.82	2.02	2.12	2.20
	0.375	1.04	1.30	1.52	1.55	1.41	1.23	1.07	0.830
	0.500	1.47	1.38	1.17	1.01	0.845	0.732	0.625	0.208
	0.625	2.14	1.95	1.44	1.09	0.809	0.655	0.487	0.0317
	0.750	2.67	2.06	1.31	0.978	0.747	0.638	0.318	-
	0.875	3.18	2.16	1.30	0.980	0.799	0.655	0.597	0.538

funções adimensionais h_1, h_2 e h_3 para tensão plana

$$J_{pl} = \frac{a(w-a)}{wH^{1/h}}\left(\frac{PS_E}{P_0}\right)^{\frac{1+h}{h}} h_1, \quad v_{pl} = a\left(\frac{S_E}{H}\frac{P}{P_0}\right)^{\frac{1}{h}} h_2$$

$$\Delta_{P_{pl}} = a\left(\frac{S_E}{H}\frac{P}{P_0}\right)^{\frac{1}{h}} h_3, \quad P_0 = \frac{4}{\sqrt{3}}t(w-a)S_E$$

Barra tracionada com duas trincas laterais, ε-plana [5, 8].

ε-plana	a/w	\multicolumn{8}{c}{h}
		0.500	0.333	0.200	0.143	0.100	0.077	0.063	0.050
h_1(a/w,h)	0.125	0.772	0.922	1.13	1.35	1.61	1.86	2.08	2.44
	0.250	1.32	1.38	1.65	1.75	1.82	1.86	1.89	1.92
	0.375	1.83	1.92	1.92	1.84	1.68	1.49	1.32	1.12
	0.500	2.43	2.48	2.43	2.32	2.12	1.91	1.60	1.51
	0.625	3.38	3.45	3.42	3.28	3.00	2.54	2.36	2.27
	0.750	6.29	7.17	8.44	9.46	10.9	11.9	11.3	17.4
	0.875	24.8	39.0	78.4	140	341	777	1570	3820
h_2(a/w,h)	0.125	0.852	0.961	1.14	1.29	1.50	1.70	1.94	2.17
	0.250	1.63	1.70	1.78	1.80	1.81	1.79	1.78	1.76
	0.375	2.41	2.35	2.15	1.94	1.68	1.44	1.25	1.05
	0.500	3.40	3.15	2.71	2.37	2.01	1.72	1.40	1.38
	0.625	4.76	4.23	3.46	2.97	2.48	2.02	1.82	1.66
	0.750	7.76	7.14	6.64	6.83	7.48	7.79	7.14	11.1
	0.875	19.4	22.7	36.1	58.9	133	294	585	1400
h_3(a/w,h)	0.125	0.126	0.200	0.372	0.571	0.911	1.30	1.74	2.29
	0.250	0.479	0.698	1.11	1.47	1.92	2.25	2.49	2.73
	0.375	1.05	1.40	1.87	2.11	2.20	2.09	1.92	1.67
	0.500	1.92	2.37	2.79	2.85	2.68	2.40	1.99	1.94
	0.625	3.29	3.74	3.90	3.68	3.23	2.66	2.40	2.19
	0.750	6.26	7.03	7.63	8.14	9.04	9.40	8.58	13.5
	0.875	18.2	24.1	40.4	65.8	149	327	650	1560

funções adimensionais h_1, h_2 e h_3 para deformação plana

$$J_{pl} = \frac{a(w-a)}{wH^{1/h}}\left(\frac{PS_E}{P_0}\right)^{\frac{1+h}{h}} h_1, \quad v_{pl} = a\left(\frac{S_E}{H}\frac{P}{P_0}\right)^{\frac{1}{h}} h_2$$

$$\Delta_{P_{pl}} = a\left(\frac{S_E}{H}\frac{P}{P_0}\right)^{\frac{1}{h}} h_3, \quad P_0 = t(w-a)S_E\left[0.72 + 1.82\frac{a}{w-a}\right]$$

CP compacto de tensão C(T), σ-plana [5, 8].

σ-plana	a/w	\multicolumn{8}{c}{h}
		0.500	0.333	0.200	0.143	0.100	0.077	0.063	0.050
$h_1(a/w,h)$	0.250	1.46	1.28	1.06	0.903	0.729	0.601	0.511	0.395
	0.375	1.25	1.05	0.801	0.647	0.484	0.377	0.284	0.220
	0.500	1.08	0.901	0.686	0.558	0.436	0.356	0.298	0.238
	0.625	1.03	0.875	0.695	0.593	0.494	0.423	0.370	0.310
	0.750	0.977	0.833	0.683	0.598	0.506	0.431	0.373	0.314
	→1	1.01	0.775	0.680	0.650	0.620	0.490	0.470	0.420
$h_2(a/w,h)$	0.250	12.0	10.7	8.74	7.32	5.74	4.63	3.75	2.92
	0.375	8.20	6.54	4.56	3.45	2.44	1.83	1.36	1.02
	0.500	5.67	4.21	2.80	2.12	1.57	1.25	1.03	0.814
	0.625	4.48	3.35	2.37	1.92	1.54	1.29	1.12	0.928
	0.750	3.78	2.89	2.14	1.78	1.44	1.20	1.03	0.857
	→1	3.54	2.41	1.91	1.73	1.59	1.23	1.17	1.03
$h_3(a/w,h)$	0.250	8.00	7.21	5.94	5.00	3.95	3.19	2.59	2.023
	0.375	5.73	4.62	3.25	2.48	1.77	1.33	0.990	0.746
	0.500	4.15	3.11	2.09	1.59	1.18	0.938	0.774	0.614
	0.625	3.38	2.54	1.80	1.47	1.18	0.988	0.853	0.710
	0.750	2.92	2.24	1.66	1.38	1.12	0.936	0.800	0.666
	→1	2.83	1.93	1.52	1.39	1.27	0.985	0.933	0.824

funções adimensionais h_1, h_2 e h_3 para tensão plana

$$J_{pl} = \frac{w-a}{H^{1/h}}\left(\frac{PS_E}{P_0}\right)^{\frac{1+h}{h}} h_1, \quad v_{pl} = a\left(\frac{S_E}{H}\frac{P}{P_0}\right)^{\frac{1}{h}} h_2, \quad \Delta_{P_{pl}} = a\left(\frac{S_E}{H}\frac{P}{P_0}\right)^{\frac{1}{h}} h_3$$

$$P_0 = 1.072 t(w-a) S_E \left(\sqrt{(\frac{2a}{w-a})^2 + \frac{4a}{w-a} + 2} - \frac{2a}{w-a} - 1\right)$$

CP compacto de tensão C(T), ε-plana [5, 8].

ε-plana	a/w	h							
		0.500	0.333	0.200	0.143	0.100	0.077	0.063	0.050
$h_1(a/w,h)$	0.250	2.05	1.78	1.48	1.33	1.26	1.25	1.32	1.57
	0.375	1.72	1.39	0.970	0.693	0.443	0.276	0.176	0.098
	0.500	1.51	1.24	0.919	0.685	0.461	0.314	0.216	0.132
	0.625	1.45	1.24	0.974	0.752	0.602	0.459	0.347	0.248
	0.750	1.42	1.26	1.033	0.864	0.717	0.575	0.448	0.345
	→1	1.45	1.35	1.18	1.08	0.950	0.850	0.730	0.630
$h_2(a/w,h)$	0.250	12.5	11.7	10.8	10.5	10.7	11.5	12.6	14.6
	0.375	8.18	6.52	4.32	2.97	2.79	1.10	0.686	0.370
	0.500	5.85	4.30	2.75	1.91	1.20	0.788	0.530	0.317
	0.625	4.57	3.42	2.36	1.81	1.32	0.983	0.749	0.485
	0.750	3.95	3.18	2.34	1.88	1.44	1.12	0.887	0.665
	→1	3.74	3.09	2.43	2.12	1.80	1.57	1.33	1.14
$h_3(a/w,h)$	0.250	8.51	8.17	7.77	7.71	7.92	8.52	9.31	10.9
	0.375	5.76	4.64	3.10	2.14	1.29	0.793	0.494	0.266
	0.500	4.27	3.16	2.02	1.41	0.888	0.585	0.393	0.236
	0.625	3.43	2.58	1.79	1.37	1.00	0.746	0.568	0.368
	0.750	3.05	2.46	1.81	1.45	1.11	0.869	0.686	0.514
	→1	2.99	2.47	1.95	1.79	1.44	1.26	1.07	0.909

funções adimensionais h_1, h_2 e h_3 para deformação plana

$$J_{pl} = \frac{w-a}{H^{1/h}}\left(\frac{PS_E}{P_0}\right)^{\frac{1+h}{h}} h_1, \quad v_{pl} = a\left(\frac{S_E}{H}\frac{P}{P_0}\right)^{\frac{1}{h}} h_2, \quad \Delta_{P_{pl}} = a\left(\frac{S_E}{H}\frac{P}{P_0}\right)^{\frac{1}{h}} h_3$$

$$P_0 = 1.455t(w-a)S_E\left(\sqrt{\left(\frac{2a}{w-a}\right)^2 + \frac{4a}{w-a} + 2} - \frac{2a}{w-a} - 1\right)$$

A4.11   Referências

[1] Tada,H; Paris,PC; Irwin,GR. The Stress Analysis of Cracks Handbook, Del Research 1985.

[2] Rooke,DP; Cartwright,DJ. Compendium of Stress Intensity Factors, Her Majesty's Stationary Office 1976.

[3] Fett,T; Munz,D. Stress Intensity Factors and Weight Functions, C.M.P., Southampton, 1997.

[4] Murakami,Y. ed. Stress Intensity Factors Handbook, Pergamon Press 1991.

[5] Anderson,TL. Fracture Mechanics, CRC 1995.

[6] Newman,JC; Raju,IS. "An Empirical Stress Intensity Factor Equation for the Surface Crack", Engineering Fracture Mechanics, v.15, n.1-2, pp.185-192, 1981.

[7] Zahoor,A. "Closed Form Expressions for Fracture Mechanics Analysis of Cracked Pipes", Journal of Pressure Vessels Technology, v.107, pp.203-205, 1985.

[8] Kumar,V; German,MD; Shih,CF "An engineering approach for elastic-plastic fracture analysis", EPRI Report NP-1931, 1981.

Apêndice 5 - Equações de Crescimento de Trinca

A5.1   Curva de Propagação de Trincas

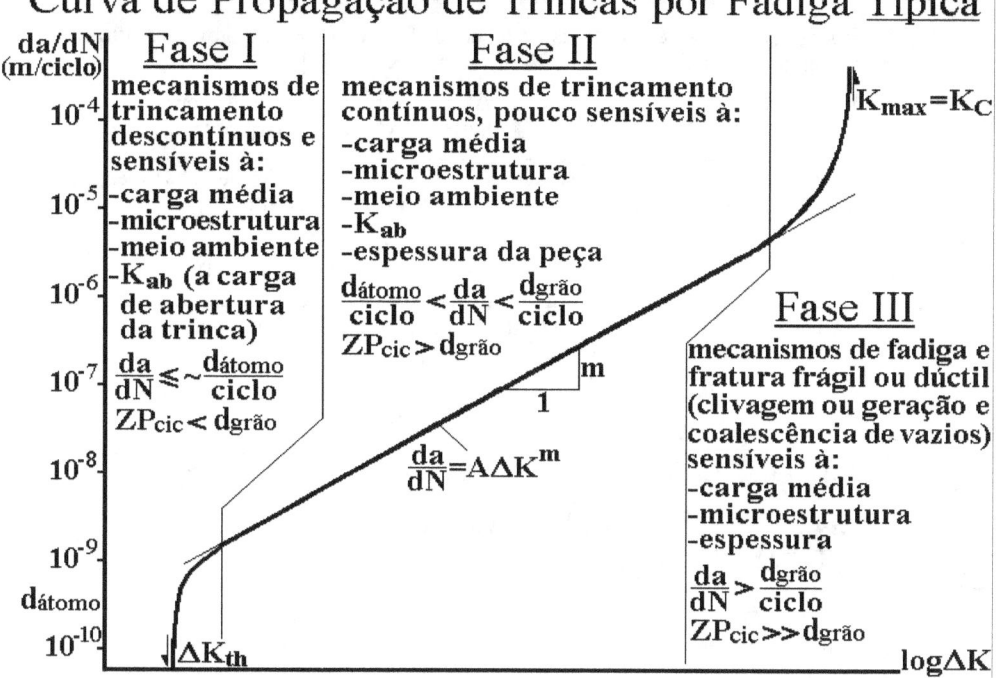

Curva de Propagação de Trincas por Fadiga <u>Típica</u>

A5.2   Modelos de 2 Parâmetros

Modelos de 2 Parâmetros

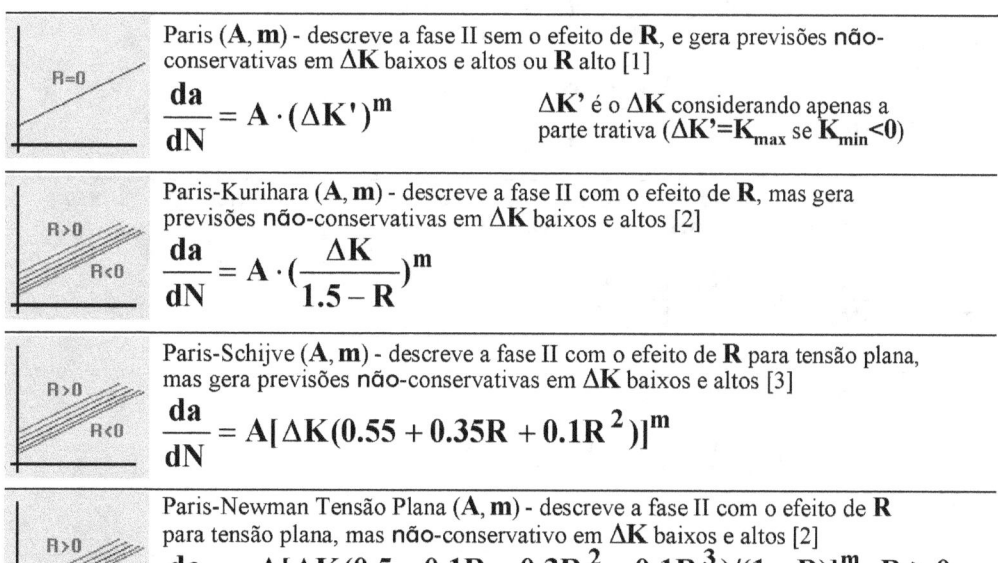

Paris ($\mathbf{A}$, $\mathbf{m}$) - descreve a fase II sem o efeito de $\mathbf{R}$, e gera previsões **não**-conservativas em ΔK baixos e altos ou $\mathbf{R}$ alto [1]

$$\frac{da}{dN} = A \cdot (\Delta K')^m$$

$\Delta K'$ é o ΔK considerando apenas a parte trativa ($\Delta K' = K_{max}$ se $K_{min} < 0$)

Paris-Kurihara ($\mathbf{A}$, $\mathbf{m}$) - descreve a fase II com o efeito de $\mathbf{R}$, mas gera previsões **não**-conservativas em ΔK baixos e altos [2]

$$\frac{da}{dN} = A \cdot (\frac{\Delta K}{1.5 - R})^m$$

Paris-Schijve ($\mathbf{A}$, $\mathbf{m}$) - descreve a fase II com o efeito de $\mathbf{R}$ para tensão plana, mas gera previsões **não**-conservativas em ΔK baixos e altos [3]

$$\frac{da}{dN} = A[\Delta K(0.55 + 0.35R + 0.1R^2)]^m$$

Paris-Newman Tensão Plana ($\mathbf{A}$, $\mathbf{m}$) - descreve a fase II com o efeito de $\mathbf{R}$ para tensão plana, mas **não**-conservativo em ΔK baixos e altos [2]

$$\frac{da}{dN} = \{ \begin{array}{l} A[\Delta K(0.5 - 0.1R - 0.3R^2 - 0.1R^3)/(1 - R)]^m, R \geq 0 \\ A[\Delta K(0.5 - 0.1R)/(1 - R)]^m, R < 0 \end{array}$$

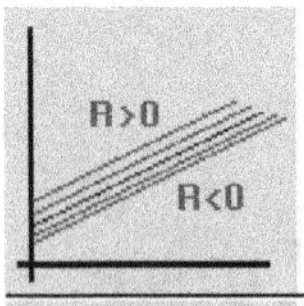

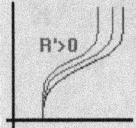

Paris-Newman Deformação Plana $(\mathbf{A}, \mathbf{m})$ - descreve a fase II com o efeito de $\mathbf{R}$ para deformação plana, mas não-conservativo em ΔK baixos e altos [2]

$$\frac{da}{dN} = \begin{cases} A[\Delta K(0.75 - 0.06R - 1.13R^2 + 0.44R^3)/(1-R)]^m, & R \geq 0 \\ A[\Delta K(0.75 - 0.06R)/(1-R)]^m, & R < 0 \end{cases}$$

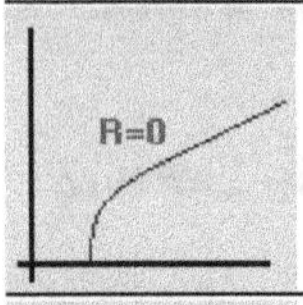

Elber $(\mathbf{A}, \mathbf{m})$ - descreve as fases I e II sem o efeito de $\mathbf{R}$, e gera previsões não-conservativas em ΔK baixos de $\mathbf{R}$ alto e em ΔK altos [4]

$$\frac{da}{dN} = A \cdot (\Delta K' - \Delta K_{th})^m$$

$\Delta K'$ é o ΔK considerando apenas a parte trativa ($\Delta K' = K_{max}$ se $K_{min} < 0$)

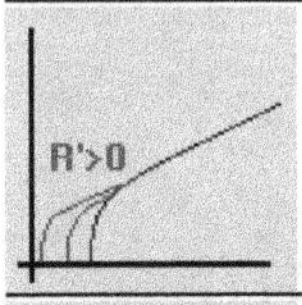

Elber Modificado $(\mathbf{A}, \mathbf{m})$ - descreve as fases I e II com o efeito de $\mathbf{R} > \mathbf{0}$ apenas em ΔK_{th}, mas gera previsões não-conservativas em ΔK ou $\mathbf{R}$ altos [5]

$$\frac{da}{dN} = A \cdot [\Delta K' - \Delta K_{th}(1 - R')]^m$$

R' é o R considerando apenas a parte trativa ($R' > 0$)

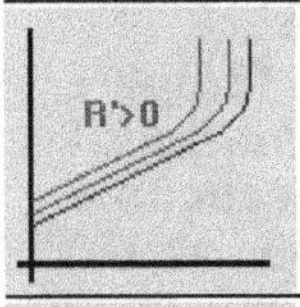

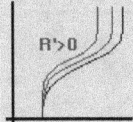

Forman $(\mathbf{A}, \mathbf{m})$ - descreve as fases II e III com o efeito de $\mathbf{R} > \mathbf{0}$, mas gera previsões não-conservativas em ΔK baixos [6]

$$\frac{da}{dN} = A \frac{\Delta K'^{(m-1)}}{(K_c/K_{max}) - 1}$$

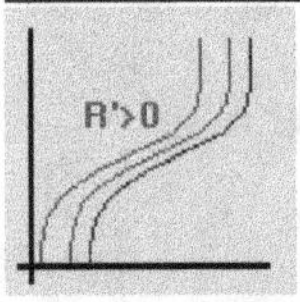

Forman Modificado $(\mathbf{A}, \mathbf{m})$ - descreve as 3 fases com o efeito de $\mathbf{R} > \mathbf{0}$ [5]

$$\frac{da}{dN} = A \frac{\Delta K'^{(m-1)} \sqrt{(\Delta K' - \Delta K_{th})}}{(K_c/K_{max}) - 1}$$

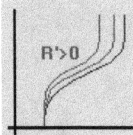

Collipriest $(\mathbf{A}, \mathbf{m})$ - descreve as 3 fases com o efeito de $\mathbf{R} > \mathbf{0}$, mas não-conservativo em ΔK baixos de $\mathbf{R}$ alto [7]

$$\frac{da}{dN} = A[K_c \cdot \Delta K_{th} \cdot (\frac{K_c}{\Delta K_{th}})^{0.5 \cdot \log(\frac{\log(\Delta K'/\Delta K_{th})}{\log((1-R')K_c/\Delta K')})}]^{(m/2)}$$

Richards-Lindley $(\mathbf{A}, \mathbf{m})$ - descreve as 3 fases com o efeito de $R > 0$, mas não-conservativo em ΔK baixos de $\mathbf{R}$ alto [6]

$$\frac{da}{dN} = A \cdot [\frac{\Delta K' - \Delta K_{th}}{S_R^2(K_c^2 - K_{max}^2)}]^m$$

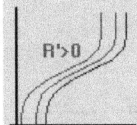

Priddle $(\mathbf{A}, \mathbf{m})$ - descreve as 3 fases com o efeito de $\mathbf{R} > \mathbf{0}$, mas não-conservativo em ΔK baixos de $\mathbf{R}$ alto [6]

$$\frac{da}{dN} = A \cdot [\frac{\Delta K' - \Delta K_{th}}{K_c - K_{max}}]^m$$

Priddle Modificado $(\mathbf{A}, \mathbf{m})$ - descreve as 3 fases com o efeito de $\mathbf{R} > \mathbf{0}$ [5]

$$\frac{da}{dN} = A \cdot [\frac{\Delta K' - \Delta K_{th}(1 - R')}{K_c - K_{max}}]^m$$

A5.3   Modelos de 3 Parâmetros

Modelos de 3 Parâmetros

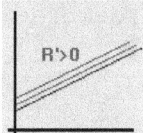

Walker $(\mathbf{A}, \mathbf{m}, \mathbf{p})$ - descreve a fase II com o efeito de $\mathbf{R} > \mathbf{0}$, mas gera previsões **não**-conservativas em ΔK baixos e altos [6]

$$\frac{da}{dN} = A\frac{(\Delta K')^m}{(1-R')^p}$$

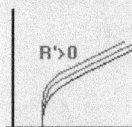

Walker Modificado $(\mathbf{A}, \mathbf{m}, \mathbf{p})$ - descreve as fases I e II com o efeito de $\mathbf{R} > \mathbf{0}$, mas gera previsões **não**-conservativas em ΔK baixos de $\mathbf{R}$ alto e em ΔK altos [5]

$$\frac{da}{dN} = A\frac{(\Delta K'-\Delta K_{th})^m}{(1-R')^p}$$

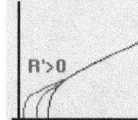

Elber 3 Parâmetros $(\mathbf{A}, \mathbf{m}, \alpha)$ - descreve as fases I e II com o efeito de $\mathbf{R} > \mathbf{0}$ apenas em ΔK_{th}, mas gera previsões **não**-conservativas em ΔK ou $\mathbf{R}$ altos [5]

$$\frac{da}{dN} = A \cdot [\Delta K'-\Delta K_{th}(1-\alpha R')]^m$$

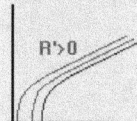

Hall $(\mathbf{A}, \mathbf{m}, \mathbf{p})$ - descreve as fases I e II com o efeito de $\mathbf{R} > \mathbf{0}$, mas gera previsões **não**-conservativas em ΔK altos [6]

$$\frac{da}{dN} = A \cdot \Delta K'^m \cdot (\frac{\Delta K'}{1-R'} - \Delta K_{th})^p$$

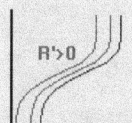

Hall Modificado $(\mathbf{A}, \mathbf{m}, \mathbf{p})$ - descreve as 3 fases com o efeito de $\mathbf{R} > \mathbf{0}$ [5]

$$\frac{da}{dN} = A \cdot \frac{\Delta K'^m}{(K_c/K_{max})-1} \cdot (\frac{\Delta K'}{1-R'} - \Delta K_{th})^p$$

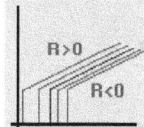

Walker-Chang 3 Parâmetros $(\mathbf{A}, \mathbf{m}, \mathbf{p})$ - descreve a fase II com o efeito de $\mathbf{R}$ e corte em $\Delta K_{th}(1-\mathbf{R})$, mas é **não**-conservativa em ΔK baixos e altos [8]

$$\frac{da}{dN} = \begin{cases} A \cdot \Delta K^m/(1-R)^p, & R \geq 0 \\ A \cdot [K_{max}(1+R^2)]^m, & R < 0 \end{cases}$$

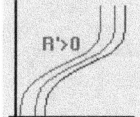

Priddle 3 Parâmetros $(\mathbf{A}, \mathbf{m}, \alpha)$ - descreve as 3 fases com o efeito de $\mathbf{R} > \mathbf{0}$ [5]

$$\frac{da}{dN} = A \cdot [\frac{\Delta K'-\Delta K_{th}(1-\alpha R')}{K_c - K_{max}}]^m$$

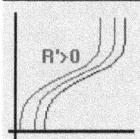

Davi-Feddersen $(\mathbf{A}, \mathbf{B}, \mathbf{p})$ - descreve as 3 fases com o efeito de $\mathbf{R} > \mathbf{0}$ [5]

$$\frac{da}{dN} = A \cdot B^{atanh[\frac{\log(K_c \cdot \Delta K_{th}/(K_{max} \cdot (1-R')^p)^2)}{\log(K_{th}/K_c)}]}$$

A5.4   Modelos de 4 Parâmetros

Modelos de 4 Parâmetros

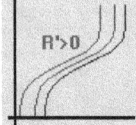

Hall 4 Parâmetros $(\mathbf{A}, \mathbf{m}, \mathbf{p}, \alpha)$ - descreve as 3 fases com o efeito de $\mathbf{R} > 0$ [5]

$$\frac{da}{dN} = A \cdot \frac{\Delta K'^m}{(K_c/K_{max}) - 1} \cdot (\frac{\Delta K'}{1 - \alpha R'} - \Delta K_{th})^p$$

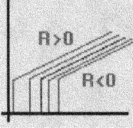

Walker-Chang 4 Parâmetros $(\mathbf{A}, \mathbf{m}, \mathbf{p}, \mathbf{q})$ - descreve a fase II com o efeito de $\mathbf{R}$ e corte em $\Delta K_{th}(1-R)$, mas é não-conservativa em ΔK baixos e altos [8]

$$\frac{da}{dN} = \begin{cases} A \cdot \Delta K^m / (0.25)^p, R > 0.75 \\ A \cdot \Delta K^m / (1 - R)^p, 0 \le R \le 0.75 \\ A \cdot K_{max}^{\ m} \cdot (1 + R^2)^q, -0.5 \le R < 0 \\ A \cdot K_{max}^{\ m} \cdot 1.25^q, R < -0.5 \end{cases}$$

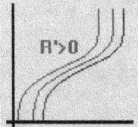

Priddle 4 Parâmetros $(\mathbf{A}, \mathbf{m}, \mathbf{p}, \alpha)$ - descreve as 3 fases com o efeito de $\mathbf{R} > 0$ [5]

$$\frac{da}{dN} = A \frac{[\Delta K' - \Delta K_{th}(1 - \alpha R')]^m}{[K_c - K_{max}]^p}$$

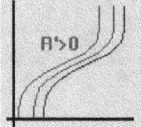

Forman 4 Parâmetros $(\mathbf{A}, \mathbf{m}, \mathbf{p}, \alpha)$ - descreve as 3 fases com o efeito de $\mathbf{R} > 0$ [5]

$$\frac{da}{dN} = A \frac{[\Delta K' - \Delta K_{th}(1 - \alpha R')]^m}{[(K_c/K_{max}) - 1]^p}$$

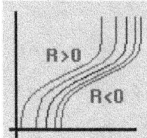

Forman-Newman Tensão Plana $(\mathbf{A}, \mathbf{m}, \mathbf{p}, \mathbf{n})$ - descreve as 3 fases com o efeito de $\mathbf{R}$ para tensão plana e tensão nominal máxima $\sigma_{max} \approx 0.15 \cdot (S_E + S_R)$ [2]

$$\frac{da}{dN} = \begin{cases} A(\Delta K \frac{0.5 - 0.1R - 0.3R^2 - 0.1R^3}{1 - R})^m \cdot \frac{(1 - \frac{\Delta K_{th}}{\Delta K} \cdot \frac{4 \cdot atan(1 - R)}{\pi})^p}{(1 - K_{max}/K_c)^n}, R \ge 0 \\ A(\Delta K \frac{0.5 - 0.1R}{1 - R})^m \cdot (1 - \frac{\Delta K_{th}}{\Delta K} \cdot 4 \cdot \frac{atan(1 - R)}{\pi})^p / (1 - \frac{K_{max}}{K_c})^n, R < 0 \end{cases}$$

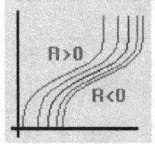

Forman-Newman Deformação Plana $(\mathbf{A}, \mathbf{m}, \mathbf{p}, \mathbf{n})$ - descreve as 3 fases com o efeito de $\mathbf{R}$ p/ deformação plana e tensão nominal máxima $\sigma_{max} \approx 0.15 \cdot (S_E + S_R)$ [2]

$$\frac{da}{dN} = \begin{cases} A(\Delta K \frac{0.75 - 0.06R - 1.13R^2 + 0.44R^3}{1 - R})^m \cdot \frac{(1 - \frac{\Delta K_{th}}{\Delta K} \cdot \frac{4 \cdot atan(1 - R)}{\pi})^p}{(1 - K_{max}/K_c)^n}, R \ge 0 \\ A(\Delta K \frac{0.75 - 0.06R}{1 - R})^m \cdot (1 - \frac{\Delta K_{th}}{\Delta K} \cdot 4 \cdot \frac{atan(1 - R)}{\pi})^p / (1 - \frac{K_{max}}{K_c})^n, R < 0 \end{cases}$$

A5.5 Modelos de Mais de 4 Parâmetros

Modelos de Mais de 4 Parâmetros

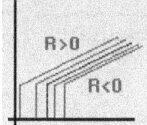

Walker-Chang 9 Parâmetros $(\mathbf{A}, \mathbf{m}, \mathbf{p}, \mathbf{B}, \mathbf{n}, \mathbf{q}, \mathbf{H}, \mathbf{L}, \alpha)$ - descreve a fase II com o efeito de $\mathbf{R}$ e corte em $\Delta K_{th}(1-\alpha R)$, mas gera previsões **não**-conservativas em ΔK baixos e altos [8]

$$\frac{da}{dN} = \begin{cases} A \cdot \Lambda K^m/(1-H)^p, R > H \\ A \cdot \Delta K^m/(1-R)^p, 0 \le R < H \\ B \cdot K_{max}^{\ n} \cdot (1+R^2)^q, L < R < 0 \\ B \cdot K_{max}^{\ n} \cdot (1+L^2)^q, R \le L \end{cases}$$

$\mathbf{H}$ e $\mathbf{L}$ são valores de corte para $\mathbf{R}$

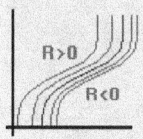

Forman-Newman $(\mathbf{A}, \mathbf{m}, \mathbf{p}, \mathbf{n}, \gamma)$ - descreve as 3 fases com o efeito de $\mathbf{R}$ para um estado de tensões definido por γ ($\gamma=\mathbf{1}$ p/ tensão plana e $\gamma=\mathbf{3}$ p/ deformação plana), tensão nominal máxima σ_{max} e resistências ao escoamento e ruptura $\mathbf{S_E}$ e $\mathbf{S_R}$ [2]

sendo: $\begin{cases} A_0 = (0.825 - 0.34\gamma + 0.05\gamma^2)[\cos(\pi\sigma_{max}/(S_E + S_R))]^{1/\gamma} \\ A_1 = (0.830 - 0.142\gamma) \cdot \sigma_{max}/(S_E + S_R) \end{cases}$

$$\frac{da}{dN} = \begin{cases} A\{\Delta K[(2A_0 + A_1 - 1)R^2 + (1 - A_0 - A_1)R + (1 - A_0)]\}^m \cdot \dfrac{(1 - \frac{\Delta K_{th}}{\Delta K} \cdot \frac{4 \cdot \text{atan}(1-R)}{\pi})^p}{(1 - K_{max}/K_c)^n}, R \ge 0 \\ A[\Delta K \cdot \dfrac{1 - A_0 - A_1 R}{1 - R}]^m \cdot (1 - \frac{\Delta K_{th}}{\Delta K} \cdot 4 \cdot \frac{\text{atan}(1-R)}{\pi})^p/(1 - \frac{K_{max}}{K_c})^n, R < 0 \end{cases}$$

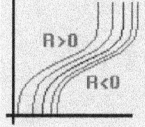

Forman-Newman-Tanaka Tensão Plana $(\mathbf{A}, \mathbf{m}, \mathbf{p}, \mathbf{n}, \alpha)$ - descreve as 3 fases com o efeito de $\mathbf{R}$ para tensão plana e de pequenas trincas sob tensão nominal máxima $\sigma_{max} \approx 0.15 \cdot (S_E + S_R)$ [2, 9]

$$\frac{da}{dN} = \begin{cases} A \cdot \dfrac{\Delta K^m (0.5 - 0.1R - 0.3R^2 - 0.1R^3)^m}{(1-R)^m (1 - K_{max}/K_c)^n} \cdot [1 - \frac{\Delta K_{th}}{\Delta K} \dfrac{(\frac{a}{a + 0.0381\text{mm}})^{0.5}(1-R)^{1+\alpha R}}{(1 - 0.2R - 0.6R^2 - 0.2R^3)^{1+\alpha}}]^p, R \ge 0 \\ A \cdot \dfrac{\Delta K^m (0.5 - 0.1R)^m}{(1-R)^m (1 - K_{max}/K_c)^n} \cdot (1 - \frac{\Delta K_{th}}{\Delta K} \dfrac{(\frac{a}{a + 0.0381\text{mm}})^{0.5}(1-R)^{1+\alpha R}}{(1 - 0.2R)^{1+\alpha R}})^p, R < 0 \end{cases}$$

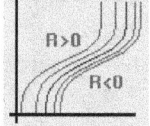

Forman-Newman-Tanaka Deformação Plana $(\mathbf{A}, \mathbf{m}, \mathbf{p}, \mathbf{n}, \alpha)$ - descreve as 3 fases com o efeito de $\mathbf{R}$ para deformação plana e de pequenas trincas sob tensão nominal máxima $\sigma_{max} \approx 0.15 \cdot (S_E + S_R)$ [2, 9]

$$\frac{da}{dN} = \begin{cases} A \cdot \Delta K^m \dfrac{(0.75 - 0.06R - 1.13R^2 + 0.44R^3)^m}{(1-R)^m (1 - K_{max}/K_c)^n} [1 - \frac{\Delta K_{th}}{\Delta K} \dfrac{(\frac{a}{a + 0.0381\text{mm}})^{0.5}(1-R)^{1+\alpha R}}{(1 - 0.08R - 1.51R^2 + 0.59R^3)^{1+\alpha R}}]^p, R \ge 0 \\ A \cdot \Delta K^m \dfrac{(0.75 - 0.06R)^m}{(1-R)^m (1 - K_{max}/K_c)^n} (1 - \frac{\Delta K_{th}}{\Delta K} \dfrac{(\frac{a}{a + 0.0381\text{mm}})^{0.5}(1-R)^{1+\alpha R}}{(1 - 0.08R)^{1+\alpha R}})^p, R < 0 \end{cases}$$

A5.6   Modelos Correlacionais

Modelos Correlacionais

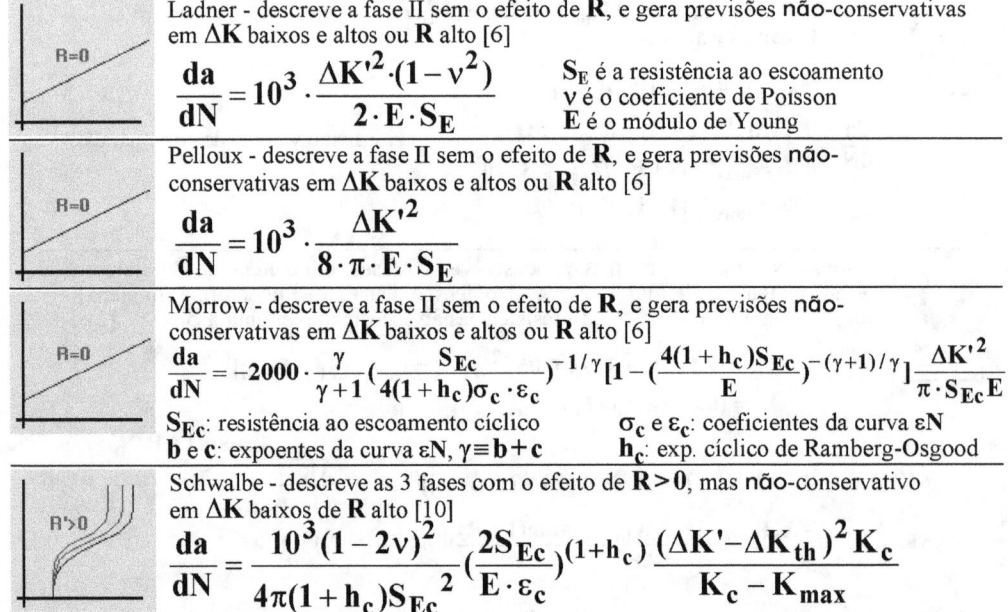

Ladner - descreve a fase II sem o efeito de **R**, e gera previsões **não**-conservativas em ΔK baixos e altos ou **R** alto [6]

$$\frac{da}{dN} = 10^3 \cdot \frac{\Delta K'^2 \cdot (1 - \nu^2)}{2 \cdot E \cdot S_E}$$

S_E é a resistência ao escoamento
ν é o coeficiente de Poisson
E é o módulo de Young

Pelloux - descreve a fase II sem o efeito de **R**, e gera previsões **não**-conservativas em ΔK baixos e altos ou **R** alto [6]

$$\frac{da}{dN} = 10^3 \cdot \frac{\Delta K'^2}{8 \cdot \pi \cdot E \cdot S_E}$$

Morrow - descreve a fase II sem o efeito de **R**, e gera previsões **não**-conservativas em ΔK baixos e altos ou **R** alto [6]

$$\frac{da}{dN} = -2000 \cdot \frac{\gamma}{\gamma + 1} \left(\frac{S_{Ec}}{4(1 + h_c)\sigma_c \cdot \varepsilon_c} \right)^{-1/\gamma} [1 - (\frac{4(1 + h_c)S_{Ec}}{E})^{-(\gamma+1)/\gamma}] \frac{\Delta K'^2}{\pi \cdot S_{Ec} E}$$

S_{Ec}: resistência ao escoamento cíclico
b e c: expoentes da curva εN, $\gamma \equiv b + c$

σ_c e ε_c: coeficientes da curva εN
h_c: exp. cíclico de Ramberg-Osgood

Schwalbe - descreve as 3 fases com o efeito de **R>0**, mas **não**-conservativo em ΔK baixos de **R** alto [10]

$$\frac{da}{dN} = \frac{10^3 (1 - 2\nu)^2}{4\pi (1 + h_c) S_{Ec}{}^2} \left(\frac{2S_{Ec}}{E \cdot \varepsilon_c} \right)^{(1+h_c)} \frac{(\Delta K' - \Delta K_{th})^2 K_c}{K_c - K_{max}}$$

A5.7   Referências

[1] Paris,PC. cap. 6 em "Fatigue - An Interdisciplinary Approach", Syracuse U. Press, 1964.

[2] Newman,Jr.,JC. "A Crack Opening Stress Equation for Fatigue Crack Growth", International Journal of Fracture, v.24, n.3, pp.R131-R135, 1984.

[3] Schijve,J. "The Stress Ratio Effect on Fatigue Crack Growth in 2024-T3 Alclad and the Relation to Crack Closure", Technische Hogeschool Delft, Memo M-336, 1979.

[4] Elber,W. "The Significance of Fatigue Crack Closure", ASTM STP 486, 1971.

[5] Meggiolaro,MA; Castro,JTP. "Equacionamento da Curva de Propagação de Trincas por Fadiga", 2° Congresso Int. de Tecnologia Metalúrgica e de Materiais, ABM 1997.

[6] Tada,H; Paris,PC; Irwin,GR. The Stress Analysis of Cracks Handbook, Del Research 1985.

[7] Collipriest,JE; Ehret,RM. "A Generalized Relationship Representing the Sigmoidal Distribution of Fatigue Crack Growth Rates", Rockwell International Report SD74-CE-0001, 1974.

[8] Chang,JB; Engle,RM. "Improved Damage-Tolerance Analysis Methodology", Journal of Aircraft, v.21, pp.722-730, 1984.

[9] Tanaka,K; Nakai,Y; Yamashita,M. "Fatigue Growth Threshold of Small Cracks", International Journal of Fracture, v.17, n.5, pp.519-533, 1981.

[10] Schwalbe,KH. "Comparison of Several Fatigue Crack Propagation Laws with Experimental Results", Engineering Fracture Mechanics, v.6, pp.325-341, 1974.

Apêndice 6 - Bibliografia

Abelkis,PR "Effect of transport aircraft wing loads spectrum variation on crack growth" ASTM STP 714, p.143-169, 1980.

ACI 209-R86, "Prediction of creep, shrinkage, and temperature effects in concrete structures," ACI, 1986.

Alvin,HM; Moraes,AC. Fabricação Mecânica, Almeida Neves Editores 1972.

Anami,K; Miki,C "Fatigue strength of welded joints made of high-strength steel", Progress in Structural Engineering and Materials v.3, n.1, p.86-94, 2001.

Anderson,TL. Fracture Mechanics, 3rd ed., CRC 2005.

ANSI/API Standard 530, Calculation of Heater Tube Thickness in Petroleum Refineries 5th ed., 2003 (also ISO Standard 13704:2001).

Araújo,TDP; Cavalcante Neto,JB; Bittencourt,TN; Carvalho,M; Martha,LF "Adaptive simulation of fracture processes based on spatial enumeration techniques", International Journal of Rock Mechanis and Mining Sciences, v.34, p. 551, 1997.

Ashby,MF. Materials Selection in Mechanical Design, Pergamon 1992.

Ashby,MF; Jones,DRH. Engineering Materials, Pergamon 1981.

Ashby,MF; Jones,DRH. Engineering Materials 2, Pergamon 1992.

ASM Engineered Materials Handbook Desk Edition, ASM 1994.

ASM Handbook v.01, Properties and Selection: Irons, Steels and High Performance Alloys, ASM 1990.

ASM Handbook v.02, Properties and Selection: Non-Ferrous Alloys and Special Purpose Materials, ASM 1992.

ASM Handbook v.08, Mechanical Testing and Evaluation, ASM 2000.

ASM Handbook v.09, Metallography and Microstructures, ASM 1992.

ASM Handbook v.11, Failure Analysis and Prevention, ASM 2002.

ASM Handbook v.12, Fractography, ASM 1987.

ASM Handbook v.13, Corrosion, ASM 1987.

ASM Metals Reference Book, ASM International, 1993.

ASM Source Book on Industrial Alloy and Engineering Data, ASM 1978.

ASM Specialty Handbook, Heat-Resistant Materials, ASM 1997.

ASME Boiler and Pressure Vessel Code, American Society of Mechanical Engineers.

ASTM E 1049 "Practices for cycle counting in fatigue analysis", ASTM Standards v.03.02.

Atkins,P; Jones,L. Princípios de Química, Bookman 2001.

Atluri,SN "Path-independent integrals in finite elasticity and inelasticity, with body forces, inertia, and arbitrary crack-face conditions", Engineering Fracture Mechanics v. 16, p.341-369, 1982.

Atzori,B; Lazzarin,P; Meneghetti,G "Fracture mechanics and notch sensitivity", Fatigue and Fracture of Engineering Materials and Structures v.26, p.257-267, 2003.

Aviation Safety Council "In-flight breakup over the Taiwan strait northeast of Makung, Penghu Island, China airlines flight C1611, Boeing 747-200, B-18255", ASC-AOR-05-02-001, 2002

Avner,SH. Introduction to Physical Metallurgy, McGraw Hill 1974.

Backofen,WA Deformation Processing, Addison-Wesley 1972.

Baïlon,JP; Massounave,J "On the relation between the parameters of Paris' law for fatigue crack growth", Scripta Met. v.11, p.1101-1106, 1977.

Banks-Sills,L; Sherman,D "Comparison of methods for calculating stress-intensity factors with quarter-point elements", International Journal of Fracture Mechanics v.32, p.127-140, 1986.

Bannantine,JA; Comer,JJ; Handrock,JL. Fundamentals of Metal Fatigue Analysis, Prentice-Hall 1990

Bannantine,JA; Socie,DF "A variable amplitude multiaxial fatigue life prediction method", Fatigue Under Biaxial and Multiaxial Loading, ESIS Publication 10, p.35-51, 1991.

Barson,JM. Fracture Mechanics Retrospective, ASTM 1987.

Barson,JM; Rolfe,ST. Fracture and Fatigue Control in Structures, 3rd ed., Prentice-Hall 1999.

Bathe,KJ. Finite Element Procedures in Engineering Analysis, Prentice-Hall 1982.

Bauer,LAF. Materiais de Construção 1 e 2, LTC 1992.

Bäumel,AJr; Seeger,T. Materials Data for Cyclic Loading - Supplement 1, Elsevier Science Publishers, 1990.

Bazant,ZP "Scaling of quasibrittle fracture: asymptotic analysis" International Journal of Fracture v.83(1), p.19-40, 1997.

Bazant,ZP; Cedolin,L. Stability of Structures, Dover 2003.

Beevers,CJ ed. The Measurement of Crack Length and Shape During Fracture and Fatigue, EMAS 1980.

Bergner,F; Zouhar,G "A new approach to the correlation between the coefficient and the exponent of the power law of fatigue crack growth", International Journal of Fatigue v.22, p.229-239, 2000.

Bergner,F; Zouhar,G; Tempus,G "The material-dependent variability of fatigue crack growth rates of aluminium alloys in the Paris regime", International Journal of Fatigue v.23, p.383-394, 2001.

Bernstein,ML; Zaimovsky,VA. Mechanical Properties of Metals, Mir 1983.

Bhaumik,SK; Rangaraju,R; Venkataswany,MA; Baskaran,TA; Parameswara,MA "Fatigue fracture of a cranckshaft of an aircraft engine", Engineering Failure Analysis v.9, p.255-263, 2002.

Birnbaum,ZW; Saunders,SC "A probabilistic interpretation of Miner's rule", SIAM Journal on Applied Mathematics v.16, p.637-652, 1968.

Bittencourt,TN; Wawrzynek,PA; Ingraffea,A; Sousa,JL "Quasi-automatic simulation of crack propagation for 2D LEFM problems" Engineering Fracture Mechanics v.55, p.321-334, 1996.

Böller,CJr; Seeger,T. Materials Data for Cyclic Loading, Elsevier Science Publishers, 1987.

Boresi,AP; Schimidt,RJ; Sidebottom,OM. Advanced Mechanics of Materials, 5th ed., Wiley 1993.

Borrego,LP; Ferreira,JM; Pinho da Cruz,JM; Costa,JM "Evaluation of overload effects on fatigue crack growth and closure, Engineering Fracture Mechanics v.70, p.1379–1397, 2003.

Boyer,HE ed. Atlas of Fatigue Curves, ASM 1986.

Brennan,FP "The use of approximate strain-life fatigue crack initiation predictions", International Journal of Fatigue v.16, p.351-356, 1994.

Broek,D. Elementary Engineering Fracture Mechanics, 4th ed., Kluwer, 1986.

Broek,D. The Practical Use of Fracture Mechanics, Kluwer 1989.

Brown,M; Miller,KJ "A theory for fatigue under multiaxial stress-strain conditions", Institute of Mechanical Engineers, v.187, p.745-756, 1973.

Brown,WF "Review of Developments in Plane Strain Fracture Toughness Testing", ASTM STP 463, 1970.

Buckingham,E. Analytical Mechanics of Gears, Dover 1963.

Budinski,KG; Budinski,MK. Engineering Materials, 7th ed., Prentice-Hall 2002.

Bui,HD "Associated path independent J-integrals for separating mixed modes", Journal of Mechanics and Physics Solids v.31, p.439-448, 1983.

Bunch,JO; Trammell,R; Tanouye,P "Structural life analysis methods used on the B-2 bomber", ASTM STP 1292, p.220-247, 1996.

Burdekin,FM; Dawes,MG "Practical use of linear and yielding fracture mechanics with reference to pressure vessels", Proceedings of the Institute of Mechanical Engineers Conference, p.28-37, 1971.

Cadell,RM. Deformation and Fracture of Solids, Prentice-Hall 1980.

Cai,B; Kong,QP; Lu,L; Lu,K "Low temperature creep of nanocristalline pure copper", Materials Science and Engineering A v.286, p.188-192, 2000.

Cai,H; McEvily,AJ "On striations and fatigue crack growth in 1018 steel", Materials Science and Engineering A v.313, p.86-89, 2001

Callister,WD. Material Science and Engineering, Wiley 2000.

Carnahan,B; Luther,HA; Wilkes,JO. Applied Numerical Methods, Wiley 1969.

Castro,JTP "A circuit to measure crack closure", Experimental Techniques v.17, n.2, p.23-25, 1993.

Castro,JTP "Load history effects in plane strain fatigue crack growth", Ph.D. thesis, Mechanical Engineering Department, M.I.T., 1982.

Castro,JTP "Some critical remarks on the use of potential drop and compliance systems to measure crack growth in fatigue experiments", Revista Brasileira de Ciências Mecânicas v.7, n.4, p.291-314, 1985.

Castro,JTP "Um método racional explícito para projeto de componentes mecânicos sujeitos a carregamentos dinâmicos gerais", RBCM, v.2(2), p.71-80, 1980.

Castro,JTP; Freire,JLF; Vieira,RD "Fatigue life prediction of repaired welded structures", Journal of Constructional Steel Research, v.28, p.187-195, 1994.

Castro,JTP; Giassoni,A; Kenedi,PP "Fatigue propagation of semi and quart-elliptical cracks in wet welds", Revista Brasileira de Ciências Mecânicas v.20, p.263-277, 1998.

Castro,JTP; Kenedi,PP "Previsão das taxas de propagação de trincas de fadiga partindo dos conceitos de Coffin-Manson", Revista Brasileira de Ciências Mecânicas v.17, n.3, p.292-303, 1995

Castro,JTP; Meggiolaro,MA "Alguns comentários sobre a automação do método eN para dimensionamento à fadiga sob carregamentos complexos", Revista Brasileira de Ciências Mecânicas, v.21(2), p.294-312, 1999.

Castro,JTP; Meggiolaro,MA "Estatísticas das taxas de propagação de trincas de fadiga em materiais estruturais", Máquinas e Metais, n.463, p.176-184, 2004.

Castro,JTP; Meggiolaro,MA "Evaluating fatigue as a failure mechanism in zigzag pipelines", Proceedings of the 10th SEM International Congress, em CD, 2004.

Castro,JTP; Meggiolaro,MA "Previsão da vida residual de estruturas trincadas", Anais do COTEQ 97, p.263-268, IBP 1997.

Castro,JTP; Meggiolaro,MA; Miranda,ACO "A note on fatigue crack growth predictions based on damage accumulation ahead of the crack tip", Solid Mechanics in Brazil 2007, Alves & Mattos ed., p.133-146, ABCM, 2007 (ISBN 978-85-85763-30-7).

Castro,JTP; Meggiolaro,MA; Miranda,ACO "Fatigue crack growth predictions based on damage accumulation calculations ahead of the crack tip", Computational Materials Science v.46, p.115-123, 2009.

Castro,JTP; Meggiolaro,MA; Miranda,ACO "Singular and non-singular approaches for predicting fatigue crack growth behavior", International Journal of Fatigue v.27, p.1366-1388, 2005.

Castro,JTP; Parks,DM "Decrease in closure and delay of fatigue crack growth in plane strain", Scripta Metallurgica v.16, p.1443-1445, 1982.

Castro,JTP; Vieira,RD; Freire,JLF "O problema do projeto mecânico à fadiga de peças fundidas - estudo de um caso" Anais do V SIBRAT v.2, p.479-494, 1988.

Castro,JTP; Vieira,RD; Vidal,ACN; Miranda,ACO; Freire,JLF; Meggiolaro,MA "A case study on corrosion-thermal fatigue damage", Proceedings of the SEM XI Congress on Ex-perimental and Applied Mechanics, on CD, 2008.

Chakravarti,I; Laha,RG; Roy,J. Handbook of Methods of Applied Statistics v.1, Wiley 1967.

Chang,JB; Engle,RM "Improved Damage-Tolerance Analysis Methodology", Journal of Aircraft, v.21, p.722-730, 1984.

Chen,KL; Atluri,N "Comparison of different methods of evaluation of weight functions for 2D mixed-mode fracture analysis", Engineering Fracture Mechanics v.34, p.935-956, 1989.

Cheng,W; Shih,S; Grace,J; Tu,W "Axial load effect on contact fatigue life of cylindrical rollers", Journal of Tribology v.16(2), p.242, 2004.

Chou,PC; Pagano,NJ. Elasticity, Tensor, Dyadic and Engineering Approaches, Dover 1992.

Ciavarella,M; Meneghetti,G "On fatigue limit in the presence of notches: classical vs. recent unified formulations", International Journal of Fatigue v.26, p.289-298, 2004.

Ciavarella,M; Monno,F "On the possible generalizations of the Kitagawa-Takahashi diagram and of the El Haddad equation to finite life", International Journal of Fatigue v.28, p.1826-1837, 2006.

Collins,JA. Failure of Materials in Mechanical Design, Wiley 1993.

Collins,JA. Projeto Mecânico de Elementos de Máquinas, LTC 2006.

Collipriest,JE; Ehret,RM "A Generalized Relationship Representing the Sigmoidal Distribution of Fatigue Crack Growth Rates", Rockwell International Report SD74-CE-0001, 1974.

Colpaert,H. Metalografia dos Produtos Siderúrgicos Comuns, Edgard Blücher 1969 (a 4a ed. deste livro, revista por Silva,ALVC, foi lançada em 2008).

Concari,S. ed "Residual life assessment and microstructure", ECCC Recommendations volume 6, issue 1, 2005.

Conway,JB. Stress Rupture Parameters: Origin, Calculation and Use, Gordon and Breach 1969.

Cottrell,AH. The Mechanical Properties of Matter, Krieger 1981.

Crandall,SH; Dahl,NC; Lardner,TJ. An Introduction to the Mechanics of Solids, McGraw Hill 1978.

Crawford,RJ. Plastics Engineering, Pergamon 1987.

CRC Handbook of Chemistry and Physics, CRC Press 1979.

Creager,M; Paris,PC "Elastic field equations for blunt cracks with reference to stress corrosion cracking", International Journal of Fracture Mechanics, v.3, p.247-252, 1967.

Croarkin,C; Tobias,P. Nist/Sematech Engineering Statistics Handbook, www.itl.nist.gov/div898/handbook.

D'Agostino,RB; Stephens,MA. Goodness-Of-Fit Techniques, Marcel-Dekker, 1986.

Dallas,DB ed. Tool and Manufacturing Engineers Handbook, McGraw Hill 1976.

Dally,JW; Riley,WF. Experimental Stress Analysis, 4th ed., College House Enterprises 2001.

Dang Van,K; Papadopoulos,IV. High-Cycle Metal Fatigue, Springer 1999.

Das,AK. Metallurgy of Failure Analysis, McGraw-Hill 1997.

Datsko,J. Materials Properties and Manufacturing Processes, Wiley 1966.

Davis, GR ed. Heat Resisting Materials, ASM Specialty Handbook, ASM 1997.

Deans,WF; Richards,CE "A simple and sensitive method of monitoring crack and load in compact fracture mechanics specimens using strain gages", Journal of Testing and Evaluation, v.7, n.3, p.147-154, 1979.

deKoning,AU; tenHoeve,HJ; Hendriksen,TK "The description of crack growth on the basis of the strip-yield model for computation of crack opening loads, the crack tip stretch and strain rates", National Aerospace Laboratory Report (NLR), 1997.

Den Hartog,JP. Advanced Strength of Materials, Dover 1987.

Deutschman,AD; Michels,WJ; Wilson,CE. Machine Design, Macmillan 1975.

Dieter,GE. Engineering Design, a Materials and Processing Approach, McGraw Hill 1983.

Dieter,GE. Mechanical Metallurgy, 3rd ed., McGraw Hill 1986.

Dinda,S; Kujawski,D "Correlation and prediction of fatigue crack growth for different R-ratios using Kmax and K+ parameters", Engineering Fracture Mechanics v.71, p.1779-1790, 2004.

DNV RP-C203 "Fatigue strength analysis of offshore steel structures", DNV 2000.

Dowling,NE "Fatigue failure predictions for complicated stress-strain histories", Journal of Materials v.7, p.71-87, 1972.

Dowling,NE. Mechanical Behavior of Materials, 3rd ed., Prentice Hall 2007.

Dowling,NE; Brose,WR; Wilson,WK "Notched member fatigue life predictions by the local strain approach", Fatigue Under Complex Loading: Analysis and Experiments, AE-6, SAE, 1977.

Dugdale,DS "Yielding of sheets containing slits", Journal of the Mechanics and Physics of Solids v.8, p.100-104, 1960.

Duggan,TV; Byrne,J. Fatigue as a Design Criterion, Macmillan 1977.

DuQuesnay,DL; Pompetzki,MA; Topper,TH "Fatigue life predictions for variable amplitude strain histories", SAE Transactions v.5, 1993.

DuQuesnay,DL; Topper,TH; Yu,MT; Pompetzki,MA "The effective stress range as a mean stress parameter", International Journal of Fatigue v.14, p.45-50, 1992.

DuQuesnay,DL; Yu,MT, Topper,TH "An analysis of notch-size effects at the fatigue limit", Journal of Testing and Evaluation v.16(4), p.375-385, 1988.

Durán,JAR "Modelos de acúmulo de dano por plasticidade cíclica para previsão de taxas de propagação de trincas de fadiga", tese de doutorado, Dept. Eng. Metalúrgica COPPE-UFRJ, 2001.

Durán,JAR; Castro,JTP; Meggiolaro,MA "A damage accumulation model to predict fatigue crack growth under variable amplitude loading using eN parameters", Fatigue 2002 v.4, Blom,A.F. ed, p.2759-2776, EMAS, 2002.

Durán,JAR; Castro,JTP; Meggiolaro,MA "Crack growth predictions under variable amplitude loading based on low cycle fatigue data", Proceedings of V International Conference on Low Cycle Fatigue, Portella,PD et. al. ed., p.353-358, DVM 2004.

Durán,JAR; Castro,JTP; Payão Filho,JC "Fatigue crack propagation prediction by cyclic plasticity damage accumulation models", Fatigue and Fracture of Engineering Materials and Structures v.26, p.137-150, 2003

Durán,JR; Castro,JTP "Variação de DKefetivo na propagação de trincas por Fadiga", Anais do VI COTEQ, em CD, IBP 2002.

El Haddad,MH; Smith,KN; Topper,TH "Fatigue crack propagation of short cracks", Journal of Engineering Materials and Technology, ASME v.101, p.42-46, 1979.

El Haddad,MH; Topper,TH; Smith,KN "Prediction of non-propagating cracks", Engineering Fracture Mechanics v.11, p.573-584, 1979.

Elber,W "Fatigue crack closure under cyclic tension", Engineering Fracture Mechanics v.2(1), p.37-45, 1970.

Elber,W "The significance of fatigue crack closure", Damage Tolerance of Aircraft Structures, ASTM STP 486, p.230-242, 1971.

El-Sharawy,HHA; Castro,JTP "Comparação dos coeficientes n' e K' das curvas tensão deformação cíclica em tração e compressão", Anais do 13o CBCIMAT, em CD, 1998.

Engel,L; Klingele,H. An Atlas of Metal Damage, Prentice Hall 1981.

Erdogan,F; Sih,GC "On the crack extension in plates under plane loading and transverse shear", Journal of Basic Engineering v.85, p.519-527, 1963.

Evans,M; Hastings,N; Peacock,B. Statistical Distributions, Wiley 1993.

Farahmand,B. Fatigue and Fracture Mechanics of High Risk Parts, Chapman-Hall 1997.

Fatemi,A, Socie,DF "A critical plane approach to multiaxial damage including out-of-phase loading", Fatigue and Fracture of Engineering Materials and Structures v.11, p.149-166, 1988.

Fatemi,A; Yang,L "Cumulative fatigue damage and life prediction theories: a survey of the state of the art for homogeneous materials", International Journal of Fatigue v.20(1), p.9-34, 1998.

Faupel,JH; Fisher,FE. Engineering Design, 2nd ed., Wiley 1981.

Fernandes,JL "Uma metodologia para a análise e modelagem de tensões residuais", tese de doutorado, DEM/PUC-Rio, 2002.

Fett,T; Munz,D. Stress Intensity Factors and Weight Functions, C.M.P., Southampton, 1997.

Findley,WN "A theory for the effect of mean stress on fatigue of metals under combined torsion and axial load or bending", Journal of Engineering for Industry, p.301-306, 1959.

Findley,WN; Lai,JS; Onaran,K. Creep and Relaxation of Non-Linear Viscoelastic Materials, Dover 1989.

Finney,JM "Sensitivity of fatigue crack growth predictions using Wheeler retardation to data representation", Journal of Testing and Evaluation v.17, p.75-81, 1989.

Fisher,DM; Buzzard,RJ "Experimental compliance calibration of the compact fracture toughness specimen", NASA TN81655, 1980.

Fontana,MG. Corrosion Engineering, McGraw Hill 1986.

Ford,H. Advanced Mechanics of Materials, Longmans 1963.

Forman,RG; Kearney,VE; Engle,RM "Numerical Analysis of Crack Propagation in a Cyclic-Loaded Structure", Journal of Basic Engineering v.89, p.459-464, 1967.

Forman,RG; Shivakumar,V; Mettu,SR; Newman,JC "Fatigue Crack Growth Computer Program NASGRO Version 3.0, Reference Manual", NASA 2000.

Forrest,PG. Fatigue of Metals, Pergamon 1962.

Fost,HJ; Ashby,MF. Deformation-Mechanism Maps, The Plasticity and Creep of Metals and Ceramics, Pergamon 1982 (vide http://thayer.dartmouth.edu/defmech/).

Fowler,DW "Forensic engineering", www.ce.utexas.edu/prof/fowlerd

Freire,JLF; Castro,JTP; Otegui,JL; Manfredi,C "Aspectos gerais da avaliação de integridade e extensão de vida de estruturas e equipamentos industriais", Anais do 8º SIBRAT, p.724-741, ABCM 1994.

Freire,JLF; Castro,JTP; Vieira,RD "Avaliação da integridade estrutural em blocos de motores diesel", Anales del DETEDAM 92 - Encuentro Internacional de Deteccion y Evaluacion de Daños en Componentes Mecanicos de Equipos Industriales, p.207-226, ABCM e Universidad del Uruguay 1992.

Freire,JLF; Castro,JTP; Vieira,RD "Fatigue life prediction of diesel engine blocks", Proceedings of the 24th Midwest Mechanics Conference, p.299-301, Iowa State U. 1995.

Frost,NE; Marsh,KJ; Pook,LP. Metal Fatigue, Dover 1999.

Fuchs,HO; Stephens,RI. Metal Fatigue in Engineering, Wiley 1980.

Gallagher,JP "A generalized development of yield zone models", Wright Patterson Air Force Laboratory, 1974.

Gallagher,JP; Hughes,T "Influence of yield strength on overload affected fatigue crack growth behavior in 4340 steel", Wright Patterson Air Force Laboratory, 1974.

Garcia,A; Spim,JA; Santos,CA. Ensaios dos Materiais, LTC 2000.

Gdoutos,EE. Fracture Mechanics, An Introduction, 2nd ed., Springer 2006.

Gentil,V. Corrosão, LTC 1996.

Glinka,G "A cumulative model of fatigue crack growth', International Journal of Fatigue v.4, p.59-67, 1982

Glinka,G "A notch stress-strain analysis approach to fatigue crack growth', Engineering Fracture Mechanics v.21, p.245-261, 1985

Gordon,JE. Structures, Penguin Books 1978.

Gordon,JE. The New Science of Strong Materials, Princeton 1984.

Grandt Jr,AF. Fundamentals of Structural Integrity, Wiley 2004.

Griffith,AA "The phenomenon of rupture and flow in solids", Philosophical Transactions of the Royal Society series A, v.221, p.163-198, 1920.

Griffith,AA "Theory of rupture", International Congress for Applied Mechanics, p.55-63, 1924.

Grigoriev,IS; Meilikhov,EZ ed. Handbook of Physical Quantities, CRC Press 1996.

Guizzo,T "Laços de histerese elastoplásticos gerados sob carregamentos complexos", tese de mestrado DEM/PUC-Rio, 1999.

Gurney,TR. Fatigue of Welded Structures, Cambridge 1979.

Guy,AG. Essentials of Materials Science, McGraw Hill 1976.

Haibach,E "Modified linear damage accumulation hypothesis accounting for a decreasing fatigue strength during increasing fatigue damage", LBF TM Nr.50, Darmstadt, Alemanha 1970.

Hall,C. Polymer Materials, Wiley 1989.

Hall,LR; Shah,RC; Engstrom,WL "Fracture and Fatigue Crack Growth Behavior of Surface Flaws and Flaws Originating at Fastener Holes", AFFDL-TR-74-47, 1974.

Hall,S. Hidden Dangers: Railway Safety in the Era of Privatisation, Ian Allen Publishing, 1999.

Hannah,RL; Reed,SE. Strain Gage User's Handbook, Elsevier 1992.

Hardy,SJ; Malik,NH "A Survey of Post-Peterson Stress Concentration Factor Data", Int.J.Fatigue v.14, n.3, p.147-153, 1992.

Harkergard,G; Mann,T "Neuber prediction of elastic-plastic strain concentration in notched tensile specimens under large scale yielding", Journal of Strain Analysis v.38(1), p.79-94, 2003.

Harper,AC ed. Handbook of Materials for Product Design 3rd ed., McGraw-Hill 2001.

Haugen,EB. Probabilistic Mechanical Design, Wiley 1980.

Hellan,K. Introduction to Fracture Mechanics, McGraw-Hill 1985.

Henkener,JA; Lawrence,VB; Forman,RG "An Evaluation of Fracture Mechanics Properties of Various Aerospace Materials", ASTM STP 1189, p.474-497, 1993.

Hertzberg,RW. Deformation and Fracture Mechanics of Engineering Materials, 4th ed., Wiley 1996.

Hertzberg,RW; Manson,JA "Fatigue" in Polymers, an Encyclopedic Sourcebook of Engineering Properties, Kroschwitz,J. ed., Wiley 1987.

Hetényi,M Journal of Applied Mechanics v.10, p.A-93, 1943 (ver Heywood [3]).

Heywood,RB. Design Against Fatigue of Metals, Reinhold 1962.

Hildebrand,FB. Advanced Calculus for Applications, 2nd ed., Prentice Hall 1976.

Hoel,PG. Elementary Statistics, Wiley 1976.

Hoffmann,M; Seeger,T "A generalized method for estimating multiaxial elastic-plastic notch stresses and strains, part 1: theory", Journal of Engineering Materials and Technology v.107, p.250-254, 1985.

Hudson,CM "A root-mean-square approach for predicting fatigue crack growth under random loading", ASTM STP 748, p.41-52, 1981.

Hult,JAH. Creep in Engineering Structures, Blaisdell 1966.

Hult,JAH; McClintock,FA "Elastic-plastic stress and strain distribution around sharp notches under repeated shear", IX International Congress of Applied Mechanics v.8, p.51, 1957.

Hussain,MA; Pu,SU; Underwood,J "Strain energy release rate for a crack under combined mode I and II", ASTM STP 560, p.2-28, 1974.

Hutchinson,JW "Singular behavior at the end of a tensile crack tip in a hardening material", Journal of the Mechanics and Physics of Solids v.16, p.13-31, 1968.

Hutchinson,JW. Nonlinear Fracture Mechanics, Technical University of Denmark 1979.

Inglis,CE "Stress in a plate due to the presence of cracks and sharp corners", Philosophical Transactions of the Royal Society series A, v.215, p.119-233, 1913.

Ingraffea,AR "Computational Fracture Mechanics," Encyclopedia of Computational Mechanics, Wiley 2004.

Ingraffea,AR; Wawrzynek,PA "Finite Element Methods for Linear Elastic Fracture Mechanics", Chapter 3.1 in Comprehensive Structural Integrity, Borst & Mang ed., Elsevier 2003.

Irwin,GR "Analysis of stresses and strains near the end of a crack transversing a plate", Journal of Applied Mechanics v.24, p.361-370, 1957.

Irwin,GR "Onset of fast crack propagation in high strength steel and aluminum alloys", Sagamore Research Conference Proceedings, v.2, p.289-305, 1956.

Jastrzebski,ZD. The Nature and Properties of Engineering Materials, Wiley 1987.

Jeong,H; Nahm,SH; Jhang,KY; Nam,YH "A non-destructive method for estimation of the fracture toughness of CrMoV rotor steels based on ultrasonic nonlinearity", Ultrasonics v.41, p.543-549, 2003.

Johnson,NL; Kotz,S; Balakrishnan,N. Continuous Univariate Distributions, Wiley 1994.

Johnson,W; Mellor,PB. Engineering Plasticity, Van Nostrand 1980.

Juvinall,RC. Fundamentals of Machine Component Design, Wiley 1984.

Juvinall,RC. Stress, Strain and Strength, McGraw-Hill 1967.

Juvinall,RC; Marshek,KM. Fundamentals of Machine Component Design, 4th ed., Wiley 2005.

Kachanov,LM. Fundamentals of the Theory of Plasticity, Dover 2004.

Kenedi,PP; Castro,JTP "Avaliação de Taxas de Fadiga pelo Método eN", VII SIBRAT, p. 269-278, ABCM 1992.

Kenedi,PP; Castro,JTP "Estimativa da Taxa de Propagação de Trincas de Fadiga a Partir de Propriedades Mecânicas Cíclicas", XI COBEM, p.41-44, ABCM 1991.

Kim,KS; Chen,X; Han,C; Lee,HW "Estimation methods for fatigue properties of steels under axial and torsional loading", International Journal Fatigue v.24, p.783-793, 2002.

Kimball,AL; Lovell,DE "Variation of Young's Modulus with Temperature From Vibra-tion Measurements", Physics Review v.26, p.121-124, 1925.

Kitagawa,H; Misumi,M "Estimation of effective stress intensity factor by a crack model considering the mean stress", Japan Soc. Mech. Eng., p.710-717, 1971.

Kitagawa,H; Takahashi,S "Aplicability of fracture mechanics to very small crack or cracks in the early stage", Proceedings of Second International Conference on Mechanical Behavior of Materials, Boston, MA, p.627–631, ASM 1976.

Kitamura,T; Halford,GR "A non-linear high temperature Fracture Mechanics base for strain-range partitioning", NASA TM 4133, 1989.

Klesnil,M; Lukas,P. Fatigue of Materials, Elsevier 1980.

Knott,JF. Fundamentals of Fracture Mechanics, Butterworths 1973.

Knowles,JK; Sternberg,E "On a class of conservation laws in linearized and finite elastostatics" Archives for Rational Mechanics and Analysis v.44, p.187-211, 1972.

Kobayashi,AS Ed. Experimental Techniques in Fracture Mechanics, v.1-2, The Iowa State University Press and SESA, 1975.

Kobayashi,AS ed. Handbook on Experimental Mechanics, 2nd ed., Wiley 1993.

Kortesoja,VA. Properties and Selection of Tool Materials, ASM 1975.

Kosec,B; Kovacic,G; Kosec,L "Fatigue cracking of an aircraft wheel", Engineering Failure Analysis v.9, p.603–609, 2002.

Kragelsky,IV; Alisin,VV ed. Friction, Wear, Lubrication, Mir 1981.

Kroschwitz,JI ed. Polymers, an Encyclopedic Sourcebook of Engineering Properties, Wiley 1987.

Kujawski,D "A new (DK+Kmax)0.5 driving force parameter for crack growth in aluminun alloys", International Journal of Fatigue v.23, p.733-740, 2001.

Kujawski,D "DKeff parameter under re-examination", International Journal of Fatigue v.25, p.793-800, 2003.

Kujawski,D "On assumptions associated with DKeff and their implications on FCG predictions", International Journal of Fatigue v.27, p.1267-1276, 2005.

Kujawski,D; Ellyin,F "A cumulative damage theory for fatigue crack initiation and propagation", International Journal of Fatigue v.6, p.83-87, 1984

Kujawski,D; Ellyin,F "A fatigue crack growth model with load ratio effects", Engineering Fracture Mechanics v.28, p.367-378, 1987

Kumar,V; German,MD; Shih,CF "An engineering approach for elastic-plastic fracture analysis", EPRI Report NP-1931, 1981.

Landgraf,RW "The resistance of metals to cyclic deformation", ASTM STP 467, p.3-36, 1970.

Lang,M; Marci,G "The influence of single and Multiple overloads on fatigue crack propagation", Fatigue and Fracture of Engineering Materials and Structures v.22, p.257-271, 1999.

Lankford,J; Davidson,DL. The effect of overloads upon fatigue crack tip opening displacement and crack tip opening/closing loads in aluminum alloys. Advances in Fracture Research v.2, p.899–906, Pergamon Press 1981.

Lassen,T; Recho;N. Fatigue Life Analyses of Welded Structures, ISTE 2006.

Latzko,DGH; Turner,CE; Landes,JD; McCabe,DE; Hellan,TK. Post-Yield Fracture Mechanics, Elsevier 1984.

Lawson,L; Chen,EY; Meshii,M "Near-threshold fatigue: a review", International Journal of Fatigue v.21, s.1, p.S15-S34, 1999.

Lee,YL; Pan,J; Hathaway,R; Barkey,M. Fatigue Testing and Analysis, Elsevier 2005.

Leet,K. Reinforced Concrete Design, 2nd ed., McGraw-Hill 1982.

Leite,PGP. Ensaios Não Destrutivos, ABM 1979.

Lemaitre,J. A Course on Damage Mechanics, Springer 1996.

Lemaitre,J; Chaboche,JL. Mécanique des Matériaux Solides, 2éme ed., Dunod 2004.

Levenberg,K "A method for the solution of certain non-linear problems in least squares", Quarterly of Applied Mathematics v.2, p.164-168, 1944.

Liaw,PK; Leax,TR; Logsdon,WA "Near-Threshold Fatigue Crack Growth Behaviour in Metals", Acta Metallurgica, v.31, n.10, p.1581-1587, 1983.

Lihavainen,VM; Marquis,G; Statnikov,E "Fatigue strength of a longitudinal attachment improved by ultrasonic impact treatment", IIW Document XIII-1990-03.

Lindley,TC "Near threshold fatigue crack growth: experimental methods, mechanisms, and applications", in Subcritical Crack Growth Due to Fatigue, Stress Corrosion, and Creep, p.167-213, Elsevier 1985.

Lipson,C; Sheth,NJ. Statistical Design and Analysis of Engineering Experiments, McGraw-Hill 1973.

Livieri,P; Tovo,R "Fatigue limit evaluation of notches, small cracks and defects: an engineering approach", Fatigue and Fracture of Engineering Materials and Structures v.27, p.1037-1049, 2004.

Magee,B. História da Filosofia, Loyola 1999.

Maisel,L. Probability, Statistics and Random Process, Simon & Schouster 1971.

Majumdar,S; Morrow,J "Correlation between fatigue crack propagation and low cycle fatigue properties", ASTM STP 559, p.159-182, 1974

Mano,EB. Polímeros como Materiais de Engenharia, Edgard Blucher 2000.

Manson,SS "Fatigue: A complex subject - some simple approximations", Experimental Mechanics, v.5, p.193-226, 1965.

Manual do programa NASGRO versão 3.00, NASA 1998.

Manual do software "BestFit", Palisade Inc., 2001.

Manual do software "DataFit", Oakdale Engineering, 2001.

Marin,J. Mechanical Behavior of Engineering Materials, Prentice-Hall 1962.

Marks' Standard Handbook for Mechanical Engineers, McGraw-Hill 1979.

Marquardt,D "An algorithm for least-squares estimation of nonlinear parameters", SIAM Journal on Applied Mathematics v.11, p.431-441, 1963.

Masuda,C; Ohta,A; Nishijima,S; Sasaki,E "Fatigue striation in a wide range of crack propagation rates up to 70microns/cycle in a ductile structural steel", Journal of Material Science v.15, p.1663-1670, 1980

Matsuishi,M; Endo,T "Fatigue of metals subjected to varying stresses", Japan Society of Mechanical Engineers, 1968.

Matthews,WT. Plane Strain Toughness Data Handbook for Metals, Army Materials and Mechanics Research Center (AMMRC) MS 73-6, Watertown, MA, 1973.

McClintock,FA; Argon,AS. Mechanical Behavior of Materials, Addison-Wesley 1966.

McClintock,FA; Walsh,JB "Friction on griffith cracks in rocks under pressure", 4th U.S. National Congress of Applied Mechanics v.2, p.1015-1021, 1962.

McEvily,AJ "Current Aspects of Fatigue", Metal Science v.11, p.274-284, 1977.

McEvily,AJ "The growth of short fatigue cracks: a review", Materials Science Research International v.4, p.3-11, 1988.

McEvily,AJ. Metal Failures, Wiley 2002.

McEvily,AJ; Ishihara,S "On the development of crack closure at high R levels after an overload", Fatigue and Fracture of Engineering Materials and Structures, v.25, p.993-998, 2002.

McEvily,AJ; Ritchie,RO "Crack closure and the fatigue crack propagation threshold as a function of load ratio", Fatigue and Fracture of Engineering Materials and Structures v.21, p.847-855, 1998.

McMeeking,RM; Parks,DM "A criterion for J-dominance of crack-tip fields in large scale yielding", ASTM STP 668, p.175-194, 1979.

McMillan,JC; Pelloux,RMN "Fatigue Crack Propagation under Program and Random Loads", ASTM STP 415, p.505-535, 1967

Meggiolaro,MA; Castro,JTP "Avaliação das Estimativas dos Parâmetros SN e eN no Projeto à Fadiga", Congresso Nacional de Eng. Mecânica - CONEM, ABCM 2002.

Meggiolaro,MA; Castro,JTP "Avaliação Estatística das Estimativas de Propriedades Mecânicas no Projeto à Fadiga", 57º Congresso Anual da ABM, São Paulo, SP, 2002.

Meggiolaro,MA; Castro,JTP "Comparação entre métodos de previsão de vida à fadiga sob cargas multiaxiais I: modelos tensão-vida e deformação-vida", Anais do 60º Congresso Anual da ABM, p.1976-1985, 2005.

Meggiolaro,MA; Castro,JTP "Comparação entre métodos de previsão de vida à fadiga sob cargas multiaxiais II: relações tensão-deformação", Anais do 60° Congresso Anual da ABM, p.1986-1995, 2005.

Meggiolaro,MA; Castro,JTP "Comparison of load interaction models in fatigue crack propagation", Anais do XVI COBEM v.12, p.247-256, ABCM, 2001.

Meggiolaro,MA; Castro,JTP "Desenvolvimentos na automação do projeto à fadiga sob carregamentos complexos", II Seminário de Mecânica Fratura, p.99-118, ABM 1996.

Meggiolaro,MA; Castro,JTP "Equacionamento da Curva de Propagação de Trincas por Fadiga", 2o Congresso Int. de Tecnologia Metalúrgica e de Materiais, ABM 1997.

Meggiolaro,MA; Castro,JTP "Estudo Estatístico das Propriedades do Banco de Materiais do ViDa", PUC-Rio 2001.

Meggiolaro,MA; Castro,JTP "Evaluation of the errors induced by high nominal stresses in the classical eN method", in Fatigue 2002 v.2, Blom,AF ed., p.1451-1458, EMAS 2002.

Meggiolaro,MA; Castro,JTP "Modeling surface flaw transition to a through crack", Proceedings of COBEM 2003, in CD, 2003.

Meggiolaro,MA; Castro,JTP "On the errors induced by the hookean modeling of nominal stresses in the eN method", Fatigue 2001 p.257-266, (SAE P2001-01-4067), 2001.

Meggiolaro,MA; Castro,JTP "Statistical evaluation of strain life fatigue crack initiation predictions", International Journal of Fatigue v.26, p.463-476, 2004.

Meggiolaro,MA; Castro,JTP "ViDa - programa para previsão de vida à fadiga sob carregamentos complexos", III Simpósio de Análise Experimental de Tensões, p.7-10, ABCM 1995.

Meggiolaro,MA; Castro,JTP "ViDa 98 - Danômetro visual para automatizar o projeto à fadiga sob carregamentos complexos", Revista Brasileira de Ciências Mecânicas v.20, p.666-685, 1998.

Meggiolaro,MA; Miranda,ACO; Castro,JTP "Short crack threshold estimates to predict notch sensitivity factors in fatigue", International Journal of Fatigue v. 29, p.2022–2031, 2007.

Meggiolaro,MA; Miranda,ACO; Castro,JTP; Martha,LF "Stress intensity factor equations for branched crack growth", Engineering Fracture Mechanics v.72(17), p.2647-2671, 2005.

Mills,T; Clark,G; Loader,C; Sharp,PK; Schimidt,R "Review of F-111 structural materials", DSTO Australia, 2001.

Mills,WJ; Hertzberg,RW "The effect of sheet thickness on fatigue crack retardation in 2024-T3 aluminum alloy", Engineering Fracture Mechanics v.7, p.705-711, 1975.

Miner,MA "Cumulative damage in fatigue" Journal of Applied Mechanics v.12, p.A159-A164, 1945.

Miranda,ACO; Lopes,A; Meggiolaro,MA; Castro,JTP; Martha,LF "Finite element analysis of notch-root stress and strain concentration factors under large deformations", Anais do III CONEM, em CD, 2004.

Miranda,ACO; Meggiolaro,MA; Castro,JTP; Martha,LF "Crack retardation equations for the propagation of branched fatigue cracks", International Journal of Fatigue v.27 (10-12), p.1398-1407, 2005.

Miranda,ACO; Meggiolaro,MA; Castro,JTP; Martha,LF "Fatigue life prediction of complex 2D components under mixed-mode variable loading", International Journal of Fatigue v.25, p.1157-1167, 2003.

Miranda,ACO; Meggiolaro,MA; Castro,JTP; Martha,LF; Bittencourt,TN "Fatigue crack propagation under complex loading in arbitrary 2D geometries", ASTM STP 1411, p.120-145, 2002.

Miranda,ACO; Meggiolaro,MA; Castro,JTP; Martha,LF; Bittencourt,TN "Fatigue life and crack path prediction in generic 2D structural components", Engineering Fracture Mechanics v.70, p.1259-79, 2003.

Miranda,ACO; Meggiolaro,MA; Martha,LF; Castro,JTP "Practical Aspects of 2D Curved Crack Paths Finite Elements Models", submetido ao Computational Material Science, 2009.

Mischke,CR "Prediction of stochastic endurance strength", Journal of Vibration, Acoustics, Stress and Reliability in Design, Transactions of the ASME v.109, p.113-122, 1987.

Mitchell,MR "A unified predictive technique for the fatigue resistance of cast ferrous-based metals and high hardness wrought steels", SAE SP 442, 1979.

Mitchell,MR "Fundamentals of Modern Fatigue Analysis for Design", in "Fatigue and Microstructure", ASM 1979.

Mitchell,MR; Meyer,ME; Nguyen,NQ "Fatigue considerations in use of aluminum alloys", SAE P-109, SAE Fatigue Conference, Michigan, p.249-272, 1982.

Modern Plastics Encyclopedia, v.57, n.10A, 1980.

Molsky,K; Glinka,G "A method of elastic-plastic and strain calculation at a notch root", Materials Science and Engineering v.50, p.93-100, 1981.

Moreira,PMGP; Matos,PFP; Castro,PMST "Fatigue striation spacing and equivalent initial flaw size in Al 2024-T3 riveted specimens", Theoretical and Applied Fracture Mechanics v.43, p.89-99, 2005

Morrow,J "Cyclic Plastic Strain Energy and Fatigue of Metals", ASTM STP 378, p.45-87, 1965.

Moura Branco,C; Fernandes,AA; Castro,PMS. Fadiga de Estruturas Soldadas, Gulbenkian 1999.

Murakami,Y. Metal Fatigue: Effects of Small Defects and Non-Metallic Inclusions, Elsevier 2002.

Murakami,Y. Stress Intensity Factors Handbook, Pergamon 1991.

Muralidharan,U; Manson,SS "Modified Universal Slopes Equation for Estimation of Fatigue Characteristics", ASME Trans. J. Engin. Mater. and Tech., v.110, p.55-58, 1988.

Nelson,DV; Fuchs,HO "Predictions of cumulative fatigue damage using condensed load histories", in Fatigue Under Complex Loading, SAE 1977.

Neuber,H "Theory of stress concentration for shear-strained prismatical bodies with an arbitrary non-linear stress-strain law", Journal of Applied Mechanics v.28, p.544-551, 1961.

Newman,JC "A Crack Opening Stress Equation for Fatigue Crack Growth", International Journal of Fracture, v.24, n.3, p.R131-R135, 1984.

Newman,JC "An evaluation of the plasticity-induced crack-closure concept and measurement methods", NASA/TN-1998-208430, Langley Research Center, 1998.

Newman,JC; Crews,JH; Bigelow,CA; Dawicke,DS "Variations of a Global Constraint Factor in Cracked Bodies under Tension and Bending Loads", ASTM STP 1244, p.21-42, 1995.

Newman,JC; Raju,IS "An Empirical Stress Intensity Factor Equation for the Surface Crack", Engineering Fracture Mechanics, v.15, n.1-2, p.185-192, 1981.

Newman,JC; Raju,IS "Prediction of fatigue crack-growth patterns and lives in three-dimensional cracked bodies", 6th International Conference on Fracture v.3, p.1597-1608, 1984.

Newman,JC; Raju,IS "Stress-intensity factor equations for cracks in three-dimensional finite bodies subjected to tension and Bending Loads", NASA TM-85793, 1984.

Niccols,EH "A correlation for fatigue crack growth rate", Scripta Met. v.10, p.295-298, 1976.

Nikishkov,GP; Atluri,S "Calculation of fracture mechanics parameters for an arbitrary three-dimensional crack by the equivalent domain integral method", International Journal for Numerical Methods in Engineering v.24, p.1801-1821, 1987.

Nikishkov,GP; Atluri,SN "An Equivalent Domain Integral Method for Computing Crack-Tip Integral Parameters in Non-Elastic Thermo-Mechanical Fracture", Engineering Fracture Mechanics v.26, p.851-867, 1987.

Nishioka,K; Hirakawa,K; Kitaura,I "Fatigue crack propagation behavior of various steels", Sumitomo Search v.17, p.39-55, 1977.

Norma E1820 "Standard test method for measurement of fracture toughness" ASTM Standards v.03.01.

Norma E23 "Standard test methods for notched bar impact testing of metallic materials", ASTM Standards, v. 03.01.

Norma E399 "Standard test method for plane-strain fracture toughness of metallic materials", ASTM Standards, v. 03.01.

Norma E561 "Standard practice for R-curve determination", ASTM Standards v.03.01.

Norma E647 "Standard test methods for measurement of fatigue crack growth rates", ASTM Standards v. 03.01.

Norma NBR8400 "Cálculo de equipamentos para levantamento e movimentação de cargas", ABNT 1984.

Noroozi,AH; Glinka,G; Lambert,S "A two parameter driving force for fatigue crack growth analysis", International Journal of Fatigue v.27, p.1277-1296, 2005.

Norton,RL. Machine Design, An Integrated Approach, 3rd ed., Prentice-Hall 2005.

Norton,RL. Projeto de Máquinas, 2a ed., Bookman 2004.

NTSB/AAR-89/03 "Aircraft accident report, Aloha airlines flight 243, Boeing 737-200, N73711, near Maui, Hawaii, April 28, 1988", Washington D.C., NTSB, 1989.

Nussbaumer,A; Imhof,D "On the practical use of weld improvement methods", Progress in Structural Engineering and Materials v.3(1), p.95-105, 2001.

Oberg,E; Jones,FD; Horton,HL. Machinery's Handbook, Industrial Press Inc., NY, 1978.

Ong,JH "An Evaluation of Existing Methods for the Prediction of Axial Fatigue Life from Tensile Data", International Journal of Fatigue, v.15, n.1, p.13-19, 1993.

Ong,JH "An Improved Technique for the Prediction of Axial Fatigue Life from Tensile Data", Intern. Journal of Fatigue, v.15, n.3, p.213-219, 1993.

Palmgren,A "Die lebensdauer von kugellagern" (O tempo de vida dos rolamentos), Verfahren-stechinik v.68, p.339-341, 1924.

Paris,PC. cap. 6 em "Fatigue - An Interdisciplinary Approach", Syracuse U. Press, 1964.

Paris,PC; Erdogan,F "A critical analysis of crack propagation laws", Journal of Basic Engineering v.85, p.528-534, 1963.

Paris,PC; Gomez,MP; Anderson,WE "A rational analytic theory of fatigue", The Trend in Engineering v.13, p.9-14, 1961.

Paris,PC; Hermann,L "Twenty years of reflections on questions involving fatigue crack growth, part II: some observations of fatigue crack closure", Fatigue Thresholds v.1, p. 11–33, EMAS 1982.

Paris,PC; Tada,H; Donald,JK "Service load fatigue damage - a historical perspective", International Journal of Fatigue v.21, p.S35-S46, 1999.

Park,JH; Song,JH "Detailed evaluation of methods for estimation of fatigue properties", International Journal of Fatigue v.17, p.365-373, 1995.

Paulino,GH; Menezes,IFM; Cavalcante Neto,JB; Martha,LF "A methodology for adaptive finite element analysis: towards an integrated computational environment", Computational Me-chanics, v.23, p.361-388, 1999.

Perry,CC; Lissner,HR. The Strain Gage Primer, 2nd ed., McGraw Hill 1962.

Peterson,RE. Stress Concentration Factors, 2nd ed., Wiley 1997.

Petrucci,EGR. Materiais de Construção, Globo 1975.

Pfeil,W. Estruturas de Madeira, LTC 1989.

Pilkey,WD. Formulas for Stress, Strain and Structural Matrices, Wiley 1994.

Pilkey,WD; Chang,PY. Modern Formulas for Statics and Dynamics, McGraw Hill 1978.

Pippan,R; Flechsig,K; Riemelmoser,FO "Fatigue crack propagation behavior in the vicinity of an interface between materials with different yield stresses", Materials Science and Engineering A v.283, p.225–233, 2000.

Priddle,EK; Walker,FE "Effect of Grain-Size on Occurrence of Cleavage Fatigue Failure in 316 Stainless-Steel", Journal of Material Science v.11, p.386-388, 1976.

Rabbe,P; Lieurade,HP; Galtier,A "Essais de fatigue", partie I, techniques de l'Ingénieur, traité M4170, www.techniques-ingenieur.fr, 2000

Raj,SV "Tensile creep fracture of polycrystalline near-stoichiometric NiAl", Materials Science and Engineering A, v.381, p.154-164, 2004.

Raju,IS "Calculation of strain-energy release rates with higher order and singular finite elements", Engineering Fracture Mechanics v.28, p.251-274, 1987.

Ralls,KM; Courtney,TH; Wulff,J. Introduction to Materials Science and Engineering, Wiley 1976.

Raske,DT; Morrow,J "Mechanics of Materials in Low Cycle Fatigue Testing", Manual on Low Cycle Fatigue Testing, ASTM STP 465, p.1-25, 1969.

Rice,JR "A path independent integral and the approximate analysis of strain concentration by notches and cracks", Journal of Applied Mechanics v.35, p.379-386, 1968.

Rice,JR; Rosengren,GF "Plane strain deformation near a crack tip in a power-law hardening material", Journal of the Mechanics and Physics of Solids v.16, p.1-12, 1968.

Rice,RC ed. SAE Fatigue Design Handbook, 3rd ed., SAE 1997.

Richard,HA "Theoretical Crack Path Determination", Proceedings of the International Conference on Fatigue Crack Paths, in CD, Parma, Italy, 2003.

Ritchie,RO "Near-threshold fatigue crack propagation in ultra-high strength steel", Journal of Engineering Materials and Technology, ASME, v.99, p.195-204, 1977.

Ritchie,RO "Near-threshold fatigue-crack propagation in steels", International Metals Reviews, n.5-6, p.205-230, 1979.

Roberts,N; Newton,C, Weld Research Council Bulletin 265, p.1–18, 1981.

Rodriguéz,HZ "Efeito da tensão nominal no tamanho e forma da zona plástica", tese de mestrado, DEM/PUC-Rio 2007.

Rodriguéz,HZ; Castro,JTP; Meggiolaro,MA "On the size and shape of plastic zones ahead of crack tips", submetido ao Intenational Journal of Fatigue, 2008.

Roessle,ML, Fatemi,A "Strain-controlled fatigue properties of steels and some simple approximations", International Journal of Fatigue v.22, p.495-511, 2000.

Rooke,DP; Cartwrigth,DJ. Compendium of Stress Intensity Factors, Her Majesty's Stationary Office 1974.

Ruckert,COFT; Tarpani,JR; Milan,MT; Bose,WW; Spinelli,D "Evaluating the Berkovitz's K-parametrization method to predict fatigue loads in failure investigations", SAE Fatigue 2004 Proceedings, paper 2004-01-2211, em CD, SAE 2004.

Rybicki,EF; Kanninen,MF "A finite element calculation of stress-intensity factors by a modified crack closure integral", Engineering Fracture Mechanics v.9, p.931-938, 1977.

Sadananda,K; Holtz,RL; Vasudevan,AK "Non-propagating fatigue cracks", Fatigue 2002 v.2, p.1187-1197, Emas 2002.

Sadananda,K; Vasudevan,AK "Crack tip driving forces and crack growth representation under fatigue", International Journal of Fatigue v.26, p.39-47, 2004.

Sadananda,K; Vasudevan,AK "Fatigue crack growth mechanisms in steels" International Journal of Fatigue v.25, p.899-914, 2003.

Sadananda,K; Vasudevan,AK "Short crack growth and internal stresses", International Journal of Fatigue v.19, s.1, p.S99–S108, 1997.

Sadananda,K; Vasudevan,AK; Holtz,RL "Extension of the Unified Approach to fatigue crack growth to environmental interactions", International Journal of Fatigue v.23, s.1, p.277-286, 2001.

Samuelsson,J ed. Design an Analysis of Welded High Strength Steel Structures, EMAS 2002.

Sandor,BI. Fundamentals of Cyclic Stress and Strain, University of Wisconsin 1972.

Sanford,RJ. Principles of Fracture Mechanics, Pearson Education 2003.

Sanford,RJ. Selected Papers on Foundations of Linear Elastic Fracture Mechanics, SEM 1997.

Savin,GN. Stress Concentration Around Holes, Pergamon 1961.

Schafer,B "Test verification of the effect of stress gradient on webs of cee and zee sections", www.ce.jhu.edu/bschafer.

Schijve,J "Fatigue of structures and materials in the 20th century and the state of the art", International Journal of Fatigue v.25, p.679-702, 2003.

Schijve,J "Four lectures on fatigue crack growth", Engineering Fracture Mechanics v.11, p.176-221, 1979.

Schijve,J "The Stress Ratio Effect on Fatigue Crack Growth in 2024-T3 Alclad and the Relation to Crack Closure", Technische Hogeschool Delft, Memo M-336, 1979.

Schijve,J. Fatigue of Structures and Materials, Kluwer 2001.

Schmidt,RA; Paris,PC "Threshold for fatigue crack propagation and effects of load ratio and frequency", ASTM STP 536, p.79-94, 1973.

Schütz,W "A History of Fatigue", Engineering Fracture Mechanics v.54, p.263-300, 1996.

Schwalbe,KH "Comparison of Several Fatigue Crack Propagation Laws with Experimental Results", Engineering Fracture Mechanics, v.6, p.325-341, 1974.

Scott,D. Treatise on Materials Science and Technology v.13 - Wear, Academic Press 1979.

Sendeckyj,GP "Constant life diagrams - a historical review", International Journal of Fatigue v.23, p.347-353, 2001.

Shah,VN; Majumdar,S; Natesan,K "Review and assessment of codes and procedures for HT-GR components", NUREG/CR-6816, ANL-02/36, US Nuclear Regulatory Commission, 2003.

Shang,DG; Sun,GQ; Yan,CL; Chen,JH; Cai,N "Creep-fatigue life prediction under fully-reversed multiaxial loading at high temperatures", International Journal of Fatigue v.29, p.705-712, 2007.

Shcilke,PW "Advanced gas turbines materials and coatings" GE Energy GER3569G, 2004.

Shearer,JL; Murphy,AT; Richardson,HH. Introduction to System Dynamics, Addison-Wesley 1967.

Shekhter,A; Kim,S; Carr,DG; Croker,ABL; Ringer,SP "Assessment of temper embrittlement in an ex-service 1Cr–1Mo–0.25V power generating rotor by charpy V-notch testing, KIC fracture toughness and small punch test", International Journal of Pressure Vessels and Piping v.79(8-10), p.611-615, 2002.

Shi,HJ; Niu,LS; Mesmacque,G; Wang,ZG "Branched crack growth behavior of mixed-mode fatigue for an austenitic 304L steel", International Journal of Fatigue v.22, p.457–465, 2000.

Shigley,JE; Mischke,CR; Budynas,RG. Mechanical Engineering Design, 7th ed., McGraw-Hill 2004.

Shigley,JE; Mischke,CR; Budynas,RG. Projeto de Engenharia Mecânica 7a ed., Bookman 2005.

Shih,CF "Relationship between the J-integral and the CTOD..." Journal of the Mechanics and Physics of Solids v.29, p.305-326, 1981.

Shih,CF; de Lorenzi,HG; German,MD "Crack extension modeling with singular quadratic i-soparametric elements" International Journal of Fracture v.12, p.647-651, 1976.

Shih,CF; Hutchinson,JW "Fully plastic solutions and large scale yielding estimates for plane stress crack problems", Journal of Engineering Materials and Technology v.98, p.289-295, 1976.

Sih,GC "Strain-energy-density factor applied to mixed mode crack problems," International Journal of Fracture Mechanics v.10, p.305-321, 1974.

Sinclair,GB "Stress Singularities in Classical Elasticity–I: Removal, Interpretation, and Analysis", Applied Mechanics Reviews v.57, p.251-298, 2004.

Sines,G "Behavior of metals under complex static and alternating stresses", em Metal Fatigue, p.145-169, McGraw-Hill 1959.

Sippel,KO; Weisgerber,D "Flight by flight crack propagation test results with several load spectra and comparison with calculation according to different models", ICAF Symposium, Darmstadt, 1977.

Skorupa,M "Load interaction effects during fatigue crack Growth under variable amplitude loading - a literature review - part I: empirical trends", Fatigue and Fracture of Engineering Materials and Structures v.21, p.987-1006, 1998.

Skorupa,M "Load interaction effects during fatigue crack Growth under variable amplitude loading - a literature review - part II: qualitative interpretation", Fatigue and Fracture of Engineering Materials and Structures v.22, p.905-926, 1999.

Slocum,AH. Precision Machine Design, Prentice-Hall 1992.

SME Tool and Manufacturing Engineers Handbook, Society of Manufacturing Engineers, McGraw-Hill 1976.

Smith,AI; Nicolson,AM. Advances in Creep Design, Applied Science Publishers 1971.

Smith,RN; Watson,P; Topper,TH "A stress-strain parameter for the fatigue of metals", Journal of Materials v.5(4), p.767-778, 1970.

Snedecor,GW; Cochran,WG. Statistical Methods, Iowa State University Press 1989.

Socie,DF; Marquis,GB. Multiaxial Fatigue, SAE 1999.

Socie,DF; Mitchell,MR; Caulfield,EM "Fundamentals of modern fatigue analysis", Fracture Control Program Report n.26, University of Illinois, 1977.

Sonsino,CM "Fatigue testing under variable amplitude loading", International Journal of Fatigue v.29, p.1080-1089, 2007.

Souza,SA. Ensaios Mecânicos de Materiais Metálicos, Edgar Blücher 1995.

Spiegel,MR. Complex Variables, McGraw Hill 1964.

Spiegel,MR. Statistics, McGraw Hill 1961.

Starke,EA; Williams,JC "Microstructure and the Fracture Mechanics of fatigue crack propagation", Fracture Mechanics: Perspectives and Directions, ASTM STP 1020, p.184-205, 1989.

Stephens,MA "EDF statistics for goodness of fit and some comparisons", Journal of the American Statistical Association, v.69, p.730-737, 1974.

Stephens,RI; Fatemi,A; Stephens,RR; Fuchs,HO. Metal Fatigue in Engineering, 2nd ed., Interscience 2000.

Stwertka,A. A Guide to the Elements, 2nd ed., Oxford 2002.

Suh,NP; Turner,APL. Elements of the Mechanical Behavior of Solids, Scripta Books 1975.

Suresh,S. Fatigue of Materials, 2nd ed., Cambridge 1998.

Suresh,S; Shih,CF "Plastic near-tip fields for branched cracks", International Journal of Fracture v.30, p.237-259, 1986.

Suresh,S; Zamiski,GF; Ritchie,RO "Oxide-induced crack closure: an explanation for near-threshold corrosion Fatigue crack growth Behavior", Metallurgical Transactions v.12A, p.1435-1443, 1981.

Swedlow,JL "Criteria for growth of the angled crack", ASTM STP 601, 1976.

Tada,H; Paris,PC; Irwin,GR. The Stress Analysis of Cracks Handbook, 3rd ed., ASM 2000.

Tanaka,K; Matsuoka,SA "A tentative explanation for two parameters in Paris equation of fatigue crack growth", International Journal of Fracture v.15, p.57-68, 1977.

Tanaka,K; Nakai,Y; Yamashita,M "Fatigue growth threshold of small cracks", International Journal of Fracture v.17, n.5, p.519-533, 1981.

Taneike,M; Abe,F; Sawada,S "Creep-stengthening of steel at high temperatures using nano-sized carbonitride dispersions", Nature v.424, p.294-296, 2003.

Tay,TE; Yap,CN; Tay,CG "Crack tip and notch tip plastic zone size measurement by the laser speckle technique", Engineering Fracture Mechanics v.52(5), p.879-893, 1995.

Taylor,D. Compendium of Fatigue Thresholds and Growth Rates, UK Engineering Materials Advisory Services, 1985.

Taylor,JR. An Introduction to Error Analysis, University Science Books 1982.

Technical Report on Fatigue Properties, SAE J1099, SAE Handbook, 1982.

Telles,PCS. Materiais para Equipamentos de Processo, Interciência 1989.

Telles,PCS. Vasos de Pressão, LTC 1991.

tenHoeve,HJ; deKoning,AU "Implementation of the improved strip yield model into NASGRO Software - architecture and detailed design document", NLR, 1995.

Timoshenko,SP. History of the Strength of Materials, Dover 1983.

Timoshenko,SP; Gere,JM. Theory of Elastic Stability, McGraw-Hill 1961.

Timoshenko,SP; Goodier,JN. Theory of Elasticity, McGraw 1970.

Trowsdale,AJ; Pritchard,SB "Dual phase steel - high strength fasteners without heat treatment", www.corusautomotive.com

Tsai,SW. Composites Design, Think Composites 1988.

Unger,DJ. Analytical Fracture Mechanics, Dover 2001.

USAF Damage Tolerance Requirements, Mil-A-83444.

Vakili-Tahami,F; Hayhurst,DR; Wong,MT "High-temperature creep rupture of low alloy butt-welded pipes subjected to combined internal pressure and end loadings", Philosophical Transactions of the Royal Society A, v.363, p.2629-2661, 2005

Vallellano,C; Navarro,A; Dominguez,J "Fatigue crack growth threshold conditions at notches. Part I: theory", Fatigue and Fracture of Engineering Materials and Structures, v. 23, p.113-121, 2000.

van Vlack,LH. Elements of Material Science and Engineering, Addison-Wesley 1980.

Vasudevan,AK; Sadananda,K; Glinka,G "Critical parameters for fatigue damage", International Journal of Fatigue v.23, s.1, p.39-53, 2001.

Vasudevan,AK; Sadananda,K; Holtz,RL "Analysis of vacuum fatigue crack growth results and its implications", International Journal of Fatigue v.27, p.1519-1529, 2005.

Vasudevan,AK; Sadananda,K; Louat,N "A review of crack closure, fatigue crack threshold and related phenomena", Materials Science and Engineering, v.188A, p.1-22, 1994.

Vasudevan,AK; Sadananda,K; Louat,N "Two critical stress intensities for threshold crack propagation", Scripta Mettallurgica et Materialia v.28, p.65-70, 1993.

Verreman,Y "Propagation des fissures curtes", in Fatigue des Matériaux et Structures 2, Bathias,C; Pineau,A ed., Hermes-Lavoisier 2008.

Viswanathan,R. Damage Mechanisms and Life Assessment of High Temperature Components, ASM 1995.

Viswanathan,R; Scheirer,ST "Materials technology for advanced land based gas turbines", Power Generation, 1998.

Vogt,JB; Angillier,S; Massoud,JP; Prunier,V "Fatigue damage evaluation of a power plant component from analysis of the dislocation structures", Engineering Failure Analysis v.7(5), p.301-310, 2000.

Volterra,E; Gaines,JH. Advanced Strength of Materials, Prentice Hall 1971.

von Euw,EFG; Hertzberg,RW; Roberts,R "Delay effects in fatigue crack propagation", ASTM STP 513, p.230-259, 1972.

Vroman,GA "Material Thickness Effect on Critical Stress Intensity", Monograph #106, TRW, 1983.

Walker,K "Effects of Environment and Complex Load History on Fatigue Life", ASTM STP 462, p.1-14, 1970.

Wallin,K "The Size Effect in KIC Results", Engineering Fracture Mechanics v.22, n.1, p.149-163, 1985.

Wang,CH; Brown,MW "Life prediction techniques for variable amplitude multiaxial fatigue - part 1: theories", Journal of Engineering Materials and Technology v.118, p.367-370, 1996.

Wang,H "Contribuition à l'Etude de l'Influence des...", thèse de doctorat, Université de Sciences et Technologies de Lille, 1997.

Wang,SH; Zhang,Y; Chen,W 'Room temperature creep and strain-rate dependent stress-strain behavior of pipeline steels", Journal of Materials Science v.36, p.1931-1938, 201.

Wasén,J; Heier,E "Fatigue Crack Growth Thresholds - the Influence of Young's Modulus and Fracture Surface Roughness", International Journal of Fatigue, v.20, n.10, p.737-742, 1998.

Weibull,W. Fatigue Testing and Analysis of Results, Pergamon 1961.

Wells,AA "Application of fracture mechanics at and beyond general yielding", British Welding Journal v.10, p.563-570, 1963.

Wells,AA "Notched bars tests, fracture mechanics and the strengths of welded structures", International Institute of Welding Houdremont Lecture, 1964.

Wheeler,OE "Spectrum loading and crack growth", Journal of Basic Engineering v.94, p.181-186, 1972.

Whittaker,BN; Singh,RN; Sun,G. Rock Fracture Mechanics, Elsevier 1992.

Willenborg,J; Engle,RM; Wood,HA "Crack growth retardation model using an effective stress concept", Wright Patterson Air Force Laboratory, 1971.

Williams,ML "On the stress distribution at the base of a stationary crack", Journal of Applied Mechanics, v.24, p.109-114, 1957.

Wiswanathan,R. Damage Mechanisms and Life Assessment of High temperature Components, ASM 1995.

Wood,HA "Application of fracture mechanics to aircraft structural safety", Engineering Fracture Mechanics v.7, n.3, p.557-564, 1975.

Wu,H; Imad,A; Nourredine;B; Castro,JTP; Meggiolaro,MA "On the prediction of the residual fatigue life of cracked structures repaired by the stop-hole method", submetido ao International Journal of Fatigue, 2009.

Wuerker,RG. Annotated Tables of Strength and Elastic Properties of Rocks, American Institute of Mining and Metallurgical Engineering, 1956.

Young,WC; Budynas,RG. Roark's Formulas for Stress and Strain, 7th ed, McGraw Hill 2002.

Yu,MT; Duquesnay,DL; Topper,TH "Notch fatigue behavior of 1045 steel", International Journal of Fatigue v.10, p.109-116, 1988.

Zahoor,A "Closed Form Expressions for Fracture Mechanics Analysis of Cracked Pipes", Journal of Pressure Vessels Technology, v.107, p.203-205, 1985.

Ziehl,PH; Cloyd,JE; Kreger,ME "Evaluation of minimum longitudinal reinforcement requirements for reinforced concrete columns", Report FHWA/TX-02/1473-S, 1998.

Zinkle,SJ; Lucas,GE "Deformation and fracture mechanisms in irradiated FCC and BCC metals', Oak Ridge National Laboratory report, 1998.

Livros da série FADIGA

FADIGA - Técnicas e Práticas de Dimensionamento Estrutural sob Cargas Reais de Serviço, Volume I – Iniciação de Trincas, de Jaime Tupiassú Pinho de Castro e Marco Antonio Meggiolaro, Editora CreateSpace, Estados Unidos, 2009. Este primeiro volume da série introduz o problema das falhas estruturais e do dimensionamento à fadiga, aborda as propriedades básicas dos materiais estruturais e os efeitos da concentração de tensões em entalhes, e apresenta o dimensionamento contra a iniciação de trincas pelos métodos SN e εN, incluindo o problema da iniciação sob cargas multiaxiais. 494pp.

FADIGA - Técnicas e Práticas de Dimensionamento Estrutural sob Cargas Reais de Serviço, Volume II – Propagação de Trincas, Efeitos Térmicos e Estocásticos, de Jaime Tupiassú Pinho de Castro e Marco Antonio Meggiolaro, Editora CreateSpace, Estados Unidos, 2009. Este segundo e último volume introduz conceitos de mecânica da fratura, apresenta as rotinas de dimensionamento contra a propagação de trincas pelo método da/dN, estuda o problema de fluência e de outros efeitos da temperatura, e aborda os fundamentos da estatística aplicada ao projeto mecânico. Este volume também apresenta apêndices contendo estimativas e tabelas de propriedades mecânicas, fatores de concentração de tensão, fatores de intensidade de tensão, e equações de crescimento de trinca, além de um resumo sobre o problema do dimensionamento de vasos de pressão ao escoamento e uma bibliografia contendo mais de 480 referências. 578pp.

www.ingramcontent.com/pod-product-compliance
Lightning Source LLC
Chambersburg PA
CBHW081101170526
45165CB00008B/2288